编　委　会

当代科学技术基础理论与前沿问题研究丛书

中国科学技术大学

校友文库

大气科学若干前沿研究

A Number of Frontal Studies on Atmospheric Science

李崇银　高登义　陈月娟
方宗义　陈嘉滨　雷孝恩　编著

中国科学技术大学出版社

内容简介

人类社会对大气科学的需求越来越高，而高影响的极端天气气候事件的持续发生和空气污染的加剧更是给大气科学提出了严峻挑战，需求的牵引使大气科学正在得以更加广泛、更加深入地发展，新的学科前沿在不断涌现。本书以作者们的研究工作和成果为基础，参考国内外最新的科研成就和发展趋势，介绍和论述了近期大气科学发展和研究的若干前沿问题，包括人们普遍关注的气候及其变化问题、对亚太地区及全球大气都有重要影响的青藏高原气象学问题、大气科学中极其活跃的热带气象及其动力学、近些年极受关注的平流层及其对气候的影响、带有高新技术特征的气象卫星遥感及卫星气象学、代表天气分析预报方向的数值天气预报、关系人类生存环境的空气污染数值预报模式系统研究等领域。虽然本书没有能够涵盖大气科学的所有方面，但对广大从事大气科学领域的科研人员、教师和气象业务领域的预报人员有很好的参考价值；也可作为高等院校本科生和研究生的学习参考书。

图书在版编目(CIP)数据

大气科学若干前沿研究/李崇银等编著.—合肥：中国科学技术大学出版社，2009.8

(当代科学技术基础理论与前沿问题研究丛书：中国科学技术大学校友文库)

“十一五”国家重点图书

ISBN 978-7-312-02240-1

Ⅰ.大…　Ⅱ.李…　Ⅲ.大气科学—研究　Ⅳ.P4

中国版本图书馆 CIP 数据核字(2009)第 125688 号

出版发行　中国科学技术大学出版社

地址　安徽省合肥市金寨路 96 号，邮编　230026

网址　http://press.ustc.edu.cn

印　　刷　合肥晓星印刷有限责任公司

经　　销　全国新华书店

开　　本　710mm×1000mm　1/16

印　　张　44

字　　数　750 千

版　　次　2009 年 8 月第 1 版

印　　次　2009 年 8 月第 1 次印刷

印　　数　1—2000 册

定　　价　128.00 元

总　序

侯建国

（中国科学技术大学校长、中国科学院院士、第三世界科学院院士）

大学最重要的功能是向社会输送人才.大学对于一个国家、民族乃至世界的重要性和贡献度，很大程度上是通过毕业生在社会各领域所取得的成就来体现的.

中国科学技术大学建校只有短短的50年，之所以迅速成为享有较高国际声誉的著名大学之一，主要就是因为她培养出了一大批德才兼备的优秀毕业生.他们志向高远、基础扎实、综合素质高、创新能力强，在国内外科技、经济、教育等领域做出了杰出的贡献，为中国科大赢得了“科技英才的摇篮”的美誉.

2008年9月，胡锦涛总书记为中国科大建校五十周年发来贺信，信中称赞说：半个世纪以来，中国科学技术大学依托中国科学院，按照全院办校、所系结合的方针，弘扬红专并进、理实交融的校风，努力推进教学和科研工作的改革创新，为党和国家培养了一大批科技人才，取得了一系列具有世界先进水平的原创性科技成果，为推动我国科教事业发展和社会主义现代化建设做出了重要贡献.

据统计，中国科大迄今已毕业的5万人中，已有42人当选中国科学院和中国工程院院士，是同期（自1963年以来）毕业生中当选院士数最多的高校之一.其中，本科毕业生中平均每1000人就产生1名院士和七百多名硕士、博士，比例位居全国高校之首.还有众多的中青年才俊成为我国科技、企业、教育等领域的领军人物和骨干.在历年评选的“中国青年五四奖章”获得者中，作为科技界、科技创新型企业界青年才俊代表，科大毕业生已连续多年榜上有名，获奖总人数位居全国高校前列.鲜为人知的是，有数千名优秀毕业生踏上国防战线，为科技强军做出了重要贡献，涌现出二十多名科技将军和一大批国防科技中坚.

为反映中国科大五十年来人才培养成果，展示毕业生在科学研究中的最新进展，学校决定在建校五十周年之际，编辑出版《中国科学技术大学校友文库》，于2008年9月起陆续出书，校庆年内集中出版50种.该《文库》选题经过多轮严格的评审和论证，入选书稿学术水平高，已列为“十一五”国家重点图书出版规划.

入选作者中，有北京初创时期的毕业生，也有意气风发的少年班毕业生；有“两院”院士，也有IEEE Fellow；有海内外科研院所、大专院校的教授，也有金融、IT行业的英才；有默默奉献、矢志报国的科技将军，也有在国际前沿奋力拼搏的科研将才；有“文革”后留美学者中第一位担任美国大学系主任的青年教授，也有首批获得新中国博士学位的中年学者……在母校五十周年华诞之际，他们通过著书立说的独特方式，向母校献礼，其深情厚意，令人感佩！

近年来，学校组织了一系列关于中国科大办学成就、经验、理念和优良传统的总结与讨论.通过总结与讨论，我们更清醒地认识到，中国科大这所新中国亲手创办的新型理工科大学所肩负的历史使命和责任.我想，中国科大的创办与发展，首要的目标就是围绕国家战略需求，培养造就世界一流科学家和科技领军人才.五十年来，我们一直遵循这一目标定位，有效地探索了科教紧密结合、培养创新人才的成功之路，取得了令人瞩目的成就，也受到社会各界的广泛赞誉.

成绩属于过去，辉煌须待开创.在未来的发展中，我们依然要牢牢把握“育人是大学第一要务”的宗旨，在坚守优良传统的基础上，不断改革创新，提高教育教学质量，早日实现胡锦涛总书记对中国科大的期待：瞄准世界科技前沿，服务国家发展战略，创造性地做好教学和科研工作，努力办成世界一流的研究型大学，培养造就更多更好的创新人才，为夺取全面建设小康社会新胜利、开创中国特色社会主义事业新局面贡献更大力量.

是为序.

2008年9月

前　　言

在迎接中国科学技术大学五十华诞之际，我们几位首届在原应用地球物理系学习的校友几经讨论，决定以这本《大气科学若干前沿研究》向母校表示衷心的祝贺！也以此感谢母校对我们的教育和培养。从中国科学技术大学毕业之后，我们都在大气科学的不同领域从事科研和教学工作近45年，承继校训在攀登科学高峰的道路上努力奋进，为中国大气科学的发展贡献了自己的力量。本书第2章撰稿人高登义研究员是博士生导师，中国科学探险协会主席，挪威卑尔根大学荣誉博士，曾任中国科学院大气物理研究所副所长；第4章撰稿人陈月娟教授是博士生导师，曾任中国科学技术大学环境科学中心副主任；第5章撰稿人方宗义研究员是博士生导师，曾任中国气象局国家卫星气象中心副主任；第6章主要撰稿人陈嘉滨是中国科学院大气物理研究所研究员、研究生导师；第7章撰稿人雷孝恩研究员是博士生导师，曾任中国科学院大气物理研究所大气边界层及大气环境研究室主任；本书主要筹划、第1和第3章撰稿、全书统稿人李崇银是中国科学院大气物理研究所研究员，解放军理工大学气象学院教授，中国科学院院士，中国气候研究委员会主席，中国气象学会副理事长。

本书针对的是大气科学的前沿研究，也是我们几位校友近些年乃至几十年所从事的科学研究领域。因此书中绝大部分内容是我们研究中所探索的问题及所取得的一些成果，当然，既是科学前沿，不少问题也还在继续研究之中，有些已得到的成果也只能是阶段性的成果，有的问题可能需要几代人的努力方能解决。写此书的另一个目的就是希望有更多的学者，包括中国科学技术大学的有关老师和同学，积极参加大气科学的前沿研究，做出更多更好的成果，为祖国的繁荣昌盛和人民的幸福安康服务，也为中国科学技术大学的辉煌增光。

气候变化已越来越成为全人类普遍关注的重要问题，这不仅是因为全球气温在近百年来有显著增高，而且全球增暖所引起的全球环境变化已严重威胁社会和经济的可持续发展，乃至于人类的生存条件。因此，我们首先在第1章(气候变化及气候动力学)中从气候系统的概念出发，分析讨论了近代气候变化的主要特征——全球增暖和极端气候事件，ENSO及其影响，年代际气候变化，以及全球变化等前沿科学。同时，又从气候动力学的角度，论述了ENSO机理、影响年代际气候变化的主要因素，以及应如何应对全球变化的挑战等问题。这些论述既给出了当代气候科学研究的主要前沿，也可以从中认识正确应对的思路。

大气的运动和变化总会受到下垫面状况的影响，而地形是最重要的下垫面特征，研究地形尤其是青藏高原与全球气候环境变化是大气科学研究的前沿问题之一。在第2章中，将系统讨论青藏高原气象学研究的前沿问题，主要包括：青藏高原地区的大气边界层特征，高原对大气的热力、动力作用及热力适应原理在高原气象学中的应用，探讨高原下垫面(雪盖)异常影响气候的物理过程，不同大气环流状况对高原地形作用的影响，高原地形与大气、自然环境之间的相互作用和人类对于青藏高原特殊气象环境条件的适应。

无论从科学认知的角度，还是从重要影响的角度，热带气象学及其发展都是极为重要的，它在整个大气科学的发展中起着相当的推动作用。季风是国内外都十分关注的问题，而亚洲季风是全球最典型、最活跃的季风系统，且对我国天气气候变化极为重要。因此，论述近年来有关东亚季风研究的新进展是首要的着眼点，包括夏季风的爆发特征(首先建立的地区、季节内振荡的活动和急流北跳等特征)，夏季风的异常及对东亚和北半球的影响。近年来台风活动及影响成为各国关注的重点之一，我们在第3章中给出了与国外一些观点不同的新结果。热带大气季节内振荡(ISO)是国内外研究的前沿课题之一,尤其是关于热带大气季节内振荡的数值模拟,因为全世界很少有模式能很好模拟出能与观测相比的ISO,而其原因又很不清楚。根据我们的一系列研究特别是最近的模拟试验结果,在本书中我们既讨论了热带大气ISO的动力学机制,又对怎样才能模拟好热带大气ISO提出了有理论依据的方案。

随着社会的发展和科技的进步,人类的活动空间和观测手段都不仅仅在对流层里,平流层的状况和变化及其过程对天气气候的影响已受到普遍的关注。第4章将结合我们有关平流层的研究工作,讨论平流层研究的一些前沿科学问题,内容主要包括:平流层的大气环流和温压场的结构及变化特征;臭氧层和人类活动对它的破坏,南极和北极臭氧洞,青藏高原臭氧低值中心;平流层中与臭氧耗损有关的几种微量成分的分布、季节变化和年际变化特征以及它们的长期变化趋势;平流层温度的变化趋势及其与各种微量成分变化的关系;平流层的行星波活动、准两年周期振荡和爆发性增温等动力学过程,及其对平流层微量成分分布的影响;最后还介绍了我们关于臭氧耗损对气候影响的数值模拟试验结果,探讨了爆发性增温对东亚天气气候的可能影响等。

气象卫星作为一种重要的大气观测手段一直受到广泛的重视,目前,作为高技术及其应用,气象卫星和卫星气象学都还处于发展之中。第5章将论述气象卫星和卫星气象学的一些前沿科学问题,主要包括三方面内容。首先概要地介绍中国两类气象卫星的发展历史,它们的现状和近期发展,以及相应的技术指标和星上主要遥感探测器;同时着重介绍了地面应用系统的组成、功能和生成的主要产品。第二部分介绍利用空间导航定位技术(GNSS或GPS)遥感大气参数(即GPS/MET)的主要原理,其中包括把GPS接收机置于低轨卫星或山顶,利用掩星事件探测电离层电子和大气参数的垂直分布(空基-GPS),以及利用地面GPS接收机反演整层大气积分水汽含量和电离层电子浓度(地基-GPS)。第三部分简要地介绍了气象卫星遥感资料在暴雨、台风和数值预报等方面的应用。着重给出利用多通道遥感资料研究中尺度暴雨云团和台风的垂直结构、云团的微物理特征和水凝物的垂直分布等方面的结果。在卫星遥感资料应用于数值预报模式方面,主要给出了模拟通道亮温与卫星观测之间的偏差分析、云对模拟误差的影响,以及对卫星观测辐射率的偏差订正和观测误差的估计。

数值天气预报既是天气预报的科学技术手段,也是推动大气科学客观化、定量化发展的重要途径。在第6章中我们不仅论述了数值天气预报发展的一些基本方面,还特别讨论了在其他教科书中未能涉及的内容,主要有如下三点:其一是在时间及空间离散情况下,本章讲述的二阶和三阶守恒数值格式也能保持总能量守恒;而且既可以应用到差分模式,也可应用到谱模式,能消除非线性计算不稳定,提高预精度。其二是在大气谱模式中引入了参考大气和质量守恒律,能减少截谱误差,提高预报精度;同时,在长期数值积分中可以十分明显地减少气候漂移误差。其三是论述了全隐式求解非线性方程的JFNK方法(不必计算雅可比矩阵的牛顿-克雷诺夫方法),及其在气象领域中的应用,克服了广泛使用的半隐式格式对非线性项作线性化分离所带来的计算误差,能明显提高预报精度和节省计算时间。

大气环境污染已成为人类普遍关注的问题,尤其是城市空气环境的污染。在没有完全改善好空气环境的现实情况下,大家都急切希望对空气污染作出可靠的预报,空气污染的数值预报也就成为大气科学发展的一个重要前沿问题。在第7章中,就首先讨论了城市空气污染预报的特点,尤其是关于物理、化学及生物过程的耦合问题;然后分别讨论了城市空气污染预报的几种数值模式系统,特别是中-β尺度动力学模式及其具体运行问题;最后较为系统地论述了高分辨率对流层化学模式,包括其中的输送过程、干沉积速度、扩散系数、湿沉积过程和气相化学等,并且给出了具体的数值预报实例结果。

大气科学是一个实用性很强的学科,随着社会的发展和科技的进步,人类社会对大气科学的需求越来越高,大气科学也在更广泛、更深入地发展,新的学科前沿在不断涌现。本书介绍和论述了近期大气科学发展和研究的若干前沿问题,希望对读者和学习者提供方便、有所帮助。但由于我们所从事的学科领域和知识面都有限,加之时间较为匆忙,所论问题的深度定有不够

之处，也还有前沿问题未能在本书中专门论述，例如大气化学就没有在书中全面系统的讨论。所以，恳请大家批评指正

作　者

李崇银（执笔）

2009年3月12日

目　次

第1章　气候变化及气候动力学

李崇银

气候变化是近些年来全世界人们及各国政府普遍关注的问题，也是国际上科学研究的重要前沿课题。面对日益严重的气候问题，与世界公众一样，各国政府和国际组织都十分关注，并采取了一些行动。1979 年召开的第一次世界气候大会虽然主要由各国科学家参加，但对气候变化（主要是增暖）及其影响提出了警告，指出人类活动所造成的 CO_2 等温室气体含量的增加已导致了全球气温的明显升高。在各国科学家们的积极倡导下，1980 年就制定了"世界气候研究计划（WCRP）"，对气候变化以及人类活动对气候的影响展开研究。1990 年由科学家和各国部长们参加的第二次世界气候大会通过了"科学技术会议声明"和"部长宣言"，提出了减排 CO_2 的问题和制定气候变化公约的问题。1992 年在联合国环境与发展大会期间，153 个国家和地区一体化组织正式签署了《联合国气候变化框架公约》，并于 1994 年 3 月正式生效。经过艰苦谈判，1997 年 12 月又通过了《京都议定书》，为发达国家规定了 2008—2012 年的温室气体的具体减排义务；2005 年《京都议定书》已正式生效。这些举措既说明了气候变化问题的严重性，也提出了一系列重要科学问题，为推动气候变化研究起了重要作用。最近几年，气候变化问题更是成为各种高峰会议（如 APEC 等），以及各国间外交谈判的重要内容之一。

因此，我们就将气候变化及气候动力学作为本书的第 1 章，来简要地、系统地介绍和讨论气候变化及气候动力学的主要问题，尤其是有关气候变化研究的一些新进展。

1.1　气候系统

长期以来，人们都认为气候就是气象观测量，如温度、降水和风速风向等的多年平均。但科学家们逐渐发现,那种经典的表述难以很好说明气候及其变化的本质和规律。从而在20世纪70年代末提出一种"气候系统"的科学新概念,认为地球气候的形成和变化是气候系统各个分系统(因子)共同作用和影响的结果。气候系统主要包括五个组分,即大气圈、水(尤其是海洋)圈、冰雪圈、陆地圈和生物圈。以上各个分系统有其本身的运动和变化规律,但又是相互联系和相互影响的,它们的共同作用或影响就形成了气候的基本态势及其变化。

大气圈是地球气候系统中最活跃的、变化最大的组成部分。由于大气环流直接影响天气气候的变化,故在传统意义上就认为气候是大气运动状态的长时间平均。而大气中温室气体含量、水分环境以及气溶胶粒子的浓度等又都同大气环流一样对气候变化起着重要的作用,这更进一步说明大气圈在气候系统中仍有其重要的地位和作用。

水圈是地球表层水体的总称,包括海洋、湖泊、江河和大气水分等,它们间相互交换而形成的水循环对气候变化有重要作用。尤其是海洋的作用在气候系统中十分重要,海水具有大的热容量,被认为是气候系统的巨大能量贮存库;海洋过程的缓慢性和海洋的较长时间"记忆"性,都被认为是驱动气候变化,尤其是长期气候变化的重要因素。

陆面是大气运动的另一下垫面,复杂的地形、地貌,乃至地质运动等都对气候变化有重要作用。地形一般是少变的,但与变化的大气系统相作用,就会出现不同的气候状态;不同的地貌和植被状况将对地表与大气间的能量和物质交换产生不一样的重要影响,所形成的不同热状况必将引起气候的变化。

冰雪圈包括大陆冰原、高山冰川、海冰和陆面雪盖等,它们不仅与大气在热量和物质的交换方面不同于海洋和陆地,而且其反照率对气候变化有重要作用。近些年来,人们更加关注极地冰盖状况对气候的重要影响。

生物圈包括植物和动物,也包括人类。生物圈对于大气和海洋中的CO_2平衡,气溶胶粒子的形成,以及其他地球物理和化学过程有重要的作用,从而对气候及其变化也有重要的影响。特别是人类活动对气候变化的影响已成为全世界和全社会共同关注的重要问题。

在图1.1.1中我们给出了地球气候系统的一个示意图,尽管简单,但气候系统的基本部分和过程都已显示得很清楚。气候系统的最基本组成部分是大气、海洋(包括海冰)和陆地表面(包括冰雪和生态系统),当然气候系统还与宇宙空间(包括太阳)有能量交换,尤其是提供基本能源的太阳活动及异常必然也对气候变化有影响。

气候系统是一个巨大而又复杂的非线性系统,各个分系统既是相互联系,又是相互作用的整体,而且与外界还有物质和能量的交换,也就是一个开放系统。因此,要搞清楚非线性和开放型的气候系统的变化过程、规律和机理是极为困难的,许多问题都尚待研究。可以说我们现在对于气候系统的认识还是极其有限的、肤浅的。

气候系统与宇宙万物一样总处于不停的运动和变化之中，其主要表征就是气候变化。时而温暖，时而寒冷，时而出现洪涝，时而发生干旱，这些人们所感觉到的就是气候变化的情况。而气候变化给经济和社会发展所造成的严重影响更是成为当前各国政府和科学界十分关注的问题；而且近几十年来人们逐渐地发现和意识到，除了气候的自然变化外，人类本身的活动也在有形无形地引起全球气候和生态环境的变化，并对人类的生存和发展带来直接威胁。

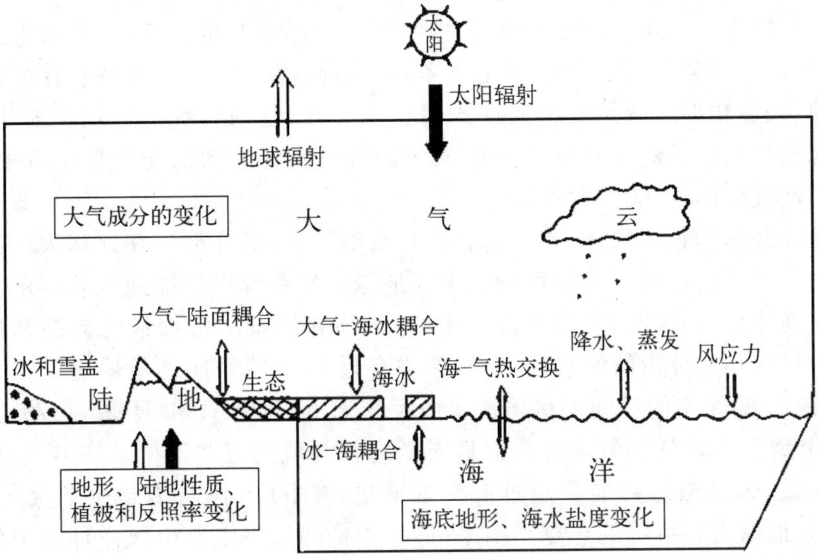

图 1.1.1 气候系统示意图

气候及其变化无疑与大气运动，尤其是与大气环流的变化和异常有直接的关系，因为天气和气候的变化或异常总是与一定的大气环流形势的出现或异常相联系着。但因大家对气候系统中的大气分系统在气候及其变化中的重要作用容易理解，也有相当程度的认识，这里我们就不对大气系统作更多的讨论，主要对气候系统的其他分系统作简要介绍。如有需要，可参见《气候动力学引论》一书(李崇银，2000)。

1.1.1 海洋

自 1982—1983 年的 El Nino 事件对全球气候造成了极为严重的影响以来，人们对海洋在气候变化中的作用有了更新的认识，并将海-气相互作用视为气候变化问题的核心内容之一。从大气运动及其变化的角度而论，海洋具有以下三个重要特性：首先，地球表面约 71%为海洋所覆盖，全球海洋吸收的太阳辐射量约占进入地球大气顶的总太阳辐射量的70%左右。因此,海洋,尤其是热带海洋,是大气运动的重要能源。其次,海洋有着极大的热容量,相对于大气运动而言,海洋运动比较稳定,运动和变化比较缓慢。再有,海水能够吸收相当量大气中的 CO_2,海洋也就成为地球系统中 CO_2 的最大的汇。

有关海洋对大气运动和气候变化影响的研究已经相当的多,尤其是在有关年际和年代际时间尺度的气候变化问题的研究中,都必然将海温的异常作为一种重要的强迫因子或机因来考虑。简单归纳起来,可以认为海洋主要有这样四方面的影响或作用。

(1) 对地球大气系统热力平衡的影响。海洋吸收的约70%的太阳入射辐射,绝大部分(85%左右)被贮存在海洋表层(混合层)中。这些被贮存的能量将以潜热、长波辐射和感热交换的形式输送给大气,驱动大气的运动。因此,海洋热状况的变化以及海面蒸发的强度如何都将对大气运动的能量发生重要影响,从而引起气候的变化。

海洋并非静止的水体,它也有各种尺度的运动,海洋环流在地球大气系统的能量输送和平衡中也有重要作用。因为地球大气系统中低纬地区获得的净辐射能多于高纬地区,因此,要保持能量平衡,必须有能量从低纬地区向高纬地区输送。卫星资料的分析研究表明,全球平均有近70%的经向能量输送是由大气完成的,还有30%多的经向能量输送要由海洋来承担(Oort 和 Haar,1976)。而且在不同纬度带,大气和海洋各自输送能量的相对值还有些不同。在0°—30°N 以外的区域,大气输送的能量超过海洋的输送,在50°N 附件有最强的大气输送。这样,对地球大气系统的热量平衡来讲,在中低纬度将主要由海洋环流把低纬度的多余热量向较高纬度输送,在中纬度的50°N 附近(那里有最强的西部边界流),通过海-气间的强烈热交换,海洋把相当多的热量输送给大气,再由大气环流的特定形势和活动将能量向更高纬度输送。因此,海洋对热量的经向输送的强度及位置变化无疑将对全球气候的变化有重要影响。

(2) 对水汽循环的影响。大气中的水汽含量及其变化既是气候变化的表征之一,又会对气候产生重要影响。而大气中水汽量的绝大部分(86%)由海洋供给,海洋,尤其是低纬度海洋,是大气中水汽的主要源地。因此,不同的海洋状况通过蒸发和凝结过程将会对气候及其变化产生影响。

(3) 对大气运动的调谐作用。同海洋的热力学和动力学惯性相联系,海洋的运动和变化有显著的缓慢性和持续性。海洋的这种特性一方面使海洋有较强的"记忆"能力,可以把大气环流的变化通过海气相互作用把信息贮存于海洋中,然后再对大气运动产生作用;另一方面,海洋的热惯性使得海洋状况的变化有滞后效应,例如海洋对太阳辐射季节变化的响应要比陆地上的响应落后大约1个月左右;通过海气耦合作用还可以使较高频率的大气变化(扰动)减频,一旦耦合波的频率变低后再作用于大气,就相当于大气中较高频的变化转变而成为较低频的大气变化。

(4) 对温度效应的缓解作用。海洋,尤其是海洋环流,不仅减小了低纬大气的增热、使高纬大气也得以加热,降水量亦发生相应的改变;而且由于海洋环流对热量的向极输送所引起的大气环流的变化,还使得大气对某些因素变化的敏感性降低。例如大气中 CO_2 含量增加的气候(温室)效应就因为有海洋的存在而被减弱。

1.1.2 陆面和冰雪

陆面和冰雪对大气运动和气候的影响最早人们是从反照率的改变开始的,不同的地表状况,其反照率有很大的差异,例如,雪面的反照率为 60%—80%,而有植被地面的反照率为 10%—20%。反照率的不同使得地球表面获得的太阳辐射能量也就不同,地面辐射平衡受到影响,气候也就会出现变化。Charney (1975)早就提出了所谓"生物-地球物理反馈"理论,用以解释撒哈拉地区沙漠化的机理。他认为在 Hadley 环流下沉气流的背景下,那里本来就少雨,而过度的放牧使地面反照率增大,在那里反射掉了比四周更多的太阳辐射;天空少云和地面温度高又造成更多的红外放射。这样一来,与四周相比那里就是一个辐射热汇,净辐射量小;为了维持热力平衡,该地区的空气必然被压缩下沉,进而加强了 Hadley 环流的下沉支。更强的下沉气流又会加剧当地干旱,植被进一步退化,造成土地沙漠化。这是一种地面自己通过辐射过程而加剧其干旱化的自感反馈,也就是"生物-地球物理反馈"。一系列的数值模拟试验证实了这种生物-地球物理反馈的存在,地面反照率的改变对气候有明显的影响,尤其是在沙漠地区更显著,在沙漠地区将地面反照率由 14%增大到 35%之后,那里的平均降水量减少了 54%。

冰雪异常的气候效应,除了反照率的作用外,它所引起的土壤温度和湿度的改变,将影响地面和大气间的感热和潜热交换,进而引起大气环流,以及气候的变化。图 1.1.2 给出的是 1967—1975 年间北半球地面气温的下降与北半球冰雪覆盖面积的关系,它不仅表明了所谓冰雪-反照率反馈机制,实际上也包含地-气交换过程的作用。

近年来人们都十分关注大面积森林减少对气候的影响,因为植被的变化不仅会改变地表的物理特性,反照率的改变将使得地球表面获得的太阳辐射能量发生变化,从而引起气候变化;同时,通过植物根系可以把深层土壤中的水分抽吸到叶茎上,用以维持植物冠层的蒸腾,从而植被对大气边界层的潜热和感热状况有明显影响;另外,植被通过地表粗糙度,改变地-气间的交换过程,以及通过对水分的滞留,改变地表径流和水文过程,都会对气候变化产生影响。

最近有数值模拟试验的结果表明,如果在模式中将南美洲 30°S 以北的森林用草地取代，那么会发现其降水量将减少15%左右；如果在模式中将非洲扎伊尔地区的森林用草地取代，其降水量将减少30%左右。如果在模式中将亚马孙河流域的森林用草地取代，其降水量将减少70%左右(Mitchell et al,1990)。十分明显，地面植被状况对气候变化有极其重要的影响，人类必须加大对森林和草原的保护力度。

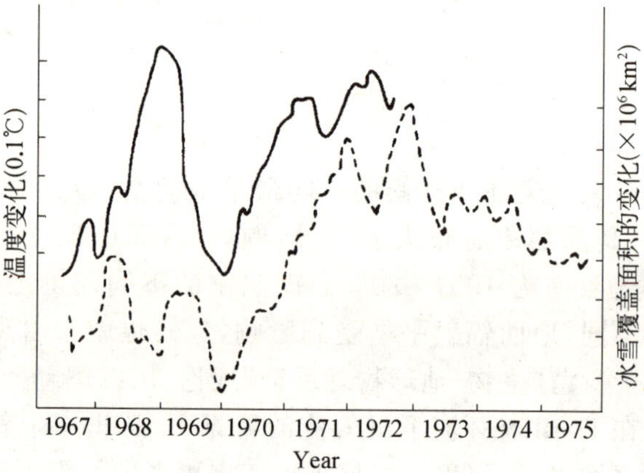

图1.1.2 7个月滑动平均的北半球地面气温下降(实线)和冰雪覆盖面积变化(虚线)间的关系 (引自 Yamamoto and Iwashina, 1975)

1.1.3 生态系统

工业化以来人类活动对环境的破坏日益显现出来，并开始威胁到人类自己的生存，环境问题成为大家关注的焦点之一。这种情况下，所谓生态系统也就被提了出来，它实际上反映了生物界与气候和地球表面层之间的联系和相互影响关系。十分明显，气候变化问题不能不涉及生态演变，而生态问题也离不开气候变化的影响，以陆上生态为例，图1.1.3给出了各种过程(包括气候)与生态系统的关系，而推动整个过程的根本能源来自太阳辐射。

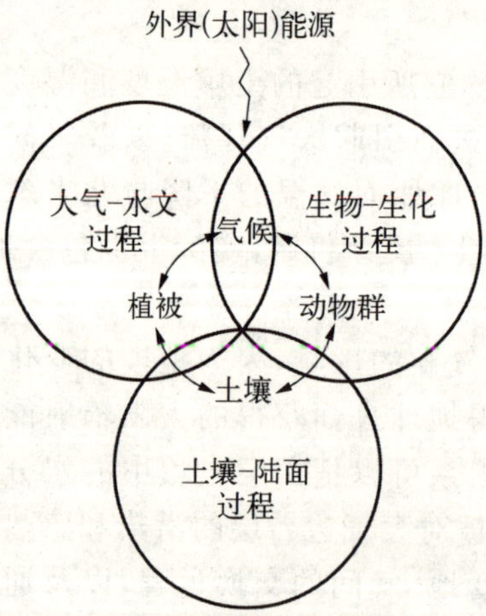

图1.1.3 联系陆上生态系统的主要过程示意图

气候条件，特别是降水量和温度对植物群落起着重要控制作用，在潮湿而炎热的低纬度地区有热带雨林和亚热带森林；在适中雨量区也总可以看到各种森林和草原；而在少雨地区则最常见的是戈壁和沙漠。当然,植被通过蒸腾和对土壤的"固水"作用,又对气候状况有一定的影响。有观测分析表明,在同样降了 25 mm 雨之后的半干旱地带,有植被地区的土壤湿度明显高于周围地区;而植被的这种"固水"作用不仅对土壤过程有影响,也对气候有重要作用,因为土壤湿度的改变已为一系列数值试验表明对气候变化有明显的影响。

动物(包括人类)只能在一定的自然气候环境中生活,而且他们生存的食物也与气候有关。在气候条件恶劣的地区不仅没有人烟,而且其他动物相对也比较少见。但是另一方面,人类活动,尤其是生产活动,也给气候及环境造成了破坏性的影响。由于扩大耕地面积而破坏植被所引起的区域性气候恶化的例子很多,例如据报道,在云南西双版纳地区,1949 年的森林覆盖率达 69%,而到 20 世纪 80 年代初的森林覆盖率仅为 30%左右。因森林破坏引起了植物蒸腾量减少,大气相对湿度下降了约 23%,空气中水汽量的减少不利于对流活动,因此年降水量较前相对减少了近 60 mm(张克映、张一平,1984)。

大气中温室气体含量的逐年增加是人类活动对气候起破坏性作用的重要方面,也是近年来全球人类共同关注的问题。有关主要因为温室气体含量增加所引起的全球变化问题,我们在后面将专门给予讨论。

生态系统同气候系统有着非常密切的关系,气候的严重异常必然导致生态系统的恶化,生态环境的破坏又必然使气候异常,它们的关系既复杂又重要。我们需要很好研究两个系统的各自问题,也要研究它们的关系和相互影响。

1.1.4 水分循环

水,尤其是降水量是重要的天气气候要素之一,而水,尤其是水分循环又对天气气候有着极其重要的影响。气候系统中水分循环主要包括凝结和降水、蒸发和蒸腾、径流、渗透和地下水,以及大气中的水汽输送等过程。

大气中的水汽含量及其输送在天气气候中有极为重要的作用,也是水分循环中最为活跃的过程。大气中一定要有足够的水汽含量才有凝结和降水过程,也才有径流、渗透等过程。而某地区的足够水汽含量中相当部分是从其他地区输送来的,特别是热带和海洋上空往往是水汽源区,不少地方的降水是由那些地方输送来水汽造成的。

在气候系统中看来很有必要更加重视对水汽输送的研究,研究水汽输送过程,研究水汽输送的主要通道及其变化,这将会对气候变化过程的认识,以及气候变化的预测有一定的促进和提高作用。

水分循环问题实际上还是大气科学和水文科学的交叉和融合问题,也有大气-海洋间,以及海洋-陆地间的物质和能量交换问题。其中的过程既多又复杂,如何将它们搞清楚，并给予定量地描写和引入到 GCM 中去，还值得我们深入研究。

1.1.5 太阳活动

大家知道，驱动地球上大气和海洋运动的基本能量来自太阳辐射，因此太阳活动也十分自然地被认为会引起大气和海洋运动状态的变化，人们也就比较早地注意到地球气候的变化可能与太阳活动有一定的关系。近些年来与严重灾害和全球环境恶化有重要关系的气候变化问题越来越受到广泛关注，而探索引起气候异常的机制成为了解和预测气候异常的关键所在。太阳活动是否也是引起气候异常的外强迫因子，愈加受到重视。但是由于科学发展的限制，尤其是观测资料的制约，有关太阳活动影响地球气候变化的问题，特别是这种影响的途径和机制还一直没有搞清楚。一些关于气候变化与太阳活动的相关研究结果也还处于尚未被完全公认的状态，急需进行深入细致的系统性研究工作。

从已有的一些研究看，太阳活动（尤其是太阳黑子）同气候变化的关系已有一些初步的结果，例如太阳黑子与气温异常的时间变化存在非常一致的总体趋势，图 1.1.4 给出的是太阳黑子的全影与半影比率同北半球地面气温异常的关系，十分明显，两者有相当一致的变化趋势，在一定程度上表明了太阳活动与地球气候有联系。

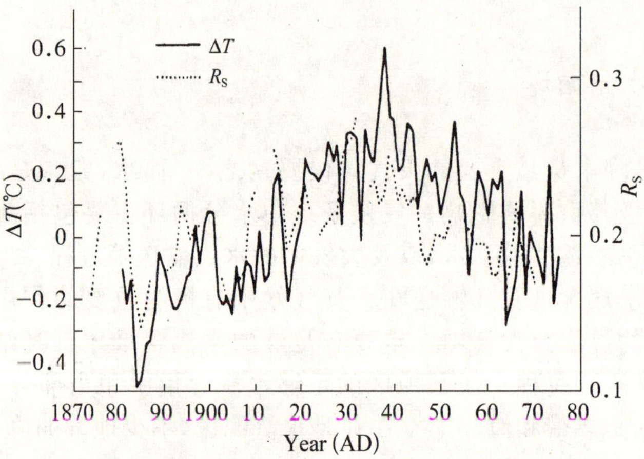

图 1.1.4 太阳黑子全影与半影比率(R_S)同北半球地面气温异常(ΔT)的关系 （引自 Hoyt，1979）

自 20 世纪 90 年代中期以来有关太阳活动与气候的研究在国际上更是有了明显的加强，不仅在《自然》和《科学》等杂志上有多篇相关研究结果面世，还有多次专门国际学术研讨会，并出版了相关论著，例如 1997 年牛津大学出版社出版了《太阳在气候变化中的作用》;2000 年国际空际科学研究所出版了《太阳变化和气候》。2003 年 7 月在日本召开的 IUGG 大会上也设有几个太阳影响地球大气的专题讨论分会场。可见近几年国际上有关太阳活动与气候变化的研究正在蓬勃开展。目前国际上有关太阳活动与气候的研究,从其所关注的太阳活动对气候的影响过程来分,主要有如下三个方面:其一是太阳直接辐射能量变化的强迫影响。虽然太阳直接辐射能量的强度变化不大(0.1%),但通过非线性过程可能使其强迫作用放大,从而使地球大气环流和气候有明显变化。其二是太阳紫外辐射的变化(这部分辐射在太阳活动中变化相对较大),通过光化学过程影响平流层臭氧的变化,进而引起大气环流和气候的变化。其三是太阳活动引起宇宙线的改变,宇宙线粒子的变化将使得对流层的云量(尤其是在高纬度地区)和近极区的直接经圈环流等发生变化,从而也会使全球大气环流和气候发生变化。图1.1.5 是太阳总辐射照度(W/m^2)和全球温度随时间的变化曲线,可以看到两者有相当好的一致性趋势,这从一个侧面反映了太阳直接辐射量的变化也有可能影响气候变化。

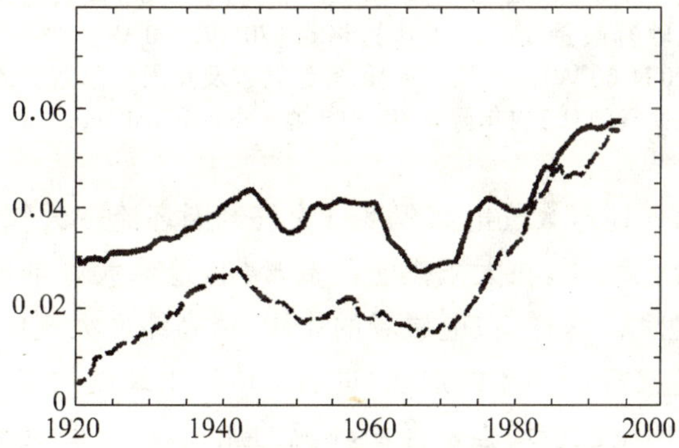

图 1.1.5 太阳总辐照度(实)与全球温度(虚)的时间变化 (引自 Foukal,2002)

需要指出,在分析太阳活动与地球气候变化间的关系时,人们已发现对分析资料的处理是十分重要的。例如,每年某地区的地面气压同太阳辐射通量之间并没有明显的关系;但如果考虑了平流层的准两年振荡(QBO)特征,仅就 QBO 的西风位相年进行统计分析,其关系却又十分显著。例如,在 QBO 西风年 1—2 月的 10.7 cm 波长太阳辐射通量的每年资料与格点(70°N,100°W)和格点(20°,60°W)间的气压差,以及美国查尔斯顿的地面气温的时间变化之间的关系是十分明显的(图 1.1.6)。即仅就 QBO 的西风年而论,太阳辐射量的变化同南北气压差的变化间有正相关关系,而同查尔斯顿的气温变化有负相关关系。至于为何有这样的情况,还有待进一步研究。但已充分体现了研究太阳活动与地球气候变化的复杂性和困难。

1. 太阳活动影响天气气候变化的几种可能途径

多年来的观测和分析研究，在关于太阳活动影响天气气候变化方面也已有一些初步看法，尽管尚未形成完整的理论。下面将简单介绍三种主要可能途径。

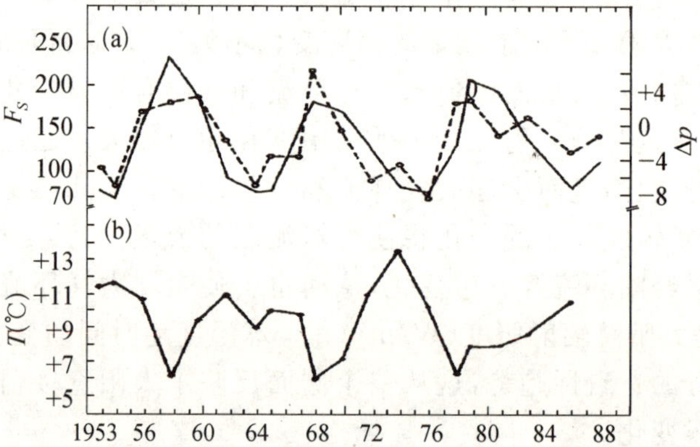

图 1.1.6 在 QBO 西风年的 1—2 月，10.7 cm 波长的太阳辐射通量 F_S（a，虚线），格点（70°W，100°W）与格点（20°N,60°W）间的气压差（a，实线），以及美国查尔斯顿的地面气温（b）的年际变化 （引自 Labitzke and Van Loon，1990）

(1) 太阳活动→地球大气电离程度→大气经圈环流→天气气候变化

一些观测研究已表明，在太阳黑子的高峰期，地球大气的电离程度比较强，尤其是在高纬度地区。这样，在电磁场的作用下，高纬度大气电离化的增强将导致高纬地区大气直接经圈环流的加强，进而又使得中纬度的 Ferrel 逆环流，以至低纬度的 Hadley 环流也会增强。经圈环流的加强，将使空气的南北交换加强，大气活动中心会明显增强，全球的降水量也可能增多。太阳活动所引起的大气电离程度的变化还必然引起高层大气中离子含量的改变，高离子含量的空气被带到对流层，从而会可能改变凝结核的数量，最后也可能影响到云和降水过程，一般也将有利于降水。

(2) 太阳活动→紫外辐射→臭氧层→平流层热状况→天气气候

卫星的观测表明，平流层上层的臭氧混合比与太阳辐射加热有明显的正相关，太阳辐射加热强，在 2 hPa 高度处的臭氧混合比就高。这样，太阳活动（太阳黑子多）所引起的辐射量（尤其是紫外辐射）的增加将使得平流层的臭氧量及其分布发生变化，从而引起平流层热状况的变化。平流层热状况的变化必将引起平流层温度场的变化，平流层大气环流亦将发生变化，进而通过行星波的异常影响对流层大气环流的改变，最终引起天气气候的变化。因为行星波可以通过对流层顶而垂直传播，使平流层和对流层的行星尺度环流发生相互作用。

(3) 太阳活动→地球磁场→地球自转速度→大气和海洋环流→天气气候

太阳活动引起地球磁场的变化，地磁场的变化将引起地壳内部磁流体(溶浆)运动的改变。因为地球外核是以铁镍为主要成分的熔融态合金，其黏滞度近似于水，也可视为磁流体。地球磁场的变化将引起地球外核流动的改变，而外核流动的改变通过核幔耦合作用，包括电磁耦合、黏性耦合、热力耦合和地形耦合等过程，又将对地幔产生影响，然后又引起地球自转(日长)的变化。地球自转速度(日长)的变化，通过地球与大气和海洋的角动量交换将引起大气环流和海洋环流的变化，最终影响天气气候。

(4) 太阳活动→地球磁场→核-幔边界上地磁能量→大气和海洋状况→天气气候

太阳活动引起地球磁场的变化，地磁场改变将引起地球核-幔边界上地磁能量的变化，通过某种过程，地磁能量会引起大气和海洋热状况的变化，进而可再引起气候(温度)的变化。

2. 主要科学问题

从目前已有的初步研究结果来看，主要的科学问题包括两个方面，其一是关于太阳活动影响地球气候变化事实的确证，其二是关于太阳活动影响气候变化的具体物理过程及动力学机制。据此，我们可以将急需重点研究解决的科学问题列成如下：

(1) 太阳活动影响地球气候的事实检定

多年来不少学者从不同角度已提出了一些有关太阳活动影响地球气候的统计和相关分析结果，但在系统性和可信性方面都有不足。因此，在这方面的研究中收集足够的观测资料，提出科学的客观可信的检定技术和方法是十分重要的；同时，要在资料分析的基础上提出太阳活动影响气候的基本物理图像，为过程及机理的进一步研究奠定基础。

(2) 太阳直接辐射量的变化如何影响气候

太阳直接辐射量的变化值比较小，在11年尺度上振幅约为0.1%，一个不大的辐射强迫通过什么过程引起地球气候系统的变化是长期未能解决的问题。目前有一种推断，认为太阳的异常辐射强迫与气候系统自身动力过程之间的非线性相互作用有可能引起气候的明显变化。但气候系统的哪些动力学过程，以及这些动力学过程如何与太阳的异常辐射强迫相作用都是亟待研究的问题。其研究既涉及资料的检测和分析，更困难的还在于合理的动力学模型的建立、求解以及其结果的物理解释等方面。

(3) 太阳紫外辐射的变化如何影响气候

目前一般认为，太阳活动(太阳黑子多)所引起的紫外辐射的增加可能使平流层的臭氧量及其分布发生变化，从而引起平流层热状况的变化，以及平流层环流的变化，再通过行星波的异常而引起对流层大气环流和气候变化。但这种影响过程还待进一步确定，包括紫外辐射的改变对平流层臭氧的影响，平流层臭氧变化对平流层和对流层大气环流的影响等；尤其是还要通过数值模拟试验搞清楚这种过程的影响程度。

(4) 宇宙线及大气电离度的影响

有观测研究表明，太阳黑子的高峰期地球大气的电离程度比较强，尤其是在高纬地区。在电磁场作用下，高纬度大气电离化的增强可导致高纬度地区直接经圈环流的加强，进而影响整个大气环流的变化。另外，高纬度地区宇宙线粒子的增加在对流层还会增加凝结核的数量，从而还影响到云量，最终可影响地球气候。这方面还有许多问题现在仍不清楚，例如太阳活动对大气电离度的影响，大气电离度与大气经圈环流的关系，以及宇宙线与对流层云量的关系等；而且上述各种关系中的物理过程及机制也尚待研究。

(5) 太阳活动影响地磁场变化对气候的间接影响

太阳活动对地磁场的影响已有不少观测，地磁场改变又如何与气候变化相联系，是一个具探索性的问题。但已有个别研究表明，由于地磁场的变化将使得地壳与地幔边界上地磁能量（焦耳能）的变化，这种地磁能量释放（过程尚待研究）给大气，可造成大气环流和气候的变化。同时，地磁场的变化，还将引起地壳内部磁流体运动（外核流动）的改变，通过核-幔耦合过程对地幔产生影响，然后引起地球自转（日长）的变化，再通地球与大气的角动量交换而影响大气环流和气候。显然，上述这些提法在一定程度上还只是科学推断，需要进行大量深入的分析研究才可得到真正结果。

(6) 天气气候变化与中高层大气环流的相互影响

前面几个问题是太阳活动如何影响地球气候的变化，其中涉及一些空间环境变化问题。实际上还存在着对流层的天气气候变化与平流层和中层大气环流的相互作用问题，因为一方面太阳活动的影响过程部分要通过中层和平流层大气环境的改变再影响到对流层；另一方面对流层的强烈天气气候过程也会向上传播而影响到平流层、乃至中层大气。特别是从国防安全角度，对流层与平流层和中层大气间的相互影响问题是必须注意研究的。因为随着高技术战争作战重心的向高空发展，以及各军事大国开始组建“空间”部队，受空间环境（也有人称空间天气）影响的武器系统越来越多，对空间环境的了解和保障越来越受到关注，美国已有专门部队从事这方面工作。而空间环境的变化，尤其是在平流层和中层，既有来自宇宙的影响，也有对流层强过程的影响。因此研究强烈天气气候变化与平流层和中层大气环流的相互影响，既对天气气候变化的了解和预测有重要意义，也对平流层和中层环境变化的了解和预测有意义。

(7) 必需的观测

相对一般的气候变化研究而言,观测资料在太阳活动与气候变化的研究中显得尤为重要,因为其获取比较困难。因此,在实施太阳活动与气候变化的研究计划时必须包括适当的观测部分,例如臭氧的观测、平流层和中层大气风的观测,及高纬度地区宇宙线和云的观测等。观测手段有空间和地面遥感、火箭及气球等。

1.1.6 火山爆发

火山活动是地球内部运动的一种表现,然而火山爆发所喷射出的物质可以到达大气乃至平流层,并可在大气中存在 1 年或更长时间,从而会改变平流层的化学成分和影响地气系统的辐射收支。因此,火山爆发也被认为是影响气候变化的重要因素之一,气候系统也不能不考虑它的作用。

图 1.1.7 可以清楚反映北半球地面温度异常与火山爆发的关系,在火山爆发频繁的 1830—1915 年间以及 1950 年之后,气温有偏低的趋势;而在少火山活动期间(1915—1950),气温明显偏高。

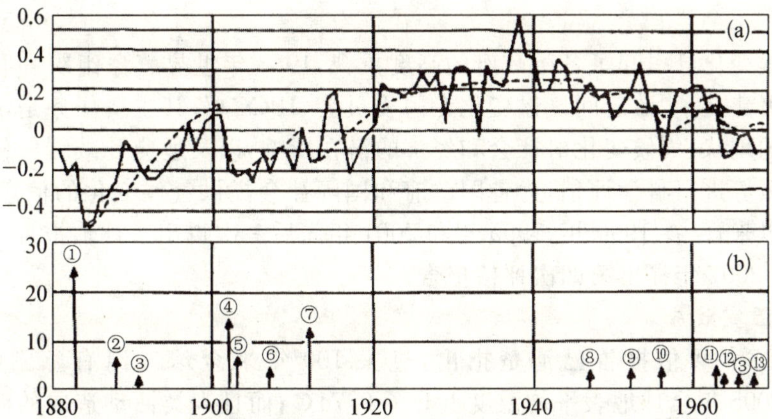

图 1.1.7 北半球气温异常(a,pc)与火山爆发及火山灰(b,10^6 大)的关系 图(a)中虚线是由经验公式估算的火山爆发对地面温度的影响;① 喀拉喀托火山;② 磐梯山火山;③ 阿武火山;④ 培雷火山;⑤ 圣马丽亚火山;⑥ 什秋别利亚火山;⑦ 卡特迈火山;⑧ 海支拉火山;⑨ 斯珀火山;⑩ 别济米扬内火山;⑪ 阿奠火山;⑫ 首尔寨火山;⑬ 费尔南迪纳岛火山(引自 Kondratyev,1988)

目前,利用气候数值模式已可以对火山爆发影响气候进行模拟试验。用 GFGL 大气环流模式所做的试验结果表明,在火山爆发情况下,数值模拟得到了较低的地面温度,而且在赤道和高纬度地区,火山爆发所引起的地面降温更为明显一些(图略)。用简单的能量平衡模式对埃尔奇冲火山爆发后引起的地面气温降低所做的计算结果如图 1.1.8 所示，火山爆发对北半球地面温度产生了明显影响，尤其是在高纬度地区。

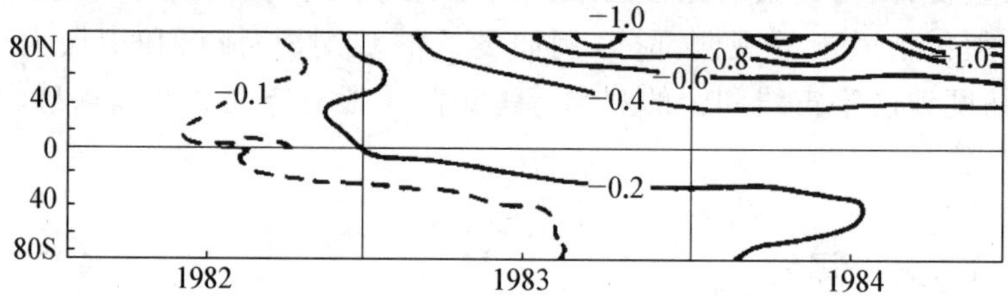

图 1.1.8 能量平衡模式计算的埃尔奇冲火山爆发后北半球地面温度的异常(℃) (引自 Kondratyev,1988)

1.2 近代气候变化的主要特征

1.2.1 全球增暖

气候变化已引起了各国政府的高度重视，1988 年世界气象组织和联合国环境规划署建立了“政府间气候变化专门委员会(IPCC)”，其主要任务是定期对气候变化的现状、气候变化对社会和经济的潜在影响，以及适应和减缓气候变化的可能对策等进行科学评估，为各国政府和国际社会提供气候变化的信息。IPCC 自成立以来，已在 1990 年、1995 年和 2001 年先后三次提出了评估报告及综合报告，并在 2007 年提出第四次评估报告。

1. 温室效应

IPCC 的评估报告已清楚指出，过去 100 年来全球气温有急剧的增加，1906—2005 年全球地表平均温度上升了 0.74℃；而且人类活动造成的温室气体含量增加所加剧的温室效应是全球增暖的主要原因。IPCC 评估报告本身也给 WCRP 提出了重要的科学问题，即人类活动影响气候变化的一些不确定性问题，尤其是有关云和气溶胶的气候效应问题并没有很好搞清楚，深入地揭示那些决定最大不确定性的物理过程是 WCRP 的重要科学任务。另外，如何分检出观测到的气候变化有多少是自然因素造成的，有多少是人类活动造成的仍然是一个还未完全解决的科学问题。

图 1.2.1(彩图见第 691 页)是 IPCC 报告(2001)给出的过去 140 年来全球地表温度距平(相对 1961—1990)的时间变化(图 1.2.1a)和过去 1 000 年来北半球地表温度距平的时间变化(图 1.2.1b)。很明显，近百年来，尤其是近 50 年来，

全球温度明显增高。无论从哪个角度都可以说，全球增暖是一个无争的事实；地球气候变化的最主要特征就是全球增暖。

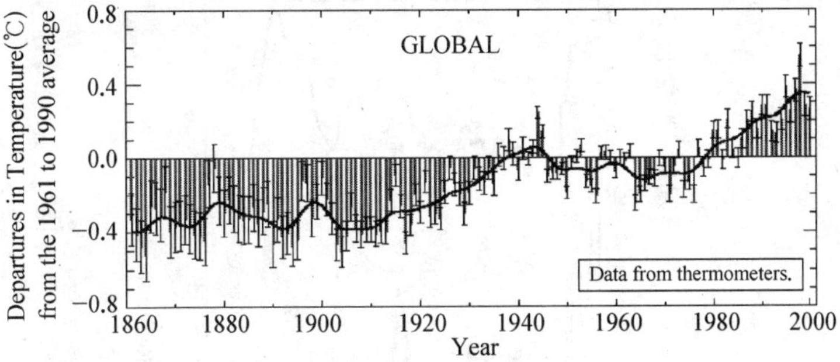

(a)

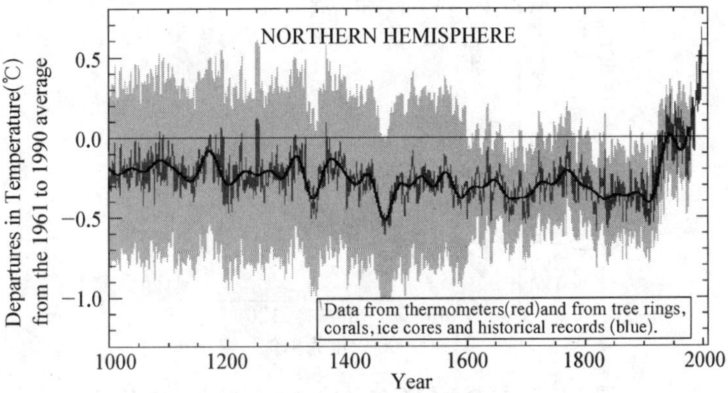

(b)

图 1.2.1 过去 140 年全球温度距平(a)和过去 1 000 年北半球温度距平(b)的时间变化 (a) the past 140 years;(b) the past 1 000 years

是什么原因造成了全球增暖呢？在格陵兰和南极地区所取得的冰芯资料通过同位素分析可以获得古代地表温度和大气中温室气体含量的信息，图 1.2.2 就是根据南极东方站的冰芯分析得到的 16 万年以来该地区的地面温度，以及大气中 CO_2和甲烷浓度的时间演变情况。就长时间的变化趋势而论，它们有着十分一致的演变特征。因此，以 CO_2 为主要代表的温室气体含量的增加所引起的温室效应加剧，也就被认为是全球增暖的重要原因。近来，人们用气候模式也进行了 CO_2含量增加所导致的气候变化的数值模拟，其结果也清楚地表明，人类活动所造成的温室气体含量的增加是引起全球增暖的主要原因。

观测数据表明，全球大气中的 CO_2 浓度已从工业革命前的约 280 ppm 增加到了 2005 年的 379 ppm，远远超过 65 万年以来大气中 CO_2 浓度的自然变化范围。全球大气中的甲烷浓度已从工业革命前的约 715 ppb 增加到了 2005 年的 1 774 ppb，也远远超过 65 万年以来大气中 甲烷浓度的自然变化范围。全球大气中的氧化亚氮浓度已从工业革命前的约 270 ppb 增加到了 2005 年的319 ppb。

大气中温室气体浓度增加的总体效应是改变大气的辐射平衡，加剧温室效应，导致地面和对流层大气的增暖和平流层大气的变冷。

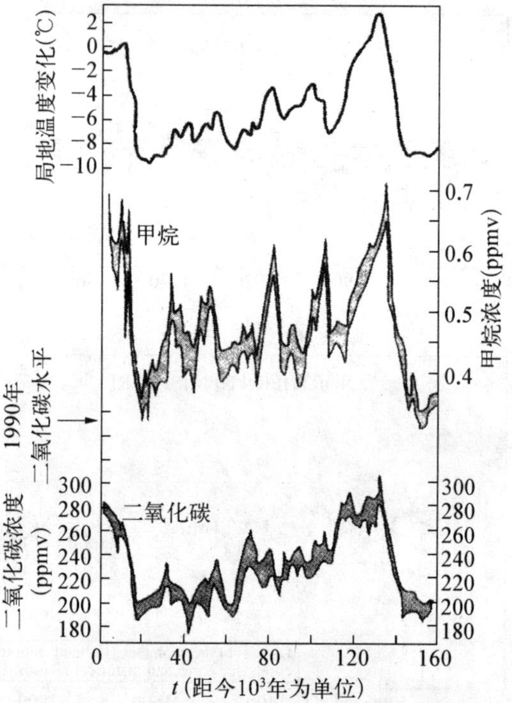

图 1.2.2　根据南极东方站的冰芯分析得到的 16 万年以来该地区的地面温度，以及大气中 CO_2 和甲烷浓度的时间演变情况　(引自 Barnola et al,1987)

2. 太阳活动的可能影响

上面我们讲温室气体含量的增加是引起全球增暖的主要原因，而不讲是唯一原因，有两方面的考虑。其一是现有的研究结果(IPCC 报告)还存在一定的不确定性，特别是关于大气气溶胶的影响及程度尚需深入的研究；其二是还有一些研究结果表明，自然变化因素，尤其是太阳活动也对地球气候增暖有一定影响，甚至有人还认为全球的增暖有三分之一是太阳活动的影响。为了给大家一个感性的认知，我们在图 1.2.3 中给出了过去 10 000 年以来太阳黑子数的长期变化情况，可以清楚看到在近 500 年里太阳黑子数也有急剧的增加，尤其是近来增加更为明显。尽管太阳活动(太阳黑子数的变化)如何影响地球气候(温度)变化的机理还不是很清楚，但也不好就排除这种影响。

太阳黑子的平均周期为 11 年左右，但实际上这个周期的长度在不同的时期却是不同的，反映出太阳活动的另一种变化特征。图 1.2.4 给出的是近 600 年来太阳黑子周期长度的演变特征，可见其周期长度的变化幅度还是不小的，最长可达 12 年，最短不到 10 年，即振幅可达 10% 以上。而已有研究表明，太阳黑子周期长度的变化与全球气温变化有很好一致性（Friis-Christensen And Lassen, 1991; Kelly and Wigley, 1992），说明太阳活动对全球气候变化，尤其是气温的升降有明显影响。

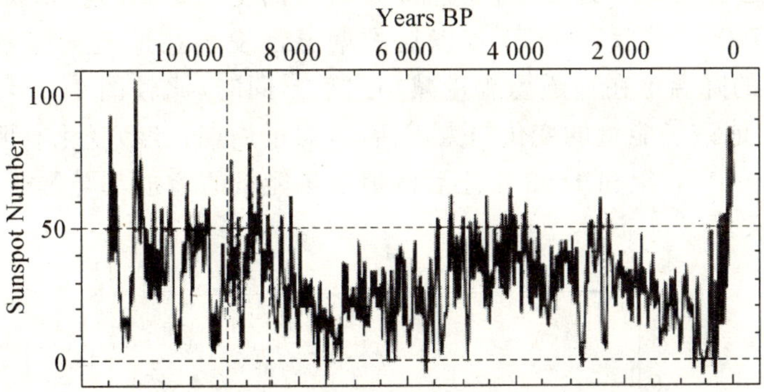

图 1.2.3 过去 10 000 年以来太阳黑子数的长期变化情况 （引自 Reid, 2000）

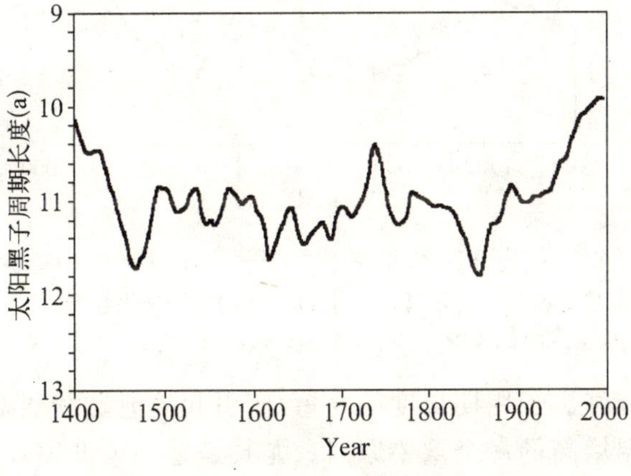

图 1.2.4 近 600 年以来太阳黑子周期长度的变化 （引自高晓清等，2002）

太阳活动能够明显地引起地球磁场的变化是大家熟知的事实，已无需更多论述。而从现有的研究结果看，太阳活动-地磁场改变对地球气候的影响主要有两种物理过程，即热力过程和动力过程。那么，太阳活动通过改变地球磁场也将会由其热力过程和动力过程而影响全球气温的变化。下面，我们将就上述两种过程分别做简要讨论，其一是地磁场能量和全球气温，其二是地磁场-地球自转速度和全球气温变化。

地磁场及其变化同天气气候的关系也已有一些研究（Gribbin, 1981; Bucha, 1991; 曾小苹, 1992），而地磁场的变化又同太阳活动有明显关系。利用地磁场观测参数,可以计算出地磁场的焦耳热能量(Matsushita,1967)。图1.2.5给出的是计算得到的1400年以来在地球核幔边界上的地磁场能量($\times 10^8$ J)和50年滑动平均的归一化全球气温的时间变化情况。首先,地磁场能量的变化同全球气温变化有相当好的一致性,其同时相关系数达0.778,超过99%的可信度;而且,地磁场能量的变化似乎超前全球气温的变化,尤其是1500年之后的变化。例如,1700年以后和1870年以后的增温都发生在地磁场能量增强之后,1770年之后的降温也在地磁场能量减小之后。同时,比较图1.2.4和图1.2.5还可以发现,地磁场能量的变化与太阳活动(黑子周期长度)变化有明显的关系,尤其是1680—1770年和1860年之后的地磁场能量的增加都与黑子周期长度的变短有明显关系。

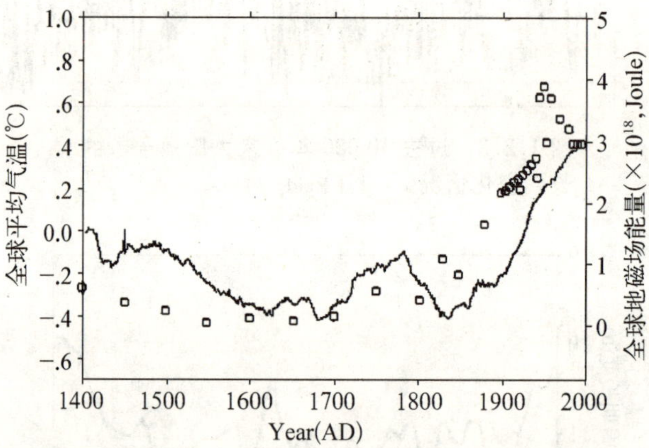

图1.2.5 近600年以来核幔边界上全球地磁场能量(圆圈,$\times 10^8$ J)和50年滑动平均的归一化全球气温(实线,℃)的变化 (引自高晓清等,2002)

因此,太阳活动(黑子周期长度的变短)所引起的地磁场能量的变强,也可能成为导致全球气温增高的一个重要原因。尤其是近一个世纪以来的全球增暖也有可能是太阳活动变化(黑子周期变短)的间接影响,尽管太阳活动变化引起地磁能量变化之后,再如何引起地球气温的变化还须深入研究。

太阳活动引起地球磁场的变化、再引起地球自转速度的改变、进而引起地球气候的变化,极可能是太阳活动影响地球气候的重要动力过程。

地磁场的变化除了上面已讨论的可改变地球核幔边界上的焦耳热之外,还将引起地壳内部磁流体(溶浆)运动的改变。因为地球外核是以铁镍为主要成分的熔融态合金,其黏滞度近似于水,也可视为磁流体。地球磁场变化所产生的磁力异常将引起地球外核流动的改变,而外核流动的改变通过核幔耦合作用,包括电磁耦合、黏性耦合、热力耦合和地形耦合等过程,又将对地幔产生影响(Hide,1969;Jault and LeMouel, 1991;Voorhies,1991),然后又引起地球自转(日长)的变化(傅容珊,1999)。地球自转速度(日长)的变化,通过固体地球与大气和海洋间的角动量交换将引起大气环流和海洋环流的变化。以大气为例,如果固体地球自转速度变快(慢),日长变短(长),热带大气获得的东风角动量将增多(减少),大气环流乃至海洋环流都要发生变化。也就是说,地球磁场变化通过引起地球自转(日长)的变化,最终也会影响地球气候,也必然影响全球气温的变化。

图 1.2.6 给出的是 1600 年以来日长距平(相对平均值 86 400 秒的偏差)的演变情况,其资料分别来自美国宇航局(NASA JPL)和国际地球旋转服务机构(International Earth Rotation Service)。可以清楚看到,自 1875 年之后,日长有变长的总趋势。这种日长的变长趋势又与全球温度的变暖趋势有着相当好的一致性。

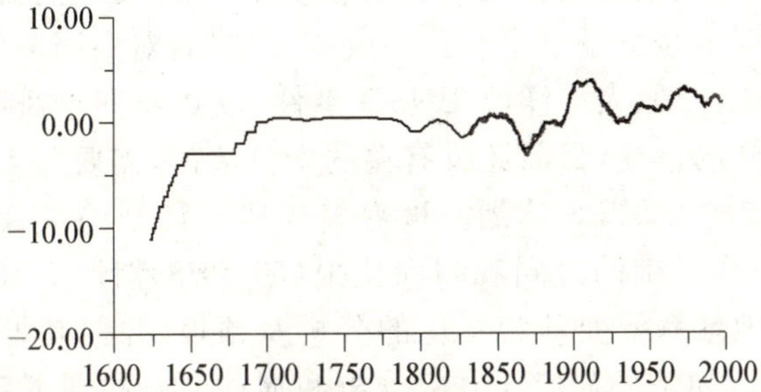

图 1.2.6 近 350 年来日长距平(ms)的时间演变 (引自李崇银等,2005)

无论增暖的原因如何,全球增暖已给全球环境带来了严重的后果。其一是使全球气象水文灾害的加剧,据 WMO 的统计,1992—2001 年气象水文灾害就在全球导致了 62.2 万人死亡,20 多亿人受到影响;总经济损失达 4 500 亿美元,气象水文灾害占所有自然灾害造成经济损失的 65%。

全球增暖的另一重大影响是海平面的升高和冰川退缩。过去一个世纪,全球海平面平均已升高 10—25 cm,预计到 2100 年全球海平面的升高平均将达到 50(10—100)cm。同时,北极、南极和青藏高原的冰川也已明显退缩。这些结果必然威胁着人类的生存环境。另外,全球每年有 6 万平方公里的土地沙漠化,对人类生活不能不带来影响。

全球增暖已造成全球环境的严重恶化,2005 年联合国的报告就指出:“在使地球生命得以生存的生态体系中,有 60%已严重恶化或不能持续利用”,“地球物种已出现巨大和不可逆转的损失,有 10%—30%的哺乳动物、鸟类和两栖动物已濒临灭绝”。可见全球环境变化(特别是全球增暖)影响的严重性。

全球增暖还可能产生新的物种,可能打破病毒、细菌、寄生虫和敏感原的现有格局,产生新的变种,从而严重威胁人类健康。例如世界卫生组织的一份报告称,至少有 30 种新的传染病已在过去 20 年里出现;因增暖将扩展蚊子的生活期和地域使靠它们传播的疟疾、脑炎等的发病率提高。

为了保障我国经济和社会的持续发展,我们必须搞清在全球增暖背景下中国气候的基本特征,以服务于国家经济建设和人民生活的提高(WCRP中国委员会,2006)。其主要包括:

(1) 全球增暖背景下中国气候的基本特征及变化。一些数值模拟试验表明,如果大气中CO_2的含量加倍,不仅全球平均气温将升高2.5—5℃,降水量也将有显著的变化。具体到对中国气候的影响如何还需要深入地研究,尤其是中国地域辽阔、且跨越不同的气候带,CO_2等温室气体含量增加所造成的气候影响在不同地区还可能不一样,要仔细分析研究。

(2) 全球增暖背景下影响中国的主要天气气候系统(台风、ENSO等)的变化规律。中国天气、气候的变化受到各种系统的影响,那些引起中国天气、气候变化的系统在全球增暖背景下有些什么改变?例如,对中国天气、气候有重要影响的西太平洋台风活动,太平洋的ENSO事件,以及亚洲季风系统,它们在全球增暖背景下是怎样的情况,目前还没有搞的十分清楚,需要加大力度研究。

(3) 开展中国的COPES计划。世界气候研究计划(WCRP)的未来重要国际战略计划是“地球系统的协同观测和预报(COPES)”计划(2005—2015),其主要目的是促进对地球系统变动和变化的分析及预报,并使其得到广泛的社会应用。也就是要进行如下的研究工作:分析和描述(地球)气候系统的结构、变动及变化;改进对(地球)气候系统变化机理、过程及人类强迫的认识,并将这些新的发现和认识引进到气候模式中;提供从月到几百年,从区域到全球尺度的气候系统预测依据;把模式用于预测全球和区域尺度的因人类活动引起的气候变化,以此能更客观地评估相关的影响。我们知道气候及其变化往往带有大范围乃至全球的特征,参与国际合作计划是十分必要和有利的。我们要在COPES计划的框架下,结合中国的实际开展相应的系统性研究,形成中国的COPES计划,服务于中国经济发展和人民生活的需求。

1.2.2 极端气候事件

虽然极端气候(包括天气)事件是小概率事件,但它一旦发生就可能对区域生态环境及人类社会产生极其严重的影响。同时一些观测又表明,近期在某些地区一些类型的极端气候事件有增多的趋势。这样一来,极端气候事件已成为大家普遍关注的重要问题。

近年来无论是在中国还是在世界其他地区,某些极端气候事件(风暴和酷暑等)有频繁发生的趋势。不少人认为这种情况的出现与全球增暖有直接关系,是人类活动影响的结果;但也不能排除是气候变化的一种阶段性特征。极端气候事件中有相当部分是极端天气事件所导致的,而且它们有时也难于分辨,因此也常将它们统称为极端天气气候事件。最近根据德国慕尼黑暗再保险集团提供的数据表明，极端天气事件2006年全球发生约953起，比2005年的716起和2004年的718起都多；所造成的死亡人数在2006年、2005年和2004年分别是12 422人、10 975人和11 953人。显然，极端天气气候事件的影响有增大的趋势，该集团的风险专家还指出，1950年以来，风暴造成的重大自然灾害发生率已上升了一倍；而洪水、热浪和干旱等其他极端事件的发生率则已上升了三倍。另外，他们的数据还表明2006年受极端天气事件影响最大的国家主要在亚洲，前十个国家中亚洲就占7个，而且菲律宾、韩国、印度尼西亚和越南在前四位。尽管在给出上述数据和情况的同时他们也指出，极端天气事件未必就与全球气候变化（全球增暖）有关，但无论如何，研究重大极端天气气候事件及其发生的机理对于人类社会的可持续发展都是十分必要的。

中国是极端天气气候事件频发的国家，近些年来极端天气气候事件所造成的灾害和影响还有增加的趋势。下面我们以2006年发生在中国的两个重大灾害事件为例，作简要分析讨论。

2006年盛夏，四川和重庆出现了历史上罕见的高温干旱极端气候事件，四川有53个县（市）的旱期在40天以上，3个县（市）旱期达70天以上；有77个县（市）气象站观测的日最高气温超过有气象记录以来的最高值，其中华嵘山市最高气温高达43.6℃。重庆市的綦江出现了44.5℃的历史最高纪录，重庆全市大部分地区日最高气温≥35℃的高温日数在35天以上，而渝西地区普遍超过45天。同高温相伴随，2006年川渝地区伏旱严重，时间长达50天以上，重庆沙坪坝站7月11日—9月3日总降水量仅为32.3 mm；四川的遂宁市部分地区7—8月的降水量较常年减少9成，南充、达州、广安和资阳的大部分地区7—8月的降水量较常年较少6—8成。显然，这样的高温干旱灾害不仅对工农业生产造成了巨大损失，也给人民的生活和生命安全带来巨大的威胁。

对2006年川渝夏季严重高温干旱所作的初步分析研究表明（杨淑群等，2007），造成这次极端气候事件的主要原因是大气环流异常所至，当年夏季西太平洋副高位置偏北偏西，向西扩展的西太平洋副高与大陆青藏高压形成稳定少动的大陆高压，并控制川渝地区。当然与这种异常的副高形势相配合，在对流层中纬度地区盛行纬向气流，冷空气难于南下影响；平流层的南亚高压偏强、偏东，其季节性北跳偏早。这些大型环流的异常特征对副高的长期稳定维持有重要影响，也对严重高温干旱的持续有重要影响。

2006年7月14日13时左右在我国福建登陆的强热带风暴“碧利斯”，虽然强度不大（登陆时中心气压975 hPa，最大风力为11级，风速为30 m/s）。但它登陆后在缓慢西移过程中，给福建、江西、湖南和广东等地造成了严重的暴雨洪涝，尤其是在湖南东南部发生了持续性特大暴雨过程，造成了及其严重的人员伤亡和财产损失。据统计，7月14日—17日湖南有24个县市降水超过100 mm，11

个县市超过 200 mm,4 个县市超过300 mm,其中资兴市东江库区的龙溪站(水文站)为 631.8 mm,永兴达到 471.9 mm,都超过 500 年一遇的降水强度。强降水使湘江干流全线超过警戒水位,全省有 729 万人受灾,经济损失超过 78 亿元,死亡 417 人,失踪107 人。

对于"碧利斯"登陆后的严重影响所作的分析表明,它深入内陆后引起的降水之大,持续时间之长和范围之广在历史上都是极为少见的。尤其是与其登陆后的更强台风"美格"所造成的灾害相比,"碧利斯"的影响更大的多。初步的分析表明(刘爱鸣等,2007)大气环流对其的作用十分重要,首先是孟加拉湾低压和大陆高压对"碧利斯"登陆后的移动缓慢以及对涡旋环流的维持起着重要作用,从而延长了它的降水时间;南亚高压偏东,在中国南部上空造成高层强辐散,其动力作用是"碧利斯"强降水的另一重要原因;南海夏季风的加强和西太平洋副高的偏西都为有较强的持续水汽输送到华南地区,以及中尺度对流系统的激发提供了重要条件。

在本书快要写完的时候,中国又发生了一次极端天气气候事件。2008 年 1 月 10 日至月底,中国有 19 个省(湖南、贵州、广东、广西、湖北、安徽、江西、河南、陕西、四川、江苏、福建、甘肃等)遭受了几十年乃至一百年一遇的严重雨雪冰冻灾害,真可谓"罕见大雪冻住了半个中国"。我国南方不少地方的积雪达创纪录的厚度,香港的日平均温度曾达 9.9℃,为 1885 年有记录以来的第二个低值。这次罕见的雨雪冰冻灾害给全国人民的生活和生产造成了极其严重的损失和影响,据不完全统计就有近亿人受到灾害影响,共有 107 人死亡、8 人失踪,农作物受灾面积为 1.77 亿亩、绝收 2 530 万亩,共有 1.79 亿亩森林受损毁,倒塌房屋 35.4 万间,造成直接经济损失超过1 111亿元。其中:

(1) 电力设施受到毁灭性破坏。因大雪和冰冻使输电线路严重结冰,导致高压输电线断裂和输电线铁塔倒塌,仅湖南就有上万公里的输电线路被毁,几百个铁塔倒塌。输电线路的毁坏,造成了不少地方断电停产。

(2) 铁路和公路运输严重瘫痪。因大雪,以及冰雪造成的断电,使使得大量铁路和公路运输中断,尤其是京广铁路和京珠高速严重受阻,数十列火车和上万辆汽车被困在冰雪之中,在广州地区一度有近 200 万旅客无法乘车回家。

(3) 民航机场长时间被闭,不少地方航运中断。

(4) 电讯受到严重影响。因雨雪和冰冻,通讯线路和一些设施被破坏,不少地方通讯受到严重影响。

(5) 百姓生活受到严重影响。因雨雪和冰冻,农作物受灾,蔬菜供应及价格受到极大影响;因断电和自来水管冻坏,百姓吃水和日常生活受到严重影响。不少居民房屋也被冰雪压跨。

(6) 交通中断使煤、油运输受阻,发电不足,严重影响工农业生产和人民生活。

对于这次极其罕见的严重雨雪冰冻灾害,其形成原因无疑是值得深入研究的。初步分析表明,造成这次严重灾害的因素是十分复杂的,除 La Nina 的影响之外,多种大气环流形势异常的同时相遇更是极其重要的原因,例如偏强的印缅槽所带来的持续较强暖湿气流,亚洲大陆中纬度持续的高指数环流等。

以上例子及其分析讨论表明,极端天气气候事件的产生,都伴随有一定的大气环流形势的异常。因此,除了要关注全球增暖的可能影响之外,我们必须注意和研究大气环流异常对极端天气气候事件的直接作用。

虽然一些模式预测结果表明,许多极端天气气候事件的发生频率和严重程度会随气候的变暖而增加,但也要指出,目前科学还不能完全证明最近的极端天气气候事件的频繁发生就是全球增暖所引起的。因为极端天气气候事件的发生频率与全球增暖之间的联系只能由长期资料的统计分析来确定,目前的资料尚不足以给出任何明确的结论。就中国五十多年的资料来看,尽管气温在持续升高,在区域尺度上某些极端天气气候事件的发生频率也有所增多,但从整体上看,中国主要类型的极端天气气候事件的发生频率却是或者呈减少趋势,或者变化不显著(表 1.2.1)。

表 1.2.1 过去 50 年中国平均的主要类型极端天气气候事件发生频率的变化情况 (引自丁一汇、任国玉,2008)

事件类型	统计时段	变化趋势
暴雨(强降水)	1951—2001	增加,但不显著;东南和西北地区增多,华北地区减少
干旱	1951—2001	增加,但不显著;华北、东北南部地区加重,南方和西部地区减轻
登陆台风与台风降水	1954—2001	登陆台风减少,台风造成的降水量和影响范围均减少
寒潮	1951—2001	明显减少、减弱
高温	1951—2001	高温日数减少,但不显著;华北地区增多,长江中下游地区减少
低温	1951—2001	明显减轻,北方更为明显
沙尘暴	1954—2001	明显减少,1998 年以后有所增多,但仍远低于统计时期平均数

1.2.3 气候动力学研究

为了弄清气候及其变化的规律和原因,科学家们在进行观测资料的统计和诊断分析的同时,已逐渐开展了对气候变化机理的动力学研究,并在大尺度大气动力学的基础上发展产生了一个新的学科——气候动力学。气候动力学的产生实际上也意味着气候研究已进入了一个新的时代,以气候动力学为代表的当代气候学及其研究与传统的气候学及其研究有显著的不同。首先,经典的气候学及其研究主要关注的是某个地区的多年平均状况,例如平均的温度或降水量是多少;而当代的气候学及其研究更为广泛地注意全球及某个地区的气候异常或距平分布,以及它们间的可能联系。其次,与经典的气候学及其研究主要讨论大气的变化不同,当代的气候学及其研究依据气候系统的概念,将气候及其变化视为各个气候子系统相互作用和影响的总体结果。

气候动力学研究对象除大气之外还包括海洋、冰雪、固体地球、生物过程(尤其是植物)以及太阳活动等。从学科上讲,以气候动力学为代表的当代气候学是一个多学科相互渗透的交叉学科。例如地气系统的辐射过程、大气运动不同时间和不同空间尺度系统的特征及相互作用、平流层和中层大气过程对气候变化的影响、陆-气相互作用、海-气相互作用、海洋-极冰相互作用、冰雪-大气相互作用、气候模式及气候模拟、人类活动(特别是温室效应)对气候的影响、自然的外强迫(太阳活动和火山爆发等)对气候变化的影响、气候系统中物质(碳和水气等)循环的变化对气候的影响、生态系统与气候的相互作用、历史时期的气候演变特征及规律、气候系统的非线性理论、不同时间尺度气候变化的可预报性、未来气候变化的预测、气候变化对人类社会影响的评估等等,都是气候及其气候动力学的重要研究内容。

对气候系统进行定量观测和综合分析是以气候动力学为代表的当代气候学的另一个重要特征。例如,为了 WCRP 的需要,在全球范围已组织了一系列的观测试验,包括“热带海洋和全球大气(TOGA)”计划,“全球能量和水循环试验(GEWEX)”,“世界海洋环流试验 (WOCE)”,“国际卫星云气候学计划(ISCCP)”等等。这些综合观测试验所获得的大量资料,对研究和认识气候系统各成员间的相互作用过程及其规律起着重要的作用。

为了定量地反映气候系统间的各种相互作用,揭示气候变化的过程和机理,大力开展动力学理论研究、用比较完善的数值模式对气候及其变化进行广泛的数值模拟,是以气候动力学为代表的当代气候学的又一重要特征。客观、定量地对气候及其变化进行数值模拟,既是认识气候及其变化机理的重要手段,也是探索气候预测的重要途径。用数值模式模拟气候及其变化已取得令人满意的成果,可以说是当代气候研究有突破性的进展。但是,由于气候系统的复杂性,气候系统中的许多物理、化学及生物学过程还没有完全搞清楚,气候及其变化的数值模拟结果还有不少的问题,需要进一步深入研究。当前,研制高分辨率、高精度的气候系统模式成为世界气候研究的中心任务之一。如何有机地综合考虑各种复杂的相互作用过程,以及影响气候变化的诸多因子,进而对气候变化作出可信、定量的预测,还是气候学界面前的一道难题。尤其是面对全球变化的严峻挑战，现有的模式结果还存在相当的不确定性，无论在认识上还是在决策上都造成困难。

当代气候及其变化的研究，以及气候动力学的最终目的是要对气候变化作出更好的预测。因此，近年来人们已将不同时间尺度气候变化的可预报性作为气候动力学的重要内容。气候可预报性包括第一类可预报性和第二类可预报性，前者是关于初始误差随时间增长的问题，在模式积分过程中，其预报误差会因初始误差之故而不断增大，一旦误差增长到相当大的时候，预报也就没有意义了；第二类可预报性是怎样估计以及在多达程度上可以较好地估计出异常外强迫对气候变化的影响问题，也就是通过数值模拟确定模式大气对外强迫的响应特性及其敏感性。

在第二类可预报性中涉及大气对外强迫的响应问题，而外强迫在大气中总会激发产生一定的响应，尤其是一些数值模拟试验表明，大气对外强迫的响应主要是低频遥响应(肖子牛、李崇银，1992；Li et al，1993)。由于这种通过大气自身动力过程而产生了准周期振荡型响应，从而使得外强迫的影响可以在大气中持续较长的时间，也可以说大气将有比传统意义上的“记忆”多得多的记忆，不妨称其为“动力学记忆”。在考虑了大气对外强迫的低频遥响应特征之后，大气的“记忆”会有所改变，这对进一步认识第二类气候可预报性有新的意义。

大家知道气候系统是一个非线性的耗散系统，气候可预报性都需要在非线性系统中进行研究，这无疑会增加问题的难度。因为在这样的复杂系统中既可以有多平衡态的特征，也会产生分叉和突变，还会出现混沌。而且具体会出现什么状况，既决定于系统的特征，也决定于外部(环境)参数。有关这样的一些复杂问题，目前大家还在进行研究和探索。

1.3 ENSO及其影响

ENSO是厄尔尼诺(El Nino)和南方涛动(Southern Oscillation，简称SO)的总称，因为两者有非常紧密的关系，SO的正(负)位相几乎都对应着有El Nino(La Nina)事件。一系列的研究表明，ENSO(El Nino — La Nina)是年际气候变化的最强信号，而且它的发生往往给全球不少地方造成严重洪涝或干旱，从而受到全世界的普遍关注。

人们对El Nino事件进行了大量研究，Bjerknes(1969)早就指出赤道东太平洋海面温度的年际变化与Walker环流有密切的关系，使人们认识到El Nino是赤道东太平洋海气相互作用的结果。1980年代后，由于资料的增多，发现了许多新的事实，特别是发现赤道西太平洋的西风爆发对 El Nino 的发生具有重要作用，而且其西风异常与异常东亚冬季风活动有关（李崇银，1988；Li，1990），通过数值模拟也表明强东亚冬季风在赤道西太平洋地区能引起强对流活动和赤道西风异常（李崇银、穆明权，1998），因此强东亚冬季风对激发 El Nino 起着一定重要作用。同时，赤道西风异常使西太平洋暖池存在相当长时间的正次表层海温距平向东传播，从而激发 El Nino 的发生（李崇银、穆明权，1999；2000）。有关 ENSO 对大气环流及气候的影响也有不少研究，包括对印度季风降水的影响、对印尼和澳大利亚干旱和森林火灾的影响，以及对东亚气候的影响等。

下面我们将就 ENSO 的几个主要问题，即 ENSO 循环的机理、ENSO 的影响和 ENSO 影响的年代际变化，以及 El Nino 持续时间的长短等内容，特别是我们自己的研究新结果，作简明扼要的分析和讨论。

1.3.1 ENSO 循环的本质

为了搞清 ENSO 发生的原因，国外科学家相继提出了关于 ENSO 产生机制的所谓信风张弛理论（Wyrtki，1975），不稳定海洋波动理论（Philander et al，1984；Hirst，1986）和延迟振子理论（Suarez and Schopf，1988；Neelin，1991）。上述研究虽然各自都能部分地解释 ENSO 的发生和演变特征，但 ENSO 发生的确切原因仍未真正搞清楚，对 ENSO 的预测也就尚处试验预报阶段。根据“ENSO 是热带太平洋海-气相互作用的产物”的观点（Bierknes，1969），我们一直强调大气环流异常在激发 ENSO 中的重要作用。指出持续的强（弱）东亚冬季风将导致赤道西太平洋地区的持续西（东）风异常和强（弱）大气季节内振荡，通过海-气耦合相互作用，它们对激发 El Nino（La Nina）有重要作用（李崇银，1988；Li，1990；Li and Mu，1998）。用 CGCM 所做的强弱东亚冬季风作用的数值模拟试验也证明了上述的结果（李崇银、穆明权，1998）。下面我们将进一步就 ENSO 循环的本质进行讨论。

基于 JEDAC (Joint Environmental Data Analysis Center，USA)海温资料和 NCEP 再分析资料所做的分析研究，将指出西太平洋暖池的次表层海温异常（SOTA）及其向东传播与 El Nino 及 La Nina 的发生有直接关系，而 SOTA 的东传与赤道西太平洋异常纬向风有关。进一步还可提出一个关于 ENSO 本质的新看法：ENSO 实际上是主要由东亚季风异常造成的赤道西太平洋异常纬向风所驱动的热带太平洋次表层海温距平的循环（Li and Mu，2002）。

1. ENSO 的发生与暖池次表层海温异常和东传

1997年初夏爆发了20世纪最强的一次 El Nino 事件，而观测资料表明，在 El Nino 发生之前西太平洋暖池的次表层海温（Subsurface Ocean Temperature，

SOT)早已有明显正异常,这次西太平洋暖池的次表层海温距平(SOTA)可追溯到1996年秋天。暖池区正SOTA的增强和沿温跃层东传到赤道东太平洋并向海洋表层的扩展是1997年El Nino事件发生的直接原因。当El Nino事件发生之后,暖池区的SOT又出现负距平,其后,暖池区负SOTA的向东传播和在赤道东太平洋向海表扩展便激发产生了1998的La Nina。

分析历史上的每一次El Nino事件,可以发现,暖池区正(负)SOTA都与El Nino(La Nina)有密切的联系。在El Nino(La Nina)发生之前,暖池次表层都有正(负)SOTA存在;El Nino(La Nina)爆发后,暖池次表层又都变成为负(正)SOTA控制(图1.3.1)。由于温跃层从赤道西太平洋到赤道东太平洋是逐渐升高的,当暖池区的正(负)SOTA向东传到赤道东太平洋时,赤道东太平洋海表水温(SST)也将出现正(负)异常。换句话说,暖池区的正(负)SOTA和它东传到赤道东太平洋,可以视为El Nino(La Nina)发生的重要原因。

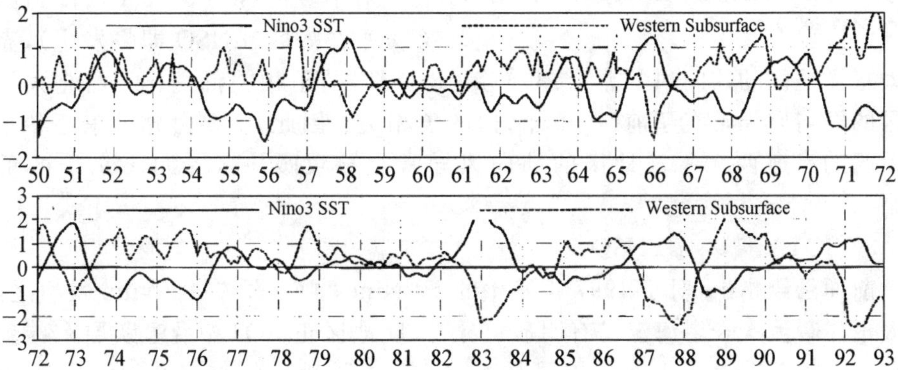

图1.3.1 Nino 3区SSTA(实线)和西太平洋暖池区SOTA(虚线)的时间变化 (引自李崇银、穆明权,2000)

为了进一步揭露暖池区SOTA对ENSO爆发的重要作用,我们也分析了用一个海-气耦合模式所进行的多年积分的资料。模式模拟的Nino 3区SSTA和暖池区SOTA的时间变化表明,在暖事件之前暖池区都有正SOTA出现,而在暖事件爆发之后暖池区的SOTA又变为负值;相反,冷事件却都总是与暖池区先期的负SOTA相对应,而在冷事件爆发之后暖池区的SOTA又变为正值(图略)。数值模拟结果与观测十分一致,充分说明了暖池次表层海温异常及其向东传播对ENSO的发生有重要作用。

ENSO的发生直接与暖池次表层海温异常的东传有关,那么是什么因素导致暖池次表层海温异常的东传呢?通过一些分析我们发现,赤道西太平洋地区的纬向风异常是暖池次表层海温异常向东传播的重要原因。赤道西太平洋的西风异常将驱动暖池次表层的正SOTA东传,并引发El Nino;赤道西太平洋的东风异常将驱动暖池次表层的负SOTA东传,并引发La Nina。我们的已有研究

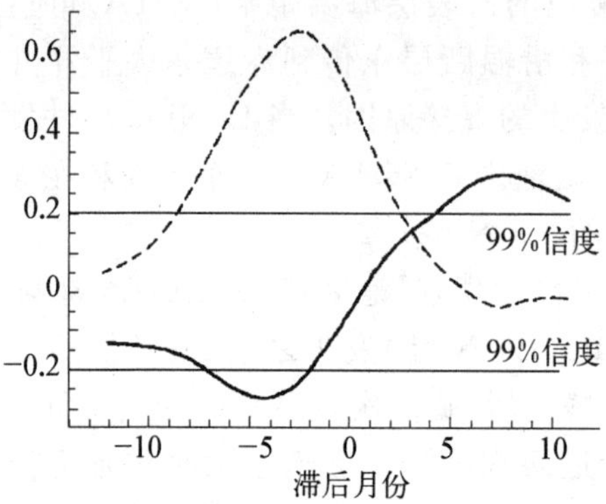

图 1.3.2 暖池区 SOTA 东传到赤道东太平洋海区与赤道西太平洋纬向风异常(虚线)及与东亚/西北太平洋地区经向风异常(实线)间的相关系数的时间变化 (引自 Li and Mu, 2002)

又表明,赤道西太平洋地区的纬向风异常主要是东亚冬季风的异常所激发产生的(Li, 1995)。而合成分析清楚地表明,东亚/西北太平洋地区的经向风异常(东亚冬季风异常)比赤道西太平洋地区的纬向风异常出现得要更早一些。图 1.3.2 给出的是暖池区的 SOTA 东传到赤道东太平洋海区(5°S—5°N,170°—130°W)与赤道西太平洋地区的纬向风异常及与东亚/西北太平洋地区(25°—35°N,120°—140°E)的经向风异常间的相关系数的时间变化。对于暖池区的 SOTA 东传到赤道东太平洋海区(ENSO 即将发生),赤道西太平洋地区的纬向风异常有超前(2—3 个月)的正相关,而东亚/西北太平洋地区的经向风异常有超前(4—5 个月)的负相关。因此,主要由异常东亚冬季风所引起的赤道西太平洋地区的纬向风异常是导致暖池区 SOTA 东传的重要机制。

2. SOTA 循环与 ENSO

前面已经指出,对于 1997 年发生的 El Nino 事件,早在 El Nino 发生之前,西太平洋暖池次表层海温已有明显正异常,暖池区正 SOTA 沿温跃层东传到赤道东太平洋并向海洋表层的扩展是 El Nino 事件爆发的直接原因;当 El Nino 事件发生后,暖池区的 SOT 又出现负异常,其后,暖池区负 SOTA 的向东传播和在赤道东太平洋的向表层扩展又导致了 1988 年 La Nina 的发生。进一步分析可以清楚看到,在暖池区正 SOTA 沿赤道温跃层向东传播的时候,在 10°N 和 10°S 纬度带有负 SOTA 的向西传播,并逐渐在赤道西太平洋扩展到暖池区,在暖池区形成负 SOTA;而在暖池区负 SOTA 沿赤道温跃层东传的时候,在 10°N 和 10°S 纬度带又有正 SOTA 的向西传播,并逐渐在赤道西太平洋扩展到暖池区,又形成暖池区的正 SOTA。换句话说,ENSO(El Nino — La Nina)循环实际上也可认为是热带太平洋次表层海温距平沿赤道及沿 10°N 和 10°S 纬度带的循环。

是什么因素导致上述这种循环呢?我们在上面的分析中已经指出,东亚冬季风持续异常所引起的赤道西太平洋地区纬向风的异常是直接的重要原因。而且已有研究表明,1997 年 El Nino 的发生与东亚中纬度地区大气环流异常(实际就是冬季风异常有关)。这无疑也给出了东亚冬季风持续异常的重要作用的另一个例证。

为了清楚地了解1997—1998年ENSO期间热带太平洋次表层海温距平的循环过程及其与赤道西太平洋西风异常和东亚冬季风异常的关系，图1.3.3(彩图见第691页)分别给出了1996年11月、1997年2月、1997年6月和1997年9月东亚和太平洋地区的月平均850 hPa经向风距平(VA)，850 hPa纬向风距平(UA)，热带太平洋次表层海温异常(SOTA)和海表水温异常(SSTA)的形势。其中SOTA取了大致沿温跃层的值，即暖池地区为160—120 m厚度之值，中东太平洋为120—80 m之值，东太平洋为80—40 m之值。可以看到，在El Nino的生成和发展阶段，暖池次表层有SOT的正距平存在及明显向东传播并扩展到赤道东太平洋海表，形成正SSTA和El Nino；而SOTA正距平的沿赤道东传直接与赤道西太平洋的西风异常相联系；在赤道西太平洋西风异常之前，在东亚沿海及西北太平洋地区一直有持续的北风异常，表明东亚冬季风持续偏强。还有一个明显的现象是在SOTA正距平沿赤道东传的同时，有SOTA负距平沿10°N纬度带向西传播，然后向南在暖池地区形成SOTA负距平区，取代原来的SOTA正距平。也就是说，伴随着El Nino的发生，热带太平洋的SOTA正距平暖池沿赤道东传到暖池区，构成半个循环；而这半圈循环直接与赤道西太平洋的西风异常和持续的强东亚冬季风相联系。

类似地，我们也分析了1997年12月、1998年2月、1998年5月和1998年8月的月平均异常形势(图略)，它可表示由El Nino向La Nina转变的情况。这时可以看到在暖池次表层有负SOTA在赤道东太平洋扩展到海表就形成负SSTA和La Nina；而SOTA负距平沿赤道的东传直接与赤道西太平洋的东风异常相联系；在赤道西太平洋东风异常之前东亚冬季风持续偏弱，有南风异常。在SOTA负距平沿赤道东传的同时，有SOTA正距平沿10°N和10°S纬度带向西传播，并逐渐向南在暖池区形成SOTA正距平区，这个暖池SOTA正距平又为下一次ENSO准备了条件。很显然，我们看到了SOTA负距平由暖池沿赤道东传，而SOTA正距平沿10°N和10°S纬度带西传的另半圈循环。这样，它就和图1.3.2一起就构成了一个完整的热带太平洋SOTA的循环，对于这个循环，赤道西太平洋纬向风的异常起着重要作用，东亚冬季风持续偏强(弱)所导致的赤道西太平洋西(东)风异常，分别驱动暖池次表层SOTA正(负)距平沿赤道东传。

对于其他的ENSO循环，例如1982—1983年、1986—1987年等ENSO循环，所作的分析也表明有类似上述1997—1998年ENSO的演变形势和特征。因此，异常东亚冬季风引起的赤道西太平洋纬向风异常所驱动的热带太平洋次表层海温异常的循环是确实存在的一种气候系统的年际变化现象。已有研究指出，异常海温沿赤道东传主要是赤道西太平洋异常纬向风所激发的异常海洋Kelvin波的作用；而海温距平沿10°N和10°S纬度带的西传，既有海洋Rossby波的作用也有北、南赤道流的作用。

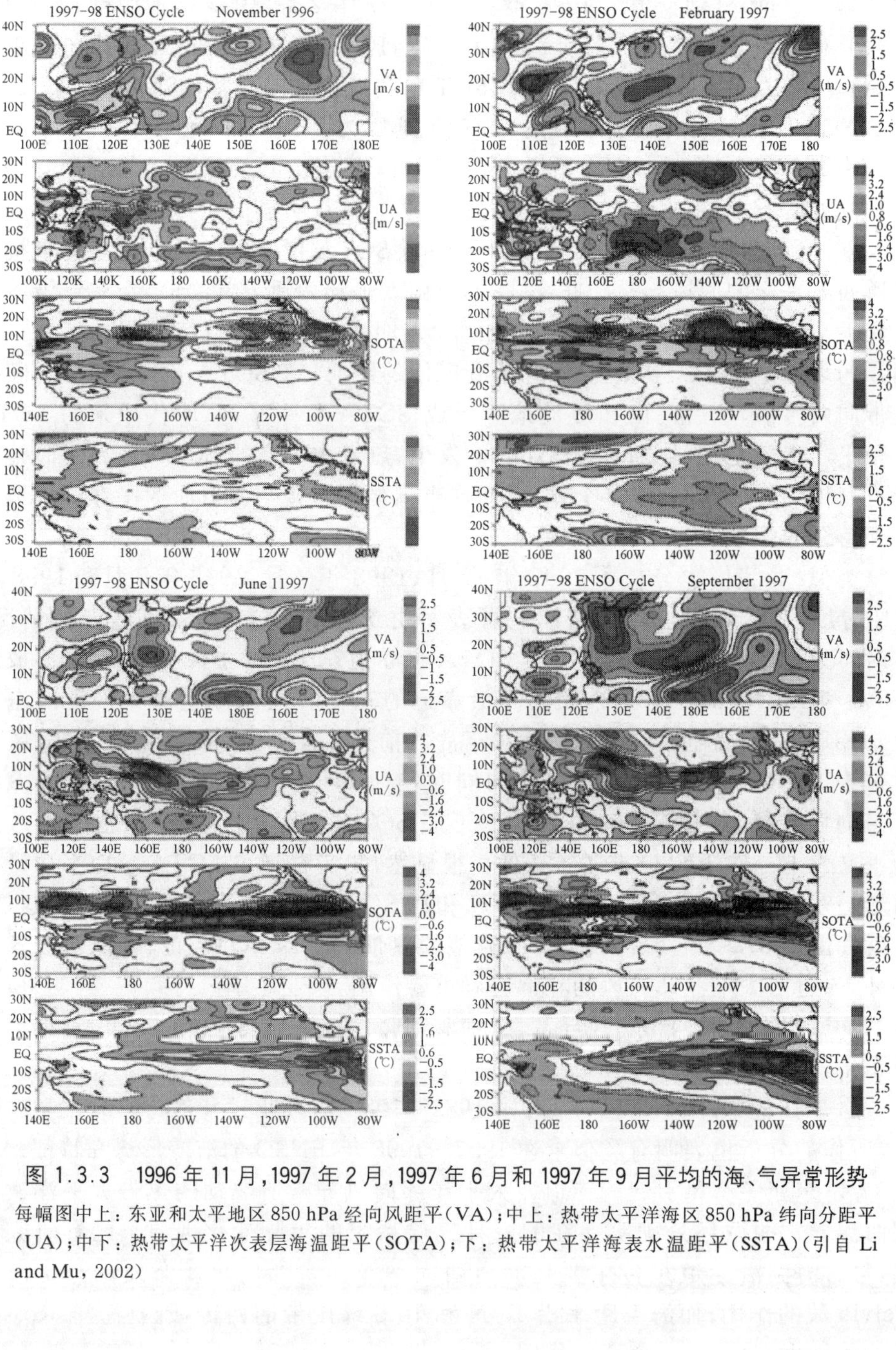

图 1.3.3 1996年11月,1997年2月,1997年6月和1997年9月平均的海、气异常形势

每幅图中上：东亚和太平地区850 hPa经向风距平(VA)；中上：热带太平洋海区850 hPa纬向分距平(UA)；中下：热带太平洋次表层海温距平(SOTA)；下：热带太平洋海表水温距平(SSTA)(引自 Li and Mu, 2002)

从上面分析中我们可以初步看到ENSO循环实际上是热带太平洋次表层海温异常的一种循环，而且在那里还表明了这种循环与持续的赤道西太平洋纬向风异常和异常东亚季风（主要是冬季风）的关系。为了更清楚地看到热带太平洋次表层海温异常的循环特征，在图1.3.4中分别给出了1979—1993年间沿赤道（C）和沿10°N纬带（A）的SOTA的时间-经度剖面，以及西太平洋SOTA的时间-纬度剖面（B）。为方便，我们从C图1981年开始看，一个明显的SOTA正距平由暖池地区（140°—180°E）东传并于1982年夏在赤道东太平洋形成强正距平，SSTA也出现强正距平；然后正距平沿10°N纬带西传（A图）于1984年到达西太平洋，其后南传（B图）到赤道西太平洋；其后，在赤道西太平洋暖池区的SOTA正距平从1985年开始又东传（C图），1986年夏在赤道太平洋形成SOTA正距平，并导致1986年的El Nino……同样，资料分析还表明SOTA负距平也有完全一样的循环过程，并形成1984年和1988年的La Nina（冷事件）。

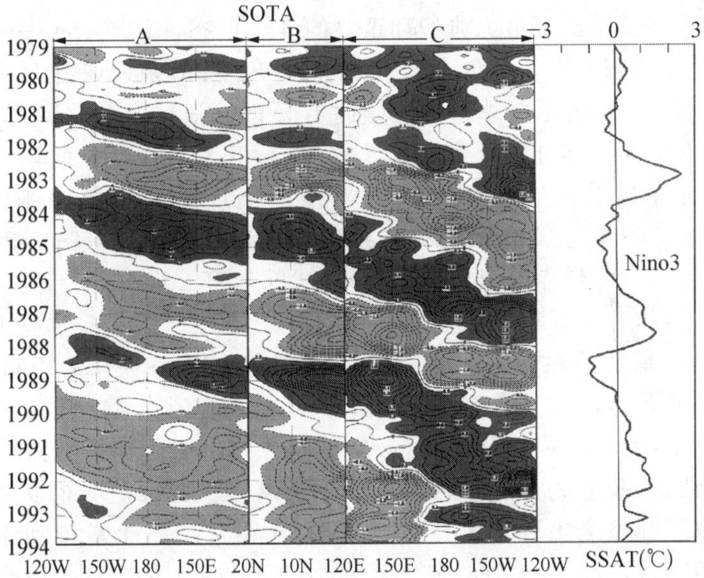

图1.3.4 太平洋SOTA沿赤道（6°N—6°S平均，左图C）和沿10°N纬带（左图A）的时间-经度剖面；西太平洋（120°—160°E平均）SOTA的时间-纬度剖面（左图C）；以及Nino3区SSTA的时间变化（右图） （引自Li and Mu，2002）

同样，如果用10°S纬度的资料，也可以有与图1.3.3十分相似的结果。从图1.3.3我们可以清楚地看到，ENSO（El Nino — La Nina）循环实际上是热带太平洋次表层海温异常沿赤道及10°N和10°S纬带作年际循环在赤道东太平洋的反映。热带太平洋次表层海温异常最强的海区是西太平洋暖池区，但那里温跃层比较深（150—200 m），那里与之相对应的SSTA并不大；然而赤道东太平洋温跃层比较浅(30—50 m),次表层海温异常(SOTA)在那里与 SSTA 近乎一样,SSTA 在赤道东太平洋反而显得更大,就 SSTA 而论用赤道东太平洋海表温度异常来定义 ENSO 循环也是自然的。但也应该知道,如果就热带太平洋 SOTA 而论,ENSO 的真正源是在西太平洋暖池次表层。

3. 东亚冬季风引起的赤道太平洋纬向风异常驱动 SOTA 循环的概念模型

在上面研究及时间剖面分析的基础上,对 1950 年以来所发生的全部 El Nino 和 La Nina 分别进行了合成分析,ENSO 循环特征以及热带太平洋 SOTA 的循环和赤道西太平洋纬向风、东亚/西太平洋经向风的演变特征都十分类图 1.3.2 所给出的形势。因为篇幅的关系,这里无法给出合成分析的各个结果(El Nino/La Nina 的前一年,当年及后一年各月的形势),但根据那些结果可以简要给出几张示意图,它能完全反映在异常东亚季风所引起的赤道西太平洋异常纬向风驱动下热带太平洋 SOTA 的循环特征,也就是 ENSO 循环的特征(图 1.3.5,彩图见第 691 页)。

图 1.3.5 中仅给出了最为典型和重要的 4 个形态,图 1.3.5a 表明暖池区有正 SOTA,而赤道东太平洋有负 SOTA,对应着 El Nino 前期或由 La Nina 向 El Nino 的转变期(一般为冬春季),如果这时有异常的强东亚冬季风(持续北风异常),赤道西太平洋西部开始产生西风异常,暖池正 SOTA 开始向东扩展。随着异常强东亚冬季风的影响,赤道西太平洋整个出现西风异常,在其驱动下,正 SOTA 整个东传到赤道东太平洋,并导致正 SSTA 和 El Nino(图 1.3.5b);与正 SOTA 由暖池区东传到赤道东太平洋的同时,负 SOTA 沿 10°N 纬度带逐渐西传到赤道西太平洋,并在那里形成主要负 SOTA 中心;图 1.3.5b 对应 El Nino 发展和成熟期(一般为夏秋季)。图1.3.5c表示由 El Nino 向 La Nina 的转变期(一般也为冬春季),西太平洋暖池区有负 SOTA,而赤道东太平洋为正 SOTA 控制。如果这时东亚冬季风持续偏弱(异常偏南风),将引起赤道西太平洋异常东风出现在其西部,暖池区负 SOTA 开始向东扩展。在持续的弱东亚冬季风影响下,赤道西太平洋整个出现东风异常,负 SOTA 沿赤道整个东传到赤道东太平洋,并导致负 SSTA 和 La Nina 的发生(图 1.3.5d);与负 SOTA 由暖池东传的同时,正 SOTA 由赤道东太平洋沿 10°N 纬度带西传到西太平洋,并在那里形成正 SOTA 中心,图 1.3.5d 对应 La Nina 的发展及成熟期(一般也为夏秋季)。

在上面的分析讨论中已指出了东亚冬季风异常在 ENSO 循环中的着重要性,为进一步表明 ENSO 与异常东亚冬季风之间的相互作用,这里进一步对 1950—1996 年发生的 El Nino 和 La Nina 事件所对应的大气状况分别进行合成分析,其结果可以从总体上反映东亚冬季风异常和 ENSO 循环的关系。

图 1.3.6(彩图见第 692 页)表示合成的 El Nino 事件的情况,可以清楚看到,合成的 El Nino 事件在春季开始爆发,在 11 月达到最强,但赤道西太平洋地区的西风异常要早于 El Nino 事件的爆发约 2—3 个月;而在 El Nino 事件爆发

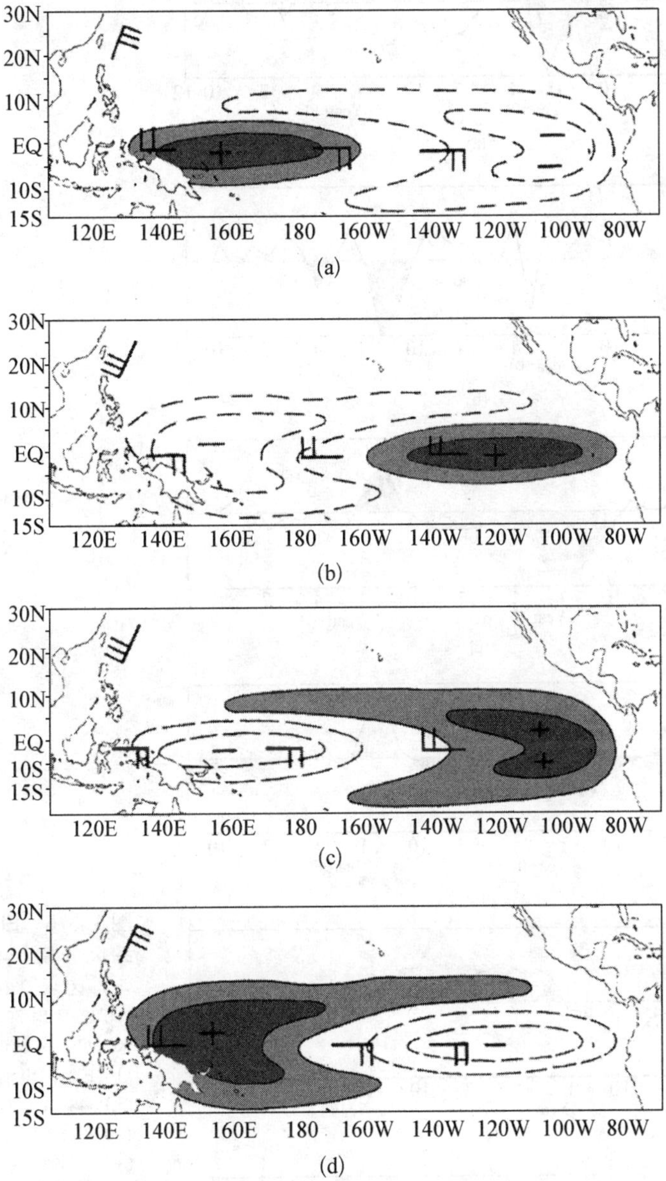

图 1.3.5 异常东亚季风(棕色风标)/赤道西太平洋纬向风异常(绿色风标)驱动的热带太平洋 SOTA(红色和蓝色线区分别表示正、负距平)循环的概念模型 (引自 Li and Mu，2002)

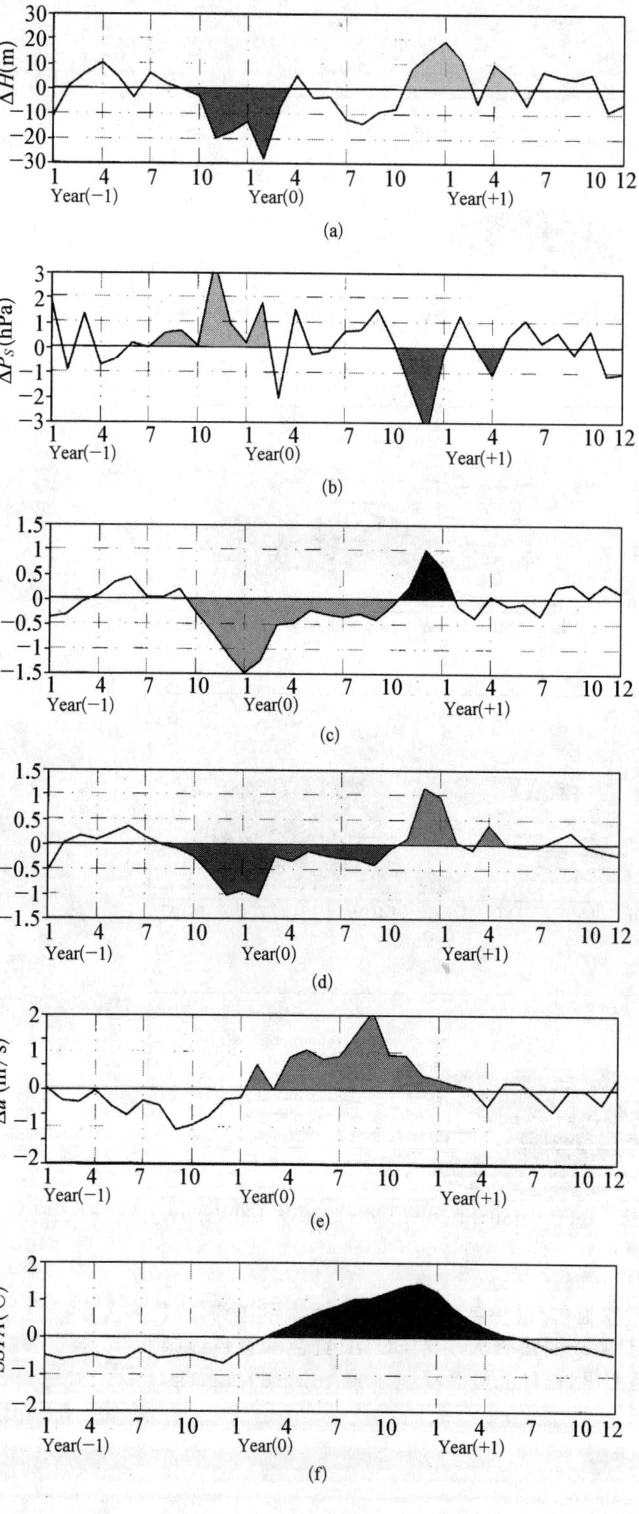

图 1.3.6 El Nino 与东亚冬季风异常(合成分析结果)
(a) 区域(30°—40° N，100°—130°E)平均 500 高度距平(位势米)；(b) 区域(35°—50°N，80°—110°E)平均海平面气压距平(hPa)；(c) 区域(30°—40°N，120°—130°E)平均地面气温距平(℃)；(d) 区域(25°—35° N，120°—140°E)平均经向风距平(m/s)；(e) 赤道西太平洋区域(5°S—5°N，150°—160°E)平均纬向风距平(m/s)；(f) Nino 3 区(5° S—5° N，150°—90° W)平均 SSTA(℃)(引自李崇银、穆明权，2000)

之前的冬半年，东亚冬季风是持续偏强。在图 1.3.6 中自上而下分别给出的 500 hPa高度异常、蒙古地区地面气压异常、中国东部地区气温异常和东亚/西北太平洋地区经向风异常，都可以反映东亚冬季风的活动。在 El Nino 事件爆发的前冬，500 hPa 高度为负异常、蒙古地区地面气压为正异常、中国东部地区气温为负异常、东亚/西北太平洋地区的经向风为负异常，说明东亚冬季风持续偏强。合成分析结果表明，持续的强东亚冬季风通过在赤道西太平洋地区引起西风异常，对 El Nino 事件的发生起着重要激发作用。另一方面，在 El Nino 爆发后的冬季，东亚冬季风明显偏弱，说明 El Nino 对其后的东亚冬季风有削弱作用。

对于 La Nina 的合成表明，在其爆发之前约 2—3 个月赤道西太平洋地区有持续的东风异常出现；而在赤道东风异常之前的冬半年，东亚冬季风明显偏弱（图略）。这意味着持续的弱东亚冬季风通过引起赤道西太平洋地区的东风异常（异常东风可引起异常冷性海洋 Kelvin 波），对 La Nina 的发生起着重要作用。然而在 La Nina 的冬季，东亚冬季风却偏强，说明 La Nina 有增强东亚冬季风的作用。

利用一个海-气耦合模式进行的数值模拟试验，取得了同观测资料分析相类似的结果。持续的强（弱）东亚冬季风将在第二年春、夏导致赤道东太平洋的持续正（负）海温距平，其正（负）SSTA 的分布形势与 El Nino（La Nina）十分相似。并且还表明，强东亚冬季风所引起的赤道西太平洋地区的西风异常和强对流活动（强的大气季节内振荡）对 El Nino 的发生起着极重要的作用。

最近，对东亚冬季风异常影响赤道西太平洋地区纬向风异常问题的进一步动力学研究表明（李崇银等，2005），强、弱东亚冬季风的活动会在热带西太平洋地区产生完全不同的气压场形势，不同的气压距平场通过动力作用，将分别有利于在赤道西太平洋地区激发西风异常或东风异常。这在资料分析的基础上，又从动力学机制上说明了异常东亚冬季风对赤道西太平洋纬向风异常的重要作用。

1.3.2 ENSO 的影响

1. ENSO 对亚洲夏季降水的影响

ENSO 对印度夏季降水的影响是最早研究确定的结果，不少研究很早就指出 ENSO 与印度夏季降水存在负相关关系，El Nino 年印度夏季风偏弱、夏季降水量偏少；而 La Nina 年印度夏季风偏强、夏季降水量偏多。图 1.3.7 给出的是全印度标准化夏季降水量的年际变化情况，由图不难看到，在绝大多数 El Nino 年印度夏季降水量都偏少；而 La Nina 年印度夏季降水量都偏多。

由于 ENSO 会引起 Walker 环流的明显异常，在 El Nino 年印度尼西亚地区有异常下沉运动，不利于对流发展，降水量偏少；而在 La Nina 年印度尼西亚地区有异常上升运动,有利于对流发展,降水量偏多。因此,印度尼西亚地区的干旱和森林大火绝大部分都与 El Nino 事件有联系。

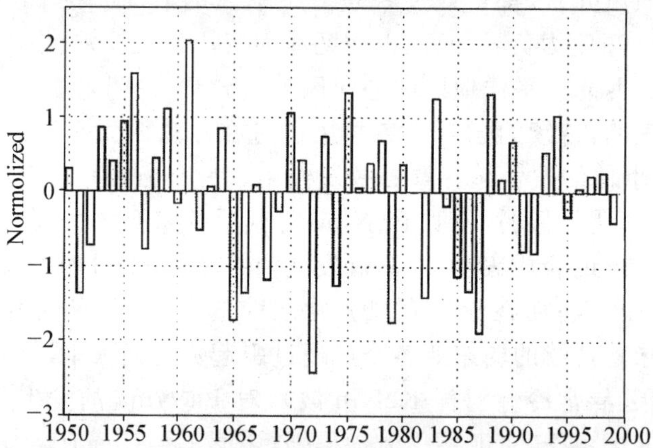

图 1.3.7 全印度标准化夏季降水量的年际变化情况

因为中国梅雨一般都开始于 6 月中下旬,主要应该考虑 ENSO(其成熟期在冬季)对第二年梅雨的影响。同时,与梅雨紧密相连的东亚夏季风的活动及影响又十分复杂,也造成了梅雨同 ENSO 关系的复杂性。从 El Nino 次年 6、7 月平均的东亚局地经向环流和赤道太平洋 Walker 环流的分析(图略),可以看到由于赤道东太平洋海温偏暖,那里也是 Walker 环流的上升支所在,而下沉支则在赤道西太平洋(120°—180°E);该下沉支同时也是东亚局地经向环流的下沉支,从而有利于在热带西太平洋形成反气旋环流异常,在 25°—30°N 地区低层(1000—850 hPa)有南北风的交汇,形成稳定的梅雨锋。在 La Nina 发生后导致梅雨降雨偏少时的大气环流情况与 El Nino 引起的环流异常有显著的不同,Walker 环流的上升支、下沉支与 El Nino 时相反:上升支主要位于赤道西太平洋(110°—180°E),此上升支同时也是东亚经向环流的上升支的一部分。在西北太平洋副热带地区形成一个异常气旋性环流,低层盛行北风,南方暖湿空气难以影响到江淮流域,因此梅雨降水偏少。但是,在 La Nina 发生后梅雨降水增多时的环流异常与上述两种环流都不相同,有独特的环流特征。赤道太平洋上的环流系统不是一个 Walker 环流,而是有东西两个纬向环流系统:东半球的上升支在赤道西太平洋(120°—150°E),下沉支在 160°—180°E;而西半球的上升支在 180°—140°W,下沉支在 130°—90°W。东半球纬向环流的上升支也是东亚局地经向环流的上升支,它主要位于赤道附近,比 El Nino 时经向环流的上升支偏南。这支偏强偏南的上升气流,会在北半球副热带(20°N)形成强的下沉气流。与 El Nino 时的经向环流下沉支相比,它们都在 20°N 附近,不同的是对应 La Nina,其下沉支更强,有利于在副热带地区形成偏强的反气旋环流异常。这个强下沉支造成低层中纬大气较强的偏南风，有利于梅雨降水增多。总的来说，ENSO冷暖事件发生后，所造成的赤道太平洋和东亚地区的 Walker 环流和局地经向环流异常，有利于在南海和菲律宾地区形成异常气旋或者反气旋性环流，从而能影响梅雨降水。近来的分析也证明，梅雨同ENSO的关系是很复杂的，ENSO冷暖位相对梅雨的影响有不对称的特征，El Nino一般可以造成次年梅雨偏多，但某些 La Nina事件会使次年梅雨降水偏少，某些 La Nina 事件也会使次年梅雨降水偏多。

2. ENSO对西北太平洋台风活动的影响

西北太平洋是热带气旋活动最为频繁的地区，强热带气旋，尤其是台风的活动尤其对东亚和东南亚地区有重要的影响。而有关的一些研究已清楚表明，ENSO对于西太平洋台风活动有相当明显的影响。由于影响我国的台风绝大多数都生成在140°E以西，因此对于1900—1979年140°E以西的台风所做的统计分析表明，在El Nino的发生年西太平洋台风频数(包括南海生成的台风)一般偏少，而在 La Nina 的发生年西太平洋台风频数一般偏多(表1.3.1)。同时，ENSO也对登陆中国大陆的台风也有影响，在 El Nino 发生年登陆的台风数一般偏少，而在 La Nina 发生年登临的台风数一般偏多。

表 1.3.1 多年平均西太平洋(140°E 以西)台风发生频数及登陆中国大陆的台风数 (引自李崇银，1985)

	多年平均	El Nino 年	La Nina 年
总频数	24.3	21.4	26.2
登陆数	6.2	5.2	7.8

有关西太平洋台风路径的研究还表明，ENSO对西太平洋台风的路径也有影响，在 El Nino 发生年转向去日本的台风数一般偏多，登陆中国大陆的台风数相对偏少；而在 La Nina 发生年取西北行而登陆中国的台风数一般偏多。

进一步的分析研究表明，ENSO对西太平洋台风活动的影响主要是由于ENSO影响热带太平洋的海温以及大气环流的变化所致。ENSO所引起的Walker环流的变化、ITCZ位置和强度的变化，以及对流层垂直风切变的变化等都会对台风的活动造成影响。

需要特别指出的是，自1990年代中期以来西太平洋台风活动与ENSO的上述关系很不明显。这说明ENSO对西太平洋台风的影响并非是一种固定不变的方式，也存在着我们后面将要讨论的年代际变化特征。由于ENSO所引起的热带太平洋海温和大气环流异常形势，一般在 La Nina 年(El Nino 年)将会有利于(不利于)西太平洋台风的生成；但如果气候大背景发生了改变，ENSO所导致的异常形势会有所不同，因此就更长时间尺度(十年到几百年)的情况而言，

ENSO与西太平洋台风的关系也就要发生变化。

3. ENSO对东亚冬季风的影响

ENSO的发生将对全球的大气环流和天气气候都会产生显著的影响，已为一系列的研究和预报实践所证实。ENSO对东亚冬季风活动的影响也有不少的研究，而且其结果还比较一致，即在El Nino年冬季东亚冬季风一般都比较弱；在La Nina年冬季东亚冬季风一般都比较强。究其原因，在于中高纬度大气环流对于ENSO强迫的遥响应，导致东亚大槽在El Nino年冬季偏弱而在La Nina年冬季偏强。

前面我们已经指出，ENSO和东亚冬季风活动存在相互作用，异常的强东亚冬季风活动通过影响热带大气环流和海气耦合，对El Nino有激发作用；El Nino生成后又对东亚冬季风有削弱作用。异常的弱东亚冬季风活动通过影响热带大气环流和海气耦合，对La Nina有激发作用；La Nina生成后又对东亚冬季风有增强作用。这里我们用东亚地区500 hPa高度异常的演变与ENSO的关系来进一步说明这个问题(图1.3.8)(彩图见第692页)。由图我们可以

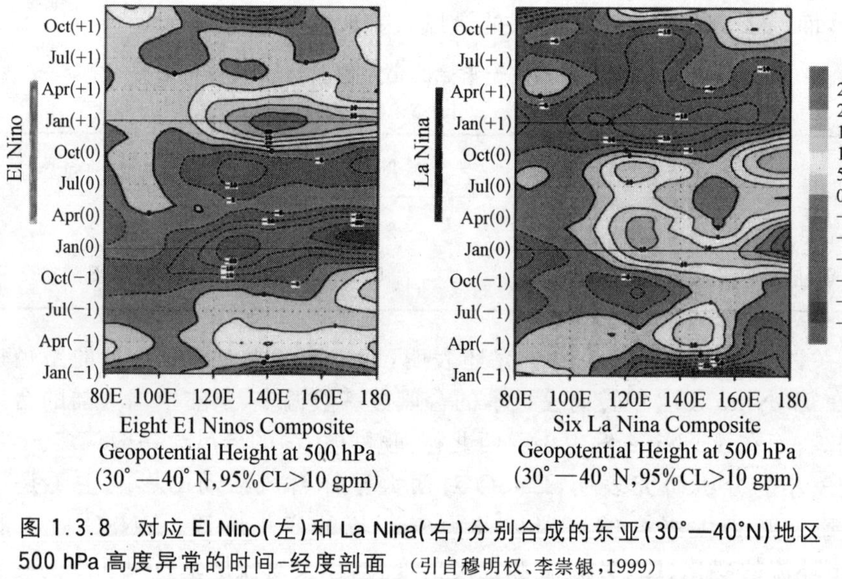

图1.3.8 对应El Nino(左)和La Nina(右)分别合成的东亚(30°—40°N)地区500 hPa高度异常的时间-经度剖面 (引自穆明权、李崇银，1999)

清楚看到，在El Nino年冬季，东亚地区500 hPa高度为正异常，东亚大槽偏弱，东亚冬季风也就偏弱；而在La Nina年冬季，东亚地区500 hPa高度为负异常，东亚大槽偏强，东亚冬季风也就偏强。但是，我们还可以清楚看到，在El Nino发生之前的一年冬季，东亚地区500 hPa高度为负异常，东亚大槽偏强，东亚冬季风也就偏强，东亚地区的气温相对偏低；而在La Nina发生之前的一年冬季，东亚地区500 hPa高度为正异常，东亚大槽偏弱，东亚冬季风也就偏弱，东亚地区的气温相对偏高。

1.3.3 ENSO影响的年代际变化

基于已有的研究结果，过去人们都以ENSO与亚洲夏季风活动有极好的负相关关系为依据，来预测印度夏季的季风降水。然而近些年来有研究表明，ENSO与印度夏季风活动之间的负相关关系有明显减弱现象；实际上，应该说是ENSO与印度夏季降水的相关关系存在着年代际变化特征。我们最近的进一步研究表明，不仅ENSO与印度夏季降水的关系有年代际变化，ENSO对我国江淮流域降水的影响也有年代际变化；其他海域的海温异常对亚洲夏季降水的影响也存在年代际变化特征。这里，作为例子我们分析ENSO等海温异常与印度夏季降水关系的变化特征。

1. ENSO等海温异常与印度夏季降水关系的年代际变化

已有研究表明，ENSO与印度夏季风降水的相关性在最近十几年有明显减弱。类似地，我们还分析了印度降水与赤道印度洋海温偶极子指数（EIDI）、南印度洋偶极子指数（SIDI）、阿拉伯海海温指数（ASI）的相关关系的时间变化。图1.3.9给出的是不同海区海温指数与全印度降水的21年滑动相关系数的变化情况，可见同ENSO一样，其他海区的海温指数与印度江水的相关关系也随时间在发生变 化。图1.3.10中Nino3指数与印度降水的相关性的变化与Kumar等(1999)以及Chang等(2001)的结果是一致的，二者的相关性在20世纪80年代开始减弱，在80年代末甚至出现微弱的正相关。而SIDI与印度降水在20世纪30—60年代有显著的正相关，ASI与印度降水有较好的负相关；但从20世纪60年代后期至80年，南印度洋偶极子指数、阿拉伯海海温指数与印度降水的相关性都减弱。在1970—1980年期间，印度降水与南印度洋偶极子指数的相关性在正负间变动，但相关系数都很小。印度降水与阿拉伯海SSTA的相关性的位相在80年代初发生了重要变化，其相关由负变为正，并且一直增加到90年代初。而赤道印度洋偶极子指数与印度降水在大部分时间为负相关，只是在1950—1960、1970年左右以及1985年以后为正相关。在图1.3.9中，另一值得我们注意的现象是在1980年以前，除了1930年左右，Nino3指数与印度降水间的相关系数的量值远远大于ASI、SIDI、EIDI与印度降水的相关系数；但是从1980年代后期开始，几种指数与印度降水的相关系数的大小却几乎相近。这似乎说明1980年代以前，印度降水主要受ENSO的影响，而其后则受ENSO、阿拉伯海海温、赤道印度洋偶极子和南印度洋偶极子的综合影响。而且，这一结果还表明阿拉伯海海温、赤道印度洋偶极子和南印度洋偶极子对于印度降水的影响不是像以前认为的那样只是一种单纯的正相关或负相关关系，它们在不同的时期对印度降水也有不同的影响。印度降水和ENSO关系的变化原因至今还还没有完全搞清楚，它可能受到各种因素的影响，例如印度洋偶极子的影响（Ashok et al,2001),或者北大西洋环流的影响(Chang et al,2001),或者欧亚大陆增暖的影响(Kumar et al,1999),等等。

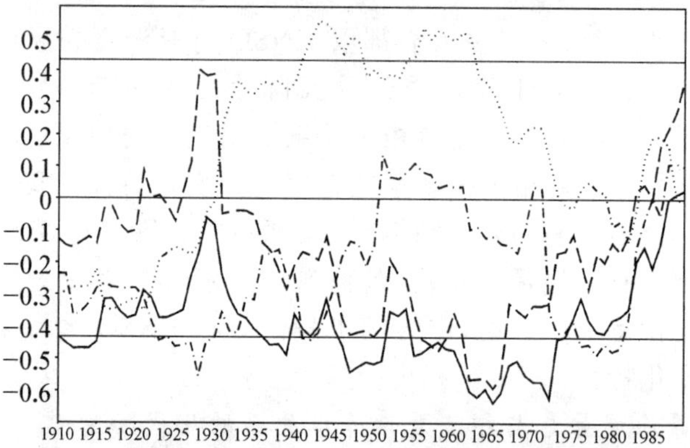

图 1.3.9 不同海区海温指数与全印度降水 21 年滑动相关系数的变化 实线是 Nino3(ENSO)指数,虚线是阿拉伯海海温指数(ASI),点线是南印度洋偶极子指数(SIDI),点虚线是赤道印度洋偶极子指数(EIDI);两条横线是 0.05 信度的相关系数检验线(引自 Wang et al, 2006)

以前在关于海温异常和印度降水相关性的研究中,一般都只是针对不同海区海温与降水做相关性分析,尚未很好研究不同海区对印度降水影响的差别。通过分析不同海区海温异常和印度降水相关性的变化以及各海区的海温振幅变化,我们发现,不同海区的海温异常对于印度夏季降水的影响力度是不同的。ENSO 与印度降水的负相关性持续存在时间较长,ENSO 振幅的大小决定了它对印度降水影响力度的变化;但 ENSO 对印度降水的影响在 80 年代以后明显减弱。同南印度洋海温异常和 ENSO 对印度降水的影响相比,阿拉伯海海温异常对印度降水影响较弱。印度降水主要受 ENSO、南印度洋海温异常(SIDI)和赤道印度洋海温异常(EIDI)的影响。其中 EIDI 可以直接影响印度降水,而当 SIDI 的振幅强时,南印度洋本身的海温异常对印度降水也有较大的影响,这点在 1980 年代后期表现的尤其明显。

2. ENSO 与梅雨关系的年代际变化

分析赤道东太平洋海温指数(可用 Nino3.4 指数表示)的 11 年滑动平均,及其与梅雨雨量的 11 年滑动相关,可以看到热带东太平洋海温及其与梅雨的关系并不是稳定不变的,并且这种不稳定的相关性存在着年代际变化。Nino3.4 指数与梅雨的相关关系在 1920—1940 年间最显著,为持续正相关;但 1940 年以后,二者的相关性在正负间变化。另一方面,热带东太平洋海温的变化不仅仅影响梅雨的雨量,还对梅雨的持续时间有影响,Nino3.4 指数与逐年梅雨持续时间的 11 年滑动相关关系表明,其和 Nino3.4 指数与梅雨雨量的关系几乎有一致的变化特征(图略)。

赤道东太平洋海温与梅雨间的这种不稳定关系,很难将赤道东太海温作为梅雨的预报因子,因此有必要进一步研究它们二者的关系,以及造成二者关系年代际变化的原因。从海温和梅雨关系的变化可以看到,它与海温振幅的变化有一定的关系,在 1920s、1960s 以及 1980 年以后,Nino3.4 区海温指数为正,其与梅雨降水为显著的正相关关系;而在其他时间 Nino3.4 区海温指数为负时,二者的正相关关系较弱,甚至为负相关。这似乎说明,只有当赤道东太平洋海温正异常时,会导致梅雨降水量偏多;而当赤道东太平洋海温为负异常时,却会让梅雨降水偏少或者偏多。这与过去的研究结果有所不同,过去的研究表明赤道东太平洋海温与梅雨降水都为正相关关系(Chang et al, 2000; Wu and Wang, 2002)。因此,下面的进一步研究将指出 ENSO 冷暖位相对梅雨降水影响的不对称性特征。也就是当赤道东太平洋海温偏冷时,有时会造成梅雨降水偏少,但有时也可能使梅雨降水量增加;而且 La Nina 事件对梅雨的影响在 1976/77 年前后还有明显的年代际变化。

根据 Mann 等(2000)定义的逐年 ENSO 指数,合成了 El Nino 和 La Nina 事件后 6、7 月大气环流(图 1.3.10)、东亚局地 Hadley 环流和热带太平洋上 Walker 环流的形势特征,由此可以揭示 ENSO 冷暖位相期间,赤道东太平洋海温通过何种途径影响梅雨,以及对梅雨影响的不对称性。由于 NCEP/NCAR 数据的长度,只能分析 1948 年以后 ENSO 事件对梅雨的影响。取 1951、1953、1957、1969、1980、1982、1983、1987、1991、1995、1998 年间平均作为 El Nino 事件后的合成(图 1.3.10a)。而 La Nina 事件后的合成则分成两种情况。这是因为 La Nina 发生的次年,在 1971、1973、1976、1985、1989、2000 期间梅雨降水低于平均水平;而 1954、1955、1956、1974、1975、1996 期间梅雨降水超过平均水平。在对 La Nina 事件次年大气环流形势的合成中可以看到,在 1976/1977 以前,La Nina 事件次年梅雨偏多;而在 1976 年的气候漂移之后,La Nina 事件次年的梅雨降水偏少。因此 La Nina 与其次年梅雨的关系有显著的年代际变化,在 1976 年之前/后,La Nina 次年梅雨雨量增多/减少。同时,也可以注意到 1976/1977 年后,ENSO 也存在着年代际变化,即 La Nina 的次数比之前要少一些。

由图 1.3.10a 中可以看到在 1 000—500 hPa 上,El Nino 事件次年南海以及菲律宾以东地区都由异常高压控制,菲律宾以东的上空有一个正压型反气旋系统,该反气旋对于东亚夏季风有重要的作用,它影响着中国、日本、韩国的降水。由于该反气旋的存在,使得来自热带太平洋的暖湿空气可以达到长江流域,为梅雨的形成提供了充分的水汽条件。而在 1976 年后的 La Nina 情况(图 1.3.10b),南海以及菲律宾以东地区位势高度为负异常,意味着此时副热带高压减弱,并且在低空(1 000—500 hPa)的菲律宾、台湾以东海区上空维持着一个正压型气旋性环流,这个气旋性的环流阻挡了热带太平洋的暖湿水汽向东亚地区的输送,因此此时梅雨偏少。但是在1976年前的La Nina事件情况(图1.3.10c),在南海和菲律宾以东的上空,也出现了El Nino发生时的反气旋的异常系统,只是与El Nino时期的系统相比(图1.3.10a),该系统偏西,中心位置位于南海附近。La Nina事件情况的这种反气旋系统,也可为东亚大陆提供丰富的水汽;与此同时,一个深厚的正压型气旋系统出现在中高纬东亚大陆地区,这个低压系统造成的北方冷空气南伸,冷暖空气形成的梅雨锋稳定在江淮流域,造成长时间的梅雨降水,导致梅雨降水增多,梅雨期偏长。也就是说,不但El Nino可以造成次年梅雨偏多,某些La Nina事件也会使次年梅雨降水偏多;ENSO冷暖位相对梅雨的影响有不对称的特征。

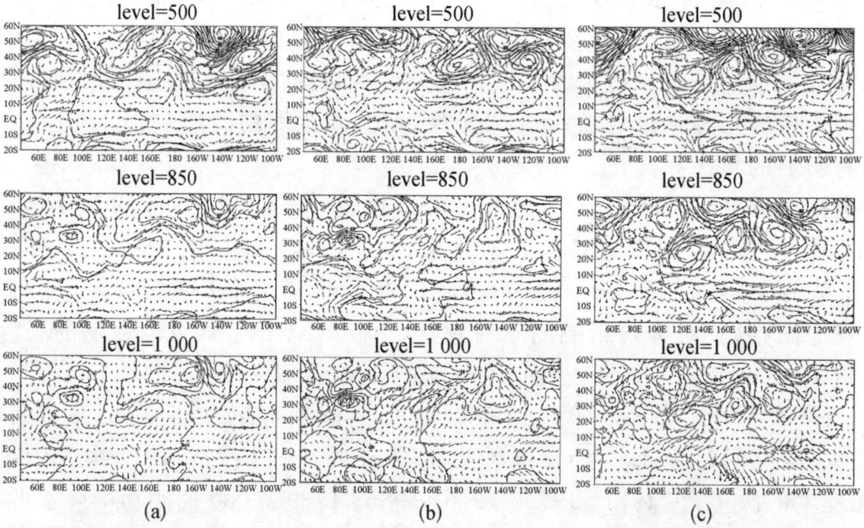

图1.3.10 El Nino(a)、La Nina事件后次年6、7月平均大气环流的合成,(b)、(c)分别为当La Nina时,对应次年梅雨降水偏少、偏多的合成

比较图1.3.10a和图1.3.10c的形势演变可以发现,尽管El Nino事件和某些La Nina事件的影响都可以增加次年的梅雨降水,但是它们的大气环流形势并不完全相同。首先是在菲律宾及以东海区上空的异常反气旋系统,在El Nino事件时,该反气旋中心的位置位于(150°E,20°N)附近,而在La Nina时却比较偏西,其中心位置在南海北部。另外,东亚大陆中高纬地区的大气环流场也存在一定的差别,低层1 000—500 hPa层,在El Nino时亚欧大陆的西部为正异常,而在La Nina时为负异常。

1.3.4 El Nino持续时间与大气环流异常

大家知道,El Nino具有不同的生命长度,大部分El Nino事件在春季爆发后会持续一年时间，在第二年春季结束；然而也有一部分 El Nino 事件可持续较长时间，在第三年春季才结束。为什么有的 El Nino 能维持更长的时间(二年)，而相当多的 El Nino 却只维持一年时间，它们各自依赖于什么样的大气状态和条件，或者说什么样的大尺度环流背景与 El Nino 事件的维持时间有关，是需要我们回答的问题。

利用 NCEP/NCAR 再分析资料和英国 Hadley 中心月平均海温资料，对 1955—2000 年期间较强的 El Nino 事件为研究对象，取 1965、1972、1991 和 1997 年发生的 El Nino 事件作为短持续时间个例；而取 1957、1968、1982 和 1986 年发生的 El Nino 事件作为长持续时间个例。对不同持续时间 El Nino 事件的过程进行大气环流形势的合成分析，不仅可以揭示它们各自对应的大气环流的演变特征，也可以看到大气环流异常特征与 El Nino 事件持续时间的关系。因篇幅关系，这里我们仅将主要结果归纳介绍如下：

(1) 两种 El Nino 事件开始时间比较接近，但结束时间相差约半年左右(图 1.3.11)。长持续时间 El Nino 事件的强度一般比短持续时间 El Nino 事件的强

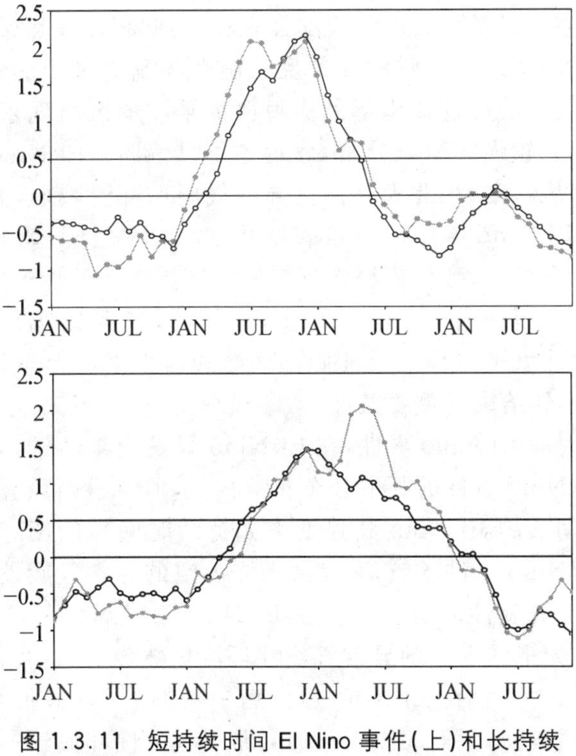

图 1.3.11 短持续时间 El Nino 事件(上)和长持续时间 El Nino 事件(下)在 Nino3 区(实线)和 Nino1+2 区(虚线)的海温距平 (引自杨辉、李崇银，2005)

度偏弱，而所对应的东亚/西北太平洋地区的北风异常偏强和赤道西太平洋的西

风距平维持时间偏长。因此,西太平洋赤道西风异常的发生和维持是 El Nino 事件发生和维持的重要条件,而西太平洋赤道东风异常的发生是 El Nino 事件消亡的重要条件。

(2) 对应不同持续时间 El Nino 的发生发展和消亡过程,对流层低层风场距平有极显著的演变差异。850 hPa 上东北太平洋和西北太平洋异常气旋性环流的发展和活动对 El Nino 事件的发生起着重要作用。而东北太平洋上异常气旋性环流的减弱和西北太平洋上异常反气旋性环流的增强,从而导致赤道西太平洋东风异常发展,对 El Nino 的消亡起着重要作用。在持续时间较长的 El Nino 事件中,东北太平洋上异常气旋性环流减弱和西北太平洋上异常反气旋性环流距平涡旋增强都比较慢;此外,在 El Nino 衰减期,澳洲冬季风加强,夏季风偏弱,从而赤道西太平洋西风异常维持的时间较长,有利于 El Nino 的维持。图 1.3.12 与图 1.3.13 分别给出了两种 El Nino 事件所对应的当年冬季、第二年春季和夏季合成的 850 hPa 流场的演变,上述流场特征及其差异可以从图 1.3.12 与图 1.3.13 的比较中清楚地看到。

对应短持续时间 El Nino 事件,在 El Nino 爆发当年冬季,大气环流状况表现为北太平洋上空的异常气旋性环流加强东移,与此相伴在热带中、东太平洋的西风异常增强;随着西北太平洋的异常反气旋性环流进一步加强、范围扩大,受其影响在该异常反气旋性环流南部的赤道西太平洋地区出现东风异常,并在东亚/西北太平洋出现较强的南风异常,表示冬季风偏弱。El Nino 爆发后一年的春季,东亚仍为南风异常,东北太平洋上异常气旋性环流减弱,其南面的赤道西风异常减弱。到 El Nino 爆发后一年的夏季,西北太平洋异常反气旋性环流进一步增强、范围向东扩展,致使该异常反气旋性环流南面的赤道东风异常东移到赤道东太平洋上,并对应着 El Nino 的结束。因此,东北太平洋上异常气旋性环流的减弱,以及西北太平洋异常反气旋性环流和西太平洋上东风异常的增强东移将是 El Nino 事件结束的重要条件。

对应长持续时间 El Nino 事件,在 El Nino 爆发当年冬季,风场距平的特征和短持续时间 El Nino 事件的距平分布非常相似,但赤道西风异常的强度稍弱,这可能是持续时间长的 El Nino 其强度不如持续时间短的 El Nino 强的原因。与短持续时间 El Nino 事件比较,东北太平洋上空的异常气旋性环流要强,而西北太平洋的异常反气旋性环流要弱。在 El Nino 爆发后一年的春季,东亚也为南风异常,但东北太平洋上空的异常气旋性环流仍然较强,这可能是 El Nino 维持时间较长的原因之一。在 El Nino 爆发后一年的夏季,东北太平洋上空的异常气旋性环流仍然较强,但西北太平洋的异常反气旋性环流较弱,因而其南侧的东风异常不能南压到赤道地区;与此同时,澳大利亚东面出现明显南风异常,表示南半球澳大利亚的冬季风偏强,受到南半球的偏强冬季风影响赤道太平洋的西风异常将仍维持偏强的形势。

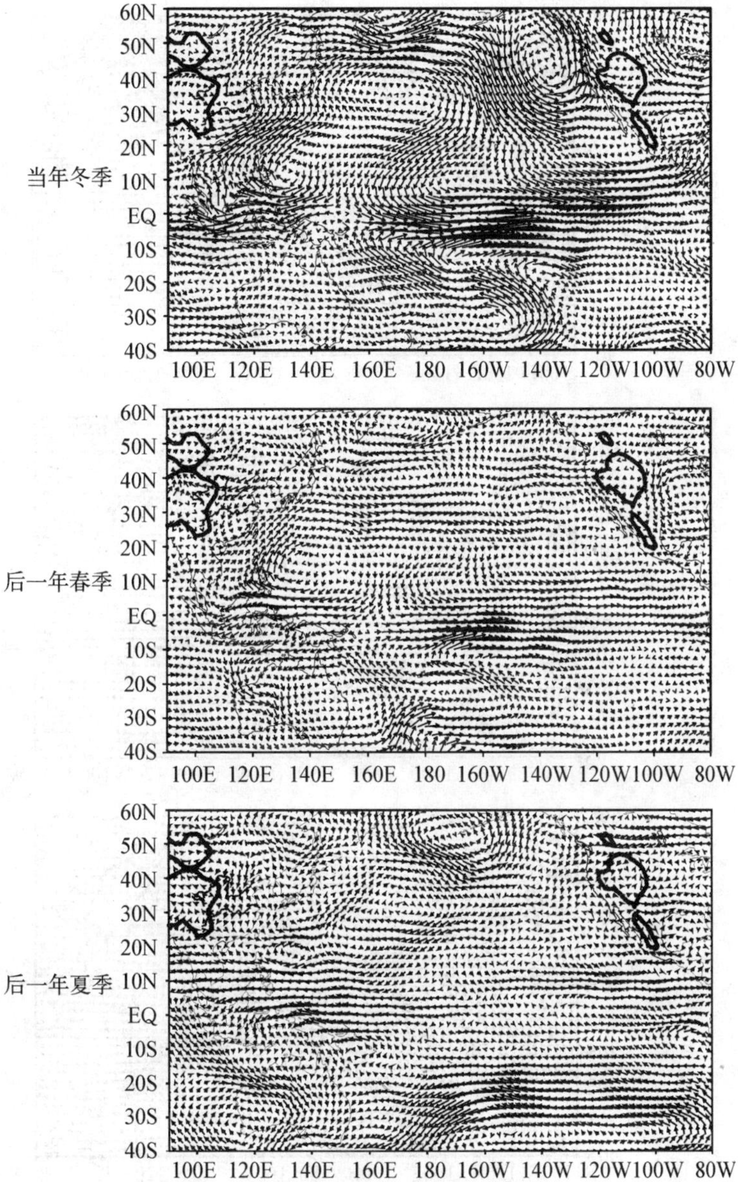

图 1.3.12 短持续时间 El Nino 所对应的850 hPa 异常风场的演变 (引自杨辉、李崇银,2005)

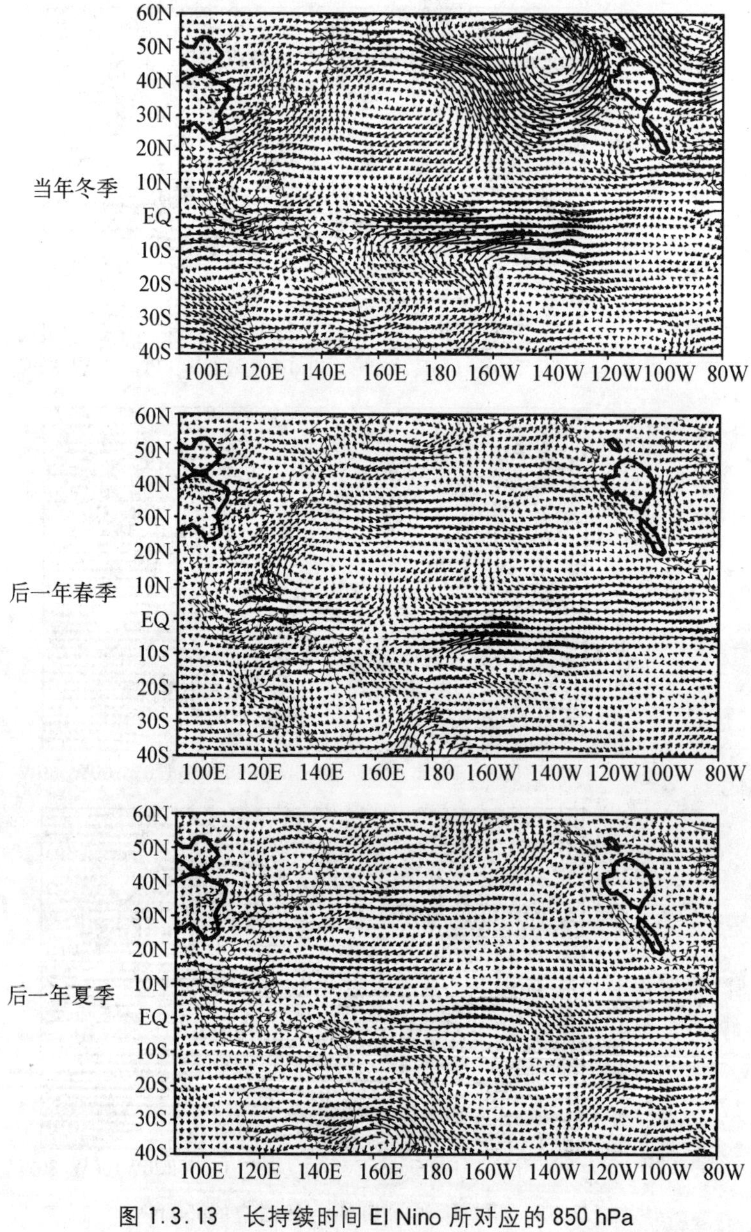

图 1.3.13 长持续时间 El Nino 所对应的 850 hPa 异常风场的演变 （引自杨辉、李崇银，2005）

(3) 资料分析还表明，东亚地区 200 hPa 速度势正距平的向南传播对 El Nino 事件的发生起着重要作用，西太平洋上 200 hPa 速度势正距平东移对 El Nino 的消亡起重要作用。对应持续时间较短的 El Nino 事件，在西太平洋200 hPa上的速度势正距平迅速东移对 El Nino 的迅速消亡起重要作用；对持续时间较长的 El Nino 事件，中太平洋 200 hPa 速度势负距平的发展和维持以及南半球西太平洋速度势正距平的维持对 El Nino 的持续起重要作用，因为这种速度势距平分布极其有利于维持同 El Nino 相伴随的 Walker 环流形势。

1.4 年代际气候变化

自 20 世纪 90 年代中期以来，全球气候系统的年代际变化问题已经越来越成为人们关注的焦点，从不同方面开展了研究，已取得可喜的结果(严中伟等，1990；Kushnir，1994；Trenberth and Hurrelle，1994；Latif and Barnett，1996；李崇银、廖清海，1996)。对于中国的气候变化，已有研究表明其东部夏季降水不仅具有明显的年代际变化，主要特征形势为 20 世纪五六十年代基本上是“南旱北涝”，而八九十年代基本上是“南涝北旱”；并且上述形势的变化有着复杂的气候背景，受到多种因素的影响。这一节就以中国气候(主要以东部夏季降水为代表)的变化为例，讨论年代际气候变化问题。

1.4.1 中国东部夏季主要降水型的年代际变化及趋势分析

1. 主要特征

为了搞清我国东部夏季降水形势的年代际特征及其变化，我们最近就这方面的问题进行了初步研究(顾薇、李崇银，2005)。对华北和长江中下游夏季(6—8 月)降水所进行分析的 morlet 小波分析结果表明，其年代际变化是十分明显的，华北夏季降水(图 1.4.1a)主要有 8—10 年和 16—20 年的准周期变化。70 年代前，8—10 年准周期变化显著，中心周期为 8.3 年；七八十年代 8—10 年准周期谱较弱，90 年代起又开始增强，中心周期增大为 10 年。准 16—20 年周期变化则在整个时间段都存在，信号较强，而且周期有随时间增大的趋势。图1.4.1b 表明，长江中下游夏季降水主要分别以 14—16 年和 20—24 年为年代际变化的主要周期。五六十年代 20—24 年准周期变化显著，同时还有 6—8 年的准周期变化；从功率谱也可看出，能量主要集中在这两个波段。80年代以后，14—16年的准周期变化增强，从功率谱来看，能量似乎从6—8年和20—24年这两个波段转移到14—16年周期上来。也就是说，年代际变化本身也是随着时间演变的；也可以推测，由于准周期变化的这种“串级”，可能还有更长时间尺度的年代际变化控制着长江中下游夏季降水的演变。

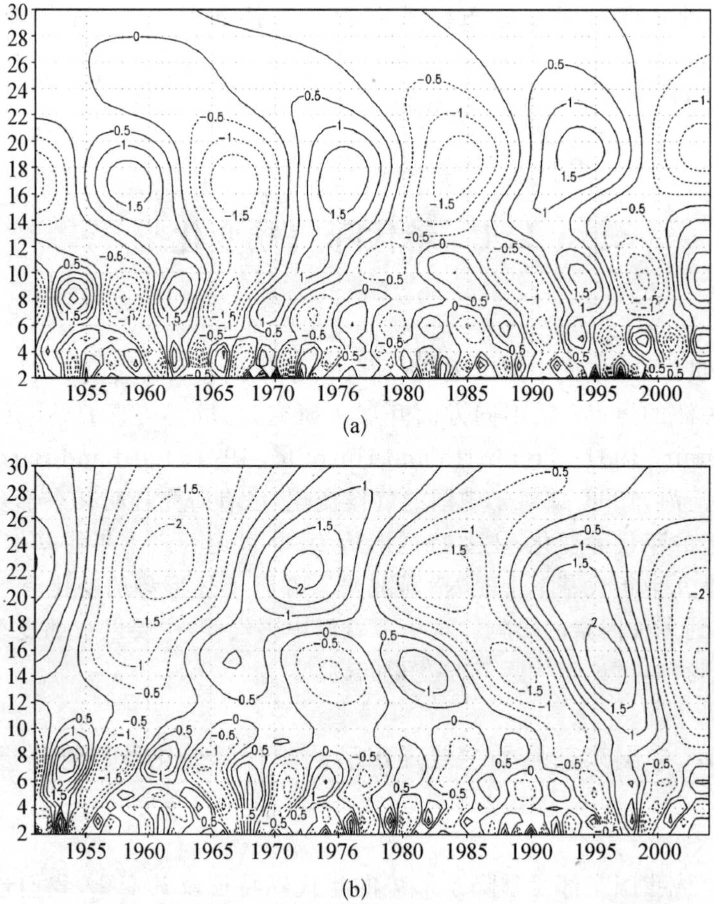

图1.4.1 华北(a)和长江中下游(b)夏季降水的 morlet 小波分析实部

为了更清楚的了解南北两个主要降水带之间的关系，兼顾华北地区和长江中下游地区夏季降水年代际变化的主要周期，我们划分出三个主要波段，即7—10年、12—20年和20—30年，分别对华北和长江中下游地区夏季降水的小波分析结果在这几个波段上进行重构。

图1.4.2a 表示两地降水的小波实部在7—10年周期上的重构结果，可以看到在70年代以前，两地区的7—10年准周期变化信号都较强，且两个地区在这

个时间尺度上的变化基本上处于同位相;70 年代以后,两地区 7—10 年准周期变化信号减弱,而且基本上处于相反位相。表明它们之间的关系并不是一成不变而是随时间变化的。图 1.4.2b 表示两地降水的小波实部在 12—20 年周期上的重构结果,在 12—20 年准周期变化上,两地区降水基本上是反位相的对应关系。华北夏季降水 12—20 年周期变化信号在整个时间段都较强,在 1985 年以前,它比长江中下游夏季降水在这个时间段的变化更加显著,而 1985 年之后长江中下游的变化信号有所增强。在 20—30 年周期时间尺度上(图 1.4.2c),长江中下游地区夏季降水有准 20—30 年的年代际变化,但是在 90 年代以前该周期的信号较强,进入 90 年代以后,该信号减弱;而华北地区夏季降水在该周期段的信号相对较弱一些,但随时间的推移有所增强。两地区的夏季降水在此周期段有一致变化的关系。

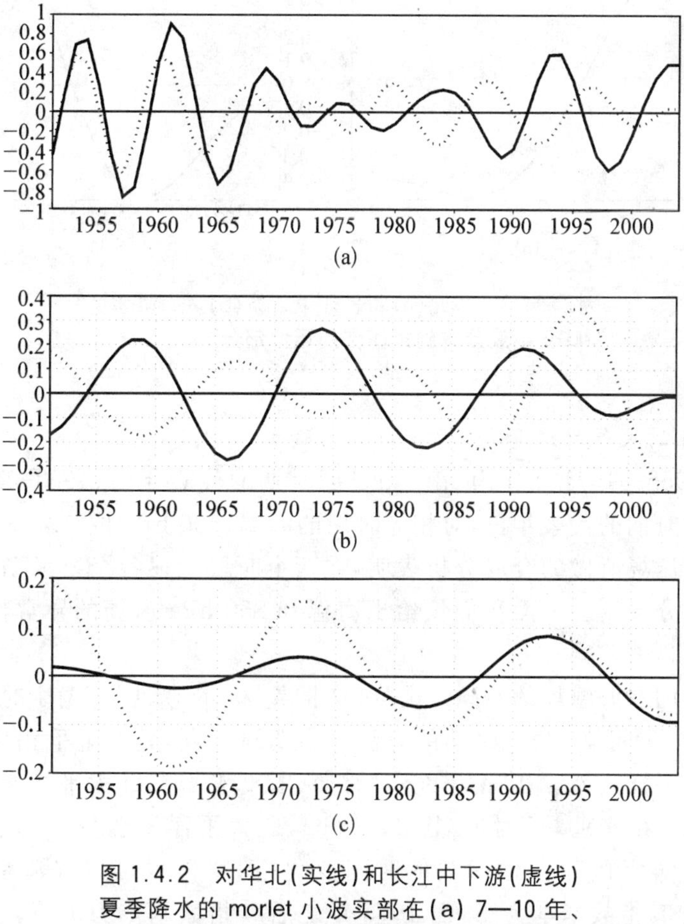

图 1.4.2 对华北(实线)和长江中下游(虚线)夏季降水的 morlet 小波实部在(a) 7—10 年、(b) 12—20 年和(c) 20—30 年周期上的重构

为了考虑更长时间尺度的年代际变化,利用没有信息冗余的正交小波方法

对资料进行分解,可以得到能大致代表所存在的更长周期的年代际变化模态(图1.4.3)。对比图1.4.3中a、b两图可以看出,在更长(大于28年)的时间尺度上,华北和长江中下游地区仍然存在着明显年代际变化。(其方差分别占原序列的10.7%和11.8%)。华北降水在1970年之前处于正位相,之后处于负位相;长江中下游降水在1983年之前处于负位相,之后处于正位相。这在一定程度上可以解释我国东部夏季降水在20世纪五六十年代为"南旱北涝"和八九十年代为"南涝北旱"的现象。以上分析说明我国两地区降水存在更长时间尺度的准周期变化,而且这种年代际变化在很大程度上影响着我国的夏季降水,影响着我国南北的旱涝形势。

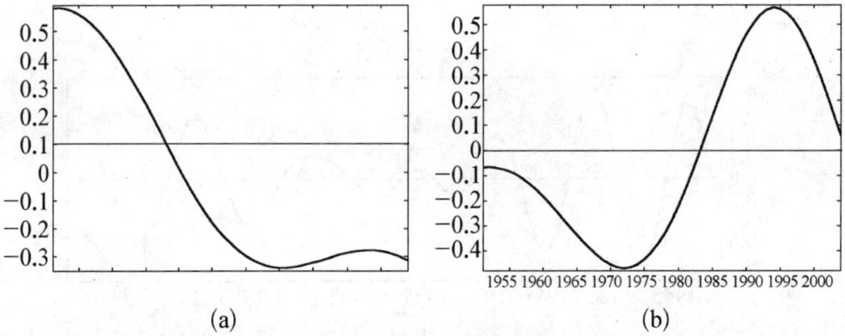

图1.4.3 华北(a)和长江中下游(b)夏季降水的db16小波分解到第四层的近似部分

2. 对应的大气环流形势

选择1955—1971年作为"南旱北涝"时期的代表年份,1983—1999年作为"南涝北旱"时期的代表年份,对相应时期的海温、500 hPa位势高度、850 hPa风场和地面气压场所做的合成分析表明,在两个时段上述各个要素场都具有几乎相反的异常分布型。下面我们仅给出海温和850 hPa风场的异常特征,以反映两个时期的显著差异。

首先我们看海温场的不同。由"南旱北涝"和"南涝北旱"两个时期的海温合成图(图1.4.4)可知,两个时期的海温分布明显不同,具有近乎相反的形势,尤其是在北太平洋区域。在"南旱北涝"时期(图1.4.4a),北太平洋海温基本处于其正位相;而"南涝北旱"时期(图1.4.4b),北太平洋海温分布处于其负位相。分析北太平洋年代际变化指数的时间变化(图略),也可以很清楚地看到,在1975年之前其指数基本为正,而1975年之后其指数基本为负值。这些结果都清楚表明,北太平洋的海温年代际模对中国东部降水有重要影响,且其位相将影响中国主要雨型的分布。另外,在图1.4.4上还可看到,五六十年代赤道东太平洋和印度洋明显偏冷，而在八九十年代则偏暖，说明赤道区域的海温对中国夏季雨型分布也有影响。

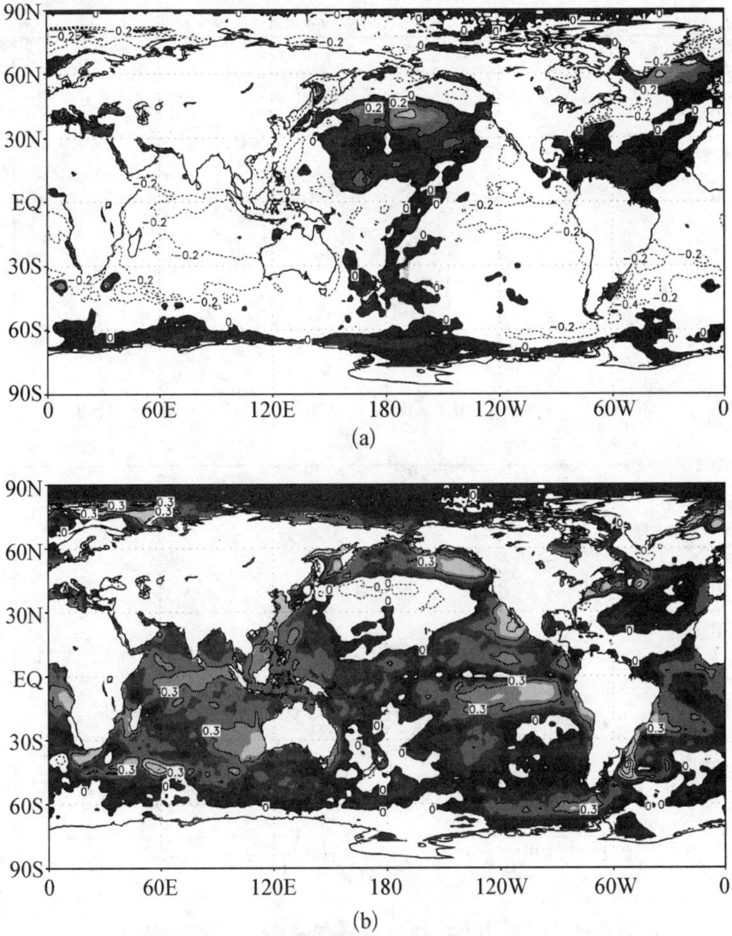

图 1.4.4 两时期的海温异常分布 (a) 1955—1971 年平均；(b) 1983—1999 年平均

图 1.4.5 给出了两个时期夏季 850 hPa 风场异常的情况。从其图 a 来看，五六十年代，中国东部有较强的偏南风异常，说明这一时期有偏强的夏季风。注意到印度半岛和孟加拉湾有西南风异常，并且一直北上至我国东部，说明偏强的印度季风也是造成我国偏强夏季风的主要原因之一。已有数值模拟和资料分析均发现，印度洋地区的冷海温异常有利于亚洲夏季风的加强，相反，暖海温异常有利于亚洲夏季风的减弱(晏红明、肖子牛，2000)。从而可知我国这一时期偏强的夏季风与同期印度洋偏冷的海温是密切相关的。由其图 b 可见，八九十年代，我国东部具有较强的偏北风距平，这就抑制了南方暖湿空气的北上，造成南方降水多而北方降水少的局面。当然，上述 850 hPa 的异常风场形势与 500 hPa 的异常

形势是紧密联系的，在五六十年代，500 hPa 贝加尔湖有一个气旋式异常环流，而八九十年代，贝加尔湖附近有一个反气旋异常环流。

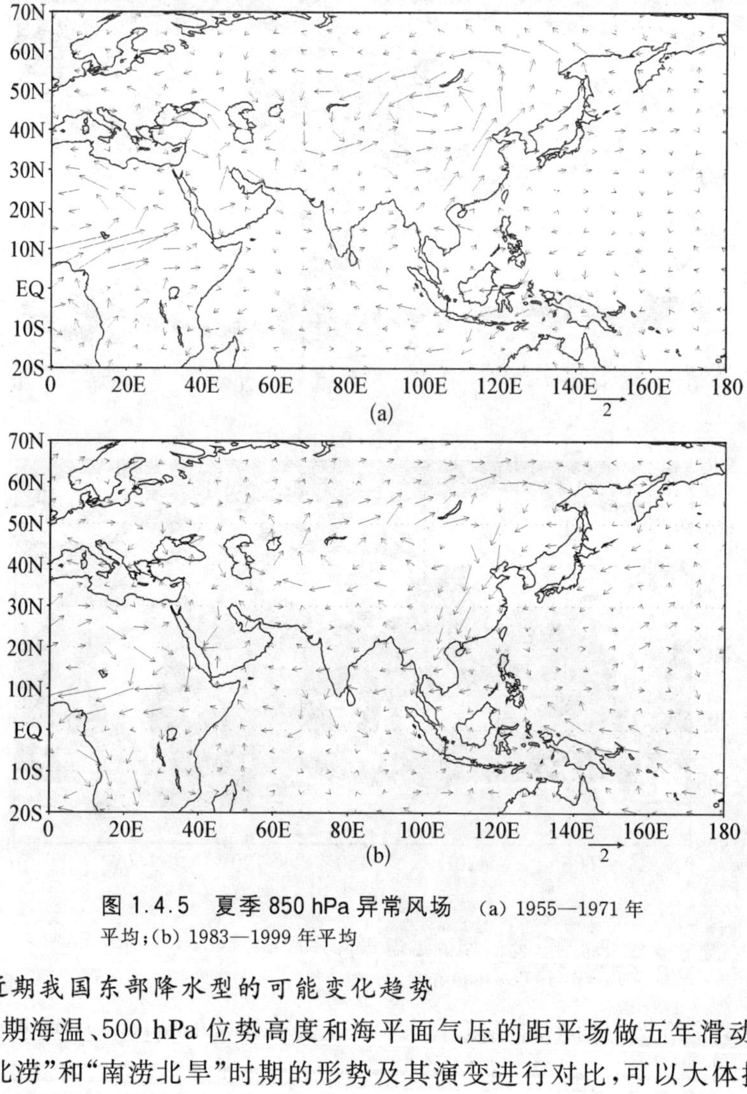

图 1.4.5 夏季 850 hPa 异常风场 (a) 1955—1971 年平均；(b) 1983—1999 年平均

3. 近期我国东部降水型的可能变化趋势

用近期海温、500 hPa 位势高度和海平面气压的距平场做五年滑动平均，并与“南旱北涝”和“南涝北旱”时期的形势及其演变进行对比，可以大体揭示出近期的变化趋势。

从近年(2000—2003)来的五年滑动平均海温距平图(略)可以看出，近年来，北太平洋中部(40° N 附近)的负距平开始缩小，赤道中太平洋出现负距平，且其范围不断向南北扩展；北太平洋东北部北美西岸也由正距平转换为负距平；而中高纬西太平洋则越变越暖，且在北纬 30° 附近向东伸展，造成北太平洋中部的增暖。结合“南涝北旱”和“南旱北涝”时期的 SSTA 合成图，可清楚地看到海温异常场有向“南旱北涝”时期的形势(正位相)转换。同时，从 NPD 指数的季节变化来看(图 1.4.6),在“南旱北涝”时期,全年 NPD 指数均为正值,说明北太平洋海温分布处于其正位相,且春、夏季信号较强;在“南涝北旱”时期,全年 NPD 指数均为负值,说明北太平洋海温分布处于其负位相,春、夏季(尤其是夏季)信号也强于秋、冬季。而近年来(2000—2003)平均 NPD 指数在全年都是正值,北太平洋海温分布已经从八九十年代的负位相转变到了正位相,但与五六十年代的情况相比还有一定的差距,主要是春、夏季的信号仍然比较弱,要完全转变为类似五六十年代“南旱北涝”时的海温形势,可能还需一段时间。

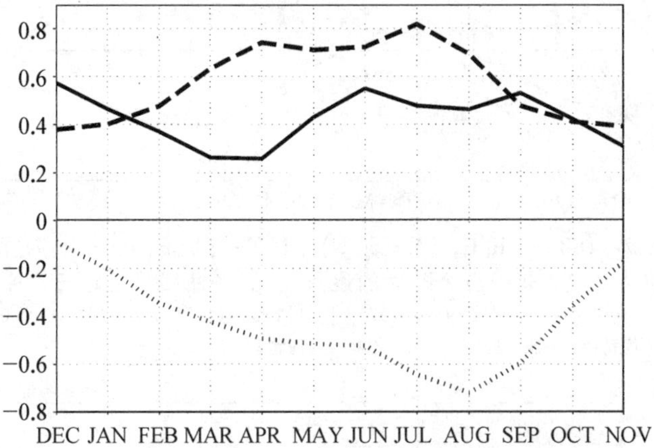

图 1.4.6 近期逐月 NPD 指数的演变情况及类比 长虚线表示五六十年代“南旱北涝”时期平均 NPD 指数的逐月变化情况;点线表示八九十年代“南涝北旱”时期平均 NPD 指数的逐月变化情况;实线表示近期(2000—2003 年)平均的 NPD 指数的逐月变化情况

从 500 hPa 位势高度场看,近年来夏季东亚地区上空始终维持异常高压,仍然利于“南涝北旱”的发生。而冬季则有比较大的变化,东亚中高纬地区的经向环流有所加强,有利于北方冷空气的向南输送,这正是五、六十年代“南旱北涝”时期的特点。另外,虽然从 500 hPa 图上来看,NPO 仍然保持较强的信号,但 NAO 近年来不断减弱。这些特征表明,冬季 500 hPa 开始具有转型的信号。用(60°—140°E,30°—50°N)与(60°—140°E,65°—90°N)两个区域平均位势高度之差代表东亚地区中高纬环流特征的一个指数,它其实反映了副热带与中高纬位势高度之差,是北极涛动在500 hPa东亚地区的反映;指数为正时,西伯利亚高压偏弱,东亚大槽偏弱,中纬西风偏强,冬季风偏弱;指数为负时,情况相反。从图 1.4.7 中可以看到,五六十年代该指数处于负位相,八九十年代处于正位相,并且在冬季的信号很强。就近期而言,大体上仍处于正位相,但秋、冬季已有向负指数转变的趋势;另外,比较三条曲线的大致走势来看,近期的走势与“南旱北涝”时期较为相似。从而可以说,东亚地区中高纬环流也有转型的趋势。

类似地,近期的海平面气压场还主要呈现与 20 世纪八九十年代平均较为相似的形势，依然有利于“南涝北旱”的发生。但也开始有所变化。就降水量本身的分布形势看，近期(2000—2004)两地区的月平均降水的变化表明，华北地区的降水仍然维持八九十年代“南涝北旱”时期的特征；而长江中下游夏季降水的月变化(图1.4.8)则与五六十年代“南旱北涝”时期的平均情况较为相似，是否说明我国气候的又一次转型将会从长江中下游的降水开始呢？还有待观察。

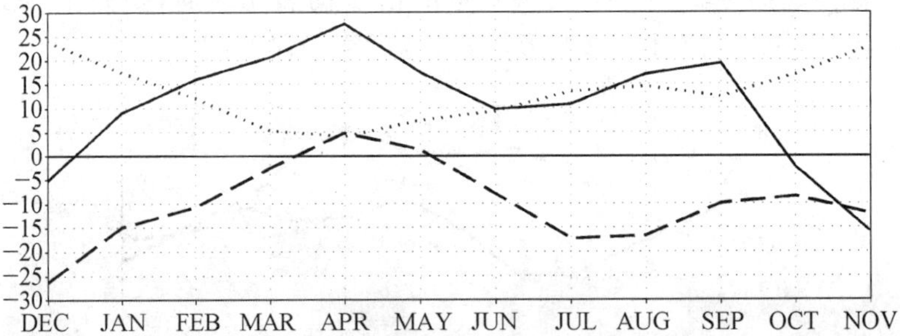

图1.4.7 (60°—140°E, 30°—50°N)与(60°—140°E, 65°—90°N)两区域平均位势高度之差在三个阶段的逐月变化(各曲线均经过三点平滑)
长虚线：“南旱北涝”时期(1955—1971)平均情况；点线：“南涝北旱”时期(1983—1999)平均情况；实线：近期(2000—2004)平均情况

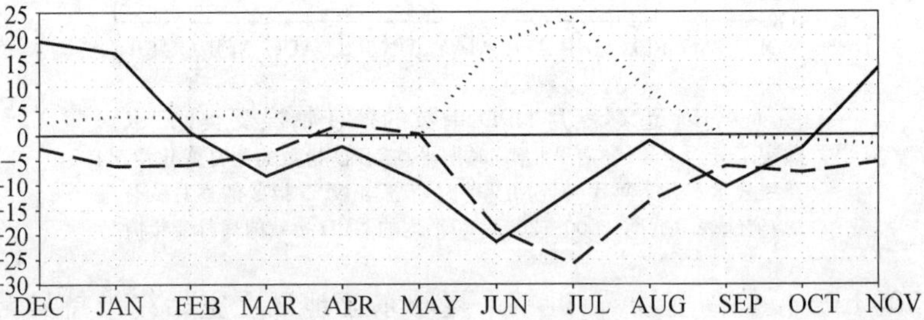

图1.4.8 长江中下游地区逐月降水在三个阶段的变化情况(经过三点平滑) 长虚线：“南旱北涝”时期(1955—1971)；点线：“南涝北旱”时期(1983—1999)；实线：近期(2000—2004)

总之，对近期海温、500 hPa位势高度以及海平面气压场等的演变特征所作的分析结果表明，近期北太平洋海温具有明显的向正位相转变的趋势，500 hPa位势高度场和海平面气压场也出现“转型”的信号。可以说我国东部的夏季降水即将开始由“南涝北旱”向“南旱北涝”的转型过程。

1.4.2 北太平洋温年代际模对中国东部夏季降水的影响

从20世纪80年代开始，北太平洋海温的年代际变化及其对气候的影响，自然地成为国际气候变化及可预报性研究(CLIVAR)计划的重要内容之一(WMO, et al, 1995)。关于北太平洋海温变化，一些学者基于经验正交函数

(EOF)的分解方法，将主分量与 ENSO 变化相一致的部分，视为年际气候变化的代表，而其余部分则被认为是年代际时间尺度的变化，并认为它与 ENSO 模有一些类似，被称为“类 ENSO 模”，也被称为太平洋年代际振荡(PDO，Zhang et al，1997；Mantua et al，1997)。由于用某一个 EOF 分量并不能完全反映年代际变化特征，所谓“类 ENSO 模”或 PDO 都有进一步考虑的必要。我们(Li and Xian，2003)通过功率谱和带通虑波分析了北太平洋海温的年代际变化情况，发现其有显著的 7—10 年和 25—35 年周期的变化，并分别给出了这两个时间尺度上正、负位相的模态，而 7—10 年模和 25—35 年模还具有大体一致的型态。图 1.4.9 给出了 25—35 年模的正位相和负位相的形势，可以清楚地看到在正(负)位相时，在(30°—55°N，140°E—140°W)海区有海温正(负)距平，其他海区基本上为负(正)距平。7—10 年模与图 1.4.9 有十分相似的特征，只是 25—35 年模的正(负)异常的控制范围要略大于 7—10 年模，异常中心位置也略微偏南。

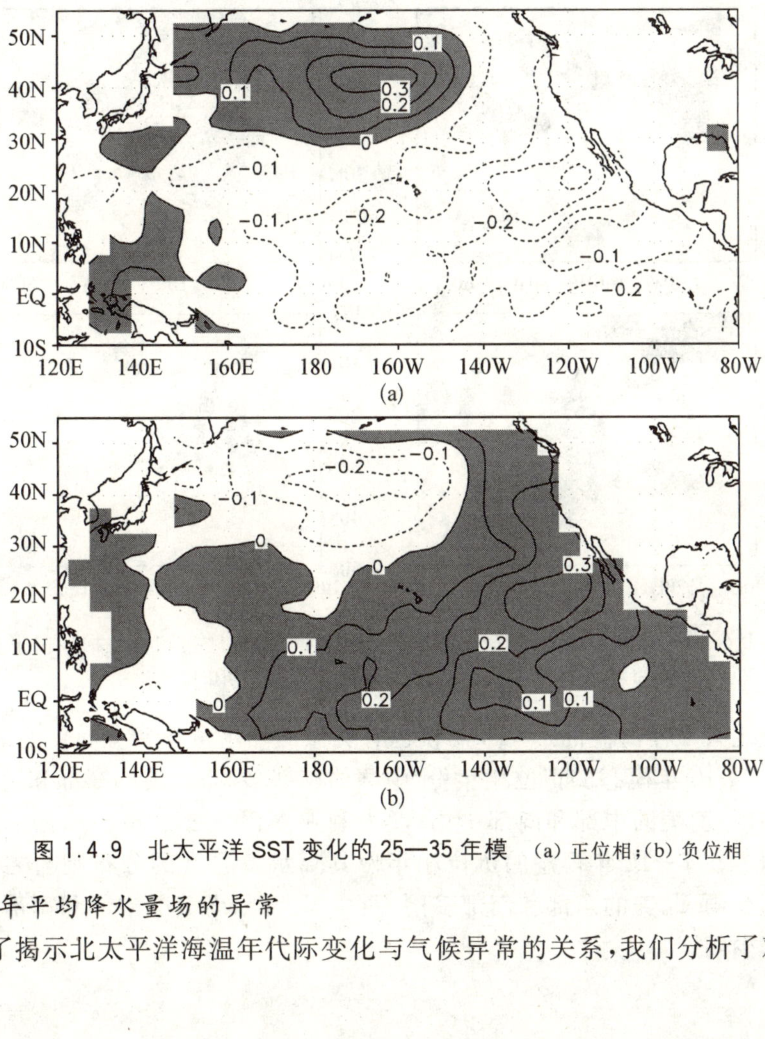

图 1.4.9 北太平洋 SST 变化的 25—35 年模 (a) 正位相；(b) 负位相

1. 年平均降水量场的异常

为了揭示北太平洋海温年代际变化与气候异常的关系，我们分析了对应两个年代际模态的正、负位相年期间的年降水量在全球陆面上的分布特征(图1.4.10)。由图1.4.10可以很清楚地看到,在北太平洋 SSTA 的25—35年模态的正位相年份,亚洲的东部和东南部是多雨,北美洲的南部是少雨,澳大利亚的东部是多雨、西部是少雨。在25—35年模态的负位相年份,其降水量异常的分布则与之正相反,亚洲的东部和东南部少雨,北美洲的南部多雨,澳大利亚的东部少雨、西部多雨。

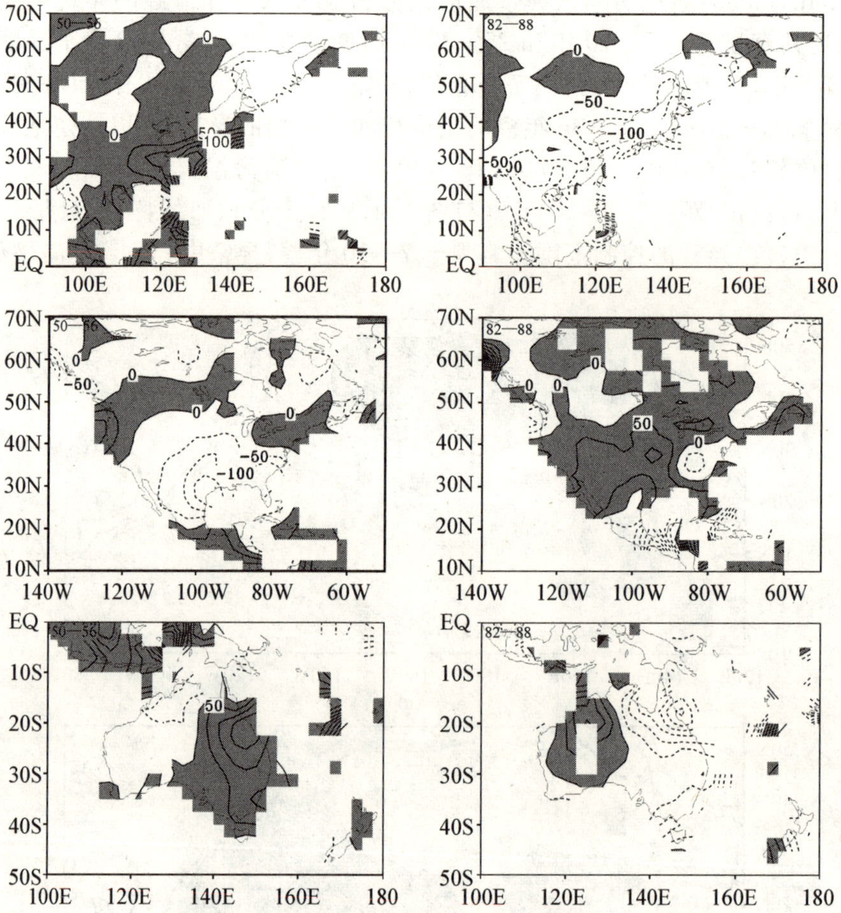

图1.4.10 对应北太平洋海温25—35年模的正位相(左)和负位相(右)形势在东亚、北美和澳大利亚地区的年降水量异常形势 阴影区域表正距平

对应北太平洋海温的7—10年模也有类似的降水量异常分布。在北太平洋 SSTA 的7—10年模态的正位相年份,中国的东部多雨;北美的东部和南部少雨,西北部多雨;南美的中部和南部少雨;澳大利亚多雨主要出现在东部;非洲的中部也多雨。在7—10年模态的负位相年份其降水量异常的分布则与之相反,中国的东部少雨,北美的东部和南部多雨、西北部少雨,南美的中部和南部多雨,非洲的中部少雨。

2. 环流异常特征

利用 NCEP 再分析资料,研究表明北太平洋年代际模对气候的影响很明显,其结果又是十分类似的。无论对应于 7—10 年模还是 25—35 年模,在其正位相或负位相,全球海平面气压场,500 hPa 高度场和 1 000 hPa 风场均有类似的响应形势;但对应正位相的形势却与对应负位相的形势近乎相反。以 500 hPa 为例,对应北太平洋海温年代际模的正(负)位相,冬季北太平洋和欧亚大陆的北部、格陵兰以及南极地区为 500 hPa 高度负(正)距平(图 1.4.11)。类似地,对应

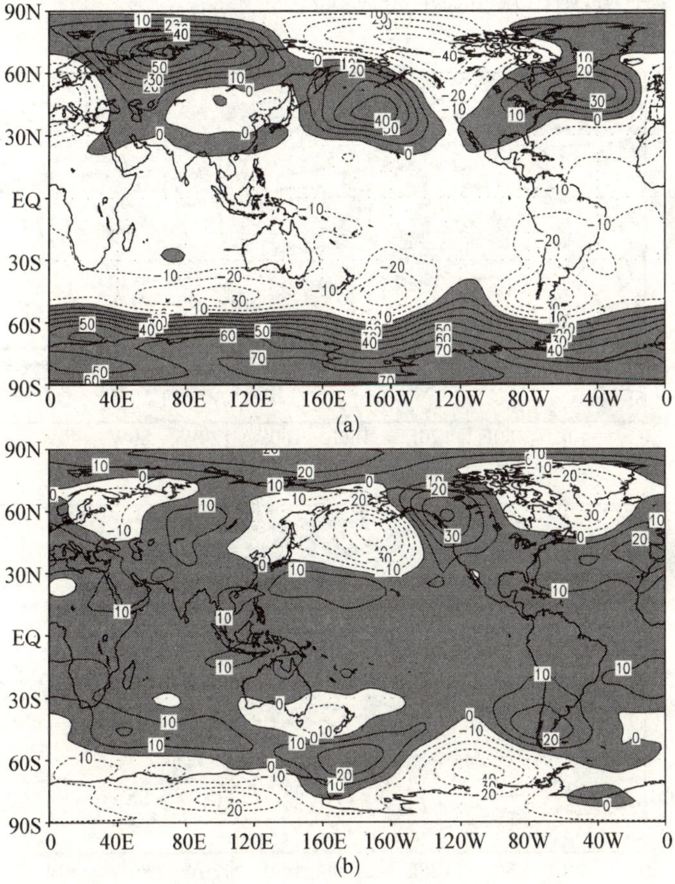

图 1.4.11　对应北太平洋海温 25—35 年模的正位相(a)和负位相(b)情况的冬季 500 hPa 高度异常(gpm)形势

北太平洋海温年代际模的(冬季)正位相,北太平洋距平风场呈现反气旋式环流,赤道太平洋上为强东风,赤道印度洋上有明显气流辐散,东亚地区为异常北风,北大西洋也有反气旋环流,跨越赤道大西洋的气流向北呈反气旋状(图 1.4.12a)。在 25— 35 年模态负位相年份的冬季,与正位相年份情况相反,北太平洋的距平风场呈现气旋式环流,赤道太平洋上为偏西风,赤道印度洋上气流

辐合，北大西洋上呈反气旋环流，跨越赤道大西洋的气流向南呈气旋状，另外东亚地区风场虽然较弱，仍可见多为偏南风（图 1.4.12b）。在北太平洋 SSTA 的 7—10 年模态正位相年份的冬季，与 25—35 年模态的正位相年份相似，北太平洋的距平风场呈现反气旋，赤道太平洋上为偏东风，赤道印度洋气流辐散，东亚地区为异常北风；不同的只是大西洋跨越赤道气流不明显（图略）。上述异常的风场不但系统性很好，而且与海平面气压场配合很好，例如对应地面气压的正距平中心区，地面风场均为反气旋性辐散气流；而对应赤道太平洋上东部为正西部为负的气压距平场，则出现明显的东风异常。

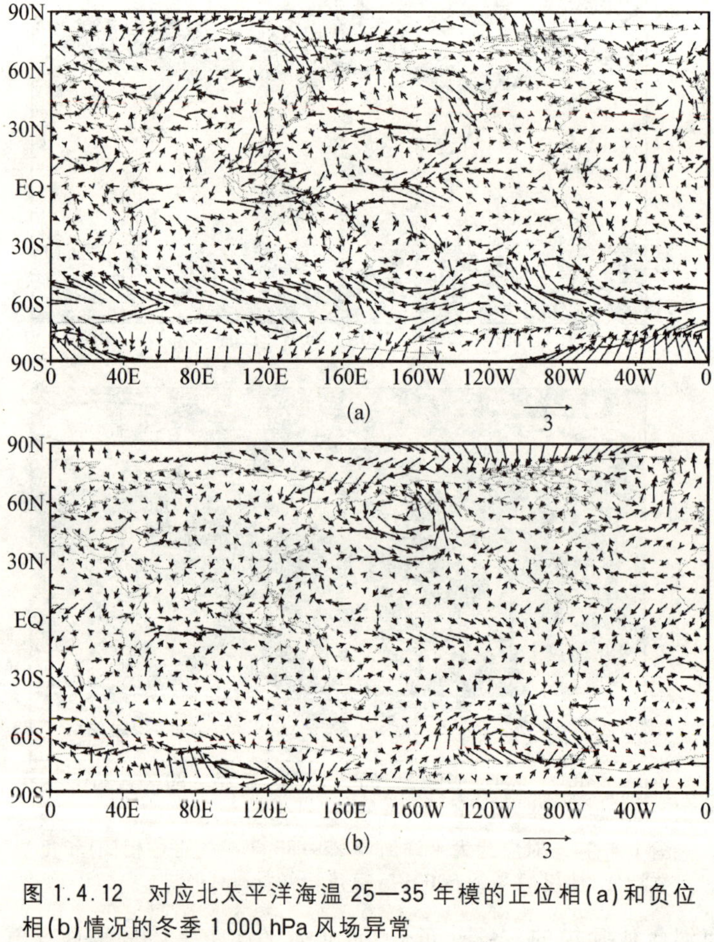

图 1.4.12 对应北太平洋海温 25—35 年模的正位相(a)和负位相(b)情况的冬季 1 000 hPa 风场异常

1.4.3 海温异常与气候变化关系的年代际变化

在前面我们在讨论 ENSO 影响时已经指出，有研究表明，ENSO 与印度夏季风降水的相关性在最近十几年有明显的减弱;实际上是它们的关系有明显的年代际变化。为了进一步确认这个结果,并揭示其他海区的海温异常与印度降水量相关性的变化特征,我们最近分析研究了印度降水与 ENSO(Nino3)指数、赤道印度洋海温偶极子指数(EIDI)、南印度洋偶极子指数(SIDI)、阿拉伯海海温指数(ASI)的相关关系的时间变化(Wang et al, 2006),其结果如图 1.3.9 所示,它们都随时间在发生变化,而且还存在明显的年代际特征。图 1.3.9 中 Nino3 指数与印度降水的相关关系在 20 世纪 80 年代开始减弱,在 1980 年代末甚至出现微弱的正相关。除 Nino3 指数之外,SIDI 与印度降水在 20 世纪 30—60 年代有显著的正相关,ASI 与印度降水在前期有较好的负相关,但从 20 世纪 60 年代后期至 80 年,南印度洋偶极子指数、阿拉伯海海温指数与印度降水的相关性都减弱。在1970—1980 年期间,印度降水与南印度洋偶极子指数的相关性在正负间变动,但相关系数都很小。印度降水与阿拉伯海 SSTA 相关性的位相在 80 年代初发生了重要变化,相关性由负变为正,并且一直增加到 90 年代初。赤道印度洋偶极子指数与印度降水在大部分时间为负相关,只有在 1950—1960、1970 年左右以及 1985 年以后为正相关。另外,图 1.3.9 还表明 1980 年代以前,印度降水主要受 ENSO 的影响,而其后印度降水则受 ENSO、阿拉伯海海温、赤道印度洋偶极子和南印度洋偶极子的综合影响,却都不是十分突出,几种因子与印度降水的关系都明显减弱。而且,这一结果也说明阿拉伯海海温、赤道印度洋偶极子和南印度洋偶极子对于印度降水的影响不是像以前认为的那样只是一种单纯的正或负相关关系,它们在不同的时期对印度降水有不同的影响,存在明显的年代际变化。

不仅仅印度降水与 ENSO 指数等的相关关系有明显的年代际变化特征,我们最近的分析研究还表明,赤道东太平洋海温指数(Nino3.4 index)等与中国梅雨的相关关系也有明显的年代际变化。图 1.4.13(彩图见第 692 页)给出的是中国梅雨量的小波分析结果,清楚地表明了梅雨的年代际变化有 11—13 年和 30—35 年两个主要周期,尤以 11—13 年周期最显著。图 1.4.14 给出了 Nino3.4 指数的 11 年滑动平均(实线)及其与梅雨 11 年滑动相关(虚线)的时间变化,可以看到赤道东太平洋海温和梅雨的关系也并不是稳定的,并且这种不稳定的相关性存在着年代际变化。Nino3.4 指数与梅雨的关系在 1920—1940 年间最显著,为持续正相关,1940 年以后,二者的相关性在正负间变化。赤道东太平洋海温的变化不仅仅影响梅雨的雨量,还对梅雨的持续时间有影响,Nino3.4 指数与逐年梅雨持续时间的 11 年滑动相关关系,与它和雨量的关系几乎一致(图略)。

赤道东太平洋海温与梅雨间的这种不稳定关系,很难将赤道东太平洋海温作为梅雨的预报因子,因此有必要进一步研究它们二者间的关系变化。从资料分析不难看到,海温和梅雨关系的变化与海温振幅的变化有关,在 20 世纪 20、60 年代和 1980 年以后,此时 Nino3.4 区的海温指数为正,海温和梅雨降水为显著的正相关关系;而在其他时间 Nino3.4 区海温指数为负时,二者的正相关关系较弱，甚至为负相关。这似乎说明只有当赤道东太平洋海温为正异常时，才会导致梅雨降水量偏多；而当赤道东太平洋海温为负异常时，可以使梅雨降水偏少或者偏多。显然，ENSO的冷暖位相对梅雨降水的影响有不对称性，赤道东太平洋海温偏冷时，有时会造成梅雨降水偏少，但是也有可能使梅雨降水量增加。

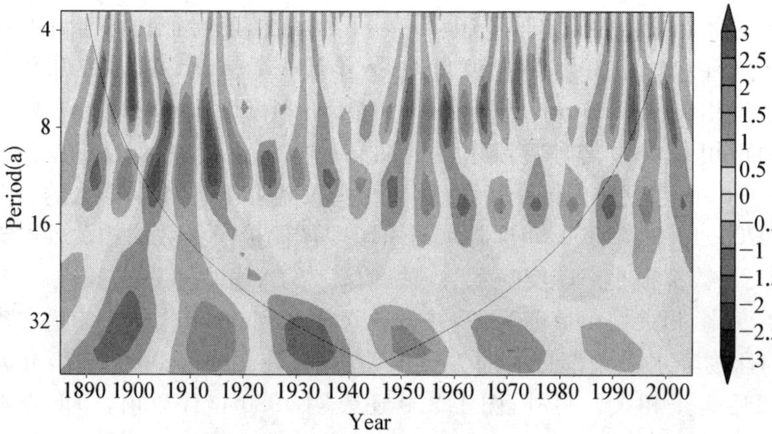

图1.4.13 中国梅雨量的小波分析结果 （引自 Gu and Li，2008）

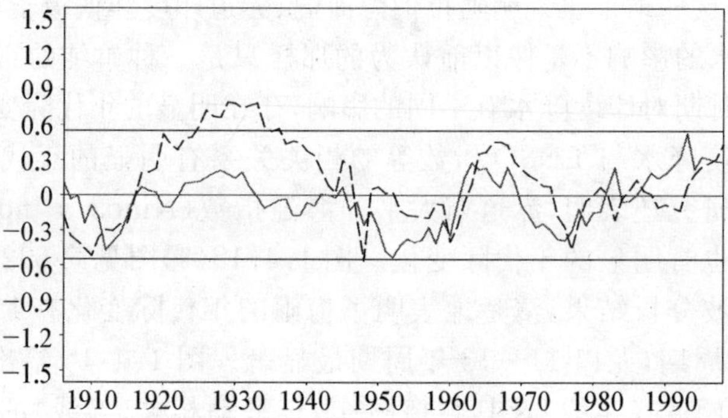

图1.4.14 Nino3.4指数的11年滑动平均(实线)及其与梅雨11年滑动相关(虚线)的时间变化 直线分别为95%信度检验

为研究El Nino和La Nina对梅雨影响的不对称性，根据逐年的ENSO指数分别对ENSO冷暖位相计算了其指数与梅雨降水的相关系数。其结果表明，当ENSO指数对应着暖/冷位相(ENSO指数超过0.5/低于－0.4)时，ENSO指数和梅雨的相关系数分别为0.33/－0.31；而当为非ENSO状态(ENSO指数高于－0.4，低于0.5)时，ENSO指数和梅雨降水的相关系数仅为0.07。这说明当ENSO处于不同的状态时，它对梅雨的影响是不同的。只有当赤道东太平洋海温有较明显的异常时，它才与江淮流域的梅雨降水有一定的关系，处在非ENSO状态时，赤道东太平洋海温变化对梅雨的影响很弱。而 La Nina 对梅雨影响的更大变化性,往往与气候背景状况有关,也还可能同 La Nina 的信号一般都相对较弱有关系。

我们还用赤道印度洋海温偶极子指数(EIDI)和南印度洋海温偶极子模态指数(SIDI)分别计算了与梅雨的相关。图 1.4.15 分别是赤道印度洋和南印度洋海温变化与梅雨的相关系数的变化,可以看到赤道印度洋和南印度洋海温对梅雨的影响是不同的:赤道印度洋偶极子和梅雨的关系不稳定,而南印度洋海温偶极子指数和梅雨的关系为稳定的正相关关系。赤道印度洋海温和梅雨的相关性并不显著,它们的相关性有明显的准 30 年周期的变化:1920 中期—1930 年中期,1950—1960 年代中期,以及 1970 年代末期以后二者都是正相关,而在其他阶段为负相关。并且更需要注意的是除了 1910 年代初、1930 年和 1980 年前后,在其他时间,二者的关系与 EIDI 本身振幅有近乎相反的变化,即 EIDI 处于正(负)位相时,它与梅雨降水为负(正)相关。尽管赤道偶极子海温与梅雨的关系并不显著,但是赤道印度洋海温还是可以影响我国的夏季降水,Yang 等(2007)的结果表明,El Nino 减弱时,由 El Nino 事件造成的热带印度洋海盆尺度上海温出现暖异常,延长了 El Nino 对夏季西太平洋地区气候的影响,有利于我国夏季东部地区降水偏多。

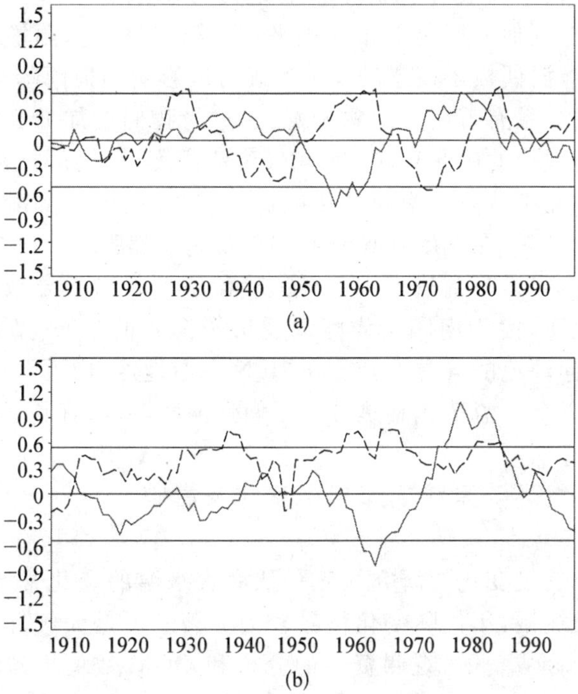

图 1.4.15 EIDI(a)、SIDI(b)11 年滑动平均(实线)及其与梅雨 11 年滑动相关的时间变化(虚线) 直线分别为 95%信度检验

虽然11年滑动相关的结果证实南印度洋偶极子与梅雨有稳定相关性(图1.3.11b)，还需要利用数值试验的方法，研究南印度洋海温偶极子模态的改变如何影响梅雨降水的变化。因此，我们利用中国科学院大气物理所的数值模式(SMAIL)，进行了南印度洋海温偶极子模态的变化对我国梅雨降水影响的模拟试验(图略)。在南印度洋偶极子模态地区海温强迫场采用的是1995—1999年实测海温，而在其他海区仍然用气候平均的海温场。海温敏感性试验的结果表明，南印度洋海温偶极子模态的变化的确可以影响到梅雨降水的变化，二者稳定而显著的相关关系有着明显的物理意义，这为我们更加准确预报梅雨提供了新的依据。从所模拟的确850和200 hPa位势高度、风场的异常形势看，南印度洋海温异常造成北半球高空南亚高压减弱东移，在中国东部沿海地区地区形成高空气旋性环流异常；在低层850 hPa，副热带高压偏强，长江中下游地区处在高压异常的西北部，容易受到热带太平洋上暖湿空气的影响导致梅雨增多。数值模拟的结果也表明，由于南印度洋海温偶极子模态的分布，造成了经向环流异常，使北半球经向环流的异常上升支在10°N左右地区，而下沉气流位于20°N地区，这支异常的下沉气流造成副热带高压偏强偏西，从而有利于梅雨偏多。

1.4.4 大气环流系统的年代际变化及影响

有关年代际气候变化的研究最先是从海表水温的变化开始的，这是因为海洋过程相对比较缓慢，年代际变化信号较为显著。但是大气环流系统的年代际变化特征也是十分清楚的，观测资料的分析和GCM数值模拟都十分清楚地表明，地球大气的几个主要环流系统，如南方涛动(SO)、东亚大槽、北美大槽、西太平洋副高和亚洲季风系统等都存在明显的年代际变化特征。而且这种大气环流系统的年代际变化同气候要素(降水和温度)的年代际变化有十分紧密的联系和匹配关系。同月季和年际气候变化相类似，年代际气候异常也与一定的大气环流型相对应(李崇银等，1999)。

NAO(北大西洋涛动)和NPO(北太平洋涛动)都是南北向的大尺度跷跷板式大气质量场的振荡现象，也是大气环流的重要系统。1990年代的研究结果清楚地表明，NAO存在明显的年代际变化，而北太平洋的大气(NPO)和海洋状况也有年代际变化特征。进一步的研究还表明，中国的气候变化不仅同NPO有关，也受到NAO的明显影响，有关NAO和NPO的年代际变化研究也得到了重视。对NAO和NPO指数所进行的分析研究表明，不仅近期以来NAO和NPO指数都有明显的增幅特征，而且它们在60年代初也都有极明显的突变特征。同时，NAO和NPO的这种突变同全球气候在60年代的突变还十分一致(李崇银、李桂龙，1999)。因此可以认为，NPO和NAO这种大气系统也存在显著的年代际变化，而且它们的年代际变化对中国乃至全球气候在60年代的突变有着重要的影响。

对中国冬季有重要影响的大气系统是东亚大槽或寒潮活动，而这种天气气候过程也有明显的年际变化和年代际变化。已有研究表明，这种东亚冬季风的年际和年代际变化同北大西洋涛动(NAO)有着密切的关系。因为东亚冬季风偏强(弱)的表现之一是西伯利亚地面冷高压的偏强(弱)；而强(弱)西伯利亚地面冷高压又与NAO指数呈负相关。冬季的NAO异常对中国夏季气候也有明显影响，强NAO一般对应强东亚夏季风的形势(武炳义、黄荣辉，1999)。当然，冬季异常的NAO如何影响东亚夏季风的活动，尚待深入研究。

大气环流的年代际变化虽然在相当大的程度上要受到外部异常的强迫，尤其是海洋热状况异常的影响，但是大气内部动力过程无疑也对大气环流和气候的年代际变化有不可忽视的作用。因此，年代际气候变化的机理既有海洋等外强迫的重要作用，也要考虑大气内部动力过程的影响，同时还要研究外强迫和内部动力过程的相互作用。

1.5 关于全球变化

全球环境变化，或者全球变化，是当前人类，包括各国政府都十分关注的问题。因为以全球变暖为主要特征的全球环境变化形势，不仅严重影响各国社会和经济的发展，也对人类的生存条件造成了巨大的威胁。2005年3月联合国在其《千年生态体系评估》中指出："在使地球生命得以生存的生态体系中，有60%已严重恶化或不能持续利用。""环境恶化意味着发生潜在的气候变化风险，将对人类福利造成极其严重的影响。""地球物种已出现巨大和不可逆转的损失，有10%到30%的哺乳动物、鸟类和两栖动物已濒临灭绝。"

全球环境恶化也对人类生存造成极其严重的影响。统计数据表明，以全球增暖为重要标志的全球气候和环境变化已经带来了一系列灾难性后果，如：气象和水文灾害加剧(全球1992—2001年估计总经济损失达4 500亿美元，导致62.2万人死亡，20亿人受到影响)；生存环境持续恶化(全球每年有6万平方公里的土地沙漠化)；海平面升高(过去一个世纪，全球平均海平面已升高10—25 cm，到2100年，全球平均海平面的升高将达50 cm)；冰川退缩；生物多样性受到严重破坏，人类健康受到严重影响等等。

1.5.1 正视全球变化的挑战

我们已经指出，近百年来地球气候变化的最主要特征就是全球增暖，尤其是近50年来,全球温度明显增高。因此,无论从哪个角度都可以说,全球增暖是一个不争的事实。在1.1节有关全球增暖的讨论中我们已经指出,冰芯资料的分析以及数值模拟的结果都清楚地表明,人类活动所造成的温室气体含量的增加是引起全球增暖的主要原因。我们讲主要原因而不是讲唯一原因,有两方面的考虑。其一是现有的研究结果(IPCC报告)还存在一定的不确定性,特别是关于大气气溶胶的影响及程度尚需深入的研究;其二是还有一些研究结果表明,自然变化因素,尤其是太阳活动也对地球气候增暖也有一定影响,甚至有人认为三分之一的增暖是太阳活动的影响结果。

面对全球增暖,以及因全球增暖所引发的全球变化的严峻挑战,我们首先要正视现实,必须认识到我们人类本身对于全球变化负有一定的责任。既然一系列的研究已经表明人类活动所造成的温室气体含量的增加是引起全球增暖的主要原因,控制和减少温室气体的排放也就是全人类的责任和义务。已有一系列的数值模拟结果表明,如果温室气体排放不加控制,未来100年全球平均气温将会增高4—6℃;而如果我们对温室气体的排放有较好的控制,未来100年全球平均气温的增高将会大为减小,可以控制在1.5—3℃以内。因此,控制和减少温室气体的排放有着十分重要的意义,也是人类逃避不了的现实必需。这里我们特意引用2001年IPCC报告中的一幅图(图1.5.1)(彩图见第692页),它是多个

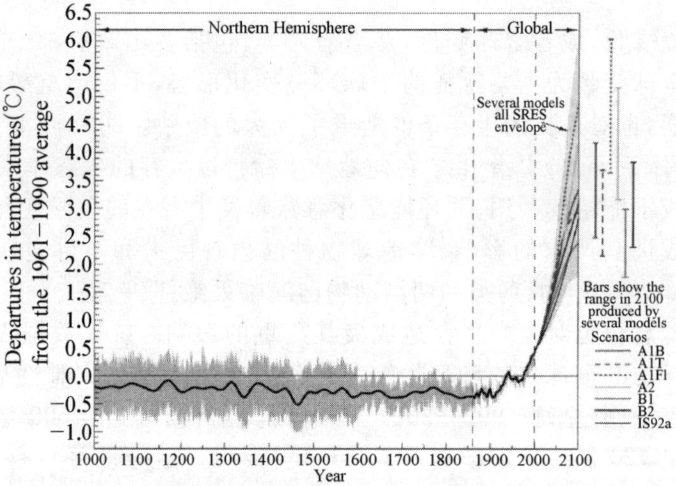

models indicate that global temperature will rise by 1.4—5.8℃ over this century unless greenhouse gas emissions are greatly reduced (reproduced with permission from Cubasch et al 2001, © IPCC 2001)

图1.5.1 多个数值模式模拟所得到的在不同温室气体排放情景下,未来一百年中全球平均气温的增加趋势 (引自2001年IPCC报告)

数值模式模拟的综合结果,显示了不同的温室气体排放情景下,未来一百年全球气温的可能增加趋势。

在控制和减少温室气体排放的问题上，首先是发达国家有不可推卸的责任，因为他们在经济发展中所排放的大量温室气体正是导致目前全球增暖的重要原因。最近还有统计报告表明，发达国家占世界20%的人口消费了全世界个人消费总量的86%，而占世界人口20%的最贫穷人口(绝大部分都生活在发展中国家)的消费只占世界总消费量的1.3%；发达国家的一个公民，其消费对环境的污染会相当于30—50个生活在发展中国家的人。另一方面，目前一些发展中国家在相当程度上还在走发达国家走过的老路，以环境为代价获得经济的发展，这也是非常严峻的问题，必须认真对待。中国已将“节能减排”作为发展经济的国策和各级领导考核的指标之一，是十分必要和正确的；全社会也要有“节能减排”的意识，人人都能“从我做起”。

“节能减排”是我们的目标，绝不能小视，也不是一说即就的事。首先，“节能减排”有许多科学技术问题、难题要解决，要在保障能源供给的前提下减排，就不能不继续烧煤、烧油。这里就有在燃烧煤和油的过程中如何实现减少CO_2和硫的排放量的科学技术问题；同时，如何在一定数量的能源供应情况下实现最大的效益，也有许多的科学技术问题需要解决。另一方面，要实现“节能减排”，不可避免地要增加一定的仪器设备，而且都是高科技的新设备，这需要有相当可观的经费投入。正是由于存在上述两方面的原因，“节能减排”在实践过程中还是一个相当困难的事情。但面对全球变化的挑战，我们必须坚持这一正确方向。

正视全球变化，还有另外一层意思，就是要正确对待全球变化的挑战。当前，全球环境包括人类生存环境已受到严重破坏，必需引起足够重视，但也不必惊慌失措，谈虎色变。一方面是地球环境的“容量”还是比较大的，有一定的承载力来应负对环境的破坏性影响；另一方面，地球环境自身还有一定程度的恢复机制，历史上多次经历的大小冰期和间冰期就是例证。一些格陵兰冰芯的分析结果也表明，在约12.3万年前，那里的温度比现在要高近5℃；而用有机地球化学技术的研究表明，在白垩纪晚期(约7 000万年前)格陵兰还生长着热带面包树，鳄鱼在加拿大北部也很多，当时北极平均海表温度为15℃。因此，我们既要认识到人类活动所造成的温室气体含量增加在全球增暖中的重要作用，一定要实行节能减排政策，以减缓全球增暖及其所造成的环境恶化。但近百年来的全球增暖也并非仅仅是由于温室气体含量增加一个因素所造成的，还有其他一些因素的影响，例如太阳活动变化、火山爆发、乃至地球内部活动的影响等。有关太阳活动对地球气候变化的影响，一直都有人在进行研究。一些资料分析清楚地表明，在近130年以来，全球平均的海平面温度异常(SSTA)与太阳活动的强度(年滑动平均的黑子数)之间有明显的正相关(Reid, 1993)，而且太阳黑子数的变化超前SSTA的变化。图1.5.2是Reid(2000)最近给出的分析结果，不仅全球平均海面温度异常(SSTA)与太阳活动的强度有一致的变化关系，而且太阳活动的强度变化在海平面温度变化之先。

观测资料十分清楚表明，全球增暖在近期有加剧的趋势。然而对于最近几十年全球温度的急剧增加，也有人通过对卫星观测资料的分析认为，这种温度的急剧增加现象与大气中气溶胶含量的减少有关(图 1.5.3)。因为强火山爆发比较少所导致的气溶胶光学厚度的减少，将使得到达地面的太阳辐射量增加，也就导致气温的升高。

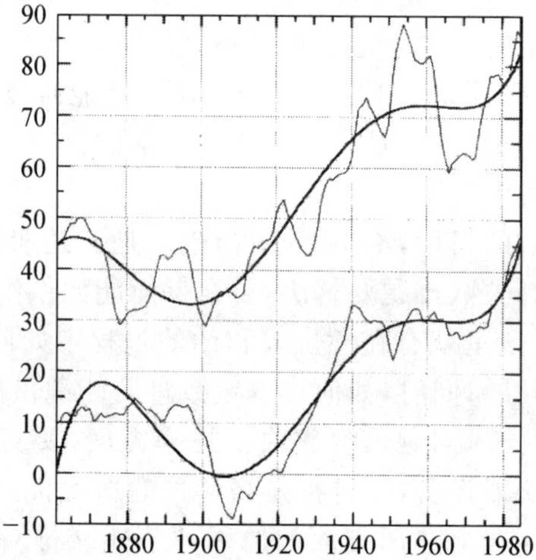

图 1.5.2 11 年滑动平均的年太阳黑子数(上)和年平均全球海面温度距平(下)的时间变化 (引自 Reid，2000)

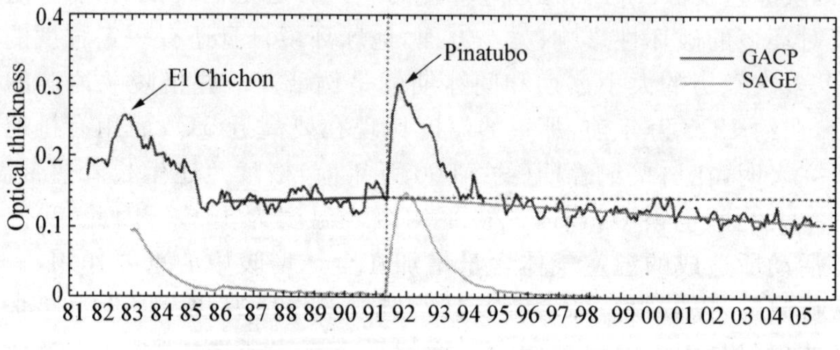

图 1.5.3 气溶胶光学厚度的时间变化 GACP 表示由 WEWEX 全球气溶胶气候计划所得到的溶胶光学厚度(对流层)，SAGE 表示由平流层溶胶和气体试验所得到的平流层溶胶光学厚度(引自 Mischenko and Geogdzhayer，2007)

要正确面对全球变化的挑战，就要科学地、客观地分析和处理问题，对于各种渠道传来的信息和结果都要科学的分析和判断，不可人云亦云，甚至以误传误。这里要特别强调一点，就是一定也要科学地认识和对待一些科学结果。科学是在不断发展的，现在的科学发展水平还不能解释我们面对的全部科学问题，还存在一定的局限性。对于全球变化来讲，政府间气候变化专门委员会(IPCC)

的报告是有权威性的,它是一大批科学家共同研究的结果,是现今的科学结果。但IPCC报告中,在给出一些结论的同时也指出了还有一些不确定性,这些不确定性的东西也就是目前科学还不能完全搞清楚的东西。为了说明不确定性问题,这里我们给出IPCC报告中的一张图,它显示了各种因子所引起的全球平均辐射强迫的估计。图1.5.4中既给出了各种因子所造成的辐射强迫的估计量,同时在其下方还分别给出了估计量的可信度等级。可以看到温室气体(CO_2、CH_4、N_2O和卤烃)、对流层臭氧、气溶胶和太阳活动是几个最重要的强迫因子(辐射强迫大于0.3 W/m^2)。这些因子中温室气体的辐射强迫达到2.4 W/m^2,而且可信度的等级高;对流层臭氧的辐射强迫为0.5 W/m^2左右,可信度等级较低;对流层气溶胶的直接影响存在各过程相互抵消的作用,实值不大,可信度又非常低;对流层气溶胶的间接影响十分不确定,辐射强迫在0—1.5 W/m^2之间,可信度也非常低。可信度非常低,意味着目前我们还不知道其辐射强迫实际是多少,现有的估计并不很可靠。假如对流层气溶胶的间接影响(负)被最终确定为比较大,暂且假定它为-1.5 W/m^2,那么对流层气溶胶的总辐射强迫就将与温室气体的辐射强迫近乎相抵消,温室气体和气溶共同作用的结果将只有较小的辐射强迫,并不会导致全球气温的显著升高。这也就是说,像IPCC报告这样的结果,我们也应该一是要相信它,二是不可全信它,因为它还有不确定性。对于其他的文章、传言及消息,更是要用科学的分析和科学的态度来对待。

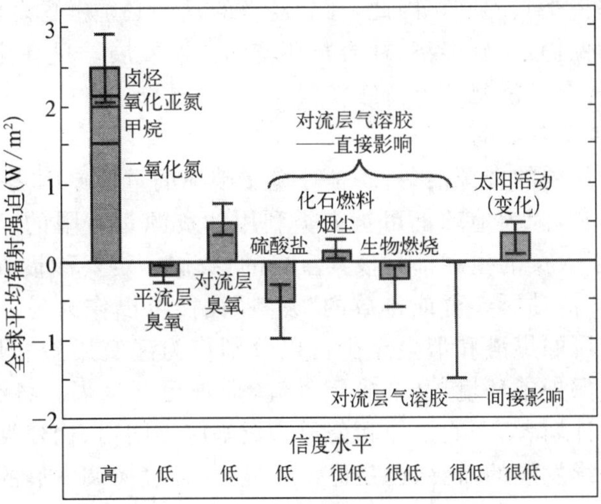

图1.5.4 各种因子所造成的辐射强迫的估计以及这些估计的可信度等级 (引自IPCC报告,2001)

我们要正确应对全球环境变化的挑战,一方面要控制和减少人为影响,同时也要努力适应现在和未来可能出现的环境变化,最终追求人类社会和自然环境的协调、可持续发展。

1.5.2 选择社会发展最佳模式

IPCC的报告已清楚地指出,全球性增暖是无争的事实,工业化以来温室气体含量的不断增加是导致全球温度急剧升高的主要原因,并已经带来了一系列灾难性后果。也就是说人类活动已带来了全球性环境恶化,严重威胁着人类社会的可持续发展,因此,人类首先要考虑的应该是规划自己的活动,使其不给环境带来影响或破坏。这就要求我们正确应对全球变化的挑战,对社会发展的模式作出重大选择,必须选择走社会可持续发展的最佳模式。最佳的社会可持续发展模式大体上应包括如下内容:

1. 经济、社会的发展与环境协调

长期以来,人类社会为了丰富物质、提高生活都在积极推动经济的发展。而在经济发展和社会发展的各种活动中都基本没有考虑对环境的影响以及如何保护环境的问题。其结果是经济发展了,但环境却遭到了不同程度的破坏。十分明显的例子就是人类发展生产需用电能,人类生活要取暖、做饭,就燃烧大量的煤炭,导致温室气体含量的增加、全球气温升高;人类为了得到更多粮食,就围湖造田,结果湖面和容水量都减小,在汛期成为极大的水灾隐患。也就是说环境的破坏反过来不仅要影响经济的进一步发展,还会威胁人类社会的生存条件,社会和经济的发展都将受到限制。因此,社会经济的发展必须考虑环境的承受能力、必须考虑环境的保护,做到经济、社会与环境的协调发展。只有社会经济的发展与环境协调了,社会经济也才能持续发展。

2. 构建循环经济体系

社会经济发展中的资源浪费,既是环境受破坏的重要原因之一,也是对可持续发展的严重威胁,因为地球上可被人类利用的资源是有限的。资源对于人类社会的发展,对于人类的生存都是极其宝贵的,我们一定要珍惜资源、保护资源。事实上,某种生产活动所弃舍或排放的"废料"往往可以作为另一种生产活动的原料。例如热电厂的煤渣和烟尘至少可以分别作为建筑用砖和化工的原材料,很好利用它们既保护了环境,又节省了资源,促进更好发展。各级政府、社会经济发展的规划和计划者、企业领导和公司老板都应该明白,构建循环经济体系既是社会经济可持续发展的需要,也是保护环境、与环境协调发展的必需。

3. 科学利用能源

到目前为止,全世界能源的绝大部分还是来自煤和石油的燃烧,其过程不可避免地要排放出大量的温室气体,尤其是CO_2。控制和减少温室气体的排放将主要影响到能源供应问题,而社会经济的发展一刻也离不开能源,这就不可避免地要考虑能源政策和能源改革的问题。能源改革本身也很复杂,有经济问题、技术问题、科学问题,也有人们接受的问题。但要应对全球环境变化的挑战,就必须坚持能源改革,应该科学使用化石燃料、减少使用化石燃料。要通过科学研究和工业试验,逐渐使用所谓清洁能源,也就是水电、风能和核能等。

4. 适度、科学地利用土地

民以食为先,人类社会要生存和发展就离不开食物,要种植粮食、饲养牲畜。这些生产活动无形中就会对自然环境造成或多或少的破坏,因此必须强调利用土地的适度和科学。过度的开垦和无节制的滥用自然资源所导致的恶果,如今到处都可以看到,我们西北“楼兰古国”的消失、丝绸之路美景的不复存在并非个例。近些年来的不少研究已清楚地表明,地球表面的植被覆盖状况,尤其是热带雨林的状况对全球气候有相当大的影响,值得高度重视。已有数值模拟试验清楚地表明,如果非洲扎伊尔地区的森林被草地取代,那里的降水量将减少 30%;而如果亚马孙河流域的森林被草地取代,那里的降水量将减少 70%。可见土地植被对于气候是多么的重要,实际上植被的改变不仅影响当地的气候,也必将影响其他地方的气候。同时,这里还只是将森林改变成了草地,如果是将森林改变成无植被的裸地,那将带来更为严重的影响。

5. 树立、提高环保意识,加强环保立法、执法

从以上分析讨论可以清楚地看到,节约能源、节约资源、减少温室气体排放既是各国政府的事情,也是每个公民的责任和义务。全球环境的变化和破坏直接关系到每个人的生活乃至生存,人人也就应该树立和提高环境保护的意识,为环境保护做我们应该做的事情。只要我们认识到环境保护的重要性,有保护环境的意识,在生产和生活中就会形成保护环境的习惯和自觉行动。另一方面,政府有关部门要加强对环境保护的立法和执法,要让个别人和个别单位或部门为了眼前利益而破坏环境的事件受到法规的处理,从而以法制为基础来规范人类及社会的活动,保证社会经济发展和人民生活提高与环境协调。

6. 尊重自然规律、适应和有限利用自然

自然界包括自然环境总是处于不停的运动和变化之中,而且有其自己的运动和变化规律。人类生活在自然界中就要认识和尊重自然规律,在一定程度上适应和有限利用自然。谈到适应自然可能有人不服气,其实,人从小到大就在适应自然,夏天穿衣较少、冬天穿衣很多不就是在适应自然变化吗。当然,人类为了更好地生存,也在利用乃至改造自然环境,耕种土地和建造房屋就是利用和改造的例子。但利用和改造一定要适度,不要对自然环境造成大的破坏,否则,反而对人类生存不利。“人定胜天”是我们过去较常讲的一句话,它有其一定的哲学意义,对人也能起鼓舞作用;但它不科学,更不能以此去做违背自然规律的事情。有一点要特别提出,人类活动对自然环境的破坏一般在短时间里并不明显,人们也就不在意,但到了环境已显现出遭到破坏的时候,再去补救和恢复将会花费许多的人力、物力和财力。破坏了再去治理和恢复是人类犯下的最笨、最大的

错误，我们决不能再重复那样的错误。

7. 重视环境保护的科学研究

如何应对全球变化的挑战和保护环境，不是讲几句话就行的事，有许多的科学问题需要深入研究。而且在不同的阶段，在不同的发展时期，还会面临不同的问题，需要进行不断的科学研究。以燃煤(不可能不烧煤)为例，如何在燃煤过程中减少碳的排放，以及如何脱硫都有一系列的科学技术问题要研究解决。再如在荒漠的改造中，怎样栽种植物以及种什么样的植物都是需要研究试验的科学问题，否则可能事倍功半，甚至适得其反。全球环境受到影响乃至破坏，实际就是不尊重自然规律、违背科学的结果，保护环境要按科学办事，依靠科学技术。因此，重视环境保护的科学研究也是走社会发展最佳模式的重要内容。在社会发展和科学进步的今天，有必要也有条件加大对环境保护的科学研究投入。

1.5.3 全球变化科学研究——地球系统科学联盟

1. 地球系统科学伙伴(ESSP)

气候变化虽是全球环境变化的核心内容，但毕竟只是全球环境变化的一部分。为了应对全球环境变化的严峻挑战，应深入研究全球环境变化的各种主要问题，为全人类的社会经济可持续发展提供科学支撑。科学家们早就关注着全球变化问题，1980年就制定了气候研究计划，对气候变化以及人类活动对气候的影响展开研究，其后在1988年又制定了国际地圈生物圈计划，直接研究全球变化问题。目前，国际上关于全球变化研究已有四个大的科学计划，即WCRP(世界气候研究计划)、IGBP(国际地圈生物圈计划)、IHDP(国际全球变化人文因素计划)和DIVERSITAS(国际生物多样性计划)。

世界气候研究计划始于1980年，是由国际科学联盟(International Council for Science, ICSU)和世界气象组织(World Meteorology Organization, WMO)共同创建的；但从1993年开始，WCRP同时得到联合国教科文组织(UNESCO)政府间海洋委员会(IOC)的资助和指导。(WCRP)的总体目标是：确定气候的可预报程度，以及人类活动对气候的影响程度。其三个具体目标为：月到季度气候异常的业务预报；年际时间尺度全球气候变化的预测；估计年代际尺度气候变化趋势，尤其是人类活动对气候的影响。

气候变化被认为是全球变化的核心，在一定意义上，气候变化对全球变化起着主导的作用。因此，一方面WCRP受到越来越大的关注，另一方面WCRP与其他国际计划有越来越多的合作研究计划。目前，WCRP正在执行一个战略计划，即地球系统协同观测和预报计划(COPES)。这个计划的主要目标是：(1) 分析和描述(地球)气候系统的结构、变动及变化；(2) 改进对(地球)气候系统变化机理、过程以及人类强迫的认识，并将这些新的发现和认识引进到气候模式中去；(3) 提供从几月到几百年，从区域到全球尺度气候系统预测的依据；(4) 把模式用于预测全球和区域尺度的因人类活动引起的气候变化，以此能更客观的评估相关的影响。

国际地圈生物圈计划（IGBP）开始于 1988 年，当时 包括 8 个核心计划和 2 个框架活动，8 个核心计划是：全球变化与陆地生态系统（GCTE）、水循环和生物圈（BAHC）、全球大洋通量联合研究（JGOFS）、海岸带陆海相互作用（LOICZ）、过去全球变化研究（PAGES）、国际全球大气化学（IGAC）、全球海洋生态系统动力学（GLOBEC）、土地的利用与覆盖变化（LUCC）；2 个框架活动是：全球分析解释与建模（GAIM）和全球变化的分析研究与培训系统（START）。通过 IGBP 第一阶段研究计划的执行，对全球变化的性质认识有了显著提高，对人类活动如何影响全球变化的认识有质的提高，在区分自然的和人类活动引起的地球系统变化方面取得了显著成绩。并在以下方面达成了共识：

(1) 地球系统是一个自适应系统，在其各组成部分之间的相互作用和反馈具有复杂的、开放性的多尺度时空变化特征。

(2) 地球系统具有临界阈值和突变特性，它在近 50 万年来以不同的形态在运行，其间曾有多次突变状态；人类活动具有改变地球系统运行模式的潜在能力，如何定量描述人类活动所驱动突变的可能性是相当重要的事情。

(3) 地球系统的变化最近已完全超过了至少过去 50 万年的自然变率范围，地球正处于没有以往情景可与之类比的运行状态，某些环境事件可能出乎意料。

(4) 除温室气体排放和气候变化之外，人类活动还在通过多种途经影响着地球环境，人类所驱动的变化还使得地球系统的变化更加复杂化。

(5) 人类所驱动的变化在地球系统中造成复合效应，并通过多维方式在不同的时间和空间尺度上相互作用、相互影响。

2003 年开始，IGBP 在进行第二阶段的科学计划，其目标是描写和了解地球系统动力学；重点关注相互作用的生物、化学和物理过程；地球系统动力学中正在发生的变化；以及在这些变化中人类活动的作用。为此，形成了 6 个核心计划和 2 个集成计划，6 个核心计划是：第二期国际全球大气化学（IGAC Ⅱ）、全球变化与陆地-人类-环境系统（LAND）、全球海洋生态系统动力学与海洋生物地球化学和生态系统综合研究（GLOBECIMBER）、第二期海岸带陆海相互作用（LOICZ Ⅱ）、陆地生态系统与大气过程综合研究（ILEAPS）、上层海洋-低层大气研究（SOLAS）；2 个集成计划是过去全球变化研究（PAGES）和地球系统综合分析与模拟试验计划（AIMES）。

未来十年 IGBP 科学目标是通过三个层面的研究来透视地球，探索如何维持地球的生命支撑系统。第一层面是关键过程研究，重点研究大气、陆地、海洋中的关键过程；第二层面是圈层间相互作用研究，重点研究大气、海洋、陆地间的相互作用；第三层面是集成研究。

国际全球变化人文因素计划，最初由国际社会科学联合会理事会（ISSC）发起，时称“人文因素计划”（Human Dimensions Programme，简称 HDP）。1996年，ISSC 与国际科学联合会理事会（ISCU）成为共同发起者，计划名称则由 HDP 改为 IHDP。IHDP 的目标是，在规划、发展、集成社会科学对全球变化的研究中发挥国际领导作用，并促进关键研究成果的应用以帮助应对全球环境变化的挑战。IHDP 的任务是，促进、协调、实施社会科学研究，以帮助理解和应对全球环境变化的挑战和改进社会的响应；促进包括自然科学与社会科学在内的多学科研究，理解引起全球环境变化的人类与自然环境的相互作用；强化研究机构和政策机构的能力，以形成对全球变化的社会原因及其影响的共同理解；促进科学-政策之间的对话。目前主要在执行的计划有土地利用与土地覆盖变化计划（LUCC）、全球环境变化与人类安全（GECHS）、全球环境变化的法制因素计划（IDGEC）和工业转型（IT）计划等。最近发布的《IHDP 2007—2015 年战略计划》，又确定了未来十年涉及前沿科学、能力发展，以及科学-政策相互作用的新计划。其科学计划包括地球系统管理（ESG）；脆弱性、恢复力与适应性（VRA）；综合风险管理（IRG）；以及联合研究活动（与 IGBP 等的合作研究）

国际生物多样性计划始于 20 世纪 90 年代末，其三个主要目标分别是：生物发现，即要搞清生物多样性正在发生什么样的变化和为什么会出现这些变化；第二是生态服务，即要搞清生物多样性的变化将会对经济系统的管理和服务有什么影响；第三是生物可持续性，即要发展生物多样性的保护和可持续利用的科学问题。

很显然，从科学上来讲全球变化十分复杂，不是某一个学科就能说得清、解决得了的，必须要有多学科的合作及协同。在普遍认识了全球变化的复杂性及学科交叉合作的必要性基础上，以上四大国际科学计划已在 2003 年决定结成“地球系统科学伙伴（Earth System Science Partenership，ESSP）”，共同联合研究全球变化及其相关问题，并且已开始实施四个联合计划：即全球碳计划（GCP）、全球环境变化与食物计划（GECAFS）、全球水系统计划（GWSP）、全球变化与人类健康计划（GCMHP）。同时，ESSP 已批准开始了两个区域性集成研究项目（亚马逊生物圈与大气试验，LBA；季风亚洲，MAIRS）的研究。其中 GCP 的研究主题是：碳的“源”和“汇”的时空分布格局；决定年际到千年际碳循环的动力过程，以及人为和非人为控制及反馈的机制；未来全球碳循环的动力学。GECAFS 的研究主题是：在食物需求改变时，气候变化对不同地区和不同社会人群的食物供应方式及其脆弱性的影响；食物系统如何能适应气候变化以应付基本需求的变化；食物系统适应气候变化的环境和社会经济后果。GWSP 的研究主题是：全球变化对局部和区域水系统的影响；区域水循环的变化对全球水循环和地球系统的反馈作用；保证水系统可持续利用的重要措施。GCMHP 的研究主题是：更好理解人类健康与全球变化（气候变化、生态系统变化、社会经济变化等）之间的复杂关系。

我们可以清楚地看到,ESSP 的计划和项目有十分明显的两个特点,其一是它充分反映了自然科学与社会科学的结合;其二是它的人性化,以人为本,人类生存所需要的食物、饮水和健康等都列入了研究计划。

还需要指出的是,ESSP 及其相关联合计划和项目的提出和实施也可以认为是 WCRP 的科学扩展和延拓,它不仅将会使 WCRP 的目标在更高层次上得到很好实现,也将气候变化与相关自然科学和社会科学紧密相连,气候变化研究也将能更好为人类社会的生存和发展服务。

地球系统科学的形成是地学各分支学科发展的必然,也是社会和经济发展的要求。就学科而论,地球系统科学需要从复杂的开放系统的观点出发,在综合分析的基础上,研究地球系统在各种驱动力作用下整体演变的规律和机制。其科学内容主要包括:外驱动力和地球系统间的相互作用;圈层间的交换及其界面动力过程;地球系统的整体演化规律及机理;地球系统变化的数学物理模型;地球系统演变的数值模拟和预测;地球系统变化的可调控性。

无论是全球变化的研究还是地球系统科学的研究,都需要对地球进行全面的观测,尤其是从空间的覆盖全球的对地观测。美国 NASA 在上世纪 90 年代就着手发展对地观测系统,作出了周密细致的规划和路线图,要求在 1998—2002 年能够描述地球系统特征,在 2003—2010 年能够认识地球系统;在 2011—2025 年及其后能够预测地球系统的变化。

2. 地球系统科学近期研究重点

美国国家航空航天局(NASA)在其地球科学事业(ESE)计划(NASA ESE 2000—2010 研究战略)中,就美国的地球科学研究做了非常细致的规划(NASA, 2000),在一定意义上可以视为近期的研究方向。他们提出了如下主要科学问题的研究序列:

(1) 全球地球系统正在发生怎样变化?

——全球降雨量、蒸发量及水循环正在怎样变化?

——大洋环流在年际、十年以及更长时间尺度上正在怎样变化?

——全球生态系统正在怎样变化?

——随着大量破坏臭氧的化学物质的减少以及大量新的替代物质的增加,平流层臭氧正在怎样变化?

——地球的冰盖正在发生怎样变化?

——地球及其内部是怎样运动的? 对地球的内部作用过程,我们能得到什么信息?

(2) 地球系统的主要驱动力是什么?

——大气成分和太阳辐射的什么趋势在驱动全球气候?

——全球土地覆盖和土地利用正在发生怎样变化? 原因是什么?

——地球表面是如何变形的? 如何将这类信息用于预测未来的变化?

(3) 地球系统如何响应自然和人为引起的变化？

——云和地表水文过程对地球气候产生怎样的影响？

——生态系统如何响应并影响全球环境变化和碳循环？

——气候变化如何驱动全球大洋环流发生变化？

——平流层痕量气体如何响应气候和大气成分的变化？

——气候变化对全球海平面产生怎样的影响？

——区域性空气污染对全球大气会产生什么影响？全球化学和气候变化又对区域大气质量产生什么影响？

(4) 地球系统的变化对人类文明的后果是什么？

——局地天气、降雨量以及水资源的变化与全球气候变化有什么关系？

——土地覆盖和土地利用变化对生态系统和经济生产的可持续性会产生什么后果？

——气候和海平面变化以及日益增加的人类活动对海岸地区会产生什么样的后果？

(5) 怎样才能更好地预测地球系统未来的变化？

——如何更好地用空间观测、数据同化和建模来提高天气预报的时间尺度和可靠性？

——如何更好地理解和预测气候突变？

——如何更好地评估或预测长期的气候趋势？

——如何更好地预测未来大气化学成分对臭氧及气候的影响？

——如何更好地模拟地球系统内的碳循环？采用这些模型预测未来大气中二氧化碳和甲烷浓度的可靠性如何？

参考文献

丁一汇、任国玉，2008：中国气候变化科学概论，249，北京，气象出版社.

傅容珊等，1999：拉幔边界动力学——地球自转十年尺度波动，地球科学进展，**4**，541-54.

高晓清等，2002：地磁场与气候变化关系的新探索，高原气象，**21**，395-400.

顾薇、李崇银、杨辉，200：中国东部夏季主要降水型的年代际变化及趋势分析，气象学报，**63**(5)：728-739.

李崇银，1985：El Nino与西太平洋台风活动，科学通报，**14**，1087-1089.

李崇银，1988：频繁强东亚大槽活动与El Nino的发生，中国科学(B)，667-674.

李崇银，2000：气候动力学引论(第2版)，515，北京，气象出版社.

李崇银、廖清海，1996：东亚及西北太平洋地区气候的准10年尺度振荡及其可能机制，气候与环境研究，**2**，124-133.

李崇银、穆明权，1998：异常东亚冬季风激发ENSO的数值模拟研究，大气科学，**22**，481-490.

李崇银、李桂龙、龙振夏，1999：中国气候年代际变化的大气环流形势对比分析，应用气象学报，**10**

(增刊),1-8.

李崇银、穆明权,1999：厄尔尼诺的发生与赤道西太平洋暖池次表层海温异常，大气科学，**23**，513-521.

李崇银、穆明权，2000：东亚冬季风-暖池状况-ENSO循环的关系,科学通报,**45**,678-685.

李崇银等,2003：全球增暖的另一可能原因初探,大气科学,**27**,789-797.

李崇银、裴顺强、普业,2005：异常东亚冬季风对赤道西太平洋纬向风的动力作用,科学通报,**50**,1136-1141.

刘爱鸣、林毅、王怀俊,2007：热带气旋"碧利斯"和"美格"登陆后不同暴雨强度的对比分析. 2006年灾害性天气预报技术论文集,157-164,北京,气象出版社.

穆明权、李崇银，1999：东亚冬季风年际变化的ENSO信息-(I).观测资料分析，大气科学，**23**，276-286 .

WCRP中国委员会,2006：未来10年中国气候研究计划.

武炳义、黄荣辉,1999：冬季北大西洋涛动极端异常变化与东亚冬季风,大气科学,**23**,641-651.

肖子牛、李崇银,1992：大气对外源强迫低频响应的数值模拟(I)——赤道东太平洋海温异常,大气科学，16,708-717.

严中伟、季劲钧、叶笃正,1990：60年代北半球气候跃变,中国科学(B),**1**,97-103.

杨辉、李崇银,2005：厄尔尼诺持续时间与大气环流异常形势,地球物理学报,**48**(4),780-788.

杨淑群、潘建华、柏建,2006：年四川极端高温干旱分析，2006年灾害性天气预报技术论文集，184-190,北京,气象出版社.

晏红明、肖子牛,2000：印度洋海温异常对亚洲季风区天气气候影响的数值模拟研究,热带气象学报,**16**,18-27.

张克映、张一平,1984：西双版纳森林采伐对地方气候的影,林业气象论文集,14-23,北京,气象出版社.

曾小苹、林云芳、续善荣,1992：地球磁场大面积短暂异常与灾害性天气相关性初探,自然灾害学报,**1**,59-65.

Ashok, K, Z Guan and T Yamagata, 2001: Impact of the Indian Ocean Dipole on the Relationship between the Indian Monsoon Rainfall and ENSO, *Geophys. Res. Lett.*, **28**, 4499-4502.

Barnola, J M, et al, 1987: Vostok ice core: A 160,000 year record of atmospheric CO_2, *Nature*, **329**, 408-414.

Bierknes, J, 1969: Atmospheric teleconnections from the equatorial Pacific, *Mon. Wea. Rev.*, **97**, 163-172.

Bucha, V, 1991: Solar and geoma gnetic variability and changes of weather and climate, *J. Atmos. Terr. Phys.*, **53**, 1161-1172.

Chang, C-P, Y Zhang and T Li, 2000: Interannual and Interdecadal Variations of the East Asian Summer Monsoon and Tropical Pacific SSTs. Part I: Roles of the Subtropical Ridge, *J. Climate*, **13**, 4310-4325.

Chang, C-P, P Harr and J Ju, 2001: Possible roles of Atlantic circulations on the weakening Indian Monsoon rainfall-ENSO relationship, *J. Climate*, **14**, 2376-2380.

Charney, J G, 1975: Dynamics of deserts and drought in the Sahel, *Quart. J. Roy. Meteor. Soc.*, **101**, 193-202.

Friis-Christensen, E And Lassen, 1991: Length of the solar cycle: An indicator of solar activity closely associated with climate, *Science*, **245**, 698-700.

Gribbin, J, 1981: Geomagnetism and climate, *New Science*, **89** (1239), 350-353.

Hide, R, 1969: Interaction between the Earth's liquid core and solid mantle, *Nature*, **222**, 1055-1056.

Hirst, A C, 1986: Unstable and damped equatorial modes in simple coupled ocean-atmosphere model, *J. Atmos. Sci.*, **43**,606-630.

Hoyt, D V, 1979: Variation in sunpot structure and climate, *Climate Change*, **2**, 79-91.

IPCC, 2001: ***The science of climate change*** (Houghton, J. T. et al, Ed.), Cambridge Univ. Press, Cambridge, U.K.

Jault, D and J L LeMouel, 1991: Exchange of angular monmentum between the core and mantle, *J. Geomag. Geoelectr.*, **43**, 111-129.

Kelly, P M and T M L Wigley, 1992: Solar cycle length green house forcing and global climate, *Nature*, **360**, 328-330.

Kumar, K K, B Rajagopalan and M A. Cane, 1999: On the weakening relationship between the Indian Monsoon and ENSO, *Science*, **284**, 2156-2159.

Kushnir, Y, 1994: Interdecadal variations in the North Atlantic sea-surface temperature and associatedatmospheric conditions, *J. Climate*, **7**, 141-157.

Labitzke, K and H Van Loon, 1990: Associations between the 11-year solar cycle, the quasi-biennial oscillation in the atmosphere: A summary of recent work, *The Earth's Climate and Variability of Sun over Recent Millennia*, 179-191, Royal Sociey.

Latif, M and T P Barnett, 1996: Decadal climate variability over the North Pacific and North America: Dynamics and predictability, *J. Climate*, **9**, 2407-2423.

Li Chongyin, 1990: Interaction between anomalous winter monsoon in East Asia and El Nino events, *Adv. in Atmos. Sci.*, **7**, 36-46.

Li Chongyin, 1985: Westerly anomalies over the equatorial western Pacific and Asian winter monsoon, ***Proceeding of International Scientific Conference on the TOGA Programme***, 557-561, WCRP-91-WMO/TP, No. 717.

Li Chongyin and Xiao Ziniu, 1992: The 30-60 day oscillations in the global atmosphere excited by warming in the equatorial eastern Pacific, *Chinese Science Bulletin*, **37**, 484-489.

Li Chongyin, Long Zhenxia and Xiao Ziniu, 1993: On low-frequency remote responses in the atmosphere to external forcings and their influences on climate, ***Climate Variability***, 177-190, China Meteor. Press.

Li Chongyin and Mu Mingquan, 1998: ENSO cycle and anomalies of winter monsoon in East Asia, ***East Asia and Western Pacific Meteorology and Climate***, 60-73, Word Scientific.

Li Chongyin and Mu Mingquan, 2002: A further study of the essence of ENSO, *Chinese J. Atmos. Sci.*, **26**, 309-328.

Li Chongyin and Xian Peng, 2003: Atmospheric Anomalies related to Interdecadal Variability of SST in the North Pacific, *Adv. Atmos. Sci.*, **20**, 859-874.

Mann, M E., E P Gille, R S Bradley, et al, 2000: Global Temperature Patterns in Past Centuries: An Interactive Presentation, Earth Interactions, Vol. 4, Paper 4, November.

Mantua, N J, S R Hovre, Y Zhang, et al, 1997: A Pacific interdecadal climate oscillation with impactes on salmon production, *Bull. Amer. Meteo. Soc.*, **78**, 1069 - 1079.

Mishchenko, M I and I V Geogdzhayev, 2007: GACP data show potential climate impact of arosols, *GEWEX News*, **17** (2), 4 - 5.

Matsushita, S, 1967: Solar quiet and limar daily variation-fields, *Physics of Geomagnetic Phenomena* (Matsushita and Campbell, Eds), Academic Press, London and New York.

Neelin, J D., 1991: The slow sea surface temperature mode and the fast-wave limit: Analytic theory for tropical interannual oscillations and experiments in a hybrid coupled model, *J. Atmos. Sci.*, **48**, 584 - 606.

Oort, A H and T H Vander-Haar, 1976: On the observed annual cycle in the ocean-atmosphere heat balance over the Northern Hemisphere, *J. Phys. Oceanogr.*, **6**, 781 - 799.

Philander, S G, T Yamagata, R C Pacanowski, 1984: Unstable air-sea interactions in the tropics, *J. Atmos. Sci.*, **41**, 604 - 613.

Reid, G. C., Solar Variability and the Earth's climate: Introduction and overview, ***Solar Variability and Climate*** (E. Friis-Christensen, et al, Eds), 1 - 11, 2000, Kluwer Academic Publishers, Dordercht/ Boston/ London.

Reid, G C, 1991: Solar total irradiance variations and the global sea surface temperature record, *J. Geophys. Res.*, **96**, 2835 - 2844.

Suarez, M J, P Schopf, 1988: A delayed action oscillator for ENSO, *J. Atmos. Sci.*, **45**, 3283 - 3287.

Trenberth, K.E. and J.W. Hurrell, 1994: Decadal atmosphere-ocean variations in the Pacific, Climate Dyn., **9**, 303 - 319.

Voorhies, C V, 1991: Coupling an invicid core to an electrically insulsting mantle, *J. Geomag, Geoelectr.*, **43**, 131 - 156.

Wang, X., C. Li and W. Zhou, 2006: Interdecadal variation of the relationship between Indian rainfall and SSTA modes in the Indian Ocean, *Int. J. Climatol.*, **26**, 595 - 606.

WMO/ICSU, 1984: ***Scientific Plan for Would Climate Research Programme***, WCRP Publication Series, No.2, WMO/TD No.6.

WMO, ICSU, UNESCO, 1995: ***CLIVAR-A Study on Climate Variability and Predictability - Science Plan***, WCRP No.89, WMO/TD No.690.

Wyrtki, K., 1975: El Nino-the dynamic response of equatorial Pacific ocean to atmospheric forcing, J. Phy. Oceanogr., **5**, 572 - 583.

Wu, R and B Wang, 2002: A Contrast of the East Asian Summer Monsoon - ENSO Relationship between 1962 - 77 and 1978 - 93, *J. Climate*, **15**, 3266 - 3279.

Yamamoto, R T and T Iwashina, 1975: Change of the surface air temperature averaged over the Northren Hemisphere and large volcanic eruptions during the year 1951 - 1972, *J. Meteor. Soc. Japan*, **53**, 482 - 486.

Yang, J, Q Liu, S-P Xie, etal., 2007: Impact of the Indian Ocean SST basin mode on the Asian summer monsoon, *Geophys. Res. Lett.*, **34**, L02708, doi: 10.1029/2006GL028571.

Zhang, Y, J M Wallace and D S Battisti, 1997: ENSO-like interdecadal variability: 1900 - 1993, *J. Climate*, **10**, 1004 - 1020.

第 2 章　青藏高原气象学

高登义

青藏高原气象学是我国气象学界前辈叶笃正、顾震潮、陶诗言、杨鉴初(1960)首先提出研究的，当时取名为《西藏高原气象学》，但其研究的范围实值上是包括西藏、青海在内的青藏高原。在此后不久，Flohn(1968)发表了《Contribution to Meteorology of Tibetan Highlands》，也提出了西藏高原气象学；自叶笃正、高由禧等 10 余名气象学家(1979)发表了《青藏高原气象学》专著以来，国内外都把青藏高原气象学作为气象学研究的一个重要内容(Reiter and Dengyi Gao，1982；章基嘉、朱抱真等，1988)。

本章分四部分：青藏高原的特殊天气气候、青藏高原的动力和热力作用、青藏高原热状况对我国天气气候的影响和山地、大气与自然环境之间的相互作用。

2.1　青藏高原的特殊天气气候

青藏高原上的特殊天气气候现象较多，本节只选择其中更为重要的青藏高压、青藏高原季风、青藏高原低涡和喜马拉雅山脉地区的特殊天气气候四方面来讨论。

2.1.1　青藏高压

研究表明(叶笃正等，1957；Krishnamurti et al，1973；张可苏等，1977；朱福康等，1980)，在北半球的夏季(6—9 月)，100 hPa 上的南亚高压中心基本上比较稳定地位于青藏高原到伊朗高原一带，此时，它的移动、变化都与青藏高原的热力和动力作用密切相关。因此，本节着重讨论与青藏高原关系密切的夏季南亚高压，由于其中心位置基本上位于青藏高原上空，因此，有些气象学家又把它称为青藏高压(叶笃正、高由禧等，1979)。

叶笃正、罗四维和朱抱真(1957)首先提出了青藏高压的概念，Krishnamurti等(1973)研究了北半球夏季的青藏高压和对流层上部热带环流的关系，张可苏等(1977)进行了青藏高压移动的模拟实验及其在夏季预报应用的研究，罗四维(1979)在《青藏高原气象学》(叶笃正、高由禧等，1979)专著中专门讨论了“夏季100 hPa青藏高压”，朱福康等(1980)撰写了《南亚高压》专著……对北半球夏季100 hPa上的青藏高压有了一定的认识。

1. 夏季100 hPa青藏高压的基本特点

罗四维(叶笃正、高由禧，1979)根据1961—1973年4—9月的100 hPa的环流形势图资料，研究指出了青藏高压的如下基本特点。

(1) 青藏高压中心

夏季，在我国上空100 hPa上，有两个高压中心。6月，其主要中心位于31°N以南的青藏高原上空。7—8月，其主要中心出现在高原上空的31°—35°N，该中心出现频率高的地区分别在100°E以东和85°E附近；其次要高压出现频数中心在114°E附近。7—8月的主要高压中心比6月北移了五个纬距。

7—8月，位于东部的主要高压中心的位置比6月有所东移，次要高压中心的位置比6月的偏北偏东，且其出现频数增多。7—8月青藏高压中心的这种分布可能与我国东部地区进入伏旱期有关。

100 hPa上青藏高压中心的位置与500 hPa上副热带高压关系密切：若100 hPa上青藏高压的主要高压中心在100°E以东维持，则500 hPa上的西太平洋副热带高压西伸并北跳，其“588”等值线大部分西伸到110°E以西；反之，若100 hPa上青藏高压的主要高压中心维持在110°E以西，我国长江流域则为低槽或低压控制。

(2) 青藏高压脊线

这里所说的青藏高压脊线是通过青藏高压中心的东西风分界线，是青藏高压的另外一个主要特征。

青藏高压脊线位置具有明显的季节变化。从多年的月平均图(图略)上可以看出：4月，其脊线位于15°N附近；5月，23°N；6月，28°N附近；7月，32°N左右；8月，其位置最北，达到33°N；9月，脊线南退到28°N。

青藏高压位于120°E的脊线位置的变化比较有阶段性，而且它的变化与长江流域的梅雨始末及旱涝有关。从初夏到盛夏，其120°E的脊线大致有4次明显的北跳。第一次在5月中，第二次在6月5—10日，其脊线越过25°N，长江流域进入梅雨；第三次在梅雨后期6、7月之交，脊线由28°N北进到31°N；第四次在7月10—15日，脊线北跳到33°N以北，长江流域梅雨结束，进入伏旱期。

7月10—15日前，如果其脊线位置偏北，越过31°N，则对应长江流域偏旱

（如，1961、1964 和 1971 年）；反之，长江流域多雨偏涝（如，1965、1968、1969 和 1970 年）。

(3) 青藏高压环流型

根据 1961—1973 年 4—9 月的资料分析表明，在 100 hPa 上，青藏高压的环流型比较稳定。根据其中心情况，可以分为三类：A. 东部型环流（出现 26 次，平均维持日期 10.4 天），其主要高压中心位置偏东；B. 带状型环流（出现 12 次，平均维持日期 10.7 天），高压中心有两个以上，高压呈狭长的带状；C. 西部型环流（出现 54 次，平均维持日期 13.3 天），其主要高压中心偏西（图 2.1.1a—b）。

东部型环流 如图 2.1.1a，在 100 hPa 上，西风槽位于 60°—90°E 之间，在 90°—120°E，脊线在 33°N 以北，且呈西低东高走向；与此相应，在 500 hPa 上，西太平洋副热带高压西伸北跳，其“588”等值线控制长江中下游流域（图略）。这种环流型的降水分布大致是长江中下游、四川东部和贵州少雨，而四川西部、我国西北及华北则多雨。

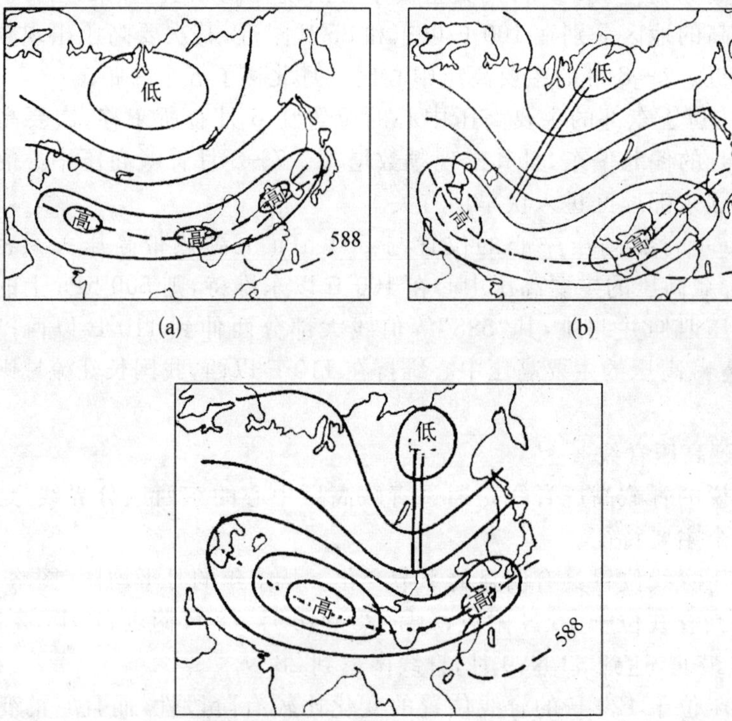

图 2.1.1 青藏高压环流型示意图 (a) 东部型；(b) 带状型；(c) 西北型（实线为 100 hPa 等高线，虚线为 500 hPa 等高线，点断线为 100 hPa 脊线）

带状型环流 如图 2.1.1b，在 100 hPa 上，中高纬度为一大低压，西风带没有大槽大脊存在，在 60°—135°E，青藏高压呈带状分布；在其维持期间，其高压中心多于两个，且都不稳定；其高压脊线走向及其与500 hPa上的西太平洋副热带高压的相互关系和降水分布与上述东部型环流非常相近。

西部型环流 如图2.1.1c，在100 hPa上，西风槽线在90°—130°E之间，主要高压中心在100°E以西，且其脊线呈西高东低。这种环流型的降水分布是长江中下游、四川东部和贵州多雨，四川西部和我国西北部少雨，我国华北多雨。

在上述三种100 hPa上的青藏高压类型中，主要是西部型和东部型环流（西部型出现次数最多，占百分之五十以上），维持稳定，且两者带来我国的降水分布完全不同；而带状型环流则不然，它出现次数少，维持时间短，是个过渡类型，且其降水分布与东部型基本相同。

2. 青藏高压环流型结构特征及其演变

上述表明，夏季，在青藏高压不同类型下，我国的降水分布完全不同，它直接影响我国的旱涝分布。因此，研究不同类型青藏高压的天气形势、结构特征以及不同类型之间的相互转换，有助于天气气候预报。

(1) 不同环流类型转换的天气形势

图2.1.2给出青藏高压不同环流类型转换的天气形势。1971年8月11至

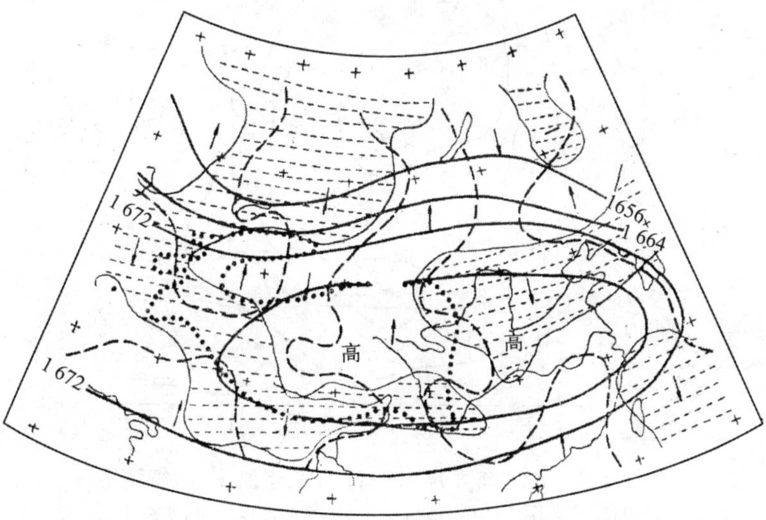

图2.1.2 1971年8月17日20时100 hPa图 实线为100 hPa图，"↑"为上升区，"↓"为下沉区，虚线为垂直速度零线，细实线为散度零线，阴影为辐合区

23日，在100 hPa上，青藏高压出现了一次由东部型环流向西部型环流转换的天气过程，即，在11—16日为东部型环流，14日为其强盛期，高压中心位于青藏高原东部边缘，且呈东高西低状（图略）；17—18日为东部型向西部型转换时期，青藏高压呈纬向的带状分布，两个中心分别位于青藏高原腹地和东侧（图2.1.2），

与上述青藏高压的带状型环流非常相似(见图2.1.1b);19日以后为西部型环流时期,原高原东侧的中心已消失(图略),23日为其强盛期,高压中心位于高原西部,且呈西高东低状(图略)。

在100 hPa上的青藏高压环流型变换期间,500 hPa上的副热带高压也有相应的变化,带来雨区的移动(图略)。在东部型建立的第二天,西太平洋副热带高压的"588"线移进我国大陆,在14日达到最强;19日以后,青藏高压已转向西部型,西太平洋副热带高压的"588"线迅速离开我国大陆。在该例中,雨区分布的变化比100 hPa上的流型转换落后3—4天:8月10日,东部型建立,13日,我国雨带北进到33°N以北,长江中下游及四川东部等地出现高温少雨天气;16—18日,"588"线已经向南退到31°N,但雨区仍然没有变动;19日,虽然西部型已经建立,但雨区的变动是在23日才开始的。

(2) 热力结构

上述三种环流型的热力结构基本相同。下面给出一个东部型环流为例。

在1971年8月10—18日期间,在100 hPa上维持青藏高压东部型环流。选择靠近高压中心附近的兰州站各等压面上的温度和高度距平演变来研究青藏高压的热力结构(图2.1.3)。

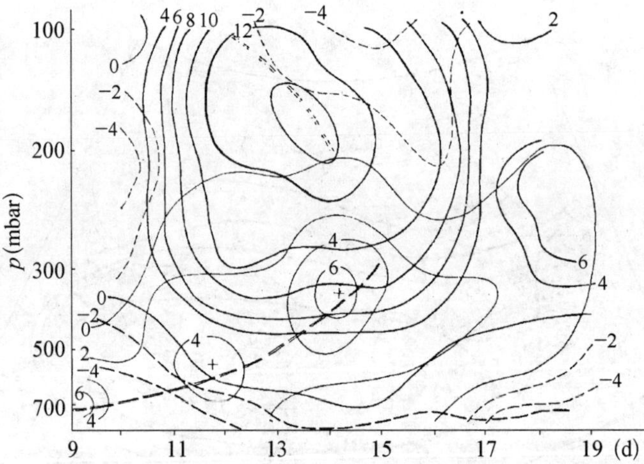

图2.1.3 1971年8月10—18日兰州温度、高度距平的时间剖面图 粗线为高度距平,细线为温度距平,实线为正距平,虚线为负距平,双线为相对应的距平轴线

由图可见,在青藏高压发展期间,200 hPa以下的空气柱不断增温,在8月13—14日之间增温最大,在300 hPa上温度距平达到6℃;相反,在200 hPa以上气温降低,温度距平为负值。与此相应,各等压面的高度也发生大的变化,在600 hPa以上,随着温度的升高而增加,在200—100 hPa之间高度增加最大,且也在8月13—14日达到最大值14位势什米。

(3) 散度场及垂直速度场

夏季,100 hPa 上的东部环流型与西部环流型具有不同的散度场及垂直速度场的空间分布。在东部型环流中,青藏高压中心附近及其东侧为辐合下沉区,而西侧为辐散上升区;与此相反,在西部型环流中,青藏高压中心西侧为辐合下沉区,高压中心附近及其东侧为辐散上升区。但无论是东部型还是西部型环流,其高压中心基本上都位于散度零线和速度零线附近(图略)。

(4) 垂直剖面环流结构

经向剖面环流 沿 90°E 剖面的经向环流代表青藏高原上的情况(图 2.1.4a—b)。图 2.1.4a 代表东部型环流盛行期,图 2.1.4b 代表西部型环流盛行期。由图可见,在东部型环流盛行期,在北纬 20 至 50 度之间,在 100 hPa 以下,青藏高原南侧盛行顺时针环流,青藏高原及其北侧盛行逆时针环流,且逆时针环流占主要地位。在西部型环流盛行期,原在青藏高原南部的顺时针环流再向北移动,并稳定地控制在青藏高原上空。

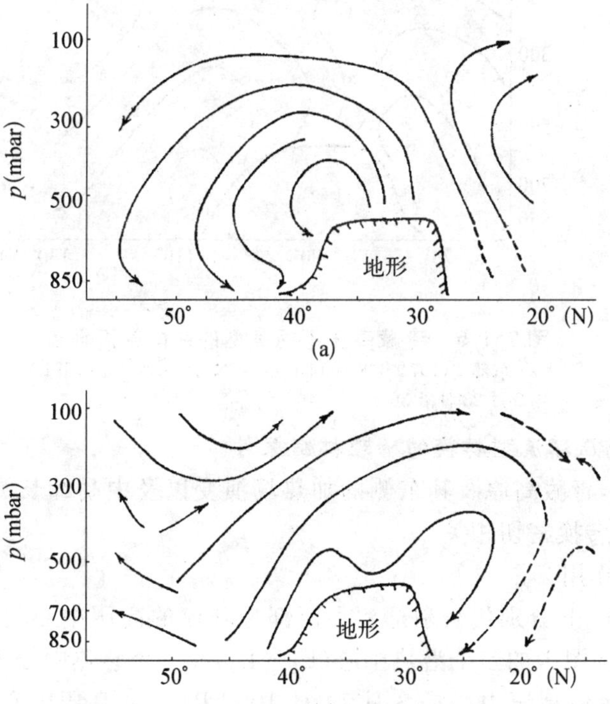

图 2.1.4 青藏高压不同类型的垂直经圈环流

(a) 东部型,1971 年 8 月 15 日沿 90°E;(b) 西部型,1971 年 8 月 23 日沿 90°E

纬向剖面环流 图 2.1.5a—b 分别是 8 月 14 和 23 日沿 30°N 剖面的纬向环流。显然,东部型和西部型环流期间的纬向剖面环流不同。在东部型期间,青藏高原上空为下沉气流区，高原东侧为逆时针的垂直环流（图2.1.5a）；相反，在西部型期间，青藏高原上空为上升气流区，高原东侧为顺时针垂直环流区（图2.1.5b）。在上述两种类型中，高原西侧都是逆时针的垂直环流。

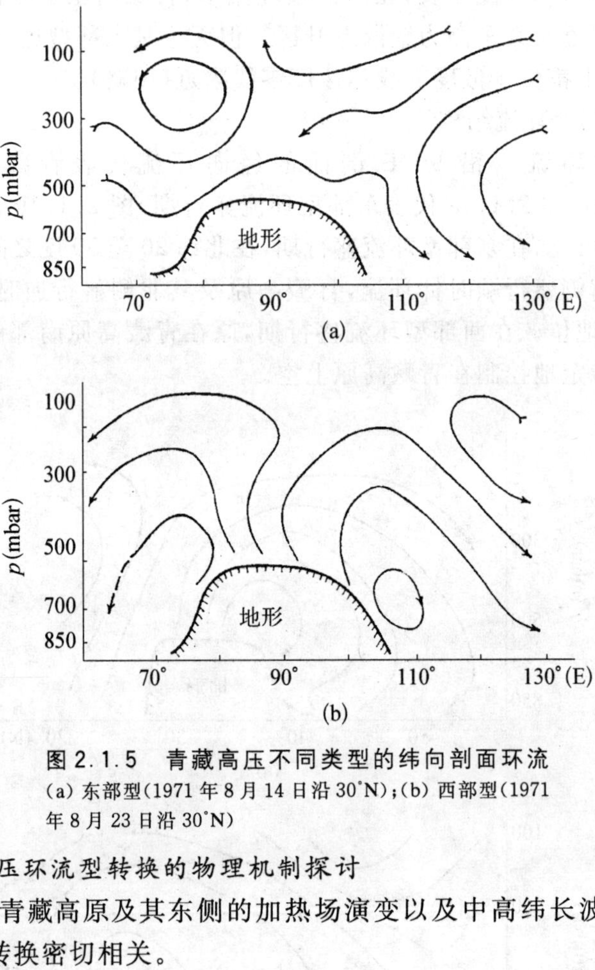

图2.1.5 青藏高压不同类型的纬向剖面环流
(a) 东部型(1971年8月14日沿30°N)；(b) 西部型(1971年8月23日沿30°N)

3. 青藏高压环流型转换的物理机制探讨

研究表明，青藏高原及其东侧的加热场演变以及中高纬长波的调整都与青藏高压环流型转换密切相关。

(1) 热力作用

图2.1.6a—b分别代表东部型和西部型环流的高压中心与潜热、感热中心关系示意图。a图中的三个潜热中心（L_1—L_3）和一个感热中心 Q_S 是8月14日的值，虚线表示的高压中心是8月14日100 hPa上的高压中心。可见，在东部型环流期间，100 hPa上的高压中心正好位于东侧的潜热中心与西侧的感热中心之间。之后，感热中心 Q_S 逐渐加强并向西移动，东部型转换为西部型，如图2.1.6a中实线的高压环流位置。如b图所示，在西部型环流的前期（8月19—22日），潜热中心 L_1 在黄河流域上空，到了后期（8月23—27日），潜热中心逐渐向东南移到长江流域（L_2），而此期间的感热中心在高原中部和东部一直存在；这种

加热中心的分布，使得100 hPa上高压环流于8月28日转换为东部型，如b图中的实线所示。

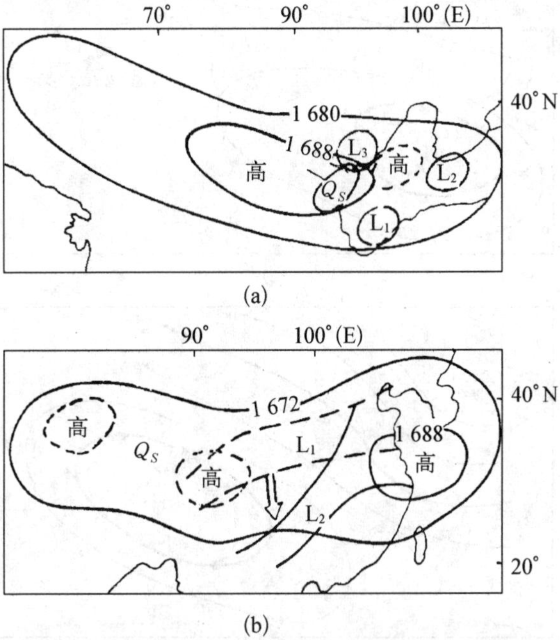

图2.1.6 青藏高原不同类型期间潜热中心与高压中心关系示意图 (a) 东部型(粗实线为1971年8月19日100 hPa图)；(b) 西部型向东部型转换(粗实线为1971年8月28日100 hPa图)

Reiter和高登义(1982)研究表明，春季，当南亚高亚从亚洲西部上空自西向东移动时，青藏高原南部喜马拉雅山脉的加热作用有利于南亚高压迅速移近高原，形成青藏高压，并相对稳定地停留在青藏高原一段时间后再移出高原。

如图2.1.7a—c，1979年4月16日，在100 hPa上，中心位于阿拉伯海西北部的南亚高压，以每天15个经度的速度向东移动，于4月18日移到了青藏高原南缘，中心位于印度东北部；在4月16—18日期间，南亚高压中心强度基本没有变化。4月18—19日，南亚高压中心强度迅速加大，从16 650位势米增加到16 700位势米以上，但其中心位置变化很小，仅向东北方向略有移动。

图2.1.8a为1979年4月1—30日喜马拉雅山脉地区逐日感热通量和降水潜热通量变化。图中虚线为3个气象站的平均值，实线为6个气象站的平均值；图2.1.8b为同期的逐日比虚温偏差；图2.1.8c为同期的24 h温度变化($\Delta T24$)。由图2.1.8a可以看出，在4月15—17日，在青藏高原南部喜马拉雅山脉地区，其地表向大气的热量输送突然猛增，由54 W/m^{2}上升到130 W/m^2，增加了1.4倍，使得4月16—17日的24 h变温达到8℃(如图2.1.8c)。如此强

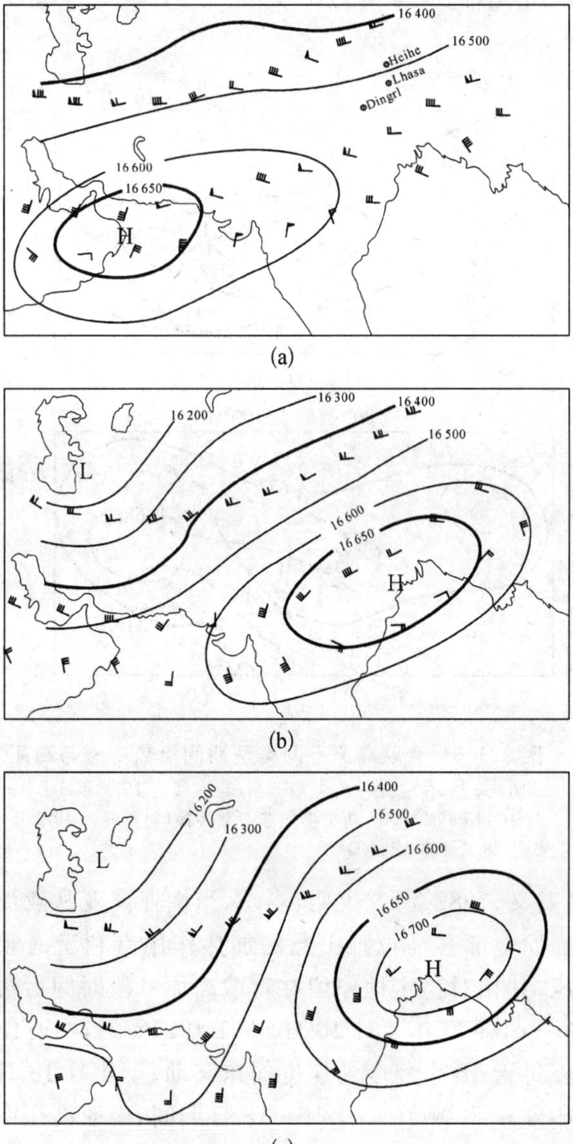

图 2.1.7 1979 年 4 月 16—19 日欧亚 100 hPa 形势图

(a) 4 月 16 日；(b) 4 月 18 日；(c) 4 月 19 日

的大气升温使得青藏高原上空于 4 月 17—18 日在 500—200 hPa 上均出现了高温区。从图 2.1.9 可见，4 月 18 日 200 hPa 上，在青藏高原上有一很强的暖中心，中心温度高于 −44℃，比同纬度其他地区高出 8 度以上。在青藏高原上空 500—200 hPa 上，如此深厚的暖区，有利于南亚南压向青藏高原迅速移动，并在青藏高原南缘的喜马拉雅山脉地区上空加强并稳定少动。

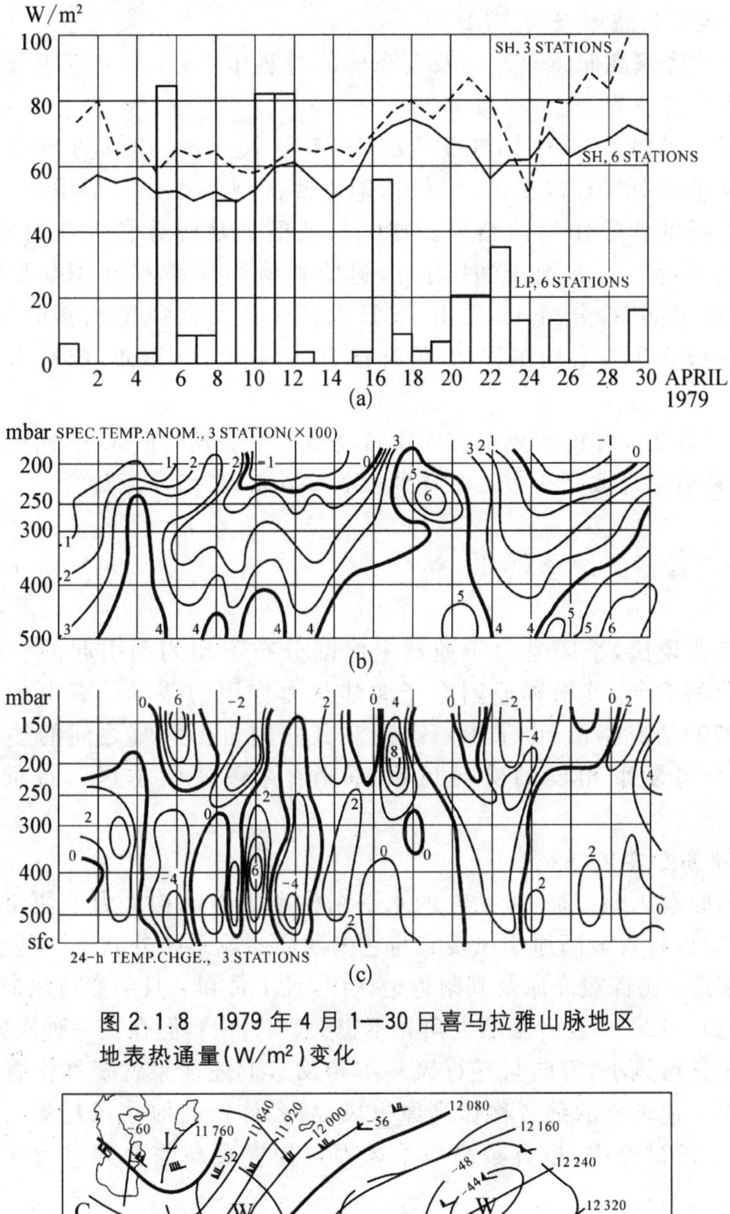

图 2.1.8 1979 年 4 月 1—30 日喜马拉雅山脉地区地表热通量(W/m²)变化

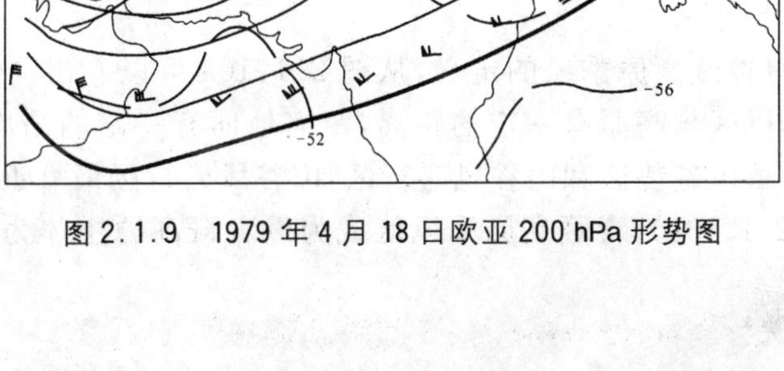

图 2.1.9 1979 年 4 月 18 日欧亚 200 hPa 形势图

(2) 西风带长波调整的作用

除了上述青藏高原感热作用及其东侧的潜热作用外,西风带中长波的调整作用也是不可忽视的。

据张可苏等(1977)统计,在1969—1971年7—8月12次青藏高压中心由105°E以西移到105°E以东的过程中,即由西部型转换为东部型的过程,都是西风带长波槽的调整作用的结果。这些长波槽都是向着青藏高压地区爆发,且其槽的底部可以南下到40°N附近,迫使青藏高压东移到105°E以东。然而,与上述情况同期,分析15次由75°E以西生成的西风槽东移的过程中,虽然也使得青藏高压中心向东移动,但都没有移到105°E以东,没有引起环流型调整。

可见,只有从高纬度西风带移向青藏高原上空爆发的西风槽,向南压到40°N附近,才容易迫使青藏高压中心东移到105°E以东,带来环流转型。

2.1.2 青藏高原季风

按照经典说法,季风是由于地球上海陆分布不均匀而引起的一种盛行风随季节变化的现象,其根本原因在于海陆热力作用的差异。高由禧(叶笃正、高由禧,1979)研究指出,由于青藏高原和其四周自由大气之间的热力差异所造成的冬季与夏季相反的盛行风系,称作"青藏高原季风",或简称"高原季风"。

1. 青藏高原季风特征

青藏高原季风的特征,包括它的水平结构和垂直结构。为了便于讨论它的上述特征,应该将青藏高原季风现象与它的四周的风系区分开来。基于此,高由禧(1979)规定:在青藏高原及其附近地区中,凡1月和7月的盛行风向之间的夹角较大(例如≥120°),或者虽然夹角并不很大(<120°),但存在一种次盛行风(其出现频率比盛行风小,方向与盛行风基本相反),上述现象就统称作青藏高原季风。或者将上述现象的前者称作高原季风,后者称作高原季风趋势。基于上述定义,在如下的讨论中,把青藏高原季风理解为青藏高原及其附近的季节盛行风系。

(1) 水平结构

图2.1.10a—b是1.5 km和4 km上1、7月的盛行风和次盛行风分布图。

根据上述对青藏高原季风的定义,从图2.1.10a可以看出,在1.5 km高度上,青藏高原季风区与高原有一定的距离,距离地面有一定的高度;从季风区走向高原,逐渐为季风趋势区和山谷风盛行区,山谷风盛行区最靠近青藏高原。在4 km以上(图2.1.10b),青藏高原季风区成为以青藏高原主体为中心的闭合分布区，在它的外围，一些局部地区仍然出现季风趋势区；在季风区内是否有山谷风和季风趋势区，由于资料缺乏，还不能肯定。

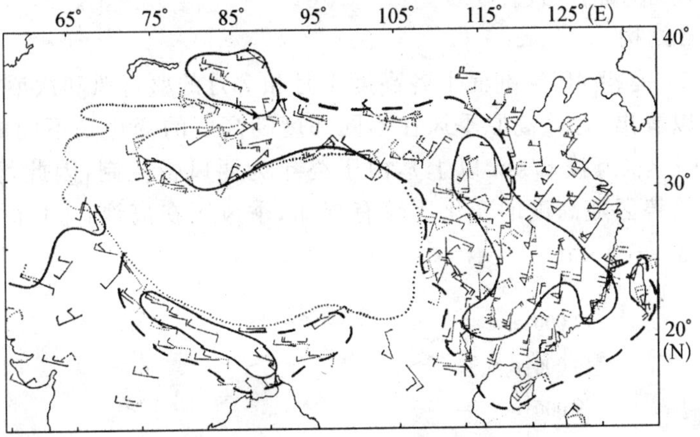

(a)

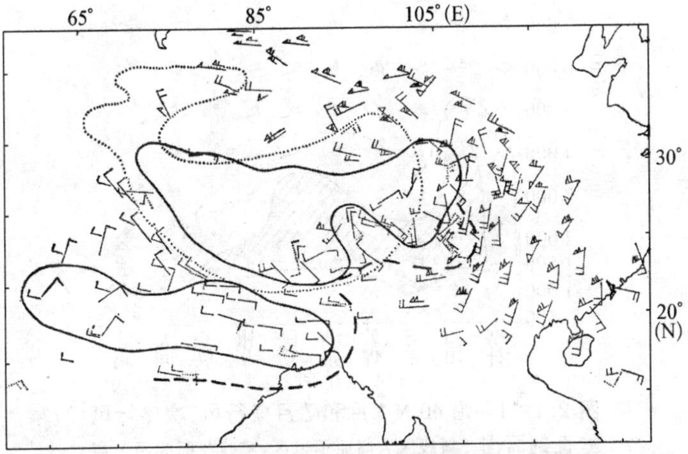

(b)

图 2.1.10 青藏高原不同高度盛行风和次盛行风分布

(a) 1.5 km高度1月和7月盛行风、次盛行风分布(实线包围的范围为高原季风区，实线与断线间为季风趋势区，长实线矢和长断线矢为7月盛行风和次盛行风，短实线矢和短断线矢为1月盛行风和次盛行风)；(b) 4 km 高度1月和7月盛行风、次盛行风分布(说明同a图)

从上面的a、b图可见，第一，青藏高原季风区出现范围随高度减小：在1.5 km高度上，季风区出现在我国东部、新疆北部和印度北部；在 4 km 高度以上，只有高原主体及其南侧上空为季风区。第二，在青藏高原东侧，季风区接近高原一侧的边界随高度向高原靠近：在 1.5 km 高度，其边界位于 105°E，在3 km 高度则位于100°E附近，在 4 km 以上，季风区则与高原主体几乎一致了。第三，在青藏高原东侧，季风趋势区接近高原一侧的边界更有随高度向高原靠近的趋势：在 1.5 km

高度，其边界位于105°E附近，在4 km高度，其边界已经接近98°E了。

上述表明，青藏高原对于季风系统的影响是随高度而减小的，这和青藏高原范围随高度而缩小相一致。

(2) 垂直结构

图2.1.11是沿40°N剖面上各高度1月和7月的盛行风和次盛行风变化情况。由图可以看出，青藏高原季风在不同纬度随高度的变化是不同的。在40°N(图2.1.11)上空(海拔6 km以上)，由于终年为西风带控制，因此，青藏高原季风区和季风趋势区随高度的变化比较有规律，季风区在离地1—1.5 km，季风趋势区可达离地2—3 km。

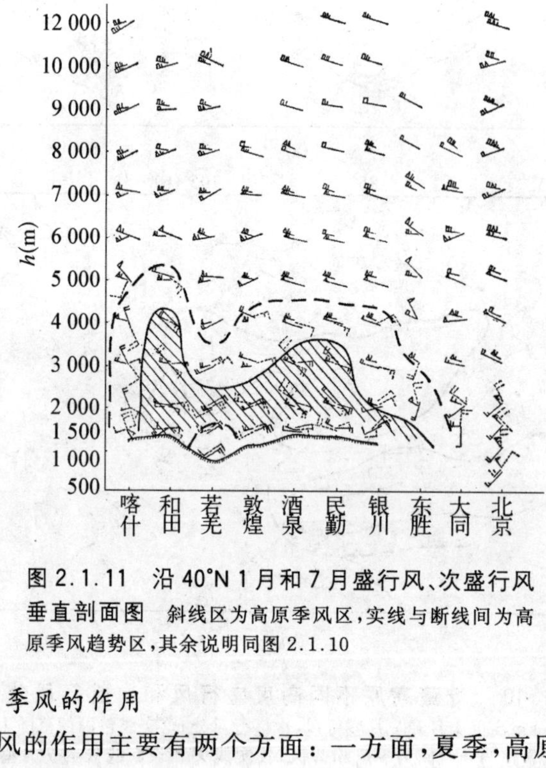

图2.1.11 沿40°N 1月和7月盛行风、次盛行风垂直剖面图 斜线区为高原季风区，实线与断线间为高原季风趋势区，其余说明同图2.1.10

2. 青藏高原季风的作用

青藏高原季风的作用主要有两个方面：一方面，夏季，高原四周的风向高原辐合，形成了高原近地层的热低压，冬季，从高原向外辐散，形成高原近地层的冷高压；另一方面，它是亚洲对流层低层季风和对流层高层行星风系之间的纽带，它加强了对流层低层季风，破坏了对流层中部行星气压带和行星风带，形成了这一地区的特殊天气气候特征。

(1) 加强了对流层低层季风

在我国东部地区，冬季，东北季风非常浅薄，在华北仅有500 m厚，在华南也不到2 000 m的厚度。然而，在1月沿30°N盛行风剖面上(图2.1.12)，东北季风在离高原越近的地方越厚，在上海、南京一带，东北季风仅仅是离地500 m以下的现象，汉口达 1 000 m 厚度，宜昌达 1 500 m，而离高原最近的达县和成都则可达到 2 500 m 的厚度。

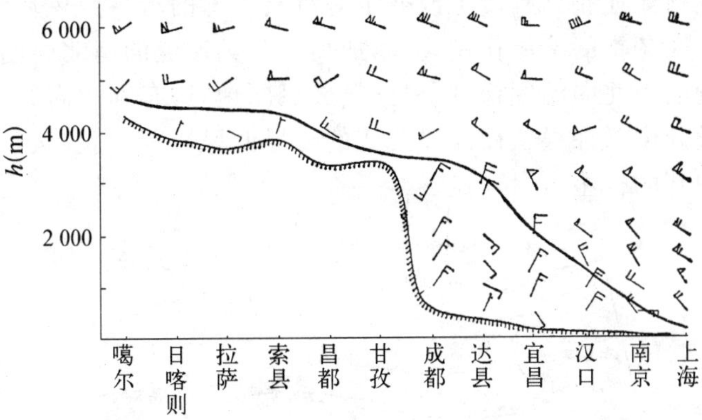

图 2.1.12　1 月沿 30°N 盛行风垂直剖面

夏季的西南季风也是如此。图 2.1.13 是 7 月沿 25°N 的盛行风剖面图。由图可见，在印度北部的达卡至佐德浦尔，西南季风厚度只有 2 000 m 左右，而在靠近高原的腾冲、昆明、贵阳和桂林，西南季风厚度可达 5 000—6 000 m，越往东，逐渐远离高原，西南季风的厚度也逐渐减小为 5 000 m 了。可见，在我国青藏高原东侧的西南地区，西南季风的厚度要比印度北部的夏季风厚度大 1—2 倍。

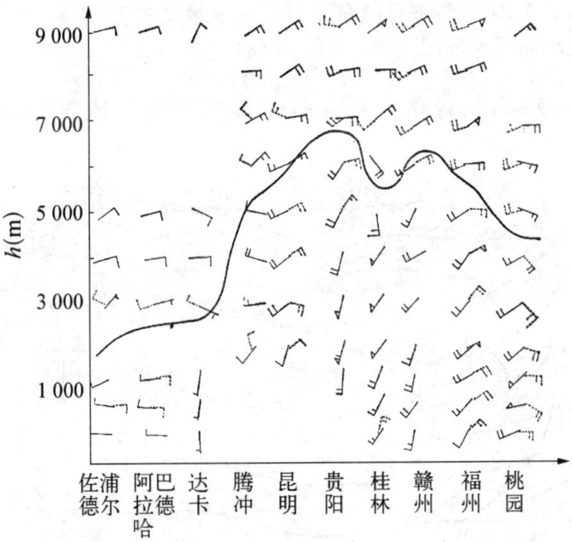

图 2.1.13　7 月沿 25°N 盛行风和次盛行风垂直剖面

(2) 破坏了对流层中部的行星气压带和行星风带

上述研究表明，青藏高原季风特征是，夏季向高原辐合，形成高原近地面的热低压，冬季从高原向外辐散，形成高原近地面的冷高压。这种热低压和冷高压虽然厚度不大，但它可以改变高原地区的行星环流。

如图2.1.14，冬季，当青藏高原近地面（海拔4—6 km）有冷高压形成时，冷高压的反气旋环流在相当程度上改变了对流层中部的行星西风环流；另外，由于青藏高原地表在冬季的冷源作用，会增加高原及其南侧的南北向温度梯度，减小高原及其北侧的南北向温度梯度，根据热成风原理，这有利于高原南侧副热带西风急流强度随高度增加很快而高原北侧的行星西风减弱（高登义，1979），从而破坏了对流层中部的行星西风环流。

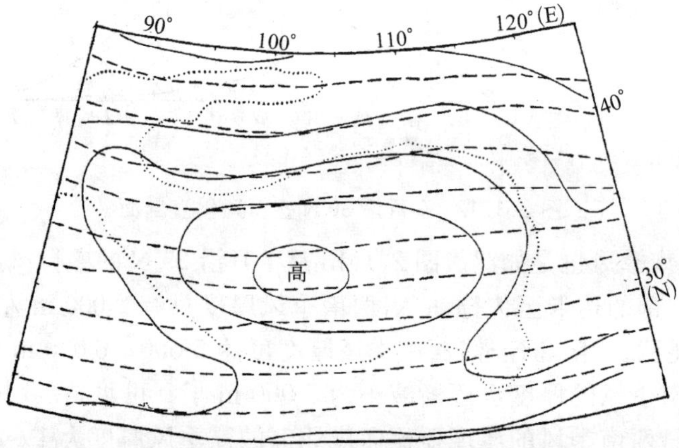

图2.1.14 冬季青藏高原对行星西风带扰动结果——青藏冷高压示意图 虚线为行星西风带

与此相应，在夏季，当青藏高原近地面有热低压形成时（如图2.1.15），热低

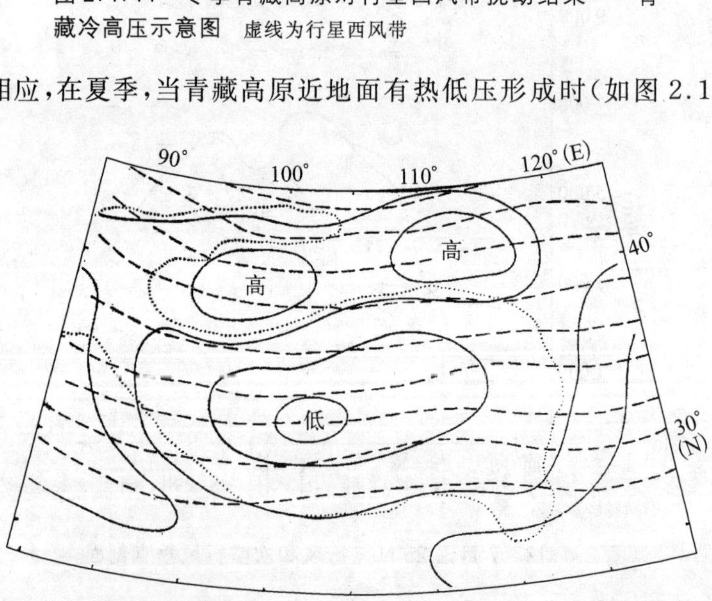

图2.1.15 夏季青藏高原对行星西风带扰动结果——青藏热低压示意图 虚线为行星西风带

压的气旋环流也在相当程度上改变了对流层中部的行星西风环流；同时，由于夏季青藏高原近地面的热源作用，会增加高原及其北侧的南北向温度梯度，减小高原及其南侧的南北向温度梯度，从而加强了高原北侧的行星西风环流，减弱了高原南侧的西风环流，甚至从西风环流转变为东风环流（高登义，1979）。

2.1.3 青藏高原低涡

20 世纪 60 年代初期，我国气象台站已经开始关注青藏高原低涡的研究；20 世纪 70 年代，我国青藏高原气象科研协作组进一步开展了青藏高原低涡的分析研究（成都中心气象台、云南大学物理系气象专业，1974；宁夏回族自治区气象台，1974；中国科学院大气物理研究所模拟组，1976；武汉中心气象台，1976；武齐文，1976；青藏高原低值系统协作组，1978）；1979 年 5—8 月，我国组织了青藏高原气象科学实验（QXPMEX - 1979），在青藏高原西部增加了四个高空气象站，为观测研究青藏高原低涡的发生发展及其预测提供了新的科学资料，取得了新的进展（青藏高原气象科学研究拉萨会战组，1981；吕君宁、郑昌圣，1984；钱正安、单扶民，1984；钱正安等，1984；吕君宁等，1984；孙国武等，1987；孙国武、陈葆德，1988，1994）。1998 年 5—8 月的第二次青藏高原大气科学试验（TIPEX），其重点不在高原低涡的观测研究，与此相应，有关这方面的研究论文也很少。

下面给出的研究结果是孙国武、吕君宁根据上述研究的总结（章基嘉、朱抱真等，1988）。

1. 青藏高原低涡的涡源

夏季，青藏高原低涡对高原天气影响较大，尤其是当它移出高原时会对我国高原东侧降水带来大的影响（宁夏回族自治区气象台，1974；武齐文，1976）。因此，追踪青藏高原低涡的涡源成为预测它的影响的重要前提。然而，青藏高原上的气象台站稀少，且青藏高原低涡的水平尺度不大（400—800 km），垂直空间尺度小（一般在近地面的 500 hPa 上出现，偶尔达到 400 hPa），很难从气压场和高度场分析出低涡，因此，追踪其涡源就困难了。20 世纪 60—80 年代的研究指出，青藏高原低涡的涡源在西藏那曲地区（成都中心气象台、云南大学物理系气象专业，1974；青藏高原低值系统协作组，1978）。1979 年 5—8 月的青藏高原气象科学实验分析研究结果表明（吕君宁、郑昌圣，1984；钱正安、单扶民，1984；钱正安等，1984；吕君宁等，1984），青藏高原上有两个涡源，一个在那曲以北地区，一个在青藏高原西部的申扎-改则地区；且西部涡源出现的频率更高，约达 63%（图 2.1.16）。

2. 青藏高原低涡综合结构及性质

统计表明，青藏高原低涡分冷涡和暖涡两种，暖涡是指位于 500 hPa 暖脊内并在 400 hPa 以下低涡中心附近出现 24 h 正变温的低涡，冷涡是指位于 500 hPa

冷槽或锋区内，且在 400 hPa 以下低涡中心附近出现 24 h 负变温的低涡（罗四维，1979；孙国武，1988），而 1979 年的实验资料分析表明（孙国武，1988），位于 90°E 以西青藏高原上的低涡大多是暖涡，位于 90°E 以东青藏高原上的低涡大多是冷涡。

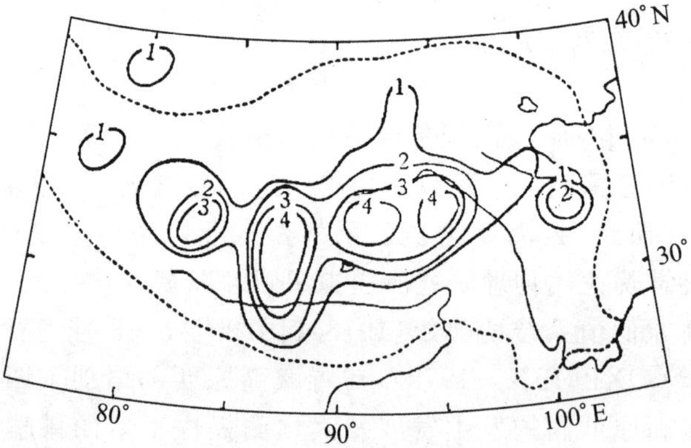

图 2.1.16 1979 年 5—8 月青藏高原低涡初生涡频数(次)分布图

为了更好地描述青藏高原低涡的综合结构，这里把每次低涡过程开始的第一个低涡称为初生涡，而把东移到高原东部加强的低涡称为成熟涡。

在初生涡中，暖涡较多，占总数的 60%左右。

根据孙国武等(1988)的研究，从 1979 年 6—8 月出现青藏高原低涡过程中，选出 7 次比较典型的低涡过程，并将每次过程分为初生涡和成熟涡两个阶段各 11 个时次分别进行综合，得到夏季青藏高原低涡的综合结构如下。

(1) 风场结构

初生涡和成熟涡的风场综合结构有所不同：初生涡的地面流场在参考中心附近是辐合中心，而成熟涡的地面流场在参考中心的东西两侧各有一个辐合区；初生涡和成熟涡的 500 hPa 流场比较相近，其气旋性涡旋环流中心与地面参考中心基本一致；然而，在 400 hPa 上，初生涡参考中心对应反气旋环流，成熟涡参考中心对应气旋环流；在 200 hPa 上，两者都对应反气旋环流。上述表明，成熟涡比初生涡的扰动深厚，并具有斜压性。

(2) 热力结构

初生涡和成熟涡的热力结构不同：初生涡在参考中心附近从地面到200 hPa 都是暖结构（温度距平都为正），所以初生涡又叫暖涡；成熟涡不同，在其参考中心附近低层是冷中心，高层是暖中心，因此，成熟涡又叫冷涡（图略）。

(3) 垂直速度场

如图 2.1.17，初生涡与成熟涡的垂直速度场分布有所异同：在 500—

300 hPa之间基本上是上升运动区，但成熟涡的上升速度要大于初生涡；在300 hPa以上，都出现弱的下沉运动区，但初生涡出现在参考中心上方，而成熟涡却出现在参考中心西侧的上方；在成熟涡近地面参考中心附近，由于低涡降水增强，出现微弱下沉气流，这是初生涡所没有的。

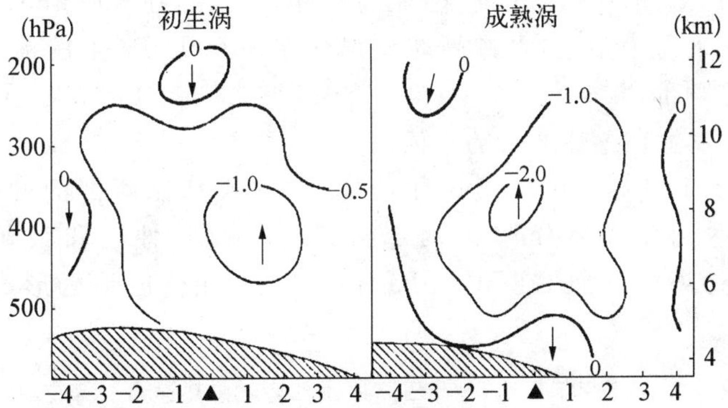

图 2.1.17 综合涡纬向垂直速度剖面图

（单位：10^3 和 hPa/s）

（4）水汽通量与降水分布

如图 2.1.18 可见，无论是初生涡还是成熟涡，强的水汽通量散度区（图中虚线）与强降水区（图中实线）基本吻合，降水主要集中在低涡中心的400 km附近；其中，初生涡降水中心在低涡参考中心东南 200 km 处，平均日降水量 5.7 mm，成熟涡降水中心位于参考中心以东 200 km 处，日平均降水量为 11.4 mm，后者为前者的 2 倍。此外，初生涡和成熟涡的西北侧都是少雨区。

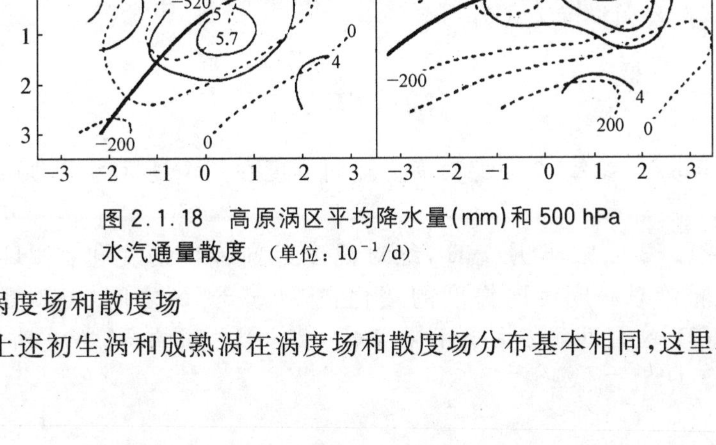

图 2.1.18 高原涡区平均降水量(mm)和 500 hPa 水汽通量散度 （单位：10^{-1}/d）

（5）涡度场和散度场

鉴于上述初生涡和成熟涡在涡度场和散度场分布基本相同，这里不再描述。

3. 青藏高原低涡的发生发展条件

夏季,青藏高原低涡大多发生在高原的西部,因此,下面讨论的高原低涡发生发展的条件都是指在高原西部发生发展的情况。

据统计,发生发展于高原西部的低涡主要出现在6月以后。此时,正值南支西风急流北撤,副热带高压北跳,南亚高压移上高原,在500 hPa欧亚天气形势图上容易出现北脊南槽型,青藏高原低涡往往在500 hPa上的稀疏等高线背景下发生在高原西部。

(1) 容易发生在感热通量的高值区

由表2.1.1可见,1979年6月6日,在青藏高原西部的仲巴地区,近地面感热通量达到205 W/m^2,为西部狮泉河、改则、仲巴和双湖一带的最高值。与此相应,6月7日,在500 hPa流线图上,在仲巴地区形成了暖性低涡(图略)。

表2.1.1 1979年6月6—8日高原西部诸站感热通量 (单位:W/m^2)

	6	7	8
狮泉河	99	92	72
改则	33	68	52
仲巴	205	66	108
双湖	137	84	114

(2) 正涡度有利于低涡发展

如图2.1.19a,1979年6月7日,在高原西部狮泉河与仲巴之间,有一个正涡度中心(图中虚线),6月8日,正涡度中心移到那曲附近,且中心强度增大,约为前一天的两倍(图中实线)。与此相应,原位于仲巴地区的低涡移到那曲附近,且低涡加强(见图2.1.19b)。

(3) 正压不稳定利于低涡发展

绝对涡度经向梯度公式为

$$\frac{\partial \xi_a}{\partial y} = \beta - \frac{\partial^2 u}{\partial y^2} \tag{2.1.1}$$

式中,β是Rossby参数,如果绝对涡度经向梯度在某个地区为零,则满足正压不稳定条件。

由表2.1.2可见,6月7日,绝对涡度经向梯度的变化在31°—33°N之间,6月8日绝对涡度经向梯度的变化在34°—33°N之间,也就是说,6月7日在30°—31°N之间和6月8日在34°—33°N之间的$\partial\xi_a/\partial y$值为零,气流处于正压不稳定状态；而 30°—31°N 正好位于仲巴北侧，34°—33°N 位于那曲北侧。

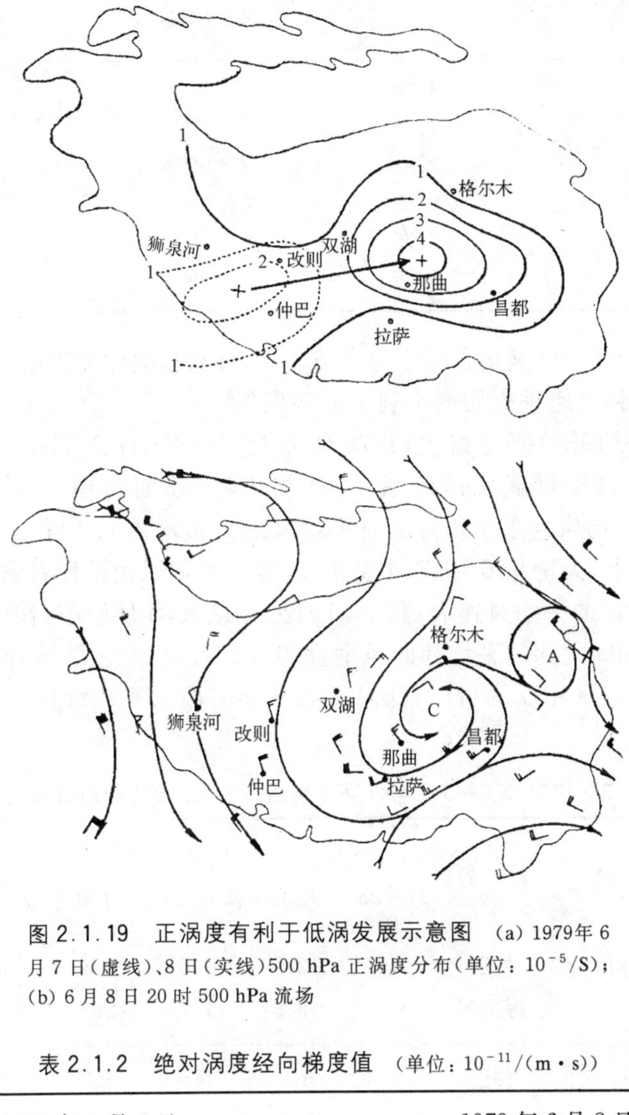

图 2.1.19　正涡度有利于低涡发展示意图　(a) 1979年 6 月 7 日(虚线)、8 日(实线)500 hPa 正涡度分布(单位：10^{-5}/S)；(b) 6 月 8 日 20 时 500 hPa 流场

表 2.1.2　绝对涡度经向梯度值　(单位：10^{-11}/(m·s))

1979 年 6 月 7 日		1979 年 6 月 8 日	
纬度(°N)	$\partial\xi_a/\partial y$	纬度(°N)	$\partial\xi_a/\partial y$
35	−6.23	38	−10.33
34	−6.19	37	−38.35
33	−7.15	36	−0.58
32	−6.96	35	−2.99

(续表)

1979年6月7日		1979年6月8日	
纬度(°N)	$\partial\xi_a/\partial y$	纬度(°N)	$\partial\xi_a/\partial y$
31	-3.70	34	-14.28
30	17.35	33	2.73
29	2.81	32	23.78
28	2.83	31	22.19
27	7.70	30	2.79
26	5.29	29	-10.75

由上可见,当大气满足正压不稳定条件时,有利其南侧的青藏高原低涡发展。

(4) 风速和风速垂直切变小利于低涡发展

钱正安等(1984)研究指出,1979年6月21—28日、7月20—31日和8月7—18日,青藏高原低涡发展旺盛,与此相应,上述期间在青藏高原西部诸站200 hPa上的平均风速小于该月的月平均风速。如表2.1.3可见,在仲巴和狮泉河的200 hPa上,无论是6月、7月或8月,其月平均风速都比青藏高原低涡发展旺盛的三个时段的平均风速大,其中,6月差异最大,8月最小,仲巴差异最大;若从500—200 hPa之间的平均纬向风垂直切变来看,与上述结果基本相似,但在8月的仲巴上空出现相反的情况,低涡发展旺盛时段的平均纬向风垂直切变略大于月平均情况。

表2.1.3 1979年6—8月与低涡发展盛行阶段风速(m/s)垂直切变比较

项目	站名	6月		7月		8月	
		21—28	月均	20—31	月均	7—18	月均
200 hPa平均纬向风速	仲巴	4.8	12.9	4.6	9.3	-0.6	2.0
	狮泉河	12.1	18.6	11.7	12.7	7.9	11.6
200—500 hPa平均纬向风速切变	仲巴	-0.4	6.9	1.6	6.3	-3.5	-1.7
	狮泉河	7.7	12.5	6.7	8.6	4.0	6.9

4. 青藏高原低涡东移的条件分析

统计分析表明(孙国武等,1987),在青藏高原西部生成的低涡只有少部分能够移出高原。例如,在1979年夏季54次青藏高原低涡过程中,只有7次低涡移出高原;而在1980—1983年6—8月200多次青藏高原低涡过程中,也只有28次低涡移出高原。那么,在什么条件下低涡才能移出高原呢?

(1) 高空环流背景

孙国武等(1987,1988)研究指出,夏季,青藏高原低涡的移动与其高空的引导气流关系密切,尤其是与100 hPa上的南亚高压位置关系更为密切。

分析1980—1983年6—8月28次低涡移出高原的环流形势,归纳出三种有利于青藏高原低涡移出高原的南亚高压环流型(图2.1.20)。

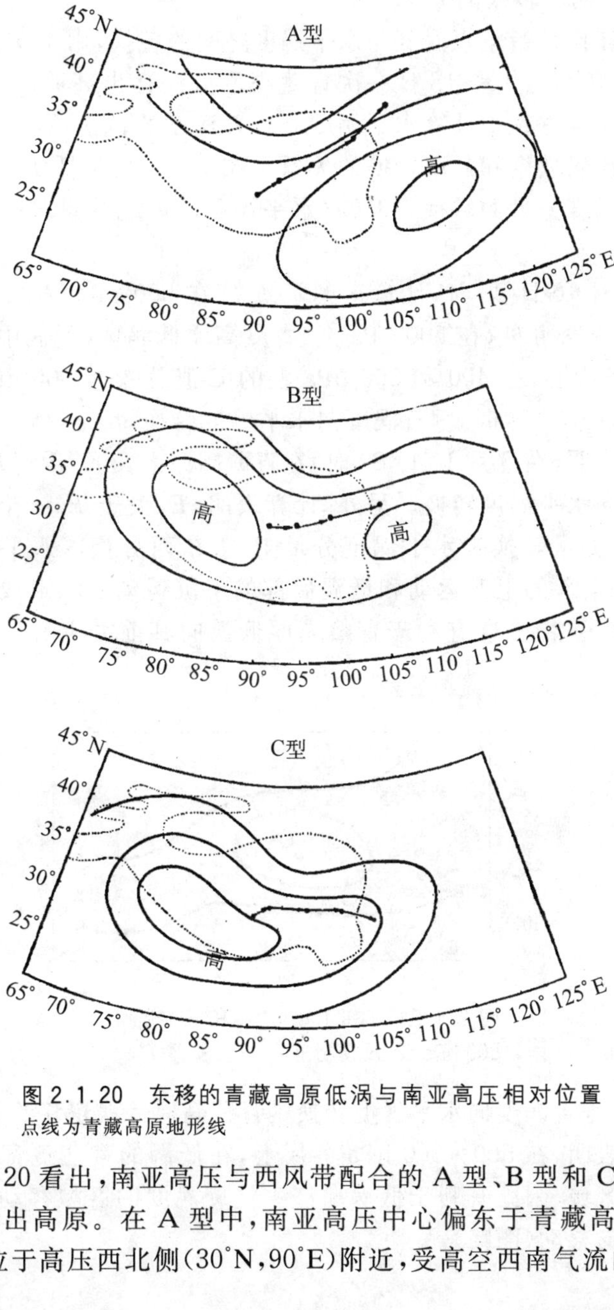

图2.1.20 东移的青藏高原低涡与南亚高压相对位置
点线为青藏高原地形线

从图2.1.20看出,南亚高压与西风带配合的A型、B型和C型都有利于青藏高原低涡移出高原。在A型中,南亚高压中心偏东于青藏高原东侧(28°N,111°E),低涡位于高压西北侧(30°N,90°E)附近,受高空西南气流的引导作用,低涡向东北方向移动。在B型中，南亚高压分为两个中心，主要中心在青藏高原西部，90°E以西，另一高压中心位于105°E以东，低涡发生于主要高压中心的东北侧，在两高压中心之间的高空偏西风气流的引导下，低涡向东移出高原。在C型中，南亚高压中心偏西于30°N，85°E附近，青藏高原低涡发生于高压中心的东北侧，在高空偏西气流引导下，低涡向东移出高原。

(2) 与大气涡度转换的关系

所谓涡度转换是指垂直涡度与水平涡度之间的转换，用 E 来表示。

选取1981年8月16—18日一次青藏高原低涡移出高原的个例(A型)，从球面坐标下的涡度方程中计算水平涡度与垂直涡度的转换项(E)来讨论低涡移出高原与大气流场散度和涡度转换的关系。在 E 项中，包括 E_1(水平涡度的东西分量与垂直涡度分量的转换)和 E_2(水平涡度的南北分量与垂直涡度分量的转换)。

1981年8月16日20时，计算得到了 E 值在500—300 hPa上的分布如图2.1.21所示。由图可见，在500 hPa上，青藏高原低涡区(低涡中心由黑圆点表示)为一负 E 值中心，在400和300 hPa上的E值分布与500 hPa上基本相同(图略)。已知，当 $E<0$ 时，垂直涡度向水平涡度转换，反之，水平涡度向垂直涡度转换。上述表明，在8月16日20时，在青藏高原上，300 hPa以下的流场都有利于垂直涡度向水平涡度转换。另外，计算表明，E_1 大于 E_2 一个量级。这就说明，在垂直涡度分量转换为水平涡度分量中，以东西分量的水平涡度分量为最大，它形成低涡前部的上升运动和低涡后部的下沉运动，即，形成一个准东西向的次级环流圈(图略)。这有利于青藏高原低涡向其前方上升运动加强的方向移动。

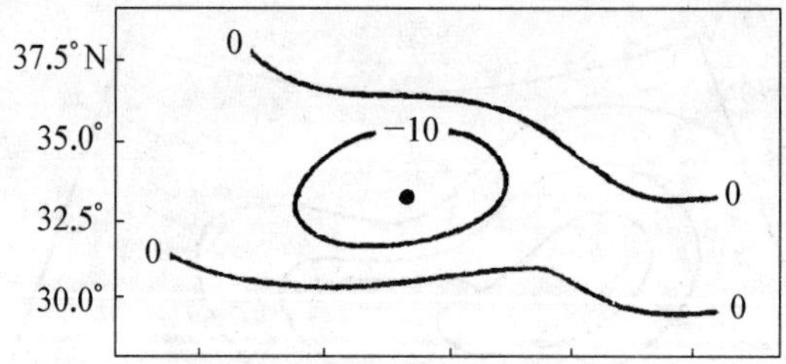

图2.1.21 1981年8月16日20时
500 hPa上 E 值分布

上述表明，垂直涡度向水平涡度转换是青藏高原低涡东移的重要因子之一。

计算结果表明，在500—300 hPa各层上，在低涡的东北侧都有强的利于产生气旋涡度的区域，因此有利于低涡向产生气旋涡度的区域移动；即，有利于低涡向东偏北方向移动(图略)。

2.1.4 喜马拉雅山脉地区的特殊天气气候

在世界屋脊青藏高原的南部，横亘着一条东西向的喜马拉雅山脉，平均海拔高达 6 000 m 以上，是世界上最高的一条山脉。在喜马拉雅群峰中，海拔7 000 m以上的山峰有 50 多座，海拔 8 000 m 以上的高峰 10 座，都分布在85°E 以东。珠穆朗玛峰（简称珠峰）是喜马拉雅山脉群峰之冠，海拔 8 844.43 m，位于喜马拉雅山脉中段，东经 86 度 55 分 44 秒，北纬 27 度 59 分 16 秒。

自 20 世纪初以来，人类开始攀登喜马拉雅山脉的活动，开始认识喜马拉雅山区的天气气候特征。

1. 东亚大气环流突变与攀登活动

研究表明（高登义，1975），东亚大气环流在 6 月和 10 月的突变现象（叶笃正等，1958）密切关系着喜马拉雅山脉的登山活动。

以喜马拉雅山脉最高峰珠峰为例，截至 2003 年 5 月，世界上登上珠峰峰顶的人数已经超过 1 700 人次，共有 72 次登上顶峰，其中，主要在春天和秋天。

分析研究表明（高登义，1975），攀登喜马拉雅山脉活动的时段应该在 6 月和 10 月的东亚大气环流突变前。图 2.1.22a—f 为 4 月上旬—6 月下旬沿 85°E 的东西风分量逐旬剖面图。由图可见，在 4 月上旬至下旬，副热带西风急流中心的位置与 2 月的情况基本接近，都位于珠峰南侧 25°N 的上空，但其中心强度大大减弱，4 月上旬为大于 30 m/s，4 月中旬和 5 月下旬为大于 25 m/s。与此相应，珠峰上空的风速也远比 2 月的小得多，基本上小于 20 m/s（见图 2.1.22b）。其中，4 月下旬比上旬的风速要小 5 m/s 左右。如图 2.1.22d—f，从 5 月上旬起，副热带西风急流中心开始向北撤退，从 25°N 向北撤退到 35°N，从 5 月下旬起，副热带西风急流中心向北撤退到 35°N，珠峰上空的风速进一步减小（见图 2.1.23）。

根据上述情况，再综合喜马拉雅山脉地区的降水和云雾条件，可以看出，就平均情况而言，宜于珠峰攀登活动的时段在春季应为 4 月中旬—6 月上旬，秋季应为 9 月中旬—10 月中旬；对于喜马拉雅山脉东端的南加巴瓦峰，有利于攀登的时段是在 3 月下旬至 5 月上旬和 9 月下旬—10 月下旬。由上可见，对于喜马拉雅山脉而言，有利于人们攀登的时段都正好在东亚大气环流突变发生之前。

2. 喜马拉雅山脉地区的特殊天气系统

这里所讨论的特殊天气系统主要是指影响人类在喜马拉雅山脉地区攀登活动的天气系统。

(1) 南支西风带上的高压脊

无论是春季和秋季，南支西风带上的高压脊都是影响人类在喜马拉雅山脉地区攀登活动的主要天气系统。登山天气预报实践表明（高登义，1975；陶诗言等，1980；高登义，1984），南支西风带上的高压脊是带来喜马拉雅山脉地区小风

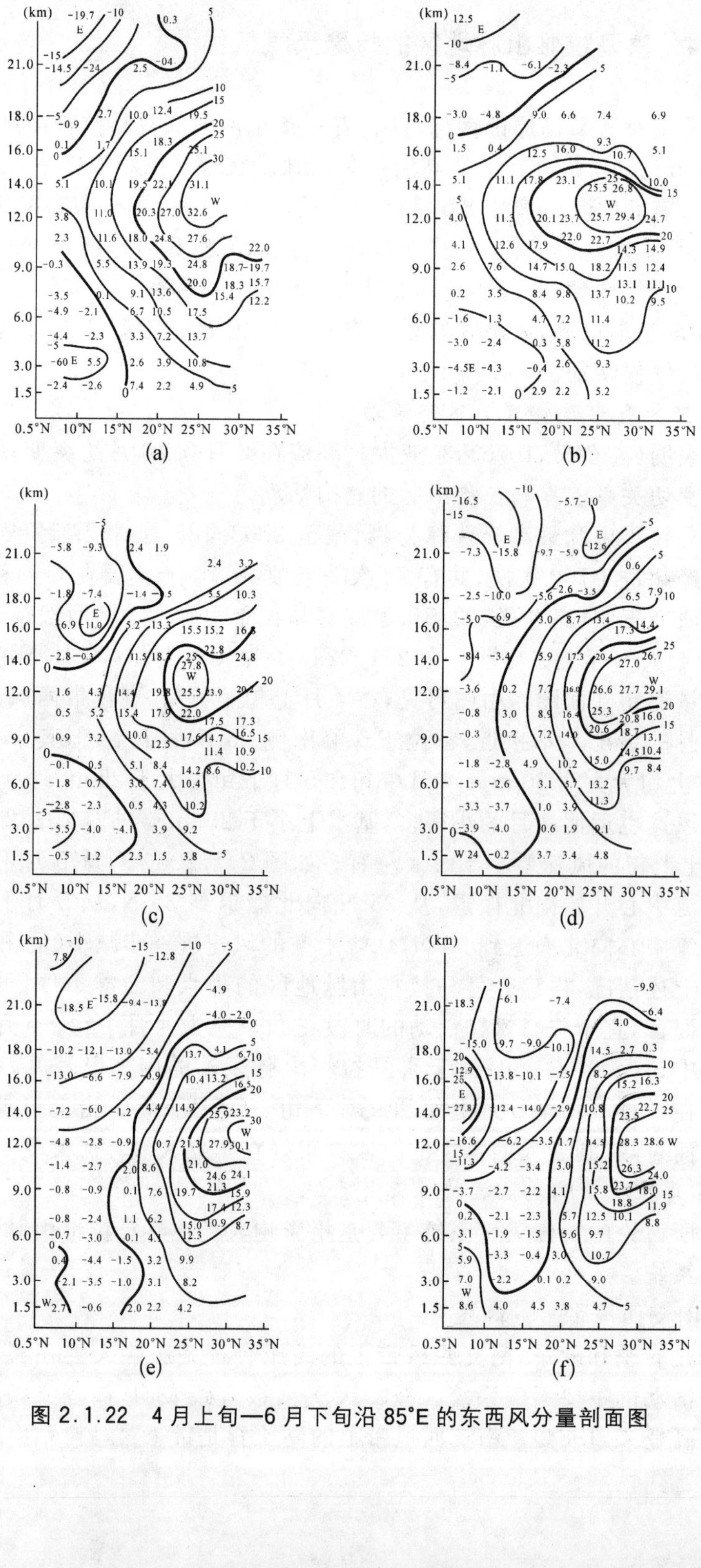

图 2.1.22 4 月上旬—6 月下旬沿 85°E 的东西风分量剖面图

好天的重要天气形势。

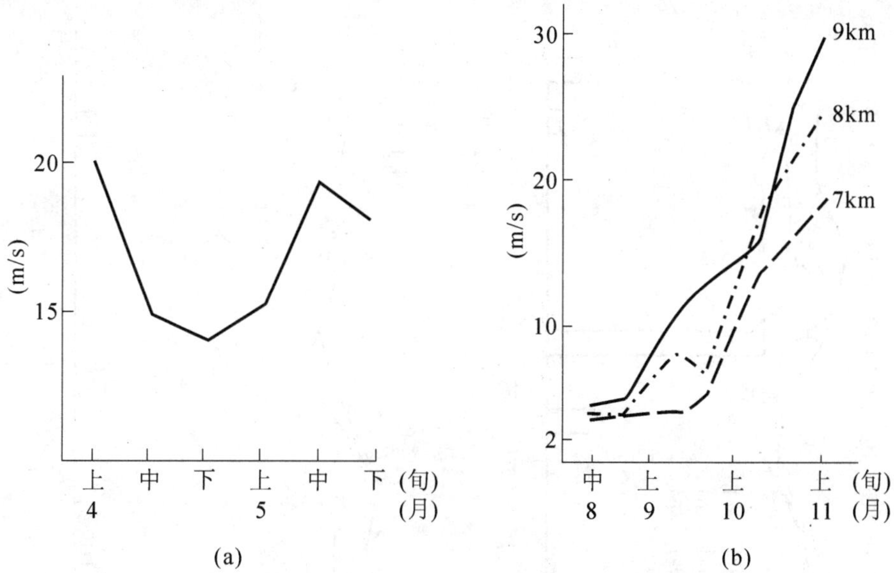

图 2.1.23 定日海拔 7—9 km 高度风速逐旬变化 (a) 4—5 月;(b) 8—10 月

如图 2.1.24,1966 年 4 月 13 日,在南支西风带中,一高压脊从巴尔干半岛(约 25°E)向东移动,经过 6 天后,于 4 月 19 日到达 80°E 附近(如图中的实线),

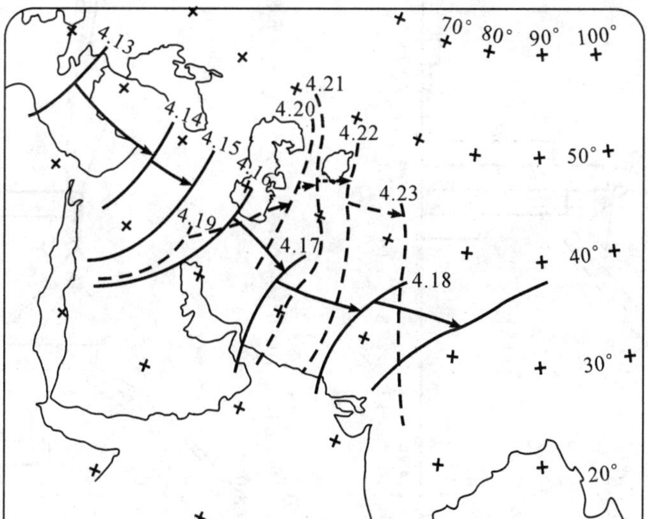

图 2.1.24 南支西风带高压脊东移型 1966 年 4 月 13—23 日,500 hPa 等压面上高压脊移动示意图

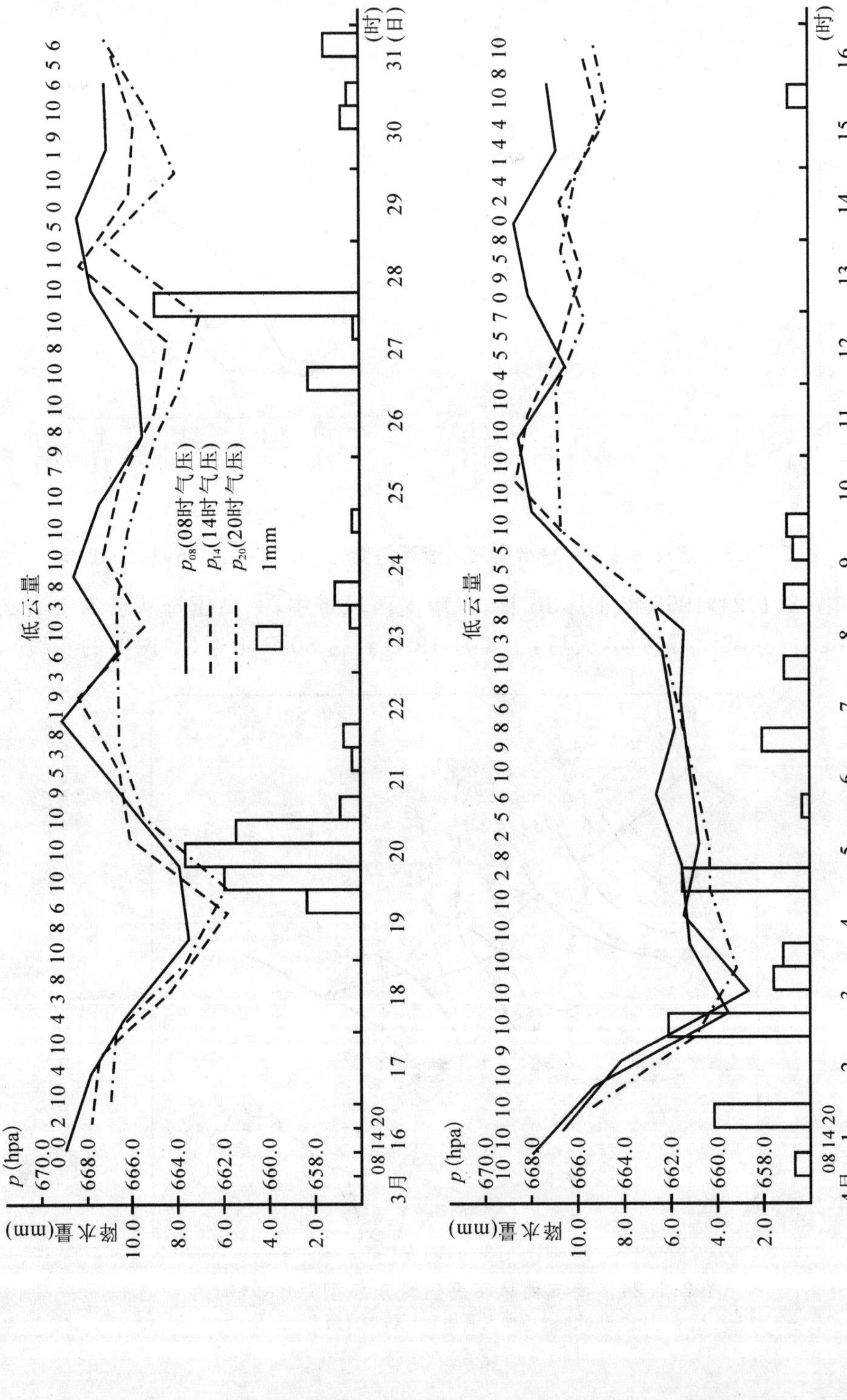

图 2.1.25 1984 年 3 月 16 日—4 月 16 日南迦巴瓦峰大本营气象要素演变图

珠峰地区的小风(8 000 m 高度的风速下降到 11 m/s)好天气开始;4 月 19 日,又在阿拉伯生成一高压脊并缓慢向东移动(见图中的虚线),影响珠峰地区,使该区的小风好天气一直维持到 4 月 23 日(图略)。

1984 年 4 月 9 日,在 500 hPa 天气形势图上出现伊朗高压脊(图略),南迦巴瓦峰地区正处于西风槽前,有小雨(见图 2.1.25)。4 月 10 日(见图2.1.26a),伊朗高压脊向东移动,该高压脊前部大范围强盛的暖平流(图2.1.26a中的虚线包围区所示)有利于高压脊的维持与发展。之后,该高压脊逐渐东移并发展,直到 4 月 13 日(如图 2.1.26b),南迦巴瓦峰完全为该高压脊控制,一直持续到 4 月 15 日。

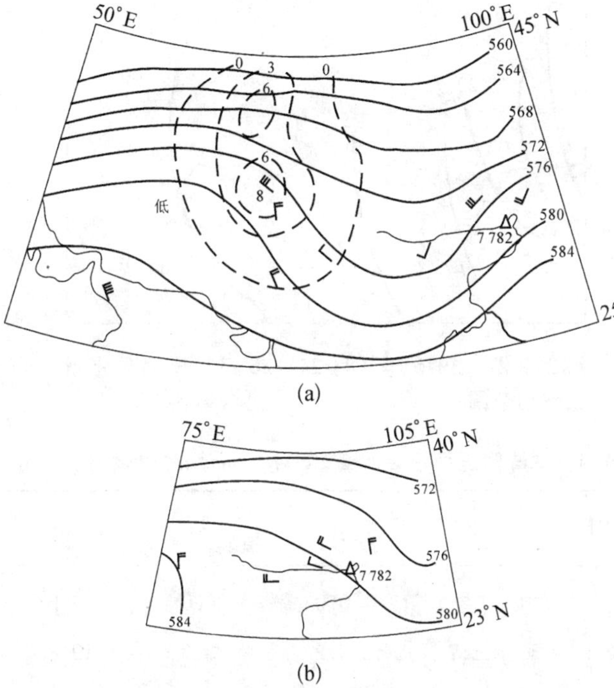

图 2.1.26 南支西风带高压脊的移动

(a) 1984 年 4 月 10 日 500 hPa 形势图;

(b) 1984 年 4 月 13 日 500 hPa 形势图

秋季,南支西风带上的强高压脊往往带来南迦巴瓦峰地区较长的小风晴好天气,更有利于登南迦巴瓦峰活动。1983 年 9 月 26 日 20 时,在 500 hPa 天气形势图上,位于南迦巴瓦峰地区的南支西风槽逐渐东移,其后部的高压脊移至青藏高原中部后,于 9 月 28 日 20 时,在羌塘地区形成羌塘高压,西藏的东南部都转为偏北风,南迦巴瓦峰地区的小风晴好天气开始,12 h 后,即 9 月 29 日 08 时,羌塘高压向东移动并加强,且原来位于云贵高原上空的高压向西北方向移动,与羌塘高压接近,在青藏高原上空形成了强大的青藏高压(图略),

南迦巴瓦峰地区出现极好的小风晴好天气，并维持很长的时段，直到10月9日。

由上可见，秋季，宜于攀登南迦巴瓦峰的小风好天气过程远比春季出现的时间要长得多，一般在10天左右；形成南迦巴瓦峰地区小风好天气的天气系统主要是南支西风带上的高压脊。

(2) 南支西风带上的低压槽

图2.1.27是1975年3月21—26日南支西风带低压槽动态图，表2.1.4为珠峰北坡及其西侧的喜马拉雅山脉南麓在3月23—26日的降水量。

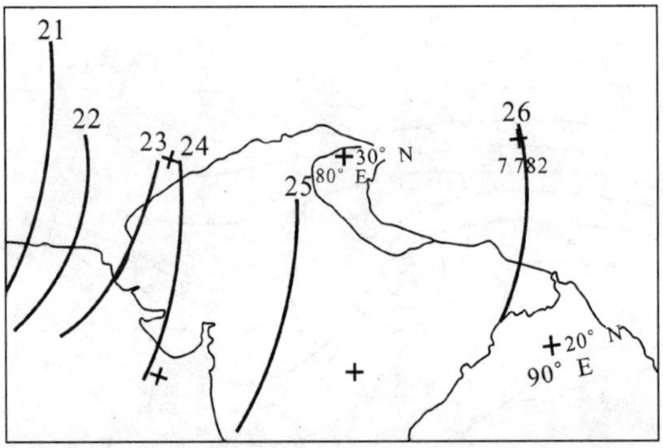

图2.1.27 1975年3月21—26日南支西风带低压槽动态图

表2.1.4 珠峰附近两站降水量 （单位：mm，1975年3月21—26日）

	21	22	23	24	25	26
绒布寺			0.0	0.0	3.5	0.0
聂拉木	2.9	2.7	3.2	3.9	19.8	11.2

综合图2.1.27和表2.1.4，可以看出，3月24日，南支西风低压槽的槽线移到70°N，在珠峰南侧的聂拉木开始降水，3月25日，在珠峰南北两侧降水都达到最大。在此期间，珠峰海拔8—9 km高度的风速都在20 m/s以上，最大风速超过30 m/s。如此强度的暴风雪，不可能从事攀登珠峰的活动。

秋季，当南支西风槽移过南迦巴瓦峰地区时，比春季带来的降水更大，严重威胁登山活动，非常不宜于攀登南迦巴瓦峰活动。1983年9月25日20时，在500 hPa天气形势图上，南支西风槽槽线位于青藏高原西南部的喜马拉雅山脉西段，在此槽前的定日至拉萨一带都为西南风，且在25°—35°N之间为一东北-西南向的长条状云带(图 2.1.27),带来 9 月 26 日 20 时—27 日 20 时在南迦巴瓦峰大本营 36.2 mm 的降雪(图 2.1.25)。

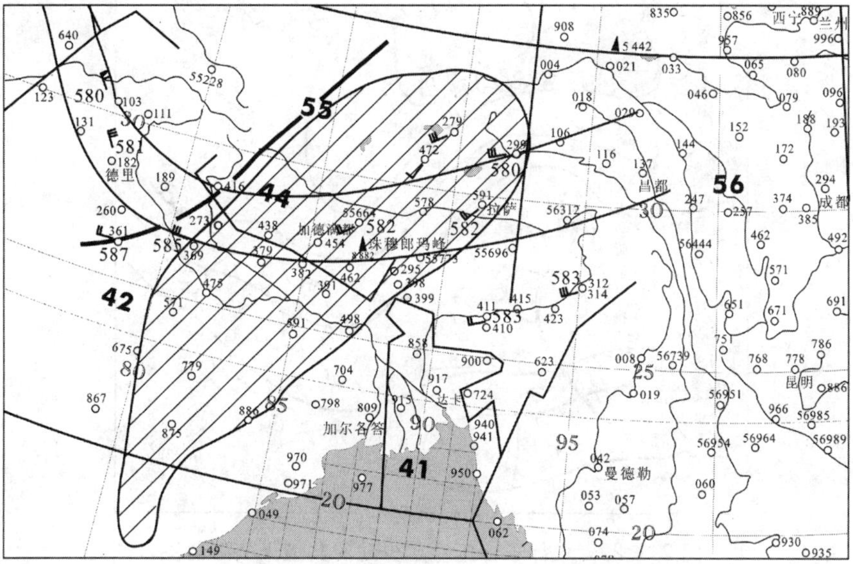

图 2.1.28 1983 年 9 月 25 日 20 时 500 hPa 天气形势图及云区分布

(3) 塔什干低压

塔什干低压是指在 500 hPa 天气形势图上在塔什干附近(35—45°N,60—75°E)有闭合中心的低气压区域。如果在上述区域持续出现塔什干低压且稳定少动时,珠峰地区海拔 7—9 km 高度的风速会增大;当塔什干低压减弱向东移动时,珠峰地区海拔 7—9 km 高度的风速会急剧增加,威胁登山者的生命安全。

例如,1975 年 4 月 9—13 日,塔什干低压稳定少动(图 2.1.29),与此相应,于 1975 年 4 月 10 日 16 时—4 月 14 日 08 时,珠峰地区海拔 7 km 高度以上出现持续性大风,最大风速为 36 m/s,大风一直持续到 4 月 14 日 08 时以前(图 2.1.30)。这种大风天气对于登山者而言,是绝对不能从事海拔 7 km 高度以上的登山活动的。

塔什干低压环流稳定的特点是(图 2.1.29):40°N 以北的高纬度地区,维持经向环流,里海至贝加尔湖之间为高压脊;在此高压脊的南部,塔什干地区有稳定少动的低压,青藏高原上空出现平直的西风气流;印度副热带高压中心的位置在 15°N 以北、印度半岛与阿拉伯海之间,呈带状分布。

当塔什干低压减弱并向东南方向移动,例如,1975 年 4 月 27 日(图略),珠峰海拔 8—9 km 高度的风速由前一天的 10 m/s 增加到 25—32 m/s,且 20 m/s 的等风速线由海拔 9 800 m 下降到海拔 7 800 m 高度(图略)。

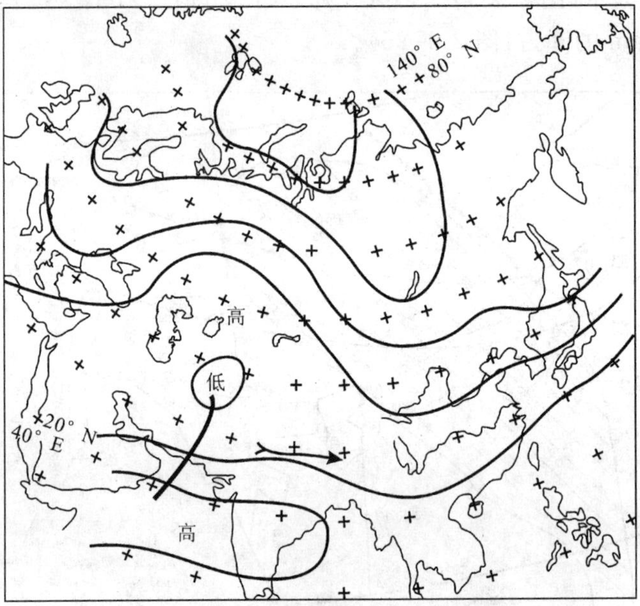

图 2.1.29 塔什干低压稳定少动的典型天气形势图

图 2.1.30 1975 年 4 月 10—14 日绒布寺站海拔 5—9 km 高度风的时间剖面图

由上可见，当塔什干低压稳定少动或向东移动时，都容易在青藏高原南缘形成强大的南北温带梯度，有利于南支西风急流中心高度在珠峰上空下降，带来珠峰海拔 8—9 km 高度的风速急剧增加，对登山者带来严重的生命威胁。

2.2 青藏高原的动力和热力作用

早在20世纪50年代,我国气象学家就注意到了青藏高原对气流的动力作用,如顾震潮(1951),叶笃正(1952),顾震潮、叶笃正(1955),朱抱真(1957)、巢纪平(1957),周晓平、顾震潮(1958)等;之后,高登义等(1975),钱永甫等(1978),杨广基等(1979)也进行了这方面的研究。青藏高原对大气的动力作用主要表现为对西风带的分支作用(叶笃正,1952)、对东亚平均槽脊的生成(巢纪平,1957;朱抱真,1957)以及对高空行星波传播的影响(叶笃正等,1952;周晓平、顾震潮,1958),青藏高原对大气动力作用的季节变化(叶笃正等,1952,1960),青藏高原在冬季和夏季对于气流的绕流和爬流作用的差异(钱永甫等,1978),青藏高原动力作用对大气环流和天气系统的影响(高登义等,1975)等。

关于青藏高原的热力作用研究,气象学家集中注意在如下问题:青藏高原对于大气的热源、冷源作用(巢纪平,1956;叶笃正等,1957,1974;陈隆勋等,1965;Flohn,1968;高登义,2005),大气热力适应原理在青藏高原地区的应用(吴国雄等,2000),青藏高原热力作用对大气环流的影响(Gambo,1956;朱抱真,1957;叶笃正、高登义,1980;Reiter and Dengyi Gao,1982),青藏高原热力作用对季节变化和我国降水的影响(He Haiyan et al,1987;Li Chengfeng et al,1996;Wu Guoxiong et al,1998;吴国雄等,1998;吴国雄等,1998,1999,2003;赵平等,2001;刘新等,2002;韦志刚等,2003;刘屹岷等,2003)。

在讨论青藏高原的动力与热力作用之前,先介绍青藏高原的边界层特征,这一方面有助于对动力热力作用研究,另一方面,这也是最近我国在青藏高原气象学观测研究的新结果。

由于青藏高原对大气和大气环流的热力作用越来越显得重要,本节只讨论青藏高原对大气的冷源和热源问题、青藏高原的动力作用和喜马拉雅山脉对大气环流的动力作用,而青藏高原热力作用对大气环流和天气气候影响问题留到下一节"青藏高原热状况对我国天气气候的影响"中介绍。

2.2.1 青藏高原的边界层特征

1979年5—8月和1998年5—8月,我国先后组织了青藏高原气象科学试验(QXPMEX)和青藏高原大气科学试验(TIPEX),其中,对青藏高原边界层的大气结构特征和综合物理结构特征进行了综合观测(包括系留气艇、低空探空仪、多普勒声雷达和廓线仪)研究,取得了新的成果。

1. *青藏高原边界层高度*

一般说来,大气边界层有热力边界层和动力边界层之分。

热力边界层高度可由假相当位温的垂直分布来确定。周明煜等(2000)利用1998 年 TIPEX 观测的加密探空资料,计算和分析了青藏高原地区拉萨和改则假相当位温(θe)的垂直分布(图略)。分析表明,夏季,无论是青藏高原西部或中部,白天的大气混合层都可能发展到 400 hPa 左右,离地面高度达到 2 000 m 以上。

然而,在我国平原武汉站上空(图略),在海面上探测计算的边界层高度(Lenschow 等,1980),在美国 STOM 和 FEST 野外观测资料所计算得到的边界层高度,都只有 1 000—1 500 m 左右。

动力边界层可以由风的东西风分量(U)、南北风分量(V)、合成风风速和风向的垂直分布来确定。图 2.2.1 和图 2.2.2 为青藏高原当雄站 1998 年 6 月白

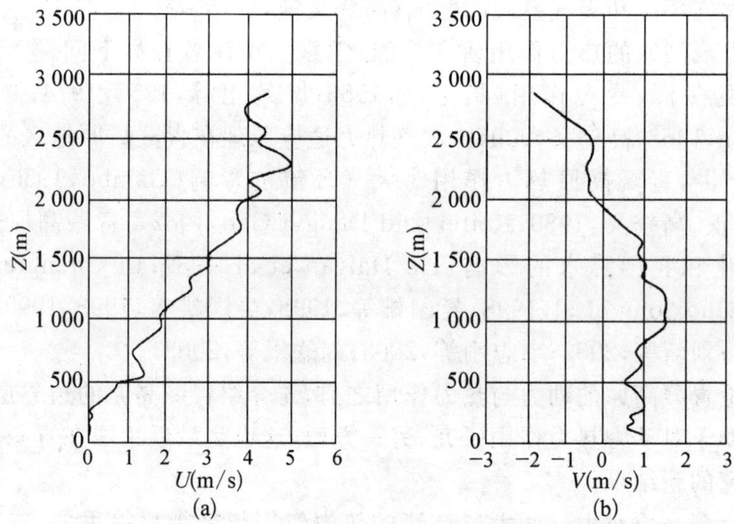

图 2.2.1 当雄 1998 年 6 月白天(09: 00—19: 00)风速 U、V 分量的平均值随高度的变化

天 U、V 分量、合成风风速和风向随高度的分布图。可以看出,无论从白天 U、V 分量随高度变化,还是从白天合成风风速、风向随高度变化来看,在离地 2 000—2 200 m 的下层和上层,上述几个要素随高度都有大的变化: U 分量由随高度递增转为递减,V 分量从偏北风转为偏南风,合成风风速由随高度递增转为递减,合成风方向由东北风转为东南风。可见,青藏高原的动力边界层大致在离地 2 000—2 200 m 之间。

综上可见，青藏高原白天对流边界层的发展比平原地区和海面上空更高，其高度约为 2 200 m。

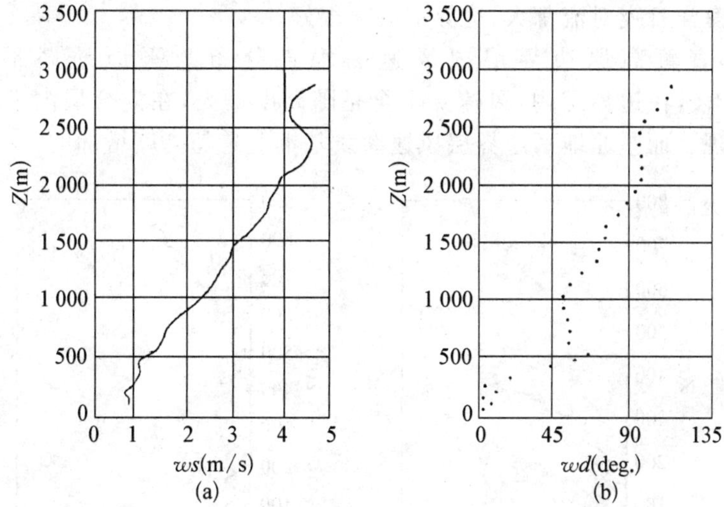

图 2.2.2 当雄 1998 年 6 月白天合成风速 (a) 和风向；(b) 平均值随高度的变化

2. 高原边界层风速、温度结构特征

周明煜等(2000)分析青藏高原夜间稳定边界层和白天对流边界层的风速、温度结构表明了如下特点。

其一，在青藏高原边界层中，对流边界层位温的垂直分布的特点是(图 2.2.3)：白天，对流边界层的位温随高度没有什么变化，夜间，稳定边界层的

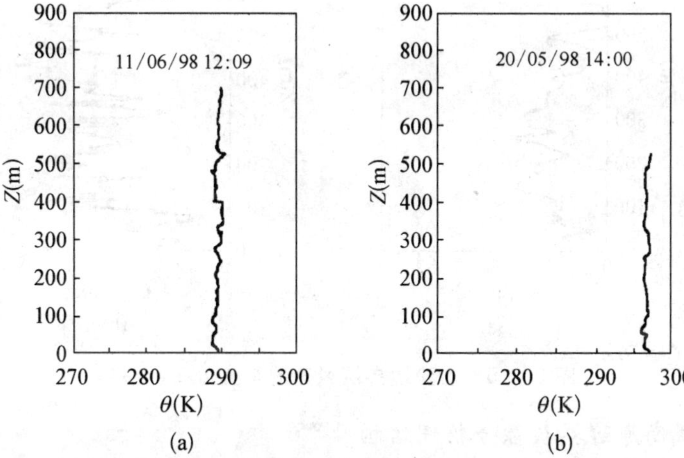

图 2.2.3 对流边界层位温和比湿的垂直分布 (a) 当雄；(b) 昌都

位温随高度变化较大，近地层往往出现逆温（图略）。这种特点与平原地区、沙漠地区和绿洲地区以及热带雨林地区的位温廓线一致。然而，与海洋边界层的位温廓线却不同，因为，在海洋上，无论白天和夜间，位温随高度都没有什么变化，这是由于海洋日夜对流都大，边界层混合很好。

其二，青藏高原边界层内风速的垂直分布与平原地区不同。如图2.2.4、2.2.5，在边界层内，风速并不全是随高度增大，在混合层内不断变化，常有峰值出现。而平原地区边界层风速廓线基本上是随高度增加的。

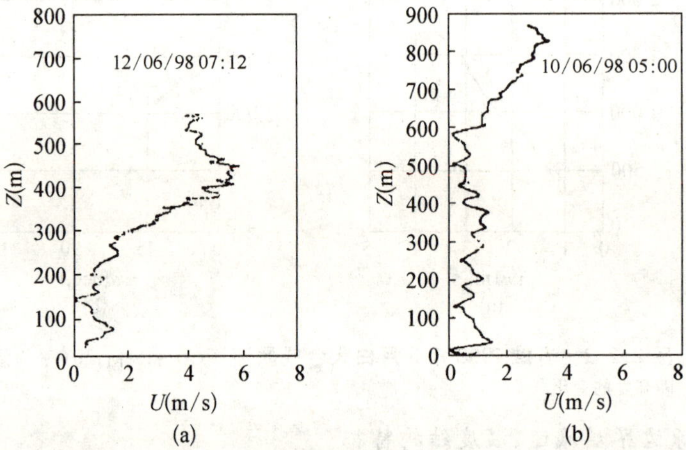

图2.2.4 稳定边界层风速的垂直分布 (a) 当雄；(b) 昌都

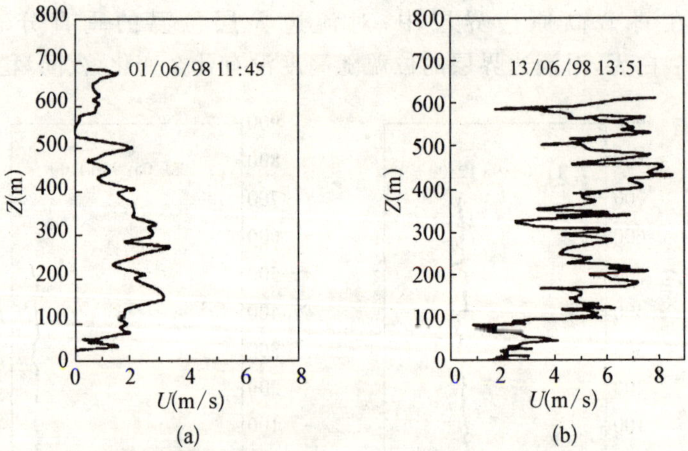

图2.2.5 对流边界层风速的垂直分布(当雄)

3. 青藏高原边界层综合物理结构

周明煜等(2000)根据TIPEX期间三个边界层观测基地（改则、当雄、昌都）加强观测资料及卫星、探空、地面等加密观测（IOP）资料，综合分析了青藏高原边界层地-气过程及其动力学模型，揭示了青藏高原边界层动力学及其湍流运动规律，提出了描述青藏高原边界层湍流混合与对流活跃特征的综合物理图像。

(1) 近地面层与边界层动力学特征

地表粗糙度 由风速廓线得到改则、当雄和昌都的粗糙度分别为0.0026 m、0.0022 m和0.014 m。青藏高原西部两站的粗糙度与平原地区相近，且可以视为常数；而高原东部昌都站的地表粗糙度显然与平原差异较大，且其随地表植被面积增加或海拔增高而增加。

近地面层大气动力特征 上述三站无论在干季或湿季的近地面层风速廓线规律都符合一般动力学特征：风速值随高度增加，风速梯度随高度的增高而减小，中性层结时满足对数规律。

近地面层湍流通量输送 在稳定状态下，上述三站 C_D变化范围在$1/10^3$—$1/10^2$之间，其近中性状态的拖曳系数 C_{DN} 值在改则、当雄、昌都分别为$2.31/10^3$、$1.80/10^3$、$4.40/10^3$，昌都的 C_{DN}值最大，这与昌都下垫面的粗糙度大有关。昌都的结果与1979年第一次青藏高原科学试验的结果比较一致；而改则和当雄的结果与平原地区比较接近，这与这两个观测区域的地势比较平坦有关。可见，青藏高原东部的粗糙度和拖曳系数大，青藏高原西部相反，粗糙度和拖曳系数都比较小，这与青藏高原东部热量和湍流输送强、对流发展旺盛，而西部相对弱一致。

近地面层湍流方差特征 根据上述三个观测站资料得到青藏高原的无因次风速分量方差 $\sigma(u/U^*)$、$\sigma(v/U^*)$和 $\sigma(w/U^*)$。其中，垂直风速脉动方差 $\sigma(w/U^*)$值与过去平原地区起伏地形上的值很相近，水平风速脉动方差 $\sigma(u/U^*)$、$\sigma(v/U^*)$值大于平原地区的值，与山区起伏地形上的值接近，但低于美国 Rock Spring PA 山区的观测值。

在较强不稳定条件下，青藏高原观测的 $\sigma(w/U^*)$与稳定度 z/L 之间基本上与平原和海上观测结果一致，符合1/3次方规律；在强不稳定条件下，高原的 $\sigma(u/U^*)$、$\sigma(v)$和 z/L 之间基本满足1/3次方规律。它表明，占中国近1/4面积的青藏高原地区，其水平风速脉动方差平均状况可能接近山地，青藏高原上地形高度与复杂特征可能是导致水平脉动方差增大的重要原因。

边界层风廓线 从青藏高原上述三站边界层的风廓线可见，风速随高度变化与平原地区不同，近地面层风速并不全是随高度递增的，而风向随高度也变化较大。这种风速风向随高度多变的特征，说明青藏高原边界层内的湍流活动强。

Ekman 螺线 图2.2.6为当雄边界层观测期间所选取的平均26个样本的 u、v 平均风速随高度的分布。图中，每一个黑点代表一个高度层上的摩擦层的平均风矢的端点。由图可见，青藏高原地区当雄站摩擦层的风随高度的变化与经典的 Ekman 螺线比较相似：风在离地2000 m附近的高度上，v 分量值接近零，在离地2000 m以上，v 值在－0.09 m/s 与0.97 m/s之间出现微小的摆动。

考虑到梯度风高度的 Ekman 螺线摆动特征，取第一次 u 值达到最大，且 v 值相对较小的高度，即离地 2 250 m 为梯度风高度；综合青藏高原上其他站的观测资料可见，青藏高原边界层的高度应在离地1 850—2 750 m 之间，比平原地区边界层高度要高。事实上，杨大升(1957)根据北京平原边界层资料得出平原边界层的高度为1 400—1 600 m 范围。

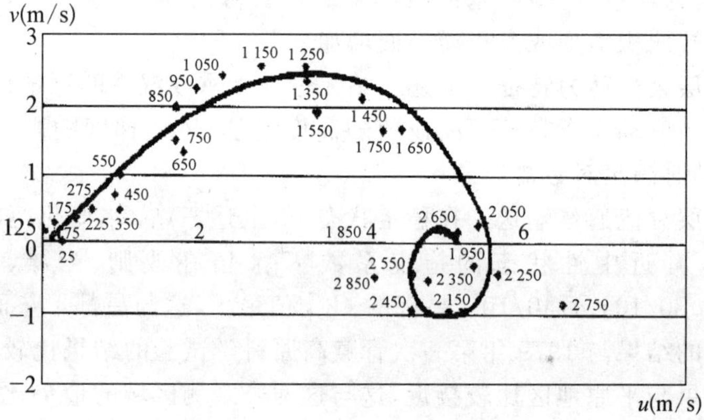

图 2.2.6 青藏高原当雄边界层高度及其 Ekman 螺旋特征(1998 年 6 月) 图中，棱形黑图为风矢量随高度变化位置，数字为相应的高度 m

(2) 近地面层与边界层热力结构

近地面层热力状态 以改则和昌都为例。两站夜间温度都呈逆温状态，白天温度随高度递减。尽管改则和昌都在干季与湿季的地表状况不同，前者干季与湿季状况相近，后者干季与湿季状况变化明显，但改则和昌都在干季的温度递减率都大于湿季，这和两者在干季的感热通量都高于湿季相对应。

太阳总辐射的超太阳常数现象 在青藏高原地区，尤其是在珠峰地区，在5—8 月都可以观测到太阳总辐射大于太阳常数的现象。以阿里和改则代表青藏高原西部，其 5—8 月总辐射旬平均值达到 340 W/m^2，旬平均强度最大值达到 370 W/m^2 以上。上述结果远远超过了世界上其他地区观测到的太阳总辐射值。青藏高原出现太阳总辐射值大于太阳常数现象的原因，除了海拔高度高外，高原上对流活动强、积云量往往达到 6 成左右所带来的反射和折射辐射，是非常重要的条件。

2.2.2 青藏高原的冷热源

1. 地面冷热源

所谓青藏高原的地面冷热源是指青藏高原地面与近地面大气之间的热量交

换状态,如果青藏高原地面是输送热量给近地面大气,则青藏高原是大气的热源;反之,青藏高原是大气的冷源。

叶笃正等(1979)曾计算过整个青藏高原地气热量交换的逐月变化,从而讨论青藏高原的地面冷热源问题。高登义(2005)采用与叶等相同的计算方法求得青藏高原逐月地面向大气输送的热量如表 2.2.1。表中标有 * 号者为叶等(1979)的计算结果。

表 2.2.1 青藏高原地表向大气输送的热量 (单位: W/m^2)

月	1	2	3	4	5	6	7	8	9	10	11	12	年均
Fsh	17	36	65	101	120	116	95	79	66	51	27	11	65
Fsh *	21	43	78	122	144	140	115	95	79	62	32	13	79
Fer	80	80	80	80	80	54	54	54	78	78	78	80	73
Fle	1	2	10	10	13	37	41	36	14	2	2	1	14
Fga	98	118	155	191	213	207	190	169	158	131	107	92	152
Fga *	102	125	168	212	237	231	210	185	171	142	112	94	166

由表 2.2.1 可见,就青藏高原平均状况而言,无论从全年平均及逐月情况来看,地表均为大气的热源,供给大气热量。其中,冬季的 12 月对大气加热量最小,仅为 92(94*)W/m^2;春季的 5—6 月,地面对大气输送的热量最大,达 207—213(231—237*)W/m^2,为冬季的两倍多。在地气热量交换的三个分量中,就年平均而言,地面有效辐射与感热输送值均为主要贡献者,约占总的地气热量交换值之 40%—50%;但以逐月而论,情况稍有不同,4—8 月以感热输送为主,11—2 月以有效辐射输送为主;蒸发潜热输送最小,仅占 10%多一点。另外,从上表也可以看出,地面有效辐射的年变化最小,其年较差仅为 26 W/m^2;感热通量的年变化最大,其年较差高达 109(131*)W/m^2;蒸发潜热通量的年变化介于前两者之间。

此外,从表 2.2.1 可见,高登义(2005)的计算结果比叶等(1979)计算的结果略偏小,这主要是由于计算感热通量所取 Cd 系数的值不同。叶等(1979)取 $Cd=8\times10^{-3}$,高登义(2005)根据姚兰昌等(1984)在青藏高原上的实测资料,取 $Cd=6.6\times10^{-3}$。

2. 大气中的冷热源

所谓青藏高原大气中的冷热源,即,青藏高原上整层大气柱与四周大气之间的热量交换;若青藏高原上整层大气柱向四周大气之间输送热量,则为四周大气的热源;反之,若整层大气柱接收四周大气的热量,则其为四周大气的冷源。

研究青藏高原上整层大气柱的冷热源问题属于气候学范畴,可以认为通过大气柱各侧面的热平流通量均相等，因而不考虑平流带来的影响。据此，其计算方程一般应包括如下5项：来自地表的感热通量 *Fsh*，来自当地降水的凝结潜热 *Flp*，来自地表的有效辐射 *Fer*，来自大气对大阳短波辐射的吸收 *Fsr* 和大气顶部的向外辐射 *Flr*。即：

$$Fsum = Fsh + Flp + Fer + Fsr - Flr \tag{2.2.1}$$

显然，若 *Fsum*＞0，则该整层大气柱为四周大气的热源，或者说为全球大气的热源；反之，若 *Fsum*＜0，则该整层大气柱为全球大气的冷源。

高登义(2005)采用上述(2.2.1)直接计算方法的结果列于表2.2.2中。表中的 * 号为叶笃正等(1979)的计算结果。

表2.2.2 青藏高原逐月大气中的热量平衡 (单位：W/m^2)

项目	地区	1	2	3	4	5	6	7	8	9	10	11	12	均
Fsum	高原东部	-75	-52	-17	24	56	73	79	58	31	-24	-57	-77	2
	高原西部	-75	-39	42	79	104	104	91	66	33	-7	-60	-78	22
	高原	-74	-48	13	42	72	87	83	59	32	-19	-59	-78	9
Fsum *	高原东部	-72	-47	-8	38	73	88	91	67	40	-17	-52	-77	9
	高原西部	-70	-31	58	105	133	136	119	89	51	6	-55	-75	39
	高原	-71	-42	25	60	93	108	100	73	44	-10	-54	-76	21

在表2.2.2中，青藏高原的逐月及年平均结果是按青藏高原东部和西部的结果用面积加权平均方法求得的。由表2.2.2所列出的结果可见，高登义(2005)与叶笃正等(1979)的计算结果均表明，就全年平均而言，对于青藏高原或青藏高原的东部和西部而言，其上空的整层大气柱均为四周大气的热源。其中，以青藏高原西部的热源强度为最大，达22(或39)W/m^2，东部为最小，热源强度只有2(或10)W/m^2。就整个青藏高原而言，年平均的热源强度为9(或21)W/m^2。就青藏高原的各月情况来看，在3—9月，青藏高原上空的整层大气柱为四周大气的热源，热源强度达13—87(或25—108)W/m^2；其中，春末夏初(5—7月)的热源强度最大，达72—87(或93—108)W/m^2。在10—2月，青藏高原上空的大气柱为其四周大气的冷源，它从四周大气中得到热量，其冷源强度达-19—-78(-10—-76)W/m^2。若以青藏高原面积为250万km^2计，以全年平均而论，则整个青藏高原每天向四周大气输送的热量为5×10^{17} cal(或1.1×

10^{18} cal)。若用于加热青藏高原东侧 200 万 km^2 的我国地区(当高空为西风时)上空的大气,每天可增温 0.1℃。在 6 月,青藏高原上空的大气向外输送的热量最大,达 4.0×10^{18} cal(或 5.0×10^{18} cal),可使青藏高原东侧 200 万 km^2 的我国地区上空大气每天增温 1.3℃(或 1.5℃)。

2.2.3 青藏高原对气流的动力作用

早在 20 世纪 50 年代,我国气象学家就注意到了青藏高原对气流的动力作用,如顾震潮(1951),叶笃正(1952),顾震潮、叶笃正(1955),朱抱真(1957),巢纪平(1957),周晓平、顾震潮(1958)等;之后,高登义等(1975),钱永甫等(1978),杨广基(1979)等也进行了这方面的研究。

钱永甫等(叶笃正、高由禧等,1979)在《青藏高原气象学》专著第 17 章中,以青藏高原动力学为题,总结了 1979 年以前在青藏高原动力学方面的研究成果。在此之后,气象学家关于青藏高原动力学的研究工作进展甚微。下面,选择有关部分介绍如下。

1. 青藏高原在冬季环流中的动力作用

在亚洲冬季,大气环流的主要成员有:在对流层下部为西伯利亚冷高压,对流层中部(如 500 hPa)为位于 140°E 左右的东亚大槽、位于 70°E 左右的脊和沿 30°N 附近的西风急流等;在平流层(如 30 hPa),环流的主要特征为绕极涡旋,其长轴线由北美伸向亚洲,在阿留申一带是强大的高压。

青藏高原大地形的动力作用是否对于上述环流成员有重要影响,自 20 世纪 60 年代以来一直为气象学家所关注。

青藏高原动力作用对西伯利亚高压的影响。Mintz(1965)通过数值模拟实验证明,在有青藏高原的大地形时,西伯利亚高压存在,而没有青藏高原地形时,西伯利亚高压不存在了。Manabe 和 Tepstra(1974)的数值模拟表明,西伯利亚高压的强度和位置都与青藏高原地形的动力作用有关:无地形时,西伯利亚高压位于 30°N,有地形时,它向北移到了 45°N,虽然还偏南,但比较接近实况了。

青藏高原动力作用对于对流层中部环流的影响。Smagorinsky(1953)和 Manabe 和 Tepstra(1974)数值模拟结果表明,高原地形的动力作用影响东亚大槽及其西侧脊的强度,也加强了 30°N 附近的西风急流,使之更接近实况。

青藏高原动力作用对平流层环流的影响。Manabe 和 Tepstra(1974)的数值模拟还证明,青藏高原地形的动力作用可以影响到平流层:在无地形实验中,阿留申高压不存在,绕极涡旋是圆的;但在有大地形的实验中,绕极涡旋是伸长的,轴线从北美伸到亚洲,同时出现了阿留申高压,和实况比较接近。

2. 青藏高原在夏季环流中的动力作用

在亚洲夏季,大气环流的主要特征为与西南季风相联系的现象,如对流层低层的南亚热低压、高原近地面的热低压,对流层上部的反气旋和它南面的东风急流以及西南季风建立的突变性质,等等。

Hahn 和 Manabe(1975)采用有地形和无地形的对比数值实验,明显地看出了青藏高原地形动力作用的重要影响。

青藏高原动力作用对于对流层低层和上层环流的影响。在没有地形的数值实验中,对流层低层的南亚热低压中心位于(50°N,125°E)左右,西南季风在南亚大陆上不能越过 15°N 以北;在对流层上部的反气旋太偏南,其中心到了日本以东。在有地形的数值实验中,无论是对流层低层和上层环流都接近实况。

青藏高原动力作用对于环流季节突变的影响。在有地形的数值实验中,西南季风和东风急流的建立都具有突变性质,原位于青藏高原以南25°N附近的副热带西风急流在 5 月 20—25 日突然减弱,而在青藏高原以北的 40°—45°N 建立西风急流;在无地形的数值实验中,副热带西风急流向北推进非常缓慢,直到 7 月底还没有北移过 35°N。

3. 气流通过青藏高原的绕流和爬流作用

当气流流过山地时,它可以绕过山地,也可能爬过山地。钱永甫等(1978)以夏季(图略)和冬季(图略)实际的 500 hPa 和 300 hPa 沿纬圈平均的平直西风、高度、温度,以及 500 hPa 到地面的平均西风和海平面气压随纬度分布作初始场,以表 2.2.3 中的三种下边界条件,在 10°—15°N 范围各作了 5 天的数值计算。表中的 $\vec{W}_s$为地面垂直速度,$\vec{V}_s$为地面风矢量,$\vec{V}_r$和 $\vec{V}_p$分别为地面风矢中的绕流和爬流部分。

表 2.2.3 三种数值实验说明

项目	编号	下边界条件	注
自然爬坡	No.1	$\vec{W}_s = \vec{V}_s \cdot \nabla \vec{Z}_s$	
纯粹绕流	No.2	$\vec{W}_s = \vec{V}_s \cdot \nabla \vec{Z}_s \equiv 0$	$\lvert \nabla \vec{Z}_s \rvert \geqslant 0.002, \vec{V}_p \equiv 0$
纯粹爬坡	No.3	$\vec{W}_s = \vec{V}_s \cdot \nabla \vec{Z}_s$ $\vec{V}_s \times \nabla \vec{Z}_s \equiv 0$	$\lvert \nabla \vec{Z}_s \rvert \geqslant 0.002, \vec{V}_r \equiv 0$

由表 2.2.3 可见,上述条件仅适用于坡度大于和等于千分之二的地形,即适用于青藏高原主体部分;以此来讨论青藏高原的纯动力作用。

(1) 夏季情况

对温压场的影响 图 2.2.7a、b 分别是(No.1)500 hPa 温压场第三、五天的数值实验结果。由图可见,它们与初始场的纬向环流相比,发生了如下变化。

① 在 40°N 以北的中高纬度地区，出现两槽一脊的稳定形势，即，在 110°—130°E 为大槽，巴尔喀什湖和贝加尔湖之间为浅脊，50°E 里海附近为弱槽。这种环流形势与夏季东亚中高纬度的平均状态接近，可见青藏高原纯动力作用的重要影响。

② 40°N 以南，尤其是在 70°—100°E 的青藏高原地区，环流形势变化较为复杂。数值实验的第三天(图 2.2.7a)，在 90°E 的那曲附近出现低压槽，在其北侧 80°—100°E 之间出现高压脊。这种环流特点在 5 天数值实验结果中基本存在。这和夏季平均环流形势图比较相似，由此可见，青藏高原的动力作用，对于高原北侧高压脊的贡献不能忽视。

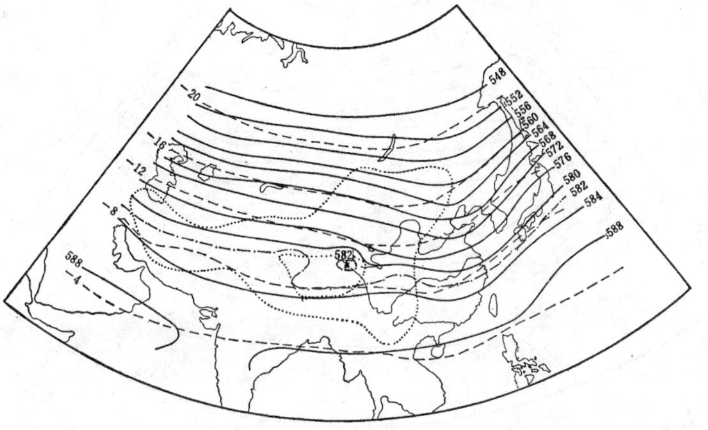

(a)

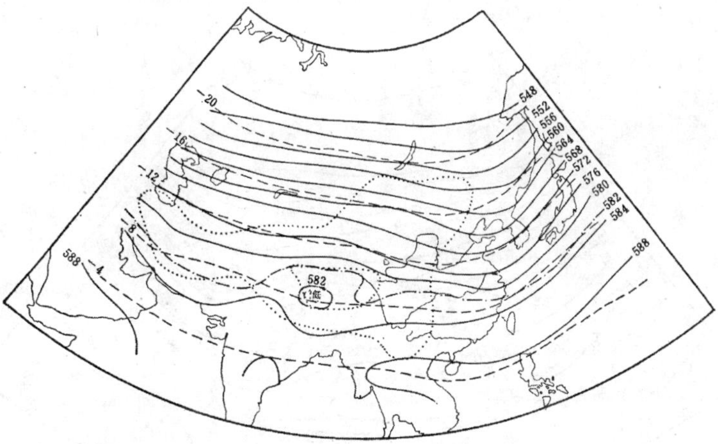

(b)

图 2.2.7 夏季(No.1)500 hPa 数值实验图 (a) 72 h；(b) 120 h

③ 青藏高原的动力作用有利于低纬度的副热带高压断裂。在夏天的平均

环流中，青藏高原南侧的副热带高压是断裂的。由图可见，在第一天中，高原南侧的副热带高压还没有断裂（图略），从第三天开始，副热带高压先从65°—80°E之间断裂（图2.2.7b），之后，副热带高压一直断裂。

④ 从温压场的配置来看，东亚大槽的后部有显著的冷平流，具有很强的斜压性，这与夏季环流的平均情况很相似。这也说明青藏高原动力作用的重要影响。

图2.2.8与图2.2.9分别是纯绕流（No.2）和纯爬流（No.3）的情况。对比图2.2.7a与2.2.8、2.2.9，不难看出三点：a. 夏季，青藏高原上的环流形势主要

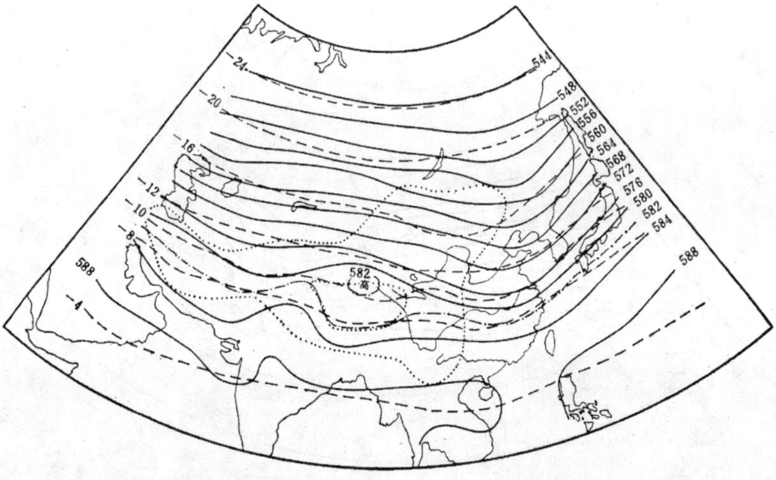

图2.2.8 夏季(No.2)500 hPa、72 h数值实验图

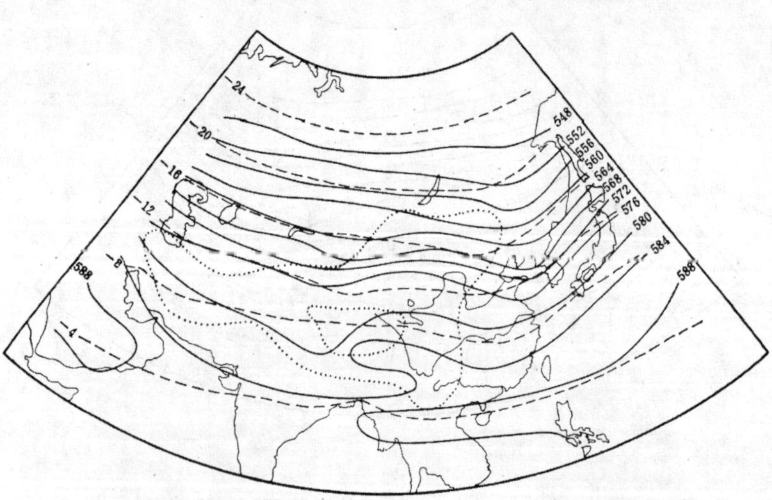

图2.2.9 夏季(No.3)500 hPa、72 h数值实验图

是绕流作用产生的，因为图 2.2.8 与图 2.2.7a 非常相似；b. 夏季，东亚大槽的形成与青藏高原的绕流和爬流作用都有关，但绕流作用更明显，因为，图 2.2.8 更与夏季平均环流形势接近；c. 青藏高原南侧副热带高压的断裂主要与爬流作用有关，因为，在图 2.2.9 中，副热带高压是断裂的，而在图 2.2.8 中，副热带高压没有断裂。

对流场的影响 图 2.2.10 是(No.1)地面至 500 hPa 之间平均流场第一天的数值实验结果。由图可见，青藏高原的绕流作用非常明显，高原东侧的辐合线很清楚，它显然是气流从南北两侧绕流高原后的辐合线，且此辐合线在 5 天内都存在；此外，青藏高原南侧的副热带高压带从第一天起就断裂，并形成反气旋中心。显然，青藏高原的动力作用对夏季平均流场特征的形成贡献不小。

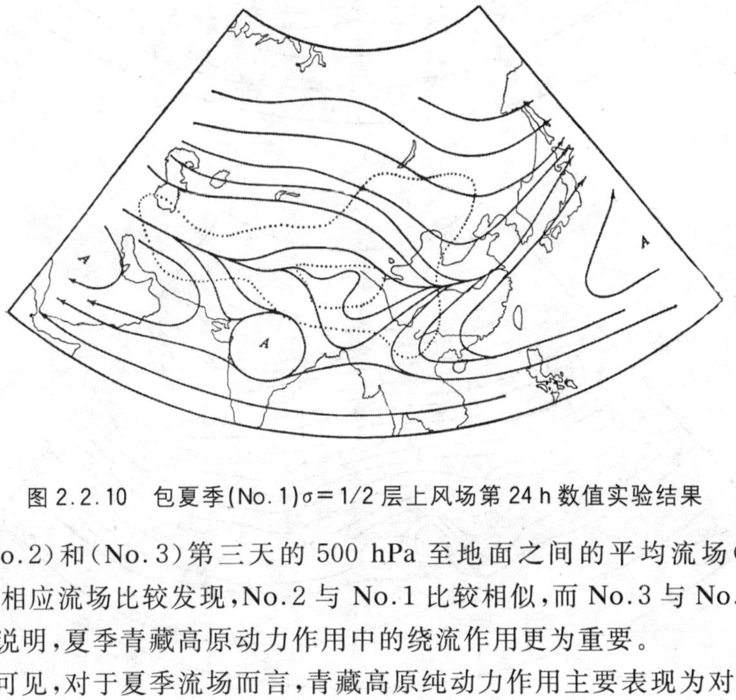

图 2.2.10 包夏季(No.1)$\sigma=1/2$ 层上风场第 24 h 数值实验结果

将(No.2)和(No.3)第三天的 500 hPa 至地面之间的平均流场(图略)和(No.1)的相应流场比较发现，No.2 与 No.1 比较相似，而 No.3 与 No.1 很不相同。这也说明，夏季青藏高原动力作用中的绕流作用更为重要。

综上可见，对于夏季流场而言，青藏高原纯动力作用主要表现为对气流的分支绕流作用，40°N 以北两槽一脊的平均环流形势，东亚大槽的强度和位置，青藏高原上的低压槽和其北侧的高压脊都与分支绕流作用有关。爬坡作用相对次要，但其对高原南侧副热带高压的断裂作用不可忽视。

(2) 冬季情况

对温压场的影响 图 2.2.11a、b 分别是冬季(No.1)500 hPa 温压场第三、五天数值实验结果。分析上述图可见：

① 在青藏高原主体部分的环流形势与夏季基本相反：这里温度扰动大，在

拉萨附近始终存在温度脊，在高原西部出现明显的高压脊，其两侧是低压槽，西侧的低压槽比较稳定，东侧的槽移动多变。这与冬季气候平均情况很相似，说明上述环流特点与高原纯动力作用密切相关。

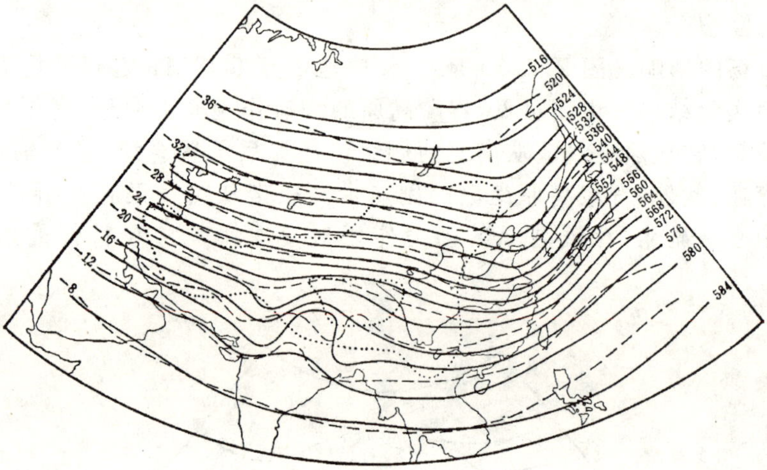

(a)

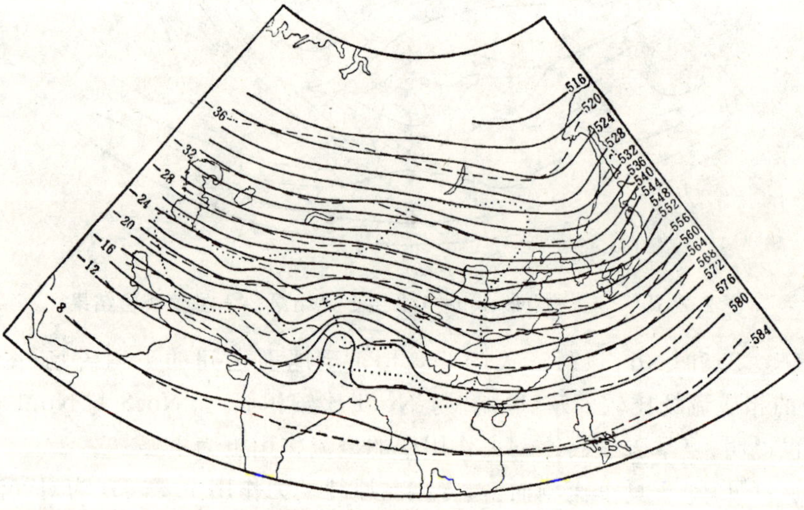

(b)

图 2.2.11 冬季(No.1)500 hPa 数值实验图 (a) 第 72 h；(b) 第 120 h

② 在 70°—80°E 出现明显的槽区，在高原西侧的伊朗高原上空出现高压脊，在青藏高原东侧的低压槽，这些都与冬季气候平均情况接近，说明青藏高原纯动力作用影响的不可忽视。

下面，给出冬季（No.2）和（No.3）500 hPa 第三天的数值实验结果如图

2.2.12、2.2.13 所示。比较图 2.2.12、2.2.13 和图 2.2.11a，不难发现，纯绕流和纯爬流作用都和自然爬坡偏离较大。由此可见，冬季，单纯的绕流和爬流都不能正确反映青藏高原的动力作用，可能两者的作用比较接近。

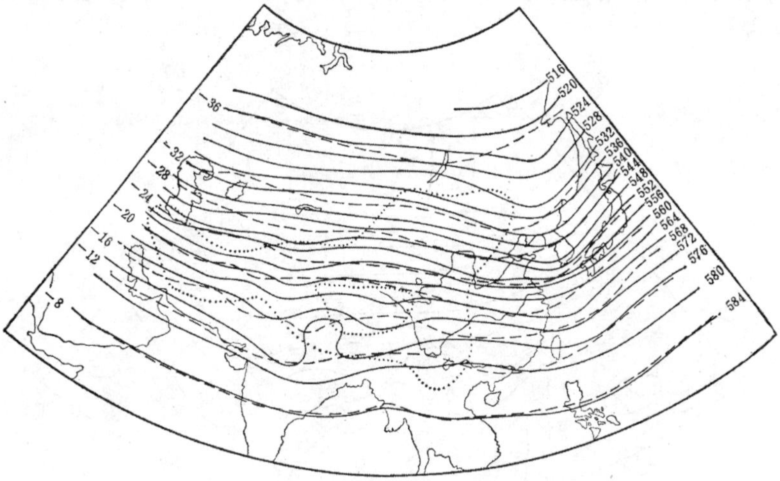

图 2.2.12 冬季(No.2)500 hPa 第 72 h 数值实验图

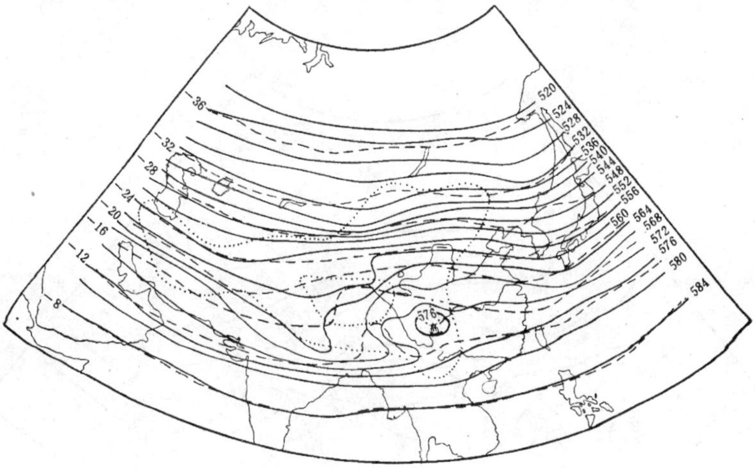

图 2.2.13 冬季(No.3)500 hPa 第 72 h 数值实验图

对流场的影响 图 2.2.14 是冬季(No.1)第三天地面至 500 hPa 之间平均流场数值实验结果。由图可见，在 40°N 以南青藏高原所在的纬度带内，流场受地形影响非常明显。在青藏高原主体部分，流场表现明显为反气旋，这与 500 hPa 上的高压脊一致；在青藏高原东西两侧为气旋流场，这也与 500 hPa 上环流相对应。

图2.2.15和图2.2.16分别是冬季(No.2)和(No.3)第三天地面至500 hPa之间风场的数值实验结果。比较图2.2.15、图2.2.16与图2.2.14可见,它们与No.1的情况都不相似。这就说明,冬季,单纯的绕流或爬流作用都不能正确反映青藏高原的动力作用,必须将两者综合考虑才有可能反映青藏高原地形作用的真实情况。

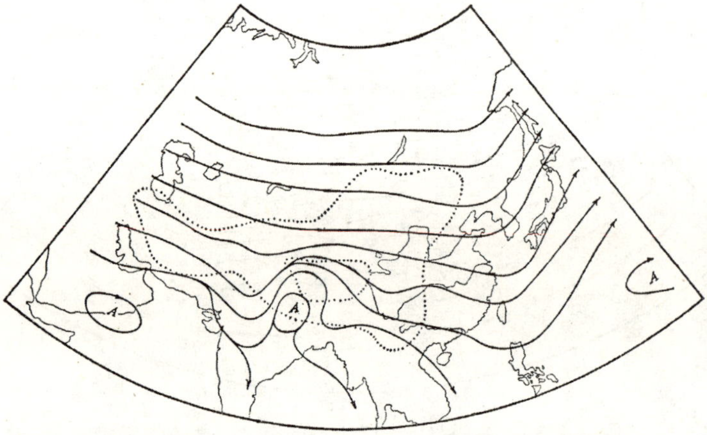

图2.2.14 冬季(No.1)$\sigma=1/2$层上风场第72 h数值实验结果

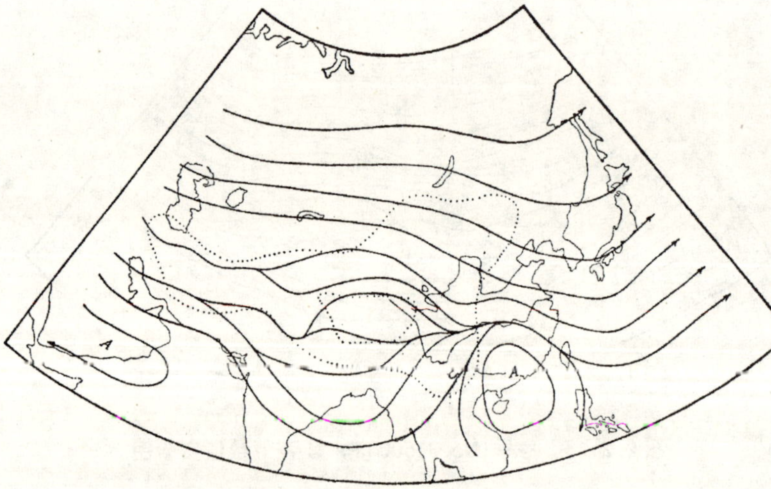

图2.2.15 冬季(No.2)$\sigma=1/2$层上风场第72 h数值实验结果

根据冬季和夏季的数值实验结果,可以看出:

① 青藏高原的地形动力作用对冬季和夏季环流的影响不同。在夏季,青藏高原的动力作用对其北侧的高压带有重要影响,对高原上的低压带也有一定贡

献。在冬季，青藏高原西部的高压脊和拉萨附近的温度脊与高原动力作用也有较密切关系。与气候平均情况相比，冬季的数值实验结果更符合实况。可见，青藏高原的动力作用在冬季更为重要。

② 在夏季，青藏高原的动力作用主要表现在对气流的绕流作用，而在冬季，青藏高原的动力作用在绕流和爬流两方面都较重要。这就表明，当弱气流（夏季）过青藏高原时，以绕流为主，而当强气流（冬季）过青藏高原时，爬流也很重要。

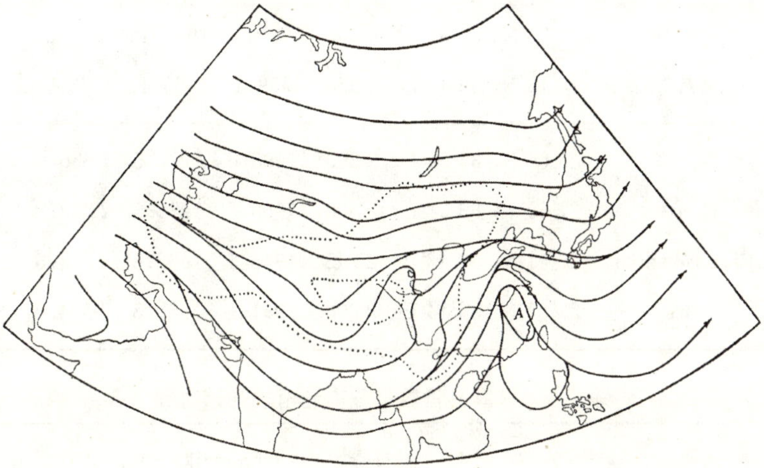

图 2.2.16 冬季(No.3)$\sigma=1/2$ 层上风场第 72 h 数值实验结果

2.2.4 喜马拉雅山脉对气流的动力作用

1. 喜马拉雅山脉对印度季风的屏障作用

分析喜马拉雅山脉南北多年平均年降水量资料表明，喜马拉雅山脉南北的降水量差异颇大（高登义等，1975）。如表 2.2.4 所示，在喜马拉雅山脉中段（86°—88°E），山脉北侧的多年平均降水量仅为 323.8 mm，山脉南侧的多年平均降水量高达 2 186.6 mm，后者为前者降水量的 6.98 倍。位于喜马拉雅山脉北侧的绒布寺站，与山脉南侧的 Chaunrikharka 站几乎位于同一经度（86°43′—49′E），南北距离相差仅约 50 km，两者仅一山之隔，但年降水量却相差 2 000.6 mm，后者为前者的 8 倍多。上述现象充分显示了喜马拉雅山脉中段对印度洋暖湿气流的屏障作用。

与上相应，在喜马拉雅山脉中段，山脉南北两侧的雨季起始日期也有很大差异。如表 2.2.5 所示，在喜马拉雅山脉中段，山脉南北两侧的雨季起始期相差一个月，尽管山脉南北两侧的距离仅仅相隔不足 100 km。山脉南北雨季开始期的巨大差异,也从一个方面显示了喜马拉雅山脉对印度洋暖湿气流的屏障作用。

表 2.2.4 喜马拉雅山脉南北降水对照

地区	站名	位置	海拔(m)	资料时段	年降水量(mm)	
北侧	日喀则	29°13′N, 88°55′E	3 836	1956.1—1965.12	428.1	313.4
	江孜	28°55′N, 89°36′E	4 040	1957.1—1965.12	301.1	
	定日	28°35′N, 86°37′E	4 300	1959.1—1965.12	241.5	
	绒布寺	28°13′N, 86°49′E	4 950	1959.1—1965.12	283.0	
南侧	曲乡	28°05′N, 85°59′E	3 200	1968.6—1975.5	1 686.0	2 186.6
	樟木	27°59′N, 86°01′E	2 300	1968.6—1975.5	2 352.8	
	Chaunrikharka	27°41′N, 86°43′E	2 745	1948.1—1963.8	2 283.6	
	Jiri	27°38′N, 86°14′E	2 003	1961.9—1965.8	2 424.0	

表 2.2.5 喜马拉雅山脉南北雨季开始时间

站名	定日	绒布寺	Chaunrikharka	Jiri
雨季始期	7月上旬	7月上旬	6月上旬	6月上旬

由表 2.2.6 可见,在喜马拉雅山脉中段,在雨季(5—9 月),喜马拉雅山脉南侧降水量最大,降水中心达 2 137.0 mm,山脉北侧出现次大降水中心(460.2 mm),位于念青唐古拉山脉南侧的雅鲁藏布江河谷的拉萨至日喀则之间,两个降水中心之比值为 4.64∶1.00;在旱季(10—4 月),喜马拉雅山脉南侧的降水量仍然为最大(277.0 mm),山脉北侧有一个降水次大中心(21.6 mm),其中心位置比雨季期间偏北,位于念青唐古拉山脉南麓的羊八井,两个降水中心之比值为 12.82∶1.00。由上可见:(1) 在雨季,由于印度西南季风深厚而强盛,尽管喜马拉雅山脉平均高达海拔 6 000 m 以上,但仍有一部分暖湿气流越过喜马拉雅山脉,在其北面受到念青唐古拉山脉的再次屏障作用后,于两个山脉之间的雅鲁藏布江河谷中形成次大降水中心,降水量达到喜马拉雅山脉南侧的 22%。(2) 在旱季(10—4 月),印度西南季风很弱,很难翻越喜马拉雅山脉,尽管在念青唐古拉山脉南麓也出现一个降水次大中心,但降水量仅为喜马拉雅山脉南侧的 8%。(3) 由此推论,喜马拉雅山脉对于印度洋暖湿气流的屏障作用很强,其山脉北侧的年降水量约为南侧的 15%;然

而,喜马拉雅山脉对于印度洋暖湿气流的屏障作用有明显的季节变化,旱季,印度西南季风弱,山脉屏障作用更强,其北侧降水量仅为南侧的 8%;雨季,印度西南季风强,喜马拉雅山脉的屏障作用减弱,其山脉北侧的降水量可以达到南侧降水量的 22%。

表 2.2.6 沿东经 88 度多年平均降水量(mm)季节变化

区域	站名	1—4 月	5—9 月	10—12 月	10—4 月
北侧	申扎	4.6	282.9	11.3	15.9
	羊八井	10.1	350.6	11.5	**21.6**
	拉萨	6.2	**460.2**	5.6	11.8
	日喀则	2.0	**421.6**	4.5	6.5
	江孜	4.4	296.5	4.4	8.8
	定日	2.5	237.0	2.0	4.5
南侧	Namche Bazar	117.6	742.5	79.2	196.8
	Chaunrikharka	97.2	1 974.0	92.9	190.1
	Jiri	164.0	**2 137.0**	113.0	**277.0**

2. 喜马拉雅山脉对孟加拉湾风暴的影响

在 1968 年珠峰科学考察期间,高登义等(1975)在珠峰西南侧的喜马拉雅山脉南坡考察,增设了曲乡(28°05′N,85°59′E,海拔高度 3 200 m)和樟木(27°59′N,86°01′E,海拔高度 2 300 m)两个地面气象站,试图与原有的聂拉木气象站(28°11′N,85°58′E,海拔高度 3 800 m)相结合,以观测喜马拉雅山脉南坡降水随高度的分布。在当年的 10 月初,恰好遇到了一次孟加拉湾风暴向北移动带来喜马拉雅山脉南北地区特大的降水过程。这次降水过程发生在 1968 年 10 月 3—5 日,观测站的总降水量达到 150 mm 左右,使西起吉隆县、东到错那一带的喜马拉雅山脉提前于 10 月初雪封山(常年为 12—1 月雪封山),对边防和交通影响极大。

如图 2.2.17,在 1968 年 10 月 3—5 日,在喜马拉雅山脉南侧出现一次特大降水,最大降水中心出现在印度的北孟加拉地区,暴雨中心的 3 天降水量达到 700 mm 以上。位于我国境内的喜马拉雅山脉南侧,在聂拉木、帕里和错那一带,3 天降水量约为 50—200 mm;在喜马拉雅山脉北侧,在定日、江孜和泽当等地,3 天降水量达到 10 mm 左右(见表 2.2.7)。

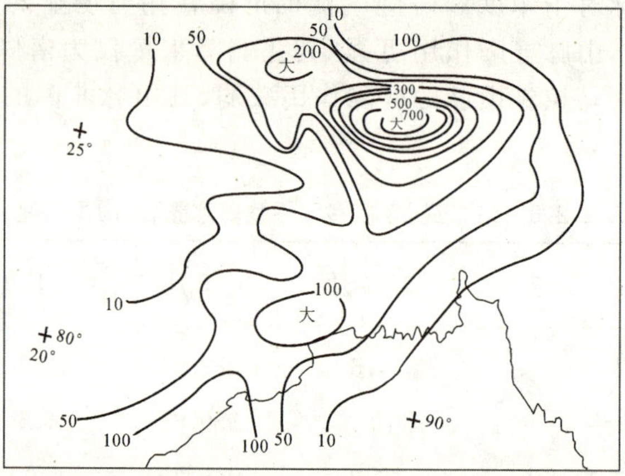

图 2.2.17 1968 年 10 月 3—5 日喜马拉雅山脉南北降水分布 （单位：mm/3 d）

表 2.2.7 1968 年 10 月 3—5 日喜马拉雅山脉南北我国境内降水分布

	北	侧		南		侧		
站名	定日	江孜	泽当	聂拉木	曲乡	樟木	帕里	错那
位置	28°35′N 86°37′E	28°55′N 89°36′E	29°15′N 91°47′E	28°11′N 85°58′E	28°05′N 85°59′E	27°59′N 86°01′E	27°44′N 89°05′E	27°59′N 91°57′E
降水(mm)	9.6	10.9	2.7	195.0	149.4	122.1	159.4	48.9

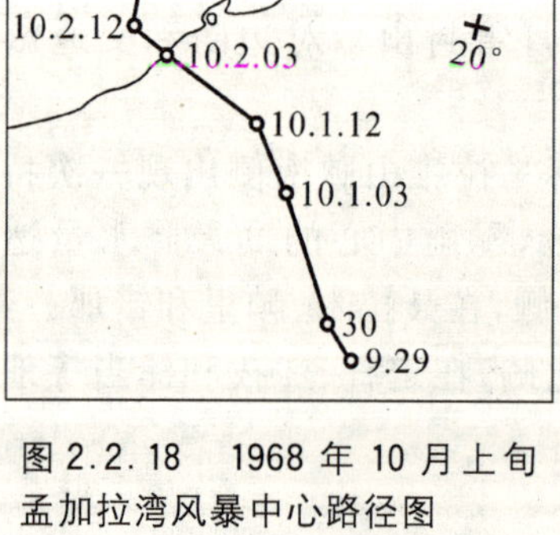

图 2.2.18 1968 年 10 月上旬孟加拉湾风暴中心路径图

分析表明，这次特大降水过程是由一个在印度南部的安得拉海岸登陆的孟加拉湾风暴所引起的。据统计，这一次孟加拉湾风暴是 50 年来出现的第二大风暴，是在 1901—1968 年内发生 85 次孟加拉湾风暴中，在北孟加拉地区 3 天中平均降水强度次大的一次（最大的一次是于 1950 年 6 月 11—13 日）；出现如此强度的孟加拉湾风暴的概率大约是 50 年一遇。

这次风暴发生在孟加拉湾中部。如图 2.2.18，1968 年 9 月 29 日，在孟加拉湾中部生成一个低压，10 月 1 日凌晨，该低压发展为风暴，地面中心气压下降为 994 hPa，并向西北方向快速运动。10 月 3—4 日，风暴加速向北移动，于 10 月 4 日 03 时已移到喜马拉雅山脉南麓的达尔汤冈季，并很快减弱为低压。10 月 5 日晨，低压于喜马拉雅山脉南麓的比哈尔平原地区填塞。

从喜马拉雅山脉南北各站的日平均气压变化也可看到此次孟加拉湾风暴的移动过程。在喜马拉雅山脉南侧的达耳汤冈季、聂拉木和北侧的定日、江孜等四站，从 10 月 2 日至 4 日均有一次明显的地面气压降低过程。在喜马拉雅山脉南侧，两站的气压于 10 月 2 日开始降低约 1—2 hPa，表明孟加拉湾风暴已经到达山脉南侧；在喜马拉雅山脉北侧，两站的气压于 10 月 3 日开始降低，表明孟加拉湾风暴的影响已经到达山脉北面。10 月 3 日，在喜马拉雅山脉南北各站的地面气压均出现猛烈下降，24 h 降压分别达到 1.5—2.9 hPa（图略）。上述表明，自 10 月 3 日起，孟加拉湾风暴系统已经影响了喜马拉雅山南北地区。

从卫星云图上看这一次孟加拉湾风暴北上翻越喜马拉雅山脉的过程更为清楚。图 2.2.20a—c 是由艾萨－7 气象卫星拍摄的有关此次孟加拉湾风暴北上翻越喜马拉雅山脉的过程。10 月 1 日（图 2.2.19a），风暴发展到最强，涡旋密闭云区呈现对称状，从卫星云图中可以看到一条条的同心圆的条纹，风暴云系进一步北移到 20°—26°N。10 月 3 日（图 2.2.19c），风暴云系已经向北移动到 20°—37°N、80°—100°E 范围，覆盖了青藏高原的大部分面积；之后，带来了 10 月 3—5 日在喜马拉雅山脉南北的一次特大降水过程。

由上可见，在 1968 年 10 月上旬，从这次孟加拉湾风暴云系的北移过程和降水实况来看，它充分反映了孟加拉湾风暴翻越喜马拉雅山脉并在山脉南北两侧形成特大降水的事实。

在此次孟加拉湾风暴登陆北上的过程中，其雨区移动情况如下（图略）。10 月 1 日前，在孟加拉湾沿海各站仅有零星降水，日降水量均在 5 mm 以下；10 月 2 日，在孟加拉湾风暴快登陆前，沿海岸布布巴内斯伐尔一带有一片雨区，其中心的降水量在 50 mm 左右；10 月 3 日，暴雨区移到喜马拉雅山脉南麓北孟加拉邦的锡里古里一带，降水中心强度接近 200 mm；10 月4—5 日，暴雨中心仍维持在喜马拉雅山脉南麓的北孟加拉邦，降水中心强度增加到 500 mm 以上。在我国境内，受该风暴影响，喜马拉雅山脉南侧和北侧先后于 10 月 2 日和 10 月 3 日开始降水，24 h 最大降水量在南侧发生于 10 月 4 日，以聂拉木降水为最大，达99.0 mm，在北侧发生在 10 月 5 日，以江孜降水量为最大，达 10.4 mm。

表 2.2.8 给出了 1968 年 10 月 1—6 日在喜马拉雅山脉南北两侧诸站的逐日降水量分布，山脉南北两侧的降水量有明显的差异。由表 2.2.9 可见，此次孟加拉湾风暴云系翻越了喜马拉雅山脉，对山脉南北两侧的天气影响很大，在我国境内的喜马拉雅山脉南北两侧形成有降水观测记录以来的最大一次降水。以喜马拉雅山脉南侧的帕里站和北侧的定日站为例。在 1968 年以前，帕里站 10 月

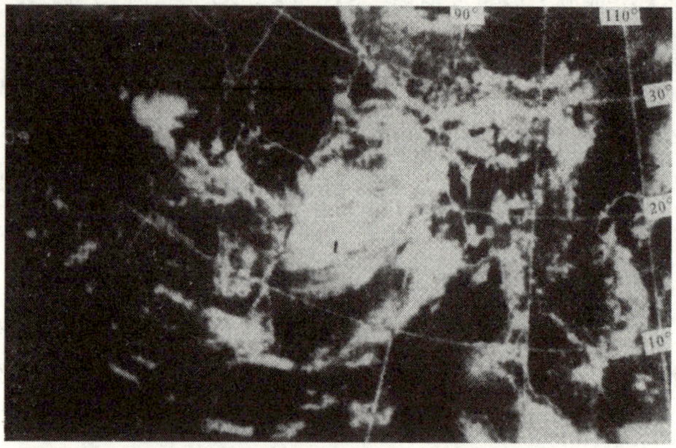

(a)

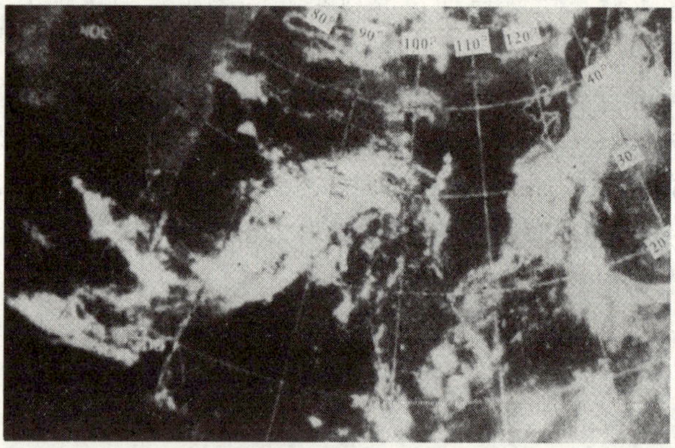

(b)

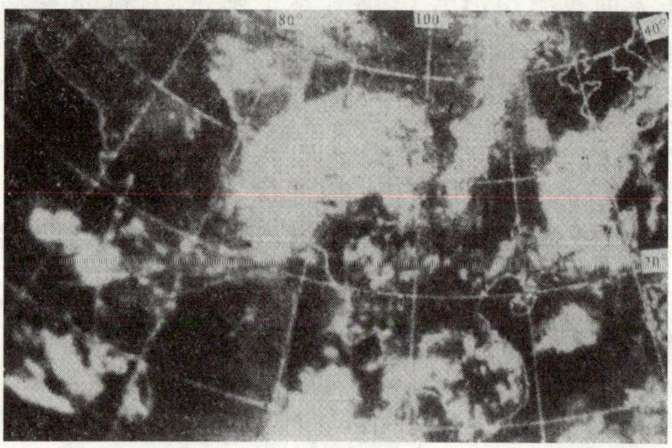

(c)

图2.2.19 1968年10月1日—10月3日艾萨-7气象卫星云图照片

上旬多年平均降水量仅为1968年10月上旬的1/23,即使在历史上的旬降水量最高值也不足1968年10月上旬的25%，1968年10月上旬24 h最大降水量为历史上24 h最大降水量的两倍多;在山脉北侧的定日站,1968年10月上旬降水量为历史平均值的7倍多,比其历史上的最高值也要大将近一倍。

表2.2.8 1968年10月1—6日喜马拉雅山脉南北诸站的降水量(mm)分布

区域	站名	位置	1	2	3	4	5	6
北侧	泽当	29°15′N, 91°47′E	11.5	0.6	2.7	0		
	江孜	28°55′N, 89°36′E	4.0	1.5	0.5	0.0	10.4	
	定日	28°35′N, 86°37′E			1.2	3.5	4.9	
南侧	聂拉木	28°11′N, 85°58′E		0.3	33.4	99.0	62.6	
	曲乡	28°05′N, 85°59′E	0.0	0.3	37.6	85.7	35.9	
	樟木	27°59′N, 86°01′E	2.7	3.4	27.6	76.0	18.5	
	错那	27°59′N, 91°57′E	0.8	1.0	16.8	12.2	19.9	
	帕里	27°44′N, 89°05′E		0.8	25.8	50.7	83.9	
	Nautanwa	27°26′N, 83°25′E			0.0	41.0	86.0	
	Kalimpong	27°04′N, 88°28′E			72.0	260.0	470.0	
	Motihari	26°40′N, 84°55′E			35.0	48.0	50.0	
	Gauhati	26°06′N, 91°35′E	0.0		1m.0	42.0	1.0	

表2.2.9 1968年10月上旬降水量与历史情况比较

站名	项目	旬降水量(mm)	24 h最大降水量(mm)、日期
帕里	历史平均	6.9	
	历史最高值	37.2(1967.7,上旬)	36.2(1967.10.5)
	1968年10月上旬	162.2	83.9(1968.10.5)
定日	历史平均	1.3	
	历史最高值	5.0(1963.10,上旬)	4.2(1963.10.2)
	1968年10月上旬	9.6	4.9(1968.10.5)

由上可见,横亘在青藏高原南缘的喜马拉雅山脉,由于其特高的海拔高度以及在南侧迅速抬升的地形条件,迫使来自印度洋的暖湿气流在山脉南坡强

烈抬升，形成大量降水，而只有少量的暖湿空气越过它在其北侧形成少量降水；后者仅为前者的15%左右，这是喜马拉雅山脉对印度西南季风的屏障作用(高登义，1975)。然而，这种“屏障作用”并非一成不变。第一，它有明显的季节变化：在旱季，当印度西南季风弱时，其屏障作用明显加强，在喜马拉雅山脉北侧的降水量仅为南侧的8%左右；在雨季，当印度西南季风强盛时，其屏障作用显著减弱，在喜马拉雅山脉北侧的降水量可为南侧的22%许。第二，当有极为强盛的孟加拉湾风暴(如，1968年10月上旬)越过喜马拉雅山脉时，不仅能够在山脉北侧带来当地历史上的最大降水量，而且也可以影响青藏高原腹地(如，位于33°N的巴颜喀拉山南麓)降水，此时，喜马拉雅山脉对于孟加拉湾风暴就只有抑制作用了。

3. 珠峰山地中小尺度系统

(1) 资料与分析方法

在研究中小尺度天气系统中，一般采用密集观测网的资料来分析(章淹等，1965)。但根据时空转换原理(顾震潮，1958)，用单站垂直空间内密集观测时间的气象资料，同样也可分析中小尺度天气系统。本节利用珠峰北坡绒布寺站1975年5月每天6—8次无线电探空和测风记录，采用垂直空间尺度的小网格读数资料，分析出现在珠峰山体背风一侧10—12 km范围内的中小尺度高压和低压系统(高登义，1982)。

1975年5月，在珠峰北坡绒布寺施放的106次无线电探空观测资料中，从地面至海拔12 000 m高度内的气温、气压和风向风速观测的原始记录里，每隔200—400 m读数，求出1975年5月每隔4 h在地面至海拔12 000m高度内气压和气温的月平均值。选取时空网格如表2.2.10所示。将1975年5月逐次观测

表2.2.10 1975年5月绒布寺站月平均探空资料的时空网格

北京时间	04	08	12	16	20	24
海拔高度(m)	地面，5 400，5 800，6 200，6 600，7 000，7 300，7 500，7 750，8 000，8 250，8 500，8 700，8 900，9 100，9 400，9 700，10 000，10 400，10 800，11 200，11 600，12 000					

的上述各高度上的气压、气温资料与表2.2.10中邻近时间的月平均值求其距平ΔP和ΔT值，绘制绒布寺站1975年5月逐日逐次地面至海拔高度12 000 m范围内各高度的ΔP和ΔT时间剖面图，并填上风向风速的资料。这里给出1975年5月5日02时至5月7日23时(图2.2.20)和5月18日02时至5月22日23时(图2.2.21)地面至海拔高度12 000 m的ΔP、ΔT和风向风速的时间剖面图。在气温和气压距平值的时间剖面图中，由于除去了它们的日变化，因而能够反映不同尺度的天气系统。

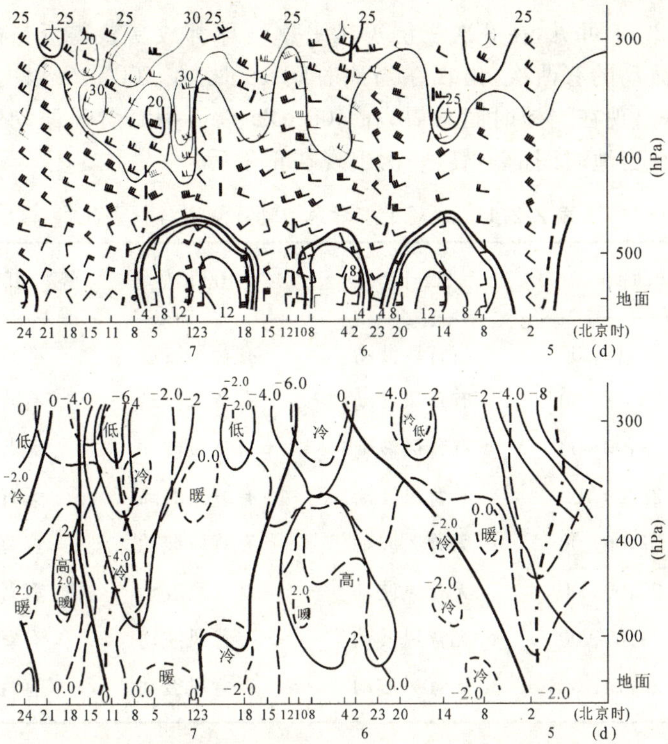

图 2.2.20 珠峰北坡地面至 10 km 内 ΔP、ΔT 和风的综合时间剖面图

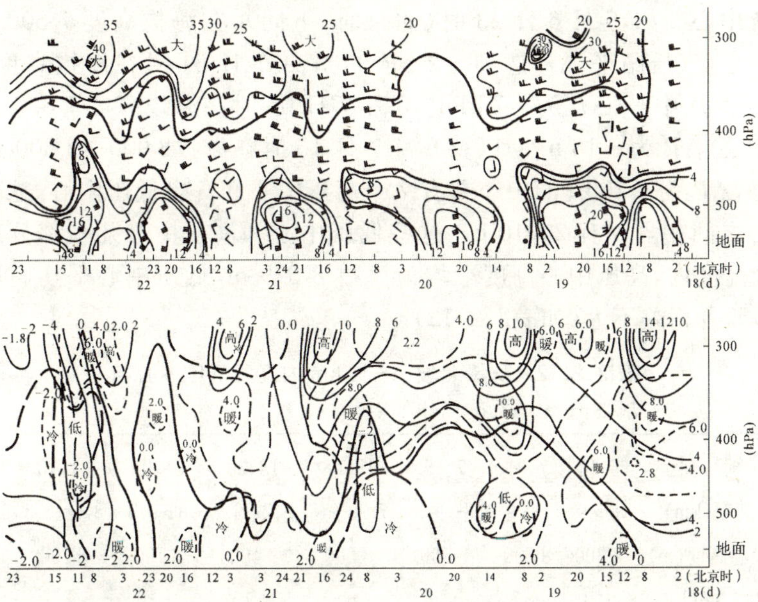

图 2.2.21 绒布寺站地面至海拔高度 10 000 m 内 ΔP(hPa)、ΔT(℃)和风向风速的时间剖面图 (1975 年 5 月 18 日 02 时至 5 月 22 日 23 时)

由表2.2.11可见，在8次三层等压平飘气球都成功获得资料的个例中，三层均有背风波动的有两次，出现在当地时间18时；在400 hPa以上都有背风波动的有两次，出现在当地时间早晨；在400 hPa以下都有背风波动的有4次，其中3次出现在当地时间的早晨，一次出现在正午后。

表2.2.11 珠峰北侧背风波动观测资料一览表

观测时间	350 hPa	400 hPa	450 hPa
1980.4.27,18:00	有背风波动	有背风波动	有背风波动
1980.4.28,18:00	有背风波动	有背风波动	有背风波动
1980.4.28,06:00	有背风波动	有背风波动	无背风波动
1980.4.28,09:00	有背风波动	有背风波动	无背风波动
1980.4.27,06:00	无背风波动	有背风波动	有背风波动
1980.4.27,09:00	无背风波动	有背风波动	有背风波动
1980.4.29,09:00	无背风波动	有背风波动	有背风波动
1980.4.29,14:00	无背风波动	有背风波动	有背风波动

(2) 中小尺度系统

从图2.2.20和图2.2.21可见，在海拔7 500—9 500 m高度内，常有高压和低压系统中心。如，5月6日23时(北京时，下同)，在海拔高度7 500—8 300 m的低压中心(气压距平 ΔP 达到 −2 hPa)，5月7日01时在海拔高度8 000—9 000 m的高压中心(ΔP 为 +7 hPa)，5月7日05时在海拔高度7 800—9 400 m的低压中心(ΔP 为 −13 hPa)以及5月7日15时在海拔8 000—9 500 m高度的高压中心(ΔP 为 +26 hPa)……共有7个高压中心和5个低压中心，这些低压和高压中心之间相隔仅有2—10 h。这些低压中心和高压中心几乎都分布在海拔8—9 km高度内，高压中心高度平均为海拔8 629 m，低压中心平均高度为海拔8 420 m，两者相差不大(如表2.2.12)。

表2.2.12 珠峰北坡7—10 km内高压低压中心与风速关系一览表 (1975年5月)

	时 间	5,14	7,01	7,15	18,08	18,20	21,08	21,16	平均
高	高度(km)	8—9	8—9	8—9.5	7.7—9.5	8.7—9.7	8—9.3	8.6—9.3	8.1—9.3
	中心高度(m)	8 300	8 600	8 500	8 500	9 100	8 700	8 700	8 629
压	中心 Δp(hPa)	+10	+7	+26	+8	+15	+10	+17	+13.3
	风 速(m/s)	27	30	35	24	33	28	35	26

(续表)

	时 间	5,23	6,23	7,05	18,15	21,20	平均
低	高度(km)	8.7—9.1	7.5—8.3	7.8—9.4	7.8—8.8	8.6—9.2	8.1—9.0
	中心高度(m)	8 900	7 700	8 500	8 100	8 900	8 420
压	中心Δp(hPa)	-5	-2	-13	-14	-5	-7.8
	风 速(m/s)	8	4	16	5	20	11

由上可见,在珠峰北坡海拔高度 8—9 km 出现的高压和低压中心,其垂直空间尺度仅为 1—2 km,时间尺度只有 2—10 h,应属于中小尺度系统。

(3) 中小尺度系统与天气

如表 2.2.12 可见,在中小尺度高压与低压中,两者的风速大小差异很大。在这些中小尺度高压系统内,风力很大,平均风速达到 26 m/s,最大风速可达 35 m/s;而在这些中小尺度低压内,风力很小,平均风速为 11 m/s,最小风速只有 4 m/s。如,在 5 月 7 日 01 时和 15 时的高压中心内,风速分别达到 30 m/s 左右,而在 5 月 6 日 23 时与 5 月 7 日 05 时的低压中心内,风速仅仅为 4—16 m/s。此外,在中小尺度高压与低压系统之间的相互交替时间很短,风速变化剧烈。如,在 5 月 6 日 23 时,在海拔高度7 700 m 出现低压中心,中心风速只有 4 m/s;然而,在两个小时后,即在 5 月 7 日 01 时,在海拔8 600m 高度出现高压中心,中心风速猛增到 30 m/s;又过了 4 个小时后,即在 5 月 7 日 05 时,在海拔 8 500 m 高度再次出现低压中心,中心风速下降到了16 m/s。又如,在 5 月 18 日 08 时,在海拔 8 500 m 高度出现高压中心,中心风速为 24 m/s;过了 7 h 后,即在 5 月 18 日 15 时,在海拔 8 100 m 高度出现低压中心,中心风速锐减为 5 m/s;再过 5 h,即在 5 月 18 日 20 时,在海拔 9 100 m 高度再出现高压中心,中心风速猛增到 33 m/s。

在珠峰北坡出现中小尺度系统时,其湿度小(小于 40%),无降水,基本上为晴空少云;由此看来,在珠峰北坡,在海拔 8—9 km 出现的中小尺度系统,它们之间的交替变化主要是与风速的剧烈变化有关(表略)。

(4) 中小尺度系统的水平尺度

为了讨论珠峰北坡的中小尺度系统的水平尺度,本节将利用在珠峰北坡绒布寺高空观测站附近的定日(距绒布寺站约 90 km)和拉萨(距绒布寺站约 500 km)高空气象站同期的高空气象资料。在表 2.2.12 中,在 5 月 18 日 08 时,在珠峰北坡海拔 7 700—9 500 m 高度出现了中小尺度高压,高压中心风速达到 24 m/s。与此相应,在定日与拉萨站同时观测的高空风速垂直分布资料中,显示了这次中小尺度高压的水平尺度。在 1975 年 5 月 18 日 08 时,在珠峰北坡绒布寺站上空,在海拔 7 800—9 000 m 高度之间,有一个超过 20 m/s 的大风层,而在这层上下的风速均小于 20 m/s;与之相应,在离绒布寺站 90 km 左右的定日站上空也有类似现象：在海拔 7400—10 800 m 高度内，也有一个超过 20 m/s 的大风层，在此层上下的风速均小于 20 m/s。而在远离绒布寺站约 500 km 的拉萨站，其大风层在海拔高度 12 000 m 附近，那是西风急流中心的所在高度，没有出现中小尺度系统(图略)。

由上可见，在珠峰北坡出现的中小尺度系统，其水平空间尺度一般应该不小于 90 km。

(5) 中小尺度系统垂直结构

图 2.2.22a 给出了珠峰北坡中小尺度高压垂直结构的平均情况。如图所

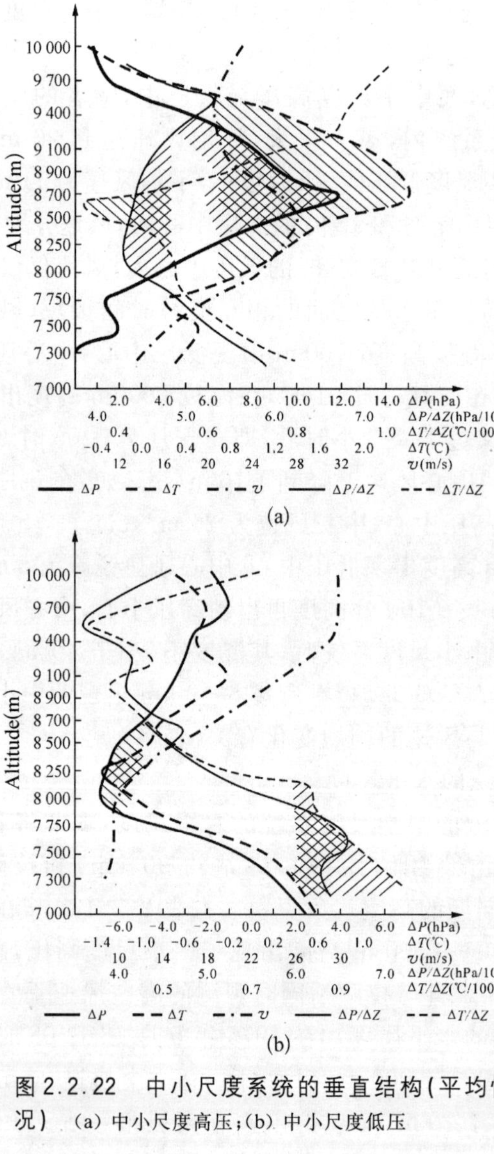

图 2.2.22 中小尺度系统的垂直结构(平均情况) (a) 中小尺度高压；(b) 中小尺度低压

示，中小尺度高压中心（ΔP 的最大值）与暖中心（ΔT 的最大值）重合，中心高度约为海拔 8 600 m。风速（v）最大值出现在海拔 8 500 m 高度，略低于高压中心的高度。在海拔 7 000—10 000 m 高度内，在高压中心高度附近，气温直减率（$\Delta T/\Delta Z$）达到最小值，平均为 0.3—0.5℃/100 m；气压垂直递减率（$\Delta P/\Delta Z$）也达到最小值（4.5 hPa/100 m）。在高压中心高度以上或以下，ΔP、ΔT、v、$\Delta T/\Delta Z$ 和 $\Delta P/\Delta Z$ 值均在高压中心内呈相反的趋势，即，ΔP、ΔT 和 v 值随着远离高压中心而减小，$\Delta T/\Delta Z$ 和 $\Delta P/\Delta Z$ 值随着远离高压中心而增大。由上可见，珠峰北坡的中小尺度高压为暖性的高压，它与大风中心相伴随，在其中心内的气压直减率和气温直减率均为最小。

珠峰北坡中小尺度低压的垂直结构如图 2.2.22b（平均情况）所示。

(6) 中小尺度系统中的垂直运动

图 2.2.23a 为珠峰北坡的中小尺度高压中的平均垂直速度分布，垂直速度是实测值。所谓垂直速度实测值，是每分钟探空气球上升速度 W_i 与地面至海拔高度 12 000 m 内探空气球的平均上升速度 W_0 之差，即 $W = W_i - W_0$。由图可见，在中小尺度高压系统中，在海拔高度 8000—10 000 m 内有强烈的下沉运动，气流下降速度平均达到 -30— -80 cm/s，在高压中心附近（海拔高度8 500—9 000 m）的下沉速度最大，约为 -60— -80 cm/s。图 2.2.23b 为珠峰北坡中小尺度低压中的平均垂直速度（实测值）分布。由图可见，在中小尺度低压中，盛行上升运动，在海拔高度 7 000—9 000m 内的上升气流速度达到 80—120 cm/s。

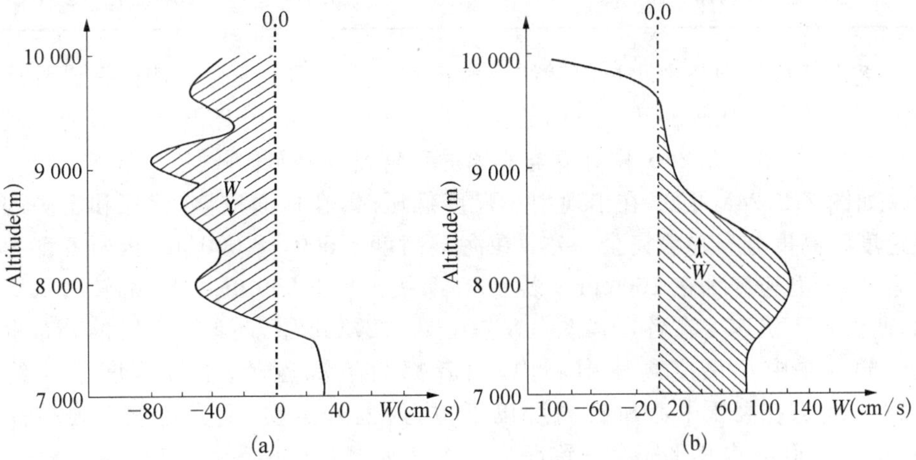

图 2.2.23 珠峰北坡中小尺度系统中的垂直速度（平均情况）
(a) 中小尺度高压；(b) 中小尺度低压

为了验证图 2.2.23a 和 2.2.23b 中实测的垂直速度分布是否正确，下面由热力学第一定律出发来计算珠峰北坡中小尺度系统中的垂直速度。

由热力学第一定律经过一级简化，得到

$$\frac{\delta H}{\delta t}=\frac{\delta T}{\delta t}+u\frac{\delta T}{\delta x}+v\frac{\delta T}{\delta y}+W(\Gamma d-\Gamma) \tag{2.2.2a}$$

因而,垂直速度 W 为

$$W=\frac{\frac{\delta H}{\delta t}-\frac{\delta T}{\delta x}-u\frac{\delta T}{\delta x}-v\frac{\delta T}{\delta y}}{\Gamma d-\Gamma} \tag{2.2.2b}$$

由于在珠峰北坡绒布寺观测站东西两侧山脊的海拔高度和下垫面状况基本相同,太阳辐射状况差异极小,可以认为东西两侧山脊之间的气温差异极小,因此在(2.2.2b)式中,可以假定 $\delta T/\delta x=0$,故(2.2.2b)可写为

$$W=\frac{\frac{\delta H}{\delta t}-\frac{\delta T}{\delta t}-v\frac{\delta T}{\delta y}}{\Gamma d-\Gamma} \tag{2.2.2c}$$

根据观测得到珠峰北侧 15 km 内的南北气温差异的平均值如表2.2.13所示。在5月,在珠峰北坡海拔高度 5 000—8 000 m 的非绝热加热($\delta H/\delta t$)可取为 7.2℃/日(高登义,1980),v、$\Delta T/\Delta t$($\Delta t=3$—6 h)和 $\Gamma=\Delta T/\Delta z$ 值由观测资料给出,取 $\Gamma d=0.96$ ℃/100 m。将上述观测资料代入(2.2.2c)式中,求出中小尺度高压和低压系统中的垂直速度。

表 2.2.13 珠峰北侧的南北气温差异

当地时间	00	06	12	18
$\Delta T/\Delta Y$(℃/10×10^3 m)	-2.0	-3.0	-4.0	-2.0

逐次计算得到的中小尺度系统中的垂直速度分布与实际观测的探空气球升速随高度的变化比较一致。下面给出一次中小尺度低压(图 2.2.24a)和一次中小尺度高压(图 2.2.24b)中计算与实测的垂直速度分布比较。

如图 2.2.24a 可见,在出现中小尺度低压时,在地面以上,计算和实测的垂直速度随高度分布趋势完全一致:在海拔高度 5 500—8 500 m 内,两者都为上升运动,上升速度都在 160 cm/s 以下;在海拔高度 8 500 m 以上,都转为下沉运动,两者的下沉速度在各点基本一致。在图 2.2.24b 中,两者随高度的分布也比较一致:在中小尺度高压中心内,两者都为下沉运动,下沉速度平均约为 -120 cm/s;在高压中心所在高度以下,均为上升运动,上升速度在海拔高度 6 000—7 700 m 内几乎完全一致。

由上可见,在珠峰北坡的中小尺度系统中,实测与计算结果基本一致:在中小尺度高压中有较强的下沉运动,在中小尺度低压中有较强的上升运动。

4. 珠峰北坡的背风波动

在 1980 年 4 月的观测中,得到珠峰北坡的背风波动有两种类型(Dengyi Gao, 1981)。其一是背风波动在低层最强,振幅最大,背风波动随着高度增加而迅速减

弱。如图2.2.25,在1980年4月27日09时,背风波动在海拔5 000—7 000 mW高度范围内最强,波动振幅接近2 000 m,在海拔8 000 m高度附近,波动振幅已减小到500 m左右,在海拔9 300 m高度,背风波动振幅仅约有100 m。其二是背风波动随高度变化不大。在1980年4月27日06时,在海拔5 500—6 500 m高度内,背风波动振幅约为800 m,在海拔6 500—7 500 m高度,波动振幅有所减小,为500 m,在海拔7 500—8 500 m高度,波动振幅仍为500 m左右(图略)。

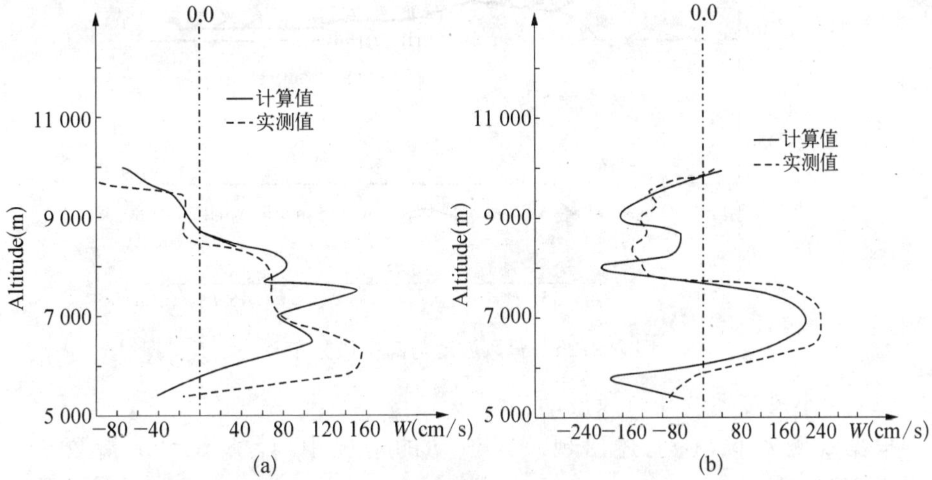

图2.2.24 中小尺度系统中计算与实测垂直速度分布对比
(a) 中小尺度低压;(b) 中小尺度高压

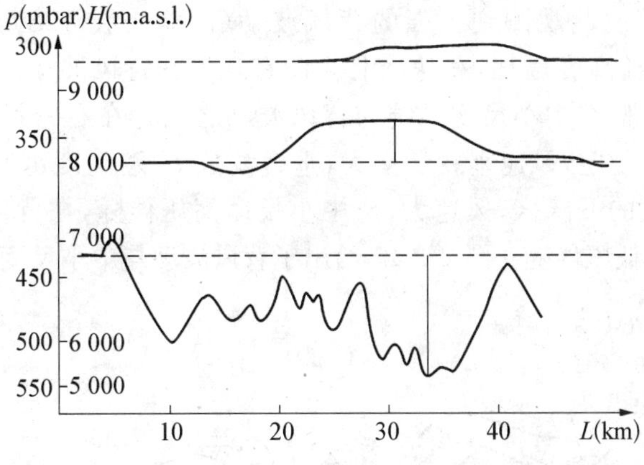

图2.2.25 1980年4月27日09时背风波动的垂直分布

(1) 背风波动与高空风

在珠峰北坡观测背风波动,由于山地影响,采用测风经纬仪测风很难得到较长时间的风的资料。在1980年4月的观测中,只有在400 hPa以上才获得6次较长时间的测风资料。这里给出两种不同的背风波动与高空风分布情况(如图

2.2.26)。由图可见,在 1980 年 4 月 27 日 15 时,在 350—400 hPa 之间的背风波动很明显,在波谷与波峰处的高空风速差异很大,在波谷处的高空风速达到 30 m/s以上,而在波峰处的风速却只有 10—12 m/s。这种情况占 4/6。在 1980 年 4 月 29 日 15 时,在 300 hPa 附近也有明显的背风波动,但在波谷与波峰处的高空风速却几乎完全相同,都是 8 m/s 左右。这种情况仅占 2/6。

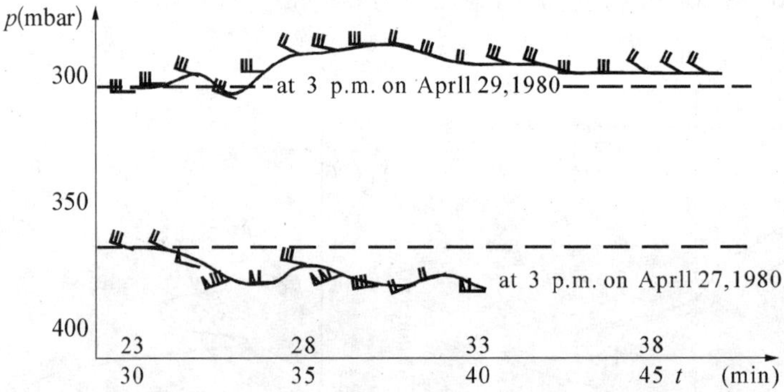

图 2.2.26 背风波动与高空风分布

(2) 中小尺度系统与背风波动

根据观测资料,在上述出现背风波动的情况中,计算 Scolar 指数 $l^2=\dfrac{g(\Gamma-\delta T/\delta z)}{T}-\dfrac{1}{V}\delta^2 V/\delta Z^2$,当它随高度递减时,有利于产生背风波动。

计算表明,在 1980 年 4 月 27 日 06 时、09 时和 15 时的垂直波数 l^2 随高度迅速递减,在珠峰北侧观测到了强的背风波动(图略);在 1980 年 4 月 29 日 15 时,垂直波数 l^2 随高度增加,在珠峰北侧没有观测到背风波动。

由上不难发现,在中小尺度系统与背风波动之间存在有密切的联系:在珠峰北坡,当大气层结稳定,风速垂直切变大,垂直波数 l^2 随高度迅速递减时,背风波动产生;在背风波的下降区,风速大,与中小尺度高压伴随,在背风波的上升区,风速小,与中小尺度低压伴随。图 2.2.27 给出了背风波动与中小尺度关系的示意图。

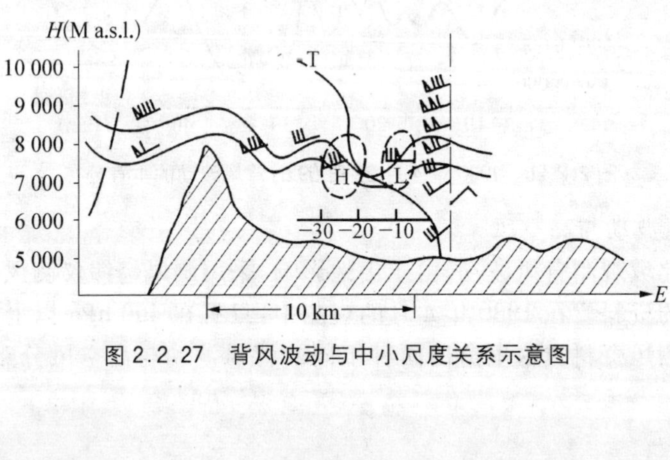

图 2.2.27 背风波动与中小尺度关系示意图

2.3 青藏高原热状况对我国天气气候的影响

本节重点讨论四个方面的问题：热力适应原理及其在青藏高原天气气候中的应用，青藏高原热力作用对季节变换和我国降水的影响，青藏高原雪盖异常对东亚季风和我国降水的影响以及喜马拉雅山脉热状况对大气环流的影响。

2.3.1 热力适应原理在青藏高原的应用

自20世纪50年代以来，国内外气象学家开始研究青藏高原热力作用对大气环流和天气系统的影响（叶笃正等，1957；朱抱真，1957；Flohn，1968；杨鉴初等，1960；叶笃正、高由禧等，1979；叶笃正、高登义，1980；He Haiyan et al，1987；Li Chengfeng et al，1996；Wu Guoxiong et al，1998；吴国雄、张永生，1998，1999；赵平等，2001；刘新等，2002；刘新等，2002；段安民等，2002）。

在此期间，叶笃正、高登义（1980）指出，在春季（4—6月），由于珠峰地区对于大气的强大加热作用，可以使其下游600 km附近500—200 hPa上空大气多年平均气温高于其上游600 km附近同高度气温1—3℃，可以增大南北的温度梯度，形成热成风风速随高度迅速增加，降低南支西风急流中心在珠峰上空的高度1—2 km；而在这种地面总加热中感热输送占70%左右，强调了感热输送对于大气及大气环流影响的重要性。吴国雄等（1997）提出的“感热气泵”概念认为，在春夏季，由于青藏高原表面的强大的感热输送，造就了低层向高原地区的辐合，形成了高原上空强盛的上升运动，带来降水凝结潜热释放，从而进一步加剧上升运动和高空的辐散，不断维持着青藏高原上空的高压。最近，吴国雄、刘屹岷（2000）提出了“热力适应”理论，揭示了青藏高原上空非绝热加热的垂直不均匀分布是形成青藏高原近地面浅薄热低压和中高层深厚的青藏高压的重要因素，进一步揭示了春夏季感热输送的物理机制。

1. 青藏高原加热和大尺度流场的热力适应

刘屹岷、吴国雄、刘新、李伟平（2003）指出，“热力适应”理论是揭示流场向加热场适应过程的机理。已知，负涡度形成反气旋环流，正涡度形成气旋环流。春夏季，青藏高原低层强烈的感热加热所制造的正涡度除了被地面摩擦耗散外，还通过上界涡度的“逸散”及侧边界交换的“稀释”作用保存平衡。

刘新等(2001)从位势涡度平衡的角度分析夏季青藏高原及其邻区加热场、环流场的特征和通过高原侧边界的位势涡度通量,进而利用热力适应理论讨论青藏高原非绝热加热对大尺度流场影响的机理。

(1) 夏季青藏高原及其邻区环流场特征及高原加热的气候特点

夏季,青藏高原上的环流特点是:高空是强大而稳定的反气旋环流,对应着负涡度和辐散;低空是一个浅薄的气旋环流,对应着正涡度和辐合。刘新等(2001)指出,上述青藏高原高低空环流和涡度场结构特点与青藏高原上空大气的加热密切相关。

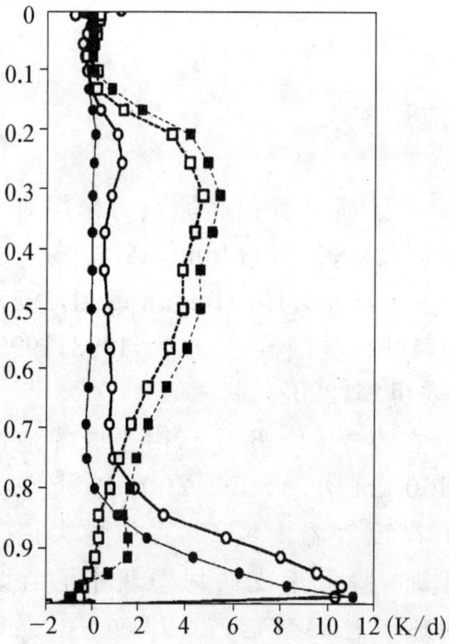

图 2.3.1 10年(1986—1995)平均的7月青藏高原和孟加拉湾上空加热率廓线 空心圆粗实线和实心圆细实线分别为高原上空平均的总加热率与垂直扩散加热率;空心方块粗虚线和实心方块细虚线分别为孟加拉湾上空平均加热率与凝结加热率(引自刘新等,2001)

图2.3.1是1986—1995年平均的7月青藏高原及孟加拉湾上空大气的加热率廓线图,加热率资料取自(Kalnay et al, 1996)。由图可见,在青藏高原上,总加热率与垂直扩散加热率比较一致,其最大加热层较低,接近高原地表面,强度达10 K/d以上。这主要是由于地表面的感热加热比较强的缘故(>11 K/d)。在高原南侧的孟加拉湾上空,加热率随高度增加而加大,最大加热层接近300 hPa,它与凝结加热率廓线基本一致;也就是说,孟加拉湾地区上空大气加热主要来自凝结加热。由于上述两个地区的加热特性不同,两个地区上空的大气环流场结构也有所不同。但两者都反映了大气加热作用对于这些地区大气环流的形成和变化有着重要的作用。

图2.3.2给出了与图2.3.1同期7月平均通过青藏高原的位温和风场的垂直剖面。由图可见,青藏高原加热作用在夏季非常明显。从沿30°N的纬向剖面图(图2.3.2a)可以看出,青藏高原上空气柱在同纬度带上的位温最高,且高原及其东侧东亚季风区上空也是同纬度带的上升运动最大中心(图中的垂直运动 ω 乘了 10^3)。从沿90°E的经向剖面图(图2.3.2b)可见,等位温面的最大暖中心位于青藏高原上空,且高原上空也有较强的上升运动(仅次于其南侧的孟加拉湾地区)。这就说明,在7月,青藏高原和高原东侧的东亚季风区以及高原南侧的孟加拉湾地区是大气中重要而定常的加热源。

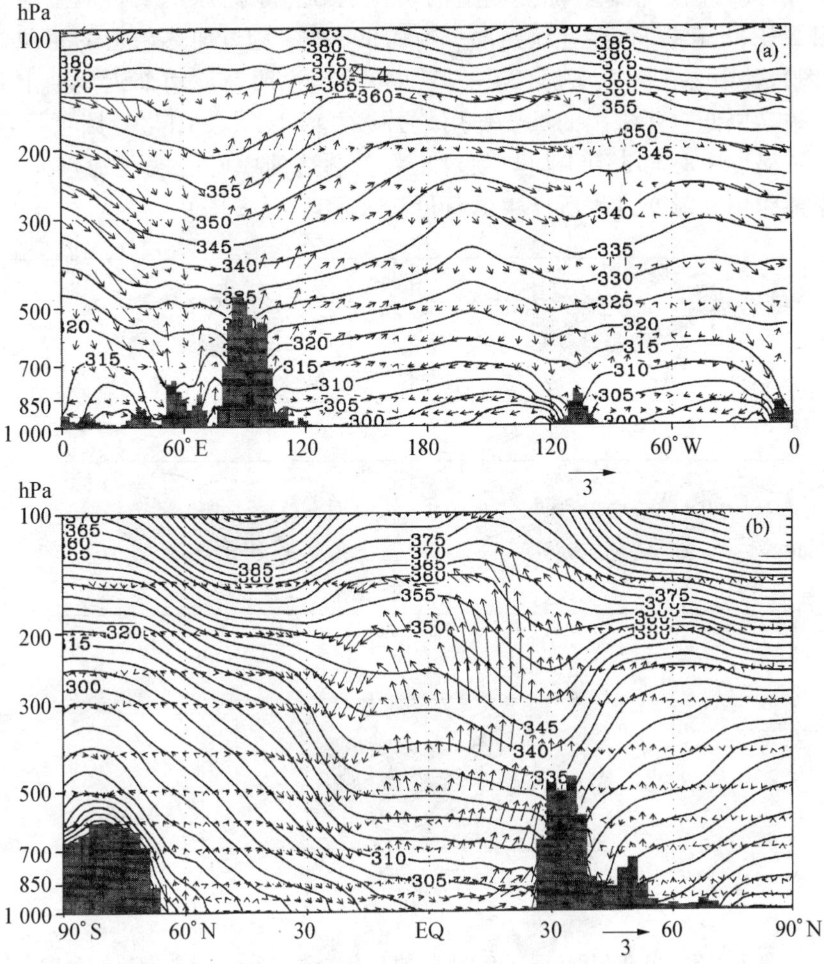

图 2.3.2 10 年(1986—1995)平均的位温和风矢量垂直剖面图(等压面) 风场单位：m/s;位温单位：K;(a) 7 月沿 30°N;(b) 7月沿 90°E(引自刘新等,2001)

(2) 位涡、位涡平衡和位涡方程诊断分析

对通量形式的位涡平衡方程求月平均,略去小量级的局地变化项,可以得到位涡通量的散度($\nabla \cdot \overline{V}\ \overline{W}$)和非绝热加热的位涡制造($\xi_a \cdot \nabla \overline{\theta}$)以及地面摩擦和瞬变过程贡献(余差项 R)。

由图 2.3.2a、b 可见,在高层(250 hPa),青藏高原上空有负涡度通量的辐散大值中心,这与高原上空持续维持的反气旋环流相互对应。在 a 图,两个强度为 2×10^{-6} TU/s(1 TU = 10^{-6} K/(s · m))的负值中心分别位于高原的东部和西北部,与 b 图中加热项对负位涡制造的中心接近,且二者的量级也相同。可见,青藏高原上空反气旋环流维持所需的负涡度来源主要是由空间非均匀的非绝热加热造成，或者说是非绝热加热制造的负位涡维持了高原上空负涡度通量的辐散。图2.3.3c、d表明，在近地面层（$\sigma=0.995$高度）上，加热制造的正位涡很大（如d图），其中心在高原南部（25°—31°N）一带，说明高原南部近地面上升区在维持夏季高原低空环流中的重要作用。另一方面，对比c图与d图可见，d图中强大的正涡度中心与c图中加热项对正涡度制造的中心强度差别较大，这要由地面摩擦作用和瞬变过程所产生的负位涡来平衡（见e图）。

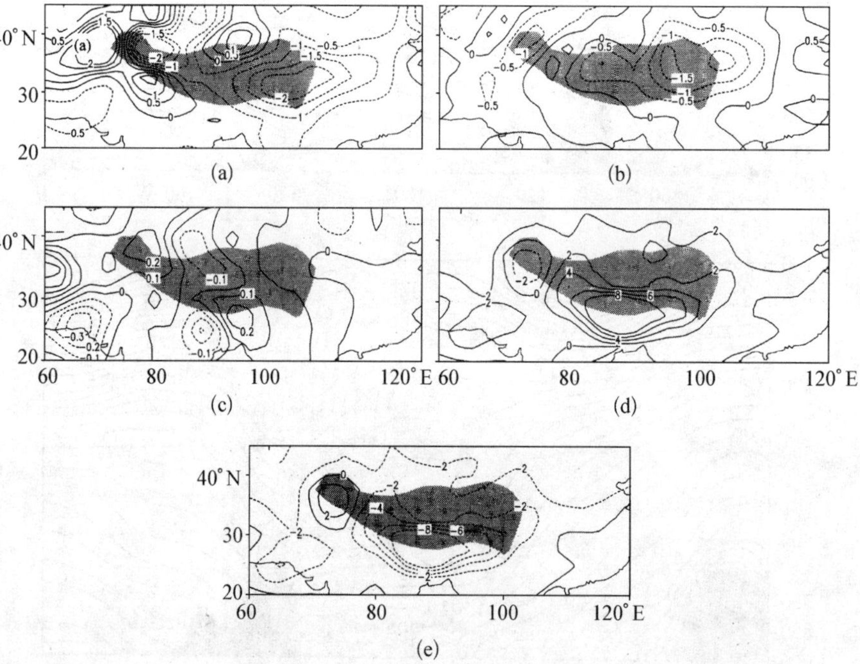

图2.3.3 10年（1986—1995）平均的7月位涡方程中个主要项的分布

单位：10^{-12} K/(m·s^2)，阴影区是海拔高度超过3 000 m的地区；(a) $\sigma=0.4357$高度（约为250 hPa）上位涡通量的散度；(b) $\sigma=0.4357$高度上非均匀加热的位涡制造；(c)、(d)和(e)分别表示$\sigma=0.995$高度（近地面层）位涡通量的散度、非均匀加热的位涡制造及余差项R（引自刘新等，2001）

2. 青藏高原的感热热力和摩擦强迫作用

刘屹岷、吴国雄等（2003）通过控制试验与两组敏感性试验（无感热试验和无摩擦实验）对照分析，以考察青藏高原地表面感热输送和摩擦的影响。在以下的讨论中，差异是指控制试验减去敏感性实验的结果。

(1) 地表面感热输送的影响

图2.3.4为通过青藏高原中部的控制试验与无感热试验中温度、经向环流差异的垂直剖面。由图中温度场来看，在200 hPa以上有降温，在300 hPa以下都有明显的增温，且越接近地面增温越显著；青藏高原上都有强烈的上升运动，且随高度而增强。这种增温和异常的上升运动都是由青藏高原的地表明感热加

热造成的，而200 hPa以上的降温则与增强的上升运动有关。按照“热力适应”理论，上升运动在高层非绝热加热非常小的地方依然存在，绝热膨胀导致气柱降温（吴国雄等，2000）。从图中经向垂直环流来看，青藏高原上空异常的上升运动向高原南北两侧辐散，分别加强了南侧的季风环流和北侧的热力正环流。

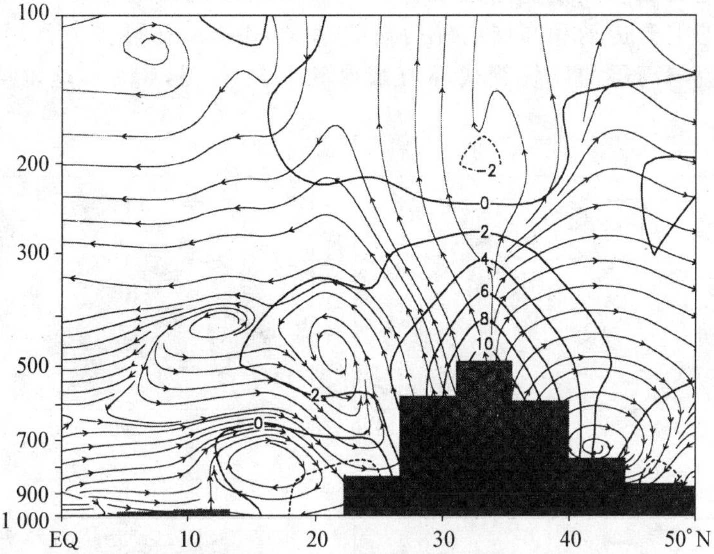

图 2.3.4 控制试验与无感热试验通过青藏高原地区中部（90°E）的温度和经向垂直环流差异（控制试验-无感热试验）的垂直剖面
温度的等直线间隔为2度，阴影表示模式中的地形（引自李伟平等，2001）

图 2.3.5 表示控制试验与无感热试验中相对涡度的差异，图 2.3.6 表示控制试验与无感热试验中高、低层环流（箭矢）以及垂直运动（等值线）差异的分布。

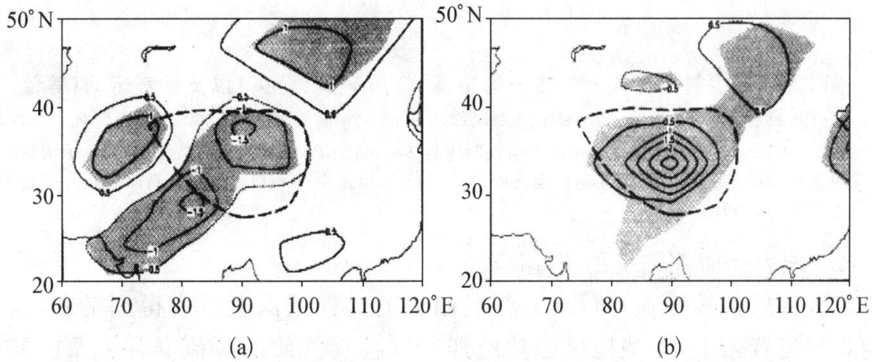

图 2.3.5 控制试验与无感热试验中相对涡度的差异 (a) 300 hPa；(b) 600 hPa（等值线间隔为 0.5×10^{-5}/s，0 等值线略；阴影区表示两试验差异超过了95%信度检验；粗断线表示模式中3 km以上的青藏高原区域）（引自李伟平等，2001）

在图2.3.5中，青藏高原地表面感热输送所造成的高原主体上空低层(600 hPa)正涡度增加与高原主体上空高层(300 hPa)负涡度增加都超过了95%的信度。由图2.3.5可见，高原地面的感热输送带来高原低层(600 hPa)强大的正涡度(b图)和高原高层(300 hPa)强大的负涡度(a图)。在图2.3.6中，从环流场来看，青藏高原地表面感热输送增强了低层气流向高原地区的辐合，并显著加强了高原地区的上升运动和高层向外的辐散(c图，d图)，在科氏力作用下，低层的气旋式环流与高层的反气旋式环流都得到加强(a图，b图)，这也就加强了青藏高压。

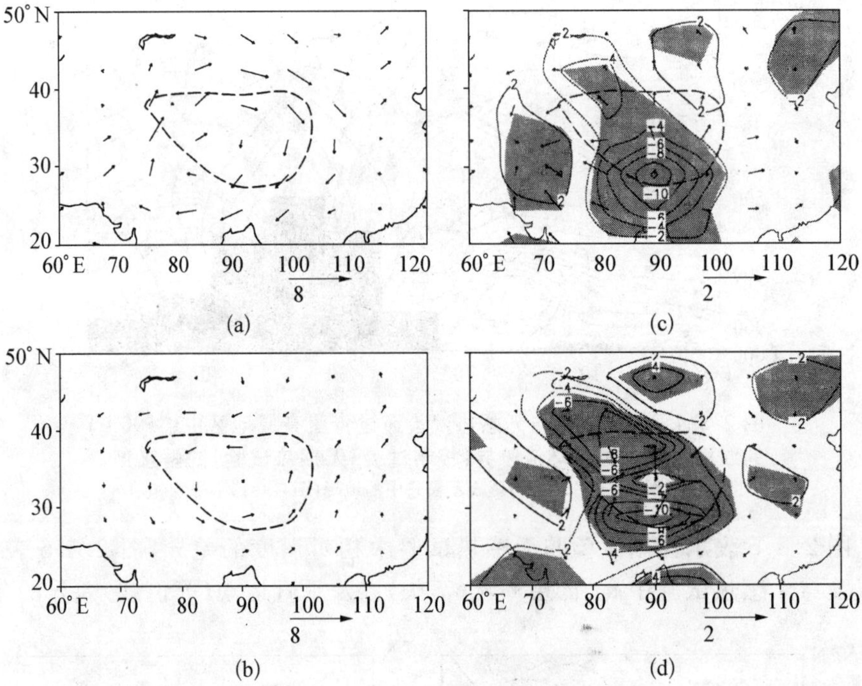

图2.3.6 控制试验与无感热试验中高、低层环流(箭矢)以及垂直运动(等值线)差异的分布 (a) 300 hPa 涡旋风；(b) 600 hPa 涡旋风；(c) 300 hPa 辐散风与 ω；(d) 600 hPa辐散风与 ω(c，d，中的等值线间隔为 2×10^{-4} hPa/s，0 等值线略，阴影区表示两组试验中 ω 的差异超过了95%的信度检验；粗断线表示模式中3 km以上的青藏高原区域)(引自李伟平等，2001)

(2) 地表面摩擦拖曳的影响

地表面感热输送在青藏高原低层制造的过强正涡度没有得到平衡，在低层气旋式环流背景下，摩擦拖曳必然施加给气柱反气旋的环流异常。摩擦拖曳制造青藏高原低层的负涡度中心值得到 $-1(10^{-5}/s)$(图略)；青藏高原低层的反气旋式环流反比高层的反气旋环流强，低层的辐合略有增强并有明显的上升运动，高空的辐散也略有增强(图略)；青藏高压在一定程度上得到加强。

然而,青藏高原地表面感热输送制造的高原上空低层正涡度的增加约为表面摩擦拖曳制造的负涡度增加的两倍,即地表面感热的热力影响比表面摩擦的动力影响大。

综上可见,青藏高原感热加热作用制造的低层正涡源是低层气旋式环流得以稳定维持的重要原因,而边界层摩擦产生的负位涡是平衡正位涡的主要因素,青藏高原加热还在高原上空形成负位涡,它影响盛夏的大气环流,是青藏高原上空强大而稳定的反气旋环流得以维持的重要因素。

2.3.2 青藏高原热力作用对季节变化和降水异常的影响

叶笃正等(1958)首先指出北半球在6月和10月大气环流的季节突变现象,He Haiyan 等(1987)和黄真等(1992)研究表明,亚洲季风爆发有两个典型阶段,5月中下旬的南海季风(或曰东亚季风)爆发阶段和6月中旬的印度季风(或曰西南季风)爆发阶段。Li 等(1996)计算表明,春季青藏高原感热加热是独立于低纬度印度洋地区潜热加热的重要热源,它引起青藏高原南侧气温梯度反向和青藏高原上空温度上升,在亚洲季风建立过程中起着重要作用。吴国雄等(1998)利用1989年的青藏高原实验资料分析研究指出,亚洲季风建立分三个阶段爆发的特征,并指出其阶段性特征与青藏高原的感热加热变化一致。

吴国雄等(2003)分析了青藏高原加热场的异常年际变化对亚洲大气环流季节变化和夏季风爆发的影响,以及高原不同区域的加热异常对东亚流场和降水异常的影响,得到了一些新的结果。

1. 青藏高原加热与亚洲环流季节变化和夏季风爆发

刘新等(2002)所讨论的青藏高原加热是指高原上空气柱对于其四周大气的非绝热加热(H),它包括感热通量(SH)、凝结潜热通量(LH)和净辐射通量(RD)。

图2.3.7(图1)为10年(1986—1995)平均4月1日至6月30日青藏高原非绝热加热($\overline{H}$)和表面感热通量($\overline{SH}$)的逐日时间演变图。由图可见,在5月15日以前,非绝热加热与感热通量变化基本一致,说明感热加热对总加热的重要贡献;另外,在4月上旬和5月上旬,高原加热分别有一次明显的跃升(突变),4月上旬的跃升使得高原由热汇变为热源,其中感热加热起着决定性作用。

图2.3.8为10年(1986—1995)平均4月1日至6月30日青藏高原非绝热加热指数($\overline{H}$)与$dU(=U_{850}-U_{200})$的相关分布图。显然,在南海西部、孟加拉湾到阿拉伯海北部一带都超过了0.999的信度检验;它表明,青藏高原加热与亚洲季风建立有显著正相关,即高原加热强迫促进了亚洲季风环流的建立。

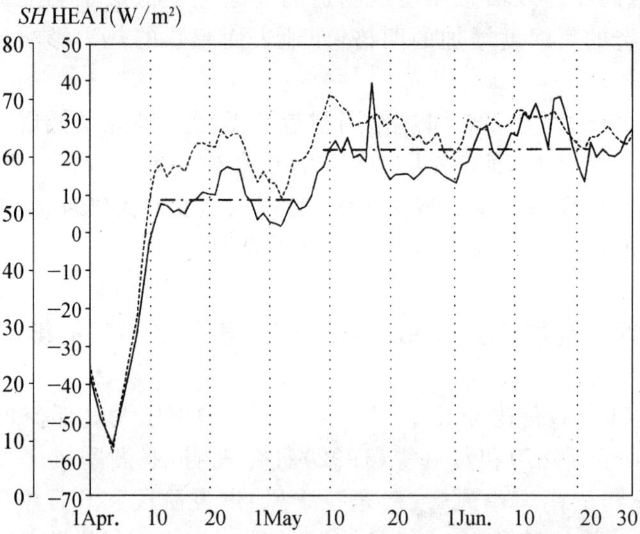

图2.3.7 10年(1986—1995)平均的过度季节(4月1日至6月30日)青藏高原非绝热加热($\overline{H}$,实线)和表面感热加热($\overline{SH}$,虚线)的逐日时间演变 单位:W/m^2(引自刘新等,2002)

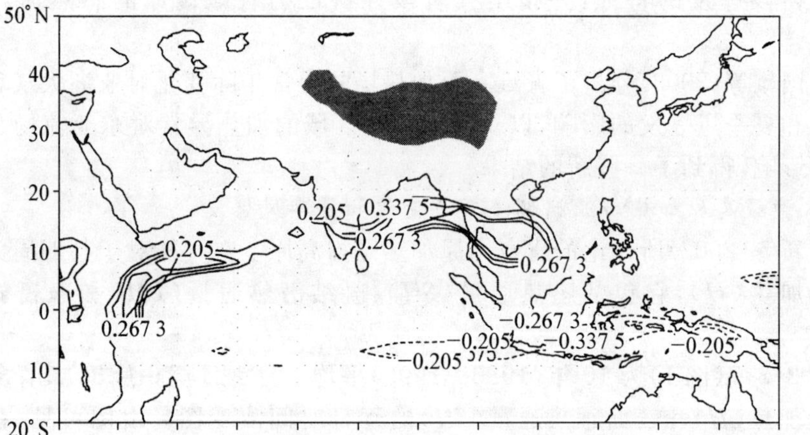

图2.3.8 10年(1986—1995)平均的季节变化期间(4月1日至6月30日)青藏高原非绝热加热指数($\overline{H}$)与dU(=$U_{850}-U_{200}$)的相关分布

Webster等(1992)选取(40°—110°E,0°—20°N)的dU来描述亚洲季节变化和季风爆发($W-Y$南亚季风指数);刘新等(2002)除采用Webster等选取的上述区域外,还选取印度(40°—80°E,0°—20°N)、孟加拉湾(80°—100°E,0°—20°N)和南海(100°—120°E,0°—20°N)三个地区面积平均的季风指数。因为,根据吴国雄等(1998)研究表明,这三个地区季风爆发时间不同对北半球大气环流季节变化亚洲季风爆发具有不同的指示意义。

图 2.3.9 给出了孟加拉湾地区季风指数(BOB)、*W*－*Y* 南亚季风指数(*W*－*Y*)、南海地区季风指数(SCS)和印度季风指数(INDIA)10 年平均的过度季节逐日演变曲线。由图可见,除了印度地区外,其他三个地区的指数都是在 5 月中旬先后由负变正,其中,孟加拉湾地区最早,南海地区最晚,两者相差 7—10 天。值得指出,孟加拉湾地区的季风指数曲线变正的时间与青藏高原非绝热加热的第二次跃升同时出现,即,青藏高原加热的第二次跃升促进了亚洲夏季风首先在孟加拉湾地区爆发。这就说明,用上述划分区域的 d*U* 指数来反映季节变化更为合理。

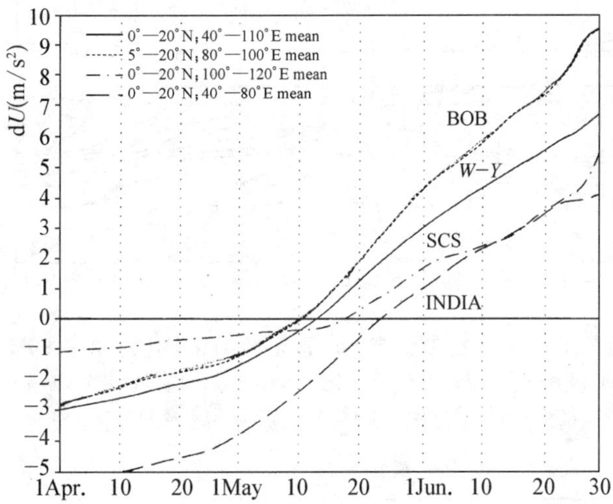

图 2.3.9 孟加拉湾地区季风指数(BOB)、*W*－*Y* 南亚季风指数(*W*－*Y*)、南海地区季风指数(SCS)和印度季风指数(INDIA)10 年平均的过度季节逐日演变曲线
单位:m/s^2(引自刘新等,2002)

图 2.3.10 给出了沿 90°E、300 hPa 上纬向风 *U* 的季节变化在控制试验(c)、无感热试验(b)中的分布。可见,在控制试验(c)中,副热带高压脊线在 5 月底至 6 月初出现剧烈的北跳,这与实况吻合。然而,在无感热试验(b)中,季节突变消失。显然,青藏高原感热加热作用是东亚大气环流在春季发生突变的重要原因。

2. 青藏高原加热空间分布及其与东亚大气环流、降水的相关

吴国雄、段安民等(2003)利用 1958—1999 年月平均 NCEP/NCAR 再分析资料计算得到的青藏高原大气热源(*H*)的分布如图 2.3.11 所示。从图可见其总体分布特征为自南向北递减,加热中心分布在高原南部和东南部边缘地区,这与赵平等(2001)计算结果比较接近。

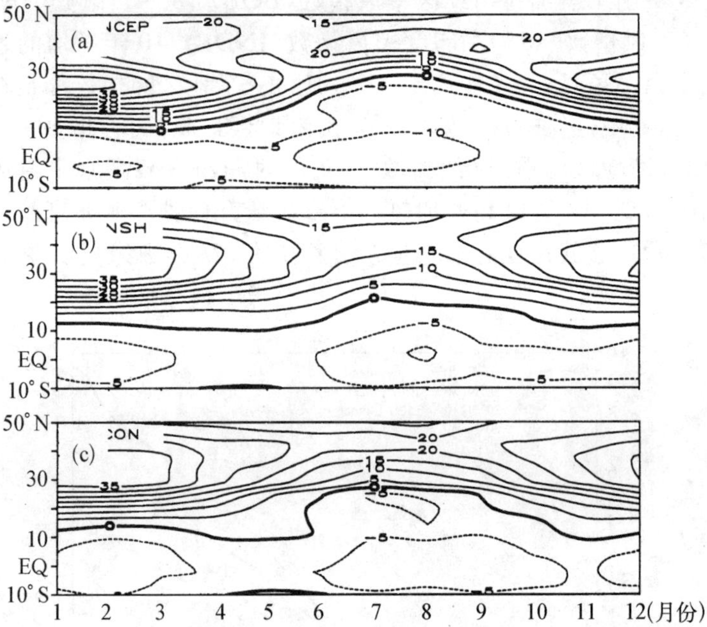

图 2.3.10　在控制试验(c)和无感热试验(b)中沿 90°E、300 hPa 纬向风 U 的季节变化　其中,实线表示西风,虚线表示东风,单位为 m/s,$U=0$的等值线表示副热带高压脊线(引自 Li et al,1996)

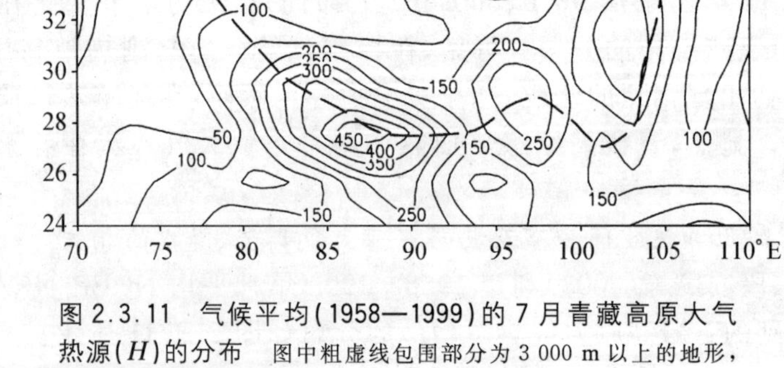

图 2.3.11　气候平均(1958—1999)的 7 月青藏高原大气热源(H)的分布　图中粗虚线包围部分为 3 000 m 以上的地形,H 的单位:W/m^2

使用 REOF 分析时，采用了与 Horel 于 1981 年使用的相同的方法。图 2.3.12 给出了以青藏高原为主体的矩形区域(75°—100°E，23.809°—40.952°N)共 150 个格点 1958—1999 年 7 月大气热源强度的前 4 个 REOF。图中，每个格点上的值是该格点上大气热源强度序列与该空间型的时间系数序列的相关系数，格点上值的平方是该空间型对这个格点的资料序列的方差贡献，图中只有平方值大的区域才有意义。第一 REOF(图 2.3.12a)突出了高原东北部的大气加热异常，第二 REOF(图 2.3.12b)侧重于高原西南部地区，第三 REOF(图 2.3.12c)表示克什米尔地区，第四 REOF(图 2.3.12d)表示高原东南部地区；对比上述四图可见，高原东北部为中心的大气加热异常的空间尺度最大。

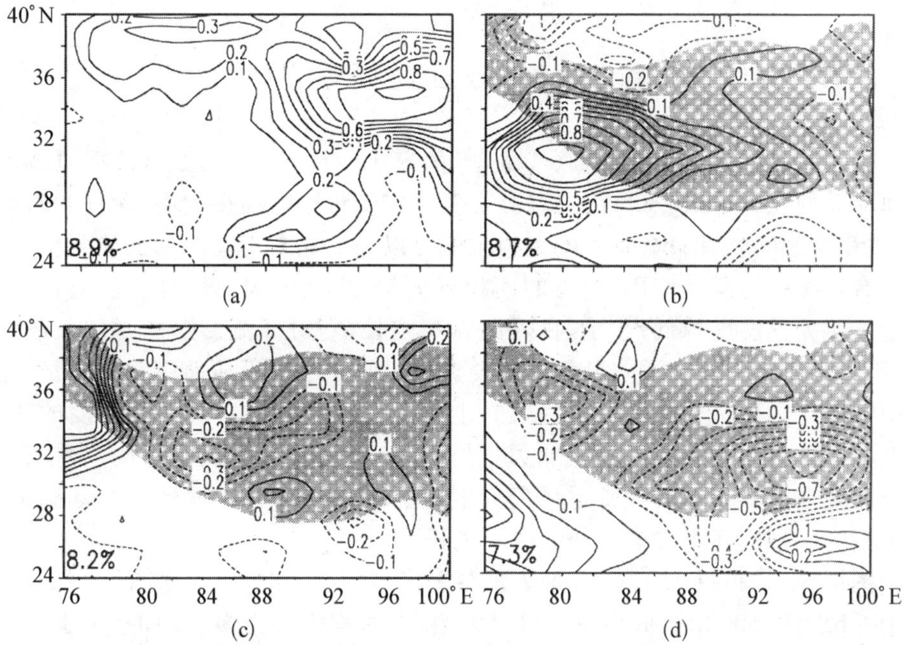

图 2.3.12 7 月青藏高原大气热源(H)的前四个 REOF 从 a—d 分别表示 REOF 的前 1—4，等值线是大气热源强度于该空间型的时间系数的相关系数，图中左下角的黑体字是各 REOF 的解释方差百分比，阴影部分为3 000 m以上的地形

把上述 7 月青藏高原大气热源的前四个 REOF 分布型与东亚地区 7 月降水率分布求相关，得到了其相关系数的分布(图略)。由图可见，华北、华南南部和四川东部的降水与高原东北部大气热源强度有显著的负相关，而朝鲜半岛到日本的降水与其有显著的正相关；南海地区(包括台湾、海南岛及菲律宾)的降水与高原西南部大气热源强度有显著负相关；西北东部及华北地区、日本岛的降水与克什米尔大气加热异常有很好的正相关而西南南部到华南一带的降水则与之有显著的负相关；江淮地区的降水与高原东南部的大气热状况有

正相关,而印度西北部的降水则与之有显著负相关。以上分析都通过95%的信度检验。

另外,各加热型与降水相关最显著的区域都出现在高原加热中心,说明夏季高原大气热源状况主要取决于降水造成的凝结潜热释放。

综上可见,春季青藏高原的感热加热对亚洲上空环流的季节变化起着重要作用,它引起亚洲季风首先在孟加拉湾东部至中南半岛爆发;盛夏季节青藏高原上空大气加热的年际变化主要是由降水凝结潜热释放引起,它与亚洲甚至北半球的大气环流的年际变化密切相关。另外,夏季在青藏高原上热源强度不同的空间分布型所对应的东亚降水分布也不相同;这于气候预测具有实际意义。

2.3.3 青藏高原积雪异常与我国旱涝变化

叶笃正(1979)在《青藏高原气象学》的第19章"总结"中提出,"高原地表的物理性质的变化是预先可以估计的,主要决定于积雪的面积大小、深度和时间长短。""积雪时间长、面积广、厚度大的雪盖可以大大地减小高原的加热强度。""积雪还有这样一种反馈作用,积雪的面积越大越深,反射太阳辐射的能力越大,使得近地层大气温度越低;于是,积雪的时间越长,它对环流影响的时间就越长。""面积大和深度大的积雪在融化期间要大量吸收土壤和近地面空气的热量;在大量积雪融化之后,土壤湿度也会增加,土壤的物理性质也会有一定程度的改变,这也会改变它对太阳辐射吸收能力,因而影响了高原上的热源强度。"叶笃正在提出青藏高原冬春积雪异常对后期大气环流影响的可能物理机制的基础上,介绍了当时陈烈庭还未发表的如下研究工作。

图2.3.13和图2.3.14分别表示冬季多雪年(a)和少雪年(b)的次年6月平均100 hPa和500 hPa形势图。图示表明,冬季积雪异常多(少)的年,次年初夏高原近地层的热低压偏弱(强),高空青藏高压的强度也偏弱(强),且高压中心的位置偏东南(西北);冬季积雪异常多(少)的年,次年初夏500 hPa上中高纬的东亚大槽深(浅)而位置偏东(西),孟加拉湾槽深(浅)而偏东(西)。这是因为,青藏高原上冬春积雪面积广、厚度大、时间长的年份,在春季高原和高原上空大气的热源强度就增加比较缓慢,从而高原及其四周环流的季节变化就会来得迟,变化也比较小;反之,春季高原和高原上空大气的热源强度就会增加得快,从而高原及其四周环流的季节变化来得比较早,变化也比较大。

近20年来,国内外气象学家又进一步进行了这方面的研究工作(陈烈庭,1978,1979,1981,1998,2001;韦志刚等,1998,2002;陈乾金等,2000)。其后,韦志刚、黄荣辉、陈文(2003)总结了近20年来关于青藏高原积雪影响东亚季风和区域气候机理的主要研究结果,归纳为三类观点:(1) 青藏高原冬春积雪正(负)

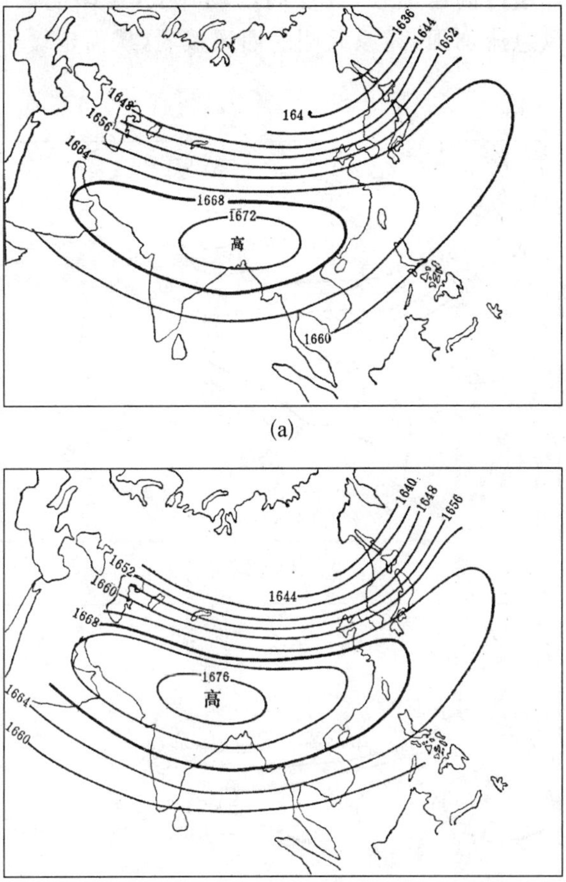

图 2.3.13 冬季多雪年(a)和少雪年(b)的
次年 6 月平均 100 hPa 形势图

异常所造成的高原热源的负(正)异常一直会维持到夏季(起码会到夏初 6 月),使得高原夏季上升运动减弱(增强),不(有)利于高原对流层大气的加热增暖,高原对流层内的温度低(高),高原与其东面海洋上对流层内的热力对比小(大),从而导致亚洲夏季风弱(强);(2) 冬春高原多(少)雪,会造成冬春高原及其邻近地区高度场下降(上升),而高原东侧地区高度场抬升(降低),东亚大槽变浅(加深),东亚冬季风减弱(增强),导致 Hadley 环流偏弱(强),南海南部上升气流弱(强),进而引起热带印度洋和太平洋的 Walker 环流减弱(增强),最后导致赤道太平洋 SST 异常变暖(冷)和持续,造成西太平洋副高偏南(北)和南亚夏季风偏弱(强);(3) 高原冬春季多雪会造成高原化雪推迟、地表吸收太阳辐射通量减少,导致化雪期高原地表的潜热通量和向外长波辐射通量减弱,尤其是感热通量减弱,使得高原由冬季的感热汇向春夏的感热源转换推迟;高原冬春积雪异常增加将促使该地区低层冷高压加强、高层高度场降低，对印度低压发展不利，导致亚洲地区南支西风急流加强、高原北侧的西风减弱，从而延缓了由冬到夏的季节转换过程。

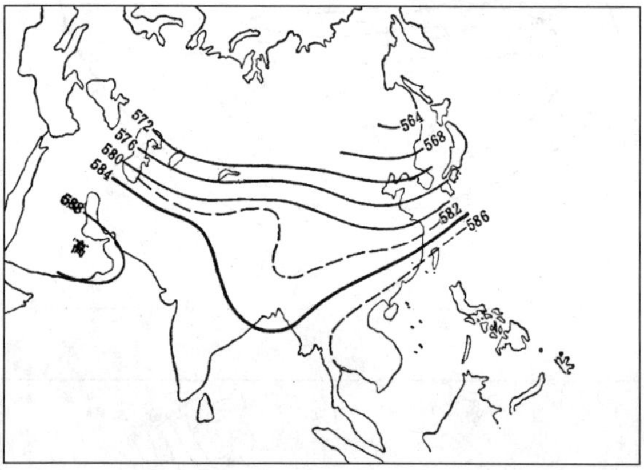

(a)

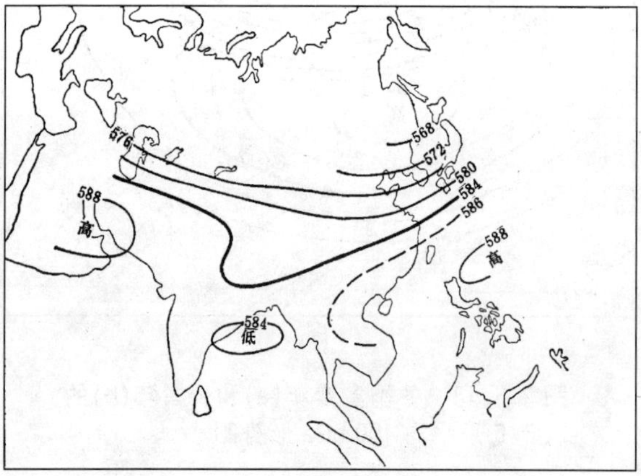

(b)

图 2.3.14 冬季多雪年(a)和少雪年(b)的次年6月平均500 hPa形势图

韦志刚等(2003)利用青藏高原上72个地面气象站资料所建立的高原冬春积雪序列(韦志刚等，2002)来研究它对我国夏季降水和东亚季风的影响，并与上述总结的部分结果对比。

作者认为，上述这些观点仍然需要进一步研究证实或去伪存真。

1. 青藏高原冬春季积雪和我国夏季降水的相关分析

韦志刚等计算了高原冬春积雪序列(韦志刚等，2002)与我国160个气候基准站1960—1999年6—8月降水的线性相关系数(见图2.3.15)。图示表明，通过$\alpha = 0.05$置信水平检验的显著的正相关在长江中游的三峡库区、汉水上游地区和长江下游的鄱阳湖地区，显著的负相关在东北平原哈尔滨至长春一带（而不在华北）。同时，分析了青藏高原冬春积雪序列与4至8月各月的相关性（图略），结果表明，高原冬春积雪异常与长江流域汛期（尤其是6、7月）降水呈显著的正相关。

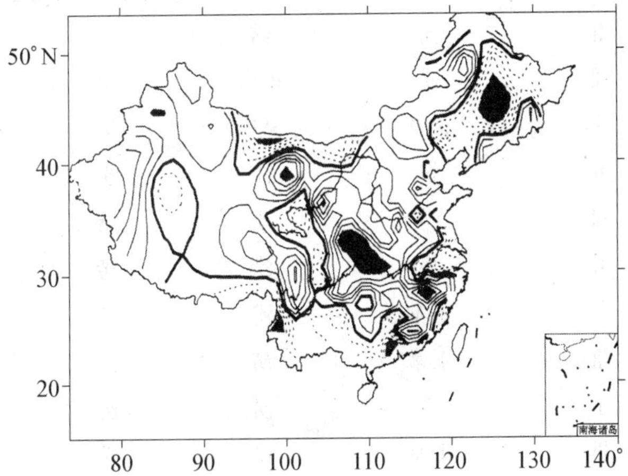

图2.3.15 青藏高原冬春积雪和我国夏季6—8月降水的相关分布

粗实线为零线，等值线间隔为0.05，阴影区为通过$\alpha=0.05$置信水平检验的区域

韦志刚等(2002)给出了10个多雪年(a)和10个少雪年(b)累积的夏季(6—8月)降水标准化距平分布（图略）。可以看出，多雪年长江流域明显多雨，东北和华北都是北部多雨，南部少雨；少雪年华南明显少雨，西北东部地区少雨，东北南部、华北东部、中原地区以及川西南长江上游明显多雨。

综上可见，青藏高原冬春积雪异常对我国夏季降水影响最明显的地区是长江流域，多雪年长江中下游地区明显多雨，但近海沿江地区（如上海、南京地区）少雨；少雪年长江中下游地区少雨，但川西南长江流域明显多雨，长江以北的东部地区多雨。

表2.3.1进一步给出了对应于上述10个多雪年和10个少雪年中国东部雨型及川西南长江流域、长江中游、鄱阳湖地区和上海南京地区夏季降水情况。

表2.3.1中所列的中国东部“夏季雨型”是根据我国气象部门概括的三种类型：（Ⅰ）主要多雨区在黄河流域以北，（Ⅱ）主要多雨区在黄河和长江之间，（Ⅲ）主要多雨区在长江沿岸及其以南。

从上表可见，青藏高原冬春积雪与长江中游和鄱阳湖地区相关性较好，多雪年主要(80%)对应涝，少雪年主要(75%)对应旱或正常；其次，多雪年主要(80%)对应Ⅲ型和Ⅱ型，我国降水分布偏南；少雪年主要(80%)对应Ⅰ型和Ⅱ型，我国降水分布偏北。

表2.3.1 青藏高原冬春多(少)雪年中国东部雨型和长江中下游6—8月降水情况

	年	中国东部夏季雨型	川西南长江流域	长江中游	鄱阳湖地区	上海南京地区
冬春多雪	1962	Ⅱ	涝	涝	涝	涝
	1968	Ⅲ	涝	正常	旱	旱
	1978	Ⅰ	正常	旱	旱	旱
	1982	Ⅱ	旱	涝	涝	正常
	1983	Ⅲ	涝	涝	涝	正常
	1989	Ⅱ	旱	涝	涝	涝
	1990	Ⅱ	正常	涝	涝	涝
	1993	Ⅲ	正常	涝	涝	正常
	1995	Ⅰ	涝	涝	涝	正常
	1998	Ⅲ	正常	涝	涝	正常
冬春少雪	1960	Ⅰ	涝	旱	旱	涝
	1965	Ⅱ	涝	涝	旱	涝
	1967	Ⅰ	涝	旱	旱	旱
	1969	Ⅲ	正常	正常	涝	涝
	1971	Ⅱ	旱	旱	旱	旱
	1976	Ⅰ	正常	旱	正常	旱
	1984	Ⅱ	涝	正常	旱	涝
	1985	Ⅰ	正常	旱	旱	旱
	1991	Ⅱ	涝	涝	旱	涝
	1999	Ⅲ	正常	涝	涝	涝

2. 青藏高原冬春季积雪对华北夏季降水的影响

由图2.3.15可见,华北沿海区为弱的负相关,华北北部区为弱的正相关,但都通不过可信水平检验。显然,冬春青藏高原积雪异常与后期华北降水不是简单的线性相关关系。

韦志刚等(2003)参照陈烈庭等(1999)的选站和分区,将华北地区划分为4个区,用不同的气象站的降水来代表这些区域降水的演变情况,包括冀北地区(代表站:承德、张家口、赤峰、朝阳)、河北平原(代表站:北京、天津、石家庄、邢台、安阳、德州)、华北黄土高原(代表站:呼和浩特、榆林、延安、太原、临汾、长治、西安)、黄淮平原(代表站:郑州、菏泽、济南、烟台、徐州、临沂、潍坊、青岛、新浦)。采用与上述相同的方法,研究青藏高原冬春 10 个多雪年和 10 个少雪年与华北各区汛期降水的分布状况,其结果给出如表 2.3.2 所示。

表 2.3.2 青藏高原冬春多(少)雪年后期华北各区 6—8 月降水分布

	年	冀北山地	河北平原	华北黄土高原	黄淮平原	华北总区
冬春多雪	1962	涝	正常	正常	涝	涝
	1968	旱	旱	旱	旱	旱
	1978	正常	正常	旱	正常	正常
	1982	旱	正常	正常	正常	旱
	1983	旱	旱	旱	旱	旱
	1989	旱	旱	正常	旱	旱
	1990	涝	正常	正常	涝	涝
	1993	正常	正常	旱	正常	正常
	1995	涝	正常	正常	正常	正常
	1998	正常	正常	正常	正常	正常
冬春少雪	1960	旱	正常	旱	涝	正常
	1965	正常	旱	旱	正常	旱
	1967	正常	正常	涝	正常	正常
	1969	涝	正常	旱	旱	正常
	1971	正常	涝	涝	涝	涝
	1976	正常	正常	涝	涝	涝
	1984	正常	正常	正常	正常	正常
	1985	涝	正常	旱	旱	正常
	1991	涝	涝	旱	旱	正常
	1999	旱	旱	旱	旱	旱

从表 2.3.2 可见,青藏高原冬春少积雪年与华北各区次年汛期降水的相关性不太好,只在冀北山地和河北平原有 80%对应正常或偏涝,其他地区只有 40%—60%是对应正常或偏涝;但在青藏高原冬春多雪年与其后的汛期降水状况关系普遍较好。如,河北平原和华北黄土高原地区,多雪年后的汛期降水全是(100%)正常或偏旱,其他地区也有 80%左右对应正常或旱。看来,青藏高原冬春积雪与其后汛期降水关系以河北平原为最好:青藏高原冬春多(少)雪年,对

应着其后汛期(6—8月)降水正常或偏旱(正常或偏涝)。

3. 青藏高原冬春积雪对东亚季风的影响

根据黄荣辉(1991)和黄刚等(1999)提出的东亚夏季风环流指数定义,韦志刚等(2003)给出了青藏高原冬春积雪异常与东亚季风强度和南海季风爆发日期的关系如表2.3.3所示。

表2.3.3 青藏高原冬春多(少)雪年东亚季风强度与南海季风爆发日期关系

	年	东亚季风环流异常指数(黄刚等,1999)	南海季风爆发日期(月,候)(姚永红等,2001)
冬春多雪	1962	0.1	5,5
	1968	-0.9	5,6
	1978	2.0	5,5
	1982	0.4	6,1
	1983	-0.4	5,3
	1989	0.0	5,4
	1990	-0.2	5,4
	1993	-1.6	6,1
	1995	0.0	5,3
	1998	-2.3	5,4
冬春少雪	1960	0.5	5,6
	1965	0.9	5,3
	1967	-0.2	5,3
	1969	-0.9	5,5
	1971	-0.1	5,3
	1976	0.4	4,6
	1984	0.5	5,4
	1985	-0.2	4,5
	1991	-0.9	6,2
	1999	0.9	5,5

黄刚等(1999)定义,东亚季风环流指数≤-0.9,东亚季风偏弱;≥0.5,东亚季风偏强;-0.4—0.4,东亚季风正常。据此,由表可见,10个多雪年中有3个年(1968,1993,1998)东亚季风偏弱,6个年(1962,1982,1983,1989,1990,1995)

正常，只有一年(1978)东亚季风偏强。10个少雪年中有4个年(1960,1965,1984,1999)东亚季风偏强，4个年(1967,1971,1976,1985)正常，只有2个年(1969,1991)东亚季风偏弱。

由上可见，青藏高原冬春多雪年其后的东亚夏季风一般不偏强，而冬春少雪年其后的东亚夏季风一般不偏弱。

从上表还可看出，根据姚永红等(2001)的结果，南海夏季风平均爆发于5月第四候。此外，在多雪年，南海季风爆发时间有5个年(1962,1968,1978,1982,1993)晚于平均情况，3个年(1989,1990,1998)属于平均情况，只有两个年(1983,1995)早于平均情况。在少雪年，有5个年(1965,1967,1971,1976,1985)早于平均情况，有一个年正常(1984)，有4个年(1960,1969,1991,1999)晚于平均情况。

一般来说，青藏高原冬春多雪年与其后的东亚季风强度对应较好，爆发时间大多数(80%)不早于平均的5月第四候；少雪年对应关系不好，只有60%是不晚于平均情况。

4. 青藏高原冬春积雪异常年地面温度场的变化

由表2.3.4可见，在青藏高原9年冬春多雪年中的1—4月，逐月地面气温距平都以负距平为主，其中，1、2月占67%，3、4月占78%，且9年1—4月各月的平均值都为负；在冬春少雪年中，虽然只有3、4月是以正距平为主(占67%)，但9年逐月的平均值都为正。

表2.3.4 青藏高原冬春积雪异常年各月平均气温距平(℃)分布

	年	1月	2月	3月	4月	5月	6月	7月
冬春多雪年	1968	-1.17	-2.26	-0.09	-0.79	-0.35	-0.56	-0.79
	1978	-2.31	-0.56	-0.67	-0.27	0.21	-0.19	-0.03
	1982	1.57	-0.9	-0.07	-1.07	-0.88	-0.67	0.12
	1983	-1.71	-3.10	-1.50	-1.82	-0.35	-0.51	-0.26
	1989	-0.17	-0.03	0.21	-0.87	0.45	0.20	0.45
	1990	2.28	0.45	-0.59	-1.16	-0.58	0.20	0.06
	1993	-0.50	1.68	0.11	0.09	-0.49	-0.47	0.20
	1995	-1.31	-1.22	-0.02	-0.92	2.30	1.51	0.02
	1998	0.22	1.35	-0.24	1.64	1.62	1.92	0.58
	平均	-0.34	-0.51	-0.32	-0.57	0.21	0.16	0.04

(续表)

	年	1月	2月	3月	4月	5月	6月	7月
冬春少雪年	1965	0.31	−0.73	−1.91	0.18	0.09	−0.23	−0.57
	1967	−0.19	−0.72	−1.12	−0.96	−0.16	−1.00	−0.03
	1969	0.83	0.29	1.17	0.43	0.95	−0.37	−0.15
	1971	−0.52	−0.71	0.34	0.59	−0.88	−0.30	0.69
	1976	−0.21	1.11	−0.17	−0.40	−0.53	−0.67	−1.78
	1984	−0.49	1.31	0.64	0.72	−0.08	0.23	−0.60
	1985	0.27	−0.32	1.22	0.54	0.16	−0.37	−1.01
	1991	−0.88	1.58	1.12	−0.02	0.27	0.79	0.09
	1999	1.04	3.07	1.91	2.40	0.57	1.23	0.34
	平均	0.02	0.60	0.36	0.39	0.04	−0.08	−0.24

由上似乎可以说，在青藏高原的冬春多雪年中，其冬春(1—4月)的地面平均气温都偏低，而在冬春少雪年中，其冬春(1—4月)的地面平均气温略有偏高。

5. 青藏高原冬春积雪异常年水平环流和垂直环流变化

(1) 夏季水平环流和垂直环流变化

韦志刚、黄荣辉、陈文(2003)重点以500 hPa上水平环流和垂直运动变化以及沿经向和纬向剖面垂直环流变化来讨论青藏高原冬春积雪异常对夏季水平环流和垂直环流变化的影响。

图2.3.16表示青藏高原冬春多雪年随后7月500 hPa水平风场距平和垂直运动距平分布。图中，在中国南海和菲律宾近海有一显著的反气旋距平环流，证实青藏高原冬春多雪年后的夏天西太平洋副高的确偏南偏强西伸；在该反气旋距平环流的西北侧——印度半岛东北部到我国华南沿海——也存在一个较大范围的反气旋距平环流(见a图)，上述两个反气旋距平环流使得从青藏高原东南部、印度半岛东北部到我国云贵高原、华南沿海地带、南海及菲律宾近海地区出现大范围显著的下沉运动距平(见b图)。在北方，以朝鲜南部、日本南部为中心存在一个深厚的气旋距平环流(见a图)，使得我国渤海、黄海、东海和日本南部海域出现大范围显著的上升运动距平(见b图)。850 hPa上的水平风场的距平和垂直运动的距平分布与500 hPa上的情况基本一致(图略)，无须作进一步的分析讨论。

图2.3.17表示青藏高原冬春少雪年随后7月500 hPa水平风场距平和垂直运动距平分布。由图可见，在中国台湾东南、菲律宾以东海域有一个气旋距平

环流，表明少雪年夏天西太平洋副高确实偏北偏弱东退；在该气旋距平环流的北部日本近海地区为一反气旋距平环流，而在该气旋距平环流的西北部以长江中下游流域为中心存在一范围较大的反气旋距平环流（见 a 图），与此相应，日本以南太平洋海域为下沉运动距平，我国河套、汉中到长江中下游是下沉运动距平区（见 b 图）。850 hPa 上的水平风场距平和垂直运动距平分布（图略）与 500 hPa 上基本一致。

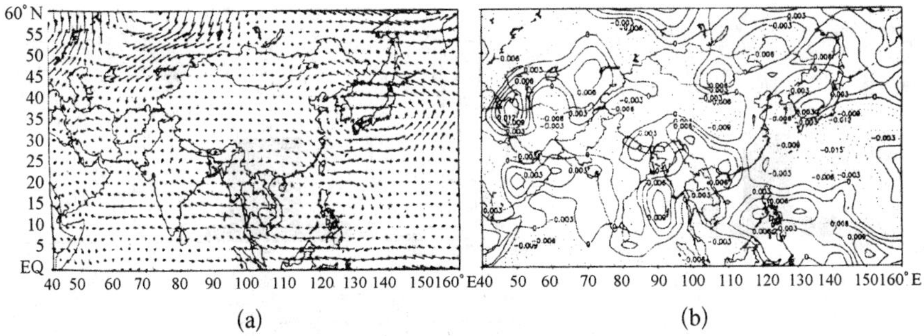

图 2.3.16 青藏高原冬春 9 个多雪年随后 7 月平均的 500 hPa 水平风场距平(a)和垂直运动距平(b) 单位：Pa/s，实线表示下沉距平，虚线表示上升距平

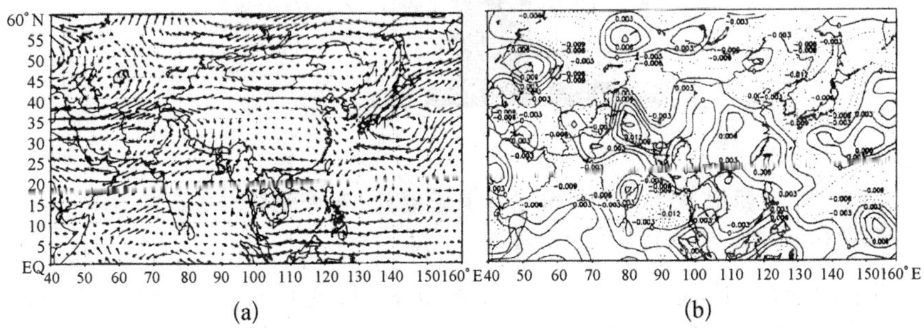

图 2.3.17 青藏高原冬春 9 个少雪年随后 7 月平均的 500 hPa 水平风场距平(a)和垂直运动距平(b) 单位：Pa/s，实线表示下沉距平，虚线表示上升距平

（2）夏季经向和纬向剖面垂直环流变化

图 2.3.18 为 7 月沿 30°N 多年平均的垂直运动(a)和青藏高原冬春多雪年(b)、少雪年(c)平均的垂直运动距平分布。显然，在多年平均情况中（见 a 图），夏季沿 30°N 从青藏高原到东北太平洋存在一明显的 Walker 环流，其中心大致在(165°E，500 hPa)，青藏高原、我国长江流域到西太平洋为上升支，东北太平洋为下沉支。比较图 2.3.18a 和 2.3.18b 可见，无论是多雪年或少雪年，随后 7 月在高原地区都基本上为下沉运动距平；多(少)雪年在高原以东到西太平洋为上升(下沉)运动距平，西太平洋副高不易(容易)北移。沿 95°E 多年平均的情况与上述基本相同（图略）。

看来，虽然青藏高原冬春多(少)雪年随后夏季高原上的垂直运动无明显差异，说明他们之间的热源差异不明显，冬春积雪异常造成的热源异常难以维持到夏季，但冬春多(少)雪年之后夏季的垂直环流仍然存在显著的差异：多(少)雪年高原以南27°N到10°N地区基本为下沉(上升)运动距平，高原以东到西太平洋为上升(下沉)运动距平，表明高原冬春多(少)雪年后亚洲夏季风环流确实偏弱(强)，西太平洋副高不易(容易)北移。

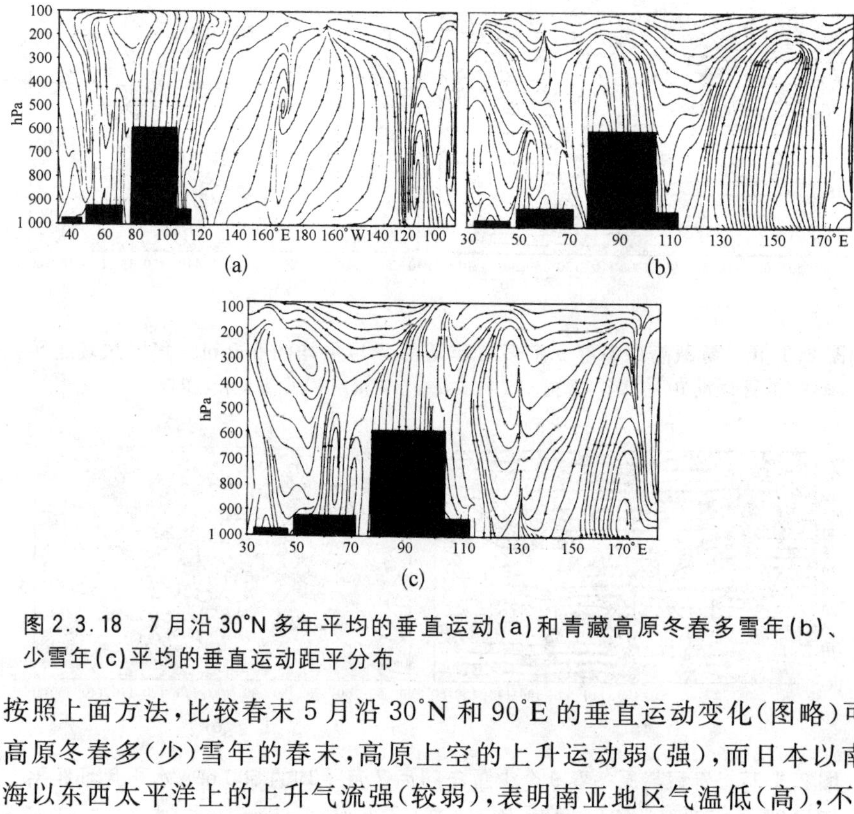

图2.3.18　7月沿30°N多年平均的垂直运动(a)和青藏高原冬春多雪年(b)、少雪年(c)平均的垂直运动距平分布

按照上面方法，比较春末5月沿30°N和90°E的垂直运动变化(图略)可见，青藏高原冬春多(少)雪年的春末，高原上空的上升运动弱(强)，而日本以南、中国东海以东西太平洋上的上升气流强(较弱)，表明南亚地区气温低(高)，不利于(利于)亚洲季风的爆发与增强。

综合上述，韦志刚、黄荣辉、陈文(2003)得出如下结论。

(1) 青藏高原冬春积雪异常对我国降水的影响：多雪年降水偏南在黄河以南，少雪年降水偏北在长江以北；与长江中下游(除上海、南京外)降水呈显著正相关，多雪年多雨，少雪年少雨；与华北降水关系复杂，但与其中的河北平原关系较好，多雪年对应(100%)正常或旱，少雪年对应(80%)正常或涝。

(2) 青藏高原冬春积雪异常与随后夏季东亚季风的关系：一般来说，青藏高原冬春多雪年随后的夏季风不偏强，东亚夏季风爆发不早于平均情况(5月第4候)；而少雪年随后的夏季风不偏弱，但东亚夏季风爆发只有60%不晚于平均情况(5月第4候)。

(3) 青藏高原冬春积雪异常与高原冬春地面平均气温关系：在青藏高原冬春多雪年中，其冬春(1—4 月)的地面平均气温都偏低(−0.4℃)，而在冬春少雪年中，其冬春(1—4 月)的地面平均气温略有偏高(0.3℃)；其中以 3—4 月更显著；显然，多雪年冬春季地面的热源作用减弱，少雪年冬春季地面的热源作用增强。

(4) 青藏高原冬春积雪异常与水平环流变化：在多雪年随后的夏季，在中国南海和菲律宾近海以及印度半岛东北部到我国华南沿海一带有两个反气旋距平环流，使得从高原东南部、印度半岛东北部到我国云贵高原、华南沿海、南海及菲律宾近海出现大范围下沉运动距平，从河套、汉中到长江中游北岸是上升运动距平区，我国华南少雨，长江中游多雨；在少雪年随后的夏季，在中国台湾东南、菲律宾以东海域是气旋距平环流，在日本近海地区和长江中下游流域存在大范围的反气旋距平环流，使得长江中下游是下沉运动，该区明显少雨。

(5) 青藏高原冬春积雪异常与垂直环流变化：多(少)雪年随后夏季高原以南基本是下沉运动距平，表明多(少)雪年亚洲夏季风环流确实偏弱(强)；多(少)雪年随后夏季高原以东到西太平洋为上升(下沉)运动距平，西太平洋副高不易(容易)北移，夏季我国长江中下游多(少)雨。

2.3.4 喜马拉雅山脉热状况对大气和大气环流的影响

1. 珠峰加热作用的下游效应

以珠峰为例，讨论喜马拉雅山脉对大气的热力作用。

珠峰山地对于大气的加热作用，表现为对于远离珠峰山地下游的大气温度之影响，称作珠峰加热作用的“下游效应”(Gao Dengyi,1981)。

为讨论珠峰加热作用的下游效应，选取珠峰东西两侧同纬度两站上空的多年平均气温和风向风速变化来进行比较。站点选择情况如表 2.3.5 所示。

表 2.3.5 与珠峰山地同纬度东西两侧选站及资料情况

山地名称	西侧台站	东侧台站	资料时段
珠　　峰	Lucknow (26°45′N,80°53′E,128 m)	Gauhati (26°05′N,91°35′E,49 m)	1971—1975 年 4—7 月

计算表明，在 4—7 月，珠峰地区上空的大气柱与四周大气之间的热量交换为 147—270 W/m^2。如此强的热量交换会对其下游大气的温度产生什么影响呢？

选取位于珠峰西侧和东侧相距约 600 km 的 Lucknow 和 Gauhait 两个探空

气象站(如表 2.3.5)1971—1975 年 4—7 月的五年平均气象资料来讨论珠峰地区上空大气热源作用对其上下游大气的影响。

从珠峰东西侧两站 Lucknow 和 Gauhait 之间多年平均相同高度上气温差异的变化(图 2.3.19)可以看出珠峰上空大气柱对周围大气的加热作用。

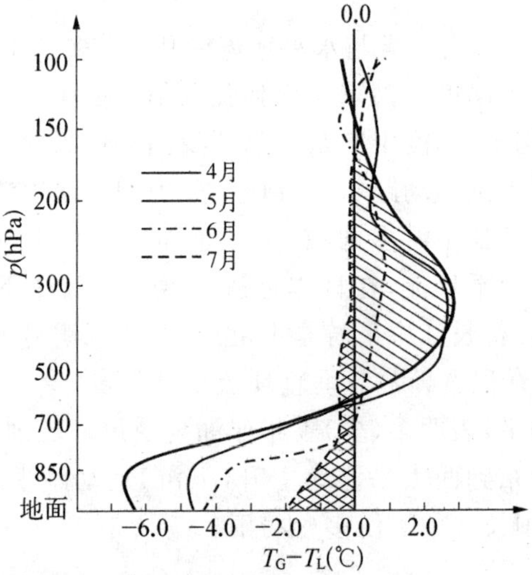

图 2.3.19 Lucknow 和 Gauhaiti 两站同高度气温差 1971—1975 年 4—7 月的月平均值

如图 2.3.19 所示,在 4—7 月中,在地面至 700 hPa 高度之间的大气层,都是 Lucknow 站的气温高于 Gauhaiti 站气温,这显然是受了下垫面条件影响的结果;因此,这里只讨论在 500—200 hPa 高度之间的对流层的情况。在 4—5 月,在 Gauhaiti 站,500—200 hPa 之间的多年月平均气温比 Lucknow 站同高度范围内高 1.9℃左右,其中,尤以在 300 hPa 高度上两站的差值最大,前者比后者高 2.7℃。在 6 月,在 500 至 200 hPa 高度之间,Gauhaiti 站的多年月平均气温仍然比 Lucknow 站的高,但两站气温之差值在 500—200 hPa 高度内平均仅为 0.4℃。在 7 月,情况却相反,在 500—200 hPa 高度之间,Gauhaiti 站多年月平均气温都比 Lucknow 站的气温低,在 500—200 hPa 高度范围内平均低 0.3℃(图 2.3.19)。

由图 2.3.20 可见,在 4—5 月,珠峰东西两侧上述两站在 100 hPa 高度以下均为偏西风,在 200—500 hPa 高度之间,多年月平均西风风速达21.7 m/s,为 4—7 月中之最大值。在这种环流条件下,Gauhaiti 站正好位于珠峰的下游;在 4—5 月,珠峰地区(面积约为 5 000 km^2)上空大气柱向四周大气传送的热量通量平均为 240 W/m^2,风速越大,单位时间内向下游站输送的热量越大,因而位于下游的 Gauhaiti 站在 500—200 hPa 高度范围内的平均气温也就远比位于上游 Lucknow 站的站的气温高。在 6 月,两站的高空西风风速均急剧减小,500—

200 hPa 高度范围内多年平均为4.0 m/s，尽管珠峰地区上空气柱向四周大气输送的热量通量很高，为 270 W/m^2，但由于西风风速仅为 4—5 月同高度范围内的 1/5 以下，因而单位时间内从珠峰地区上空向下游输送的热量也很小，故在 500—200 hPa 高度间两站的多年平均气温差仅为 0.4℃。在 7 月，在 500 hPa 以上，两站均转为偏东风，500—200 hPa 高度范围内多年平均东风风速为6.7 m/s。在这种环流情况下，Lucknow 站的位置转为珠峰的下游，因而，在 500—200 hPa 高度间，Lucknow 站的多年平均气温比 Gauhaiti 站同高度上高 0.1—0.5℃，平均为 0.3℃。这是因为，在 7 月，珠峰地区上空大气向四周输送的热量通量最小，仅 147 W/m^2，多年平均风速也不大(仅为 4—5 月的 1/3 左右)，单位时间从珠峰上空大气向下游输送的热量也小。

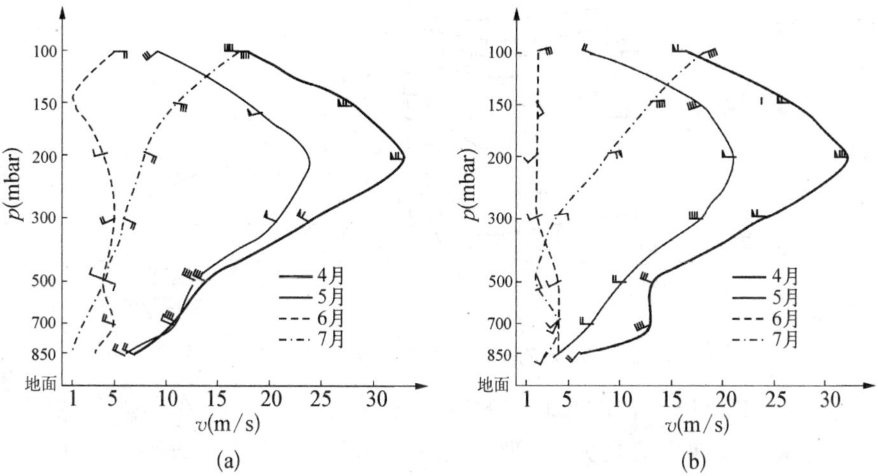

图 2.3.20 1971—1975 年 4—7 月月平均高空风廓线图

(a) Lucklow 站；(b) Gauhait 站

2. 珠峰加热作用对南支西风急流的影响

图 2.3.21 为沿 85°E 东西风分量剖面图，资料为 1975 年 5 月的平均值。由图可见，1975 年 5 月，在沿 85°E 的东西风分量剖面图上，西风急流中心高度在珠峰上空最低，为 10.5 km。由珠峰向北，西风急流中心高度逐渐升高，在珠峰北面约 80 km 的定日，其上空西风急流中心的高度为 11.5 km，再往北，在拉萨上空，西风急流中心的高度已上升为 12.5 km。由珠峰往南，西风急流中心高度也逐渐升高，在与拉萨几乎位置对称的 Lucknow 站上空，西风急流中心的高度已达 12 km 左右。

西风急流中心高度为什么在珠峰上空比其在珠峰南北两侧都低呢？这是很有意义的新的现象。根据叶笃正、高登义(1980)的研究，本节对其作讨论如下的分析讨论。

采用与上图同时期相同站的高空气象资料,制作沿 85°E 的南北向温度梯度($\Delta T/\Delta Y$)剖面图(如图 2.3.18)。

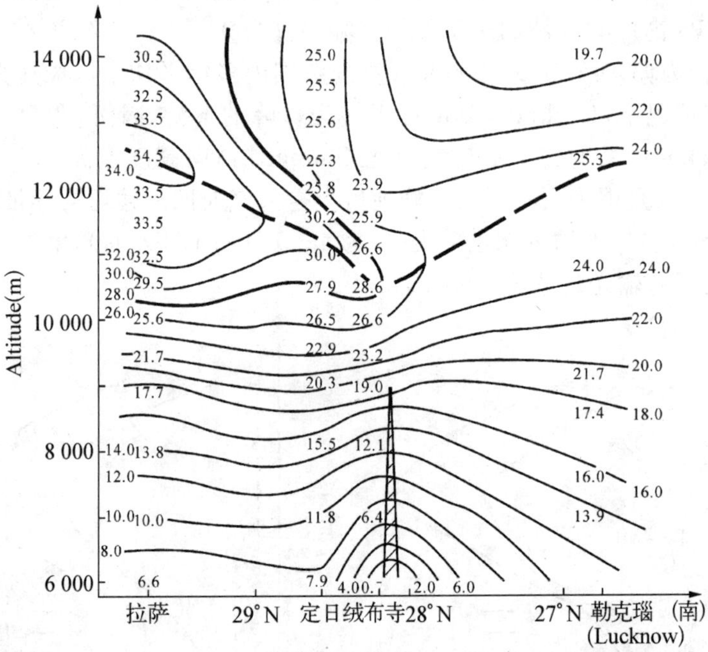

图 2.3.21 沿 85°E 的东西风分量剖面 (1975 年 5 月平均值)

由图 2.3.22 可见,在珠峰北侧的绒布寺与定日站之间,在海拔高度5 800 m 以上,南北向温度梯度值最大,月平均值达 -3.1— -6.0℃/纬距,其中,在海拔高度 9 000—10 000 m 之间的南北向温度梯度值最大,达 -5— -6℃/纬距。然而,在定日与拉萨、绒布寺与 Lucknow 之间,在与上面相应的各高度上,南北向温度梯度值均很小,月平均值在 1℃/纬距以下。

对比图 2.3.21 和 2.3.22 可见,在珠峰北侧绒布寺站与定日站之间,在南北温度梯度值最大中心(海拔高度 9 700 米)之上,大约 1 km 高度处,即为珠峰上空西风急流中心的所在位置。

图 2.3.23 为与上面同时期相同剖面上的西风垂直切变($\Delta U/\Delta Z$)图。由图可见,西风垂直切变最大值(每 100 m 增加 0.8 m/s)出现在绒布寺站上空海拔 9 000—10 000 m 高度,与南北向温度梯度最大值(-5— -6℃/纬距)中心(见图 2.3.22)基本重合。

由热成风公式可知,当大气比较稳定,即气温垂直递减率($\Delta T/\Delta Z$)不大时,西风垂直切变($\Delta U/\Delta Z$)值与南北向温度梯度($\Delta T/\Delta Y$)值成正比。可见,在珠峰北侧上空,其西风风速随高度的迅速增加,主要是由于在其北侧绒布寺站与定日站之间极大的南北向温度梯度引起的。在绒布寺站与定日站之间,由于温度

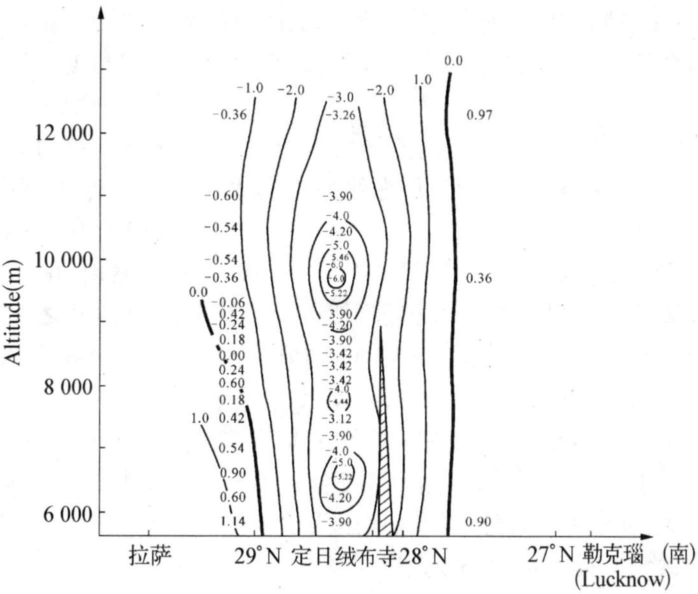

图 2.3.22 沿 85°E 的 $\Delta T/\Delta Y$(℃/纬距)剖面 (1975 年 5 月平均值)

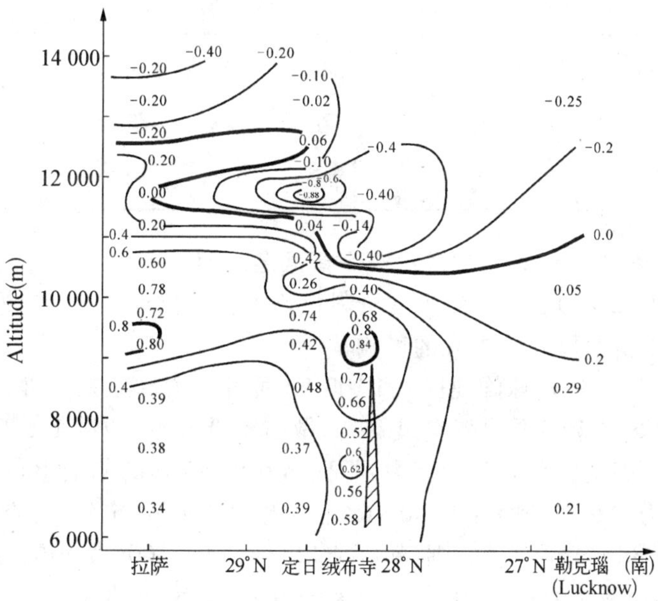

图 2.3.23 沿 85°E 的 $\Delta U/\Delta Z$ (m/s/100 m) 剖面图 (1975 年 5 月平均值)

向北递减甚剧，南北向温度梯度($\Delta T/\Delta Y$)值很大，因而该两站之间上空的西风风速随高度增加很快，使得西风风速很快达到最大值，即出现西风急流中心的海拔高度低；与此相反，在珠峰的南北两侧，由于南北向温度梯度($\Delta T/\Delta Y$)值很小，因而西风风速随高度增加缓慢，使得出现西风急流中心的海拔高度偏高。上述现象的综合结果就是，在珠峰上空，西风急流中心的海拔高度比其南北两侧低1—2 km。

春季，形成珠峰南北两侧温度差异巨大的原因，是由于珠峰对大气加热作用的结果。计算表明(表2.3.6)，5月珠峰地表对大气的加热作用，可以使得珠峰地区上空大气柱每天升温6℃左右，因此，在海拔5 000—12 000 m高度内，绒布寺站与其北侧的定日站上空的气温差均应在6℃左右。然而，由于这种加热作用受高空气流影响会很快向下游扩散，使得绒布寺与定日两站之间各高度上的气温差低于-6℃(见图2.3.22)。然而，非常有意思的是，在海拔高度9 000—10 000 m之间，即在峰顶高度上1 100 m以内，两站之间的气温差恰恰为-6℃左右。这表明两种可能：其一，在珠峰峰顶高度之上1 100 m以内，珠峰对大气的加热作用几乎没有向下游传送，只用于加热局地大气；其二，珠峰峰体(海拔高度7 500 m以上)对大气的感热加热作用要远大于370 W/m^2(表2.3.3)，因而由其所带来的大气升温率也应高于每天6℃。

表2.3.6 4—7月珠峰地区地表对整层大气加热的增温率 $\Delta T/\Delta t$(℃/d)

	4月	5月	6月	7月
Fga(W/m^2)	382	367	348	239
ΔP(hPa)	470	470	470	470
$\Delta T/\Delta t$	7.1	6.8	6.5	4.5

3. 喜马拉雅山脉加热作用对南支西风急流的影响

高登义等(2005)利用5年平均资料讨论了喜马拉雅山脉(青藏高原南缘)的加热作用对南支西风急流中心的影响。

选取沿85°E(通过珠峰地区)和105°E(通过青藏高原东南部)两个剖面，利用1962—1966年5年平均高空风资料，做出了沿85°E和沿105°E的南支西风急流中心平均高度曲线(图略)。由图可见，在沿85°E的剖面上，南支西风急流中心的高度仍然是在珠峰北侧60 km左右的55664站(定日)上空最低(急流中心高度为10.8 km)，比青藏高原南侧的42867站和55664站北侧的55299站(那曲站)上空的急流中心高度约低1—2 km；在春季，南支西风急流中心高度在青藏高原东南缘的56778(昆明)站上空最低，约为11.5 km，比其南北两侧约低1—1.5 km。

图2.3.24a—c为1966年4—5月沿85°E剖面上南支西风急流变化的情况。由图显然可见，当南支西风急流中心在青藏高原南侧时(图2.3.24a)，其中心高度为13—14 km；在青藏高原南缘的珠峰附近上空时(图2.3.24b)，南支西风急

流中心高度仅为 10 km 许；而在青藏高原腹地的 55299（那曲）站上空时（图 2.3.24c），南支西风急流中心高度达 12—14 km。很明显，在南支西风急流由青藏高原南侧突然向北快速移上青藏高原上空的过程中，仍然是在青藏高原南缘喜马拉雅山脉上空的中心高度最低。

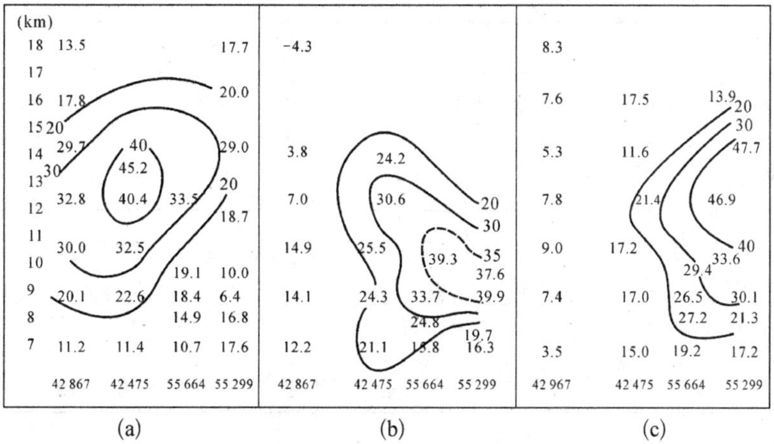

图 2.3.24 沿 85°E 剖面上南支西风急流变化的情况 (1966 年 4—5 月)

图 2.3.25 为 1962—1966 年 4—5 月平均的青藏高原上空西风最大值中心

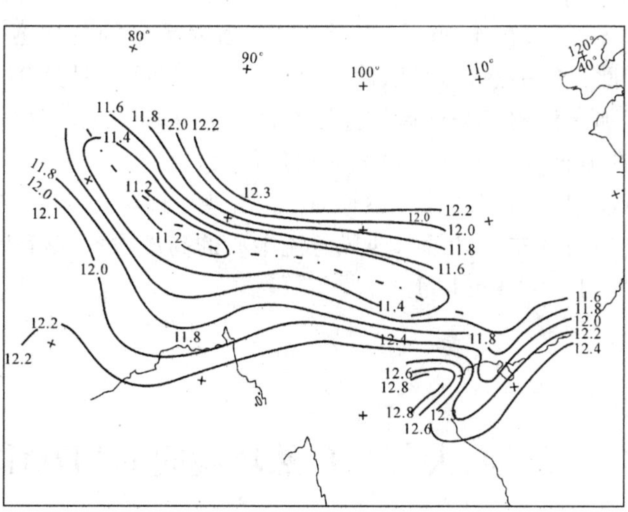

图 2.3.25 青藏高原南缘及其南北西风急流中心高度分布图

（即西风急流中心）高度分布图。由图可见，在沿着喜马拉雅山脉、横断山脉和云贵高原一带，西风急流中心的高度均为青藏高原上的低值区，比其南北两侧要低 1 km 左右。其中，在喜马拉雅山脉上空的急流中心高度最低，仅为 11.2 km。

综上可见，在春季，位于青藏高原南侧的南支西风急流，总有一次突然向北移上青藏高原的过程，当它向北跳动到喜马拉雅山脉上空时，其中心高度都比其在山脉南北两侧低1—2 km。这种现象在横断山脉和云贵高原南缘上空也同样存在。究其原因，应该与青藏高原南缘喜马拉雅山脉对于大气的加热作用有关。

表2.3.7 喜马拉雅山脉北坡逐月感热通量 （$Cd=6.6\times10^{-3}$）

月	1	2	3	4	5	6	7	8	9	10	11	12
T_s-T_a(℃)	1.6	3.2	4.5	6.1	7.7	7.6	6.9	6.4	5.4	4.7	2.2	1.2
V(m/s)	3.2	3.5	3.7	3.6	3.7	3.7	3.3	3.1	3.2	3.0	2.8	2.7
SH(W/m^2)	27	59	88	115	150	148	120	104	91	74	32	17

若采用青藏高原上逐月的有效辐射值和潜热通量值（高登义，2005）来代表喜马拉雅山脉北坡情况，则可得到喜马拉雅山脉北坡逐月地表对大气的总加热通量如表2.3.8。

表2.3.8 喜马拉雅山脉北坡逐月感热通量和总加热通量（Fga）

月	1	2	3	4	5	6	7	8	9	10	11	12
SH(W/m^2)	27	59	88	115	150	148	120	104	91	74	32	17
Fga(W/m^2)	108	141	178	205	245	239	210	196	171	154	112	98

由表2.3.8可见，在4—5月，喜马拉雅山脉对大气的总加热通量达到205—245 W/m^2，如此强的加热，足可以使其上空大气升温率每日达3℃左右。这应该与珠峰对大气加热作用带来西风风速随高度迅速递增的情况接近。根据热成风原理，喜马拉雅山脉对于大气的强大的加热作用，也应该在喜马拉雅山脉北侧上空带来西风急流中心高度降低。然而，由于在喜马拉雅山脉上空的大气升温率仅为珠峰上空的一半左右，因而，西风急流中心的高度没有珠峰上空的西风急流中心高度低，平均在11 km以上。

2.4 山地、大气与自然环境间的相互作用

2.4.1 雅鲁藏布江水汽通道及其与大气、自然环境和人类活动

1. 水汽通道的气象论证

为了论证雅鲁藏布江下游的水汽通道作用，高登义等（1985）以雅鲁藏布江

下游大拐弯处河谷中的两个考察站于 1983 年 7—8 月的观测资料为基础，选用与该二站同期的青藏高原四周 14 个站的观测资料(表 2.4.1)来计算它们向青藏高原的水汽输送通量。

表 2.4.1 选作计算水汽输送通量用的高空气象站状况

站名	北纬	东经	海拔(m)	p_1(hPa)	p_2(hPa)
斯利那加	34°05′	74°50′	1 587	700	300
新德里	28°35′	77°12′	216	700	300
勒克瑙	26°45′	80°53′	128	700	300
高哈堤	26°06′	91°53′	54	700	300
哈什	29°28′	75°59′	1 289	700	300
和田	37°08′	79°56′	1 375	700	300
若羌	39°02′	88°10′	888	700	300
敦煌	40°08′	94°47′	1 139	700	300
张掖	38°56′	100°35′	1 483	700	300
兰州	36°03′	103°53′	1 517	700	300
武都	33°23′	104°41′	1 079	700	300
西昌	27°53′	102°18′	1 591	700	300
腾冲	25°07′	98°29′	1 648	700	300
成都	30°40′	104°01′	506	700	300
易贡	30°19′	94°51′	2 250	750	300
通麦	30°07′	95°39′	2 000	750	300

通常，水汽输送计算采用如下公式：

$$F_W = \int_l \int_t \int_{p_1}^{p_2} \frac{v \cdot q}{g} \mathrm{d}p\,\mathrm{d}t\,\mathrm{d}l \tag{2.4.1}$$

式中，F_W 是某一时期(T)内在等压面 p_1 与 p_2 之间通过边界 L 的水汽输送量，q 是比湿，v 是投影在输送方向的水平风，g 为重力加速度。

计算结果如图 2.4.1 所示。由图可见，在整个青藏高原四周向高原内地的水汽输送通量以沿布拉马普特拉河-雅鲁藏布江溯江而上的方向为最大，达到 500—1 000 g/(cm·s)。这个输送通量与夏季自长江流域以南向长江以北的水汽输送通量相近(徐淑英，1958)。然而，从青藏高原四周其他诸站的水汽输送通量可知，它们向青藏高原内地的水汽输送通量仅有 100—400 g/(cm·s)，仅仅为沿雅鲁藏布江下游河谷向青藏高原内地水汽输送通量的 1/5 左右。

显然，沿着雅鲁藏布江下游河谷的水汽输送通量，确实是自青藏高原四周向高原内地的水汽输送之冠，即是青藏高原上的最主要的水汽通道。这个水汽通道输送的方向是：先沿着布拉马普特拉河河谷向东北方向输送，然后沿着雅鲁藏布江下游河谷向北输送，再从雅鲁藏布江大拐弯处折向西北方向输送。

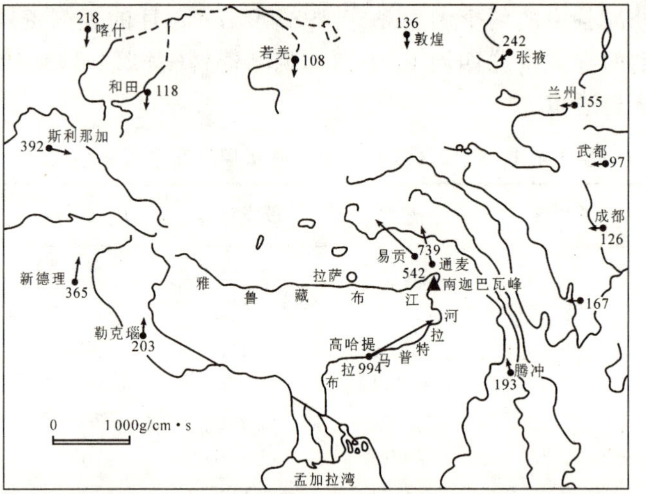

图 2.4.1 青藏高原四周向青藏高原水汽输送通量示意图 (1983年7—8月)

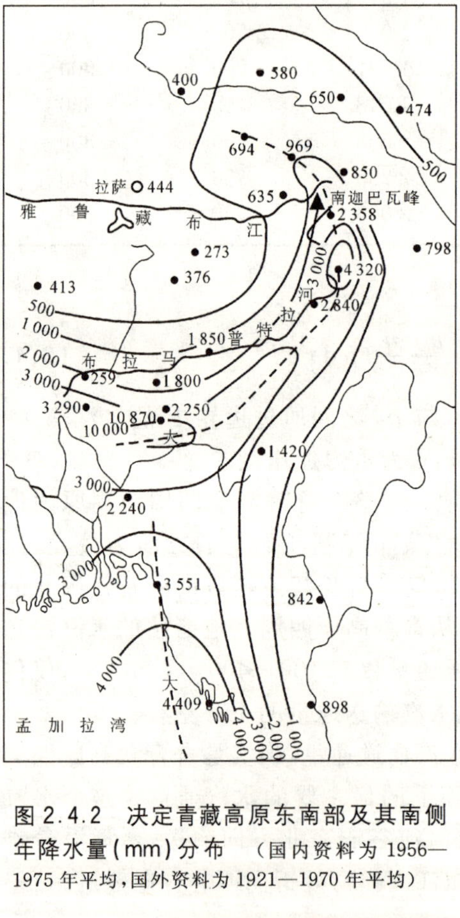

图 2.4.2 决定青藏高原东南部及其南侧年降水量(mm)分布 (国内资料为1956—1975年平均,国外资料为1921—1970年平均)

2. 水汽通道对降水的影响

(1) 对降水空间分布的影响

由图2.4.2可见,从孟加拉湾北上的暖湿水汽首先在沿岸附近形成一个大降水带,年降水量达4 000 mm以上。在布拉马普特拉河下游谷地,水汽输送通量高达1 000 g/(cm·s),如此强大的水汽输送抵达印度东北部的卡西山地(海拔610—1 830 m)南麓时,加上地形抬升的作用,形成了世界上的第二大降水带,其中心的年降水量高达10 870 mm。之后,受喜马拉雅山脉南侧地形的影响,暖湿水汽输送沿着布拉马普特拉河河谷而上,走向东北,在雅鲁藏布江大拐弯以南再形成一个大降水带,中心降水量达4 000 mm以上。值得指出的是,1 000 mm的年降水量等值线一直从青藏高原东侧伸展到喜马拉雅山脉北侧的易贡站附近,它宛如一条长长的湿舌,先沿着布拉马普特拉河谷向东北伸展,在到达雅鲁藏布江大拐弯处后，再转而向西北伸去。在念青唐古拉山脉南麓的嘉黎站，其年降水量也接近700 mm，比青藏高原上相同纬度台站的年降水量高出近一倍。

(2) 对雨季起始时刻分布的影响

一般来说，在喜马拉雅山脉北侧，雨季的起始时间要比其南侧的晚 1—2 月，这是山脉屏障作用的结果(陶诗言等，1980)。然而，图 2.4.3 表明，在喜马拉雅山脉北侧的嘉黎、易贡和林芝，其雨季起始月份与青藏高原南侧印度各站的雨季起始月份相同，均为 5 月。

对比图 2.4.1、2.4.2 和 2.4.3，不难看出，沿着布拉马普特拉河-雅鲁藏布江河谷向青藏高原内地的强大水汽输送，其方向与这个地区“湿舌”的伸展方向及雨季起始时刻分布图都非常相似。它表明，由于布拉马普特拉河-雅鲁藏布江的水汽通道作用，使得最大降水带正好分布在水汽输送最大的通道地区；同时，正好在这条水汽通道上，位于喜马拉雅山脉北侧 32°N 的嘉黎站，其雨季起始月与孟加拉湾沿岸的雨季起始月相同，而比青藏高原上同纬度的其他地区早 1—2 月。

3. 水汽通道作用对生物和古人类的影响

(1) 对生物的影响

水汽通道作用对生物的影响，主要表现在以下几个方面(杨逸畴、高登义、李渤生，1987)：

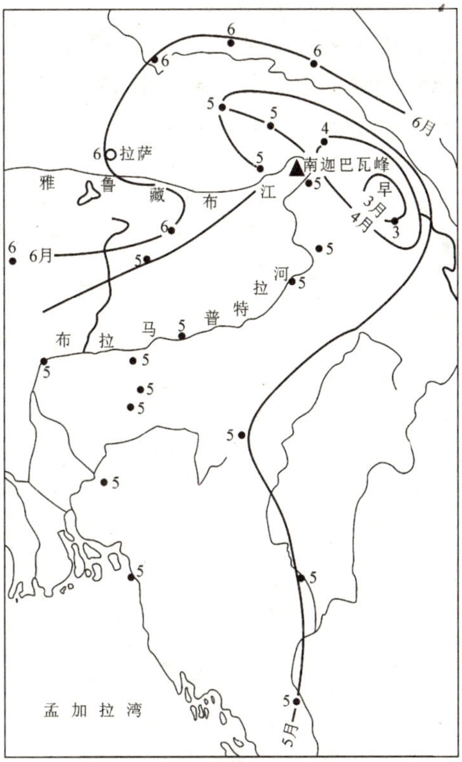

图 2.4.3 青藏高原东南部及其南侧雨季起始月份分布

生物的反常分布现象：受水汽通道作用的影响，来自印度洋的暖湿气流源源不断地沿着河谷向北输送，不仅影响天气气候，还造就了特有的湿润性热带山地森林生态系统，并使其沿着雅鲁藏布江谷地一直向北伸延到北纬 29 度 30 分，形成了北半球分布最北的热带山地环境。从而许多典型的热带生物，例如，高等植物中的千里榄仁(Terminalia myriocarpa)，爬行动物中的大眼镜蛇(Naja hannah)，鸟类中的棕颈犀鸟(Aceros nipalensis)(郑作新，1983)，哺乳类动物中的孟加拉虎(Panthera tigris bengalensis)，等等，在此都超越了通常分布的纬度地带或海拔高度，达到了它们水平分布的最北界，或垂直分布的最高限。

沟通了东喜马拉雅-岗日嘎布山脉所阻断的山脉南北两侧生物交往的渠道，

促进了山脉两翼生物界的交流和混合：如图 2.4.4 所示，本来为山脉南翼所特有的半常绿阔叶林、云南铁杉林等植被类型，却经过水汽通道分布到了山脉北翼的通麦、易贡、帕隆等地（李渤生，1985），山脉南翼谷地的许多物种，如高等植物中的通麦栎（Quercus tungmaiensis），低等植物中的金顶侧耳（Pleurtus citrinopileatus），动物中的猕猴（Macaca mulatta）（杜继武等，1993）等等，都沿着水汽通道越过了山脉的屏障，分布到了山脉北翼地区。然而，一些本来分布在山脉北翼的生物亦可经由水汽通道分布至山脉的南翼。例如，山脉北翼的高山松（Pinus densata）、川滇高山栎（Quercus aquifolioides），就经过水汽通道分布到了山脉南翼的甘代、鲁古等地。

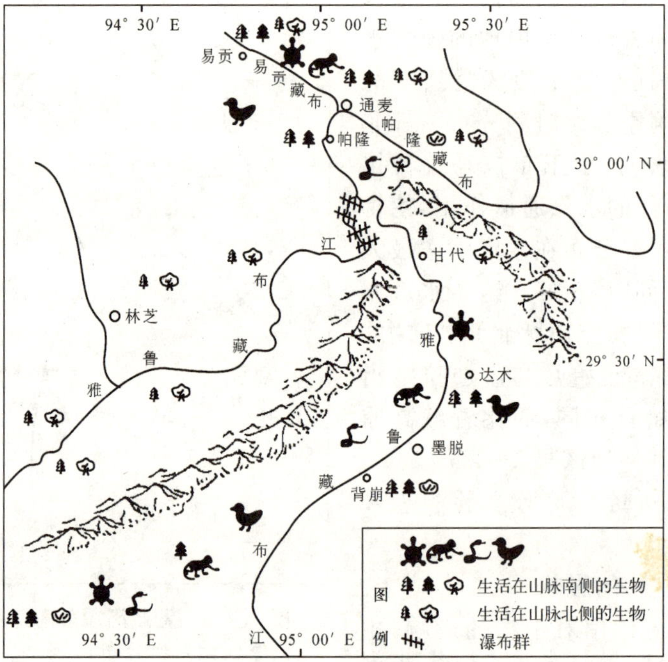

图 2.4.4 雅鲁藏布江水汽通道上生物的南北交流示意图

水汽通道对古老和迁移物种的保护：由于在水汽通道地区具有非常优越的立体生态条件并起着生物迁移的走廊作用。在第四纪冰期中，水汽通道成为古老物种的良好"避难所"，保存了大量古老物种。例如，在通道地区所存留下来的古老物种后裔有：蕨类植物中的多种树蕨如桫椤（Alsophila spinulosa），裸子植物中的云南红豆杉（Taxus yunnanensis），被子植物中的水青树（Tetracentron sinense）等。

水汽通道造就新物种：水汽通道所造成的特殊生态环境造就了不少新的物种，这就使水汽通道地区成为整个青藏高原生物区系最丰富的地区。据初步统计，这里的维管束植物有 3 600 余种，约占西藏该类植物总种数的 2/3；大型真菌有400余种，约占西藏该型总种数的80%，约占我国已知大型真菌的60%；锈菌有200余种，约占我国此类总数的25%；昆虫近2 000种，约占西藏昆虫总数的60%以上。其他动物如哺乳类、两栖类、爬行类、鸟类种类也很丰富。

(2) 对古人类的影响

在青藏高原东南部的雅鲁藏布江下游谷地，由于具有相对比较便利的交通条件和异常优越的生态环境，所以，自古以来对该区域人类活动都具有极其重要的影响。古人类科学研究(新安，1975)表明，早在5 000—8 000年以前，在雅鲁藏布江下游谷地就有着广泛的古人类活动。他们所使用的石器与时代相近的藏北高原游猎部族所使用的以刮削器为主的细石器有显著不同(王恒杰，1975)。这里的古人类显然主要从事农业生产活动并过着定居的生活。这些石器出土的地形位置几乎全部在雅鲁藏布江下游河谷底部的低级基座阶地上，并与现代人类的居住地相吻合，其海拔高度一般不超过1 800 m。由此可见，当时古人类的活动区域同样主要集中在雅鲁藏布江下游河谷的底部。在东喜马拉雅山脉北翼和雅鲁藏布江中游谷地的林芝亦发现有古人类文化遗迹，更宝贵的是这里还发现有甘代藏族-林芝人的遗骨(林一璞等，1982)。其出土位置也在河谷的低级阶地上。

综上可见，在5 000—8 000年以前，雅鲁藏布江下游南北走向的谷地不仅已经成为古人类休养生息的场所，而且也成为人类南来北往的通道，对青藏高原南侧低海拔地区和青藏高原上的古人类之间的交流起着重要的通道作用。

4. 水汽通道作用对自然环境的影响

(1) 使热带气候带和自然带向北推移

在北半球，热带气候带和自然带的最北界平均为23.5°N，然而，沿着雅鲁藏布大峡谷，由于水汽通道作用带来印度洋的暖湿水汽，使得宜于热带生物生长的环境向北推移到北纬29度，即，使得热带气候带和自然带向北推移了5.5个纬度。例如，地处雅鲁藏布大峡谷的墨脱位于北纬29度，是北半球热带的最北界，被称为“热带绿山地”。墨脱虽然比云南的西双版纳偏北五个纬度，但它却生长着与之相似的热带和南亚热带植物。墨脱的年平均气温高达摄氏18度以上，比我国东部同纬度的金华的气温高10度多。

(2) 使山脉南北两侧的气候自然带差异减小

高大而雄伟的喜马拉雅山脉是自然地理上一条明显的分界线，其南北坡的自然带和景观都有着巨大的差异(张荣祖，1982)(图2.4.5)，然而，奇怪的是，在喜马拉雅山脉东端的南迦巴瓦峰所在地区，其南北坡自然景观和垂直自然带的差异却不显著(图2.4.6)。例如，在南迦巴瓦峰北坡，它与南迦巴瓦峰南坡自然带数目和结构都是大同小异，仅仅是由于山脉南坡海拔高度低，河流切割深，河谷的海拔高度不足1 000 m，因而又多出现了热带、准热带的自然带和气候带类型。在这里，引起山脉南北坡自然带差异变小的原因，显然是雅鲁藏布江下游水汽通道把大量的热量和水分由南坡输送到北坡，从而缩小了南北坡水热条件差异的缘故。

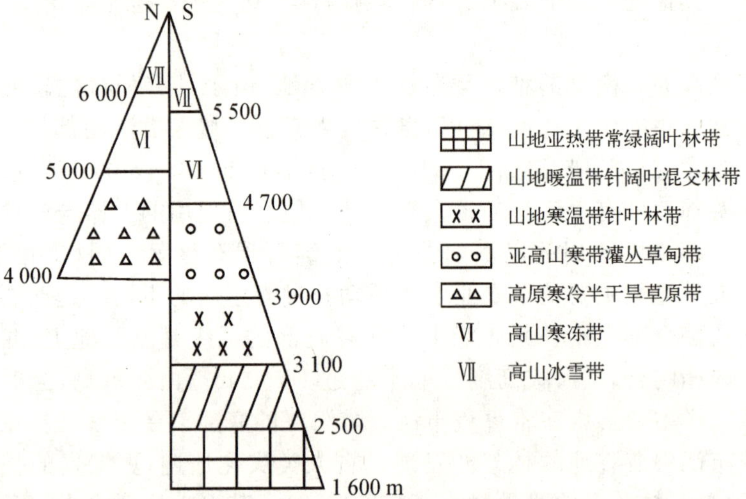

图 2.4.5 珠峰南北坡垂直气候带与自然带 （引自郑度，1975）

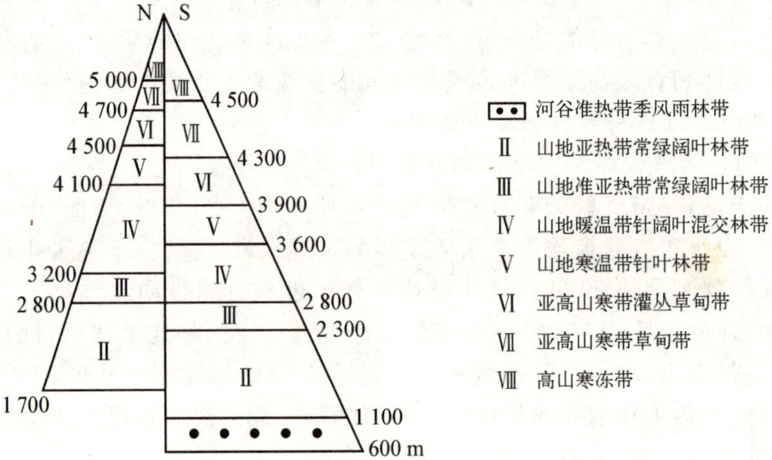

图 2.4.6 南迦巴瓦峰南北坡气候带和自然带分布 （引自彭朴初，1996）

(3) 形成我国最大规模的海洋性冰川

南迦巴瓦峰地区是我国藏东南海洋性冰川发育的一个中心，从此中心出发，再沿着水汽通道向西北延伸直达念青唐古拉山脉南麓。考察表明，这里发育着我国最长大的海洋性冰川——卡钦冰川（长 35 km）；在念青唐古拉山脉南麓的嘉黎一带的高原和盆地中（麦地卡），有晚更新世的古冰川发育，有较大规模的冰盖类型出现，这种长大的山谷冰川和大面积古冰盖类型的出现，与这条水汽通道作用息息相关的。

5. 水汽通道作用对西藏文明的影响

杜永斌(高登义等,2001)研究指出,西藏的古代文明是由象雄-本教文明、雅隆-吐蕃文明和藏传佛教文明构成的。这三大文明系统构成了西藏文明发展的三个阶段。西藏文明的产生和发展固然是由藏族社会历史和中国社会历史背景与中亚、西亚、南亚和中原文明的交汇融合,以及其他人文环境造成的,同时也与青藏高原的自然地理环境密切相关。而对西藏文明发展进程产生重大影响的自然地理环境,当属雅鲁藏布江。

雅鲁藏布江下游水汽通道将印度洋的暖湿气流引进青藏高原东南部,不仅滋润了干旱的青藏高原,而且还抚养了藏民族,孕育了辉煌灿烂的雅隆-吐蕃文明。由于雅鲁藏布江下游水汽通道的影响,位于雅鲁藏布江中游的雅隆河谷受益最大,形成了适宜于农牧业发展的气候环境条件。相反,位于西藏西部的象雄,没有受到雅鲁藏布江下游水汽通道的影响,气候寒冷干旱,不利于农业的发展。上述自然地理环境的差异,导致了象雄文明的基础脆弱,雅隆文明的基础牢固。从这个意义上说,雅隆和象雄的自然地理环境的巨大差异,为雅隆-吐蕃文明取代象雄-本教文明的统治地位种下了“地利”的基础。

2.4.2 山地屏障及通道共同作用和大气、自然环境之间的关系

1. 天山托木尔峰对气候和自然环境的屏障作用

高登义(1985)研究表明,位于北天山山脉北侧的塔城,年降水量约为其南侧阿拉山口年降水量的三倍;位于南天山山脉北侧的昭苏,年降水量几乎为其南侧拜城年降水量的6倍;后者的南北降水差异远比前者的降水差异大。在沿81°E剖面上,南天山山脉的海拔高度平均高达5—6 km,约为北天山山脉平均高度的两倍。上述表面,在天山山脉地区,随着海拔高度增加,山脉对水汽的屏障作用也更明显(表2.4.2)。

由表2.4.2还可看出,北天山山脉与南天山山脉对水汽的屏障作用随季节有明显的变化。在冬半年(10—3月),位于北天山山脉北侧的塔城站和南侧的阿拉山口站,其降水总量分别为136.9 mm和22.7 mm,前者为后者的6倍多;而位于南天山山脉北侧的昭苏站和南侧的拜城站,其降水总量分别为78.4和23.0 mm,两者之比值仅为3.41。在夏半年(4—9月)的情况相反,位于南天山山脉北侧的昭苏站和南侧的拜城站,其降水总量分别为432.8 mm和65.1 mm,两者的比值为6.65,而位于北天山山脉北侧的塔城站和南侧的阿拉山口站,其降水总量分别为143.6 mm和69.8 mm,两者的比值仅为2.06。显然,在冬半年(10—3月),北天山山脉对降水的屏障作用远比南天山山脉对降水的屏障作用强,而在夏半年(4—9月)相反,南天山山脉对降水的屏障作用远比北天山山脉对降水的屏障作用强。

表 2.4.2 天山南侧和北侧(沿 81°E)降水量(mm)分布 (1961—1970 年)

站名＼月	1	2	3	4	5	6	7	8	9
塔城	13.8	11.5	21.4	24.0	29.8	32.8	21.5	11.4	34.2
阿拉山口	2.0	2.0	5.6	6.3	12.4	12.9	14.9	16.1	7.2
昭苏	7.0	5.2	17.5	53.3	73.2	95.2	97.5	62.9	50.7
拜城	2.0	1.1	5.2	8.8	7.9	9.9	16.8	12.1	9.6

站名＼时段	10月	11月	12月	10—3月	4—9月	年记
塔城	34.2	36.4	19.6	136.9	143.6	280.5
阿拉山口	8.0	1.9	2.6	22.7	69.8	92.5
昭苏	30.2	13.2	5.3	78.4	432.8	511.2
拜城	7.0	5.2	2.5	23.0	65.1	88.1

注：阿拉山口和塔城位于北天山的南北两侧，拜城和昭苏位于南天山的南北。

由图 2.4.7 可见，北天山山脉与南天山山脉对于水汽屏障作用的季节变化具有明显的突变。在 10 月上旬前，在沿 81°E 的天山山脉南北，降水几乎都集中在南天山山脉北侧，在天山山脉地区的降水最大中心（旬降水量 10—40 mm）都位于南天山山脉的北侧；然而，自 10 月中旬起，降水最大中心突然跳到北天山山脉的北侧。

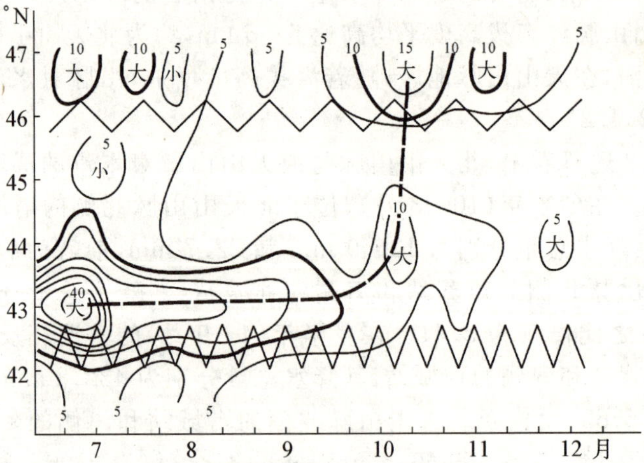

图 2.4.7 沿 81°E 天山山脉南北逐旬降水(mm)分布 (1961—1970 年平均)

天山山脉对于气温和降水具有如此明显的屏障作用，势必对于气候和环境带来重大的影响。

研究表明(彭补拙等,1985),位于南天山山脉西段的托木尔峰,其南坡和北坡的垂直气候带和自然带差异很大(见表 2.4.3):除了在高海拔地区(海拔高度 2 900—3 100 m 以上)的南坡和北坡都具有高山冰雪带、高山寒冻垫状植被地衣-原始土带和高山寒冷草甸-草甸土带外,在中低海拔地区,南北坡的垂直自然带迥然不同。北坡在海拔高度 2 100—2 900 m 有山地寒温带针叶林-灰褐色森林土带,而在南坡相应高度范围却没有针叶林森林带,只有山地温带干草原和寒温带干草原带;北坡在低海拔地区(海拔高度 1 100—1 900 m)有发育完好的山地温带草原和山地温带干草原垂直自然带,而在相应海拔高度(<1 900 m)的南坡只有温带荒漠-棕漠土带。

表 2.4.3 南天山山脉(托木尔峰)南坡和北坡垂直自然带比较 (引自彭补拙等,1985)

北坡		南坡	
垂直自然带	海拔高度(m)	海拔高度(m)	垂直自然带
山地温带干草原-栗钙土带	1 100—1500		
山地温带草原-黑钙土带	1 500—1 900	<1 900	温带荒漠-棕漠土带
山地寒温带草甸-黑钙土带	1 900—2 100	1 900—2 200	山地温带荒漠草原-棕钙土带
山地寒温带针叶林-灰褐色森林土带	2 100—2 900	2 200—2 600	山地寒温带干草原-栗钙土带
亚高山寒带草甸-草甸土带	2 900—3 100	2 600—2 900	亚高山寒温带草原-草原土带
高山寒冷草甸-草甸土带 *	3 100—3 400	2 900—3 600	高山寒冷草甸-草甸土带 *
高山寒冻垫状植被地衣-原始土带 *	3 400—3 700	3 600—4 250	高山寒冻垫状植被,地衣原始土带 *
高山冰雪带 *	>3 700	>4 250	高山冰雪带 *

在天山山脉地区,由于北天山山脉和南天山山脉对于降水的屏障作用不同(见表 2.4.2),因而北天山山脉南坡和北坡的垂直自然带分布也与上述有所不同。由表 2.4.4 可见,在南天山山脉和北天山山脉的南坡,其垂直自然带谱的结构类型大体相似:垂直自然带谱的 7 个带完全相同,都是由低海拔的温带荒漠

带经山地温带荒漠草原带、寒温带干草原带、亚高山寒温带草原带，随高度增加而最后演变为高山冰雪带；无论是在南天山山脉南坡还是在北天山山脉南坡，都没有山地寒温带针叶林带；其垂直带谱的性质都属于大陆性半干旱型。这说明，无论是在北天山山脉的南坡，还是在南天山山脉的南坡，由于山脉对来自大西洋的暖湿气流或北冰洋的冷湿气流的屏障作用，都使得山脉背风一侧干旱少雨，从而形成大陆性半干旱型的垂直自然带谱。

表 2.4.4 天山山脉南坡和北坡垂直自然带谱的比较

北坡			南坡		
垂直自然带	南天山海拔高度	北天山海拔高度	垂直自然带	南天山海拔高度	北天山海拔高度
高山冰雪带	>3 700 m	>3 900 m	高山冰雪带	>4 250 m	>4 200 m
高山寒冻垫状植被地衣-原始土带	3 400—3 700 m	3 500—3 900 m	高山寒冻垫状植被地衣-原始土带	3 600—4 250 m	3 800—4 200 m
高山寒冷草甸-草甸土带	3 100—3 400 m	2 800—3 500 m	高山寒冷草甸-草甸土带	2 900—3 600 m	3 200—3 800 m
亚高山寒冷草甸-草甸土带	2 900—3 100 m	—	亚高山寒温带草原-草原土带	2 600—2 900 m	2 500—3 200 m
山地寒温带针叶林-灰褐色森林土带	2 100—2 900 m	1 700—2 800 m	山地寒温带干草原-栗钙土带	2 200—2 600 m	2 000—2 500 m
山地寒温带草甸-黑钙土带	1 900—2 100 m	—	山地温带荒漠草原-棕钙土带	1 900—2 200 m	1 800—2 000 m
山地温带草原-黑钙土带	1 500—1 900 m	—	温带荒漠-棕漠土带	<1 900 m	<1 800 m
山地温带干草原-栗钙土带	1 100—1 500 m	1 200—1 700 m			

注：南天山山脉以托木尔峰代表，北天山山脉以博格多山代表。

然而，在天山山脉的北坡，情况就不完全相同了：在北天山山脉的北坡，没有亚高山寒带草甸-草甸土带、山地寒温带草甸-黑钙土带和山地温带草原-黑钙土带。这是由于，在以博格多山为代表的北天山山脉的北坡，受蒙古戈壁干旱气候的影响，年降水量比南天山山脉北坡的少(由表2.4.4可见，北天山山脉北侧的年降水量仅为南天山山脉北侧的55%)，因而，使得对湿润度有一定要求的亚高山寒带草甸-草甸土带、山地寒温带草甸-黑钙土带和山地温带草原-黑钙土带不能存在。

2. 横断山脉山地屏障与通道共同作用对降水和自然环境影响

(1) 对降水空间分布的影响

在横断山脉地区，年降水量随经度的变化远大于随纬度的变化。表2.4.5

表 2.4.5 横断山脉地区(97°—100°E,25°—28°N)沿经向的降水分布

地区		站名	位置	年降水量(mm)		
横断山脉西侧	高黎贡山西坡	独龙江	恩梅开江	3 324		
		片马垭口	东侧	2 681	2 757	6.68
		密支那	97.42°E	2 267		
横断山脉	高黎贡山东坡	贡山	沿	1 667		
		福贡	怒江河谷	1 390		
	怒山西坡	怒江	98.75°—	1 163	1 308	3.17
		六库	98.92°E	1 011		
	怒山东坡	维西	沿	952		
		兰坪	澜沧江河谷	1 016		
		云龙	99.38°—	879	967	2.34
		永平	99.55°E	1 022		
横断山脉东侧	哈巴雪山东坡	得荣	沿金沙江河	325		
		中甸	谷 99.70°E	620	413	1.00

给出了降水随经度的变化：在横断山脉地区，山脉西侧的降水量最大，年降水量达 3 000 mm 左右，在山脉东侧，年降水量只有 300—600 mm，东西两侧相比平均为 1.00∶6.68；年降水量随经度的变化率可达 426—1 731 mm/经度，即，自西向东，年降水量急速递减，递减率为 426—1 731 mm/经度。然而，在横断山脉地区，年降水量随纬度的变化却不大(表 2.4.6 和 2.4.7)，无论是在高黎贡山西侧，无论是沿怒江河谷、澜沧江河谷、金沙江河谷，还是在横断山脉东侧，南北降水量的比值最大不超过 1.70；其年降水量随纬度的变化率为 40—538 mm/纬度。由上可见，在横断山脉地区，降水随经度的变化率约为降水随纬度变化率的 3—18 倍。这种现象主要是由于南北走向的横断山脉阻挡了西南季风，形成了山脉西侧大量的降水，而在背风一侧的降水很少，带来东西方向降水的极大差异。

为什么在横断山脉地区内降水变化的经向性和纬向性有如此明显差异呢？研究表明(高登义,2005),由于三江(怒江、澜沧江和金沙江)水汽通道为西南季风提供了一条自南向北输送水汽的有利条件,使得位于背风一侧应该是"雨影地区"的怒江和澜沧江河谷的年降水量仍然可以达到1 000 mm左右。

表2.4.8为1985年6—8月沿怒江和澜沧江河谷的水汽输送强度值。表中,Q'为1985年6月的水汽输送强度值。

表2.4.6 横断山脉地区降水随纬度变化率 ($\Delta R/\Delta \Phi$: mm/纬度)

	站名	位置	年降水量	南北比	$\Delta R/\Delta \Phi$	均值
高黎贡山西侧	独龙江	27°44′N,98°21′E	3 324.1	1.47	363.5	
	片马Y口	25°58′N,98°40′E	2 680.8	1.18	713.3	538.4
	密支那	25°23′N,97°25′E	2 267.1	1.00		
沿怒江河谷	贡山	28°03′N,98°45′E	1 667.4	1.65	283.6	
	福贡	27°04′N,98°48′E	1 389.5	1.37	612.2	368.0
	碧江	26°42′N,98°55′E	1 163.0	1.15	208.2	
	六库	25°58′N,98°49′E	1 011.4	1.00		
沿澜沧江河谷	维西	27°13′N,99°31′E	951.6	0.93	-116.2	
	兰坪	26°40′N,99°32′E	1 015.5	0.99	-0.19	-58.2
	永平	25°27′N,99°33′E	1 021.9	1.00		

表2.4.7 横断山脉地区降水随经度变化率 ($\Delta R/\Delta \eta$: mm/经度)

位置	97.42°—98.92°E	98.75°—99.55°E	99.38°—99.70°E
$\Delta R/\Delta \eta$	-966.0	-426.3	-1 731.3

表2.4.8 1985年6—8月沿怒江、澜沧江的水汽输送 Q (单位: g/(cm·s))

地区	站名	位置	Q	Q'
沿怒江河谷	六库	25°59′N,98°49′E	528	764
沿澜沧江河谷	临沧	23°57′N,100°13′E	98	313

由表2.4.8可以看出,在6—8月,沿澜沧江和怒江河谷的水汽输送强度分别平均为98和528 g/(cm·s);在水汽输送最强的6月,它们分别可以达到313

和 764 g/(cm·s)。上述表明,在怒江和澜沧江河谷中,前者的水汽输送较强,因而,在怒江河谷中的年降水量平均可以达到 1 308 mm,而在澜沧江河谷中的平均年降水量却只有 967 mm。另外,尽管在横断山脉西坡没有水汽输送的观测资料,但根据作者估计,它应该介于沿着雅鲁藏布江的水汽输送强度和沿着怒江的水汽输送强度之间,即,在 1 500—500 g/(cm·s)内。若如此,则在横断山脉西坡的年降水量当然应该是最大了。与此相应,在水汽输送强度最大的横断山脉西坡,不仅年降水量最大,而且年降水量自南向北的递增率也最大(538.4 mm/纬距);在怒江河谷,水汽输送强度次之,年降水量及其自南向北的递增率(368.0 mm/纬距)也仅次于西侧,位居第二;在澜沧江河谷,水汽输送强度明显减小,因而,不仅其年降水量减小,而且年降水量自南向北转为递减,但其递减率不大,只有 -39.72 mm/纬距;在横断山脉东侧,由于南北向山脉的屏障作用,以及没有沿江的水汽输送,年降水量为横断山脉地区的最小值,且年降水量自南向北迅速递减,递减率达到 -655.56 mm/纬距。

可见,在青藏高原东南部,自西向东走向的喜马拉雅山脉与自北向南走向的横断山脉相交在这里,雅鲁藏布江和怒江澜沧江河谷水汽通道也分布在这里,复杂的地形条件,形成了降水的特殊分布。

在喜马拉雅山脉地区,由于喜马拉雅山脉自西向东走向,且其平均海拔高度高达 6 km 以上,屏障了西南季风向青藏高原内地输送的水汽,因而气象要素分布主要表现在纬向性差异。即,在喜马拉雅山脉南北之间的年降水量差异极大,山脉南侧的年降水量为北侧的 3—8 倍;山脉南北的降水变化率可以达到 -706— -10 406 mm/纬距,即,自南向北,年降水量随纬度增加而迅速递减,每相隔 1 个纬度,年降水量减小 700—10 000 mm 以上。

与上述不同,在横断山脉地区,一方面,由于一系列南北走向的山脉与一系列南北走向的河谷相间分布,因而降水量分布主要呈现经向性差异,另一方面,由于怒江和澜沧江相间在南北走向的横断山脉中,沿着怒江河谷和澜沧江河谷的自南向北的水汽输送,使得位于伯舒拉岭和高黎贡山、他念他翁山和怒山之东侧的河谷中,年降水量也可以达到 1 000 mm 左右,从而减小了降水分布的经向性差异。

(2) 对气候自然带分布的影响

在横断山脉地区,山地屏障作用与水汽通道作用的综合效应带来了更特殊的气候自然带分布。

何大明、李恒(1996)研究指出,在高黎贡山西侧的独龙江地区,存在丰富的垂直气候自然带:山地亚热带、山地温暖带、寒温带、高山亚寒带、高山寒带等;它与珠峰南侧一样,分布着从常绿阔叶林、针阔叶混交林、针叶林、灌丛草甸到地衣的不同自然带景观。

杨勤业(1983)研究指出,在横断山脉东部的哈巴雪山东侧,垂直自然带表现为由暖干旱河谷灌丛向高原植被的过渡形地带，即，由暖干旱河谷灌丛、云南松林、杉林、高山灌丛草甸等组成；这与高黎贡山西侧的垂直气候自然带明显不同。然而，在高黎贡山东侧的怒江流域，与高黎贡山西侧的气候自然带却非常相近，垂直带谱中的基带为湿性常绿阔叶林，往上为针阔混交林带、暗针叶林带、杜鹃、箭竹、灌丛、高山草甸带等。在澜沧江流域，垂直带谱中的基带为干性常绿阔叶林，以上为冷云杉为代表的针叶林带和灌丛、高山草甸带等，它与怒江河谷的气候自然带也比较接近；主要区别在于垂直自然带的基带不尽相同，前者为湿性，后者为干性。

可见，在横断山脉地区，特殊的山川分布为山地屏障和水汽通道综合作用提供了极好的自然条件，形成了丰富而不尽相同的垂直气候自然带分布。

综上结果不难看出，在藏东南地区，山地屏障作用为上述地区创造了降水和气候自然带的差异，而水汽通道作用与山地屏障作用共同影响的结果更创造了该区既有丰富的从极地到热带的垂直气候自然带分布，即，由于特殊的山地与河谷分布及适宜的地理位置，使得山地屏障作用与水汽通道作用同时存在，它们的共同作用带来该区山地降水分布和气候自然带分布的特殊状况。

2.4.3 大气环流变化对山地地形作用的影响

研究表明，当大气环流发生大的变化时，也会影响山地对于大气的作用。例如，在不同的大气环流条件下，雅鲁藏布江的水汽通道作用明显不同；在不同的天气系统条件下，珠峰北坡的冰川风也非常不同；等等。

1. 大气环流变化与雅鲁藏布江水汽通道作用

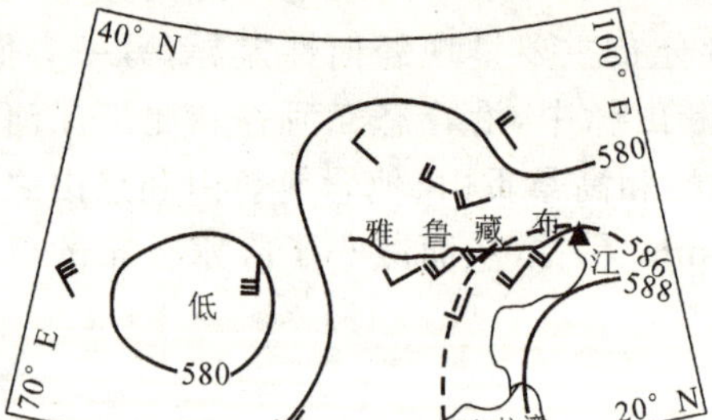

图 2.4.8 1983 年 7 月 27 日 00GMT 东亚 500 hPa 天气形势图

观测研究表明（高登义等，1985），在 500 hPa 天气形势图上，若南支西风带的低压槽或低压中心位于东经 75 度附近，则青藏高原东南部及其南侧地区都处于西风槽前的西南气流控制下（如图 2.4.8），更有利于来自孟加拉湾的暖湿气流沿着雅鲁藏布江下游向北方向输送，并在水汽输送方向的下游带来特大暴雨，造成大的灾害。例如，1983 年 7 月 27—29 日，南支西风槽比较稳定地维持在东经 75 度附近，受其影响，沿着布拉马普特拉河-雅鲁藏布江逆江而上的水汽输送通量达到 1 200—4 000 g/(cm · s)（见表2.4.9）。在上述天气系统条件下，沿着布拉马普特拉河-雅鲁藏布江逆江而上的水汽输送通量比平均情况高出 1—4 倍。在上述天气系统条件下的水汽输送强度不仅带来沿着布拉马普特拉河-雅鲁藏布江河谷的大范围、高强度降水，而且还在我国四川、陕西一带形成大暴雨(见图 2.4.9)。

表 2.4.9　1983 年 7 月 27 日—8 月 3 日在布拉马普特拉河-雅鲁藏布江河谷的水汽输送通量　(单位：g/(cm・s))

站　名	输送方向	7 月 27 日	7 月 28 日	7 月 29 日	7 月 30 日	7 月 31 日	8 月 1 日	8 月 2 日	8 月 3 日
易　贡	西　北	1 329	1 262	1 561	454	113	122	398	193
	东　南	－79	－216	－125	－730	－1 186	－762	－204	－27
高哈提	东北东	1 730	3 628	3 939	3 517	2 157	0	0	63
	西南西	－107	－6	－37	－111	－1 263	－2 592	－3 868	－5 941

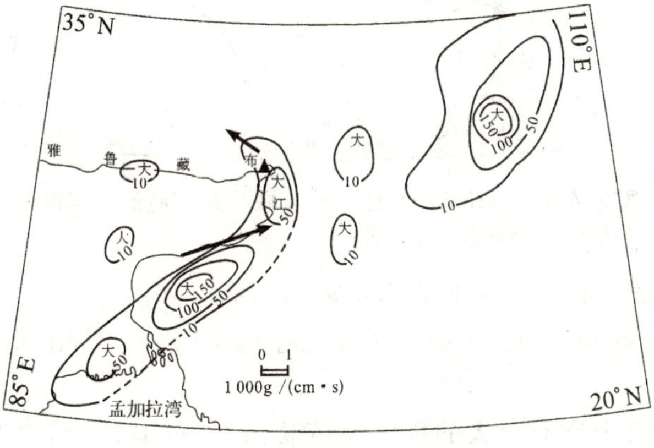

图 2.4.9　1983 年 7 月 29 日青藏高原东南部及其东侧地区降水分布

如图 2.4.9 所示，在连续 3 天非常强大的水汽输送条件下，在 1983 年 7 月 29 日，沿着布拉马普特拉河-雅鲁藏布江流域，有一片暴雨区，日降水中心的降水量达到 50—150 mm 以上；另外，在四川、陕西一带还有一片暴雨区，日降水中心的降水量达到 150 mm 以上。

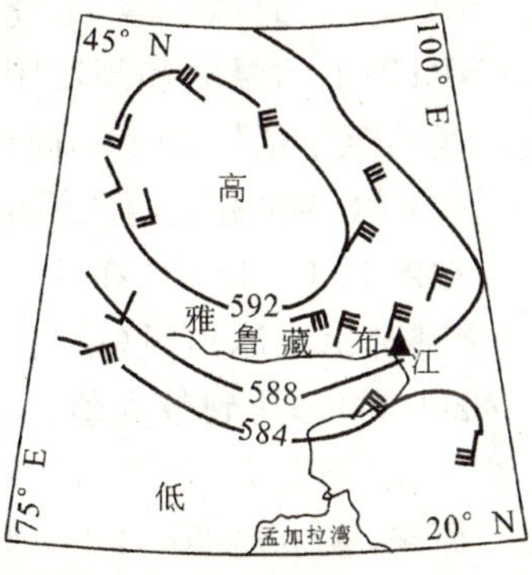

图 2.4.10　1983 年 8 月 1 日 00GMT 东亚 500 hPa 天气形势图

与上相反，若青藏高原上空为强大的副热带高压，则青藏高原东南部及其南侧地区都在偏北气流控制下(见图 2.4.10)。此时，不仅不利于来自孟加拉湾的暖湿气流沿着布拉马普特拉河-雅鲁藏布江流域向青藏高原内地输送，而且会出现从青藏高原内地向南侧地区输送水汽(见表2.4.9),与之相应,在青藏高原东南部及其东侧几乎没有降水发生。如表2.4.9所示,1983年8月1日,沿着布拉马普特拉河流域(以高哈堤站为代表),盛行东北偏东风,水汽输送的方向完全是沿着布拉马普特拉河顺江而下;沿着雅鲁藏布江下游河谷(以易贡站为代表),盛行西北风,水汽输送的方向主要是沿着雅鲁藏布江下游河谷顺江而下。在此情况下,沿着布拉马普特拉河-雅鲁藏布江流域为晴天或少量降水,而在青藏高原东侧的四川、陕西一带没有降水(见图2.4.11)。

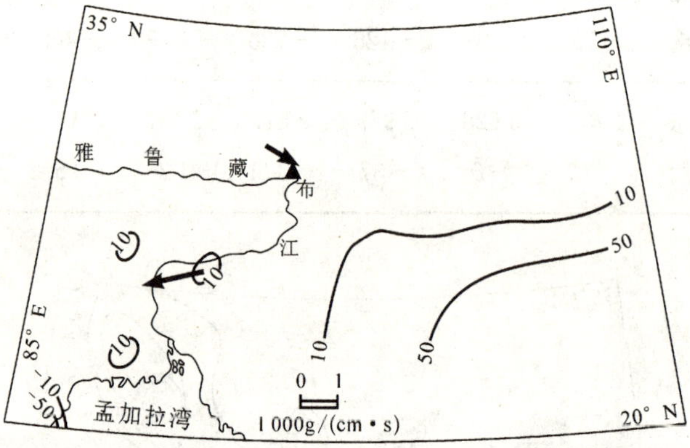

图2.4.11 1983年8月1日青藏高原东南部及其南侧、东侧地区降水(mm)分布

2. 大气环流变化对珠峰北坡冰川风的影响

一般说来,在珠峰北坡山谷中,几乎昼夜盛行下山风-冰川风(高登义,1985)。

然而,当珠峰上空有强大的天气系统移过时,受其影响,会改变北坡局地的大气温度场和气压场的分布,增强或减弱低层的冰川风。

图2.4.12 a—b为1975年5月2—9日和18—28日在珠峰北坡绒布寺站300 hPa以下的风的实况资料。图2.4.13a—b为与图2.4.12a—b同期的300 hPa以下的温度和高度距平时间剖面图,它去除了日变化因素,从高度场和温度场的距平值反映了不同尺度天气系统的影响。

(1) 深厚的南支西风槽的影响

在图2.4.12b中,在5月21日16时至23日23时,连续三天的14次观测中,全部都出现冰川风(偏南风),而且其强度(最大风速为16 m/s)和厚度(最大达2 200 m)都达到较大值。一般说来,春季,在珠峰北坡,在中午时间会出现较弱的谷风(高登义,1979),连续三昼夜出现如此强大的冰川风的确罕见。

原来,在上述期间,在500—200 hPa等压面上(文中只给出400 hPa天气形势图),珠峰都是处于南支西风槽槽前的西南气流中。这样,偏南气流从珠峰峰体西侧的山口翻越,进入北坡地区后,沿着北坡南下,有利于冰川风的维持与加强。另外，在 1975 年 5 月 21—23 日，有一次相当强的南支西风槽从青藏高原西南侧移过本站的过程(见图 2.4.14 和图 2.4.12b)，在它移过珠峰上空的前后带来了北坡山谷中大气温度场的不同分布，从而也影响了北坡山谷中冰川风的强度变化。

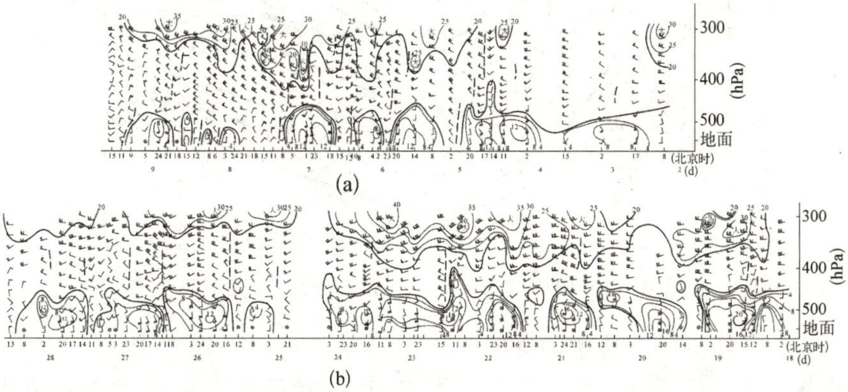

图 2.4.12 珠峰北坡绒布寺站地面 300 hPa 风的时间剖面图
(a) 1975 年 5 月 2—9 日；(b) 1975 年 5 月 18—28 日

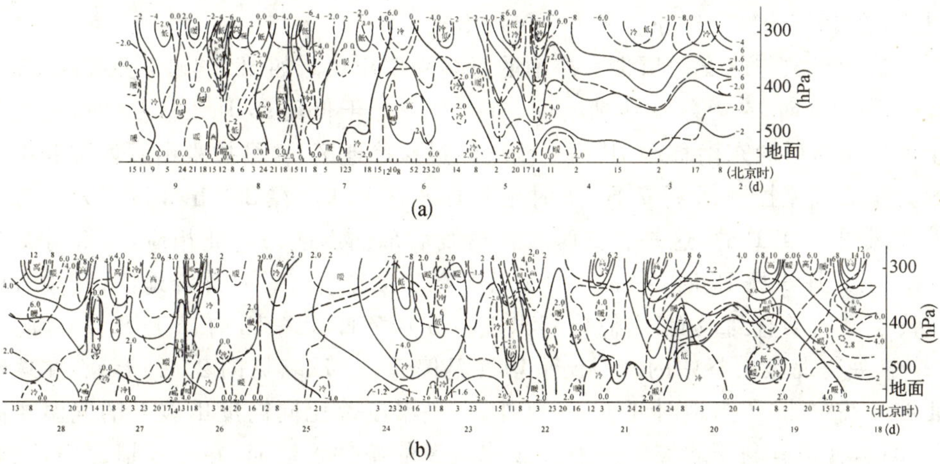

图 2.4.13 珠峰北坡绒布寺站地面 300 hPa 气温和高度距平时间剖面图
(单位：℃，位势米)(a) 1975 年 5 月 2—9 日；(b) 1975 年 5 月 18—28 日

如图 2.4.14，5 月 21 日，在 400 hPa 上，在东经 75 度附近，有一深厚的南支西风槽，珠峰处于槽前的西南暖湿气流中，与之相应，在 5 月 22 日 08 时以前，珠峰北坡的大气温度比平均值偏高 2—6℃(见图 2.4.13b)，加大了山坡表面气温与同高度大气气温之差；由坡风方程可知，此时的 f 值是绝对值很大的负数，它远远大于平均状况下的负数值，因而，在珠峰北坡的冰川风必然加强，出现了连续 24 h 的强大冰川风，在离地 1 600 m 以下的平均风速达到 8.9 m/s，是有观测

以来的最强盛的冰川风。

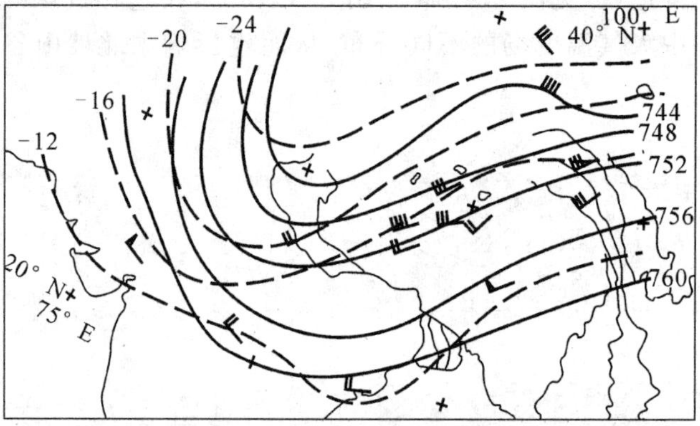

图 2.4.14 1975 年 5 月 21—23 日 400 hPa 天气形势图

(2) 北支西风带上冷槽的影响

由图 2.4.12a 看出，在 1975 年 5 月 7 日 11 时至 5 月 8 日 12 时的 9 次无线电探空气象观测中，在珠峰北坡山谷中的冰川风几乎全部被破坏，只有 3 次在离地 400 m 以下有微弱的冰川风（风速 2—3 m/s）；这种现象在珠峰北坡春季很少见到，在 1975 年 3—5 月的观测中仅仅出现 1 次。

这种现象与北支西风带上冷槽的影响密切相关。如图 2.4.15 所示，1975 年 5 月 7 日 08 时，在巴尔喀什湖南面，有一个塔什干低压；5 月 8 日 08 时，该塔什干低压崩溃后向东南移动，其槽线刚刚经过珠峰地区，喜马拉雅山脉西部和中部都为偏北气流控制；5 月 7 日 11 时至 5 月 8 日 12 时，在 300 hPa 以下几乎都是偏北风图(2.4.12a)，这是北支西风带槽线后部的影响。与此相应，在 5 月 7 日 11 时至 5 月 8 日 12 时，在 300 hPa 以下有 3 次冷空气移过珠峰地区，其中有两次冷空气活动直到地面，它们分别出现在 5 月 7 日 08—11 时、5 月 8 日 03 时和 12 时，使得北坡山谷中的气温比平均气温偏低 2—7℃（见图 2.4.13a）。在珠峰北坡山谷中，除了当地时间 11 时以外，大气温度都比同高度山坡上的气温要高 1—3℃，这是有利于北坡山谷中形成冰川风的条件。然而，在上述情况中，北坡山谷中的大气温度比平均值低了 2—7℃，即，在坡风方程中的 f 值大于零且为很大的正数，这种情况比当地时间 11 时的情况还更有利于谷风的形成；因而，在 5 月 7 日 11 时至 21 时出现连续 11 个小时的谷风。

综上可见，就平均情况而言，在珠峰北坡山谷中，由于特殊的下垫面分布和地形条件，除了在当地时间 11 时以外，山坡上的气温都比同高度上的大气温度要低，容易形成下山风-冰川风。这是珠峰北坡山地条件对于局地大气环流的影响。然而，当珠峰上空的大气环流发生重大变化时，受大气环流的影响，珠峰北坡山谷中的温度和气压场分布会发生大的变化，或者非常有利于下山风-冰川风的形成与维持，或者相反，非常有利于谷风的形成与维持。这种由于大气环流变化而改变山地局地大气温度和气压场变化，从而对于局地环流产生重大影响的作用，作者称作山地与大气之间的相互作用。

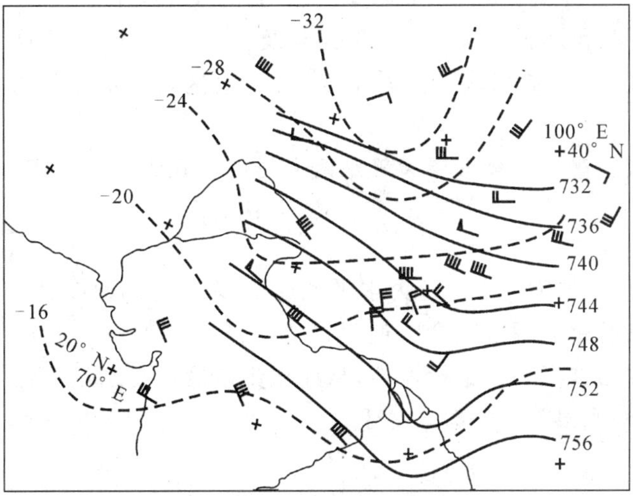

图 2.4.15 1975 年 5 月 8 日 08 时 400 hPa 天气形势图

2.4.4 人类对于山地环境气象条件的适应问题

1. “空中调水”设想的可行性

为了缓解我国西北地区的干旱问题，有知名科学家大胆提出，通过改变雅鲁藏布大峡谷及其以北地区的地形，扩大雅鲁藏布大峡谷的空间，让来自印度洋的暖湿水汽能够比较畅通地输送到中国西北地区或青藏高原腹地，增加“三江源”地区降水，然后再通过长江、黄河灌溉祖国大地。这个建议，也就是大家关注的“空中调水”设想。本节根据气候资料，通过简便可行的计算方案来讨论这个设想在气象学上的可行性。

由于在雅鲁藏布大峡谷地区乃至青藏高原东南部地区缺乏足够长期的高空气象资料，也由于目前尚没有一个非常完善的模式能够模拟在雅鲁藏布大峡谷这种复杂地形条件下的降水情况，因而，高登义、蹇咏霄（高登义，2005）在诊断分析的基础上，利用青藏高原东南部几个站点的常规气象资料，结合 NCAR/NCEP 的网格点资料，在理想状况的假定下，计算通过改变雅鲁藏布大峡谷及其北部地区的地形条件后的水汽输送情况，从而讨论上述设想在气象学上的可能性。

(1) 资料和分析方法

研究所用的网格点资料是 NCAR/NCEP 的再分析资料，水平分辨率为

2.5°×2.5°。它包括高空逐月平均的风场、温度场、湿度场以及地面降水资料。本文选取的高空资料包括7个层次,即地面层、850、700、600、500、400和300 hPa。

采用的站点资料为西藏气象局所提供的1986年6月1日—8月31日林芝站、拉萨站和那曲站等三站的地面及高空气象资料。这三个站点所覆盖的区域正好位于雅鲁藏布大峡谷以北的地区,是所设想的空中调水的必经之地。

计算水汽通量 计算整层大气水汽通量的公式为

$$\vec{F} = \int_{p_{\text{top}}}^{p_{\text{sfc}}} (q\vec{V}) \frac{\mathrm{d}p}{g} \tag{2.4.2}$$

q 是空气比湿,单位为g/kg;V 为水平风速;g 为重力加速度。

计算水汽通量的辐散辐合 通过计算整层大气的水汽通量的辐散辐合,可以对整层大气的水汽平衡进行评估,从而得出该区域是水汽源还是水汽汇(麻逸民等,1993)(朱乾根等,1992)。对于

$$I = -\frac{1}{g}\int_0^{p_0} \nabla \cdot \vec{V} q \,\mathrm{d}p \tag{2.4.3}$$

可以运用高斯公式变换来改写上式(朱乾根等,1992)。

在对流层大气中,比湿随高度迅速减少,对流层低层的比湿远大于高层的比湿,因此,虽然低层的质量辐合被高层的质量辐散所抵消,但低层质量辐合所伴随的水汽辐合远大于高层质量辐散所伴随的水汽辐散,即

$$\int_{p_0}^{p_T} \frac{1}{g} q \nabla \cdot \vec{V} \,\mathrm{d}p > 0$$

由于在所计算的区域,在400 hPa以上大气中的水汽含量只占全部水汽含量的1/10左右,故质量辐合对降水的贡献可近似写成

$$\int_{p_0}^{400} \frac{1}{g} q \nabla \cdot \vec{V} \,\mathrm{d}p = -\frac{1}{g}\bar{q}\omega_{400} \tag{2.4.4}$$

在上式中设 p_0 等压面上的垂直速度为零。上式说明,质量辐合对降水的贡献和零百帕等压面上的垂直速度成正比。当400 hPa等压面面上有上升运动时,则一定有水汽的净辐合。可见,上升运动和水汽辐合二者之间存在必然的联系。上升运动所起的作用是把四周向降水区辐合的潮湿空气中水汽"拧出来"。因此在诊断降水成因时,诊断垂直运动是最基本的。

垂直运动和散度、涡度的计算 考虑到计算区域的地形是明显地呈东南低西北高的分布,所以必须考虑地形强迫效应计算三个站点区域内的散度、涡度和垂直速度(丁一汇,1984)。由地面强迫造成的地面垂直速度公式为

$$\omega_0 = \rho_0 g\left(u_0 \frac{\partial h_m}{\partial x} + v_0 \frac{\partial \mathrm{h_m}}{\partial \mathrm{y}}\right) \tag{2.4.5}$$

其中 h_m 为测站的海拔高度，u_0、ρ_0 和 v_0 分别是近地面大气密度、地面风速分量。

计算散度可以用下式来求得：

$$\nabla \cdot \vec{V} = \frac{1}{S}\sum_{i=1}^{3} V_{ni}\Delta l_i \tag{2.4.6}$$

式中 S 为区域面积，Δl_i 为区域的各边边长，V_{ni} 为垂直于边界的风速分量。计算各层的垂直速度可以利用连续性方程 $\omega = -\int \nabla \cdot \vec{V}\,\mathrm{d}p$ 的差分形式 $\omega_K = \omega_0 + \sum_{k=1}^{K}\overline{D_K}\Delta p$ 求得，其中 $\overline{D_K} = 1/2(D_k + D_{K-1})$。但是，由于计算散度的误差，必须对垂直速度进行修正。选用 O'Brien 方法（O'Brien JJ, 1970）：

$$\omega_k = \omega_{k-1} + \overline{(\nabla \cdot \vec{V})_k} \cdot \Delta p \tag{2.4.7}$$

$$\omega'_k = \omega_k - \frac{k(k+1)}{K(K+1)}\omega_K \tag{2.4.8}$$

$$D'_k = D_k - \frac{k}{1/2K(K+1)}(\omega_K - \omega_T)/\Delta p \tag{2.4.9}$$

k 表示每层序号，K 是最大层数，ω_K 为最高层的垂直速度，ω_T 为大气顶部的垂直速度，一般假设为零。

（2）选择历史上西南季风最强年

新南亚季风指数的定义 研究表明，南亚季风的强弱与青藏高原四周向青藏高原的水汽输送密切相关。为了确定沿着雅鲁藏布大峡谷向青藏高原的水汽输送哪一年为最强，有必要找到一个简单可行的指数来确定南亚季风的强弱。

选择（0°—20°N，40°—110°E）区域作为研究区域，并定义，在（0°—20°N，40°—110°E）区域内，在 850 hPa 等压面上，月平均的水平方向实际风矢量在西南轴上的分量为西南季风指数：

$$SWI = U^* - \overline{U} \tag{2.4.10}$$

$$U^* = U \times \cos(45^\circ) + V \times \cos(45^\circ) \tag{2.4.11}$$

其中 U 为 850 hPa 等压面上的纬向风，V 为 850 hPa 等压面上的经向风。$\overline{U}$ 为季节平均值（3—5 月、6—8 月、9—11 月、12—2 月）。

确定强季风年 表 2.4.10 给出各个用来描述南亚季风变化的物理指标之间的线性关系。由该表可见，南亚地区的 CI1 和 WSI1 是描述南亚地区夏季风较好的物理指标，东亚季风是基本上独立于南亚季风的气候系统。IRI 与纬向风切变指数的相关系数普遍高于与经向风切变指数的相关系数，因此，以经向风场来确定的季风 Hadley 环流指数 MHI，基本上不能作为有效的指数来描述南亚季风（MHI 与 IRI 之间的相关系数仅为 0.41）。

通过与目前流行的南亚季风指数以及南亚地区季风变化特征的比较，可以认为，以南亚 850 hPa 等压面上的西南风场来描述季风转换的南亚季风指数，基本可以正确描述南亚季风的冬夏环流系统的转换过程和维持状况。另外，这个南亚季风指数具有计算简单可靠、物理意义明了的特点，便于在天气和气候研究中使用。

表 2.4.10 南亚季风指数间的线性相关系数

	IRI	CI1	CI2	WSI1	WSI2	SSI1	SSI2	MHI	WYI	SWI
IRI	1	-0.91	-0.44	0.83	0.6	0.75	0.72	0.41	0.82	0.84
CI1	-0.91	1	0.5	-0.77	-0.6	-0.7	-0.71	-0.22	-0.75	-0.72
CI2	-0.44	0.5	1	-0.49	-0.6	-0.41	-0.6	0.09	-0.45	-0.34
WSI1	0.83	0.77	0.49	1	0.75	0.63	0.73	0.31	0.97	0.88
WSI2	0.6	-0.6	-0.6	0.75	1	0.37	0.59	0.02	0.73	0.59
SSI1	0.75	-0.7	-0.41	0.63	0.37	1	0.6	0.29	0.6	0.68
SSI2	0.72	-0.71	-0.6	0.73	0.59	0.6	1	0.33	0.68	0.71
MHI	0.41	-0.22	0.09	0.31	0.02	0.29	0.33	1	0.31	0.46
WYI	0.82	-0.75	-0.45	0.97	0.73	0.6	0.68	0.31	1	0.86
SWI	0.84	-0.72	-0.34	0.88	0.59	0.68	0.71	0.46	0.86	1

注：以上各相关系数均通过 95%的信度检验。

根据本文建立的南亚季风指数，无论从强度和季风的爆发时间来看，1986 年是一个强季风年。因此，本文选用了 1986 年 6、7、8 三个月的常规气象资料作为分析的重点。

(3) 地形强迫抬升所造成的水汽损失

在理想状况的假设条件下，改变雅鲁藏布大峡谷及其以北地区的地形条件，利用诊断分析的方法，计算在新的地形条件下由于地形强迫抬升而造成水汽在输送过程中的损失，并以此来初步判断“空中调水”在气象学上的可行性。

首先可以作一些最有利于水汽输送的假设：

① 水汽在向北输送的过程中，从雅鲁藏布大峡谷到“三江源”地区只有一个比较平缓的迎风坡，不存在绕流、剧烈强迫抬升和喇叭口辐合的情况。

② 只考虑地形的强迫抬升所造成水汽的垂直运动，而不考虑大气的辐散辐合所造成的垂直运动。

③ 在水汽通道内，水汽在上升过程中不考虑与外界的质量和热量交换，可

以认为是,如果没有达到饱和是绝热上升过程,而一旦达到饱和就是假绝热上升过程。

在以上过程中,没有考虑饱和以后凝结的水分在下落过程中的再蒸发,而且假设空气中有足够的凝结核,使得空气一旦到达饱和就发生凝结。

在具体操作中,选择数值模拟预报大尺度降水的凝结函数法(梁必骐,1980),计算比湿随输送距离的变化。

凝结函数可以写为

$$\frac{\mathrm{d}q_s}{\mathrm{d}s} = -\frac{q_s T}{p}\left(\frac{RL - c_p R_v \mathrm{T}}{\mathrm{c_p R}_v \mathrm{T}^2 + \mathrm{q_s L}^2}\right) \cdot \Gamma(p) \cdot \alpha \tag{2.4.12}$$

通过计算该层空气在前一个步长时的温度和在前一个步长该层空气所在高度的假绝热过程的垂直减温率 γ_{m},再进行积分,获得每一个步长中的各层空气温度 T。

在常规情况下,地形性表面速度随高度的变化衰减得很快(朱乾根等,1992),但是,由于青藏高原大地形的影响,青藏高原的地形作用可以影响到很高的层次(梁必骐,1980;彭贵康等,1994),因此计算了在林芝地区的地形衰减系数,计算结果如表 2.4.11 所示。

表 2.4.11 林芝地区由于地形强迫的垂直速度随高度递减率

气压(hPa)	700	600	500	400	300	200
衰减系数 $\Gamma(p)$	1.0	0.873	0.532	0.243	0.065 3	0.013 7

假设从林芝站到那曲站之间的直线距离为 300 km,海拔高度差为1 500 m,改变地形以后已经形成一个平缓的斜坡,倾斜角为 1/200。通过上述方法计算了从林芝站到达那曲站的水汽含量。在相同条件下,我们进一步改变地形,设地形的倾斜角为 1/150。表 2.4.12 给出了 1986 年 6—8 月平均的林芝站、拉萨站和那曲站的实测及那曲站模拟的水汽含量、水汽输送通量。

表 2.4.12 1986 年 6—8 月平均水汽含量和水汽输送通量

站　　点	林芝实测	那曲实测	拉萨实测	那曲模拟 ($\alpha=1/200$)	那曲模拟 ($\alpha=1/150$)
水汽含量(mm)	22.22	8.79	13.88	12.74	13.89
水汽输送通量 (g/(cm·s))	428.00	150.76	192.52	175.66	180.32

从表 2.4.12 中可见,当雅鲁藏布大峡谷及其以北地区的地形由陡峭地形改变为较平坦的地形,即假设地形的倾斜角为 1/200 时,确实使在那曲站的水汽含

量和水汽输送通量有较大的提高，水汽含量和水汽输送通量分别增加了45%和17%；但是，在进一步改变地形坡度，使得地形更为平缓后，即假设地形的倾斜角从1/200变为1/150，在那曲站的水汽含量和水汽输送通量只增加了9%和3%，变化不大。

在强降水过程中，地形坡度的变化对于水汽含量和水汽输送的影响如何呢？

下面选择1986年8月21日—28日一次强降水过程来讨论，这次强降水过程的8天平均情况如表2.4.13所示。由表2.4.13和2.4.12可见，在这次强降水过程中，在林芝站、拉萨站和那曲站，它们的实测水汽含量和水汽输送通量都比三个月的平均值大得多，林芝站、拉萨站和那曲站的水汽含量分别比平均值增加了17%、29%和31%，而水汽输送通量则增加了122%、84%和201%。显然，在这次强降水过程中，那曲站的水汽含量和水汽输送通量都比平均值增加很大，分别达到31%和201%。上述计算结果表明，若南亚季风强，则雅鲁藏布大峡谷以北地区的水汽含量和水汽输送强度也强。以模拟值而言，在这次强降水过程中，假设地形坡度为1/200时，那曲站的水汽含量和水汽输送通量比实测值分别增加19%和15%；水汽含量的增加远远不如三个月平均的情况(45%)，水汽输送通量则与三个月的平均情况(17%)比较接近。若地形坡度改变为1/150时，其水汽含量和水汽输送通量再增加4%和9%，水汽含量的增加已经接近于平均状况(9%)，而水汽输送通量的增加则超过了三个月平均的情况(3%)。由此可见，若南亚季风强，不仅在雅鲁藏布大峡谷以北地区的水汽含量和水汽输送通量大大增加，而且，若减小地形坡度到小于1/150时，则其模拟值会比其气候平均状况的模拟值增加得更快。

表2.4.13 1986年8月21—28日水汽含量和水汽输送通量

站 点	林芝实测	那曲实测	拉萨实测	那曲模拟 ($\alpha=1/200$)	那曲模拟 ($\alpha=1/150$)
水汽含量(mm)	26.09	11.50	17.88	13.74	14.25
水汽输送强度值 (g/(cm·s))	951.00	453.82	360.00	520.23	566.43

如前假设，我们在计算水汽输送通过率的时候，只考虑了由于地形强迫所造成的抬升，而在实际上，通过前面的计算表明，该地区的空气总体都处于上升运动中。整个地区的垂直速度要比由于地形抬升所产生的垂直速度大得多，甚至大一个量级(图略)。因此我们可以大致判断出，在林芝到那曲这个区域，由于地形强迫抬升造成的在水汽输送过程中的损耗比由于大尺度的辐散辐合所引起降

水而造成的水汽损耗要小得多。

根据上述研究，我们可以得出如下结论：在制约雅鲁藏布大峡谷水汽通道继续向北输送水汽的因素中，地形的阻碍固然很重要，但大尺度环流所起的作用更大；而要改变大尺度环流则比改变局地地形更为困难。这就是说，从气象学的条件来看，即使按照理想假设条件改变了雅鲁藏布大峡谷及其以北地区的地形，也很难实现“空中调水”的目的。

(4) 结论

① 在特殊的假设条件下，计算了因改变地形而带来雅鲁藏布大峡谷以北地区水汽含量和水汽输送通量的变化，结果表明：假设雅鲁藏布大峡谷南部不受山脉的屏障作用，而且在雅鲁藏布大峡谷及其以北地区的地形由陡峭地形改变为较平坦的地形，确实使得在那曲地区的水汽含量和水汽输送通量分别增加了45%和17%；但是，在进一步改变地形坡度，使得地形更为平缓后，在那曲地区的水汽含量和水汽输送通量只增加了9%和3%，变化不大。

② 若南亚季风特别强大时，不仅在这个地区的降水量大大增加，而且，若减小地形坡度到小于1/150时，则在雅鲁藏布大峡谷以北地区因地形坡度减小而增加的降水量会比气候平均状况增加的降水量更大。

③ 计算表明，在雅鲁藏布大峡谷及其以北地区，空气总体都处于上升运动中，整个地区的垂直速度要比由于地形抬升所产生的垂直速度大得多，甚至大一个量级。因此我们可以大致判断出，在这个区域，由于大尺度的辐散辐合所引起的降水而造成的水汽损耗比由于地形强迫抬升造成的在水汽输送过程中的损耗要大得多。

由上可见，在制约印度洋暖湿水汽通过雅鲁藏布大峡谷通道继续向北输送的因素中，地形阻碍固然重要，但与青藏高原地形有关的大尺度环流的辐合作用更为重要；而要改变大尺度环流则比改变局地地形更为困难。即是说，从气象学条件来看，即使改变了雅鲁藏布大峡谷及其以北地区的地形，也很难实现“空中调水”的目的。

2. 梅里雪山山难与人类适应山地环境气象条件问题

梅里雪山，位于我国云南省西北部与西藏交界处，主峰卡瓦格博，海拔高度6 740 m，它是怒江与澜沧江的分水岭，地势为北高南低。怒江与澜沧江河谷是青藏高原四周向高原内地输送水汽的第二条通道，其6—8月平均的水汽输送通量为，怒江：528 g/(cm · s)，澜沧江：98 g/(cm · s)，仅次于雅鲁藏布江。

下游水汽通道输送的水汽通量，加上地形抬升作用，非常容易在梅里雪山地区带来降水。在表2.4.14中，三站年降水量的平均值为1 239.6 mm，福贡站和贡山的年降水量分别为1 389.7 mm、1 667.6 mm；在一年中，11月—1月的降水量比较小，在40 mm以下。若仅从降水条件来看，11月—1月是攀登梅里雪山的较好季节。表 2.4.15 进一步表明，在 11 月下旬至 1 月上旬更是攀登梅里雪山的较好时段。

表 2.4.14 梅里雪山邻区降水量(mm)的年变化

月	1	2	3	4	5	6	7	8	9	10	11	12
德钦	10.2	18.2	35.6	66.4	59.6	76.1	139.0	124.5	56.9	52.9	14.1	7.8
贡山	54.9	138.3	180.9	196.3	126.0	249.6	202.0	154.2	152.1	133.1	53.2	27.0
福贡	43.8	151.2	217.9	208.4	111.0	144.6	123.4	121.3	85.4	119.0	44.5	19.2
平均	36.3	102.6	144.8	157.0	98.9	156.8	154.8	133.3	98.1	101.7	37.3	18.0

表 2.4.15 11 月—1 月梅里雪山邻区逐旬降水量(mm)

旬	11 月上	中	下	12 月上	中	下	1 月上	中	下
德钦	7.8	4.1	2.3	2.6	3.9	1.3	2.5	3.1	4.6
贡山	20.6	16.5	16.1	8.8	10.5	7.6	11.4	18.6	25.0
福贡	21.6	12.5	10.4	4.6	7.8	6.8	7.7	17.4	18.6
平均	16.7	11.0	9.6	5.3	7.4	5.2	7.2	13.0	16.1

1990 年 11 月下旬，中日联合登山队一行 29 人进入梅里雪山大本营。按照攀登梅里雪山的气象条件来看，此时进入梅里雪山大本营，应该是适时的。然而，在宜于攀登梅里雪山的季节中，中日联合登山队却于 1991 年 1 月 3 日晚被雪崩吞没了 17 名登山家的生命。这是中国登山历史上最惨痛的损失，初步判断为突发性山间危险，最大可能为 1991 年 1 月 2—3 日的大雪造成的巨大雪崩埋没了 3 号营地。

认真分析其原因，主要是登山者没有认识攀登梅里雪山的气象条件、地形条件等，本节仅就气象条件来讨论。由表 2.4.16—2.4.17 可见，即使在宜于攀登梅里雪山的季节中，如 12 月上旬—1 月上旬，在 1971—1980 年的 10 年中，也曾经有 9 天的降水量超过 10 mm，最大日降水量为 44.0 mm，并不宜于攀登。因此，即使在宜于攀登梅里雪山的季节中，也特别要注意 3 天左右的天气预报，以便确定是否实施攀登。

由表 2.4.18 所给出的日降水量可见，在梅里雪山地区，1991 年 1 月 2 日 20 时至 3 日 20 时，降水量为 1—4 mm；1 月 3 日 20 时至 4 日 20 时，降水量为 5—25 mm。1 月 3 日 20 时以后，如此强的降水自然会给攀登者带来危险。

表 2.4.16 历年 12 月的日降水量极大值(mm)

年＼站名	德钦		贡山		福贡	
	日期	降水量	日期	降水量	日期	降水量
1971	25	5.5	24	7.1	25	28.7
1972	23	1.0	22	6.5	22	7.5
1973	09	6.9	10	48.0	10	33.5
1974	10	2.9	07	13.6	14	4.3
1975	14,15	0.5	08	2.0		
1976			29	2.4	05	0.3
1977	01	3.5	01	20.9	30	26.3
1978					03	0.1
1979	02,31	9.9	31	23.9	14	15.9
1980			19	0.1	20	0.2
1971—1980	79,02,31	9.9	73,10	48.0	73,10	33.5
1957—1980	66,13	19.3	66,13	68.8	66,13	39.5

表 2.4.17 历年 1 月的日降水量极大值(mm)

年＼站名	德钦		贡山		福贡	
	日期	降水量	日期	降水量	日期	降水量
1971	17	0.9	23	13.9	28	15.2
1972	29	4.4	08	13.8	30	19.0
1973	15	4.0	15	27.8	16	41.2
1974	16	1.6	31	19.0	16	21.1
1975	11	2.2	13	7.8	13	2.9
1976	22	0.5	21	7.9	22	3.4
1977	29	6.3	06	13.6	17	45.0
1978	09	1.8	03	13.4	11	5.7
1979	30	2.1	21	25.2	30	20.4
1980	25	7.8	28	13.9	29	20.4
1971—1980	80,25	7.8	73,15	27.8	77,17	45.0
1957—1980	66,04	10.2	69,29	65.1	77,17	45.0

表 2.4.18 1991年1月上旬梅里雪山地区逐日降水量(mm)

日期	德钦	福贡	贡山
1			
2			
3	1.0	4.0	3.0
4	5.0	22.0	25.0
5			0.1
6			
7			
8			
9			
10			

注：日降水量是前一天20时至当天20时。

3. 人类对于海拔高度、风冷效应的适应问题

在高山地区，由于极高的海拔高度而带来的缺氧、低温和大风等给人类生活和工作带来诸多困难，甚至危及生命。在这种极端环境气象条件中，人类为了生存与工作必须了解和掌握缺氧、低温和大风等与人类的关系，并逐渐摸索人类如何适应上述极端环境气象条件的规律，从而在这种极端环境气象条件下自由自在地生活与工作(高登义，1999)。

(1) 高山地面风速日变化对人类活动的影响

多年资料分析表明(高登义等，2003)，在青藏高原的高海拔地区，自海拔高度3 000 m至5 000 m，在春季，地面风速的日较差(即当地时间18时与06时地面风速之差)变化很大，即随着海拔高度升高，地面风速日较差迅速增大。例如，在海拔高度3 600 m处，地面风速日较差月平均值仅为1.2 m/s，在海拔高度4 300 m的月平均值为4.6 m/s，在海拔高度5 000 m的月平均值已达5.8 m/s了。它意味着，海拔高度每升高1 000 m，地面风速日较差的月平均值会增大3.3 m/s。因此，一般说来，在攀登珠峰顶峰时，应该“早出发，早宿营”。

中国登山队根据上述规律，规定攀登海拔高度7 000 m以上高峰必须在早晨04点以前出发，16点以前宿营。在2003年的北坡攀登珠峰的活动中，一些国家的登山队已经采用早晨01点从8 300 m营地出发，在12点以前登上顶峰。

(2) 风冷效应与登山活动

登山者必须了解大风与低温同时出现带来的严重危害(高登义，1999)。所谓“风冷效应”是指因为大风而令人们更加感觉寒冷的现象。“风冷相当温度”又

叫“体感温度”,即,在相同气温条件下,风速越大,人们身体感觉的气温越低,这种与气象观测气温不相同的人体感觉气温叫“体感温度”。“体感温度”与气象观测温度差别巨大的原因是大风加速人体热量丧失于大气之中。据测定,当气温为摄氏零度时,若风速在 2.5 m/s 以下,“体感温度”与气温相同;若风速为 10 m/s,“体感温度”为 - 12℃;风速 20 m/s,“体感温度”为 - 18℃。若大气温度为 - 15℃,风速10 m/s,“体感温度”为 - 30℃。等等。一般说来,当“体感温度”低于 - 30℃时,登山者极易冻伤。在海拔高度 7 000 m 以上攀登,常常会遇到 - 15℃、风速为 10 m/s 的气条件,也就是说,常常会遇到体感温度低于 - 30℃的情况,带来登山队员冻伤。这点务必引起登山队员的注意。

参考文献

巢纪平,1956: 从冬季东亚常定流型计算冷热源分布的初步研究,气象学报,**27**,167 - 180.

巢纪平,1967: 斜压西风带中大地形有限扰动的动力学,气象学报,**28**,303 - 313.

成都中心气象台、云南大学物理系气象专业,1974: 西南低涡形成及其涡源的初步研究,青藏高原气象论文选,86 - 99,北京,气象出版社.

陈隆勋等,1965: 东亚大气大气辐射能收支(三),气象学报,**35**,6 - 17.

陈乾金等,2000: 青藏高原冬季雪盖异常与冬夏季风变异及其相互联系的物理诊断研究,大气科学,**24**,477 - 491.

丁一汇,1989: 现代天气学中的诊断分析方法,202 - 204,北京,科学出版社.

杜继武等,1993: 南迦巴瓦峰地区鸟类区系,南迦巴瓦峰登山科学考察,120 - 145,北京,科学出版社.

高登义,2005: 中国山地环境气象学,郑州,河南科学技术出版社.

高登义,1975: 攀登珠穆朗玛峰的气象条件,珠穆朗玛峰地区科学考察报告(1966 - 1968),气象与太阳辐射,57 - 90,北京,科学出版社.

高登义,1984: 攀登南加巴瓦峰的气象条件和预报,山地研究,**2**,142 - 154.

高登义,1985: 托木尔峰及天山山脉在大气中的某些作用,天山托木尔峰地区的冰川与气象,208 - 224,乌鲁木齐,新疆人民出版社.

高登义,1985: 珠穆朗玛峰绒布河谷的冰川风,冰川冻土,**7**,249 - 256.

高登义,1999: 人类在极端环境气象中的适应问题,气候与环境研究,**4**,5 - 8.

高登义、吕位秀,1975: 青藏高原对大气环流和天气系统影响的初步探讨,珠穆朗玛峰地区科学考察报告(1966 - 1968),气象与太阳辐射,91 - 110,北京,科学出版社.

高登义等,2001: 世界第一大峡谷雅鲁藏布大峡谷历史、资源及其与自然环境和人类活动关系,174 - 212,杭州,浙江教育出版社.

高登义、刘增基、严江征,1982: 珠穆朗玛峰中小尺度系统和背风波的考察研究,科学通报,**27**,359 - 361.

高登义、邹捍、王维,1985: 雅鲁藏布江水汽通道对降水的影响,山地研究,**3**,239 - 249.

高登义、邹捍、周立波等,2003: 中国山地环境气象研究进展,大气科学,**27**,567 - 590.

顾震潮,1951: 西藏高原对东亚环流的动力影响和它的重要性,中国科学,**2**,283 - 303.

顾震潮、叶笃正,1955: 关于我国天气过程大地形影响的几个事实和计算,气象学报,**26**,167-182.

何大明、李恒,1996: 独龙江和独龙族综合研究,25-32,昆明,云南科技出版社.

黄刚、严中伟,1999: 东亚夏季风环流异常指数及其年际变化,科学通报,**44**,421-424.

黄荣辉,1991: 引起我国夏季旱涝的东亚大气环流异常遥相关及其物理机制的研究,旱涝气候研究进展,37-50,北京,气象出版社.

黄真、陶诗言,1992: 1983年亚洲夏季风爆发过程的诊断研究,气象学报,**50**,210-217.

梁必骐,1980: 天气学(下册),276-278, 北京,气象出版社.

李渤生,1985: 西藏的高山座垫植被,植物学报,**27**,334-336.

李伟平、吴国雄、刘屹岷等,2001: 青藏高原表面过程对夏季青藏高压的影响-数值试验,大气科学,**25**,809-816.

林一璞、陈万勇、张森水,1982: 西藏古生物,第一分册,54-69,北京,科学出版社.

刘新、吴国雄等,2001: 夏季青藏高原加热和大尺度流场的热力适应,自然科学进展,**11**,33-39.

刘新、李伟平、吴国雄,2002: 夏季青藏高原加热和北半球环流的年际变化相关分析,气象学报,**60**,267-277.

刘新、吴国雄、李伟平等,2001: 夏季青藏高原加热和大尺度流场的热力适应,自然科学进展,**11**,33-39.

刘屹岷、吴国雄等,2003: 大气热力适应原理在青藏高原地区的应用,青藏高原与西北干旱区对气候灾害的影响,3-16,北京,气象出版社.

吕君宁等,1984: 夏季青藏高原低涡的综合结构,青藏高原气象科学实验文集(一),195-205,北京,科学出版社.

吕君宁、郑昌圣,1984: 雨季前的青藏高原低涡的研究,青藏高原气象科学实验文集(一),218-228,北京,科学出版社.

麻益民、宋正山、高登义,1993: 横断山中南部地区夏季热量平衡和水汽收支研究,高原气象,**3**,264-273.

宁夏回族自治区气象台,1974: 盛夏高原低涡的初步研究,青藏高原气象论文选,100-113,北京,气象出版社.

彭贵康、柴复新、曾庆存等,1994: "雅安天漏"研究Ⅰ,天气分析部分,大气科学,**18**,466-475.

钱永甫等,1978: 一个有大地形影响的初始方程数值预报模式,冬季青藏高原对其周围地区流场影响的模拟实验,气象学报,**3**,124-130.

钱正安、单扶民,1984: 雨季中高原西北产生涡的分析,青藏高原气象科学实验文集(一),229-242,北京,科学出版社.

钱正安等,1984: 1979年夏季高原地区对流云的分析,青藏高原气象科学实验文集(一),243-257,北京,科学出版社.

青藏高原低值系统协作组,1978: 盛夏青藏高原低涡发生发展的初步研究,中国科学,**3**,342-350.

青藏高原气象科学研究拉萨会战组,1981: 夏半年青藏高原500毫巴低涡切变线研究,1-122,北京,科学出版社.

孙国武等,1987: 大尺度环境场对青藏高原低涡发展东移的动力作用,高原气象,**6**,225-233.

孙国武、陈葆德,1988: 初夏青藏高原低涡东移的动力过程,气象科学研究院院刊,**3**,56-63.

孙国武、陈葆德,1988: 青藏高原上空大气低频波的振荡及其经向传播,大气科学,**12**,250-257.

孙国武、陈葆德,1994:青藏高原大气低频振荡与低涡群发性的研究,大气科学,**18**,113-121.

陶诗言、高登义、李忠等,1980:攀登珠穆朗玛峰的气象条件和预报,珠穆朗玛峰科学考察报告(1975),气象与环境,126-156,北京,科学出版社.

陶祖钰、谢安,1989:天气过程诊断分析原理和实践,28-49,北京,北京大学出版社.

王恒杰,1975:西藏自治区林芝县发现的新石器时代遗址,考古,**5**,310-315.

韦志刚等,1998:青藏高原积雪资料分析及其与我国夏季降水的关系,应用气象学报,**9**(增刊),39-46.

韦志刚、黄荣辉、陈文,2003:青藏高原冬春积雪异常对东亚季风和我国夏季降水的影响与机理分析,青藏高原与西北干旱区对气候灾害的影响,76-95,北京,气象出版社.

韦志刚、黄荣辉、陈文,2002:青藏高原地面站积雪的空间分布和年代际变化特征,大气科学,**26**,496-508.

吴国雄等,2003:青藏高原加热对季节变化和我国夏季降水异常的影响,青藏高原与西北干旱区对气候灾害的影响,17-28,北京,气象出版社.

吴国雄、刘屹岷,2000:热力适应、过流、频散和副高Ⅰ.热力适应和过流,大气科学,**24**,433-446.

吴国雄、张永生,1998:青藏高原的热力和机械强迫作用以及亚洲季风的爆发Ⅰ.爆发地点,大气科学,**22**,825-838.

吴国雄、张永生,1999:青藏高原的热力作用和机械作用以及亚洲季风的爆发Ⅱ.爆发时间,大气科学,**23**,51-61.

武汉中心气象台,1976:一串高原低涡云系的卫星云图分析,全国气象卫星云图接收应用会议文集,26-35,北京,科学出版社.

武齐文,1976:春季高原低涡云系影响武汉地区降水的卫星云图分析,全国气象卫星云图接收应用会议文集,36-43,北京,科学出版社.

新安,1975:西藏墨脱县马尼翁发现磨制石锛,考古,**5**,315-320.

杨广基等,1979:冬季青藏高原对其周围地区流场影响的模拟实验,气象学报,**4**,412-420.

杨鉴初、陶诗言、叶笃正等,1960:西藏高原气象学,北京,科学出版社.

杨勤业,1983:横断山区综合自然规划,横断山考察专集(一),96-106,昆明,云南人民出版社.

杨逸畴、高登义、李渤生,1987:雅鲁藏布江下游河谷水汽通道初探,中国科学(B辑),**8**,893-902.

姚兰昌、王安宇、王谦谦等,1984:夏季青藏高原及其邻近地区平均大气冷热源的研究,青藏高原气象科学实验文集(一),56-70,北京,科学出版社.

姚永红、钱永甫,2001:用湿位涡定义的南海西南季风指数及其与我国区域降水的关系研究,南京大学学报(自然科学版),**37**,781-788.

叶笃正,1952:西藏高原对于大气环流影响的季节变化,气象学报,**23**,33-47.

叶笃正、高登义,1980:春夏季珠穆朗玛峰在大气中的加热作用,珠穆朗玛峰科学考察报告(1975),气象与环境,157-168,北京,科学出版社.

叶笃正、高由禧等,1979:青藏高原气象学,北京,科学出版社.

叶笃正、罗四维、朱抱真,1957:西藏高原及其附近的流场结构和对流层大气的热量平衡,气象学报,**28**,108-121.

叶笃正、陶诗言、李麦村,1958:在六月和十月大气环流的突变现象,气象学报,**29**,249-263.

叶笃正、张捷迁,1974:青藏高原加热作用对夏季东亚大气环流影响的初步模拟实验,中国科学,301-320.

张可苏等,1977:青藏高压移动的模拟实验及其在夏季形势预报中的应用,中国科学,360-368.

章基嘉、朱抱真等,1988:青藏高原气象学进展,北京,科学出版社.

张荣祖等,1982:西藏自然地理,134-145,北京,科学出版社.

赵平、陈隆勋,2001:35年来青藏高原大气热源气候特征及其与中国降水的关系,中国科学(D辑),**31**,327-332.

曾庆存、梁信忠、张明华,1988:季风和大气环流季节突变的数值模拟,大气科学(特刊),**12**,22-42.

郑度,1975:珠穆朗玛峰地区自然带气候特征,珠穆朗玛峰地区科学考察报告(1966-1968),自然地理,1-15,北京,科学出版社.

郑作新,1983:西藏鸟类志,139-191,北京,科学出版社.

中国科学院大气物理研究所模拟组,1976:西南低涡的初步研究,大气科学,**1**,1-22.

周明煜等,2000:青藏高原大气边界层观测分析与动力学研究,1-123,北京,气象出版社.

周晓平、顾震潮,1958:大地形对于高空行星波传播的影响,气象学报,**29**,99-103.

朱抱真,1957:大尺度热源、热汇和地形对西风带的常定扰动(二),气象学报,**28**,198-224.

朱福康等,1980:南亚高压,科学出版社,1-95.

朱乾根、林锦瑞、寿绍文、唐东升编著,1992:天气学原理和方法,136-156,北京,气象出版社.

Dengyi Gao, 1981: Explorative studies of meso-and microscale systems and waves over Qomolangma Feng (Mount Everest), ***Symposium on Second Conference on Mountain Meteorology***, 9-12, Seamboat Spring, Colorado, U.S.A.

Flohn, H, 1968: Contributions to a meteorology of the Tibetan Highlands, *Atmos. Sci. Paper*, No. 130, Colorado State Univ. Ft. Collins.

Gambo, K, 1956: The topographical effect upon the jet stream in the westerlies, *J. Meteor. Soc. Japan*, **34**, 3-9.

Gao Dengyi, 1981: Some explorative studies on the effects of Mt. Qomolangma on the atmospheric circulation, ***Proceedings of Symposium on Qinghai-Xizang (Tibet), Plateau***, Vol. Ⅱ, 1507-1518, Beijing, Science Press, Gordon and Breach, Science Publishing, INK., New York.

Hanhn, D. G. and Manabe, S., 1975: The role of mountains in the South Asian monsoon circulation, *J. Atmos. Sci.*, **32**, 1515-1541.

He Haiya, et al, 1987: Onset and the Asian monsoon in 1979 and the effect of the Tibetan plateau, *Mon. Wea. Rev.*, **115**, 1966-1995.

Kalnay, E., et al, 1996: The NCEP/NCAR 40-year reanalysis project, *Bull. Ame. Meter. Soc.*, **76**, 437-471.

Krishnamurti, et al, 1973: Tibetan high and upper trpospheric tropical circulations during northern summer, *Bull. of the Amer. Meteorol. Soc.*, **54**(12), 1234-1249.

Lenschow, D. H., et al, 1980: Mean-field and second-moment budgets in a baroclinic, convective boundary layer, *J. Atmos. Sci.*, **37**, 1313-1326.

Li Chengfeng and M. Yanai, 1996: The onset and interannual variability of the Asian summer monsoon in relation to land-sea thermal contract, *J. Climate*, **9**, 358-375.

Manabe, S., Terpstra TB, 1974: The effects of mountains on the general circulation of the atmosphere as identified by numerical experiments, *J. Atmos. Sci.*, **31**, 3-42.

Mintz, Y., Very long-term global integration of the primitive equations of atmospheric motion, *WMO Tech. Note*, No.66, 141-187.

O'Brien, J.J., 1970: Alternative solution to the classical vertical velocity problem, *J. Appl. Met.*, **9**, 197-203.

Reiter, E.R. and Dengyi Gao, 1982: Heating of the Tibet Plateau and movements of the South Asian High during spring, *Monthly Weather Review*, **110**,1694-1711.

Smagorinsky, J., 1953: The dynamical influence of large-scale heat sources and sinks on the quasi-stationary mean motions of the atmosphere, *Quart. J. Roy. Meteor. Soc.*, **79**, 342-366.

Tsuyoshi Nitta, 1983: Observational study of heat sources over the eastern Tibetan Plateau during the summer monsoon, *Journal of Meteorological Society of Japan*, **61**,590-605.

Webster, P.J. and S.Yang, 1992: Monsoon and ENSO: Selectively interactive systems, *Qurart. J. Roy. Meteor. Soc.*, **118**, 877-926.

Wu Guoxiong and Zhang Yongshen, 1998: Tibetan Plateau forcing and the timing of the monsoon onset over South Asian and the South China Sea, *Mon. Wea. Rev.*, **126**, 913-927.

第3章 热带气象及动力学

李崇银

在地球表面，不仅有近一半的面积被热带大气所控制，而且热带大气的运动、热带地区的大气环流形势还与全球范围的天气气候有着密切关系。因此，搞清楚热带大气运动的特征及基本规律对于认识全球的天气气候变化是极为重要的。地球大气也常被比喻为一架“热机”，而驱动大气热机的太阳辐射能却大部分是在热带地区被地球所吸收，并通过蒸发和输送将能量传送给大气；再通过大气运动本身和海洋环流系统才将能量从热带大气输送到中高纬度地区。因此，从能量角度看，研究和了解热带大气运动的特征和规律对于认识全球大气的运动和变化都是十分重要的。

热带地区的大气运动不但在系统形式上，而且其驱动大气运动的主要能源也同中高纬度地区的大气运动有所不同。例如，大气长波及其相应的地面气旋是中高纬度地区的主要天气系统，而在热带地区，大气运动却多为涡旋系统；以驱动大气运动的能源而论，在中高纬度地区，扰动发展的主要能源是斜压不稳定过程中的位能释放，但在热带地区，大气的水平温度梯度小，水汽却很充沛，因此凝结潜热的释放是热带大气扰动发展的主要能源。在热带大气中潜热的释放还多与积云对流活动有关；而大尺度及天气尺度的扰动又是积云对流活动，尤其是有组织的积云对流活动的重要条件。因此，积云对流与大尺度环流间的相互作用，是热带大气运动的重要特征，也是研究必须要面对的重要科学问题。

季风是热带大气环流系统极为重要的成员，它的变化不仅影响广大热带和副热带地区，甚至会影响全球的天气气候，从而季风也就成为国际大气科学研究的重要前沿问题之一。热带气旋，尤其是台风是热带极其重要的灾害性系统，受到许多国家的政府和民众深切关注，也是又一重要科学问题。大气季节内振荡(ISO)，尤其是热带大气季节内振荡是20世纪80年代才广泛开始研究的新科学问题，ISO的活动不仅直接与短期气候变化有关，而且对天气变化也有重要影响，从而成为广大科学家十分重视的前沿研究课题。在这一章，我们将不泛泛地去讨论热带气象学的问题及其进展，仅就上述三方面的科学进展作概要的论述。

3.1 亚洲季风系统

由于海陆的巨大热力差异和高原地形的影响，亚洲季风系统是全球最强、最典型的季风系统。亚洲季风系统本应包括亚洲夏季风系统和亚洲冬季风系统，因为冬季风系统主要涉及中高纬度的大气系统，而我们这一章是讨论热带气象学的问题，所以在这一节也仅讨论亚洲夏季风系统。

3.1.1 亚洲夏季风系统

亚洲夏季风是公认的世界上最显著的夏季风系统，它实际上包括南亚（印度）夏季风和东亚夏季风两个既相互联系又相对独立的季风子系统；但是，作为东亚夏季风系统重要组成部分的南海夏季风却是最先（5月中旬）爆发（建立）；然后，亚洲夏季风才逐渐在东亚其他地区（中国长江流域和日本、中国华北和韩国），以及印度半岛爆发。

图3.1.1给出了亚洲夏季风系统的概念示意图，两个夏季风子系统的基本

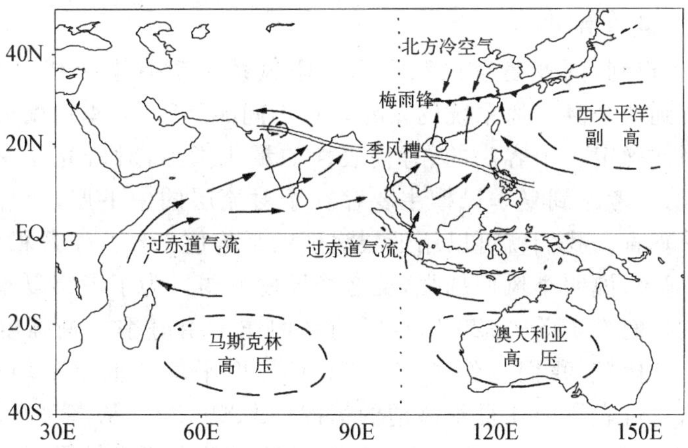

图 3.1.1 亚洲夏季风系统概念示意图

结构和特征已清楚地表现出来。南亚（印度）夏季风系统相对简单一些，它可认为由马斯克林高压、跨赤道气流（索马里急流）、西南风和印度季风槽所组成；东亚夏季风系统相对要复杂一些，它可认为由澳大利亚高压、跨赤道气流、西南风、

南海季风槽、西太平洋副高和梅雨锋所组成。也有人将东亚夏季风系统分为两部分,将南海季风槽及其以南的部分称为热带季风系统,而将南海季风槽以北的部分称为副热带季风系统。

夏季风的活动事实上就是夏半年大气环流形势在特定的一些地区的表现,夏季风的爆发也就表明该地区已从冬季大气环流控制而改变为夏季大气环流控制。因此,亚洲夏季风的爆发也就是大气环流由冬季形势转换为夏季形势在亚洲地区的突出特征之一。关于大气环流,尤其是东亚大气环流的季节转换问题,叶笃正等人(1959)的研究早就指出所谓"季节突变"现象。他们指出,一般在6月中旬,高空西风急流的位置会急速由30°—32°N北跳到35°N以北,北半球大气环流也就由冬季型转变成为夏季型;十月中旬高空西风急流由35°N以北位置南跳到30°N附近,北半球大气环流也就由夏季型转变成冬季型。大气环流季节转换的根本原因在于地气系统吸收太阳辐射的变化,而对于季风的变化来讲,海-陆间的热力差异又起着重要的作用。在亚洲季风区,青藏高原的热力异常对于季风活动及其异常又是极为重要的。资料分析表明,由春到夏陆面被最快加热,尤其是青藏高原逐渐变为热源、并逐渐加强,从而造成大尺度环流的急骤改变,是亚洲夏季风建立和维持的重要原因。

从大气环流及其演变的角度,可以清楚看到南亚夏季风和东业夏季风系统之间存在明显的不同。比较相同纬度带的850 hPa风场可以发现,夏季南亚夏季风的平均纬向风速约为8 m/s,平均经向风速接近于零;而夏季东亚夏季风的平均纬向风速约为4.2 m/s,平均经向风速约为2.5 m/s。也就是说,仅用纬向西风可以大致描写南亚夏季风,但不能描写东亚夏季风系统及其变化,还必须考虑其经向风分量的情况。

前面已经提到,南亚夏季风和东亚夏季风系统都有季风槽,比较两个季风槽,也可以看到两个夏季风系统的差异。在不同的年份,夏季风槽的强度和位置不尽相同,因此确定一个客观的、有代表性的量化指标,对研究夏季风槽演变过程是很重要的。考虑到夏季风槽主要存在于对流层的中下层,而且在低层其结构少变,近乎垂直。我们就可以用低层涡度的平均值来作为季风槽强度的指数,如果平均值越大,说明季风槽越强,反之季风槽就弱。为了考察夏季风槽强度随时间的变化,我们沿105°—120°E经度的平均作了南海季风槽强度随时间变化的剖面图;为了比较,我们也作了80°—95°E经度平均的低层平均涡度的时间-纬度剖面图,它可表示南亚夏季风槽的情况(图3.1.2)。从多年平均来看,南海夏季风槽建立时间处于5月16—20日之间,这与已有研究结果得到的南海夏季风爆发的日期为5月第四候是一致的。南亚夏季风槽的平均建立时间为6月初,也与南亚夏季风爆发的时间差不多。

从图3.1.2所给出的平均涡度剖面可以明显看出两个夏季风槽的建立有着不同的特征。南海夏季风槽建立的时间是五月中旬后期,表现为10°—

20°N 纬度突然出现正涡度；而印度夏季风槽的建立时间为6月初，表现为有正涡度不断向北扩展而到达15°—25°N地区。可见，印度夏季风槽的建立是渐进的，表现为正涡度的逐步向北扩展；而南海夏季风槽的建立具有爆发性和突然性。另外，印度夏季风槽在建立时及其以后，强度都要比南海夏季风槽强。

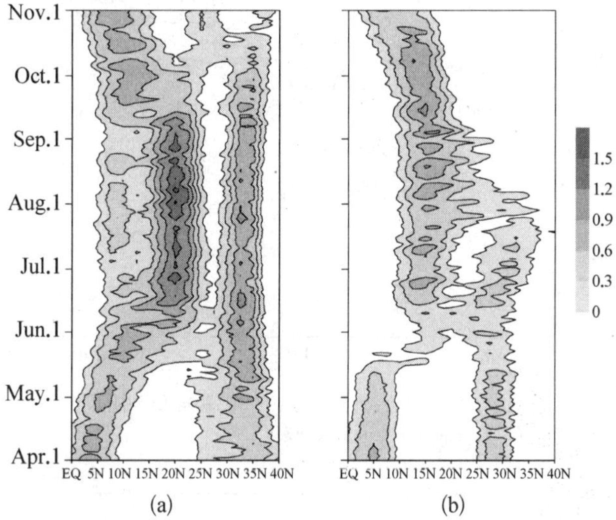

图 3.1.2 多年平均低层平均涡度的纬度-时间剖面图
(a) 沿 80°—95°E 平均；(b) 沿 105°—120°E 平均(引自潘静和李崇银,2006)

两个夏季风槽从八月份开始都有比较明显的增强，南海夏季风槽在八月中旬达到最北的位置20°N，然后夏季风槽逐渐南移，减弱。印度夏季风槽在进入9月份以后会迅速减弱南退，这要比南海季风槽快得多。也可以说南海夏季风槽的减弱南退比较缓慢，而印度夏季风槽的减弱南退十分迅速。

3.1.2 亚洲夏季风的建立

关于亚洲夏季风的建立(爆发)，已有研究指出它首先是在中国南海地区，然后逐渐向北推进便在东亚地区建立起夏季风系统，而向西北推进便建立起南亚(印度)夏季风系统(图3.1.3)。通过对近来更多观测资料(包括“南海季风试验研究”的资料)的分析研究，可以更确切、细致地表明，亚洲夏季风的爆发最早应是在南海的西南部和苏门答腊岛/马来半岛一带，然后便迅速(3天左右)向北推进到我国广东沿海一带(图3.1.4)。同过去的看法不同的还有，南海(也就是亚洲)夏季风的建立与赤道印度洋地区西风的加强和向东扩展有十分紧密的关系，

105°E 地区的跨赤道气流并没有起太大作用。有关南海夏季风建立的过程已有不少研究,我们下面将仅简要讨论与南海夏季风爆发相联系的两个新问题。

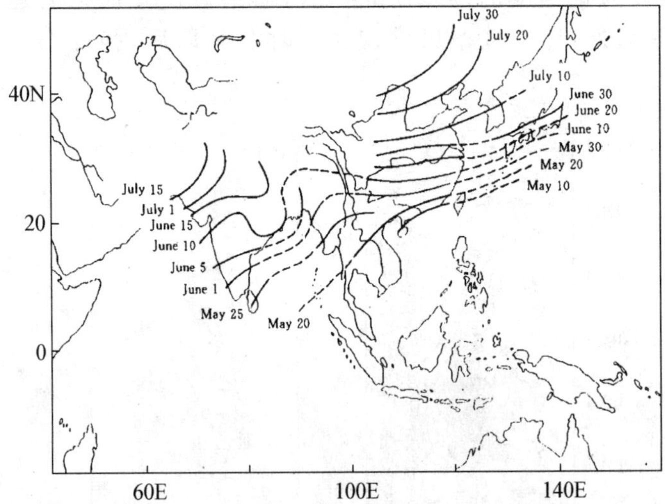

图 3.1.3 亚洲夏季风平均爆发日期图
(引自 Tao and Chen, 1987)

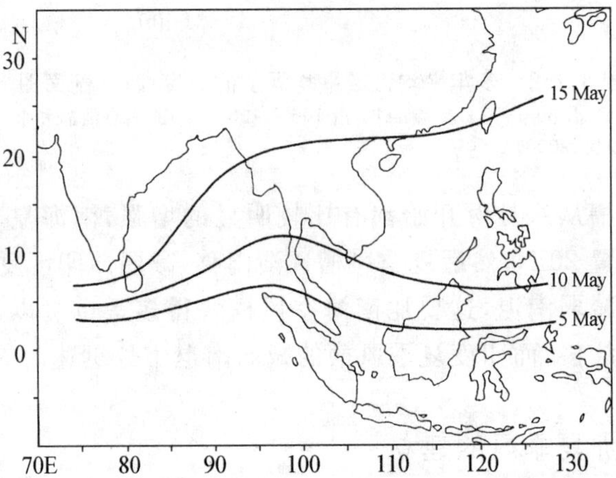

图 3.1.4 亚洲夏季风在 5 月 5—15 日的平均爆发日期 (引自李崇银、屈昕,2000)

1. 夏季风爆发与大气季节内振荡的活动

根据南海夏季风爆发前后风场资料和辐射亮温(TBB)资料的分析,可以清楚看到 1998 年南海夏季风于 5 月 22 日爆发,而南海地区(5°—20°N,105°—120°E) 850 hPa 纬向风以及 30—60 天低频纬向风和低频动能随时间的演变表明(图 3.1.5),南海夏季风爆发之前该地区的大气季节内振荡已经先有加强。低频纬向西风出现的时间比季风爆发时间约早 2 天。为了进一步说明南海夏季风爆发前后大气

ISO 的活动特征,我们分析 5 月 18 日至 23 日经 30—60 天带通滤波处理的 850 hPa 水平风场,可以明显地看出 5 月 18 日或更前在菲律宾以东洋面上一直存在一个低频气旋,其中心位于(20°N,130°E),该气旋随着时间在不断发展(图略)。从其时间演变上不难看出这个低频气旋的存在和发展对南海夏季风爆发具有十分重要的作用,因为在这个低频气旋的影响下,其南侧低频纬向西风也在不断发展,并不断向西扩展,加强南海低频纬向西风,从而最终激发南海夏季风的爆发。从低频动能的角度,可进一步分析 30—60 天低频振荡活动对南海夏季风爆发的作用。图 3.1.6 为 1998 年南海夏季风爆发前后(5 月 18 日至 23 日)850 hPa 30—60 天低频动能的逐日水平分布。可以非常清楚地看到,位于菲律宾以东洋面上的低频动能中心明显地随着临近季风爆发其强度有强烈发展;虽然其中心位置少动,但活动区不断向西,并在南海地区猛烈扩展。这充分反映了菲律宾以东地区 30—60 天低频振荡活动的强烈发展及其向西扩展对南海地区大气季节内振荡的活动及夏季风爆发有重要作用。

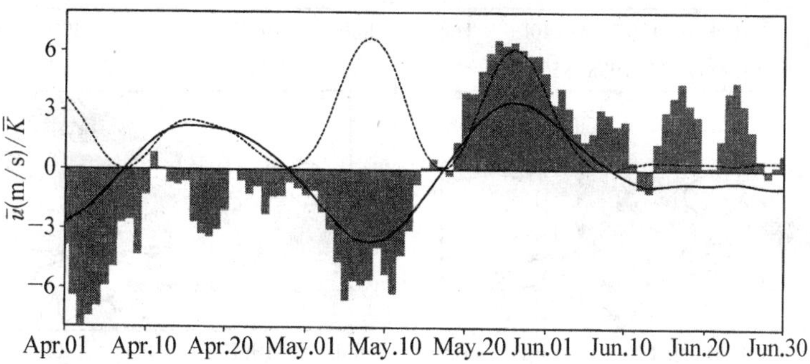

图 3.1.5 1998 年南海地区(5°—20°N,105°—120°E)850 hPa 纬向风(阴影)及 30—60 天低频纬向风(实线)和 ISO 动能(虚线)随时间的演变 (引自穆明权、李崇银,2000)

我们的研究最先指出,热带东印度洋的大气气旋性涡对的活动与南海夏季风的建立有一定关系(李崇银、屈昕,1999)。其后的研究又进一步表明,热带东印度洋的涡对有明显的 30—60 天振荡的特征,或者说该涡对主要为低频(30—60 天)涡对。低频涡对与实际涡对的出现日期相当,都在南海季风爆发前 2 侯出现。分析南海季风爆发前 2 侯的低层(850 hPa)低频风场合成图(图略),可以清楚地看到:在 40°—100°E 的赤道地区有很明显的低频西风带,它在热带东印度洋地区与来自南海西太平洋地区的低频东风构成了北边的低频气旋性环流,中心位置在(10°N,85°E)左右;同时,在南半球形成了另一个低频气旋,中心位置在(5°S, 95°E),其强度略弱于北半球的气旋。在夏季风爆发前 2 侯,低频涡对的对称性还不是很好。在夏季风爆发前 1 侯(图 3.1.7),在热带东印度洋大气低层有明显的关于赤道呈南北对称的低频涡对出现,此时赤道低频西风较之上一侯有明显加强,相应的南北低频涡对的强度也明显加强。

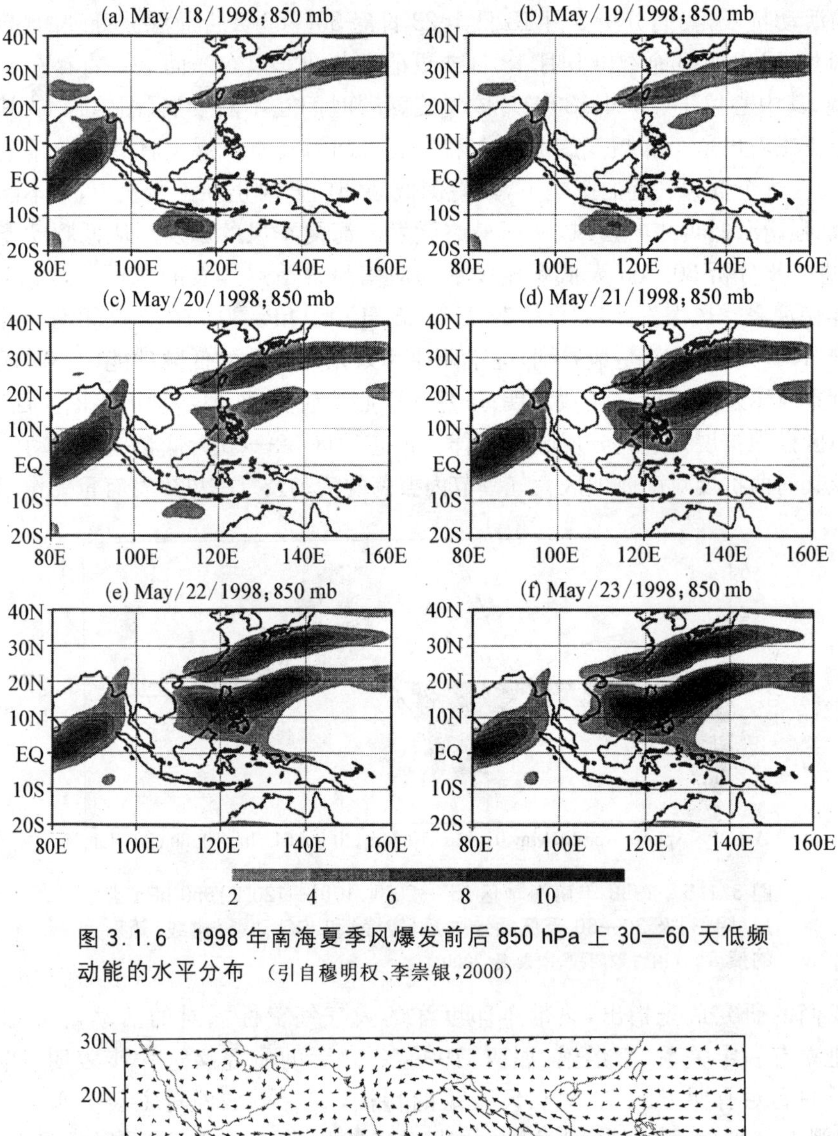

图 3.1.6 1998 年南海夏季风爆发前后 850 hPa 上 30—60 天低频动能的水平分布 （引自穆明权、李崇银，2000）

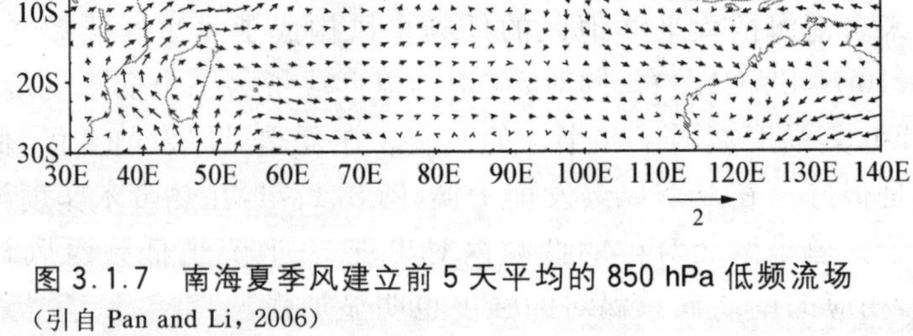

图 3.1.7 南海夏季风建立前 5 天平均的 850 hPa 低频流场
（引自 Pan and Li，2006）

热带东印度洋的低频涡对主要存在于对流层低层，涡对发展高度可以达到400 hPa。垂直方面它表现为大致相同的涡旋形式，但随着高度略微向西北倾斜。随着低频涡对的发展，在高层有低频东风的不断发展加强，从而形成低层西风，高层东风的形势。低层低频西风的发展有利于形成辐合，高层则有低频反气旋的辐散环流的配合，这种高层辐散、低层辐合的配置有利于低频涡对的维持与发展。

为揭示低频涡对的演变情况，我们分析了夏季风爆发前后大气低层(850 hPa)沿 90°E 的低频涡度的时间-纬度剖面(图 3.1.8)，可以发现热带东印度洋涡对的对称轴略偏于赤道北边；位于南半球的低频涡要先于北半球低频涡的建立，在南海夏季风爆发前 3 候南半球的低频涡就已出现，并在季风爆发前 2 候达到最强，之后强度有所减弱并且中心向南移动。而位于北半球的低频涡则出现较晚，在季风爆发前 2 候出现，与低频风场观察到的结果相一致，低频涡对在季风爆发前 1 候达到最强，其后中心略有向北移动。在季风爆发之后 10 天左右，整个低频气旋涡对就转变成低频反气旋，意味着印度洋东部低频涡对的活动对南海夏季风爆发的影响之结束。

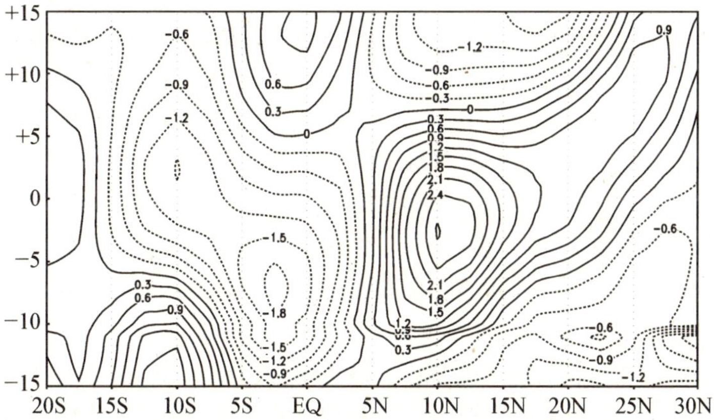

图 3.1.8 南海夏季风爆发前后沿 90°E 合成的相对涡度的纬度-时间剖面图 “0”表示南海夏季风爆发当日，“+”指季风爆发后，“−”指季风爆发前(引自 Pan and Li, 2006)

2. 夏季风爆发与东亚高空急流的第一次北跳

已有研究指出大气环流的演变存在季节突变特征，在东亚地区伴随梅雨的发生，东亚高空西风急流在 6 月中旬有向北的突跳现象(叶笃正等，1959)。我们最近的研究表明，东亚高空急流在 6 月突跳之前，还存在一次向北突跳；而且东亚高空急流的这第一次北跳直接与夏季风的建立紧密相连。在表 3.1.1 中给出了资料分析的综合结果，表明了每年同南海夏季风爆发相伴随的大气环流突变的主要特征。其中第 2 行给出的是东亚高空西风急流每年第一次明显北跳的日期;第3行和第4行分别给出了南海地区平均的850 hPa纬向风和经向风突然增强的日期(纬向风由东风变为西风),因为在南海地区西南风的突然建立是夏季风爆发的重要标志之一,它们的突然增强日期也可视为南海夏季风的爆发时间;第1行是对流层中上层经向温度梯度在100°—110°E地区反向的日期;第5行给出了由南海季风指数 I_d(对流层高低层散度差)所确定的南海夏季风每年的爆发日期;20年平均而言,南海夏季风爆发日期是5月15日。在一些关于南海夏季风爆发的研究中,用候(5天)为时间单位,得到南海夏季风爆发的平均日期为5月第4候。这好像比这里的爆发时间要晚,但这是用不同的时间尺度为单位来描写所造成的差异。例如,某年南海夏季风在5月14日爆发(按日为单位),折算成用候表示则为5月第3候;但是,在以候为单位的计算中,季风爆发的日期必然为5月第4候,因为在候平均时(无论是用纬向风,还是TBB或射出长波辐射-OLR资料),5月第3候并没发生突变,5月第4候才有突变。可见用候作为时间单位来表示南海夏季风爆发的日期,必定要比用日为时间单位表示的南海夏季风爆发日期要晚约1个候(严格来说是0.5—1个候)。需要特别指出,我们这里所说的高空西风急流的第一次北跳是指急流的中心位置由30°N以南(一般在25°—28°N位置)急速北跳到30°N以北,并且在此之后高空急流基本上不再退回到30°N以南。

由表3.1.1中第2和第3行所给出的南海地区(5°—20°N,105°—120°E)850 hPa上平均风速的突变(纬向风由东风变为持续西风,经向风为南风增强),参考第5行给出的南海夏季风指数 I_d 所确定的爆发日期,我们可以综合给出南海夏季风爆发日期如表3.1.1第6行所示,平均也在5月15日左右。由表3.1.1各行的比较可以看到,在南海夏季风爆发之前,东亚高空西风急流的位置都出现了明显的北跳现象,对于1980—1999年的平均情况,东亚高空西风急流位置的第一次北跳(由25°—28°N跳到30°N以北)发生在5月8日左右,比南海夏季风爆发的平均时间(5月15日)早7天左右。这种高空西风急流的北跳实际上是中高纬度系统向北收缩的一种表现,有利于热带环流和系统的向北推进,因此可将东亚高空急流的第一次北跳视为南海夏季风爆发的先期信号。

一般,东亚高空西风急流第一次北跳时间的早或晚,可以作为南海夏季风爆发早晚的一种标志。例如,1985年和1994年,急流位置第一次北跳较早,分别发生在4月23日和4月28日,当年南海夏季风的爆发也比较早,分别为4月28日和4月29日。再如1983、1987、1988和1999年,急流位置的第一次北跳比较晚,分别发生在5月13日、5月22日、5月13日和5月19日,当年的南海夏季风的爆发时间也比较晚,分别为5月16日、6月9日、5月21日和5月22日。

我们虽然分析了每年夏季风爆发的情况,因篇幅关系这里只能用 1998 年的演变作为一个例子给予说明。图 3.1.9 是 1998 年 5 月 12—30 日(每 2 日一幅)105°—120°E 平均的纬向风的高度-纬度剖面,西风急流在夏季风爆发前的突然北跳十分清楚。由图可见高空西风急流的北跳应是在 5 月 19 日左右,也就是在夏季风爆发的前 3 天。

表 3.1.1 东亚高空西风急流第一次向北突跳和南海夏季风爆发的日期(月日) (引自李崇银等,2004)

年　　份	1980	1981	1982	1983	1984	1985	1986	1987	1988	1989
dT/dy(1)	5.8	5.21	5.5	5.18	4.27	4.29	5.6	5.17	5.2	5.4
$J_{200\ hPa}$(1)	5.13	5.8	5.8	5.13	5.1	4.23	5.10	5.22	5.2	5.4
$U_{850\ hPa}$	5.15	5.9	5.22	5.16	4.27	4.28	5.10	6.9	5.19	5.16
$V_{850\ hPa}$	5.16	5.7	5.22	5.16	4.25	4.29	5.10	6.9	6.3	5.16
Mon.-onset(I_d)	5.15	5.13	5.20	6.3	4.29	4.28	5.10	6.8	5.21	5.15
Mon.-onset	5.15	5.9	5.22	5.16	4.28	4.28	5.10	6.9	5.21	5.16

年　　份	1990	1991	1992	1993	1994	1995	1996	1997	1998	1999	平均
dT/dy(1)	5.7	4.26	5.12	5.8	4.26	5.9	4.29	5.7	5.18	4.14	5.7
$J_{200\ hPa}$(1)	5.8	4.28	5.12	4.28	4.28	5.13	5.1	5.13	5.19	5.14	5.8
$U_{850\ hPa}$	5.13	6.3	5.13	5.22	4.28	5.13	5.1	5.16	5.16	5.22	5.13
$V_{850\ hPa}$	5.4	5.16	5.13	5.7	4.28	5.7	4.28	5.25	5.25	5.10	5.12
Mon.-onset(I_d)	5.7	5.15	5.13	5.8	4.29	5.24	5.1	5.16	5.22	5.23	5.15
Mon.-onset	5.13	5.18	5.13	5.22	4.29	5.24	5.1	5.16	5.22	5.23	5.15

东亚高空西风急流第一次北跳的形式,绝大部分都是急流中心首先分为两个,然后北边的一个中心加强,并迅速取代南边的中心,从而整个急流位置的北跳也就完成。

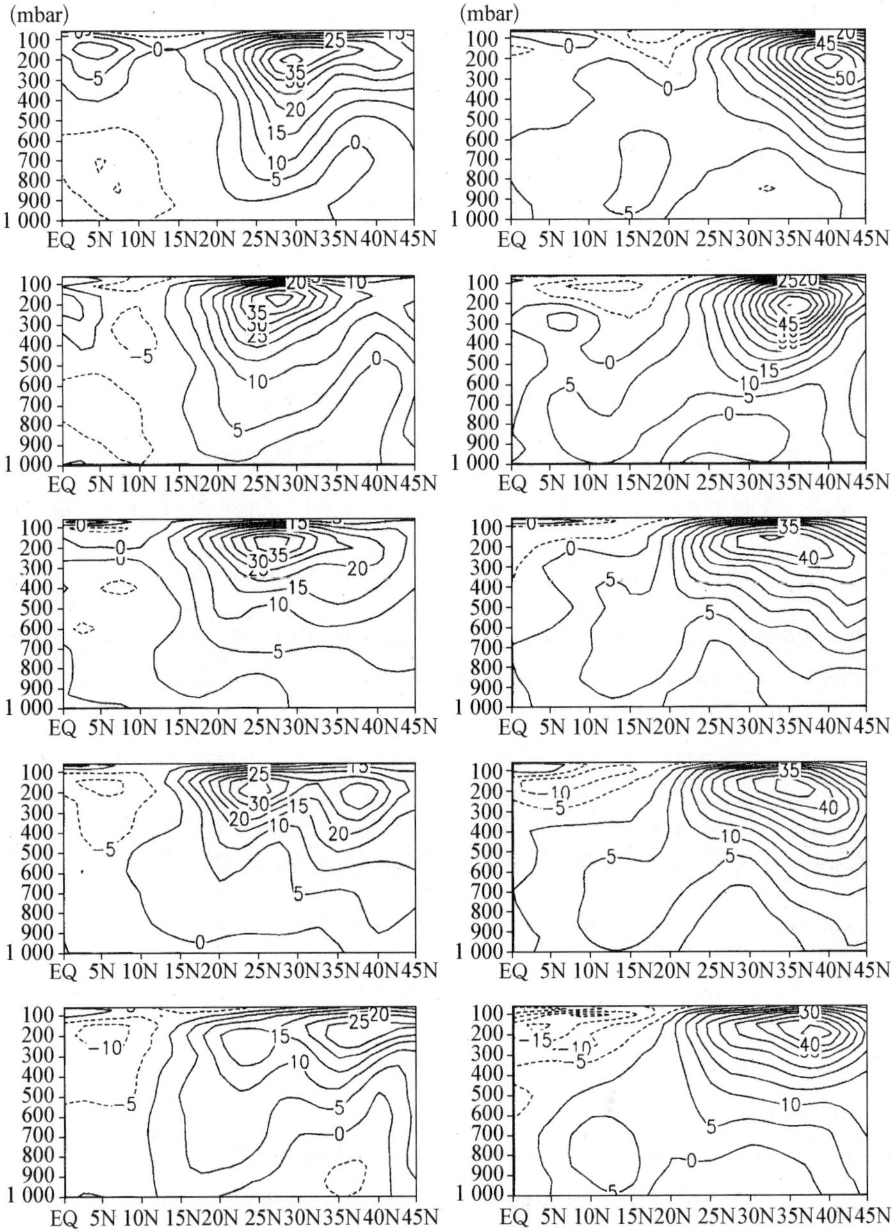

图 3.1.9 1998 年 5 月 12—30 日(每 2 日一幅)105°—120°E 平均的纬向风的高度-纬度剖面 (引自李崇银等,2004)

3.1.3　东亚夏季风的异常及影响

东亚夏季风的异常直接影响亚洲地区的天气和气候,尤其是中国东部的夏季洪涝和干旱都与夏季风的异常活动有关。一般南海夏季风的强弱可以基本反映东亚夏季风的强弱,这里就用南海夏季风的异常来代表东亚夏季风的情况。由强南海夏季风年和弱南海夏季风年分别合成得到的中国东部汛期降水距平(%)的分布表明(图略),在弱南海夏季风年长江中下游及江淮流域汛期降水明显偏多(平均达 20%—40%),而华南及华北地区明显少雨(平均为 10%—30%);在强南海夏季风年,我国东南沿海及河套到华北北部和东北南部一带多雨,而长江中下游及华北南部地区都少雨(平均达10%—20%)。

为了进一步揭示南海夏季风强弱与中国夏季降水量的关系,在南海夏季风试验的研究工作中曾分析计算了它们之间的相关系数。图 3.1.10(彩图见第 692 页)给出的是南海夏季风强度与中国夏季降水量相关系数的分布形势,可以清楚看到,最大的相关区是在长江中下游及其以南地区,而且为负相关。也就是说,强(弱)南海夏季风将会在长江中下游及其以南地区造成降水量的偏少(偏多)。这种关系的物理图像也很清楚和容易理解,在强夏季风情况下,暖湿空气一般可以向北到达黄河下游及华北地区,在那里与北方冷空气相遇,造成较多的降水;而在弱夏季风情况下,暖湿空气一般只能向北到达长江中下游地区,在那里与北方冷空气相遇,造成长江中下游及其以南地区有较多的降水。

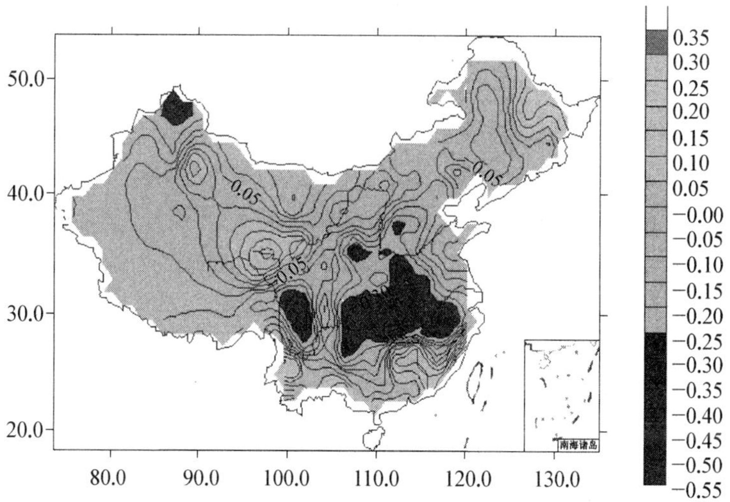

图 3.1.10　南海夏季风强度与中国夏季降水的相关系数分布

对强和弱南海夏季风年分别进行合成分析表明,无论在对流层低层

(850 hPa)还是在对流层高层(200 hPa),大气环流形势都有明显的异常,表明强、弱南海夏季风所对应的大气环流形势各有其不同的特在。前面的讨论已指出强、弱南海夏季风年合成的6—8月平均的850 hPa风场有明显的差异,其主要差别在于:强夏季风年在5°—20°N纬带有更强的西风;在南海东北部地区,强夏季风年有更强的气旋性环流存在。而且在合成的850 hPa大气ISO的流场形势及其差异场上,可以看到对应强南海夏季风情况,在南海和西太平洋地区有强低频气旋性环流,对应弱南海夏季风该地区却为弱的低频反气旋环流;其大气ISO流场差值图也显示在南海东北部地区有低频气旋性环流存在(图略)。从另一个角度也可以说,大气季节内振荡在南海及附近地区的活动对于强东亚夏季风形势的建立起着重要的作用。

另一方面,东亚夏季风的异常也在200 hPa上有所反映,强南海夏季风系统在对流层上层(200 hPa)有更为强大的青藏高原反气旋的存在,而弱南海夏季风系统在对流层上层的南亚反气旋相对较弱,它们的差值场表明在强南海夏季风时南亚反气旋的位置要略偏西北(图3.3.11)。与对流层大气环流形势场相类似,

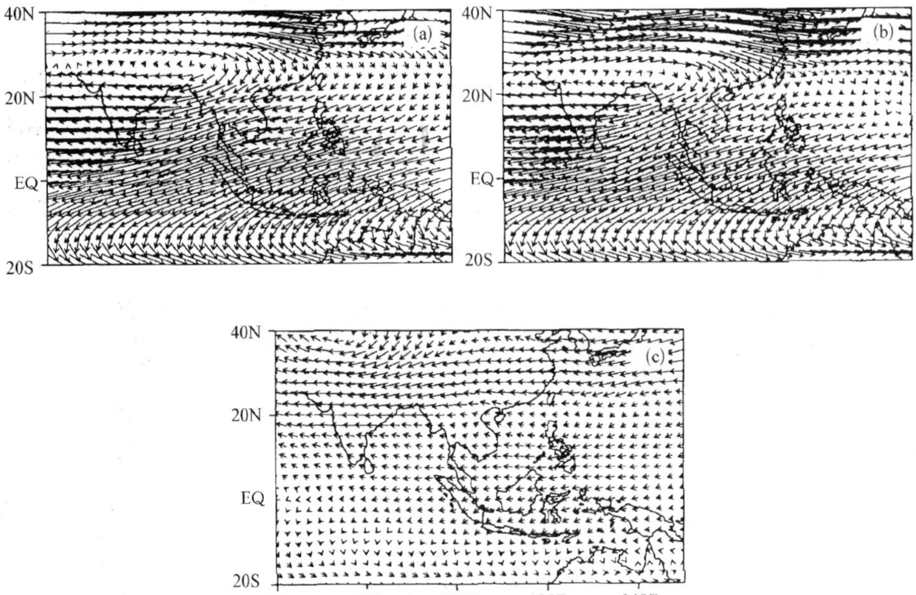

图3.1.11 强南海夏季风年(a)和弱南海夏季风年(b) 6—8月平均的200 hPa流场合成形势及其差值图(c) (引自Li et al, 2001)

与强东亚夏季风相对应,在青藏高原上空也有更强的季节内振荡型反气旋流场形势存在。这也进一步说明,大气季节内振荡的活动对于强东亚夏季风形势的建立起着重要的作用。

以上的分析讨论不仅表明，东亚或南海夏季风存在着明显的年际变化，而且还可以认为，大气 ISO 的活动，尤其是在南海东北部地区的强低频气旋性环流和青藏高原上空 200 hPa 低频反气旋的存在，对强东亚夏季风形势的建立和维持有着重要作用。

南海夏季风虽然只是区域性的大气环流或气候系统，但它的活动及异常并不只是影响东亚地区，还会对整个北半球有重要影响。通过资料分析和数值模拟，我们早已指出，南海夏季风的异常，通过东亚—太平洋—北美（EPA）遥相关（波列）不仅会影响韩国和日本地区的天气气候，而且也将影响美国的天气气候（李崇银、张利平，1999）。图 3.1.12 给出的是以（15°N，112.5°E）为参考点分别

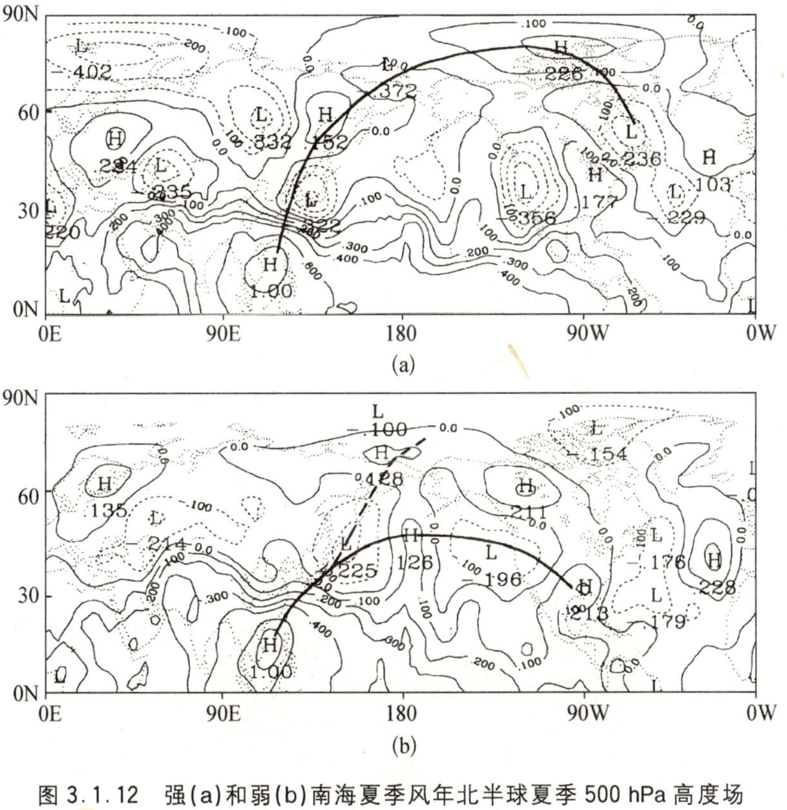

图 3.1.12 强(a)和弱(b)南海夏季风年北半球夏季 500 hPa 高度场的相关形势 计算参考点在（15°N，112.5°E）

计算的强、弱南海夏季风年北半球夏季 500 hPa 高度的相关形势。可以清楚看到东亚—太平洋—北美（EPA）遥相关形势（波列）在图中十分清楚；而对应强、弱南海夏季风，EPA 遥相关型还有一些差异。当然，不同的 EPA 波列形势不仅将影响东亚，也将影响北美的天气气候。最近，美国科学家也开始使用南海及邻近地区的季风和海温状况作为美国旱涝预报的因子之一，他们的所谓季风模与我们提出的 EPA 波列基本一致。

3.1.4 东亚冬季风

东亚冬季风是北半球中高纬的行星尺度大气环流系统在冬季的强烈活动现象，由于东亚大槽和青藏高压的共同作用，从西伯利亚南下的冷空气在东亚地区形成了世界上最强的冬季风。东亚冬季风的活动不仅会影响到东亚地区（中国东部、朝鲜半岛和日本），还会影响东南亚地区，以至南半球的天气气候变化（Chang and Lau，1980；Davidson et al，1983）。最近，就东亚冬季风活动的有关问题，有一个较全面、系统的综合论述（Chan and Li，2004），读者若有需要可以参考。

1. 东亚冬季风气候学

东亚冬季风的活动在中国也称寒潮，一般在冬半年均可以出现，主要表现为由北向南的冷锋过程和系统性的偏北风和降温。在地面天气图上东亚冬季风的最主要特征是一个强大的冷高压在西伯利亚和蒙古地区维持，其中心最高气压（一月份）可达1040 hPa以上，这个高压系统（S-MH）在十月份就出现，其后不断加强；到二月份开始减弱，一直可维持到四月份，但中心位置有所东移。每当一次高空槽的加强活动，S-MH也就加强并向南发展，与其相配合就有冷锋和冷空气的向南爆发（一次寒潮爆发），在东亚及东南亚造成明显的天气过程。图3.1.13（彩图见第693页）给出的是2006年12月17—20日由于冬

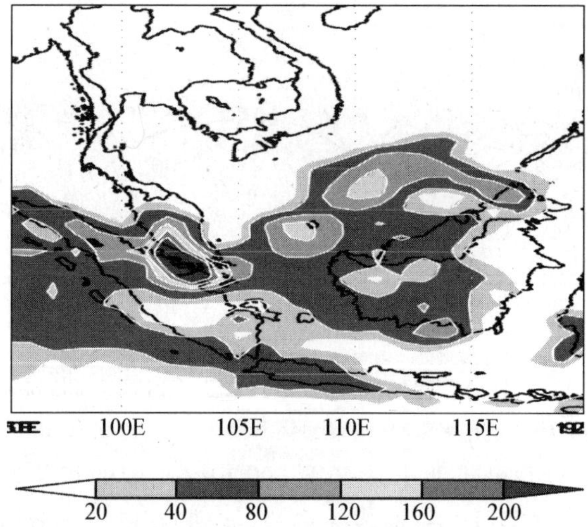

图3.1.13 2006年12月17—20日因冬季风在东南亚地区所引起的降水总量的分布

季风加强（一次强寒潮活动）在东南亚地区所造成的降水，很显然，冬季风的活动对东南亚的天气气候有着重要的影响。

与冷空气活动相伴的S-MH实际是一个浅层系统，在高空则是东亚大槽的活动与其相联系。东亚大槽在冬季虽然有其较为稳定的位置，但它的每一次加深总会伴随有S-MH的加强和南侵，以及地面冷空气的向南爆发。在东亚大槽加深的同时，200 hPa的西风急流在东亚地区也会加强，而且其位置也会向南推移。在500 hPa上与副热带西风急流相汇于日本上空的极区急流也将会伴随东亚大槽和冬季风的加强而向南推移。一般，东亚高空急流在10月中旬有一次向南突跳，东亚北部也就开始了冬季风的活动；而6月中旬急流有一次向北突跳，东亚南部地区也就开始了夏季风的活动(叶笃正等，1958)。

2. 冬季风涌

东亚冬季风活动的一个重要特征就是冷涌(Cold Surges)，这种冬季风涌主要表现为地面气压的急速升高，地面及低层风的突然加强，气温的急速下降等现象。而且资料分析发现这种冬季风涌由北向南传播的速度很快，从而被研究认为这实际上是因为气压场与风场的不平衡引起的瞬时重力波活动(Lim and Chang，1981)；而且首先是气压的急速高升，其第二阶段则是露点的骤降(Chang et al，1983)。

除了因冷空气的向南爆发可以激发产生重力波之外，动力学分析可以清楚地表明，在有高原地形存在的情况下，可以激发出一种地形重力波，其向南的相速度可以达30 m/s以上(Lu and zhu，1990)。因此，青藏高原的存在对于东亚冬季风涌的形成也有重要作用。

3. 东亚冬季风异常

东亚冬季风活动存在不同时间尺度的变化，陶诗言(1959)的研究清楚地表明，中国寒潮的活动主要有6—8天的准周期特征；而李崇银(1988)的进一步研究发现东亚冬季风的活动也有季节内(30—60天)振荡特征。分析地面经向风异常(20°—30°N，120°—150°E区域平均)的年际变化，其主要周期是2年和4—7年(图3.1.14)。其中2年周期显示了对流层准两年振荡(TBO)的特征，而4—7年周期显示了东亚冬季风活动与ENSO的相互作用关系(李崇银，1988；Li，1990)。

在图1.3.5中已经表明了东亚冬季风异常与ENSO的相互作用关系，在El Nino发生的前冬，东亚冬季风偏强，并可激起赤道西太平洋的西风异常，通过海气相互作用对El Nino的发生有重要作用；而在El Nino爆发的当年冬季，东亚冬季风往往偏弱。

最近我们对12个强东亚冬季风年和10个弱东亚冬季年所作的大气环流的合成分析表明，异常东亚冬季风将会对热带的Walker环流和Hadley环流产生极其明显的影响。在强东亚冬季风年和弱冬季风年，两种环流有着十分不一样的异常形势。在强冬季风年，10°—18°N纬带是上升运动，20°—35°N为下沉气流；而110°—140°E是异常西风，140°E—180°是异常东风(图3.1.15)。在弱冬

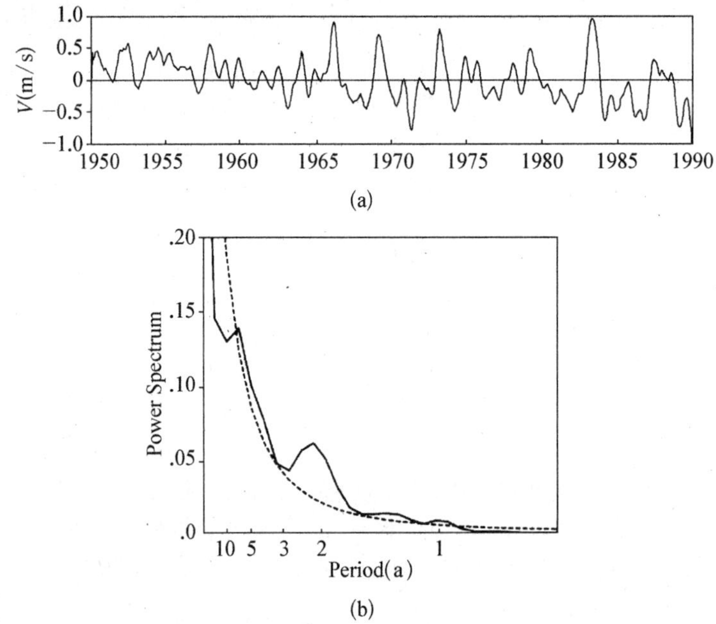

图 3.1.14 (20°—30°N, 120°—150°E)区域平均地面经向风异常的时间变化(a)和功率谱(b) 图中虚线表 95%的信度(引自穆明权、李崇银,1999)

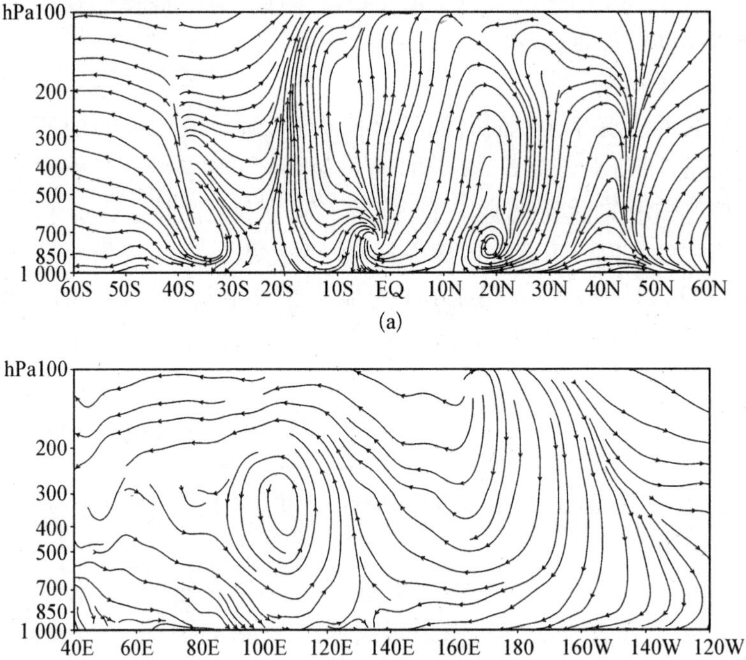

图 3.1.15 强东亚冬季风是激发的异常 Hadley 环流(a)和 Walker 环流(b) (引自裴顺强、李崇银,2007)

季风年，0°—18°N 纬带是下沉气流，20°—35°N 纬带为上升运动；而 110°—150°E 是异常东风，150°E—160°N 是异常西风(图3.1.16)。两图的比较十分清楚表明，东亚冬季风的异常对热带大气环流有着显著的影响，这种影响不仅造成赤道西太平洋地区的天气异常，而且为驱动 ENSO 爆发的异常大气环流条件奠定了基础。

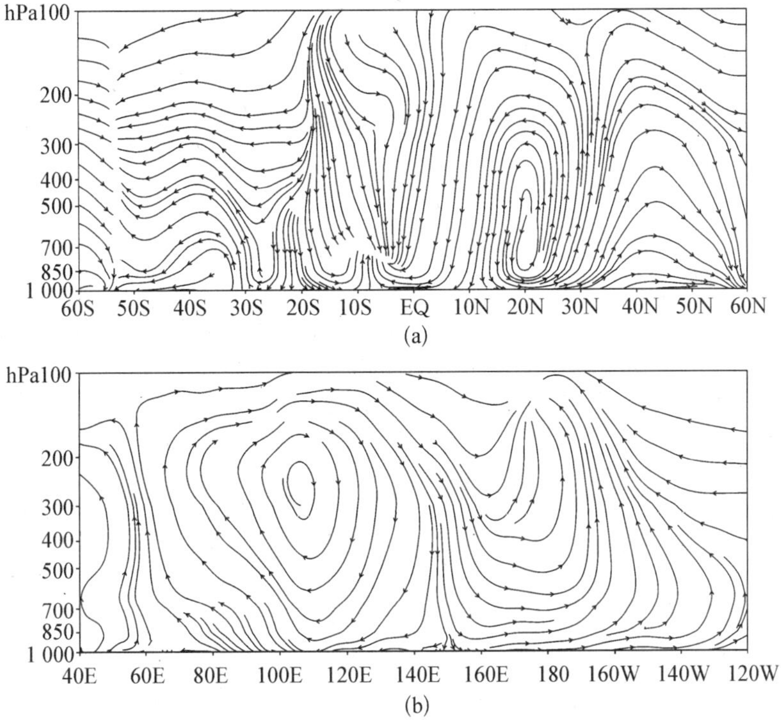

图 3.1.16　弱东亚冬季风所激发的异常 Hadley 环流(a)和 Walker 环流(b)　(引自裴顺强、李崇银，2007)

长期以来，因为夏季风异常造成的天气气候灾害对工农业生产的影响比较突出，大家对夏季风的注意和研究也就比较多，应该说对于冬季风及其异常的关注不够。2008 年 1 月 10 日至月底，中国南方有 19 个省(湖南、贵州、广东、广西、湖北、安徽、江西、河南、陕西、四川、江苏、福建、甘肃等)遭受了几十年乃至一百年一遇的严重雨雪和冰冻灾害，真可谓“罕见大雪冻住了半个中国”。这次罕见的雨雪冰冻灾害给全国人民的生活和生产造成了极其严重的影响，严重雨雪和冰冻灾害导致高压输电线断裂和输电线铁塔倒塌，使不少地方电力设施受到毁灭性破坏(仅湖南就有 9 000 km 的输电线路被毁)。输电线路的毁坏，造成了不少地方长时间断电停产。因严重雨雪和冰冻灾害导致铁路和公路运输严重瘫痪，尤其是京广铁路和京珠高速严重受阻瘫痪，数十列火车和上万辆汽车被困在冰雪之中，在广州地区一度有近 200 万旅客无法乘车回家。据不完全统计就有近亿人受到灾害影响，共有 107 人因灾死亡、8 人失踪，倒塌房屋 35.4 万间，农作物受灾面积为 1.77 亿亩、绝收 2 530 亩，共有 1.79 亿亩森林受损毁，造成直接经济损失超过 1 111 亿元。

这次极其严重的灾害是一种小概率的极端天气气候事件，也可认为是东亚冬季风的特殊异常造成的、多个系统异常相配合的结果。严重的灾害告诉我们，必须重视冬季风及其异常，需要加大力度对东亚冬季风的研究。

3.2 热带大气季节内振荡

热带大气季节内(30—60 天)振荡(Intra Seasonal Oscillation，简称 ISO)是热带大气中最显著的信号之一，也被视为重要的大气环流系统之一，它的活动及其异常对不少地区的天气和气候都有重大的影响，从而受到广泛的重视。热带大气 ISO 最先由 Madden 和 Julian 在 1971 年发现(因此也被称为 Madden-Julian Oscillation，简称 MJO)，他们在分析南太平洋 Canton 岛 1957—1967 年的观测资料时发现纬向风和地面气压存在一个周期为 40—50 天的低频振荡，后来他们的研究(1972)又进一步发现这种振荡在全球热带大气中普遍存在，并且主要以纬向一波的结构向东传播，振荡起源于热带印度洋和西太平洋。之后，由于资料的缺乏，开始并未引起人们的多大注意。直到后来 Yasunari (1980) 发现印度季风区的云量也有 30—40 天的周期变化，不仅又一次证实了 30—60 天振荡的存在，而且将热带大气季节内振荡同季风活动联系了起来。同时通过对 MONEX 资料的分析，Krishnamurti 等(1982)发现印度季风区的槽脊活动也有 30—50 天的振荡和向北传播的特征。Murakami 等(1984)的研究不仅揭露出季节内扰动风场和位势高度场的东传和向北移动特征，而且提出了扰动能量频散问题。这样，大气季节内振荡的研究从 20 世纪 80 年代开始得到蓬勃开展，不仅把大气 30—60 天振荡作为大气运动的准周期变化现象，而且视其为大气运动的一类实体(系统)。之后，国内外对热带大气 ISO 的结构特征和基本活动规律的研究进行了很多，对其也揭露得较为清楚(Lau and Chan，1985；Knuston and Weickmann，1987；Li，1988，1990；Madden and Julian，1994；Zhang，1996；Sperber et al，1997)。李崇银(1991；1993)在《大气低频振荡》一书中对国内外大气季节内振荡的研究进行了总结，系统讨论了大气 ISO 的结构特征，移动规律和时间变化，以及它产生的动力学机制等。下面依据最新的资料分析结果，对热带大气 ISO 作简要的系统介绍。

3.2.1 热带大气季节内振荡的基本特征

概括而言，热带大气 ISO 具有纬向一波为主的行星尺度空间结构；它没有严格的周期,表现为30—60天的宽频带振荡周期,典型周期为45天左右;在垂直结构上表现为对流层上、下反相的“斜压”特征;热带大气ISO主要以纬向东传和经向北传为主,但也有明显的西传情况,特别是在赤道以外的热带地区大气ISO的向西移动还是常见的现象;热带大气ISO在季节上表现为冬、春较强而夏、秋较弱的季节性特征。热带大气ISO在主要对流区的热带印度洋和西太平洋上,其水平结构表现为混合Kelvin-Rossby波的特征;在主要对流区以外的地区,日界线以东的西半球,振荡在速度势、纬向风、散度、比湿和海平面气压上表现为干的Kelvin波的结构特征,并以更快的速度向东传播。

图3.2.1是由NCEP再分析资料得到的30—60天带通滤波850 hPa纬向

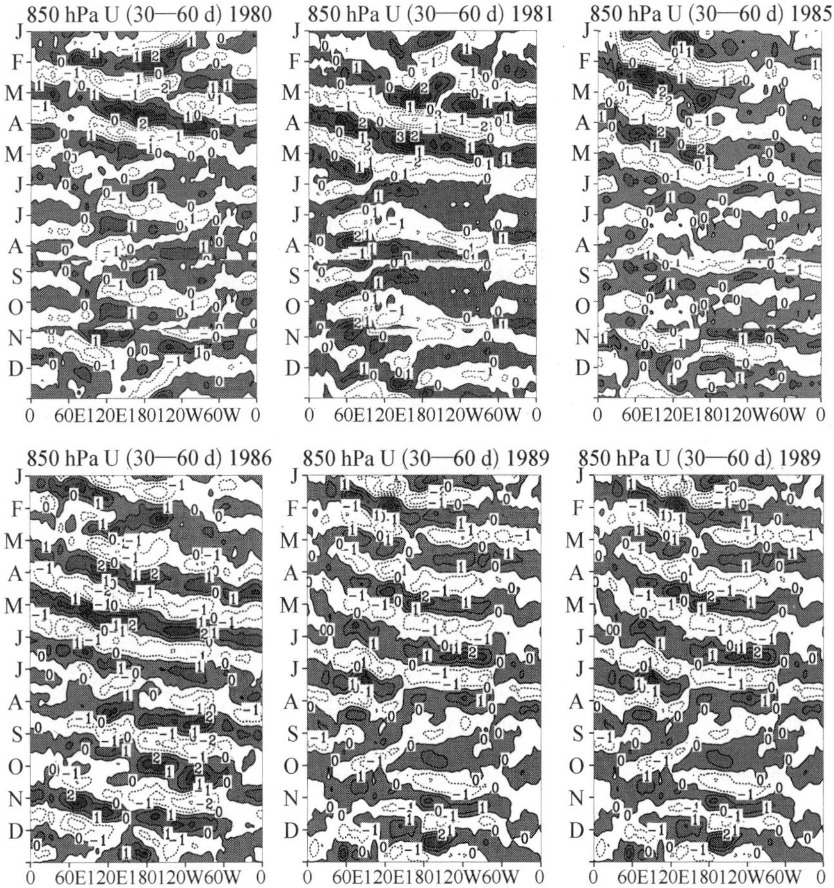

图3.2.1 由NCEP资料得到的30—60天带通滤波的10°S—10°N平均850 hPa纬向风的时间-经度剖面 (1980,1981,1985,1986,1988,1989年)等值线间隔为1 m/s,阴影区为小于零,单位:m/s

风的时间-经度剖面,因篇幅关系这里仅给出1980、1981、1985、1986、1988、1989年的情况,它们整体上可表现出ISO的连续向东传播特征。但系统性东传各年并不都一样，存在着年际变化；在每年的不同时间也有差异，冬半年的东传要比夏半年明显和有系统，说明还存在年变化特征。热带大气 ISO 的 850 hPa 纬向风在位相上与 200 hPa 纬向风（图略）基本呈反相变化，表明热带 ISO 在纬向风场上的斜压结构特征。

前面的分析表明时间-经度剖面可以直观地展现热带 ISO 的基本图像，但这种分析只是定性的，而时空谱将要素场在时间和空间上进行傅立叶变换可以更好的定量分析热带 ISO 在时间和空间上的谱特征。下面将进一步使用时空谱的方法分析热带 ISO 在空间和时间上的谱特征。将每一年 850 hPa 纬向风和降水去除年循环，然后在 10°S—10°N 进行平均，再对所得到的每一年的气象量的时间序列进行时空谱分析，最后对 11 年的结果进行平均，便得到平均时空谱（图 3.2.2）。图中纵坐标表示纬向波数，横坐标表示周期，正值表示波动是东传的，负值表示波动是西传的。由图可以看出，850 hPa 纬向风的谱值主要集中在空间波数为 1（图 3.2.2a），向东传播扰动的周期范围在 30—60 天，其典型周期为 45.6 天，60 天和 30 天；西传波动的能量相对而言要小的多。在对流层高层，200 hPa 速度势和 200 hPa 纬向风的时空谱特征（图略）与 850 hPa 纬向风基本一致。降水场（图 3.2.2b）的谱能量在波数域上比纬向风场要略为分散，2—4 波也有较大的能量，但周期还主要体现为东传的 30—60 天之内，最大的谱值位于 45 天左右。虽然不同的研究使用的资料、长度和分析范围都有所不同，所以结果之间可能存在细微的差别，但上述的这些结果与已有的观测研究结果（Hendon and Salby，1994；Maloney and Hartmann，2001）还是非常一致的。

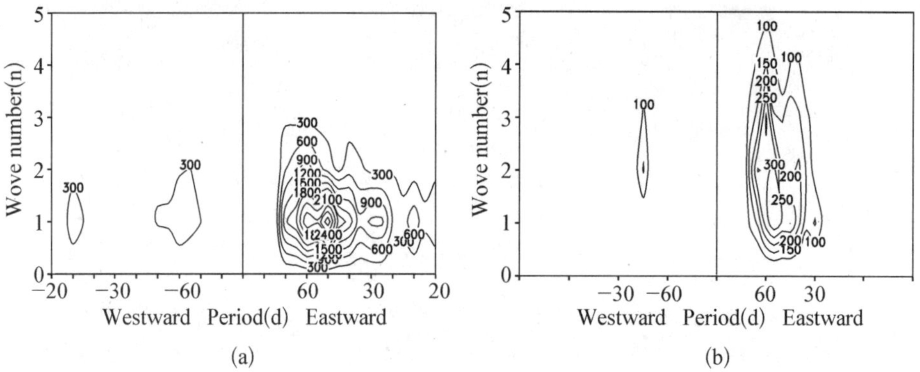

图 3.2.2　观测的 10°S—10°N 平均的 850 hPa 纬向风和降水的平均时空谱　(a) NCEP U850；(b) Xie/Arkin 降水（引自贾小龙和李崇银，2007）

季节变化是热带大气 ISO 的重要特征之一，包括其强度和空间分布的季节性。很多的研究用不同的方法和各种资料对此进行了分析，并已经基本确认了冬、春季强而夏、秋季弱的这一特征（Madden and Julian，1994）。图 3.2.3 给出了11年(1980—1990)平均的30—60天带通滤波的200 hPa纬向风平方在10°S—10°N纬度带平均的季节变化。此图可以基本反映热带大气ISO的动能及其变化特征，能较好描写ISO的活动及变化情况。由其结果可以明显看出，热带200 hPa ISO的强度在冬春季节要明显强于夏秋季节。其实，这种季节变化特征在850 hPa上也很清楚。

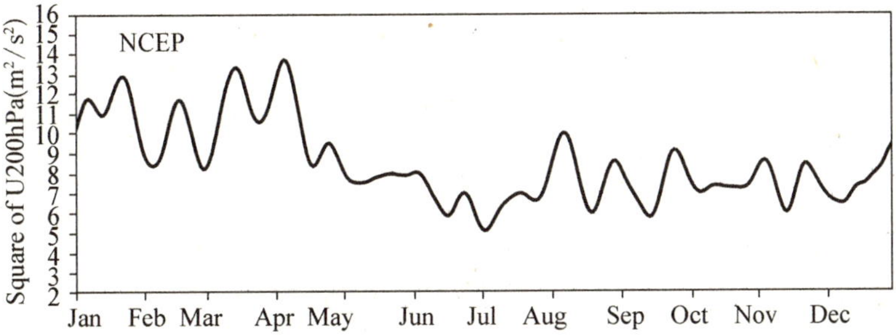

图3.2.3 11年平均的热带地区(10°S—10°N平均)200 hPa季节内纬向风平方的年变化 单位：m^2/s^2(引自贾小龙、李崇银，2007)

图3.2.4为NCEP资料得到的850 hPa大气季节内振荡动能(用850 hPa上经30—60天带通滤波的风场资料u和v计算得来)的空间分布，反映了850 hPa季节内振荡活动的区域分布特征及其变化。由图可见，热带大气中850 hPa的ISO主要分布在热带东印度洋、中西太平洋、南太平洋辐合带和赤道以北的东太平洋，其他地区季节内振荡的活动较弱。而且，热带地区季节内振荡的空间分布存在明显的季节变化，夏季主要分布在北半球5°—20°N的南亚和西太平洋地区，冬季则主要分布在南半球20°—5°S的印度洋和中西太平洋的狭长地带；春秋作为过渡季节介于冬夏之间。但无论是在春、夏、秋、冬，120°E附近的赤道地区大气季节内振荡总是相对较弱。另外，赤道以北的东太平洋在夏秋季节都有明显的季节内振荡，春季比较弱，而冬季可以认为ISO基本不存在了。以上的分析可见，就低层850 hPa而言，大气季节内振荡的活动存在明显的季节性变化特征，尤其是其空间分布。从30—60天带通滤波的Xie-Arkin降水方差的空间分布(可以反映ISO降水的分布)，可以看出其季节性特征和850 hPa季节内振荡动能是基本一致的(图略)。

以上分析的是850 hPa季节内动能和降水，可以看作是低层大气ISO的活动，在空间分布上表现出了明显的季节性特征，其实对流层高层ISO的活动也有一定的季节性(图略)，尽管在具体变化上与对流层低层有小的差异。进一步的分析表明，热带大气ISO活动的明显季节性特征与大气环流和气候背景场的季节变化有着紧密关系，它们中主要包括平均海平面温度场和大气平均纬向风场的季节性转换。

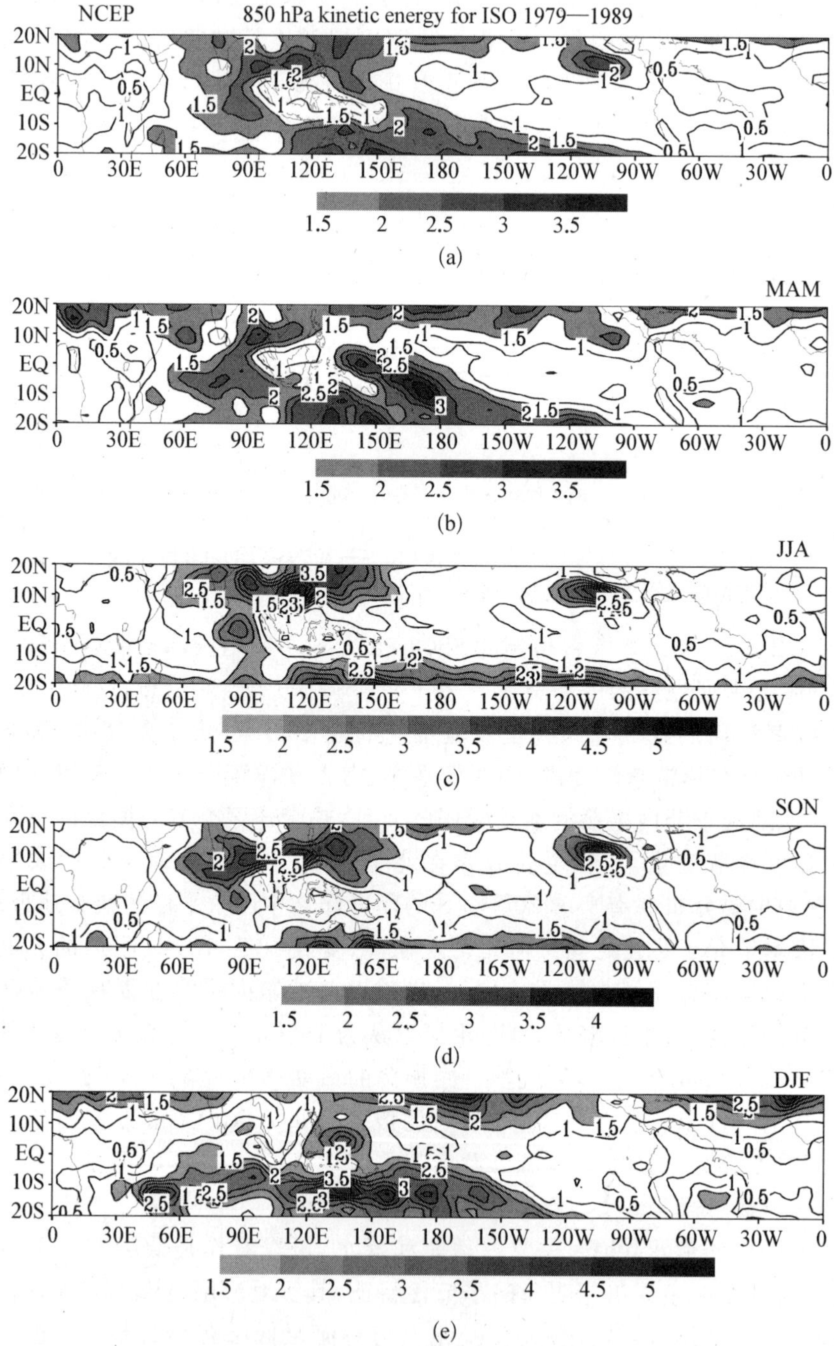

图3.2.4 热带地区850 hPa大气季节内振荡动能的分布 阴影区为大于1.5 m^2/s^2;(a) 总动能;(b) 春季;(c) 夏季;(d) 秋季;(e) 冬季(引自贾小龙、李崇银,2007)

3.2.2 热带大气季节内振荡的动力学机制

随着大气季节内振荡事实及其活动规律的揭露，人们相应开展了对大气低频振荡产生原因的研究，并从动力学理论上进行了探讨。但在较早的动力学研究中所认为的热带大气低频振荡与大气内重力波有关，以及大气运动的对称和非对称不稳定可能激发热带大气低频振荡的理论，都难以很好解释实际大气中热带大气 ISO 的结构和活动特征。后来，人们所进行的有关热带大气季节内振荡动力学机制的研究主要包括这样几个方面，即积云对流加热反馈（CISK）机制，蒸发-风反馈作用，大气对外源强迫的低频响应，大气中非线性相互作用，以及海-气耦合作用。

李崇银(1985)最先将积云对流加热反馈引入到热带大气 ISO 的动力学研究中，提出积云对流加热反馈（CISK）是激发产生热带大气 ISO 的重要动力学机制。Lau(1987)基于同样的波动- CISK 理论，进一步研究了热带大气 30—60 天振荡的积云对流加热反馈机制，将热带大气 ISO 的产生归结为“可移动性”波动-CISK（“mobile”wave - CISK），较好的说明了热带大气 ISO 的缓慢东传。因为积云对流加热反馈的引入，可以大大减慢热带大气经典 Kelvin 波的东传速度，由原来的 50 m/s 左右变成 10—20 m/s，从而类似于观测的热带大气 ISO。为使加热所激发的扰动是不稳定发展的，Chang(1988)进一步考虑研究了垂直模态间的相互作用，Wang(1988)在理论模型中引入了边界层摩擦所引发的水汽辐合作用。波动- CISK 理论认为低层的水汽辐合引发了深厚积云对流，凝结造成的潜热释放强迫出不稳定的东传模；并且不稳定的东传模在原潜热释放的东面进一步促进了低层的辐合，然后又产生了潜热加热。后来，李崇银(1990,1993)又研究指出了 CISK - Rossby 波的作用，认为在积云对流加热反馈的作用下，热带大气除产生东传的 CISK - Kelvin 波外，还可以产生一种 CISK - Rossby 波，它既可以向西移动也可以向东移动，并且 CISK - Rossby 波具有能量频散性，因而可以认为，CISK - Rossby 波也是热带大气 30—50 天振荡的重要激发和驱动机制。这样，对流凝结加热强迫通过 CISK 机制会在热带大气中激发 CISK - Kelvin 波和 CISK - Rossby 波，它们可以共同驱动热带大气季节内振荡，从而完善了热带大气 ISO 的 CISK 波理论。

为了从动力学上解释热带大气 ISO 的东传特征，Emanuel(1987)和 Neelin(1987)提出了蒸发-风反馈机制。他们认为异常的对流在对流层低层的对流区东侧强迫出了与 Kelvin 波相联系的东风异常，在西侧强迫出了西风异常。如果对流是发生在平均的东风区，这种东、西风响应场叠加在平均东风上，就造成了蒸发和加热的东-西不对称性。热源东部的加热强于西部，对流发展更为有利，这样，反馈过程也就有利于对流区的东移。同时，大气中对流加热的增强又更加强了热源东部的 Kelvin 波和东风响应。但是一些观测资料的分析表明,在热带 ISO 最活跃的东半球,平均风速很弱甚至为西风;同时,一系列的观测研究和数值模拟研究还表明对流区西侧的蒸发实际上比东侧要强。这些结果都表明了蒸发-风反馈机制不能根本上解释热带 ISO 的存在。李崇银(1996)的研究将 CISK 机制和蒸发-风反馈机制同时引入到一个动力学模式中,结果表明 CISK 反馈机制对于热带大气 ISO 的激发起着更为重要的作用。而进一步的动力学分析还表明(李崇银,2000),单纯的蒸发-风反馈机制不能起到减弱经典 Kelvin 波东传速度的作用,并不利于激发产生热带大气 ISO;但蒸发-风反馈作用可引起所激发波的不稳定,同时考虑 CISK 机制和蒸发-风反馈可以更好的解释热带大气 ISO 的特征和活动规律。

大气对外源(海温异常等)的强迫有极为明显的遥响应,基于对大气遥相关和遥响应的资料分析结果,外源强迫也被认为是大气季节内振荡的动力学机制之一(Wallac and Blackmon,1983)。通过数值模拟试验,李崇银等(1991,1993)发现大气对外源强迫的遥响应主要是低频(30—60 天)遥响应,而这种大气低频遥响应场的形势同一般的大气遥相关型有些类似,无论在热带还是在中高纬地区这种低频响应的扰动结构及其移动特征都同实际大气中所观测到的大气 ISO 十分相近。因此可以认为,大气对外源强迫的低频响应也是热带大气中 ISO 产生的重要机制。

大气非线性相互作用激发大气 ISO 方面也有很多的研究,包括波与波的共振相互作用(罗德海、李崇银,1992;1993),基本气流的不稳定性(Frederiksens,1992;李崇银等,1995),波与基本气流的相互作用(徐祥德、高守亭,1999),大气环流的多重平衡态以及平衡态的失稳与分叉(朱报真等,1991)等。尽管大气非线性相互作用对于激发中高纬度大气 ISO 有更为重要的作用,它仍然也是激发热带大气 ISO 的动力学机制之一。

由于已经发现海洋中也存在季节内振荡,海-气耦合相互作用也被认为对热带大气 ISO 的激发和维持具有相当的作用。在一个海气耦合模式的数值试验中(Hirst and Lau,1990),发现既存在年际振荡也存在季节内振荡。利用一个简单的非线性海气耦合模式所进行的理论分析(Li and Liao,1996),也清楚的显现出有大气 ISO 的存在和特征。利用大气与海洋混和层耦合模式讨论海气相互作用对维持热带大气 ISO 的作用时发现 (Wang and Xie,1998),海气混和层热力过程与大气的相互作用对热带大气 ISO 起着一定的支撑作用。对于大气来讲,海-气相互作用主要是海洋通过加热而影响大气,这种加热作用可以使原来的大气层结发生改变从而影响激发波的水平传播速度,恰当的海气耦合作用也就可以成为热带大气 ISO 的一种动力学机制。利用一个既包含积云对流加热反馈(CISK),也引入了蒸发-风反馈和海气耦合相互作用的研究热带大气 ISO 的理论模式,对热带大气季节内振荡的动力学机制进行了进一步的研究(Li et al,

2002)，其结果表明虽然海气耦合作用不及积云对流加热反馈机制那么重要，但海-气耦合作用也有利于降低激发波的频率，比较强的海-气耦合作用可以成为驱动热带大气 ISO 的动力学机制。

下面我们就从动力学理论上作简单分析。一般可以将描写热带大气 Kelvin 波的方程简单地写成 β-平面的形式，即

$$\frac{\partial U}{\partial t} + U\frac{\partial U}{\partial x} + g\frac{\partial H}{\partial x} = 0 \tag{3.2.1}$$

$$\frac{\partial H}{\partial t} + U\frac{\partial H}{\partial x} + D\frac{\partial U}{\partial x} = -Q - EU \tag{3.2.2}$$

这里(t, x)分别是时间和向东的距离，U 是纬向风速，H 是相对等效大气厚度 D 的偏差。在方程(3.2.2)中，Q 是大气非绝热加热率；EU 项表示蒸发-风反馈作用，E 是一个常数。

大气非绝热加热 Q 既包括内部加热(积云对流加热)，也包括外部加热(海气间的热交换等)。其内部加热可参数化写成

$$Q_1 = -\eta\frac{\partial U}{\partial x} \tag{3.2.3}$$

这里 η 是加热函数，可简单取作常数。而基于已有研究(Philander et al, 1984; Battisti et al, 1989)，海洋对大气的热通量可以参数化表示成

$$Q_2 = \alpha(h - \kappa h^3) \tag{3.2.4}$$

其中 h 是相对等效海洋厚度 d 的偏差，α 和 κ 是海-气相互作用的系数。

用在风应力驱动的浅水方程作为海洋模式，即有

$$\frac{\partial u}{\partial t} + u\frac{\partial u}{\partial x} + g\frac{\partial h}{\partial x} = \gamma U \tag{3.2.5}$$

$$\frac{\partial h}{\partial t} + u\frac{\partial h}{\partial x} + (d + h)\frac{\partial u}{\partial x} = 0 \tag{3.2.6}$$

这里 u 是纬向海流速度，γU 项表示风应力，γ 是应力常数。上述方程已简单地考虑了海气相互作用的基本过程，即海洋对大气的加热作用，大气对海洋的风应力强迫作用。

显然，方程(3.2.1)、(3.2.2)、(3.2.5)和(3.2.6)可视为一个简单的有 4 个独立变量的自组织系统，其中包括有正反馈过程，也包括负反馈过程；还有非线性相互作用存在。但为了得到系统的解析解，只讨论线性情况，上述系统的线性方程可以简单写成：

$$\frac{\partial U}{\partial t} + g\frac{\partial H}{\partial x} = 0 \tag{3.2.7}$$

$$\frac{\partial H}{\partial t} + (D - \eta)\frac{\partial U}{\partial x} = -\alpha h - EU \tag{3.2.8}$$

$$\frac{\partial u}{\partial t} + g\frac{\partial h}{\partial x} = \gamma U \tag{3.2.9}$$

$$\frac{\partial h}{\partial t} + d\frac{\partial u}{\partial x} = 0 \tag{3.2.10}$$

或者写成：

$$\alpha\frac{\partial h}{\partial t} = g(D-\eta)\frac{\partial^2 H}{\partial x^2} + gE\frac{\partial H}{\partial x} - \frac{\partial^2 H}{\partial t^2} \tag{3.2.11}$$

$$gd\frac{\partial^2 h}{\partial x^2} - \frac{\partial^2 h}{\partial t^2} = -\frac{\gamma d}{D-\eta}\left(\frac{\partial H}{\partial t} + \alpha h\right) \tag{3.2.12}$$

方程(3.2.11)和(3.2.12)的正态模解可写成

$$(H,\ h) = (H_0,\ h_0)\mathrm{e}^{\mathrm{i}(kx-\sigma t)} \tag{3.2.13}$$

将(3.2.13)代入(3.2.11)和(3.2.12)，即可得到关系式

$$[\alpha C_o^2(D-\eta) + \gamma d C_a^2]\sigma^2$$
$$= g(D-\eta)dk^2(\gamma C_a^2 + \alpha C_o^2) - \gamma d\alpha^2 C_o^2 - \mathrm{i}gEkd\gamma C_a^2 \tag{3.2.14}$$

其中 $C_{\mathrm{a}}^2 = gH_0$，$C_{\mathrm{o}}^2 = gh_0$。

由于 $\sigma = \sigma_{\mathrm{r}} + \mathrm{i}\sigma_{\mathrm{i}}$，$\sigma_{\mathrm{r}}$ 和 σ_{i} 分别是扰动的频率和增长率，由关系式(3.2.14)不难得到 σ_{r} 和 σ_{i} 的表达式为

$$\sigma_{\mathrm{i}} = \frac{gdEk\gamma C_{\mathrm{a}}^2}{2[(D-\eta)\alpha C_{\mathrm{o}}^2 + \gamma d C_{\mathrm{a}}^2]\sigma_{\mathrm{r}}} \tag{3.2.15}$$

$$\sigma_{\mathrm{r}} = k\Bigg(\Big\{g(D-\eta)d(\gamma C_{\mathrm{a}}^2 + \alpha C_{\mathrm{o}}^2) - \gamma d\alpha^2 C_{\mathrm{o}}^2/k^2$$
$$+\sqrt{[gd(D-\eta)(\gamma C_{\mathrm{a}}^2 + \alpha C_{\mathrm{o}}^2) - \gamma d\alpha^2 C_{\mathrm{o}}^2/k^2]^2 + (dgE\gamma C_{\mathrm{a}}^2/k)^2}\Big\}$$
$$\Big/2[\alpha C_{\mathrm{o}}^2(D-\eta) + \gamma d C_{\mathrm{a}}^2]\Bigg)^{\frac{1}{2}} \tag{3.2.16}$$

在表达式(3.2.16)中只能取正根，因为在无海洋、无加热和无蒸发-风反馈情况下，大气 Kelvin 波应是东传的。很明显，这里得到的激发波是与 CISK - Kelvin 波类似的波。因为存在对流加热反馈作用，它比经典 Kelvin 波东传慢；因为有和海洋的作用，它是不稳定的和有能量频散性。下面分不同情况进行讨论。

1. 蒸发-风反馈单独作用情况

无海洋也没有大气对流加热（$C_o = 0$ 和 $\eta = 0$），不难得到

$$\sigma_{\mathrm{i}} = \frac{gE}{2C_x} \tag{3.2.17}$$

以及

$$C_x = \sqrt{\frac{gD[1 + \sqrt{(1 + E^2/D^2k^2)}]}{2}} \equiv C_{\mathrm{XE}} \tag{3.2.18}$$

$$C_{g\mathrm{XE}} = C_{\mathrm{XE}} - \frac{gE^2}{2\sqrt{2}k} \frac{1}{\sqrt{gD(Dk + \sqrt{D^2k^2 + E^2})\sqrt{D^2k^2 + E^2}}} \tag{3.2.19}$$

很显然,所激发的波是不稳定的,且有频散性。激发波的群速度与相速度同方向,但要慢一些($C_{g\mathrm{XE}} < C_{\mathrm{XE}}$),因为

$$C_{\mathrm{XE}} > \frac{gE^2}{2k\sqrt{2gD(Dk + \sqrt{D^2k^2 + E^2})\sqrt{D^2k^2 + E^2}}}$$

如果再不考虑蒸发-风反馈作用($E = 0$),那么激发波就变成经典 Kelvin 波($\sigma_{\mathrm{i}} = 0$, $C_{\mathrm{XK}} = \sqrt{gD}$),它是稳定的东传波,其速度为50 m/s左右。但观测的热带 ISO 的东传速度要比 C_{XE}(C_{XK})小得多,因此单独的蒸发-风反馈作用难于驱动热带大气中的季节内振荡。

2. 海-气耦合的单独作用

无对流加热($\eta = 0$)和蒸发-风反馈的作用($E = 0$),单独海-气耦合作用下,可以有

$$\sigma_{\mathrm{i}} = 0 \tag{3.2.20}$$

以及

$$C_x = \sqrt{\frac{Dgd\gamma k^2 C_{\mathrm{a}}^2 + (Dgk^2 - \alpha\gamma)d\alpha C_{\mathrm{o}}^2}{k^2(d\gamma C_{\mathrm{a}}^2 + d\alpha C_{\mathrm{o}}^2)}} \equiv C_{\mathrm{XAS}} \tag{3.2.21}$$

$$C_{g\mathrm{XAS}} = C_{\mathrm{XAS}} + \frac{d\gamma\alpha^2 C_{\mathrm{o}}^2}{k\sqrt{(d\gamma C_{\mathrm{a}}^2 + d\alpha C_{\mathrm{o}}^2)[gDd\gamma k^2 C_{\mathrm{a}}^2 + d\alpha C_{\mathrm{o}}^2(Dgk^2 - \alpha\gamma)]}} \tag{3.2.22}$$

可以看到,激发波是不稳定的,而且是频散波。由于当海气相互作用很强的时候($\gamma\alpha$ 很小),将有近似关系 $C_{\mathrm{XAS}} = C_{\mathrm{XK}}$,说明强的海-气相互作用有利于激发产生热带大气 ISO。

3. 对流加热和蒸发-风反馈共同作用

在无海洋情况下($C_{\mathrm{o}} = 0$, $\alpha = 0$),由表达式(3.2.15)和(3.2.16)可得到

$$\sigma_{\mathrm{i}} = \frac{gE}{2C_x} \tag{3.2.23}$$

以及

$$C_x = \sqrt{\frac{g(D - \eta)}{2}[1 + \sqrt{1 + E^2/(D - \eta)^2k^2}]} \equiv C_{\mathrm{XCE}} \tag{3.2.24}$$

$$C_{g\text{XCE}} = C_{\text{XCE}} - \frac{gE^2}{\sqrt{8g(D-\eta)k^2[1+\sqrt{(D-\eta)^2k^2+E^2}]\sqrt{(D-\eta)^2k^2+E^2}}} \tag{3.2.25}$$

很显然，在对流加热和蒸发-风反馈的共同作用下，最有利于激发产生热带大气ISO，因为这时的激发波是不稳定的又有频散性，尤其是它的东传速度比较接近于实际观测的大气ISO。如果不考虑蒸发-风反馈作用($E=0$)，则(3.2.24)式将只表示热带大气CISK-Kelvin波，即$C_{\text{XCK}}=\sqrt{g(D-\eta)}$，$\sigma_i=0$。一般情况下有$C_{\text{XK}}=C_{\text{XCK}}=C_{\text{XCE}}$，对流加热反馈对于减慢位相速度是非常重要的，表明对流加热反馈在热带大气ISO的激发中是极其重要的。这里的结果与已有研究是基本一致的(Kirtman and Vernekar，1993；李崇银，1995)，尽管出发方程有些差异。

以上动力学分析清楚地表明，对流加热反馈(CISK)对于激发热带大气ISO是最为重要的，因为它对减慢Kelvin波的位相速度有非常重要的作用；强的海-气相互作用也有利于激发产生热带大气ISO；单独的蒸发-风反馈作用难于驱动热带大气中的季节内振荡，因为它没有减慢Kelvin波位相速度的功能；对流加热和蒸发-风反馈的共同作用最有利于激发产生热带大气ISO，因为这时的激发波是不稳定的，又有能量频散性，尤其是它的东传速度比较接近于实际观测的大气ISO。

3.2.3 热带大气季节内振荡与亚洲夏季风

许多研究都表明，亚洲季风区是热带季节内振荡的主要活动区，尤其是亚洲夏季风有极其显著的季节内振荡特征。图3.2.5(彩图见第693页)是计算得到的1992年和1998年下半年南海地区850 hPa纬向风和射出长波辐射(OLR)的小波分析结果，十分清楚，南海地区无论是850 hPa纬向风还是OLR，在季节内时间尺度里都有最强的谱峰存在。充分说明季节内振荡在亚洲夏季风中是极其重要的。

在前面讨论亚洲夏季风的时候，我们已指出夏季风的建立与热带大气ISO的活动有明显的关系。下面我们将进一步讨论东亚夏季风的异常与热带大气ISO活动的关系。因为夏季风的异常直接影响亚洲地区的天气和气候，尤其是中国东部的夏季洪涝和干旱都与东亚(南海)夏季风的异常活动有关。一般，对应强东亚(南海)夏季风年和弱南海夏季风年，分别合成得到的中国东部汛期降水距平(%)的分布表明(图略)，在弱南海夏季风年长江中下游及江淮流域汛期降水明显偏多(平均达20%—40%)；而华南及华北地区明显少雨(平均10%—30%)；在强南海夏季风年，我国东南沿海及河套到华北北部和东北南部一带多雨，而长江中下游及华北南部地区都少雨(平均达10—20%)。研究大气ISO对东亚夏季风变化的影响，对于认识和预测东亚夏季风活动以及中国东部的夏季旱涝都有重要意义。

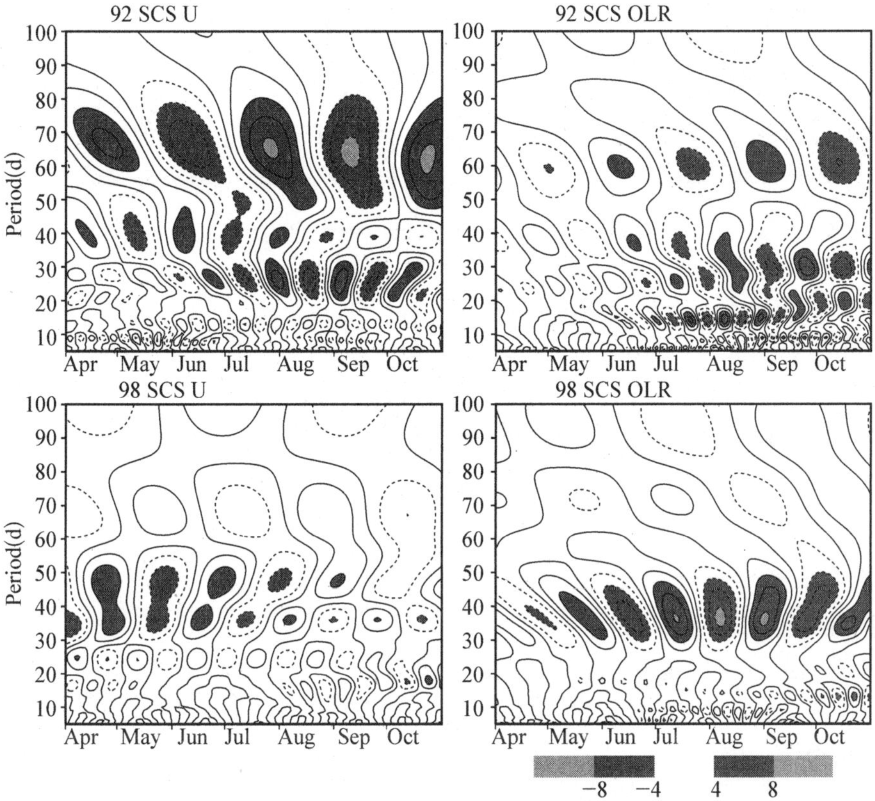

图 3.2.5 1992 年(上)和 1998 年(下)夏半年南海地区 850 hPa 纬向风和射出长波辐射(OLR)的小波分析结果

对强和弱南海夏季风年分别进行合成分析表明，无论在对流层低层(850 hPa)还是在对流层高层(200 hPa)，大气环流形势都有明显的异常特征。图 3.2.6 分别给出了强、弱南海夏季风年合成的 6—8 月平均的850 hPa风场及其差异的形势。可以看到，强夏季风年(图 3.2.6a)和弱夏季风年(图 3.2.6b)的 850 hPa 流场形势有显著的差异，图 3.2.6c 表明的主要差别在于：强夏季风年在 5°—20°N 纬带有更强的西风；在南海东北部地区强夏季风年有更强的气旋性环流存在。而对应强、弱南海夏季风情况所合成的 850 hPa 大气 ISO 的流场形势及其差异场可以看到(图略)，对应强南海夏季风情况，大气 ISO 流场在南海-西太平洋地区也有强气旋性环流，对应弱南海夏季风却为弱反气旋环流。因此可以认为，大气季节内振荡在南海及附近地区的活动对于强东亚夏季风形势的建立起着重要的作用。

图 3.2.7 是强、弱南海夏季风年平均的 850 hPa 上季节内振荡动能的水平

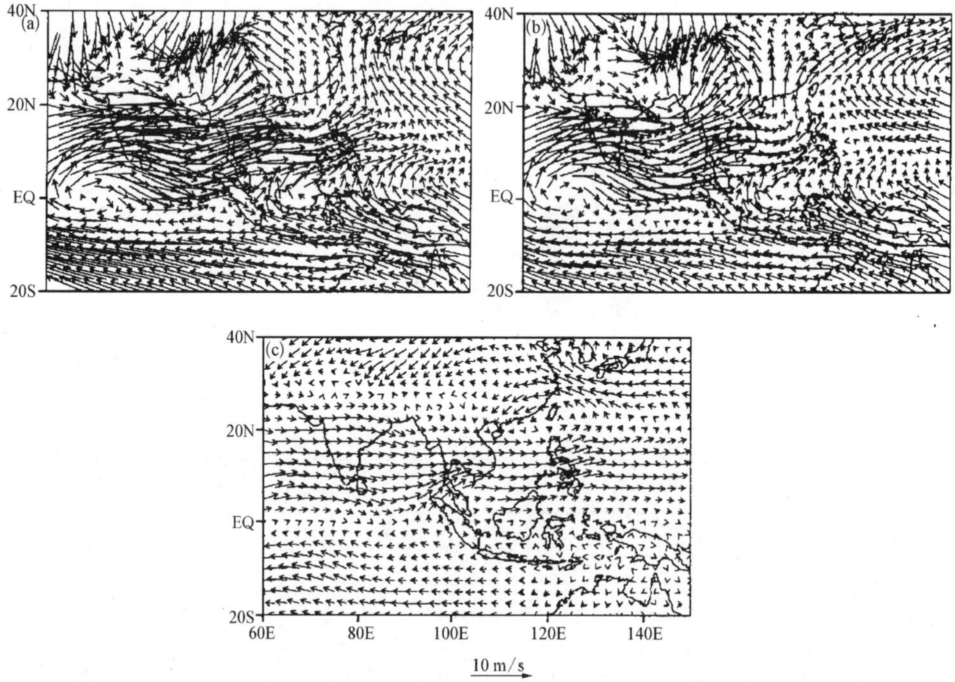

图 3.2.6　强(a)、弱(b)夏季风年 6—8 月平均的850 hPa流场合成形势及其差值图(c)

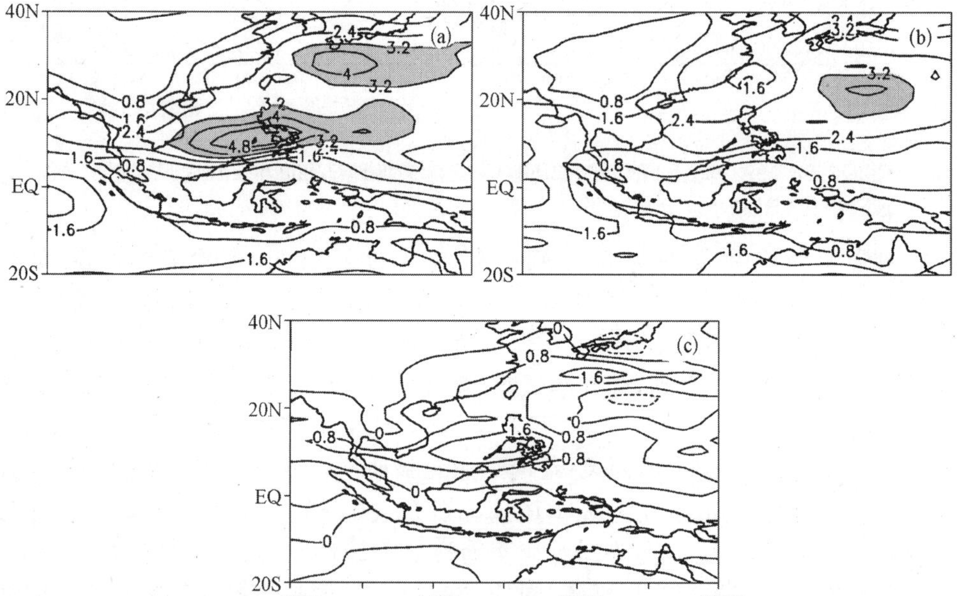

图 3.2.7　强(a)、弱(b)南海夏季风年平均的850 hPa上季节内振荡动能的水平分布及其差异场(c)

分布及其差异场。由图可以清楚看到，对应强南海夏季风年，850 hPa 上有较强的 ISO 的活动，其最强动能中心就位于南海中部到菲律宾一带；而对应弱南海夏季风年，大气 ISO 比较弱(与强年的差异可以达到一倍)，而且其强动能中心位于(20°N,140°E)的西北太平洋。这种强(弱)南海夏季风与强(弱)大气 ISO 的对应关系，也可以从另一个角度说明大气 ISO 在南海及附近地区的活动对夏季风有着重要的作用。

强亚洲夏季风系统在对流层上层(200 hPa)有强大的青藏高原反气旋的存在，而与之对应在青藏高原上空有更强的季节内振荡性反气旋流场形势(图略)。可以认为，大气 ISO 的活动，尤其是在青藏高原上空的低频反气旋也对强东亚夏季形势的建立和维持有重要作用。

3.2.4 热带大气季节内振荡与 ENSO

热带大气 ISO 与 ENSO 循环之间的关系目前还是一个国内外都十分重视的科学问题。我们的研究早就指出，赤道西太平洋大气 ISO 的异常对 El Nino 事件有一定的激发作用(李崇银、周亚萍，1994)。近期的一些研究更进一步揭示了赤道西太平洋大气 ISO 的异常在 ENSO 循环中的重要作用。

大家知道利用低频动能可以很好描写热带大气低频振荡的活动。因此我们将逐日 850 hPa 风场(u, v)进行 30—60 天带通滤波，得到 30—60 天低频风场(u_b, v_b)，然后计算低频动能 $K=(u_b{}^2+v_b{}^2)/2$。这样对 K 进行统计分析，就能研究热带大气 30—60 天低频振荡的年际变化与 ENSO 循环之间的关系。在低频动能的气候平均图上，在热带印度洋为一纬向带状大值中心，从冬到夏由南印度洋向北印度洋移动，且其位置与气候的纬向偏西风的位置相一致(图略)。但是，热带大气的低频动能的年际变化最强的区域则主要集中在热带太平洋地区。图 3.2.8(彩图见第 693 页)给出了热带大气低频动能的标准差(近似代表热带大气低频动能的年际变化)的分布，其中阴影部分代表标准差大于 0.9 的区域，从图中可以看出，尽管在印度洋地区有零星的大于 0.9 的区域，但大于 0.9 的区域则主要位于赤道中西太平洋，这与热带大气的低频动能的气候分布有着明显的不同。因此图 3.2.8 充分表明，热带中西太平洋地区可能在热带大气低频振荡的年际变化中起着十分重要的作用。

El Nino 的最强时间在 11 月左右，因此我们首先计算 1965—1998 年间每年 10—12 月平均的 Nino 3.4 区域的海面温度异常 SSTA(一般用它来描述 ENSO 循环)，这样就得到具有 40 多个样本的 SSTA 时间序列，然后以此时间序列与全球大气低频动能计算相关，图 3.2.9 中的阴影部分给出了相关系数显著性超过了 99%的区域。同时，为了更清楚的显示低频动能与 El Nino 之间的关系，我们选择 1965—1966、1972—1973、1982—1983、1986—1987、1997—1998 五个 El

Nino 事件，对低频动能进行了合成分析（图 3.2.9 中的等值线所示）。从图 3.2.9可以看出，在 El Nino 成熟之前的冬季（12—2 月），在印度尼西亚至菲律宾以东的热带西太平洋地区存在低频动能正距平区（图 3.2.9a）；到了春季（3—5 月），正距平中心加强东移（图 3.2.9b），夏季（6—8 月）进一步加强东移（图 3.2.9c），当到了秋季（9—11 月），El Nino 已基本形成，此时尽管正距平中心继续东移，但其强度已明显减弱（图3.2.9d）；而 El Nino 成熟以后，热带西太平洋地区表现为弱的负距平（图略）。从相关系数的分布可以看出，在 El Nino 成熟之前的冬季，低频动能与 SSTA 的相关显著性较差；而在 El Nino 成熟之前的春夏季，相关较为明显，且相关区随低频动能的正距平中心逐渐东移；当 El Nino 成熟之后，其相关又明显减弱。这些结果显示，春夏季热带西太平洋大气 30—60 天低频振荡可能在 El Nino 的形成中起着重要的作用。

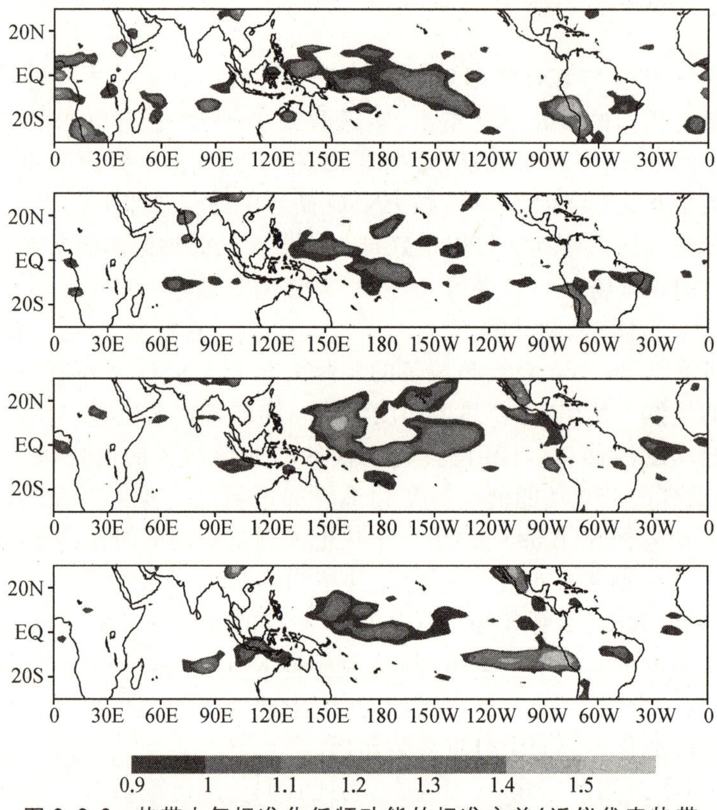

图 3.2.8 热带大气标准化低频动能的标准方差（近似代表热带大气低频动能的年际变化）的分布 从上到下分别代表 12—2 月，3—5 月，6—8 月和 9—11 月的情况；阴影部分代表标准差大于 0.9 的区域（引自龙振夏、李崇银，2001）

图 3.2.10 给出了 Nino 3.4 区域 10—12 月平均 SSTA 与其前期 5—9 月份低频动能的相关系数的分布，其中阴影区域为显著性超过 99%的区域，从图中

相关系数的分布可以看出，在 El Nino 成熟之前赤道西太平洋地区的低频动能明显偏强，反之，在 La Nina 成熟之前，赤道西太平洋地区的低频动能明显偏弱。从 Nino 3.4 区 10—12 月份的 SSTA 和其前期 5—9 月份赤道西太平洋地区低频动能的年际变化也可看到，Nino 3.4 区 10—12 月份 SSTA 与其前期 5—9 月份赤道西太平洋地区低频动能表现出明显的正相关关系，其相关系数为 0.959，表明 ENSO 循环与赤道西太平洋地区的低频动能有明显的正相关关系。

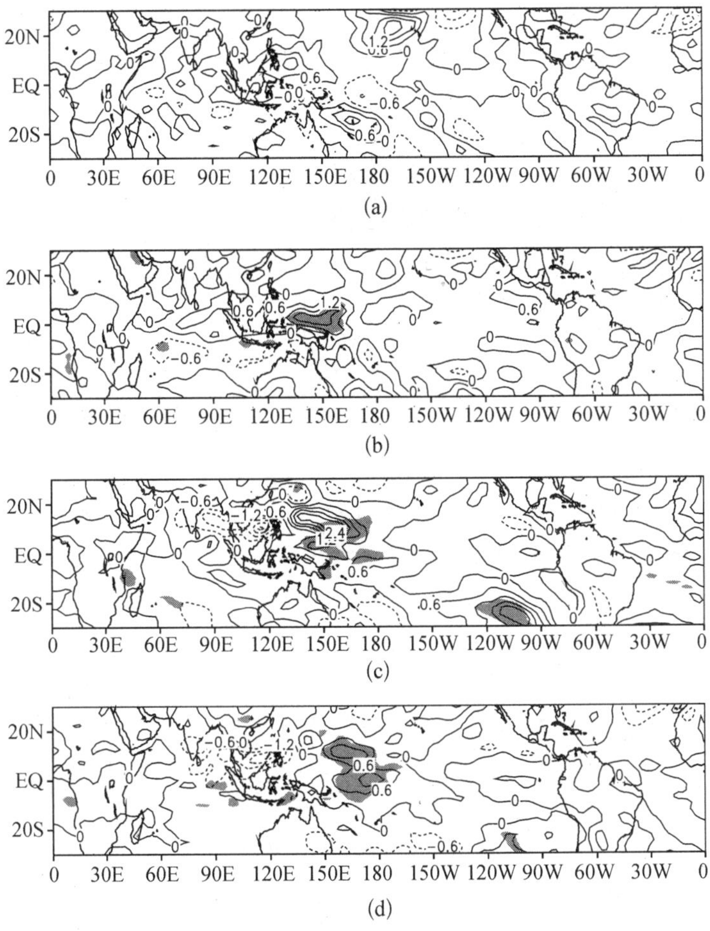

图 3.2.9 大气低频动能距平合成及其低频动能距平与 SSTA 相关系数的分布 等值线：低频动能距平合成，间距：0.6 m^2/s^2；阴影：低频动能与 Nino 3.4 区域 SSTA 的相关系数显著性超过了 99%的区域；(a) 12—2 月；(b) 3—5 月；(c) 6—8 月；(d) 9—11 月(引自龙振夏、李崇银，2001)

为了更进一步说明赤道西太平洋大气 30—60 天低频动能与 El Nino 的关系，图 3.2.11 给出了 Nino 3.4 区 SSTA 与赤道西太平洋大气 30—60 天低频动能的合成演变图，其中横坐标的(-1)，(0)和(+1)分别表示 El Nino 爆发的前一年，当年和后一年的情况；图中虚线所示的是 Nino 3.4 区域 SSTA 的演变，它清楚反映了 El Nino 生成和消亡的过程；而与图中实线表示赤道西太平洋大气 ISO 动能的演变相比较可以清楚地看出，在 El Nino 成熟之前的春夏季，赤道中西太平洋地区低频动能出现明显正异常，当 El Nino 成熟以后，那里的低频动能又明显减弱。因此，我们可以认为，热带大气 30—60 天低频振荡的年际变化与 ENSO 循环之间确实存在着显著的相关关系。

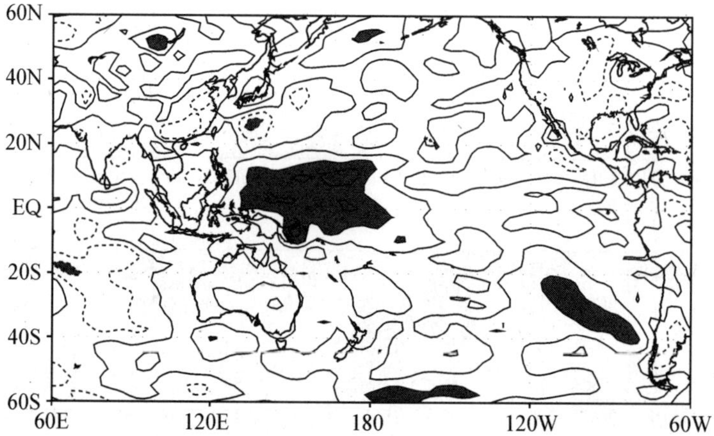

图 3.2.10 Nino 3.4 区域 10—12 月平均 SSTA 与其前期 5—9 月份大气低频动能的相关系数的分布 阴影区域为显著性超过 99% 的区域，间距为 0.2(引自龙振夏、李崇银，2001)

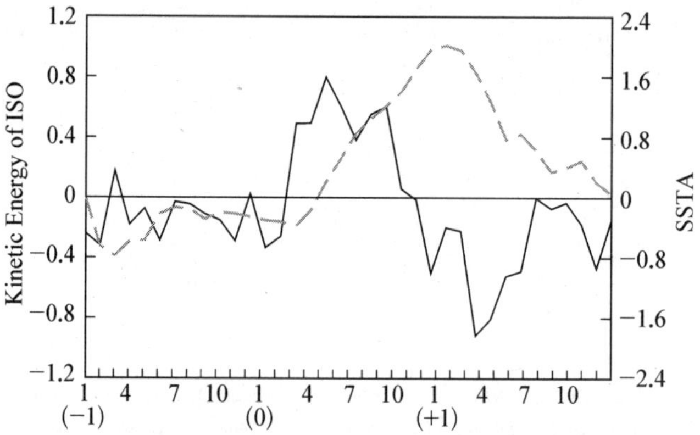

图 3.2.11 Nino 3.4 区域 SSTA(虚线)与赤道西太平洋(10°S—10°N, 130°—180°E) 30—60 天大气低频动能合成距平(实线)的时间演变 (引自龙振夏、李崇银，2001)

ENSO 是热带海-气耦合相互作用的产物，是年际气候变化的强信号。季节内时间尺度的 ISO 如何影响 ENSO 循环呢？我们用一个简单的海气耦合模式研究了外强迫的年际变化对 ENSO 循环的影响，结果表明，在没有外强迫情况下，理论模式中的海-气耦合模表现为严格周期变化，如果引入了年际变化的外强迫，则海-气耦合模表现为类似 ENSO 循环的准周期变化（李崇银和廖清海，1998）。从前面的讨论可以看出，赤道西太平洋大气 30—60 天低频振荡的强度具有较明显的年际变化，且这种年际变化与 ENSO 循环有较明显的相关关系：在 El Nino 发生之前的春夏季，赤道中西太平洋大气的 30—60 天低频振荡异常偏强，当 El Nino 成熟以后，赤道中西太平洋大气的 30—60 天低频振荡明显减弱。相反，在 La Nina 成熟之前，赤道中西太平洋大气的 30—60 天低频振荡明显偏弱。因此，我们可以认为大气 ISO 的年际变化可能对 ENSO 循环起着十分重要的作用。

另一方面，从热带大气 30—60 天低频振荡的产生机制可以看出，积云对流（湿过程）与热带大气 30—60 天低频振荡是相互作用的，如果积云对流偏强，热带大气 30—60 天低频振荡偏强，这种异常 30—60 天低频振荡对周围的大气环流有正反馈作用，从而导致积云对流的进一步加强。这种强的积云对流会引起赤道西风异常，同时，伴随低频动能正距平中心的东移，西太平洋积云对流中心也会东移，从而导致了 Walker 环流的减弱，加速了 El Nino 的形成。关于这一点，从 850 hPa 纬向风异常与低频动能距平的合成图可以清楚地得到证明，因为较大的低频动能正距平在冬季都首先出现在热带西太平洋地区，随后逐渐加强并缓慢沿赤道东移；与赤道西太平洋低频动能距平中心相对应，在赤道北侧出现了异常的气旋式环流，赤道地区有西风异常。随着低频动能正距平中心的加强和东移，异常的气旋环流也逐渐加强东移，赤道西风异常也进一步加强并向东扩展。因此，热带大气 ISO 通过与周围环境场的相互作用，尤其是与异常纬向风的相互作用，可能对 ENSO 的形成也起着一定的作用。

3.3 台　风

台风是发生在西北太平洋上的一种强热带气旋，而西北太平洋又是热带气旋发生最多的地区，约占全球热带气旋总数的三分之一以上。热带气旋所造成的危害居于全球十大自然灾害之首，我国也就成为世界上热带气旋登陆最频繁、灾害最严重的国家。所以，研究热带气旋尤其是台风的天气气候特征，掌握其活动规律，进而对其作出准确的预报，对于最大限度地减小热带气旋及台风所造成的灾害有着重要意义。

由于2005年美国受到大西洋强飓风Katrina异常严重的影响，在美国新奥尔良等地造成巨大灾害，直接经济损失达上千亿美元。美国一些科学家就大西洋风暴和太平洋台风频数及其变化进行了一些研究。Emanuel(2005)用近30年资料所进行的研究表明，热带气旋的破坏力(风暴强度)在过去30年里几乎增加了一倍，并且与热带海洋表面温度有高度相关，从而认为全球变暖似乎是全球强热带气旋(尤其是4—5级强飓风)过去30年里在不同海域显著增加的原因。同年，Webster(2005)的研究也指出在过去的35年里，随着海表温度的增加，在北太平洋、印度洋和西南太平洋达到4—5级强度的强风暴或强台风不管是在数量还是在比例上都大大增加，也以此认为全球增暖导致了强风暴或强台风的增加。但也有一部分科学家认为，30年的资料太短，无法说明热带气旋的长期变化趋势，全球变暖对热带气旋的影响并非那么明显；全球变暖同时使对流层上部增暖等因素，将完全或部分抵消海温增高对热带气旋强度变化的影响。过去30年强热带气旋增加的趋势可能是观测手段改变和对气旋强度确定过程中所造成的误差所致。不过，是否可以用当前气候系统的内在周期变化解释过去30年的热带气旋频率及强度变化至今还是一个有待进一步研究的问题。

关于西北太平洋台风的发生发展、活动规律及其预报是国内气象工作者十分关注的问题，且已有相当的研究，一些基本的东西大家都比较了解。在这一节，我们将主要分析讨论大家比较关注的有关西北太平洋台风活动的一些问题。

3.3.1 西北太平洋台风频数的变化

美国部分科学家基于1970年以后的资料分析，认为随着海表温度的增加，在北太平洋、印度洋和西南太平洋达到4—5级强度的强风暴或强台风不管是在数量还是在比例上都大大增加。然而也有部分科学家并不认同那些结论，还认为其结果是否有代表性值得研究。

为了搞清西北太平洋台风的变化情况，我们最近用近一百年的资料，就西北太平洋台风活动问题进行了分析研究。我们首先规定凡在北半球日界线(180°)以西、赤道以北范围内的热带风暴、强热带风暴、台风都统称为西北太平洋台风。其中1899—1948年的台风资料取自高由禧等(1957)的《台风的路径图及其一些统计》，1949—2004年的台风资料取自中国气象局汇编的《台风年鉴》。统计分析中的台风包括了热带风暴(中心风速17.2—24.4 m/s)、强热带风暴(中心风速24.5—32.6 m/s)、台风(中心风速大于32.6 m/s)。

由于1949年前后两个时段在统计台风时所取的范围存在差异，1899—1948年的台风资料是150°E以西、赤道以北为范围；而1949—2004年的台风资料是日界线以西、赤道以北为范围。这种范围的差异就引起了西北太平洋每年生成台风频数的差异，统计结果显示 1899—1948 年平均每年有 22 个台风生成，1949—2004 年平均每年有 28 个台风生成。为了消除这种因为统计范围不同所造成的差异，我们对 106 年的台风频数资料分前后两个阶段分别做了距平处理，这样既保存了频数变化的年际和年代际趋势，又相当程度地消除了范围差异所造成的影响。图 3.3.1 给出的是西北太平洋台风生成频数距平的逐年变化曲线，其中细实线为生成台风频数距平曲线，粗实线为 5 年滑动平均结果，点线为距平的年代际趋势。从图 3.3.1 可见，在近 106 年里西北太平洋台风生成频数存在明显的年际和年代际变化，总的来讲可以分为台风较活跃和不活跃的两种情况。在台风的较活跃期，台风生成频数较高，有明显的正距平；1905—1915 年、1920—1940 年、1960—1970 年代中叶、1980 年代中叶至 1990 年代中叶是台风较活跃期。在台风不活跃期，台风生成频数较低，有明显的负距平；1915—1920 年、1940—1960 年、1970 年代中叶到 1980 年代中叶、1990 年代后期到目前是台风不活跃期。

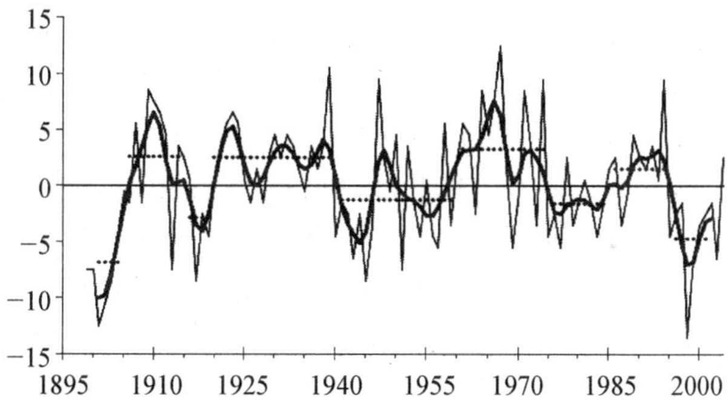

图 3.3.1　西北太平洋台风生成频数距平的逐年变化曲线

因为登陆台风的数目不会受到统计区域差异的影响，为了验证上述两个时段资料的一致性，我们又对 106 年中登陆我国的台风做了统计分析，结果表明登陆我国的台风在 106 年平均为每年 8 个；而 1899—1948 年登陆台风年平均数为 8.1 个，1949—2004 年登陆台风年平均数为 7.9 个，可见这两种资料有相当的一致性，年平均登陆台风都为 8 个左右。图 3.3.2 即为登陆台风数距平的逐年变化曲线，其中细实线为登陆台风数距平曲线，粗实线为 5 年滑动平均结果，点线为距平的年代际趋势。从图可见在 106 年里登陆我国的台风数也和台风生成频数一样存在明显的年际和年代际变化，而且登陆台风数也具有和台风生成频数相同的时间变化趋势。从图 3.3.2 与图 3.3.1 所示结果的比较可以发现，两者的正、负距平时段是大致同期的，在西北太平洋台风的活跃期，登陆中国大陆的台风数也多，在不活跃阶段，登陆台风数也少。这种比较也可以表明，虽然原始资料的统计范围不同，但图 3.3.1 所给出的距平曲线可以正确反映西北太平洋台风的异常及其随时间的变化情况。

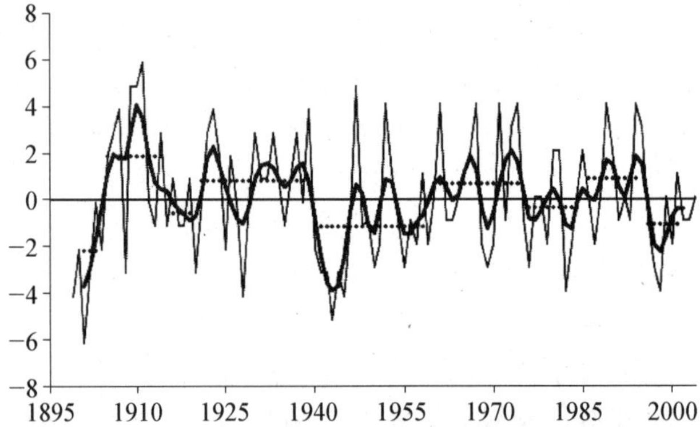

图 3.3.2 登陆我国台风数距平的逐年变化曲线

上面较长时间资料的分析表明，西北太平洋台风的生成频数以及登陆我国大陆的台风数都有极为明显的年际和年代际变化特征，近十年来西北太平洋的台风活动处于不活跃阶段，台风数相对比较少。那么，是不是全球变暖导致的海表温度增加，使得西北太平洋达到4—5级的强台风在数量上有所增加呢？为了回答这个问题，我们对1949—2004年达到4—5级的强台风进行了统计分析，其结果如图3.3.3所示。在图中还给出了海表温度距平(SSTA)的时间变化，以显示台风频数与海温变化的关系。由图可以清楚看到，自1970年之后西北太平洋的4—5级强台风在数量上不仅没有增加，反而呈减少趋势。同时，自1970年以来西北太平洋的4—5级强台风数量也并没有随海温的增高而有所增多。

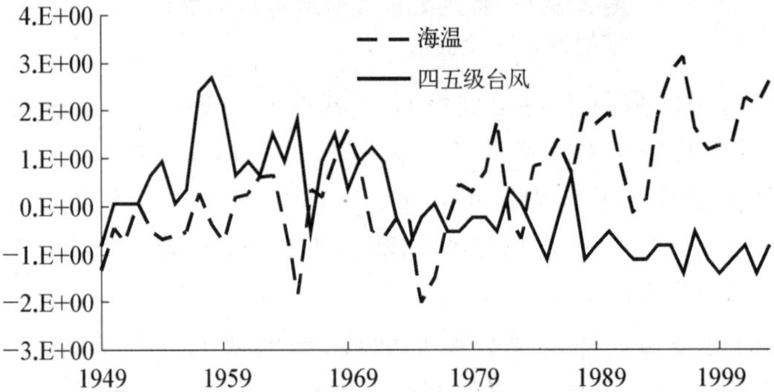

图 3.3.3 西北太平洋4—5级强台风频数距平和SSTA的逐年变化曲线

一般，台风都在海温≥27℃的洋面上生成，似乎应该是海温越高台风越多、强台风也越多。但是，较高的海温只是台风生成的一个条件，台风生成还受到其他一些条件的影响，尤其是大气环流条件的影响。最近也有研究指出，西北太平洋 4—5 级台风的生成除了海温的热力作用外，大气动力作用也是十分重要的，尤其是对流层大气中风的垂直切变（Chan，2007）。他的资料分析清楚地显示，西太平洋的 4—5 级台风的频数有极其显著的年代际变化特征（特别是 16—32 年准周期），而这种年代际变化与 PDO 和 ENSO 的年代际变化有很好的关系，并不完全全球增暖呈正相关。另一方面，从图 3.3.3 我们还可以看到，在 1970 年代中期之前的大多数时间，西北太平洋达到 4—5 级的强台风在数量上与 SSTA 有一定的关系，但 1980 年以来两者之间却没有什么关系。这说明西北太平洋的强台风与海温的关系有年代际变化特征，在不同的时期它们间的关系可以十分显著或者可以不明显，不能简单地认为海温高强台风就一定多。

3.3.2 西太平洋台风活动与 ENSO

西太平洋台风活动对我国天气气候的影响非常大，从预报台风活动出发，人们很早就关注西太平洋台风活动与热带重要气候系统 ENSO 的关系。20 世纪 80 年代的研究清楚地表明（李崇银，1985；1987），西太平洋台风的发生频数与 ENSO 有密切关系，一般在 El Nino（La Nina）年西太平洋台风数偏少（偏多）；登陆中国大陆的台风数也是在 El Nino 年偏少，而在 La Nina 年偏多（图、表略）。进一步按月的统计分析表明，ENSO 对西太平洋台风的影响主要发生在 7—11 月（图 3.3.4），实际也就是在台风的主要活动月份。

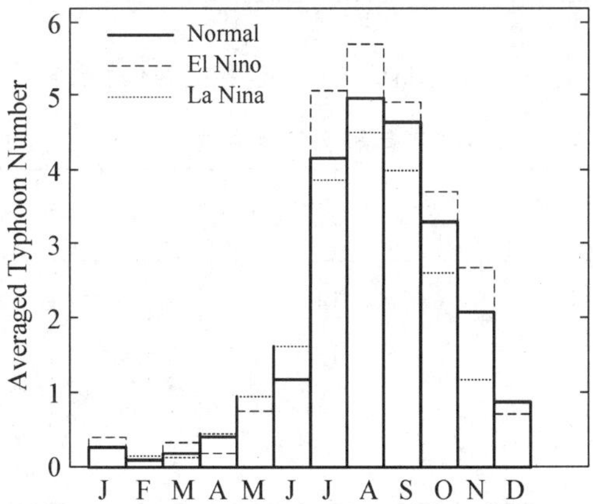

图 3.3.4　ENSO 对西太平洋台风频数影响的年变化情况　（引自李崇银，1985）

最近我们根据 1899—1998 年的资料又进一步研究了西太平洋台风活动与 ENSO 事件的关系，其中 ENSO 信号用 Nino3.4 区（170°—120°W，5°S—5°N）的海表温度距平序列表示（图 3.3.5），在 1899—2003 年的 106 年中有 29 个 El Nino 年和 20 个 La Nina 年。

表3.3.1给出的是1899—2004年中的29个El Nino年和20个La Nina年当年和次年的台风数与多年平均台风数的比较，从表中可见，29个El Nino年中有14个当年生成的台风比平均数目多，有15个当年生成的台风少于平均数；而有11个在次年生成的台风比平均数目多，有18个次年生成的台风少于平均数。所以El Nino年生成的台风一般偏少，尤其是在次年有62%以上的年份生成的台风少于平均数。20个La Nina年中有12个当年生成的台风比平均数目多，有8个当年生成的台风少于平均数；而有11个在次年生成的台风比平均数目多，有9个在次年生成的台风少于平均数。所以La Nina的当年和次年生成的台风数一般都比多年平均偏多。

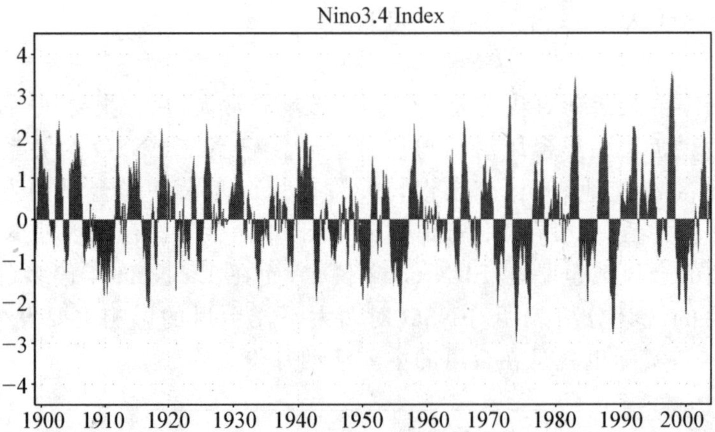

图3.3.5 Nino3.4区海温指数变化曲线图

表3.3.1 ENSO年当年和次年台风数与平均台风数的比较

分类	多于平均值的年数	少于平均值的年数
El Nino	14	15
La Nina	12	8
El Nino 次年	11	18
La Nina 次年	11	9

图3.3.6给出了ENSO当年和次年连续24个月的逐月距平统计结果，横坐标为ENSO当年和次年的1—24个月，纵坐标为台风频数距平，实线是El Nino年的状况，虚线是La Nina年的状况。从图中我们可以看到，对于El Nino年，台风频数从当年的8月份开始直到次年的9月份有连续14个月的负距平；对于La Nina年，台风频数从当年的9月份开始直到次年的9月份基本都以正距平为主(除了12月份出现了负距平)。上述研究的时间段(当年的8、9月份到次年的9月份)包含了

ENSO 事件由发展到成熟再到衰亡的整个过程，可见在研究 ENSO 对台风影响的时候我们应该着重考虑这段时间。上面的统计结果表明，在 ENSO 的当年 9 月到次年 8 月期间，冷事件相对暖事件会更有利于西太平洋台风的生成。

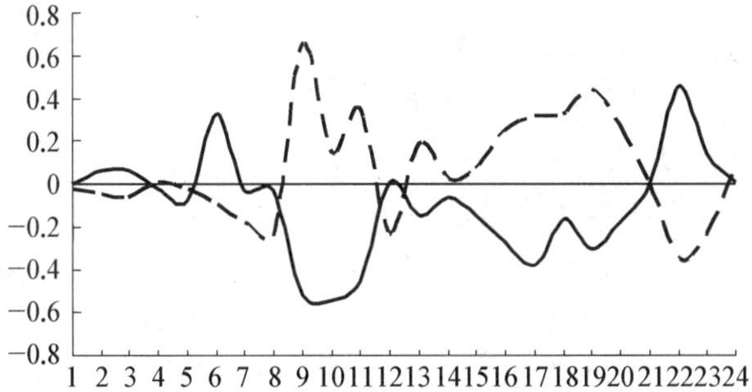

图 3.3.6　西北太平洋台风逐月平均发生数距平

实线——El Nino，虚线——La Nina

ENSO 对西太平洋台风活动的影响，除海温的直接热力作用外，热带大气环流受 ENSO 影响而发生的异常对西太平洋台风的生成和活动起着重要作用。因为我们已有的研究表明，无论是垂直风切变、大气稳定度，还是 ITCZ 的位置和强度，在 El Nino 年和 La Nina 年都有其不同形势，乃至相反的异常特征，它们对西太平洋台风的生成和活动都有重要影响。

西太平洋台风的路径与 ENSO 也有一定的关系，一般，在 El Nino 年转向去日本的台风比较多，登陆中国大陆的台风相对就少；在 La Nina 年，向西北行、进而登陆中国大陆的台风相对较多。

自 1990 年代以来，西太平洋台风活动与 ENSO 的关系十分不明显，出现了类似于印度夏季降水与 ENSO 相关关系减弱的特征。这也就十分清楚地说明，西太平洋台风活动与 ENSO 的关系并非一成不变，而是存在着显著的年代际变化特征。也就是说，在某一时期西太平洋台风活动与 ENSO 的相关关系很好，例如台风数是在 El Nino 年偏少，而在 La Nina 年偏多；但却在另一时期西太平洋台风活动与 ENSO 没有关系；可能再过若干年，西太平洋台风活动与 ENSO 的相关关系又变得明显。在图 3.3.1 已清楚地表明，西太平洋的台风数有明显年代际变化特征，而西太平洋台风活动与 ENSO 的关系又存在年代际变化，这样两种年代际变化的存在，无疑给台风活动的长期预报带来更为复杂的问题，需要进一步深入的研究。

从近来的研究结果和图 3.3.1 所显示的特征可以认为，在关于西太平洋台风活动与 ENSO 的关系问题上应主要注意年代际时间尺度，因为西太平洋台风活动与 ENSO 是在年代际时间尺度有密切的相关。它们在年际时间尺度的关系好坏并非一成不变，而是存在着年代际的变化。这样的结果无疑给每年台风活动的预报增加了难度，我们需要根据台风发生发展及其移动的热力和动力条件

(因素)做更深入细致的分析。

3.3.3 台风动力学的一些新问题

近些年来有关台风动力学的研究虽然没有十分突出的进展,但也有一些新的问题值得关注,这里我们简单列出如下几点:

1. 涡旋 Rossby 波及混合波

涡旋 Rossby 波最早是用来解释台风的螺旋云(雨)带,主要是考虑到涡旋基本场的径向涡度梯度有如行星尺度大气运动中的 β 效应一样,因而所激发的波动就称为涡旋 Rossby 波(Montgomery and Kallenbach,1997)。近些年来的观测研究表明,在台风眼壁和螺旋雨带内部,降水回波的分布也很不均匀,有许多深厚对流单体存在,它们在随基本涡旋场运动的同时还有自身的生消过程。为了说明这些中小尺度对流系统的机理,一些学者也将涡旋 Rossby 波理论做了推广,用以进行台风涡旋区内对流系统活动的动力学解释。也就是将螺旋雨带上的强对流云团视为涡旋 Rossby 波的活动,并认为这种涡旋 Rossby 波是由于涡旋场中涡度梯度或位涡梯度的存在所引起的。

由于台风或热带风暴系统内的动力学过程具有强非线性特征,用描写某种特定波动的平衡模式较难于准确说明热带风暴系统内中小尺度对流系统的结构和演变。因此有研究认为热带风暴内的中尺度系统有涡旋和辐散辐合运动共存的现象,其扰动具有混合波特征(Ford,1994)。对类飓风涡旋的研究也表明,眼壁区的积云对流发展对涡旋 Rossby 波的增长率有削弱作用,但却有利激发涡旋重力惯性波(Schecter and Montgomery, 2007)。陆汉城等(2004)的研究也指出,在热带风暴的大 Rossby 数和超梯度流区域会存在中尺度混合波,并认为热带风暴内的中尺度运动有着一个“平衡—准平衡—非平衡”的动力学过程。在平衡运动过程中(梯度风平衡条件下),以中尺度涡旋运动为主要特征,其涡度会比散度大一个数量级,扰动主要表现为中尺度涡旋波性质;在准平衡运动过程中,扰动以中尺度涡-散运动共存为主要特征(混合重力惯性-涡旋波),散度可达到与涡度同量级;在非平衡运动过程中,中尺度散度场为主要特征,其量级可超过涡度值,扰动主要表现为重力惯性波性质。

在小振幅扰动的线性化条件下,不难得到柱坐标正压浅水模式的位涡守恒方程为

$$\frac{\mathrm{d}}{\mathrm{d}t}\left[\frac{\zeta'}{H}-\frac{h'}{H^2}(\bar{\zeta}+f)-\frac{\zeta' h'}{H^2}+\overline{P}\right]=0$$

其中 $\overline{P}=\eta/H$ 为环境场位涡度,ζ'为扰动相对涡度,H 和 h'分别是流体的等效厚度和厚度扰动。

上面的涡度守恒方程中不仅保留了涡度扰动项,还有厚度扰动项,即散度变

化项。也就是说在位涡守恒条件下，环境涡度的变化同时会引起涡旋运动和辐合辐散运动的变化。涡度变化一般会导致 Rossby 波的激发和传播，而散度的变化一般会激发动力惯性内波的活动。可见环境位涡梯度不仅是涡旋 Rossby 波的形成机制，也可导致重力惯性波的形成。在上面的守恒方程中由于存在 $\zeta' h'/H^2$ 的时间变化项，表明涡旋波和重力惯性波存在着非线性相互作用，有时它们会共存而表现为混合波的特征。

2. *海洋边界的影响*

台风的发生发展一般都在洋面上，大气的温度和湿度条件起着重要作用。在台风或热带气旋活动过程中，较强风场作用会在洋面上产生相当数量的海水飞沫，这种海洋飞沫因能改变大气边界层的温湿结构，从而对台风强度及其变化有一定的影响。如何在台风模式中很好考虑海洋飞沫的热力和动力影响，还是一个很值得深入研究的问题。

3. *中尺度涡旋与台风主体的相互作用*

台风系统的中尺度涡旋也可视为叠加于台风近圆形基流上的非对称扰动，一般，当中尺度涡旋被吸入台风强对流环带后，可导致台风的增强。前面我们介绍了一些有关台风中尺度扰动(强对流云团)的动力学机制问题，但还远未完全搞得十分清楚，尤其是中尺度涡旋与台风主体的关系更有待进一步深入研究。中尺度涡旋活动所产生的强对流加热与台风流场间的强非线性作用是否可以解释台风有时的爆发性发展，也需要深入研究。

4. *奇异台风路径及其原因*

台风路径预报中的主要难点是突然大转向或打转等奇异路径的出现。影响台风路径的因素有不少，其具体动力和热力过程还不是搞得很清楚，台风奇异路径出现的原因及其预报更是一个需要很好研究的问题。关于奇异台风路径的个例分析已有过一些，但多为对大气环流形势的分析讨论，就某一类似的奇异路径，不同人在不同时间所得到的分析结果并不相同。如何从动力学上，尤其是从台风与环境场的非线性相互作用上对各种奇异台风路径给出合理的理论解释，仍然是一个需要深入研究的课题。

3.3.4 登陆台风的影响

登陆我国风力达 10 级以上的强热带风暴和台风，年均 9.3 个，居世界首位。它们在我国引发的灾害损失年均达 260 亿元，年均因台风造成的死亡人数为 453 人。2005 年，我国登陆台风造成 9 185.9 万人受灾，转移 922.3 万人，死亡 317 人，农作物受灾 5 920.7 千公顷，倒塌房屋 28.5 万间，直接经济损失 816.3 亿元。1956 年 12 号台风在我国东南沿海登陆象山，登陆时最大风速达 60—65 m/s，海水深入内陆 10 km 左右，冲毁江堤海塘 869 km。全浙江省 75 个县市受到严重灾害，摧毁房屋71.5万间，有4 925人丧生。1975年03号台风在我国登陆后北上造成河南特大暴雨，总雨量达1 631 mm，林庄日最大降雨量为1 005.4 mm，洪水造成二座大水库崩溃，使几个地区数十万人受到历史上罕见的大灾难。可见台风登陆对我国的影响及其灾害是十分严重的。

1. 台风与中纬度系统的相互作用

一般较为普遍的认识是台风登陆后因地形影响和水汽供应的减少将较快减弱，台风所造成的灾害也就会减轻。但近些年来的观测事实和研究都表明，台风与中纬度系统的相互作用既可能增强台风的影响，也能改变中纬度系统的状况。特别是在台风登陆后如果有适量的冷空气侵入台风倒槽和外围，台风强度并不明显减弱，甚至可以加剧台风涡旋区的动力和热力不稳定，使其北侧外围和倒槽内的垂直上升速度和水汽辐合会明显加大，降水量也会明显增多。明显时可在冷空气影响到的地区使降水量增加1—2倍，甚至更大。河南"75·8"特大暴雨的发生就主要是冷空气与登陆台风的共同影响造成的。据统计，1956—2000年期间在台风登陆华南而引起浙江50 mm以上降水的34次中，有10次是冷空气侵入台风倒槽或台风减弱后的低压所引起的，其中8次降水量为100 mm以上，4次的降水中心值超过200 mm。当然，如果冷空气侵入到热带气旋中心，那会使其中心强度减弱、垂直上升速度和水汽辐合减小，从而引起热带气旋中心附近降水的明显减弱。因此，关于登陆台风的影响，我们必须考虑中纬度系统的作用，要深入认识冷空气的作用，特别要注意将会有何等强度的冷空气活动与登陆台风相遇。

2. 地形等因素的作用

前面已经提到台风登陆后因受地形影响强度会明显减弱，但迎风地形的强迫抬升和强迫辐合也可以使登陆台风的降水量增加0.5—1倍，最大的可以使降水量增加1.5倍。浙江省气象局的分析表明，在浙江东南沿海的山区，迎风峡谷的水文站所测得的登陆台风降水量常为平原地区平均降水量的1—2倍，最大的达到2.5倍。例如1960年07号和1994年17号等台风给浙江省括苍山、四明山地区的迎风一侧都带来了600 mm以上的降水，比在平原地区的降水多1倍多。当然，相应的在背风坡的降雨量一般要比平原地区少一半左右。

除了冷空气活动和地形的影响外，湿度状况对登陆台风的降水也有一定的作用。如果大陆长期处于干旱状态，将对登陆台风的降水有不利影响，甚至出现所谓"干台风"。对于所谓干台风，它所引起的降水中心的雨量要比一般台风所引起的雨量少1/3到1/2，甚至更少。浙江省气象局的分析表明，大旱之年的1967年，在福建连江登陆的04号台风所引起的降水只有一站超过100 mm (136 mm)，3站超过50 mm，在其台风路径两侧的闽中北和浙江全省，降水量都在50 mm以下，为少有的干台风。在梅汛期后的伏旱期间，登陆浙江省温岭的7410号台风，仅引起了25 mm的最大降水，为罕见的干台风。已由数值试验表明，由于大陆地区水汽的大量减少，特别在较长时间的干旱期，会使台风登陆之后强度减弱加快，造成大部分地区的降水量明显减少，其中在台风中心降水区域及其附近的雨量会减少约 1/5—1/3 。

3.4 热带大气季节内振荡的数值模拟

前面已经指出，热带大气季节内(30—60 天)振荡(ISO 或 MJO)作为重要的大气环流系统之一，它的活动及其异常对不少地区的天气和气候都有重大的影响。它的活动及其异常不仅对亚洲季风的爆发和活动有影响，而且对于 ENSO 的发生也有重要的作用(Li, 1990；李崇银、周亚萍，1994；龙振夏、李崇银，2001；Li and Long, 2002；Zhang and Gottschalck, 2002)。近来，热带大气季节内振荡的数值模式研究更引起国际上的广泛重视，因为一些数值天气预报结果清楚地表明，模式描写(预报)大气 ISO 的情况如何，对预报效果有十分重要的影响。对 5 个动力延伸预报的分析表明，无论对 3 天还是十几天的预报，大气 ISO 的预报误差对整个预报起着重要作用(Hendon et al, 2000)。NCEP 的分析和预报也表明(Jones et al, 2000)，动力延伸预报的主要误差来自模式所得到的热带大气 ISO 比较弱，而且东传过快。同时，大气环流模式模拟热带季节内振荡的能力也是评价气候模式的一个重要方面。

在大气环流模式比较计划(AMIP)中，用各国 15 个 GCM 就大气 ISO 的模拟进行了比较(Slingo et al,1996)，其结果表明，虽然大多数模式能够反映大气季节内时间尺度的振荡信号，再现对流层上层速度势异常的向东传播。但严格来说，没有一个模式能够再现观测到的热带 ISO 的主要特征。目前大多数大气模式都低估了 ISO 的强度；不能再现 ISO 的季节性倾向，模拟倾向于较短的季节内振荡周期，30 天以内的高频信号比观测有更强的功率谱；不能模拟出连续的东传特征。为何现有模式都不能很好模拟出热带大气 ISO，大家从不同方面进行了一些研究，包括模式分辨率的影响、模式对流参数化方案的影响、云辐射方案的影响、海气交换的影响等。

对热带大气 ISO 的模拟和预报十分重要，但目前大气环流模式对 ISO 的模拟能力还不理想。热带大气 ISO 的数值模拟也就成为目前大气科学研究的国际前沿课题之一，对它的研究和成果不仅在揭示其特征和规律、认识气候系统及其变化方面有重要作用，也对改进和提高数值模式的气候预测能力有重要意义。

在这一节我们将对热带大气 ISO 数值模拟的重要性、模式分辨率和积云对流参数化(包括动量垂直输送)对ISO模拟的影响进行论述,有关对流加热廓线对ISO模拟的重要作用将在下节讨论。

3.4.1 热带大气ISO在数值模拟中的重要性

为了更好地说明问题,我们分别用两个AGCM(SAMIL-R42L9和CAM2)进行了数值模拟试验。其一是SAMIL-R42L9,它是由中国科学院大气物理研究所大气科学和地球流体力学数值模拟国家重点实验室(LASG)发展的一个菱形截断的42波、9层全球大气环流谱模式(周天军等,2005)。另一个模式为通用大气模式CAM2版本,它是NCAR的第5代大气环流模式(Collins et al, 2003),模式的水平分辨率为T42(即三角形截断,42个波),垂直方向采用的是混合坐标,有26层。所做模拟试验的积分时间都为1978年1月1日—1989年12月31日,海温作为边界条件,使用的是该时段的观测海温。我们用模式输出的逐日结果和相对应的逐日NCEP再分析资料进行误差分析,研究气候模拟的好坏及其原因。在数值模拟研究中,一般都用模式模拟值与观测值的均方根误差来表示模拟的好坏程度,我们也同样采用这种办法,将计算和分析研究模式模拟的要素场与NCEP再分析资料的均方根误差($RMSE_{\text{NCEP-GCM}}^{i,j}$)分布,所分析的要素场分别为850 hPa纬向风和500 hPa位势高度。计算$RMSE_{\text{NCEP-GCM}}^{i,j}$的计算公式如下:

$$RMSE_{\text{NCEP-GCM}}^{i,j}=\sqrt{\frac{1}{m}\sum_{k=1}^{m}(U_{\text{NCEP}}^{i,j,k}-U_{\text{GCM}}^{i,j,k})^2}$$

$$(i=1,\ nx;j=1,\ ny;\ k=1,\ m)$$

这里$U_{\text{NCEP}}^{i,j,k}$为NCEP再分析资料的要素场序列;$U_{\text{GCM}}^{i,j,k}$为GCM模式资料的要素场序列。其中,nx为经向方向格点数;ny为纬向方向格点数;m为时间序列长度。

图3.4.1(彩图见第693页)分别给出了SAMIL-R42L9模式模拟的500 hPa位势高度与NCEP再分析的500 hPa位势高度的均方根误差分布,以及模拟和NCEP资料经30—60天带通滤波后的均方根误差分布(表示对大气季节内振荡的模拟误差)。从图a可以看到12年的模拟结果有不小的偏差,其极值在北半球达到180位势米,南半球也达到180位势米;偏差分别在35°—65°N和35°—65°S两个纬度带比较大,其极大值中心在北半球位于北太平洋、北大西洋和北欧地区,在南半球位于南太平洋、南印度洋和南大西洋的45°S地区。图b与图a相比较可以清楚看到两者有非常好的一致性,不仅偏差极大值带相当一致,而且极大值中心的位置也十分相近。在图b中最大偏差在北半球为80位势米,在南半球为70位势米。也就是说,对于500 hPa高度来讲,大气季节内振荡

的模拟误差达到整个模拟误差的三分之一以上，而且模拟误差的分布形势基本一致。因此在一定程度上可以认为，大气季节内振荡模拟的不准确是造成500 hP高度模拟不准确的极为重要的原因。

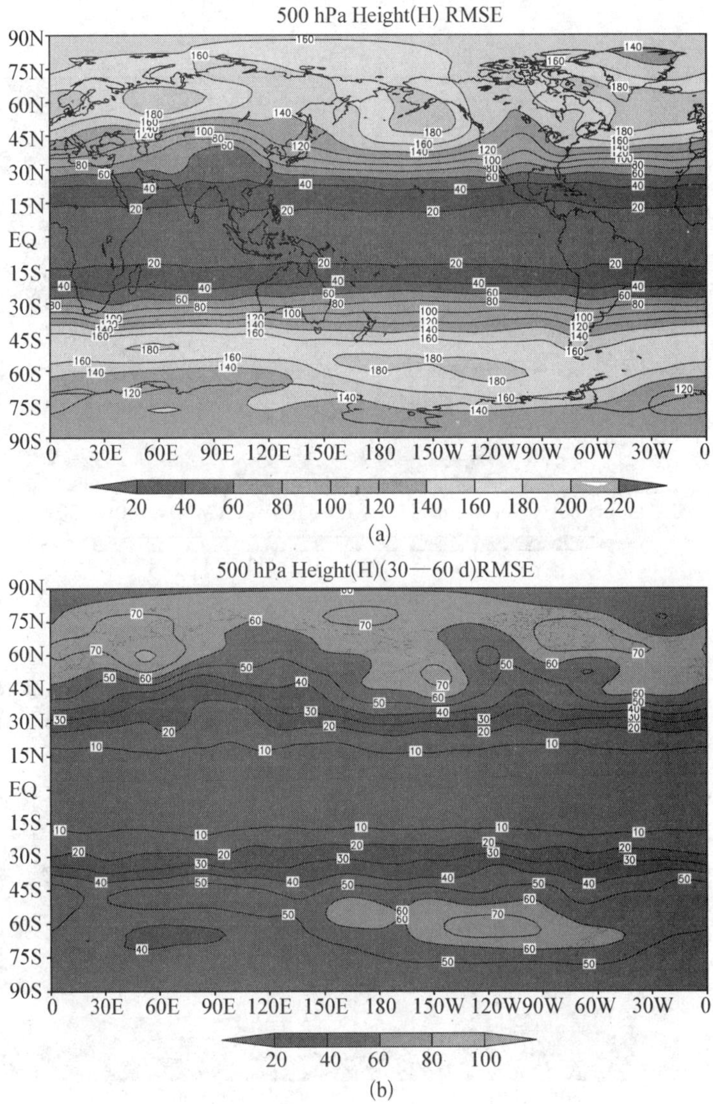

图 3.4.1　1978—1989 年 SAMIL - R42L9 模式模拟的未经滤波的 500 hPa 高度场的均方根误差(RMSE)和季节内振荡(30—60 天带通滤波)的均方根误差　(a) 未经滤波；(b) 30—60 天带通滤波(季节内振荡)的资料；单位：位势米(引自 Li et al, 2007)

分析 850 hPa 的风场，也有同 500 hPa 高度场相一致的结果。图 3.4.2(彩图见第 694 页)分别给出了 SAMIL - R42L9 模式模拟的 850 hPa 纬向风与

NCEP 再分析的 850 hPa 纬向风场间的均方根误差分布，以及模拟和 NCEP 资料经 30—60 天滤波后的均方根误差分布。图 a 表明在 35°—65°N 和 35°—65°S 两个纬度带有较大的模拟误差，这与 500 hPa 高度的模拟误差相类似；但在北半球，模拟误差的极值区更为集中在北太平洋、北大西洋和北欧地区，最大偏差达

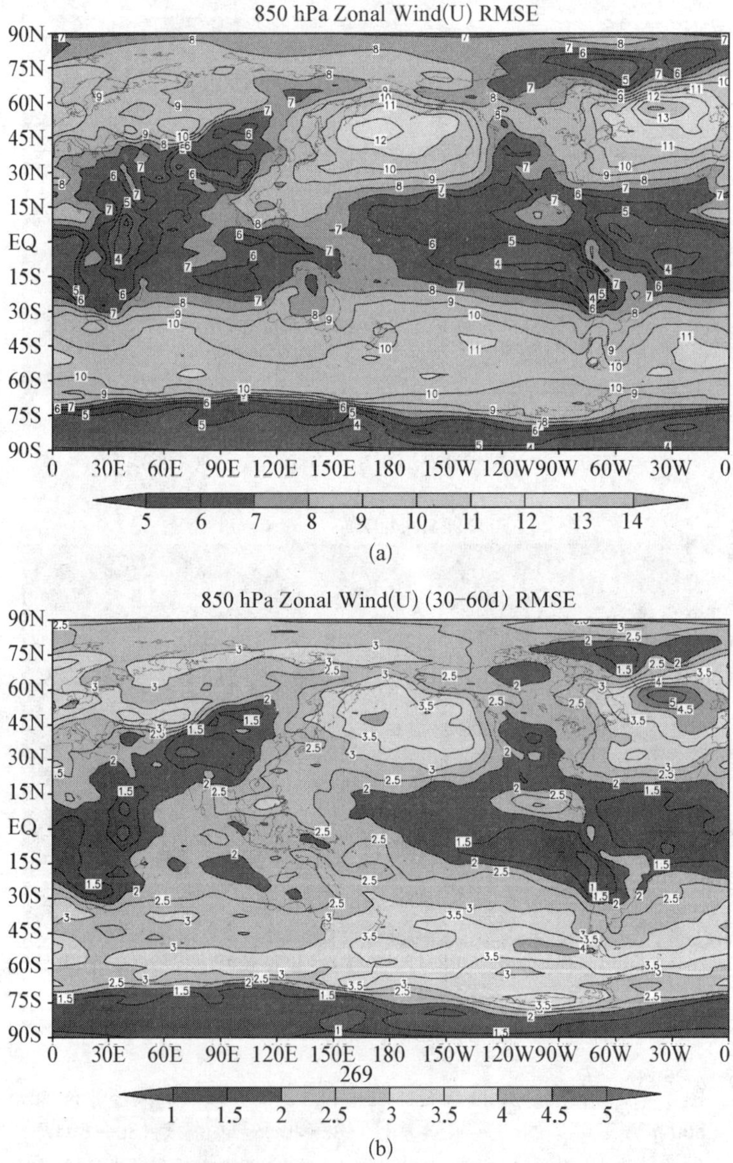

图 3.4.2 同图 3.4.1，但为 850 hPa 纬向风的结果 （引自 Li et al, 2007）

13 m/s。同 500 hPa 高度的模拟误差相类似，模拟的大气季节内振荡的纬向风误差（图 b）同整个纬向风的模拟误差有一致的分布形势，最大值中心也在北大

西洋,为 5 m/s。就全球分布看,对于 850 hPa 纬向风来讲,季节内振荡的模拟误差也占整个纬向风模拟误差的三分之一以上。因此,大气季节内振荡模拟的不准确也可认为是造成850 hPa纬向风模拟不准确的极为重要的原因。

分别对北半球冬季和夏季的资料进行分析,也有与图 3.4.1 和图3.4.2相一致的结果。因篇幅关系,这里不再给出冬季和夏季的相应附图。对比冬季和夏季的结果,无论是 500 hPa 高度还是 850 hPa 纬向风有大致相似的差异,即模式结果与 NCEP 再分析资料的均方根误差之极大值带都出现在冬半球。例如 500 hPa高度场的均方差在北半球冬季的最大值在北半球,为 220 位势米以上,而南半球最大值为 180 位势米;但在北半球夏季,其最大值却在南半球为 200 位势米,而北半球最大值为 140 m。850 hPa 纬向风的均方差在北半球冬季最大值也在北半球,为 16 m/s,而南半球为 11 m/s;但在北半球夏季的最大值却在南半球,为 13 m/s,而北半球最大值为 11 m/s。

与分析 SAMIL - R42L9 的结果相类似,我们对 CAM2 的 12 年模拟结果与 NCEP 再分析资料也进行了误差分析。无论是对 500 hPa 高度场的均方根误差还是 850 hPa 纬向风的均方根误差,都与 SAMIL - R42L9 有相似的结果。图 3.4.3分别给出了 CAM2 模拟的 500 hPa 高度与 NCEP 再分析的 500 hPa 高度场间差值的均方根误差分布,以及模拟和 NCEP 资料经 30—60 天滤波后的差值均方根误差分布。其图 a 表明 500 hPa 高度的均方差在北半球和南半球也各有一个大值带,北半球存在三个极大值中心,分别位于阿拉斯加、格陵兰东部和北欧;南半球的三个极大值中心分别在南太平洋、南印度洋和南大西洋,以南太平洋大值中心最强。其图 b 和图 a 相比较同样显示了两者有很好的一致性,不仅偏差大值带相一致,而且其大值中心的位置也十分相近。图 3.4.3a 表明,北半球的最大均方根误差为 210 位势米,南半球也为 210 位势米;对于季节内振荡来讲,北半球最大均方差为 70 位势米,而南半球为 80 位势米。对 500 hPa 高度来讲,大气季节内振荡的模拟误差达到整个模拟偏差的三分之一以上,与 SAMIL - R42L9 的结果十分相近。与图 3.4.1 相比较,CAM2 对 500 hPa 高度的模拟偏差要略微大于 SAMIL - R42L9 的模拟误差(均方根误差大于 20—30 位势米);但对500 hPa高度的季节内振荡的模拟来讲,二个模式有近乎相同的模拟误差。从图 3.4.1 与图 3.4.3(彩图见第 694 页)相比较还可以看到,500 hPa 高度模拟的均方根误差的极大值带在 CAM2 中略微更偏向极地(约 3—5 个纬度)。

图 3.4.4(彩图见第 694 页)表示了 850 hPa 纬向风的情况,与图 3.4.2 有十分类似的结果,但北半球均方根误差的大值带不甚显著,代之是三个极大值中心,尤其是在北太平洋和北大西洋的两个中心。图 3.4.4a 中北半球的最大均方根误差为 13 m/s,南半球为 12 m/s;图 3.4.4b 中北半球最大值为 4.5 m/s,南半球为 4 m/s。同样,对于 850 hPa 纬向风来讲,季节内振荡的模拟误差也占整个纬向风模拟误差的三分之一以上。比较图 3.4.4a 和图3.4.2a可以发现一些明

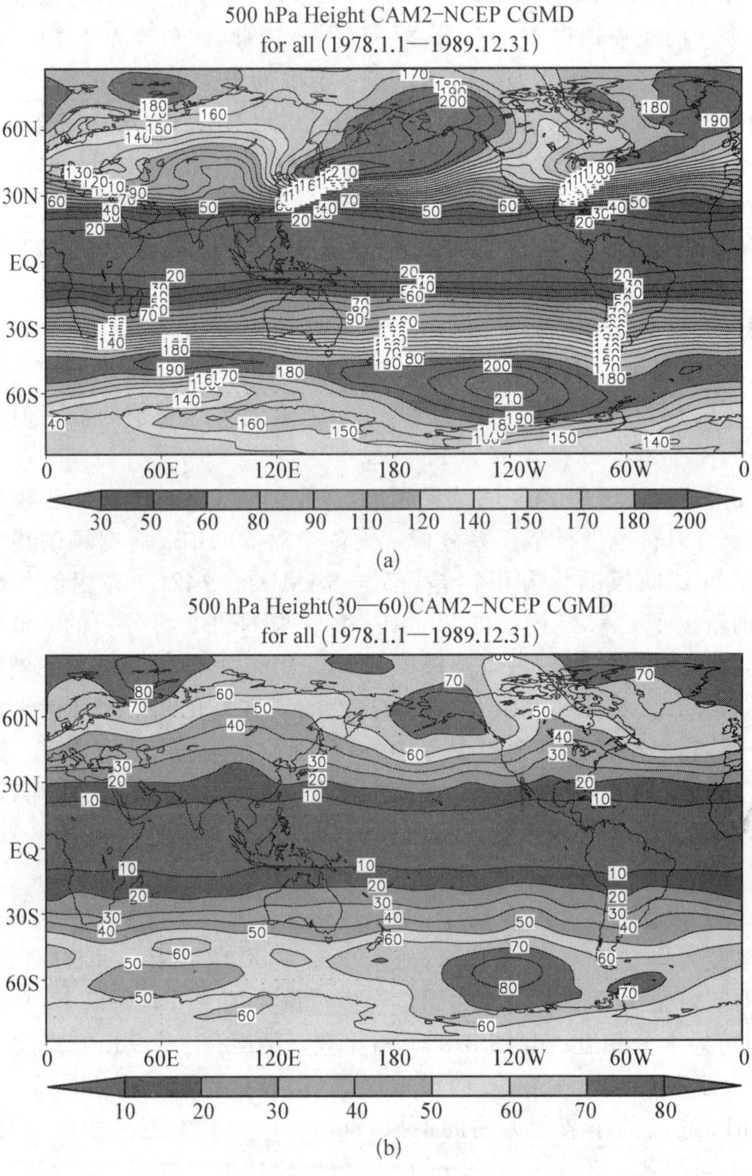

图 3.4.3 1978—1989 年 CAM2 模拟的未经滤波的 500 hPa 高度场的均方根误差(RMSE)和季节内振荡(30—60 天带通滤波)的均方根误差 (a) 未经滤波;(b) 30—60 天带通滤波(季节内振荡)的资料;单位:位势米(引自 Li et al, 2007)

显的小差别,在阿拉伯海南部和非洲东北部,图3.4.2a为相对小值区,而图3.4.4a为明显的大值区;在南美西岸到墨西哥一带,图3.4.2a为相对大值区,而在图3.4.4a为小值区。这些差别的出现无疑是两个不同模式在某些物理过程处理上的不同造成的。前者的差别为较小空间范围,后者为较大的空间范围。

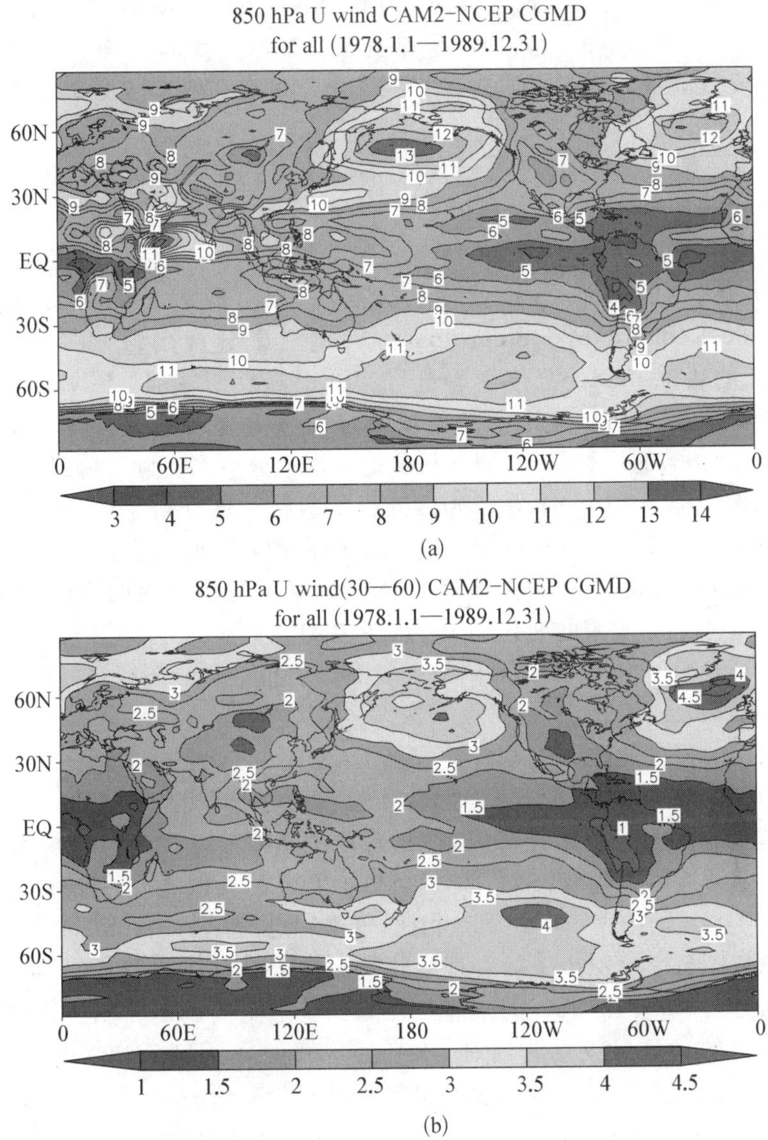

图 3.4.4 同图 3.4.3,但为 850 hPa 纬向风的结果 (引自 Li et al, 2007)

因此比较图 3.4.2b 与图3.4.4b,在阿拉海南部和非洲东北部就不再有明显的差别。类似 SAMIL－R42L9 的结果,无论是 500 hPa 高度的均方根误差,还是 850 hPa 纬向风的均方根误差,也无论是对总的模拟量的均方根误差,还是对季节内振荡量的均方根误差,模式模拟与 NCEP 再分析资料均方根误差的极大值带也都出现在冬半球。例如,对 500 hPa 高度来讲,北半球冬季最大均方根误差在北半球为 240 位势米,南半球为 180 位势米;而北半球的夏季的最大均方根误差在北半球为160位势米，南半球为220位势米。对于850 hPa纬向风的季节内振荡来讲，北半球冬季的最大均方根误差在北半球为5 m/s，南半球为3.5 m/s；而北半球夏季的最大均方根误差在北半球为2 m/s，在南半球为5 m/s。

3.4.2 模式分辨率对热带大气ISO模拟的影响

Slingo等(1996)对15个GCM模拟结果的比较认为，高分辨率的GCM对热带大气ISO的模拟不一定就比低分辨的要好，因为CNRM(The Center National de Recherches Meteorologiques)的三个分辨率的GCM(T21，T42，T79)模拟的热带ISO的强度随着分辨率的提高反而减弱。Silvio和Antonio(1996)分析了三种水平分辨率的德国马普气象研究所的大气模式ECHAM3(T21，T42，T106)的模拟结果，同样显示提高水平分辨率实际上降低了对热带大气ISO的模拟能力。Inness等(2001)分析了两种垂直分辨率的Hadley中心的大气环流模式(HadAM3)对热带大气ISO的模拟，表明垂直分辨率的提高有利于改善热带大气ISO的模拟。而对CCM3结果的分析也表明模式模拟的热带大气ISO对水平分辨率的变化(T42，T170，T239)并不十分敏感。这些不同的模式模拟结果表明，模式分辨率对热带大气ISO模拟的影响还存在一些不确定性，需要进一步深入研究。

我们用中国科学院大气物理研究所SAMIL模式的不同分辨率版本，即低分辨率的R15L9，高水平分辨率的R42L9，和高分辨率的R42L26，对热带大气ISO的模拟结果进行了比较研究，模式都是以MCA方案为对流参数化方案。其结果清楚地表明不同分辨率的模式对热带ISO的模拟能力并没有因分辨率的变化而发生本质的改变，与R42L9相比，低水平分辨率的R15L9和提高垂直分辨率的R42L26都模拟出了较合理的热带大气ISO的主要特征，虽然模式分辨率的变化对模拟的热带ISO的某些特征起到了一定的调制作用。比如，由于热带大气ISO的行星尺度结构特征，水平分辨率的降低(R51L9)并没有降低对ISO主要特征的模拟能力，反而使得高频扰动信号有所减弱，谱特征与观测结果更为接近。传播过程中的风、湿和散度等的结构也更为清晰。但垂直分辨率的提高(R42L26)使得降水场的谱值分布相对R15L9和R42L9而言更加集中在季节内尺度上，使得降水的空间分布更接近观测结果，因而季节内降水的空间分布也更为真实。尽管周期比观测略短(最显著的周期为33天)，但风场的典型周期也同样偏短。

从SAMIL-R15L9和SAMIL-R42L9所模拟的30—60天带通滤波的10°S—10°N平均的200 hPa速度势，以及850 hPa纬向风的时间-经度剖面(图略)的比较，无论是其强度还是东传特征都看不出明显的差异。图3.4.5和图3.4.6分别是R15L9和R42L9所模拟的10°S—10°N平均的200 hPa纬向风、

850 hPa纬向风和降水的平均时空谱特征。与NCEP资料的分析结果相比较，两种分辨率的模式基本上模拟出了热带大气东传的低频振荡特征。尤其是R15L9

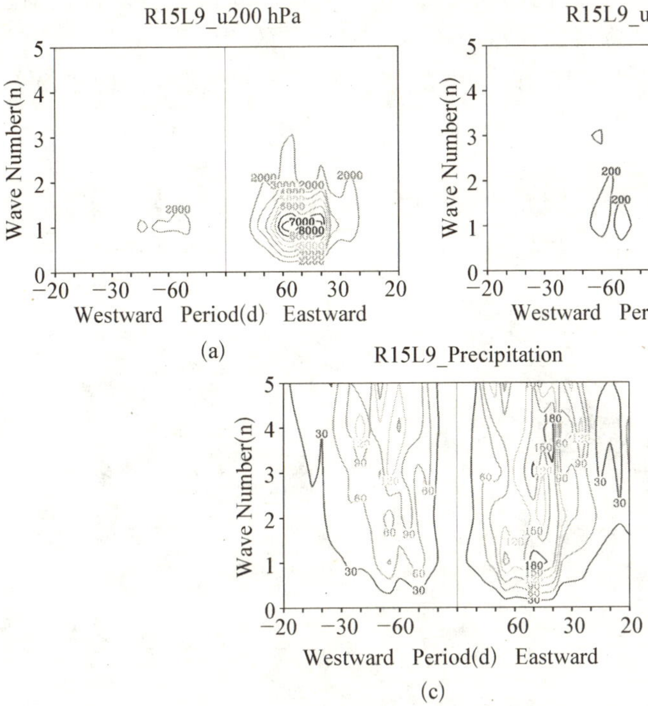

图 3.4.5 R15L9模拟的10°S—10°N平均的200 hPa纬向风(a)、850 hPa纬向风(b)和降水的平均时空谱(c) （引自Jia et al，2008）

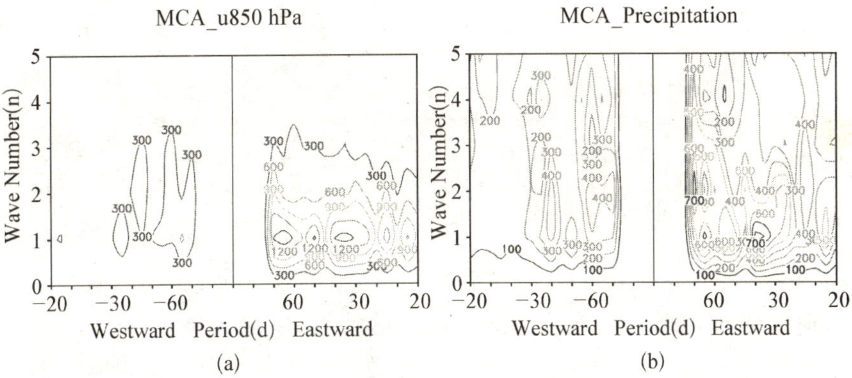

图 3.4.6 R42L9模拟的10°S—10°N平均的850 hPa纬向风(a)和降水的平均时空谱(b) （引自Jia et al，2008）

的结果表明，200 hPa和850 hPa纬向风在季节内时间尺度都有最强的东传的功率谱值(200 hPa纬向风的谱峰位于40天和52天左右，850 hPa纬向风的谱峰位于45天和60天)，相对而言西传分量的谱值非常弱，模拟效果相当好。R42L9的结果表明，其模拟效果并不及R15L9，不仅谱峰分散，西传分量也较强。两种模式模拟的降水量的时空谱也比较相似，在季节内时间尺度上东传扰动也有最强的谱值，但与NCEP资料相比在波数域上相对分散，其西传分量的谱值偏强。总的来看，低分辨率的R15L9模拟出了较合理的ISO的时空谱特征，并且与高分辨率R42L9的模拟结果相比较，其模拟效果更好，与NCEP的观测结果也更为一致。

图3.4.7和图3.4.8是以(0，150°E)为参考点分别用R15L9模拟资料和R42L9模拟资料所回归的热带地区(10°S—10°N)平均的200 hPa和850 hPa纬

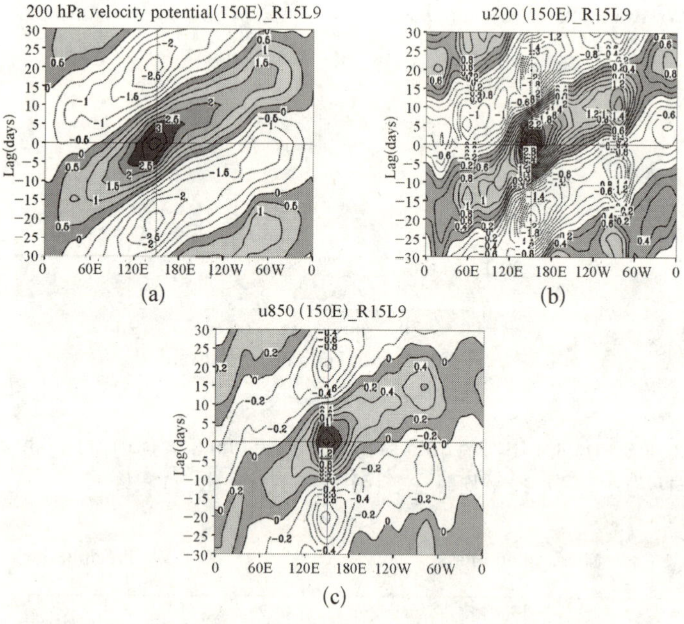

图3.4.7 以(0，150°E)为参考点用R15L9的模式模拟结果所回归的10°S—10°N平均的时间-经度剖面图 阴影区为大于零；(a) 200 hPa速度势($10^6 m^2/s^2$)；(b)200 hPa纬向风(m/s)；(c) 850 hPa纬向风(m/s)(引自Jia et al，2008)

向风以及200 hPa速度势的超前滞后时间-经度剖面。可以看到，数值模拟的纬向风和速度势都表现出了连续的向东传播的特征，周期大概为40天左右。相对目前很多模式不能再现ISO在东西半球传播速度的差异而言，SAMIL模拟的热带ISO的传播特征更为真实一些。R15L9模拟的热带ISO表现出了类似观测的连续东传的特征，并且振幅要强于NCEP资料和R42L9模拟的结果。与R42L9的结果相比，R15L9模拟的200 hPa ISO纬向风在东西半球传播速度的差异也表现得较为明显。因此，R15L9模拟的热带ISO的传播特征并没有因为分辨

率的降低而发生明显的变化，模拟结果比 R42L9 的结果还好，与观测更为接近。

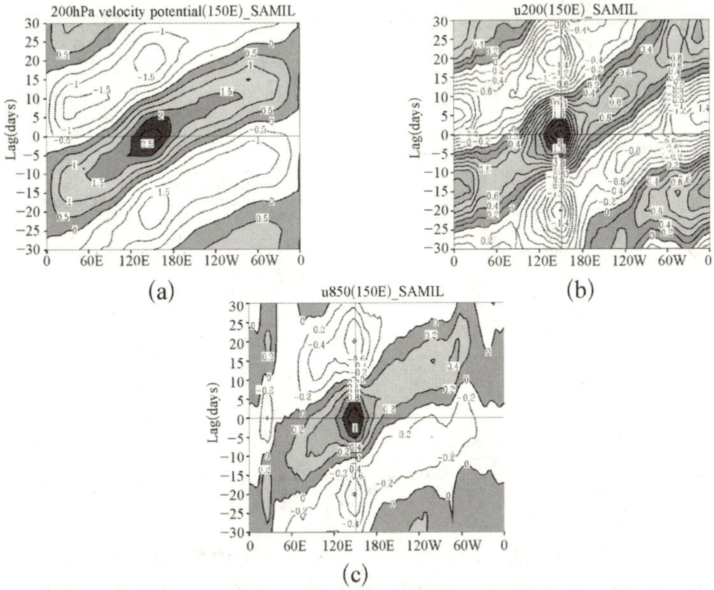

图 3.4.8　以(0,150°E)为参考点用 R42L9 的模式模拟结果所回归的10°S—10°N 平均的时间-经度剖面图　阴影区为大于零；(a) 200 hPa 速度势($10^6\,m^2/s^2$)；(b) 200 hPa 纬向风(m/s)；(c) 850 hPa 纬向风(m/s)(引自 Jia et al, 2008)

很显然，模式水平分辨率的改变对大气 ISO 的模拟并没有十分明显的影响，尤其是对风场的影响不大。这可能是热带大气 ISO 在空间上属于行星尺度系统，只要有足够的模式分辨率即可较好描写它；但是降水系统相对要小，所以模式水平分辨率的改变对降水场还有一些影响。

图 3.4.9 是用 R42L26 所模拟的 10°S—10°N 平均的 200 hPa 纬向风、850 hPa纬向风和降水量的平均时空谱的分布。与 R42L9 的结果相比较可以发现，模式垂直分辨率的提高对风场的模拟改进并不明显，主要谱带偏于 30 天周期；但是模式垂直分辨率的提高对季节内降水有显著的好的改进，主要谱带的分布比较接近实际观测结果。

模式垂直分辨率的提高对模拟热带大气 ISO 传播特征的影响可以从图 3.4.10与图 3.4.8 的比较看出。图 3.4.10 是以(0,150°E)为参考点用 R42L26 模拟结果所回归的热带地区(10°S—10°N)平均的 200 hPa 和850 hPa纬向风以及 200 hPa 速度势的滞后时间-经度剖面图。无疑 R42L26 也模拟出了热带 ISO 的基本结构和东传特征，并且振幅也要强于 NCEP 资料和 R42L9 模拟的结果，但 200 hPa 纬向风在东西半球传播速度的差异表现不够明显。与低垂直分辨率 SAMIL - R42L9 的模拟结果(图 3.4.8)相比较不难看出，模式垂直分辨率的提高也未能起到改进模拟热带大气 ISO 传播特征的作用。

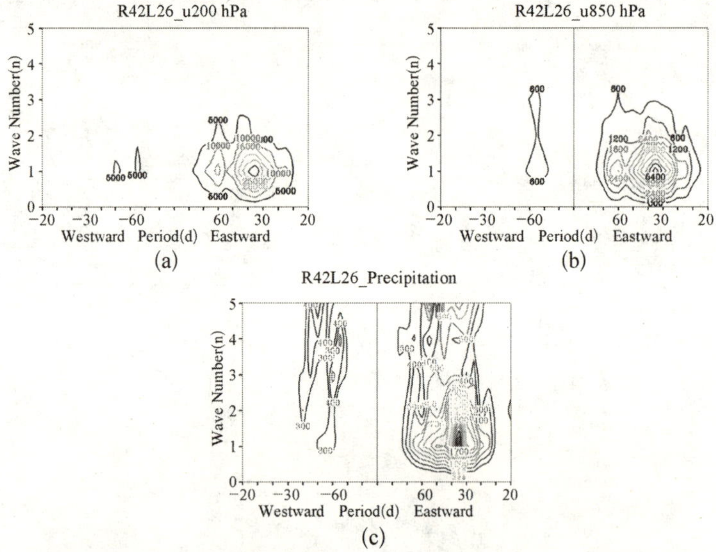

图 3.4.9 R42L26 模拟的 10°S—10°N 平均的 200 hPa 纬向风(a)、850 hPa 纬向风(b)和降水量的平均时空谱(c) (引自 Jia et al, 2008)

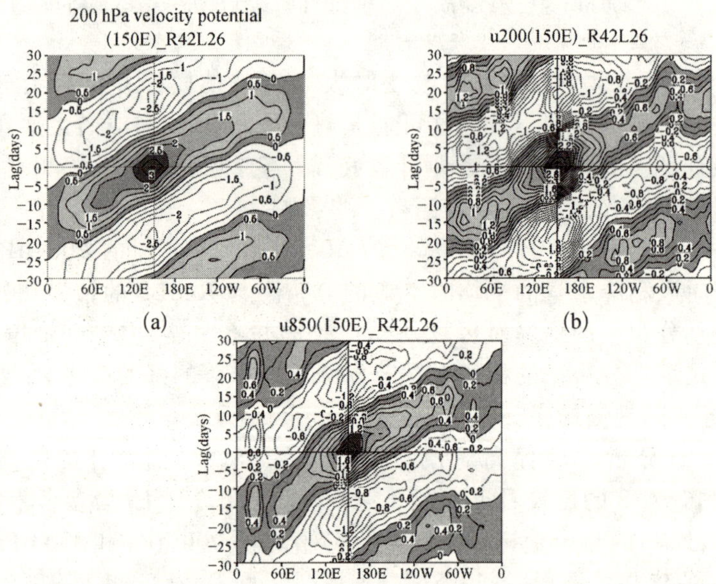

图 3.4.10 R42L26 模拟的以(0, 150°E)为参考点所回归的 10°S—10°N 平均的滞后时间-经度剖面 阴影区为大于零；(a) 200 hPa 速度势($10^6 m^2/s^2$)；(b) 200 hPa 纬向风(m/s)；(c) 850 hPa 纬向风(m/s)(引自 Jia et al, 2008)

热带大气ISO的垂直结构主要表现为上下反向的特征，也可以说类似1波的形势。模式的垂直分辨率只要能描写这种上下反向的结构特征，即使分辨率低一些也不会有太大的影响，这就是为何有了一定垂直分辨率后，提高模式垂直分辨率并未明显提高模拟大气ISO能力的原因。

3.4.3 模式中对流参数化方案的重要影响

为了揭示对流参数化方案对模拟ISO的影响，我们将对流参数化的ZM方案（Zhang and McFarlane，1995）移植到SAMIL-R42L9中，与MCA方案一起对热带ISO进行模拟，通过结果的对比分析，研究积云参数化方案的变化对热带ISO模拟的影响。ZM方案不同于MCA方案，对流调整方案假定不稳定层结产生的对流又使得层结变为中性，将对流产生的凝结和感热、潜热的垂直输送在对流调整后的最终状态中总计给出。在每一时间步内，从模式的最低层逐层检查大气柱的湿不稳定度，如果相邻两层的递减率超过了湿非绝热递减率，就进行热量和水汽的垂直混合，并且产生凝结；对流调整后任何过饱和都由大尺度调整来消除。ZM方案为积云谱型质量通量方案，采用积云谱模型描述积云群对大尺度场的作用。由于该方案只描述云顶高度在对流层中层最小饱和湿静力能所在层之上的积云，所以该方案主要描述深对流。

以两种方案分别为对流参数化方案，用SAMIL-R42L9模式进行模拟试验，以观测海温为边界强迫，从1978年1月1日开始积分到1989年12月31，共12年，取后11年的结果作为分析数据，作比较研究。这里我们也仅就其模拟大气ISO的时空谱和移动特征进行比较分析，说明对流参数化方案在模拟大气ISO中的重要作用。

在分析风场和速度势场的时间-经度剖面可以清楚看到，ZM方案所产生的热带大气ISO的振幅很弱（图略）。使用时空谱对各物理量的谱特征进行分析，其在10°S—10°N平均的850 hPa纬向风和降水的时空谱如图3.4.11所示。可以看出ZM方案所模拟的850 hPa纬向风与NCEP资料和MCA方案的结果相比较，在季节内时间尺度上基本没有模拟出明显的谱能量，表明所模拟的大气ISO的强度很弱；而且东传和西传谱能量的量值相当，因而未能表现出大气ISO的主要特征；而降水场的东传波动和西传波动的谱能量也基本相当，并且西传分量是在空间纬向4波上有最大的谱值，与NCEP资料和MCA方案的模拟结果相比较也有较大差距。

为得到一个整体上的传播图像，同样以150°E为参考点，用30—60天滤波的热带地区（10°S—10°N）平均的200 hPa和850 hPa纬向风以及200 hPa速度势的时间序列同各自空间场作超前滞后回归分析。图3.4.12是所得到的从超前30天到滞后30天的回归结果，200 hPa速度势（图3.4.12a）平均而言虽然表现出了向东传播的特征,但模拟的 ISO 振幅要明显弱于 NCEP 资料和 MCA 方案模拟的结果,而且观测的东西半球传播速度的差异也没有表现出来。200 hPa 纬

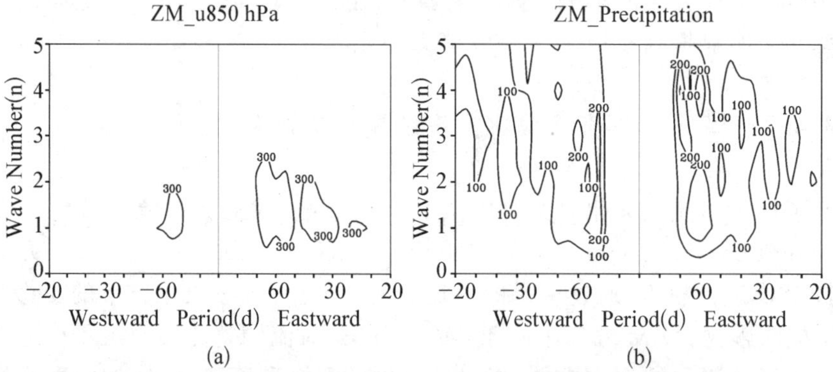

图 3.4.11 ZM 方案在 SAMIL－R42L9 模式中模拟的 850 hPa 纬向风(a)和降水(b)的平均时空谱 (引自贾小龙、李崇银,2007)

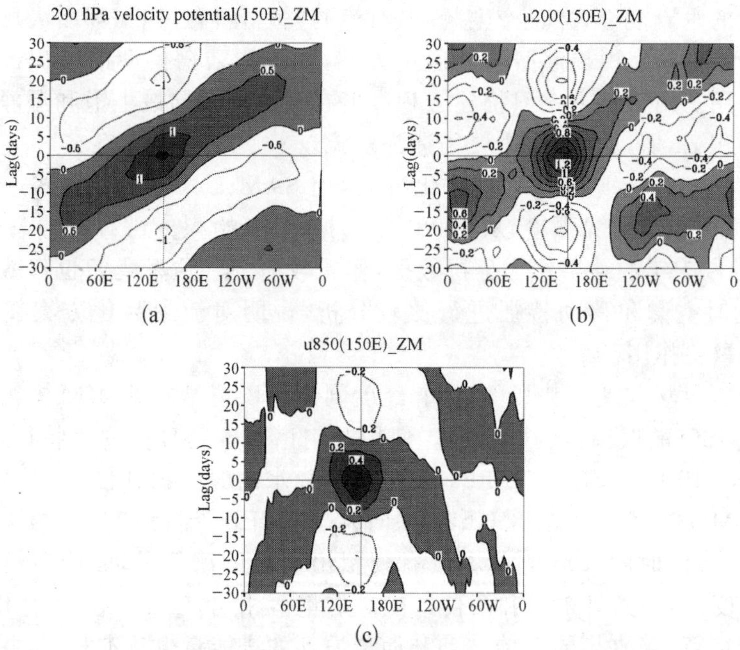

图 3.4.12 ZM 方案以 150°E 为参考点回归的 10°S—10°N 平均的纬向风(m/s)和速度势(10^6 m^2/s^2) 阴影区为大于零;(a) 200 hPa 速度势;(b) U200 hPa;(c) U850 hPa(引自贾小龙、李崇银,2007)

向风(图 3.4.12b)整体上虽然也表现出了东传特征,但回归的振幅比 NCEP 资料和 MCA 方案模拟的结果都要弱,尤其在印度洋和西半球回归的纬向风尤其

太弱,表明 ISO 的传播不够连续。另外,就东印度洋-西太平洋区域而言,从 90°E 到 180°E 的200 hPa纬向风也没有表现出明显的传播特征。850 hPa 纬向风(图3.4.12c)则基本没有得到任何连续传播的图像,而且振幅非常弱。

用其他的方法所作的比较分析也都表明,用同样的模式(SAMIL - R42L9),ZM 参数化方案所模拟的大气 ISO,在其强度、结构和传播方面都与 NCEP 资料的分析结果有很大的差距,同用 MCA 方案所得到的模拟结果相比也有较大差距。因此,数值模拟试验清楚地表明,模式的对流参数化方案对模拟大气 ISO 有重要的影响,必须在模式中采用较好的参数化方案。

3.4.4 积云动量垂直输送的影响

积云对流是热带大气中最为重要的物理过程,而积云对流的活动除了能释放凝结潜热影响大气环流系统之外,积云对流所引起的动量交换对大气环流系统也有重要影响。早在 1973 年,Houze 等就用观测资料分析研究了积云对流引起的动量输送对大气角动量收支的贡献,发现其贡献在量级上同大尺度动量输送相当。在热带东风波的研究中,Stevens 等(1977)也发现要得到真实的热带东风波的模拟,引入较大的积云摩擦是需要的。Helfand(1979)在对 Hadley 环流进行数值模拟研究时发现,利用 Schneider 和 Lindzen(1976)的包含有积云摩擦的参数化方案后,冬季的 Hadley 环流明显增强,而且平均的经向风也更接近实际观测。李崇银等(1984)的模拟研究表明,积云的垂直动量输送作用在台风的形成和维持过程中可以起到类似 Ekman 抽吸的作用;并且积云对动量的垂直输送在热带辐合带的形成中也有重要作用(李崇银,1984)。另一方面,Tiedtke(1989)利用 ECWMF 的业务预报模式结果,分析发现积云动量输送虽对辐散气流的影响很小,但提高了 200 hPa 旋转气流的模拟效果。还有一些数值模拟研究也表明,在 GCM 中引入积云动量输送参数化可以提高平均环流的模拟效果(Zhang and McFarlane,1995; Gregory et al,1997;Inness and Gregory,1997)。但关于在 GCM 中引入积云动量垂直输送对模拟热带大气 ISO 的影响,研究还相当少。因此,我们需要搞清楚,在模式参数化中积云动量输送作用对热带大气 ISO 的数值模拟有什么样的影响。这里我们仅用 CAM2 的模拟结果,就积云动量垂直输送在模拟大气 ISO 中的作用进行初步的讨论。

我们采用的 CAM2 是 NCAR 的第 5 代大气环流模式(欧拉格式版本),模式的水平分辨率为 T42(即三角形截断,42 个波),纬向方向有 128 个格点,格距为 2.812 5 个经度;经向为 64 个高斯格点。垂直方向采用的是混合坐标,有 26 层,模式层顶在 2.917 hPa。时间积分方案为半隐式,在水平分辨率为 T42 的条件下,时间步长为 20 分钟。模式的物理过程包括辐射(长波、短波)、对流(深、浅)、云、边界层及陆面过程等,模式的积云对流参数化是用的 Tiedtke 方案。在模拟试验中，我们对模式有、无积云动量输送分别进行了长时间积分，积分过程中使用观测的SST，积分从1978年1月1日开始到1989年12月31日。我们取后11年的结果作为模式资料来进行分析，对比有、无积云动量输送的试验结果，可以揭示积云动量输送在模式模拟大气ISO中的实际作用。

1. 时空谱特征的比较

图3.4.13分别是CAM2在有、无动量输送的模拟试验中所得到的200 hPa、850 hPa纬向风以及降水的平均时空谱。可以看到，与有动量输送的结果（右图）相比，无动量输送试验所得的谱特征（左图）有明显的提高，在有动量输送的试验

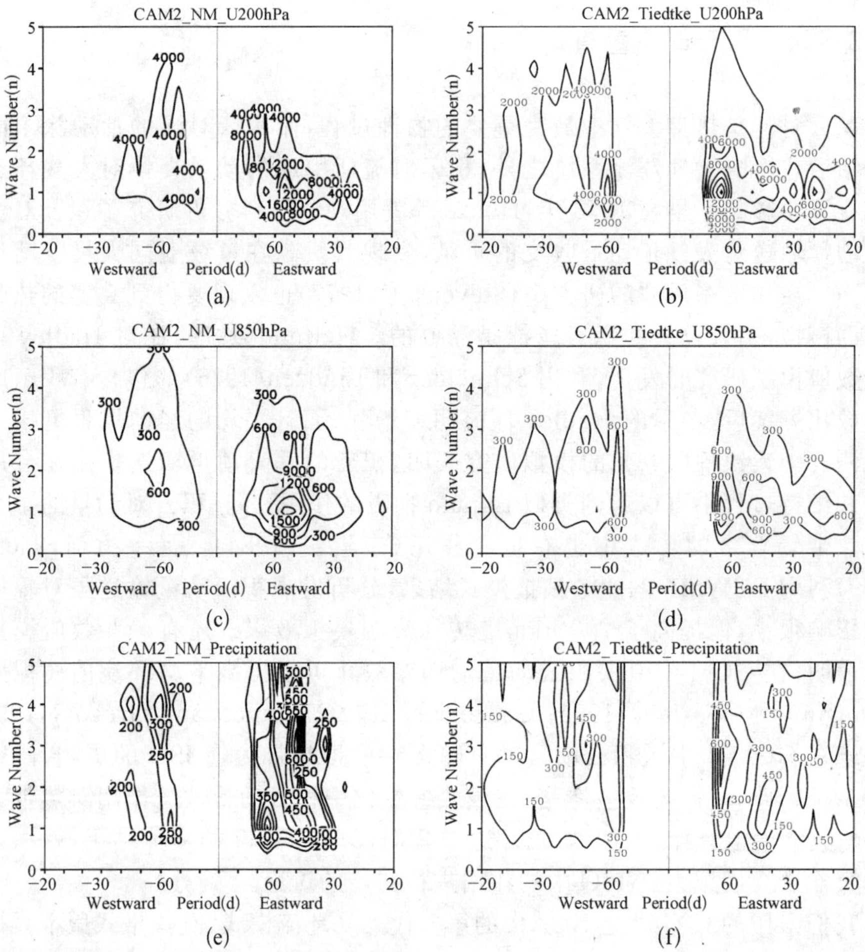

图3.4.13 在CAM2模拟中有、无动量输送试验得到的200 hPa纬向风(上)、850 hPa纬向风(中)和降水(下)的平均时空谱 (a)、(b)、(c)表示无动量输送情况；(d)、(e)、(f)表示有动量输送情况

中，200 hPa和850 hPa纬向风最强的谱峰都位于东传的73天周期上，并且在30天以内也有较强的谱峰存在；同时相对而言，西传的季节内振荡的谱值也较强。

而无动量输送试验中最强的谱峰在东传的52天周期，与观测结果更为接近(73天的周期在200 hPa纬向风中被大大减弱，在850 hPa纬向风中已没有该谱峰)。另外，有动量输送试验中存在的周期小于30天的几个谱峰在无动量输送试验中也消失了。我们还可以注意到，在无动量输送试验中东、西传播谱的比值明显大于有动量输送试验的结果，表明其东传振荡更为突出和连续。无动量输送试验的降水谱值与有动量输送试验相比更集中在季节内(30—60天)的周期范围内，也说明无动量输送试验所模拟的季节内振荡更为显著。

2. 传播特征比较

分析有、无动量输送试验所模拟的结果，可以发现与有动量输送所模拟的热带大气ISO相比，无动量输送方案虽然在强度和传播方面都有明显改善，但在传播上仍然缺乏观测所显示的连续性。尽管前面的时空谱对比表明，无动量输送试验所模拟的热带大气ISO的传播比控制试验要更为连续。

为了得到热带ISO整体的传播图像以及ISO在赤道地区的振幅，这里使用了线性回归的方法。即参考Maloney和Hartmann(2001)以及Liu等(2005)的方法，取西太平洋150°E为参考点，分别将带通滤波的200 hPa和850 hPa纬向风以及200 hPa速度势在10°S—10°N之间平均，得到三个时间序列。然后用三个时间序列分别同10°S—10°N平均的带通滤波的200 hPa和850 hPa纬向风以及200 hPa速度势作超前-滞后回归，并以参考点纬向风的1倍标准偏差作为衡量，分别得到三个变量的滞后时间-经度剖面图(图3.4.14)。与有动量输送试验(图略)相比，无动量输送试验最明显的一个提高就是模拟的200 hPa和850 hPa纬向风都显示了连续的东传，回归得到的振幅在整体上也强于有动量输送的试验结果；并且，大气ISO在西半球比东半球传播速度更快的特征也模拟出来了。

3. 其他结果的比较

无动量输送试验所模拟的850 hPa季节内振荡动能的空间分布与有动量输送试验相比，ISO的强度整体上要偏强，尤其在印度洋(图略)；在空间分布上与有动量输送试验结果较为相似，但强中心随着季节的变化更为清晰，与资料分析结果也更为接近。另外，无动量输送试验所模拟的季节内降水振幅平方的空间分布虽与有动量输送试验结果比较接近(图略)，但在西太平洋地区的强度要强，更为接近实际。

同时，从无动量输送试验所模拟结果用ISO指数回归的降水、500 hPa垂直速度、850 hPa水汽和1 000 hPa散度的经度-超前滞后时间剖面图上，可以清楚看到，无动量输送试验和有动量输送试验的结果在印度洋差别非常明显(图略)。因为有动量输送方案所模拟的热带大气ISO在中西太平洋表现出了较明显的东传，但在印度洋却表现出较为明显的西传特征；而无动量输送试验基本表现出了大气ISO从印度洋到太平洋的连续东传特征。有动量输送试验中850 hPa水汽和1 000 hPa散度的异常在印度洋都有明显的西传，这种水汽辐合的向西传播进而使得对流场和垂直速度场也表现为弱的西传，从而造成降水的西传，风场对加热场的动力响应也表现出传播的不连续性。而在无动量输送试验中，季节内的降水表现出了连续的从印度洋到中西太平洋的传播，降水信号在越过日界线后明显减弱消失，850 hPa纬向风表现出了比有动量输送试验更一致的向东传播，尤其在印度洋，进入西半球后传播速度明显的加快。

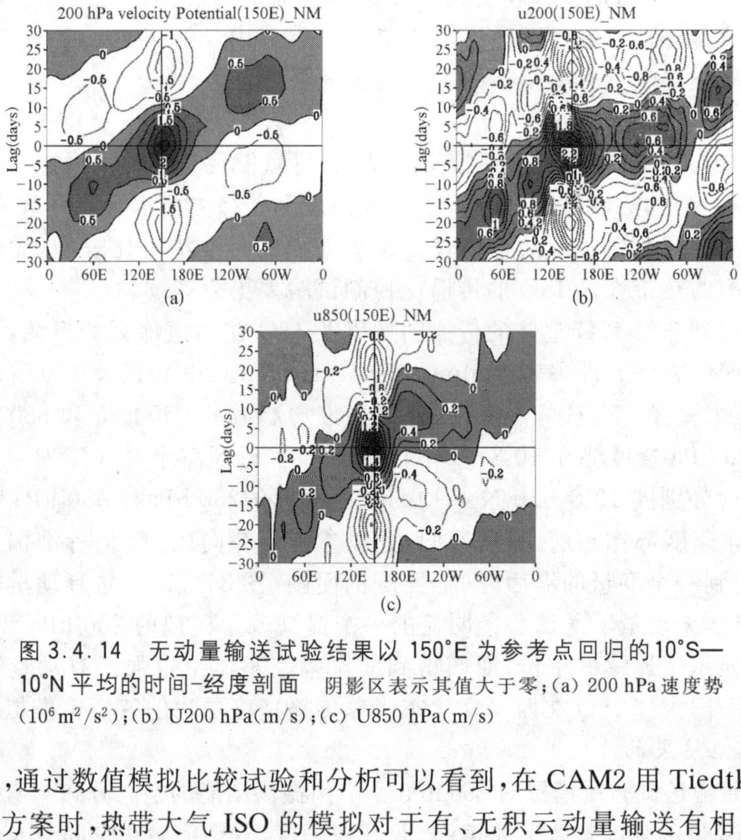

图 3.4.14 无动量输送试验结果以 150°E 为参考点回归的10°S—10°N平均的时间-经度剖面 阴影区表示其值大于零；(a) 200 hPa速度势($10^6 m^2/s^2$)；(b) U200 hPa(m/s)；(c) U850 hPa(m/s)

总之，通过数值模拟比较试验和分析可以看到，在CAM2用Tiedtke积云对流参数化方案时，热带大气ISO的模拟对于有、无积云动量输送有相当的敏感性。在引入了积云动量的垂直输送后，实际上降低了模式对热带大气ISO的模拟能力。而在无积云动量输送时却模拟出了与观测更为接近的热带大气ISO的频谱特征和连续的东传特征，明显提高了对大气ISO的模拟。与有积云动量垂直输送的模拟结果相比，无动量输送试验明显改善了印度洋季节内降水、低层水汽辐合和垂直环流的演变，使得所模拟的ISO的环流结构更加清晰，进而模拟的热带ISO在整体上表现出了更为连续的东传特征。

大家知道，热带ISO的重要结构特征是对流层上下反明显，而积云动量垂直输送的重要动力作用是使扰动(系统)在垂直方向均匀化。也就是说，积云动量垂直输送的作用所激发生成的扰动(系统)为上下较一致的结构，而并不有利于激发产生像热带大气ISO那样的系统。这也许就是在CAM2的参数化方案中存在积云动量垂直输送后反而模拟不好ISO的原因。

积云动量垂直输送是大气中实际存在的一种物理过程，模式中应该有描写这种过程的方案。因此，如何在 GCM 中既包含有积云动量垂直输送的作用，又能保证对 ISO 的很好模拟，还是一个需要深入研究的问题。

3.5 对流加热廓线对模拟大气 ISO 的重要作用

已有不少工作研究了积云对流参数化方案对模拟的热带大气 ISO 的影响，例如 Slingo 等(1996)对比了使用各种对流参数化方案的不同 AGCM 对热带 ISO 的模拟结果，分析研究认为使用基于浮力闭合对流方案的 AGCM 比使用基于水汽辐合对流方案的 AGCM 模拟出了更好的热带 ISO 的特征。而一些在同一个模式中使用不同对流参数化方案的模拟研究表明，AGCM 中植入的对流参数化方案对模拟热带 ISO 起了关键的作用。Chao 和 Deng(1998)的研究认为，当对流参数化方案改变时，模式模拟的热带 ISO 将明显的受到影响，在同一个模式使用的三种不同的对流参数化方案(湿对流调整方案- MCA，荒川-舒伯特方案- RAS 和一个简单对流方案)的数值模拟中，MCA 方案对模拟热带 ISO 的东传是最成功的，而 RAS 方案对模拟热带 ISO 是最差的。其后，用伊利诺伊(Illinois)大学的 AGCM，Wang 和 Schlesinger(1999)也研究了模拟 ISO 对积云参数化方案的依赖性。其结果表明 MCA 方案产生的 MJO 信号最强，修改的 RAS 方案最弱，Kuo(1974)方案处在两者之间；同时研究认为模式模拟的热带 ISO 高度依赖于方案中使用的判断对流触发的相对湿度判据(RHc)，在三种对流参数化方案中如果加大对流相对湿度判据(RHc)的值，所模拟的热带 ISO 也会加强。其后 Lee 等(2003) 也研究了对三种积云参数化方案(简化的荒川-舒伯特方案- SAS，Kuo 方案和 MCA 方案)所模拟的热带大气 ISO，表明 GCM 模拟的 ISO 的强度和传播显著的依赖于积云参数化方案的选择，MCA 方案产生的 ISO 最强，SAS 方案产生的 ISO 最弱；并且认为越严格限制的对流方案产生的季节内振荡的信号越强。

在对流加热的参数化方案中，有一点尚未被人们注意到，那就是对流加热垂直分布(廓线)的重要性。这里我们专门用一节篇幅来讨论对流加热廓线的问题，因为目前国内外都还没有这方面的研究工作，特别是在大气 ISO 的数值模拟中提出这个问题。我们将比较分析 GCM 的数值模拟结果，尤其是它们时空谱的分布、所得到的大气季节内振荡的纬向传播特征与 NCEP 资料结果的比较，研究对流参数化方案所产生的对流加热廓线对模拟大气 ISO 的重要作用。同时，还将用 GCM 做改变加热廓线的敏感性试验，进一步证实对流加热廓线对于模拟热带大气 ISO 的重要性。

3.5.1 已有理论研究结果

对流凝结加热无疑是驱动热带大气系统运动的最主要能源，而研究又表明，不同的对流系统，其加热廓线是不一样的。例如，对于台风一类强热带风暴，其加热廓线是在对流层上层(250—300 hPa)有最大加热；而一般的弱热带气旋，其加热廓线是在对流层中层(500 hPa 左右)有最大加热。

对流加热廓线在热带大气扰动的激发产生中的作用是一个重要理论问题，应该搞清楚。早在 1983 年李崇银就对此进行了研究，他将有不同加热垂直分布的几种对流加热分别引入到同一个动力学模型中，其结果表明：对于不同的加热廓线，积云对流加热所激发的不稳定波会有不同的增长率；同时，积云对流加热所激发的扰动有着不同的时空结构特征。图 3.5.1 给出的是其中两种加热廓线的分布及其所对应的激发扰动的风场和温度场垂直结构特征，两者的差异是十分明显的。理论模型的计算结果还表明，当最大的加热位于对流层上层时，容易激发出常定型不稳定波，而当最大的加热位于对流层中低层时，容易激发出振荡型的不稳定波。这是一个极其重要的结果，尤其是对于热带大气低频振荡的动力学研究，有一定的指示意义，因为振荡型的不稳定波可以视为是热带大气低频振荡的重要激发机制。

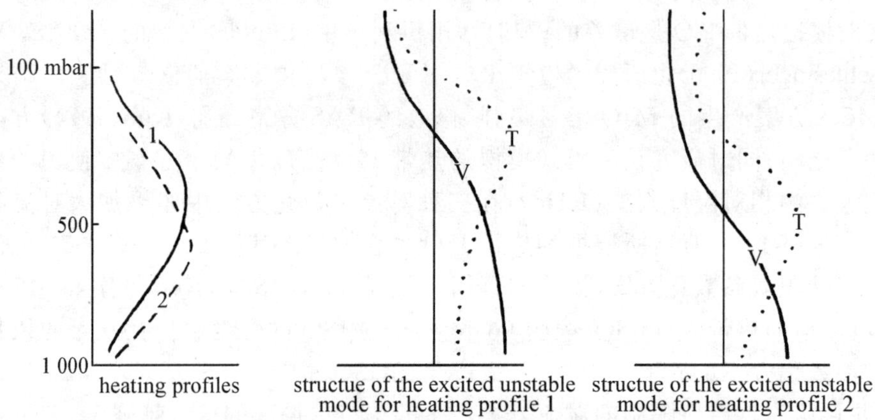

图 3.5.1 对流加热廓线与所激发不稳定波的结构特征 左图表示两类不同加热廓线；中图是上层有最大加热所对应的激发波的结构特征；右图是中低层有最大加热所对应的激发波的结构特征(引自李崇银，1983)

给出上面的结果也就是说，我们通过理论和理想模型的分析研究已经指出，热带大气中的积云对流加热垂直廓线对于所激发的大气不稳定波有重要作用，不仅会影响扰动的增长率，还会影响稳定波的结构和性质；当最大的加热位于对流层中低层时，容易激发出振荡型的不稳定波，且其结构较为接近于实际大气的季节内振荡。

上述理论结果虽然指出了积云对流加热垂直廓线对于热带大气季节内振荡的激发有重要作用，但是否能在 GCM 的数值模拟中也可以看到这样的结果呢？这正是下面我们要深入分析和讨论的问题。

3.5.2 不同对流参数化方案模拟结果的比较分析

我们所作的数值模拟试验表明，在同一个大气环流模式(SAMIL - R42L9)中用两种不同的对流参数化方案(MCA 和 ZM 方案)，所模拟的大气 ISO 有十分显著的差异。图 3.5.2 分别给出的是 NCEP 资料、Xie/Arkin 资料和SAMIL - R42L9 模拟得到的 10°S—10°N 平均的 850 hPa 纬向风和降水的平均时空谱分布，它们是将每年 850 hPa 纬向风和降水去除年循环(减去逐日/候相应的气候平均)，然后在 10°S—10°N 区域进行平均而得到每一年的时间序列，再对这个序列进行时空谱分析，最后对 11 年的结果进行平均，从而也就得到平均时空谱。图中纵坐标表示纬向波数，横坐标表示周期，正值表示波动是东传的，负值表示波动是西传的。从图 3.5.2 可以清楚地看到，NCEP 资料所得到的850 hPa 纬向风谱值(图 3.5.2a)主要集中在空间波数为 1、向东传播的周期范围在 30—70 天的扰动上，典型周期为 45.6 天，60 天和 30 天；而西传波动的能量相对而言要小的多。高层 200 hPa 速度势和 200 hPa 纬向风的时空谱特征与850 hPa 纬向风的特征基本一致，也是主要集中在空间波数为 1，东传波的能量要比西传波大的多。降水场(图 3.5.2b)的谱能量在波数域上比纬向风场的谱能量要略微分散，除 1 波之外，2—4 波也有较大的能量；但其扰动周期仍主要表现为东传的 30—60 天，最大的谱值位于 45 天左右。上述这些结果与已有的资料分析结果相比较说，可以是相当一致的。

用 MCA 方案模式所模拟的 850 hPa 纬向风的时空谱在季节内时间尺度上也产生了较强的东传扰动谱值，并且谱值主要集中在纬向 1 波上，扰动的典型周期为 73 天、45.6 天和 36 天，只是在小于 30 天的周期范围也产生了较明显的谱值(图 3.5.2c)。同时，所模拟 850 hPa 纬向风扰动的东传谱值明显大于西传谱值。对于所模拟降水的时空谱(图 3.5.2d)，其主要的周期与850 hPa纬向风相一致，在东传的季节内尺度上有最强的谱值，尽管谱值分布在时间尺度和空间尺度上比观测结果都要分散一些。所模拟的 200 hPa 速度势和纬向风的谱值分布(图略)也和 850 hPa 纬向风的结果比较一致，不再进行描述。

用 ZM 方案模式所产生的热带扰动的时空谱特征如图 3.5.2e 和图3.5.2f 所示。其模拟的 850 hPa 纬向风时空谱特征与 NCEP 资料和 MCA 方案的结果相比，在季节内时间尺度上 ZM 方案基本没有能够模拟出明显的谱能量，表明 ZM 方案所模拟的热带大气 ISO 的强度很弱；而且东传和西传谱能量的量值相当，因而在传播图像上难以表现出热带大气 ISO 的连续东传特征。ZM 方案所模拟的降水场的东传波动和西传波动的谱能量也基本相当，并且其西传分量是在空间纬向 4 波上有最大的谱值。显然，上述 ZM 方案模式的模拟结果与 NCEP 资料和 MCA 方案模式模拟的结果都有很大差异。

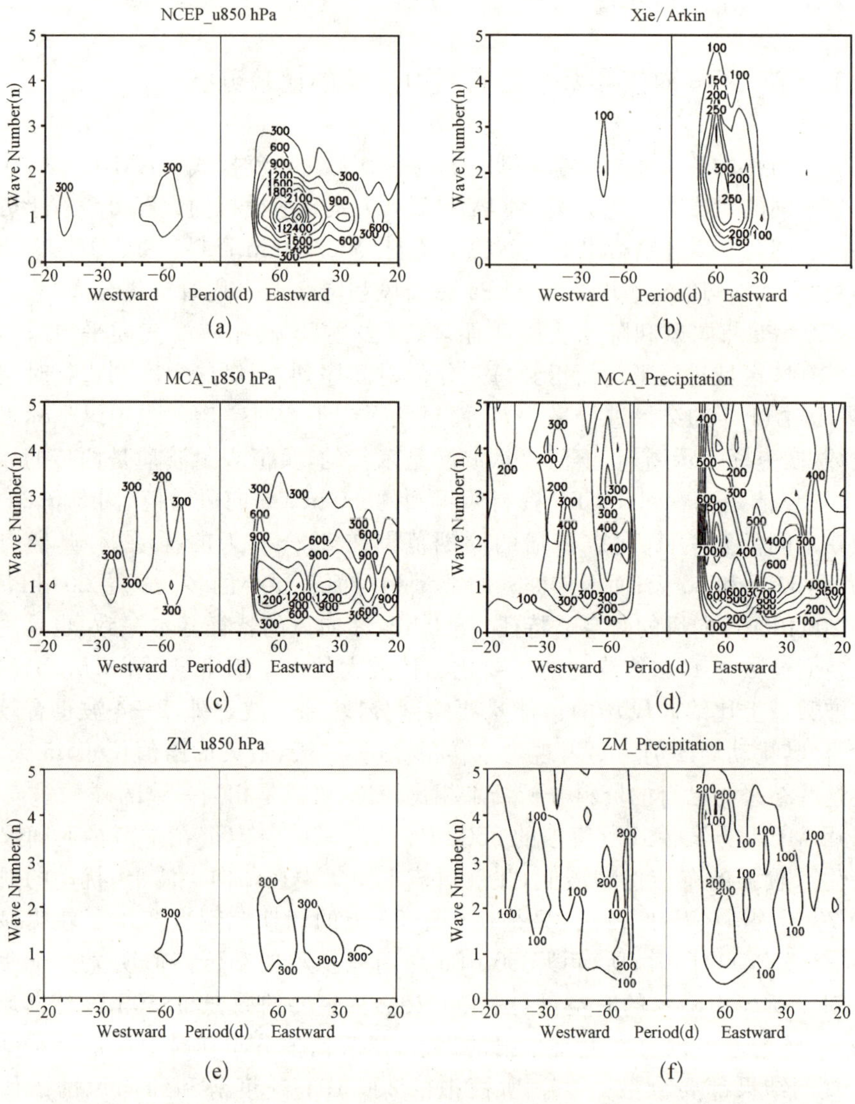

图 3.5.2 10°S—10°N 平均的 850 hPa 纬向风和降水的平均时空谱

(a) NCEP U850；(b) Xie/Arkin 降水；(c) SAMIL－MCA 模拟 U850；(d) SAMIL－MCA 模拟的降水；(e) SAMIL－ZM 模拟 U850；(f) SAMIL－ZM 模拟的降水（引自贾小龙，2006）

为了得到和比较分析热带 ISO 整体的传播图像以及 ISO 沿赤道的振幅变化，我们参考 Maloney 和 Hartmann.（2001）的方法，取西太平洋 150°E 为参考点，分别将带通滤波的 200 hPa 和 850 hPa 纬向风以及 200 hPa 速度势在 10°S—

10°N 之间平均，得到三个时间序列，然后用三个时间序列分别同 10°S—10°N 平均的带通滤波的 200 hPa 和 850 hPa 纬向风以及 200 hPa 速度势作超前滞后回归，并以参考点纬向风的 1 倍标准偏差作为衡量的，标准分别得到三个变量的滞后时间-经度图。图 3.5.3 分别给出了 NCEP 资料和 MCA 方案模拟的 200 hPa 和 850 hPa 纬向风以及 200 hPa 速度势的结果。可以看到，NCEP 资料所得到的

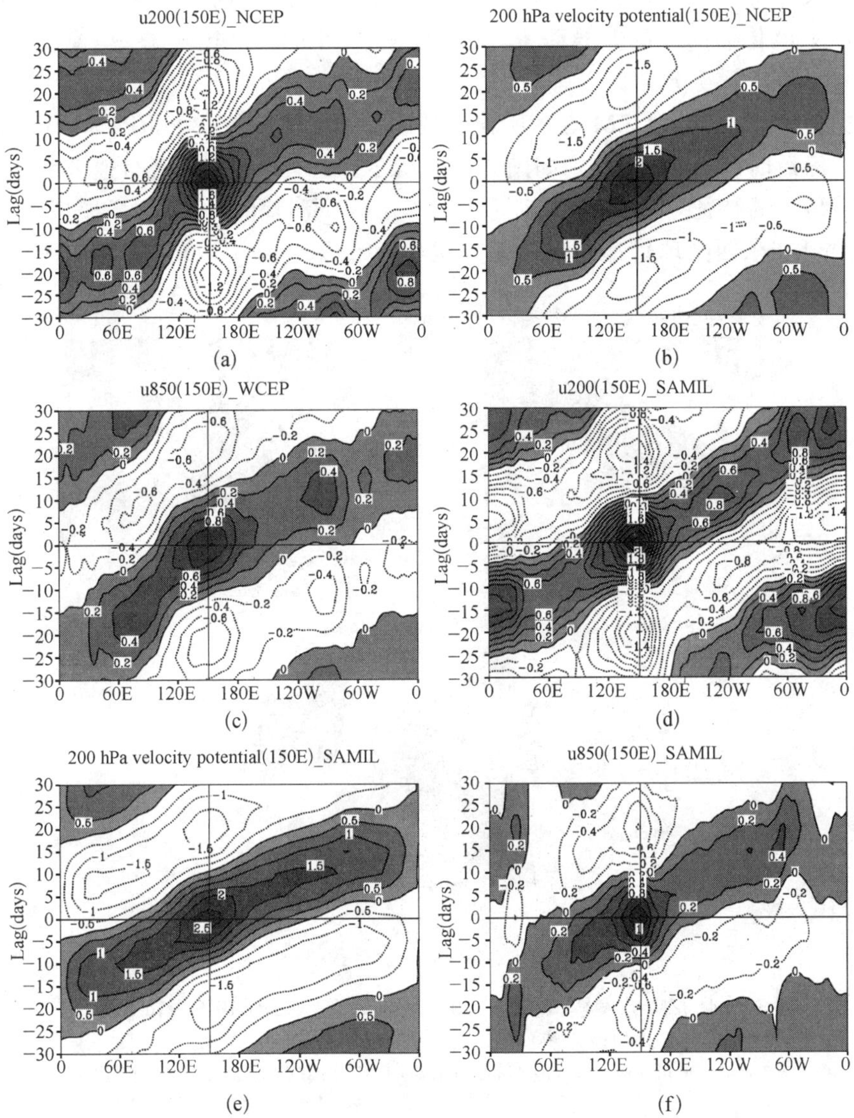

图 3.5.3 以 150°E 为参考点回归的 10°S—10°N 平均的纬向风(m/s)和速度势($10^6 m^2/s^2$)的滞后时间-经度图 阴影区为大于零的值；(a) NCEP U200 hPa；(b) NCEP 200 hPa 速度势；(c) NCEP U850 hPa；(d) SAMIL U200 hPa；(e) SAMIL 200 hPa 速度势；(f) SAMIL U850 hPa(引自贾小龙，2006)

热带 ISO 的连续向东传播特征，并且在越过日界限(180°E)进入西半球后传播速度明显加快。整个传播周期大概在 45 天左右，与前面的谱分析结果相一致。MCA 方案模式模拟的纬向风和速度势也都表现出了连续的向东传播特征，周期大概为 40 天左右，并且振幅略强于 NCEP 资料结果；其传播速度在东西半球的差异反映在200 hPa 纬向风上虽不明显，但在 200 hPa 速度势场上和 850 hPa 纬向风上这种特征却被较好的模拟出来了。因此，相对目前很多模式不能再现东西半球 ISO 传播速度的差异而言，SAMIL - R42L9(用 MCA 方案)模拟的热带 ISO 的传播特征要更为真实得多。

类似地，模式中用 ZM 方案所模拟的 200 hPa 速度势、200 hPa 和850 hPa 纬向风的滞后时间-经度图分别如图 3.5.4 所示。总体而言200 hPa 速度势表现出了向东传播的特征，但其振幅要明显弱于 NCEP 资料和 MCA 方案模拟的结果，而且 ISO 在东西半球传播速度的差异也没有表现出来。200 hPa 纬向风整体上

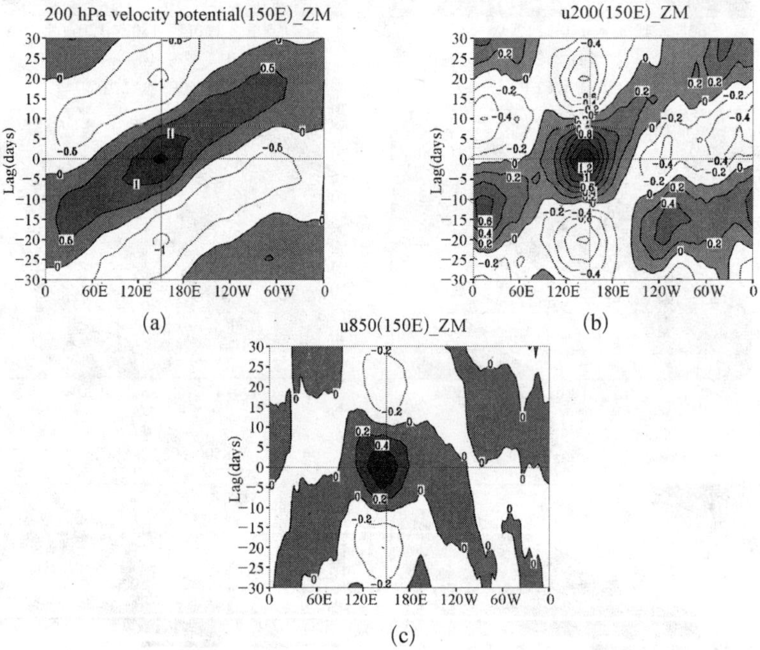

图 3.5.4 ZM 方案模拟的以 150°E 为参考点回归的 10°S—10°N 平均的纬向风(m/s)和速度势(10^6 m^2/s^2)的滞后时间-经度图 阴影区为大于零；(a) 200 hPa 速度势；(b) U200 hPa；(c) U850 hPa(引自贾小龙，2006)

虽然也表现出了东传特征，但回归的振幅比 NCEP 资料和 MCA 方案模拟的结果都要弱，尤其在印度洋和西半球的纬向风都太弱，表明所模拟 ISO 的传播连续性比较差。特别是用 ZM 方案所模拟的 850 hPa 纬向风季节内振荡不仅振幅非常弱，而且未能得到任何连续向东传播的图像，可以说模拟效果十分不好。

同一个 GCM 用不同的积云对流参数化方案所模拟得到的 ISO 存在着相当大的差异，当然说明了积云对流参数化方案对模拟大气 ISO 的重要性。但是，在积云对流参数化方案中究竟是什么具体原因造成了模拟结果有这么大的差异呢？是不是像李崇银(1983)的研究已指出，热带大气中的积云对流加热垂直廓线对所激发的不稳定波有重要作用，只有当最大的加热位于对流层中低层时才有利于热带大气季节内振荡的产生呢？因此，我们在这里将针对所模拟的热带大气 ISO 的情况，对比分析模式所得到的加热廓线的分布，进而揭示对流加热廓线在模拟热带大气 ISO 中的重要作用。

图 3.5.5 分别给出了 MCA 方案和 ZM 方案所模拟的赤道西太平洋上大气非绝热加热的垂直分布。MCA 方案所得到的最大加热位于对流层中层，并且最大加热有明显的下扩。这样的加热必然反映在 ISO 的纬向速度上，使模式模拟的 ISO 有更慢的传播速度(最强周期为 73 天)。但是，ZM 方案所模拟的加热不仅量值小，而且最大加热位于对流层中上层。比较分析所模拟的大气 ISO，及其相对应的加热廓线分布，可以说是验证了已有的理论研究结果：当对流层中低层有最大加热时所激发出的不稳定波具有振荡性特征，最大加热位于对流层上层则不利于产生 ISO 一类振荡型扰动。由此我们可以认为，因为 MCA 方案能产生有利于激发大气 ISO 的加热廓线，从而模拟出了与观测较为一致的大气 ISO；而 ZM 方案所产生的加热廓线并不利于激发热带大气 ISO，从而所模拟的热带大气 ISO 与观测相比有较大差异，或者说对热带大气 ISO 的模拟能力差。因此，AGCM 中所使用的对流参数化方案对模拟热带大气 ISO 有极其重要的作用，其中的主要控制因子是方案所产生的对流加热廓线。

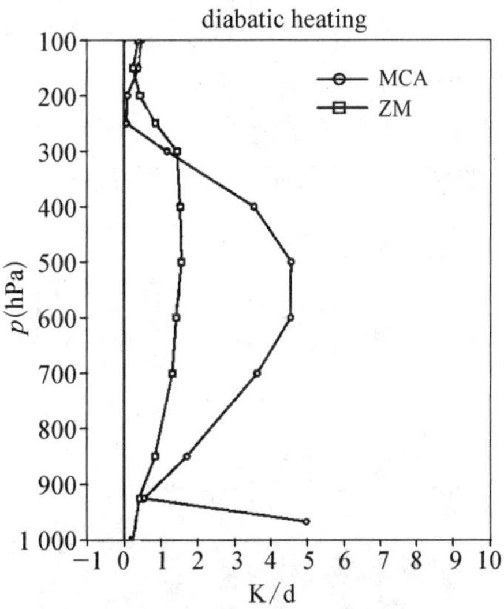

图 3.5.5 模式模拟的热带西太平洋地区 ISO 降水最大正位相所对应的非绝热加热垂直廓线(K/d) (引自贾小龙，2006)

3.5.3 热带大气 ISO 模拟对加热廓线垂直分布的敏感性试验

通过改变 SAMIL - R42L9 模式的加热垂直廓线(原廓线乘上一定的系数)，使得热带地区的最大非绝热加热分别位于对流层高层、中层和低层。然后类似于前面的同样办法进行了三个敏感性模拟试验，分别记为 HH 试验、MH 试验和 LH 试验。图 3.5.6 给出的是三个试验分别对应的平均加热垂直廓线，代表了三种不同的垂直加热分布。三个试验的积分过程都采用气候平均的 SST,先进行一年的控制积分,然后改变 20°S—20°N 非绝热加热的垂直分布,再分别进行 1 年时间的数值试验积分。

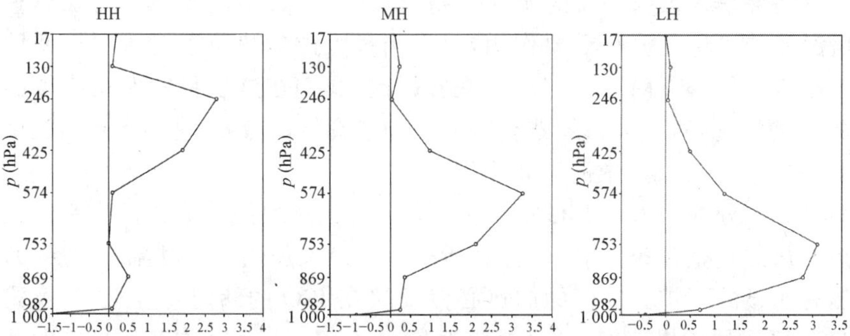

图 3.5.6 HH 试验、MH 试验和 LH 试验所对应的西太平洋地区平均的非绝热加热垂直廓线(K/d)

三个试验所对应的带通滤波的 200 hPa 纬向风以(150°E, 0)为基点的从超前 10 天到滞后 10 天的相关分布,可以显示季节内振荡信号的传播特征。因为 MH 试验和 LH 试验有大体相近的特征,这里仅给出 HH 试验和 MH 试验的结果,如图 3.5.7 所示。首先看 HH 试验(图 3.5.7 左),从超前 10 天到滞后 10 天

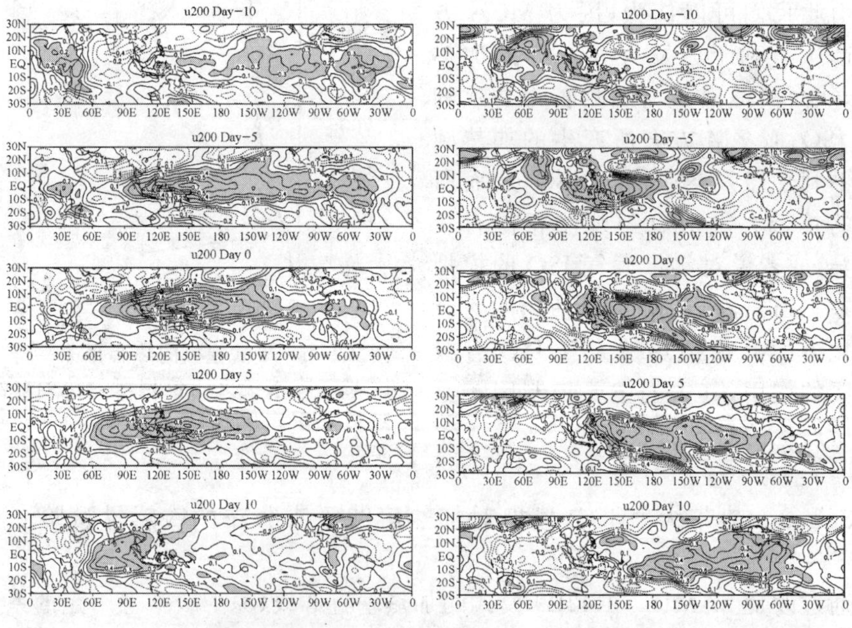

图 3.5.7 HH 试验(左)和 MH 试验(右)得到的带通滤波 200 hPa 纬向风以 150°E、0 为基点的超前 10 天到滞后 10 天的相关分布 阴影为相关系数超过 99% 信度(引自贾小龙,2006)

明显表现为一种西传过程：超前 10 天最大的正相关位于热带东太平洋；超前 5 天最大正相关西移到西太平洋地区，滞后 0 天的正相关区主要位于基点附近，到了滞后 5 天，主要相关区继续西传，进入印度洋区域，滞后 10 天的主要正相关区已经移到西印度洋。再看 MH 试验(图 3.5.7 右)，其超前 10 天的主要正相关区位于印度洋，负相关区位于东太平洋；超前 5 天主要正相关区东传，最大正相关区位于西太平洋，虽然滞后 0 天的最大正相关区仍位于西太平洋，但整个正相关区东扩明显，印度洋的相关减弱，中东太平洋的相关增大；到了滞后 5 天，正相关区继续向东扩展，东太平洋变为显著的正相关；到了滞后 10 天，最大的正相关区东移到了东太平洋，印度洋和海洋大陆已为负相关区。十分明显，在 MH 试验中，相关区整体东传的周期大致为 45 天左右。比较两类加热廓线所对应的模拟结果，显然是 MH 和 LH 试验的结果与观测的热带大气 ISO 较为一致，而 HH 试验结果所呈现的特征与热带大气 ISO 的活动有很大差别。

图 3.5.8 是三个试验所模拟的热带 850 hPa 纬向风的时空谱。对比三个试验的结果可以看出，HH 试验在季节内时间尺度上西传的谱能量明显强于东传的能量，说明当最大加热高度位于对流层高层时模式难以产生东传的 ISO 信号，

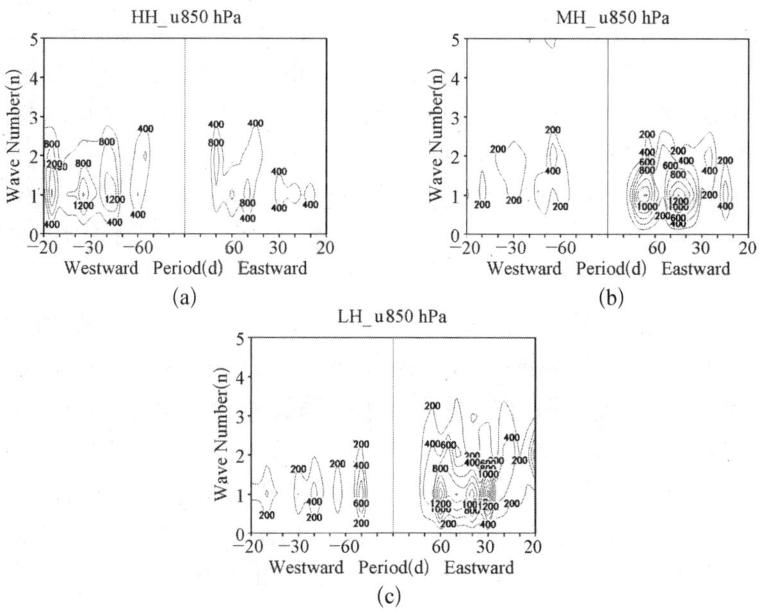

图 3.5.8 三个试验所对应的 10°S—10°N 平均850 hPa 纬向风的时空谱 (a) HH 试验；(b) MH 试验；(c) LH 试验(引自贾小龙，2006)

而易于激发出明显的向西传播的扰动。对应 MH 试验，850 hPa 纬向风在季节内尺度上都有明显的谱值，而且东传谱值明显强于西传的谱值。LH 试验在季

节内时间尺度上也有很强的向东传播的谱值特征，但是在小于30天的周期上也有相当强的谱值；同时，其西传的谱值比MH试验也要强。以上的结果表明当大气最大的加热层位于中低层时，容易激发出与实际观测较为接近的季节内的扰动。

以上的数值模拟结果和对比分析清楚地表明，热带大气ISO的数值模拟对加热廓线的垂直分布十分敏感，当最大的加热层位于对流层中低层时，才容易产生出与实际较为接近的季节内振荡；而当最大加热位于对流层高层时，所激发出的扰动是明显西传的。

3.5.4 北传热带大气ISO的垂直结构

对于热带大气季节内振荡的分析研究表明，热带大气ISO在大部分地区有明显的向北传播特征，尤其是在南亚季风区。李崇银的研究(1985)很早就指出南亚地区风场的垂直切变是那里ISO向北传播的重要机制，这一机制也被称为“垂直切变机制”。其后有研究表明南亚季风区夏季北传ISO的涡度和水汽场在经向结构上的不对称对于其向北传播有重要的作用。南亚季风区平均气流在垂直方向上存在东风切变，风的垂直切变耦合了自由大气中的正压和斜压模，导致在对流的北面产生正的正压涡度，自由大气中的正压涡度进一步引起行星边界层的水汽辐合，进而造成ISO对流的向北移动。而对流层低层水汽场的向北移动可以由两个过程完成，一个是行星边界层平均南风气流引起的水汽平流，另外一个是由于ISO风场扰动造成平均水汽梯度的平流。不对称的水汽扰动进一步导致对流加热的向北移动，产生ISO的向北移动。这一机制被称为“水汽辐合的反馈机制”。

下面将进一步分析向北传播的热带ISO的垂直结构及其数值模拟结果，这将有利于揭示向北传播的动力机制。图3.5.9是NCEP资料得到的向北传播ISO经向垂直结构的合成结果，包括垂直速度、涡度、散度和比湿。图中横坐标为纬度，0表示对流中心位于(5°N，70°—95°E)，横坐标的纬度值代表相对对流中心位置的纬度，负值表示在对流中心以南，正值表示在对流中心以北。从图3.5.9可以看到，最大的垂直运动发生在对流层中层(350 hPa)，并且垂直速度场有一个弱的倾斜(图3.5.9 a)。与此相对应，散度场为低层辐合，高层辐散，并且低层的辐合向北倾斜(图3.40b)。涡度场表现出了明显的相对于对流中心的不对称性，对流中心以北为正的涡度，以南为负的涡度，并且涡度表现出了相当正压的结构(图3.5.9b)。散度场表现出了非常明显的上下反向结构特征(图3.5.9c)，相对来讲其分布较为对称。水汽场的结构也表现出了不对称的结构特征，最大的水汽中心位于对流中心以北3°左右(3.5.9d)。上述结构特征实际反映了在那里对流加热廓线正好与前面讨论的结果一致，应该是其最大加热处于对流层中下部，大气 ISO 在那里也就比较活跃。

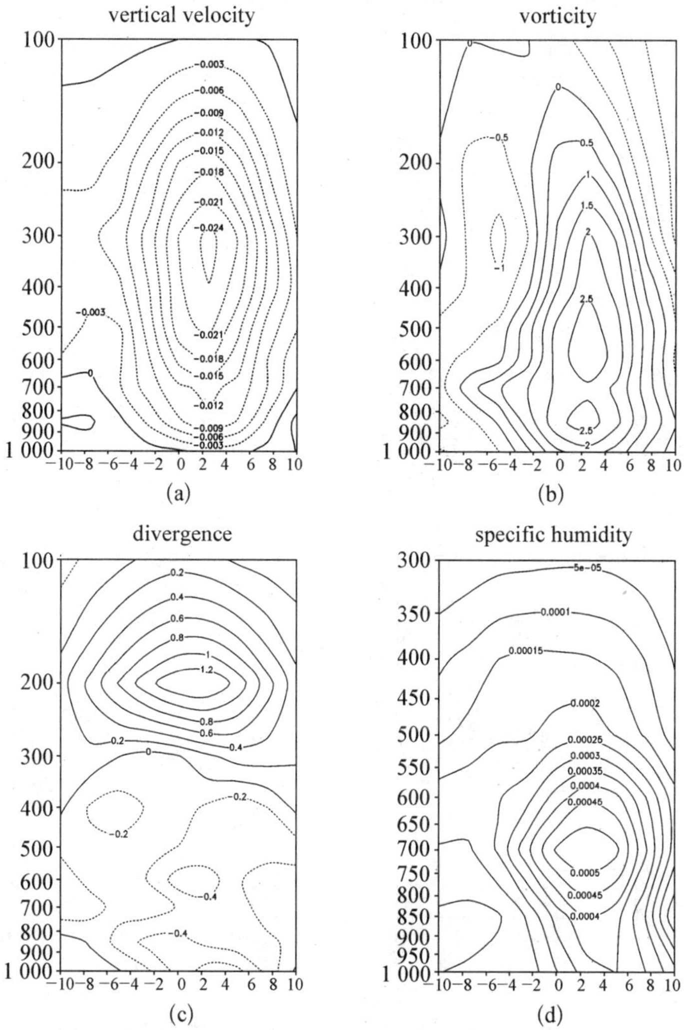

图 3.5.9 NCEP 资料得到的北传播 ISO 的经向垂直结构 (a) 垂直速度，Pa/s；(b) 涡度，10^6/S；(c) 散度，10^6/S；(d) 比湿，kg/kg(引自贾小龙，2006)

上面已经指出，SAMIL - R42L9 由于所得到的对流加热廓线比较符合实际，最大加热处于对流层中下部，所以能模拟出 ISO 的基本特征。这里我们看看其对向北传播的热带 ISO 的垂直结构的模拟情况。图 3.5.10 是模式模拟的向北传播的 ISO 的经向垂直结构的合成结果。由图 3.5.10 和图 3.5.9 的比较可以看出，模式模拟出了大部分观测的北传 ISO 的结构特征，比如涡度和水汽结构相对于对流中心的不对称性，以及低层散度相对于对流的超前性。但也有一些明显的差异，比如对涡度和水汽而言，正涡度和水汽中心超前对流的范围偏大，达到了对流中心以北 5 个经度另外，最大上升运动也过于偏北。

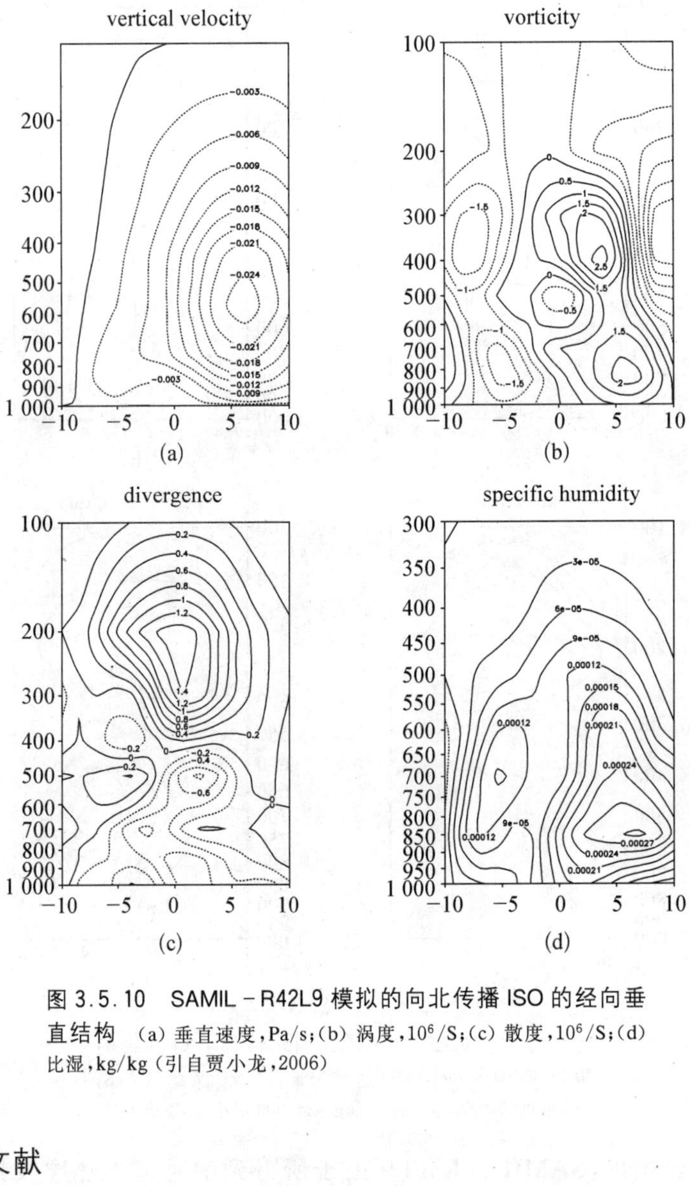

图 3.5.10 SAMIL－R42L9 模拟的向北传播 ISO 的经向垂直结构 (a) 垂直速度，Pa/s；(b) 涡度，10^6/S；(c) 散度，10^6/S；(d) 比湿，kg/kg（引自贾小龙，2006）

参考文献

陈隆勋、朱乾根、罗会帮等，1991：东亚季风，362，北京，气象出版社.

高由禧等，1957：台风的路径图及其一些统计，北京，科学出版社.

贾小龙，2006：热带大气季节内振荡的数值模拟研究，中国科学院大气物理研究所博士学位论文，95－114.

贾小龙、李崇银，2007：热带大气季节内振荡数值模拟对积云对流参数化方案的敏感性，气象学报，65(6).

李崇银，1984：积云摩擦作用对热带辐合带生成和维持的作用，热带海洋，**7** (2)，22 - 31.

李崇银，1985：El Nino 与西太平洋台风活动，科学通报，**31**，1087 - 1089.

李崇银，1985：南亚夏季风槽脊和热带气旋活动与移动性 CISK 波，中国科学 (B)，第 6 期，668 - 675.

李崇银，1987：厄尔尼诺影响西太平洋台风活动的研究，气象学报，**45**，229 - 236.

李崇银，1988：频繁的强东亚大槽活动与 El Nino 的发生，中国科学(B)，No6，667 - 676.

李崇银，1990：赤道以外热带大气中 30—60 天振荡的一个动力学研究，大气科学，**14**，83 - 92.

李崇银，1990 (1993)：大气低频振荡(修订本)，207(265)，北京，气象出版社.

李崇银，1996：蒸发-风反馈的进一步研究，热带气象学报，**12**，193 - 199.

李崇银，2000：气候动力学引论(2 版)，515，北京，气象出版社.

李崇银、张铭，1984：台风的数值模拟研究-积云动量输送作用，气象学报，**42**(4)，466 - 474.

李崇银、肖子牛，1991：赤道太平洋增暖对全球大气 30—60 天振荡的激发，科学通报，**36**，1157 - 1160.

李崇银、周亚萍，1994：热带大气季节内振荡和 ENSO 的相互关系，地球物理学报，**37**，17 - 38.

李崇银、曹文忠、李桂龙，1995：基本气流对中高纬度大气季节内振荡的影响，中国科学(B)，**25**，979 - 988.

李崇银、廖清海，1998：热带大气季节内振荡激发 El Nino 的机制，热带气象学报，**14**，97 - 106.

李崇银、张利平，1999：南海夏季风活动及其影响，大气科学，**23**，257 - 266.

李崇银、屈昕，2000：伴随南海夏季风爆发的大尺度大气环流演变，大气科学，**24**：1 - 14.

李崇银、龙振夏、穆明权，2003：大气季节内振荡及其重要作用，大气科学，**27**，518 - 535.

李崇银等，2004：东亚夏季风活动与高空西风急流位置北跳关系的研究，大气科学，**28**，641 - 658.

刘霞、谢安、叶谦等，1998：南海夏季风爆发的气候特征，热带气象学报，**14**：28 - 37.

龙振夏、李崇银，2001：热带低层大气 30—60 天低频动能的年际变化与 ENSO 循环，大气科学，**25**，798 - 808.

陆汉城等，2004：台风内中尺度混合波的动力学特征，自然科学进展，14(5)：514 - 546.

罗德海、李崇银，1992：地形强迫 Rossby 波的不稳定和中高纬度地区 30—60 天低频振荡，气候变化若干问题研究，北京，科学出版社，82 - 86.

穆明权、李崇银，1998：年南海夏季风的爆发与大气季节内振荡的活动，气候与环境研究，2000，**5**，375 - 387.

裴顺强、李崇银，2007：东亚冬季风及其影响的进一步研究Ⅰ.东亚冬季风变化和异常的特征，气候与环境研究，**12**(2)：124 - 1136.

陶诗言，1959：近十年中国的寒潮研究，气象学报，**30**，226 - 230.

徐予红、陶诗言，1996：东亚夏季风的年际变化与江淮流域梅雨期旱涝，灾害性气候的过程及诊断，北京，气象出版社，31 - 39.

徐祥德、高守亭，1999：外源强迫与波流相互作用的动力学原理，北京，海洋出版社，245pp.

叶笃正、陶诗言、李麦村，1958：在六月和十月大气环流的突变现象，气象学报，29，249 - 263.

周天军等，2005：大气环流模式 SAMIL 及其耦合模式 FGOALS - s，北京，气象出版社，288pp.

朱报真、金飞飞、刘征宇，1991：大气和海洋的飞线性动力学概论，北京，海洋出版社，199 - 243.

Chan, J C L, 2008: Decadal viriation of intense typhoon occurrence in the western North Pacific, *Proc. R. Soc. A*, **464**, 249 - 272.

Chan, J C L and C Y Li, 2004: East Asian winter monsoon, *East Asian Monsoon*, C P Chang Ed., World Scientific Publisher, Singapore.

Chang, C P and K M Lau, 1980: Northeasterly cold surges and near-equatorial disturbances over the winter MONEX area during December 1974. Part Ⅱ: Planetary-scale aspects, *Mon. Wea. Rev.*, **108**, 298 - 312.

Chang, C P, J E Millard and G T J Chen, 1983: Gravitational character of cold surges during winter MONEX, *Mon, Wea. Rev.*, **111**, 293 - 307.

Chang, C P, et al, 1988: Kelvin wave - CISK: A possible mechanism for 30 - 50 day oscillation, *J. Atmos. Sci*, **45**, 1709 - 1720.

Chao, W C and L Deng, 1998: Tropical intraseasonal oscillation, supper cloud clusters and cumulus convection schemes. Par II: 3D aquaplanet simulations, *J. Atmos. Sci.*, **55**, 690 - 709.

Collins, W D, et al, 2003: *Description of the NCAR Community Atmosphere Model (CAM2)*, NCAR technical Notes, 189.

Davidson, N E, J L McBride and B J McAvaney, 1983: The onset of the Australian monsoon during winter MONEX: Synoptic aspects, *Mon. Wea. Rev.*, **111**, 495 - 516.

Emanual, K A, 1987: An air-sea interaction model of intraseasonal oscillation in the tropics, *J. Atmos. Sci.*, **44**, 2324 - 2340.

Emanuel, K A, 2005: Increasing destructiveness of tropical cyclones over the past 30 years, Nature, **436**, 686 - 688.

Flatau, M, et al, 1997: The feedback between equatorial convection and localradiative and evaporative processes: the implications for intraseasonal oscillations, *J. Atmos. Sci.*, **54**, 2373.

Ford, R, 1994: The instability of an axisymmetric vortex with monotonic potenyial vorticity in rotating shallow water, *J. Fliud. Mech.*, **280**, 303 - 334.

Frederikson, J S and C S Frederikson, 1993: Monsoon disturbances, intraseasonal oscillations teleconnection patterns, blocking and storm tracks of the global atmosphere during January 1979: linear theory, *J. Atmos. Sci.*, **50**, 1349 - 1372.

Gihl, M, et al, 1987: Topics in Geophysical Fluid Dynamics: *Atmospheric Dynamics, Dynamo Theory and Climate Dynamics*, New York: Springer - Verlag.

Gregory, D., R. Kershaw, and P. M. Inness, 1997: Parameterization of momentum transport by convection. Ⅱ: Tests in single column and general circulation models, *Quart. J. Roy. Meteor. Soc.*, **123**, 1153 - 1183.

Gualdi, S, A Navarra and H V Storch, 1997: Tropical intraseasonal oscillation appearing in operational analyses and in a family of general circulation models, *J. Atmos. Sci.*, **54**, 1185 - 1203.

Helfand, H. M., 1979: The effect of cumulus friction on the simulation of the January Hadley circulation by the GLAS model of the general circulation, *J. Atmos. Sci.*, **36**, 1827 - 1843, 1979.

Hendon, H H and M L Salby, 1994: The life cycle of the Madden - Julian oscillation, *J. Atmos. Sci*, **51**, 2225 - 2237.

Hendon, H H, et al, 2000: Mediumrange forecasts errors associated with active episodes of the Madden - Julian Oscillation, *Mon. Wea. Rev.*, **128**, 69 - 85.

Hirst, A C and K M Lau, 1990: Intraseasonal and interannual oscillation in coupled ocean-atmosphere models, *J. Climate*, **3**, 713 - 725.

Houze, R. A., 1973: A Climatological study of vertical transport by precipitation cumuli, *J. Atmos. Sci.*, **30**, 1112 - 1123.

Inness, P. M. and D. Gregory, 1997: Aspects of the intraseasonal oscillation simulated by the Hadley Centre atmospheric model, *Climate Dyn.*, **13**, 441 - 458.

Inness, P M, et al, 2001: Organization of tropical convection in a GCM with varying vertical resolution; implications for the simulation of the Madden - Julian Oscillation, *Climate Dyn*, **17**, 777.

Jia Xiaolong, et al, 2008: Impacts of a GCM's resolution on MJO simulation, *Adv. Atmos. Sci.*, **25** (1), 1 - 18.

Jones, C, et al, 2000: Predication skill of the Madden - Julian Oscillation in dynamical exdended range forecasts, *Climate Dyn*, **16**, 273 - 286.

Knuston, T R, et al, 1987: 30 - 60 day atmospheric oscillation: composite life cycles of convection and circulation anomalies, *Mon. Weather Rev.*, **115**, 1407 - 1436.

Krishinamurti, T N and D Subrahmanyam, 1982: The 30 - 50 day mode at 850mb during MONEX, *J. Atmos. Sci.*, **39**, 2088 - 2095.

Kuo, H L, 1974: Further studies of the paramerization of the influence of cumulus convection on large scale flow, *J. Atmos. Sci.*, **31**, 40 - 63.

Lau, K M and P H Chan, 1985: Aspects of the 40 - 50 day oscillation during the northern winter as inferred from outgoing longwave radiation, *Mon. Weather Rev.*, **113**, 1354 - 1367.

Lau, K M, et al, 1986: The 40 - 50 day oscillation and the El Nino/Southern Oscillation: A new perspective, *Bulletin Amer. Meteo. Soc.*, **67**: 533 - 538.

Lau, K M and L Peng, 1987: Origin of low frequency (intraseasonal) oscillation in the tropical atmosphere. Part 1: Basic theory, *J. Atmos. Sci.*, **44**: 950 - 972.

Lau, K M and C H Sui, 1997: Mechanism of short-term sea surface temperature regulation: Observations during TOGA COARE, *J. Climate*, **9**, 465 - 472.

Lee, M I, I S Kang and B E Mapes, 2003: Impacts of cumulus convection parameterization on aqua-planet AGCM simulations of tropical intraseaosnal variability, *J. Meteorol. Soc. Japan*, **81**, 963 - 992.

Li Chongyin, 1985: Actions of summer monsoon troughs (ridges) and tropical cyclone over South Asia and moving CISK mode, *Scientia Sinica* (B), **28**, 1197 - 1206.

Li Chongyin, 1988: Intraseasonal (30 - 50day) oscillation in the atmosphere, *Summer School on Large - Scale Dynamics of the Atmosphere*, 361 - 393, Beijing, 5 - 20 August.

Li Chongyin, 1990a: Interaction between anomalous winter monsoon in East Asia and El Nino events, *Advances in Atmos. Sci.*, **7**, 36 - 47.

Li Chongyin, 1990b: A dynamical study on the 30 - 50 day oscillation in the tropical atmosphere outside the equator, *Chinese J. Atmos. Sci.*, **14**, 101 - 112.

Li Chongyin, 1990c: On interaction between anomalous circulation/climate in East Asia and El Nino event, *Climate Chang, Dynamics and Modelling*, 101 - 126, Beijing, China Meteorological Press.

Li Chongyin, 1993: A further inquiry on the mechanism of 30 - 60 day oscillation in the tropical atmosphere, *Advances in Atmos. Sci.*, **10**, 41 - 53.

Li Chongyin, Long Zhenxia and Xiao Ziniu, 1993: On low frequency remote response in the atmosphere to external forcings and their influences on climate, *Climate Variability*, 177 - 190, China meteorological Press.

Li Chongyin and I Smith, 1995: Numerical simulation of the tropical intraseasonal oscillation and the effect of warm SSTA, *Acta Meteor. Sin.*, **9**, 1 - 12.

Li Chongyin and Lao Qinghai, 1996: Behaviour of coupled modes in asimple nonlinear air-sea interaction model, *Advances in Atmos. Sci.*, **13**, 183 - 195.

Li Chongyin and Wu Jingbo, 2000: On the onset of the South China Sea summer monsoon in 1998, *Advances in Atmos. Sci.*, **17**, 193 - 202.

Li Chongyin, et al, 2001: Strong/weak summer monsoon activity over the South China Sea and atmospheric intraseasonal oscillation, *Advances in Atmos. Sci.*, **18**, 1146.

Li Chongyin, Long Zhenxia and Zhang Qingyun, 2001: Strong/weak summer monsoon activity over the South China Sea and atmospheric intraseasonal oscillation, *Advance Atmos. Sci.*, **18**, 1146 - 1160.

Li Chongyin and Long Zhenxia, 2002: intraseasonal oscillation anomalies in the tropical atmosphere and El Nino events, *Exchanges*, **7**, No.2, 12 - 15.

Li Chongyin, H R Cho and J T Wang, 2002: CISK Kelvin wave with evaporation-wind feedback and air-sea interaction - A further study of tropical intraseasonal oscillation mechanism, *Adv. Atmos. Sci.*, **19**, 379 - 390.

Li Chongyin and Pan Jing, 2006: The atmospheric circulation characteristics accompanied with the Asian summer monsoon onset, *Adv. Atmos. Sci.*, **23** (6): 925 - 939.

Li Chongyin et al, 2007: Numerical simulation and comparison study of the atmospheric intraseasonal oscillation, *Acta Meteorological Sinica*, **21**, 1 - 8.

Lim, H and C P Chang, 1981: A theory for midlatitude forcing of tropical motions during winter monsoons, *J. Atmos. Sci.*, **38**, 2377 - 2392.

Liu, P, et al, 2005: MJO in the NCAR CAM2 with the Tiedtke convection scheme, *J. Climate*, **18**, 3007 - 3020.

Lorenc, A C, 1984: The evolution of planetary scale 200mb divergence flow during the FGGE year, *Quar. J. Roy. Meteor. Soc.*, **110**, 427 - 439.

Lu, W and Q Zhu, 1990: Theoretical study on the effect of Qinghai - Xizang Plateau on cold surges, *Acta Meteor. Sinica*, **4**, 620 - 628.

Luo Dehai and Li Chongyin, 1993: The resonant interaction of forced Rossby wave and 30 -60 day oscillation in extra tropics, *Climate, Environment and Geophysical Fluid Dynamics*, 111 - 122, China Meteorological Press.

Madden, R A and P R Julian, 1971: Detection of a 40 - 50 day oscillation in the zonal wind in the tropical Pacific, *J. Atmos. Sci.*, **28**, 702 - 708.

Madden, R A and P R Julian, 1972: Description of global scale circulation cells in the tropics with 40 - 50 day period, *J. Atmos. Sci.*, **29**, 1109 - 1123.

Madden, R.A and P R Julian., 1994: Observations of the 40 - 50 - day tropical oscillation - A review, *Mon. Wea. Rev*, **122**: 814 - 837.

Maloney, E D and D L Hartmann, 2001: The sensitive of intraseasonal variability in the NCAR CCM3 to changes in convection parameterization, *J. Climate*, **14**, 2015 - 2034.

Montgomery, M T and R J Kallenbach, 1997: A theory for vortex Rossby - waves and its application to spiral bands and intensity changes in hurricanes, *Quart. J. Roy. Meteor. Soc.*, **123**: 435 - 465.

Murakami, T, et al, 1984: On the 40 - 50 day oscillations during the 1979 northern hemisphere summer, Part 1: phase propagation, *J. Meteorol. Soc. Japan*, **62**, 440 - 468.

Neelin, J D, et al, 1987: Evaporation - wind feedback and low - frequency variability in the tropical Atmosphere, *J. Atmos. Sci.*, **44**, 2341 - 2348.

Park, C K, et al, 1990: An evolution of the structure of tropical intraseasonal oscillations in three general circulation models, *J. Meteor. Soc. Japan*, **68**, 403 - 414.

Schecter, D A and M T Montgomery, 2007: Waves in a cloudy vortex, *J. Atmos. Sci.*, **64**, 314 - 337.

Schneider, E. K., and R. S. Lindzen, 1976: A discussion of the parameterization of momentum exchange by cumulus convection, *J. Geophys. Res.*, **81**, 3158 - 3161.

Slingo, J M, et al, 1996: Intraseasonal oscillation in 15 atmospheric general circulation models: Results from an AMIP diagnostic subproject, *Climate Dyn.* , **12**, 325 - 357.

Sperber, K R, et al, 1997: On the maintenance and initiation of the intraseasonal oscillation in the NCEP/NCAR reanalysis and in the GLA and UKMOAMIP simulations, *Climate Dyn*, **13**, 769 - 795.

Stevens, D. E., R. S. Lindzen and L. J. Shapiro, 1977: A new model of tropical waves incorporating momentum mixing by cumulus convection, *Dyn. Atmos. Oceans*, **1**, 365 - 425.

Tao, S and L Chen, 1987: A review of recent research on the East Asian summer monsoon in China, *Monsoon Meteorology*, 60 - 92, Oxford University Press.

Tiedtke, M., 1989: A comprehensive mass flux scheme for cumulus parameterization in large - scale models, Mon. Wea. Rev., **117**, 1779 - 1800.

Wallace, J M and M L Blackmon, 1983: Observations of low - frequency atmospheric variability, *Large -Scale Dynamical Processes in the Atmosphere*, London: Academic Press.

Wang, B, 1988: Dynamics of tropical low - frequency waves: An analysis of the moister Kelvin wave, *J. Atmos. Sci*, **45**, 2051 - 2065.

Wang, B and X Xie, 1998: Coupled models in the warm pool climate system, Part I: The role of air-sea interaction in maintaining Madden - Julian oscillation, *J. Climate*, **11**, 2116 - 2153.

Wang, W and M E Schlesinger, 1999: The dependence on convection parameterization of the tropical intraseasonal oscillation simulated by the UIUC 11 - layer atmospheric GCM, *J. Climate*, **12**, 1423 - 1457.

Webster, P J, 2005: Changes in tropical cyclone number, duration, and intensity in a warming environment, *Science*, **309**, 1844 - 1846.

WMO, ICSU and UNESCO, 1995: *CLIVAR -A Study of Climate Variability and Predictability*, WMO/TD, No.690.

Xie, P and P A Arkin, 1997: Global precipitation: A 17 - year monthly analysis based on gauge observations, satellite estimates, and numerical model output, *Bull. Amer. Soc.*, **78**, 2539 - 2558.

Yasunari, T, 1980: A quasi - stationary appearance of 30 - 40 day period in the cloudiness fluctuations during the summer monsoon over India, *J. Meteor. Soc. Japan*, **58**, 225 - 229.

Ye, D, S Tao and M Li, 1959: The abrupt change of circulation over Northern Hemisphere during June and October, *The Atmosphere and The Sea in Motion*, 249 - 267.

Zhang Chidong, 1996: Atmospheric intraseasonal variability at the surface in the tropical western Pacific Ocean, *J. Atmos. Sci.*, **53**, 739 - 758.

Zhang, C and J Gottschalck, 2002: SST anomalies of ENSO and the Madden - Julian Oscillation in the Equatorial Pacific, *J. Climate*, **15** (17), 2429 - 2445.

Zhang, G J and N A McFarlane, 1995: Sensitivity of climate simulation to the parameerization of cumulus convection in the Canadian Climate Center general circulation model, *Atmos - Ocean*, **33**, 407 - 446.

第4章 平流层及其对气候的影响

陈月娟

平流层大气是指对流层顶以上到大约离地面 55 km 高度的气层。在过去的一个多世纪里，随着科学技术的进步和探测技术的发展以及通过国际国内各种研究计划的实施，大气的低层部分(主要是对流层)得到了较为充分的研究。相对于对流层而言，平流层大气的研究就显得比较薄弱。究其原因，一方面是因为平流层离人类活动的区域稍远一些，对人类活动的影响不那么直接。另一方面，是因为这个气层比较高，早期探测技术比较落后，这个气层比较难于接近并进行探测。而在过去的 40 多年里，由于火箭和卫星技术的发展，开创了平流层大气研究的新领域。平流层问题引起科学界和公众的关注源于两个问题：(1) 观测资料表明，位于平流层中的臭氧层受到人为排放的污染物的影响而被严重地破坏，促使人们对平流层大气中的臭氧和与其有关的微量成分进行更多的观测和对平流层中的动力输送，辐射和光化学过程进行更多的综合研究。(2) 越来越多的证据表明，除了平流层臭氧的辐射效应对全球气候有影响外，平流层与对流层的动力相互作用对对流层环流也有重要的影响。因此研究全球气候变化必须考虑平流层与对流层的动力相互作用。正是由于科学家们意识到平流层在全球气候系统中的重要作用，1992 年开始在《世界气候研究计划》(WCRP)中专门设立了一个名为《平流层过程及其在气候中的作用》(Stratospheric Processes and their Role in Climate，简称 SPARC)的子计划。主要研究内容除研究平流层臭氧的耗损外，还研究平流层对气候变化的影响和气候变化对平流层的反馈。这后一部分目前尚未受到足够的重视。SPARC 的任务就是要促进对这领域的研究和参与。

平流层由于它的热力结构与对流层不同，因而发生在平流层中的动力学过程与对流层有很大的差异，在平流层，大气运动主要受纬向平均环流和行星波控制，因而波流相互作用的研究备受重视，平流层的准两年周期振荡(QBO)和平流层的爆发性增温(SSW)是平流层大气运动的两个很有特色的动力学过程。又由于这一气层对发生在地面和高空中的人为活动排放的物质极为敏感,因而对发生在其上的辐射和光化学过程也是平流层研究的重点。平流层中的动力学过程、辐射和光化学过程通过平流层与对流层的相互作用而影响对流层的气候与环境,对这方面的研究也越来越受到重视。因此在SPARC近期的工作计划中将通过资料分析,过程研究和发展模式来开展下面三个方面的研究工作:

(1) 平流层—对流层动力和辐射的耦合;

(2) 平流层变化的监测、原因分析及预测;

(3) 平流层化学与气候的研究:侧重于平流层臭氧和其他成分的变化及其对气候的影响,平流层臭氧和紫外辐射变化与对流层化学过程的联系。

近30年来,中国科学技术大学大气科学专业的一个课题组有幸在平流层的研究中开展了一些工作。本章将在简单介绍国内外平流层研究现状的基础上,对我们的研究工作做一个小结,作为献给母校50周年大庆的一份薄礼。

4.1 平流层的热力学、动力学和化学特性

4.1.1 平流层温度,气压和风场的分布特征

大气温度在垂直方向上的分布在不同高度有明显的差异,其热力和动力特性也不一样。通常按温度的垂直分布将大气从下到上分为对流层,平流层、中间层和热层。连接这些层的边界叫做"顶"。大气温度的垂直结构如图4.1.1所示。大气最下面的对流层,其温度向上递减。连接对流层和平流层的边界是对流层顶,对流层顶的高度和温度随纬度和季节变化。在低纬地区其平均高度为16—18 km,温度大约为190—200 K。在中纬地区其平均高度为10—12 km,在高纬地区夏季其平均高度只有7—9 km,温度大约为220 K。对流层顶以上是平流层。平流层下部温度随高度变化不大,出现同温层,在其上部温度向上增加,为逆温层,直至大约55 km高度到达平流层顶。再往上温度再次随高度递减,为中间层。再往上是热层。平流层与对流层不仅温度的垂直结构不同,其经向分布也有明显差异,对流层的高温区在赤道和低纬度地区,温度向两极逐渐减小。而平流层高温区在夏半球的极地,低温区在冬半球极地,也就是说,温度从夏半球向冬半球减小(如图4.1.2所示)。

由于平流层温度分布的这一特点,造成平流层纬向风的分布与对流层大不一样。图4.1.3是多年平均的纬向风的垂直经向分布,可以看出,在对流层,热

带地区以东风为主，而在南北两个半球中高纬度为明显的西风带，冬半年的西风风速大于夏半年。在平流层，夏半年基本上为东风控制，而冬半年为西风所控制。纬向风随高度的这种变化可以根据热成风原理从对流层和平流层温度的分布的不同来解释。

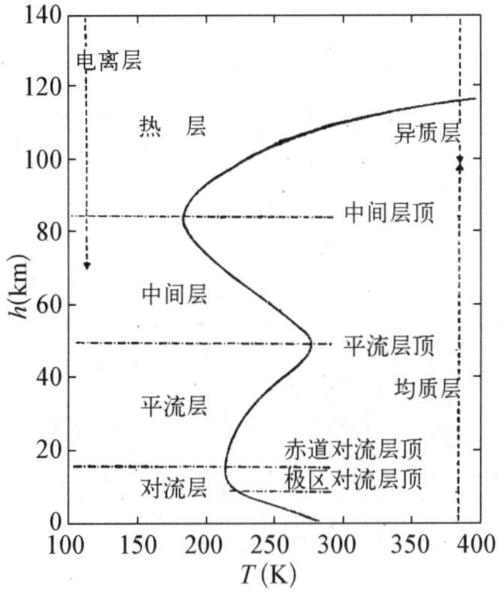

图 4.1.1 大气层的垂直热力结构

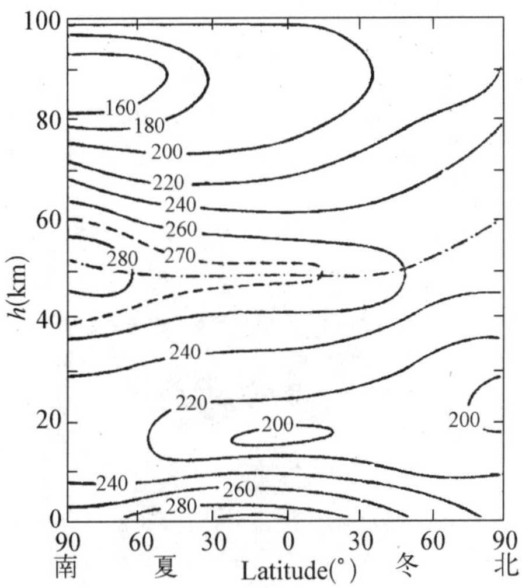

图 4.1.2 中层大气温度结构
（引自 Brasseur and Solomon，1984）

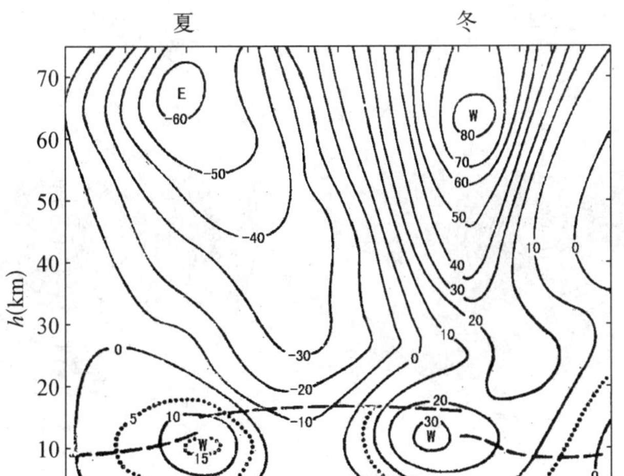

图 4.1.3 中层大气平均纬向风速的分布
（引自 Brasseur and Solomon，1984）

图4.1.4、4.1.5、4.1.6分别给出平流层中部(10 hPa)北半球1月和7月的温度场,气压场和风场。可以更清楚地看出上述的特征。在冬季,平流层极地和高纬度地区为一个冷性低压涡旋所控制,中高纬地区盛行绕极的西风环流。在夏季则相反,平流层极地和高纬度地区为一个暖性高压反气旋所控制,中高纬地区盛行绕极的东风环流。

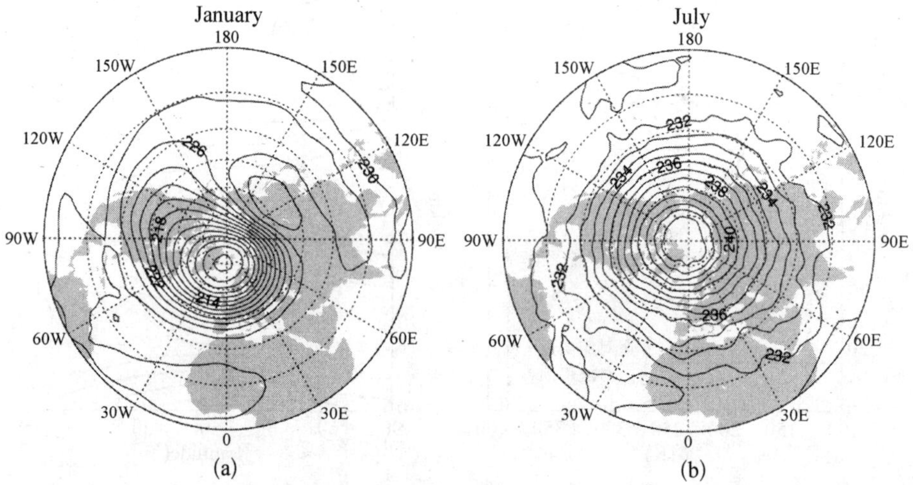

图 4.1.4 北半球 10 hPa 等压面上的温度分布 (a) 1月;(b) 7月

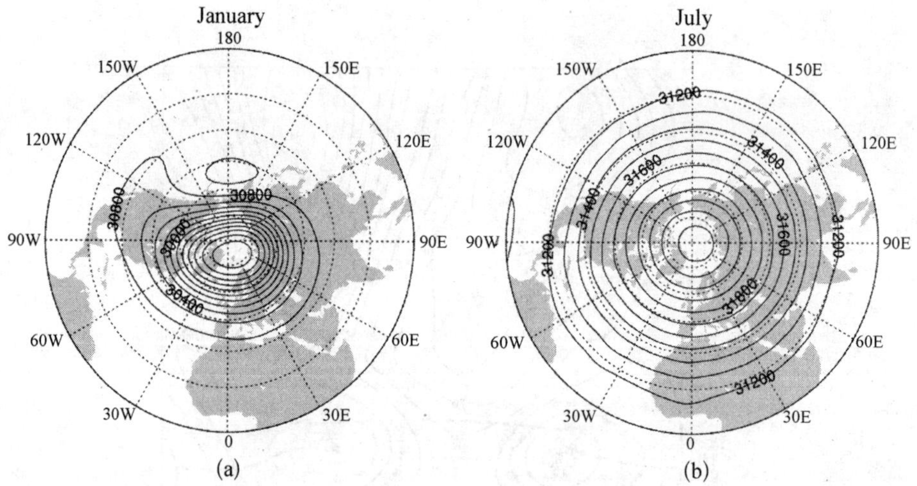

图 4.1.5 北半球 10 hPa 等压面位势高度的分布 (a) 1月 ;(b) 7月

平流层和对流层热力学特征的差异从位温(和熵)的垂直分布也表现得很清楚。图4.1.7为1993年1月沿纬向平均的温度和位温的经向-高度剖面图。图中粗实线是用2-PVU等位势涡度线近似表示的热带外地区的对流层顶(详见

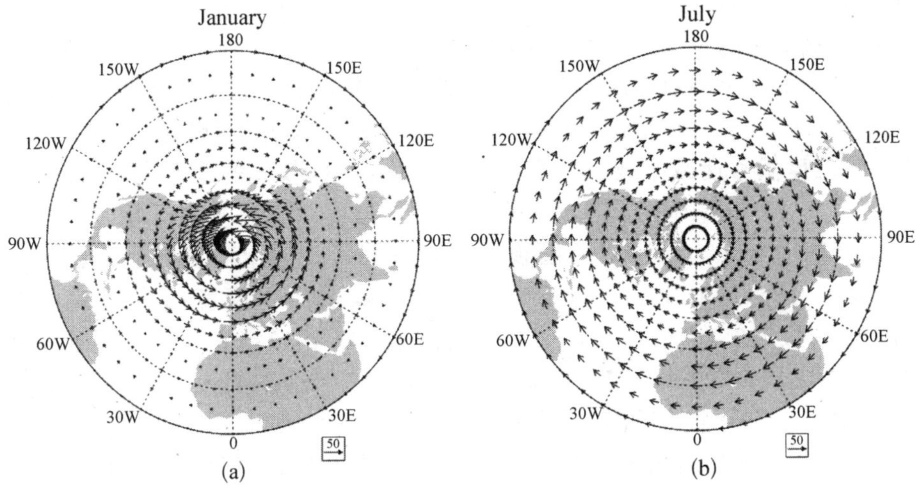

图 4.1.6 北半球 10 hPa 等压面上风的分布 (a) 1 月;(b) 7 月

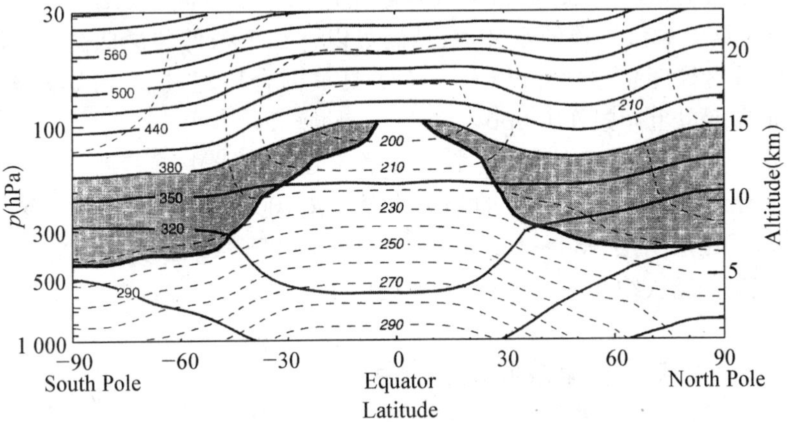

图 4.1.7 1993 年 1 月沿纬向平均的温度和位温的经向-高度剖面图 (引自 Holton et al,1995)

下面的讨论)。从图中等位温线(细实线,也是等熵线)可以看出在平流层,在垂直方向上等位温线比较密集,在不同纬度它的变化也比较平缓,$\partial\theta/\partial p$ 的绝对值比较大。但在对流层,在垂直方向上等位温线比较稀疏而且在中低纬度地区等位温线向下倾斜,甚至可以与地面相切割,$\partial\theta/\partial p$ 的绝对值比平流层小得多。这就是说,平流层大气层结的稳定性明显大于对流层。由此又得出平流层和对流层动力学特征的另一个差异,在平流层物质垂直输送的时间尺度比对流层小得多。在中纬度地区,在对流层由于湿对流活动,空气和化学微粒穿过对流层的垂直输送时间大约几个小时,而由于斜压涡动,空气和化学微粒穿过对流层的垂直输送时间大约几天。而在平流层通过相同高度的垂直输送需要几个月甚至超过一年的时间(特别是在平流层下层),在这样长的输送时间里伴随发生的辐射加热或冷却就不可忽视了(Holton et al,1995)。

在讨论平流层和对流层划分和它们之间的相互作用时,需要确定它们之间的分界面,即对流层顶。按照世界气象组织(WMO,1957)的规定,对流层顶定义为:(1) 温度垂直递减率减小到2℃/km或小于2℃/km的最低高度,而且在此高度至其上2 km以内的任何高度范围内平均温度垂直递减率不超过2℃/km,这个最低高度定义为第一对流层顶。(2) 如果第一对流层顶之上存在某个高度,在这高度至其上1 km内任何一个高度范围内的温度垂直递减率超过3℃/km,则根据(1)中的标准定义第二对流层顶。这样定义的对流层顶即传统的"热力对流层顶"。这样定义对流层顶掩盖了一个事实,即从化学上而言,对流层顶常常表现为一个物质面,在热带地区对流层顶大致对应于平均位温为380 K的等熵面,而热带外地区对流层顶接近于位势涡度为2-PVU(2倍标准位涡单位)的等位势涡度面(Holton et al,1995)。用380 K的等熵面和2-PVU等位势涡度面来确定的对流层顶称为"动力学对流层顶"。另外还有利用臭氧混合比垂直分布来定义的对流层顶,称为臭氧对流层顶或化学对流层顶。按照Bethan et al(1996)对臭氧对流层顶的定义,它是满足以下三个条件的最低高度:(1) 臭氧混合比的垂直梯度超过60 ppbv/km;(2) 臭氧混合比超过80 ppbv;(3) 臭氧混合比在此高度以上超过110 ppbv。

另外,为了讨论问题的方便,常常将平流层分为上中下三部分,在本文中我们参考Ramaswamy等(2001)的划分办法,取100—30 hPa之间气层(约16—25 km)为平流层下层,30—3 hPa之间气层(约25—40 km)为平流层中层,3—0.7 hPa之间气层(约40—50 km)为平流层上层。

4.1.2 平流层行星波和波流相互作用

上面提到,在平流层,大气运动主要受纬向平均环流和行星波控制,行星波是波长与地球半径可相比拟的大气波动,在中纬度地区,行星波表现为1—4个波,波长在6 000 km以上。大量的分析及理论研究结果表明,准静止的行星波主要是由地形及与海陆分布相对应的冷热源的强迫作用通过β效应而产生的。由于地形和冷热源对超长波的控制作用,使得准静止超长波往往出现在地球上的某些固定地区。在对流层的下层,由于各种波的混杂,特别是较短波的叠加,行星波不太明显。在对流层的中层以上到平流层,行星波表现得很清楚。平流层中的行星波是由对流层中上层向上传播的。由对流层向上传播到平流层的波动,对于平流层的大气环流状态,特别是对于30 km以下的平流层大气的运动有重要的影响。但是,对流层的波动并非都能上传到平流层。在不同季节,不同纬度带行星波向上传播的情况有很大不同。在准地转假定的条件下,可以推导出

准静止行星波上传的条件为(详细推导见叶笃正等1988年《动力气象学》)

$$0 < \bar{u} < \beta\left[(k^2 + l^2) + \frac{f_0^2}{4N^2H^2}\right]^{-1} = U_c \qquad (4.1.1)$$

其中 $\bar{u}$ 是平均纬向气流，$N^2 = \frac{R}{H}\left(\frac{\partial T}{\partial z^*} + \frac{kT}{H}\right)$，称为浮力频率，或布伦特-维塞拉(Brunt-Vaisala)频率，在平流层中它近似为常数，一般取 $N^2 \approx 4\times10^{-4}/s^2$，$k$、$l$ 分别是垂直和经向的波数，U_c 称为罗斯贝临界速度。

根据这个条件，只有当西风存在，且风速小于罗斯贝临界速度时，准静止行星波才能沿垂直方向向上传播。在夏半球，由于平流层的平均纬向风为东风，$\bar{u} < 0$，因此对流层的准静止行星波不能向平流层传播，而被全部限制在对流层顶以下。在冬半球，平均纬向风是强西风，只有最大尺度的波其罗斯贝临界速度才可能大于平均纬向西风，因此可以上传到平流层；而水平尺度相对较小的波(包括长波)，其临界速度 U_c 比较小，也不可能满足(4.1.1)式的条件，这些波也将被拦截在对流层中而传不到平流层。在春季和秋季，平流层有弱的平均纬向西风，按理更有利于行星波的垂直传播。但实际资料分析表明并非如此。那是由于红外辐射冷却所产生的阻尼造成的，纬向平均风愈小，行星波在传播过程中阻尼越厉害，因此在春季和秋季行星波也难于向上传播。以上是在准地转假定的前提下得到的，实际上在春秋季对流层中的行星波也有一部风能上传到平流层，只是由于受到阻尼作用，传到平流层后的行星波的振幅比冬季时小得多。由于平流层行星波在平流层的大气环流中产生不同强度的扰动，对平流层大气质量，能量和微量气体的输送都会有很大的影响。

关于行星波的垂直传播，Charney 和 Drazin(1961)最早进行了研究，与此同时，Eliassen 和 Palm(1961)提出了用波的角动量通量和热量通量组成的矢量来研究波的传播。这个矢量后来被 Andrews 和 McIntyre(1976)所推广，他们提出波作用量和波作用通量(即广义 Eliassen - Palm 通量，简称 E - P 通量)的概念，并证明在β平面近似下，波作用量在波传播中守恒。后来，黄荣辉(1984)进一步研究了球面大气中的波作用量守恒和波作用通量，证明了球面大气中，行星波的波作用通量平行于子午面内行星波的群速度。因此，E - P 通量可以作为诊断行星波传播的一种手段。在不同的坐标系下，E - P 通量的表达形式有些不同，在准地转假定下，在球坐标和气压坐标系中，E - P 通量的表达式为

$$\vec{F} = (F(\varphi), F(p)) = a\cos\varphi[-\overline{u'v'}, f\overline{v'\theta'}/\bar{\theta}_p] \qquad (4.1.2)$$

式中，$\vec{F}$ 为 E - P 通量，其水平分量 $F(\varphi)$ 表示涡动动量的经向通量部分，垂直分量 $F(p)$ 为涡动热量的垂直通量部分。a 是地球半径，φ 是纬度，p 是气压，θ 是位温，f 是科里奥利参数，"—"表示沿纬圈平均，"′"表示纬向偏差，下标 p 表示对 p 的偏导数。

由于行星波的垂直传播并不是在所有的纬度带都可以向上传,而是沿着特定的通道向上传播的,因此,人们还借用了无线电波传播的"波导"概念来描述大气中行星波的垂直传播。因为波动的能量主要是沿纬向平均西风急流轴向上传播,纬向平均西风急流轴也就是行星波垂直向上传播的"波导"。由于行星波的波作用通量(E-P 通量)平行于子午面内行星波的群速度,因此,E-P 通量的方向也就是行星波传播的方向,E-P 通量的大小,表示行星波传播的强弱。于是从 E-P 通量的分布就可以看出行星波垂直向上传播的"波导"。因而常常用 E-P 通量作为诊断行星波传播的一种手段。关于波导理论有两种:一是极地波导理论,是 Dickinson(1968)提出的行星波会从高纬度向平流层传播的理论;另一理论是黄荣辉和岸保勘三郎(1983)提出的,认为行星波还会从中高纬度的对流层下层穿过对流层向低纬的对流层顶附近传播。陈文和黄荣辉(Cheng Wen,2002;陈文,2005)利用 1958/59—1997/98 40 年 NCEP 的再分析资料,计算了北半球冬季的 E-P 通量并研究了行星波的传播,证明了两支波导的存在(如图 4.1.8 所示),并发现这两支波导具有明显的年际振荡。

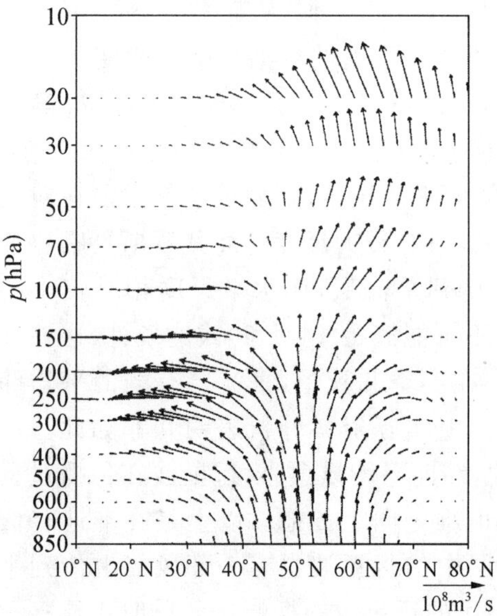

图 4.1.8 1958/1959—1997/1998 年冬季北半球平均 E-P 通量的分布
(引自陈文,2005)

为了从实际观测资料中获取平流层行星波的信息,我们曾用谐波分析方法对 1992 年 1 月—2002 年 1 月 NCEP/NCAR 再分析资料中的位势高度场分析了平流层中的行星波(郑彬等,2006)。这里以 1996 年为例来说明平流层行星波的振幅及其季节变化特征。

图 4.1.9 为 1996 年北半球 20 hPa 的 1,4,7,10 各月的位势高度场(分别代表冬、春、夏、秋四季的情况)。从图中可以看出,1 月和 4 月位势高度的分布比 7 月和 10 月要复杂得多。1 月和 4 月的位势高度场都有两个或两个以上的极值中心,而 7 月和 10 月都只有一个极值中心(7 月在极地有极大值中心,10 月在极地有极小值中心)。其中 7 月的纬势高度分布最为规则,在极地附近有一个极大值中心,其值大于 27 000 位势米。但由于其极大值中心与北极点并不重合,是个偏心涡旋(反气旋性),等高线与纬圈基本平行,但不完全重合。也就是说,这时 20 hPa 上有一个波,但振幅不大。这是由于夏半球盛行东风,由判据(4.1.1)

可知,行星波很难向上传到平流层。10 月在极地附近有一个极小值中心,其值小于 25 700 位势米,是个气旋性涡旋,其位势高度的扰动在中高纬度比夏季明显。

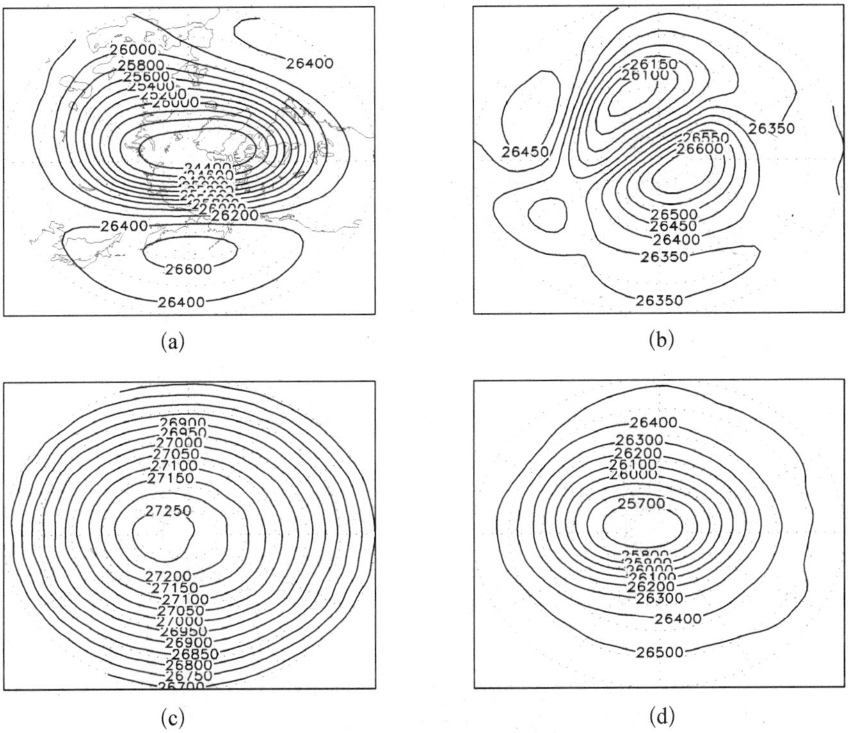

图 4.1.9 1996 年北半球 20 hPa 的位势高度场 (单位:位势米)
(a) Jan.;(b) Apr.;(c) Jul.;(d) Oct.

图 4.1.10 是经过对位势高度场进行谐波分析得到的 1996 年 1 月和 4 月 20 hPa 沿 60°N 纬圈的波数为 1、2、3、4 的行星波(下面简称为 1 波、2 波、3 波、4 波)的振幅及其分布,可以看出,一般情况下,1 波的振幅都最大,其次是 2 波、3 波和 4 波的振幅很小。对比图 4.1.10a 和图 4.1.10b 可见,春季行星波的振幅明显小于冬季,夏季就更小了(图略)。就多年平均而言,冬季主要以北极为中心的绕极涡旋控制,行星波的振幅及其分布与 1996 年的结果差不多。只是由于各年行星波垂直传播的情况不同,各波振幅的大小有些差异,特别是在出现平流层爆发性增温时,1 波和 2 波振幅的变化会比较大些,这在后面第 4 节将有详细的讨论。在春季(4 月份),由于它处于冬夏季节交替之间,其位势高度场差异较大,各年行星波的振幅差异也比较大,对于不同年份,行星波 1 波和 2 波的振幅变化较大,在本章第 2 节中将会讨论它的变化及其对臭氧总量分布的影响。

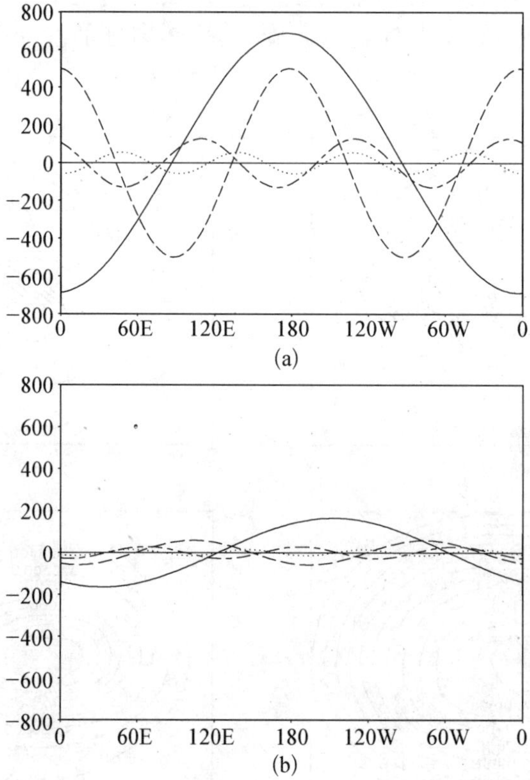

图 4.1.10　1996 年 1 月(a) 4 月(b)20 hPa、60°N 位势高度扰动的谐波分析　实线：1 波；虚线：2 波；点划线：3 波；点线：4 波

在讨论平流层平均纬向流($\bar{u}$)的变化和平流层波动与平均纬向流($\bar{u}$)相互作用(简称波流相互作用)时，通常采用变形欧拉平均方程(Transformed Eulerian-mean Equations)，变形欧拉平均方程是从讨论平均场的欧拉平均方程转化来的(详见 Andrews et al,1987)。由于在欧拉平均方程中含有一些涡动动量通量项($\overline{u'v'}$)和涡动热量通量项($\overline{u'\theta'}$)，而我们却难以提前知道这些通量如何影响平均流，或者说难以预先知道波动控制这些通量的物理特性或参数。为了便于讨论上述问题，Andrews 等把欧拉平均方程进行转换，用纬向平均欧拉速度($\bar{v}$ 和 $\bar{w}$)与涡动项的差定义一个剩余平均速度($\bar{v}^*$，$\bar{w}^*$)：

$$\begin{aligned} \bar{v}^* &= \bar{v} - \rho_0^{-1}(\rho_0 \overline{v'\theta'}/\bar{\theta}_z)_z \\ \bar{w}^* &= \bar{w} + (a\cos\varphi)^{-1}(\cos\varphi\, \overline{v'\theta'}/\bar{\theta}_z)_\varphi \end{aligned} \tag{4.1.3}$$

这样，欧拉平均方程就可以转变为

$$\begin{aligned} &\bar{u}_t + \bar{v}^*\left[(a\cos\varphi)^{-1}(\bar{u}\cos\varphi)_\varphi - f\right] + \bar{w}^*\bar{u}_z - \bar{x} \\ &\quad = (\rho_0 a\cos\varphi)^{-1}\,\nabla\cdot \boldsymbol{F} \end{aligned} \tag{4.1.4}$$

$$\bar{u}(f+\bar{u}a^{-1}\tan\varphi)+a^{-1}\bar{\Phi}_{\varphi}=G \tag{4.1.5}$$

$$\bar{\Phi}_z-H^{-1}R\bar{\theta}e^{-kz/H}=0 \tag{4.1.6}$$

$$(a\cos\varphi)^{-1}(\bar{v}^*\cos\varphi)_{\varphi}+\rho_0^{-1}(\rho_0\bar{w}^*)=0 \tag{4.1.7}$$

$$\bar{\theta}_t+a^{-1}\bar{v}^*\bar{\theta}_{\varphi}+\bar{w}^*\bar{\theta}_z-\bar{Q}=-\rho_0^{-1}[\rho_0(\overline{v'\theta'}\bar{\theta}_{\varphi}/a\bar{\theta}_z+\overline{w'\theta'})]_z \tag{4.1.8}$$

(4.1.4)—(4.1.8) 式就是在球坐标和对数压力坐标下的变形欧拉平均方程组，式中各种符号的含义与(4.1.2)式相同，对数压力坐标 $z=H\times\ln(p_s/p)$；$H=RT_s/g$，$T_s=239\ \mathrm{K}$，通常取平流层标高 H 为 7 km，p 是气压；$p_s=1\,000\ \mathrm{hPa}$，R 是比气体常数，$\rho_0=\rho_0(z)=\rho_s e^{-z/H}$，$\rho_s=p_s/RT_s$，$k=R/c_p$。下标 t、φ、z 等表示对它们的偏导数。其中(4.1.5)是由描述平均经向风($\bar{v}$)的变化的方程转换来的，等式右边的 G 代表了所有引起 $\bar{u}$ 和 $\bar{\Phi}$ 之间偏离梯度风平衡的项，(4.1.6)是静力平衡方程转换来的。式(4.1.7)和式(4.1.8)分别是连续方程和热通量方程。(4.1.4)式描述平均纬向风变化与波动的关系，是研究波流相互作用常用的方程。式中 $\bar{x}$ 是水平粘滞项，$\nabla\cdot\vec{F}$ 为 E－P 通量的散度。

在对数压力坐标下 $\vec{F}$ 和 $\nabla\cdot\vec{F}$ 的一般表达式为

$$F^{(\varphi)}\equiv\rho_0 a\cos\varphi(\overline{u_z}\,\overline{v'\theta'}/\overline{\theta_z}-\overline{v'u'}) \tag{4.1.9a}$$

$$F^{(z)}\equiv\rho_0 a\cos\varphi\{[f-(a\cos\varphi)^{-1}(\bar{u}\cos\varphi)_{\varphi}]\,\overline{v'\theta'}/\theta_z-\overline{w'u'}\} \tag{4.1.9b}$$

$$\nabla\cdot\vec{F}\equiv(a\cos\varphi)^{-1}\frac{\partial}{\partial\varphi}(F^{(\varphi)}\cos\varphi)+\frac{\partial F^{(z)}}{\partial z} \tag{4.1.10}$$

在方程(4.1.4)中 $\bar{v}^*(a\cos\varphi)^{-1}(\bar{u}\cos\varphi)_{\varphi}$ 项和 $\bar{w}^*\bar{u}_z$ 项相对其他项很小，通常可将它们和 $\bar{x}$ 项合并到一起用 ε 表示，这样(4.1.4)式变为比较简单的形式：

$$\partial\bar{u}\Big/\partial t-f\bar{v}^*-\varepsilon=(r_0\cos\varphi)^{-1}\nabla\cdot\vec{F} \tag{4.1.11}$$

由于目前各种气象资料(如 NCEP/NCAR 资料等)提供的是等压面上的数据，所以常采用准地转假定下等压面坐标的 E－P 通量表达式，即(4.1.2)式，来计算 E－P 通量，这时，E－P 通量散度的计算公式为

$$\nabla\cdot\vec{F}=\frac{1}{a\cos\varphi}\frac{\partial}{\partial\varphi}(F(\varphi)\cos\varphi)+\frac{\partial}{\partial p}(F(p)) \tag{4.1.12}$$

根据方程(4.1.11)，通过分析 $\nabla\cdot\vec{F}$ 的分布，就可以诊断由于行星波活动引起的涡动输送在平均纬向风逐日变化中的作用。当 $\nabla\cdot\vec{F}$ 大于 0 时行星波的活动有利于西风加速，当 $\nabla\cdot\vec{F}$ 小于 0 时会使西风减速。由此可见，E－P 通量不仅可以表征行星波的传播，也是诊断波流相互作用的有力工具。

4.1.3 平流层的垂直经向环流-剩余环流和 Brewer－Dobson 环流

在平流层，大气运动虽然主要以水平方向的绕极环流和行星波为主。但也存在着垂直-经圈方向的环流：在热带地区，Hadley 环流上升支可以穿越对流层顶，空气质量由对流层向平流层输送，而在中高纬地区，气流下沉回到对流层，使平流层的空气质量向对流层输送，因此这个垂直-经圈环流在对流层和平流层交换中起着十分重要的作用。早在 20 世纪四五十年代，Brewer(1949)和 Dobson(1956)，根据他们对臭氧和水汽的观测指出，平流层环流的一个重要部分应在低纬度地区上升，然后向两极运动，在中高纬地区下沉。只有这样，才能解释观测到的臭氧和水汽的分布。平流层的这个垂直经向环流后来被人们称为 Brewer－Dobson 环流。Andrews 和 Mclntyre (1976，1978)以及 Boyd (1976)等曾经指出，拉格朗日运动控制着微量气体的分布，而在波动存在的情况下，纬向平均的欧拉环流无论数值大小还是方向都可能与拉格朗日环流不同。但拉格朗日环流是很难直接测量和计算的，因此他们用欧拉平均环流与涡动项的差构成一个经向-垂直环流(也就是(4.1.3)式定义的剩余速度 $\bar{v}^*$ 和 $\bar{w}^*$ 构成的环流，通常称为平均剩余环流——residual mean circulation，或简称为剩余环流，也有人翻译成残差环流)，他们指出这个剩余环流可以近似的代替拉格朗日的平均环流。Dunkerton(1978)的研究表明，应该将 Brewer－Dobson 环流理解为拉格朗日平均环流，而不是欧拉平均环流。他认为，在低纬度地区，平流层下层相对是热的，在高纬度地区平流层下层相对是冷的，因此平流层下层的非绝热环流与 Brewer 和 Dobson 假定的这种环流十分近似，这样就可以把平流层下层的剩余环流认为是 Brewer－Dobson 环流。用剩余速度 $\bar{v}^*$ 和 $\bar{w}^*$ 构成的大气动力学方程组就是上文给出的变形欧拉平均方程组。于是，人们在讨论平流层大气环流及其对物质输送时通常都采用变形欧拉方程组和剩余环流。

平流层大气的垂直经圈环流的研究，由于前期探空资料的匮乏，很多研究结果都来自理论分析和数值模拟，采用实测资料来计算剩余环流和 Brewer－Dobson 环流不太多。目前计算剩余环流和 Brewer－Dobson 环流有两种方法：

第 1 种方法是直接用(4.1.3)式来计算。但是由于探空资料不提供垂直速度 w 的资料，因此用实际风的资料计算平流层剩余环流和 Brewer－Dobson 环流被认为是非常困难的。近几年 NCEP 再分析资料和欧洲中心资料(ECMWF)开始提供垂直速度的资料，为我们用实际风的资料计算剩余环流提供了条件。第 2 种方法是采用变形欧拉方程组中的连续方程(4.1.7)和热通量方程(4.1.8)来计算。关于第 2 种方法的计算方案和计算结果我们将在本章 4.4 节详细介绍。在这里我们给出用第 1 种方法计算的一些结果。

图 4.1.11 是用欧洲中心(ECMWF)1979—2002 年的资料计算的 1979—

2002 年平均的剩余环流。从中可以看到剩余环流的基本形态及其季节变化特征。特别是在对流层顶附近的上升气流，在平流层下部流向两极，然后在中纬度地区下沉，这与理论上得出的 Brewer－Dobson 环流是一致的。这个环流各个季节都存在，只是其上升区的位置有所不同。冬季上升气流主要出现在赤道以南，同时流向北极方向的气流较强，而夏秋两季上升气流主要出现在赤道以北，流向南极方向的气流较强。春季和秋季上升气流区靠近赤道，流向南北两个方向的气流都比较强。从图中还可以看到，上升气流穿越对流层顶时明显减弱，在 150 hPa 附近 $\bar{w}^*$ 的量级约为0.5 cm/s，在 100 hPa 附近只有 0.05 cm/s 的量级了。

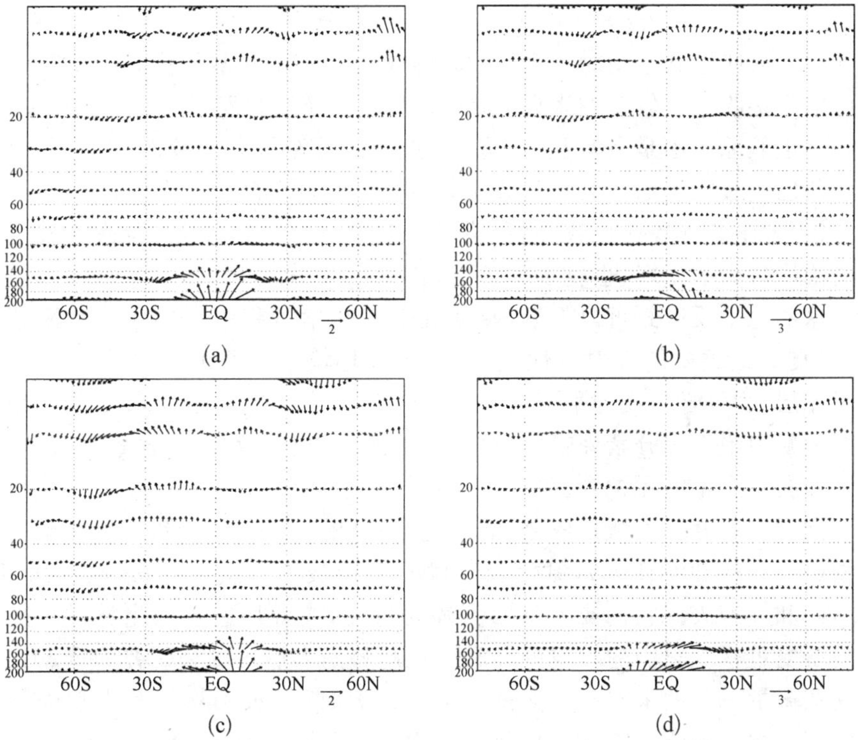

图 4.1.11　用 ECMWF 资料计算的平均剩余环流　(a)春；(b) 夏；(c) 秋；(d) 冬

4.1.4　平流层光化学特性

平流层最重要的化学特征就是它包含了一个臭氧层，这是全球臭氧浓度最高的所在。臭氧层位于地面以上 10—50 km 处。臭氧分压和数密度在 20—25 km处达到最大，最大数密度约为 4.8×10^{18} m^3。其最大质量混合比出现在

35 km附近，大约为15 $\mu g/g$。根据1930年Chapman提出的臭氧光化学理论（王贵勤，1985），臭氧层是下列光化反应形成的：

（1）大气中的氧分子（O_2）光解生成原子氧，再经过三体碰撞产生臭氧（O_3）：

$$O_2 + h\nu(0.1\,\mu m < \lambda < 0.24\,\mu m) \longrightarrow O + O \tag{4.1.13}$$

$$O + O_2 + M \longrightarrow O_3 + M \tag{4.1.14}$$

M是第3体，可以是N_2或O_2，碰撞时它们获得热量。

（2）O_3的光解和还原：

$$O + O_3 = 2\,O_2 \tag{4.1.15}$$

$$O_3 + h\nu(\lambda < 1.1\,\mu m) \longrightarrow O_2 + O \tag{4.1.16}$$

这四个反应达到平衡时各个气层就维持着一定的臭氧浓度，在大气的上层，虽然可以先接收到比较多的太阳紫外辐射，但由于空气稀薄，氧分子较少，对光化分解产生氧原子不是最有利，在大气的下层，虽然氧分子较多，但大部分太阳紫外辐射已经被其上面的大气吸收了，所以也不利其光化作用。在平流层，氧气比较丰富，太阳紫外辐射也较强，最有利于臭氧的形成。于是，在这个气层中形成臭氧浓度最大的气层，也就是臭氧层。

从这些化学反应式可以看到，臭氧在其光化学过程中强烈吸收太阳紫外辐射，这是臭氧最重要的辐射特性，它在气候和环境中起着重要的作用：一方面，它使平流层大气增温，成为平流层大气的热源。另一方面，它吸收了到达地球上的太阳辐射中绝大部分紫外辐射，使地球上的人类和生物免受强紫外线的伤害，成为地球芸芸众生的保护伞。

平流层中还有一些微量成分，如碳化合物（甲烷，一氧化碳，二氧化碳等），氢化合物（水汽，H和OH等），氮化合物（NO_x，硝酸等），氯化合物（氟利昂，HCl，ClO_x等）和气溶胶。它们或者是因其辐射特性，或者是通过光化学过程破坏臭氧层而备受重视。它们的时空分布和变化趋势是人们观测和研究的重点。

这些微量成分的来源有自然的和人为的，但除了火山爆发和大型喷气式运输机的喷射物向平流层喷射某些微量成分外，其余大部分（臭氧除外）的源地都在对流层下层，由于大气的对流运动和扩散而输送到对流层上层，部分穿过对流层顶，进入平流层。臭氧的源地主要在太阳辐射较强的中低纬度平流层，通过大气运动它被输送到高纬度和极地区域。因此微量成分的分布和变化，除与光化学过程有关外，还与动力输送过程有关。为了判断这两种过程对某种成分的分布和变化影响的重要性，我们可以将这种成分的光化学寿命与动力输送所需的时间尺度加以比较。所谓化学寿命就是在某种成分生成和破坏的化学反应过程中，其浓度下降到它的起始值的1/e所需的时间，通常用$\tau_{化}$来表示。而动力输送所需的时间尺度则定义为由于纬向风、经向风，垂直气流或垂直涡旋扩散对该成分输运过程中,在各自的特征空间尺度下(如分别为 1 000、1 000、5、5 km),使该成分的浓度减少到它的起始值的 1/e 所需的时间,有时又称为动力输送的时间常数。分别表示为 $\tau_{\bar{u}}$、$\tau_{\bar{v}}$、$\tau_{\bar{w}}$ 和 τ_D,或笼统的表示为 $\tau_{动}$。当 $\tau_{化} \ll \tau_{动}$ 时,该成分将处于光化平衡状态,动力学过程的影响将不是直接重要的,当 $\tau_{化} \gg \tau_{动}$ 时,动力学的作用是使得该成分的分布充分混合,使梯度消失。而当 $\tau_{化} \approx \tau_{动}$ 时,动力学的作用可以是相当大的,在决定该成分的浓度时,动力输送作用是相当重要的(Brasseur G and Solomon S,1984)。

平流层中的化学过程非常复杂,仅就与臭氧浓度变化有关的光化学反应方程就可以列出一百多个。下面给出一些与破坏臭氧直接有关的最重要化学反应式,并讨论一些微量气体的化学寿命和动力输送的时间常数的关系。

在平流层臭氧光化学反应过程中,NO 起着重要的作用。其中化学反应

$$NO + O_3 \longrightarrow NO_2 + O_2 \tag{4.1.17}$$

直接破坏臭氧,而另一个反应

$$NO_2 + O \longrightarrow NO + O_2 \tag{4.1.18}$$

不仅使大气中氧原子减少,不利于臭氧分子形成,同时还产生 NO,进一步破坏臭氧分子。经过一个循环之后,臭氧被破坏了,而 NO 和 NO_2 的含量并未有变化。净效果是

$$O_3 + O \longrightarrow 2O_2$$

NO 和 NO_2 分别都是短寿命气体,但考虑到它们之间的互相转化,还可以从别的氮化物反应而生成,所以通常把它们加上 N、NO_3、N_2O_5 和 HO_2NO_2 作为一个奇氮族来考虑。奇氮族的化学寿命就比 NO 或 NO_2 各自的寿命长的多。在平流层奇氮族的化学寿命与动力输送的时间常数可以相比拟,因此它们的分布与动力输送有密切关系(Brasseur G and Solomon S,1984)。

氯化合物是平流层中破坏臭氧的另一个重要成分,平流层中的氯化合物是人类向大气排放的氟利昂等物质(CFCs)输送到平流层之后经过一系列光化学过程而形成的,由于 CFCs 物质的非同寻常的稳定性使其在大气同温层中很容易聚集起来,其影响将持续一个世纪或更长的时间。CFCs 物质并不直接破坏臭氧,而是在强烈的紫外辐射作用下它们光解出氯原子,然后通过下列反应去破坏臭氧:

$$Cl + O_3 \longrightarrow ClO + O_2 \tag{4.1.19}$$

$$ClO + O \longrightarrow Cl + O_2 \tag{4.1.20}$$

Cl 的化学性质极活泼,不易在平流层中直接传播,但它可与大气中的 CH_4、H_2、HO_2、H_2O_2、HNO_3 发生一系列反应,其中主要有

$$Cl + CH_4 \longrightarrow CH_3 + HCl \tag{4.1.21}$$

$$Cl + H_2 \longrightarrow H + HCl \tag{4.1.22}$$

$$Cl + HO_2 \longrightarrow O_2 + HCl \tag{4.1.23}$$

$$Cl + HNO_3 \longrightarrow HCl + NO_3 \tag{4.1.24}$$

这些反应可以生成比较稳定的 HCl 存在于平流层大气中,并被大气传输到各地,因此,HCl 可以看作是活性氯的储存库。而在一定的条件下,HCl 又可以通过下述反应:

$$HCl + O \longrightarrow Cl + OH \tag{4.1.25}$$

$$HCl + OH \longrightarrow Cl + H_2O \tag{4.1.26}$$

$$H + HCl \longrightarrow H_2 + Cl \tag{4.1.27}$$

$$ClONO_2 + HCl \longrightarrow Cl_2 + HNO_3 \tag{4.1.28}$$

$$Cl_2 + h\nu \longrightarrow Cl + Cl \tag{4.1.29}$$

再释放或分解出 Cl 原子,去破坏臭氧。由反应式(4.1.19)和(4.1.20)可以看出,Cl 在对臭氧分子破坏的过程中本身并无多大损耗,所以一定量的污染物对臭氧的破坏可以反复地持续进行。由上面分析可见,大气中 HCl 含量的多少及其分布状况对臭氧层的破坏起极其重要的作用。HCl 的化学寿命在平流层中层为 10^6 s 左右,在平流层下层可达 10^7 s 的量级。与动力输送的时间常数可以相比拟,因此动力输送对它们的分布有重要影响。

平流层中破坏臭氧的氢化合物主要是 OH,而水汽的分解又是 OH 根的主要来源。在平流层中层和下层,下面两个反应对臭氧的破坏起重要作用:

$$OH + O_3 \longrightarrow O_2 + HO_2 \tag{4.1.30}$$

$$HO_2 + O_3 \longrightarrow 2O_2 + OH \tag{4.1.31}$$

而在 40 km 以上高度,下面两个 OH 和 HO_2 与氧原子的反应也是重要的:

$$OH + O \longrightarrow O_2 + H \tag{4.1.32}$$

$$HO_2 + O \longrightarrow O_2 + OH \tag{4.1.33}$$

上述四个反应是平流层奇氧的重要损失源(Brasseur G and Solomon S,1984)。

H、OH 和 HO_2 的化学寿命都非常短,但是,水汽 H_2O 的化学寿命却很长,在平流层中下层,达到 10^8—10^9 s 以上,比动力输送的时间常数大得多。因此平流层中下层水汽的分布和变化主要由动力输送来控制。所以,人们常常把水汽作为一种示踪物,来研究平流层大气环流的变化。

碳化合物与臭氧光化反应有关的主要是甲烷(CH_4),甲烷在平流层上层会被 OH 根氧化而生成水汽。而且在平流层它可以和处于激发态的氧原子 $O(^1D)$

发生快速反应生成 OH 和 CH_3，前者通过(4.1.30)和(4.1.32)式破坏 O_3 和 O，后者则可以与原子氧发生快速反应：

$$CH_3 + O \longrightarrow H + H_2CO \tag{4.1.34}$$

同时放出 67 kcal 的热量。甲烷在臭氧光化学中的作用相当复杂，它在破坏氧原子的同时也与平流层大气中的 NO_2 或 Cl 发生反应，使它们的含量减少，从而减轻臭氧的耗损。所以总的来说，甲烷对臭氧的破坏作用不如氮氧化物和氯化物的作用强。甲烷也是长寿命气体。特别是在平流层下层，它的化学寿命也可以达到 10^8—10^9 s 以上，比动力输送的时间常数大得多。因此人们也常常把甲烷作为一种示踪物，来研究平流层与对流层之间的动力输送过程。

综合与臭氧有关的光化学过程，O_3 和 O 的化学寿命都不长，然而臭氧在被破坏过程中也在不断的生成，所以研究光化学过程和动力输送对臭氧的分布和变化的影响时，简单地把 O_3 和 O 的化学寿命与动力输送时间常数对比是不合适的。通常是把 O_3、基态原子氧 $O(^3P)$ 和激发态原子氧 $O(^1D)$ 合起来研究它们的化学行为。O_3、基态原子氧 $O(^3P)$ 和激发态原子氧 $O(^1D)$ 的总和称为奇氧族，通常用 O_x 表示。O_x 的化学寿命比 O_3 和 O 的化学寿命长得多。在平流层下层(一般为 30 km 以下)，它可以与动力输送时间常数相比拟，但在平流层上层，它还是比动力输送时间常数小很多，所以在平流层下层，臭氧的分布主要受动力输送影响，而在平流层上层光化学对其分布起着主要的作用。

4.2 平流层微量成分的分布及变化趋势

由于臭氧的辐射和光化学特性对气候与环境的重要影响，一直以来，对平流层臭氧的观测和研究受到科学家的重视，进行了大量的工作(王贵勤，1985)。特别是从 20 世纪 70 年代以来，人们越来越多的注意到，除火山爆发向大气排出大量水汽，NO_x 和 SO_2 会对臭氧产生破坏外。飞行在平流层的超音速运输机排放的废气和人类在对流层中排放的氟利昂都会破坏臭氧层。随着大气中污染物的增多，全球臭氧耗损的状况越来越严重。为了研究平流层大气臭氧含量的变化趋势，平流层化学的研究很快地发展了起来。为此，人们不仅需要对平流层臭氧进行更多的观测，还需要了解各种与臭氧光化反应有密切关系的微量气体的含量、分布及变化。这些微量气体除在平流层光化学过程中起着重要作用外，它们也影响着平流层大气辐射的收支，它们的含量的变化会使气候发生扰动。因此了解这些微量气体的含量、分布和变化对进一步研究平流层的动力、化学和辐射过程及其气候效应非常重要。早在20世纪70年代,一些国家开始了对某些与臭氧光化反应有密切关系的微量气体的观测(WMO,1982)。南极臭氧洞发现之后,为了给相关的研究提供更多的资料,从1991年开始装载在UARS卫星上的卤素掩星实验(Halogen Occultation Experiment,简称HALOE)装置开始了对这些微量气体的观测(Russell et al, 1993),并在互联网上提供其观测资料(网址:http://haloedata.larc.nasa.gov),到目前为止,它已经提供了15年连续观测的近全球的覆盖面上的观测资料。主要测量中层大气中的O_3、HCl、HF、CH_4、H_2O、NO、NO_2的垂直廓线和气溶胶的消光系数。其纬向测量范围为80°S—80°N,它的垂直分辨率很高,从地表面到10^{-6} hPa,共有271层,其观测高度从大约10 km延伸到60—130 km,不同气体其观测高度范围不完全相同。关于HALOE资料的可信度,Bruhl等(1996)、Cordley等(1996)、Harries等(1996)、Park等(1996)和Russell(1996a,1996b)等曾分别对HALOE观测的O_3、NO_x、H_2O、CH_4、HF和HCl资料与气球,雷达,火箭探空以及其他卫星的观测资料进行过对比,他们的结果表明:HALOE提供了很好的平流层臭氧资料,从100 hPa到0.03 hPa气层HALOE资料都在其他相关的观测误差范围之内。1996年之后,HALOE资料又进行过两次大的修正,使各种微量气体的观测精度(特别是在对流顶附近和平流层下层)都有所提高。国外已经有越来越多的人使用HALOE资料来进行相关的研究工作,如:Nedoluha等(1998)用HALOE资料分析了1992年到1997年CH_4和NO_2的变化,Considine等(1999)用HALOE资料分析了中层大气(55 km附近)HF和HCl的变化趋势,Luo等(1997)和Dunkerton等(2001)利用HALOE资料研究了微量气体的准两年周期振荡,Nedoluha等(2003)用HALOE资料估算中层大气中水汽含量的变化趋势并与其他测量结果进行比较,等等。

近十年来,我们下载和整理了经过两次修正之后的HALOE(Version 19)资料,除对O_3做进一步分析外,还分别对NO_x、HCl、水汽和甲烷等微量气体的分布、季节变化、年际变化以及长期变化趋势进行了分析。考虑到在国内除对平流层臭氧有较多的观测和研究之外,对平流层中其他微量气体的观测基本上还没有,而我国位于亚洲大陆东部,又有青藏高原这个世界最高的地形,在其热力和动力作用下,其上空微量气体的含量、分布及变化有其特殊性,所以我们特别着重分析了我国和青藏高原上空这些微量成分的分布和变化特征。在下文中我国上空的微量气体的混合比的数值是指HALOE提供的在我国范围内及附近地区(71°—125°E,20°—50°N)的资料的平均值,青藏高原的大致范围取为(75°—105°E,28°—40°N)。资料的时间从1992年1月到2005年12月。考虑到200 hPa以下HALOE资料的精确度不够好。我们只对200 hPa以上的资料进行分析。本节将对我们在这方面的工作做一简单介绍。

4.2.1 平流层臭氧及其变化趋势

1. 臭氧层及其耗损，臭氧洞和臭氧低值中心

臭氧层是全球臭氧浓度最高的气层，位于地面以上 10—50 km 处。图 4.2.1a（彩图见第 694 页）和 b 分别是 HALOE 观测到的 1997 年春臭氧混合比

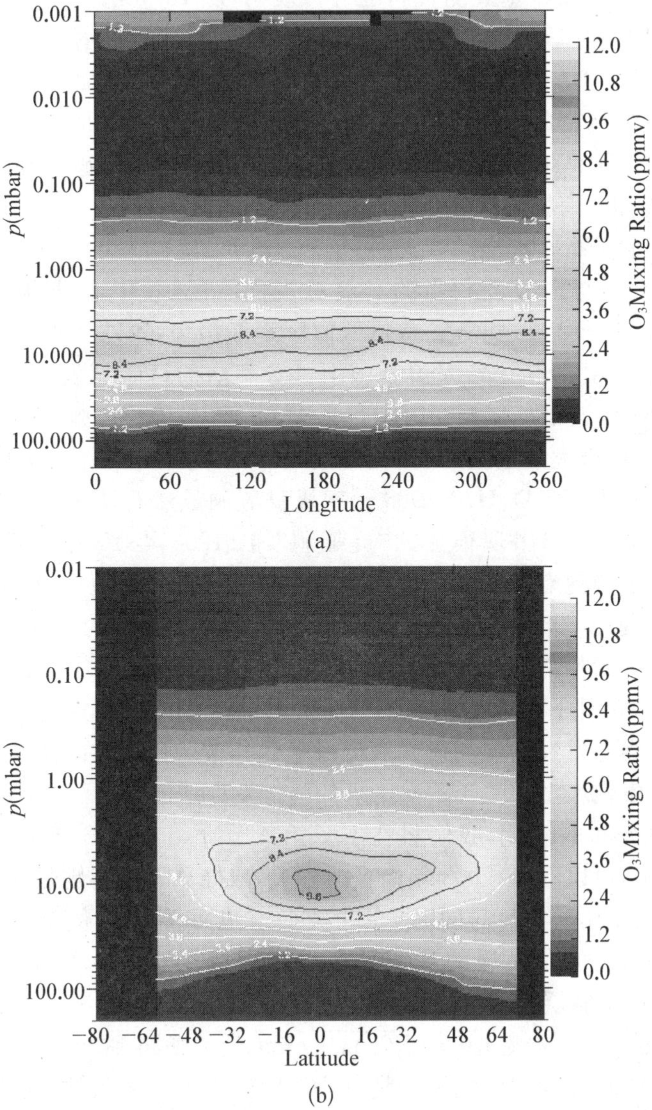

图 4.2.1 臭氧混合比的高度-纬向(a)和高度-经向(b)剖面图 (a) 1997 年 5 月 5 日沿 36°N；(b) 1997 年 4 月 12 日—5 月 20 日（引自 http//haloedata.lare.nasa.gov）

的高度-纬向和高度-经向分布图,从图 4.2.1a 可以清楚地看到 70—1 hPa 之间的臭氧层,在中纬度地区(图中为 36°N),其最大体积混合比出现在 10 hPa 附近(30—35 km),大约为 8—10 ppmv。从图 4.2.1a 还可以看到,在同一纬度带中,不同地区其臭氧层的最大浓度可以不一样,这与平流层的行星波活动有关(详见下面 4.2.2 小节的讨论)。从图 4.2.1b 可以看到,随着纬度的增加,最大的混合比值也随之减少。在热带地区大约为 12 ppmv。到了 60°—70°N 附近只有 7 ppmv 左右。

根据卫星资料和地基观测资料的分析表明,从 20 世纪 70 年代以来,臭氧层被破坏的状况非常严重,从 1969 年到 1988 年间,北半球冬季30°—64°N 地区上空的臭氧减少了 3%—5%(这一地区主要包括美国、西欧、加拿大、日本、中国和前苏联等人口最稠密的地区)。而在 20 世纪 80 年代夏季,北半球温带区域上空臭氧减少约 3%(Russell et al, 1993)。在南半球,臭氧层的破坏在南极地区最明显,出现了所谓的“南极臭氧洞”现象。

南极臭氧洞是指在南极的春天(每年 9—10 月)南极大陆上空臭氧总量急剧下降,形成一个面积与南极洲相当的臭氧总量低值区,其中心处臭氧总量减少达 50%以上。到 11—12 月,此臭氧总量低值区逐渐消失,第二年的 9—10 月份再次出现。南极臭氧洞 1985 年首先被英国南极考察队的科学家发现 (Farman et al, 1985)。到 1987 年这个臭氧洞变得既宽又深(曹凤中,1990),臭氧洞覆盖了南极洲的大部分,整个南极大陆上空的臭氧总量小于 200 Dobson 单位(D. U.),臭氧总量最低处其值还不到 125 D. U.。1988 年南极臭氧洞虽然有所缓解,但从 1989 年以后,每年南半球春季都出现很强的“臭氧洞”,在 1993 年 10 月 8 日由 Meteor 3/TOMS 甚至还观测到南极上空有臭氧总量为 85 D. U. 的低值区(Hofmann,1994)。图 4.2.2(彩图见第 695 页)给出 1998 年前南半球臭氧总量的年际变化,可以看出南极臭氧洞扩大和加深的趋势。只是在 2002 年南极臭氧洞发生了一次明显的分裂和减弱过程,如图 4.2.3(彩图见第 695 页)(上)所示。这是由于 2002 年 9 月南极出现的一次强爆发性增温和极涡变形引起的。这是有观测记录以来第 1 次观测到的南极强爆发性增温。关于这次南极的强爆发性增温和极涡变形以及它引起的各种微量气体分布的变化,我们将在本章第 4 节介绍。2003 年南极臭氧洞如图 4.2.3(下)所示,可以看出,2003 年南极的春天,南极臭氧洞特别强。

在南极观测到臭氧洞的同时,在北极上空也观测到类似臭氧洞的现象,据 1987 年的监测,北极臭氧层的臭氧总量最低下降约 10%,联邦德国 1987 年发现,北极上空的臭氧层也有一个低值区,其面积约为南极空洞的 1/5。1993 年 2—3 月在北极上空平流层下层(约 19 km 处)观测到臭氧总量减少 20%(Manney 等,1995)。不过,北极的情况(热力学和动力学条件)与南极有很大的不同,所以北极春季臭氧的减少远不如南极厉害,而且也不是每年在北极附近都会出现明显的臭氧低值区。图 4.2.4 是我们用 TOMS 臭氧总量绘制的 1997 年 4 月的北半球的臭氧总量的分布图。可以看到在 1997 年 4 月北极附近有一个明

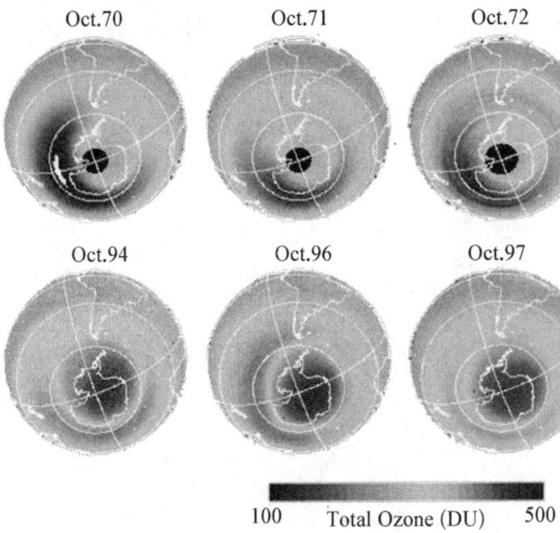

图 4.2.2 南极臭氧洞的变化趋势 (引自 http://toms.gsfc.nasa.gov/)

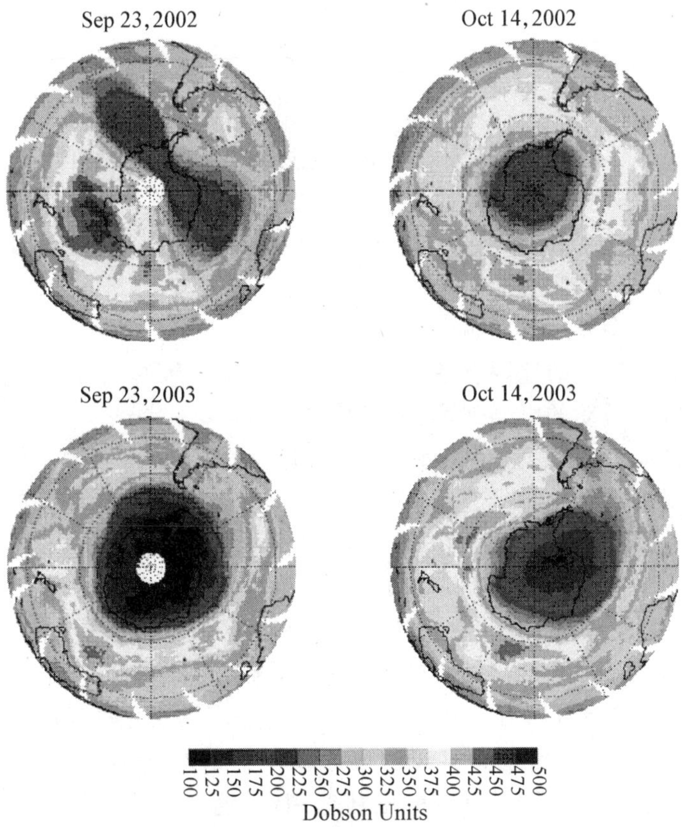

图 4.2.3 2002 年(上)和 2003 年(下)的南极臭氧洞
(引自 EP/TOMS Total Ozone)

显的臭氧低值区。它的位置比较靠近欧亚大陆北面的北冰洋的上空。中心值只有 300 D.U.，比该区域多年平均的臭氧总量减少了 30%左右。

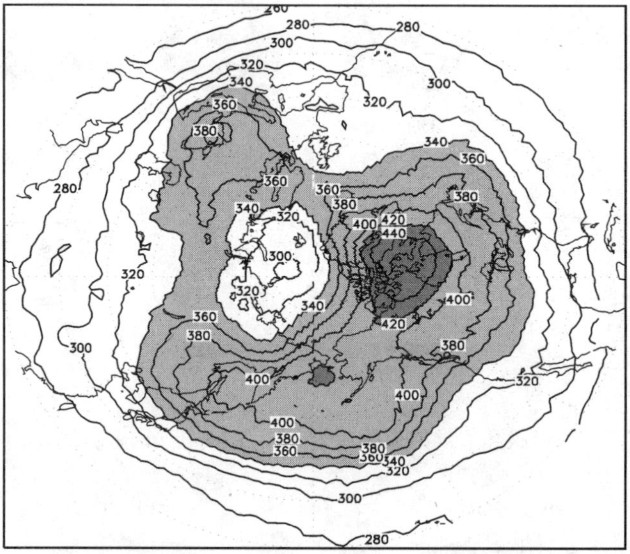

图 4.2.4 1997 年 4 月北半球的臭氧总量分布

继南极臭氧洞被发现以后，周秀骥等通过对 1979—1991 年卫星观测资料的分析，发现在夏季，我国青藏高原上空存在着一个臭氧低值中心(周秀骥,1995)，其臭氧总量比同纬度其他地区减少 10%—11%。此中心从 5 月份开始持续到 9 月份，10 月以后逐渐消失。在前不久，卞建春等还发现 2003 年 12 月份在青藏高原上空出现了一个微型臭氧洞(卞建春,2006)。

关于臭氧洞出现的原因有各种说法，归纳起来大致有三种理论：化学理论、动力理论和太阳活动的影响理论(王贵勤,1990)。

化学理论认为臭氧洞是由于人类活动对大气的污染造成的。持这种观点的学者认为大量的超音速飞机充斥天空，向大气中排放大量的水蒸气和氮氧化物以及人们大量使用氟氯碳化合物(或称氟利昂,CFCs)及卤素化合物进入大气层会导致大气中臭氧含量的下降。CFCs 化合物是非常稳定的惰性气体，在对流层中不易分解，在大气中可以存在长达 100 多年，可以慢慢地扩散到平流层，在太阳紫外辐射作用下分解出自由的氯原子(Cl)，这些氯原子同臭氧分子反应，催化破坏臭氧分子。在 4.1.4 小节中介绍过有关的破坏臭氧化学反应。

Solomon(1990)对南极臭氧洞形成的原因给出的化学理论解释，强调了平流层中日益增多的氯化物对臭氧的破坏作用，而这个非均相催化反应过程与南极上空极地涡旋和极地平流层云密切相关。因为南极涡旋阻止了中高纬度地区较暖的气流流向极地，从而导致南极上空平流层温度经常下降到 －80℃ 以下，形成平流层云,在云粒子表面可以发生多相化学反应,释放出活性氯,进而破坏臭氧。

根据1990年政府间气候变化专门委员会(IPCC)所作的"气候变化科学评估"给出的数据,1985年全世界氟利昂的排放量约为100万吨,1990年前每年增长约3%,如果继续以1990年的速度排放,到2060年,热带地区臭氧总量平均会减少4%,而高纬-极地区域臭氧总量平均会减少4%—12%。对于局地和非均匀过程可减少20%—50%。

化学理论可以成功地解释近30年来平流层臭氧减少的现象,但不能解释观测到的南极春季臭氧总量为什么下降得那么快,而11月份以后又能恢复到基本正常状态。

动力理论认为大气是一个不断运动的三维流体。大气运动不断地改变着各种大气成分(包括臭氧)的位置和含量。由于低纬地区太阳辐射最强,光化反应也最强,因而是臭氧产生的源地,两极地区太阳辐射很少,还有相当长一段时间为"极夜",光化生成臭氧的过程很弱。两极地区之所以臭氧浓度不低,是因为大气的运动把低纬产生的臭氧向南北两极输送。当气流的方向和大小发生变化时,输送量发生变化,就会使极地臭氧浓度发生改变。南极臭氧空中实验报告指出,在1987年9月5日这一天,大约300万km^2的地区上空,臭氧含量突然减少了大约10%。臭氧含量以这样惊人的速度下降,用化学理论是无法解释的。但动力理论可以解释:因为这一天低平流层臭氧浓度很低的气团流进了这个地区,而原来此地臭氧浓度高的空气流到别处去了。事实上,1987年10月虽然南极臭氧洞很深,但全球的臭氧总量并未减少多少,在南极上空臭氧减少的同时,在30°—50°S纬度带中臭氧含量是增加的,在这一地区是一个臭氧含量高值区。

太阳活动影响理论认为,由于臭氧分子是在太阳紫外辐射作用下形成的,所以伴随太阳活动的周期变化,太阳紫外辐射的盈亏,臭氧含量也会发生变化。资料分析研究表明,太阳黑子数的年变化周期同臭氧总量的年变化存在正相关。观测也表明,当太阳质子事件爆发时,臭氧总量下降。还有学者指出,沿着地磁场磁力线运动的高能电子,部分地从其轨道落下,可能是每年春季南极上空臭氧含量下降的原因。

上述关于臭氧洞形成原因的三种解释差别很大。就某一种理论孤立地用于解释臭氧洞的形成说服力似乎都不够。但如果把它们相互联系起来,就可以说明臭氧洞形成的物理的、化学的和动力的机制,即:臭氧的形成和分解是通过光化过程实现的,但臭氧含量的变化又不完全决定于光化过程,还受到大尺度大气运动的控制和局地区域气象条件和大气成分(如污染物)分布的影响,另外臭氧光化学过程与太阳辐射强弱有关。这些因素的相互作用最终可能引起某些局地臭氧含量的明显变化而形成臭氧洞或臭氧低值中心。

由于北极的涡旋远不如南极的强,涡旋内的温度也不如南极的涡旋内的温度低,所以北极上空基本上不形成像南极那样的平流层云,所以北极春季臭氧的减少不如南极明显。而且与行星波的活动有一定的关系(见下面4.2.2小节的讨论)。

关于青藏高原上空的臭氧低值中心的成因,我国的学者进行了一系列研究。Zou Han(1996),Zou Han 和 Gao Yongqi(1997),邹捍、郜永祺和周立波(1998)的研究指出青藏高原上空臭氧亏损的季节变化与该地区地表加热造成的物质抬升过程密切相关,其主要亏损由大气动力输送引起。卞建春等(1997)则指出夏季高原四周的辐合和爬升气流对于高原周围低空物质向高原上空的平均输送有重要的意义。刘煜等(2001),Liu Yu 等(2003)通过分析 TOMS 资料发现夏季青藏高原臭氧低谷有加深的趋势,并利用三维化学输送模式(OSLO CTM2)模拟青藏高原夏季臭氧低谷,结果表明:在青藏高原夏季臭氧低谷的形成和变化过程中,动力输送起着最主要作用,化学过程部分补偿了输送过程引起的臭氧减少。

2. 平流层臭氧分布的季节变化特征

陈月娟等(2002)用 1992—2000 年的 HALOE 资料讨论了平流层臭氧分布的季节变化和年际变化特征,结果表明,平流层臭氧分布除季节变化外,其年际变化(特别是中低纬地区的准两年周期变化)也很明显。关于臭氧准两年周期振荡(QBO)我们将在下节专门讨论。这里先介绍臭氧垂直经向分布的季节变化特征。图 4.2.5a、b、c、d 分别是 1992—2000 年平均各季度的臭氧混合比(纬向平均值)的垂直经向分布图。从图中可以看到在 20 hPa 到 2 hPa 之间为臭氧混合比的极大值区,其中心在低纬度地区上空 10 hPa 附近。中心值大于 9 ppmv,向两极逐渐减小(这与图 4.2.1 给出的 1997 年的结果一致)。四个季节其分布特征类似,但也有一些差异。第一个差异是:这个极大值中心位置随着一年四季不同纬度太阳辐射强度的变化而变化。6—8 月这个极大值中心位于赤道以北,如图 4.2.5b 所示。12—2 月这个极大值中心移到赤道以南(如图 4.2.5d),3—5 月和 9—11 月它位于赤道附近上空。如图 4.2.5a 和图 4.2.5c 所示。第二个差异是其中心的极大值夏季比其他三个季节稍小(图中空白处为缺测,下同)。

此外,臭氧的垂直纬向分布也有明显的季节差异,图 4.2.6a、b、c、d 分别是北半球冬季(12、1、2 月平均)和夏季(6、7、8 月平均)中纬度地区(分别沿 50°N 和 30°N)臭氧混合比的垂直纬向分布图。对比图 4.2.6a 和 b,可以看出:冬季沿 50°N 在 20 hPa 到 3 hPa 之间的臭氧混合比极大值区中,其混合比值小于夏季,而且冬季表现出明显的扰动结构,夏季沿纬向分布相当均匀。沿 30°N 臭氧的分布也有类似的特点(如图 4.2.6c 和 d 所示),但其冬季的扰动结构比沿 50°N 臭氧的分布的扰动结构弱得多。我们对不同季节不同纬度带进行过分析(郑彬等,2006),结果表明,这种扰动结构在冬半球的高纬最明显,随着纬度的降低,扰动逐渐减弱,到低纬度地区,这种扰动基本消失,和夏半球高纬地区一样,臭氧混合比的纬向分布都很均匀。臭氧混合比纬向分布这一特征及其季节变化,与平流层行星波活动有密切关系。关于这个问题,我们将在 4.2.2 小节中做进一步讨论。

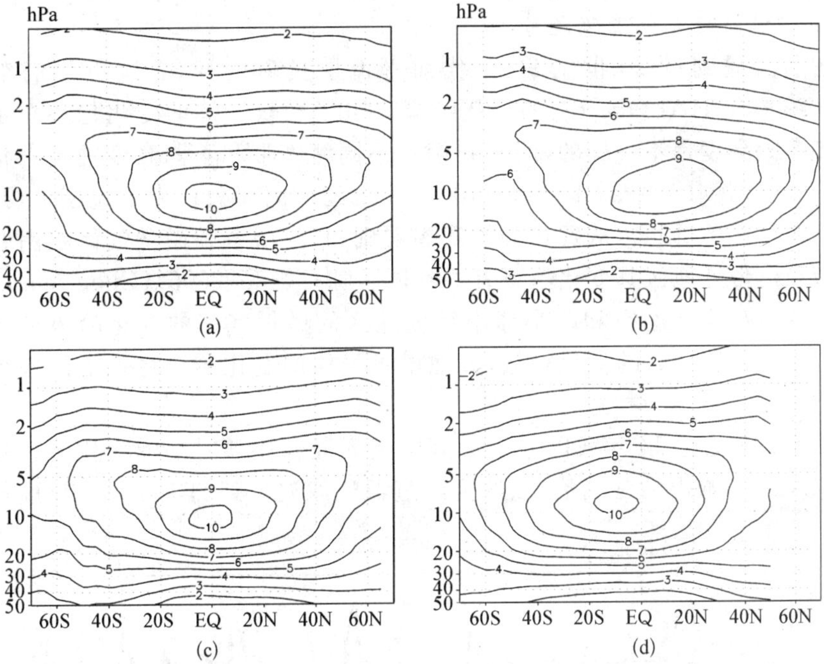

图 4.2.5 1992—2000 年纬向平均的臭氧混合比的垂直经向剖面图
(a) 3—5 月；(b) 6—8 月；(c) 9—11 月；(d) 12—2 月

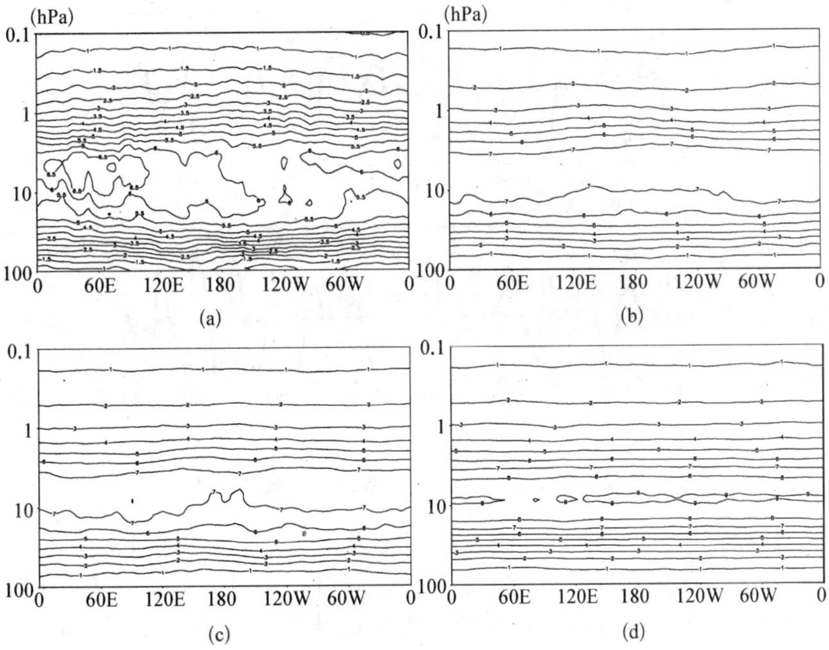

图 4.2.6 北半球冬夏臭氧混合比的垂直纬向分布 (a) 冬季，沿 50°N；(b) 夏季，沿 50°N；(c) 冬季，沿 30°N；(d) 夏季，沿 30°N

3. 平流层臭氧的变化趋势

在上面提到过20世纪90年代前平流层臭氧的变化，这里我们给出从1992—2005年HALOE资料的分析结果。由于微量气体的变化趋势在不同的区域和不同高度是不一样的，所以我们对不同纬度带和不同高度的资料都分别进行了分析，并取1 hPa、10 hPa、100 hPa上的时间序列代表平流层上层、中层和下层来讨论(下同)。从资料分析我们看到，平流层各种微量气体在南北半球的热带和热带外地区其变化趋势有些不同。陈月娟等(2006)、Chen Yuejuan等(2006)分别对我国上空和北半球中纬度地区的微量气体的变化趋势进行了讨论。这里先介绍臭氧的变化趋势，其他微量气体的变化趋势将在下面各小节里分别讨论。

图4.2.7为近14年我国上空平流层臭氧混合比随时间的变化图。其中实线是HALOE给出的观测值，点线为经过低通滤波得到的年际以上尺度的变化

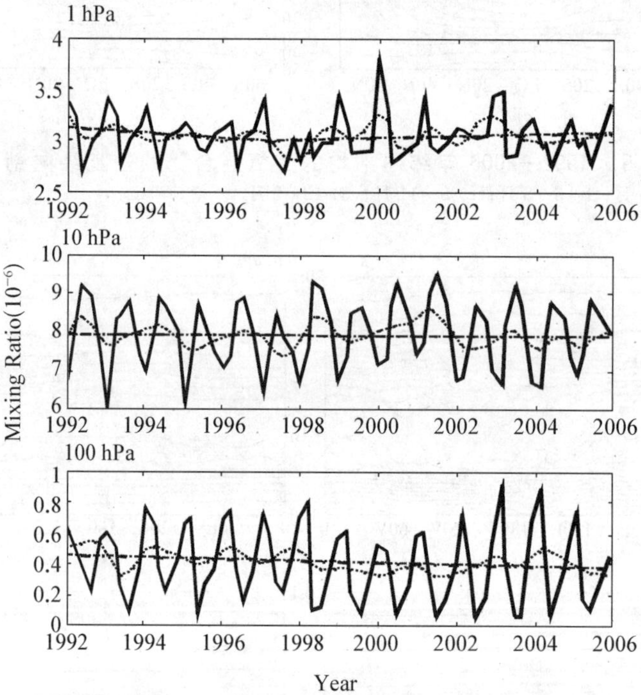

图4.2.7 我国上空平流层臭氧混合比随时间的变化

曲线，点划线是对它的线性拟合线。从图中点线可以看出其年际以上尺度的变化主要表现为准两年周期的变化，这一点我们将在本章3.3节中专门讨论。这里主要从图中点划线来讨论其多年的变化趋势。可以看出，在平流层上层从1992到1998年O_3混合比呈明显下降趋势(线性趋势的信度达到99%)，而从1998年到2005年下降趋势已不明显。在平流层下层100 hPa附近，O_3混合比

总的趋势是下降的，特别是 2000 年和 2002 年它的值都比较低（线性趋势的信度达到 99%）。在平流层中层 10 hPa 附近，O_3 混合比的变化趋势与上层和下层不同。除明显的准两年周期振荡外，O_3 混合比总的趋势是变化不大，但在 1998 年到 2002 年其值相对较高。北半球中纬度地区平均的平流层臭氧混合比随时间的变化与图 4.2.7 所示的差不多，只是各年的变化在细节上有些差异，详见 Chen Yuejuan（2006）的讨论。这里不再重复。

4.2.2 臭氧分布的变化与大气动力学过程的关系

实际上，自然和人为排放的污染物对平流层臭氧的破坏引起的后果主要是全球臭氧层中臭氧浓度逐渐减少，而局部区域臭氧浓度的明显变化却与大气动力输送过程有密切的关系。为了进一步搞清楚大气动力学过程对臭氧分布的影响，我们在以下几方面开展了一些研究工作：

1. 平流层行星波活动对臭氧分布的影响

当只有纬向风的情况下，在平流层中下层，由于纬向风的输送时间常数（$\tau_{\bar{u}}$）比奇氧族（O_3+O）的化学寿命小得多（Brasseur 等，1984），纬向风的输送作用使得臭氧的分布沿纬向充分混合，在这种情况下，臭氧的分布在纬向上会比实际观测到的分布均匀得多，而在经向上其梯度会大得多。事实上，由于行星波的活动，纬向风在行星波强迫下会产生经向上的扰动，因而任何微量气体在经向上和纬向上的分布将会受到影响。所以除了平均环流会引起微量气体的经向输送外，行星波扰动也会产生经向的输送。臭氧也不例外。郑彬和陈月娟等（2006）在分析平流层行星波的基础上，讨论了平流层行星波活动对臭氧纬向分布的影响。图 4.2.8 是用 HALOE 资料和 NCEP/NCAR 再分析资料得到的多年平均冬季的臭氧混合比和位势高度纬向分布的谐波分析图。从中可以看出，臭氧混合比的纬向分布有很强的 1 波扰动信号，并且其扰动位相与位势高度的行星波 1 波的位相几乎一致（有很小的位相差）。平流层臭氧混合比是随着纬度的增高而减少的，因此 50°N、20 hPa 附近气层的行星波产生的向北扰动气流将会使该处的臭氧混合比增大，反之行星波产生的向南扰动气流则令该处的臭氧混合比减小。由此可见，行星波是中高纬臭氧混合比的纬向扰动产生的主要原因。由此可以解释上一小节中所提到的臭氧的垂直纬向分布的季节变化特征：在冬季，平流层中高纬地区平均纬向风是强西风，从本章第 1 节行星波上传的条件可知，只有最大尺度的波，其罗斯贝临界速度才可能大于平均纬向西风，才能上传到平流层，所以冬季行星波 1 波最强，因此 1 波引起的臭氧扰动最强。虽然 2 波在有的年份也比较强，但是中高纬 2 波较强的年份很少，在一般情况下（多年平均），1 波的强度还是远大于 2 波的强度，因此冬季中高纬臭氧混合比的纬向扰动主要还是受 1 波的影响。在夏季由于平流层盛行东风，从本章第 1

节行星波上传的条件可知,行星波不易上传,平流层行星波活动很弱,所以夏季平流层臭氧纬向分布很均匀。从本章第1节行星波上传的路径可知,平流层低纬度地区行星波活动也很弱,所以低纬度地区无论冬夏,臭氧纬向分布比较均匀。

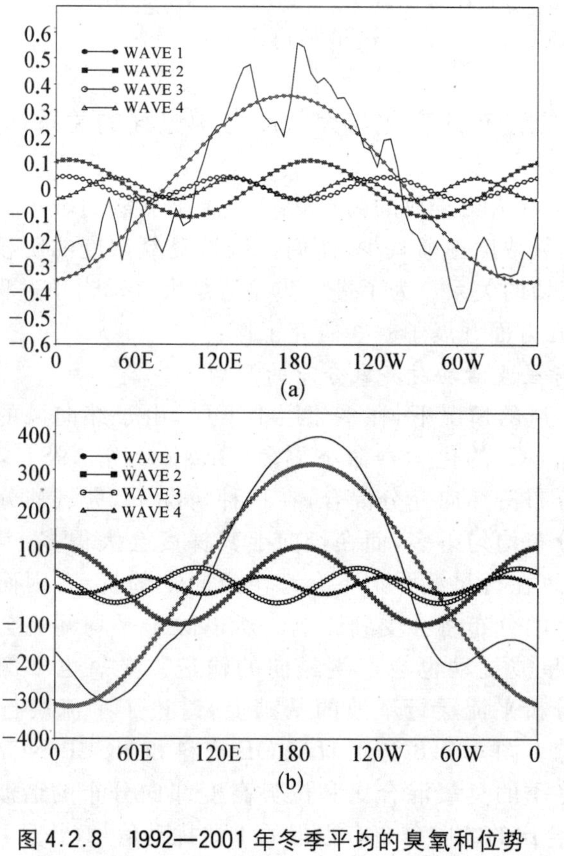

图 4.2.8 1992—2001 年冬季平均的臭氧和位势高度的纬向分布的谐波分析图 (a) 臭氧混合比,50°N,20 hPa(ppmv);(b) 位势高度,50°N,20 hPa(位势米)

春季的情况又有些不同,行星波活动比冬季弱些,特别是1波比较弱,有时还出现2波强于1波的情况。但对臭氧分布的影响还是很明显的。程华和陈月娟(2006)曾采用 NCEP/NCAR 再分析资料和 TOMS 臭氧总量资料,分析了1979—2003年4月份平流层行星波1波和2波的变化,以及它们对北半球中高纬臭氧总量分布的影响。通过对各年行星波1波和2波的振幅的分析我们看到,除少数年份(如1982、1993和1997年)外,1波的振幅都不很大,而且不同年份1波、2波振幅都有较大的变化,其中又以1波振幅的变化幅度更大一些。

我们对这25年间每个4月份的月平均位势高度分布做了对比。它们之间有比较明显的差异。归纳起来，大致可以分为以下三种类型：(1) 与多年平均状况类似的欧亚大陆北部为低压涡旋、北美洲北部为高压的类型（以下简称欧亚低压-北美高压型）；(2) 北极地区为高压（以下简称极地高压型）；(3) 北极地区为明显的低压涡旋（以下简称极涡型）。这三种类型的位势高度分布对应着不同的行星波活动，它们的臭氧总量分布也不一样。

从这 25 年的情况来看，欧亚低压-北美高压型最多，占到 44%，图 4.2.9 给出 20 hPa 欧亚低压-北美高压型的位势高度场的分布，以及与这种类型相对应的沿 65°N 纬向的行星波 1 波和 2 波的振幅分布和臭氧总量的分布。这种类型行星波的特点是 1 波振幅较大（平均值大于 150 位势米），2 波振幅较小（平均值小于 50 位势米）。与此相对应，在低压涡旋的东边到北边（即东北亚到北加拿大）为臭氧总量的高值区，而在北欧至格林兰一带的臭氧值稍低一些，但总的来说，北极地区臭氧含量是比较高的。

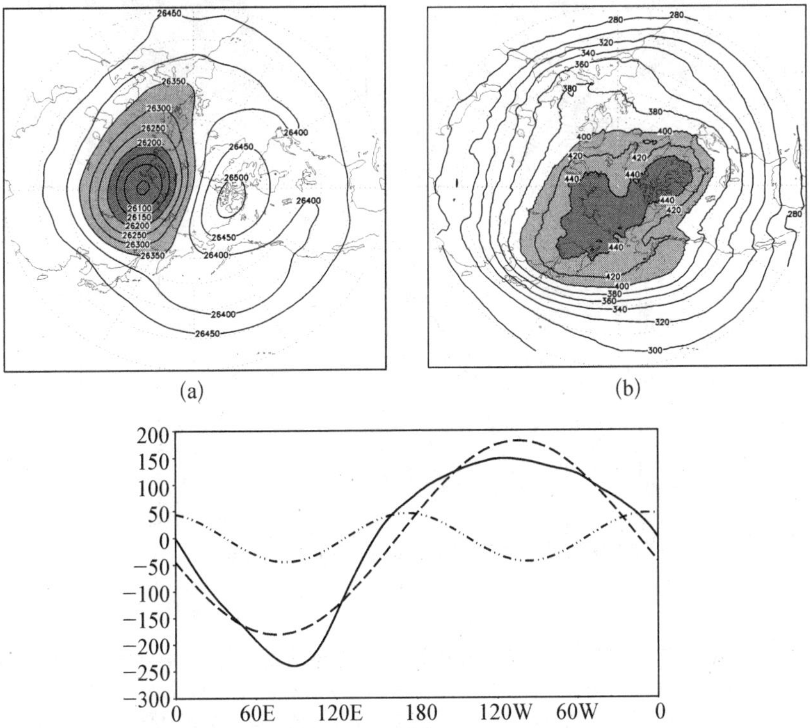

图 4.2.9 多年四月平均 20 hPa 欧亚低压-北美高压型合成的 (a) 位势高度场（单位：位势米），阴影部分表示位势高度低值区；(b) 臭氧总量分布图（单位：多普逊单位，D.U.），阴影部分表示臭氧总量高值区；(c) 沿 65°N 的位势高度 1 波和 2 波振幅（单位：位势米）；实线：位势高度原始扰动；虚线：1 波；点划线：2 波

极地高压型合成的位势高度场的分布、相应的沿 65°N 纬向的行星波 1 波和

2波的振幅分布和臭氧总量的分布如图4.2.10所示，它们的特点是：北极地区上空基本上是高压控制，行星波1波和2波的振幅都很小，都没有超过它们各自的多年平均值。极地受高压控制，意味着极地附近开始盛行东风气流，比常年提前出现了夏季大气环流的特征。也正是这个原因，北半球中高纬度地区的平均西风大大减弱，根据行星波向上传的条件，这是不利于对流层的行星波向上传的。所以极地高压型的行星波1波和2波都比较弱。与此相对应，极地区域的臭氧总量最高的(见图4.2.10b)，440 D.U.的大值区占据着整个北极区，而且其中心值达到480 D.U.。

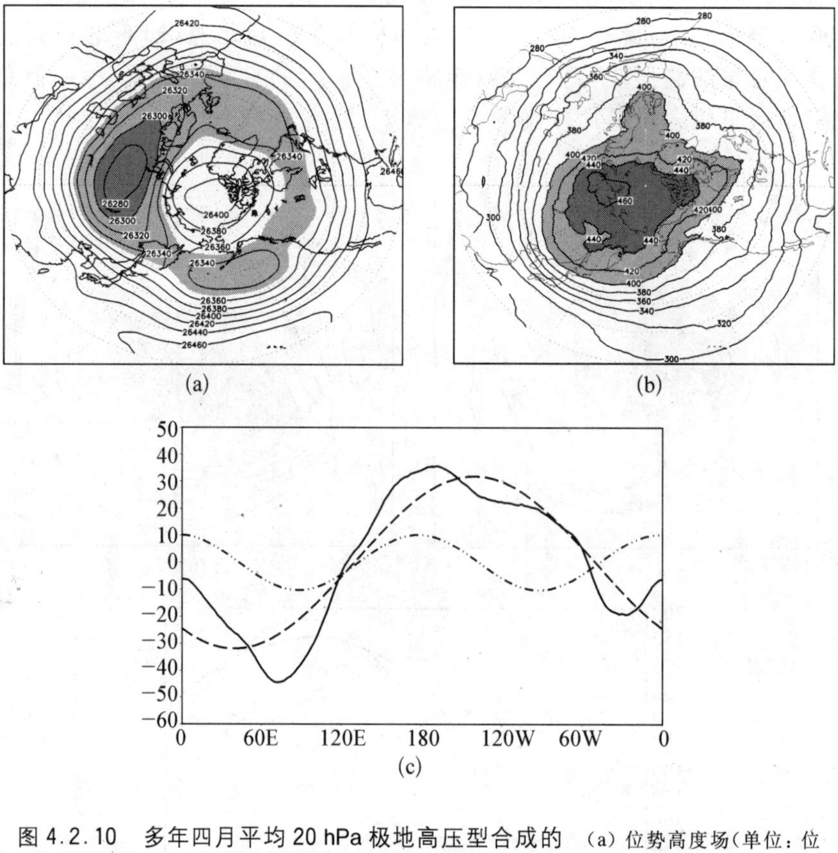

图4.2.10 多年四月平均20 hPa极地高压型合成的 (a) 位势高度场(单位：位势米)，阴影部分表示位势高度低值区；(b) 臭氧总量分布图(单位：多普逊单位，D.U.)，阴影部分表示臭氧总量高值区；(c) 沿65°N的位势高度1波和2波振幅(单位：位势米)；实线：位势高度原始扰动；虚线：1波；点划线：2波

极涡型的位势高度场分布特点为在北极地区维持着一个较强的低压涡旋，这意味着其位势高度场由冬季向春季的转换比较慢，到4月份还基本上维持着冬季位势高度场的特征。图4.2.11a、b、c为这种类型合成的位势高度场、臭氧总量的分布和行星波1波和2波振幅图。可以看到极地区域为一椭圆形低压涡

旋,长轴沿 90°E—90°W 分别向北亚和北美伸展,在太平洋和大西洋北部分别是弱的高压区,与此相对应的合成的行星波 2 波相当强,合成振幅达到 110 位势米,是多年平均值的两倍多,合成的 1 波却比多年平均弱些,振幅约为 70 位势米,因而出现 2 波振幅大于 1 波振幅的现象。所以在这种类型中,行星波 2 波起着重要的作用。

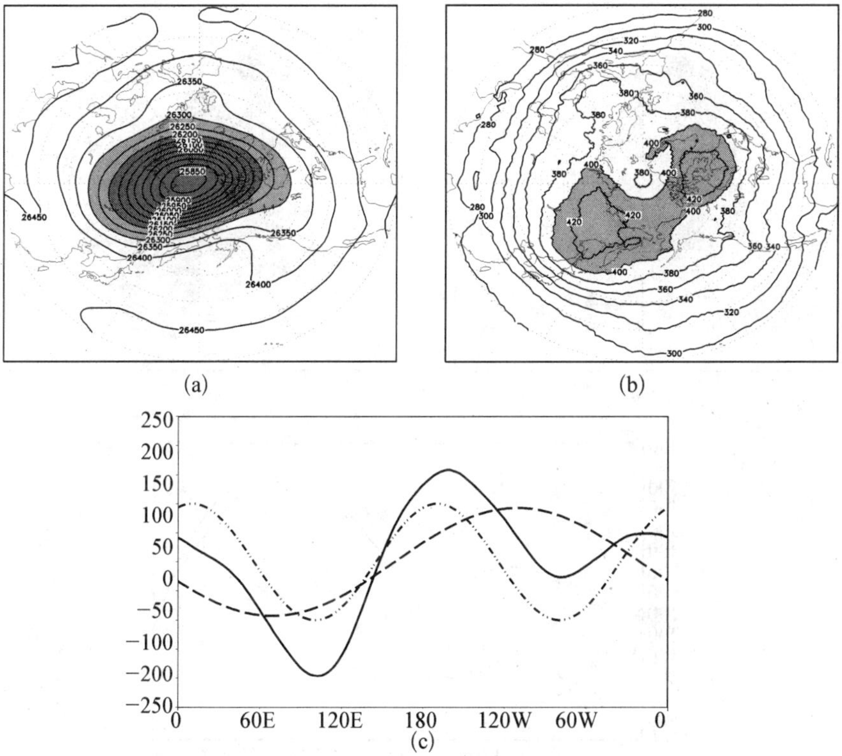

图 4.2.11 多年四月平均 20 hPa 极涡型合成的 (a) 位势高度场(单位：位势米),阴影部分表示位势高度低值区;(b) 臭氧总量分布图(单位：多普逊单位,D.U.),阴影部分表示臭氧总量高值区;(c) 沿 65°N 的位势高度 1 波和 2 波振幅(单位：位势米);实线：位势高度原始扰动;虚线：1 波;点划线：2 波

极涡型的臭氧总量分布(图 4.2.11b)与前两种类型明显不同,在极地区域臭氧总量明显减少,而且在北欧到北极,为一臭氧低值区。

在本节前面提到过,1997 年 4 月出现过特别明显的北极臭氧低值的现象(见图 4.2.4),我们对其位势场和行星波进行了专门的分析(程华,陈月娟,2006)。图 4.2.12a、b、c 为 1997 年 4 月平均的位势高度场、臭氧总量的分布和和行星波 1 波、2 波的振幅分布图。可以看出,1997 年极涡也很强,不同的是其极涡的长轴向北欧和西伯利亚东部延伸,在北美为一个强的高压区,因此它的 1 波特别强,而且 2 波也相当强(振幅超过 100 位势米)。两者的共同作用,使北极地区出现了25年中一个很强的类似于臭氧洞的臭氧低值区。

从上面分析可以得出结论，在春季，当北极附近平流层中层位势高度场为欧亚低压-北美高压型（相应的1波较强，2波较弱）和极地高压型（1波和2波都弱）时，北极地区臭氧总量较高。只有在北极涡旋较强时（相应的2波较强）时，北极地区臭氧总量较低。

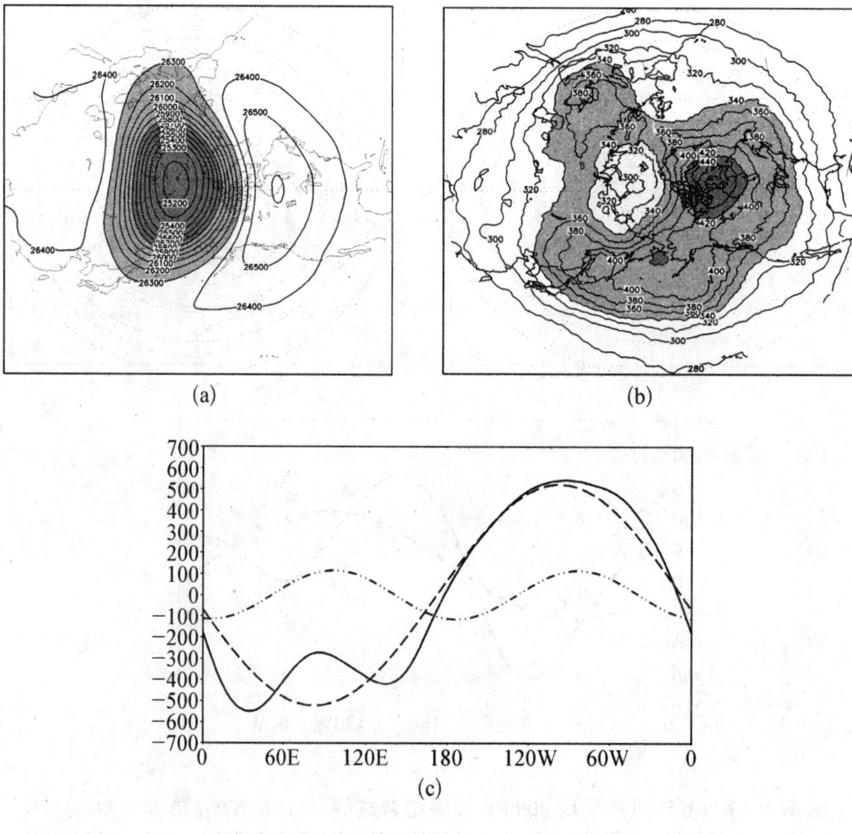

图 4.2.12　1997 年四月 20 hPa 等压面上　(a) 位势高度场（单位：位势米），阴影部分表示位势高度低值区；(b) 臭氧总量分布图（单位：多普逊单位，D. U.），阴影部分表示臭氧总量高值区；(c) 沿 65°N 的位势高度 1 波和 2 波振幅（单位：位势米）；实线：位势高度原始扰动；虚线：1 波；点划线：2 波

2. 高原臭氧低值中心与南亚高压的关系

实际上，从 TOMS、HALOE 和 SAGE II 资料的分析还可以看到臭氧低值区不仅出现在青藏高原上空，同时也出现在伊朗高原以及美国落基山脉上空。不过青藏高原和伊朗高原上空臭氧低值区比落基山脉上空的臭氧低值区强得多。在前面所提到的邹捍（Zou Han）等（1996；1997；1998）、卞建春等（1997）和刘煜（Liu Yu）等（2001；2003）的工作中，只是对青藏高原臭氧低值中心及其形成机理进行了研究，而对伊朗高原的臭氧低值中心尚未见有过详细的分析。

考虑到伊朗高原与青藏高原东西向相连，夏季它们都在亚洲季风低压区内，又都在南亚高压的控制之下，因此在研究青藏高原臭氧低值中心的同时，有必要也对伊朗高原臭氧低值中心进行研究。另外，在上述对青藏高原臭氧低值中心的研究中，主要是研究其臭氧总量的变化，而对其垂直结构分析较少。为了搞清楚高原臭氧低值中心的垂直结构以及它的变化与南亚高压的关系，周任君和陈月娟(2005)用 HALOE 和 SAGEII 资料分析了青藏高原以及伊朗高原上空臭氧垂直结构，同时采用 NCEP/NCAR 再分析资料分析臭氧变化最大的气层附近气象场的变化特征，并进一步探讨南亚高压对青藏高原和伊朗高原上空臭氧的影响机理。

图 4.1.13 是用 TOMS 臭氧总量资料绘制的多年夏季平均臭氧总量分布

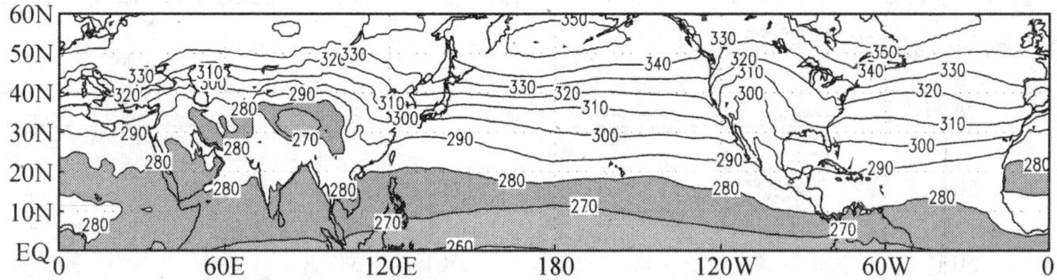

图 4.2.13 夏季臭氧总量分布 (单位：D.U.)

图，可以看出夏季除在青藏高原上空出现臭氧总量低值中心外，伊朗高原上空的臭氧总量低值区也很明显。为了研究夏季青藏高原和伊朗高原上空各气层臭氧含量变化对低值中心贡献的大小，我们采用 SAGE Ⅱ 和 HALOE 数据，分析了高原和同纬度带其他地区上空臭氧垂直分布的差异。图 4.2.14 为夏季 SAGE Ⅱ 所测青藏高原和伊朗高原上空臭氧数密度的垂直分布廓线以及它们与高原外地区臭氧数密度差值的廓线图。从图 4.2.14a 可以看出，高原和同纬度带其他地区上空臭氧数密度的分布廓线基本一致，臭氧主要分布在 10—50 km 高度的气层中，最大值位于 25 km 高度附近。但高原和同纬度带其他地区上空臭氧数密度的分布也有比较明显的差异，从图 4.2.14b 可以看出，夏季青藏高原和伊朗高原上空臭氧数密度在 10—40 km 气层均要比同纬度其他地区的低，臭氧减少主要在 12—25 km 高度。青藏高原上空臭氧减少最多是在 17.5 km 附近，而伊朗高原上空减少最多是在 18 km 附近。由 SAGE Ⅱ 中 NCAR/NMC 提供的对流层顶高度，夏季青藏高原上空对流层顶平均位于 16.70 km，伊朗高原上空为 16.58 km，而同纬度带其他地区上空为 15.05 km。所以，高原上空臭氧减少主要在对流层高层和平流层中下层，减少最多的地方位于对流层顶附近及其上面。这与 Zou Han 和 Gao Yongqi(1997)的结果一致。从图 4.2.14b 中还可以清楚地看出，伊朗高原上空臭氧减少比青藏高原上空更厉害，尤其是在17.5—25 km气层。HALOE 资料的分析结果与 SAGE Ⅱ资料所得结论一致(图略)。

南亚高压是夏季位于亚洲南部上空对流层上部和平流层底部的一个强大而稳定的大气活动中心，它对南亚地区的重要天气过程有着显著的作用，南亚高压的强度和位置都存在十分明显的季节变化。南亚高压正好位于青藏高原和伊朗高原的上空，又正好处于高原上空夏季臭氧变化最为明显的气层，所以，我们结合 TOMS 和 NCAR/NCEP 再分析资料，分析了夏季南亚高压中心位置变化与青藏高原以及伊朗高原上空臭氧总量变化的关系。表4.2.1给出多年平均6、7、8各月份臭氧总量与南亚高压中心位置的关系。从表4.2.1看出，夏季当南亚高压中心偏伊朗高原时，伊朗高原上空臭氧总量比多年平均值低，青藏高原上空臭氧6、8月份比多年平均值高，7月份比多年平均值低。当南亚高压中心偏青藏高原时，伊朗高原上空臭氧总量比多年平均值高。从表中数值可以看出，6、7月份随南亚高压中心位置的变化，伊朗高原上空臭氧总量变化明显，而青藏高原上空臭氧总量变化不是很明显。

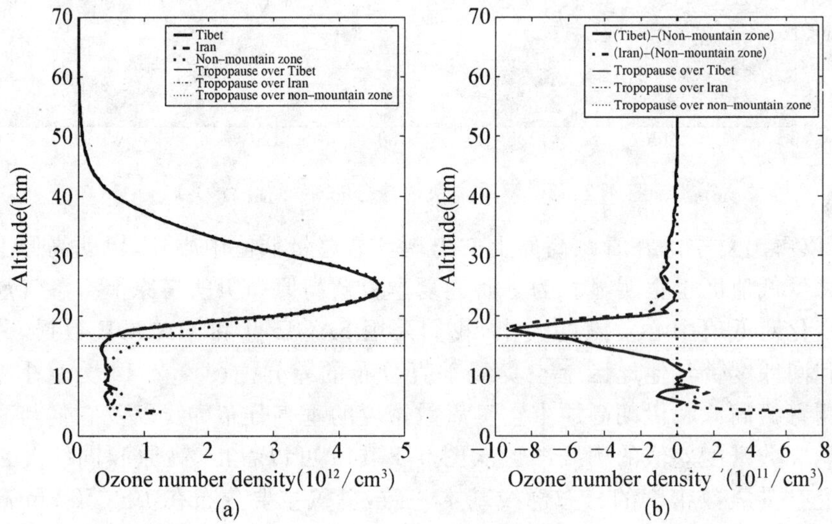

图4.2.14 夏季SAGE Ⅱ所测臭氧数密度垂直分布廓线 (a) 臭氧数密度垂直分布；(b) 高原与同纬度其他地区上空臭氧数密度的差值分布

为了弄清楚南亚高压对青藏高原和伊朗高原上空臭氧总量变化的影响机理，本应该分析南亚高压附近的流场和垂直运动对臭氧的输送，但由于对流层顶以上风速测量及垂直速度计算的准确性不太好，我们参考 Zou Han、Gao Yongqi(1997)文中的方法，采用位温来分析高空垂直运动。当空气块做干绝热运动时，位温守恒。对流层顶和平流层中下层的水汽含量低，大气运动可视为干绝热运动，位温恒定不变。当空气上升时，将下层较低的位温带到上层，使上层的位温下降，局地的等位温面抬升。所以，从该地区位温的变化，可以反映垂直运动情况。南亚高压强弱变化的时候，其附近气层的位温也有明显的变化。图

4.2.15是青藏高原、伊朗高原和同纬度带其他地区上空多年平均的位温的季节变化图。从图4.2.15c中可以看出，同纬度带其他地区上空位温的逐月变化平缓，而青藏高原和伊朗高原上空（图4.2.15a、b）在120—30 hPa之间夏季等位温面抬升。这表明与同纬度带其他地区相比，夏季青藏高原和伊朗高原上空南亚高压增强时，该地区上空120—30 hPa气层的位温减少，等位温面上升，表明该区域有明显的上升气流。此上升气流将下层含低浓度臭氧的大气输送到上层，起

表4.2.1 夏季伊朗高原和青藏高原臭氧总量平均值 （单位：D.U.）

		多年平均值	南亚高压中心偏伊朗高原年的平均值	南亚高压中心偏青藏高原年的平均值
6月	伊朗高原	288.4	284.1	289.6
	青藏高原	282.2	282.4	282.2
7月	伊朗高原	281.2	277.7	285.4
	青藏高原	276.1	275.0	277.5
8月	伊朗高原	278.0	277.1	278.3
	青藏高原	271.5	273.9	270.7

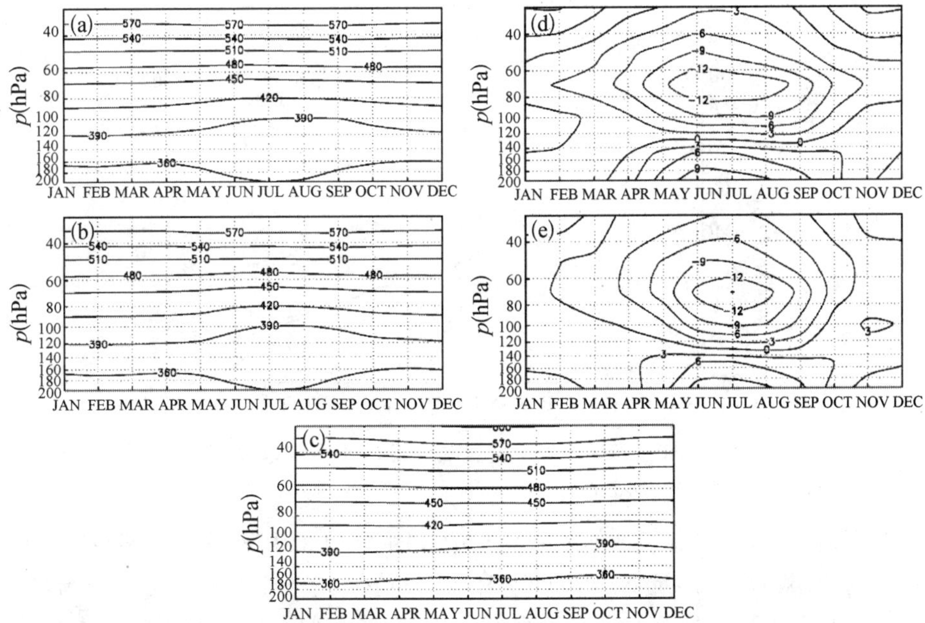

图4.2.15 位温多年平均的逐月变化 (a) 青藏高原上空位温变化；(b) 伊朗高原上空位温变化；(c) 同纬度其他地区上空位温变化；(d) 青藏高原和同纬度其他地区上空位温差值变化；(e) 伊朗高原和同纬度其他地区上空位温差值变化

到了对上层大气中臭氧含量减少。图 4.2.15d 和图 4.2.15e 表明在夏季高原地区位温相对于高原以外地区的位温减少最多是在 60—80 hPa 气层,也就是说上升运动也在这气层中比较强,所以在此气层臭氧浓度减少最多。伊朗高原上位温面变化与青藏高原上的相比,7 月份在 120—30 hPa 气层中伊朗高原上的等位温面比青藏高原等位温面上升得更高些(也就是上升气流更强些),由此可以解释为什么伊朗高原上这一层中臭氧减少得比青藏高原上多些。

在采用 TOMS 资料分析高原臭氧低值中心变化趋势时我们还发现 1998 年青藏高原臭氧低值中心出现了异常(周任君、陈月娟,2006)。正常年份青藏高原上空臭氧总量在 3 月达最大值,随后慢慢减少,10 月达到一年中的最小值,随后又慢慢增多(如图 4.2.16 中的虚线所示)。而对于 1998 年(图 4.2.16 中的实线),从 5—10 月臭氧总量值与多年平均值相近,但 11 月比多年平均值低出 17 D.U.,12 月臭氧总量值才开始回升。1998 年高原臭氧低值中心持续时间之长,而且最低值延续到 11 月,这是历年来仅有的一次。为了验证 1998 年臭氧总量变化的特殊情况,我们还采用了 SAGE Ⅱ 臭氧数密度垂直分布来分析,发现 1998 年 11 月青藏高原上空绝大部分高度的臭氧数密度比多年 11 月的平均值低,这与 TOMS 所测得的 1998 年 11 月青藏高原上空臭氧总量比多年平均值低一致。与多年 11 月平均值相比,1998 年 11 月青藏高原上空臭氧数密度主要减少在 8—28 km,其中在18 km附近减少最多。

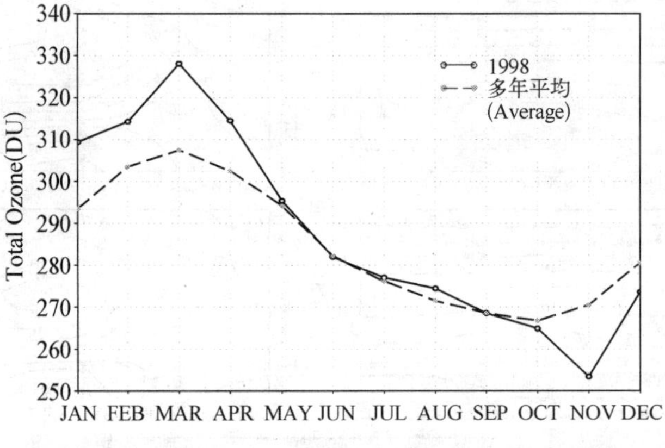

图 4.2.16 青藏高原上空臭氧总量多年平均以及 1998 年的逐月变化

为了研究 1998 年臭氧低值中心异常的成因,周任君和陈月娟(2006)用 SAGE II 中的对流层顶高度以及 NCEP/NCAR 再分析资料来分析 1998 年 11 月流场、位温及位势与多年平均的差异。对于多年平均,青藏高原上空对流层顶冬季最低在 12 km 附近,夏季对流层顶升高,可达到 16.5 km,到 11 月,对流层顶下降到14 km附近。1998 年 6—10 月,对流层顶略高于多年平均,而 11 月,青藏高原上空对流层顶高出多年平均 2 km。这表明 1998 年 11 月高原上空垂直上升运动较多年平均强。图 4.2.17 为纬度带 28—40°N 之间 1998 年 11 月流场与多年平均的差值分布，阴影为地形高度。与多年平均相比，1998 年 11 月在青藏高原上空 500 hPa 以上存在一股上升气流，并且气流在高原上空向四周辐散。1998 年 11 月在 15—20°N 之间北上气流增强，当这股气流北上遇到青藏高原时抬升，在高原上空与北部一股弱南下气流汇合，垂直上升速度在青藏高原上空 300—100 hPa 之间达到最大。上升运动的加强更有利于高原低空含臭氧少的空气向高原上空输送。在周任君和陈月娟(2006)的文中也对 1998 年南亚高压进行了分析，发现 1998 年 11 月青藏高原上空 100 hPa 南亚高压比多年平均强，气流向高原四周辐散。因此，1998 年 11 月流场和位势场的分布特征有利于低层含臭氧少的大气向上传输，而上层含臭氧较多的空气向四周流走，从而使得高原上空臭氧浓度减少。

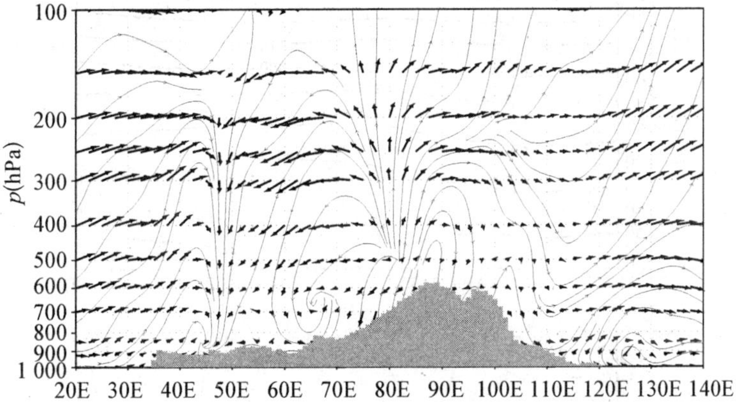

图 4.2.17 1998 年 11 月与多年平均 11 月青藏高原附近差值流场分布

以上讨论了对流顶及其以下约 10—16 km 气层高原上空 1998 年 11 月臭氧减少的原因，但是从 SAGE Ⅱ资料的分析结果可以看出，10—16 km 气层臭氧的减少还不是最主要的，16—28 km 臭氧的减少更重要，因此下面讨论一下对流顶以上的情况，我们还是采用位温来分析高空垂直运动。图 4.2.18 a、b 为青藏高原上空多年平均的和 1998 年的位温的逐月变化。可以看出高原上空 150—50 hPa 在 6—9 月等位温面抬升，上升气流增强。同时还可以看到，1998 年 10 和 11 月从 150 hPa 以上的各等位温面都比多年平均偏高。图 4.2.18 c 是 1998 年高原上空位温与多年平均值的差值。可以看出高原上空 150 hPa 到 10 hPa 1998 年 11 月位温比常年下降了 2—8 K，位温下降最大的高度在 25 hPa 附近，也就是说 1998 年 11 月高原上空平流层中下层的上升运动也比多年平均强，而且上升运动最强处在 25 hPa 附近。由于臭氧数密度大约在 25 hPa 达到最大值，所以低空大气中臭氧浓度低，25 hPa 附近及其下层上升气流增强，会起到稀释该气层臭氧浓度的作用，同时随着其上层上升运动的减弱，气流将向四周辐散，于是引起高原上空 16—28 km 气层臭氧的大量流失。

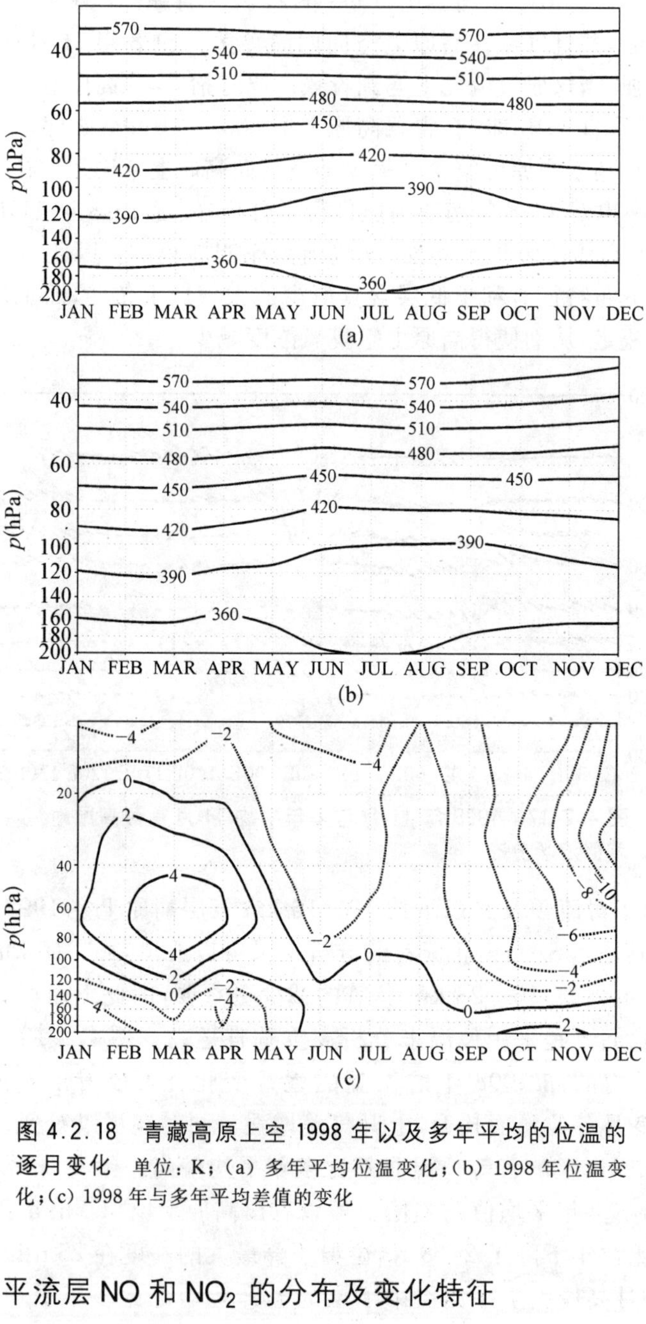

图 4.2.18 青藏高原上空 1998 年以及多年平均的位温的逐月变化 单位：K；(a) 多年平均位温变化；(b) 1998 年位温变化；(c) 1998 年与多年平均差值的变化

4.2.3 平流层 NO 和 NO_2 的分布及变化特征

氮氧化物 NO 和 NO_2 不仅在平流层臭氧平衡过程中起着重要的作用，而且它们还是一种重要的温室气体。在高层大气中，由于氮分子在太阳辐射和宇宙线高能粒子的作用下分解，再与氧分子反应生成 NO_x，这是 NO_x 的一个重要来源。而平流层中下层的氮氧化物 NO_x 的含量还受到人类活动的影响。一方面超音速飞机在平流层喷射的废气含有不少 NO_x，另一方面，在对流层中，由于人类活动，工业生产，农业化肥的使用以及含氮生物的燃烧等排放出大量的氮氧化物。通过对流层和平流层交换而逐渐输送到平流层。

1. NO 和 NO_2 的空间分布特征

HALOE 观测得到的 NO 和 NO_2 的垂直-纬向分布和垂直-经向分布分别如图 4.2.19（彩图见第 695 页）和图 4.2.20（彩图见第 695 页）所示。

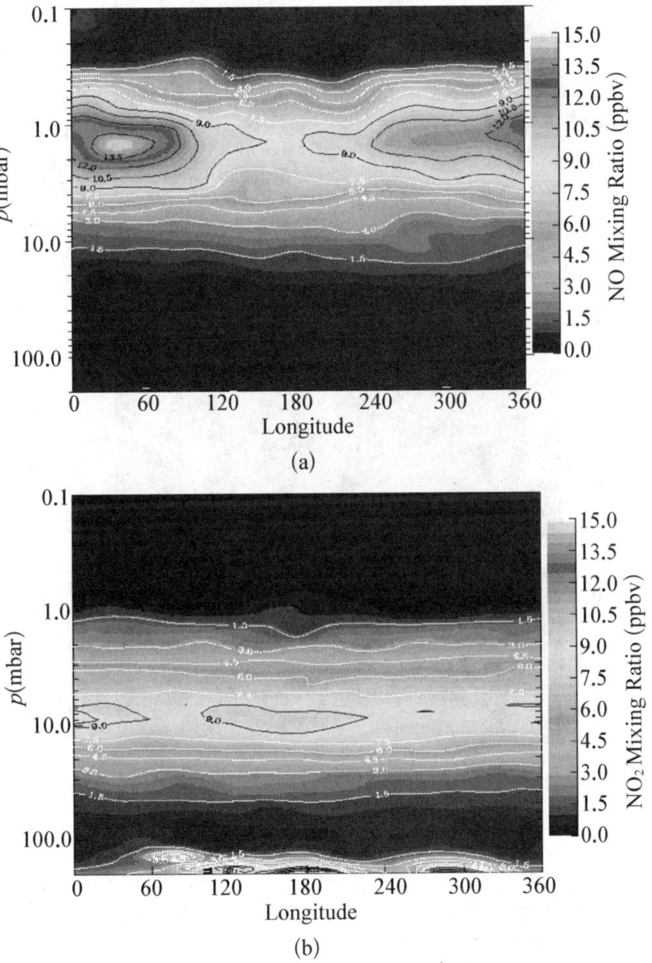

图 4.2.19 NO 和 NO_2 混合比的高度-纬向剖面图

(a) NO，1997.5.5 沿 36°N；(b) NO_2，1997.6.25 沿 31°N

(引自http//haloedata.lare.nasa.gov)

从图 4.2.19 可以看到，在平流层下层 NO 混合比很小，在平流层中层向上明显增大，在 1—2 hPa 之间有个高值区，高值中心在欧亚大陆和北美到大西洋上空，在太平洋上空其混合比相对较小。而 NO_2 的垂直-纬向分布与 NO 有所不同，在 100 hPa 以下，NO_2 混合比比较大，向上减小，到 100 hPa 附近达到一个极小值，然后向上增加，到 5—20 hPa 气层为 NO_2 混合比的高值层，这个高值层与 O_3 混合比的高值层(见图 4.2.1a)位置大致相同。

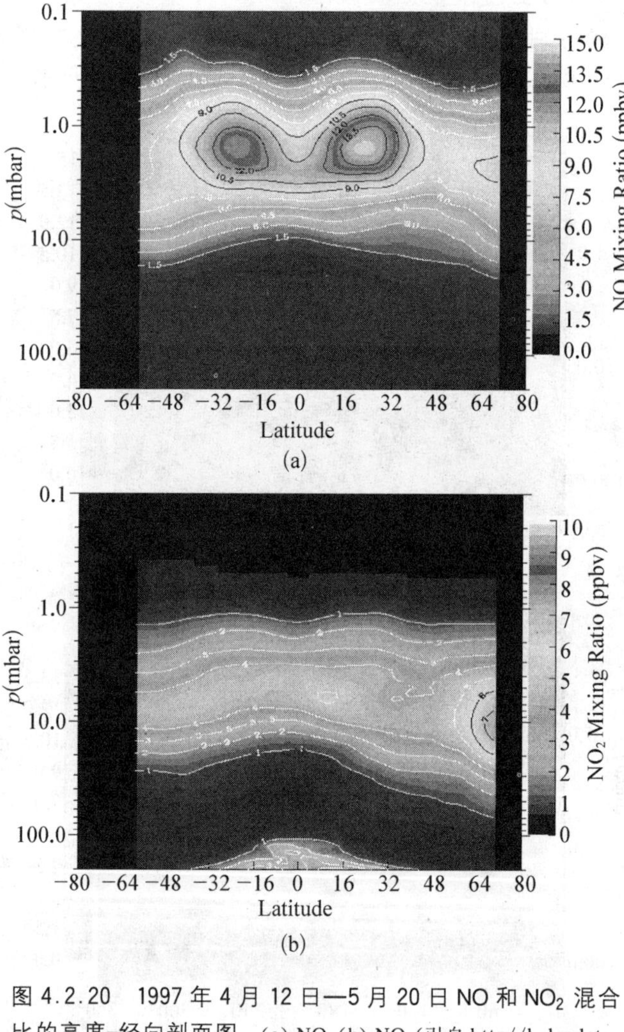

图 4.2.20　1997 年 4 月 12 日—5 月 20 日 NO 和 NO_2 混合比的高度-经向剖面图　(a) NO；(b) NO_2(引自 http//haloedata.lare.nasa.gov)

从图 4.2.20 来看，NO 垂直-经向分布的特点是：大约在 5 hPa 以下气层，在中低纬度地区 NO 混合比的等值线向上拱，因此中低纬度地区 NO 混合比要比高纬度地区低些。在 5—1 hPa 之间的高值区内，在赤道两边有两个高值中心，在5月份，赤道以北的那个中心强一些。NO_2 混合比的等值线在10 hPa以下也是向上拱的，因此在从100 hPa附近的低值区到10 hPa的气层，也是低纬度地区 NO_2 混合比小于高纬度地区，在5月份，北半球的这种差异更明显，5—20 hPa附近 NO_2 混合比的高值层在北半球比南半球更厚些，到60°—70°N它可以扩展到40 hPa高度。而且 NO_2 混合比的值也高了很多。

简俊和陈月娟等(2001)用HALOE资料分析了北半球NO和 NO_2 混合比的垂直分布，结果表明，NO混合比在垂直方向上除了在1 hPa附近有一个极大值外，在 1×10^{-5} hPa附近还有一个极大值，而在0.1 hPa附近是一个极小值，在平流层中上层(50 hPa到0.3 hPa)之间NO混合比含量非常稳定，而在0.1 hPa以上(中间层和热层)，NO含量持续增长，但由于NO分子主要是由氮原子在太阳辐射或宇宙高能粒子作用下与氧分子反应生成的，因此其分布有很大起伏。在下面我们主要讨论平流层中的NO的分布。

NO_2 混合比则是在100 hPa及0.5 hPa高度附近达到极小，到5—10 hPa处则为最大值(在平流层大气中 NO_2 和 O_3 具有非常相似的垂直分布特征)。但100 hPa以下的对流层中 NO_2 混合比急剧增加，往往会超过 1×10^{-8}。在平流层中 NO_2 分布廓线沿不同经度变化不大，但沿不同纬度，其极值出现高度有一定差异。

2. 中国和青藏高原上空NO和 NO_2 的垂直分布特征及季节变化

在陈月娟等(2006)、Chen Yuejuan等(2006)的文章中不仅讨论了中国和青藏高原上空臭氧的分布和变化，也讨论了其他微量气体的分布和变化。这里先介绍 NO_x。图4.2.21(彩图见第696页)a、b是HALOE观测的我国上空冬季和夏季的NO和 NO_2 垂直廓线，图中数据是1992年到2005年的平均值，图中除了给出了全国范围的平均廓线和青藏高原区域的平均廓线外，为了对比，还给出了与我国相同纬度带的平均廓线(下同)。从图4.2.21a可以看出，在平流层，我国上空不同的高度上，NO混合比的分布与同纬度带平均的NO混合比的分布基本一致，而且其季节变化也都很明显。从对流层中层向上到200 hPa(约11 km)附近NO混合比减少得很快，在200 hPa附近出现了一个极小值区。其值在 5×10^{-12}(冬季)到 2×10^{-11}(夏季)之间。从200 hPa向上到100 hPa(约16 km)，NO混合比迅速增加，但从100 hPa到大约40 hPa(约22 km)气层，其值变化不大，维持在 5×10^{-11}(冬季)到 1×10^{-10}(夏季)之间。从40 hPa向上，NO的混合比再次迅速增长，到1—2 hPa(约45—50 km)附近达到极大值，约为 10^{-8}，再往上，随高度的增加，NO混合比反而减小，到0.1—0.2 hPa气层达到另一个极小值，冬季为 8×10^{-9}，夏季约为 1×10^{-9}。从0.1 hPa再往上，NO混合比随高度又明显增加。在对流层上层到30 hPa气层夏季NO混合比大于冬季，而且其季节特别明显。从5 hPa到0.3 hPa气层，夏季NO混合比也大于冬季，但差值较小。而在20—5 hPa和0.3—0.001 hPa气层，则相反，冬季的NO混合比大于夏季，特别是在0.1—0.01 hPa气层，冬夏NO混合比可以差一个数量级。这里已经到了中间层，不但NO混合比的季节差异明显，中国上空和同纬度带上空的NO混合比差异也变大了很多。从图4.2.21a还可以看出，青藏高原上空平流层中NO与全国平均差不多，只是在0.2 hPa以上差异大一些。

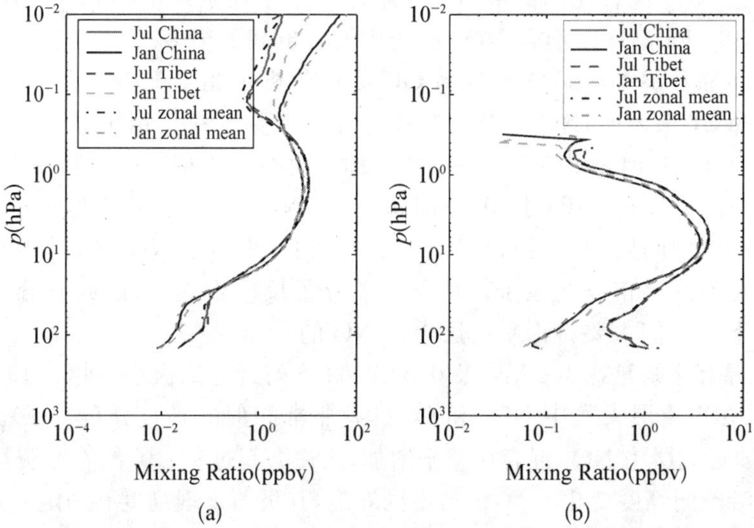

图4.2.21 我国及同纬度地区上空平均的NO(a)和NO_2(b)的垂直廓线

图4.2.21b是14年平均的NO_2混合比的垂直廓线，在HALOE提供的观测资料中，NO_2观测高度在所有微量气体中是最低的，它所达到的最高高度约为60 km，所以NO_2混合比的垂直廓线只到达0.05 hPa附近。对比图4.2.21a、b，可以看到NO_2和NO的垂直分布的不少差异。首先，在HALOE观测到的各高度上，夏季NO_2的混合比都比冬季高。其次，在对流层顶以下，在200 hPa附近，NO_2的含量较高，冬季约为0.6×10^{-9}，夏季达到6×10^{-9}。从这气层向上，NO_2混合比迅速减小，到平流层的底部(冬季约为100 hPa附近，夏季约为70 hPa附近)达到极小值(冬季约为8×10^{-11}，夏季约为4×10^{-10})。再往上，NO_2混合比随高度增加，到5—10 hPa(约30—35 km)附近达到极大值。在这里，冬夏季NO_2混合比有些差异，但不是很大，约为4×10^{-9}。从5 hPa向上，NO_2混合比随高度再次减小。从图4.2.21b还可以看出，中国上空NO_2混合比的分布冬季与同纬度带一致，夏季的差异主要出现在对流层上层到平流层底层(约200—70 hPa气层)。我国和高原上的NO_2混合比大于同纬度地区。而且青藏高原上空平流层底层NO_2混合比比全国平均值也高一些，特别是冬季在100—40 hPa附近特别清楚。

李庆和陈月娟等(2005)曾对青藏高原上空氮氧化物的分布特征进行过详细讨论，不但与同纬度带进行了对比，还与同经度区域进行了对比，结果表明，青藏高原上空夏季平流层底层NO_2混合比分不仅高于同纬度带的平均值，也高于75°—105°E(青藏高原所在经度)平均的高原以外其他纬度的平均值。在该文中还分析了高原所在纬度带 NO_x($NO + NO_2$)混合比纬向分布与臭氧的关系。图 4.2.22 给出夏季 100 hPa 等压面上 30°—40°N 平均的 NO_x 和 O_3 混合比与其纬向平均值之差沿纬向的分布(NO_x 和 O_3 混合比的纬向平均值分别为 4.3×10^{-10} 和 2.3×10^{-7})。

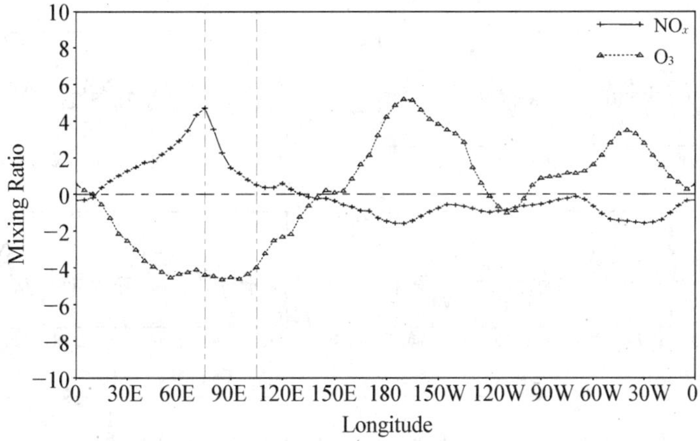

图 4.2.22 夏季 100 hPa 上 30°—40°N 平均的 NO_x 和 O_3 混合比与其纬向平均值之差沿纬向的分布

单位:NO_x 为 1.0×10^{-10},O_3 为 2.0×10^{-8}

由图 4.2.22 可看出,夏季 100 hPa 上青藏高原及其以西的地区(50°—100°E)出现了一个 NO_x 混合比的高值区,与这一地区的 O_3 混合比低值区向对应。而同纬度带的其他地区 NO_x 混合比比较低,对应的 O_3 混合比则比较高。所以从整体上看,同纬度比较,NO_x 与 O_3 的反相关性是比较好的。50 hPa 上(图略)30°—40°N 平均的 NO_x 和 O_3 混合比与其纬向平均值之差沿纬向的分布与 100 hPa 上很相似,10 hPa 上(图略),夏季高原上空的 NO_x 和 O_3 混合比都比纬向平均值低,冬季 NO_x 和 O_3 混合比的纬向反相关性比较好,而夏季这种关系不太明显。

3. 平流层 NO 和 NO_2 混合比的变化趋势

图 4.2.23 给出 1992 年到 2005 年我国上空 NO 和 NO_2 混合比的时间变化曲线。从 HALOE 给出的观测值曲线(图中的实线)可以看出,我国上空平流层 NO 混合比除了有明显的季节变化外,年际变化也比较明显。而线性拟合曲线(图中点划线)表明,在平流层上层从 1992—2005 年 14 年中,NO 混合比总的变化不大,但在平流层中层和下层,NO 混合比有所增加,从低通滤波曲线(图中点线)可以看出,其增加最主要出现在 1992 年到 1998 年,其拟合的线性变化趋势的信度达到 95%,从 1998 年以后在平流层下层 NO 混合比有所下降,其信度也达到 95%。从低通滤波曲线还可以看出,我国上空 NO 混合比也有准两年周期振

荡的特征。在 10 hPa 附近尤其明显。关于中纬度地区 NO_x 的准两年周期振荡的特征及形成原因详见本章第 4 节。北半球中纬度地区上空平流层 NO 混合比的变化特征与我国上空平流层 NO 混合比的变化特征差不多。在 Chen Yuejuan(2006)的文章中我们给出过其时间变化图和相应的讨论，这里不再重复。

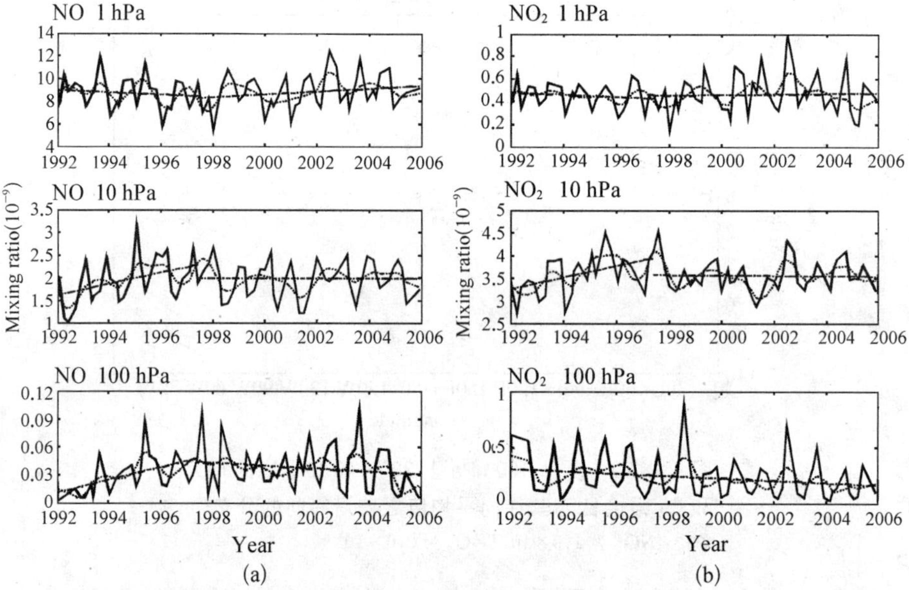

图 4.2.23 我国上空平流层 NO(a)和 NO_2(b)混合比的时间变化图

从图 4.2.23b 来看 NO_2 的变化特征，在平流层中层 10 hPa 附近，从 1992 年到 2005 年 NO_2 混合比总的趋势是上升的，与 NO 的情况相似，也是从 1992 年到 1998 年上升较明显，其信度达到 95%，从 1998 年到 2002 年有所下降，从 2003 年后又有些回升，总的来说 1998 年以后变化不大。但在平流层上层和下层，NO_2 的变化趋势则不同。在平流层上层，NO_2 混合比从 1992 年到 1998 年先是下降，1998 年后稍微升高了一些，但不大明显。而在平流层下层 100 hPa 附近，这 14 年总的来说 NO_2 混合比有缓慢减少的趋势，其信度达到 95%。

对比前面图 4.2.18 和图 4.2.23 中平流层中层 (10 hPa) 的低通滤波曲线可以看到，在 1998 年到 2002 年期间臭氧混合比相对较高而 NO、NO_2 的混合比相对较低，也就是说，平流层中层臭氧混合比的变化与 NO、NO_2 的混合比的变化是相反的。

4.2.4 平流层的 HCl 和 HF

平流层的氯化氢(HCl)和氟化氢(HF)是人类向大气排放的氟利昂等物质(CFCs)输送到平流层之后经过一系列光化学过程而形成的，它们在破坏臭氧方面也起着重要作用,特别是 HCl。在本章 4.1.4 小节提到过,CFCs 物质并不直接破坏臭氧,而是在强烈的紫外辐射作用下它们光解出氯原子 Cl 去破坏臭氧,Cl 的化学性质极活泼,不易在平流层中直接传播,但它可与大气中的 CH_4、H_2、HO_2、H_2O_2、HNO_3 发生一系列反应,生成比较稳定的 HCl 存在于平流层大气中,并被大气传输到各地,因此,HCl 可以看作是活性氯的储存库。而在一定的条件下,HCl 再通过化学反应,释放或分解出 Cl 原子去破坏臭氧,所以,有时也把 HCl 看做是大气中从自然源和人为源生成的氯总量的指标(Russell,1993)。因此,我们用 HALOE 提供的资料着重讨论了 HCl 混合比资料的分布(施春华和陈月娟等,2003)。

1. HCl 的空间分布特征

图 4.2.24(彩图见第 696 页)是 HALOE 观测到的 1997 年 4—5 月份之间

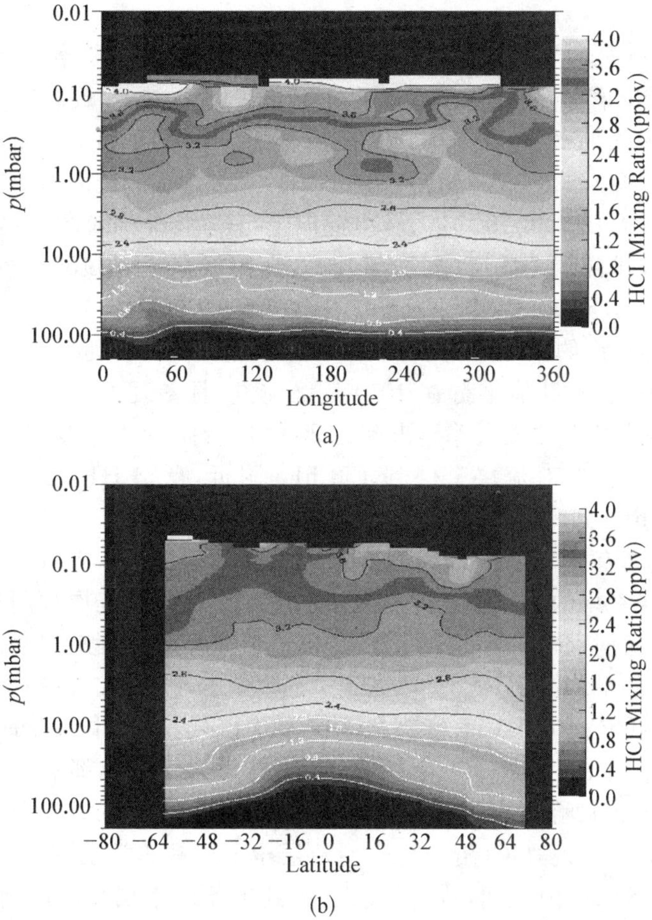

图 4.2.24 HCl 混合比的高度-纬向(a)和高度-经向(b)剖面图

(a) 1997 年 5 月 5 日沿 36 °N;(b) 1997 年 4 月 12 日—5 月 20 日(引自 http//haloedata.lare.nasa.gov)

HCl 混合比的垂直-纬向和垂直-经向分布图。从图 4.2.24 可以看出在 100 hPa 以下 HCl 含量较少，其混合比在 10^{-10}以下。在平流层，HCl 混合比在垂直方向上随高度递增，到 10 hPa 附近达到 2—3×10^{-9}量级。再向上其递增率减少，到 1—0.1 hPa 气层，基本稳定在 3—3.5×10^{-9}量级。平流层中(100—1 hPa)，HCl 混合比在纬向和经向上的分布比较简单，比较规则。在纬向上其分布比较均匀，只是在1 hPa 以上其纬向扰动比较明显。在经向上，在 10 hPa 以上经向差异不大。但在 10 hPa 以下在低纬度地区 HCl 混合比较低，从低纬分别向南北半球高纬递增，且赤道南北基本对称。只是随着季节的变动，其低值区还有南北移动的趋势，春季和秋季 HCl 混合比的最低值出现在赤道附近上空，冬季它出现在赤道以南，夏季它出现在赤道以北。这跟太阳辐射强度在南北回归线之间季节性南北移动一致。这也使得 HCl 的分布随季节变化，两个半球皆是冬季的 HCl 混合比大于夏季的值。

2. 中国和青藏高原上空 HF 和 HCl 的垂直分布特征及季节变化

图 4.2.25(彩图见第 696 页)a、b 分别是我国上空、青藏高原上空和北半球中纬度地区平均的平流层中 1992—2005 年平均的 HF 和 HCl 的垂直分布图。从图4.2.25a 可以看出，在对流层顶以下 HF 的含量是比较高的，夏季在 200 hPa 附近气层其混合比达到 10^{-9}量级，由此向上，HF 混合比随高度迅速减小，到对流层顶附近及平流层的底层(夏季在 100 hPa 附近，冬季在 150 hPa 附近)达到极小值，其值约为3×10^{-11}(冬季)到 10^{-11}(夏季)之间。从平流层底层到平流层中层 10 hPa 附近(约 30 km 高度)，HF 混合比增加很快，到平流层上层，其混合比增加的速率变小，其值维持在 10^{-9}量级左右，且冬夏差异不大。冬季与夏季 HF 混合比垂直分布的最大差异出现在 200 hPa 到70 hPa气层(即对流层顶层到平流层底层)中。在对流层上层到 150 hPa 附近，夏季 HF 混合比比冬季高得多，而在 150 hPa 到50 hPa气层，冬季 HF 混合比稍高于夏季，这与夏季对流活动强、对流顶升高有关，从图 4.2.25a 还可以看出，我国上空、青藏高原上空和北半球中纬度地区平均的 HF 混合比的差异也主要出现在对流层顶附近的极小值区内。在冬季，我国上空的平均的 HF 混合比低于中纬度地区平均值，在夏季相反，我国上空的平均的 HF 混合比高于中纬度地区平均值。但在青藏高原，在同样高度上，无论冬夏其 HF 浓度都比全国平均值低，也比中纬度地区平均值低。但在 60 hPa 以上的气层中，无论是季节差异还是地区差异都不大。

从图 4.2.25b 给出的 HCl 混合比的廓线来看，HCl 的垂直分布与 HF 有相当的差异。总的来说，HCl 混合比在对流层中上层都非常小，在200 hPa附近，其量值在 10^{-10}到 10^{-11}之间，从对流层上层到平流层下层，其混合比随高度迅速增加，到 50 hPa 附近，其混合比达到 10^{-9}量级。从50 hPa向上，其增加速度明显减缓。在平流层中上层，HCl 混合比约为3.5×10^{-9}。HCl 混合比垂直分布的另一个特点是在平流层底部和对流层上部夏季 HCl 浓度明显低于冬季。我国上空、青藏高原上空和北半球中纬度地区平均的 HCl 混合比相比,无论冬夏季,我国与同纬度带平均的 HCl 混合比相差不大,冬季青藏高原上空平均的 HCl 混合比的垂直分布与全国和同纬度带平均的 HCl 混合比分布也差不多。但在夏季,在 100—200 hPa 气层青藏高原上空 HCl 混合比明显比全国和纬向平均值低。在 200 hPa 附近差了两个量级。Chen Yuejuan 等(2006)除了讨论青藏高原上空 HCl 的分布特征外,还分析了它与 O_3 的关系。结果表明,HCl 混合比的分布和变化与 O_3 混合比的分布和变化的相关关系很明显,且不同高度有所不同。在 25—6 hPa 气层,HCl 混合比与 O_3 混合比的变化呈明显的反相关。在30 hPa以下到 70 hPa 它们的相关关系不明显。而在100 hPa 附近为明显的正相关。

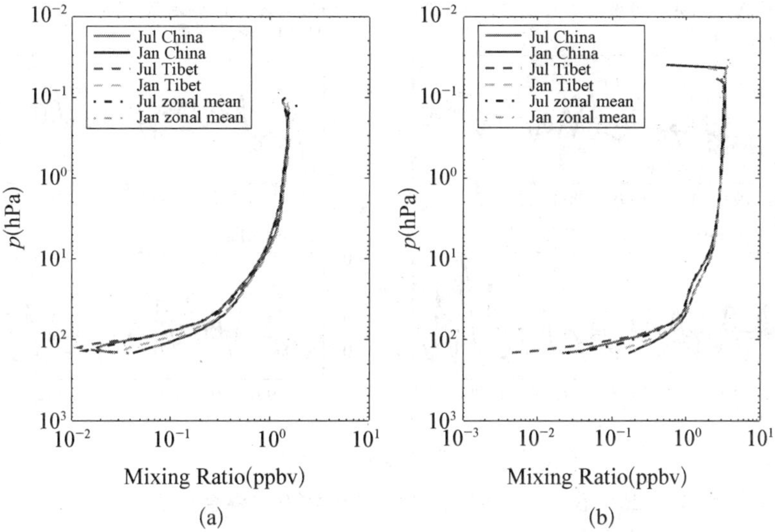

图 4.2.25 我国及同纬度地区上空平均的 HF(a)和 HCl(b)的垂直廓线

3. 平流层 HF 和 HCl 混合比的变化趋势

图 4.2.26 是近 1992—2005 年我国上空平流层 HF(a)和 HCl(b)混合比的时间变化曲线。从中可以看出,HF 和 HCl 混合比的变化趋势:在这 14 年来在平流层上层和中层,这两种微量气体的混合比除了有明显的季节变化和准两年周期振荡外,HF 呈明显的增长趋势,而 HCl 混合比的增长主要出现在 1992 年到 1997 年,它们的变化趋势的信度都达到 99%,从 1998 年到 2005 年,HCl 呈下降趋势,信度也达到 99%。而在平流层下层100 hPa 附近,HCl 在 1993 年到 1998 年增加比较明显,信度达到 99%,1998 年以后变化不大。HF 在 100 hPa 附近,除了季节变化和年际变化比较明显以外,长期变化趋势不大明显。

北半球中纬度地区平均的平流层 HF 和 HCl 混合比的长期变化趋势与我国上空差不多,只是各年的变化在细节上有些不同。详见 Chen Yuejuan(2006)文中对 HCl 变化趋势的讨论。

前面提到过，由图 4.2.18 和图 4.2.23 可以看到，平流层中层（10 hPa 附近）在 1998 年到 2002 年期间臭氧混合比相对较高而 NO，NO_2 的混合比相对较低，从图 4.2.26 的低通滤波曲线也可以看到在这一气层 1998 年到 2002 年期间 HCl 混合比下降也比较明显，也就是说，平流层中层臭氧混合比的变化与 HCl 的混合比的变化也是相反的。

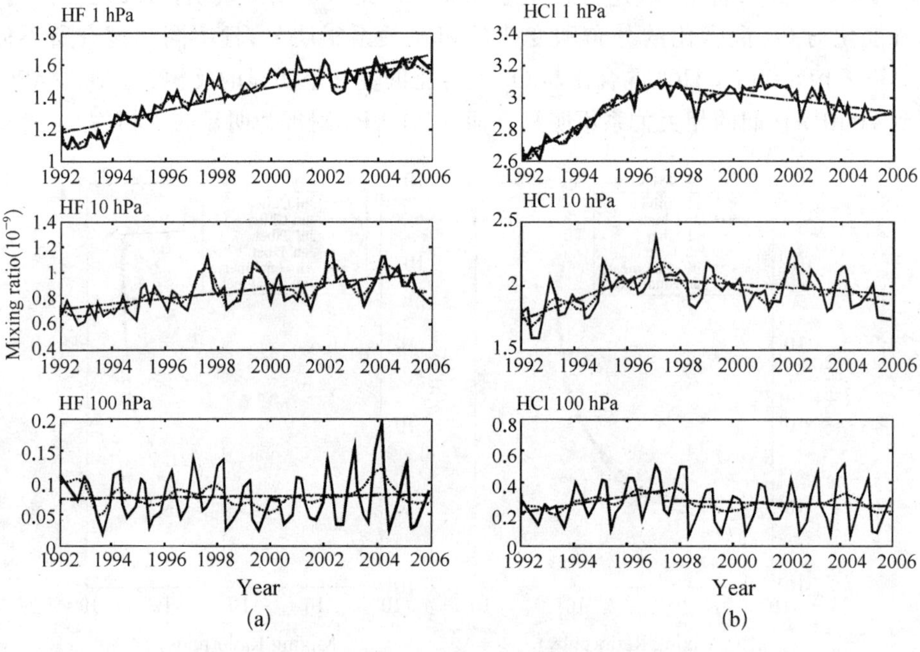

图 4.2.26 我国上空平流层 HF(a)和 HCl(b)混合比的时间变化

4.2.5 平流层的水汽和甲烷

平流层水汽 H_2O 和甲烷 CH_4 都是重要的温室气体，影响着地-气系统的辐射平衡过程。同时水汽和甲烷在平流层大气化学过程中也非常重要。平流层水汽的变化可以改变臭氧的含量。平流层 CH_4 很容易被氧化生成水汽分子，进而影响臭氧的平衡。平流层水汽和 CH_4 主要来自对流层的传输，部分水汽来自平流层上层 CH_4 的氧化。

1. 平流层水汽和甲烷的空间分布

HALOE 观测得到的水汽和甲烷的垂直-经向分布和垂直-纬向分布分别如图 4.2.27（彩图见第 696 页）和图 4.2.28（彩图见第 697 页）所示。在对流层，水汽含量比较丰富，在近地面水汽混合比约为 10^{-2} 到 10^{-3} 之间。但随着高度的增加而迅速减少，从图 4.2.27a 可以看到，到 200 hPa 附近，水汽混合比减少到

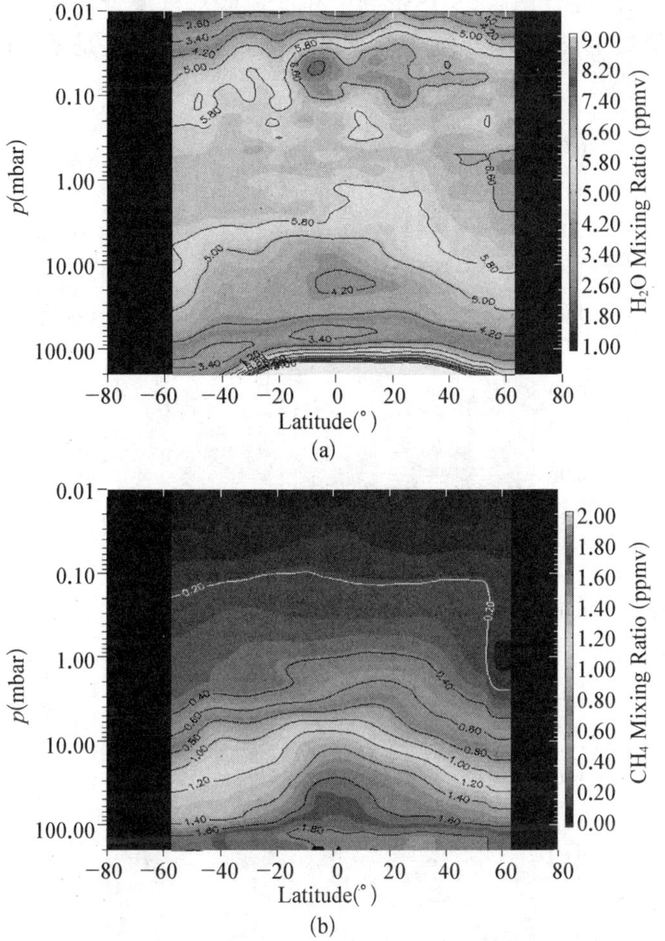

图 4.2.27 1999 年 8 月 26 日—9 月 30 日 H_2O(a)和 CH_4(b)混合比的高度-经向剖面图 (引自 http//haloedata.lare.nasa.gov)

10^{-5}左右(即约为 10 ppmv)。从大约 200 hPa 向上,水汽混合比递减更快,约在 100 hPa 附近出现一个极小值的气层,其混合比值约为 3—4×10^{-6}。从这个极小值区向上,水汽混合比不再减小,而是缓慢增加。因此,这个水汽的极小值区被称为湿层顶(hygropause)。湿层顶所在的高度正好在对流层顶的上面平流层的底部。它的形成是因为湿空气上传经过对流层顶时,由于对流顶温度很低,空气穿越对流顶时被大量脱水。在热带地区湿层顶的位置较高,在 70 hPa 附近,在热带外地区,湿层顶所在高度随着纬度的增加而下降。在中纬度地区,它位于 100—150 hPa 之间。这与不同纬度对流顶高度不同有关。从湿层顶向上至平流层顶,水汽混合比随高度缓慢增加 (这与平流层温度的增加和中高层 CH_4 和 H_2 氧化生成水汽有关),到平流层上层(1 hPa 附近) 其混合比约为 6×10^{-6}。从图 4.2.28a 还可以看出,在同一高度上水汽混合比的经向差异明显。在湿层顶以下,热带地区水汽混合比高,从热带到中纬度地区水汽混合比迅速递减。在湿层顶以上到平流层上层则相反,随着纬度的增加,水汽混合比是增加的。

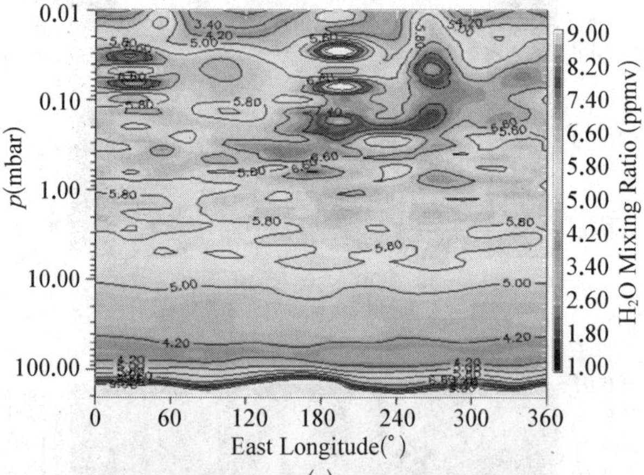

(a)

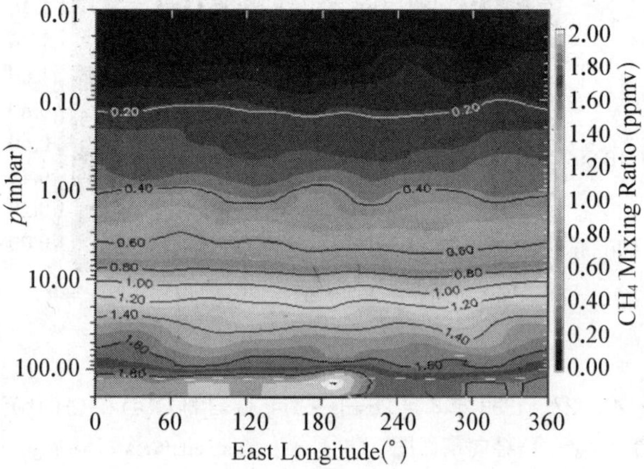

(b)

图 4.2.28 1999 年 9 月 16 日沿 33°N 附近 H_2O (a)和 CH_4(b)混合比的高度-纬向剖面图

(引自 http//haloedata.lare.nasa.gov)

从图 4.2.27b 可以看出甲烷混合比的分布随高度和纬度的变化与水汽明显不同,在对流层上层甲烷混合比较高,随着高度的增加,甲烷混合比一直在减小,在平流层下层和中层,其递减率比较大(从 1.8 ppmv 减小到0.4 ppmv),平流层上层和中间层下层,其递减率明显变小。在不同纬度带甲烷混合比随着高度的变化趋势基本一致,但在同一高度上其经向差异还是明显的。其差异表现为在低纬度地区甲烷混合比较高,随着纬度的增加,甲烷混合比减少,这种变化在夏半球更明显。

从图 4.2.28 给出沿 33°N 水汽和甲烷混合比的纬向-高度分布来看，总的来说，从 100 hPa 向上，在平流层中下层，水汽和甲烷混合比的纬向分布都比较均匀，而在平流层上层，波状扰动比较明显，特别是水汽混合比纬向分布比较凌乱。在平流层中下层纬向风输运的时间常数远远小于水汽分子和甲烷的光化学寿命，因此水汽和甲烷沿纬圈能充分混合。但随着高度的增加，水汽和甲烷的光化学寿命缩短以及甲烷和水汽之间的转化，使得水汽和甲烷的纬向分布受动力学效应和光化学反应的共同影响，纬向分布变得复杂化。在毕云和陈月娟等对中层大气水汽和甲烷的分析中曾就它们在平流层的分布进行过详细的讨论，这里不重复。

2. 中国和青藏高原上空水汽和甲烷的垂直分布特征及季节变化

图 4.2.29(彩图见第 697 页)a、b 分别是我国上空、青藏高原上空和北半球中纬度地区平均的平流层中 1992—2005 年平均的 H_2O 和 CH_4 的垂直分布图。从图4.2.29a可以看出我国上空和北半球中纬度地区 H_2O 混合比的平均值的垂直分布非常相似，且它们的季节差异都很明显，主要表现为，在 70 hPa 以下，夏季的水汽混合比明显大于冬季，而且，夏季的湿层顶(在 80 hPa 附近)明显高于冬季(在 150 hPa 附近)。从 70 hPa 到 0.5 hPa 气层这两种区域 H_2O 混合比的平均值差异不大，季节变化变为夏季水汽混合比稍小于冬季。0.1 hPa 以上，差异明显一些。

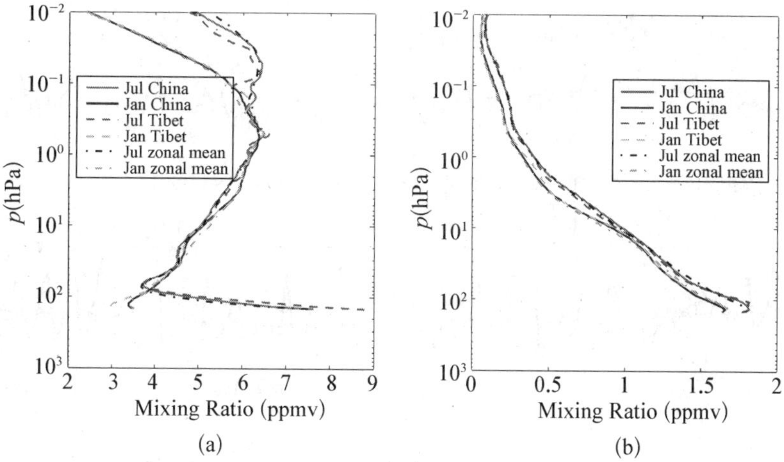

图 4.2.29 我国及同纬度地区上空平均的 H_2O (a) 和 CH_4(b)的垂直廓线

图 4.2.29a 还表明：在青藏高原地区水汽混合比的垂直分布在平流层与我国北半球中纬度地区平均值的分布基本相同，在 200 hPa 附近的值和 100 hPa 附近的湿层顶的位置也与前两个区域一致，只是夏季湿层顶附近的水汽混合比稍大于全国平均值，这是高原夏季对流活动旺盛造成的。冬季湿层顶附近的数值比全国平均值偏小一点。

图 4.2.29b 给出的我国上空、青藏高原上空和北半球中纬度地区平均的平流层 CH_4 的垂直分布廓线表明：这三种区域平均的 CH_4 混合比差异不大，都是从对流层顶往上逐渐减小，从 100 hPa 到 1 hPa 气层，其递减率较大，1 hPa 以上递减率变小。在平流层整层，夏季 CH_4 混合比都大于冬季。

3. 平流层水汽和甲烷混合比的变化趋势

图 4.2.30 为近 1992—2005 年我国上空平流层水汽和甲烷混合比的时间变化图。从图 4.2.30 可以看到在平流层的各个层次，H_2O 和 CH_4 混合比都有很明显的季节变化和年际变化，而且也有明显的准两年周期振荡特征。这里主要讨论它们的变化趋势。从图 4.2.30a 的线性拟合值和低通滤波曲线可以看出，在平流层的上、中、下层水汽的变化趋势不同：在 100 hPa 水汽混合比呈明显的下降趋势，14 年间从平均的 4.2×10^{-6} 下降到 3.5×10^{-6}，其信度达到 99%。而在 10 hPa 和 1 hPa 高度上，水汽在 1998 年以前上升很明显，1998 年以后呈下降趋势，其信度都达到 99%。

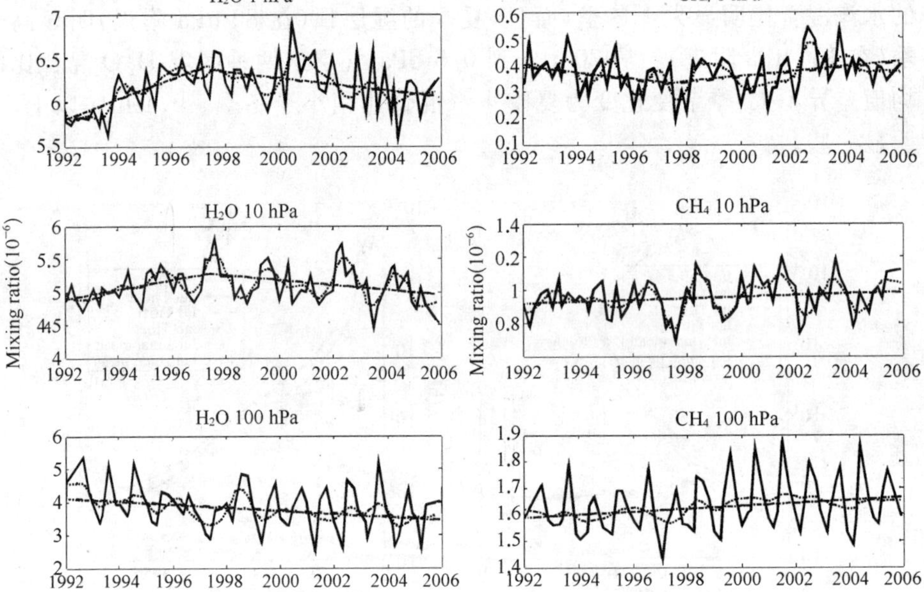

图 4.2.30 我国上空平流层 H_2O (a) 和 CH_4(b) 混合比的时间变化

图 4.2.30(b)给出我国上空平流层 CH_4 的变化。可以看出，CH_4 混合比除季节变化和年际变化特征外，从长期变化而言，它在平流层下层和中层都呈上升的趋势。其上升趋势的信度达到 95%。而在平流层上层，1998 年以前下降很明显，而 1998 年以后呈上升趋势。对比 H_2O 和 CH_4 混合比的变化，可以看到，在平流层上层 1 hPa 附近它们各年的变化几乎是相反的，在水汽含量增加的年份，

甲烷的含量减少，而在水汽含量减少的年份，甲烷的含量增加。这表明在平流层上层有些年甲烷比较多的被氧化生成较多的水汽，而有些年则相反。

在 Chen Yuejuan(2006)的文章中也讨论过北半球中纬度地区平流层水汽和甲烷混合比的变化趋势。结果表明，北半球中纬度地区平流层水汽和甲烷混合比的季节变化和年际变化在细节上和图 4.2.30 给出的中国上空水汽和甲烷的季节变化和年际变化有些差异外，其长期变化趋势中国上空水汽和甲烷的长期变化趋势是一致的。这里不再重复。

总的来说，整个平流层甲烷的增加表明对流层向上输送的甲烷增多。平流层下层水汽明显减少表明对流层向上输送的水汽明显减少，而平流层中上层水汽的增多是因为有较多的甲烷被氧化而生成的。

对比这 14 年平流层臭氧和几种对臭氧耗损有关的微量气体的变化趋势，我们看到，平流层中层(臭氧混合比最大的气层)自 1998 年以来，NO、NO_2、HCl 和水汽混合比从以前的上升趋势变为下降或变化不大。与此同时，臭氧减少的趋势已经开始缓解。这是一个好的现象。这是不是意味着人们所采取的环保措施在保护臭氧层方面已经开始起作用了呢？还需要用更多的观测资料进行验证。

4.3 平流层纬向风 QBO 和微量成分的 QBO 现象

热带平流层纬向风的准两年周期振荡(Quasi Biennial Oscillation，简称 QBO)的发现及其成因的研究已有 40 多年的历史了。所谓 QBO 现象是指在热带平流层中下层东风和西风交替出现的现象，其变化周期平均大约两年。在纬向风的准两年周期振荡被观测到不久，人们又观测到臭氧浓度也存在准两年周期变化的特征(下面简称为臭氧的 QBO)，而且发现臭氧的 QBO 与纬向风的 QBO 有着密切的关系，随着平流层其他微量成分观测资料的逐渐增多，人们也开始分析各种微量成分的年际变化与纬向风的 QBO 的关系以及纬向风的 QBO 引起臭氧和其他微量成分的准两年周期振荡的原因和机理。

4.3.1 平流层纬向风的准两年周期振荡

热带平流层纬向风的 QBO 现象最早于 1960 年分别被 Reed(1961)、Veryard 和 Ebdon(1961)发现。以后更多的观测资料给出了纬向风的 QBO 的基本的动力学特征。在Andrews et al(1987)的《中层大气动力学》第8章和叶笃正等(1988)的《动力气象学》第16章都给出过月平均的纬向风的高度-时间剖面图。可以清楚地看出平流层中下层纬向风的准两年周期振荡的特征。这些图都是用赤道附近某些观测站的资料绘制的。图4.3.1(彩图见第697页)是我们用NCEP/NCAR再分析资料绘制的赤道附近(5°S—5°N纬度带平均)的纬向风的高度-时间剖面图。可以看出与Andrews等(1987)和叶笃正等(1988)给出了相同的QBO变化特征:(1)东风区和西风区交替出现,其间隔时间约为22—34个月,平均约为27个月。(2)振荡现象从大约30 km(约10 hPa)向下传,其下传速度约为每个月1 km。(3)下传过程中,在10— 40 hPa气层振幅基本不变,从40 hPa(约23 km)往下其振幅迅速减弱。到80 hPa以下纬向风的QBO已经不明显,主要表现为半年振荡。

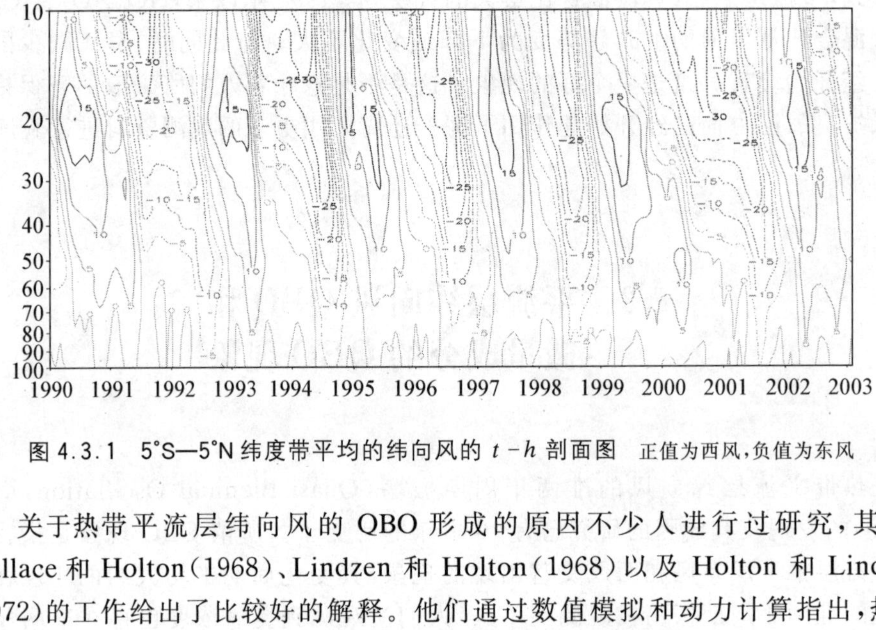

图4.3.1 5°S—5°N纬度带平均的纬向风的 $t-h$ 剖面图 正值为西风,负值为东风

关于热带平流层纬向风的QBO形成的原因不少人进行过研究,其中,Wallace和Holton(1968)、Lindzen和Holton(1968)以及Holton和Lindzen(1972)的工作给出了比较好的解释。他们通过数值模拟和动力计算指出,热带平流层纬向风的QBO是垂直传播的长周期重力波(在热带地区即是平流层赤道开尔文波和罗斯贝-重力混合波)与赤道平流层的纬向风相互作用的结果。关于他们的工作,在Andrews等(1987)和叶笃正等(1988)的书中都有详细的介绍,这里不再重复。

4.3.2 微量气体准两年周期振荡的观测事实

1. 臭氧的QBO

对臭氧含量年际变化和准两年周期振荡的研究,国外已经有过不少工作,例如 Funk 和 Garnham(1962)、Ramanathan(1963)通过对热带地区上空大气柱中的臭氧总量资料的分析,最先发现臭氧有准两年周期振荡(QBO)的特征并且它与低纬度地区平流层纬向风的 QBO 有关系。进一步的资料分析表明，在热带以外的地区也存在臭氧的 QBO 现象，但其位相与热带地区臭氧 QBO 的位相相反,位相变化出现在纬度 12 度附近,在南北半球呈非对称分布(Hasebe，1983；Yang and Tung，1995),在平流层下层臭氧 QBO 的位相总是与平流层上层相反(Hasebe，1994)。上述研究结果使我们对臭氧的准两年周期振荡现象的了解逐渐地深入。但由于当时观测资料的局限,大多数资料分析结果是从对大气柱的臭氧总量分析得来的,因而对臭氧 QBO 的垂直结构并不很清楚。为了对臭氧 QBO 有更清楚的了解,陈月娟等于 2001—2002 年利用 HALOE 资料,分析了 1992—2000 年各年的臭氧浓度垂直分布,研究了平流层臭氧分布的年际变化及臭氧 QBO 在平流层的结构特征,并同低纬度地区上空平均的纬向风场的准两年周期振荡进行对比,并分析了它们之间的关系(Chen Yuejuan et al，2002)。通过这些分析,我们得到了下面的一些新结果。

(1) 平流层臭氧的 QBO 的垂直结构-位相多次变化的特征

前面提到,Hasebe(1994)的研究曾指出平流层下层臭氧 QBO 的位相总是与平流层上层相反的。但在分析臭氧 QBO 的垂直结构时,我们发现臭氧 QBO 的位相随高度不止变化一次,为了说明这个问题,我们分析了各纬度带平均的臭氧混合比距平的高度分布随时间的变化,图 4.3.2(彩图见第 697 页)给出赤道上

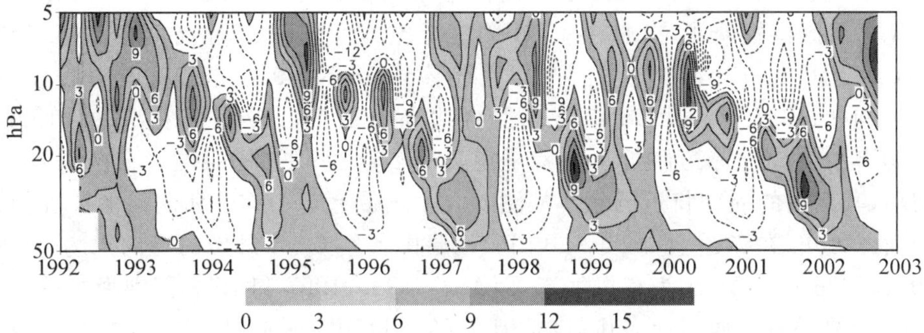

图 4.3.2 赤道上空臭氧混合比距平的高度时间剖面图

空臭氧混合比距平的高度时间剖面图,从这个图上，我们可以看到臭氧 QBO 垂直分布的一般特征：臭氧 QBO 主要出现在 2—50 hPa 气层,振幅的最大值出现在 10 hPa 附近气层中,可达到或超过 ±1 ppmv,而且振荡从上往下传。从这个图上,还可以看出赤道上空臭氧 QBO 的位相随高度变化多次,在 50—20 hPa 高度上臭氧 QBO 的位相与 13 hPa 附近相反,而与 5 hPa 附近的位相相同,到大约 2—3 hPa 其位相再次变化,不过其 QBO 的特征已不如下层明显。赤道上空臭氧 QBO 的这种垂直结构比 Hasebe(1994)指出的要复杂得多。

对比图 4.3.1 热带上空平均的纬向风的高度-时间剖面图可以看出纬向风 QBO 与臭氧 QBO 位相变化的关系：在赤道上空 50—20 hPa 气层纬向风为东风的年份(如 1992、1994、1996 和 1998 年)，50—20 hPa 气层和5 hPa附近的臭氧混合比偏低，而 10 hPa 附近臭氧混合比偏高。当赤道上空 50—20 hPa 气层纬向风转为西风气流时(如 1993、1995、1997 和 1999 年)则相反，50—20 hPa 气层和 5 hPa附近的臭氧混合比偏高，而 10 hPa 附近臭氧混合比偏低。2000 年是从西风向东风过渡，在其后半年转为东风后，臭氧混合比的垂直分布与 1996 年的情况基本相同。由此可见，纬向风 QBO 与臭氧 QBO 位相变化有密切的关系。

(2) 臭氧混合比垂直-经向分布的 QBO 特征

在 4.2.1 小节中我们讨论过臭氧混合比(纬向平均值)的垂直-经向分布及其季度差异(图 4.2.5)。其垂直-经向分布的特点为：在 20 hPa 到 2 hPa 之间为臭氧混合比的极大值区，其中心在低纬度地区上空 10 hPa 附近。中心值大于 9 ppmv，向两极逐渐减小。其季节差异表现为这个极大值中心位置随着一年四季不同纬度太阳辐射强度的变化而变化。6—8 月这个极大值中心位于赤道以北，12—2 月这个极大值中心移到赤道以南，3—5 月和 9—11 月它位于赤道附近上空。臭氧混合比的垂直-经向分布除有上述的季节变化外，还有明显的年际变化，而且表现出明显的准两年周期振荡的特征。这里以 6—8 月为例来说明：通过对 1992—2000 各年 6—8 月的臭氧混合比的垂直经向剖面图的分析(详见 Chen Yuejuan et al, 2002 年文中图 2)，我们看到虽然在夏季其混合比高值中心都位于赤道以北，但在不同年份其高值中心的位置并不相同。1992 年的臭氧混合比高值区位置偏北，中心在 12°N 附近上空，而 1993 年此高值中心南移到在 3°N 附近上空，1994 年此高值中心又北移到 15°N，1995 此高值区中心移回到 1°N。同样，1996 年和 1998 年臭氧混合比高值区中心位置偏北，1997、1999 和 2000 年它又位于赤道附近。也就是说臭氧混合比高值区的位置在南北方向上摆动，其摆动的周期将近两年。从图 4.3.1 热带上空平均的纬向风的高度-时间剖面图可知，在赤道上空 80—20 hPa 气层中各年 6—8 月份的纬向风为：1992、1994、1996 和 1998 年为东风气流，而 1993、1995、1997 和 1999 年则为西风气流，2000 年夏季是从西风向东风过渡，但在 80—30 hPa 还是弱西风。由此可以看出 O_3 浓度高值区位置南北移动的准两年周期特征与风场 QBO 有一定的关系：在 6—8 月份，当赤道上空 80—10 hPa 气层平均为西风气流时，O_3 浓度高值区位置靠近赤道一些，而当赤道上空平均为东风气流时，O_3 浓度高值区位置则偏北一些。这是 6—8 月的情况。12—2 月的情况与此类似，不同的是臭氧混合比的高值区的位置偏向南半球。臭氧混合比的高值区以准两年周期做南北移动，将会引起赤道上空臭氧含量发生准两年周期的变化。我们的分析还表明，在其高值区南北移动的过程中，还会上下移动，高值区的厚度也发生变化。表 4.3.1 给出各年 3—5 月臭氧混合比的高值区的南北范围和在赤道上空的垂直范围以及当年 3—5 月赤道上空80—10 hPa 气层中的平均纬向风风向，由这些数据可以看出臭氧混合比的高值区位置及其厚度变化的准两年周期，而且在其高值区南北移动的过程中，还会上下移动，高值区的厚度也发生变化。当它向上扩展时，它的厚度增大。其变化幅度可达到 1—2 hPa，约为这个高值区平均厚度的 10%—20%。3—5 月份各年臭氧混合比的高值中心基本上都在赤道上空附近，其高值区的变化主要表现在它的上下移动和厚度的变化。当赤道上空平流层为西风位相时，O_3 浓度高值区向上扩展，厚度较大，南北向的范围较小。这将有利于赤道上空气柱的臭氧含量增加，热带外地区气柱的臭氧含量减少。而当赤道上空平流层为东风位相时，O_3 浓度高值区位置较低，厚度较小，南北向的范围较大。此时，赤道上空气柱的臭氧含量将减少，热带外地区气柱的臭氧含量将增加。9—11 月的情况与 3—5 月的情况类似。正是由于臭氧混合比的高值区以准两年周期做南北移动和上下移动以及高值区的厚度的变化，才使得赤道上空臭氧含量发生准两年周期的变化。至于为什么会出现图 4.3.2 那样在垂直方向上多次变化其位相，我们将在下面通过数值模拟来加以讨论。

表 4.3.1 3—5 月臭氧混合比的高值区(≥9 ppm)的南北范围和垂直范围

年	南北范围	垂直范围(hPa)	中心位置(hPa)	纬向风
1993	20°S—29°N	15—6	9	西
1994	24°S—32°N	17—9	13	东
1995	25°S—20°N	15—5	9	西
1996	23°S—30°N	16.5—8	11	东
1997	25°S—14°N	15.5—5	9	西
1998	21°S—25°N	16—5	10	东
1999	20°S—23°N	16—6	9	西
2000	23°S—34°N	16—7	11	西转东

(3) 热带外地区臭氧 QBO 的特征

臭氧 QBO 不但出现在热带地区上空，也出现在热带外地区，这在国外的不少研究工作中都提到过(如 Hasebe(1983)、Yang 和 Tung 等(1995)以及更多人的工作)，不过，他们的结论主要是分析臭氧总量或数值模拟来得到的。图4.3.3(彩图见第 697 页)是我们采用 HALOE 资料绘制的 30 hPa 和 10 hPa 等压面上臭氧混合比经向分布随时间变化图。由此可以看出热带外地区臭氧的 QBO 及其位相与热带地区相反的特点，也可以看到，不少时间其位相转换出现在 12°N 或12°S 附近，这与 Hasebe(1983)、Yang 和 Tung 等(1995)的结果一致。但从图 4.3.3a

也可以看到有不少时候其位相转换的纬度接近或超过了 30°，而且在10 hPa（图 4.3.3b）热带与热带外地区振荡位相相反的特征已不太明显，而南北半球振荡位相相反的现象更为清楚，由此也看出臭氧 QBO 的南北不对称。

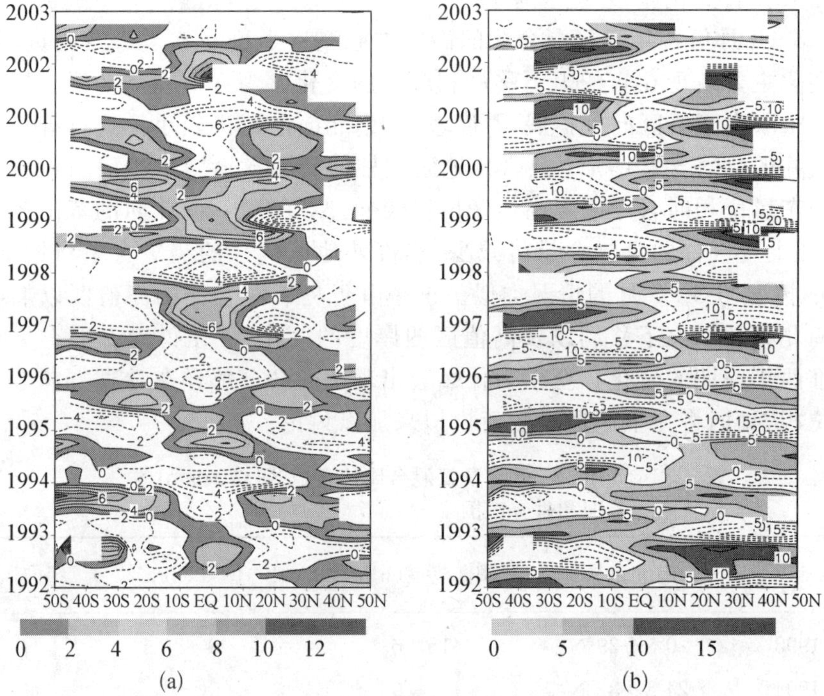

图 4.3.3 臭氧混合比的经向-时间剖面图 (a) 30 hPa；(b) 10 hPa

2. NO_x 的 QBO 及其与臭氧 QBO 的关系

由于在平流层臭氧的光化学过程中，氮氧化物（NO_x——这里主要指 NO 和 NO_2，下同）起着重要的作用，从 20 世纪 70 年代以来，在研究平流层臭氧耗损的同时，也对 NO_x 的分布和变化进行了一系列观测和研究。在发现臭氧的 QBO 现象之后，人们也开始考虑其他微量气体是否也有准两年周期振荡的特征。但是由于早年对 NO_x 等微量气体的观测主要是一些单站观测，而且时间不连续，难于对观测资料进行准两年周期振荡的分析，所以有关 NO_x QBO 的研究主要是从数值模拟中得到的。例如 Chipperfield 等（1994）曾用一个二维模式研究了 SAGE Ⅱ 的 NO_2 和 O_3 的准两年周期信号，认为平流层中上层臭氧的 QBO 主要是由于 NO_x 的 QBO 强迫形成的。

为了了解 NO_x QBO 的真实情况，我们在分析 NO_x 混合比的垂直分布特征和平流层 O_3 混合比的 QBO 的基础上，进一步用 HALOE 资料中的 NO_x 混合比来分析其空间分布和随时间演变特征，特别讨论了其 QBO 特征，并与 O_3 混合比的 QBO 进行比较，分析了它们之间的关系（郑彬、陈月娟等，2003）。下面是一些主要的结果：

(1) 热带地区 NO 和 NO_2 QBO 的垂直结构

图 4.3.4 给出赤道上空 NO 和 NO_2 混合比距平的高度分布随时间的变化。从图 4.3.4a 可以看出，在 NO 混合比的极值高度(1—2 hPa)以下至 23 hPa 附近，NO 混合比的距平存在明显的准两年周期振荡，并且在 6 hPa 以下，还可以清楚地看到振荡向下传输。而从图 4.3.4b 可以看出 NO_2 的 QBO 比 NO 的 QBO 更加清楚，而且 NO_2 QBO 出现的气层比 NO QBO 的气层厚(从 50—1 hPa 都很清楚)。它的振荡也是从上层向下传输。NO_2 混合比距平在 15—5 hPa 的 QBO 信号比其上下方都强，振幅可达 0.4×10^{-9}以上(甚至可超过 0.6×10^{-9})。

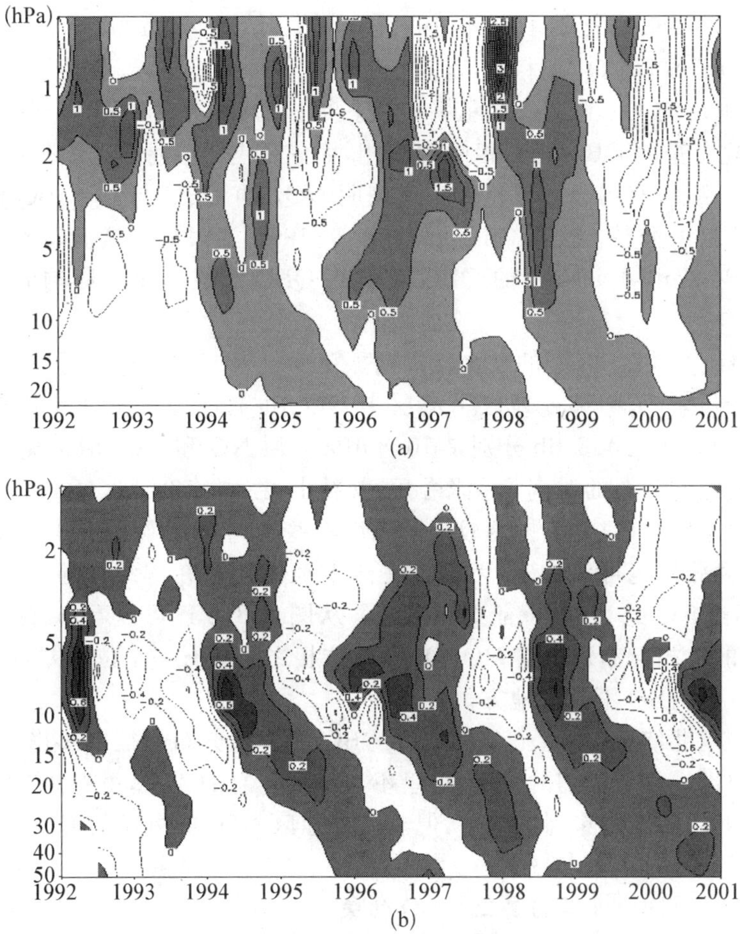

图 4.3.4 赤道上空 NO (a) 和 NO_2(b) 混合比距平的高度时间剖面图

与图 4.3.2 的臭氧 QBO 对比可以看出 NO_x 的 QBO 和 O_3 的 QBO 有一些差异，一方面，NO_x 的 QBO 的垂直结构比臭氧 QBO 简单，从 10 hPa 以上 NO_x

的 QBO 的位相基本不变。另一方面，在同样年份(同样的纬向风位相下)，NO_x 的 QBO 的位相和 O_3QBO 位相不相同。而且不同高度它们的位相的差异又不一样。

(2) 热带地区 NO_x QBO 与 O_3QBO 的关系

为了看清楚 NO_x 的 QBO 与 O_3QBO 的关系，我们分别分析比较了赤道上空不同高度的臭氧混合比距平与 NO_x 混合比距平。图 4.3.5 给出 15.8 hPa 和 7.9 hPa 上臭氧混合比距平与 NO、NO_2 混合比距平随时间的变化。可以明显地看出，赤道上空 NO、NO_2 与 O_3 混合比距平的准两年周期振荡的特征以及它们位相的变化。图 4.3.5(a)显示出在赤道上空的7.9 hPa高度，NO 和 NO_2 混合比的 QBO 有相同的位相，而它们与 O_3 混合比的 QBO 位相相反。例如，1992 年的 6、7、8 月，1995 年的 3、4、5 月，1997 年的 9、10、11 月，2000 年的 3、4、5 月，NO_x 都是负距平，而 O_3 正相反，都是正距平。图 4.3.5(b)是赤道上空15.8 hPa 高度 NO、NO_2 与 O_3 的混合比距平变化。可以看出，在 15.8 hPa 高度，NO 和 NO_2 混合比距平的 QBO 仍有相同的位相，而它们与 O_3 混合比距平的 QBO 位相并不完全相反，有明显的位相差。这表明 NO_x 的 QBO 与 O_3 QBO 位相相反主要在平流层中上层。这与 Chipperfield 等(1994)通过模拟实验得到热带平流层中上层(30 km以上) NO_x 的 QBO 对臭氧 QBO 形成有重要影响的结论是一致的。

(3) 中纬度地区 NO_x 的准两年周期振荡

资料分析表明，中纬度地区平流层中 NO_x 也有明显的准两年周期振荡特征。图 4.3.6a 和图 4.3.6b 分别是 10.8 hPa 气层 NO 和 15.8 hPa 气层 NO_2 混合比距平的经向分布的时间变化图。可以看出，在中纬度地区NO和 NO_2 的准两年周期振荡特征(只是其振荡较强的高度有些不同，所以两图的高度取得不一样)。从这两张图也可以看出，无论是在热带地区还是在中纬度地区上空，NO_2 的 QBO 都比 NO 的 QBO 特征更为清楚。从图 4.3.6 还可以看出，热带外地区 NO_xQBO 的位相与赤道上空 NO_xQBO 的位相之间只有一个位相差，没有相反，这也是与臭氧 QBO 不同的地方。

关于在南北纬 30°附近 NO 和 NO_2QBO 的垂直分布特征在郑彬，陈月娟等(2003)文中也进行了详细的讨论，这里不再细述。总的说来，虽然热带外地区存在 NO 和 NO_2 的准两年周期振荡，但热带外地区 NO 和 NO_2 的 QBO 不如赤道上空明显。

3. HCl 的 QBO 及其与臭氧 QBO 的关系

由于早期缺乏连续的较长时间的高空 HCl 观测资料，所以 HCl 的年际变化的研究及其 QBO 特征的研究开始得比较晚。直到 1997 年，有了 HALOE 观测资料后，Luo 等(1977)才首次分析和报道了 HCl 的 QBO 的研究结果。虽然当时 HALOE 只有 4 年的观测资料，但准两年周期振荡的特征已经清楚可见。

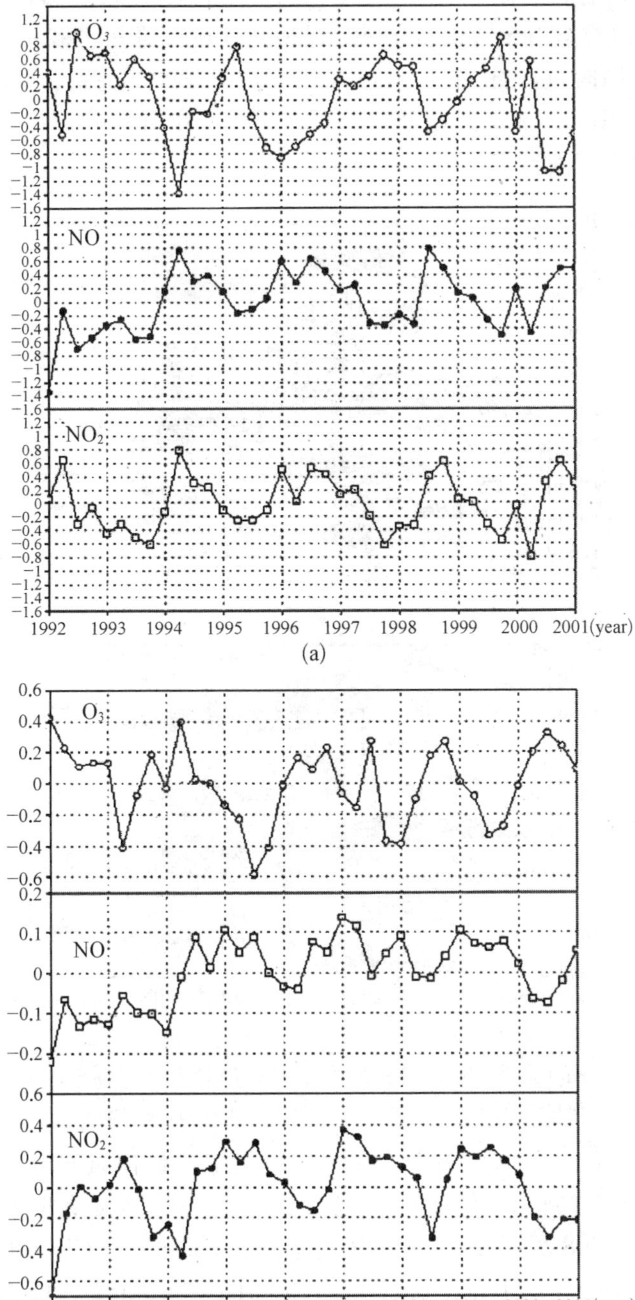

图 4.3.5 不同等压面上 NO_x 的 QBO 与 O_3 的 QBO 比较

O_3：$\times 10^{-6}$，NO_x：$\times 10^{-9}$；(a) 7.9 hPa；(b) 15.8 hPa

2004年我们利用更长时间(1992—2003年)的HALOE资料对HCl QBO做了进一步的分析和研究(Chen Yuejuan et al,2005),在讨论热带和中纬度地区HCl QBO的特征的同时,也讨论了HCl QBO与臭氧QBO的关系。并且通过数值模拟来探讨HCl QBO形成的过程和机理。这里先介绍资料分析结果,数值模拟结果将在4.3.3节详细介绍。

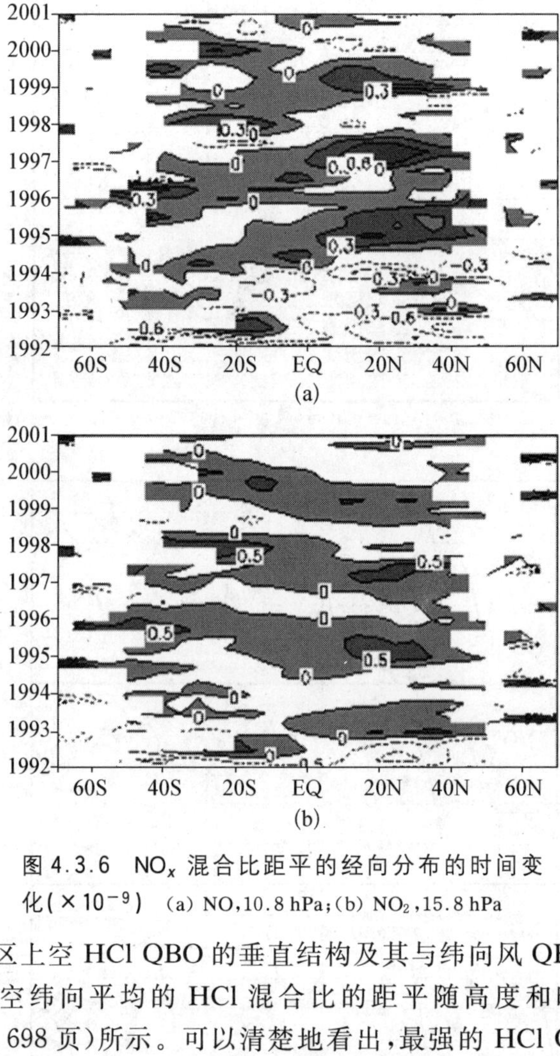

图4.3.6 NO_x 混合比距平的经向分布的时间变化($\times 10^{-9}$) (a) NO,10.8 hPa;(b) NO_2,15.8 hPa

(1) 热带地区上空HCl QBO的垂直结构及其与纬向风QBO的关系

热带地区上空纬向平均的HCl混合比的距平随高度和时间的变化如图4.3.7(彩图见第698页)所示。可以清楚地看出,最强的HCl QBO的信号出现在50 hPa到5 hPa气层中,最大振幅位于30 hPa到10 hPa气层,最大振幅约为0.2 ppbv(即2×10^{-10}),大约是该气层HCl混合比的10%左右。

对比图4.3.7和图4.3.1(热带地区上空平均的纬向风的高度-时间剖面图),可以看出HCl QBO和纬向风QBO的关系:当20—50 hPa气层主要为西风位相时,在这个气层HCl混合比的距平为正,即其混合比高于多年平均值。

当 20—50 hPa 附近气层主要为东风位相时则相反，在这个气层 HCl 混合比低于多年平均值。而在 10 hPa 到 5 hPa 附近气层 HCl QBO 位相的转换比纬向风 QBO 位相转换稍早一些。

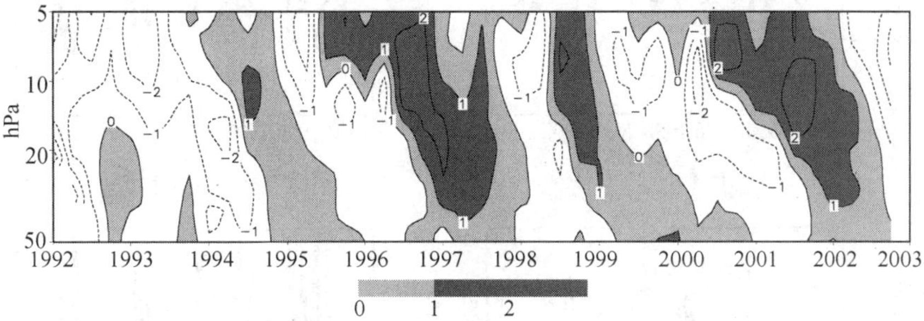

图 4.3.7 热带地区上空 HCl 混合比距平的高度-时间剖面图 单位：0.1 ppbv

(2) 热带地区上空 HCl QBO 与臭氧 QBO 的关系

对比图 4.3.7 和图 4.3.2(热带地区上空平均臭氧混合比距平的高度-时间剖面图)，我们看到，HCl QBO 的垂直结构比臭氧 QBO 简单些，臭氧 QBO 的位相在垂直方向上变化多次，而 HCl QBO 位相从 50 hPa 到 5 hPa 气层通常只改变一次，也就是说，平流层下层 HCl QBO 位相通常与平流层上层相反。为了看清 HCl QBO 与臭氧 QBO 的关系，图4.3.8 给出热带地区上空(10°S—10°N) 在 29.3 hPa 和 10.0 hPa 高度上 HCl 和臭氧混合比随时间的变化。图中实线是观测到的沿(10°S—10°N)纬度带纬向平均的混合比曲线，从中可以看出 HCl 和 O_3 的准两年周期振荡和半年振荡(semiannual oscillation，简称 SAO)的特征。而且 HCl 和 O_3 的 SAO 信号在平流层中部(10 hPa 附近)比下部(30 hPa 附近)强得多。图 4.3.8 中的虚线表示这 12 年 HCl 和 O_3 混合比的线性变化趋势。它表明，在热带上空 10 hPa 附近 HCl 混合比明显增加而 O_3 混合比明显下降。而在 30 hPa 附近 HCl 混合比稍有下降，O_3 混合比稍有上升。

为了使 QBO 的信号更清楚些，我们对观测到的热带地区上空 HCl 和臭氧混合比进行带通滤波，滤掉周期小于 20 个月和大于 30 个月的部分，只留下周期为 20 到 36 个月的振荡。图 4.3.8 中的点线表示经过带通滤波后的变化曲线，分析对比图 4.3.8 中四张图的点线，可以看到，热带地区上空在平流层较低层(～30 hPa) HCl QBO 的位相通常与其较上层(～10 hPa)大致相同，只是 30 hPa HCl QBO 的位相比 10 hPa 有些滞后，而且在30 hPa 附近 HCl QBO 与 O_3 QBO 基本同位相，但在 10 hPa 附近 HCl QBO 与O_3 QBO位相相反。

(3) 热带外地区的 HCl QBO 特征

和前面讨论的臭氧 QBO、NO_x QBO 类似，在热带外地区 HCl 也有 QBO 现象，为了看得清楚一些，我们也对热带外地区不同高度的 HCl 混合比的时间序列进行了分析，图 4.3.9 给出 30°N 和 30°S 上空 29.3 hPa 和10 hPa 高度上 HCl

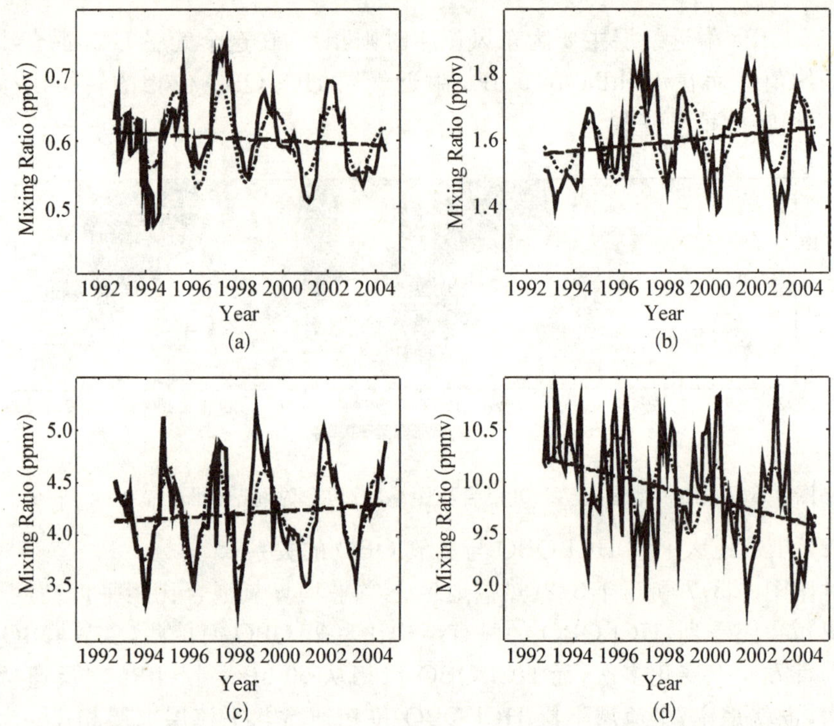

图 4.3.8 热带地区上空 HCl 和臭氧混合比随时间的变化 (a) HCl 29.3hPa;(b) HCl 10.0hPa;(c) Ozone 29.3hPa;(d) Ozone 10.0hPa

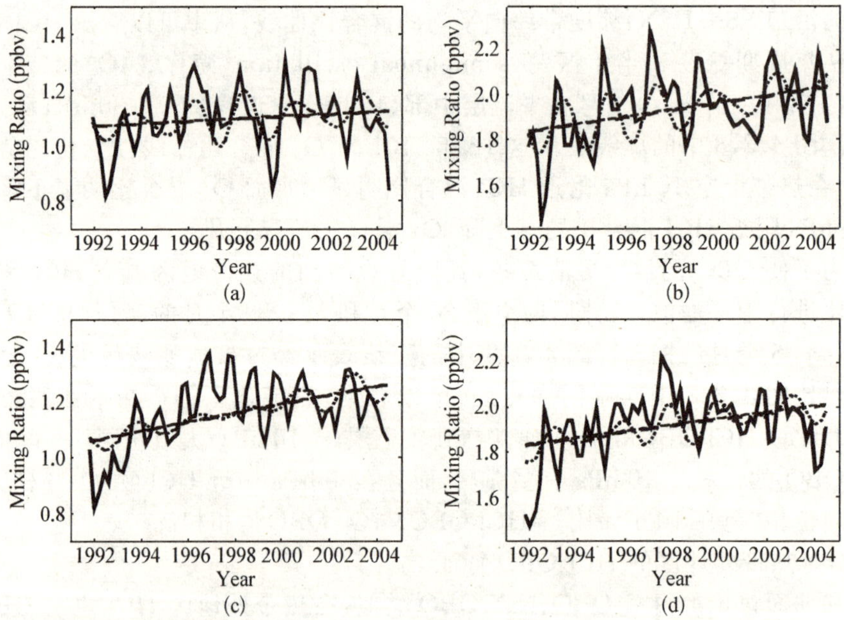

图 4.3.9 30°N(上图)和 30°S(下图)上空 HCl 混合比随时间的变化

(a) 30°N,29.3 hPa;(b) 30°N,10.0 hPa;(c) 30°S,29.3 hPa;(d) 30°S,10.0 hPa

混合比随时间的变化曲线(实线)、其线性变化趋势(虚线)和经过带通滤波,只留下周期为 20 到 36 个月的振荡曲线(如点线)。可以看出,沿着其线性变化线上,南北半球热带外地区 HCl 的准两年振荡现象还是比较清楚的,不过,在 30°N 上空的 HCl QBO 比 30°S 强些,而且在10 hPa上 HCl QBO 又比 29.3 hPa 上的强。另外,图中的实线表明,在 30°S 和 10 hPa 上 HCl 混合比的年振荡和半年振荡更强。而图中的虚线表明在这两个高度(以气压表示)上,无论是 30°N 还是 30°S ,HCl 混合比随时间都呈增加的趋势。这与图 4.3.8a 给出的热带地区上空 HCl 混合比随时间呈下降的变化趋势不同,但与 4.2.3 节中指出的我国和北半球中纬度地区上空平流层 HCl 混合比的长期变化趋势一致。

4.3.3 平流层微量成分 QBO 的数值模拟研究

在利用观测资料分析平流层微量气体的准两年周期振荡的同时,相应的数值模拟研究也迅速开展起来。其目的一方面要证实微量气体的 QBO 现象与平流层纬向风 QBO 的关系,另一方面是要揭示微量气体的 QBO 产生的机理。特别是,平流层纬向风 QBO 主要出现在热带地区,为何在热带外地区微量气体也会出现 QBO 现象,而且位相会发生变化。最早关于臭氧 QBO 的数值模拟是 Reed(1964)用一个简化的线性模式进行的。然而采用完全的光化学模式来研究微量气体的 QBO 现象是在 1986 年之后 Ling 和 Londen(1986)开始用一个一维的包含纬向风 QBO 变化的平流层辐射-动力-光化学模式来研究臭氧 QBO。接着 Gray 和 Pyle(1989)用二维模式,Hess 和 O'sullivan(1995)用三维模式对臭氧 QBO 进行了模拟。他们的模拟结果都证实了上面所提到的如 Funk 和 Garnham(1962)、Ramanathan(1963)、Hasebe(1983)、Yang 等(1995)和 Hasebe (1994)等用资料分析所得到的结果,即臭氧的准两年周期振荡与低纬度地区高空风场的 QBO 有关;在热带以外地区也存在臭氧的 QBO 现象,但其位相与热带地区臭氧 QBO 的位相相反,位相变化出现在纬度 12 度附近,在南北半球呈非对称分布;在平流层下层臭氧 QBO 的位相总是与平流层上层相反等。Chipperfield 等(1994)曾用一个二维模式研究了 SAGE II 的 NO_2 和 O_3 的准两年周期信号,认为平流层中上层臭氧的 QBO 主要就是由于 NO_x 的 QBO 强迫形成的。Huang(1996)用一个 2-D 模式模拟研究太阳辐射对热带平流层臭氧准两年周期振荡影响。Jones 等(1998)模拟了风场 QBO 对平流层微量元素的输送,指出风场 QBO 会引导出一个经向环流,将长寿命的微量气体从热带地区向外输送并形成热带以外地区臭氧的 QBO。近十年来在国内也开展了有关的研究工作,陈文和黄荣辉(1996)用 34 层波-流相互耦合的谱模式模拟中层大气行星波在臭氧季节和年际变化中的输运作用时也讨论过热带纬向风的 QBO 对臭氧输运的影响,指出热带及副热带地区 O_3 输运的差异是由于热带地区东、西风切变强迫的次级环流的差异所致，而中高纬地区的 O_3 输运的不同则是由于热带纬向风的 QBO 的不同位相下行星波对 O_3 输运的差异所致。1998 年以来，我们在科大也开展了有关的数值模拟研究。张弘和陈月娟等(2000)给出了用 NCAR 的包含化学、辐射和动力相互作用的两维模式模拟的风场 QBO 对大气中微量气体分布的影响的试验结果，其结果表明，风场 QBO 会引起经向环流的变化进而引起动力输送的变化，使平流层微量气体分布发生变化并出现 QBO 现象。陈月娟等(2002)的论文在给出臭氧 QBO 的一些新的观测结果(见 4.3.2)的基础上，通过数值模拟来探讨这些新的观测结果的合理性和形成的原因。郑彬等(2003)和陈月娟等(2005)又分别对 NO_X 和 HCl 的 QBO 进行了数值模拟研究。下面对我们在这方面的工作做一简单介绍。

1. 采用的数值模式简介

我们对臭氧，NO_x 和 HCl 的 QBO 的数值模拟研究选用了 NCAR(美国大气研究中心)的包含化学、辐射、动力相互作用的二维模式，它是用来模拟研究对环境问题重要的微量气体的化学、辐射、输送过程的模式，所以又称为 SOCRATES 模式(即 Simulation of Chemistry, Radiation, and Transport of Environmentally important Species)(Huang et al,1997)。我们使用的模式版本是 1997 年的，它自 1990 年以来经过多次完善，模式垂直范围从地面到 120 km 高度，垂直分辨率 1 km，水平范围从南纬 85°到北纬 85°，格距 5°，垂直方向采用对数气压坐标。对于热力学和化学传输方程，模式的时间步长是可变的，但在一般运行中，通常采用 1 天为一个时间步长。辐射加热计算以 5 天为一个时间步长。行星波模式的积分也可采用不同的时间步长，模式中通常以 1 天为一个时间步长。为了描述化学元素的日变化，没有动力传输影响的化学方程以每天 8 个时间步长作时间积分，白天 4 个，夜晚 4 个。

这个模式的动力学方程包含了在纬向平均下的热通量方程、动量方程、质量连续方程和热成风关系。

$$\frac{\partial\bar{\theta}}{\partial t} + \bar{v}^* \frac{\partial\bar{\theta}}{\partial y} + \bar{w}^* \frac{\partial\bar{\theta}}{\partial z} = Q_S + Q_{IR} + D_\theta \tag{4.3.1}$$

$$\frac{\partial\bar{u}}{\partial t} - \eta\bar{v}^* + \frac{\partial\bar{u}}{\partial z}\bar{w}^* = F_R + F_G + F_T \tag{4.3.2}$$

$$\frac{1}{\cos\phi}\frac{\partial}{\partial y}(\bar{v}^*\cos\phi) + \frac{1}{\rho_0}\frac{\partial}{\partial z}(\rho_0\bar{w}^*) = 0 \tag{4.3.3}$$

$$\left(f + 2\bar{u}\frac{\tan\phi}{a}\right)\frac{\partial\bar{u}}{\partial z} = -\frac{g}{\theta}\frac{\partial\bar{\theta}}{\partial y} \tag{4.3.4}$$

方程式中，

$$\eta = f - \frac{1}{\cos\phi}\frac{\partial}{\partial y}(\bar{u}\cos\phi) \tag{4.3.5}$$

z 为气压对数高度,定义为 $z = -7\ln(p/p_0)$, p_0 为地面气压。在方程(4.3.1)中,热通量包括太阳辐射加热(Q_S)、红外辐射加热(Q_{IR})和由波与分子扩散过程引起的小尺度扩散传输的热量(D_θ)。关于 Q_S、Q_{IR} 和 D_θ 在模式中都有详细的计算,其计算方案在模式说明书(Huang et al,1997)中有详细说明,这里从略。

方程组(4.3.1)—(4.3.4)就是前面提到的变形欧拉平均方程组(4.1.4)—(4.1.8)的另一种形式。可以看出,温度场和动量场的变化与剩余环流($\bar{v}^*$, $\bar{w}^*$)的输送有关。而且纬圈动量的强迫(方程 4.3.2)是由行星波(F_R)、重力波(F_G)和潮汐波(F_T)的耗散和破碎引起的。模式中 F_R、F_G 和 F_T 均采用参数化方案来处理,其计算方案在模式说明书(Huang et al,1997)中有详细说明,这里从略。

为了处理大气中的辐射过程,模式将大气辐射波段的波长分为 170 个谱带:在 116.3—307.7 nm 波段其波数分辨率为 500/cm,307.7—655 nm 波段的波长分辨率为 5 nm,655—735 nm 波段波长分辨率为 10 nm。

对于每个波长间隔,太阳辐射的吸收和散射的方程可写为

$$\mu\frac{\mathrm{d}I(\tau,\mu)}{\mathrm{d}\tau} = I(\tau,\mu) - \frac{\omega(\tau)}{2}\int_{-1}^{1}\mathrm{d}\mu' p(\mu,\mu')I(\tau,\mu') - \frac{\omega(\tau)I^0}{4\pi}p(\mu,\mu_0)\mathrm{e}^{-\tau/\mu_0}$$

其中 I 是平均辐射率,τ 是光学厚度,ω 为单次散射反照率(散射消光与总消光之比率),p 为散射位相函数,μ 是天顶角的余弦,μ_0 为直射太阳波束天顶角的余弦,I^0 为平均辐射率在模式上边界的值。p 是一个没有维数的量,它描述了散射能量的可能角分布。光学厚度 $\tau(z) = \dfrac{1}{\mu}\displaystyle\int_z \sigma[n]\mathrm{d}z$ 在已知吸收截面 σ 和吸收粒子的数密度 n 的情况下可以计算出来。对晴空大气来说,在中层大气中吸收太阳辐射主要是氧气和臭氧。辐射传输方程中的太阳天顶角是一个包含纬度和一天中的时刻和一年中的日数的函数。天顶角 Z 有下面的公式计算:

$$\cos Z = \sin\phi\sin\delta + \cos\phi\cos\delta\cos(h_a)$$

其中太阳赤纬 δ 只是一年中的日数的函数(即太阳直射点纬度,在该纬度上太阳当顶时,$Z=0$)。h_a 是时角(正午 $h_a=0$)。模式中考虑了大气分子的 Rayleigh 散射效应,其散射截面由下面的经验公式给出

$$\sigma_{\mathrm{RAY}} = \frac{4.02\times10^{-28}}{\lambda^{4+x}}\mathrm{cm}^2\begin{cases} x = 0.389\lambda + 0.094\,26/\lambda - 0.322\,8, \\ \qquad 0.2\,\mu\mathrm{m} < \lambda < 0.55\,\mu\mathrm{m} \\ x = 0.4, \quad 0.55\,\mu\mathrm{m} < \lambda < 1\,\mu\mathrm{m} \end{cases}$$

单次散射的反照率 $\omega = \tau_{\mathrm{SCAT}}/(\tau_{\mathrm{SCAT}} + \tau_{\mathrm{ABS}})$, Rayleigh 散射的不对称因子 g 被设定为零,意味着它是各向同性散射。模式还考虑了气溶胶对太阳辐射的散射和吸收以及云对紫外和可见光的散射和吸收作用。模式中的长波辐射覆盖了

0—3 000/cm 的谱带，波谱分辨率为 100/cm，考虑了 CO_2、H_2O、O_3、CH_4、N_2O、CFC11、CFC12 和气溶胶对长波辐射的贡献。

模式的化学部分包含了 74 种化学成分和 130 多个化学反应。化学成分分为三类：长寿命气体和化学族、中等寿命气体和短寿命气体。因不同寿命气体对于化学和动力过程敏感性不同，分别采用不同的连续-输送方程。

对于长寿命气体或化学族来说，它们的寿命往往大于或可比拟于动力传输时间尺度，如本章 4.1.4 小节的讨论，HCl 和 CH_4 都属于长寿命气体，而 NO_x（$NO+NO_2$）则属于化学族成分。此时化学成分可由下面的连续-传输方程解得：

$$\frac{\partial \overline{X}_i}{\partial t} + \bar{v}^* \frac{\partial \overline{X}_i}{\partial y} + \bar{w}^* \frac{\partial \overline{X}_i}{\partial z} = \frac{P_i}{[M]} - L_i \cdot \overline{X}_i + D_{Xi} \tag{4.3.6}$$

其中 $\overline{X}_i$ 代表气体 i 的混合比，P_i 是气体 i 的化学产生率，$L_i \cdot \overline{X}_i$ 是气体 i 的化学损失率。微量气体小尺度混合过程的传输由扩散项 D_{Xi} 表示

$$D_{Xi} = \frac{1}{\cos\phi}\frac{\partial}{\partial y}\left(\cos\phi \cdot K_{yy}\frac{\partial \overline{X}_i}{\partial y}\right) + \frac{1}{\rho_0}\frac{\partial}{\partial z}\left[\rho_0(K_{zz}+K_m)\frac{\partial \overline{X}_i}{\partial z}\right] - \frac{1}{\rho_0}\frac{\partial}{\partial z}(\rho_0 \bar{w}_D \overline{X}_i)$$

对于中等寿命的气体来说，它们的寿命小于传输的时间尺度，对动力过程相对而言不太敏感，但是当时间足够长时，光化平衡仍将会被破坏。这些元素从不包含传输过程的连续方程中解出：

$$\frac{\partial \overline{X}_i}{\partial t} = P_i - L_i \cdot \overline{X}_i \tag{4.3.7}$$

对于短寿命的气体来说，它们的寿命远小于动力时间常数，满足光化平衡状态，短寿命微量气体的浓度由下式得出：

$$P_i - L_i \cdot \overline{X}_i = 0 \tag{4.3.8}$$

臭氧在不同的气层光化寿命变化较大，在平流层下层，臭氧的光化寿命较长，而在高层则是短寿命气体，需要利用化学族（奇氧族——$O+O_3$）的概念讨论其动力输送过程。

在不考虑极地平流层云和气溶胶表面非均相化学及没有 QBO 强迫的情况下，模式积分多年，计算结果稳定，模拟的风场、温度场显示出正常的季节变化，模拟的微量气体分布与卫星实测资料对照，结果也比较一致（张弘、陈月娟等，2000）。

我们使用的这个 SOCRATES 模式，与以前的版本相比，加入了准两年周期振荡强迫的参数化，并改进了行星波模式中行星波与平均流相互作用的参数化，因此虽然是两维模式，通过 QBO 和行星波的参数化，可以描述它们的强迫作用，

所以我们采用这个模式来研究纬向风的 QBO 对臭氧及其他微量气体的输送过程以及微量气体 QBO 的产生机理。

由于 SOCRATES 模式是个二维模式，而二维模式不能显式求解动量方程(4.3.2)的纬向分量，所以在动量方程中采用参数化方法加入风场 QBO 强迫来模拟温度场 QBO 及相关环流。模式中 16—40 km 高度的热带风场 QBO 强迫的表达式为

$$\bar{u}_{\mathrm{QBO}} = -\bar{u}_{\max}\exp\left[-\left(\frac{\varphi}{\varphi_{\mathrm{w}}}\right)^2\right]\cos\left(\frac{\pi}{2}\cdot\frac{\varphi}{\varphi_{\mathrm{w}}}\right)\cos\left(\frac{z-z_{\max}}{h_{\mathrm{QBO}}}\pi\right) \times \cos\left(2\pi\frac{t-1}{t_{\mathrm{QBO}}}+2\pi\frac{z-z_{\max}}{z_{\mathrm{hfwd}}}\right) \tag{4.3.9}$$

其中 $\bar{u}_{\max}$是风场 QBO 的最大振幅，为 25 m/s，并相对于赤道对称。取 QBO 扰动为纬度的高斯函数，φ_{w} 是高斯宽度(15°)，扰动随高度正弦变化，最大值在 $z_{\max}$(28 km)，半宽 z_{hfwd}为 27 km。h_{QBO}是风场 QBO 的垂直范围(24 km)，t 是模式天数，t_{QBO}是周期(821 天，约 27 个月)。

图 4.3.10 是由式(4.3.9)给定的 QBO 强迫下赤道上空 15—40 km 高度范围纬向风扰动随时间的分布，可以明显看出扰动随时间向下传播的特征，到 22 km 以下振幅迅速减小。其中东风位相强迫的纬向风扰动的最大振幅是 −7 m/ s，在西风位相强迫下最大振幅是 7 m/s，不同位相强迫下的纬向风扰动最大值的高度也较一致，大约在 28—34 km。

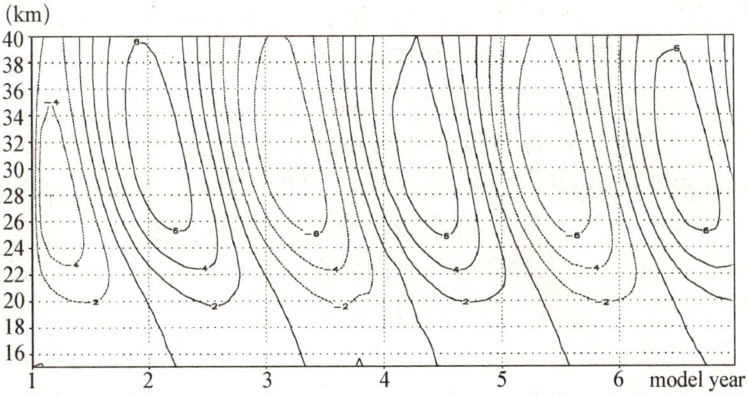

图 4.3.10 模式给定的 QBO 强迫下赤道上空纬向风扰动
单位：m/s；负值为东风，正值为西风

QBO 强迫虽然是在参数化过程中规定好的，不受其他纬向平均要素的影响，但利用这个参数化，模式通过方程组(4.3.1)—(4.3.4)求得在不同的 QBO 强迫下温度场和剩余速度($\bar{v}^*$，$\bar{w}^*$)的变化，而剩余环流和温度场的变化又引

起对微量气体输送的变化和化学反应速率的变化，使得微量气体的分布发生改变，而微量气体分布的变化又会进一步引起的辐射、动力输送和化学的反馈效应。这样，经过较长时间的模拟计算，环流、温度场和微量气体浓度都受到 QBO 的调制。我们就可以用模拟结果来分析微量气体 QBO 产生的过程和机理。在模拟试验中，我们在不考虑极地平流层云和气溶胶表面非均相化学的情况下，将加入 QBO 强迫和没有加入 QBO 强迫两种情况分别积分 6 年。然后将模拟结果进行对比分析。

2. 模拟结果及其与观测结果的比较

(1) 模拟的赤道上空 O_3、HCl、NO 和 NO_2 混合比的变化及其与纬向风 QBO 的关系

图 4.3.11 是模拟得到的在纬向风 QBO 强迫下的赤道上空这四种微量气体混合比扰动(有 QBO 强迫条件下模拟的混合比与没有 QBO 强迫模拟的混合比之差)随时间的变化。可以看出，在纬向风 QBO 的强迫下，这几种微量气体都出现了准两年周期振荡，而且振荡向下传的特征也很明显。对比图 4.3.11 的四张图可以看到，这四种微量气体的 QBO 特征又有不同，特别是 O_3 QBO 的垂直结构与其他三种差异比较大。HCl、NO 和 NO_2 的 QBO 扰动的最大振幅主要出现在 20—5 hPa 气层(约 25—36 km)，垂直结构比 O_3 QBO 简单。而 O_3 QBO 扰动的最大振幅向下延伸到 30 hPa 附近，而且其振荡位相在垂直方向上变化多次。在 3 hPa 以上气层，O_3、HCl 和 NO_2 的 QBO 信号已经很弱，但 NO 的 QBO 信号还很强，只是其位相与下层不完全相同。这些模拟结果与 4.3.2 节中从 HALOE 资料得到的这四种微量气体的 QBO 垂直分布特征都相当一致。只是因为模拟试验中只加入了纬向风 QBO 的强迫，其他的动力过程(如行星波和重力波的影响等)均未改变，而 4.3.2 节中由实际观测资料既包含了纬向风 QBO 也包含了其他的作用。所以模拟得到的图比由实际观测资料绘制的图规则得多，而且线条也光滑得多。

下面讨论模拟的这四种微量气体 QBO 的位相与纬向风 QBO 的关系。对比图 4.3.11(彩图见第 698 页)和图 4.3.10 可以看出，在 20 hPa 以下到 50 hPa 气层这四种微量气体的混合比 QBO 的位相基本相同，当这个气层中的纬向风为西风时，在这个气层中这四种微量气体的混合比高于没有风场 QBO 强迫时的混合比，而当这个气层为东风控制时，情况相反，在这个气层中这四种微量气体的混合比低于没有风场 QBO 强迫时的混合比。但在 10—5 hPa 气层，它们的位相差异很大，特别是臭氧，在垂直方向上其位相已经变了一到两次。也就是说当这个气层为西风控制时，模拟到 O_3 混合比在 10 hPa 附近比较低而在 5 hPa 附近比较高，东风控制时相反。而 HCl、NO 和 NO_2 混合比在 10—5 hPa 气层变化没有这么剧烈，在西风控制时，在 10 hPa 附近它们的混合比仍是较高的，从 10 hPa 向上才逐渐减少，到大约 5 hPa 以上才变为负位相。模拟得到的这四种微量气体 QBO 的位相变化及其与纬向风 QBO 位相的关系与观测资料的分析

结果也是一致的。

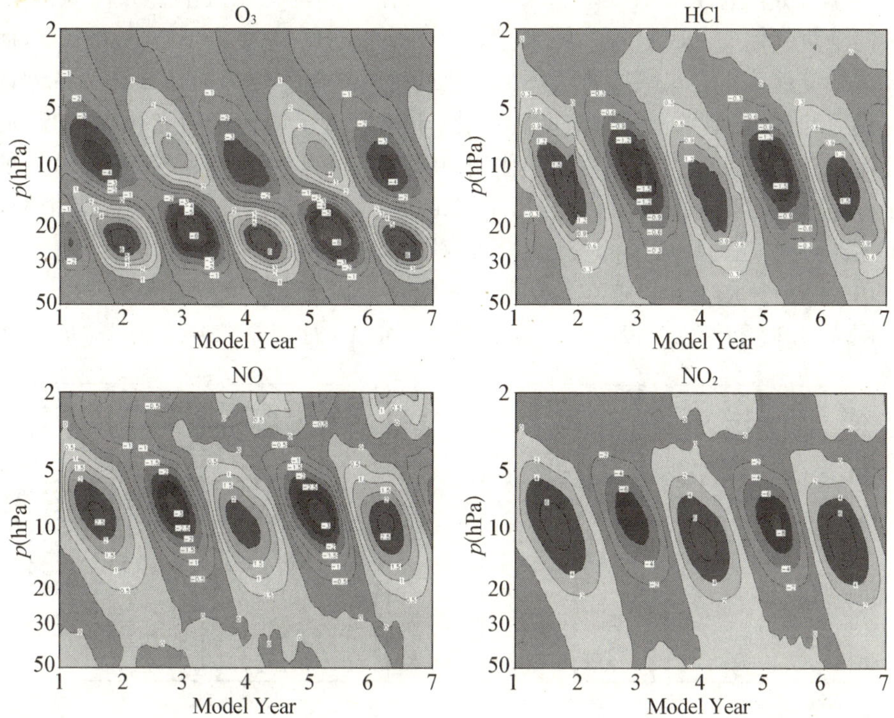

图 4.3.11 模拟的在纬向风 QBO 强迫下的赤道上空 O_3、HCl、NO 和 NO_2 四种微量气体混合比的扰动 单位：O_3，0.1 ppmv；HCl、NO 和 NO_2，0.1 ppbv

(2) 模拟的风场 QBO 的不同位相下臭氧浓度的垂直-经向分布

在本章的 4.3.2 节介绍过从 HALOE 资料分析得到的平流层臭氧浓度的垂直-经向分布及 O_3 浓度高值中心位置的准两年周期变化的特征。从模拟中我们也得到与资料分析非常一致的结果。在夏季(6、7、8 月平均)和冬季(12、1、2 月平均)模拟的平流层臭氧浓度高值中心在南北方向上移动很明显，模拟第一年夏季(对应于东风位相)这个高值中心在 18°N 附近，第二年(对应于西风位相)则在 4°N 附近，第三年(对应于东风位相)移到 16°N 附近，第四年(对应于西风位相)又回到了 4°N 附近。冬季的模拟结果与夏季类似，只是臭氧浓度高值中心在赤道以南摆动。模拟的春季(3、4、5 月平均)臭氧浓度高值中心位置在赤道上空附近，随纬向风位相的变化不大，但其上下移动和高值区厚度变化比较明显。西风位相时高值区向上扩展，厚度较大。东风位相时高值区向下移动，厚度变小。两种位相在赤道上空 8 ppm 线在上下方的位置变化可以相差 1 km 以上。模拟结果与观测资料分析结果一致，证明了平流层臭氧浓度高值中心位置的 QBO 与低纬地区高空风场 QBO 有密切关系(Chen Yuejuan et al,2002)。

3. 微量气体 QBO 产生的机理

本小节我们将从数值模拟结果来解释为什么热带平流层上空纬向风的 QBO 会引起微量气体的 QBO 现象，特别是，纬向风的 QBO 主要出现在热带上空，而为什么中纬度地区也会出现微量气体的 QBO，而且其振荡位相为什么与热带地区不同。我们知道，某地微量气体浓度的变化，不仅取决于该地区的光化学过程，而且大气运动对它们的输送起到重要的作用，特别是在平流层的中下层，动力输送的作用比光化学过程更为重要。因此，为了讨论上述问题，我们首先需要了解纬向风的 QBO 强迫所引起的环流场的变化以及它对微量气体输送的影响。

(1) 纬向风的 QBO 强迫下模拟的剩余环流的变化

图 4.3.12 和图 4.3.13 分别是模拟第一年 10 月到第二年 7 月(对应于西风

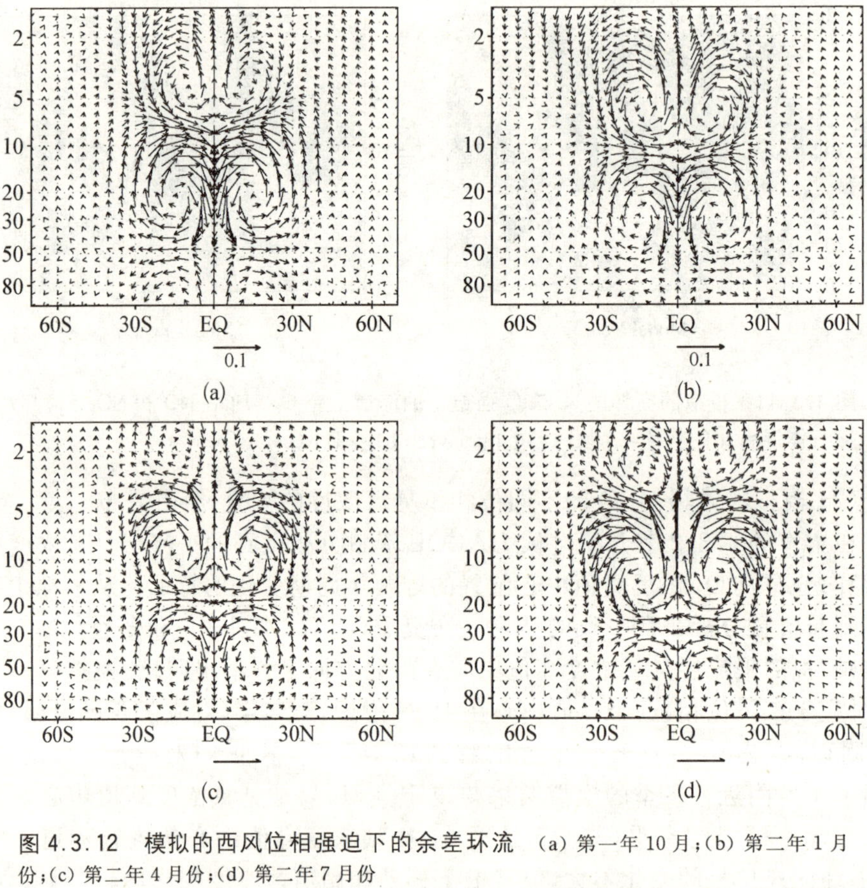

图 4.3.12 模拟的西风位相强迫下的余差环流 (a) 第一年 10 月；(b) 第二年 1 月份；(c) 第二年 4 月份；(d) 第二年 7 月份

位相)和第二年 10 月到第三年 7 月(对应于东风位相)各月份中的有风场 QBO 强迫下与无风场 QBO 强迫下模拟的垂直经向剩余环流的差值图，我们将其称为 QBO 强迫下的余差环流。它与 Jones(1998) 指出的风场 QBO 引导出的经向环流和陈文等(1996)提到的热带地区东、西风切变引起的次级环流类似。

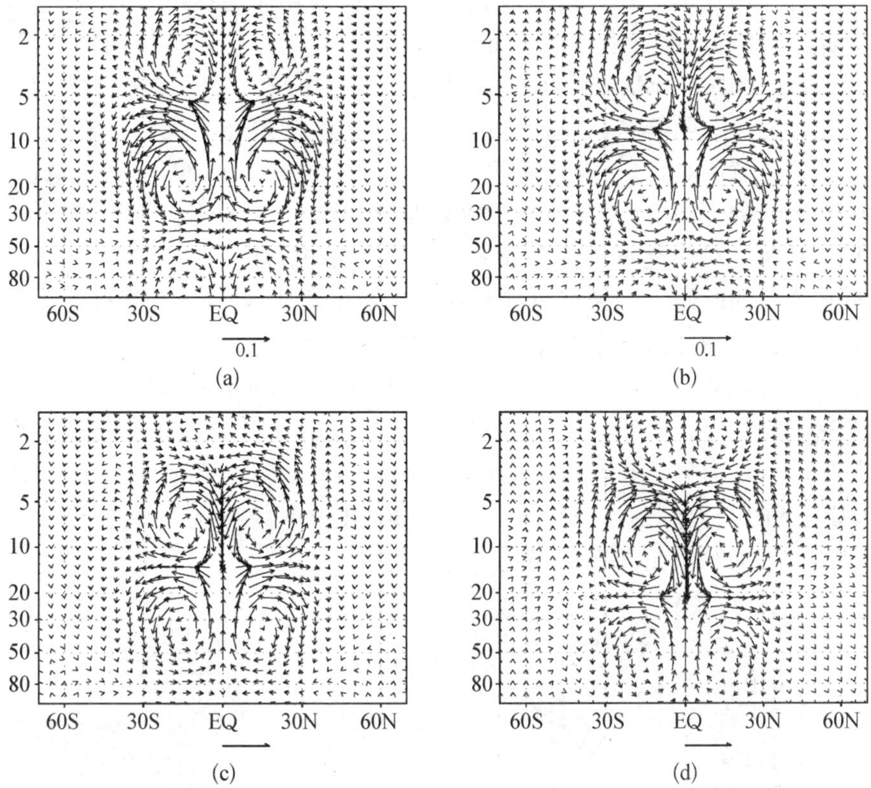

图 4.3.13 模拟的东风位相强迫下的余差环流 (a) 第二年 10 月;(b) 第三年 1 月份;(c) 第三年 4 月份;(d) 第三年 7 月份

从图 4.3.12 和图 4.3.13 可以看出,在垂直方向上从 100—1 hPa 气层(约 15—45 km)这个余差环流有三对环流圈,在 5 hPa 以下这三对环流圈相对于赤道是对称的。在模拟的第一年 10 月(是西风位相刚建立并开始加强的时候,图 4.3.12a)这三对环流圈的位置分别在 50 hPa(约 20 km)以下、50—8 hPa (20 km 到 33 km)之间和 8 hPa (33 km) 以上。中间的余差环流圈比较强,它在赤道上空有下沉气流,在 50 hPa 附近向南北分流,到副热带地区上空,转成上升气流,上升到 10 hPa 附近再返回赤道地区,而在 50 hPa 以下和 8 hPa 以上的环流圈方向与中间的环流圈方向相反。随着模拟时间的增加,这三对环流圈逐渐向下移动,到次年的 1 月份(图 4.3.12b),它们分别移到 70 hPa(约 18 km)以下、70—12 hPa 之间和 12 hPa 以上的气层中。在移动过程中,中间的余差环流圈逐渐减弱而上面的余差环流圈逐渐增强,到第二年 7 月份(西风位相开始减弱,图 4.3.12d),中间的余差环流圈下移到了 30 hPa 以下,逐渐代替了下面的余差环流圈的位置,而原来在上面的余差环流圈下移到了 35—5 hPa,而在 4 hPa 以上出现了一个新的余差环流圈。到第二年 10 月份(图 4.3.13a 所示,是东风位相刚建立并开始加强的时候），余差环流圈继续下移的结果，刚好原来上面的环流圈移下来代替了中间环流圈，而中间环流圈移下来替换了下面的环流圈。这时三对环流圈的位置与第一年10月份（图4.3.12a，西风位相刚建立并开始加强的时候）基本相同，但环流的方向正好相反。随着东西风位相的变化，上述的余差环流圈位置不断的循环变化。值得注意的是，三对环流圈的位置并不取决于季节的变化，而是取决于东西风位相变化的不同阶段（加强阶段或减弱阶段）。当模拟进行到第四年1月和第六年5月时三对环流圈的位置和方向与第一年10月基本上一样。这些都是西风位相增强的时候。同样模拟进行到第五年2月时（东风位相增强的时候）三对环流圈的位置和方向与第二年10月基本上一样。（图略）

（2）从纬向风的QBO引起的余差环流对臭氧QBO的初步解释

在这里我们先讨论纬向风的QBO引起的余差环流如何引起平流层臭氧浓度高值中心位置的移动和臭氧浓度垂直结构的变化，为此，我们在模拟的纬向风QBO强迫下的余差环流上迭加一个无QBO强迫时模拟的臭氧分压场（如图4.3.14所示），来分析余差环流对臭氧的输送。

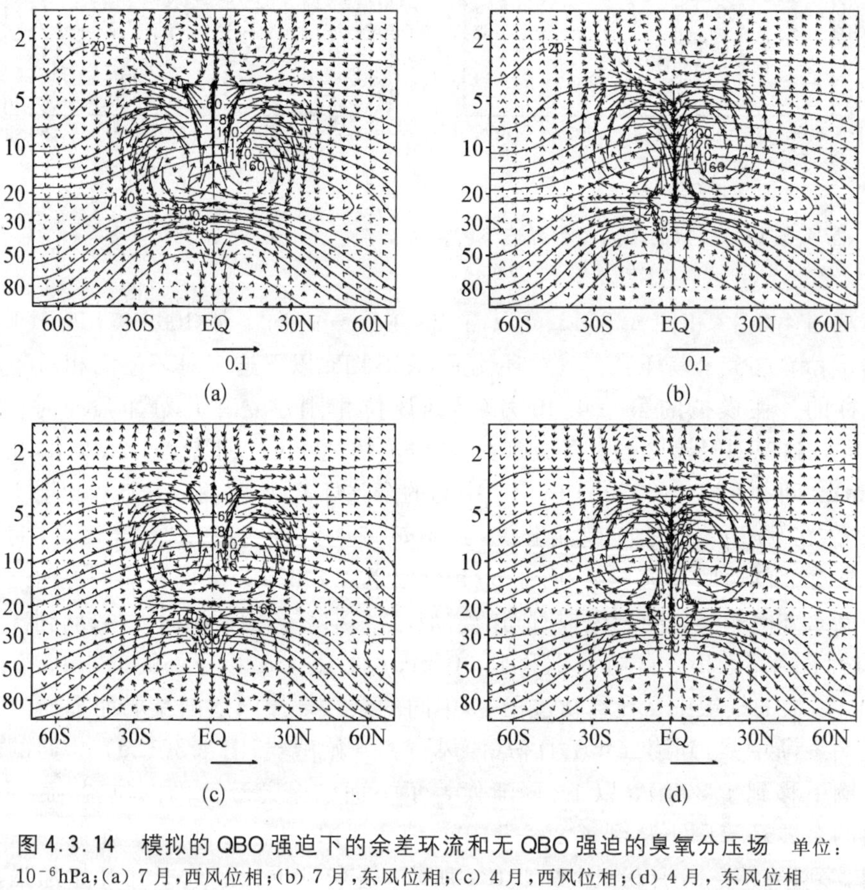

图4.3.14 模拟的QBO强迫下的余差环流和无QBO强迫的臭氧分压场 单位：10^{-6}hPa；(a) 7月，西风位相；(b) 7月，东风位相；(c) 4月，西风位相；(d) 4月，东风位相

图 4.3.14 中实线为模拟的无风场 QBO 时的臭氧分压的分布，可以看出在无风场 QBO 作用的情况下，7 月份臭氧浓度高值中心在赤道以北，这是因为 7 月份太阳直射北半球，最大的臭氧的光化生成率在赤道到北回归线之间。在余差环流和 7 月份臭氧浓度高值区的这种配置之下，在西风位相时(图 4.3.14a)，在北半球 18 hPa 附近(臭氧浓度高值中心所在位置)的北风气流把 15°—20°N 区域中臭氧浓度高的空气向赤道方向输送，同时在热带外地区的下沉气流将其上空 O_3 浓度低的空气向下输送，使得西风位相时 O_3 浓度高值区位置向赤道方向移动。在东风位相时正好相反(如图 4.3.14b 所示)，在 18 hPa 附近，赤道附近地区 O_3 浓度高的空气向副热带地区输送，使此高度附近副热带地区 O_3 浓度变大。而赤道附近地区上层的下沉气流将上层 O_3 浓度较低的空气输送过来补充，使这地区 O_3 浓度变小，结果使得在东风位相时北半球 7 月份 O_3 浓度高值区位置向北移动而远离赤道。4 月的情况如图 4.3.14c 和 4.3.14d 所示，这时，在无风场 QBO 时 O_3 浓度高值中心基本上在赤道上空，在风场 QBO 引起的余差环流的作用下，在西风位相时，在赤道附近高值区及其上方有上升气流将高值区中 O_3 浓度较高的空气向上输送，使高值区上部 O_3 浓度变大，因而高值区向上扩展。在东风位相时正好相反，在赤道附近高值区上方有下沉气流将上层 O_3 浓度较低的空气向下输送，使高值区上部 O_3 浓度变小，因而高值区厚度变小，同时向热带外地区扩展。10 月和 1 月的情况可做类似的解释。由此，可以证明，热带地区上空臭氧浓度高值区位置的 QBO 现象是由于风场 QBO 引起的平流层中层的余差环流造成的。正是因为这个臭氧浓度高值中心位置的南北摆动和厚度变化，使得赤道上空和热带外地区垂直气柱的臭氧含量发生准两年周期的振荡。虽然风场 QBO 引起的平流层的余差环流是对称的，但因为 O_3 浓度高值中心位置随季节变化，相对于赤道并不对称，而且还因风场 QBO 的作用而南北摆动，于是余差环流对臭氧的输运在各纬度带会不一样。从而使得臭氧 QBO 在南北半球不对称。由此可见，风场 QBO 引起的平流层中层的余差环流在热带内和热带外地区臭氧 QBO 的形成及其南北半球非对称分布等方面起着非常重要的作用。

从模拟的余差环流和臭氧浓度高值区的这种配置，我们还可以找到热带地区垂直方向上 O_3 浓度 QBO 位相多次变化的原因。前面已经讨论过风场 QBO 引起的余差环流在平流层垂直方向上有三个环流圈，从图4.3.14可以看到，就其垂直速度而言，在 7 月份 25—5 hPa 气层中它的方向与4 hPa 以上和 25 hPa 以下是相反的。在西风位相时，在赤道上空 14—5 hPa气层的上升气流把 O_3 浓度较高的空气向上输送，使 13—4 hPa 气层 O_3 浓度增加，而 22—18 hPa 气层 的上升气流把 O_3 浓度较低的空气向上输送，使 20 hPa 附近的 O_3 浓度降低。在 25 hPa以下，下沉气流把上层 O_3 浓度较高的空气向下输送，使这里再出现一个 O_3 浓度增加的区域，同时 3 hPa 以上的下降气流又把 O_3 浓度较低的空气向下输送，所以 3 hPa 之上又有一个 O_3 浓度下降的区域。这样就使得臭氧浓度的变化在垂直方向上多次反号。东风位相的情况正好与此相反，不再赘述。其他月份的情况也可以做类似的讨论，只是由于三个余差环流圈位置的逐渐下移，不同时间三个余差环流圈与臭氧浓度高值区的配置有些不同，臭氧浓度变化反号的位置和强度有些不同。而且随着余差环流圈位置的逐渐下移，它所引起的O_3浓度增、减的区域也逐渐下移。这可解释臭氧QBO垂直结构的形成以下传的原因，也表明模拟与资料结果相当一致。

在这里我们多次提到风场QBO引起的平流层中的三个余差环流圈，特别是中间的(约在25—5 hPa气层，约23—35 km高处)的余差环流(下面我们称它为平流层中层的余差环流)。这是因为在前人的文章中(Ling and Londen, 1986; Gray and Pyle, 1989)和Andrews等(1987)的《中层大气动力学》一书中对赤道地区臭氧QBO形成的解释只考虑了风场QBO引起的余差环流在平流层下层的部分。他们认为，在热带地区，当纬向风的QBO为东风切变时，会引起热带地区的上升运动，把平流层下部含臭氧较少的空气向上输送，使这地区臭氧总量减少。当纬向风的QBO为西风切变时情况相反，下沉运动带来了平流层中层含臭氧丰富的空气，使臭氧总量增加。而数值模拟结果的分析表明，风场QBO引起的平流层下层垂直运动的变化对赤道地区臭氧QBO的形成虽然有一定的作用，但风场QBO引起的余差环流所起的作用有时也很重要。风场QBO引起的平流层中层余差环流的作用之所以重要，一方面，是因为后者的较强垂直运动和经向气流正好在臭氧浓度最大的高度上，对臭氧的输送最为有利；另一方面，经向气流对臭氧向赤道外输送的年际变化既是赤道附近地区臭氧QBO和赤道外地区臭氧QBO产生的重要原因，也是他们位相相反的原因。所以我们认为仅仅用风场QBO引起的平流层下层垂直运动的变化来解释臭氧QBO的形成是不够的。

(3) 纬向风的QBO引起的余差环流对微量气体的输送

为了搞清楚纬向风的QBO引起的余差环流对微量气体的输送的特征，我们对比了在纬向风的QBO强迫下，余差环流对O_3、HCl、NO和NO_2输送的差异，从而解释为什么同样的纬向风的QBO(引起同样的余差环流)会造成不同的微量气体其QBO的垂直和水平结构不同。图4.3.15(彩图见第698页)、图4.3.16(彩图见第699页)、图4.3.17(彩图见第699页)和图4.3.18(彩图见第699页)分别给出在不同的纬向风位相时模拟的这四种微量气体的混合比与不加入风场QBO强迫时模拟值之差的高度-经向分布。它们反映了纬向风QBO产生的余差环流对这几种微量气体输送的结果。

从图4.3.15—图4.3.18可以看出在纬向风QBO的强迫下，在不同高度和不同纬度微量气体混合比的变化是不同的。而且纬向风QBO的不同位相引起的余差环流对这四种微量气体输送量有明显的差异。图4.3.15表明，风场QBO强迫使臭氧混合比的变化量在垂直方向上多次反号。在赤道上空尤其明

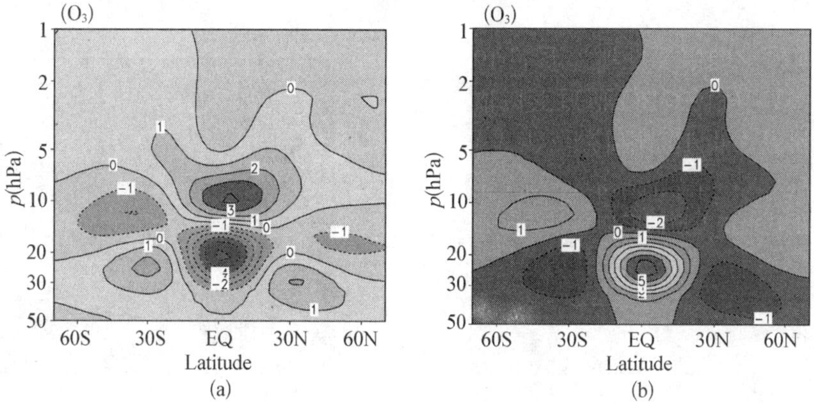

图 4.3.15 风场 QBO 强迫引起的臭氧混合比变化的垂直-经向分布
(a) 东风位相时;(b) 西风位相时(单位: ppmv)

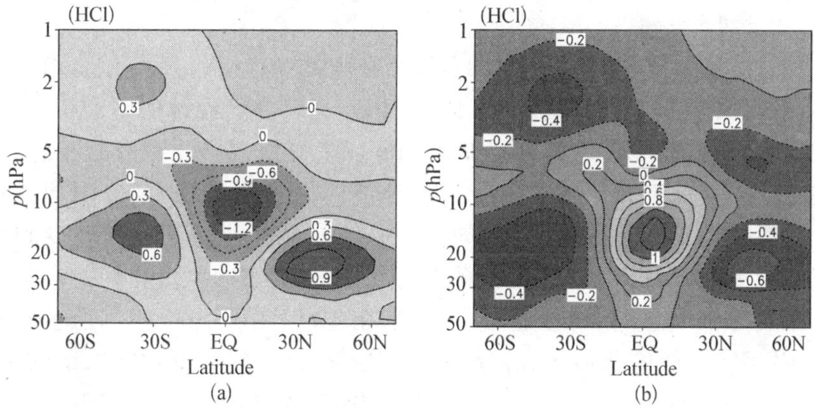

图 4.3.16 风场 QBO 强迫引起的 HCl 混合比变化的垂直-经向分布
(a) 东西风位相时;(b) 西风位相时(单位: ppbv)

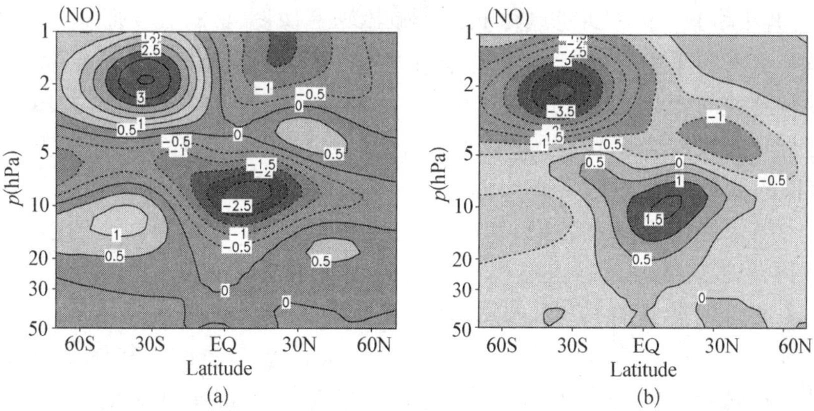

图 4.3.17 风场 QBO 强迫引起的 NO 混合比变化的垂直-经向分布
(a) 东西风位相时;(b) 西风位相时(单位: ppbv)

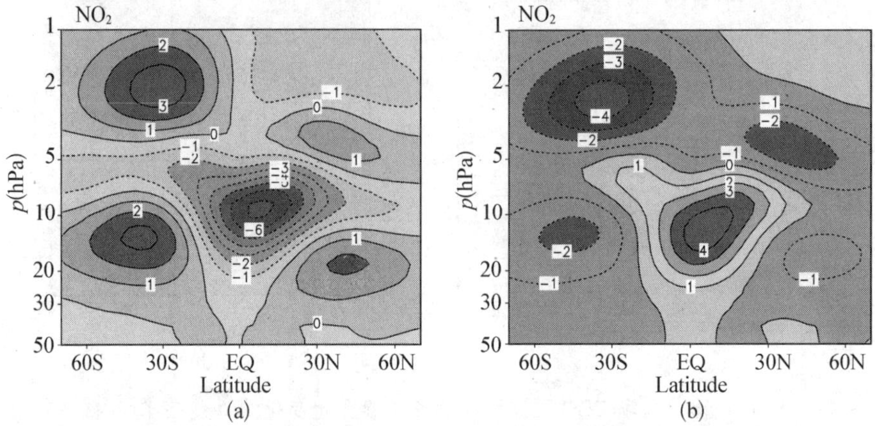

图 4.3.18 风场 QBO 强迫引起的 NO_2 混合比变化的垂直-经向分布

(a) 东西风位相时；(b) 西风位相时(单位：ppbv)

显。例如：在东风位相时(如图 4.3.15a)，在大约 40—13 hPa气层臭氧混合比有个明显减少的区域，而在它的上面，13—5 hPa 气层臭氧混合比则是明显增加的，在 40 hPa 以下臭氧混合比稍有增加，5 hPa 以上臭氧混合比稍有减少，这些正负相间的臭氧混合比变化区域是由于上一小节讨论过的风场 QBO 引起的三对余差环流对臭氧的输送造成的。随着时间的增加(从东风位相逐渐转变到西风位相)，三对余差环流逐渐下移，强度逐渐发生变化，上述的正负相间的臭氧混合比变化区域也逐渐下移，在下移过程中，原来在 40 hPa 以下的正区逐渐消失，原来在 40—13 hPa 气层的负值区逐渐减弱，并逐渐取代原来 40 hPa 以下的正区，同时，它的上面原来在 13—5 hPa 的正区也逐渐下移，其上方的原来较弱的负值区在下移的过程中逐渐变强而且逐渐占据 13—5 hPa 气层，在它的上方再生成一个弱的正值区(详见 Chen Yuejuan et al，2002 年文中的图 5 和图 6 以及有关的讨论，这里从略)。于是到西风位相时，就出现了像图 4.3.15b 那样的与东风位相时基本相反的垂直结构。随着时间的增加，正负相间的臭氧混合比变化区域的下移和强度的变化，就形成了图 4.3.11(左上) 那样的在纬向风 QBO 强迫下的赤道上空臭氧混合比扰动的结构。从图 4.3.15 我们还看到，在热带外地区臭氧混合比的变化与赤道地区正好相反，但其变化值明显小于赤道地区，正负反号的位置比热带地区低一些。而且 30°N 上空臭氧 QBO 位相随高度的多次变化不如 30°S 附近那么强。正是上述模拟的余差环流对臭氧输送的这些特征，才使热带外地区也出现臭氧的 QBO 现象，并且其振荡位相与热带地区相反。模拟的位相转换的纬度大约在南北 15°附近，与观测结果也基本一致。从图 4.3.15 还可以看到臭氧混合比的变化南北不太对称，特别是在 5 hPa 以上更明显。其原因还需进一步研究。

对比图 4.3.15、图 4.3.16、图 4.3.17 和图 4.3.18 可以看出风场 QBO

强迫引起的 HCl 和 NO_x 混合比变化与臭氧有一些共同点,但也有明显不同。共同点是,风场 QBO 强迫也引起的 HCl 和 NO_x 混合比明显的准两年周期变化。热带外地区 HCl 和 NO_x 混合比的变化与赤道地区也是相反的,而且其变化值也小于赤道地区。最明显的不同是,无论在东风位相还是西风位相,在热带上空 30—5 hPa 之间气层 HCl 和 NO_x 混合比振荡的位相在垂直方向上基本没变,而臭氧混合比的振荡却变了一个位相。其次是,风场 QBO 引起的热带外地区 HCl 和 NO_x 混合比的变化的南北不对称现象比臭氧更明显些。

为什么同样的纬向风 QBO 引导出来的同样的余差环流,会造成这样不相同的 QBO 结构呢?这主要是由于这几种微量气体密度的垂直分布不同,因此在不同高度上余差环流对不同的微量气体的输送是不同的。关于这个问题,在 Chen Yuejuan(2005)和郑彬等(2003)的文章中有详细的讨论,这里不再重复。

(4) 模拟的 O_3 QBO 与 HCl、NO_x QBO 的关系

下面我们通过数值模拟结果来讨论臭氧的准两年周期振荡与另外三种微量气体 QBO 的关系。首先看 HCl QBO 对 O_3 QBO 的影响。由于 HCl 是长寿命气体,无论在平流层上层还是下层,其浓度的分布主要受动力输送作用所控制,奇氧族 O_x(O_3+O) 的化学寿命在平流层下层比较长(典型值为 10^7 s 量级),所以在平流层下层,臭氧 QBO 的形成还是以动力输送作用为主。随着高度的增加,O_x 的化学寿命逐渐缩短,到 10 hPa 附近,它只有 10^6 s 的量级。但是它的动力时间常数是 10^7 s 量级,所以它的光化学过程就变得重要了。对比图 4.3.15a 和图 4.3.16a 可以看到,在热带地区上空,当东风位相引导出的余差环流使 10 hPa附近臭氧混合比增加时,它使该处的 HCl 混合比减少。于是,在东风位相下,HCl 对臭氧的破坏也会少一些(换句话说,对臭氧混合比增加有利)。而西风位相的情况正相反,余差环流使 10 hPa 附近臭氧混合比减少,而使该处的 HCl 混合比增加。所以在西风位相下,HCl 对臭氧的破坏也会多一些,也就会使臭氧混合比更加减少。也就是说,在平流层中上层,风场 QBO 引起的余差环流对臭氧的输送作用,与 HCl 混合比变化对臭氧的破坏作用是一致的。所以动力驱动的 HCl QBO 会增强 O_3 QBO。

前面提到过,Chipperfield 等(1994)曾用一个二维模式研究了 SAGE Ⅱ 的 NO_2 和 O_3 的准两年周期信号,认为平流层中上层臭氧的 QBO 主要是由于 NO_x 的 QBO 强迫形成的。我们来看看我们的模拟结果。图 4.3.17、图 4.3.18 和图 4.3.15 比较,在 13—5 hPa 气层,风场 QBO 引起的 NO 和 NO_2 混合比的扰动与 O_3 混合比的扰动基本上反相变化。这表明,在赤道上空,13—5 hPa 气层,当风场 QBO 的余差环流引起 O_3 混合比减小时,同时引起 NO_x 的混合比增加,后者对 O_3 的破坏将使 O_3 浓度进一步减小。而当风场 QBO 的余差环流引起

O_3 混合比增加时,同时引起 NO_x 的混合比减少,后者对 O_3 的破坏将有所减轻,从而有利于 O_3 浓度混合比的增加。也就是说,在 13—5 hPa 气层,风场 QBO 引起的余差环流输送作用及其引起的 NO_x 浓度的变化两者对 O_3 混合比的影响是一致的,这与上面讨论的平流层上层 HCl QBO 对臭氧 QBO 的影响相同。在大约 25 hPa 以下气层,在赤道和中低纬余差环流使臭氧和 NO_x 的变化一致,即当臭氧混合比增加时,NO_x 混合比也增加,臭氧混合比减少时,NO_x 混合比也减小,因此,NO_x 对 O_3 的破坏作用与余差环流的输送作用相反。也就是说在平流层下层由风场 QBO 驱动的 NO_x 的 QBO 会使 O_3 的 QBO 有所减弱。不过,由于奇氧族 O_x(O_3 + O) 的化学寿命在平流层下层比较长而且在这气层中 NO_x 扰动的幅度不大。所以它们对 O_3 的破坏作用并不大,而使余差环流的输送起重要作用。

从以上分析可以看出,对于臭氧 QBO 的形成,风场 QBO 引起的余差环流的输送和由它引起的 HCl 和 NO_x 的扰动都是重要的因素,但在不同高度上其重要性不同。在平流层下层,风场 QBO 引起的余差环流对臭氧的输送作用是主要的,而 HCl 和 NO_xQBO 的扰动对臭氧的影响则不重要;在 13—10 hPa 以上气层,余差环流对臭氧的输送和 HCl,NO_x 扰动起着同样的作用,特别是在 13—5 hPa气层,由于余差环流圈很强,无论在赤道上空还是在热带外地区垂直运动的变化都很大,使得 HCl 和 NO_x 的准两年周期振荡也较强,它们在臭氧 QBO 的形成中的作用都是不可低估的。

4.4 平流层爆发性增温及其对微量气体分布的影响

平流层爆发性增温(Sudden Stratospheric Warming,简称 SSW)是发生在平流层高纬度到极地区域的一种温度急剧升高的现象,通常发生在冬季和初春。平流层爆发性增温现象最早于 1952 年被德国科学家 Scherhag 观测到。随后,人们对平流层大气运动的这一现象给予了越来越多的重视,进行了一系列的观测和研究。Richard(1959)等利用探空资料描述了 1957 年发生的爆发性增温现象,Frederick 等(1964)用雷达探测数据分析了 1963 年冬天平流层爆发性增温期间环流的变化,而 Paul 和 Labitzke(1965)从大气能量方面描述了此次增温现象,发现高纬增温时低纬降温。同期 Reed 等(1963)和 Lateef(1964)分别对这段时间(1957—1963 年)发生的爆发性增温现象进行了个例分析。资料分析表明,

SSW 发生时，在极地附近平流层大气的温度急剧增加，几天内可以增加几十度。伴随着温度的变化，原先冬春季在极地附近的冷性低压涡旋会变形甚至崩溃，原先的绕极西风环流明显减弱甚至出现东风气流（Andrews 等，1987，叶笃正等，1988）。

为了便于对平流层爆发性增温的研究，1963 年世界气象组织（WMO）把平流层爆发性增温分为强增温（Major warming）和弱增温（Minor warming）两类。强增温定义为：(1) 在 10 hPa 及其以下的平流层里，60°N 以北向极的纬向平均温度梯度发生反转，即由通常的北冷南暖反转为北暖南冷；(2) 相应的等压面高度梯度也反转为北高南低，60°N 以北地区的纬向平均的西风也发生反转，变为平均东风气流。弱增温则只是指向极地的温度梯度发生反转，纬向平均西风减弱，但不出现反转现象（Andrews et al，1987）。此后，随着卫星、雷达等探测资料的增多，对 SSW 的分析越来越多，并且更加深入。对大量的观测资料分析结果表明，出现在北半球的 SSW 比较多，大约平均每年有一次。但南半球很少出现 SSW，在 2002 年以前南半球尚未观测到过强的 SSW，只是到 2002 年 9 月（南半球初春）出现过一次强的 SSW（Baldwin，2003）。

关于平流层爆发性增温产生的机制，在早期虽然有过一些研究，但直到 Matsuno（1971）的研究指出平流层爆发性增温是由于对流层行星波向平流层传播并与平均流相互作用而产生的之后，人们对增温机制才有了更深的认识。这一理论的提出得到了广大学者们的认可。并且 Holton（1976）、Labiztke（1982）、Quiroz（1986）等人对对流层行星波的这种上传引起平流层爆发性增温的效应从理论和观测上给予了很好的研究和证实。Labitzke（1978；1981）通过研究 SSW 与冬季行星波振幅的变化，指出：行星波 1 波振幅达最大值 2 波振幅达最小值时爆发性增温发生，行星波 1 波的增幅是强增温爆发之前的先决条件。此后，越来越多的工作通过波-流相互作用来研究爆发性增温，如 Palmer（1981）提出用变形欧拉平均方程来研究 SSW，Kanzawa（1982）用 E－P 通量来诊断 SSW 过程中平均流对行星波传播的影响，O′Neil A 和 Youngblut（1982）利用变形欧拉方程计算了 1976/1977 年冬天爆发性增温时 E－P 通量和剩余环流的变化。在 4.1.3 节中提到人们在讨论平流层大气环流及其对物质输送时通常都采用变形欧拉方程组和剩余环流，SSW 期间剩余环流的变化必然会引起平流层微量成分分布的变化。另外人们也注意到平流层爆发性增温发生时不仅平流层发生剧烈的反常变化，还会影响到对流层。王坚红等（1994）的研究表明，SSW 期间温度场和环流场的变化不仅出现在平流层中下层，在对流层中层，中高纬和中低纬环流也出现相应的变化。Baldwin 和 Dunkerton（1999）的研究指出，作为平流层向对流层传播信号的北极涛动和爆发性增温有关，它不单由平流层向下传播，而且通过对流层时有大的振幅并能维持。因而在平流层过程对气候影响的研究中对平流层爆发性增温的研究占着重要的地位。

总的来说，在过去的研究工作中，通过对 SSW 的个例分析和模拟研究，对 SSW 的特征和产生的机理已经有了较深的认识。但对于 SSW 期间环流场的变化，以及它对气候的影响的研究还是很初步的，尤其是 SSW 对微量气体分布的影响的研究还很缺乏。为此，我们这几年在分析 SSW 的时空分布的基础上，特别对 SSW 期间行星波的活动，剩余环流的变化，及其对微量气体分布的影响进行了研究。也对 SSW 期间东亚地区的气候可能受到的影响作了一些分析。在这一节里主要介绍我们在 SSW 期间行星波的活动，剩余环流的变化，及其对微量气体分布的影响等方面的研究结果。而 SSW 对东亚气候的可能影响放到下一节讨论。

4.4.1　SSW 的温、压和风场的分布和变化特征

从 4.1.1 节的图 4.1.4a 和 4.1.5a 我们得知，在冬季正常情况下（多年平均），平流层极地和高纬度地区为一个冷性低压涡旋所控制，中高纬地区盛行绕极的西风环流。初春的温、压、风场的分布也基本上是这样的特征。在 SSW 发生时，温、压、风场的分布发生很大的变化。一般来说，SSW 期间温度场的分布有两种不同的形式：第一种是整个北半球中高纬冷暖空气各占一方，暖空气将冷空气挤出极地。而且等压面位势高度也发生相应的变化，在暖空气控制的地方等压面升高，在冷空气控制的地方等压面下降。同时西风明星减弱或转为东风。第二种是暖脊从两大洋上分别向高纬和极地伸展，冷空气则走陆路，由北美和东亚分别向南移动。尽管有上述的差别，但 SSW 期间的共同特征是暖空气控制极区，使极区的冷性气旋减弱或甚至变成暖性反气旋。

图 4.4.1 是用 NCEP/NCAR 再分析资料绘制的 2002 年 2—3 月北半球强

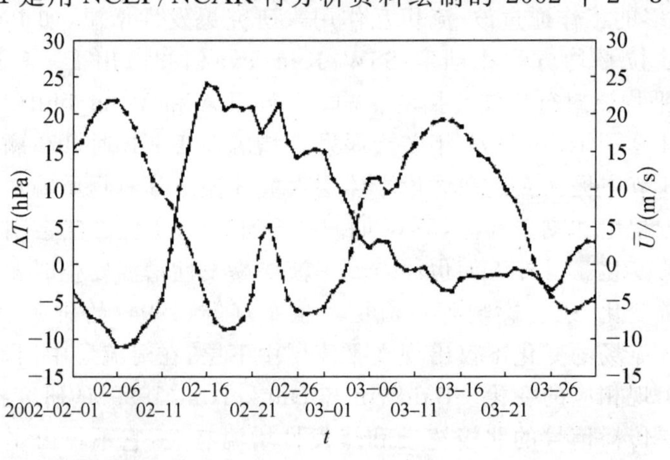

图 4.4.1　2002 年 2—3 月北半球发生强 SSW 时 ΔT（实线）及 $\overline{U}$（虚线）随时间的变化

SSW 时平均经向温度梯度(ΔT)和纬向风($\overline{U}$)随时间的变化图,其中,ΔT 是北极点温度与沿 60°N 纬向平均的温度之差,$\overline{U}$是北极点和 60°N 之间的平均地转风。图 4.4.1 显示,从 2 月 6 日开始,温度场和高度场的位相都开始发生反转,温度分布由原来的北冷南暖逐渐转为南冷北暖(从 2 月 6 日到 2 月 16 日十天内 ΔT 由原来的 -11℃变为 +24℃)。位势高度也逐渐由北低南高转变成北高南低,因而平均纬向风也由原来的平均西风反转为东风(十天内$\overline{U}$由西风 22 m/s 变成东风 8 m/s)。以后,这种温度场和风场反转的状况维持一段时间,直到 3 月 6 日后才逐渐转回到正常状态。

4.4.2 北半球 SSW 的时空分布特征

为了进一步了解 SSW 的时空分布特征,邓淑梅和陈月娟(2006)利用 1950—2003 年逐日平均 NCEP/NCAR 再分析资料,对北半球平流层爆发性增温过程进行统计分析。特别关注其垂直结构和垂直传播过程以及它与对流层环流的关系,同时将 2002 年南半球发生的 SSW 过程与北半球的 SSW 过程进行了初步的比较。

按照前面所提到的世界气象组织对 SSW 的区分和定义,我们查出这 54 年中强增温事件有 39 次,弱增温事件有 30 次。如表 4.4.1 所示。这一结果与王玉佩和李维京(1991)用 30 年平流层天气图统计的 SSW 次数基本一致,只是由于采用资料不同而稍有差异。

从表 4.4.1 可以看出,在北半球,SSW 发生比较频繁,平均每一年发生一次以上,最长间隔为 4 年(1954—1958 年);但有些年份的增温事件可以发生两次甚至三次(如 1958、1987 年)。最强的一次增温事件出现在 1986 年 3 月,从 15—19 日四天内增温量达到了 40℃,19 日一天的增温达 20℃。SSW 事件还表现出年代际变化,50 年代和 60 年代以及 90 年代发生次数较少,分别有 11 次、13 次、12 次;70 年代和 80 年代较多,分别达 15 和 16 次。SSW 的发生频数不但有上述的年际和年代际变化,还有月际变化,从表 4.4.1 可以看出,北半球 SSW 发生在 3 月份的比较多,1950—2003 年间的 69 次 SSW 事件有 24 次发生在 3 月份,1 月份和 2 月份少一些,分别为 16 次和 13 次。12 月和 11 月更少。

通过对 1950—2003 年间的 69 次 SSW 事件的分析,我们发现,北半球 SSW 增温中心的位置会随高度而变化,并且在每一个高度层,它表现出很强的地域性。图 4.4.2 中的黑圆点给出在不同高度(用气压表示)上 SSW 增温中心的位置。在 100 hPa(约 16 km) SSW 的中心位置大多集中在西半球北美大陆北部到极地区域,少部分出现在西伯利亚东北端,如图 4.4.2a 所示。在 50 hPa(约 21 km),SSW 的中心位置多位于东西伯利亚以及北美西北部地区的东西半球的交界处,如图 4.4.2b;在 10 hPa(约 30 km)高度层,其中心位置多位于东半球欧着高度的增加大多数 *SSW* 的中心由北美北部经过 180°子午面移向欧亚大亚大陆北部到极地区域,如图 4.4.2*c*。也就是说,在平流层低层 *SSW* 的中心位置多出现在西半球北部,平流层中高层 *SSW* 中心位置多出现在东半球北部,即随陆的北部,呈顺时针旋转的趋势。本文统计的 69 次 *SSW* 过程里有 61 次呈现这种趋势,只有 1951、1952、1961、1966、1974、1986 年等一些年份的 *SSW* 中心位置没有表现出一定的规律性,而 1981、1993 年的 *SSW* 中心位置,在较低层出现在东半球,较高层的出现在西半球。

表 4.4.1 1950—2003 年北半球 SSW 年份和月份

时　间	SSW 时	时　间	SSW 时
50.1	⋆	77.1、3	⋆⋆
51.3; 11—12	⋆ ⋆	78.1、3、12	⋆⋆★
52.2—3	★	79. 2—3 ; 11—12	★⋆
53.3; 12—54.1	⋆ ⋆	80.3	⋆⋆
54.3	★	81.2;2—3;11—12	⋆⋆★
58.1; 2—3;12—59.1	★★★	84.2—3;12—85.1	★★
59.3	★	85.3	★
60.1; 1—2; 3	⋆★⋆	86.3	★
61.3	★	87. 1—2;2—3;12	★★★
63.2	★	88.3	★
64.3	★	91.1—2	★
65.12—66.1	★	92.3	★
66.2—3; 11	⋆ ⋆	93.3、12—98.1	★⋆ ⋆
68.1、11、12	★★⋆	95.1、3	★⋆
69. 3	★	97.12	⋆
70. 1—2	★	98.1—2;12	⋆★
71.1—2; 3	★⋆	99. 1—2	★
73.1—2	★	2000.3	⋆
74.3	★	2001.2—3;12	★⋆
75.1—2;3	⋆★	2002.2—3	★
76.12	⋆	2003.1、12	★⋆

注:★——强增温,⋆——弱增温。

我们对表 4.4.1 所列的各次 SSW 事件出现在不同高度层的先后顺序进行了分析,发现大部分 SSW 过程的增温最先出现在 10 hPa 高层(约30 km),然后由上向下扩展和传播。SSW 中心向下传的速度快的可以在3—5 天从 10 hPa 扩展到 100 hPa(约 16 km),慢的要经过半个月或更长时间才传到 100 hPa。在 69 个 SSW 事件中只有少数的 SSW 只出现在高层,低层不出现 SSW 中心(如 1953、1985、1994 年)。也有个别年份如 1970 年增温先出现在低层,然后向上传播,而 1999 年 SSW 则是先出现在 50 hPa 附近,然后同时向上下传播。

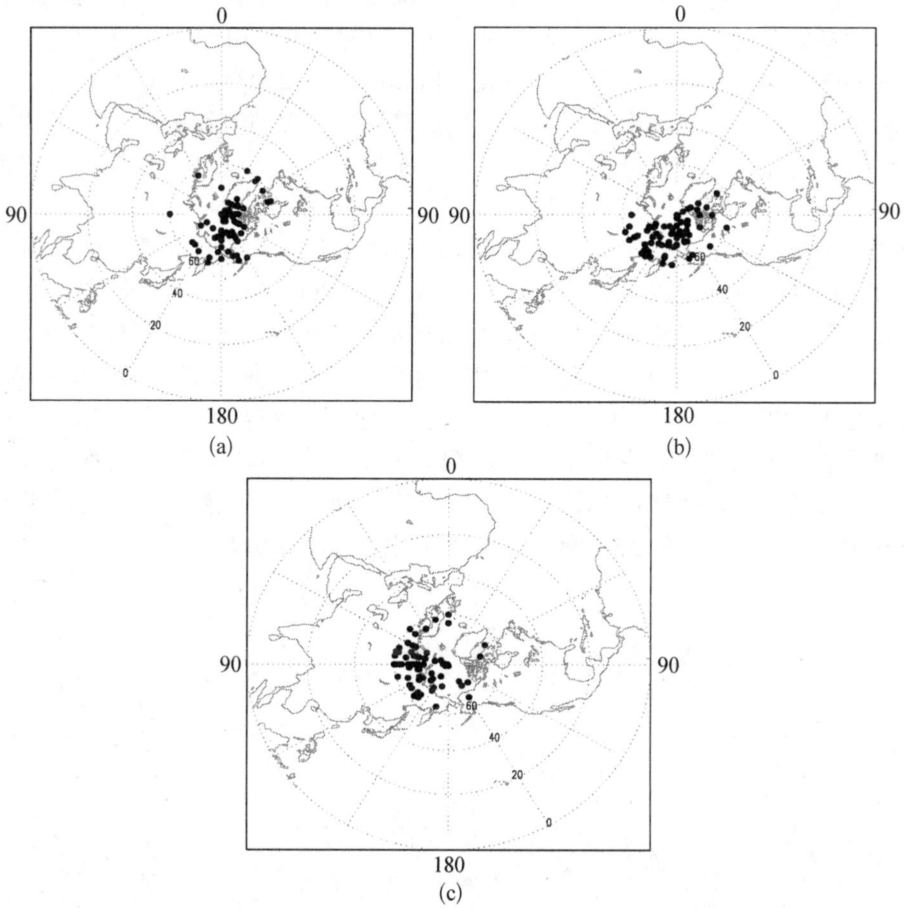

图 4.4.2 北半球 SSW 的中心位置 (a) 100 hPa;(b) 50 hPa;(c) 10 hPa

与上面讨论的 SSW 中心位置随高度的变化结合起来,可以看出,大多数北半球平流层爆发性增温最先出现在平流层中层 10 hPa 附近东半球的北部,然后逐渐向下扩展和传播,其增温中心也逐渐向东移动,即 SSW 中心随高度的增加呈顺时针旋转的趋势。

4.4.3 2002 年南半球的 SSW

观测资料表明,南半球很少出现 SSW,在 2002 年以前南半球尚未观测到过强的 SSW，只是到 2002 年 9 月（南半球初春）出现过一次强的 SSW（Baldwin et al，2003）。伴随这次强增温过程，除了温度场的变化和南极涡旋的崩溃之外，从 20 世纪 80 年代中期以来每年皆出现的南极臭氧洞，在这一期间，也发生很大的变化。如 4.2 节的图 4.2.3 所示，在 2002 年 9 月上中旬，爆发性增温发生时，南极臭氧洞分裂成两部分，直到 10 月初才逐渐恢复成一个，但比通常年份 10 月上中旬的臭氧洞弱得多。因此这次很不寻常的 SSW 事件引起了广泛的关注。各国的科学家们对其进行一系列的研究。Baldwin 等（2003）首先分析了这次爆发性增温过程以及伴随的南极涡旋和南极臭氧洞的分裂，随后，大量工作对这次爆发性增温的原因进行了分析。Hio 和 Yoden（2005）把 2002 年与之前 23 年进行比较和分析，认为 2002 年南极附近之所以发生爆发性增温是因为 2002 年具有特殊的大气动力条件。Newman 和 Nash（2005）认为是强的行星波活动引起了这次南极的爆发性增温和其他异常。Harnik 等（2005）认为 2002 年南极爆发性增温的产生是由于静止的行星波 1 波和移动的 2 波强迫的综合结果。Ratnam 等（2005）的研究表明南极爆发性增温期间在极涡外围重力波活动大大增强，其能量为正常年份的 3 倍。Cai 等（2005）通过理论研究和数值模拟指出，大气向极的热量输送导致这次爆发性增温的加强。而 Esler（2005）则认为这次南极的爆发性增温是一次自调谐的振荡（selt-tuned resonance）现象。对这次南半球的 SSW 在我们的文章（邓淑梅、陈月娟，2006）中也进行了分析。

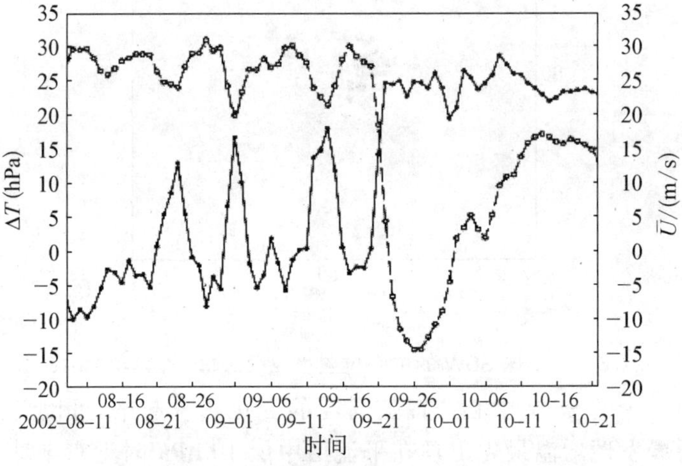

图 4.4.3 2002 年南半球强 SSW 时 ΔT（实线）及 $\overline{U}$（虚线）的变化曲线

图 4.4.3 是这次 SSW 过程中南极与 60°S 的温度差 ΔT 和平均纬向风 $\overline{U}$ 的变化图。从图 4.4.3 可见，在 8 月 21—26 号、9 月 1—3 号、9 月 12—15 号有三次弱增温，ΔT 由负变正，但强度不大，$\overline{U}$ 稍有减弱，但并未反向。从 9 月 21—10 月 16 号出现一次强增温过程。南极与 60°S 的平均温度差值 ΔT 从 9 月 20 日的

-12℃到9月22日变为+11℃，绕南极的西风气流从9月20日的15 m/s到9月23日开始变为东风气流。图4.4.4(彩图见第699页)、图4.4.5(彩图见第700页)和图4.4.6分别是增温前和增温期间20 hPa等压面上的温度场，位势高

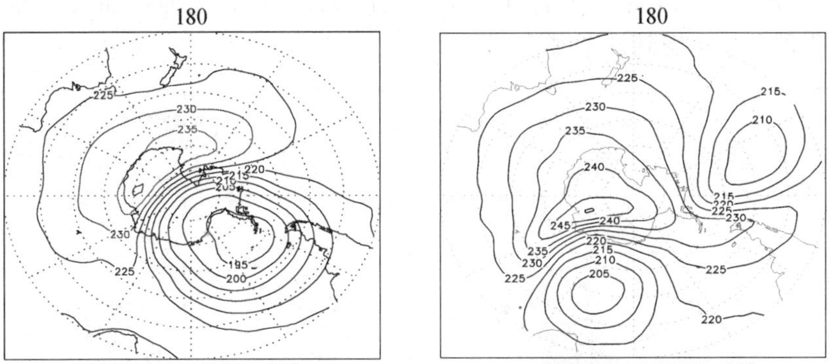

2002-9-15, 20 hPa, [K]　　2002-9-25, 20 hPa, [K]

(a)　　(b)

图4.4.4　2002年南半球SSW的20 hPa温度场　(a) SSW前；(b) SSW中

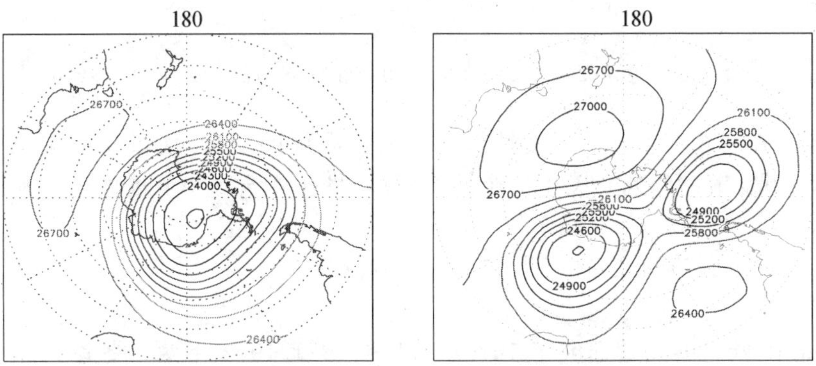

2002-9-15, 20 hPa, [m]　　2002-9-25, 20 hPa, [m]

(a)　　(b)

图4.4.5　2002年南半球SSW的20 hPa位势高度场
(a) SSW前；(b) SSW中

度场和风场。从图4.4.4a、图4.4.5a和图4.4.6a可以看出在9月15日(强增温之前)，南极附近为一个偏心冷涡，沿纬向是西风环流(只是其环流圈的中心稍为偏离南极)，到了9月25日(强增温期间)，南极上空温度明显增加且高温区完全控制南极洲上空，低温区分裂成两块，分别位于非洲南端和东南太平洋的南端(见图4.4.4b)。同时，南极涡旋也分裂成两个，位势高度明显降低，其中心位置与两个低温中心的位置基本一致(图4.4.5b)。从图4.4.6b看出流场发生了明显的变化，在不少地区出现了东风气流。

通过对这次南极 SSW 在不同高度上的增温中心的位置的分析，我们看到南半球这次 SSW 某些特征与北半球 SSW 有些相似，如 SSW 的中心的位置随高度而变化，随着高度的增加其中心也是由东向西移动。不同的是，南半球这次 SSW 在 100—30 hPa 的中心都在东半球的南端，随着高度的增加其中心由东向西，经过 0°子午面绕到西半球南端。

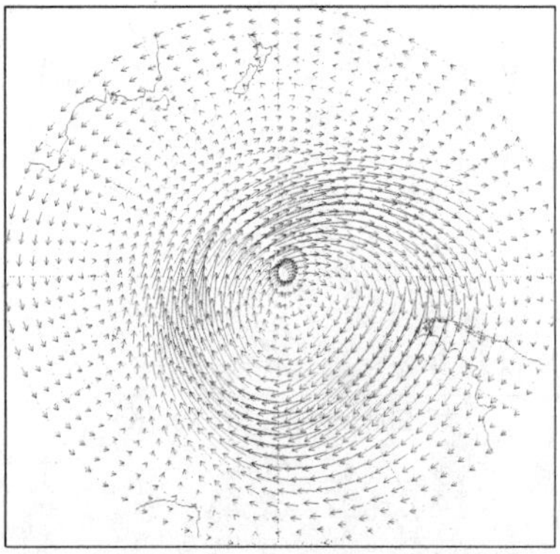

(a)

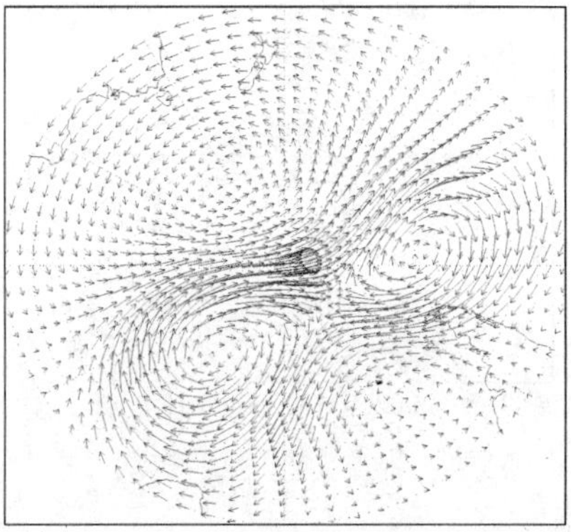

(b)

图 4.4.6 2002 年南半球 SSW 的 20 hPa 风场 (a) SSW 前；(b) SSW 中

伴随着这次南半球的爆发性增温及南极涡旋的变化，南极臭氧洞也明显减弱，中间还发生过分列。关于这个问题，我们将在 4.4.6 小节里做进一步讨论。

4.4.4 北半球 SSW 期间行星波的活动

Labitzke(1978)曾研究了 1970/1971 和 1971/1972 年两个冬季行星波 1 波和 2 波的逐日变化，发现 1 波振幅达最大值 2 波振幅达最小值时爆发性增温发生。Labitzke (1981) 通过对 1978/1979 年冬季行星波振幅的研究指出：行星波 1 波的增幅是强增温爆发之前的先决条件，而后，当增温爆发时，极涡的崩溃经常伴随着 1 波振幅的迅速减弱和 2 波振幅的增强。近年来，人们在 Labitzke 研究的基础上就行星波活动对 SSW 的影响的研究越来越深入。例如：Taguchi (2003)利用简单的全球环流模式给出的数据综合分析了 132 个 SSW 事件，也证实了 Labitzke 的论点。他还指出，在爆发性增温发生前期由对流层向平流层传播的行星波的上传活动加强，在增温后期增温信号下传到较低平流层。Hitoshi 等(2004)利用日本的天气预报模式给出的 1998 年 12 月—1999 年 2 月的资料分析了 1998 年 12 月份的 SSW 过程，也得出了与 Labitzke 相同的观点，并提出通过行星波 1 波的强烈发展可以提前一个月预报 SSW。

然而邓淑梅和陈月娟等(2006)从对1978—2004年中发生的18次强爆发性增温过程中行星波的活动进行的分析时,发现只有为数不多的爆发性增温过程符合Labitzke的上述结论,而有相当多的SSW过程中其行星波(特别是2波)的变化有其不同的特点。根据SSW过程中行星波1波和2波活动的特征我们认为可以把SSW分成以下三种类型:第一种类型,在SSW出现前的半个月至1个月1波明显增强,而2波很弱。当1波突然减弱而2波突然增强时,出现SSW。增温结束后1波和2波都减到最小。这种类型与Labitzke的结果是一致的。但在1978—2004年发生的18次强SSW过程中只有1979年1—2月、1984年12月至1985年1月、1989年1—2月、1998年12月、2003年1月等5次SSW事件属于这种情况。第二种类型,在SSW出现前1波也很强,但2波也比较强;增温出现时,1波突然减弱,而2波也减弱。增温结束后1波和2波也都减到最小。在1978—2004年发生的18次强SSW过程中,1980年2—3月、1984年2—3月、1987年12月、1995年1—2月、1999年2—3月、2004年1月等6次SSW事件都属于第二种类型。第三种类型,在SSW出现前1波仍然很强,但2波不算很强,但也不弱,在出现增温时,1波有所减弱,2波有所发展,但始终强不过1波,直到增温结束后1波才减到最小,2波也减小。在1978—2004年发生的18次强SSW过程中,1981年2月、1986年3月、1987年1—2月、1988年3月、1991年1—2月、1993年3月、1999年3月等7次SSW事件SSW都属于第三种类型。

我们所统计的这些年份都是在SSW前有1波强烈发展,这与Labitzke的结论一致,所不同的是:在增温前只有第一种类型的2波振幅达到最小,而在第二种和第三种类型的情况下增温前2波振幅是相当强的,在增温期间2波有时发展有时减弱,而且第二种和第三种类型的SSW个例数目比第一种类型的多。进一步分析还看到这三种不同的类型的SSW不仅行星波活动不同,其极涡变化也不一样。为了证明我们的分析结果的合理性,我们用E-P通量和波-流相互作用理论对三种不同类型SSW过程中行星波1波和2波活动的特征以及它们在SSW的不同阶段所起的作用进行解释和讨论。下面对这一工作做一些介绍:

1. 第一种类型SSW过程中行星波振幅和E-P通量的变化

下面以1984年12月至1985年1月的SSW为例进行分析:图4.4.7是这次SSW在10 hPa等压面上行星波1波和2波的振幅(位势高度)以及平均纬向风和温度随纬度和时间的分布。1波的振幅(图4.4.7a)在1984年的12月中旬达到最大值,在以后的半个月中都维持着比较大的振幅。到了1984年12月底SSW发生的前夕,1波很快减弱,同时2波(图4.4.7b)迅速增强。2波的振幅在大致12月31日左右达到最大值,60°N以北的纬向西风(图4.4.7c)转为东风,极地附近温度(图4.4.7d)达到最大值,极地平流层的爆发性增温发生。到1985年的1月15号,1波和2波也相应地都减弱,环流场开始恢复。这种类型行星波的变化特征与Labitzke所得出的结论一致。

对应于第一种类型 SSW 过程的极涡变形的特征为：在 SSW 发生之前，当 1 波增幅时，极涡也开始拉长。到 SSW 发生时，极涡崩溃并分裂成两个气旋中心，原先在东西伯利亚和太平洋上的两个高压脊向北伸展，控制了北极地区，这时 1 波明显减弱 2 波强烈发展；到 SSW 过程结束后，极地涡旋恢复(详见邓淑梅等的文中图 2a、b、c，2006)。经统计，在增温前期 1 波发展，紧接着 1 波减弱 2 波发展时增温开始的 5 次 SSW，大致都表现出 1985 年 1 月初极涡崩溃时的特征。

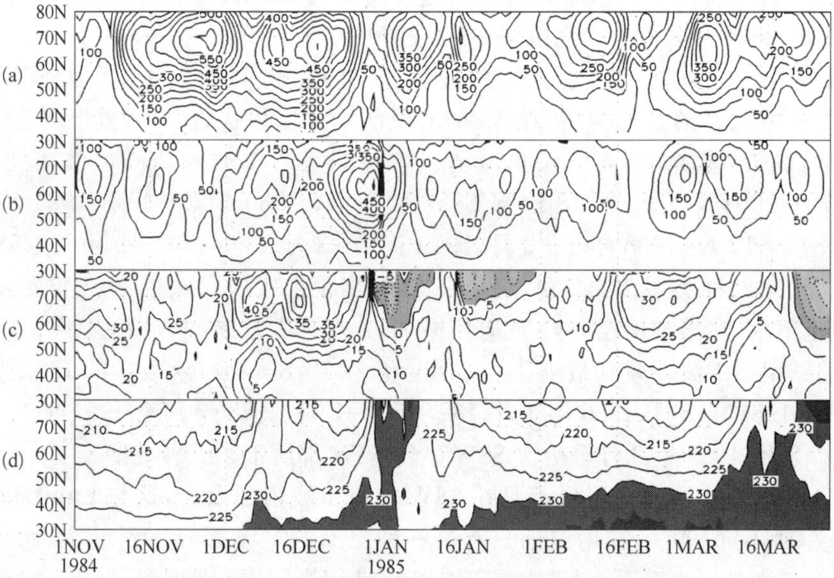

图 4.4.7　1984 年 11 月—1985 年 3 月 10 hPa 等压面上 1 波(a)和 2 波(b)的振幅(位势米)以及平均纬向风$\overline{U}$(m/s)(c) 和纬向平均温度$\overline{T}$(K)(d) 随时间和纬度的变化

利用 4.1.2 节中给出的在准地转近似条件下计算球面上的 E－P 通量及其散度的(4.1.2)式和(4.1.12)式我们计算了各种类型的 SSW 期间的E－P 通量及其散度，讨论了 SSW 期间行星波活动并利用描述波流相互作用的(4.1.11)式，讨论它们在 SSW 不同发展阶段所起的作用。图 4.4.8 和图 4.4.9 分别是第一种类型 SSW 的行星波 1 波和 2 波的 E－P 通量和E－P通量散度在增温前期，盛期和后期的经向-高度分布图。它们是由前面提到的第一种类型的 5 个 SSW 合成的。

在 4.1.2 节中提到，从 E－P 通量的分布就可以看出行星被垂直向上传播的"波导"。因而可以用 E－P 通量来诊断行星波的传播。从图 4.4.8 a 可以看出在爆发性增温前期，对流层中纬度有很强的行星波 1 波向平流层高纬地区传播，从北纬 50°N 到 80°N，大量的涡动热通量由对流层向平流层的输送，而且其输送量随高度而增加，同时伴随着涡动动量通量向极地的传输，并产生堆积，这说明

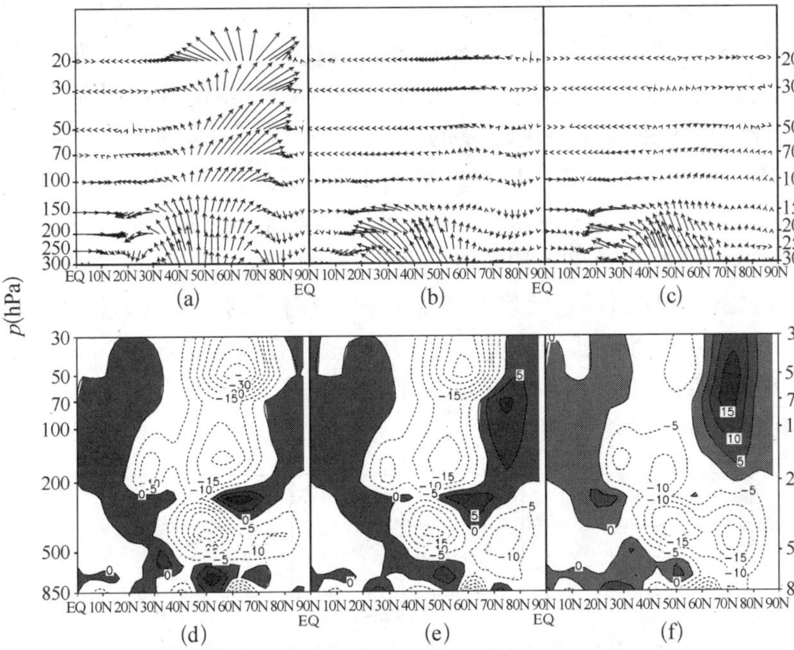

图 4.4.8 第一种类型 SSW 的前期、盛期和后期行星波 1 波的 E－P 通量 (a、b、c)(单位：m^3/s^2)和 E－P 通量散度 (d、e、f)(单位：m^2/s^2)随高度和纬度分布的合成图

了行星尺度波的"爆发性"发展，为 SSW 提供了能量条件。同时我们看其散度分布，如图 4.4.8 d，在增温前，涡动通量在平流层高纬有强烈的辐合，低纬有辐散。通过方程式(4.1.11)可以得出，当 $\nabla\cdot\vec{F}>0$ 时，E－P 通量散度项的贡献使 $\partial\bar{u}/\partial t>0$；当 $\nabla\cdot\vec{F}<0$ 时，E－P 通量散度项的贡献使 $\partial\bar{u}/\partial t<0$。因此，从图 4.4.8d 可以得出，在平流层40°N到 80°N 区域内，由于 E－P 通量的散度为负(最大可达到 $-35\ m^2/s^2$)，会使该纬度带的平均纬向西风迅速减弱。当向北的热通量辐合大到足以使平流层高纬地区纬向西风减速出现东风时，极涡崩溃，增温现象达到强盛时期。这时 1 波的 E－P 通量(图 4.4.8b)的涡动热通量的向上输送明显减小，并且在高层已经有了涡动动量的向低纬输送，也就是说，对流层的行星波很难向上和向极地传播。其散度(图 4.4.8e)的负值已经变小，并且在平流层下层 70°—80°N 区域 E－P 通量正值区开始扩大，E－P 通量的辐散开始加强。第一种类型 SSW 的行星波 2 波的 E－P 通量如图 4.4.9a 所示，在增温前涡动热通量由对流层向平流层 40 hPa 以上的传输是很弱的，并且其涡动动量通量基本没有向极地的输送，这说明了爆发性增温前对流层的行星波 2 波上传不利，因而平流层 2 波较弱，不过其 E－P 通量散度(图 4.4.9d)在平流层中高纬到极地区域也是负(辐合)的，也有利于平流层高纬地区平均西风的减弱。在增温盛期，平流层 2 波明显增强(见 4.4.9b)，值得注意的是，这时候，E－P 通量散度

(图4.4.9e)的辐合比增温前强得多。也比同期1波的E-P通量辐合还要大，而且E-P通量辐合的范围更向极地扩展。这说明在爆发性增温期间2波的涡动热通量的输运要强于1波的，也说明第一种类型的SSW在增温期间2波E-P通量的辐合对高纬和极地西风环流的减弱(或东风环流的加强)有更重要的作用。在SSW后期，1波的E-P通量(图4.4.8c)明显减小，对流层行星波1波基本不能向平流层传播，在高层有弱的涡动感热通量的向低纬输送，其散度(图4.4.8f)在60°N以北200 hPa以上的气层中出现了强的涡动通量的辐散，它将使这一区域的平均西风环流恢复和加强；相应时段的2波的E-P通量也有所减弱，在平流层从高纬到极地2波的E-P通量辐合明显减弱，在70°N以北还出现了E-P通量的辐散。这说明2波对平均纬向东风恢复为西风也起一定的作用，但其作用不如1波的作用大。

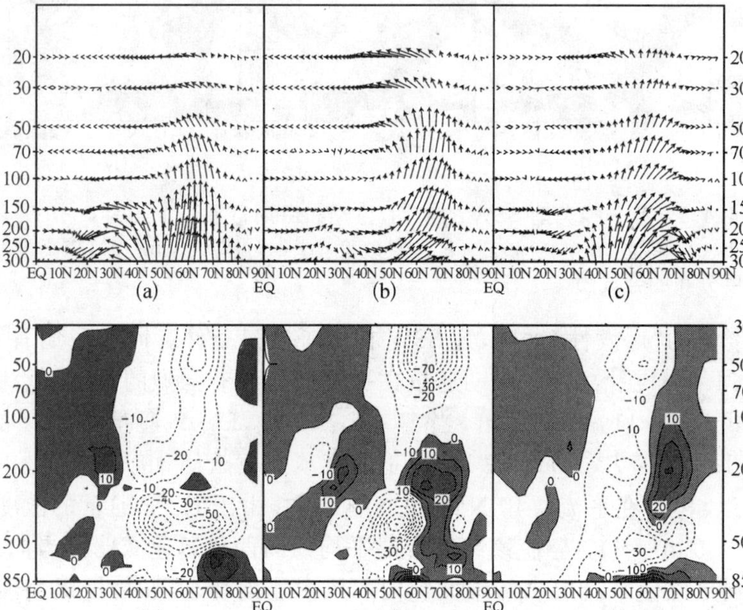

图4.4.9 第一种类型SSW的前期、盛期和后期行星波2波的E-P通量(a、b、c)(单位：m^3/s^2)和E-P通量散度(d、e、f)(单位：m^2/s^2)随高度和纬度分布的合成图

2. 第二种类型SSW过程中行星波振幅和E-P通量的变化

第二种类型SSW的行星波活动与第一种类型的最大差异就是，在增温过程观测不到2波的发展。图4.4.10是第二种类型SSW(以1980年2月份的SSW为例)在10 hPa等压面上行星波1波和2波的振幅、平均纬向风和温度随纬度和时间的分布。可以看出，在这次爆发性增温发生之前，在1波强烈增幅的同时，2波也比较强，这与Labitzke所给出的结果不同，也是与第一种类型的差异。

在这种情况下,SSW 开始时(图 4. 4.10d),1 波开始减弱,2 波也有所弱,此时极地涡旋(图略)并没有发生分裂,只是被挤出极地,这也是与第一种类型不同的地方。到了 2 月底,这时增温明显,纬向西风转为东风(图 4. 4.10c)。SSW 过程之后 1 波和 2 波还在减弱。

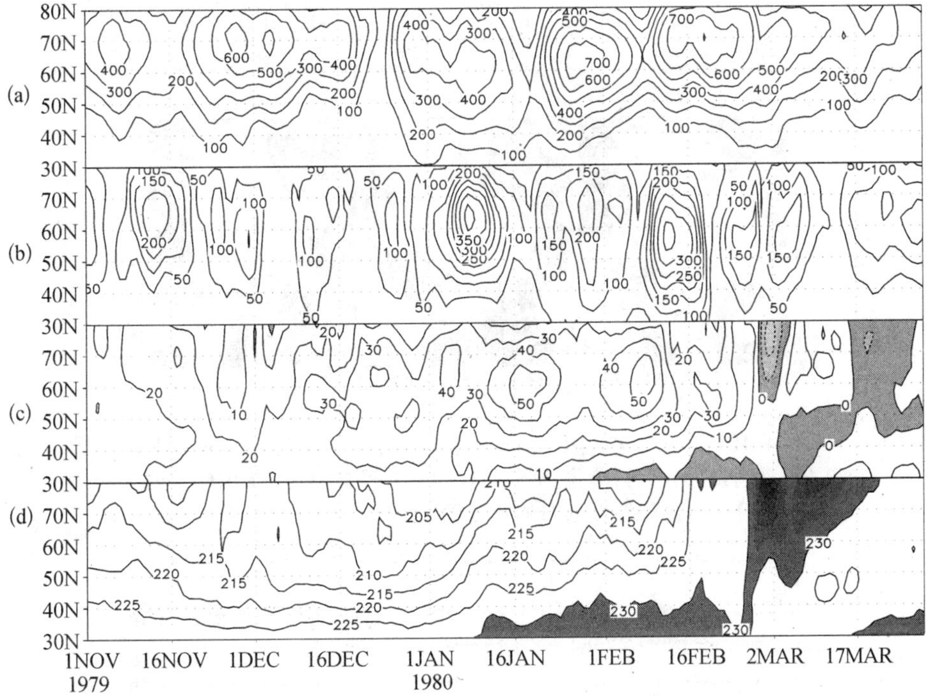

图 4.4.10 1979 年 11 月—1980 年 3 月在 10 hPa 等压面上 1 波(a)和 2 波(b)的振幅(位势米)以及平均纬向风$\overline{U}$(m/s)(c)和纬向平均温度$\overline{T}$(K)(d)随时间和纬度的变化

图 4.4.11 和图 4.4.12 分别是第二种类型 6 次 SSW 合成的行星波 1 波和 2 波的 E－P 通量和 E－P 通量散度在增温前期,盛期和后期的经向-高度分布图。第二种类型 SSW 在增温前期 1 波的涡动热通量和动量通量同第一种类型相似,都是涡动热通量由对流层向平流层输送的同时伴随着涡动动量通量的向极输送并产生堆积造成了行星波 1 波的异常增幅,但在平流层中层其强度不如第一种类型的强(如图 4.4.11a);与第一种类型明显不同的是,增温前 2 波(图4.4.12a)的涡动热通量输送也比较强。

从 E－P 通量散度的分布来看,增温前 1 波和 2 波在平流层高纬地区E－P 通量的辐合都有利于平均西风环流减弱或转为东风。但与第一种类型相比,在 70 hPa 以上气层中无论是 1 波还是 2 波,其 E－P 通量辐合的区域(纬向范围)都小得多。增温期间 1 波的涡动热通量由低层向高层的输送稍有减少,同时高层的涡动动量通量的向极输送也减少, 说明了增温期间平流层高纬地区 1 波振幅

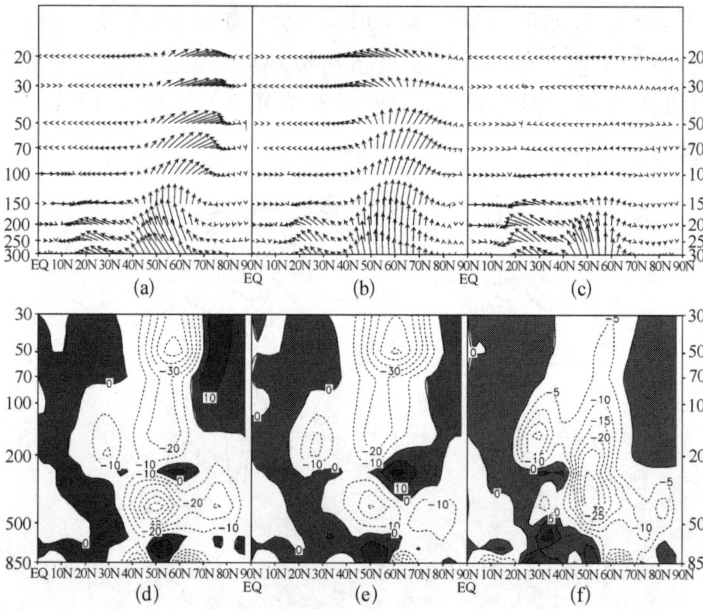

图 4.4.11　第二种类型 SSW 的前期、盛期和后期行星波 1 波的 E-P 通量(a、b、c)(单位：m^3/s^2)和 E-P 通量散度 (d、e、f)(单位：m^2/s^2)随高度和纬度分布的合成图

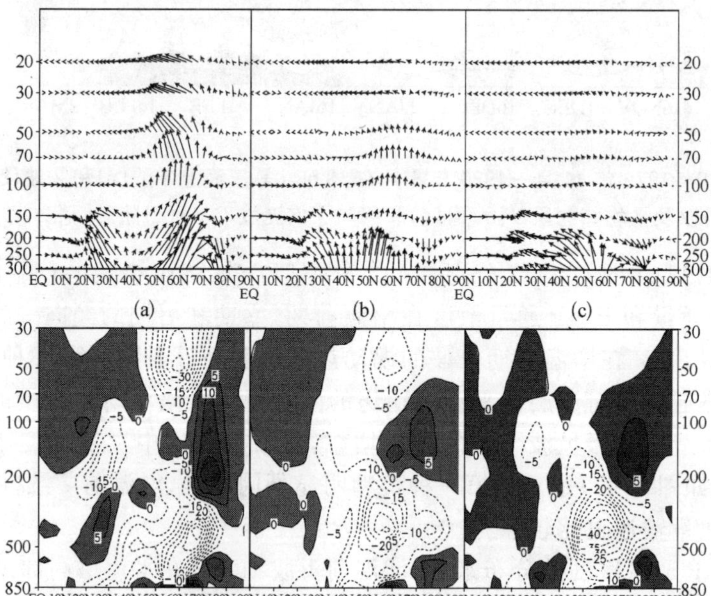

图 4.4.12　第二种类型 SSW 的前期、盛期和后期行星波 2 波的 E-P 通量(a、b、c)(单位：m^3/s^2)和 E-P 通量散度 (d、e、f)(单位：m^2/s^2)随高度和纬度分布的合成图

稍有减弱,但其 E－P 通量辐合仍很强,并向极地伸展,有利于该地区西风进一步减弱或东风加强,如图 4.4.11b 所示。但与第一种类型的爆发性增温期间 1 波 E－P 通量(图 4.4.12b)相比,第二种类型的增温期间的 1 波是比较强的。在增温期间,2 波向上和向极地的两种输送是明显减弱的(如图 4.4.12b),这也是与第一种类型不同的地方,虽然它的 E－P 通量散度也有利于东风加速,但散度值已变的比较小,特别是与第一种类型爆发性增温期间 2 波 E－P 通量散度相比,其作用小得多。增温后期,1 波和 2 波的涡动输送都减少,同时由 E－P 通量散度分布可看出在平流层高纬到极地区域开始出现了西风加速。

3. 第三种类型 SSW 过程中行星波振幅和 E－P 通量的变化

这种类型 SSW 发生时 2 波有所发展,但始终强不过 1 波,如图 4.4.13 所示。1991 年冬季在 SSW 发生之前,同第一种类型一样,1 波强烈增幅,2 波振幅较小,与第一种类型(或者说与 Labitzke 的结果)不同的是,1 波振幅(图 4. 4.13a)达到峰值后(1 月 20 日左右)虽然开始有所减弱,但减弱的不如第一种类型强烈;2 波(图 4.4.13b)虽然也有所发展,但始终没有强过 1 波。

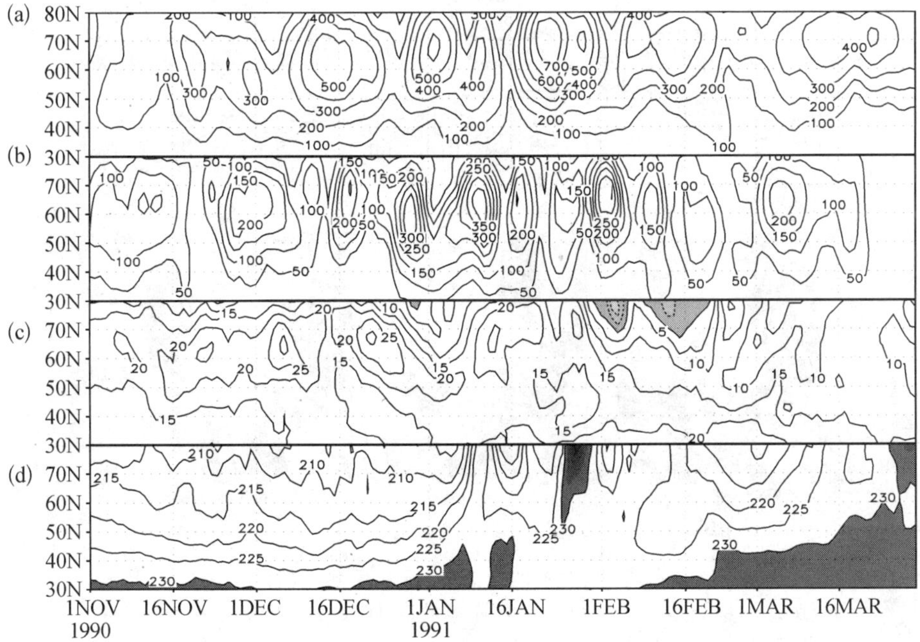

图 4.4.13 1990 年 11 月—1991 年 3 月在 10 hPa 等压面上 1 波(a)和 2 波(b)的振幅(位势米)以及平均纬向风$\overline{U}$(m/s)(c)和纬向平均温度$\overline{T}$(K)(d)随时间和纬度的变化

在 1 波减弱 2 波发展的过程中,极地涡旋有被挤出极地的趋势(图略),然后向西旋转,同时有发生不对称变形的趋势,暖高压从东亚地区向极地延伸,使高纬到极地的温度梯度也开始转向。当 2 波发展到一定值,极涡崩溃(2 月 4 日)。

增温结束后1波和2波都减弱，不对称的双涡旋也慢慢变为一个退回极地。

图4.4.14和图4.4.15分别是第三种类型7次SSW合成的行星波1波和2波的E-P通量和E-P通量散度在增温前期，盛期和后期的经向-高度分布图。从图4.4.14可以看出，在SSW前，第三种类型与前两种类似，1波(图4.4.14a)的向高层输送的涡动热通量较强，同时涡动通量的向极输送也很强。但其散度的辐合在平流层中高纬比第一、第二种类型更强，而且向北伸展，几乎控制了北极地区，而2波(图4.4.15a)虽然并不弱，但向极输送在高层几乎没有；在增温期间1波在高纬基本上是由低层到高层的涡动热通量的输送，而且还相当强劲，E-P通量辐合还仍然控制着中纬到极地的广大区域。此时2波对极地的影响有所加强，其作用强于第二种类型，但远不如第一种类型。增温结束后1波和2波的输送量都减弱，1波的E-P通量散度在平流层高纬到极地区域出现大范围的正值区，有利于西风环流的恢复和加强。

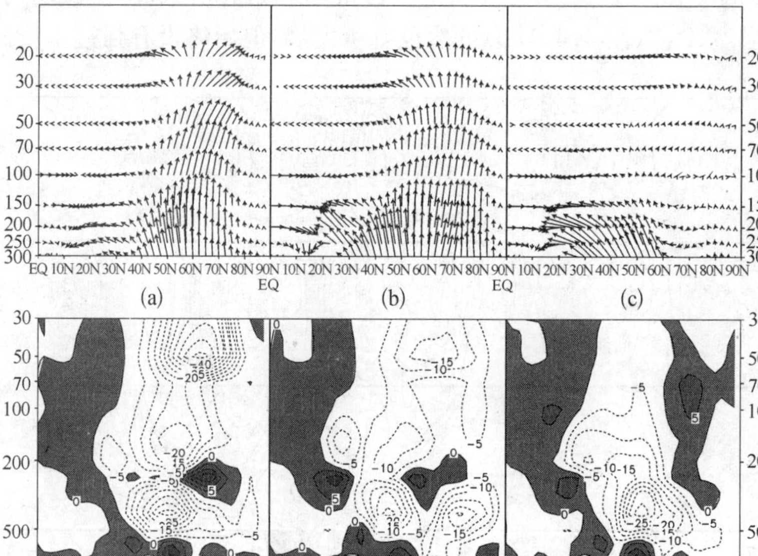

图4.4.14 第三种类型SSW的前期、盛期和后期行星波1波的E-P通量(a、b、c)(单位：m^3/s^2)和E-P通量散度(d、e、f)(单位：m^2/s^2)随高度和纬度分布的合成图

由以上结果可以看出，对于SSW的不同类型和不同阶段E-P通量的分布有一定的差异，由此反映出行星波的传播在SSW的不同类型和不同阶段是不同的。但无论哪种情况在增温前期和增温盛期，1波和2波的E-P通量在平流层中高纬到极区附近都是辐合的，从而引起该区域绕极平均西风的减弱甚至转为东风，从热成风理论而言，这也就意味着平流层从中高纬到极地的温度梯度反

转，极地附近突然变暖。在增温后期无论哪种类型，1 波和 2 波的涡动通量向上传播都受到抑制（这是因为这时平流层已被东风环流控制，不满足行星波向上传播的条件），因而平流层中 1 波和 2 波都很弱，而且 E－P 通量散度在高纬到极地附近开始出现正值。绕极西风环流转向恢复和增强，于是 SSW 过程结束。

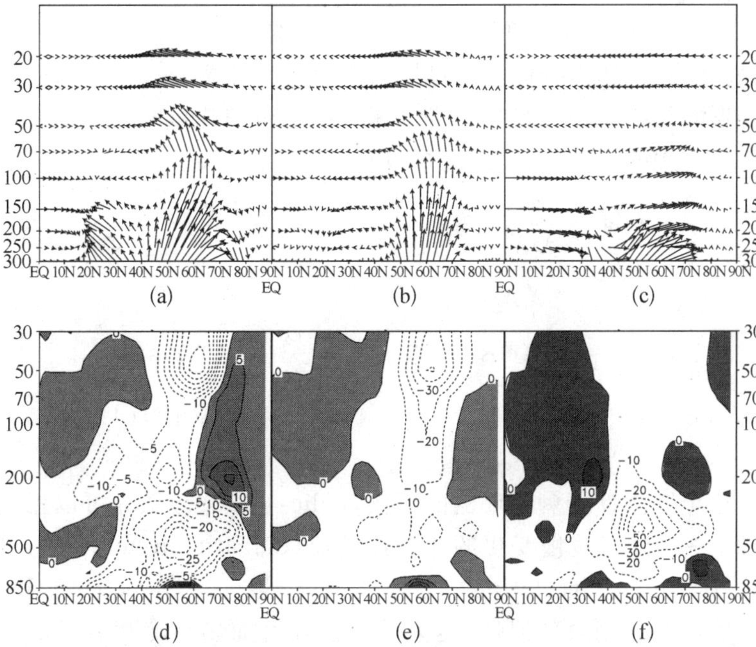

图 4.4.15 第三种类型 SSW 的前期、盛期和后期行星波 2 波的 E－P 通量(a、b、c)（单位：m^3/s^2）和 E－P 通量散度 (d、e、f)（单位：m^2/s^2）随高度和纬度分布的合成图

4.4.5 北半球 SSW 期间剩余环流的变化

在 4.1.3 节中提到的平流层剩余环流是由剩余速度经向分量 $\bar{v}^*$ 和垂直分量 $\bar{w}^*$ 构成的平流层经向-垂直环流，它对于对流层-平流层相互作用和物质交换起着十分重要的作用。平流层爆发性增温引起了温度场、气压场和风场（水平环流场）的剧烈变化，必然也会引起平流层经向-垂直环流的变化，进而引起物质输送的变化和各种微量成分分布的变化。因此了解 SSW 期间剩余环流的变化就显得尤为重要。从 1980 年代开始，人们对爆发性增温期间剩余环流的变化也进行了计算和分析，如 Palmer（1981）采用变形欧拉平均方程不仅计算了 E－P 通量，讨论了 SSW 期间行星波活动，而且也计算了 1980 年 2 月 SSW 期间的剩余环流。Gilie 等（1987）对北半球冬季的剩余环流进行了计算，同时还讨论了

1979 年 2 月到 3 月的 SSW 前后剩余环流的差异，等等。但以上工作主要是对平流层爆发性增温的某些个例进行的计算和分析。为了看清楚爆发性增温过程中剩余环流变化的共同特征，我们对 1979—2002 年的 14 次强爆发性增温过程中瞬变剩余环流进行了计算和合成分析，并讨论了增温前、增温盛期以及增温后的剩余环流的变化(邓淑梅，2007)。

在 4.1.3 节中还提到有两种计算剩余环流的方法。第 1 种方法是直接用(4.1.3)式来计算，在那里我们给出过用第 1 种方法计算的一些结果。第 2 种方法是采用变形欧拉方程组中的热力学方程(4.1.8)和连续方程(4.1.7)来计算的。将这两个方程的写法稍作变化，可以写成如下形式：

$$\frac{\partial\bar{\theta}}{\partial t}+\bar{v}^*\frac{\partial\bar{\theta}}{\partial y}+\bar{w}^*\frac{\partial\bar{\theta}}{\partial z}=\bar{Q}-\frac{1}{\rho_0}\frac{\partial}{\partial z}\left[\rho_0\left(\overline{v'\theta'}\frac{\partial\bar{\theta}}{\partial y}\Big/\frac{\partial\bar{\theta}}{\partial z}+\overline{w'\theta'}\right)\right] \tag{4.4.1}$$

$$\frac{1}{a\cos\phi}\frac{\partial}{\partial\phi}(\cos\phi\bar{v}^*)+\frac{1}{\rho_0}\frac{\partial}{\partial z}(\rho_0\bar{w}^*)=0 \tag{4.4.2}$$

其中，$\partial y = a\,\partial\varphi$，$\bar{Q}$ 为辐射加热率，其他变量的含义与方程(4.1.8)和(4.1.7)相同。

在采用这个方法计算剩余环流的时候，Gilie 等(1987)认为可以把剩余环流分为两部分：一部分为缓慢变化的非绝热环流(diabatic circulation)，另一部分为瞬变环流(transient circulation)。非绝热环流也就是 Dunkerton(1978)曾计算和讨论过的那部分剩余环流，它是为了平衡辐射加热和冷却所必需的那部分环流，所以称为非绝热剩余环流，简称为非绝热环流(diabatic circulation)。它通过辐射加热率来计算，其表达式为

$$\bar{v}_{\mathrm{D}}^*\frac{\partial\bar{\theta}}{\partial y}+\bar{w}_{\mathrm{D}}^*\frac{\partial\bar{\theta}}{\partial z}=\bar{Q} \tag{4.4.1a}$$

式中 $\bar{v}_{\mathrm{D}}^*$ 和 $\bar{w}_{\mathrm{D}}^*$ 分别表示非绝热剩余速度的经向和垂直分量。用(4.4.1a)式和(4.4.2)式(剩余速度也换成 $\bar{v}_{\mathrm{D}}^*$ 和 $\bar{w}_{\mathrm{D}}^*$)通过迭代，就可以算出来。由于 $\bar{Q}$ 的逐日变化很小，所以 $\bar{v}_{\mathrm{D}}^*$ 和 $\bar{w}_{\mathrm{D}}^*$ 的逐日变化也很小，主要反映剩余环流的平均状态和季节变化特征。而瞬变环流是剩余环流的快速变化部分，主要反映剩余环流的日变化。它满足的方程为

$$\frac{\partial\bar{\theta}}{\partial t}+\bar{v}_{\mathrm{T}}^*\frac{\partial\bar{\theta}}{\partial y}+\bar{w}_{\mathrm{T}}^*\frac{\partial\bar{\theta}}{\partial z}=-\frac{1}{\rho_0}\frac{\partial}{\partial z}\left[\rho_0\left(\overline{v'\theta'}\frac{\partial\bar{\theta}}{\partial y}\Big/\frac{\partial\bar{\theta}}{\partial z}+\overline{w'\theta'}\right)\right] \tag{4.4.1b}$$

式中 $\bar{v}_{\mathrm{T}}^*$ 和 $\bar{w}_{\mathrm{T}}^*$ 分别表示瞬变剩余速度的经向和垂直分量。方程右边的项有不同的英文名称，如 eddy flux，或 eddy heat flux 或 wave heating，在本文中我们称它为波加热项。$\bar{v}_{\mathrm{T}}^*$ 和 $\bar{w}_{\mathrm{T}}^*$ 也可以用(4.4.1b)式和(4.4.2)式(剩余速度也换

成 $\bar{v}_T^*$ 和 $\bar{w}_T^*$)通过迭代算出来。Gilie 等(1987)利用上述方程分别计算了 1978 年 11 月到 1979 年 5 月的非绝热剩余环流和的瞬变剩余环流,并对比了这两部分对环流剩余季节变化和日变化的贡献;指出:非绝热剩余环流的季节变化大,而逐日变化小,即使是在平流层爆发性增温的日子里,其非绝热剩余环流与当月平均的非绝热剩余环流差不多。而剩余环流的瞬变部分通常小于非绝热环流,但在冬季极地平流层中当行星波及其变化率大的时候,它可以比较大,因而很重要。特别是在爆发性增温期间,在某些区域,瞬变剩余垂直速度的值可以比非绝热剩余垂直速度值大好几倍,因此它可以主导剩余环流的结构。

在方程 (4.4.1b) 中对瞬变剩余环流影响最大的项是 $\partial\bar{\theta}/\partial t$,而波加热项起的作用相对较小,根据 Gilie 等(1987)的计算,在冬季北半球中层大气中波加热项引起的 $\bar{w}_T^*$ 极大值为 0.5—1 mm/s,大约为总的 $\bar{w}_T^*$ 值的 1/5 到 1/10。

在我们的工作(邓淑梅, 2007)中,考虑到平流层爆发性增温是突变现象,所以主要计算了剩余环流的瞬变部分。为了进一步搞清楚在不同的高度和不同纬度区域波加热项的重要性,分别对考虑波加热项和不考虑波加热项两种情况进行了计算,并对波加热项的作用进行了估计。在不考虑波加热项时的方程为

$$\frac{\partial\bar{\theta}}{\partial t} + \bar{v}_T^* \frac{\partial\bar{\theta}}{\partial y} + \bar{w}_T^* \frac{\partial\bar{\theta}}{\partial z} = 0 \tag{4.4.1c}$$

通过对计算结果的分析,我们发现波加热项对平流层中低纬的剩余环流基本不产生影响,但对高纬以及平流层上层还是有影响的。

对于瞬变剩余速度(为简便起见,下面将下标省略,就写成 $\bar{v}^*$, $\bar{w}^*$)的计算我们参考 Gilie 等(1987)的做法,采用迭代法,首先假定 $\bar{v}^* = 0$,通过方程(4.4.1b)或(4.4.1c)得到一个 $\bar{w}^*$ 的估计值,将得到的 $\bar{w}^*$ 带入连续方程(4.4.2)中积分,取极地边界条件 $\bar{v}^* = 0$,这样可以得到 $\bar{v}^*$ 的估计值,将其再带入方程(4.4.1b)或(4.4.1c)中计算 $\bar{w}^*$,……。重复迭代 4 到 5 次即可得到比较精确的瞬变剩余速度 $\bar{v}^*$ 和 $\bar{w}^*$。

邓淑梅(2007) 利用 ECMWF 逐日再分析资料,对 1979—2002 年的 14 次强爆发性增温的瞬变剩余环流做了计算,并且将爆发性增温过程分为三个阶段(爆发性增温前、增温盛期、增温后)做合成分析来讨论其剩余环流变化的共同特征。这里的增温前是指 60°N 以北的经向温度梯度由负的最小值逐渐增大到零的时段,增温盛期是指 60°N 以北的经向温度梯度最大的时段,增温后是指 60°N 以北的经向温度梯度由零逐渐减小为负值的时段。下面分别讨论不考虑和考虑波加热项时瞬变剩余环流在 SSW 过程中的变化。

1. 不考虑波加热项时瞬变剩余环流在增温过程中的变化

图 4.4.16 是不考虑波加热项时计算的 1979—2002 年的 14 次强爆发性增温过程中瞬变剩余速度的合成图,而图 4.4.17 是相应的环流的矢量图。由图可知,增温前瞬变剩余经向速度 $\bar{v}^*$(见图 4.4.16a)在 10 hPa 以上在 40°N 以南为

向北流动，同时伴随着上升运动（见图4.4.16d）；在40°N以北为向南流动，而瞬变剩余垂直速度，在60°N附近为强的下沉运动，70°N以北又变为剧烈的上升气流。因此增温前剩余环流在北半球的中高层形成两个分别在中低纬和极地上升，在55°附近下沉的南北两个环流圈（如图4.4.17a所示），而在其他高度处剩

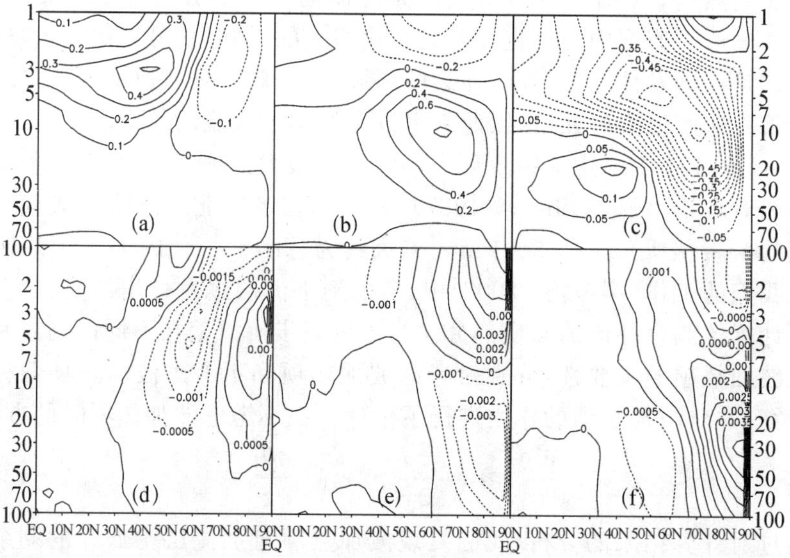

图4.4.16 不考虑波加热项时的瞬变剩余速度$\overline{v}^*$（上），$\overline{w}^*$（下）在爆发性增温前(a、d)、增温盛期(b、e)和增温后(c、f)在北半球随纬度-高度变化的合成分析 （单位：m/s）

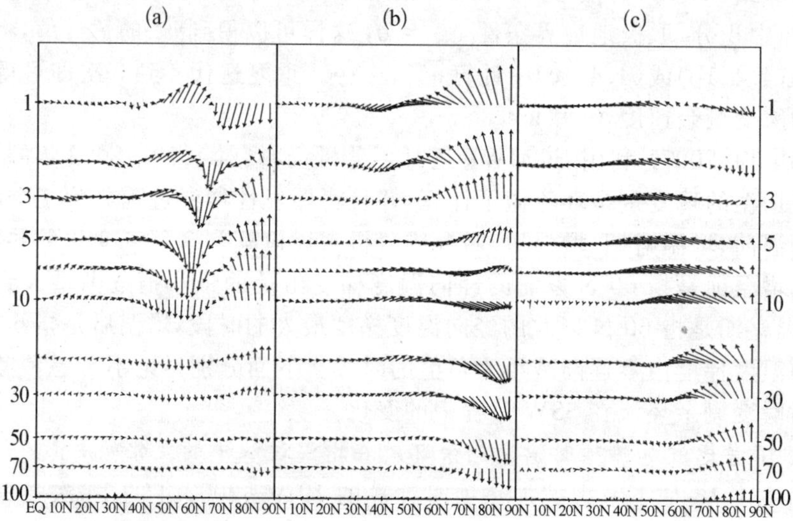

图4.4.17 不考虑波加热项时的瞬变剩余环流在爆发性增温前(a)、增温盛期(b)和增温后(c)在北半球随纬度-高度变化的合成分析

余环流并没有太大的变化。然而在增温盛期剩余环流在平流层的中低层发生了明显的变化，由图 4.4.16b 可知在中高纬低层表现为南风，高层表现为北风，同时极地附近垂直速度（图 4.4.16e）在低层有较强的下沉运动在高层有强烈的上升运动。换言之，增温盛期剩余环流（图 4.4.17b）在平流层的中高纬呈现上下两个环流圈，其中一个是在平流层的高层在极地上升北纬 50°附近下沉，另一个是在平流层中低层在北纬 50°附近上升极地下沉，即增温盛期剩余环流在平流层的中高纬变化剧烈，而在其他纬度没有明显变化，这与 Gill 等（1987）计算的 1979 年的增温盛期的剩余环流的特征（文中 Fig4，Fig5）基本一致。

增温后剩余环流的变化与增温盛期的变化相反并弱于增温盛期，如图 4.4.16c、f 所示。即增温后剩余环流（图 4.4.17c）也在中高纬形成上下两个环流圈，但方向与增温盛期的环流圈相反，并且高层环流圈的范围大于增温盛期的，低层的范围小于增温盛期的。

由上面分析可知，瞬变剩余环流在爆发性增温盛期在高纬的中高层有较强烈的变化，为了看清楚它随时间的变化过程，我们也对 14 次爆发性增温过程中高纬度的瞬变剩余环流的变化进行了合成分析。把每一个增温过程中增温最强的那一天作为“0”天，我们称这一天为 keydate，以这一天为标准向前向后分别取 15 天来分析高纬度（70°—90°N 的平均）的剩余环流在整个增温过程中的变化。关于每次增温的 keydate 见表 4.4.2。图 4.4.18 是由不考虑波加热项得到的高纬度的瞬变剩余速度$\overline{v}^*$和$\overline{w}^*$在 2 hPa 和 30 hPa 随时间的变化。

表 4.4.2 1979—2002 年的 14 次强爆发性增温过程中的 keydate

年 份	79	80	84	85	87	87	88
Keydate	2.21	2.29	2.24	1.01	1.18	12.08	3.10
年 份	89	95	98	99	01	01	02
Keydate	2.22	1.31	12.16	2.24	1.31	12.25	2.17

由图 4.4.18 可知，在增温达到最大值 6 天以前瞬变剩余速度的变化比较平稳，而随着增温的开始平流层上层（2 hPa 附近）的瞬变剩余经向速度先有所增加，然后明显减小，并由向北流动转为向南流动，如图 4.4.18a 的空心圆的线所示。同时剩余垂直速度由下沉运动变为上升运动（见图4.4.18b的空心圆的线）。在增温达到最大值后 1—2 天，负的$\overline{v}^*$和正的$\overline{w}^*$达到极大值。然后，向南的经向速度和上升运动又都迅速减小，到增温结束后（大约增温达到最大值一周之

后),它们的变化又比较平缓;在平流层中下层(30 hPa 附近)的瞬变剩余速度的变化也是在增温达到最大值前一周和后一周内变化最明显,但与它们在 2 hPa 的变化方向基本相反:在增温达到最大值前一周向北的 $\overline{v}^*$ 明显增大,而向下的 $\overline{w}^*$ 明显增强(见图中的实心圆的线),在增温达到最大值后一周它们明显减弱,而且它们达到极值的时间正好是增温达到最大值的时候,也就是比在 2 hPa 的变化超前 1—2 天。

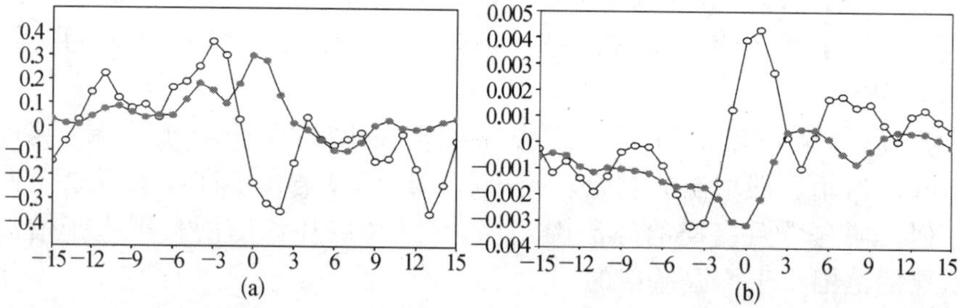

图 4.4.18 爆发性增温过程中不考虑波加热项时高纬度的瞬变剩余速度 $\overline{v}^*$ (a)、$\overline{w}^*$ (b)在 2 hPa(空心圆的线)和 30 hPa(实心圆的线)高度上随时间变化的合成图

2. 考虑波加热项时瞬变剩余环流在增温过程中的变化

当考虑波加热项时,利用方程式(4.4.1b)和连续方程(4.4.2)通过同样的迭代法可以计算得瞬变剩余环流。同样我们对计算结果也进行了合成分析(图略)。对比不考虑波加热项计算得到的剩余环流我们看到,考虑和不考虑波加热项计算得到的剩余环流在增温前和增温后平流层上层极地附近有一些差异,而在增温盛期瞬变剩余速度 $\overline{v}^*$ 和 $\overline{w}^*$ 与不考虑波加热项时相比并没有太明显的差别,只是在平流层中高层极地附近的剩余经向速度 $\overline{v}^*$ 的极值的绝对值增加,而剩余垂直速度 $\overline{w}^*$ 极值的绝对值增加的同时,小扰动增多。

为了更好地看清楚波加热项的作用,我们根据表 4.4.2 的 keydate 也对考虑波加热项时计算的高纬度(70°—90°N 的平均)的瞬变剩余速度 $\overline{v}^*$ 与 $\overline{w}^*$ 进行了合成分析并与不考虑波加热项时的计算结果进行对比。图 4.4.19 给出在 2 hPa 高纬度的两种情况计算的瞬变剩余速度 $\overline{v}^*$ 与 $\overline{w}^*$ 逐日变化的曲线。由图 4.4.19 可以看出,在 2 hPa 考虑波加热项的瞬变剩余速度 $\overline{v}^*$ 与 $\overline{w}^*$ 与不考虑波加热项的瞬变剩余速度的变化趋势虽然是比较一致的,但是它们的数值却有较明显的差异,有的时候甚至符号相反。特别是增温达到最大值的前 1—2 天,考虑波加热项时得到的剩余速度的变化比不考虑波加热项时的变化要剧烈得多。也就是说波加热项对于瞬变剩余环流在平流层上层还是有一定影响的,因此在讨论高纬平流层上层的剩余环流时波加热项还是值得考虑的。

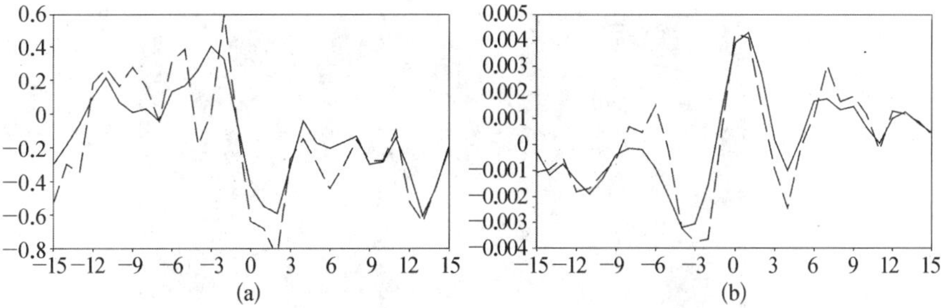

图 4.4.19 爆发性增温过程中 2 hPa 高度不考虑波加热项(实线)和考虑波加热项(虚线)时高纬度(70°—90°N 平均)的瞬变剩余速度$\overline{v}^*$(a)、$\overline{w}^*$(b) 随时间变化的曲线图

4.4.6 SSW 对平流层微量气体分布的影响

由于平流层爆发性增温期间热力学和动力学场发生显著的变化,自然会引起平流层微量成份分布的变化。但是在过去对 SSW 期间平流层微量成份分布的研究很少,这是因为本来高纬度地区平流层微量成份的观测资料就不多,而且刚好在爆发性增温期间的观测资料就更少。最近,我们下载了 ECMWF/ERA - 40 逐日再分析资料,这个资料除包括各种气象资料外,还提供同期各层次的臭氧体积混合比的数据。为我们研究 SSW 期间臭氧分布的变化提供了有利条件。于是,我们利用这套资料首先分析了平流层爆发性增温过程中臭氧的变化。另外我们还利用 HALOE 资料分析了南极 SSW 对几种微量气体分布的影响。下面是我们得到的主要结果。

1. 北半球 SSW 过程中臭氧混合比分布的变化

(1) 北半球 SSW 过程中高纬度地区臭氧分布的变化

利用 ECMWF/ERA - 40 逐日再分析资料统计了 24 次增温过程中臭氧体积混合比的变化发现,平流层爆发性增温使臭氧混合比增大,且多数爆发性增温过程使其极大值形成在增温盛期。总的来说,大致可以归结为以下两种类型:

下传型

这种类型的特点为:在爆发性增温过程中臭氧体积混合比高值区先下传,并在较低的高度维持一段时间,增温结束后逐渐恢复到增温前的大致高度。图 4.4.20(彩图见第 700 页)是 2001—2002 年爆发性增温过程中北纬 60°N 以北的温度梯度和高纬的臭氧体积混合比随高度和时间的变化图,可以清楚地看出这种类型的特征:在增温前臭氧体积混合比的高值区在 3 hPa 附近,随着增温的开始其高值区明显下传,并在增温盛期达到极大值,同时使 10 hPa 以下甚至 70 hPa 附近的臭氧混合比增大,也就是说在增温盛期臭氧体积混合比表现为一个较高值的厚气层;随着增温的减弱臭氧混合比减小并随高度抬升到大致增温前的高度。

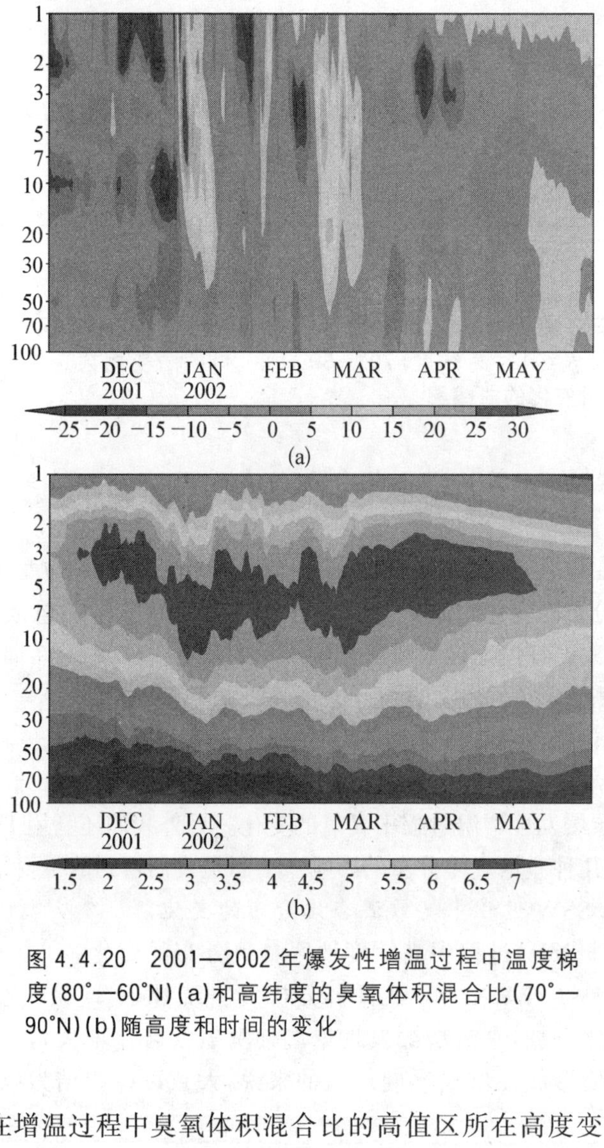

图 4.4.20 2001—2002 年爆发性增温过程中温度梯度(80°—60°N)(a)和高纬度的臭氧体积混合比(70°—90°N)(b)随高度和时间的变化

增厚型

这种类型在增温过程中臭氧体积混合比的高值区所在高度变化不大,但其厚度明显增加。1979 年是典型的例子,从图 4.4.21(彩图见第 700 页)给出的 1979 年爆发性增温过程中北纬 60°N 以北的温度梯度和高纬的臭氧体积混合比随高度和时间的变化可以看出,臭氧混合比在增温过程中形成极值的同时高值区增厚。

(2) 北半球 SSW 过程中低纬度地区臭氧分布的变化

在平流层爆发性增温过程中高纬地区臭氧混合比是增大的同时,在中低纬地区臭氧体积混合比也发生相应的变化。经统计 24 次增温过程中绝大多数的臭氧混合比在中低纬地区是减小的,只有个别年份臭氧混合比在增温过程中变化不明显。图 4.4.22(彩图见第 700 页)以 2001 年 12 月爆发性增温过程为例,

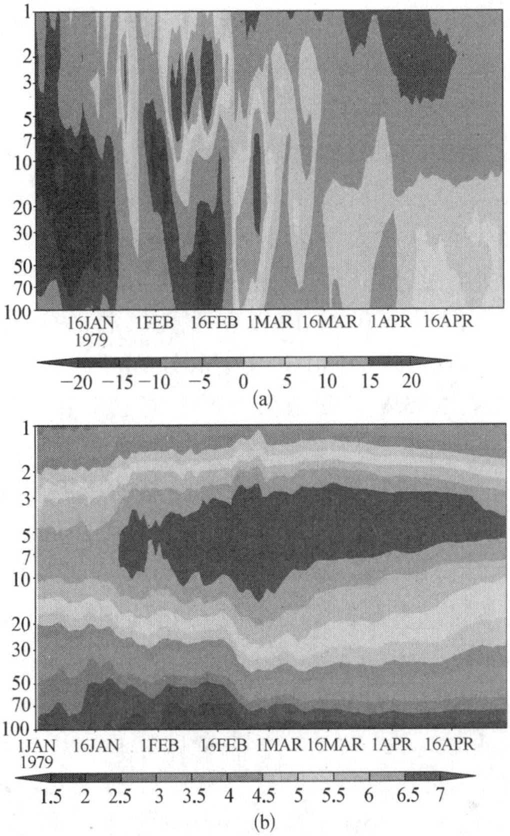

图 4.4.21　1979 年爆发性增温过程中温度梯度(80°—60°N)(a)和高纬度的臭氧体积混合比(70°—90°N)(b)随高度和时间的变化

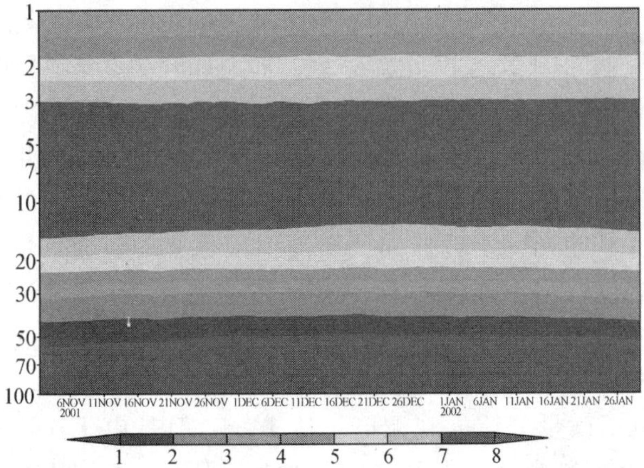

图 4.4.22　2001 年(2001.11.1—2002.1.1)爆发性增温过程中低纬度的臭氧体积混合比(ppmv)(10°—40°N)随高度和时间的变化

给出 10°—40°N 平均的臭氧体积混合比随高度和时间的变化。由图可知，在爆发性增温期间中低纬臭氧体积混合比相对减小。

2. 南极 SSW 对微量气体分布的影响

2002 年 9 月发生的南极 SSW（详见 4.4.3 节的讨论），不但南极地区平流层的温度场、极地涡旋和绕极环流发生极大的变化，而且自 1985 年以来每年都在南极上空出现的臭氧洞也大大地减弱，甚至发生了分裂。于是继 Baldwin 等（2003）对这次爆发性增温过程以及伴随的南极涡旋变化和南极臭氧洞分裂的报道和初步分析后。人们对 2002 年南极春季臭氧洞的变化进行了不少的研究（Hoppel et al，2003；Stolarski et al，2005；Siegmund et al，2005；Kondragunta et al，2005）。同时，对这次 SSW 期间南极附近平流层中其他与臭氧化学耗损有关的各种微量成份的变化也给予了极大的关注，对观测资料进行了一系列的分析和研究。结果表明正是南极爆发性增温及其伴随的极涡崩溃和其他动力条件的异常，使得大气对臭氧输送发生了很大的变化，从而造成 2002 年 9 月下旬南极臭氧洞的分裂和 10 月份南极臭氧洞的减弱。2002 年 9—10 月南半球大气热力和动力学场的变化不仅仅引起臭氧分布的变化，同时也引起了其他微量气体含量和分布的变化。Glatthor 等（2004；2005）2002 年 MIPAS（Michelson Interferometer for Passive Atmospheric Sounding）卫星观测资料分析了南极爆发性增温期间 ClO、CH_4、N_2O、CFC－11 等的变化。Ricaud 等（2005）用 Odin 卫星观测资料分析了 ClO、N_2O、HNO_3、NO_2 等的变化。Richter 等（2005）用 GOME（Global Ozone Monitoring Experiment）资料分析了活性 ClO、NO_2 等的变化。他们的研究指出：在 2002 年 9 月上中旬，南极爆发性增温发生之前这些微量气体在南极附近平流层中的含量与常年差不多，但在爆发性增温期间发生很大变化，特别是活性 ClO 明显减少，而 NO_2 和 HNO_3 明显增加。Nedoluha（2003）用 POAM（Polar Ozone and Aerosol Measurement）资料分析了 2002 年南极爆发性增温期间的水汽和平流层云，并与 1998—2002 年比较，指出在爆发性增温前水汽和平流层云比往年稍少一些，但增温期间南极上空平流层云和水汽却大大减少。这些研究结果对我们了解这次罕见的爆发性增温过程及其对南极臭氧和其他微量气体成份分布的影响无疑是很有帮助的。特别是研究这些微量元素变化对臭氧的光化学耗损的反馈提供很重要的数据。但是上述工作主要讨论的是南极爆发性增温期间各种微量气体的变化，没有讨论南极爆发性增温的后续影响。事实上经过这次爆发性增温之后，它对南极附近的大气动力场和微量气体的分布的影响并不会马上消失，还会持续一段时间。另外，众所周知，HALOE 对平流层微量气体的观测已长达 14 年，但是由于这次南极爆发性增温期间 HALOE 的观测轨道并不经过南极地区，所以未能用于分析爆发性增温期间的微量气体的分布。不过在这次增温刚刚结束（2002 年 10 月 15 日以后）HALOE 正好有南纬 65°—70°S 的观测资料。为了能更全面的了解爆发性增温对平流层各种微量成份的影响,我们对这些资料进行了分析,并与2001年、2003年的观测结果对比。发现经过南极爆发性增温之后,这些微量气体的纬向-垂直分布与相邻两年(未经过爆发性增温)确有不少的差异。下面是我们的分析结果:

(1) 南极SSW后期O_3的分布特征

在4.2.1节图4.2.3给出了南极SSW盛期(9月23日)和后期(10月14日)南极臭氧总量的分布并与无SSW的2003年同期的比较。可以看出2002年南极SSW盛期臭氧洞的分裂,而且在南极SSW后期,虽然南极臭氧洞从分裂状态恢复到一个,但其强度明显减弱,臭氧洞面积较小,极涡内部O_3的耗损减小,O_3总量高于通常年份,与同期2003年的南极臭氧洞对比可以清楚地看到这一点。

下面看看它的垂直分布的变化。图4.4.23a和图4.4.23b分别是2002年南极爆发性增温之后(10月中旬)和2003年同期沿70°S上的O_3混合比纬向垂直

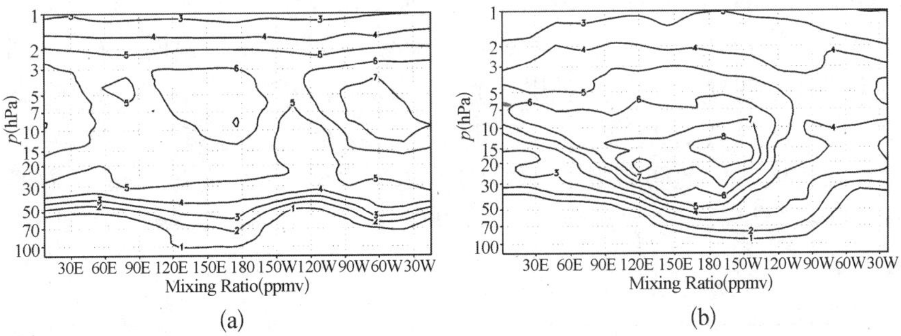

图4.4.23 2002年(a)和2003年(b)10月中旬O_3混合比沿70°S纬向垂直分布

直剖面图。从图4.4.23a可以看到,2002年在平流层上部(3 hPa以上)O_3混合比等值线比较平直,即O_3浓度沿纬向分布比较均匀。在平流层下部(30 hPa以下)O_3混合比沿纬向成2波型的分布。在平流层中部30 hPa到3 hPa的深厚气层中,这种2波的分布表现为两个不太强的高值中心,其间被低值区分隔开。这种分布明显不同于没有经过爆发性增温,极涡很强的2003年O_3混合比的分布。2003年(见图4.4.23b),在平流层整层O_3混合比沿纬向表现为明显的1波结构。其高值区主要在120°E—120°W的上方,高值中心的值虽然比2002年的大,但其位置主要在10 hPa以下。在5 hPa以上,整个纬度带的O_3混合比都低于2002年。2002年与2003年相比,从120°W经0°到90°E的(极涡所在的经度)广大范围上空整个气层,2002年O_3混合比都高于2003年。我们也分析了2001年的O_3混合比沿70°S的纬向分布(图略),结果表明,2001年O_3混合比的纬向分布与2003年非常相似。由此可见,经过2002年爆发性增温之后,O_3混合比分布比通常年份变得均匀,平均浓度变大。

(2) 南极 SSW 后期 HCl 分布特征

上面提到，Glatthor 等(2004)和 Ricaud 等(2005)的研究表明，2002 年从 9 月中旬到月末(即南极爆发性增温期间)，ClO 有明显的减少。Richter 等(2005)发现在南极爆发性增温之后，极涡中的 OClO 过早的迅速减少，减轻了 O_3 的耗损。在 4.2.3 节中提到过，平流层 HCl 是活性氯的储存库，又由于 HALOE 资料中提供的是 HCl 混合比数据，所以在这里我们讨论 SSW 对 HCl 混合比分布的影响。图 4.4.24 a 和 b 分别是 2002 年和 2003 年 10 月中旬 HCl 混合比沿 70°S 纬向垂直剖面图。总的来说，在 70 hPa 附近 HCl 混合比较大，反映了南极冬春平流层下层 HCl 丰度较大的特点，但是 2002 年和 2003 年 HCl 的分布还是有明显的不同，在平流层下层 2002 年为 2 波型，2003 年为 1 波型。在 10—30 hPa 上 2002 年 HCl 混合比纬向分布相对比较均匀，而在此高度上 2003 年 HCl 纬向分布仍然为强的 1 波结构，在 120°E—90°W 上空有一个很大的 HCl 低值区，这是受极涡偏心的影响；除此以外 2002 年 HCl 混合比浓度要小于 2003 年。10 hPa 以上，HCl 混合比逐渐增大，纬向变化规律不明显。同样我们的分析还发现 2001 年同期的 HCl 混合比浓度分布与 2003 年具有相同的特点(图略)。与图 4.4.23 O_3 的分布对比还可以看到，在分布上 HCl 和 O_3 是反相的，在同一水平面上，O_3 混合比较大的地方，HCl 混合比较小；而 O_3 混合比较小的地方，HCl 混合比较大。因此可以认为，较小的 HCl 浓度，加上南极爆发性增温较高的气温导致平流层云减少，都削弱了 HCl 对 O_3 破坏的光化学过程，也是 2002 年南极臭氧洞偏弱的一个原因。

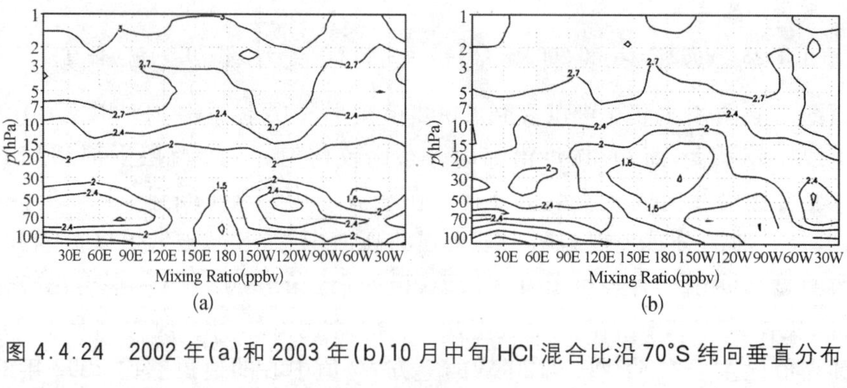

图 4.4.24 2002 年(a)和 2003 年(b)10 月中旬 HCl 混合比沿 70°S 纬向垂直分布

(3) 南极 SSW 后期 NO_x 的分布特征

分析 2002 年和 2003 年 10 月中旬 NO_2 混合比沿 70°S 的纬向垂直分布(图略)我们看到，2002 年 NO_2 的纬向变化很小，只是在 10 hPa 附近有弱的 2 波变化；而 2003 年纬向差异很大，表现为东西两半球上空的 NO_2 混合比差别很大，表现为明显的 1 波特征，特别是在极涡内外 NO_2 的浓度相差很多，在 10 hPa 附近气层中，2003 年在 30°—120°E 上空 NO_2 混合比比 2002 年大很多。

国内外对于 2002 年南极爆发性增温现象引起的微量气体变化的研究中，对 NO 的讨论不多。我们利用 HALOE 提供的资料得到的 NO 的纬向高度分布如图 4.4.25 所示。2002 年爆发性增温之后，南极附近 NO 混合比的纬向分布与 2003 年也有明显差异。而且 NO 的纬向分布与 NO_2 类似。只是 2002 年 NO 混合比沿纬向的分布比 2002 年 NO_2 更为均匀。不同的是，2002 年 NO 的大值区比 NO_2 的大值区高些。2003 年 NO 的纬向分布也与 2003 年的 NO_2 类似，也是 1 波的特征，在 15 hPa 以下，在 120°E—120°W区域 NO 混合比等值线向上拱起明显。而且在 5 hPa 以上，有一个范围很大的高值区，在 15—5 hPa 气层整个纬度带 2002 年 NO 混合比高于 2003 年，另外在 15 hPa 以下 120°E—150°W 和 7 hPa以上 120°W—0°区域 2002 年 NO 稍高于 2003 年。其他地方 2002 年 NO 混合比较小。

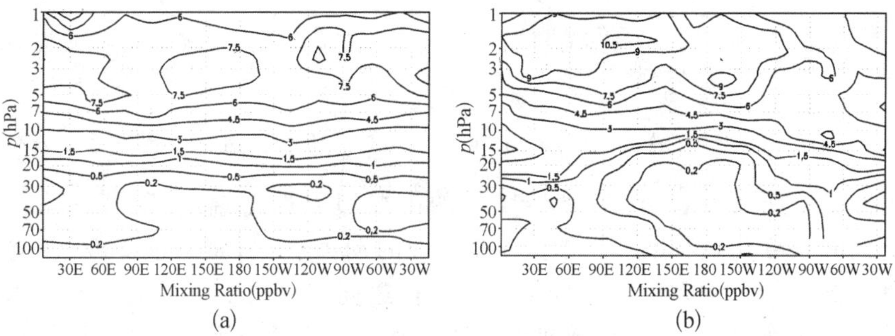

图 4.4.25 2002 年(a)和 2003 年(b)10 月中旬 NO 混合比沿 70°S 纬向垂直分布

以上比较的是 2002 年和 2003 年的 NO_x 分布，事实上 2001 年也具有类似 2003 的特点(图略)，由此可见 2002 爆发性增温过程后，引起了 NO_x 不同于通常年份的浓度和分布特点。

(4) 南极 SSW 后期 CH_4 和水汽(H_2O)分布特征

平流层中 CH_4 化学性质比较稳定，了解 CH_4 的分布可以作为分析其他微量成份变化的一个参考。图 4.4.26 是用 HALOE 资料做出的 2002 年和 2003 年的 CH_4 的纬向高度分布，可以看出，与其他微量气体相比，没有经过爆发性增温的 2003 年和经过爆发性增温后的 2002 年南极附近 CH_4 的纬向分布有更为明显的差异。2003 年 10 月从 90°E 到 120°W 的广大区域(在极涡以外)CH_4 混合比是个非常高的区域，其中心最大值可达1.4 ppmv。此高值区向上延伸到 2 hPa以上，同时还向 0°的方向扩展。但在极涡内部的区域(120°W 经 0°到 90°E)上空 CH_4 混合比特别的小。在 10—30 hPa 附近气层中，它只有同纬度极涡外部区域 CH_4 混合比的1/3—1/4。2003 年 CH_4 的这种纬向分布极不均匀的成 1 波分布的特征，比其他几种微量气体都更为明显。2001 年 CH_4 混合比的纬向分布也有类似的特点(图略)。

同样，我们也分析了 2002 年和 2003 年 10 月 H_2O 的纬向高度分布(图略)，我们看到，平流层 5 hPa 以下这两年 H_2O 分布的差异也很明显，2002 年纬向分布仍然为 2 波型，2003 年为 1 波型。与甲烷的情况相比，无论是 2002 年还是 2003 年，H_2O 和 CH_4 分布形式类似，但数值大小几乎是相反的。也就是说，在 CH_4 含量高的区域，H_2O 含量低；反之，在 CH_4 含量低的区域，H_2O 含量高。这在 50—5 hPa 气层特别清楚。

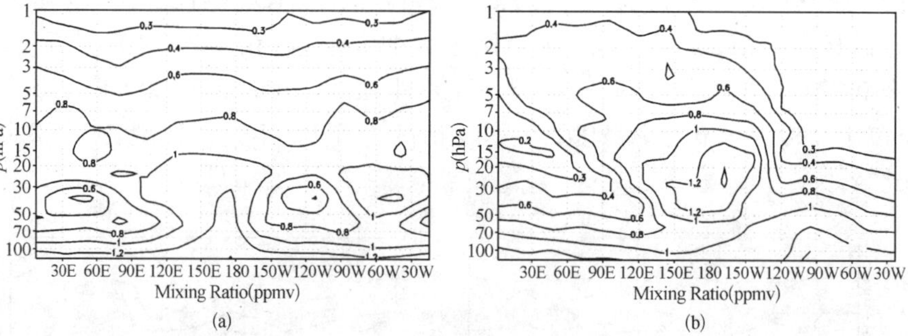

图 4.4.26 2002 年(a)和 2003 年(b)10 月中旬 CH_4 混合比沿 70°S 纬向垂直分布

由以上分析可以看出，2002 年罕见的南极爆发性增温，伴随着一系列大气动力场的异常变化，引起了不同于通常年份的动力输送，是形成 2002 年异常的南极臭氧洞的一个重要原因。异常的动力输送同时也改变了平流层其他微量气体的浓度和分布，这种影响一致延续到南极爆发性增温之后。此时，极涡的范围缩小，强度变弱，中心位置位于极地附近。微量气体的纬向分布为弱的 2 波型，分布比较均匀。与 2003 年相比，在正常年南极涡旋所在的位置上空，2002 年 O_3 和 CH_4 的混合比变大，这与 2002 年南极爆发性增温之后极涡异常偏弱以及由此引起的动力输送变化有关；而 HCl 和 NO 混合比是偏小的，在平流层下层，NO_2 和 H_2O 混合比较大。2002 年爆发性增温期间及其以后偏高的气温和平流层云的减少，使得发生在极地平流层云中有关臭氧的冰相反应提前结束，活性氯原子团数量的减少，使得南极臭氧的耗损减弱并提前结束，也是维持 2002 年南极异常偏高的臭氧总量的原因之一。

4.5 平流层变化对气候的影响

长期的观测结果表明在过去的 40 年里平流层的温度发生了相当大的变化。平流层温度的变化会引起平流层环流的变化，并通过平流层和对流层的相互作用而影响全球气候系统。引起平流层温度变化既有自然的因子，也有人为的因素。后者包含了平流层大气中温室气体含量的变化和臭氧的耗损。Ramaswamy 等(2001) 指出，基于已知的各种成分浓度的变化而进行的数值模拟表明：在平流层下层，臭氧的耗损是造成 1979—1990 年平均气温降低的主要辐射因子，而混合的温室气体的贡献明显地小于臭氧耗损的贡献。但在平流层中高层，温室气体含量和臭氧的变化都起着同样重要的作用。然而，由于平流层臭氧、水汽、温室气体和气溶胶变化的不确定性，使得模拟试验的不确定性有所升高。为了预测未来平流层的变化和估算它对全球气候变化的影响，除了需要获取更多的关于平流层微量成分的分布和变化的信息外，还必须发展各种全球模式并开展关于平流层变化对全球气候系统影响的数值模拟研究。在 4.2 节里我们对平流层的微量成分的分布和变化趋势进行过详细的分析，在 4.3 节和 4.4 节中又讨论过平流层准两年周期振荡和爆发性增温对微量气体分布的影响。在本节，我们先简单地介绍一下平流层温度变化趋势，臭氧及其他微量成分变化与平流层和对流层温度变化的关系，然后主要介绍我们在臭氧洞和臭氧低值中心对气候的影响方面所进行的数值模拟研究。最后讨论平流层爆发性增温对气候的可能影响。

4.5.1 平流层温度变化趋势

平流层温度的变化是全球气候系统变化的一个重要的组成部分。平流层温度的变化趋势已经被认为是研究地球大气温度垂直廓线变化以及研究臭氧和水汽变化关键。平流层温度的变化，会引起其下层的对流层的温度，气压场和风场的变化，进而引起对流层的环流和气候的变化。因而被广泛的重视，在 20 世纪 90 年代有不少人通过对观测资料分析和利用数值模拟方法对 60 年代中期到 90 年代中期的平流层温度的变化趋势进行了估计。WMO 也多次报告了资料分析和模式结果。政府间气候变化评估(IPCC，1996)也把平流层温度的变化趋势这个项目列为评估的最重要的内容。此外在 90 年代中期，世界气候研究计划(WCRP) 成立的平流层过程及其气候效应(SPARC)计划中专门设置了一个平流层温度变化趋势的评估组(STTA)。一方面收集所有的资料、检验他们的可靠性和比较它们得到的全球平流层温度变化趋势的结果，另一方面用数值模拟与测量相结合以探讨观测得到的趋势产生的原因，特别是人为的因素的潜在影响。近几十年来国外学者们对平流层温度变化趋势进行了大量的资料分析和数值模拟研究。Ramaswamy 等(2001)对这些工作进行了归纳和总结，总的来说，资料分析表明从 60 年代中期到 90 年代中期平流层的温度经历了下降的过程，特别是 1979 到 1994 年期间，北半球中纬度平流层下层(约 16—21 km)的降温无论在量值上还是统计显著性上都是非常明显的。在这期间各种观测资料得到的北半球中纬度年平均平流层温度变化的垂直廓线都表明，在20—35 km 气层的降温率约为每十年 0.75 K，随着高度的增加其降温率也增加，到 50 km 处降温率达到每十年 2.5 K。当然，利用不同的资料得到的结果也有不少差异，特别是到高层，其不确定性更大些。以后，Ramaswamy 等(2005)再次指出，1979—2003 年间全球平流层下层发生明显的降冷。图 4.5.1 是从 SSU 卫星不同通道的观测资料得到的 1979—1995 年平流层不同高度上全球温度距平(相对于此期间的平均值的差)随时间的变化。图 4.5.2a 是用 63 个探空站资料求得的全球平均和南北两半球平均的 100—50 hPa 气层平均虚温距平随时间的变化，而图4.5.2b 则是从 MSU 第 4 通道卫星资料得到的 100—50 hPa 气层平均虚温距平随时间的变化。从这几张图都可以看到，除在几个大的火山爆发(见图 4.5.2a 中的标注)之后的一段时间平流层温度有所上升外，其余时间温度都是下降的，而且 1994 年后温度下降更厉害些。

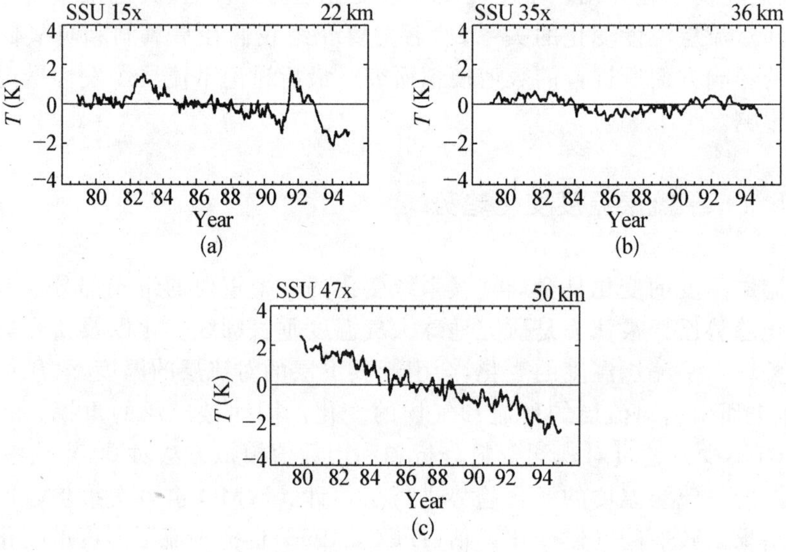

图 4.5.1　从 SSU 卫星资料得到的平流层不同高度上全球温度距平随时间的变化　(a) 22 km；(b) 36 km；(c) 50 km(引自 Ramaswamy et al,2001)

众所周知，地球上温室气体的增加，导致对流层下层和近地面气温上升，而平流层臭氧的减少使平流层温度下降，其结果是造成了垂直气柱的静力稳定度下降，而有利于垂直运动的发展，进而改变大气的动力结构。Hartmann 和 Limpasuvan (2004)指出，人类活动引起的臭氧耗损和温室气体的增加产生的热力强迫所造成的平流层温度变化比近地面温度变化还要大些，大气对温度变化的动力响应可能是重要的，它可以转变为地面气候的变化；而且它与由对流层的直接强迫引起的地面气候的变化相比，变化还要大些，或者引起变化的结构还会不同。

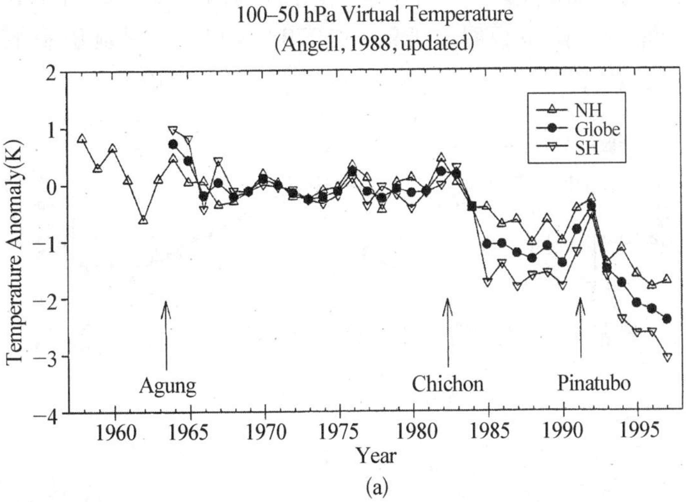

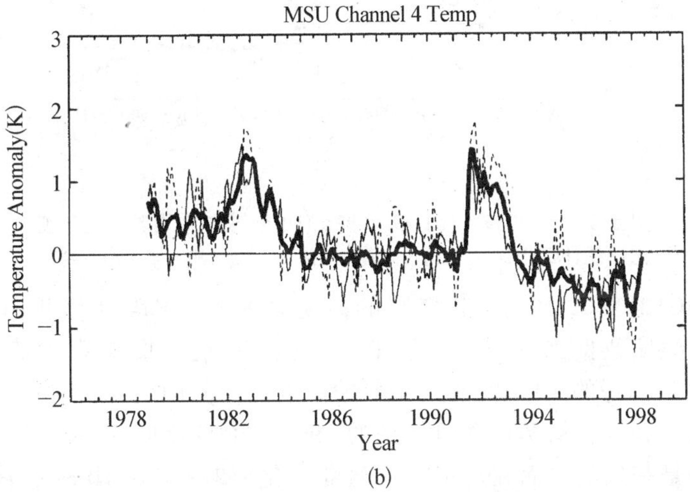

图 4.5.2 全球和各半球平均的 100—50 hPa 气层平均虚温的距平的时间变化 (a) 63 个探空站观测结果(实心圆连线为全球平均，正三角连线为北半球平均，倒三角连线为南半球平均)；(b) 卫星 MSU 观测结果(粗实线为全球平均，细实线为北半球平均，虚线为南半球平均)(引自 Ramaswamy et al，2001)

为了获取更多的关于平流层(特别是平流层中上层)温度变化的信息，陈月娟等(2004 年)采用 HALOE 提供的 1992—2004 年的温度资料和1979—2003 年 NCEP/NCAR 再分析资料分析了平流层温度的变化趋势。图 4.5.3 是用 NCEP/NCAR 再分析资料绘制的 100 hPa 和 10 hPa 等压面上全球平均温度的时间序列图。可以看出从 1979 到 2003 年平流层下层温度总的下降趋势，只是在 1982—1983 年和 1991—1992 年，分别在 El Chichon 和 Pinatubo 两个大火山爆发之后，有短暂的升温。这个结果与图 4.5.1 和 4.5.2 分别用 SSU 卫星资料，

MSU卫星第4通道资料以及63个探空站资料的结果一致。图4.5.3b表明，在平流层中层温度的下降也很明显，25年(1979—2003年)平流层中下层温度下降约2—3°。

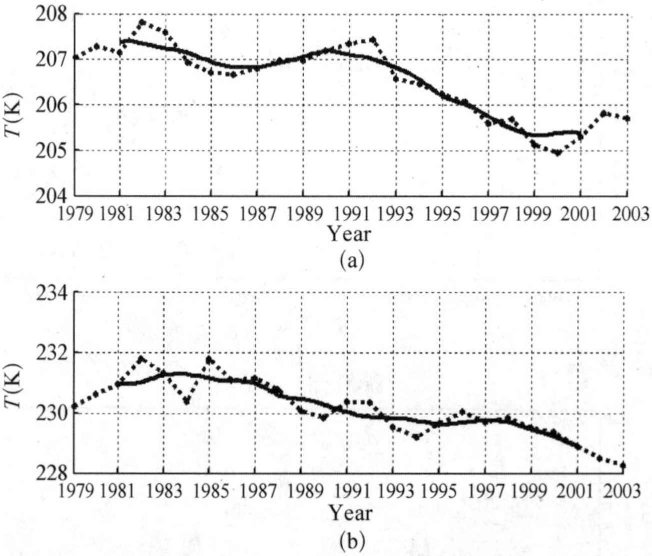

图4.5.3 100 hPa (a) 和 10 hPa (b) 全球年平均温度逐年变化曲线(NCEP) 虚线为实际观测曲线，实线为5点滑动平均曲线

由于NCEP/NCAR再分析资料的高度只到10 hPa，所以我们用HALOE资料提供的温度数据来分析平流层上层的温度变化。图4.5.4是1992—2004年间HALOE测得的10 hPa和1 hPa的温度随时间的变化。对比图4.5.4a和图4.5.3b可以看出，从两种资料得到的1992—2003年间10 hPa等压面上温度下降的趋势是一致的。而在1 hPa的温度变化(如图4.5.4b所示)似乎主要表现为季节变化和年际变化，这十几年总的温度下降不很清楚。这与从SSU卫星资料得到1994年前的平流层50 km附近的温度变化趋势(见图4.5.1c)很不相同。这是因为由于资料不同产生的差异，还是确实近十几年平流层上层温度变化与1994年前不同，还有待于进一步用更多的资料来验证。

陈月娟等(2004)还对不同纬度、不同季节平流层的温度变化趋势进行了分析和讨论，结果表明它们有一定的差异，总的来说，其变化在夏半球比冬半球更明显些。陈月娟等(2006)还对我国上空平流层的温度变化趋势进行了分析，图4.5.5为不同高度上20°—50°N，70°—130°E区域(绝大部分为我国上空)平均的温度变化图。可以看出平流层下层温度的明星下降趋势，而且这个下降趋势随着高度的增加而减弱，到平流层上层，温度的下降趋势已不明显。这与上述的全球平流层温度的变化趋势是一致的。

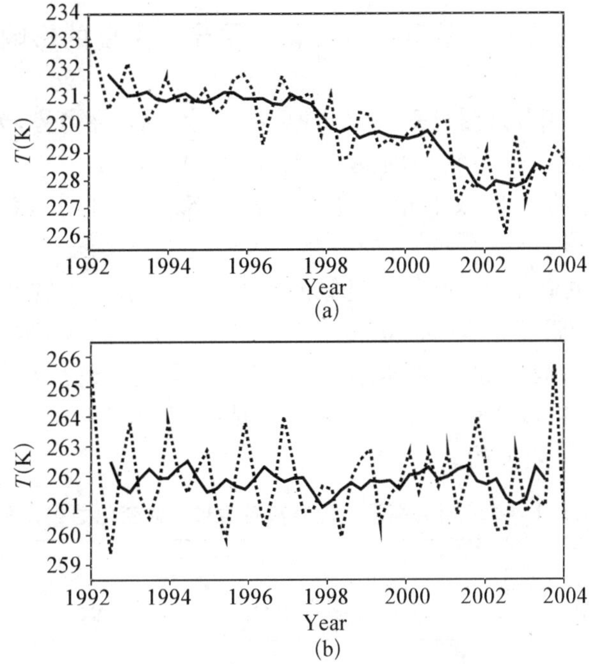

图 4.5.4 10 hPa (a) 和 1 hPa (b) 全球年季节平均温度逐年变化曲线(HALOE) 虚线为实际观测曲线,实线为5点滑动平均曲线

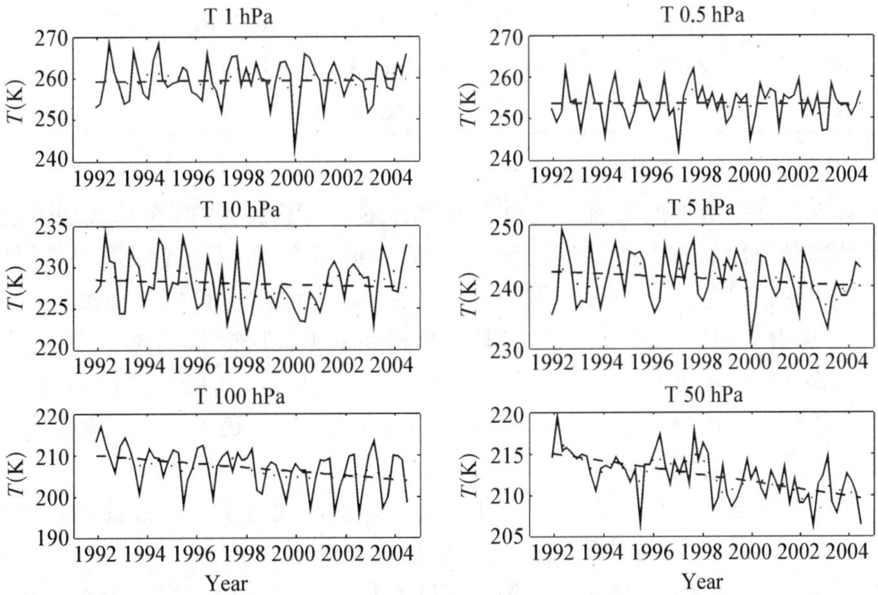

图 4.5.5 中国上空平流层各高度的温度的变化 实线为 HALOE 观测值,点线为5点滑动平均线,虚线表示线性趋势

4.5.2 臭氧及其他微量成分变化对平流层温度的影响

在本文4.2节中,讨论过平流层几种微量气体的变化趋势,为了从观测资料来确定平流层温度变化与它们的关系,我们对20°—50°N纬度带的平流层温度与各种微量气体的变化做了相关分析。表4.5.1给出的是各高度上的相关系数。

从表4.5.1可以看出,温度和臭氧的正相关(达到99%显著性水平)出现在平流层中下层,而温度和水汽的正相关主要出现在50 hPa和80 hPa之间的气层里。在平流层下层温度和NO、NO_2、CH_4的变化呈明显的反相关。在平流层中层10 hPa附近温度和NO的反相关也比较明显,而在10 hPa和25 hPa温度和NO_2的变化是呈正相关的。

表4.5.1 平流层各高度上温度和各微量气体变化的相关系数

高 度（气压）	微 量 气 体				
	O_3	H_2O	CH_4	NO	NO_2
1 (hPa)	**−0.963 5**	−0.005 4	0.080 9	0.296 5	0.205 0
10	**0.870 3**	−0.158 8	0.255 7	**−0.845 9**	**0.427 9**
25	**0.703 9**	−0.219 2	0.261 0	0.037 5	**0.632 6**
50	0.272 9	**0.549 4**	**−0.538 6**	**−0.387 2**	0.057 7
80	**0.801 5**	**0.536 8**	**−0.662 8**	**−0.784 7**	**−0.336 9**
100	**0.863 1**	−0.208 1	**−0.827 6**	**−0.771 8**	**−0.487 7**

注:黑体表示信度达到99%。

从4.2节中给出的平流层几种微量气体的变化趋势得知,在平流层下层,臭氧和水汽混合比是减少的,温度变化与它们呈正相关,所以平流层下层臭氧和水汽含量的变化引起温度下降。同时,CH_4和NO等增加,它们与温度变化反相关,于是也引起温度下降。所以,资料分析得到的平流层微量气体变化趋势和上面的小节分析的结果是一致的。然而,这里给出的只是它们之间的相关关系,要想知道各种微量成分对平流层温度变化的贡献的大小,还需要通过数值计算或模拟的方法来进行研究。

关于平流层微量成分含量的变化引起的辐射变化对平流层温度的影响早在1970年代就有人开始设计模式来进行数值模拟试验。值得一提的是固定动力加热(Fixed Dynamical Heating,简称FDH)模式。这个模式保持着对流层的温度,湿度和云量不变,只允许平流层温度随着辐射活跃的成分的变化而变。在平流层微量成分不受扰动的情况下,在各个高度和各纬度地区的辐射加热与动力加热是严格地平衡的。当辐射活跃的成分的浓度发生变化时，辐射加热场就发生变化，由于设定了动力加热场保持不变，所以温度场就会对辐射加热场的扰动有所响应而进行调整。接着，温度场的变化反过来又改变辐射加热场，使其重新与动力加热场平衡。所以利用这个模式可以分别改变平流层中的微量成分，来模拟计算不同成分含量的变化对平流层各高度的温度的影响。图 4.5.6 是 Ramaswamy 等(2001)用 FDH 模式计算的 1980 年代在 40°N 上空由于几种微量成分变化引起的年平均温度变化的垂直廓线。

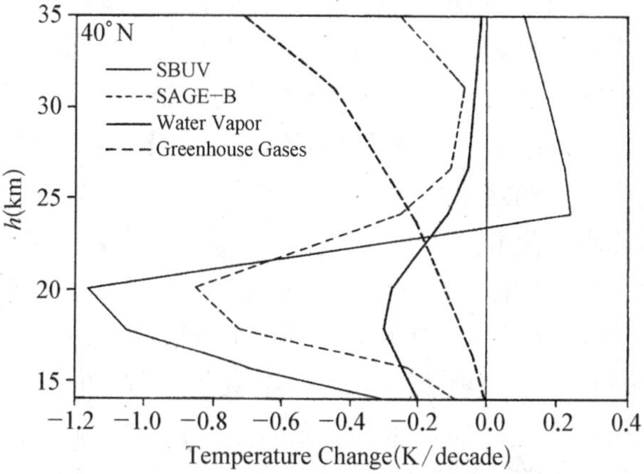

图 4.5.6 用 FDH 模式计算的年平均温度变化的垂直廓线 （引自 Ramaswamy et al,2001）

图 4.5.6 中细实线和细虚线都表示臭氧变化引起的温度变化廓线，只是用不同观测资料的计算结果，细实线是用 SBUV（Solar Backscattered Ultraviolet）卫星提供的臭氧柱总量来计算的，而细虚线是用 SAGE - B 提供的臭氧变化的垂直廓线来计算的。图 4.5.6 中较粗的实线表示水汽变化引起的温度变化廓线，而较粗的虚线是充分混合的温室气体（包括二氧化碳、甲烷、氮氧化物和卤化烃等）含量变化对温度的影响。从图中可以看出，在平流层下层，臭氧的变化引起的温度的下降最明显，水汽的变化对温度的影响也比较重要，而混合的温室气体的作用也是使平流层降温的，只是它的影响在平流层中上层更为重要。

FDH 模式是个一维模式，它能计算各种微量成分变化对平流层温度的影响，但由于它保持动力加热率不变，也就是说没有考虑动力加热率变化对平流层温度的反馈作用，所以计算的平流层温度变化有一定误差。另外，当人们要考虑微量成分变化对动力场的影响时，一维模式是不够的，需要二维或三维模式。所以 20 世纪 80 年代以后，一些大气环流模式（GCM）开始考虑平流层臭氧加热对平流层温度和大气环流的作用。Ramaswamy 等（1992；1996）对用 FDH 和 GCM 的模拟结果进行过对比，讨论了由于臭氧耗损引起的动力场变化对温度场的作用。用 GCM 模拟的结果和 FDH 的结果一样都显示出平流层温度的下降，但由于动力场变化使它们的差异很明显。在南半球的中纬度和高纬度地区，以及北半球中纬度地区，GCM 模拟到的平流层温度下降幅度小一些，但在北半球高纬度地区 GCM 模拟的温度下降幅度甚至大于 FDH 模拟的结果。而且在一些臭氧耗损不大的地区(如赤道到南北纬 15°之间)GCM 甚至还模拟到温度的下降。

关于臭氧加热对平流层温度和大气环流的影响问题，从 20 世纪 80 年代后期开始我们也开展过相应的数值模拟研究。陈月娟和郭晓岚(1986)曾设计过一个采用两种不同的地图投影坐标系的九层全球大气环流模式。在这模式中，除考虑海陆分布和地形的热力和动力作用、大尺度凝结和积云对流的加热作用外，对于水汽吸收太阳辐射对大气的加热、水汽和二氧化碳的红外辐射引起的降温也进行了详细的计算。用这个模式模拟到的对流层的温度场、气压场、流场及降水的分布与实际观测结果相当一致。用它来模拟海温变化对太平洋上空环流、我国夏季风和降水的影响也得到较好的结果(陈月娟、丁明，1992；陈月娟，1992)。为了研究平流层臭氧加热作用对平流层和对流层温度和环流的影响，陈月娟和毕道华(1991)在这个模式中加入一个臭氧方程，并参考美国俄勒冈大学两层大气环流模式计算臭氧加热率的方法，设计了一个适用于多层模式的计算臭氧加热率的参数化方案(毕道华、陈月娟，1993)，用以模拟平流层臭氧加热作用对大气温、压、风场的影响。我们对考虑和不考虑 O_3 加热两种情况分别进行模拟试验(下面分别简称为有 O_3 和无 O_3 试验)并进行对比。结果表明：在平流层大气中，考虑和不考虑 O_3 加热两种情况下模拟的温度场、气压场和风场有明显的差异。而且，随着积分时间的延长，臭氧的影响越来明显，并逐渐扩展到对流层中下层。下面是我们模拟试验的一些结果：

1. 臭氧加热作用引起温度场的变化

表 4.5.2 和表 4.5.3 分别给出夏季中午在 0°E 附近不同纬度处有 O_3 和无 O_3 试验计算出的太阳辐射加热率和红外辐射降温率的差值。

与此同时，无 O_3 模拟得到的在 100 hPa 至 50 hPa 气层由水汽吸收太阳辐射引起的增温率约为 0.025—0.010℃/h，由水汽和 CO_2 的红外辐射降温率约为 0.040—0.020℃/h。由此可见，加上臭氧作用后，高层大气对太阳辐射吸收的总量大大增加，同时红外辐射冷却率也增加。一般说来，太阳辐射加热率的增长幅度大于红外辐射降温率的增长幅度。由于辐射收支的变化，温度的垂直和水平分布都会发生变化。图 4.5.7 给出模拟的 50 hPa 等压面上由于臭氧加热引起的温度增值(有 O_3 模拟值与无 O_3 模拟值之差)的水平分布。由图可看出，此温度增量由南往北越来越大，在北半球的夏季，南半球此增量只有几度，在赤道附近为 10℃左右，而在北极可高达 15.5℃。

表 4.5.2 有 O_3 和无 O_3 试验计算的
太阳辐射加热率差值 （单位：℃/h）

纬度，经度	太阳天顶角 $Z_{\odot}$ \ 气压(hPa)	50	100	200	300	400	500
28.7°S, 0°E	52.0°	0.060	0.020	0.003	0.001	0	0
28.7°N, 0°E	5.4°	0.080	0.035	0.004	0.002	0.001	0
45.2°N, 3.2°E	21.9°	0.075	0.035	0.006	0.003	0.001	0

表 4.5.3 有 O_3 和无 O_3 试验计算的
红外辐射降温率差值 （单位：℃/h）

纬度，经度	太阳天顶角 $Z_{\odot}$ \ 气压(hPa)	50	100	200	300	400	500
28.7°S, 0°E	52.0°	−0.010	−0.007	−0.001	0	0	0
28.7°N, 0°E	5.4°	−0.015	−0.008	−0.002	−0.001	0	0
45.2°N, 3.2°E	21.9°	−0.018	−0.010	−0.002	−0.001	−0.001	−0.001

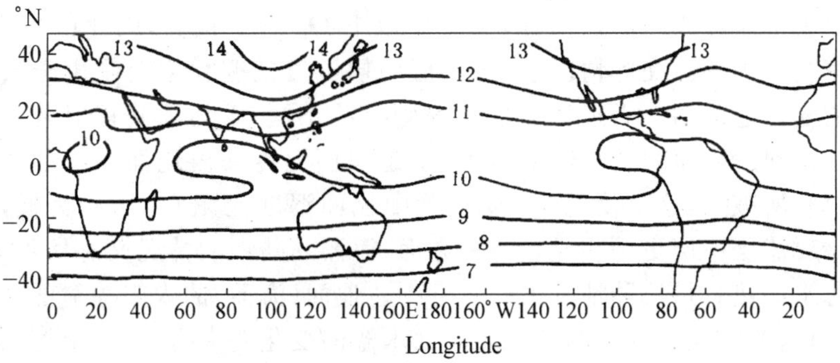

图 4.5.7 臭氧加热引起的 50 hPa 等压面上温度的变化
有 O_3 试验与无 O_3 试验之差

模拟的温度垂直结构如图 4.5.8 所示。图中给出的是沿纬圈平均的温度在经向垂直剖面上的分布。可以看出，在 100 hPa 以上气层中，臭氧加热引起的温度增加很明显，而下层温度变化不大，于是在 100—150 hPa 之间出现一个低温中心，其中心最低温度约为 −70℃，此即对流顶之所在。而虚线所示无 O_3 模拟结果就不出现这种结构，特别是在低纬地区从 15—21 km 温度仍是明显向上递减的。臭氧加热对对流层中层的温度只有轻微的影响，主要是使此处的气温有所下降，尤其在近地面层更为明显。而且，臭氧加热对低层大气的影响在陆地上空和海洋上空有很大差异。一般说来，海洋上空气温变化较小（小于 0.1℃），而陆地上降温较多，在亚洲大陆 25°—35°N 和美洲 10°—25°N 区域内降温最多，降温极大值分别可达 1℃ 和 0.7℃（图略）。

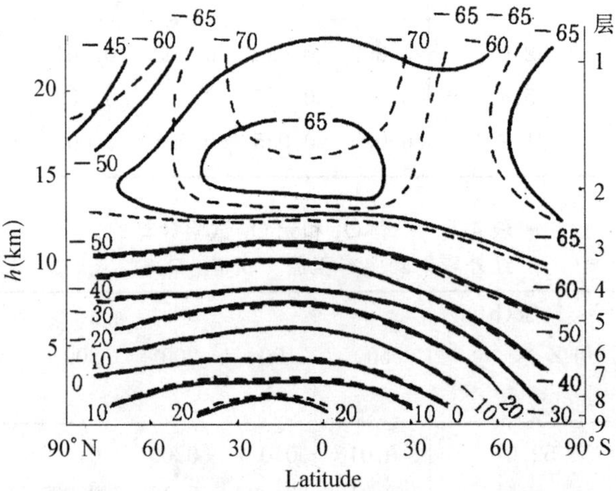

图 4.5.8 模拟的沿纬圈平均的温度在经向-垂直剖面上的分布 实线表示有有 O_3 试验结果，虚线为无 O_3 试验结果

之所以出现上述结果，是因为在有 O_3 试验中太阳紫外辐射的能量几乎全部为平流层大气所吸收。如前所述，平流层以下 O_3 含量很少，因此由于 O_3 引起的加热率基本为零。在此情况下，对流层中层温度的变化主要是由于大气运动对热量的输送造成的。而近地面的情况则有些不同，因为太阳辐射紫外部分为 O_3 所吸收，到达地面的太阳辐射减少，于是地面温度和由地面向上的感热和长波辐射都有所减少，这就使得有 O_3 试验中地面温度比无 O_3 试验为低，而且温度变化比对流层中层更为明显。另一方面，海洋和陆地的情况又有所不同，主要是因为海水的热容量比陆地上大。尽管到达地面（海面）的太阳辐射的变化量相同，但它引起的陆地面温度的变化比海面水温的变化要大得多，加上海水的蒸发对海面温度起着调节作用，故而使 O_3 的存在对陆地和海洋的影响是不一样的。

2．臭氧加热引起气压场的变化

有无臭氧试验模拟出的 50 hPa 面上位势高度之差，如图 4.5.9 所示。由于臭氧加热作用，使这个等压面抬升，越往北抬升越多。在赤道附近抬升约 190 gpm，而在 45°N 附近抬升 245 gpm 左右。臭氧加热作用使该等压面高度梯度的 y 分量 $\partial H/\partial y$ 增加了大约 1 gpm/100 km。与温度场一样，对流层中层气压场受臭氧加热影响较小。就 500 hPa 等压面而言，臭氧加热的作用除使某些地区如太平洋西北部、大西洋西北部和西南部以及菲律宾附近此等压面位势高度稍有下降外，在其他地区均稍有抬升。抬升高度多为 3—5 gpm。只有非洲东北部。中美洲和青藏高原等地有超过 10 gpm 的高值中心。

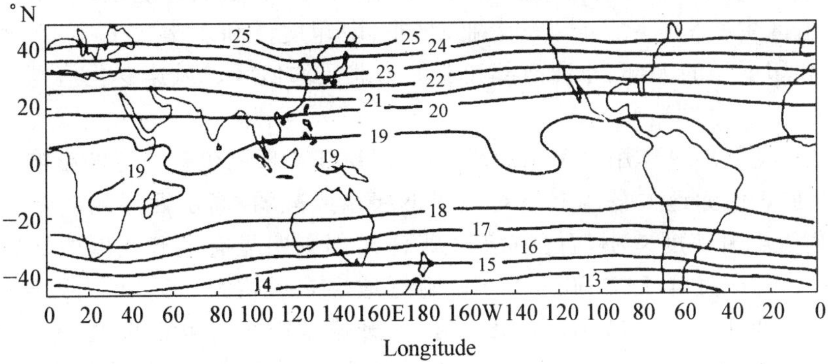

图 4.5.9 有 O_3 试验与无 O_3 试验得到的 50 hPa 上位势高度的差值 （单位：10 gpm）

图 4.5.10 给出模拟的臭氧加热引起海平面气压变化的平均值分布。臭氧加热作用使大部分地区海平面气压下降，特别是 50°N 以北的陆地、大西洋及太平洋地区。另外，在亚洲东南部和中美洲还有两个超过 1 hPa 的降压中心。在非洲、北美南部和青藏高原附近则有两个升压中心。在洋面上，臭氧加热对海平面气压的影响总的来说比较小，约在 0.3 hPa 以下。

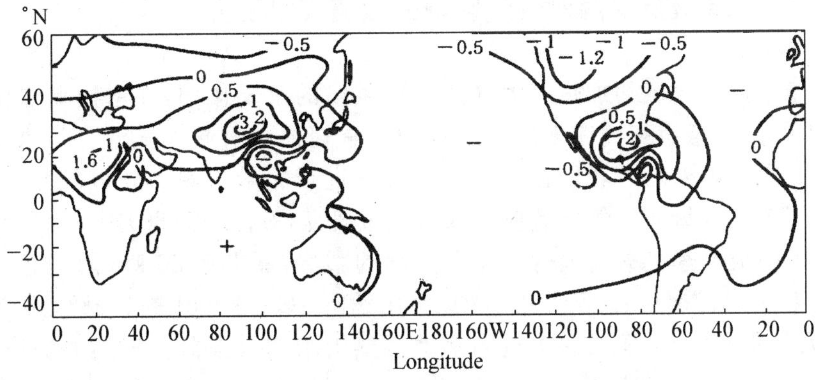

图 4.5.10 有 O_3 试验与无 O_3 试验得到的海平面气压的差值 （单位：hPa）

3. 臭氧加热引起风场的变化

空气的流速和方向以及它们随高度的变化取决于气压和温度的分布。因此，当 O_3 加热引起温、压场变化时，风场亦随之而变。模拟结果表明：在北半球夏季臭氧加热使北半球平流层东风增强，而南半球平流层西风增强。在南半球副热带地区 50 hPa 附近西风增大了约 1.6—2.4 m/s。而北半球副热带地区从太平洋西岸向东经过北美直到大西洋东部的狭长区域为东风增量的高值区，其增量在 2.3—3.3 m/s 左右。

在臭氧加热的影响下，50 hPa 高度上经向风也发生变化，其特点是南北半球中高纬地区南风分量的变化值沿纬圈成波状起伏，在低纬区则主要是南风减弱。南风增值区主要是亚欧大陆、东南亚、北非、南印度洋和东南太平洋，而大西洋、太平洋和印度洋的大部、非洲南部和美洲为北风增值区。风速变化值在 -0.7—1.1 m/s 之间。(图略)。

此外，臭氧加热作用对 Walker 环流和 Hadley 环流也有一定的影响，总的来说，臭氧加热使赤道太平洋上空对流层下层东风减弱，高层西风减弱，在 100°—200°E 附近上升速度减小，而在赤道太平洋东部则明显有上升速度增加(下沉运动变弱)。在印度洋上空 50°—100°E 附近地层东风增大，15 km 高处则西风增强，50°E 附近下沉速度减小，110°E 附近上升速度减小。也就是说，考虑臭氧加热作用时太平洋和印度洋上空的 Walker 环流比不考虑臭氧加热作用时的环流弱一些。

臭氧加热对 Hadley 环流的影响表现为：O_3 加热使 5°—15°N 上空平均上升速度增大，在 25°—35°N 和 20°—40°S 下沉运动增强。也就是说，臭氧加热使南北半球的 Hadley 环流均有所加强，在 35°N 到 60°N 之间 Ferrel 环流亦稍有增强。臭氧加热对垂直经圈环流的影响主要表现在中低纬地区。在高纬区这种影响几乎看不出来。

4.5.3 南极臭氧洞对气候影响的数值模拟研究

鉴于平流层臭氧的加热对大气温、压、风场的重要作用，在南极臭氧洞发现以后，人们开始意识到高纬度地区臭氧的严重耗损会引起大气温、压、风场的重要变化。所以国外的学者们在对平流层臭氧进行大量观测和分析研究的同时，还开展了关于臭氧洞的气候效应的数值模拟研究，Shine(1986)用一个简单的模式计算了南极春季臭氧耗损对平流层温度的影响，算出在 20 km 附近辐射加热率变化为 0.4℃/d 左右，50 hPa 温度变化达 -6℃。Kiehl 等(1988)用 NCAR(美国大气研究中心)模式模拟过高纬地区热力结构对南极臭氧洞的响应，其模拟结果表明在 10 月份南极平流层低层的温度比控制试验低 5℃左右，11 月份平流层增温推迟。Cariolle 等(1990)用谱模式也模拟到类似的结果，南极涡旋 50 hPa降温达 6—8℃，11 月末的最后增温推迟了两星期。Mahlman 等(1994)用 GFDL(普林斯顿大学的地球流体动力学实验室)的“SKYHI”模式进行了 5 年的积分来探讨南极臭氧洞的热力、动力作用，结果表明南极春末由于臭氧含量的耗损平流层低层降温 8℃，模拟的南极涡旋在 50 hPa 等压面上加深了约 180 位势米，而且在对流层大部分地区温度也在下降。这些结果对我们认识南极臭氧洞的气候效应有一定好处。但在他们的文章中主要讨论臭氧洞对平流层和南半球的影响。实际上通过南北半球的交换，这种影响也会传到北半球。但这方面工作做得还不够多。

为了探讨南半球平流层臭氧严重亏损对全球气候影响的状况、可能程度和影响机制，我们在中国科学院大气物理所的“大气科学和地球流体动力学数值模拟国家重点实验室”的资助下，用该所的九层全球大气环流模式(IAP GCM)对南极臭氧洞的气候效应进行了数值模拟试验。通过这个试验，我们研究了南极臭氧洞期间辐射加热率的变化及其对全球气候的影响，同时还讨论了南极臭氧洞期间南极涡旋的变化。下面简要介绍我们的模拟结果。

这次试验做了两组模拟计算，这两组模拟计算采用的初始气象场和海温、海冰资料相同，但在平流层输入的臭氧资料不同。第一组，在平流层输入气候平均的逐月臭氧总量(通常称之为控制试验)。第二组，在南半球高纬和极地上空1987年8月到12月采用实测的臭氧总量，其他地区和其他时间仍输入气候平均的逐月臭氧总量(以下称为臭氧洞试验)。考虑到南极臭氧洞出现在南半球春季，即9—11月份，所以南极臭氧洞气候效应的模拟从1987年8月到1988年5月。然后将臭氧洞试验的计算结果与其控制试验结果对比，来分析它对全球气候的影响。

模拟结果表明：南半球高纬和极地平流层臭氧含量的减少首先改变该地区的太阳辐射变温率。图4.5.11a为模拟到的1987年8月到1988年5月在

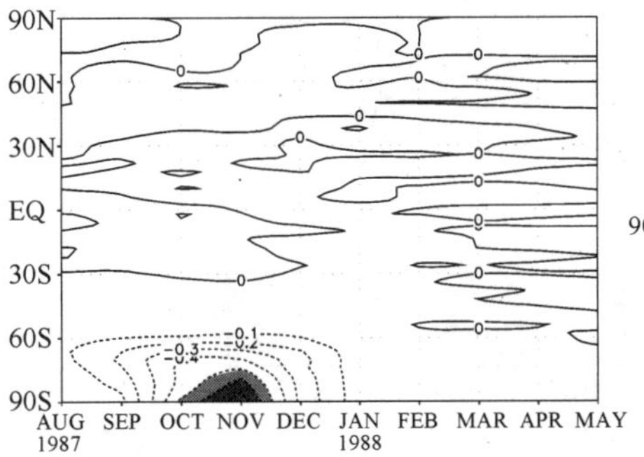

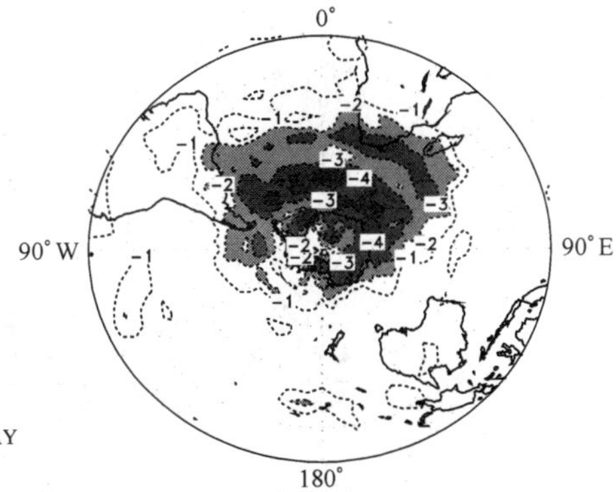

图4.5.11 (a) 模拟到的在25 hPa等压面上的太阳辐射加热率随时间和纬度的变化；(b) 模拟到的南半球25 hPa等压面上温度的变化(有臭氧洞试验的计算值与控制试验的计算值之差)

25 hPa等压面上的太阳辐射加热率随时间和纬度的变化(有臭氧洞试验的计算值与控制试验的计算值之差，下同)。可以看出，从1987年9月到12月在60°S以南太阳辐射加热率明显减少。在臭氧洞最深的10月份和11月份，模拟到的南极上空总辐射变温率比没有臭氧洞情况下的模拟值减少了0.43℃/d和0.6℃/d。辐射变温率的这种变化使得在有臭氧洞情况下模拟到的南半球高纬和极地平流层的气温明显低于控制试验的结果。图4.5.11b是模拟得到的在

25 hPa 等压面上由于南极臭氧减少引起的温度的变化。在10—11月份，有臭氧洞时模拟到的南极上空 25 hPa 等压面上的气温比没有臭氧洞时的计算值低 4—5℃，这与 Kiehl 等(1988)和 Cariolle 等(1990)的模拟结果一致。

在我们的模拟试验中还看出，南半球高纬和极地平流层辐射加热率和温度的变化造成南北向温度梯度的变化，进而造成气压场和风场的改变。这些改变不仅发生在南半球平流层，同时也影响到南半球对流层和北半球。下面首先看看南极臭氧洞对地面气温的影响。图 4.5.12a 给出模拟得到的沿纬向平均的地面温度变化值的经向分布。图中三条线分别表示秋、冬、春三个季节的平均值。从图 4.5.12a 可以看出考虑臭氧洞和不考虑臭氧洞两种情况下模拟得到的近地面气温在南北半球均有明显的差异。有臭氧洞试验模拟到的在南半球高纬度地区地面气温在 1987 年 9—11 月份一般来说是比较高的，这是因为有比较多的太阳辐射到达地面的缘故。到 1987 年 12 月—1988 年 2 月，南极臭氧洞逐渐消失，模拟到的地面气温在 60°S 以南有些偏低。到 1988 年 3—5 月，虽然南极臭氧含

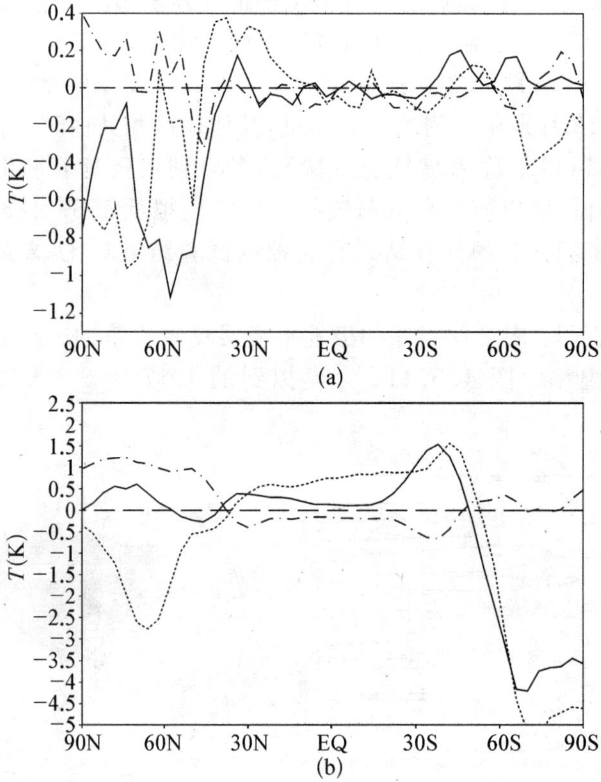

图 4.5.12　模拟的纬向平均地面气温(a)和海平面气压(b)差值的经向分布　有臭氧洞试验的计算值与无臭氧洞试验的计算值之差；实线——1987 年 9—11 月；虚线——1987 年 12 月—1988 年 2 月；点画线——1988 年 3—5 月

量已恢复到正常，但它的影响还存在，模拟到的地面气温在60°S以南更低些。图4.5.12a还显示，由于南极臭氧变化引起的低纬度地区地面气温的变化不大，但在北半球中高纬地区的变化却非常明显，其变化幅度甚至比南半球还大。在1987年9—11月臭氧洞最深的时候，模拟到的40°N以北的地面气温剧烈下降。从12月到次年2月，模拟到的地面气温在45°N到北极之间还是偏低，但在15°N—45°N是偏暖的。到了1988年的3—5月臭氧洞引起的北半球地面气温的变化比较小了，但从图中还可以看得到。南极臭氧洞对北半球地面气温的影响比对南半球更显著这一现象在Mahlman(1994)用GFDL的"SKYHI"模式进行的模拟试验中也能看到(见该文中的Fig.5)。显然，北半球地面气温的变化并不是直接由南极臭氧耗损引起的辐射加热率的变化造成，而是由于动力的变化引起的加热造成的。

从区域分布上看，南极臭氧洞对地面气温影响大的地区在陆地上，特别是欧亚大陆和北美大陆。图4.5.13给出模拟的1987年9—11月近地面气温的两种试验差值的分布。图4.5.14的含义与图4.5.13相同，只是表示1987年12月—1988年2月的结果。从图4.5.13可以看出，在臭氧洞期间，由于臭氧洞的影响沿南极洲海岸线附近的地面气温变化幅度为-2℃到1℃，在北美其变化幅度为-4℃到3℃，在西欧、东亚和南亚其变化幅度为+1℃到+2℃。在亚洲大陆北部南极臭氧洞使这些地区地面气温明显下降，两试验的差值最多可达-4℃。而在阿拉斯加、中国东部和印度近地面气温有所上升。

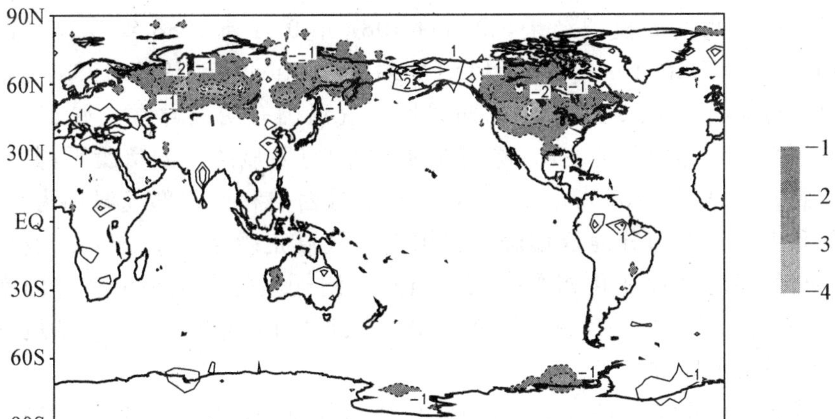

图4.5.13 模拟的1987年9—11月平均近地面气温的差值分布
臭氧洞试验值减控制试验值

从1987年12月以后，虽然南极臭氧洞已逐渐消失或恢复正常，两组试验模拟得到的地面气温差值在南半球高纬地区已很小，但它对北半球大陆地面气温的影响还很明显，对海洋上气温的影响相对小一些。在冬季(如图4.5.14所示)，臭氧洞试验得到的阿拉斯加地面气温偏高约 4℃，而北美加拿大北部近地面气温偏低 4℃以上，在亚洲有大片地区地面气温偏高，即南极臭氧洞使得亚洲大陆的大片地区冬季偏暖。次年春季，臭氧洞消失了三个月之后，其影响仍然存在，但与冬季模拟到的情况几乎相反，在臭氧洞影响下，亚洲相当大片地区地面气温偏低而北美东部和东北部地面气温偏高(图略)。模拟的海洋上气温受南极臭氧洞影响不大，这主要是因为海水热容量大，对温度有很好的调节作用。

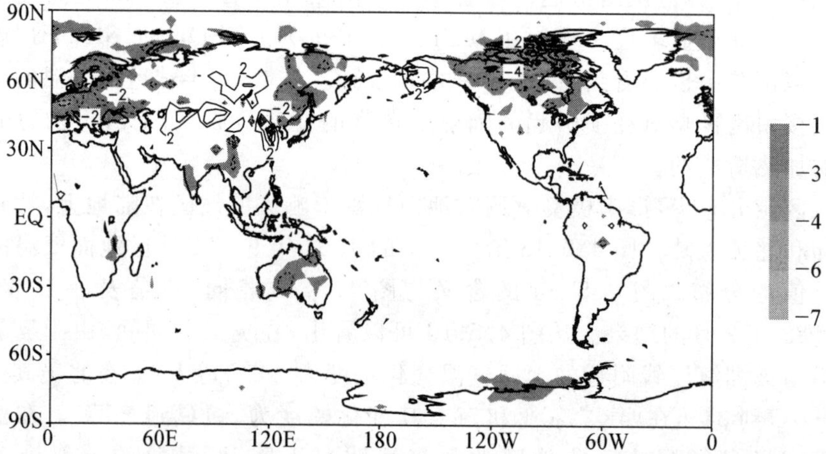

图 4.5.14 模拟的 1987 年 12 月—1988 年 2 月平均近地面气温的差值分布
臭氧洞试验值减控制试验值

为了检验我们的模拟结果，我们对 1987 年 9 月到 1988 年 5 月《Monthly Mean Climatic Data for the World》(NOAA publication，1987；1988)提供的气候资料做过分析。结果表明，在此期间地面气温确有明显异常。如 1987 年 10 月份亚洲大陆北部和北美北部(除阿拉斯加外)有明显的气温负距平，其最大值分别达到 -6.1℃和 -5.2℃。12 月到次年 2 月西伯利亚北部气温仍为负距平，而美国和中国的大部分地区偏暖。我国东部气温正距平达 2—4℃。我们的模拟结果与气温的这种变化相当一致。当然实测气温的变化是由多种因素引起的，但我们的模拟结果与实际温度的变化一致说明南半球臭氧含量的剧烈变化也是一个重要的影响因子。

从我们的模拟结果还看出，南半球高纬和极地平流层臭氧含量的减少对全球气压场和风场都有影响。图 4.5.12b 是模拟到的南极臭氧洞引起的沿纬向平均的海平面气压的变化值的经向分布。对于不同的季节，其变化既有类似之处，也有不同点。其相似之处为：在 30°S 到 30°N 之间区域，海平面气压受南极臭氧洞的影响较小，而在 30°S 以南和 30°N 以北受影响较大。在北半球的秋、冬季(南半球的春夏)在 30°S 和 45°S 之间(南半球副热带高压带附近及其南边)纬向平均的海平面气压由于南极臭氧洞的影响而升高了大约 1.5 hPa。而在 45°S 以南，海平面气压剧烈下降，在 70°S—90°S 区域分别降低了 4 hPa 和 5 hPa。南极臭氧洞引起的各个季节海平面气压变化的差异表现为，尽管 9—11 月是南极臭氧洞最强的时候，但北半球海平面气压受其影响并不大，其变化量只有 −0.5 hPa 到 0.5 hPa 之间。然而在接下来的三个月里，在南极臭氧洞影响之下，北半球海平面气压明显降低，在 60°—70°N 区域降低了 2.5 hPa。到第二年的 3—5 月，南极臭氧洞早已消失，南半球的海平面气压变化已经不大了，但45°N 以北的海平面气压的变化还很清楚，在北极附近，其下降幅度达到 2 hPa。

南半球高纬和极地平流层臭氧含量的减少引起全球温度场和气压场的变化，自然会进一步影响风场。这里着重讨论我们模拟的亚洲冬季季风的情况。在臭氧含量正常的情况下模拟到的 12 月份冬季季风的基本形势是：在西伯利亚、蒙古国为一高压区，在亚洲东部为一东亚大槽。与这种形势相对应，模拟的 850 hPa 风场在我国西北、华北、华东和东南沿海各地均为西北风，风速在 5—10 m/s之间，东北地区有 5m/s 左右的北风。在臭氧洞试验中东亚大槽明显减弱，在华东、华北、东北等地区和朝鲜半岛气压升高，而巴尔喀什湖、贝加尔湖和蒙古国为降压区。与此相对应的是风场的明显变化。分析臭氧洞试验与控制试验得到的 12 月份 850 hPa 风场之差（图略），我们看到，经过几个月南半球臭氧含量减少之后亚洲东部西北气流明显减弱，风速减小了 3—4 m/s，东亚地区风速均小于 10 m/s。同时，在东南沿海地区、江淮流域下游东南风增强，有利于海上的暖湿气流流入这些地区，引起亚洲东部大片地区偏暖，如我国华东地区、河北省等地气温升高。模拟的 1 月份的温、压、风场的变化情况与 12 月份差不多。总的来说是在臭氧洞出现之后的冬季模拟到东亚地区季风变弱，我国大部地区偏暖。

模拟的南极臭氧洞对降水影响最明显的地区在热带副热带洋面上和季风区。在臭氧洞最强的 1987 年 10 月模拟到的平均日降水量变化幅度为 −6—+9 mm/d（臭氧洞试验值减控制试验值）。其特点是在臭氧洞影响下降水量变化的正负区的尺度比气温变化正负区的尺度小得多。在这个季节里，臭氧洞使得我国西南降水减少，而我国东北和东南沿海以及中美洲降水增加。在北半球冬季，模拟到的降水量差值在孟加拉湾和印尼可达 −2 到 −8 mm/d，而在中美洲、巴西、非洲东南部和中太平洋上约 ±5 mm/d。总的来说，在 1987 年 9—12 月份臭氧洞试验得到的平均降水量在北半球总的来说少于无臭氧洞试验的模拟值，而在南半球则相反，在南北纬 30 度之间这种变化趋势最明显。在次年 1—4 月臭氧洞影响降水量变化的趋势与 1987 年 9—12 月份的情况几乎相反。到次年 5 月臭氧洞消失近半年后它对全球降水仍有明显影响。

从数值模拟结果我们看到，全球气候变化与南极臭氧洞有一定的关系。南极平流层臭氧含量的大量减少造成的辐射变温率的变化不仅改变了南极地区上空的气象场，还由于大气的运动而影响到北半球，又由于上下层的相互作用，使整个环流场发生变化,近地面气温、风场和降水等明显变化。总的说来,臭氧洞对气候的影响在北半球比南半球更为明显一些,臭氧洞引起的地面气温的变化在陆地上明显大于海洋上,而它对降水的影响主要在热带、副热带洋面和季风区,其影响直到臭氧洞消失半年后还很明显。

4.5.4 青藏高原臭氧低值中心对气候的影响及其数值模拟研究

为了搞清楚青藏高原臭氧低值中心对气候的影响,近年来我们采用资料分析和数值模拟相结合的方法研究了高原上空臭氧变化的气候效应(周任君,2005,周任君和陈月娟,2007)。

首先我们采用NCEP/NCAR再分析资料、GPCP资料以及我国160个台站的降水资料,分析了青藏高原臭氧低值中心强弱变化与东亚地区(尤其是我国)地面气温和降水的关系。为此,我们根据青藏高原上空5—7月3个月TOMS臭氧总量平均值的距平来判断臭氧低值中心的强弱,定义距平小于−2 D.U.的年为臭氧低值中心偏强年,大于2 D.U.的年为臭氧低值中心偏弱年,其他为正常年。然后,对臭氧低值中心偏强年和偏弱年的温度场和地面降水进行了合成分析和对比。结果表明夏季青藏高原臭氧总量异常不但会影响平流层的温度和环流,还会影响其周边地区乃至全球的气候。5—7月平均的青藏高原臭氧总量变化对我国当年夏季、冬季以及第二年春季的气温和降水等均有明显的影响:在臭氧低值中心偏强年的夏季,我国绝大部分地区地面气温比多年平均偏高(见图4.5.15a(彩图见第700页)),我国长江以南地区降水偏多,长江以北大部分地区降水偏少,尤其是长江中下游地区降水偏少特别明显。在黄河中下游和长江中下游之间以及在黄河下游地区,地面气温与高原臭氧总量成很好的负相关关系,其信度超过了90%。黄河中下游和长江中下游之间的降水则与高原臭氧总量成很好的正相关关系,其信度也超过了90%,在湖北省附近地区甚至达到了95%。当然,高原上空臭氧含量的变化不会直接影响其周边地区的温度和降水,而是导致辐射强迫的改变从而影响高原与周边地区的温度场结构和环流场,进一步影响到地面气温和降水。从资料合成分析我们确实看到当高原臭氧低值中心偏强时,南亚季风增强,我国西南季风和东南季风减弱。不过,环流场的这些变化多大程度上是由于高原臭氧变化引起的却不大清楚。

为了探讨其影响的可能性和影响机理,我们再次采用中国科学院大气物理研究所的九层全球大气环流模式(IAP 9L AGCM)对高原臭氧变化的气候效应进行了数值模拟。数值模拟包括一个控制实验(不考虑高原臭氧低值中心)和一个臭氧低值实验,在臭氧低值实验中只改变高原上空的臭氧含量,加入一个臭氧低值中心,而其他初始条件则与控制实验中的一样。

数值模拟结果表明，夏季，当高原上空臭氧低值中心出现后，在南亚上空对流层顶及平流层底层附近温度降低约0.6℃，而在其对流层中下层气温升高，从而导致夏季南亚海陆温差的增大，南亚大陆上的季风低压明显偏强，南亚季风随之增强，西太平洋副高东退，南海区域的气旋性运动增强，使我国华南、西南到中南半岛的偏南气流偏弱。以及我国华中地区大气底层反气旋运动增强，都阻碍了西南季风和东南季风的进一步北上，导致我国南方和东部沿海地区降水增多，而在长江中游以及华中地区降水减少。我国绝大部分地区夏季地面气温偏高（见图4.5.15b），东北、华北地区地面气温偏高最明显，这与资料分析的结果十分吻合。模拟结果还表明高原上空臭氧低值中心的出现会导致冬季西伯利亚和我国北方的高压减弱，从而引起我国冬季风的减弱，我国大部分地区地面气温偏暖，我国南方大部分地区的降水偏多，南海海域降水偏多最显著。模拟结果中冬季我国西南、华南、东南沿海地面气温偏暖与资料分析的结果也十分吻合。

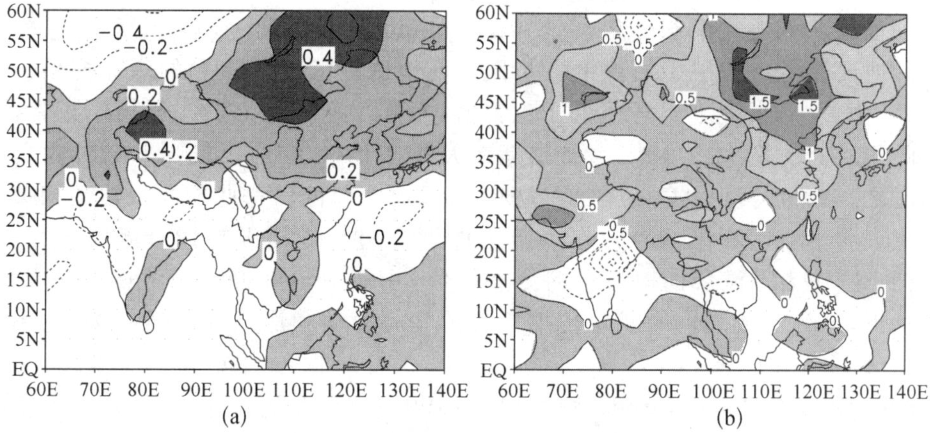

图4.5.15 青藏高原臭氧低值中心偏强年日平均地面气温的距平 单位：℃；(a)资料分析结果；(b)数值模拟结果（臭氧低值试验与控制实验之差）

我们的数值模拟结果表明，无论是南极臭氧洞还是高原臭氧低值中心，它们的出现不但会影响平流层的温度和环流，还会影响对流层的温度场、气压场和风场，进而引起气候的变化。而且其影响还会延续到臭氧洞或臭氧低值中心消失之后。但是我们采用的模式仅仅是大气环流模式，没有包括平流层的化学过程。因此模拟结果不可避免的会有误差。所以在模拟结果中，多少是由于模式对其热力和动力过程的处理方案的敏感性产生的，多少是真实大气中可能发生的对流层对平流层变化的响应还不清楚。因此，在今后除了要开展更多的观测和资料分析工作外，还需要发展更为完善的包含化学和动力耦合的气候模式，来开展更多的数值模拟研究。

4.5.5 平流层爆发性增温对气候的可能影响

在4.4节中提到过,人们在研究平流层爆发性增温时注意到SSW发生时不仅平流层发生剧烈的反常变化,还会影响到对流层。王坚红等(1994)的研究表明,SSW期间温度场和环流场的变化不仅出现在平流层中下层,在对流层中层,中高纬和中低纬环流也出现相应的变化。Thompson和Wallace(1998,2000)的研究也表明,平流层爆发性增温发生时平流层异常的下传会引起对流层变化。在平流层和对流层相互作用的研究中人们常常用到北极涛动(AO)和北半球环状模(NAM)的概念。所谓北极涛动(Arctic Oscillation,简称AO)是指北半球热带外地区(20°N以北)冬季海平面气压距平场EOF第一特征向量呈中纬度和极区反位相变化的南北振荡形式的"跷跷板"现象。Thompson和Wallace的研究指出这种气压场的南北振荡从近地面到平流层下层都存在。而AO与中纬度纬向风的指数循环是联系在一起的。中纬度地区西风强度的振荡现象被称为北半球环状模(Northern Annular Mode,简称NAM),它实际上是地面以上大气层中极地上空与低纬度地区之间的气压场的南北振荡。当NAM为正时,极地上空气压低于正常值,而低纬度地区上空气压高于正常值,与此相对应的是中纬度地区(特别是在大西洋上空)的西风较强,NAM为负时则反之。北极涛动(AO)也就是NAM的近地面部分。一些与北极涛动相关的研究表明平流层环流的异常在一定条件下会向下传播影响到对流层大气,人们把AO作为平流层向对流层的传播信号。Baldwin和Dunkerton(1999)的研究指出,作为平流层向对流层传播信号的北极涛动和爆发性增温有关,它不单由平流层向下传播,而且通过对流层时有大的振幅并能维持。Kodera等(1990,1995,2000),Kuroda和Kodera(1999)也对此进行了研究,发现冬季平流层存在着纬向平均纬向风异常的缓慢传播,并且这种异常是从平流层上层的副热带向极地的平流层低层和对流层传,历时大约2—3个月。Baldwin和Dunkerton(2001)对18个弱极涡事件(爆发性增温)和30个强极涡事件(无爆发性增温)的NAM指数进行了合成分析,结果如图4.5.16(彩图见第701页)所示,可以明显地看出平流层极涡的变化向下传播并可以影响到近地面。由此,他们指出平流层的变化是对流层天气异常的先兆,可以作为预报对流层天气的一个预报因子。

上述的研究工作大大提高了人们对平流层-对流层相互作用的认识,而且提供了有力的研究手段。但是上述的研究结果主要针对平流层异常对西欧和北美气候的影响,而类似的平流层异常对东亚地区气候影响的工作还很少看到。因此,近年来我们研究平流层爆发性增温时,在SSW对东亚气候的可能影响方面也开展了一些分析。下面是我们得到的一些结果。

我们这个工作使用的资料是 NCEP/NCAR 再分析资料和 Baldwin 的网站(http://www.nwra.com/resumes/baldwin/nam.html)上提供 NAM 指数,关于 NAM 指数的详细算法可参考 Baldwin(1999)的文章。

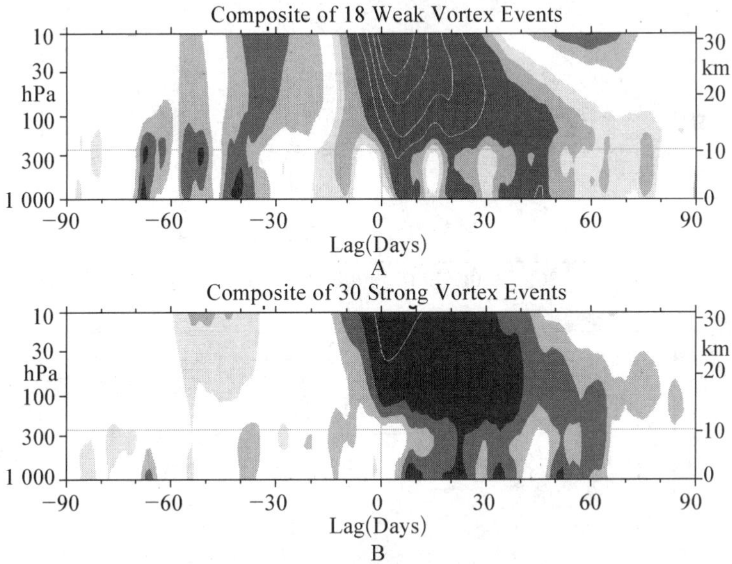

图 4.5.16 弱极涡(A)和强极涡(B)合成的 NAM 指数随高度和时间的变化 (引自 Baldwin and Dunkerton,2001)

关于平流层爆发性增温与东亚气候的关系,首先看看我们对 1958—2006 年 48 年冬季的 35 个强爆发性增温期间亚洲上空 200 hPa 风场与 500 hPa 位势高度场合成分析结果。图 4.5.17a 和图 4.5.17b 分别给出了合成的 200 hPa 纬向风和 500 hPa 位势高度的距平的分布。由图 4.5.17a 我们可以看出爆发性增温发生时,在 200 hPa 纬向风发生明显的变化。我们以 50°N 为界,50°N 以北的强纬向风称为北支急流,50°N 以南的强纬向风称为南支急流。从图 4.5.17a 可以看到,北支急流表现为负距平,说明西风减弱,而南支急流表现为正距平,即西风加强,而处于35°—45°N、110°—150°N 的东亚地区的东亚急流是加强的。也就是说爆发性增温发生时高空的东亚急流加强。而由图 4.5.17b 可知,60°N 以北的位势高度为正距平,说明此处的槽减弱;60°N 以南的位势高度为负距平,说明此处的槽加强,而东亚地区恰在此范围内,因此东亚大槽加强。由此可见,爆发性增温发生时中纬度的东亚急流和东亚大槽均变强,进而会使东亚冬季风偏强。

下面再看看 NAM 的变化与东亚大气环流的关系。为此,我们先分别计算了 1959—2006 年 48 个冬季北半球 200 hPa 纬向风场和 500 hPa 位势高度场与 10 hPa、30 hPa、50 hPa、100 hPa、200 hPa、300 hPa、500 hPa、700 hPa、1 000 hPa 等 9 个等压面高度上的 NAM 指数的线性回归系数,然后对这两种回归系数分

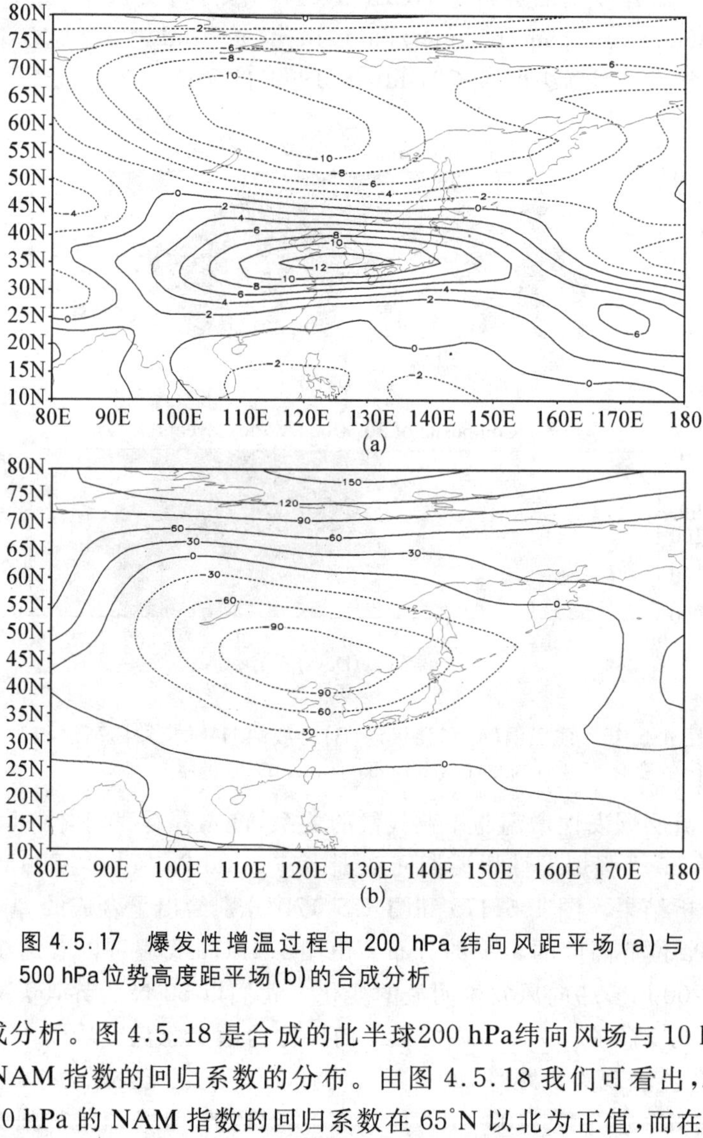

图 4.5.17　爆发性增温过程中 200 hPa 纬向风距平场(a)与 500 hPa位势高度距平场(b)的合成分析

别进行合成分析。图 4.5.18 是合成的北半球200 hPa纬向风场与 10 hPa 等压面高度上的 NAM 指数的回归系数的分布。由图 4.5.18 我们可看出，200 hPa 纬向风场与 10 hPa 的 NAM 指数的回归系数在 65°N 以北为正值，而在 30°—60°N 范围内为负值。因此，当10 hPa 的 NAM 为负位相时(弱极涡，有爆发性增温)，西风在北纬 65°N 以北为负异常，即西风减速，而 30°—60°N 附近的西风为正异常，即西风加速。同时在 35°—50°N、110°—150°E 范围内的东亚地区西风为明显的正异常，西风加速，即东亚急流变强；当 10 hPa 的 NAM 为正位相时(强极涡，无爆发性增温)，西风在北纬 65°N 以北为正异常，西风加速，而在 35°—50°N、110°—150°E 范围内的东亚地区西风为明显的负异常，西风减速，即当10 hPa 等压面的 NAM 为正位相时东亚急流减弱。图中浅阴影区表示信度达到了 99%，深色阴影区表示信度达到了 95%(下同)。200 hPa 风场与 30 hPa 和 50 hPa 上的NAM指数的回归系数分布与图4.5.18类似，只是高纬地区的正相关范围增大而且向南扩展。同时30°—60°N范围内的负相关区也南移并向东西方向伸展，因此，当NAM为正(负)位相时，东亚急流减弱(加强)的区域也相应地南移和扩展(详见邓淑梅2007年博士论文，此处图略)。由此可知，当平流层NAM为正(负)位相时，对流层上层(200 hPa附近)东亚急流减弱(加强)，而且随着增温的向下传(NAM负值区向下传)，东亚急流加强的区域将会向南移动，且向西扩展，逐渐影响到我国华北和东北的广大地区。

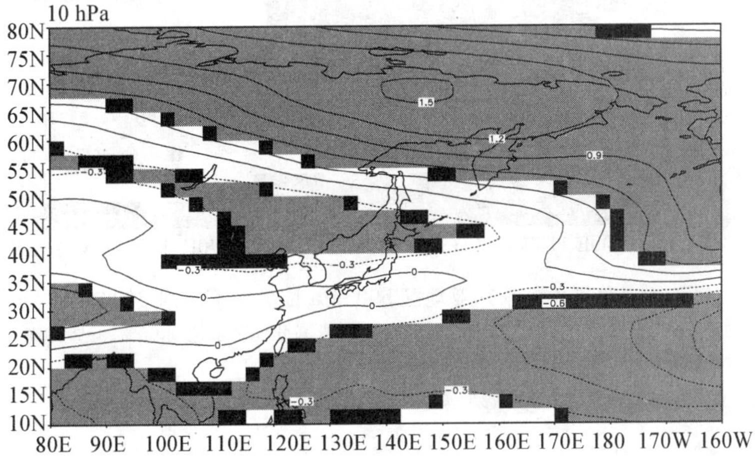

图4.5.18 半球冬季东亚地区200 hPa纬向风场对10 hPa的NAM指数的线性回归系数分布 深、浅色阴影区表示分别表示到达95%、99%信度水平的地区

图4.5.19给出的是合成的500 hPa位势高度场与30 hPa的NAM指数的回归系数的分布。可以看出，这个回归系数在40°—70°N、80°—160°E范围内有一个明显的正值区，因此当NAM为负位相时(有爆发性增温时)这个区域内的位势高度为负异常，即东亚大槽加深；NAM为正位相(极涡加强)时，则相反，这个范围内位势高度表现为明显的正异常，即东亚大槽减弱且偏北。对于500 hPa位势高度场与10 hPa NAM的回归系数的分布与图4.5.19类似，只是在东亚地区的正值区小一些，而且偏北一些。500 hPa位势高度场与50 hPa NAM的回归系数的分布和图4.5.19也类似，不过与东亚大槽相对应的正值区向南移和扩展，(详见邓淑梅2007年的博士论文)也就是说，随着爆发性增温的下传，(NAM的负位相向下传)东亚大槽加强区也逐渐南移和扩展。

这里得到的NAM的变化与东亚大气环流的关系的结果与图4.5.17给出的爆发性增温过程中200 hPa纬向风距平场与500 hPa位势高度距平场的合成分析结果是一致的。都表明平流层爆发性增温对东亚气候具有一定的影响，在我们制作气候预报时有必要考虑的。

当然,我们上述工作还是很初步的,需要开展更多的资料分析、理论研究和数值模拟工作,进一步搞清楚平流层爆发性增温(或极涡异常)对东亚气候影响的范围、程度、持续时间及其影响机理。以期为气候预测提供更多的依据。

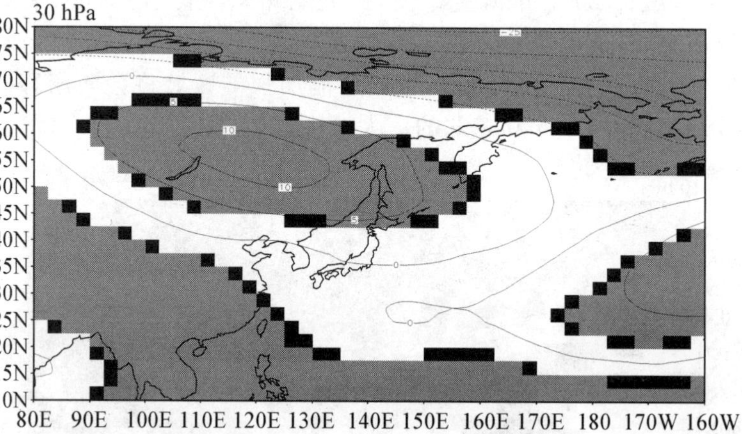

图 4.5.19 北半球冬季东亚地区 500 hPa 位势高度场对 30 hPa NAM 指数的线性回归系数的分布 深、浅色阴影区分别表示达到 95%、99% 信度水平的地区

参考文献

毕道华、陈月娟,1993: 多层模式中的臭氧加热率计算及其对大气温度场的影响,大气科学,**17**(5),513-522.

卞建春、李维亮、周秀骥,1997: 青藏高原及其临近地区流场结构季节性变化的特征分析,中国地区大气臭氧及其对气候环流的影响Ⅱ(周秀骥主编),北京,气象出版社,257-273.

卞建春、王庚辰、陈洪滨等,2006: 2003 年 12 月青藏高原上空出现微型臭氧洞,科学通报,**51**(5),606-609.

布拉塞 G 和 S 索罗蒙,1988: 中层大气化学和物理学,黄润恒译,35-58,210-292,北京,气象出版社.

曹凤中,1990: 臭氧层空洞的报告,114,北京,中国环境科学出版社.

陈文、黄荣辉,1996: 中层大气行星波在臭氧的季节和年际变化中输运作用的数值研究,大气科学,**20**(3),513-523.

陈文、黄荣辉,2005: 北半球冬季准定常行星波的三维传播及其年际变化,大气科学,**29**(1),137-146.

陈月娟、郭晓岚,1986: 一个同时采用两种地图投影坐标系的大气环流模式,大气科学,**10**(2),121-128.

陈月娟、毕道华,1991: 臭氧加热作用对大气环流影响的数值试验,中国科学(B),**11**,1224-1232.

陈月娟、丁明,1992: 太平洋海温异常对其上空环流影响的分析及数值试验,大气科学,**16**(5),592-600.

陈月娟,1992：我国夏季风和降水与邻近海洋水温关系的数值试验,气候变化若干问题研究(李崇银主编),157－167,北京,科学出版社.

陈月娟、毕云、凌健、施春华,2004：平流层的温度变化趋势及其与对流层温度变化的关系,推进气象科技创新加快气象事业发展(上集),中国气象学会2004年年会论文集,31－38.

陈月娟、施春华,2005：从HALOE资料看青藏高原上空HCl分布及其与臭氧的关系,高原气象,**24**(1),1－8.

陈月娟、施春华、周任君、毕云,2006：我国上空平流层中微量气体的垂直分布和变化趋势,地球物理学报,**49**(5),1288－1297.

程华、陈月娟,2006：北半球仲春平流层行星波活动对臭氧总量分布的影响,中国科学技术大学学报,**36**(4),436－444.

邓淑梅、陈月娟,2006：平流层爆发性增温的时空分布特征,中国科学技术大学学报,**36**(4),445－452.

邓淑梅、陈月娟、陈权亮、毕云,2006：平流层爆发性增温期间行星波的活动,大气科学,**30**(6),1236－1248.

邓淑梅,2007：平流层爆发性增温的动力学过程及其对微量气体分布影响的研究,中国科学技术大学博士论文.

简俊、陈月娟、郑彬等,2001：北半球中层大气中NO_x的垂直分布特征,大气科学,**25**(5),697－706.

李庆、陈月娟、施春华、周任君,2005：青藏高原上空氮氧化物的分布特征及其与臭氧的关系,高原气象,**24**(6)：935－940.

刘煜、李维亮,2001：青藏高原臭氧低值中心的加深及其可能的影响,气象学报,**59**(1),97－105.

黄荣辉、岸保勘三郎,1983：关于冬季北半球定常行星波传播的另一波导的研究,中国科学(B),**10**,940－950.

王贵勤,1985：大气臭氧研究,521,北京,科学出版社.

王贵勤,1990：大气臭氧层研究简介,51,北京,气象出版社.

王坚红、何金海、苗春生,1994：冬季SSW低频特性及平流层低层和对流层中层环流异常,南京气象学院学报,**17**(1)：38－43.

王玉佩、李维京,1991：冬季北半球10 hPa爆发性增温过程的诊断分析,高原气象,**10**(2),202－208.

施春华、陈月娟、郑彬,2003：平流层大气中HCL分布特征及其与臭氧分布的关系,中国科学技术大学学报,**33**(6),701－708.

叶笃正、李崇银、王必魁,1988：动力气象学,288－290,北京,科学出版社.

张弘、陈月娟、吴北婴,2000：准两年振荡对大气中微量气体分布的影响,大气科学,**24**(1),103－110.

郑彬、陈月娟、简俊,2003：NO_x的准两年周期变化及其与臭氧准两年周期振荡的关系：Ⅰ资料分析,大气科学,**27**(5),821－833.

郑彬、陈月娟、张弘,2003：NO_x的准两年周期变化及其与臭氧准两年周期振荡的关系：Ⅱ数值模拟,大气科学,**27**(6),1007－1017.

郑彬、陈月娟、施春华,2006：平流层臭氧纬向分布季节变化和行星波的关系,高原气象,**25**(3),364－374.

周秀骥、罗超、李维亮等，1995：中国地区臭氧总量变化与青藏高原低值中心，科学通报，**40**，1396 - 1398.

周任君，2005：青藏高原上空臭氧的变化及其气候效应，中国科学技术大学博士学位论文.

周任君、陈月娟，2005：青藏高原和伊朗高原上空臭氧变化特征及其与南亚高压的关系，中国科学技术大学学报，**35**（6），899 - 908.

周任君、陈月娟，2006：1998年青藏高原臭氧低值中心异常及其成因分析，气候与环境研究，**11**（2），169 - 174.

周任君、陈月娟，2007：青藏高原臭氧低值中心的变化与我国气候的关系，大气科学，**31**（3），479 - 485.

邹捍、郜永祺、周立波，1998：大尺度山地上空的臭氧低值和地面加热，气候与环境研究，**3**(3)，209 - 217.

Andrews, D G, M E McIntyre, 1976: Planetary Waves in Horizontal and Vertical Shear: The Generalized Eliassen-Palm Relation and the Mean Zonal Acceleration, *Journal of Atmospheric Sciences*. **33** (11), 2031 - 2048.

Andrews, D G, M E McIntyre, 1978: Generalized Eliassen-Palm and Charney-Drazin theorems for waves on axisymmetric mean flows in compressible atmospheres, *Journal of Atmospheric Sciences*, **35**(2), 175 - 185.

Andrews, D G, J R Holton and C B Leovy, 1987: *Middle Atmosphere Dynamics*, 127 - 130, 259 -294, 313 - 341, Academic Press, INC.

Baldwin, M P and T J Dunkerton, 1999: Propagation of the Arctic Oscillation from the stratosphere to the troposphere, *J. Geophys. Res.*, **104**, 30937 - 30946.

Baldwin, M P and T J Dunkerton, 2001: Stratospheric harbingers of anomalous weather regimes, *Science*, **294** (5542), 581 - 584.

Baldwin, M P, T Hirooka, A O'Neill, et al, 2003: Major stratospheric warming in the Southern Hemisphere in 2002: Dynamical aspects of the ozone hole split, *SPARC Newsletter*. **20**, 24 - 26.

Bethan, S, et al, 1996: A comparison of ozone and thermal tropopause heights and the impact of tropopause definition on quantifying the ozone content of the troposphere, *Q.J.R. Meteo. Soc.*, **122**, 929 - 944.

Boyd, J P, 1976: The Noninteraction of Waves with the Zonally Averaged Flow on a Spherical Earth and the Interrelationships on Eddy Fluxes of Energy, Heat and Momentum, *J. Atmos. Sci*. **33**, 2285 - 2291.

Brasseur, G and S Solomon, 1984: *Aeronomy of The Middle Atmosphere*, D. Reidel Publishing Company.

Brewer, A M, 1949: Evidence for a world circulation provided by the measure meant of helium and water vapor distribution in the stratosphere, *Quarterly Journal of Royal Meteorological Society*, **75**, 351 - 363.

Bruhl, C, S R Drayson, J M Russell III, et al, 1996: Halogen Occultation Experiment Ozone Channel Validation, *J. Geophys. Res.*, **101** (D6), 10217 - 10240.

Cai, M, 2005: Dynamical amplification of polar warming, *Geophysical Research Letters*, **32**, L22710, doi: 10,1029/2005GL024481.

Charney, J G and G. Drazin, 1961: Propagation of planetary-scale disturbances from the lower into the upper atmosphere, *J. Geophys. Res.*, **66**, 83 - 109.

Chen Wen and Huang Ronghui, 2002: The propagation and transport effect of planetary waves in the Nothern Hemisphere Winter, *Advances in Atmospheric Sciences*, **19** (6), 1113 - 1126.

Chen Yuejuan, Zheng Bin and Zhang Hong, 2002: The Features of Ozone Quasi-Biennial Oscillation in Tropical Stratosphere and Its Numerical Simulation, *Advances in Atmospheric Sciences*, **19** (5), 777 - 793.

Chen Yuejuan, Shi Chunhua and Zheng Bin, 2005: HCl Quasi-Biennial Oscillation in the Stratosphere and a Comparison with Ozone QBO, *Advance in Atmospheric Sciences*, **22** (5), 751 - 758.

Chen Yuejuan, Zhou Renjun, Shi Chunhua, Bi Yun, 2006: Study on the Trace Species in the Stratosphere and Their impact on Climate, *Advance in Atmospheric Sciences*, **23** (6), 1020 - 1039.

Chipperfield, M P, L J Kinnersley, and J Zawodny, 1994: A Two-Dimensional Model Study of the QBO Signal in SAGE II NO_2 and O_3, *Geophys. Res. Lett.*, **21**, 589 - 592.

Considine, G D, L E Deaver, E E Remsberg, et al, 1999: Analysis of Near-global Trends and variability in Halogen Occultation Experiment HF and HCl Data in the middle atmosphere, *J. Geophys. Res.*, **104**(D20), 24297 - 24308.

Cordley, L L, J M Russell III, L J Mickley, et al, 1996: Validation of Nitric Oxide and Nitrogen dioxide Measurements made by Halogen Occultation Experiment from UARS Platform, *J. Geophys. Res.*, **101** (D6), 10241 - 10266.

Cariolle, D, A Lasserre-Bigorry, J F Royer and J F Geleyn, 1990: A General Circulation Model Simulationof the Springtime Antarctic Ozone Decrease and Its impact on Mid-latitudes, *J. Geophys. Res.*, **95**, 1883 - 1898.

Dickinson, R E, 1968: Planetary Rossby waves propagation vertically through weak westerly wind wave guides, *Journal of Atmospheric Sciences*. **25**, 984 - 1002.

Dobson, A E, E J Hintsa, E M Weinstock, et al, 1956: Origin and distribution of polyatomic molecules in the atmosphere, *Proceeding of Royal Society of London*, **A236**, 187 - 193.

Dunkerton, T J, 1978: On the mean meridional mass motions of the stratosphere and mesosphere, *J. Atmos. Sci*, **35**, 2325 - 2333.

Dunkerton, T J, 2001: Quasi-biennial and subbiennial variations of trace constituents derived from HALOE observations, *J. Atmos. Sci.*, **58**, 7 - 25.

Eliassen, A and Palm, E., 1961: On the transfer of energy in stationary mountain waves, *Geophys Publikasjoner.*, **22**, 1 - 23.

Esler, J G, Scott, R K, 2005: Excitation of transient Rossby waves on the stratospheric polar vortex and the barotropic sudden warming, *Journal of the Atmospheric Sciences*, **62** (10), 3661 - 3682.

Farman, J C, B G. Gardiner, and J D Shanklin, 1985: Large Losses of Total Ozone in Antarctica Reveal Seasonal CLOx and NO Interaction, *Nature*, **315**, 207 - 210.

Fredrick, G. F and Sidney Teweles, 1964: The mid-winter 1963 Stratospheric Warming and circulation change, *Journal of Applied Meteorology*, **3** (1), 1 - 15.

Funk, J P, and G L Garnham, 1962: Australian Ozone Observations and a Suggested 24 month Cycle, *Tellus*, **14**, 378 - 382.

Gille, J G, L V Lyjak, and A K Smith, 1987: The global residual mean circulation in the middle atmosphere for the northern winter period. Journal of Atmospheric, *Sciences*, **44**, 1437 - 1452.

Glatthor, N, T Von Clarmann, H Fischer, et al, 2004: Spaceborne ClO observations by the Michelson Interferometer for Passive Atmospheric Sounding (MIPAS) before and during the antarctic major warming in September/October 2002, *Journal of Geophysical Research-Atmospheres*, **109**, D11307, doi: 10,1029/2003JD004440.

Glatthor, N, T Von Clarmann, H Fischer, et al, 2005: Mixing processes during the Antarctic vortex split in September-October 2002 as inferred from source gas and ozone distributions from ENVISAT - MIPAS, *Journal of the Atmospheric Sciences*, **62** (3), 787 - 800.

Gray, L J And J A Pyle, 1989: A Two-dimensional Model of the Quasi — Biennial Oscillation of Ozone, *J. Atmos. Sci.*, **46**, 203 - 220.

Harnik, N, R K Scott, J Perlwitz, 2005: Wave reflection and focusing prior to the major stratospheric warming of September 2002, *Journal of the Atmospheric Sciences*, **62** (3), 640 - 650.

Harries, J E, J M Russell Ⅲ, A F Tuck, et al, 1996: Validation of Measurement of water vapor from the Halogen Occultation Experiment (HALOE), *J. Geophys. Res.*, **101** (D6), 10205 - 10216.

Hartmann, D L and V Limpasuvan, 2004: The stratosphere in the climate system, *SPARC Newsletter*, **22**, 15 - 18.

Hasebe, F, 1983: Interannual Variations of Global Ozone Revealed from Nimbus 4 BUV and Ground-based Observations, *J. Geophys. Res.*, **88**, 6819 - 6834.

Hasebe, F, 1994: Quasi-biennial Oscillation of Ozone and Diabatic circulation in the equatorial stratosphere, *J. Atmos. Sci.*, **51**, 729 - 745.

Hess, P G And D O'Sullivian, 1995: A Three-dimensional Modeling study of the Extratropical Quasi-biennial Oscillation in Ozone, *J. Atmos. Sci.*, **52**, 1539 - 1554.

Hio, Y, S Yoden, 2005: Interannual variations of the seasonal march in the Southern Hemisphere stratosphere for 1979 - 2002 and characterization of the unprecedented year 2002, *Journal of the Atmospheric Sciences*, **62** (3), 567 - 580.

Hitosh Mukougawa, Toshihiko Hirooka, 2004: Predictability of stratospheric sudden warming: A case study for 1998/99 winter, *Mon. Wea. Rev.*, **132**, 1764 - 1777.

Hofmann, D J, S J Oltmans, J A Lathrop, et al, 1994: Record low ozone at the South Pole in the spring of 1993, *Geophys. Res. Lett.*, **21** (6): 421 - 424.

Holton, J R, R S Lindzen, 1972: An updated theory for the quasi - biennial cycle of the tropical stratosphere, *J. Atmos. Sci.*, **29**, 1076 - 1080.

Holton, J R, 1976: A semi-spectral numerical model for wave-mean flow interactions in the stratosphere: Applications to sudden stratospheric warming, *J. Atmos. Sci.*, **33**, 1639 - 1649.

Holton, J R, P H Haynes, M E Mclntyre, et al, 1995: Stratosphere-Troposphere Exchange,

Reviews of Geophysics, **33**(4), 403 - 439.

Hoppel, K, R Bevilacqua, D Allen, et al, 2003: POAM III observations of the anomalous 2002 Antarctic ozone hole, *Geophysical Research Letters*, **30** (7), 1394, doi: 10, 1029/2003GL016899.

Huang Ronghui, 1984: Wave action conservation equation for planetary wave in a spherical atmosphere and waveguides of stationary planetary wave propagation shown by wave action Flux, *Science in China*, **27**, 766 - 775.

Huang, Theresa Y W, 1996: The Impact of Solar Radiation on the Quasi-Biennial Oscillation of Ozone in the Tropical Stratosphere, *Geophysical Research Letters*, **23** (22), 3211 - 3214.

Huang, T, S Walters, G Brasseur, et al, 1997: Description of SOCRATES, A Chemical, Dynamical, Radiative 2 - D Model, Technical Report, NCAR, Boulder, Colorado.

Jones, D B A, H R Schneider and M B McElroy, 1998: Effects of the Quasi - Biennial Oscillation on the Zonally Averaged Transport of Tracers, *J. Geophys. Res.*, **103**, 11235 - 11249.

Kanzawa, H, 1982: Eliassen-Palm flux diagnostics and the effect on the mean wind on planetary wave propagation for an observed sudden stratospheric warming, *J. Meteorol. Soc. Jpn.*, **60**, 1063 - 1073.

Kiehl, J T, B A Boville and B P Brieglieb, 1988: Response of a Generel Circulation Model to a Prescribed Antarctic Ozone Hole, *Nature*, **332**, 501 - 504.

Kodera, K, K Yamazaki, M Chiba, et al, 1990: Downward propagation of upper strato-spheric mean zonal wind perturbation to the troposphere, *Geophys. Res. Lett.*, **17**, 1263 - 1266.

Kodera, K and M Chiba, 1995: Tropospheric circulation changes associated with stratospheric sudden warmings : A case study, *J. Geophys. Res.*, **100**, 11055 - 11068.

Kodera, K, Y Kuroda and S Pawson, 2000: Stratospheric sudden warmings and slowly propagating zonal-mean zonal wind anomalies, *J. Geophys. Res.*, **105**, 12351 - 12359.

Kondragunta, S, L E Flynn, A Neuendorffer, et al, 2005: Vertical structure of the anomalous 2002 Antarctic ozone hole, *Journal of the Atmospheric Sciences*, **62** (3), 801 - 811.

Kuroda, K, and K Kodera, 1999: Role of planetary waves in the stratosphere-troposphere coupled variability in the northern hemisphere, *Geophys. Res. Lett.*, **26**, 2357 - 2378.

Labitzke Karin., 1978: On the different behavior of the zonal harmonic height waves 1 and 2 during the winters 1970/71 and 1971/72, *Monthly Weather Review*, **106**, 1704 - 1713.

Labitzke Karin., 1981: The amplification of height wave 1 in January 1979: A characteristic precondition for the major warming in February, *Monthly Weather Review*, **109**, 983 - 989.

Labitzke, K, 1982: On the interannual variability of the middle stratosphere during Northern winters, *J. Meteor. Soc. Japan*, **60**, 124 - 139.

Lateef, M A, 1964: The energetic budget of the stratosphere over North America during the warming of 1957, *J. Geophys. Res.*, **69**, 1481 - 1495.

Lindzen, R S, J R Holton, 1968: theory of the quasi-biennial oscillation, *J. Atmos. Sci.*, **25**, 1095 - 1107.

Ling, X, and J London, 1986: The Quasi — Biennial Oscillation of Ozone in the Tropical Middle Stratosphere: A One-dimensional Model, *J. Atmos. Sci.*, **43**, 3122 - 3137.

Liu Yu, Li Weiliang, Zhou Xiuji, et al, 2003: Mechanism of formation of the Ozone valley over Tibetan Plateau in summer: transport and chemical process of Ozone, *Adv. Atmos. Sci.*, **20** (1), 103-109.

Luo, M, J M Russell Ⅲ, and T Y W Huang, 1997: Halogen Occultation Experiment observations of the quasi-biennial oscillation and the effects of Pinatubo aerosol in the tropical stratosphere, *J. Geophys. Res*, **102**, 19187-19198.

Manney, G L, L Froidevaux, J W Waters, et al, 1995: Evolution of microwave limb sounder ozone and the polar vortex during winter, *J. Geophys. Res.*, **100**(D2), 2953-2972.

Matsuno, T, 1971: A dynamical model of the stratospheric sudden warming, *J. Atmos. Sci.*, **28**, 1479-1494.

Mahlman, J D, J P Pinto and L J Umscheid, 1994: Transport, Radiative, and Dynamical Effects of the Antarctic Ozone Hole: A GFDL "SKYHI" Model Experiment, *J. Atm. Sci.*, **51**(4), 489-508.

Nedoluha, G E, D E Siskind, J T Bacmeister, et al, 1998: Changes in Upper Stratospheric CH_4 and NO_2 as Measured by HALOE and Implications for Changes in Transport, *Geophys. Res. Lett.*, **25**(7), 987-990.

Nedoluha, G E, R M Bevilacqua, M D Fromm, et al, 2003: POAM measurements of PSCs and water vapor in the 2002 Antarctic vortex, *Geophysical Research Letters*, **30**(15). 1796, doi: 10,1029/2003GL017577.

Nedoluha, G E, R M Bevilacqua and R M Gomez, et al, 2003: An evaluation of trends in middle atmospheric water vapor as measured by HALOE, WVMS and POAM, *J. Geophys. Res.*, **108** (D13), 4391-4400.

Newman, P A, E R Nash, 2005: The unusual Southern Hemisphere stratosphere winter of 2002, *Journal of the Atmospheric Sciences*, **62** (3), 614-628.

NOAA publication, 1987, 1988: *Monthly Climate Data for the World*, September 1987 - may 1988.

O'Neil A, and C E Youngblut, 1982: Stratospheric warming diagnosed using the transformed Eulerian mean equation and the effect of the mean state on wave propagation, *Journal of Atmospheric Sciences*, **39**, 1370-1386.

Palmer, T N, 1981: Aspects of stratosphere sudden warming studied from a transformed Eulerian-mean viewpoint, *J. Geophys. Res.*, **86**, 9679-9687.

Park, J H, J M Russell Ⅲ, L L Cordley, et al, 1996: Validation of Halogen Occultation Experiment CH4 Measurement from UARS, *J. Geophys. Res.*, **101**(D6), 10183-10203.

Paul, R J and K B Labitzke, 1965: A study of atmospheric energetics during the January-February 1963 stratospheric warming, *J. Atmos, Sci.*, **22**(6), 597-610.

Quiroz, R S, 1986: The association of stratospheric warmings with tropospheric blocking, *J. Geophys. Res.*, **91**, 5277-5285.

Ramanathan, K R, 1963: Bi-annual Variation of Atmospheric Ozone over the tropics, *Q. J. Roy. Meteor. Soc.*, **89**, 540-542.

Ramaswamy, V, M D Schwarzkopf, K P Shine, 1992: Radiative forcing of climate from halocarbon-induced global stratospheric ozone loss, *Nature*, **355**, 810-812.

Ramaswamy, V, M D Schwarzkopf, W J Randel. 1996: Fingerprint of ozone depletion in the spatial and temporal pattern of recent lower-stratospheric cooling, *Nature*, **382**, 616 - 618.

Ramaswamy, V, M-L Chanin, J Angell, et al, 2001: Stratospheric Temperature trends: Observations And Model Simulations, *Reviews of Geophysics*, **39** (1), 71 - 122.

Ramaswamy, V, M D Schwarzkopf, W J Randel, et al, 2005: Anthropogenic and Natural Influences in the Evolution of lower stratospheric cooling, *Science*, **311**, 1138 - 1141.

Ratnam, M V, T Tsuda, C Jacobi, et al, 2004: Enhancement of gravity wave activity observed during a major Southern Hemisphere stratospheric warming by CHAMP/GPS measurements, *Geophysical Research Letters*, **31**, L16101, doi: 10,1029/2004GL019789.

Reed, R J, W J Campbell, L A Rasmussen et al, 1961: Evidence of downward propagating annual wind reversal in the equatorial stratosphere, *J. Geophys. Res.*, **66**, 813 - 818.

Reed, R J, J L Wolfe and H Nishimoto, 1963: A spectral ananlysis of the energetics of the stratospheric sudden warming of early 1957, *J. Atmos. Sci*, **20**,256 - 275.

Reed, R J, 1964: A tentative model of the 26-month oscillation in tropical latitudes, *Q. J. R. Meteorol. Soc.*, **90**, 441 - 466.

Ricaud, P, F Lefevre, G Berthet, et al, 2005: Polar vortex evolution during the 2002 Antarctic major warming as observed by the Odin satellite, *Journal of Geophysical Research: Atmospheres*, **110**, D05302. doi: 10,1029/2004JD005018.

Richard, A C and W S Hering, 1959: The Stratospheric warming of January-February 1957, *Journal of Meteorology*, **16**, 91 - 108.

Richter, A, F Wittrock, M Weber, et al, 2005: GOME observations of stratospheric trace gas distributions during the splitting vortex event in the antarctic winter of 2002. Part I: Measurements, *J. Atmos. Sci.*, **62** (3), 778 - 785.

Russell, J M Ⅲ, L L Gordley, J H Park, et al, 1993: The Halogen Occultation Experiment, *J. Geophys. Res.*, **98** (D6), 10777 - 10797.

Russell, J M Ⅲ, L E Deaver, M Luo, et al, 1996a: Validation of Hydrogen Chloride Measurements made by Halogen Occultation Experiment from UARS Platform, *J. Geophys. Res.*, **101** (D6), 10151 - 10162.

Russell, J M Ⅲ, L E Deaver, M Luo, et al, 1996b: Validation of Hydrogen Fluoride Measurements made by Halogen Occultation Experiment from UARS Platform, *J. Geophys. Res.*, **101** (D6), 10163 - 10174.

Siegmund, P, H Eskes, Van P Velthoven, 2005: Antarctic ozone transport and depletion in austral spring 2002, *J. Atmos. Sci.*, **62** (3), 838 - 847.

Shine K P, 1986: On the Modelled Thermal Response of the Antarctic Stratosphere to a Depletion of Ozone, *J.G.R.*, **13**(12), 1331 - 1334.

Solomon, S, 1990: Antarctic ozone: Progress towards a quantitative understanding of Antarctic ozone depletion, *Nature*, 347, 347 - 354.

Stolarski, R S, R D McPeters, P A Newman, 2005: The ozone hole of 2002 as measured by TOMS, *J. Atmos. Sci.*, **62** (3), 716 - 720.

Taguchi Masakazu, 2003: Tropospheric response to stratospheric sudden warmings in a simple global circulation models, *J. Climate*, **16**: 3039 - 3050.

Thompson, D W J, J M and Wallace, 1998: The Arctic Oscillation signature in the winter- time geopotential height and temperature fields, *Geophys. Res. Lett.*, **25**, 1297-1300.

Thompson, D W J, J M and Wallace, 2000: Annual modes in the extratropical circulation. Part I: Month-to-month variability, *J. Climate*, **13**, 1000-1016.

Veryard, R G., R A Ebdon, 1961: Fluctuations in tropical stratospheric winds, *Meteorol. Mag.*, **90**, 125-143.

Wallace, J M, J R Holton, 1968: A diagnostic numerical model of the quasi-biennial oscillation, *J. Atmos. Sci.*, **25**, 280-292.

World Meteorological Organization (WMO), 1982: *The stratosphere* 1981: *Theory and Measurements*. WMO Global Ozone Research and Monitoring Project, *WMO Rep*. 11, *Geneva*.

Yang, H and K K Tung, 1995: On the Phase Propagation of Extratropical Ozone Quasi-biennial Oscillation in Observational data, *J. Geophys. Res.*, **100**, 9091-9100.

Zou Han, 1996: Seasonal variation and trends of TOMS ozone over Tibet, *Geophys. Res. Lett.*, **23**, 1029-1032.

Zou Han, Gao Yongqi, 1997: Vertical ozone profile over Tibet using Sage Ⅰ and Ⅱ data, *Adv. Atmos. Sci.*, **14**, 505-512.

第5章　气象卫星遥感及卫星气象学

方宗义

从1960年4月1日第一颗气象卫星成功发射以来的四十多年时间内，气象卫星经历了从试验到业务；从以星载照相机白天获取电视云图到利用多波段昼夜。全天候探测多种气象参数；从卫星遥感云图的定性分析使用到定量应用；从气象卫星探测资料主要用于天气分析预报到逐渐用于大气科学各分支学科。毫无疑问，四十多年的巨大变化表明，气象卫星必将成为由多种探测手段组成的综合大气参数获取系统的主要成员。

中国在20世纪70年代开始实施自己的气象卫星计划。与此同时，也开展了接收利用国外气象卫星资料的应用研究。今天，中国已经发射和运行着自己研制的极轨和地球静止气象卫星，气象卫星资料的处理和应用获得了飞跃发展。在这里，我们将从中国的气象卫星、卫星遥感理论和方法，以及气象卫星资料应用等三个方面来介绍我国在这一领域的学科发展和所取得的成就。这一领域包括了空间技术和工程、大气物理和遥感、天气动力学和气候等诸多方面，受知识面、篇幅和时间的限制，我们仅能就其中部分内容进行综合介绍，遗漏、不妥之处请读者谅解。

5.1　中国的气象卫星

1969年1月下旬，受强冷空气袭击，我国长江、黄河流域出现了严重的冰凌、冻雨灾害，致使华东、中南地区大范围有线通讯中断。此次气象事件后，周恩来总理指出："要自力更生搞基本建设，要赶快改变落后面貌，搞气象卫星。"从此，开始了我国第一代极轨气象卫星风云一号（FY-1）的研制和发展工作。气象卫星系统工程由五大系统组成。当时，卫星星体和运载火箭两大系统由航天工业总公司负责，其中卫星的主要观测仪器扫描辐射仪由中国科学院负责研制。发射场地和测量控制两大系统由太原、西昌卫星发射基地和西安卫星测控中心分别负责。地面系统由中国气象局负责建设和运行。中国气象局并负责提出气象卫星的任务和各项技术指标（方宗义、许建民等，2004）。

5.1.1 极地轨道气象卫星“风云一号”

1977年我国第一颗极地轨道气象卫星“风云一号”正式列入国家计划。1978年极轨气象卫星地面系统开始建设，1987年竣工，兼容接收和处理“风云一号”和美国NOAA卫星的资料。1988年9月7日“风云一号”第一颗卫星发射，被命名为FY-1A。“风云一号”系列气象卫星至今共发射四颗，其主要遥感观测仪器是多通道可见光红外扫描辐射仪。FY-1A卫星获得了高质量的可见光图像，但是红外图像没有成功。经过改进，1990年9月3日发射的FY-1B卫星的红外图像获得了成功。但由于三轴稳定姿态控制方面的问题，FY-1A、FY-1B两颗卫星的寿命都没有达到设计要求。1999年5月10日发射的FY-1C卫星工作寿命超过了设计要求。2002年5月15日发射的FY-1D卫星目前正处于业务运行状态。图5.1.1（彩图见第701页）是FY-1C卫星获取的经过处理得到的北半球可见光图像。

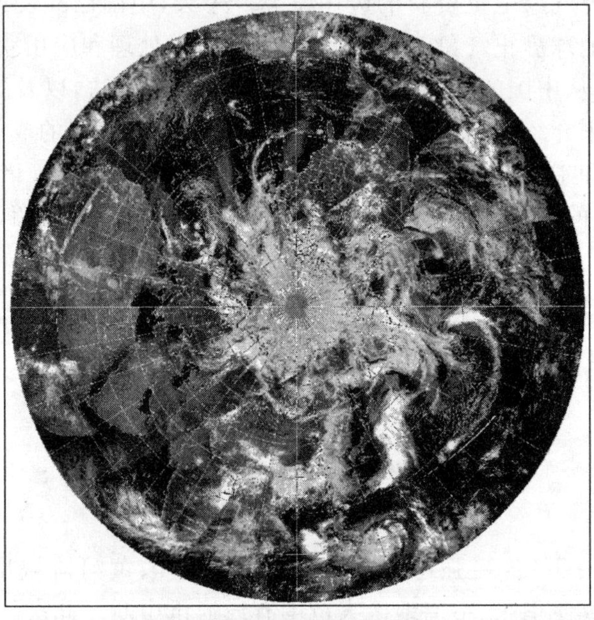

图5.1.1 FY-1C卫星获取的北半球可见光图像图

下面以 FY－1C 为例(FY－1D 技术指标基本上与 FY－1C 相同),说明卫星的主要技术指标(表 5.1.1):

表 5.1.1 FY－1 卫星的基本参数

	卫星基本参数
轨道类型	太阳同步轨道
轨道高度	863 km
轨道倾角	98.79°
轨道偏心率	0.0018 8
轨道周期	102.332 min
轨道回归周期	10.61 d
天轨道降交点地方时	08.34(1999 年 7 月 4 日)
卫星重量	950 kg
卫星平均功率	229 W
星体尺寸	1.42 m×1.42 m×1.20 m 柱型六面体
太阳帆板	对称安装在星体外侧　总长度为 10.556 m

FY－1 卫星的遥感仪器为两台可见光、红外扫描辐射计,互为备份。扫描辐射计的扫描率为 6 条扫描线/秒,对地扫描角为 ± 55.4°,星下点地面分辨率为 1.1 km,数据量化等级为 10 比特,定标精度为可见光、近红外通道 10%(反射率),红外通道 1 K(300 K)(Fang Zongyi, 1988)。

FY－1A/B 星具有 5 个通道, FY－1C/D 星具有 10 个通道。FY－1A/B 星的数传方式为: HRPT,其码速率为 0.665 4 Mbps,工作频率为 1 670—1 710 MHz,信息格式与 NOAA 卫星基本相同;高分辨率图像传输(APT)和 DPT 为模拟信号。FY－1C/D 星的数传方式为: HRPT,其码速率 1.330 8 Mbps,载波频率 1 700.4 MHz;DPT 的码速率为 1.330 8 Mbps,载波频率1 708.46 MHz,可获取 4 个通道(通道 1、2、4、5)、空间分辨率 3.3 km 的全球资料。

FY－1 气象卫星也是我国最先研制和发射的对地遥感应用卫星,解决了太阳同步轨道卫星的发射和精确入轨、长寿命的三轴稳定姿态卫星平台、高质量的可见和红外扫描辐射计、全球资料的星上存储和回放,对卫星的长期业务测控和管理、地面资料接收处理应用系统的建设和长期业务运行等一系列关键技术问题。现在,仍在许多应用领域发挥重要作用(方宗义、许健民等,2004)。

1. “风云一号”极地轨道气象卫星现状

FY－1D 卫星有十个探测通道,星下点水平分辨率为 1.1 km, 在表 5.1.2

中给出了 FY－1D 卫星多通道可见光红外扫描辐射仪的探测通道位置和主要用途。

表 5.1.2 FY－1D 卫星多通道可见光红外扫描辐射仪的光谱通道

通 道	波谱范围(μm)	主 要 用 途
1	0.58—0.68	白天的云图、冰、雪、植被
2	0.84—0.89	白天的云图、植被、水汽
3	3.55—3.95	地表热源晚间的云图
4	10.3—11.3	海表水温、白天和晚间的云图
5	11.5—12.5	海表水温、白天和晚间的云图
6	1.58—1.64	土壤湿度、冰、雪
7	0.43—0.48	海洋水色
8	0.48—0.53	海洋水色
9	0.53—0.58	海洋水色
10	0.90—0.965	水汽

FY－1D 卫星的数据服务有两种方式：高分辨率实时数据传输和延时数据传输。实时数据传输以 1.330 8 Mbps 的速率向用户实时播送十个通道的观测数据。延时数据传输在卫星离开地面系统接收范围时，将观测数据在星上暂时储存，在卫星下一次通过地面系统接收范围时回放。FY－1D 卫星上安装的纪录存储器可以存储四个通道(0.58—0.68 μm，0.84— 0.89 μm，10.3—11.3 μm，11.5—12.5 μm) 3.3 km 水平分辨率的全球数据，以及局部地区十个通道 1.1 km水平分辨率的数据。

2. "风云三号"极轨气象卫星

"风云三号"(FY－3)气象卫星是我国第二代极轨气象卫星。它是在FY－1号气象卫星技术基础上的发展和提高，在功能和技术上向前跨进了一大步，具有质的变化。它的具体表现是具有三维大气探测和大幅度提高全球资料获取能力，进一步提高对云区和地表特征的遥感能力，从而能够获取全球、全天候、三维、定量、多光谱的大气、地表和海表特性参数。

FY－3 的研制和生产分为二个批次，01 批的第一颗星已于 2008 年 5 月 27 日发射升空，共二颗星。02 批星的发射将在 2010 年以后，并对部分遥感仪器作增加、更换和性能改进。FY－3 卫星系列将应用 15 年左右，其主要技术指标为：

轨道类型：近极地太阳同步轨道；

轨道标称高度：836 km；

轨道倾角：98.75°；

标称轨道回归周期为 5.5 天，设计范围为 4 至 10 天；

轨道保持偏心率：≤0.002 5；

交点地方时漂移：2 年小于 15 min；

卫星发射窗口：降交点地方时 10:00 AM—10:20 AM 或升交点地方时 13:40 PM—14:00 PM；

姿态稳定方式：三轴稳定；

太阳能帆板自动对日进行定向跟踪。

数据传输采用 3 个信道。第一个是 L 波段实时数据(HRPT)传输信道，1 698—1 710 MHz，码速率为 4.2 Mbps(RS 编码后)，作除中分辨率光谱成像仪以外的所有探测数据的实时传输，全球范围内发送。第二个是 X 波段实时数据(MPT)传输信道，7 750—7 850 MHz，码速率为 18.7 Mbps(RS 编码后)，进行中分辨率光谱成像仪数据的实时传输。第三个是 X 波段延时数据 (DPT) 传输信道，8 025—8 400 MHz，码速率为 93 Mbps(RS 编码后)，进行星上存储延时回放数据的传输。在数据传输中，格式标准为 CCSDS 推荐的 AOS 标准，将与美国和欧洲的下一代气象卫星的数传数据格式一致。

星上存储回放的数据分为两类。一类为全球覆盖，每天有白天和夜晚两个时次。此类资料有除中分辨率成像光谱仪外所有探测器原分辨率的资料，包含扫描辐射计的 10 通道 1.1 km 分辨率原始数据。另一类数据是地球任选地区的中分辨率光谱成像仪局地资料。

FY - 3 (01 批)星上有 11 种探测仪器，它们是可见光红外扫描辐射计、红外分光计、微波温度计、微波湿度计、中分辨率光谱成像仪、微波成像仪、紫外臭氧垂直探测仪、紫外臭氧总量探测仪、地球辐射探测仪、太阳辐射监测仪、空间环境监测器。这 11 种探测仪器的主要性能将在下一节介绍(方宗义、范天锡、邱康睦，2007)。

3. 极轨气象卫星应用系统

FY - 1 气象卫星应用系统于 1987 年建成，总体结构为北京、广州、乌鲁木齐三个地面接收站和一个设于国家卫星气象中心的资料处理中心。整个系统由资料接收、数据传输、资料处理、数据存档和分发、运行控制等 5 个分系统组成，具有全天 24 h 不间断业务运行的能力。

FY - 1 气象卫星应用系统是一个大型先进的现代化系统，除计算机硬件、系统软件和一部分通信设备外，所有接收和接口设备，全部通信、运控、数据管理、存档和分发等专业软件和资料预处理、产品生成等应用软件，都是国产和国家卫星气象中心自行研制的。这一系统的成功运行，表明我国已取得气象卫星应用系统的整套技术系统的建设经验和对其技术的掌握，并获得了长期业务运行的管理经验，所有这些都为以后气象卫星应用系统的建设和发展奠定了基础。

在过去十多年的运行时间内，应用系统在接收处理 FY-1 资料的同时，还完整地接收处理了多颗 NOAA 卫星资料，生成了多种卫星气象产品，并进行了资料存档。国内外卫星资料的同时接收处理与应用，充分挖掘了应用系统的潜力，获得了显著的经济效益与社会效益(Liu Yujie and Fang Zongyi，1991)。目前，风云一号应用系统对 FY-1D、以及 NOAA、EOS Terra /Aqua 数据仍在进行接收、处理和应用服务。按预定计划，当 FY-3 发射时，FY-1、NOAA、EOS 卫星的资料仍要继续接收和应用。

正在建设的风云三号应用系统也是一个国内外卫星资料兼容的系统。当 FY-3 发射时，美国的 NPOESS 和欧洲的 METOP 也将先后发射，形成了相匹配的新一代国内外极轨气象卫星体系，具有大量新型遥感器资料，其信息量将比 FY-1 和 NOAA 卫星增加几十倍。这样，风云三号应用系统如同卫星一样，在规模、能力、技术水平等方面都将比风云一号应用系统有一个大幅度的发展和提高。

风云三号应用系统总体布局由北京数据处理和服务中心，北京、广州、乌鲁木齐、佳木斯、喀什、拉萨、七个国家一级站，三个二级区域接收站和遍布全国的 200 多个三级接收利用站组成。技术系统由数据接收系统、运行控制系统、数据预处理系统、产品生成系统、产品质量检验系统、计算机与网络系统、数据存档与服务系统、监测分析服务系统、应用示范系统和仿真与技术支持系统等 10 个分系统组成。全系统协同工作，构成一个自动化程度较高、24 h 连续运行的实时业务处理和服务系统。

系统工程建设，仍坚持执行独立自主、自力更生的原则。除部分计算机、网络、存储硬件设备和系统软件从国外公司购置外，接收设备和大量的数据接收、传输、处理、产品应用、运行控制管理、产品广播等专用软件则以国产设备和国家卫星气象中心及有关单位自行研发为主。系统集成后，成为一个功能完整、技术先进、响应快速、运行可靠的业务系统。

风云三号应用系统的设计，将依照统一设计、分步实施、滚动改进的原则，与风云二号应用系统建设充分协调，最大限度地共享系统资源，避免重复建设，将气象卫星应用系统建设成一个统一、高效的系统(方宗义、范天锡、邱康睦，2007)。

4. 极轨气象卫星数据处理

(1) 数据预处理

FY-3 各遥感仪器所获得的遥感信息，一般是以计数值的形式存储在星上计算机中，通过数传信道实时或延时发送到地面。地面数据接收系统接收这些数据后将其传送到数据处理中心，进行数据拆分、去重复和必要的质量检验，生成各遥感仪器原分辨率 L0 级原始数据。数据预处理系统对各遥感仪器 L0 级数据进行质量检验、定位、定标、格式变换，生成可供产品生成系统使用的 L1 级数据(方宗义、范天锡、邱康睦,2007)。

数据预处理系统首先要分析遥感数据质量,给出数据丢失和误码等的检验信息,形成数据质量标志,并将质量标志附加到 L1 级数据中。通过遥感数据质量处理,还可分析仪器工作状态并通过遥控进行调整。

FY-3 卫星装载 11 种遥感仪器,各仪器的光谱通道不同,空间分辨率不同,扫描周期不同。数据预处理系统必须对每一种仪器的数据逐个进行地理定位,即给出其地理经纬度,同时计算出太阳天顶角、卫星天顶角、太阳方位角和卫星方位角。由于 FY-3 具有 GPS 和星敏感器数据,预处理系统可用其作精确的地理定位计算,并用 GPS 数据作轨道根数计算。为了防备 GPS 和星敏感器数据缺失,预处理系统具有用卫星测控系统提供的轨道根数进行定位和地标导航的能力。在产品处理中需要多种通道和仪器资料综合使用,例如云参数提取、大气温、湿度垂直结构的反演等。因此,预处理系统还必须考虑多种通道和仪器观测数据相互间的匹配处理问题。

数据预处理系统对遥感器各光谱通道数据实施定标处理,给出定标系数以及大气顶部观测目标的辐射值、反射率或亮度温度。利用青海和敦煌等辐射校正场,定期进行星地同步观测,检验 FY-3 仪器定标系数。还要对各遥感器在轨定标、交叉定标和外定标结果进行综合分析处理,及时更新仪器在轨定标系数,为遥感资料定量处理提供可靠的条件。对多元并扫数据要进行去条带处理。

FY-3 数据预处理系统还将同时具有处理美国 NOAA 系列卫星及美国下一代极轨环境卫星 NPOESS 和欧洲第一代极轨环境卫星 METOP 同类遥感仪器遥感数据的能力。生成相应遥感仪器的科学数据,供用户使用。

数据预处理系统所需的输入数据包括两类,一类是遥测到的有关卫星平台特性、遥感器特性和遥感原始信息,主要包括 FY-3 原始 L0 级数据、遥测数据、轨道姿态数据;另一类是数据预处理过程中需要的基础数据,主要包括各遥感仪器发射前的定标参数及其在轨特性变化数据。

数据预处理系统的输出数据主要包括 L1 级数据和由定标、定位和仪器在轨性能参数组成的数据预处理系统基础数据库。L1 级数据中附加了原始 L0 级数据中每条扫描线的基本信息,与预处理有关的遥测信息,数据预处理过程中生成的定位、定标、辅助数据和质量检验分析结果等信息。

(2) 产品生成

产品生成系统是一个可以对国内外气象卫星遥感探测资料进行综合处理、24 h 连续不间断运行的实时业务系统。它在数据预处理系统的基础上,利用可见光红外扫描辐射计等 11 个有效载荷获取的多光谱遥感实时和延时数据,结合地物光谱、气象观测、数值预报等辅助数据,通过复杂的科学计算处理得到能够准确的反映大气、云、地表、海表等特征,以及空间环境变化情况的各种地球物理参数和空间环境参数。其所涉及的科学方法和应用软件将涵盖目前 NOAA、DMSP、EOS 以及未来 NPP、METOP 和 NPOESS 等卫星资料处理的相应方面。产品生成系统的功能包括：中间综合数据集生成、定量产品生成以及国外卫星遥感仪器产品生成功能，并对产品精度进行自检。

综合数据集生成 根据产品生成处理的需求，针对不同遥感仪器的特点将生成扫描辐射计投影综合数据集、中分辨率光谱成像仪投影综合数据集、微波成像仪投影综合数据集、大气探测仪器资料空间位置匹配、辐射计与大气探测资料空间位置匹配、红外窗区水汽订正作为产品生成的中间数据。其中扫描辐射计、中分辨率光谱成像仪投影综合数据集全球覆盖，分幅保存；其他低分辨率仪器投影综合数据集全球覆盖不分幅，作为一个文件保存。综合数据集的投影将视产品应用的需要，从兰勃特投影、麦卡托投影、极射赤面和等经纬度投影等方式中选择，投影变化需保持仪器的最佳原始分辨率。投影产品将包括标准投影产品和专题投影产品两大类。标准投影产品将按照严格的制图学要求以国家制图标准和行业制图标准为依据进行投影参数设计，为了实现图像之间快速准确的叠加运算和显示，不同类型载荷标准投影产品之间的空间分辨率将成倍数关系；专题产品将针对遥感仪器在轨状态监测、专业服务等特殊需要，生成特定覆盖范围的数据文件。标准投影产品和专题投影产品将成为后续的定量产品和监测产品生成的基础。

定量产品生成 在资料预处理系统生成的 L0 级、L1 级以及投影综合数据集的基础上，结合气象观测、海洋观测、数值预报、地物光谱、GIS 等辅助数据，采用国内外先进的科学算法，生成能够准确反映大气、陆地、海洋和空间天气等变化特征的地球物理参数和空间环境参数，形成可以提供遥感应用、分析、服务、示范系统建设和科学研究及数据存档 L2 级和 L3 级产品。生成定量产品是产品生成系统的核心功能(董超华等，1999)。

产品生成系统由各个遥感器的产品生成与大气探测综合处理、多源产品融合、投影变换和重采样、国外卫星特有仪器产品等分系统组成。产品生成系统是整个资料处理系统的核心部分，其输出产品可以直接被终端用户使用，而且还是监测分析服务系统和应用示范系统的重要输入。

产品生成系统依托计算机与网络系统，以预处理系统生成的经过定标定位的各仪器 L1 级数据，以及其他辅助数据为基本输入数据，生成 L2 级和 L3 级数据产品。

应用系统生成的产品分为业务和试验两大类。业务产品为处理方法成熟，已经过试运行考验和应用测试，产品精度满足任务书规定的指标要求的产品。业务产品在系统中能定时启动、连续运行，在规定时间范围内自动生成。试验产品为处理方法尚不成熟，产品精度尚未达到任务书规定的指标要求，有待通过经过进一步改进才能转入业务运行的产品。

业务产品 业务产品由应用系统实时运行计算生成，是规范化、系列化的日、候、旬、月区域和全球产品。这些产品包括数据预处理系统生成的L1产品，产品生成系统处理生成的综合数据集、能够反映云、大气、陆地、海洋和空间环境特征变化的L2和部分L3产品。表5.1.3为风云三号大气和云业务产品及技术指标，表5.1.4为风云三号陆表和海表特征业务产品及技术指标，表5.1.5为风云三号空间天气特征业务产品和技术指标。产品误差定义为计算值与真值之间存在的偏差，以偏差、相对误差或均方根误差给出。处理时间定义为L1数据到L2或L3产品生成所需要的计算机挂钟时间。

表5.1.3 FY-3大气和云业务产品内容及技术指标

序号	产品名称	空间分辨率	覆盖范围
1	云检测	原分辨率	逐段
2	云顶温度	5 km	逐段
3	云顶高度	5 km	逐段
4	云光学厚度	5 km	全球
5	云分类	5 km	全球
6	云量(总云量、高云量)	5 km、10 km	全球
7	射出长波辐射	5 km、50 km、17 km	全球
8	海洋气溶胶	1 km、10 km	全球海域
9	雾	1 km	逐段
10	海上大气可降水量	5 km、50 km 27×45	全球海域
11	降水率	18×30 km	全球
12	大气温度 1 000—10 hPa	50 km	全球
13	大气湿度 1 000—300 hPa	50 km	全球
14	位势高度 1 000—10 hPa	50 km	全球
15	大气稳定度指数	50 km	全球
16	水汽总量	1 km	全球
17	臭氧总量	50 km	全球
18	臭氧垂直廓线	200 km	全球
19	扫描视场大气顶辐射和云	35 km	轨道/区域/全球
20	非扫描视场大气顶辐射和云	120°圆盘	轨道(逐轨)
21	辐射能量角度分布模型集	9°天顶角 10°方位角	向上半球空间

(续表)

序号	误 差	频 次	处理时间(分)
1	5%—20%	逐段	5 /10
2	0.5—2.0 K	1次/日候旬月	10/30
3	50 hPa	1次/日候旬月	10/30
4	5%—20%	1次/日	10/30
5	5%—20%	1次/日候旬月	10/40
6	5%—20%	1次/日候旬月	10/40
7	0.4—3 W/m^2	2次/日候旬月	10/40
8	15%—30%	1次/日候旬月	5/30
9	RMS小于0.25	1次/日候旬月	15
10	15%—25%	1次/日候旬月	10/40
11	30%	2次/日候旬月	10/40
12	1.5—2.5℃	2次/日	10/30
13	15%—25%	2次/日	10/30
14		2次/日	10/30
15		2次/日	10/30
16	10%—20%	1次/日候旬月	10
17	8%—15%	1次/日候旬月	30
18	8%—15%	1次/日候旬月	30
19	LW：10 W/m^2　SW：30 W/m^2	2次/日	20
20	LW：10 W/m^2　SW：30 W/m^2	2次/日	20
21	各向异性小于3%		

表5.1.4 FY-3陆表和海表特征业务产品及技术指标

序号	产品名称	空间分辨率	覆盖范围
1	植被指数	250 m,1 km	全球
2	陆地覆盖类型	250 m,1 km	全球
3	积雪覆盖	1 km,5 km	全球
4	陆表反射率	250 m,1 km	全球
5	陆表温度	1,25,50×85 km	全球

(续表)

序号	产品名称	空间分辨率	覆盖范围
6	洪涝指数	50×85,25 km	全球
7	全球火点	1 km	全球
8	海表温度	1,5,50 km	全球海域
9	海洋水色	1 km,10 km	全球海域
10	海冰	250 m,1 km	全球海域

序号	误　差	频　次	处理时间(分)
1	5%—10%	1次/日旬月	10/30
2	15%—20%	1次/年	15/40
3	10%—20%	1次/日旬月	15/35
4		1次/日候旬月	5/20
5	1.5—2.5 K	2次/日候旬月	10/30
6		2次/日	10/30
7	5%	2次/日	5/10
8	1.0—1.5 K	2次/日候旬月	10/30
9	15%—20%	1次/日候旬月	10/30
10	5%—20%	1次/日旬	5/10

表 5.1.5　FY-3 空间天气业务产品和技术指标

序号	产品名称	空间分辨率	覆盖范围	误　差	频　次	处理时间(分)
1	质子	20 km	全球	15%	逐轨	5分钟
2	离子	50 km×50 km	全球	20%	1次/日	10分钟
3	电子	50 km×50 km	全球	20%	1次/周	10分钟
4	电位	50 km×50 km	全球	20%	1次/月	10分钟
5	辐射剂量	50 km×50 km	全球	20%	1次/日	8分钟
6	单粒子	50 km×50 km		20%	1次/周	10分钟

试验产品　试验产品是指产品算法还不够成熟,但有应用需求的产品。这些产品需要在试验过程中作进一步改进,尤其是在卫星发射后,利用卫星实测数据开展计算试验,修改完善计算参数,并进行产品精度和稳定性等质量检验。这

些产品的技术指标满足任务书要求后转为业务产品。试验产品主要为部分 L2 和 L3 产品。表 5.1.6 为 FY-3 大气和云特征试验产品及技术指标；表 5.1.7 为 FY-3 陆表、海表和空间环境试验产品及技术指标。

表 5.1.6 FY-3 大气和云特征试验产品及技术指标

序号	产品名称	空间分辨率	覆盖范围	误差	频次	处理时间(分)
1	陆地气溶胶	5 km,10 km	全球	15%—30%	1次/日候旬月	30
2	云水含量	18×30 km	全球	20%—30%	2次/日	30
3	热带气旋强度估计	75 km	全球	10 hPa	2次/日	30
4	极地风矢量	5 km	极区	待定		30
5	冰水厚度指数	20 km	中低纬	待定	2次/日	30

表 5.1.7 FY-3 陆表、海表和空间环境试验产品及技术指标

序号	产品名称	空间分辨率	覆盖范围
1	地表反照率	1 km	全球
2	叶面积指数	1 km	全球
3	光合作用有效辐射系数	1 km	全球
4	净初级生产率产品	1 km	全球
5	干旱指数	5 km,25 km	全球
6	积雪深度	25 km	全球
7	雪水当量	25 km	全球
8	地表湿度	50×85,25 km	全球
9	微波表面比辐射率	75 km	全球
10	海面风速率	30×50 km	全球海域
11	极区冰雪覆盖	25 km	南北极地区
12	辐射带高能质子		全球

(续表)

序号	误　差	频　次	处理时间(分)
1	20%	1次/日候旬月	10/30
2	15%—20%	1次/旬	10/30
3	15%—20%	1次/旬	10/30
4	15%—20%	1次/旬	10/30
5	25%	1次/旬	10/30
6	30%或3 cm	2次/日旬月	10/30
7	30%或2 cm	2次/日旬月	10/30
8	15%—30%	2次/日旬月	10/30
9	待定	2次/日	30
10	3 m/s	2次/日	10/30
11	10%—20%	2次/日	10/30
12	30%	1次/年	10/30

(3) 产品质量检验

产品质量的好坏直接影响到遥感资料的应用。由于产品质量受遥感器质量、星上仪器工作状态、定标精度、太阳位置、地球大气和地表状况以及数据处理方法等多种因素的影响,因此开展仪器定标和卫星产品精度评估是非常必要的。做好仪器定标工作是生成高质量卫星产品的前提,同时卫星产品质量检验又是提高卫星资料应用水平、扩大应用领域的基础。

产品质量检验系统的主要功能是:

① 实时跟踪星上各个仪器工作状态,提取有关参数,并对其进行处理和分析,评估仪器状态变化及可能对卫星资料及其产品的影响程度。

② 利用已精确定位的卫星遥感资料,建立不同分辨率的全球地面控制点数据集,与 FY-3 不同分辨率的遥感数据进行比对,确定其定位精度,给出定位误差检验报告。

③ 利用一些表面特征比较均一且变化不大的下垫面作为目标试验区,对 FY-3 和同类卫星遥感数据(尤其是可见光通道)进行定期分析处理和对比,实现交叉或相对定标,作出定标系数。利用青海湖和敦煌等外定标辐射校准场,定期进行场地与卫星的同步辐射观测,作出定标系数。对各种方法得到的定标系数作进一步比对分析,确定星上传感器的变化,为遥感数据的定量处理提供精确的定标系数,确保资料处理的正确性。

④ 收集各类常规资料和国外同时、同地、同类卫星遥感产品，对 FY-3 卫星遥感产品进行准实时或定期检验，给出产品的精度分析报告，供产品研发人员和使用人员参考。输入资料的质量、星上仪器状态等有关因素。同时，对应用系统生成的国外卫星的产品进行相应的质量检验。

产品质量检验系统必须独立于产品研发系统，使检验结果具有客观性。产品检验系统的关键是提出各类产品的客观检验方法，特别是真值的选择。通过对卫星遥感器的跟踪监测和卫星产品的独立检验，可用于改进和提高卫星产品的反演精度和可靠性，为气象卫星资料和产品在天气预报、气候预测、防灾减灾、农业生产状况评估和环境监测等方面的应用提供更好的服务。

5.1.2 地球静止气象卫星

1986 年我国第一颗静止气象卫星“风云二号”正式列入国家计划。1988 年静止气象卫星的地面系统开始建设，1994 年地面系统竣工。但是，第一颗“风云二号”卫星发射前，在测试机房发生意外事故被烧毁。重新研制的“风云二号”第二颗卫星于 1997 年 6 月 10 日在西昌卫星发射基地发射，被命名为 FY-2A。卫星的主要遥感观测仪器是多通道可见光红外扫描辐射仪。由于消旋天线故障，FY-2A 卫星没有达到设计工作寿命。经过改进，FY-2B 卫星于 2000 年 6 月 25 日发射。FY-2B 卫星消旋天线故障的问题已经克服。但是 FY-2B 卫星出现了下行信道信噪比降低和扫描辐射仪在观测南半球时，运动部件摩擦力增加等问题，导致每年的春分日和秋分日前后各 45 天的星蚀期间，FY-2B 卫星不能向地面传递观测资料。在非星蚀期间，FY-2B 卫星可以对北半球进行观测，图像仍旧可以使用。图 5.1.2(彩图见第 701 页)是 FY-2B 卫星获取的多通道合成图像。FY-2B 卫星虽然是一颗有故障的卫星，但是它在我国气象卫星发展的历史上起了重要的作用。研制部门对卫星和扫描辐射仪出现的问题进行了认真的分析研究，为今后卫星和有效荷载可靠性的提高积累了经验。地面系统利用卫星发下的观测数据改进了定量处理算法，解决了数据处理中重要的关键技术，提高了数据定量处理的水平和运行的可靠性。2003 年和 2004 年汛期，在日本 GMS5 气象卫星停止工作的情况下，FY-2B 卫星为我国广大台站和国际用户提供了有效的云图服务。

中国的地球静止气象卫星预定的定点位置有三个：105°E、86.5°E 和 123°E。其中，105°E 为业务卫星的定点位置，其他两个位置一般用于备份星或准备废弃卫星的位置。到 2006 年底，中国已成功发射四颗地球静止气象卫星，其中 01 批两颗卫星FY-2A和 FY-2B 已停止工作，脱离了地球同步轨道。

按照目前确定的我国地球静止气象卫星的发展计划，中国第一代地球静止气象卫星将分为三个批次：01 批卫星包括两颗星 FY-2A 和 FY-2B，属于试验型地球静止气象卫星;02 批有三颗卫星 FY-2C、FY-2D 和 FY-2E,为业务型地球静止气象卫星。目前在轨运行,并提供应用服务的是 02 批前两颗卫星 FY-2C 和 FY-2D,他们分别于 2004 年 10 月 19 日和 2006 年 12 月 8 日发射成功。相对 01 批卫星,02 批卫星技术性能有较大改进,主要包括星载扫描辐射计由 01 批的三通道增加到 5 通道,若干主要技术指标也有所提高;02 批增加了星上蓄电池供电能力,以保证卫星在春、秋分前后进入地影期间对全星供电,星上仪器不关机。03 批预计有两颗星 FY-2F 和 FY-2G,卫星性能将在 02 批卫星的基础上有适当改进。增加 03 批卫星计划的主要目的是确保在轨运行的第一代地球静止气象卫星向第二代静止气象卫星实现连续、稳定的过渡。整个第一代地球静止气象卫星在轨运行并提供应用服务的时间到 2015 年前后。

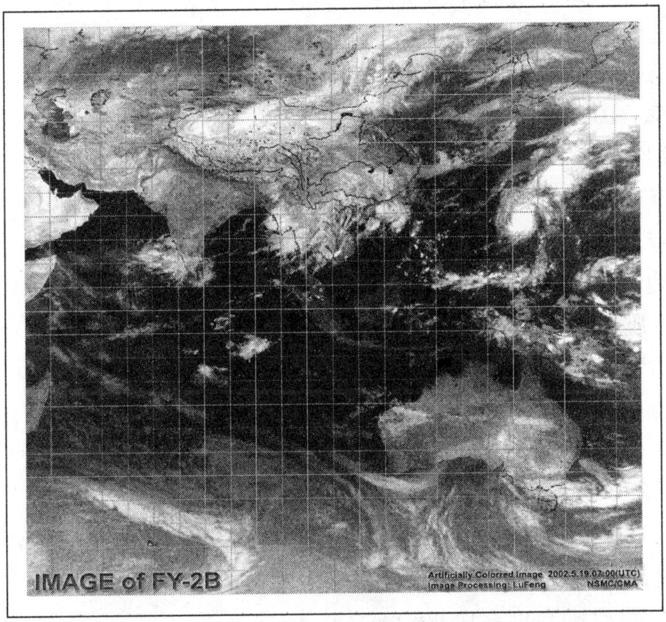

图 5.1.2 FY-2B 卫星获取的多通道合成图像

预计大约 2015 年以后,中国将发射第二代地球静止气象卫星,命名为风云四号(FY-4),其探测能力和技术性能将有跨越式的发展。

1. 地球静止气象卫星的目的和任务

中国的第一代地球静止气象卫星 FY-2 号是一种自旋稳定的地球静止气象卫星,卫星在赤道上空大约 35 800 km 的地球同步轨道上对地球观测,卫星在轨的任务是:

(1) 利用星载多通道扫描辐射计进行对地观测,获取白天可见光云图、昼夜红外云图和水汽图;

(2) 通过星载转发器发送原始云图、高分辨率展宽数字云图和低分辨率云图，供地面接收站和国内外用户站接收利用；

(3) 收集和转发气象、水文和海洋等应用部门的数据收集平台获取的观测数据；

(4) 利用星载空间环境监测器，监测太阳活动和卫星轨道位置的空间环境状态，为卫星工程和空间环境监测提供观测数据。

2. 地球静止气象卫星的主要技术指标

(1) 卫星轨道

卫星发射进入同步定点位置后为地球静止轨道，标准轨道参数为：

偏心率：$<5\times10^{-4}$；

定点位置：105°E；

位置保持：南北±1°、东西±0.5°。

(2) 卫星姿态

卫星姿态为自旋稳定方式，姿态控制指标是：

自旋速率：100±转/min；

姿态控制精度：±0.5°；

姿态测量精度(1σ)：<0.07°；

姿态稳定度：短期3.5微弧/0.6 s，长期35微弧/30 min；

天线消旋定向误差：<±0.4°。

(3) 卫星质量

发射质量：1 365 kg；

同步定点质量：570 kg。

(4) 卫星功耗

光照区：290 W；

阴影区：150 W。

(5) 卫星尺寸

含远地点发动机高度：4.376 m；

卫星本体高度：3.081 m；

卫星载有多通道扫描辐射计和空间环境监测器。

3. 中国地球静止气象卫星在轨运行系统组成

地球静止气象卫星系统从卫星发射到长期在轨运行是一个系统工程，从工程系统角度看它包括五大系统：卫星、运载火箭、发射系统、测控系统和地面应用系统。地球静止气象卫星工程系统的五大系统中运载火箭系统和发射系统在卫星发射入轨阶段就完成了全部任务，卫星进入地球同步轨道及其以后在轨长期运行阶段，则由其他三个系统组成了卫星在轨长期运行系统，特别是卫星和地面应用系统起主要作用。图5.1.3为中国地球静止气象卫星在轨运行系统构成图。

FY－2地球静止气象卫星在轨运行系统主要由以下部分组成：

(1) SOCC：系统运行控制中心，设在国家卫星气象中心(NSMC)。SOCC是全部卫星在轨运行系统的控制中枢，负责卫星在轨运行状态监视，遥测、遥控数据处理，以及对卫星的业务测控；整个地面应用系统运行状态监视、管理和控制；同西安卫星测控中心交换卫星运行控制信息，并根据需要向其发出卫星工程测控要求。

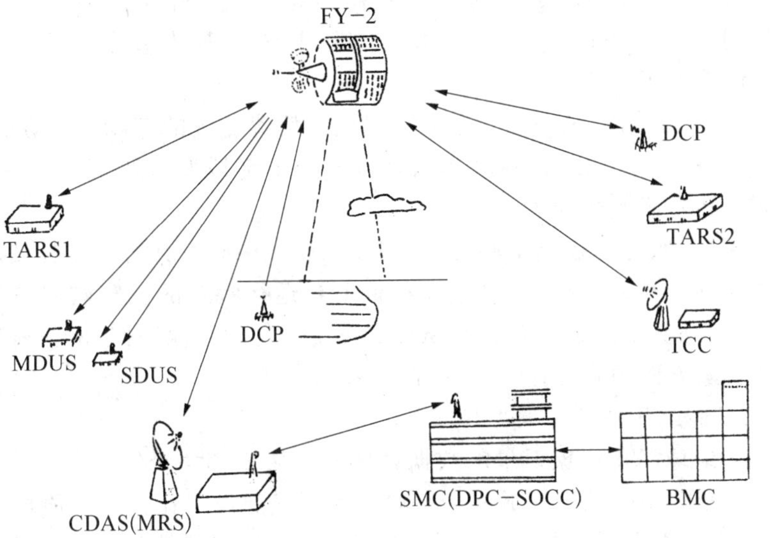

图5.1.3 FY－2地球静止气象卫星在轨运行系统组成图 (引自邱康睦，1994)

(2) DPC：数据处理中心，同样建在国家卫星气象中心，承担卫星观测数据预处理，产品处理、以及全部观测数据和产品的存档与分发。

(3) CDAS：指令和数据接收站，位于北京气象卫星地面站。CDAS是同FY－2气象卫星进行信息交换的中心站，包括接收FY－2卫星的全部原始观测数据、遥测数据和数据收集平台数据；向卫星转送展宽数字云图和低分辨率云图，发送遥控指令等；作为卫星三点测距定轨的主站，承担三点测距任务。特别是其中的S/DB(图像展宽和数据缓冲器)设备，负责在数据处理中心预处理的支持下，完成展宽数字云图的生成。

(4) TARS：测距副站。一般有两个测距副站TARS1和TARS2，通常采用分别设在广州和乌鲁木齐气象卫星地面站的两个副站，另外为了延长测距基线长度，提高测距定轨精度，在澳大利亚墨尔本还建有第3个测距副站，同广州站互为备份。通过主站和两个副站相结合，测量卫星分别到三站间的距离，利用三点定位的原理、确定测量时刻卫星在空间的位置，并通过一天内多次测量决定卫星的运行轨道。

(5) MDUS：中规模数据利用站。能实时接收展宽数字云图的用户利用站，它直接获取 FY-2 卫星对地观测获取的原分辨率数字云图。

(6) SDUS：小规模数据利用站。展宽数字云图经 DPC 快速处理，生成分辨率较低的分区图和区域投影图，再经 CDAS 回传到卫星，由 FY-2 卫星在不进行对地观测的特定时间段向用户广播。此类广播产品的接收所需设备较轻便，称为小规模利用站。此类传输产品的传送体制前后有所改变，在 FY-2 系列卫星的前两颗星（A 和 B）采用的模拟图像传送体制（先后称为 LR-FAX 和 WEFAX 图像），从 FY-2C 星开始同国际上统一改为数字图像传送（称为 LRIT，即低速率图像传输）。

(7) DCP：数据收集平台。布设在卫星通信覆盖区的 DCP，自动收集气象、水文、农林、海洋和灾害等地球环境数据，用 UHF 频段发送到 FY-2 卫星，再由卫星 S 频段转发器发往地面。

(8) TCC：跟踪与控制中心，由西安卫星测控中心及其所属测控站承担。在 FY-2 卫星在轨长期运行阶段，主要负责卫星运行状态的长期监视和有关的工程测控任务，以及在特殊情况下由 SOCC 系统交付的其他工作，例如有关 FY-2 卫星在轨安全方面的测控任务（邱康睦，1994）。

4. 地球静止气象卫星数据处理

FY-2 地球静止气象卫星的数据处理系统从 20 世纪 80 年代正式开始设计和建设，到 2006 年已先后完成三个阶段的大规模建设工作。第一阶段是开创阶段，配合 FY-2A 卫星的研制，完成了地球静止气象卫星地面应用系统的首期建设，于 1997 年 FY-2A 卫星发射升空后投入业务运行。第二阶段配合 FY-2B 卫星的发射，为了适应 FY-2A 和 FY-2B 在轨双星运行的状态，2000 年前后应用系统完成了相应扩建任务。第三阶段是配合 FY-2 02 批卫星的发射，支持卫星在轨运行和服务业务化，应用系统再次完成大规模扩建。为了适应系统目标任务的发展，以及便于系统设计、建设、运行和服务工作的组织管理，三个建设阶段中应用系统结构划分方面有一定变化。FY-2 地球静止气象卫星地面应用系统的核心包括三部分：指令和数据接收站（CDAS）、系统运行控制中心（SOCC）和数据处理中心（DPC）。三个主要系统在不同阶段都有相应规模扩建，其中以数据处理中心投入规模较大，系统结构上有较大调整。第二阶段扩建时，将数据处理中心中的硬件和系统软件部分独立出来，称为计算机网络系统（CNS），进行单独设计。第三阶段扩建时进一步将 DPC 分解为三个独立系统：数据处理中心（DPC）、计算机网络和存档系统（CNAS）、应用服务中心（ASC）。各部分的基本功能概述如下（许建民等，2007）。

(1) 数据处理流程

风云二号气象卫星数据处理中心的数据处理由背景数据更新程序和在线作业运行程序组成。背景数据更新程序在业务中称为生产准备流水线作业，在线作业运行程序在业务中称为产品生产流水线，在 CROSS 的调度下组织完成 DPC 的全部高时效和高精度的处理作业。

生产准备流水线是在 CROSS 的调度下自动或操作员手动启动的一系列软件，负责获取并建立各卫星资料处理和产品生成都需要的常规资料和数值预报资料的共享数据集。背景数据更新程序运行后将更新在线作业中需要使用的系数，或数据处理中需要使用的大气和地球表面物理状态参数。

产品生产流水线是 CROSS 的调度下自动将原始观测资料处理成各种图像和产品，在线作业运行程序在新的一个时次卫星观测数据到达以后分四批启动。

第一批作业启动 LRIT 和 9210 需要分发的分区图制作程序，称为第一批高时效作业。LRIT 和 9210 需要分发的分区图制作程序有很高的时效要求，必须在北半球接收完成后立即优先启动作业，生成 LRIT 和 9210 产品后立即分发到目的地。

第二批作业启动预处理程序，要求在一个时次卫星观测数据全部到达后启动，称为第二批高时效作业。本批作业进行三点测距定轨、生成经过定标、定位以后的观测图像和标称图像等，作为高精度产品处理的输入文件。

第三批作业启动云检测程序。要求在标称图像正确生成后启动，称为第一批高精度作业，生成云检测结果，作为高精度产品处理的输入文件。

第四批作业按作业调度策略并行启动其他产品处理程序。云检测和其他产品处理统称高精度产品作业。

从系数更新，常规资料或背景数据更新，预处理，标称图制作，云检测，到其他产品处理，前面程序的输出结果要被后面的程序使用。因此只依次进行作业调度。

每一个作业在工作完成以后，CROSS 系统要对作业的工作结果给出评估。评估结果分为两等。返回码为 0 表示完全正常。返回码非 1 为不正常，但是在一定范围内由 CROSS 调度进行容错处理，作业仍旧可以向下运行。产品质量通过产品码进行控制，产品质量码分为 6 级，1 级为完全正常，2 级有轻微问题，大于 3 级质量码作业不能继续正常进行，必须采取业务降级措施，诊断故障点，并排除故障。在故障的情况下，不正常状态信息由应用程序提供给 SOCC。故障排除以后，SOCC 调度应进行断点接续，补做不成功的作业。接续点在不正常作业和末尾。

(2) 地球静止气象卫星遥感产品

表 5.1.8 中列出了 FY-2 卫星的图像产品，其中 28 次/日指正点和卫星导风的半点开始观测的图，24 次/日指正点开始观测的图，20 次/日指除 28 次/日时间以外的其他半点开始观测和图。

表5.1.8 FY-2C卫星图像产品表

名称	覆盖区域	时次
全圆盘展宽图像	以星下点为中心的风云二号实际观测地球圆盘	28次/日
标称图像	以105°E、0°N为中心的风云二号标称地球圆盘	24次/日
半圆盘展宽图像	北半球地球圆盘	20次/日
半圆盘标称图像	北半球标称地球圆盘	20次/日
四个象限的图像	以105°E、0°N为中心的地球圆盘四个象限向外各扩展十个经纬度	24次/日
中国地区图像	中国及附近地区	24次/日
临时观测图	机动选择	不定时
Lambert投影图	70°—140°E,5°—55°N	24次/日
Mercator投影图	45°N—45°S,45°—165°E	24次/日
FY-2海区图	105°—150°E,0°—45°N	24次/日

表5.1.9中列出了FY-2卫星的数值产品,其中4次/日指世界时00、06、12、18时开始观测的图,8次/日指世界时00、03、06、09、12、15、18、21时开始观测的图,1次/日指用一天内所有的图制作的日平均。

表5.1.9 FY-2C卫星数值产品表

名称	覆盖区域	时次
云风矢量	50°N—50°S,55°—155°E	4次/日
海面温度	50°N—50°S,55°—155°E	8次/日
对流层上中层水汽含量	50°N—50°S,55°—155°E	8次/日
ISCCP数据集、降水指数	50°N—50°S,55°—155°E	8次/日
降水估计	70°E—140°E,5°—55°N	4次/日
云检测	50°N—50°S,55°—155°E	8次/日
云参数(云顶温度、高度,云量)	50°N—50°S,55°—155°E	8次/日
用云分析出的湿度廓线	50°N—50°S,55°—155°E	8次/日
晴空大气可降水	50°N—50°S,55°—155°E	8次/日
射出长波辐射	50°N—50°S,55°—155°E	8次/日
入射太阳辐射	50°N—50°S,55°—155°E	1次/日
雪覆盖	全圆盘	1次/日
海冰	全圆盘	1次/日

(续表)

名　　称	覆盖区域	时　次
水情监测	中国范围	1次/日
干旱监测	中国范围	1次/日
火情监测	中国范围	24次/日
热带气旋卫星定位	西北太平洋150°E以西,印度洋	24次/日
卫星监测沙尘暴	中国范围	8次/日
雾监测产品	中国范围	24次/日
亮度温度	50°N—50°S,55°—155°E	8次/日

5.1.3 卫星的主要遥感探测器

1. 极轨气象卫星的主要遥感探测器

FY-3号上的可见光红外扫描辐射计和空间环境探测器与FY-1号的同类仪器在功能上相似,且性能上有所改进。同时,FY-3的11种遥感器也包含了NPOESS和METOP等国外新一代极轨气象卫星上的主要遥感器。因此,下面以FY-3上的遥感器作为代表进行介绍。FY-3(01批)遥感仪器的主要性能指标如表5.1.10所示。

表5.1.10　FY-3(01批)遥感仪器主要性能指标

名　　称		性能参数	探测目的
可见光红外扫描辐射计(VIRR)		光谱范围　0.43—12.5 μm 通道数　10 扫描范围　±55.4° 每条扫描线采样点数　2 048 地面分辨率　1.1 km	云图、云参数、植被指数、射出长波辐射、泥沙、积雪、海冰、地表温度、海表温度、气溶胶、地面反照率、水汽总量等。
大气探测仪器包	红外分光计(IRAS)	光谱范围　0.69—15.0 μm 通道数　26 扫描范围　±49.5° 每条扫描线采样点数　56 地面分辨率　17 km	

(续表)

名称		性能参数	探测目的
大气探测仪器包	微波温度计(MWTS)	频段范围 50—57 GHz 通道数 4 扫描范围 ±48.3° 每条扫描线采样点数 15 地面分辨率 50—75 km	大气温、湿度廓线、O_3 总含量、CO_2 浓度、气溶胶、云参数、极地冰雪、降水等。
	微波湿度计(MWHS)	频段范围 150—183 GHz 通道数 5 扫描范围 ±53.35° 每条扫描线采样点数 96 地面分辨率 15 km	
中分辨率光谱成像仪(MERSI)		频段范围 0.40—12.5 μm 通道数 20 扫描范围 ±55.4° 每条扫描线采样点数 2 048(—1 000 m),8 192(—250 m) 地面分辨率 0.25—1 km	海洋水色、气溶胶、水汽总量、云特性、植被、地面特征、表面温度、冰雪等。
微波成像仪(MWRI)		频段范围 10—89 GHz 通道数 10 幅宽 1 400 km 每条扫描线采样点数 240 地面分辨率 15—85 km	雨率、云含水量、水汽总量、土壤湿度、海冰、海温、冰雪覆盖等。
地球辐射探测仪(ERM)		光谱范围 0.2—50 μm,0.2—3.8 μm 通道数 窄视场2个,宽视场2个 扫描范围 ±50°(窄视场) 灵敏度 0.4 W/(m² · sr)	地球辐射
太阳辐射监测仪(SIM)		光谱范围 0.2—50 μm 灵敏度 0.2 W/m² 定标精度 0.5% 长期稳定度(2年) <0.02%	太阳辐射
紫外臭氧垂直探测仪(SBUS)		光谱范围 0.16—0.40 μm 通道数 12 扫描范围 垂直向下 地面分辨率 200 km	O_3 垂直分布

（续表）

名　称	性 能 参 数	探 测 目 的
紫外臭氧总量探测仪（TOU）	光谱范围　0.3—0.36 μm 通道数　6 扫描范围　±54° 星下点分辨率　50 km	O_3 总含量
空间环境监测器（SEM）	测量空间重离子、高能质子、中高能电子、辐射剂量；监测卫星表面电位与单粒子翻转事件等。	卫星故障分析所需空间环境参数

无论在 FY-1、FY-3 还是在 NOAA 卫星上，扫描辐射计都是一个重要的基本探测器。FY-3 可见光红外扫描辐射计是由 FY-1 继承下来的，特点是具有 10 个通道，通道波段范围、灵敏度见表 5.1.11。NOAA 卫星的 AVHRR 有 6 个通道，其中 1.6 μm 和 3.8 μm 通道只能交替工作，实际上只有 5 个通道。FY-1 和 FY-3 所增加的通道不但可进行全球海洋水色监测，而且将有助于卷云和云相态的判识、积雪和低云的判识等问题的解决。

表 5.1.11　可见光红外扫描辐射计光谱性能要求

通　道	波段范围(μm)	噪声等效反射率 ρ(%) 噪声等效温差(300 K)	动态范围 (ρ 或 K)
1	0.58—0.68	0.1%	0—100%
2	0.84—0.89	0.1%	0—100%
3	3.55—3.93	0.3 K	180—350 K
4	10.3—11.3	0.2 K	180—330 K
5	11.5—12.5	0.2 K	180—330 K
6	1.55—1.64	0.15%	0—90%
7	0.43—0.48	0.05%	0—50%
8	0.48—0.53	0.05%	0—50%
9	0.53—0.58	0.05%	0—50%
10	1.325—1.395	0.19%	0—90%

FY-3 上的红外分光计与 NOAA 卫星上的 HIRS 在性能上很接近，主要用于探测大气温度和湿度廓线，还可用以反演射出长波辐射、臭氧总含量、云量、云顶温度和高度、洋面温度、地表温度、冰雪覆盖和降水率等。NOAA 卫星的

HIRS有20个通道，FY-3的红外分光计有26个通道，所增加的6个通道中有5个通道波长位于0.885、0.94、1.24和1.64 μm，可增强对云相态、积雪、低层水汽、植被指数、气溶胶的探测能力，另一通道位于4.19 μm，在CO_2吸收带，用于测量大气CO_2含量。

FY-3的微波温度计与NOAA卫星中的MSU性能大体一致，都有4个通道，空间分辨率有所提高，主要用于温度廓线的反演，还可反演出表面温度、微波表面比辐射率、热带气旋强度等定量产品。

FY-3微波湿度计主探测通道为183.31 GHz，辅助探测通道为150.0 GHz，主要应用于大气湿度探测，其性能与国外同类遥感器AMSU-B相当。微波湿度计除进行大气湿度探测外，还可探测云和降水，反演云冰水含量，监测高纬地区积雪、海洋冰雪等。

中分辨率光谱成像仪是新一代气象和地球环境探测卫星中的一种主要遥感器，具有非常先进的技术，光谱分辨率大大提高，具有对云、地表、海表和大气等多种参数的综合探测能力。目前，中分辨率成像光谱仪的典型仪器是美国地球观测系统(EOS)中装载的MODIS，它具有36个通道。

FY-3(01批)的中分辨率光谱成像仪有20个通道，其中5个通道的地面空间分辨率250 m，其余15个通道空间分辨率1 000 m。在20个通道中19个处于可见光、近红外和短波红外波段，其通道的设置基本上与MODIS一致，与MODIS不同处主要是取消了分辨率为500 m的通道，将分辨率250 m的通道增加到5个。同时，MODIS的16个热红外通道所具有的性能，我国目前技术难以达到，因此留在FY-3(02批)星中再补上，即分阶段实现。为了使FY-3现在的中分辨率光谱成像仪中也具有热红外探测能力，特别是加强对地表特性的监测能力，设了一个10.5—12.5 μm窗区通道，而将其空间分辨率提高到250 m，这也是一个特色。

FY-3的微波成像仪的总质量和体积都较大，性能与美国国防气象卫星(DMSP)中的SSM/I比较接近，探测大气和地球表面放射和反射的微波辐射，可反演出洋面风速、洋面温度、土壤湿度、云中液水含量、降水强度、水汽含量、海冰和积雪等气象和地球物理参数。FY-3的微波成像仪与SSM/I都是采用圆锥扫描，天线视角为45°，地面分辨率略高于SSM/I，主要区别是增加了10.65 GHz双极化通道，因此增强了洋面风速、土壤湿度、洋面温度、降水等的探测能力。

FY-3上的紫外臭氧垂直探测仪和紫外臭氧总量探测仪与美国NOAA等卫星上的同类仪器在性能上基本相同，只是根据我国目前的技术条件作了一些适应性修改。地球大气后向散射的紫外辐射辐亮度随波长变化很大，受到Rayleigh大气多次散射，以及下垫面、气溶胶和云等因素的影响。利用紫外多光谱后向散射辐亮度可反演大气臭氧廓线和估算大气臭氧总量的分布。

太阳辐射监测仪的主要任务是监测太阳辐照度的变化。地球辐射探测仪的主要任务是探测地气系统的全波段辐射和地气系统反射的太阳辐射，为天气和气候变化研究提供精确的辐射资料。太阳辐射监测仪和地球辐射探测仪都要求具有很高的测量灵敏度、定标精度和长期稳定度。绝对辐射计是不需任何标准而能够自定标的辐射计，它可以直接给出同国际单位制(SI)一致的辐射量值。

FY-3卫星将运行于870 km左右高度的太阳同步轨道。在这一轨道空间，卫星将遇到失重、真空、高低温、电磁辐射、带电粒子、微流星、碎片等空间环境，其中空间带电粒子对卫星的影响是最严重的。空间环境监测器将监视卫星轨道空间的高能电子、质子和重离子，实测这些粒子引起的辐射剂量效应、表面电位效应，并检验国产CPU在轨抗辐照的能力，为卫星的在轨安全保障和抗辐射加固设计服务。

2. 静止气象卫星上的主要遥感探测仪器

FY-2卫星携带有两种探测仪器：多通道扫描辐射计和空间环境监测器。

(1) 多通道扫描辐射计

多通道扫描辐射计是FY-2C卫星的主要有效载荷，通过卫星自旋和辐射计光机步速相结合对地球进行扫描成像观测，获取地球可见光、红外和水汽通道的图像。通过对辐射计的辐射定标处理，可用观测图像数据进一步处理得到多种地球物理参数的定量化产品，为各种应用领域提供服务。

FY-2卫星多通道扫描辐射计的技术指标在02批卫星(C、D、E星)上相对01批卫星(A和B星)有较显著的改进，两批次卫星多通道扫描辐射计的主要技术指标列于表5.1.12中。

表5.1.12 风云二号01批和02批卫星MCSR主要技术指标

项目		01批卫星MCSR指标	02批卫星MCSR指标
探测波段(μm)	可见光	0.50—1.05	0.55—0.90
	长波红外	10.5—12.5	10.30—11.30 11.50—12.50
	中波红外	无	3.50—4.00
	水汽	6.30—7.60	6.30—7.60
星下点空间分辨率(Mrad)	可见光	40	35
	长波红外	160	140 140
	中波红外	无	140
	水汽	160	140

（续表）

项目		01批卫星MCSR指标	02批卫星MCSR指标
动态范围	可见光（反照率）	0—98%	0—98%
	长波红外（亮温）	180—320 K	180—330 K 180—330 K
	中波红外（亮温）	无	180—340 K
	水汽（亮温）	200—300 K	190—300 K
灵敏度	可见光（信噪比）	$S/N \geqslant 6.5 (\rho = 2.5\%)$ $S/N \geqslant 43$ $\rho = 95\%$	$S/N \geqslant 1.5 (\rho = 0.5\%)$ $S/N \geqslant 50$ $\rho = 95\%$
	长波红外（$NE\Delta T$）	$NE\Delta T \leqslant 0.6$ K(300 K)	$NE\Delta T \leqslant 0.4—0.2$ K(300 K) $NE\Delta T \leqslant 0.4—0.2$ K(300 K)
	中波红外（$NE\Delta T$）		$NE\Delta T \leqslant 0.3—0.3$ K(300 K)
	水汽（$NE\Delta T$）	$NE\Delta T \leqslant 1.0$ K(260 K)	$NE\Delta T \leqslant 0.6—0.5$ K(260 K)
数据量化方式	码位数 可见光	6 bits	6 bits
	码位数 红外、水汽	8 bits	10 bits
	采样率 可见光	437.5 KHz	411.76 KHz
	采样率 红外、水汽	109.4 KHz	102.94 KHz

(2) 空间环境监测器

FY-2卫星携带的空间环境监测器包括两部分：太阳X射线监测器和空间粒子监测器。

1. 太阳X射线监测器

太阳X射线监测器可测量卫星运行轨道的太阳软、硬X射线辐射、观测数据主要用途包括：实时反映太阳的活动水平和强度，为卫星在轨运行状态分析提供太阳活动信息；根据对X射线辐射的监测，为太阳质子事件监测提供一种预报手段，可提前几小时预报太阳质子事件的发生及相关特征参数；太阳X射线辐射是地球大气的主要电离源，是决定电离层的重要因素，电离层扰动有时使通信中断，因此利用太阳X射线观测可为卫星—地面通信中断故障分析提供数据。

2. 空间粒子监测器

空间粒子监测器主要用于卫星轨道上高能粒子辐射的实时监测，包括多种能态的电子和质子，为卫星在轨运行状态分析和空间环境监测提供数据。

5.1.4 在全球业务气象卫星探测系统中的风云系列气象卫星

在世界气象组织(WMO)协调和管理下,世界各国已经实现了气象观测资料的交换和获取全球气象观测资料的目的,全球业务气象卫星探测系统就是在WMO协调下,通过各气象卫星发射和运行的国家共同努力下建成的天基探测系统(徐建平,2000)。

图5.1.4(彩图见第701页)是目前正在运行的全球业务气象卫星探测系统。他由极轨和静止两类轨道卫星组成。正在业务运行的极轨气象卫星有美国的NOAA卫星和未来的国家极轨环境卫星系统(NPOESS)(即图上的TIROS)、俄罗斯的流星系列气象卫星(METEOR)、中国的风云一号和未来的风云三号(FY-1、FY-3)系列卫星,以及欧洲气象卫星组织的极轨气象卫星(METOP)。位于赤道平面上离地面35 800 km高度的地球静止气象卫星有中国的风云二号C和D星(105°E和86.5°E)、日本的MTSAT(140°E)、美国的地球静止业务环境卫星西(GOES-W,135°W)、美国的地球静止业务环境卫星东(GOES-E,70°W)、欧洲气象卫星组织的METEOSAT(0°E)以及另一颗METEOSAT(63°E)和俄罗斯的地球静止业务气象卫星(GOMS,76°E)。在此需要说明的是位于63°E和76°E赤道上空的两颗静止气象卫星。前者是欧洲气象卫星组织为了支持印度洋的季风试验而从其备份位置移到此实施观测任务的。后者则尚不具备业务运行的状态。

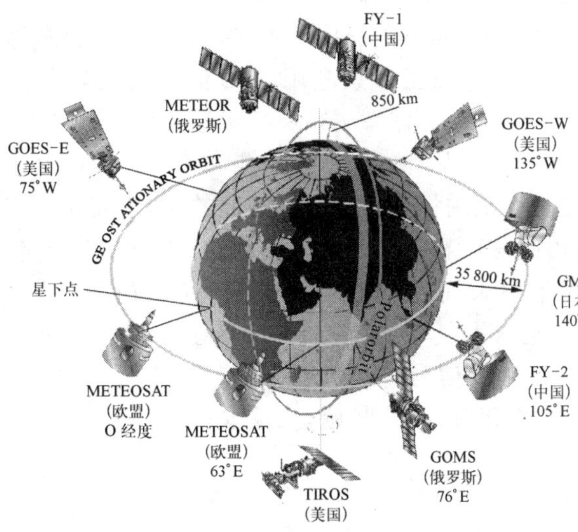

图5.1.4 全球业务气象卫星探测系统

图5.1.4上的业务气象卫星观测系统实现了高空间分辨率和高时间分辨率的全球探测,其观测资料已经在各国的天气分析预报、数值预报、短期气候预测、

各种大气科学研究项目和世界气象组织协调的大型科学研究计划(如 WCRP、IPCC)中发挥着重大的、基础性的作用。

中国的业务气象卫星风云一号(和即将发射的风云三号)和风云二号已经成为图5.1.4所示的全球业务气象卫星探测系统的重要成员(许建民等,2007)。他们在覆盖范围和分辨率上相辅相成,成为中国获取全球资料和满足区域灾害性天气和环境监测、气象服务和地球系统科学研究的重要工具。

5.2 空间导航定位技术在地球大气探测中的应用

GPS是美国的全球导航、授时和定位系统的英文缩写,是全球空间导航定位系统(GNSS)之一,是20世纪70年代初,美国政府为满足军事部门的高精度导航、定位和授时需求而提出的。经过设计、研制和小范围应用,于90年代初全面建成了由24颗GPS卫星构成的GPS星座、地面监测控制和GPS用户接收站等三部分组成的GPS卫星应用系统。

GPS技术的迅速发展和广泛应用,引起了国民经济诸多行业的广泛关注,除军事应用外,很快就应用于交通导航、工程建设和社会减灾等诸多领域。大气与GPS载波信号的相互作用从而产生的信号延迟,则引起了气象、地震和测绘等部门科技工作者的极大关注。气象工作者利用GPS信号的延迟和折射来反演大气参数;地震和测绘等部门的科技工作者则想更精确地扣除大气对电波传播的影响,以期得到更精确的目标定位,用于测绘、地震预测和GIS。尽管上述两方面工作的目的相去甚远,但它们所面临的科学问题却是共同的,即研究大气成份对无线电波传播的作用和影响。由此一项新的遥感大气参数的技术GPS-气象学诞生了。

利用GPS技术遥感大气参数分两类。其一是发射一颗携带有GPS信号接收机的低轨卫星,当地球大气与此卫星和GPS卫星发生掩星事件时,可利用其临边频繁采样的折射电波信号,反演大气参数的垂直分布。其二是利用地基GPS接收机接收到的GPS信号的时延,来反演整个气柱的水汽总含量和电离层的电子浓度。

5.2.1 利用全球导航定位系统(GNSS)在低轨卫星(LEO)平台或山顶平台进行掩星大气遥感

20世纪60年代,美国NASA喷气推进实验室和斯坦福大学发展了掩星探测技术，用来研究行星大气和电离层。在 NASA 进行的数十年太阳系探测计划中，掩星实验一直起着重要作用。实验包括一个位于太空的发射机和一个位于地球的接收机，当无线电信号到地球的传播路径经过所研究的行星大气时，信号的振幅和频率(或相位)会产生明显的变化。这些变化可以用于研究行星大气热动力结构。

1977 年发射的"旅行者 1"和"旅行者 2"于 1979 年飞临木星，首次近距离观测了木星环、大星斑和 3 颗木星卫星。20 世纪 80 年代初，科学家开始应用掩星技术来研究地球大气。前苏联科学家把太阳作为射电源，利用太阳被地球大气掩星期间，卫星所观测到的太阳运动图像来反演大气温度垂直廓线。

尽管无线电掩星观测技术已成为研究太阳系各大行星及其卫星大气的重要手段，但却没有一个完整的地球大气参数观测计划，实现掩星观测的重要条件是无线电信号的收发端必须位于被测客体之外，而在地球周围无法找到符合条件的观测点对。

1988 年，Melbourne(1988)等人提出了利用 GPS 掩星观测地球大气的设想。1991 年，JPL 的 Meehan(1991)等人利用一个置于山顶的高性能 GPS 接收机对 GPS 卫星进行掩星观测实验。1992 年，Hardy(1992)等在理论上研究了用 GPS 卫星作为发射机，同 LEO 卫星的接收机共同构成多分雷达，反演大气参数的方法(Melbourne W G et al, 1988)。

这些实验和理论研究，以及 GPS 卫星星座的建成，为利用 GPS 掩星技术遥感地球大气提供了可能。1992 年底，斯坦福大学无线电天文中心(Stanford University Center for Radar Astronomy，简称 SCURA)和 UCAR 先后向国家科学基金会(the National Science Foundation，简称 NSF)提交了建立 GPS-LEO 试验系统研究地球大气的项目申请。

在 UCAR 的 GPS/MET 计划实施过程中，于 1995 年 4 月 3 日发射了一颗携带有高精度双频 GPS 接收机的 LEO 卫星(Microlab-1)，成功地获取了掩星期间的数据，初步处理结果令人鼓舞。由 GPS 的时延和星历等数据，反演出了电离层电子密度在 100—800 km 范围内的垂直分布，和 5—60 km 范围内的大气密度、温度和气压的垂直分布，揭开了 GPS/MET 掩星观测的序幕(Meehan T K et al, 1991)。

图 5.2.1 是 GPS 掩星观测的几何示意图。图上的发射机为 GPS 卫星上的信号发射机，接收机为 LEO 卫星上的高精度 GPS 信号接收机，可以把它们视为雷达的发射端和接收端。ε 为不均匀地球大气介质对 GPS 信号产生的折射效应，使电波信号发生弯曲的角度，简称弯曲角。P 为电波与介质发生相互作用的高度，称为碰撞高度，也称折合距离。V_2 和 V_1 分别是 GPS 卫星和 LEO 卫星的运动速度(刘志权、方宗义等，1997)(方宗义、张运刚、刘志权等，1999)。

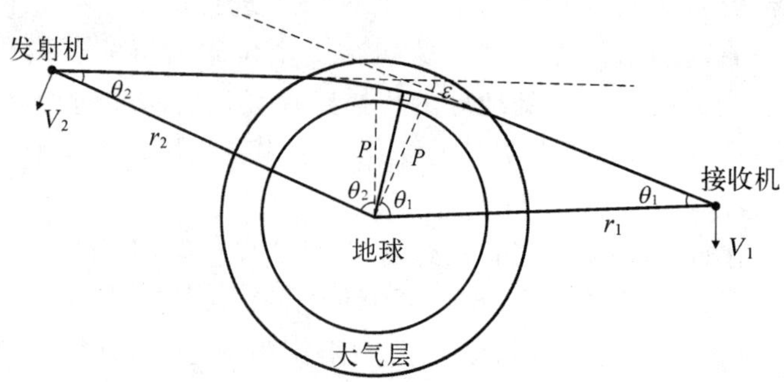

图 5.2.1 GPS 掩星观测的几何示意图

$$f_d = f_0 C^{-1}(V_1^r \cos\varphi_1 + V_2^r \cos\varphi_2 + V_1^c \sin\varphi_1 - V_2^c \sin\varphi_2) \quad (5.2.1)$$

式中 f_d 为多普勒频移测量值，f_0 是载波频率，C 为光速，V_i^r 和 V_i^c 分别为卫星 i 的法向和切向速度分量，φ 是信号瞬时方向与当地天顶方向的夹角，r_i 是卫星 i 与地心之间的距离。弯曲角 ε 和碰撞高度 P 可分别表示为

$$\varepsilon = \varphi_1 + \varphi_2 + \theta_1 + \theta_2 - \pi \quad (5.2.2)$$

$$P = r_1 \sin\varphi_1 = r_2 \sin\varphi_2 \quad (5.2.3)$$

对于球面分层大气，折射率 n 是 r 的函数，即 $n(r)$。由广义 Snell 定律可知：

$$rn\sin\alpha = C \quad (5.2.4)$$

式中 r 为电磁波的位置矢量的绝对值，α 为电磁波传播路径与折射率梯度之间的夹角，C 为常数。

在极坐标下有

$$\mathrm{d}\varepsilon = -\frac{1}{n}\left(\frac{\mathrm{d}n}{\mathrm{d}r}\right) r\,\mathrm{d}\theta \quad (5.2.5)$$

令 $x = rn$，则

$$\mathrm{d}\varepsilon = -\left(\frac{\partial \ln n}{\partial x}\right) p(x^2 - p^2)^{-\frac{1}{2}}\mathrm{d}x \quad (5.2.6)$$

$$\varepsilon(p) = \int \mathrm{d}\varepsilon = -2p\int_p^{\infty}\left(\frac{\partial \ln n}{\partial x}\right)(x^2 - p^2)^{-\frac{1}{2}}\mathrm{d}x \quad (5.2.7)$$

经 Abel 变换后，有

$$n(x) = \exp\left\{\frac{1}{\pi}\int_x^{\infty}\varepsilon(p)(p^2 - x^2)^{-\frac{1}{2}}\mathrm{d}p\right\} \quad (5.2.8)$$

引入折射指数 $N = (n-1)\times 10^6$，代入上式，得

$$N(x) = \frac{10^6}{\pi}\int_x^{\infty}\frac{\varepsilon(p)}{\sqrt{p^2 - x^2}}\mathrm{d}p \quad (5.2.9)$$

对(5.2.9)式积分就可以得到不同高度的折射指数 $N(x)$。另一方面，根据

大气对无线电波的作用,大气对电磁波的折射主要取决于介电常数,即介质的绝对介电常数和绝对导磁系数。通过一系列推导,可以得到如(5.2.10)式所示的大气折射率 N:

$$N = 77.6\frac{p}{T} + 3.73\times10^{5}\frac{p_{w}}{T^{2}} + 40.3\times10^{6}\frac{Ne}{f^{2}} + 1.4W \quad (5.2.10)$$

在(5.2.10)式中,p 是大气的干空气气压(单位 hPa),T 是大气温度(单位 K),p_w 是大气的水汽压力(单位 hPa),Ne 是电离层的电子密度(单位是 el/m^3),f 是载波频率(单位 Hz),W 表示液态水滴。

在 90 km 以上的大气中,对电磁波产生折射作用的主要介质是电离层中的电子,气体分子的作用可以略去。因此,在 90 km 以上

$$N \approx 40.3\times10^{6}\frac{Ne}{f^{2}} \quad (5.2.11)$$

在 60—5 km 这一高度范围内,对无线电波产生折射的主要介质是干空气,(5.2.11)式可简化为

$$N \approx 77.6\frac{p}{T} \quad (5.2.12)$$

然后,根据状态方程和静力方程等,可得到以下反演大气参数的方程组

$$\left.\begin{aligned} &\frac{\partial p}{\partial z} = -\rho g \\ &T = 77.6\frac{p}{N} \\ &\rho = 0.003\,484\frac{p}{T} = 4.489\,7\times10^{-5}N \end{aligned}\right\} \quad (5.2.13)$$

在(5.2.13)式中 p、ρ、T 为待求的大气参数。在 0—5 km 高度范围内,大气中的水汽占有一定份额,这时折射指数的表达式

$$N \approx 77.6\frac{p}{T} + 3.73\times10^{5}\frac{p_{w}}{T^{2}} \quad (5.2.14)$$

式(5.2.14)中有两个待求量 T 和 p_w。因此,一般而言,利用无线电掩星技术无法得到 0—5 km 范围内大气温度的垂直分布。但是,如果能利用其他技术或方法得到 0—5 km 范围内的大气湿度垂直分布,则利用掩星技术可以获取从地面到 60 km 范围内的大气温度垂直分布(Handy K R et al, 1992)。

根据以上介绍,可以把 GPS 掩星探测反演大气参数的方法归纳如下:(1) 用双差载波相位观测法确定 LEO 的位置和速度;(2) 由掩星的多普勒频移测量值和 GPS 卫星与 LEO 卫星的位置和速度信息计算折射角廓线;(3) 由折射角廓线数值积分得到折射率廓线;(4) 由折射率廓线,分不同高度范围反演电离层电子浓度、大气密度、气压和温度的廓线(胡雄、曾桢、张训械等,2002)。

图 5.2.2 是 GPS 掩星探测反演大气参数的技术流程图(是由输入低轨卫星上 GPS 接收机的探测信息处理生成大气气压、温度和密度的信息流程)(方宗义、张运刚、刘志权等,1999)。图 5.2.3 是一个由此信息流程处理输出的大气温度垂直分布图,图上的紫色线是掩星探测反演的 1997 年 1 月 12 日 1324UTC、44.35 °N、130.73°E 的大气温度垂直分布,实黑线是延吉(42.8°N,129.4°E)1997 年 1 月 12 日的无线电探空。

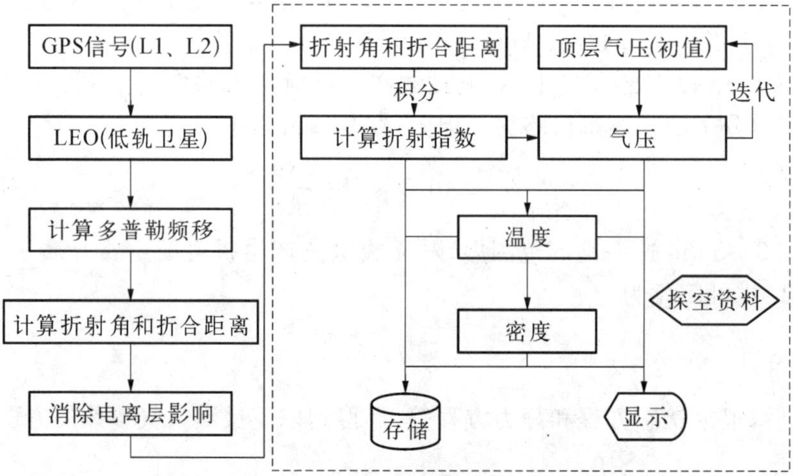

图 5.2.2 GPS 掩星探测反演大气参数的技术流程

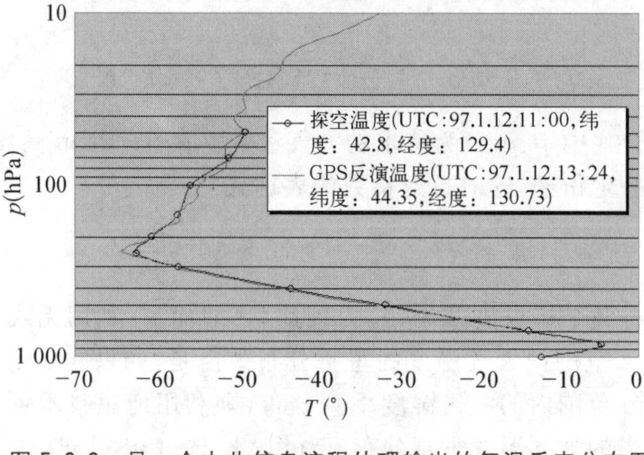

图 5.2.3 是一个由此信息流程处理输出的气温垂直分布图

5.2.2 山基 GPS 掩星观测试验研究

山基 GPS 掩星观测是利用 GPS 技术获取大气中低层参数的技术手段之一

(胡雄、张训械等,2006)。下面通过概要介绍 2005 年 8 月在燕山山脉的主峰——雾灵山进行的为期一个月的掩星观测试验来说明有与此有关的科学问题。

图 5.2.4 给出三种掩星观测平台的示意图。他们是星载、机载和山基掩星平台。三种观测平台都是通过测量 GPS 信号的相位,反演出大气折射率廓线。

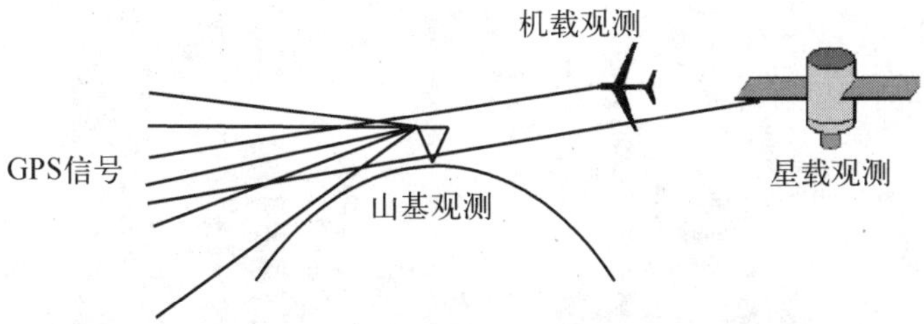

图 5.2.4 山基、机载和星载掩星观测平台示意图

1. 山基掩星观测站点的选择

山基 GPS 掩星观测试验对山的高度、四周负仰角的可视范围和通讯、交通、生活等环境条件均有明确的要求,只有通过计算、踏勘、目测等多种技术分析之后方能确定。

在计算我国东部地区约 40 个山顶的负仰角的基础上,从中挑出 11 个满足山顶高度在 1 100 m 以上,负仰角接近 1.5 度和小于 1.5 度的点。为此精选出泰山、崂山和雾灵山等 5 个站。然后,对雾灵山等三座山顶进行 GPS 卫星负仰角信号测试和经纬仪的实际地形测量。最后,在全面考虑试验设备安装、电源、通讯、交通和生活等环境条件之后,确定燕山山脉的主峰,海拔高度 2 118 m,位于河北省兴隆县境内的雾灵山为这次山基 GPS 掩星观测试验点。

2. 观测试验方案

整个试验建立了两个观测场。一个是在山顶上的主观测场,安装用于掩星信号接收的 GPS 接收机、常规朝天顶方向的 GPS 接收机和地面自动气象站,测量气压、温度、湿度等参数;一个是在山下掩星事件发生处装置低空湿度、温度、气压探空仪,及常规朝天顶方向的 GPS 接收机和自动气象站站网,用于测量这一区域大气参数廓线和水汽量分布,用以和山顶 GPS 掩星的遥感反演结果进行对比。

图 5.2.5(彩图见第 701 页)给出了这次观测试验的站点分布。在雾灵山上安装了四种型号的山基 GPS 观测接收机。同时还安装了用于测量水汽总量的接收机和自动气象站。山下,在兴隆气象站进行探空观测,同时在兴隆、密云、茅山、平谷、蓟县、清东陵和遵化等 7 个站点进行 GPS 测水汽总量的观测和自动气

象站观测，通过层析技术获取大气的水汽廓线。

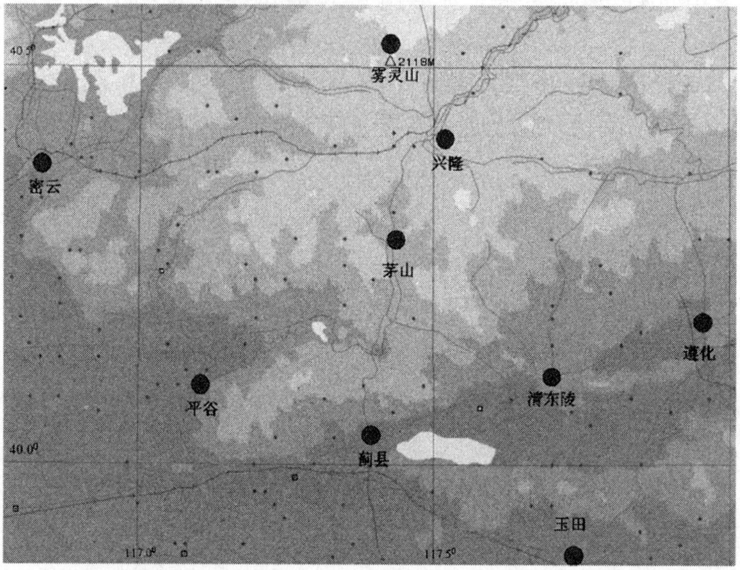

图 5.2.5　2005 年山基 GPS 掩星探测试验的站网分布

3. 观测的组织实施、资料预处理和存档

2005 年 8 月在河北兴隆雾灵山山顶进行了山基 GPS 掩星观测试验。参加试验的双频 GPS 接收机有 LEICA1200 和 JAVADEU80 等四种掩星接收机，其数据采样率分别为 50 HZ 和 20 HZ。接收机天线方向朝向正南。8 月 12 日至 29 日在兴隆进行了 40 次小球探空和 20 次大球探空观测。

表 5.2.1 给出了经过预处理后生成的 0 级和 1 级存档资料的内容和格式，其中所包含的资料全部刻录在 9 张光盘上，其中 1—8 张为按接收机类型划分的山基 GPS 掩星观测的原始数据(raw data)和 rinex 格式数据，第 9 张则是常规气象观测数据和地基 GPS 数据。

表 5.2.1　经过预处理后存档资料的内容和格式

类　别	0　级	1　级
山基 GPS 数据	各 GPS 接收机的原始记录文件(包括 Trimble, leica, javad 和自研仪器)	Rinex2.1 格式的 GPS 观测文件和导航文件
地基 GPS 数据	各 GPS 接收机的原始记录文件(包括北大和清华仪器)	Rinex2.1 格式的 GPS 观测文件和导航文件
地面气象数据	自动气象站的原始记录文件	以时间为序列的地面气象观测文件
高空气象数据	原始探空记录	可读的探空资料

4. 资料处理和初步结果分析

图 5.2.6 给出了 GPS 掩星观测某一时刻的几何关系示意图,其中 α 为 GPS 卫星发射的电波信号受大气折射而产生的弯曲角。在接收机、发射机的空间位置已知,发射机运动速度 v_r 已知的情况下,引入 Snell 定律,可以得到弯曲角 α 随碰撞高度的变化情况。再进行 Abel 变换,得到弯曲角 α 随 a 变化的表达式,

$$\ln(n(x)) = \ln n_r \frac{1}{\pi}\int_x^{x'} \frac{\alpha'(a)}{\sqrt{a^2 - x^2}} da$$

式中 $n(x)$是折射率,$\alpha'(a)$是弯曲角,a 是碰撞高度,根据山基 GPS 掩星的高频次采样数据,就可以得到地面至接收机高度(即山顶高度)的大气折射率廓线。下面给出一个实例来说明观测资料处理状况,及其初步结果。

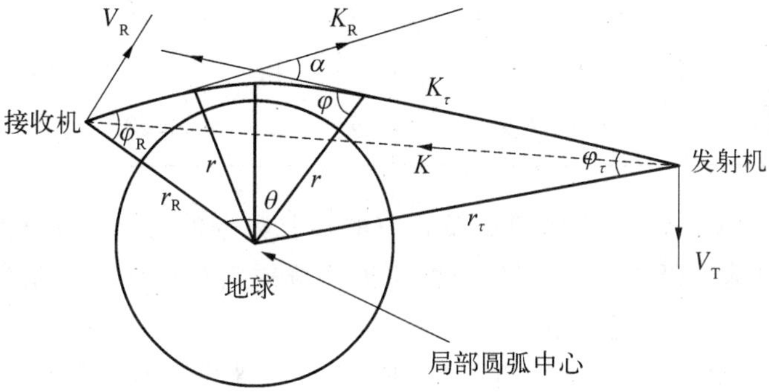

图 5.2.6 掩星观测示意图

图 5.2.7 是根据 2005 年 8 月 17 日 18 时 23 分的掩星观测数据,经过高精度定位,弯曲角计算等之后得到的大气折射率廓线,图上也给出了由 17 日 18 时 34

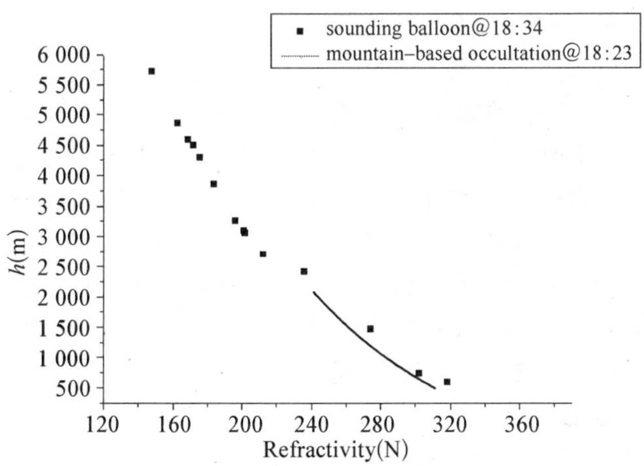

图 5.2.7 2005 年 8 月 17 日山基掩星观测的折射率廓线与探空折射率廓线的比较

分在兴隆县施放的探空仪观测的温、压、湿廓线计算得到的大气折射率廓线。二者在时间上仅相差10分钟，但数据相当一致。附表给出的是相应的观测参数与计算得到的折射率。

表5.2.2 掩星和探空的观测数据

	时间	高度角	方位角	纬度	经度
开始	18:23:50.00	−2.66	188.08	37.963	117.008
结束	18:42:58.00	4	185.36	40.598	117.481

高度(m)	掩星(N)	探空(N)	偏差(N)	相对偏差
584	305.73	318.2	−12.47	−0.039
742	296.24	302	−5.76	−0.019
462	262.81	274.5	−11.69	−0.043

对获取的山基GPS掩星数据及相应的检验数据的对比分析表明：

(1) 由山基GPS掩星数据计算的折射率廓线与相应的探空折射率廓线是基本吻合的，尤其是变化趋势符合得更好。

(2) 山基掩星观测得到的折射率相对探空气球资料有略偏小的趋势。

(3) 在接收机高度和近地面处误差更大一些。

(4) 多台GPS接收机对同一GPS掩星信号的符合率相当好，其精度优于1%。

5.2.3 地基GPS探测大气水汽

1. 大气对GPS观测的影响

大气的折射作用使GPS卫星发送的带有时钟标识和星历电文的无线电信号在传送至地面接收站的过程中会产生延迟现象(即传送的时间增长)。这种时间延迟主要来自大气对电磁波传播的如下两方面影响：大气的折射使电波的传播路径变弯曲(即路径增长)和电波在大气中的实际传播速度 c 小于真空中的速度 c_0。上述传播时间的延迟等效于传播路径的增长。即用真空中的光速乘以信号传播时间得到的距离要大于导航卫星和接收机之间的几何距离。这一距离差就是大气的总延迟 ΔL。

$$\Delta L = \int c_0 \frac{\mathrm{d}s}{c} - L \tag{5.2.15}$$

这里的 S 是电磁波在大气中的传播路径，L 是导航卫星到接收机之间的几何距

离，根据折射率 n 的定义，有 $n = c_0/c$，这样(5.2.15)式可改写为

$$\Delta L = \int n(s)\mathrm{d}s - L = \int [n(s) - 1]\mathrm{d}s + (S - L) \tag{5.2.16}$$

式中 $S - L$ 是由于传播路径弯曲引起的距离差，一般小于 1 cm，可以忽略不计，因此有

$$\Delta L = \int n(s)\mathrm{d}s - L = 10^6 \int N(s)\mathrm{d}s \tag{5.2.17}$$

式中 $N(s) = [n(s) - 1] \times 10^6$ 为电磁波在大气中传播的折射指数。根据折射率与介电常数和极化率的关系，以及混合气体的极化率加法原理，对群折射率有

$$\begin{aligned} N &= 77.6\frac{p}{T} + 3.73 \times 10^5 \frac{e}{T^2} + 40.28 \times 10^6 \frac{n_e}{f^2} \\ &= 77.6\frac{p_d}{T} + \left(77.6 + \frac{3.73 \times 10^5}{T}\right)\frac{e}{T} + 40.28 \times 10^6 \frac{n_e}{f^2} \\ &= N_d + N_w + N_e \end{aligned} \tag{5.2.18}$$

在(5.2.18)式中 T 是气温，p_d 和 e 分别是干空气的气压和水气压(hPa)，n_e 是电离层的电子数密度(个/m^3)，f 是电磁波频率(Hz)。N_d、N_w 和 N_e 则分别称为干项、湿项和电离层项，分别表示干空气、湿空气和电离层引起的电波折射。由(5.2.17)式和(5.2.18)式可以看出，ΔL 是大气参数 T、ρ、e 和 n_e 的函数。如果已知这些参数的垂直分布，则通过积分就可以算出大气引起的延迟量，从而进行对"伪距"的订正，进一步计算出 GPS 接收机所处的准确位置，这也就是 GPS 定位中的大气订正问题。

2. 地基 GPS 测量大气柱水汽含量的原理

当 GPS 卫星发送的电波信号穿过地球大气达到地面接收机时，地球大气的各个部分都要与它发生相互作用。如：电离层对电波的折射，干空气对电磁波的折射，对流层湿空气对电磁波的折射等等。如果把各个部分相互作用的延迟量引入到解算模型中，并逐项考虑误差的来源和消除办法，对高精度的大气延迟量(毫米量级)与定位参数一起求解。而后，通过双频技术订正电离层延迟到毫米量级，通过地面气压观测量订正干空气的延迟到毫米量级，最后得到毫米量级的湿空气延迟，由此，提取出大气柱的总水汽含量。这就是 1992 年 Bevis、Businger S 等(1992)等提出的利用 GPS 技术遥感大气水汽含量的主要思路。Rocken C、Van Hove T、Johnson J、Solheim F、Ware R、Bevis M、Businger S、Chiswell S 等(1995)进行了 GPS 风暴实验，证明了利用 GPS 技术探测大气水汽含量的可行性。

(1) 用双频技术订正电离层延迟

实际资料计算分析表明，电离层延迟在天顶方向最大可达 50 m(在太阳黑子活动高峰年的 11 月份白天)，在高度角为 20°的倾斜方向更高达150 m。这样大

的不确定性，不仅在测量、导航等方面应用时应该考虑，在大地测量、地壳形变观测等要求精密定位的应用部门，更是不可容忍的误差来源。

由(5.2.18)式可知，在折射率的各项中，干空气项(N_d)和湿空气项(N_w)对电波的频率(f)不敏感，而电离层项(N_e)则与频率的关系极大(与f^2成反比)。利用双频技术，订正电离层延迟(即电离层折射项)的依据就在于此。

现以测码伪距法为例，讨论电离层延迟的订正问题。设$(\Delta L_e)_{f_1}$和$(\Delta L_e)_{f_2}$分别为两个频率的电离层延迟。由于这两个频率的电波信号是沿着同一条路径到达接收机位置，地球大气对这两频率的延迟之差为

$$(\Delta L)_{f_1-f_2} = (\Delta L_d + \Delta L_w + \Delta L_e)_{f_1} - (\Delta L_d + \Delta L_w + \Delta L_e)_{f_2} = (\Delta L_e)_{f_1} - (\Delta L_e)_{f_2} \tag{5.2.19}$$

$$(\Delta L_e)_{f_1} = (\Delta L_e)_{f_2} + (\Delta L)_{f_1-f_2} = (\Delta L)_{f_1-f_2}\frac{f_2^2}{f_2^2-f_1^2} \tag{5.2.20}$$

若以$f_1 = 1\,575.42\times10^6$ Hz和$f_2 = 1\,227.60\times10^6$ Hz代入，得

$$(\Delta L_e)_{f_1} = -1.545\,73(\Delta L)_{f_1-f_2} \tag{5.2.21}$$

(5.2.21)式表明，可以通过两个频率电波的信号延迟差$(\Delta L)_{f_1-f_2}$来推算其中任一频率的电离层电波信号延迟。这就是为什么GPS卫星要用f_1和f_2两个频率来发送电磁波信号的原因。这样做可以使电离层信号延迟的订正精度达到毫米量级。

在上面的讨论中未考虑电离层折射率的高阶项和地磁场的影响等。在电子含量很大，卫星高度角很小的情况下，上述因素可使订正精度下降到厘米量级。

(2) 静力延迟

Thayer(1974)在1974年给出了一个比较准确的大气对电波产生折射的表达式：

$$N_d + N_w = k_1\frac{P_d}{T}Z_d^{-1} + k_2\frac{e}{T}Z_w^{-1} + k_3\frac{e}{T^2}Z_w^{-1} \tag{5.2.22}$$

式中k_1、k_2、k_3是实验常数，分别是$k_1 = (77.604\pm0.014)$K/hPa，$k_2 = (64.79\pm0.08)$K/hPa，$k_3 = (377.600\pm400)\mathrm{K}^2$/hPa。$Z_d$和$Z_w$分别是干空气和湿空气的可压缩系数，它们都十分接近于1，这样(5.2.22)式可写为

$$N_d + N_w = k_1\frac{P_d}{T} + k_2\frac{e}{T} + k_3\frac{e}{T^2} \tag{5.2.23}$$

若要对(5.2.23)式所表示的折射率N_d和N_w进行垂直积分，则应知道P_d、T和e的垂直分布。为此，1985年Davis(1985)对(5.2.23)式右端的前两项使用状态

方程，把大气延迟量与地面气象观测值和水汽总量联系起来，得到：

$$\Delta L = 10^{-6}\left[\int k_1 R_{\mathrm{d}} \rho \mathrm{d}s + \int_s \left(k_2^1 + \frac{e}{T}\right)\frac{e}{T}\mathrm{d}s = \Delta L_{\mathrm{h}} + \Delta L_{\mathrm{w}}\right] \tag{5.2.24}$$

方程(5.2.24)式右端的第一项 $\Delta L_{\mathrm{h}} = 10^{-6}\int_s k_1 R_{\mathrm{d}} \rho \mathrm{d}s$ 称为流体静力学延迟项，第二项称为湿 $\Delta L_{\mathrm{w}} = \int_s \left(k_2^1 + \frac{e}{T}\right)\frac{e}{T}\mathrm{d}s$ 延迟项。

对于天顶方向的垂直路径，大气的静力学延迟项可有如下表达式

$$\Delta L_h^{\circ} = 10^6 \int k_1 R_{\mathrm{d}} \rho \mathrm{d}z \tag{5.2.25}$$

在静力平衡的假设 $\rho \mathrm{d} z = -\frac{1}{g}\mathrm{d}p$ 下，如果重力加速度 g 为常数，则(5.2.25)式可改写为

$$\Delta L_h^{\circ} = 10^{-6} k_1 R_{\mathrm{d}} \frac{p_{\mathrm{s}}}{g} \tag{5.2.26}$$

式中 p_{s} 为整层大气的气压积分，即地面气压观测值。利用(5.2.26)式可直接由地面的气压观测值 p_{s} 估算静力延迟 $\Delta L_{\mathrm{h}}^{\circ}$。为了达到毫米量级的估算精度，还应考虑重力加速度 g 随纬度和高度的变化，Elgered 在 1992 年得到以下表达式：

$$\Delta L_{\mathrm{h}}^{\circ} = (2.2779 \pm 0.0024)\frac{p_{\mathrm{s}}}{f(\varphi, h)} \tag{5.2.27}$$

式中 $f(\varphi, h) = [(1 - 0.0026\cos(2\varphi) - 0.0028h)]$，$\varphi$ 是地理纬度，h 是地面 GPS 接收机位置处的海拔高度(km)，地面气压 p_{s} 的单位是 hPa，静力延迟 $\Delta L_{\mathrm{h}}^{\circ}$ 的单位是 mm。当地面气压为 1 000 hPa 时，大气(干空气)造成的静力延迟是 2.278 m。如果大气不处于静力平衡状态，上式的计算结果会与实际情况有一定偏差，误差的大小依赖于实际风场和地势分布，大约为正常情况的 0.01%，对应天顶约为 0.2 mm，极端情况下也只有毫米的误差。

(3) 由湿延迟计算大气的积分水汽含量

在 GPS 卫星信号传播到地面的总延迟中，扣除电离层延迟和静力延迟之后，就得到湿空气产生的延迟 ΔL_{w}，其值在 0—60 cm 之间。因为这部分延迟主要来自大气中的水汽极化分子与电波相互作用而产生的大气折射，故称之谓“湿延迟”。对天顶方向的垂直路径，其表达式为

$$\Delta L_{\mathrm{w}}^{\circ} = 10^{-6}\left(k_2^1 \int \frac{e}{T}\mathrm{d}z + k_3 \int \frac{e}{T^2}\mathrm{d}z\right) \tag{5.2.28}$$

引入整个气层的加权平均温度 $T_m = \int(e/T)dz \Big/ \int(e/T^2)dz$，它是一个与对流层温度垂直分布和水汽垂直分布有关的物理量。大量探空资料的积分统计分析发现，T_m 与地面温度 T_s 有很好的线性关系，即

$$T_m = a + bT_s \tag{5.2.29}$$

图 5.2.8 是利用北京站全年 584 份探空资料(00 点和 12 点各 292 份)垂直积分后得出的 T_m 与 T_s 的点聚图。其线性相关关系非常好。这样，在实际应用中可以通过地面气温观测值(T_s)来确定参数 T_m。对中国地区的统计分析表明，回归系数 a 和 b 的年平均值可以分别取为44.05和 0.81。

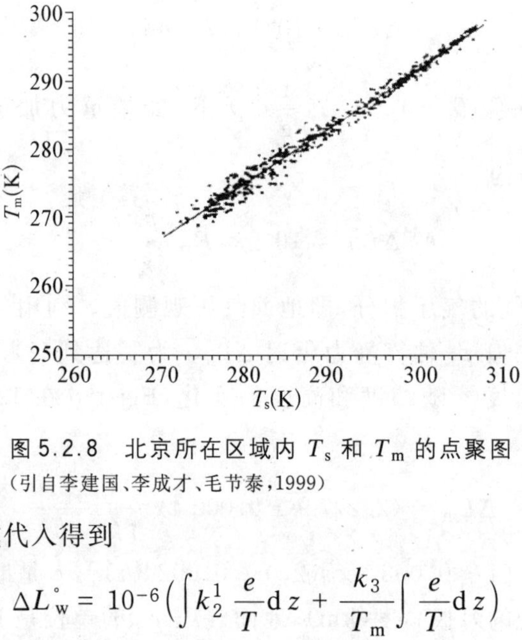

图 5.2.8 北京所在区域内 T_s 和 T_m 的点聚图
(引自李建国、李成才、毛节泰，1999)

将 T_m 表达式代入得到

$$\begin{aligned}\Delta L_w^\circ &= 10^{-6}\left(\int k_2^1 \frac{e}{T}dz + \frac{k_3}{T_m}\int \frac{e}{T}dz\right) \\ &= 10^{-6}R_v\left(k_2^1 + \frac{k_3}{T_m}\right)\int \rho v\, dz\end{aligned} \tag{5.2.30}$$

如果用符号 PW 表示整层大气的积分水汽量(或称为可降水量)，表示单位面积气柱的水汽全部凝结并降落到地面的水的厚度

$$PW = \frac{1}{\rho w}\int_o^\infty \rho v\, dz \tag{5.2.31}$$

$$PW = \frac{10^6}{\rho w R_v(k_2^1 + k_3/T_m)}\Delta L_w^\circ = \Pi \cdot \Delta L_w^\circ \tag{5.2.32}$$

这就是目前国际上通用的由 GPS 反演湿延迟 ΔL_w°，再计算大气柱总水汽量 PW 的公式。总水汽量与湿延迟的比例系数约为 0.15。对垂直大气路径而言，1 mm 的积分水汽含量大约可以产生 6 mm 的积分湿延迟(Duan J and coauthors,

1996;Businger S and coauthors, 1996)。图 5.2.9 是上海站在 1997 年 7 月 31 日—8 月 21 日期间,利用 GPS 反演的水汽含量与探空得到的水汽总量的对比图,二者是相当一致的。图 5.2.10(彩图见第 701 页)是由 1999—2003 年乌鲁木齐站的 GPS 观测资料反演得到的水汽总量的年变化和年际变化。

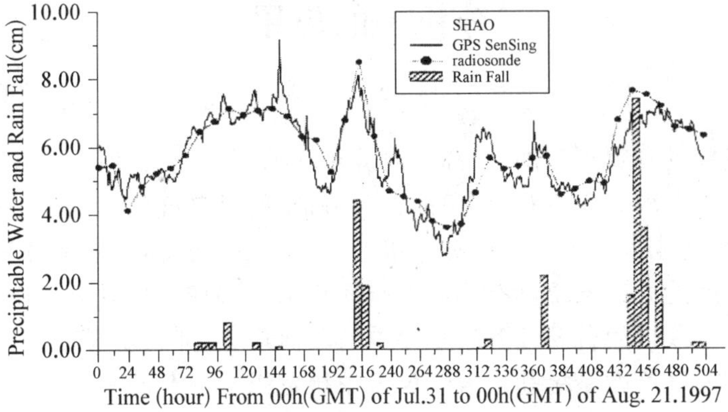

图 5.2.9 上海站 1997 年 7 月 31 日—8 月 21 日期间利用 GPS 反演的水汽含量与探空得到的水汽总量的对比图
(引自李成才、毛节泰、李建国等,1999)

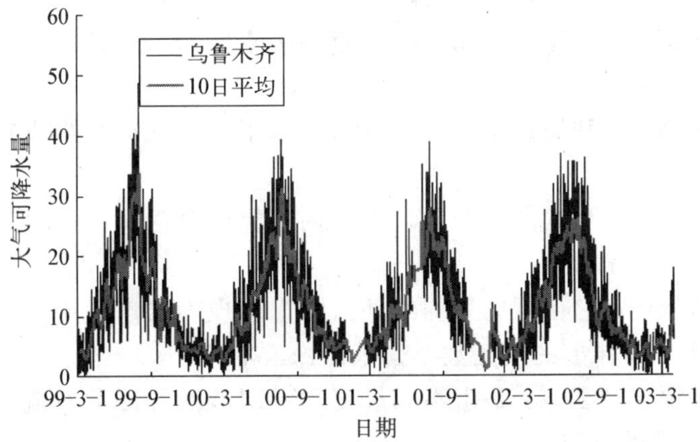

图 5.2.10 乌鲁木齐站 1999—2003 年 GPS 观测的年和年际大气可降水量 (引自曹云昌、方宗义等, 2003)

2000 年 6—8 月,国家卫星气象中心、北京大学和北京市气象局等单位在北京进行的 GPS/VAPOR 试验,观测从 2000 年 6 月 1 日开始,到 8 月中旬结束。利用南郊观测场的探空站资料,对南郊反演的 GPS 探测水汽与利用常规探空资料计算的大气可降水量进行了比较,从 6 月 13 日 20 时到 8 月 1 日每天两次探空和 GPS 同时刻的水汽探测值相比,其均方根误差为0.3 cm,平均值之差为 0.04 cm(曹云昌、方宗义等, 2005)。

5.3 气象卫星资料在天气分析中的应用

气象卫星具有观测范围大、高空时分辨率的探测能力，而不同尺度的天气系统在卫星云图上均具有直观、形象的云系特征，所以自气象卫星第一张卫星云图诞生以来，她就成为了天气分析和预报的重要工具(陶诗言、方宗义等，1979)。

不同尺度的天气系统具有不同的空间范围、生命时间，对天气产生不同的影响。天气分析预报的首要任务就是要弄清环流形势，即行星尺度天气系统，以及在此之下的天气尺度系统和在天气尺度系统背景下活跃的中尺度系统。

副热带高压和青藏高压、中高纬度的阻塞高压、切断低压和极地涡旋以及热带地区的赤道辐合带、季风涌、大洋中部槽等是控制中期天气过程的主要行星尺度天气系统。这些天气系统在卫星图像上都有特定的云型特征和图像特征，可以对其进行有效的监测和分析，例如：

(1) 副热带高压：通过云图上的大范围晴空区和云迹风资料可以对其进行识别分析；

(2) 青藏高压：利用高空云迹风资料可以很方便地分析出青藏高压中心的位置及东西向脊线；

(3) 阻塞高压：水汽图上的头边界和内边界是分析这一行星尺度天气系统直观而有效的工具；

(4) 切断低压：它在可见光和红外云图上表现为尺度数千公里的螺旋状云系及其向西南方向伸出的绵延数千公里冷锋云带；

(5) 赤道辐合带云系：是由不同尺度和不同活跃程度的对流云团组成的季风辐合带和信风辐合带。

5.3.1 中尺度天气系统

中尺度对流复合体(MCC)和中尺度对流云团(MCS)是镶嵌在锋面切变线等天气尺度系统背景下产生强降水的主要天气系统。此外，强对流云团和弧状云线、背风波云系、细胞状云系、积云线等则是引发几小时之内强对流天气的主要云系，例如：

强对流云团和弧状云线 在图5.3.1(彩图见第702页)上为具有弧状云线

前边界的对流云团。在两个雷暴云团外流边界的相交处具有较强的辐合，几小时后最易在那里产生新的大而强的雷暴云团。

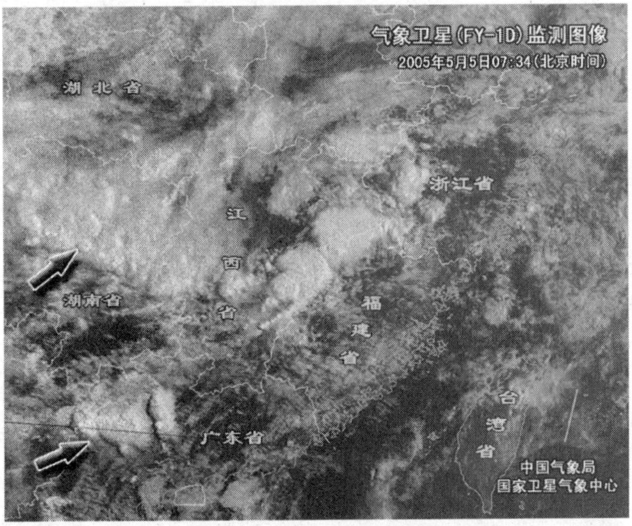

图 5.3.1 强对流云团

细胞状云 冬半年当冷空气离开大陆进入到较暖的洋面时，空气的下部会受到局地加热，形成湍流混合，产生如图 5.3.2(彩图见第 702 页)所示的开口细胞状云和闭口

图 5.3.2 中纬度洋面上的细胞云系

细胞状云。细胞状云出现处的洋面风速与开口的形状和直径大小有关。如果一般的开口细胞处风速为 10 m/s，则细胞云直径的迅速缩小则表示海面风速迅速增大。通过开口细胞的形状和大小可以推算出那里的海面风速。图 5.3.2 是这类云系的一个图例。

山脉背风波云系　在山脊的背风一侧，在大气层结稳定的情况下，由于山脊对气流的阻挡会使空气作强迫的垂直方向上下运动，进而产生如图5.3.3所示的横断山东侧的背风波云系。显然，背风波云系的波长和空气质点的水平移动，即风速大小有关。因此，通过背风波云系波长的大小可以推算出那里的水平风速。

图5.3.3　出现在横断山东侧的山脉背风波云系

5.3.2　暴雨云团的监测分析

卫星在中尺度对流系统的监测和研究方面具有独特的优势，高时空分辨率的静止卫星可以用作识别大气中正在发生的动力和热力过程，可以监测小到单个对流云团、大到行星尺度天气系统的发生、发展和演变。另外，在人烟稀少和地面气象资料缺乏地区，卫星资料能提供唯一的预报依据。对于不同轨道的气象卫星而言，尽管极轨卫星搭载有较高空间分辨率的光谱成像仪、扫描辐射计和大气垂直探测器，但由于时间分辨率低，每天过境两次，很难满足中尺度监测和分析的要求。静止卫星，如 FY-2C 可以提供每小时一次(汛期观测模式可以提供每 30 分钟一次观测，若将 FY-2C 和 FY-2D 联合使用，则可以得到每 15 分钟一次观测)的可见光、红外和水汽图像，以及每日 4 次的云导风、TBB(相当黑体亮温)等产品，可以满足中尺度监测和分析的要求。卫星云图上的暴雨云团可以涵盖 γ 到 α 中尺度的对流云团，即水平尺度在 2—2 000 km、生命史从几十分钟到十几小时。显然，依据星载仪器观测的时空分辨率，卫星对暴雨云团适宜的监测对象应该是 β 中尺度(或尺度更大，如 α 中尺度)的对流云团，即空间尺度在 20 km 以上，生命史在几小时的对流云团。这些对流云团不同于一般的对流单体，也有别于 Browning K A、Foote G B(1976)描述的多单体和超级单体，它们是有组织的中尺度对流系统(Mesoscale Convective System,简称 MCS)。在卫星红外云图上,有组织的中尺度对流系统表现为大的冷卷云盖,通常可根据它们的形状、大小和持续时间划分为不同的类型,包括飑线、中尺度对流复合体(Mesoscale Convective Complex,简称 MCC; Maddox R A, 1980) 和对流风暴群,它们经常产生暴雨、冰雹、强风、龙卷等灾害天气,但很多时候由于其尺度较小,仅依靠常规的观测网难以对其进行追踪、分析和预报。

在暴雨云团发生的大尺度环流背景的研究方面,(Maddox,1983;Fang,1985;李玉兰等,1993;江吉喜等,1998;覃丹宇、方宗义、江吉喜, 2004)先后指出这些中尺度对流系统经常发生在静止锋或低层切变线西端、西南急流的左前端和 500 hPa 短波槽的前方。此外还概括了暴雨云团发生发展的大尺度云型模式和水汽型模式(郑新江,1998)。

1. 中尺度对流复合体

利用卫星云图监测和研究暴雨云团最成功的先例就是发现了 MCC。在静止卫星出现之前,人们对这种造成 80%以上灾害天气事件的高度有组织的中尺度对流系统基本上没有认识。20 世纪 80 年代到 90 年代是研究 MCC 的鼎盛时期。MCC 的定义首先由 Maddox R A(1980)提出,指的是一种近椭圆形、生命史较长的 α 中尺度对流系统,这是根据卫星红外云图给出的形态上的定义(表 5.3.1)。在以后的研究中,逐渐认为红外亮温≤-32℃ 面积或最大范围时偏心率≥0.7 的条件限制不是必需的(Anderson C J ,Arritt R W, 1998)。

表 5.3.1 MCC 的定义 (引自 Maddox R A, 1980)

物理特征	
尺度	① 红外亮温≤-32 ℃的冷云盖面积≥10^5 km^2 ② 红外亮温≤-52℃的冷云盖面积≥5×10^4 km^2
开始时间	条件①和②满足的时间
生命史	同时满足条件①和②的时间≥6 h
最大范围	连续的冷云盖(红外亮温≤-32℃)达到最大时的面积
外形	椭圆形,在最大范围时刻偏心率≥0.7
结束时间	条件①和②不再满足的时间

MCC 在美洲主要产生龙卷、冰雹、暴洪、下击暴流,我国多产生暴雨和冰雹;项续康等(1995)研究我国南方地区 MCC 认为,MCC 所产生的天气和各发展阶段密切相关。在发生、发展阶段,降水量相对小一点,但强对流天气主要发生在这两个阶段内。美国的 MCC(Augustine J A, Howard K W, 1991) 在此阶段内

经常产生龙卷,我国的 MCC 在此两阶段内多产生强雷暴和冰雹,暴雨主要发生在 MCC 的成熟阶段。马禹等(1997)通过对 1993—1995 年 3 年夏季的普查,共获得 23 个 MαCS 和 584 个 MβCS,其时空分布如图 5.3.4(马禹、王旭、陶祖钰,1997)。

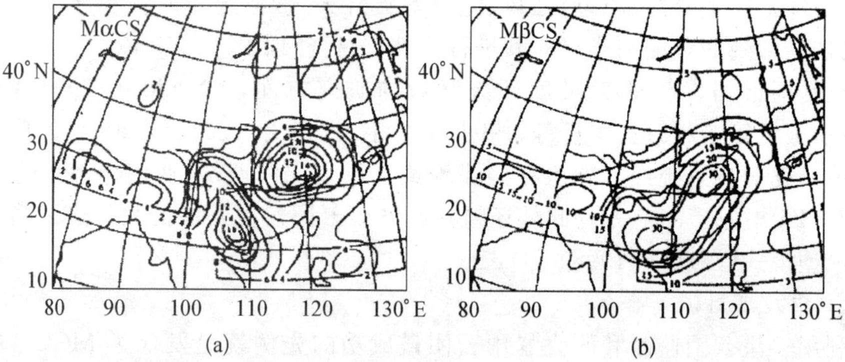

图 5.3.4 1993—1995 年夏季 8 个半月的 MCS 分布 图中数字表示每 5 个经纬度范围内 MαCS 或 MβCS 的个数,按成熟时的位置统计(引自马禹等,1997)

2. MCC 的移动和传播

方宗义(1986)指出,作为气候平均,无论哪一种中纬度天气尺度背景条件下发生的暴雨云团都取偏东方向移动。随着季节和类型不同,平均路径也有差异。前汛期(5—6 月)趋于向东—东南方向;7—8 月以向东—东北方向为主;8 月下旬—9 月初又以向东和东南方向为主。就类别而言,冷锋低槽类以向东南方向为主;北槽南涡类移动方向差异很大,如果冷空气较强,属冷切变性质,则向东偏南方向;冷空气不强,属暖切变性质则向东偏北方向移动。作为个别暴雨云团的移动,尤其是短期移动则受多种因素的制约,既有对流单体的新陈代谢所表现出来的传播特征,也有在环境风场、大尺度天气系统作用下的平均单体移动,传播本身又与风暴大小、低层水汽供给的方向等因素有关。李玉兰等(1993)分析梅雨锋上对流云团在长江中上游地区生成后自西向东移动。项续康等(1995)统计了我国南方 10 个 MCC 特征,指出它们的移动方向大体与 700—500 hPa 之间的平均气流方向相近。主要原因是春末夏初西南季风活跃,我国南方对流层低层盛行西南气流;对流层中层不断有短波槽经青藏高原后向东传播。在两种系统的共同作用下,MCC 及其前期的小对流云团经历一段时间向东南方向移动后转向偏东方向移动。卫星观测的中尺度对流系统传播特征可以归纳为连续传播和跳跃性传播两类,其中又都可以有向前和向后传播的行为,仔细分析其环境条件可以对其进行传播预报(Jiang Shi and Scofield R A,1987)。

3. 中尺度暴雨云团发生的天气尺度云型模型

陶诗言等(1983)指出,华南前汛期暴雨和长江流域梅雨期间的中尺度云团,常出现在连续的锋面切变云系的西端、活跃的西南季风云系和高原东移的中纬度短波槽逗点云系的相交区内。图 5.3.5 是根据我国汛期东部地区若干次暴雨过程总结出来的中尺度暴雨云团形成和发展的综合云系模型。图上的方框区是最有利于中尺度暴雨云团形成的地区。那里是东北—西南走向的锋面切变线云带的尾部、西南季风云系的北部、500 hPa 短波槽云系前部。在这种天气尺度云系的配置下,方框区的中低层是辐合区、有源源不断的水汽供给,其中高层则是 500 hPa 槽前正涡度平流的辐散区,中上层的弱冷空气侵入则形成位势不稳定层结,使得这一地区为最有利于对流云团发展的地区。

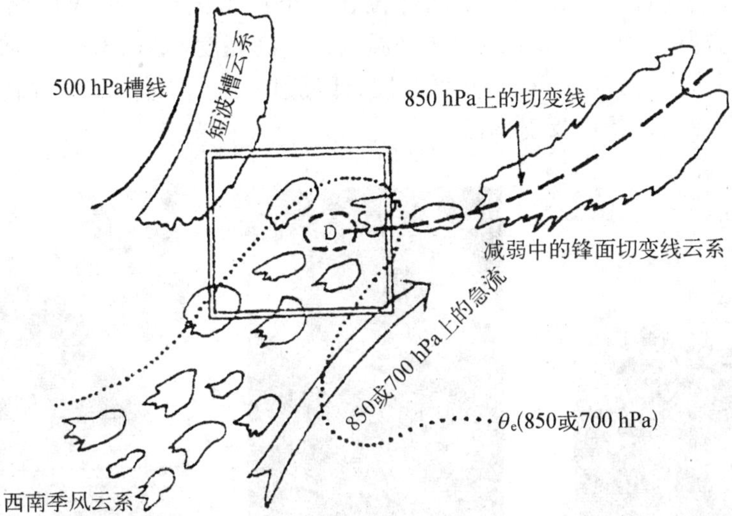

图 5.3.5 中尺度暴雨云团形成和发展的综合云系模型

4. 分析暴雨云团顶部的微物理特征

为了分析中尺度对流云团的微物理特征,刘健、许健民、方宗义(1999),刘健、董超华(2002)等发展了多通道云顶相态识别技术。根据对可见光和近红外探测通道的辐射传输模拟计算,利用极轨气象卫星可见光和红外扫描辐射仪的可见光通道(Ch_1)、红外窗区通道(Ch_4)和近红外反射辐射通道(Ch_6,即 1.6 μm)的恰当组合,分析云顶的微物理特征(张文建、方宗义等,2006)。

当云具有一定光学厚度时,云顶粒子尺度越大,云相态由水相变为冰相时,可见光通道的反射率和 1.6 μm 近红外通道的反射率之间的差值变大,且1.6 μm 通道的反射率小于可见光通道的反射率。这些事实表明,冰云和水云在 1.6 μm 通道的反射率上存在显著差异。根据以上辐射传输模拟计算结果,提出了一个简单的云顶粒子判识方法。根据对可见光和近红外通道的辐射传输计算,可以形成如下的判定云相态的步骤:

(1) 对象元进行云检测、判断该象元是云还是晴空,若是云则进行下一步;

(2) 比较该象元通道 1 和通道 6(1.6 μm 通道)的反射率，如果通道 6 的反射率明显低于通道 1 的反射率则进行下一步；

(3) 若该象元通道 4 的亮温低于 220 K，则判识此象元为冰云，反之则为水云。

图 5.3.6a、b、c 是 2002 年 6 月 23 日 08 时左右(北京时)FY－1D 通道 1、4 和 6 的图像，此时 FY－1D 星下点正好经过这次暴雨过程的第三个 MCC 附近。对 FY－1D 三个通道的辐射测值分析表明，长江流域梅雨锋云带在通道 1 图像上的反射率大于 40%，说明此云带为密蔽云区(图 5.3.6a)。对比分析图 5.3.6b 和图 5.3.6c 表明，这一云带的不同部位在两个通道图像上的辐射测值差异甚大，有的地方甚至相反。如：通道 4 亮温图像上高亮度(图 5.3.6b)的低温云区，在通道 6 图像上(图 5.3.6c)却是低亮度、低反射率区。而低亮度的高温云区，在通道 6 的图像上却是高反射率区。

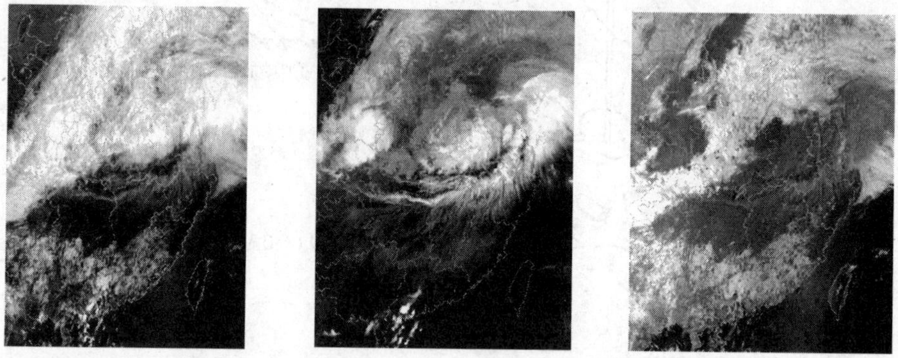

2002年6月23日FY-1D通道1,4,6的图像

(a) (b) (c)

图 5.3.6 2002 年 6 月 23 日 FY－1D 通道 1(a)、4(b)、6(c)的图像

利用前面提到的冰云和水云的判识规则，对 5.3.6a、b、c 三幅图像进行处理，得到该观测时次的云相态识别图(图 5.3.7(彩图见第 702 页))。图上的白色、青色和紫色代表冰云，黄色代表水云，蓝色为晴空水体、绿色为晴空陆地。通过相应时刻探空资料和三通道辐射测值的对比分析，1 通道高反射率、4 通道低亮温、6 通道低反射率区和 300—200 hPa 的高相对湿度值与判识的冰云区相对应，从一个侧面证实了此方法对水云和冰云判识的正确性。

图 5.3.7 说明，发展到成熟并开始衰亡的这次降水过程的第三个 MCC，其上部仍主要由冰云组成。为了分析这种相态的云对地面降水的贡献，我们在其上迭加了相应时刻的 1 h 等雨量线。大于每小时 1 mm 降水率的区域均出现在冰云当中，最为密实的白色调区内，降水强度最大的区域位于密实的冰云向水云过渡的冰云一侧，那里也是对流云团高空上风方向一侧，云顶亮温梯度最大的区

域。这就是说对流旺盛、云顶亮温很低的MCC,其上部主要是冰云区,即使在开始减弱的时候,其状况也是如此。

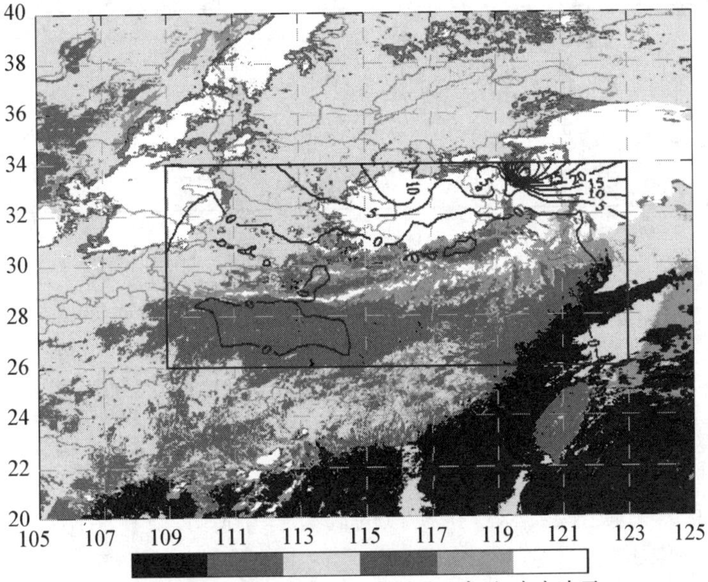

图 5.3.7 2002 年 6 月 23 日 FY-1D 云相态识别图
图上迭加了 1 h 的等雨量线

5. 分析暴雨云团内部的水凝物分布

为了分析云内部水凝物的垂直分布,李小青和吴蓉璋等(2005)和傅云飞、宇如聪等(2003)研究了热带降水测量卫星(TRMM)的微波成像仪(TMI)探测资料处理方法。TMI 是一个 5 频率 9 通道的微波成像仪,在 10.65、19.35、21.3、37.0 和 85.5 GHZ 频率中,除 21.3 GHZ 仅有垂直极化外,其余频率均为双极化。不同频率的分辨率不同,最高为 5 km (85.5 GHZ),最低为 45 km (10.65 GHZ),每条轨道的扫描宽度约760 km。表 5.3.2 给出 TMI 的主要参数。

表 5.3.2 TRMM 卫星微波成像仪的主要参数

通道号	频率(GHZ)	波长(cm)	极化性	视场大小(km×km)
1	10.65	2.80	垂直	9.1×63.2
2	10.65	2.80	水平	9.1×63.2
3	19.35	1.55	垂直	9.1×30.4
4	19.35	1.55	水平	9.1×30.4
5	21.3	1.41	垂直	9.1×22.6

（续表）

通道号	频率(GHZ)	波长(cm)	极化性	视场大小(km×km)
6	37.0	0.81	垂直	9.1×16.0
7	37.0	0.81	水平	9.1×16.0
8	85.5	0.35	垂直	4.6×7.2
9	85.5	0.35	水平	4.6×7.2

李小青等采用 Kummerow 等人(1996;1998)从 1989 年以来不断发展并逐渐完善的利用微波遥感资料反演地面雨强、水凝物廓线和洋面上空潜热垂直分布的方法。简称为 GPROF 方法。截至 2002 年 GPROF 已发展到第 6 版。GPROF 方法可以大体上概括为以下 5 个步骤：

(1) 建立云模式模拟降水廓线；

(2) 利用辐射传输模式计算上行辐射亮温；

(3) 建立云—辐射数据集,将模拟的高分辨率降水场和亮温场卷积为 TMI 各通道的分辨率；

(4) 有效控制云—辐射数据集中廓线数,以提高运算速度；

(5) 根据 TMI 观测亮温反演地面雨强、水凝物垂直廓线及潜热垂直分布。

李小青等 (2005)曾对 2002 年 6 月发生在湖南常德地区的暴雨云团和发生在南海上空的台风云系进行了分析,由 TMI 资料处理得到的地面降水率、降水云水凝物垂直分布等参数分别与同时期常德和香港多普勒雷达的观测结果和加工产品进行了对比分析。她们得到的结论是：GPROF 算法是 NASA 处理 TMI 资料的业务反演降水的算法,可同时适用于海洋和陆地。对中国两种地表的反演结果表明,此算法对中国地理区域产生的降水有较好的反演效果。GPROF 算法反演的水凝物廓线与地面多普勒雷达反演的降水垂直结构的对比分析表明,V.1 和 V.2 算法都可以获得降水过程中的对流信息,V.2 反演的对流强度和对流位置与雷达得到的降水垂直结构较为吻合。

正是基于上述研究结果,我们决定利用 GPROF 处理的 TMI 资料来研究 2002 年 6 月 20—24 日梅雨锋降水云团的水凝物垂直结构。图 5.3.8(彩图见第 702 页)给出了 6 月 22 日 00UTC 的处理结果。图 5.3.8 是该时刻的静止卫星云图,其上迭加了云顶辐射亮温等值线,红色调区表示亮温低于 −52℃ 的旺盛对流云区。图上通过云团中部的纬向白线表示图 5.3.8b、c、d、e 四幅垂直剖面图的剖线位置。他们分别表示用 GPROF 算法对 TMI 资料进行处理,得到的沿图 5.3.8a 剖线方向作出的水凝物垂直剖面。图 5.3.8b 是雨水的垂直剖面,主要分布在中尺度云团 6 km 以下的对流层中下部,浓度最大,超过 1.2 g/m^3 的区域主要集中在云团中亮温最低的114°N、34°N。图5.3.8c是可降冰(precipitable ice)的垂直剖面图,此图说明,云团上空3—17 km的范围内皆由可降冰组成,其中浓度最大值大于1.0 g/m^3,位于6—8 km之处,对比可降冰和雨水的垂直剖面图表明,云团内部可降冰的范围在垂直和水平方向皆比雨水的范围大得多。图5.3.8d和5.3.8e分别是沿剖面云水(cloud liquid water)和云冰(cloud ice water)的垂直分布,云水主要分布在10 km以下,云冰则分布在8—18 km之间。综合分析图5.3.8表明,云顶亮温低于-52℃的区域是雨水、可降冰、云水和云冰最丰富的区域,且在所有水凝物中可降冰和云冰的总量较雨水和云水的总量大得多。这一观测事实分析结果与前面利用可见光和红外卫星资料处理得到的MCC的顶部,尤其是T_{BB}低于-52℃的云顶主要是冰云,且降水主要发生在云的顶部为冰云区的结论是完全一致的。

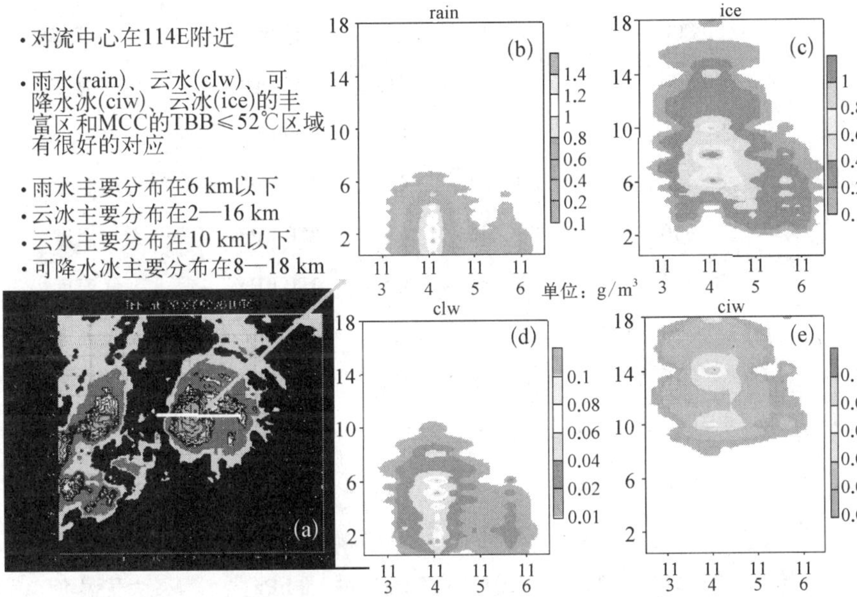

图5.3.8 2002年6月22日0100UTC的卫星云团及TMI资料反演的水凝物垂直分布

6. 分析暴雨云团内部的温湿结构

常规无线电探空资料的空间分辨率和时间分辨率不足以分析中尺度暴雨云团的垂直结构。目前极轨气象卫星上探测大气温湿分布的ATOVS探测器由高分辨红外辐射仪(HIRS)和先进的微波探测器(AMSU)两部分组成。如果把具有全天候探测能力的先进的微波探测器(AMSU)资料同化到分析场中去,就能得到含有中尺度信息的温、湿场。

表5.3.3是AMSU-A和B两部分的主要技术参数,其中AMSU-A的星下点分辨率为48 km,主要用于探测大气温度的垂直分布;AMSU-B的星下点

分辨率是16 km，用于探测大气湿度垂直分布。此表说明，AMSU -A的第4—14通道提供了大气温度信息，AMSU - B的第18—20通道提供了大气湿度信息（董超华等，1999）。

表5.3.3 AMSU探测器的主要技术参数

通道序号	中心频率（MHz）	通道宽度（MHz）*	主要吸收成分	峰值能量贡献高度	主要探测目的
		AMSU - A2			
1	23 800	251.02	窗区	地表	地表特征、可降水等
2	31 400	161.20	窗区	地表	地表特征、可降水等
		AMSU - A1			
3	50 300	161.14	窗区	地表	表面发射率
4	52 800	380.52	O_2	1 000 hPa	大气温度
5	53 596 + / − 115	168.20	O_2	700 hPa	大气温度
6	54 400	380.54	O_2	400 hPa	大气温度
7	54 940	380.56	O_2	270 hPa	大气温度
8	55 500	310.34	O_2	180 hPa	大气温度
9	f_0 = 57 290.340	310.42	O_2	90 hPa	大气温度
10	f_0 + / − 217	76.58	O_2	50 hPa	大气温度
11	f_0 + / − 322.2 + / − 48	35.11	O_2	25 hPa	大气温度
12	f_0 + / − 322.2 + / − 22	15.29	O_2	12 hPa	大气温度
13	f_0 + / − 322.2 + / − 10	7.93	O_2	5 hPa	大气温度
14	f_0 + / − 322.2 + / − 4.5	2.94	O_2	2 hPa	大气温度
15	89 000	1998.98	窗区	地表	地表特征、可降水等
		AMSU - B			
16	89 000 + / − 900	1 000	H_2O	地表	地表特征、可降水等
17	150 000 + / − 900	1 000	H_2O	1 000 hPa	可降水等
18	183 310 + / − 1 000	500	H_2O	400 hPa	大气湿度
19	183 310 + / − 3 000	1 000	H_2O	600 hPa	大气湿度
20	183 310 + / − 7 000	2 000	H_2O	800 hPa	大气湿度

注：* 表示AMSU - A仪器实际测量带宽。

为了发挥多种探测技术优势，我们采用近年来发展十分迅速的三维变分同化技术来形成含有卫星观测信息的大气热力场。张华等(2003)发展了一个三维变分分析方案，其主要特点是：

(1) 目标函数采用增量形式；

(2) 控制变量考虑了质量场和风场之间的平衡约束关系；

(3) 通过变量变换进行预调节，明显地降低了目标函矩阵的条件数，改善了收敛性，避免了直接计算背景误差协方差矩阵的逆矩阵的困难；

(4) 下降算法调用有限内存的 BFGS 方法(拟牛顿算法中的一种)。

理想试验结果表明，该方案多变量之间相互作用关系合理，收敛迅速，得到令人满意的结果。

同化中另一个重要问题就是观测算子及其计算。在 AMSU 信息的同化中，其观测算子就是如下式的辐射传输方程。

$$L(\upsilon,\ Q) = (1 - N)L^{\mathrm{clr}}(\upsilon,\ \theta) + NL^{\mathrm{cld}}(\upsilon,\ \theta)$$

上式中 $L^{\mathrm{clr}}(\upsilon,\ \theta)$和 $L^{\mathrm{cld}}(\upsilon,\ \theta)$分别是卫星在晴空和有云情况下观测到的辐射率，$N$ 是云量。

$$L^{\mathrm{clr}}(\upsilon,\ \theta) = \tau_{\mathrm{s}}(\upsilon,\ \theta)\varepsilon_{\mathrm{s}}(\upsilon,\ \theta)B(\upsilon,\ T_{\mathrm{S}}) - \int_{\tau_{\mathrm{s}}}^{1} B(\upsilon,\ \theta)\mathrm{d}\tau + (1 - \varepsilon_{\mathrm{s}}(\upsilon,\ \theta))\tau_{\mathrm{s}}^{2}(\upsilon,\ \theta)\int_{\tau_{\mathrm{s}}}^{1} \frac{B(\upsilon,\ T)}{\tau^{2}}\mathrm{d}\tau$$

$$L^{\mathrm{cld}}(\upsilon,\ \theta) = \tau_{\mathrm{cld}}(\upsilon,\ \theta)B(\upsilon,\ T_{\mathrm{cld}}) - \int_{\tau_{\mathrm{cld}}}^{1} B(\upsilon,\ T)\mathrm{d}\tau$$

在已知 T、q 场的情况下，求解 $L^{\mathrm{clr}}(\upsilon,\ \theta)$和 $L^{\mathrm{cld}}(\upsilon,\theta)$，进而得到$L(\upsilon,\ \theta)$值的核心，就是正演上述辐射传输方程。为此我们采用了欧洲中期数值预报中心(ECMWF)发展的快速辐射传输模式(RTTOV)作为观测算子的主体进行计算。

在 υ 值，即探测通道的选取中，为了避免地表反照率对温度和水汽反演结果的负面影响，去掉了 AMSU－A 的通道 1—4，AMSU－B 的通道 1—2。为了避免模式顶层以上插值方法引起的误差对温度和水汽反演结果的负面影响，去掉了 AMSU－A 的 12—15 通道。

张华利用自己发展的三维变分同化分析方案和 RTTOV 第 6 版本，针对 2002 年 0205 号台风，把 NOAA－16 的 AMSU 探测资料与由常规资料得到的背景场同化在一起。利用同化场对 0205 号台风进行动力场，热力场和垂直结构分析，得到了更为合理的结果，把同化场输入数值预报模式，其预报结果与实况符合得相当好。

图 5.3.9(彩图见第 703 页)a 是 2002 年 6 月 22 日 1 800 UTC 的红外增强显示云图，图上迭加了云顶亮温等值线，红色区域为云顶亮温低于－62℃的云

区，显示其对流十分旺盛。图 5.3.9b 是通过云团云顶亮温最低值处理所作的沿 117°E 南北向剖面。图上的温度场和湿度场是张华和张凤英等利用前面介绍的三维变分同化方案和快速辐射传输计算模式(RTTOV6)，把 2002 年 6 月 22 日 1 800 UTC 的 NCEP 格点资料作为背景场与同日 1 500 UTC 的 ATOVS 资料同化在一起得到的。图上的黑色线条为等比湿线(q，单位是 g/kg)，蓝色线条和不同色调表示区域温度距平值(是指等压面上的某格点的温度值对整个图面范围平均温度值之差)。此图表明，中尺度云团区的低空是一个由南向北向上伸展的高湿舌区，其上界大约在 700 hPa 高度附近。云团的北方则是一个由 38°N、700 hPa 高度向下插到湿舌下面的干楔。湿舌和干楔在空间的交汇区就是等压面上湿度梯度最大的区域，也是中尺度云团中云顶亮温低于 -52℃ 的区域。剖面图上的温度距平线分析表明，700 hPa 以下中尺度对流云团的北部是负距平区，最大值 -6℃，出现在 950 hPa 高度处，南部正距平的最大值 4℃ 也位于大约 950 hPa 高度处，但其近地面却几乎是零温度距平。云团的中上空，即 600 hPa 高度以上均是正距平，2℃ 的正距平最大值出现在整个中尺度对流云团上空的 250 hPa 高度处。图 5.3.9c 是沿 33°N 的东西向剖面图，图上的黑线是等比湿(q)线，蓝线是等温度距平线，白线是等位势高度距平线。等比湿线分析表明，在东西向剖面图上，800 hPa 以下的湿舌位于 114°—120°E 之间，并由东向西、向上伸展。干楔则由 111°E 的 800 hPa 高度处向下向东伸展。温度距平场同样指出，中尺度对流云团上空，600 hPa 以上为正距平，+2℃ 的距平中心位于 500—400 hPa 之间。700 hPa 以下的对流层下部，以 116°E 为界，西边是负距平，东边是正距平。但近地面层却都是负距平。位势高度距平场(白线)表明，整个剖面图上，450 hPa 以下为负距平，其上是正距平、50 位势米的距平中心位于中尺度云团中心，即 116°E 的地面处。70 位势米的正距平中心则位 112°E 的 150 hPa 高度处，略向中尺度云团中心的西侧倾斜。

综合图 5.3.9a、b、c 的分析，得到如下中尺度云团内部热力特征。在中尺度云团及其周围 700 hPa 高度以下，有湿舌从东南方向倾斜向上地伸向中尺度云团，其近地面比湿值高达 20 g/kg 以上。同样，在 700 hPa 以下有干楔由西北方向倾斜的插在湿舌的下面，其近地面最低值是 10 g/kg。最大比湿梯度出现在中尺度云团区域的 900 hPa 附近。温度场分析则指出，中尺度云团上空600 hPa以上为正距平，600 hPa 以下与湿舌相对应的部分区域为正距平，与干楔相对应的是负距平，近地面层全是负距平，且负距平的值较正距平大得多。这些事实表明，中尺度云团中由水汽到水和由水到冰释放的凝结潜热导致了对流层中上部加热和正温度距平的出现；冰和水下落至对流下部，部分蒸发相变的吸热效应则导致负温度距平的出现。由此而导致了位势高度场上中尺度云团上空，500 hPa 以上的正距平和低空的负距平。

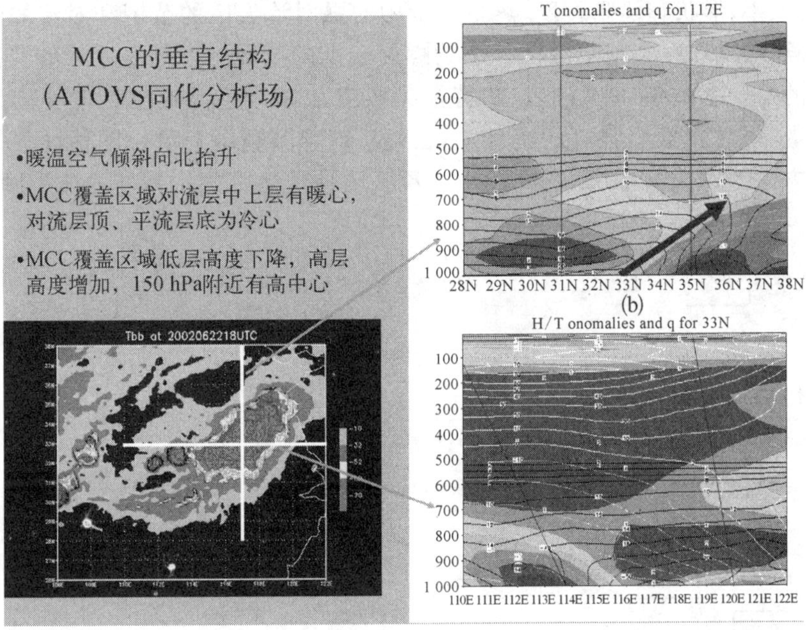

(a) (c)

2002年6月22日1800UTC的红外云图、亮温分布，及由三维变分同化AMSU资料后作出的云团区域的垂直剖面图

图 5.3.9 MCC 热力结构 (a) 红外云图；(b) 南北方向剖面图；(c) 东西方向剖面图

5.3.3 热带气旋的监测分析

气象卫星已经成为发现和追踪发生于热带洋面上的热带气旋的唯一而十分有效的手段。随着卫星遥感技术的发展，气象卫星对热带气旋的监测也逐渐由表及里，从云团的定性分析，逐步发展到分析热带气旋内部的结构。

1. 热带气旋定位和强度估计

通过几十年的努力，已逐渐形成一套应用卫星云图对热带气旋进行定位和强度估计的方法(方宗义、周连翔，1980；江吉喜，1986)。

当热带气旋已经发展加强成为热带风暴时，其云系的中心会形成晴空的眼，那里就是热带风暴中心的位置。在热带气旋形成的初期，或热带风暴迅速减弱之后，在风暴云系中分析不出晴空的台风眼，这时就要根据风暴外围螺旋云带，用螺旋线逼近的方法，得到中心位置。或根据低空密蔽云团外围弧状积云线，利用可见光云图，分析弧状积云线的中心，即热带气旋的环流中心(方宗义，1982)。

关于利用卫星云图进行热带气旋强度估计，美国的 Dvorak 和国内的卫星气象工作者都发展出了相应的方法。其核心就是在卫星云图上分析与热带气旋强度有关的云型特征，如：环流中心与密蔽云团的相对位置；热带气旋云系内部是否有眼，眼的大小、形状和清晰程度；热带气旋中心强对流云区的范围和对流的旺盛程度；围绕热带风暴中心密蔽云区外围的螺旋云带的度数等。对上述云型特征定义出不同的特征参数值，然后把这些特征参数组合在一起得到与热带气旋强度有关的指数，求总指数与强度的统计关系，最后就得到利用卫星云图估计热带气旋强度的方法。图5.3.10是一种利用卫星云图估计热带气旋强度的流程图。

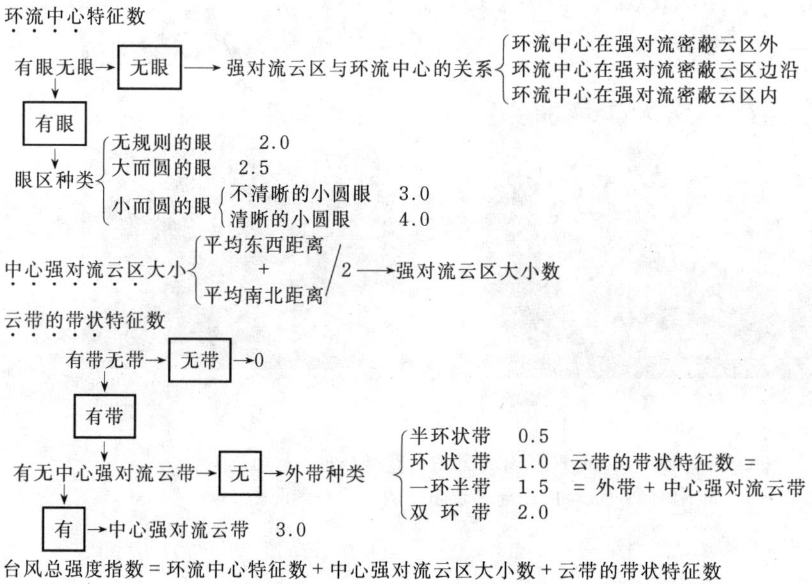

图5.3.10 估计热带气旋强度流程图

2. 分析热带气旋的垂直结构

AMSU具有穿过云层，是获取云内和云下大气温度和湿度的遥感探测器。图5.3.11（彩图见第703页）是方翔等（2007）利用AMSU遥感探测器反演得到的大气温湿廓线制作的2006年5月16日珍珠台风位于南海中部地区时的一幅台风温度距平剖面图。左图是温度距平的空间分布，它清楚地说明珍珠台风的中低层，即地面到500 hPa是冷温度距平，即冷中心。其高层，尤其是250—150 hPa高度范围内，是一个+5℃以上的距平中心，即很强的暖中心。右图是通过珍珠台风中心的温度距平垂直剖面图。它清楚地说明，相对于台风中心的温度距平的分布是不对称的。低层的负温度距平（冷心）分布在台风中心的东侧，高层的正温度距平（暖心）则相对比较均匀的分布在台风中心的上空。

3. 热带气旋的云雨结构特征分析

下面介绍邱红等（2007）利用AMSU-B资料对热带气旋云雨特征的分析。AMSU-B的150 GHz通道位于微波窗区，液态云雨以及冰态粒子在此频段散射作用较强。对于183±1 GHz通道，热带气旋系统中只有发展很高的对流云才可能产生显著的影响，卫星的以上频道观测可以揭示热带气旋的云雨结构分布特征。以热带气旋鸣蝉(2003)和科罗旺(2003)为例,利用 AMSU－B 高频通道分析热带气旋的云雨结构特征。图 5.3.12(彩图见第 703 页)分别是 2003 年 9 月 11 日 01：56Z 鸣蝉(2003)和 2003 年 8 月 23 日 18：18Z 科罗旺(2003)两个热带气旋在最强阶段的微波亮温图像。

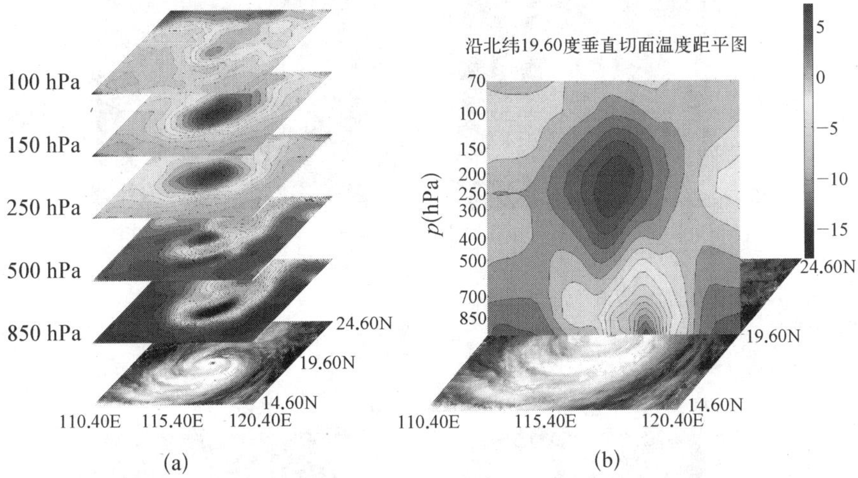

图 5.3.11 台风珍珠的热力结构 (引自方翔等,2007)

从热带气旋微波亮温图像上可以看出,热带气旋的眼墙和螺旋雨带可以清楚地显现出来,鸣蝉是 2003 年西北太平洋上最强的热带气旋之一,在卫星观测时处于最强阶段,在微波图像(图 5.3.12a、c)上呈现双眼墙结构。但由于内眼墙局部减弱,以及围绕气旋中心的眼区很小,在 150 GHz 图上不完整,但在反映高层冰云信息的 183±1 GHz 频率图像上却清晰可见;内眼墙的东北及西北象限的云体发展较好,而东南及西南象限的云体中的低云发展较弱或已消散,但高云尚存;外眼墙的组织结构完整,西北及西南象限云体的亮温较低,显示发展较好,其中西南象限是整个气旋系统中对流最旺盛的地方,而东南象限部分主要为低云,显示对流发展很弱;从气旋眼墙区伸展出多条螺旋雨带,其中靠近眼墙部分发展较旺盛;在气旋的外围区域,螺旋雨带主要由低云组成,其中有弱的对流过程。

热带气旋科罗旺(2003)是相对较弱一个热带气旋,卫星观测时它正处于两次最强期之间的相对减弱期,气旋中心眼区亮温较高(图 5.3.12b),显示为晴空或少云区,在 150 GHz 通道的图像上(b),围绕眼区的云带已经闭合,但在东南象限的眼墙区域主要为低云,而东北象限的眼墙发展较强;在眼墙附近有两条发展很强的螺旋雨带向气旋中心卷入,雨带上分布有发展旺盛的对流过程(图 5.3.12d)。

利用 AMSU－B 的微波观测分析热带气旋的结构表明,微波信号主要是热带气旋上层卷云的云雨粒子散射的地表及大气的微波辐射。它对于发展旺盛的对流云体中大的冰粒子敏感。因此高频微波观测在揭示热带气旋的云雨结构分布方面具有优势，对于确定热带气旋降水的分布具有指导作用。

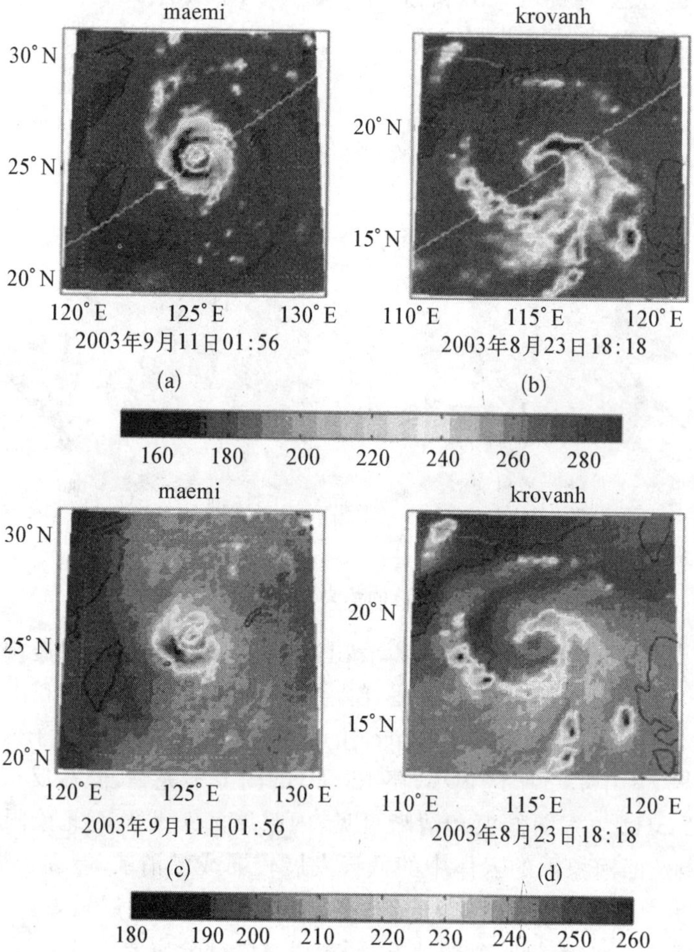

图 5.3.12　热带气旋鸣蝉(2003)和科罗旺(2003)微波亮温图像　(引自邱红等，2007)

5.4　气象卫星遥感资料在数值预报中的应用

在过去的几十年中，数值天气预报（NWP）水平随着预报模式的改进、物理过程的完善,以及计算能力的增强而取得了长足的进步(薛纪善,2006)。然而,由于数值天气预报模式直接依赖于所使用的初值,不论模式多么先进、计算机能力如何强大,正确和充分的初始大气状态的描述,仍然是准确的数值天气预报的必要条件。最新研究成果表明,改进初值质量已成为进一步提高数值预报水平的关键。目前无线电探空主要集中在亚洲、美洲、非洲和欧洲大陆地区,而占全球70%的广阔海洋,几乎没有探测资料。在分析该区域某一时间序列的资料时,常规观测网所提供的资料是不确定的,由此分析得出的NWP初始场势必对预报结果造成严重影响。

从20世纪90年代后期到本世纪初,气象卫星遥感探测进入了一个新的、更新换代的时期。由多种轨道、主被动遥感、多波段和高光谱分辨率探测器组成的卫星星座,可以获得大气温、湿垂直分布,大气某些气体成分的含量,云参数及云微物理特征,地表、海表的物理状态参数和覆盖物等。这些信息均是数值预报模式所急需的大气初始状况和边界条件的变量和参数。但由于卫星遥感探测方式(沿轨道扫描带来的非同一时刻观测)的特殊性和探测物理量(电磁波谱的反射、散射和发射辐射)与天气预报模式中模式变量之间的复杂关系,使得要把卫星遥感探测资料用于天气预报模式需要解决若干科学技术问题。如:模式变量与遥感探测资料之间的关系,即求解大气辐射传输方程的反演和正演问题;多种探测资料的融合问题;在一定动力约束条件下的变分同化问题等。自20世纪70年代以来,把卫星遥感资料用于数值预报模式已经作为一个科学技术问题提出,开展了多方面研究,取得了显著的进步和丰硕的成果(Deber and Wu, 1998; Deber and Rosati, 1989)。

国际上,美国、欧洲中期数值预报中心(ECMWF)、英国等发达国家在数值天气预报中应用卫星资料方面取得了明显进步(Eyre and Lore, 1989)。美国在80年代末,NOAA和NASA实施了NMC/NESDIS/NASA联合研究计划,并建立了可用于业务运行的先进的资料同化/卫星资料反演/数值预报相互作用系统。根据最近NCEP的研究进展,将卫星晴空辐射率直接同化到数值模式中,使5天数值天气预报的距平相关百分比有明显提高,北半球从69%提高到73%,南半球从64%提高到72%,从而为业务数值预报模式中应用卫星资料打开了通路。随后,美国在90年代初,建立了基于3DVAR的业务同化系统,为卫星资料的大量使用,特别是辐射资料的直接同化创造了条件(Eyre et al, 1993)。

欧洲中期数值预报中心在遥感资料应用于数值预报方面是领先的。1992年欧洲中心开始在业务中使用辐射探测资料,在三维变分同化中第一个直接使用辐射资料,开发和验证了ESA散射计的算法,并可以从臭氧和水汽资料的时间序列中提取风场资料(Rabier et al, 1998)。

卫星资料已经大量地应用到数值预报中,据估计,目前在模式预报中所使用的全部资料中,卫星资料数量已经达到85%。目前被数值预报同化系统所吸纳的资料包括卫星导风、降水估计、卫星反演的温度、湿度廓线(包括可降水量)、各种通道的卫星辐射观测值、卫星微波传感器所观测到的海面风、SST以及各种下垫面状况。这些被使用的资料约占现有卫星资料的15%，尚有85%的卫星资料未被使用。在现有的已经应用的卫星资料中，高级微波探测器(AMSU)资料几乎可以全天候的观测地球大气。通过同化处理，可以获得温度场(误差约为1—1.5℃)、湿度场、高度场甚至风场。ATOVS中的AMSU与HIRS(高分辨率红外大气垂直探测器)资料每天4次，星下点分辨率为15 km(AMSU-B)、45 km(AMSU-A)和17.4 km(HIRS)。因此，AMSU与HIRS资料已为当前与未来数值天气预报的重要资料源。

使用变分同化模式需要解决的一个关键技术是建立快速、精确的正演辐射亮温计算模式，以满足业务运行的需要。利用辐射传输模式正演模拟卫星观测的辐射亮温资料，可以利用精确的逐线积分模式完成。但是，计算传统逐线积分辐射传输模式需要的积分时间长，无法满足业务应用需要。另外，在利用变分方法进行大气状态物理反演或将卫星辐射率资料直接同化进入数值天气预报模式时，由于逐线积分辐射传输模式中描述辐射发射、传输机制的强非线性量子物理过程，导致无法解析的写出与逐线积分辐射传输模式相应的正切线性模式以及与之相对的伴随模式。因此，一个能够在较短计算时间内，以令人满意的精度模拟卫星大气辐射率的线性或拟线性的快速辐射传输模式及其伴随模式系统是必须解决的问题。其中，每个模式层到大气层顶的大气透过率的解析表达式，利用有限多项式展开近似模拟。在多项式中，与实际大气状态无关的变量组合成的透过率计算系数，应利用典型大气廓线做多元线性回归得到。

5.4.1 快速辐射传输模式(RTTOV)简介

使用变分同化方案直接同化卫星观测资料时，需要首先计算相对于每一个观测变量的初始场，并且在目标函数中利用一个观测算子建立模式变量和观测资料的相互联系。对于卫星观测资料来说，这个算子就是快速辐射传输模式(正演模式)。设计这种模式的目的是将其应用于变分方法，把卫星大气垂直探测资料反演的大气状态廓线或卫星探测资料本身，同化应用于数值预报模式的初始场中。因此，模式的大气垂直分层应该与当前或近期未来数值预报模式的大气垂直分辨率相匹配。并且在正演模式开发的同时，还要有与正演模式相应的正切线性模式以及伴随模式的编写。近20年来，美国与ECMWF先后发展了多种基于多项式展开的快速辐射传输模式。其中较为典型的有美国NESDIS的OPTRAN,CRTM和ECMWF的RTTOV系列模式。

RTTOV5是ECMWF开发的，在NWP模式的3D-VAR和4 D-VAR中直接同化卫星观测的辐射资料的系列快速辐射传输(RT)模式中的一个。截至目前，RTTOV系列模式已经在NCEP和ECMWF的多个数值模式的资料同化系统中得到应用(Saunders,1999)。由 Eyre(1993)、Rizzi、Matricardi(1998)开发的第一代快速辐射传输模式(RTTOV3)从 1992 年起在 ECMWF 已经业务运行,并在其他一些 NWP 中心应用。对于给定的大气廓线和表面参量,沿着扫描仪的观测方向、根据仪器每一通道的平均光谱响应函数,RTTOV5 能够以较高的精度模拟卫星观测的大气层顶的向上出射辐射率。模式要求输入的初始参量包含从地面到 0.1 hPa 的大气温度廓线、地面到 0.1 hPa 的水汽廓线以及表面温度、水汽和气压以及一些云参数。为了满足臭氧探测通道(HIRS - 9 通道),RTTOV5 将臭氧廓线(从地面到 0.1 hPa)也作为模式的初始输入变量。表 5.4.1 为 RTTOV5 模式初始输入廓线(NLEV = 43),各种表面参量和云参量。

5.4.1 RTTOV5 初始输入变量

变量种类	变量内容	单位
廓线变量	大气温度	K
	水汽	kg/kg
	臭氧含量	Dobson(ppmv)
	云中液态水含量(未使用)	
表面参数	地面 2 m 的气温	K
	地面 2 m 的水汽含量	kg/kg
	表面气压	K
	地面 2 m 风速(u 向量)	m/s
	地面 2 m 风速(v 向量)	m/s
地表参数	地表温度	K
云参数	云顶气压	hPa
	云量	
出射率	表面出射率	

目前中国气象科学研究院研发的 GRAPES 3D - VAR 系统(Han et al, 2006),采用的是欧洲中期数值预报中心 ECMWF 开发的快速辐射传输模式系统 RTTOV7。它是 RTTOV 的第七版本,现在最新版本是 RTTOV8 (2006)。对于给定气压层上的大气温度、湿度廓线以及表面状态和云参量等辐射传输模式的初始变量,沿着卫星扫描仪的观测方向(扫描角方向),根据仪器每一探测通道的平均光谱响应函数,RTTOV7 能够以较高精度模拟这些探测值。

概括起来 RTTOV7 具有如下一些特点:

(1) 模式的垂直层为 43 层(1 013.2—0.1 hPa);

(2) 考虑了高层大气中水汽对红外/微波辐射的吸收作用(300 hPa);

(3) 模式中总透过率的计算考虑了水汽、均匀混合气体和 O_3 的相互作用；

(4) 使用了 FASTEM 模式计算微波洋面表面辐射出射率；

(5) 将 O_3 垂直廓线作为模式初始值计算模式层到外空间的透过率；

(6) 考虑了云中液态水对微波通道的影响。

5.4.2 HIRS各通道的模拟通道亮温与实际卫星观测值之间的偏差分析

偏差估计和订正是变分同化中的重要问题之一。马刚、方宗义等(2001)根据1998年5—8月逐日的东亚地区地面常规观测和探空观测资料，以及TOVS反演资料，合成从地面到高空(0.1 hPa)的温度、湿度廓线。同时利用一种TOVS正演模式(RTTOV5)，计算NOAA14 TOVS/HIRS通道的辐射亮温值。将正演模式计算的辐射亮温值与卫星实际的HIRS探测数据作时间、空间匹配后，分析不同探测通道模式计算的辐射亮温值与卫星实际观测值的偏差的空间水平分布以及相应的均方根误差(RMS)分布。并统计了卫星每一通道不同扫描角度的模式输出与观测值的标准差分布，从而对模式使用东亚地区探空资料以及TOVS反演资料时的模式性能进行了较为全面的分析。同时，根据中国区域的复杂下垫面特性，讨论了模式误差随地形的分布。此外，根据TOVS HIRS通道权重函数的垂直分布，初步分析了模式误差的原因。

利用TOVS反演的晴空大气温湿廓线作为正演模式的初始场，在时间、空间上都不需要再对卫星观测的资料作时间、空间插值，因此能够更为精确的代表当时大气的实际状况，因此模式计算结果的均方差值也较小。通道11、12均方差的增大是由于TOVS反演水汽廓线只达到300 hPa，更高层的水汽场只能利用气候廓线弥补，相比之下，常规探空的水汽廓线可以达到100 hPa以上，因此稀疏的高层水汽场分布带来较大的误差分布。但是，利用经过改进水汽廓线的TOVS反演资料作为初始场，HIRS水汽探测通道(Ch11、12)以及受水汽影响较大的探测通道(Ch7)的均方差都有明显减小。总之，利用新的初始场廓线以及HIRS通道的等效晴空亮温探测值能够把模式模拟误差进一步减小；尽管如此，窗区探测通道(Ch8、10、17、18、19)和臭氧探测通道(Ch9)的误差仍较大(图5.4.1)。

在极轨气象卫星沿轨道方向前进的同时，HIRS探测器以与轨道方向成一定的角度对地球大气进行扫描。HIRS探测器每条扫描线包含有56个扫描点，以星下点为中心对称分布，其星下点分辨率为17.4 km。在不同的扫描点上，卫星探测地球大气红外辐射所经过的光学路径不同，因此有必要对不同的扫描点的辐射亮温观测数据检验RTTOV5模式模拟的效果。由于在TOVS资料预处理中已经有过临边变暗订正(将卫星观测的辐射订正为等效垂直大气柱的向上辐射)。并且，在RT模式中，对不同卫星天底角(扫描角)要求有角度输入。图5.4.2是在两种情况下，对不同HIRS通道每半侧的28个扫描点(卫星天底角)

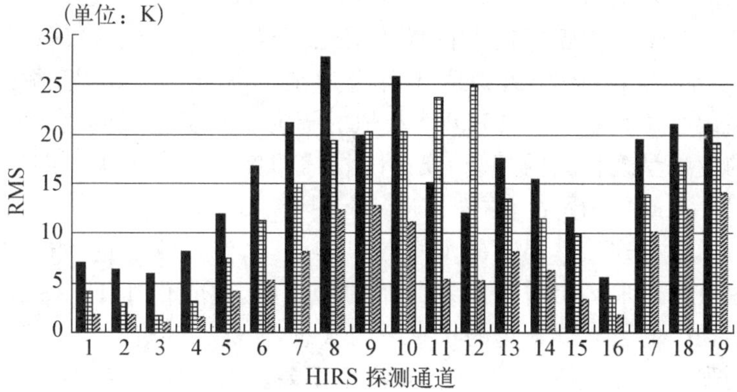

图 5.4.1 不同初始廓线模式计算 TOVS 亮温与不同订正条件的卫星实测亮温的均方差统计结果 黑色为利用常规探空资料与未经等效晴空订正的卫星实测亮温的均方差；横纹为利用业务 TOVS 反演资料与卫星实测的等效晴空亮温的均方差；斜纹为改进水汽廓线后的均方差

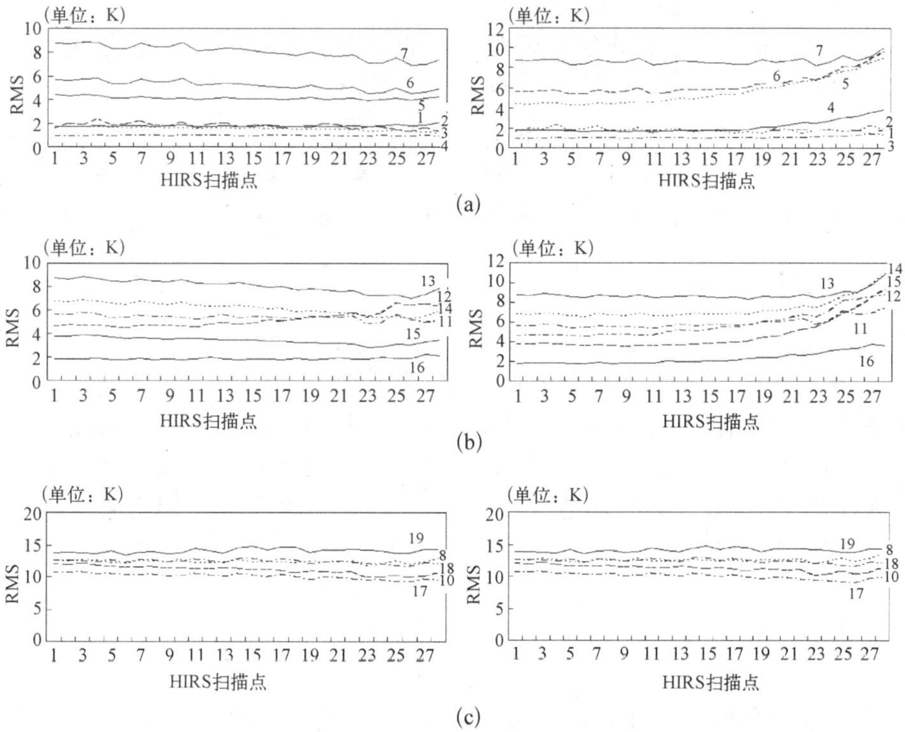

图 5.4.2 HIRS 各通道在不同扫描角时均方差的比较 左图卫星扫描角为真实值，右图卫星扫描角为零；(a) 长波通道 1—7；(b) 长波通道 13—16；(c) 窗区通道 8、10、17—19

计算均方差的统计结果。给定真实卫星天底角时，RTTOV5 模拟的辐射率与卫星观测值的均方差并未随扫描点位置的变化呈现较大的振动，仅仅是在平均均方差值(这个平均均方差值近似等于各个通道的统计均方差值)附近扰动(左图)；而卫星天底角为零时，RTTOV5 模拟的辐射率与卫星观测值的均方差随扫描点位置的变化呈现较大的振动，误差随扫描角度增大而增大，并且，误差值也大于真实卫星天底角的情况(右图)(Ma Gang et al,2002)。

对典型通道模式计算误差的水平分布表明，水汽探测通道的模式模拟误差在青藏高原及附近地区出现等值线分布的密集区，这是由于 HIRS 仪器探测的是扫描点半径内的大气要素场的水平平均状态，而高原附近地形复杂，水汽水平分布变化剧烈，因而造成这一地区模式模拟误差较大。同样，探测中低层大气温度的长波通道 6，以及短波探测通道 14 也在青藏高原及附近地区出现模式模拟误差的极值区域。由于上述原因窗区通道 17 的计算误差在高原地区呈现负向极大值。

模式模拟计算的偏差分析表明：

(1) 模式对高层大气探测通道模拟效果较好，并且模拟精度随着初始廓线代表实际大气真实性的提高而提高。

(2) 等效晴空亮温订正能够较为有效的剔除对流层中云的影响，从而使得模式计算均方差减小。

(3) 对不同扫描角时模式计算均方差的分析表明，RTTOV5 对因扫描角度不同而造成辐射传输的光学路径不同，从而带来模式模拟误差的情况能够作出有效订正。并且能够剔除因光学路径不同带来的模拟误差，使模式计算均方差减小。

(4) 对模式计算均方差随地形高度变化的分析表明，由于低层大气及地面水汽含量随地形的变化，低层水汽探测通道、窗区通道以及中低层大气温度探测通道的模式计算均方差随地形高度的增高而增加；高层大气温度探测通道受地面因素影响较小，因此其模式计算均方差随地形高度增加而无明显变化。

(5) 模式误差的水平分布分析表明，对高层大气探测通道，模式计算误差的分布较均匀；对低层水汽探测通道、窗区通道、中低层大气温度探测通道，模式计算误差在青藏高原地区有极值，在其他地区模式模拟误差分布较均匀。

5.4.3 云参数对模式模拟误差的影响分析

TOVS/ATOVS 探测资料包括红外探测(HIRS)资料和微波探测(MSU/AMSU)资料，因而正演模式必须在红外波段和微波波段都能够较好的模拟 TOVS/ATOVS 各探测通道的辐射探测值。由于云对地球红外辐射的影响，使得 HIRS 资料在反映云下大气物理场分布方面存在较大的误差，因而在比较利用快速辐射传输模式模拟 TOVS HIRS 通道辐射值与实际探测资料时会有较大的均方差，因此现有的快速辐射传输模式在计算 HIRS 辐射亮温时都使用等效晴空辐射值。由于云等因素的影响，每天业务 TOVS 大气探测资料都有接近50%不能参与 NWP 模式的变分资料同化。并且在业务 TOVS 资料反演大气温度、湿度垂直分布的模式中，特别是在夏季，每天有 70%的反演点是部分有云（云量为 30%—70%）的情况。因此，利用 RTTOV5 模式分析云参数（主要是云顶高度和云量）对 RT 模式计算误差的影响，也就成为将 TOVS 探测的辐射资料同化进入 NWP 模式前的必要工作之一。

一般利用 RTTOV5 模式模拟 TOVS HIRS 辐射探测资料时，将云的影响按云量划分等级，对扫描点区域内为晴空或部分有云的情况才反演该扫描点的大气温度、湿度廓线，对阴天的情况不作反演。在 TOVS 反演中，认为云量小于一成时为晴空，云量大于七成时为阴天，其他情况为部分有云。云顶高度一般用云顶气压表示，在云区云顶作为模式下边界。

由于云覆盖的影响，HIRS 探测器不能探测到云下的大气温度、湿度垂直分布，因此一般认为对于部分有云的情况，RTTOV5 模式模拟的辐射值与实测值的误差应该大于晴空无云状态下的误差。图 5.4.3（Ma Gang，Fang Zongyi and Zhang Fengying，2002）为不同云量情况下 RTTOV5 对 19 个 HIRS 通道的模拟

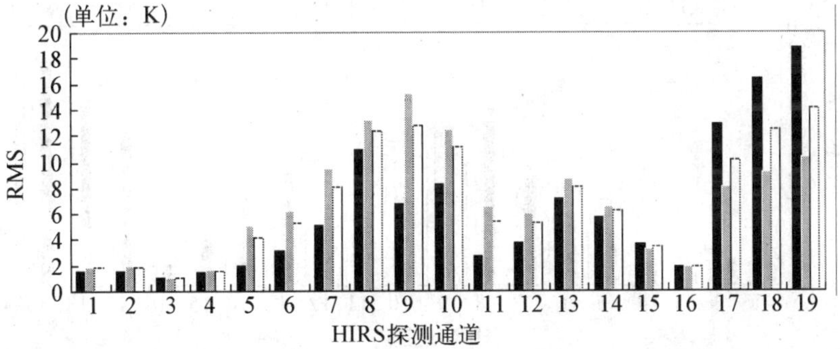

图 5.4.3 不同云量时模式的均方差 黑色为晴空条件；浅色为部分有云条件；白色为平均模式均方差

计算辐射亮温与实际观测的 HIRS 通道探测亮温的均方差比较结果。由于高层温度探测通道（通道 1—4 以及短波通道 16）一般在 400 hPa 以上，对云的敏感性较小，因此云量不同时对这些通道模式模拟误差影响很小；受云水的影响，水汽探测通道（通道 11、12）以及受水汽影响较大的低层大气温度探测通道（通道 5—7）在晴空条件下的模式模拟均方差远小于部分有云时的值；此外，长波窗区探测通道（通道 8、10）、中低层短波大气温度探测通道（通道 13—15）以及臭氧探测通道（通道 9）在晴空时的模式均方差都不同程度的小于有云情况下模式误差。这也证明 HIRS 资料在云区无法反映完整的大气物理场垂直分布状况，使得

RTTOV5 模式在模拟 HIRS 通道的辐射亮温时产生了不同的误差分布。但是对于短波窗区探测通道而言(通道 17—19),有云、无云时的情况正好相反,即晴空条件下由 RTTOV5 模式模拟出的辐射亮温要大于有云情况,并且均方差值的差距几乎为一倍左右。这几个短波窗区探测通道,为什么会有与其他通道截然相反的均方差分布则成为需要研究的主要内容之一。

在白天,短波窗区探测通道强烈的受到反射太阳光辐射的影响,为了验证这几个通道均方差的分布是否是受反射太阳光辐射的影响,我们比较了不同时间(白天或夜间)RTTOV5 模式对不同 HIRS 通道的模拟场与实际观测的 HIRS 数据的均方差(图 5.4.4)。白天、黑夜的划分以 TOVS 反演资料中附带的观测时刻的太阳高度角为依据,当太阳高度角小于 90°时为白天;当太阳高度角等于 90°时为夜间。由于没有了太阳短波辐射的影响,对长波探测通道(通道 1—7)和水汽探测通道(通道 11、12),在白天和黑夜,模式计算均方差与平均状态基本持平;长波窗区探测通道(通道 8、10)受下垫面变化的影响较大,其模式计算均方差在白天和黑夜的变化也不大;短波通道(通道 13—16)主要探测中低层大气温度,受地面反射太阳光辐射较小,其模式计算均方差的变化也不明显。短波窗区探测通道(通道 17—19)的模式计算均方差随时间有明显变化,这说明这几个通道在白天受到强烈的反射太阳光辐射的影响,从而使得其白天的计算误差远大于夜间的计算误差。

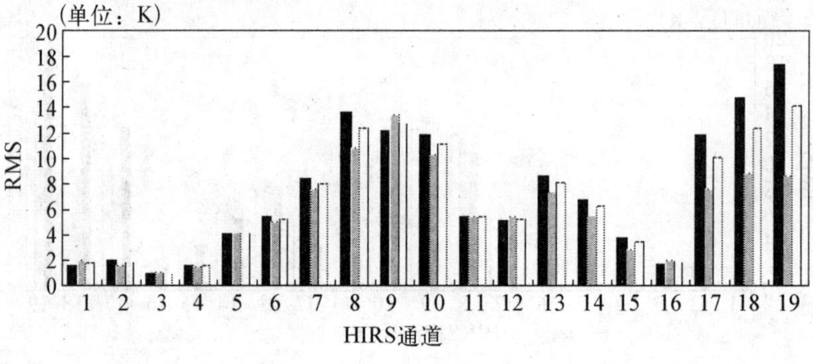

图 5.4.4 不同时间模式均方差比较 黑色为白天;浅色为夜间;白色为模式平均均方差

图 5.4.5 显示了区分白天、黑夜情况下云量分布对 RTTOV5 模式计算均方差的影响。可以看到,RTTOV5 对于通道 1—16 有着与图 5.4.4 相同的计算均方差分布,这种分布不受白天与黑夜的限制;而对于通道 17—19,在白天,由于受到云的阻挡,通道只能探测到云表面的信息而不是地表信息,受地面反射太阳光辐射的影响很小,因而白天有云时通道 17—19 的模式计算均方差小于晴空无云状态;在夜间,没有了地面反射太阳光辐射的影响,RTTOV5 在这几个通道的模式计算均方差只受云覆盖量的影响,而晴空条件下模式计算均方差远小于部分有云时的误差。

通过对 RTTOV5 模式模拟误差对初始云参数敏感性及其原因的分析,可以得到如下结论：

(1) 根据 TOVS 资料对云量的定义，在晴空 RTTOV5 正演模式计算的 HIRS 通道辐射亮温，与实际观测的通道辐射值的均方差，小于部分有云情况下的模式误差。并且通道探测高度越高，模式计算误差受云的影响越小，对水汽变化敏感的中低层大气探测通道，在晴空时的误差远小于部分有云情况；

(2) 短波窗区探测通道的模式计算误差主要受地面反射太阳光辐射的影响。因此在平均状况下，晴空条件下 RTTOV5 正演模式对这些通道的计算均方差要大于部分有云情况，并且在夜间模式的模拟误差远小于白天的模拟误差；

(3) 对比夜间与白天、晴空与部分有云时 RTTOV5 正演模式的计算均方差表明，剔除地面反射的太阳光辐射影响，模式对短波窗区探测通道观测的辐射亮温的模拟误差有着与其他通道模拟误差相同的变化趋势。

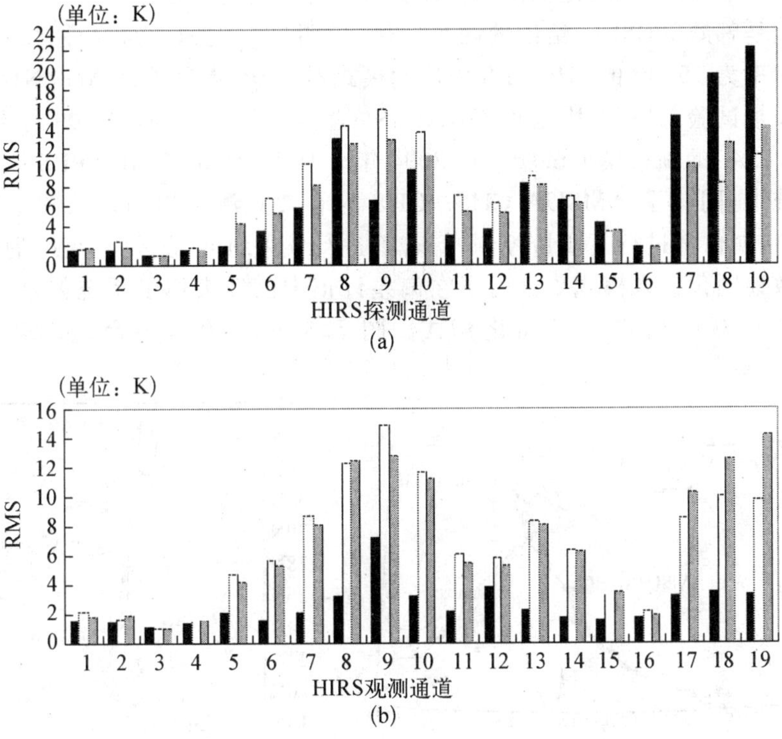

图 5.4.5 不同时间不同云状况模式均方差比较 黑色为晴空，白色为部分有云，浅色为模式平均均方差；(a) 白天；(b) 夜间

5.4.4 卫星辐射率观测偏差订正

卫星资料同化系统（1D/3D/4D - Var）的基本原理是使目标泛函最小化

(Harris and Kelly,2001),即

$$J(\boldsymbol{x}) = (\boldsymbol{x} - \boldsymbol{x}_b)^T \boldsymbol{B}^{-1}(\boldsymbol{x} - \boldsymbol{x}_b) + [\boldsymbol{y}^o - H(\boldsymbol{x})]^T(\boldsymbol{O} + \boldsymbol{F})^{-1}[\boldsymbol{y}^o - H(\boldsymbol{x})] \quad (5.4.1)$$

其中 $\boldsymbol{x}_b$ 是背景场(初估场),$\boldsymbol{y}^o$ 是卫星观测值,$\boldsymbol{x}$ 是控制向量,$\boldsymbol{B}$ 是背景场误差协方差矩阵,$\boldsymbol{O}$ 和 $\boldsymbol{F}$ 分别是观测误差协方差和观测算子误差协方差,H 是观测算子。根据贝叶斯条件概率定理:只有当观测值 $\boldsymbol{y}^o$、观测算子 H 和背景场 $\boldsymbol{x}_b$ 的误差都遵循高斯正态分布时,同化方案才是优化的(在最大化初始状态的后验概率的意义上)。因此,传统的变分资料同化方法是没有考虑背景场和观测的系统性误差的。一般而言,由于仪器定标、预处理以及观测算子的不完善,这种假定是不成立的。如果没有细致深入的质量控制和偏差订正方面的研究,同化了卫星资料,未必能对数值预报有正的影响(韩威等,2006)。因此,偏差订正技术已成为卫星资料同化领域的一个关键问题,是卫星资料能否"用得好"的核心技术。

下面是韩威等(2006)给出的两个个例,说明这一问题的重要性。一个例子是用分辨率为15 km的GRSPES中尺度模式对2004年台风(RANANIM)所作的预报模拟试验;另一个则是用GRAPES的全球模式对2005年09号台风"麦莎"(MATSA)的预报模拟试验。在2004年8月12日06Z GRAPES三维变分同化系统中,同化了AMSUA CH5—CH8的有效观测辐射值。从图上可以看出,对第一初估值进行了质量控制,但若不进行偏差订正,则仅有很少的观测资料被有效地同化进入模式中。由于在偏差订正中已经去掉了系统偏差,所以有更多的卫星观测值进入了同化模式。图5.4.6上给出了台风RANANIM

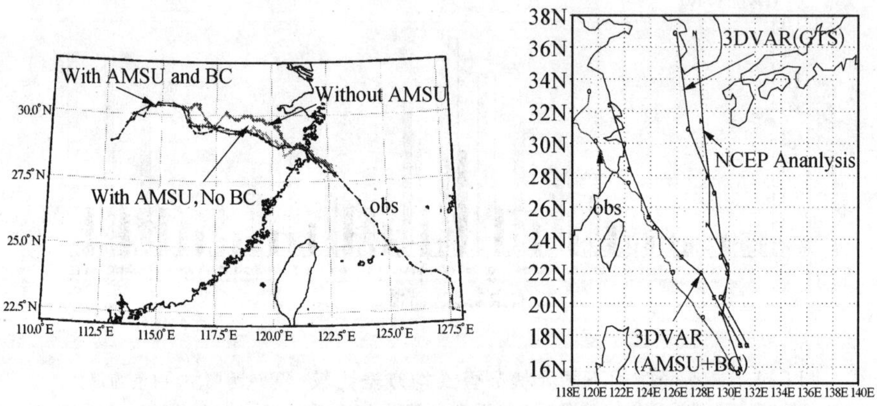

图5.4.6 AMSU和观测偏差订正对台风预报路径的影响 (a) RANANIM(2004);(b) 台风"麦莎"(MATSA 0509)(引自韩威、薛纪善等,2006)

(图5.4.6a)和台风"麦莎"MATSA(图5.4.6b)的144 h路径预报。图上共有四条台风路径,它们分别是台风的观测路径、NECP分析场预报路径,GTS常规观测加GRAPES三维变分同化AMSU资料的预报路径,GTS常规观测加

GRAPES三维变分同化经过偏差订正的AMSU资料的预报路径。同化经过偏差订正的AMSU资料的模式预报路径与观测路径最接近，预报的效果最好。

5.4.5 卫星辐射率观测误差估计

在变分资料同化系统中，背景误差和观测误差直接决定了分析的质量，因此关于背景误差和观测误差的估计是非常重要的。对于卫星辐射率资料同化来说，观测误差中不仅包括仪器误差，还包括预处理带来的误差以及由于辐射传输模式的不完善导致的误差，从而给卫星辐射率资料的观测误差估计带来一些困难。韩威等(Han Wei and Xue Jishan, 2007)基于变分资料同化最优化后验诊断理论(Talagrand,1999; Desroziers et al,2005)，利用非线性优化的不动点迭代算法，结合我国自主研发的GRAPES同化预报系统，发展了卫星辐射率观测误差的在线客观估计(Online Tuning)技术，给出了表5.4.2。它是经过两次迭代估计得到的NOAA16 AMSUB通道2、通道3、通道4和通道5的观测误差，及通过质量控制进入同化系统的资料样本个数，NOAA16和NOAA17 AMSUB各通道的观测误差及相应的背景误差如图5.4.7所示。

表5.4.2 NOAA16 AMSUB的观测误差和样本数
(2007060100—2007061400,单位：K)

	Ch2		Ch3		Ch4		Ch5	
	观测误差	样本数	观测误差	样本数	观测误差	样本数	观测误差	样本数
原始值	4.00	25 297	2.00	56 463	2.00	61 712	2.00	60 275
一次迭代	1.45	24 481	1.59	54 711	1.54	58 679	1.70	60 275
二次迭代	1.15	21 304	1.56	49 298	1.46	52 101	1.70	55 435

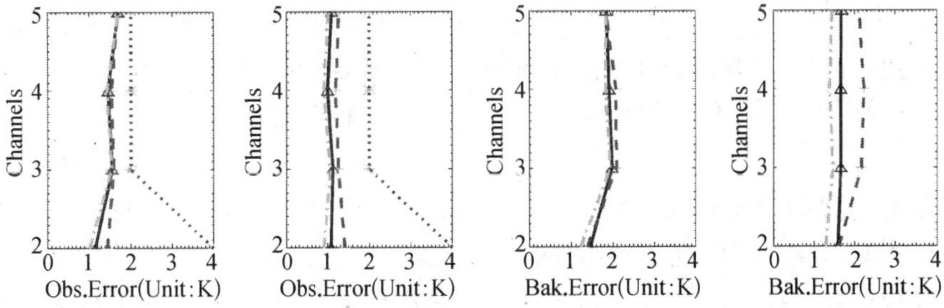

图5.4.7 NOAA16和NOAA17 AMSUB各通道的观测误差及相应的背景误差
(引自Han Wei and Xue Jishan, 2007)

目前 GRAPES 3DVAR 的目标泛函极小值的期望值接近观测资料数的1/2,即满足变分同化系统最优的必要性条件,如图 5.4.8 所示。

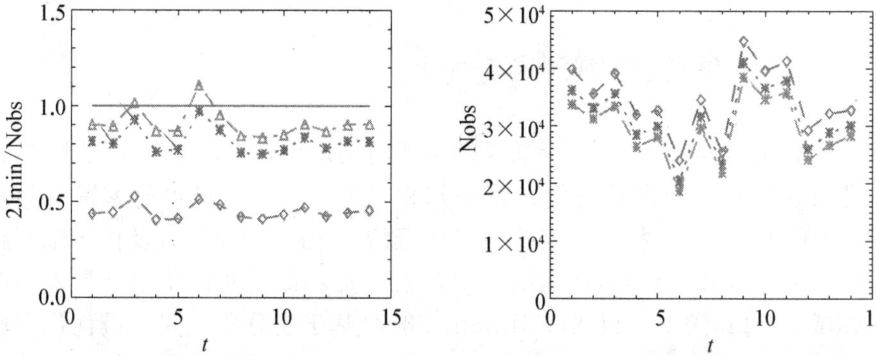

图 5.4.8 卫星辐射率观测误差估计试验期间(2007 年 6 月 3 日到 2007 年 6 月 12 日),在次非线性迭代中,目标泛函极小值与观测资料数 1/2 的比值 (引自 Han Wei and Xue Jishan, 2007)

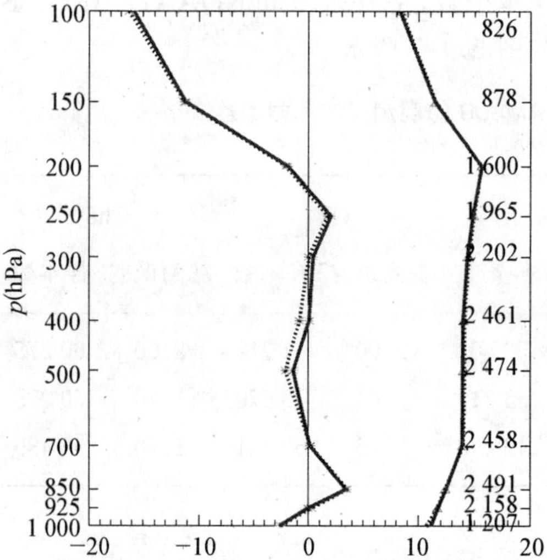

图 5.4.9 卫星辐射率湿度观测误差的独立验检 (引自 Han Wei and Xue Jishan, 2007)

利用 2007 年 6 月欧亚区域探空观测资料 14 天的独立检验表明,通过应用客观估计得到的卫星辐射率观测误差,更好地提取了卫星辐射率的观测信息,改进了对定量降水预报具有重要影响的湿度分析,如图 5.4.9 所示。

图 5.4.9 是在只同化 AMSUB 资料的情况下,应用探空观测资料的相对湿度的独立检验结果。图中实线是应用客观估计的卫星辐射率观测误差,虚线为应用调整前的观测误差的同化结果,图右侧的数字为各等压面的探空资料个数。

同时,由于较客观地刻画了卫星辐射率的观测误差,更好地提取了卫星辐射率观测中的湿度信息,对 2007 年 6 月 3 日到 6 月 12 日 10 天连续的同化预报试验表明,在一定程度上改进了定量降水预报(表 5.4.3)。针对广东"6·10"特大暴雨的个例试验分析也表明,此研究提高了定量降水的预报准确性。

表 5.4.3　20070603—20070612 期间降水等级预报的统计平均评分

降水等级	24 h					48 h				
	Ⅰ	Ⅱ	Ⅲ	Ⅳ	Ⅴ	Ⅰ	Ⅱ	Ⅲ	Ⅳ	Ⅴ
参考值	0.634	0.361	0.175	0.052	0	0.620	0.325	0.174	0.066	0.110
加入AMSU	0.647	0.372	0.179	0.042	0	0.611	0.344	0.174	0.067	0.098
样本数	1 783	424	168	55	11	1 783	424	168	55	11

为了检验卫星观测的辐射误差对预报模式的影响，这里给出了表 5.4.3。表上是 5 个不同降水等级(1—5 分别对应于>0.1 mm、>10 mm、>25 mm、>50 mm 和>100 mm)的 24 h 和 48 h 预报评分。加入更新的 AMSV - B 资料后，在 24 h 预报中，各个等级的预报评分都有所提高。48 h 预报，除等级 1 外，也均有所改善。

为了更进一步地了解观测误差订正对定量降水预报的影响，以 2007 年一次发生在华南的强降水为例来对比加以说明。图 5.4.10(彩图见第 703 页)a 是

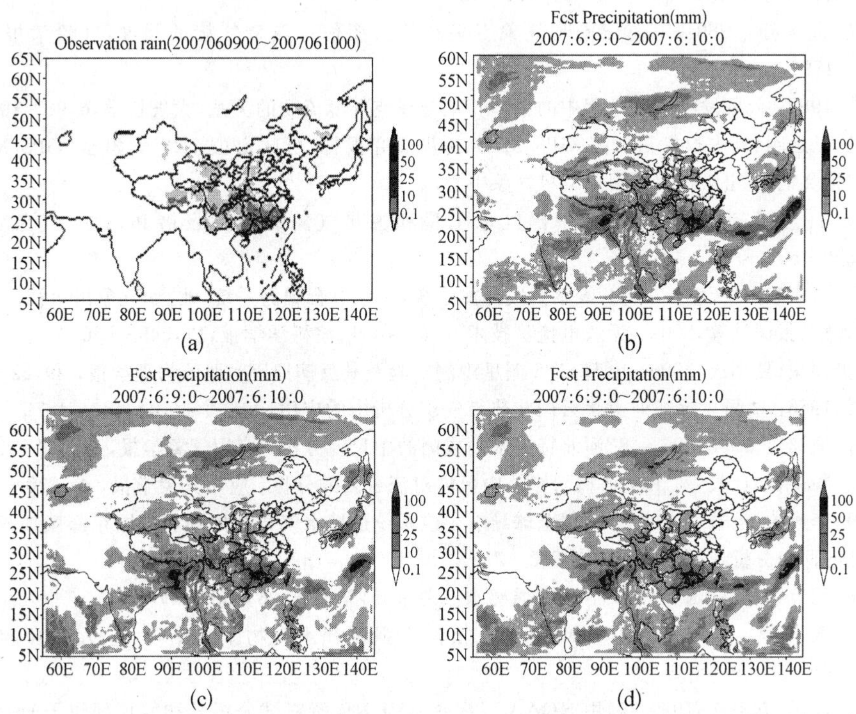

图 5.4.10　2007 年 6 月 9 日 00UTC—10 日 00UTC 的 24 h 观测降水量(a)，不同化 AMSU - B 的 24 h 降水量预报(b)，同化经过老观测误差订正的AMSU -B 资料得到的 24 h 降水量预报(c)，同化经过更新观测误差订正的 AMSU - B 资料得到的 24 h 降水量预报(d)　(引自 Han Wei and Xue Jishan，2007)

2006年6月9日00UTC到6月10日00UTC的24 h累计降水量观测图，图5.4.10b是没有同化AMSV－B资料的预报结果，图5.4.10c、d则是同化了AMSU－B CH2和CH5提供的湿度信息之后的24 h降水预报结果。其中的14C仅对老观测误差作了估计订正，14d则估计了更新的观测误差。此个例清楚地表明，使用更新观测误差的同化系统对广东省的强降水预报能得到更好的预报结果。

参考文献

曹云昌、方宗义等，2005：利用GPS和云图资料监测北京地区中小尺度降水的研究，高原气象，**24**,91－96.

曹云昌，方宗义，夏青. 2005：GPS遥感的大气可降水量与局地降水关系的初步分析，应用气象学报，**16**, 54－59.

董超华等，1999：气象卫星业务产品释用手册，239－268, 北京，气象出版社.

傅云飞、宇如聪、徐幼平等，2003：TRMM测雨雷达和微波成像仪对两个中尺度特大暴雨降水结构的观测分析研究，气象学报，**61**,421－431.

方宗义、周连翔，1980：用地球同步气象卫星红外云图估计热带气旋的强度，气象学报，**38**,150－159.

方宗义，1982：台风发生发展过程中的云型特征与高空环境流场的关系，大气科学，**6**,96－104.

方宗义、张运刚、刘志权等，1999：GPS/MET初步研究报告，全球定位系统 气象学(GPS/MET)研究论文汇编(Ⅱ) 1－32，国家卫星气象中心.

方宗义、许建民、赵风生，2004：中国气象卫星和卫星气象研究的发展和回顾，气象学报，**62**,550－557.

方宗义、邱康睦、范天锡，2007：天基大气探测系统，气象综合观测系统，北京，气象出版社.

胡雄、曾桢、张训械等，2002：无线电掩星技术及其应用，电波科学学报，**17**,549－556.

胡雄、张训械、吴小成，2006：山基GPS掩星观测实验及其反演原理，地球物理学报，**49**,22－27.

江吉喜，1986：增强显示红外卫星云图在热带气旋分析中的应用，气象学报，**44**,482－487.

江吉喜、项续康，1998："96·8"河北特大暴雨成因的中尺度分析. 应用气象学报，**9**,304－313.

李玉兰、陶诗言、杜长萱，1993：梅雨锋上中尺度对流云团的分析，应用气象学报，**4**, 270－278.

李建国、李成才、毛节泰，1999：利用全球导航定位系统遥感水气分布原理和中国东部区加权平均温度的回归分析，气象学报，**57**,283－292.

李成才、毛节泰、李建国等，1999：GPS遥感水汽总量，科学通报，**3**,333－336.

李小青、吴蓉璋，2005：用GPROF算法反演降水强度和水凝物垂直结构，应用气象报，**16**,705－715.

刘健、许健民、方宗义，1999：利用NOAA卫星的AVHRR资料试分析云和雾顶部粒子的尺度特征，应用气象学报，**10**,28－33.

刘健、董超华，2002：卫星资料在云顶粒子尺度特征分析中的应用，红外与毫米波学报，**14**,124－128.

刘志权、方宗义等，1997：综合利用GPS探测大气参数(GPS/MET)的方法，全球定位系统 气象学(GPS/MET) 研究论文汇编 (1),1-10,国家卫星气象中心.

马禹、王旭、陶祖钰，1997：中国及其邻近地区中尺度对流系统的普查和时空分布特征，自然科学进展，**7**,701-706.

马刚、方宗义、张凤英,2001：云参数对 RTT0V5 模式模拟误差的影响分析,应用气象学报，**12**，385-392.

邱康睦,1994：风云二号气象卫星系统及其应用前景,中国空间科学技术，**14**,第3期.

邱红、方翔等，2007：利用 AMSU 分析热带气旋结构特征,应用气象学报,**18**,76-88.

覃丹宇、方宗义、江吉喜，2004：MCC 和一般暴雨云团发生发展的环境场差异,应用气象学报，**15**,590-600.

陶诗言等,1979：气象卫星资料在我国天气分析和预报上的应用,大气科学,**3**,239-246.

陶诗言、方宗义、李玉兰，1983：四年来我国气象卫星资料应用研究，气象学报，**41**，263-274.

项续康、江吉喜，1995：我国南方地区的中尺度对流复合体，应用气象学报 ,**6**，9-17.

徐建平,2000：国内外气象卫星发展，空间科学学报，**20**(增刊).

许建民等,2007：风云气象卫星地面应用系统建设,风云二号 C 卫星产品应用研究论文集,3-13，北京，气象出版社.

薛纪善,2006：我国新世纪初的数值预报科技创新研究,应用气象学报,**17**,602-610.

张文建、方宗义等,2004：卫星遥感参数在暴雨个例分析中的综合应用,暴雨系统的卫星遥感理论和方法,243-291,北京,气象出版社.

张华,2003：ATOVS 辐射率资料的直接同化方法及应用研究，兰州大学资源环境学院大气科学系博士论文.

郑新江、李玉兰、杜长萱，1998：1995 年 6 月梅雨期暴雨的水汽图像分析,应用气象学报，**9**,246-250.

Anderson，C J and R W Arritt，1998：Mesoscale convective complexcs andpersistent elongated convective systems over the United Statesduring 1992 and 1993，*Mon. Wea. Rev.*，**126**，578-599.

Augustine，J A and K W Howard，1991：Mesoscale convective complex over United States during 1986 and 1987，*Mon. Wea. Rev* ，**119**，1575-1589.

Bevis，M，et al，1992：GPS meteorology：Remote sensing of atmospheric water vapor using the global positioning system，*J. Geophys. Res.*，**97**，15787-15801.

Browning，K A and G B Foote. 1976：Airflow and hail growth in supercellstorms and some implications for hail suppression，*Quart J. Roy. Meteor. Soc.*，**102**，499-534.

Businger，S and coauthors，1996：The promise of GPS in atmospheric monitoring，*Bull. Amer. Meteor. Soc.*，**77**，5-18.

Davis，J L，et al，1985：Geodesy by radio interferometry：Effects of atmospheric modeling errors estimates of baseline length，*Radio Science*，**20**，1593-1607.

Deber，J D and A Rosati.，1989：A global Oceantic Data Assimilation System，*J. Phys. Oceanogr*，**19**，1333-1347.

Deber，J and Wu W.，1998：The use of TOVS cloud-clear radiances in the NCEP SSI analysis system，*Mon. Wea. Rev.*，**126**，2287-2299.

Desroziers，G，et al，2005：Diagnosis of observation，background and analysis-error statistics in observation space，*Quart. J. Roy. Meteor. Soc.*，**131**，3385-3396.

Duan, J and coauthors, 1996: GPS Meteorology: Direct estimation of the absolute value of precipitable water, *J. Appl. Meteor.*, **35**, 830 - 838.

Eyre, J R and A C Lore, 1989: Direct Use of Satellite Sounding Radiances in NWP, *Meteo. Magazine*, **118**, 13 - 16.

Eyre, J R, et al, 1993: Assimilation of TOVS radiance information through one-dimensional variational analysis, *Q.J.Roy. Meteorol. Soc.*, **119**, 1427 - 1463.

Elgered, G, et al, 1991: Geodesy by radio interferometry: Water vapor radiometry for estimation of the wet delay, *J. Geophys. Res.*, **96**, 6541 - 6555.

Fang, Z Y,1985: The Preliminary Study of Medium-Scale Cloud Clusters over the Chang jiang Basin in Summer, *Adv. Atmoms. Sci.*, **2**, 334 - 340.

Fang, Z Y, 1988: The First Meteorological Satellite of China - FENGYUN - 1, *ACTA Meteorologica Sinica*, **2** *N*0.4.

Han, W, J S Xue and Z Q Liu, 2006: Bias Correction of Satellite Data in GRAPES - VAR, *The Proceeding of The* 15*th International TOVS Study Conference*, Maratea, Italy, 4 - 10 Oct.

Han Wei, Xue Jishan, 2007: Adaptive tuning of background error and satellite radiances observation error for operational variational assimilation, *Proc. of SPIE*, Vol.6790 679044 - 1 - 679044 - 9.

Hardy, K.R. et al, 1992: Atmospheric profiles from active space based radio measurement, *Proc. Conf. on Satellite Meteorology and Oceanography*, AMS.

Harris, B and G Kelly, 2001: A satellite radiance bias correction scheme for data assimilation, *Quart. J. Roy. Meteor. Soc.*, **127**, 1463 - 1468.

Jiang Shi, R A Scofield, 1987: Satellite Observed Mesoscale Convective System (MCS) Propagation Characteristics and 3 - 12 Hour Heavy Precipitation Forecast Index, *MOAA Technical Memo* 2 *randum* NESDIS **20**, 43.

Kummerow, C, W S Olson, L Giglio, 1996: A simplified schemef or obtaining precipitation and vertical hydrometeor profiles from passive microwave sensors, *IEEE Trans Geosci Remote Sens*, **34**,1213 - 1232.

Kummerow, C, et al, 1998: The tropical rain fall measuring mission (TRMM) sensor package, *J. Atmos. Ocean. Technol*, **15**, 809 - 817.

Liu Yujie and Fang Zongyi, 1991: FY - 1 Meteorological Satellite Date Receiving, Processing and Application, *ACTA Meteorologica Sinica*, **5**, *N*0.3.

Maddox, R A, 1980: Mesoscale convective complexes, *Bull. Amer. Meteor. Soc.*, **61**, 1374 - 1387.

Maddox, R A, 1983: Large-scale meteorological conditions associated with midlatitude mesoscale convective complexes, *Mon. Wea. Rev.*, **111**, 1475 - 1493.

Ma Gang,Fang Zongyi and Zhang Fengying, 2002: An Error Analysis of the Simulated Data of TOVS HIRS by RTTOVS Model, *ACTA Meteo SINICA*,**16**,225 - 241.

Melbourne,W G, et al, 1988: GPS geoscience instrument for EOS and space station, *JPL proposal to Nasa AO osssa* - 1 - 88.

Meehan,T. K., et al, 1991. Analysis of GPS signals occulted by the Atmosphere as Tracked from Mauna Kea Using The TurboRogue GPS receiver, *Trans. Am. Geophys. Union*,

(*Eos*),**72**,372.

Talagrand, O, 1999: A posteriori verification of analysis and assimilation algorithms, *In Proceedings of the ECMWF Workshop on Diagnosis of Data Assimilation Systems*, 2 - 4, November,17 - 28.

Rabier, F, Thepaut, J N and P Courtier, 1998: Extended assimilation and forecast experiments with a four-dimensional variational assimilation system, *Q. J. Roy. Meteorol. Soc.*, **124**, 1861 - 1887.

Rizzi, R and M Matricardi, 1998: The use of TOVS clear radiances for NWP using an updated forward model, *Q.J.Roy. Meteorol. Soc.*, **124**, 1293 - 1312.

Rocken, C, et al, 1995: GPS Storm - GPS Sensing of Atmospheric Water Vapor for Meteorology, *J. Ocean. Atmos. Tech.*, **12**, 468 - 478.

Saunders, R, W Matricardi and P Brunel, 1999: An Improved Fast Radiative Transfer Model for Assimilation of Satellite Observations, *Q.J.Roy. Meteorol. Soc.*, **125**, 1407 - 1425.

Thayer, D, 1974: An improved Equation for the radio refractive index of air, *Radio Science*, **9**, 803 - 807.

Ware, R, et al, 1996: GPS Sounding of the Atmosphere: Preliminary Results, *Bulletin of the American Meteorological Society*, **77**, 19 - 40.

第6章 数值天气预报

陈嘉滨 张道民 朱宗申

6.1 大气运动控制方程组

几乎一切天气现象都与大气运动息息相关。大气运动遵循一定的流体力学和热力学规律,在数学上表示为所谓大气运动控制方程组,即包括:牛顿第二定律(或称运动方程)、热力学第一定律(或称热力学方程)、连续方程、水汽守恒方程和气体状态方程。

本节只是将以后各节用到的方程组及相关部分作一概述,这些内容都可在国内外一般教科书中找到。

6.1.1 基本方程组

在以平均海平面上的高度作为垂直坐标的笛卡儿坐标(x, y, z)中,运动方程、连续方程、热力学方程、水汽方程和状态方程分别为

$$\frac{\mathrm{d}\vec{V}}{\mathrm{d}t} = -\frac{1}{\rho}\nabla p - 2\Omega \times \vec{V} + g + F \tag{6.1.1}$$

$$\frac{\mathrm{d}\rho}{\mathrm{d}t} = -\rho\nabla \cdot \vec{V} \tag{6.1.2}$$

$$c_p\frac{\mathrm{d}T}{\mathrm{d}t} - \frac{1}{\rho}\frac{\mathrm{d}p}{\mathrm{d}t} = Q_T + F_T \tag{6.1.3}$$

$$\frac{\mathrm{d}q}{\mathrm{d}t} = S \tag{6.1.4}$$

$$p = \rho RT \tag{6.1.5}$$

其中 $\vec{V}$ 是三维风(u, v, w)向量,p是气压,T是温度,ρ是密度,q是比湿;F、F_T是摩擦与扩散,Q_T是加热或冷却,S是单位时间单位质量空气中水汽质量源(汇);g是重力加速度,R是气体常数,c_p是定压比热,Ω是地球自转角速

度。方程组(6.1.1)—(6.1.5)是基本的方程组,它们可描写大气中任何大气运动。

6.1.2 球坐标中的方程组

研究全球大气运动时,往往在水平方向采用球面坐标,这时方程组(6.1.1)—(6.1.5)可转换为如下形式方程

$$\frac{\mathrm{d}u}{\mathrm{d}t}=-\frac{1}{\rho}\frac{\partial p}{a\cos\varphi\partial\lambda}+\left(f+\frac{u\tan\varphi}{a}\right)v+F_{\lambda} \tag{6.1.6}$$

$$\frac{\mathrm{d}v}{\mathrm{d}t}=-\frac{1}{\rho}\frac{\partial p}{a\partial\varphi}-\left(f-\frac{u\tan\varphi}{a}\right)u+F_{\varphi} \tag{6.1.7}$$

$$\frac{\mathrm{d}w}{\mathrm{d}t}=-\frac{1}{\rho}\frac{\partial p}{\partial z}-g+F_{z} \tag{6.1.8}$$

$$\frac{\mathrm{d}\rho}{\mathrm{d}t}=-\rho\nabla_3\cdot\vec{V} \tag{6.1.9}$$

$$c_p\frac{\mathrm{d}T}{\mathrm{d}t}-\frac{1}{\rho}\frac{\mathrm{d}p}{\mathrm{d}t}=Q_T+F_T \tag{6.1.10}$$

$$\frac{\mathrm{d}q}{\mathrm{d}t}=S \tag{6.1.11}$$

$$p=\rho RT \tag{6.1.12}$$

其中随体微商为

$$\frac{\mathrm{d}}{\mathrm{d}t}=\frac{\partial}{\partial t}+\frac{u}{a\cos\varphi}\frac{\partial}{\partial\lambda}+\frac{v}{a}\frac{\partial}{\partial\varphi}+w\frac{\partial}{\partial z} \tag{6.1.13}$$

三维散度为

$$\nabla_3\cdot\vec{V}=\frac{1}{a\cos\varphi}\frac{\partial u}{\partial\lambda}+\frac{1}{a\cos\varphi}\frac{\partial v\cos\varphi}{\partial\varphi}+\frac{\partial w}{\partial z} \tag{6.1.14}$$

其中 φ 为纬度,λ 为经度,a 为地球半径。方程(6.1.6)和(6.1.7)的右端括号中第二项为曲率项,是由地球表面曲率造成的。

1. p 坐标中方程组

方程组(6.1.6)—(6.1.12)是以高度 z 作为垂直坐标,往往使用不很方便。为不同目的,常转换为各种垂直坐标。令 ζ 是任一单值函数垂直坐标,可用如下坐标转换公式(Kasahara,1974),将方程组(6.1.6)—(6.1.12)转换到相应垂直坐标下的方程组。

令

$$\zeta=\zeta(x,y,z,t)\ 或\ z=z(x,y,\zeta,t)$$

有

$$\left(\frac{\partial A}{\partial s}\right)_{\zeta}=\left(\frac{\partial A}{\partial s}\right)_{z}+\frac{\partial A}{\partial z}\left(\frac{\partial z}{\partial s}\right)_{\zeta}$$

和

$$\frac{\partial A}{\partial z} = \frac{\partial A}{\partial \zeta}\frac{\partial \zeta}{\partial z}$$

这里 $s = x, y$ 或 t。令 p 为 ζ，且假定大气是静力的，则 p 坐标中方程组为

$$\frac{\mathrm{d}u}{\mathrm{d}t} = -\frac{\partial \phi}{a\cos\varphi \partial \lambda} + \left(f + \frac{u\tan\varphi}{a}\right)v + \boldsymbol{F}_\lambda \tag{6.1.15}$$

$$\frac{\mathrm{d}v}{\mathrm{d}t} = -\frac{\partial \phi}{a\partial \varphi} - \left(f - \frac{u\tan\varphi}{a}\right)u + \boldsymbol{F}_\varphi \tag{6.1.16}$$

$$\frac{\mathrm{d}T}{\mathrm{d}t} = \frac{RT}{c_p}\frac{\omega}{p} + Q_T + \boldsymbol{F}_T \tag{6.1.17}$$

$$\frac{\mathrm{d}q}{\mathrm{d}t} = S \tag{6.1.18}$$

$$\nabla \cdot \vec{V} + \frac{\partial \omega}{\partial p} = 0 \tag{6.1.19}$$

$$\frac{\partial \phi}{\partial p} = -\frac{RT}{p} \tag{6.1.20}$$

其中随体微商为

$$\frac{\mathrm{d}}{\mathrm{d}t} = \frac{\partial}{\partial t} + \frac{u}{a\cos\varphi}\frac{\partial}{\partial \lambda} + \frac{v}{a}\frac{\partial}{\partial \varphi} + \omega\frac{\partial}{\partial p} \tag{6.1.21}$$

在 p 面上的散度为

$$\nabla \cdot \vec{V} = \frac{1}{a\cos\varphi}\frac{\partial u}{\partial \lambda} + \frac{1}{a\cos\varphi}\frac{\partial v\cos\varphi}{\partial \varphi} \tag{6.1.22}$$

式中 $\omega = \partial p/\partial t$ 为 p 面上的垂直速度。在以气压 p 作为垂直坐标的方程组(6.1.15)—(6.1.20)中，我们可看到，以高度 z 作为垂直坐标的方程组中第三运动方程(6.1.8)和连续方程(6.1.9)，分别变为诊断型的静力方程(6.1.20)及连续方程(6.1.19)。

对 z 坐标而言，p 坐标的优点在于连续方程是诊断型且线性的，同样气压梯度项也是线性的。

2. σ 坐标中方程组

在 p 坐标中地表面不是一个坐标面，在引入下边界条件时会带来一定困难。为克服此问题，Phillips N A 提出了便于考虑地形作用的 σ 坐标，它广泛采用在数值天气预报中。这种坐标定义为

$$\sigma = \frac{p}{p_\mathrm{s}} \text{ 或 } \sigma = \frac{p - p_\mathrm{T}}{p_\mathrm{s} - p_\mathrm{T}}$$

其中 p 是气压，p_s 是地表面气压，p_T 是大气顶气压(可取值为零)；在此坐标中，在地表面处 $\sigma = 1$ 和在大气顶 $\sigma = 0$。上下边界条件是垂直速度为零，即在 $\sigma = 0$ 或 1，$\dot{\sigma} = 0$。

在此 σ 坐标中方程组(6.1.15)—(6.1.20)修改为

$$\frac{du}{dt} = -\frac{1}{a\cos\varphi}\left(\frac{\partial\phi}{\partial\lambda} + RT\frac{\partial\ln p_s}{\partial\lambda}\right) + \left(f + \frac{u\tan\varphi}{a}\right)v + F_\lambda \tag{6.1.23}$$

$$\frac{dv}{dt} = -\frac{1}{a}\left(\frac{\partial\phi}{\partial\varphi} + RT\frac{\partial\ln p_s}{\partial\varphi}\right) - \left(f - \frac{u\tan\varphi}{a}\right)u + F_\varphi \tag{6.1.24}$$

$$\frac{dT}{dt} = \frac{RT}{c_p}\frac{\omega}{p} + Q_T + F_T \tag{6.1.25}$$

$$\frac{dp_s}{dt} + p_s\nabla\cdot\vec{V} + p_s\frac{\partial\dot{\sigma}}{\partial\sigma} = 0 \tag{6.1.26}$$

或

$$\frac{\partial p_s}{\partial t} + \int_0^1 \nabla\cdot(p_s\vec{V}) = 0 \tag{6.1.27}$$

$$\frac{dq}{dt} = S \tag{6.1.28}$$

$$\frac{\partial\phi}{\partial\sigma} = -\frac{RT}{\sigma} \tag{6.1.29}$$

其中随体微商为

$$\frac{d}{dt} = \frac{\partial}{\partial t} + \frac{u}{a\cos\varphi}\frac{\partial}{\partial\lambda} + \frac{v}{a}\frac{\partial}{\partial\varphi} + \dot{\sigma}\frac{\partial}{\partial\sigma}$$

其中$\dot{\sigma}$是σ面的垂直速度。在σ坐标的方程组(6.1.23)—(6.1.29)中,上下边界是一个坐标面,且垂直速度为零,十分便于数值计算。但缺点是气压梯度项变为两项,它们是大项小差,给数值计算带来一定困难,在实践上一定要作技术处理。

3. 混合坐标η中方程组

Simmons 等(1981)提出了一种跟随地形的η混合垂直坐标,它是气压p的单值函数,且依赖于地面气压p_s:

$$\eta = h(p, p_s)$$

这里$h(0, p_s) = 0$和$h(p_s, p_s) = 1$。在这种混合坐标中,其半层气压定义为

$$p_{k+\frac{1}{2}} = A_{k+\frac{1}{2}}p_0 + B_{k+\frac{1}{2}}p_s$$

其中p_0是常定气压(通常取为 1 000 hPa)。这种混合垂直坐标,在靠近地面的大气底层系数$A_{k+\frac{1}{2}}$为零,这时η混合坐标就等效于σ坐标;在大气顶层附近系数$B_{k+\frac{1}{2}}$为零,这时η混合坐标就等效于p坐标;在这两层之间为过渡层。这种坐标便于控制坐标面的倾斜度(或坡度),有较好的计算效率。在这种坐标中,绝热无摩擦的动量和热力方程,及连续方程和静力方程组成的方程组写为

$$\frac{d\vec{V}}{dt} + fk\times\vec{V} + \nabla\phi + RT\nabla\ln p = 0 \tag{6.1.30}$$

$$\frac{dT}{dt} - \frac{R_d T_v}{c_p}\frac{\omega}{p} = 0 \tag{6.1.31}$$

$$\frac{\partial}{\partial\eta}\left(\frac{\partial p}{\partial t}\right) + \nabla\cdot\left(\vec{V}\frac{\partial p}{\partial\eta}\right) + \frac{\partial}{\partial\eta}\left(\dot{\eta}\frac{\partial p}{\partial\eta}\right) = 0 \tag{6.1.32}$$

$$\frac{\partial \phi}{\partial \eta} = -\frac{R_d T_v}{p}\frac{\partial p}{\partial \eta} \tag{6.1.33}$$

其中随体微商(在球面坐标中)为

$$\frac{d}{dt} = \frac{\partial}{\partial t} + \frac{u}{a\cos\varphi}\frac{\partial}{\partial \lambda} + \frac{v}{a}\frac{\partial}{\partial \varphi} + \dot{\eta}\frac{\partial}{\partial \eta}$$

$\dot{\eta}$ 为 η 面的垂直速度，R_d 为干空气气体常数，T_v 为虚温。

这套方程组多数情况下应用在谱模式(ECMWF,1987)中,此时两个动量方程改写为涡度方程和散度方程,他们分别为

$$\frac{\partial \zeta}{\partial t} = \frac{1}{a(1-\mu^2)}\frac{\partial}{\partial \lambda}(F_v + P_v) - \frac{\partial}{a\partial \mu}(F_u + P_u) \tag{6.1.34}$$

$$\frac{\partial D}{\partial t} = \frac{1}{a(1-\mu^2)}\frac{\partial}{\partial \lambda}(F_u + P_u) + \frac{\partial}{a\partial \mu}(F_v + P_v) - \nabla^2\left[\frac{U^2+V^2}{a(1-\mu^2)} + \phi\right] \tag{6.1.35}$$

$$\frac{\partial T}{\partial t} = -\left[\frac{U}{a(1-\mu^2)}\frac{\partial T}{\partial \lambda} + \frac{V}{a}\frac{\partial T}{\partial \mu} + \left(\dot{\eta}\frac{\partial p}{\partial \eta}\right)\frac{\partial T}{\partial p}\right] + \frac{\kappa T_v}{[1+(\delta-1)q]}\frac{\omega}{P} + P_T \tag{6.1.36}$$

$$\frac{\partial q}{\partial t} = -\left[\frac{U}{a(1-\mu^2)}\frac{\partial q}{\partial \lambda} + \frac{V}{a}\frac{\partial q}{\partial \mu} + \left(\dot{\eta}\frac{\partial p}{\partial \eta}\right)\frac{\partial T}{\partial \eta}\right] + P_q \tag{6.1.37}$$

$$\frac{\partial}{\partial \eta}\left(\frac{\partial P}{\partial t}\right) + \nabla\cdot\left(\vec{V}\frac{\partial P}{\partial \eta}\right) + \frac{\partial}{\partial \eta}\left(\dot{\eta}\frac{\partial P}{\partial \eta}\right) = 0 \tag{6.1.38}$$

$$\frac{\partial \ln p_s}{\partial t} = -\frac{1}{p_s}\int_0^1 \nabla\cdot\left(\vec{V}\frac{\partial p}{\partial \eta}\right)d\eta \tag{6.1.39}$$

$$\frac{\partial \phi}{\partial \ln p} = -R_d T_v \tag{6.1.40}$$

其中

$$\omega = \vec{V}\cdot\nabla p - \int_0^\eta \nabla\cdot(\vec{V}dp)$$

$$\left(\dot{\eta}\frac{\partial p}{\partial \eta}\right) = -\frac{\partial p}{\partial t} - \int_0^1 \nabla\cdot\left(\vec{V}\frac{\partial p}{\partial \eta}\right)d\eta$$

$$\vec{V}\cdot\nabla p = \frac{1}{a(1-\mu^2)}\left[U\frac{\partial p}{\partial \lambda} + (1-\mu^2)\frac{\partial p}{\partial \mu}\right]$$

$$D = \nabla\cdot\vec{V} = \frac{1}{a(1-\mu^2)}\left[\frac{\partial U}{\partial \lambda} + (1-\mu^2)\frac{\partial V}{\partial \mu}\right]$$

$$\zeta = \frac{1}{a(1-\mu^2)}\left[\frac{\partial V}{\partial \lambda} - (1-\mu^2)\frac{\partial U}{\partial \mu}\right]$$

$$F_u = (\zeta+f)V - \left(\dot{\eta}\frac{\partial p}{\partial \eta}\right)\frac{\partial U}{\partial \sigma} - R_d T_v\frac{\partial \ln p}{a\partial \lambda}$$

$$F_v = -(\zeta+f)U - \left(\dot{\eta}\frac{\partial P}{\partial \eta}\right)\frac{\partial V}{\partial p} - R_d T_v(1-\mu^2)\frac{\partial \ln P_*}{a\partial \mu}$$

$$\nabla^2 = \frac{1}{a^2(1-\mu^2)}\frac{\partial^2}{\partial\lambda^2} + \frac{\partial}{a^2\partial\mu}\left[(1-\mu^2)\frac{\partial}{\partial\mu}\right]$$

$$f = 2\Omega\sin\varphi,\ U = u\cos\varphi,\ V = v\cos\varphi,\ \mu = \sin\varphi,\ \kappa = R_d/c_{pd}$$

4. 非静力方程组

由于计算机飞速发展,计算条件得到大大改善,有可能使数值天气预报的分辨率越来越细,甚至达到几公里的水平格距。因此人们可以采用非静力方程组作日常天气预报,提高预报精度,为国民经济建设服务。现在我国已开始用非静力方程预报模式制作天气预报试验,已取得可喜成绩,不久的将来就会投入业务使用(陈德辉等,2006)。

非静力方程组是去掉静力假定,原来的静力方程变为第三运动方程,即垂直运动方程。这时大气运动不但包含重力波,还包含音波运动。

为便于考虑地形对大气运动的影响,高度坐标是描述非静力平衡动力过程的理想垂直坐标,但是起伏不平的地表面给下边界条件的给定增加了困难。考虑到这一点,采用既有 σ 坐标地表面是一个坐标面特点,又有高度坐标性质的"高度地形追随坐标"(height-based terrain-following coordinate)作为垂直坐标(Gal-Chen et al,1975),定义为

$$\hat{z} = z_T \frac{z - z_s(x,\ y)}{z_T - z_s(x,\ y)}$$

这里 z 是高度,z_s 是地形高度和 z_T 是大气顶层高度。在 $z = z_s$ 处,$\hat{z} = 0$;在 $z = z_T$ 处,$\hat{z} = z_T$。高度地形追随坐标中的垂直速度 $\hat{w}$ 可表示为

$$\hat{w} = \frac{d\hat{z}}{dt} = \frac{Z_T}{\Delta Z_s}\left[w - \frac{z_T - z}{z_T - z_s}\left(\frac{u}{a\cos\varphi}\frac{\partial Z_s}{\partial\lambda} + \frac{v}{a}\frac{\partial Z_s}{\partial\varphi}\right)\right]$$

其中 w 是高度 z 坐标中的垂直速度。上下边界条件为:在 $\hat{z} = 0$ 和 $\hat{z} = z_T$ 处,$\hat{w}_T = \hat{w}_s = 0$。

为消除运动方程及气压梯度项中静力平衡的分量,提高计算精度,引入参考大气,令

$$\Pi = \tilde{\Pi}(z) + \Pi',\quad \theta = \tilde{\theta}(z) + \theta'$$

这里 Π 是气压中间变量,及 θ 是位温,分别定义为

$$\Pi = \left(\frac{P}{P_0}\right)^{\frac{R}{c_p}},\quad \theta = T\left(\frac{P_0}{P}\right)^{\frac{R}{c_p}}$$

$\tilde{\Pi}$、$\tilde{\theta}$ 表示参考大气廓线,它们仅是高度 z 的函数,且满足静力关系

$$\frac{\partial\tilde{\Pi}}{\partial z} = -\frac{g}{c_p\cdot\tilde{\theta}(z)}$$

Π'、θ' 表示与参考大气的偏差量。在这种坐标中,方程组写为三个分量的动量方程:

$$\frac{\mathrm{d}u}{\mathrm{d}t}=-c_p\tilde{\theta}\left[\frac{1}{a\cos\varphi}\frac{\partial}{\partial\lambda}-\left(\frac{z_T-\hat{z}}{z_T-z_s}\frac{\partial z_s}{a\cos\varphi\partial\lambda}\right)\frac{\partial}{\partial\hat{z}}\right]\Pi'+fv$$

$$-c_p\theta'\cdot\left[\frac{1}{a\cos\varphi}\frac{\partial}{\partial\lambda}-\left(\frac{z_T-\hat{z}}{z_T-z_s}\frac{\partial z_s}{a\cos\varphi\partial\lambda}\right)\frac{\partial}{\partial\hat{z}}\right]\Pi'+F_u \quad (6.1.41)$$

$$\frac{\mathrm{d}v}{\mathrm{d}t}=-c_p\tilde{\theta}\left[\frac{\partial}{a\partial\varphi}-\left(\frac{z_T-\hat{z}}{z_T-z_s}\frac{\partial z_s}{a\partial\varphi}\right)\frac{\partial}{\partial\hat{z}}\right]\Pi'-fu$$

$$-c_p\theta'\left[\frac{\partial}{a\partial\varphi}-\left(\frac{z_T-\hat{z}}{z_T-z_s}\frac{\partial z_s}{a\partial\varphi}\right)\frac{\partial}{\partial\hat{z}}\right]\Pi'+F_v \quad (6.1.42)$$

$$\delta_{NH}\frac{\mathrm{d}w}{\mathrm{d}t}=-c_p\tilde{\theta}\cdot Z_{st}\frac{\partial\Pi'}{\partial\hat{z}}+\frac{\theta'}{\tilde{\theta}}g-c_p\theta'\cdot Z_{st}\frac{\partial\Pi'}{\partial\hat{z}}+F_w \quad (6.1.43)$$

连续方程

$$\frac{\mathrm{d}\Pi'}{\mathrm{d}t}=\frac{gw}{c_p\tilde{\theta}}-\frac{\tilde{\Pi}\cdot D_3}{(\gamma-1)}-\frac{\Pi'\cdot D_3}{(\gamma-1)}+\frac{F_\theta^*}{(\gamma-1)\cdot\theta} \quad (6.1.44)$$

热力学方程

$$\frac{\mathrm{d}\theta'}{\mathrm{d}t}=-\left(\frac{z_T}{z_T-z_s}\frac{\partial\tilde{\theta}}{\partial\hat{z}}\right)w+\frac{F_\theta^*}{\Pi} \quad (6.1.45)$$

其中随体微商为

$$\frac{\mathrm{d}}{\mathrm{d}t}=\frac{\partial}{\partial t}+u\frac{\partial}{a\cos\varphi\partial\lambda}+v\frac{\partial}{a\partial\varphi}+\hat{w}\frac{\partial}{\partial\hat{z}}$$

三维散度为

$$D_3=\left(\frac{1}{a\cos\varphi}\frac{\partial u}{\partial\lambda}+\frac{1}{a\cos\varphi}\frac{\partial v\cos\varphi}{\partial\varphi}+\frac{\partial\hat{w}}{\partial\hat{z}}\right)$$

$$-\frac{1}{z_T-z_s}\left(u\frac{\partial z_s}{a\cos\varphi\partial\lambda}+v\frac{\partial z_s}{a\partial\varphi}\right)$$

$$F_\theta^*=\frac{Q_T+F_T}{c_p}$$

其中 δ_{NH} 为静力（$\delta_{NH}=0$）/非静力（$\delta_{NH}=1$）开关。在方程组中分出线性项和非线性项，是为了便于作半隐式的数值计算。

6.1.3 方程组的整体守恒性

大气作为一个整体，有其整体特征，研究这种整体特征可揭示出大气运动的一些最基本性质。同时，对于数值模式的构造，保持大气的原有的整体特征，可避免数值计算引起的虚假源(汇)误差。

1. 质量守恒

以元面积 $a^2\cos\varphi\mathrm{d}\varphi\mathrm{d}\lambda$ 为底的垂直气柱的质量为

$$m = \int_0^\infty \rho a^2 \cos\varphi \mathrm{d}\varphi \mathrm{d}\lambda \mathrm{d}z = -\int_{p_s}^0 a^2 \cos\varphi \mathrm{d}\varphi \mathrm{d}\lambda \mathrm{d}p = \frac{1}{g} p_s a^2 \cos\varphi \mathrm{d}\varphi \mathrm{d}\lambda$$

在全球上积分可得大气总质量

$$M = \iint_s \frac{1}{g} p_s a^2 \cos\varphi \mathrm{d}\varphi \mathrm{d}\lambda$$

上式两边对时间 t 微商，并将地面气压倾向方程(6.1.27)代入，有

$$\frac{\partial M}{\partial t} = \iint_s \frac{1}{g} \frac{\partial p_s}{\partial t} a^2 \cos\varphi \mathrm{d}\varphi \mathrm{d}\lambda = -\frac{1}{g} \iint_s \int_0^1 \nabla \cdot (p_s \vec{V}) a^2 \cos\varphi \mathrm{d}\varphi \mathrm{d}\lambda \mathrm{d}\sigma = 0 \tag{6.1.46}$$

其中 s 是地球表面。上式表明，大气的总质量不随时间变化。

2. 角动量守恒

单位质量的角动量为 $au\cos\varphi$，而全球上的角动量为

$$\begin{aligned} M_u &= \iint_s \int_0^\infty \rho (ua\cos\varphi) a^2 \cos\varphi \mathrm{d}z \mathrm{d}\varphi \mathrm{d}\lambda \\ &= \frac{1}{g} \iint_s \int_0^1 (ua\cos\varphi) p_s a^2 \cos\varphi \mathrm{d}\sigma \mathrm{d}\varphi \mathrm{d}\lambda \end{aligned}$$

其时间变化为

$$\frac{\partial M_u}{\partial t} = \frac{1}{g} \iint_s \int_0^1 \left(\frac{\partial u p_s}{\partial t} a\cos\varphi \right) a^2 \cos\varphi \mathrm{d}\sigma \mathrm{d}\varphi \mathrm{d}\lambda$$

将第一运动方程(6.1.23)和连续方程(6.1.26)(将随体微商展开)代入，上式为

$$\frac{\partial M_u}{\partial t} = -\frac{1}{g} \iint_s \int_0^1 p_s \left(\frac{\partial \phi}{\partial \lambda} + RT \frac{\partial \ln p_s}{\partial \lambda} \right) a^2 \cos\varphi \mathrm{d}\sigma \mathrm{d}\varphi \mathrm{d}\lambda$$

而上式右端的垂直积分可写为

$$\begin{aligned} \int_0^1 p_s \left(\frac{\partial \phi}{\partial \lambda} + RT \frac{\partial \ln p_s}{\partial \lambda} \right) \mathrm{d}\sigma &= \frac{\partial}{\partial \lambda} \left(\int_0^1 \phi p_s \mathrm{d}\sigma \right) - \phi_s \frac{\partial p_s}{\partial \lambda} \\ &= \int_0^1 p_s \frac{\partial \phi}{\partial \lambda} \mathrm{d}\sigma - \int_0^1 \phi \frac{\partial p_s}{\partial \lambda} \mathrm{d}\sigma - \phi_s \frac{\partial p_s}{\partial \lambda} \end{aligned} \tag{6.1.47}$$

由上面公式看出，大气总角动量的变化是由地表面山脉矩作用造成的。若无地形，则上式右端为零，即角动量守恒。同时还看出，沿一个纬圈的角动量的变化是由气压梯度项引起。(6.1.47)式右端第一项为 0，第二项为地形矩，因此角动量的变化正比于 $\int \phi_s (\partial p_s / \partial \lambda) \mathrm{d}\lambda$。

3. 大气的总动能

用 u 和 v 分别乘两个运动方程(6.1.23) 和(6.1.24)的两端并相加，利用连续方程(6.1.26)，并把个体微商展开，可得到

$$\frac{\partial}{\partial t}(p_s K) = -\left[\nabla \cdot (\vec{V} p_s K) + \frac{\partial(\dot{\sigma} p_s K)}{\partial \sigma}\right] - \left[\frac{p_s u}{a\cos\varphi}\left(\frac{\partial \phi}{\partial \lambda} + RT\frac{\partial \ln p_s}{\partial \lambda}\right) + \frac{p_s v}{a}\left(\frac{\partial \phi}{\partial \varphi} + RT\frac{\partial \ln p_s}{\partial \varphi}\right)\right] \tag{6.1.48}$$

其中 $K = (u^2 + v^2)/2$ 是动能。上式表明动能的变化与科氏力无关,或者说科氏力不产生动能。这对于设计科氏项的差分格式,特别是变量分布在不同网格上,特别重要。整个大气的动能有什么特点呢?为此,对(6.1.48)式在整个大气积分,右端方括号中的项(由平流项形成的)积分后为零,最后得到

$$\frac{\partial}{\partial t}\iint_s \int_0^1 \frac{a^2}{g}(p_s K)\cos\varphi \, d\lambda d\varphi d\sigma = -\iint_s \int_0^1 \frac{a^2}{g}\left[\frac{p_s u}{a\cos\varphi}\left(\frac{\partial \phi}{\partial \lambda} + RT\frac{\partial \ln p_s}{\partial \lambda}\right) + \frac{p_s v}{a}\left(\frac{\partial \phi}{\partial \varphi} + RT\frac{\partial \ln p_s}{\partial \varphi}\right)\right]\cos\varphi \, d\lambda d\varphi d\sigma \tag{6.1.49}$$

(6.1.49)式表明在绝热无摩擦情况下,大气动能的产生(或消耗)仅是气压梯度力造成的。当风向自高压指向低压时,气压梯度力对空气质点做功,产生动能;反之,风向自低压指向高压时,空气质点反抗气压梯度力做功,就消耗动能,方程中的平流项不做功。因此,设计平流项的差分格式时,必须避免虚假动能的产生,这对设计平流项的差分格式是十分重要的。

另外,(6.1.48)右端第二个方括号的项可写为

$$-\frac{1}{a\cos\varphi}\frac{\partial p_s u\phi}{\partial \lambda} - \frac{1}{a}\frac{\partial p_s v\phi}{\partial \varphi} - \frac{\partial}{\partial \sigma}\left(p_s \dot{\sigma}\phi + \sigma\phi\frac{\partial p_s}{\partial t}\right) - \omega\frac{RT}{\sigma}$$

因此,全球积分后有

$$\frac{\partial}{\partial t}\iint_s\left[\int_0^1 (p_s K)d\sigma + \phi_s p_s\right]\frac{a^2}{g}\cos\varphi \, d\lambda d\varphi = -\iint_s \int_0^1 \left(\omega\frac{RT}{\sigma}\right)\frac{a^2}{g}\cos\varphi \, d\lambda d\varphi d\sigma \tag{6.1.50}$$

由(6.1.50)式表明暖空气上升,冷空气下沉,则产生动能;反之,暖空气下沉,冷空气上升,则消耗动能。

4. 大气的总位能

由热力学方程(6.1.25)和连续方程(6.1.26),可得到总位能为

$$\frac{\partial p_s E}{\partial t} + \nabla \cdot \vec{V} E p_s + \frac{\partial \dot{\sigma} E p_s}{\partial \sigma} = RT\frac{\omega}{\sigma} \tag{6.1.51}$$

其中 $E = c_p T$。对上式作全球积分,并利用上下边界条件,则有

$$\iint_s \int_0^1 \frac{\partial p_s E}{\partial t}\frac{a^2}{g}\cos\varphi \, d\lambda d\varphi d\sigma = \frac{a^2}{g}\iint_s \int_0^1 R c_p T\frac{\omega}{\sigma}\cos\varphi \, d\lambda d\varphi d\sigma \tag{6.1.52}$$

由上式看到暖空气上升和冷空气下沉时,就要消耗位能;反之,暖空气下沉,冷空

气上升,就要增加位能。

5. 总能量守恒

大气的总能量是大气总动能和总位能之和。由(6.1.50)和(6.1.52)可以看到,这两式右端项大小相等,符号相反。这表明在绝热无摩擦情况下,动能的消耗必然导致位能的增加;反之,动能的增加必然要引起位能的减少。大气的总能量是不随时间变化,即(6.1.50)和(6.1.52)相加,有

$$\frac{\partial}{\partial t}\iint_{s}\left[\int_{0}^{1} p_{s}(K + E)\mathrm{d}\sigma + \phi_{s} p_{s}\right]\frac{a^{2}}{g}\cos\varphi \mathrm{d}\lambda \mathrm{d}\varphi = 0 \tag{6.1.53}$$

上式左端方括弧中第一项为动能和位能之和,第二项为大气地表面位能。

除了讨论以上的偏微分方程组的整体特性外,还有其他一些特性,如位涡能量守恒等,因篇幅关系不一一论述。

以上控制方程的整体特性是十分重要的。在设计差分格式时,这些特性是作为差分方程的约束条件。在短期数值预报中不遵守这些约束条件或许不是特别重要,但是对于中期数值预报和气候模拟来讲,为了防止系统误差,维持大气的整体性质就十分重要。

6.2 计算方法——差分方法

数值天气预报,在给定的初始条件和边界条件下,是流体力学和热力学方程组的求解问题。一般很难求得解析解,只能采用数值积分方法近似求解。数值求解的方法有:有限差分法,有限元法,谱方法等。这里介绍使用较广的有限差分法。

6.2.1 有限差分方法的一些基本概念

1. 变量的离散化

大气的变量,如位势高度、温度等在空间和时间上是连续变化的,在大气中观测到的变量和在计算中使用的变量也都是离散的。因此,首先要把连续变量离散化,例如,对于一维连续变量

$$u = u(x)$$

在区间 $0 \leqslant x \leqslant L$ 内用间隔为 Δx 的 $J+1$ 格点去等分(图 6.2.1),就得到 $u(x)$ 的 $J+1$ 个离散变量

$$u_j \approx u(j\Delta x) \quad (j = 0, 1, \cdots, J) \tag{6.2.1}$$

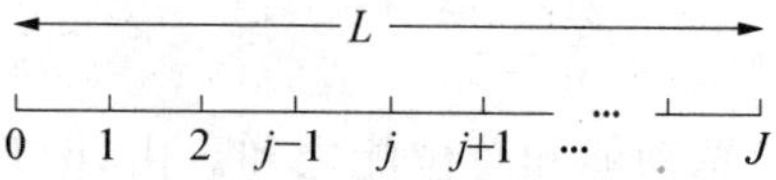

图 6.2.1 变量的离散化

其中 Δx 是自变量 x 的增量，称为空间步长。若变量 x 换为时间变量 t，则其增量 Δt 就称为时间步长。相邻两格点的离散变量之差称为有限差分，简称差分。例如

$$\Delta u_j = u_{j+1} - u_j$$

称为向前差分；

$$\Delta u_j = u_j - u_{j-1}$$

称为向后差分；

$$\Delta u_j = u_{j+1} - u_{j-1}$$

称为中心差分。

显然，在离散点上 u_j 提供的天气信息比连续变量 $u(x)$ 要少。为了了解给定空间步长 Δx 后，这套离散变量可以表示多少信息，把 $u(x)$ 展成付氏级数

$$u(x) = \frac{C_0}{2} + \sum_{j=1}^{J/2}\left(a_j \cos 2\pi j \frac{J\Delta x}{L} + b_j \cos 2\pi j \frac{J\Delta x}{L}\right) \tag{6.2.2}$$

其中 L 是区间的长度(图 6.2.1)。有 $J+1$ 个 u_j 值，只能确定 $J+1$ 个不同的系数。$j = J/2$ 时有最短的波长(j 称为波数)，$L/j = 2L/J = 2L/(L/\Delta x) = 2\Delta x$。因此，以格距 $\Delta x = L/J$ 去等分区间$(0, L)$得到的格网，所能描写的最短波长是 $2\Delta x$。在我国的全球业务数值预报中使用的空间步长 Δx 约为 60 km 左右，因此小于 2×60 km 的天气尺度系统都不能正确地表现。选取多大的空间步长，在一定程度上取决于计算机的能力。如果有内存更大、速度更快的计算机，就可以选取更小的空间步长，从而更好地描写各种天气系统。

2. *差分和截断误差*

用差分方法求解大气控制方程的一个重要问题，是用差分来近似方程组中的微商。考虑一个函数 $u(x)$ 展成幂级数

$$u_{j\pm1} = u_j \pm \frac{\partial u}{\partial x}\Delta x + \frac{\partial^2 u}{\partial x^2}\frac{\Delta x^2}{2!} \pm \cdots \tag{6.2.3}$$

取正号可以得到

$$\frac{\partial u_j}{\partial x} = \frac{u_{j+1} - u_j}{\Delta x} + R \tag{6.2.4}$$

式中 R 为余项，代表级数中包含 Δx 一次幂以上的所有高次项。如果在上式中略去 R，就得到逼近 $\partial u/\partial x$ 的向前差分，它仅涉及两个点的函数值。R 称之为截断误差，可记为 $O(\Delta x)$，表示具有 Δx 的数量级。如果把(6.2.3)式中的两个级数(即取正号的一个和取负号的一个)相减，就可得到逼近 $\partial u/\partial x$ 的中央差分

$$\left(\frac{\partial u}{\partial x}\right)_j = \frac{u_{j+1} - u_{j-1}}{2\Delta x} \tag{6.2.5}$$

它涉及三个点的函数值,其截断误差的数量级为 $O(\Delta x^2)$。显然(6.2.5)式比(6.2.4)式的精确度高。

另外,我们可以构造精确度更高的四阶差分近似。把(6.2.3)式中两级数相减得

$$\frac{u_{j+1} - u_{j-1}}{2\Delta x} = \frac{\partial u}{\partial x} + \frac{1}{3!}\frac{\partial^3 u}{\partial x^3}\Delta x^2 + \cdots \tag{6.2.6}$$

并以 $2\Delta x$ 代 Δx,则得

$$\frac{u_{j+2} - u_{j-2}}{4\Delta x} = \frac{\partial u}{\partial x} + \frac{4}{3!}\frac{\partial^3 u}{\partial x^3}\Delta x^2 + \cdots \tag{6.2.7}$$

然后以 4 乘(6.2.6)式两端,减去(6.2.7)式,且略去高次幂项,则有

$$\frac{\partial u}{\partial x} = \frac{4}{3}\frac{u_{j+1} - u_{j-1}}{2\Delta x} - \frac{1}{3}\frac{u_{j+2} - u_{j-2}}{4\Delta x} - O(\Delta x^4) \tag{6.2.8}$$

其截断误差的数量级为 $O(\Delta x^4)$。显然 $\partial u/\partial x$ 的四阶差分近似式(6.2.8)比中央差分近似式(6.2.5)精确度高。然而四阶差分比一般中央差分要多使用两个格点值,这就增加了计算量。另外它还使边界条件的形式复杂化,从而也造成新的误差源。因此在目前数值预报中多数采用二阶精确度的中央差分。

6.2.2 线性计算不稳定

当用差分来近似微商后,微分方程就变成差分方程。我们以一维线性平流方程为例来说明求解差分方程中出现的一些问题。

1. 线性平流方程的解析解

一维线性平流方程为

$$\frac{\partial u}{\partial t} = -C\frac{\partial u}{\partial x}, \quad u = u(x, t) \tag{6.2.9}$$

波的相速 C 是常数。假定 $t=0$ 时刻,运动为波状运动

$$u(x) = Ae^{i\mu x}$$

其中 A 为常数,波数 $\mu = 2\pi/L$, L 为波长,i 为虚数单位。在上面的初始条件下,用分离变量法可求出(6.2.9)的解析解

$$u(x, t) = Ae^{i\mu(x-ct)} \tag{6.2.10}$$

2. 平流方程的显式积分格式

平流方程(6.2.9)中的时间和空间微商都采用中央差分来近似,得到差分方程

$$\frac{u_j^{n+1} - u_j^{n-1}}{2\Delta t} = -C\frac{u_{j+1}^n - u_{j-1}^n}{2\Delta x} \tag{6.2.11}$$

式中 Δt 和 Δx 分别是时间步长和空间步长；角码 j 和 n 分别代表空间和时间，例如 u_j^{n+1} 代表在 $(n+1)\Delta t$ 时刻，位置在 $j\Delta x$ 的离散变量值 $u[(n+1)\Delta t, j\Delta x]$。另外，(6.2.11)右端项的变量 (u^n) 是取 $n\Delta t$ 时刻的值，这样的格式称为显示积分格式。(6.2.11)式又可写为

$$u_j^{n+1} = u_j^{n-1} - \frac{C\Delta t}{\Delta x}(u_{j+1}^n - u_{j-1}^n) \tag{6.2.12}$$

上式说明在任意点 $j\Delta x$ 上未来时刻 $(n+1)\Delta t$ 的值，可以用该点及其相邻格点上的现在时刻(n)和过去时刻$(n-1)$的值求得。当 n 逐渐增大，反复使用(6.2.12)式就可求得未来任何时刻的预报值。但是在时刻 $n=0$ 以前的值 u_j^{-1} 是未知的。因此，起步计算时必须采用另外的时间差分。通常第一步采用时间的向前差分，空间仍用中央差，即

$$u_j^1 = u_j^0 - \frac{C\Delta t}{2\Delta x}(u_{j+1}^0 - u_{j-1}^0) \tag{6.2.13}$$

3. *差分方程的解*

假定差分方程(6.2.12)有解

$$u_j^n = B^{n\Delta t}\mathrm{e}^{\mathrm{i}\mu j\Delta x} \tag{6.2.14}$$

代入(6.2.12)式，令 $\lambda = C\Delta t/\Delta x$，得到

$$(B^{\Delta t})^2 + 2\mathrm{i}\lambda\sin\Delta x B^{\Delta t} - 1 = 0 \tag{6.2.15}$$

这是二次代数方程，其解为

$$B^{\Delta t} = -\mathrm{i}\lambda\sin\mu\Delta x \pm\sqrt{1-(\lambda\sin\mu\Delta t)^2} \tag{6.2.16}$$

由此，当 $\lambda \leqslant 1$ 时，根号内为实数，(6.2.16)的两个根就为实数，写成

$$B_1^{\Delta t} = \mathrm{e}^{-\mathrm{i}a} \text{ 和 } B_2^{\Delta t} = \mathrm{e}^{\mathrm{i}(\pi+a)}$$

式中

$$\alpha = \arcsin(\lambda\sin\mu\Delta x) \tag{6.2.17}$$

于是(6.2.12)的解写为

$$u_j^n = (E\mathrm{e}^{-\mathrm{i}\alpha n} + D\mathrm{e}^{\mathrm{i}(\pi+\alpha)n})\mathrm{e}^{\mathrm{i}\mu j\Delta x} \tag{6.2.18}$$

式中 E 和 D 是任意常数，可用初始条件来确定。最后，就可得到差分方程(6.2.12)的解为

$$u_j^n = A\frac{1+\cos\alpha}{2\cos\alpha}\mathrm{e}^{\mathrm{i}\mu\left(j\Delta x - \frac{\alpha n}{\mu\Delta t}\Delta t\right)} - (-1)^n A\frac{1-\cos\alpha}{2\cos\alpha}\mathrm{e}^{\mathrm{i}\mu\left(j\Delta x + \frac{\alpha n}{\mu\Delta t}\Delta t\right)} \tag{6.2.19}$$

4. *物理解和计算解*

从差分方程的解(6.2.19)可以看出，它包含有两个波（而微分方程的解析解(6.2.10)只包含有一个波），第一波是以相速 $\alpha/\mu\Delta t$ 向右传播；第二波却以相同速度向相反方向传播。由(6.2.17)可知，当 $\lambda = 1$ 时，有 $\alpha = \mu\Delta x$ 和 $C\Delta t = \Delta x$。因此，有限差分解的第一波相速 C' 和解析解的相速相同，即

$$C' = \alpha/\mu\Delta t = \mu\Delta x/\mu\Delta t = C \tag{6.2.20}$$

当 Δx 和 Δt 趋于零时，$\alpha/\mu\Delta t$ 趋近于 C。这样我们称第一波是“物理解”。第二波在解析解中无相应部分，这是由于用了包含时间中央差分的二阶差分之缘故。它完全是因计算而引起的，所以称第二波为“计算解”。物理解的波速可以写成

$$C' = \alpha/\mu\Delta t = \alpha C/\left(2\pi\frac{\Delta x}{L}\lambda\right)$$

可以发现物理解的波速 C' 是波长 L 的函数，造成波能量发生频散；而解析解的波速是一个常数 C，它不是频散波。表 6.2.1 第 2 行给出差分方程的物理解的相速同波长的关系。取 $\lambda = 0.75$，可看到物理解波速变慢，波长越短误差越大；当波长为 $2\Delta x$ 时，波速就为零，成为驻波。另外，表中第 3 行还给出计算解和物理解振幅之比。可以看到波长越短，计算解影响就越明显；当波长为 $2\Delta x$ 时就全是计算解的影响；随着波长增长，物理解的振幅趋于解析解。因此，减小空间格距不但可以提高相速的精度，同时也可以减小计算解的影响。

从以上分析可看到，用差分方程代替微分方程可发生两种作用。第一，是波动的相速比真正的相速小，这种误差一般使预报的天气系统偏慢，格距越大，偏慢越多。第二，波动的速度随波长而变化，造成波的虚假频散，波长越短就越厉害。这种误差可能在波动的上游或下游出现一些虚假的短波系统。

表 6.2.1 物理解和计算解的比较

$L/\Delta x$	2	3	4	6	8	12	24
C'/C	0.0	0.450	0.720	0.900	0.949	0.979	0.989
振幅比(计算/物理)	∞	7.35	0.20	0.14	0.08	0.04	0.01

5. 稳定性判据

我们来看看差分解的振幅随时间变化情况。在(6.2.16)中，当 $\lambda > 1$ 时，根号内是负数，则两个根都为复数，其绝对值

$$|B^{\Delta t}|^2 = 2\lambda^2\sin\mu\Delta x - 1 \pm 2\lambda\sin\mu\Delta x(\lambda^2\sin^2\mu\Delta x - 1)^{\frac{1}{2}}$$

其中必有一个绝对值大于 1，导致 $B^{n\Delta t}$ 将随时间 $n\Delta t$ 的增加而无限增大。因此，有限差分解也会不断增大，这和有常值振幅的解析解不同。这种虚假增长，被称为计算不稳定，在计算中必须避免。从(6.2.19)式可看出保持计算稳定的充分条件是

$$\lambda \equiv C\Delta t/\Delta x \leqslant 1 \tag{6.2.21}$$

这就是有名的 CFL 线性稳定判据。

6.2.3 时间差分

1. 时间向前差分和时间向后差分(隐式)

对(6.2.9)式作时间向前差分有

$$\frac{u_j^{n+1}-u_j^n}{\Delta t}+C\frac{u_{j+1}^n-u_{j-1}^n}{2\Delta x}=0 \tag{6.2.22}$$

这里只涉及两个时间层,为两层格式。令其差分解为

$$u_j^n = B^{n\Delta t}e^{i\mu j\Delta x} \tag{6.2.23}$$

将其代入(6.2.22)式有

$$B^{\Delta t} = 1-i\lambda\sin\mu x \tag{6.2.24}$$

其中$\lambda = C\Delta t/\Delta x$。对(6.2.24)式取模数,有

$$|B^{\Delta t}| = \sqrt{1+\lambda^2\sin^2\mu\Delta x} \tag{6.2.25}$$

可看到$|B^{\Delta t}|$随时间无限增长。因此这种时间向前差分格式总是计算不稳定的。

对(6.2.9)式作时间向后差分有

$$\frac{u_j^{n+1}-u_j^n}{\Delta t}+C\frac{u_{j+1}^{n+1}-u_{j-1}^{n+1}}{2\Delta x}=0 \tag{6.2.26}$$

将其差分解(6.2.25)代入上式可得

$$B^{\Delta t} = \frac{1}{1+i\lambda\sin\mu\Delta x} \tag{6.2.27}$$

取模数,有

$$|B^{\Delta t}| = \frac{1}{1+(\lambda\sin\mu\Delta x)^2}\leqslant 1 \tag{6.2.28}$$

可看到$|B^{\Delta t}|$随时间总是小于1,因此,这种时间向后差分格式总是计算稳定的。

2. 迎风差格式

在有限区域作空间离散时,在边界上会遇到困难。往往对计算区域边界,采用空间对着风的来向差分——迎风差分,例如对平流项作如下迎风差分格式,有

$$\left(U\frac{\partial u}{\partial x}\right)_j = \begin{cases} U\dfrac{u_j-u_{j-1}}{\Delta x}, & U>0 \\ U\dfrac{u_{j+1}-u_j}{\Delta x}, & U<0 \end{cases} \tag{6.2.29}$$

应用此格式,对(6.2.9)式可构造时间向前差分、空间非中央差格式所谓迎风差格式,他们常用到边界处的差分,即为

$$u_j^{n+1} = u_j^n - \frac{C\Delta t}{\Delta x}(u_j^n - u_{j-1}^n), \quad 当\ C > 0 \tag{6.2.30}$$

或

$$u_j^{n+1} = u_j^n - \frac{C\Delta t}{\Delta x}(u_{j+1}^n - u_j^n), \quad 当\ C < 0 \tag{6.2.31}$$

令其解为

$$u_j^n = (\lambda_k)^n A\mathrm{e}^{\mathrm{i}kx_j} \tag{6.2.32}$$

代入到(6.2.30),可得到

$$\lambda_k = 1 - \alpha[1 - \exp(-\mathrm{i}k\Delta x)] = \sqrt{a^2 + b^2}\exp(\mathrm{i}\theta) \tag{6.2.33}$$

其中 $\alpha = C\Delta t/\Delta x$, $a = 1 - \alpha(1 - \cos k\Delta x)$, $b = \sin k\Delta x$, $\theta = \arctan\left(\frac{b}{a}\right)$。对(6.2.33)式取模数,有

$$|\lambda_k| = \sqrt{a^2 + b^2} = \sqrt{1 + 2\alpha(\alpha - 1)(1 - \cos k\Delta x)} \tag{6.2.34}$$

当 $\alpha = C\Delta t/\Delta x \leqslant 1 (C > 0)$,有 $|\lambda_k| \leqslant 1$ 。其解(6.2.32)式是中性或衰减的,因此时间向前差分、空间非中央差分的迎风差格式是计算稳定的。

为了研究格式的阻尼和相差,将(6.2.32)式改写为

$$u_j^n = A\left(\sqrt{a^2 + b^2}\right)^n \exp(\mathrm{i}\theta)\mathrm{e}^{\mathrm{i}kj\Delta x}$$

并可得到

$$\frac{u_j^{n+1}}{u_j^n} = \lambda_k = \left(\sqrt{a^2 + b^2}\right) \tag{6.2.35}$$

各种差分格式的阻尼和相差分别给出在表 6.2.2 和表 6.2.3 中。显然,

$$D = |\lambda_k| = \sqrt{a^2 + b^2} = [1 + 2\alpha(\alpha - 1)(1 - \cos k\Delta x)]^{\frac{1}{2}}$$

表示这种格式相邻两步的阻尼。考虑波长 L 包含有 ℓ 个格距,波数为 $k = 2\pi/L = 2\pi/\ell\Delta x$,上式可改写为

$$D = [1 + 2\alpha(\alpha - 1)(1 - \cos q)]^{\frac{1}{2}} \tag{6.2.36}$$

其中 $q = 2\pi/\ell$。上式反映了阻尼 D 和格距数 ℓ 的关系。

现在来看相速差 r。解的时间部分可写为

$$(\lambda_k)^n = \left(\sqrt{a^2 + b^2}\right)^n \exp(\mathrm{i}\theta) = \left(\sqrt{a^2 + b^2}\right)^n \exp(\mathrm{i}kC' n\Delta t)$$

其中

$$\theta = kC'\Delta t, \quad C' = \frac{\theta}{k\Delta t} = \frac{\theta\ell\Delta x}{2\pi\Delta t} = \arctan\left(\frac{b}{a}\right)\frac{\ell\Delta x}{2\pi\Delta t} = \arctan\left(\frac{b}{a}\right)\frac{C\Delta x}{qC\Delta t}$$

定义相速差 r,

$$r = \frac{C'}{C} = \frac{1}{q\alpha}\arctan\left(\frac{-\alpha\sin q}{1 - \alpha(1 - \cos q)}\right) \tag{6.2.37}$$

这反映了相速差 r 和格距数ℓ的关系。类似上面的分析,对不同的差分格式得到

相应的阻尼和相速差。表6.2.2和表6.2.3分别给出了不同差分格式每步的阻尼(D)和相对相速差(r)与波长L包含有几个(ℓ)格距的关系。

表6.2.2 不同差分格式每步阻尼(D)

差分格式ℓ	$2\Delta x$	$3\Delta x$	$4\Delta x$	$6\Delta x$	$10\Delta x$
迎风差分	0.00	0.50	0.71	0.87	0.95
Crank-Nicholson	1.00	1.00	1.00	1.00	1.00
Lax-Wendroff	0.50	0.76	0.90	0.98	1.00
Gadd	0.13	0.79	0.95	0.99	1.00
中央差	1.00	1.00	1.00	1.00	1.00
四阶中央差	1.00	1.00	1.00	0.50	1.00
有限元	1.00	1.00	1.00	1.00	1.00
谱方法	1.00	1.00	1.00	1.00	1.00
半拉格朗日(线性内插)	0.00	0.50	0.71	0.79	0.95
半拉格朗日(立方内插)	0.00	0.88	0.97	1.00	1.00

表6.2.3 不同差分格式每步相对相差(r)

差分格式ℓ	$2\Delta x$	$3\Delta x$	$4\Delta x$	$6\Delta x$	$10\Delta x$
迎风差分	1.00	1.00	1.00	1.00	1.00
Crank-Nicholson	0.00	0.41	0.63	0.81	0.93
Lax-Wendroff	0.00	0.58	0.75	0.88	0.95
Gadd	0.00	0.98	1.03	1.04	1.02
中央差	0.00	0.43	0.67	0.86	0.95
四阶中央差	0.00	0.65	0.89	0.99	1.00
有限元	0.00	0.87	0.99	1.01	1.00
谱方法	1.05	1.02	1.01	1.01	1.00
半拉格朗日(线性内插)	1.00	1.00	1.00	1.00	1.00
半拉格朗日(立方内插)	1.00	1.00	1.00	1.00	1.00

3. 隐式差分格式

对于平流方程

$$\frac{\partial u}{\partial t} + C\frac{\partial u}{\partial x} = 0 \tag{6.2.38}$$

作如下的时间和空间离散化,即时空均取中央差,中心点在 $u_j^{n+\frac{1}{2}}$ 处

$$\frac{u_j^{n+1}-u_j^n}{\Delta t}=\frac{C}{2\Delta x}\left(\frac{u_{j+1}^{n+1}+u_{j+1}^n}{2}-\frac{u_{j-1}^{n+1}+u_{j-1}^n}{2}\right) \tag{6.2.39}$$

上式右端的空间差分是在中间时刻 $(n+1/2)\Delta t$ 计算的,在此处变量未知,需采用 $(n+1)\Delta t$ 和 $n\Delta t$ 时刻变量的平均值代替。方程(6.2.39)的一个特点是所求的未知变量有三个,即 u_{j+1}^{n+1},u_j^{n+1} 和 u_{j-1}^{n+1}。要求解出所有网格点上的未知变量就要同时列出所有网格点上的方程,联立求解,或称为隐式求解。在前面讨论的时间中央差得到的方程(6.2.11),仅有一个未知变量,用显式求解十分方便。显然用隐式求解必费很多计算时间。

令上式的差分解为 $u_j^n=B^{n\Delta t}\mathrm{e}^{\mathrm{i}\mu j\Delta x}$,代入上式可得

$$B^{\Delta t}=\frac{1-\mathrm{i}(\lambda/2)\sin\mu\Delta x}{1+\mathrm{i}(\lambda/2)\sin\mu\Delta x} \tag{6.2.40}$$

其中 $\lambda=C\Delta t/\Delta x$。两个复数之比的模数就等于各自模数之比,$|B^{\Delta t}|$ 其模数总是1。因此隐式差分格式是无条件稳定的,且波幅不随时间衰减,但有严重的相速误差。这是两层时间格式(又称为 Crank-Nicolson 格式),且在时、空上均为二阶精度。

4. 欧拉后(或称松野)差分格式

对方程(6.2.38)式作如下欧拉向后(或称松野)差分格式。首先由 n 时刻用前差预估未来时刻的近似值 u_j^*

$$\frac{u_j^*-u_j^n}{\Delta t}+\frac{C}{2\Delta x}(u_{j+1}^n-u_{j-1}^n)=0 \tag{6.2.41}$$

然后将这个预估值用在向后差格式中,即

$$\frac{u_j^{n+1}-u_j^n}{\Delta t}+\frac{C}{2\Delta x}(u_{j+1}^*-u_{j-1}^*)=0 \tag{6.2.42}$$

计算出未来时刻 $(n+1)$ 的值 $u_j^{(n+1)}$。

研究其稳定性,令差分解为 $u_j^n=U^{n\Delta t}\mathrm{e}^{\mathrm{i}kx_j}$,代入(6.2.41)式有

$$u_j^*=u_j^n(1-\mathrm{i}\sigma) \tag{6.2.43}$$

其中 $\sigma=\lambda\sin k\Delta x$ 和 $\lambda=C\Delta t/\Delta x$。将(6.2.43)式代入(6.2.42)式有

$$u_j^{n+1}=u_j^n(1-\sigma^2-\mathrm{i}\sigma)$$

或写为

$$\frac{u_j^{n+1}}{u_j^n}=(1-\sigma^2-\mathrm{i}\sigma)$$

取其模数为

$$\left|\frac{u_j^{n+1}}{u_j^n}\right|=(1-\sigma+\sigma^4)\leqslant 1 \tag{6.2.44}$$

只要上式成立,即 $C\Delta t/\Delta x \leqslant 1$,则上面的欧拉后差格式是稳定的。

为了解此种格式的性质,将(6.2.41)式的角码 j 分别改换为 $j+1$ 和 $j-1$ 代入(6.2.42)式,有

$$\frac{u_j^{n+1}-u_j^n}{\Delta t}+\frac{C}{2\Delta x}(u_{j+1}^n-u_{j-1}^n)$$
$$-\frac{C^2\Delta t}{4\Delta x^2}(u_{j+1}^n-2u_j^n+u_{j-1}^n)=0 \qquad (6.2.45)$$

我们可看到,前面两项为方程(6.2.38)的向前差分格式,而第三项实质是扩散项 $\partial^2 u/\partial x^2$ 的差分近似,它起到阻尼作用。然而,这种阻尼作用决定于波长。(6.2.45)式第三项括号中的项为

$$(u_{j+1}^n-2u_j^n+u_{j-1}^n)=2(\cos k\Delta x-1)=2\left(\cos\frac{2\pi}{\ell}-1\right)$$

当ℓ为 4 时,即波长为 $4\Delta x$ 时,有最大的阻尼;当ℓ为 2 时,即波长为 $2\Delta x$ 时,没有任何阻尼。实际计算表明,对高频振动,例如周期为几小时,每计算一步,其振幅减小为原来的 1/10 左右;对天气尺度的振动,例如周期为 3—4 天,每计算一步,其振幅仅减小 1/5 000 左右。因此在实际应用时,往往做多步积分后使用一次这种格式,用来阻尼高频波动。

5. 半隐式格式

半隐式格式广泛应用于数值天气预报。在这种格式中,方程右端项一部分用显式格式,一部分用隐式格式。对于如下振动微分方程

$$\frac{\partial u}{\partial t}=\mathrm{i}\omega u$$

ω 为圆频率,其差分方程写为如下形式

$$\frac{u_j^{n+1}-u_j^{n-1}}{2\Delta t}=\mathrm{i}\alpha u_j+\mathrm{i}\beta\frac{u_j^{n+1}+u_j^{n-1}}{\alpha} \qquad (6.2.46)$$

这里 $\alpha+\beta=\omega$。

假定差分方程(6.2.46)有如下形式解

$$u=A\mathrm{e}^{\mathrm{i}wt}$$

代入(6.2.46)式得

$$\sin w\Delta t=\alpha\Delta t+\beta\Delta t\cos w\Delta t$$

经过一些推导,可以得到

$$w=\frac{1}{\Delta t}\left[\arctan(\beta\Delta t)+\arcsin\left(\frac{\alpha\Delta t}{\sqrt{1+\beta^2\Delta t^2}}\right)\right] \qquad (6.2.47)$$

由上式右端可得

$$\frac{\alpha\Delta t}{\sqrt{1+\beta^2\Delta t^2}}\leqslant 1$$

或写为

$$(\alpha^2 - \beta^2)\Delta t^2 \leqslant 1 \tag{6.2.48}$$

由上式可见,当 $\alpha<\beta$ 时,任何大小的 Δt 均满足。α 是显式处理部分,而 β 是隐式处理部分。因此,为要使半隐式格式计算稳定,显式处理部分必须小于隐式处理部分。

半隐式格式在气象方程中应用时,对产生快波的重力波项,如气压梯度项和辐散(合)项,采用隐式格式,对平流项采用显式格式,时间步长可大大拉长。

6. Lax-Wendroff 格式

这是常用的格式,它在时空上均为二阶的,并只需两个时间层,无计算模。考虑一维线性平流方程(6.2.9)构造 Lax-Wendroff 差分格式分为两步构造(图 6.2.2 和图 6.2.3):

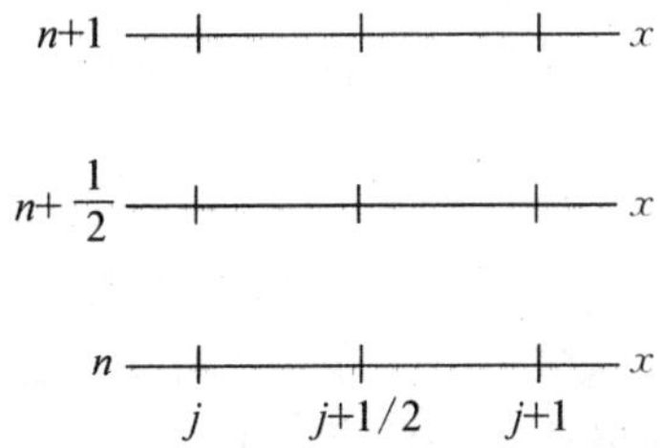

图 6.2.2

(1) 用时间前差空间中央差计算出临时的 $u_{j+\frac{1}{2}}^{n+\frac{1}{2}}$ 值

$$u_{j+\frac{1}{2}}^{n+\frac{1}{2}} = \frac{1}{2}(u_{j+1}^n + u_j^n) - \frac{\alpha}{2}(u_{j+1}^n - u_j^n), \quad \alpha = \frac{C\Delta t}{\Delta x} \tag{6.2.49}$$

(2) 用第一步计算出临时的 $u_{j+\frac{1}{2}}^{n+\frac{1}{2}}$ 值,采用时间空间中央差

$$u_j^{n+1} = u_j^n - \alpha(u_{j+\frac{1}{2}}^{n+\frac{1}{2}} - u_{j-\frac{1}{2}}^{n+\frac{1}{2}}) \tag{6.2.50}$$

上两步可合并为如下格式

$$u_j^{n+1} = u_j^n - \frac{\alpha}{2}(u_{j+1}^n - u_{j-1}^n) + \frac{\alpha^2}{2}(u_{j+1}^n - 2u_j^n + u_{j-1}^n) \tag{6.2.51}$$

这种格式相当于增加了扩散项。用付氏方法分析其计算稳定性,可得到此格式的阻尼为

$$D = |\lambda_k| = [1 - \alpha^2(1-\alpha^2)(1-\cos q)^2]^{\frac{1}{2}}, \quad q = \frac{2\pi}{\ell} \tag{6.2.52}$$

相差为

$$r = \frac{C'}{C} = \frac{1}{q\alpha}\arctan\left(\frac{-\alpha\sin q}{1-\alpha^2(1-\cos q)}\right) \tag{6.2.53}$$

由如表 6.2.3 可见,这种格式的特征介于迎风差和蛙跃格式之间。

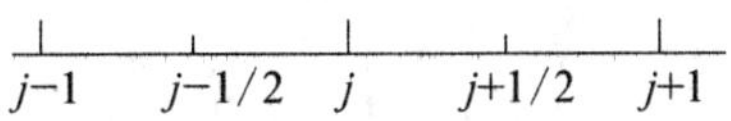

图 6.2.3

7. Crank-Nicholson 格式

对于扩散方程

$$\frac{\partial A}{\partial t} = \frac{\partial}{\partial x}\left(K\frac{\partial A}{\partial x}\right) \tag{6.2.54}$$

可构造如下差分格式

$$\frac{A_j^{n+1}-A_j^n}{\Delta t}=\frac{1}{\Delta x_j}\left\{\frac{K_{j+\frac{1}{2}}}{\Delta x_{j+\frac{1}{2}}}\left[\beta_n\left(A_{j+1}^n-A_j^n\right)+\beta_{n+1}\left(A_{j+1}^{n+1}-A_j^{n+1}\right)\right]\right.$$
$$\left.-\frac{K_{j-\frac{1}{2}}}{\Delta x_{j-\frac{1}{2}}}\left[\beta_n\left(A_j^n-A_{j-1}^n\right)+\beta_{n+1}\left(A_j^{n+1}-A_{j-1}^{n+1}\right)\right]\right\}\tag{6.2.55}$$

其中

$$\Delta x_j=x_{j+\frac{1}{2}}-x_{j-\frac{1}{2}},\quad \Delta x_{j+\frac{1}{2}}=x_{j+1}-x_j \text{ 和 } \Delta x_{j-\frac{1}{2}}=x_j-x_{j-1}$$

当

$$\beta_n+\beta_{n+1}=1,\quad \beta_n=\frac{1}{4},\quad \beta_{n+1}=\frac{3}{4}$$

可以给出一个精确的格式，这种格式是绝对稳定的，在时间上是二阶精度（前两种格式是一阶精度）。

6.2.4 非线性计算不稳定问题

1. 非线性计算不稳定的特点

上面各种计算格式是对线性平流方程而言的，时空离散后，只要满足线性稳定性条件(CFL)计算就是稳定的。然而对于非线性平流方程却截然不同，即使满足线性计算稳定条件，也可能出现计算不稳定，称为非线性计算不稳定。季仲贞(1980)给出如下一个例子，说明了非线性计算不稳定的发生。

对非线性一维平流方程

$$\frac{\partial u}{\partial t}+u\frac{\partial u}{\partial x}=0,\quad 0\leqslant x\leqslant 1\tag{6.2.56}$$

可分别构造如下三种差分格式

$$u_i^{n+1}=u_i^{n-1}-\frac{\Delta t}{\Delta x}\frac{u_{i+1}^n+2u_i^n+u_{i-1}^n}{4}\left(u_{i+1}^n-u_{i-1}^n\right)\tag{6.2.57}$$

$$u_i^{n+1}=u_i^{n-1}-\frac{\Delta t}{\Delta x}\frac{u_{i+1}^n+u_i^n+u_{i-1}^n}{3}\left(u_{i+1}^n-u_{i-1}^n\right)\tag{6.2.58}$$

$$u_i^{n+1}=u_i^n-\frac{\Delta t}{2\Delta x}\frac{\bar{u}_{i+1}+\bar{u}_i+\bar{u}_{i-1}}{3}\left(\bar{u}_{i+1}-\bar{u}_{i-1}\right)\tag{6.2.59}$$

其中 $\bar{u}_i=\frac{1}{2}\left(u_i^{n+1}+u_i^n\right)$。差分格式(6.2.59)是隐式格式，满足总能量守恒，即

$$\sum_i\left(u_j^{n+1}\right)^2=\sum_i\left(u_j^n\right)^2=\text{const.}$$

分别取两种初值

$$\text{(a) } u_i^0 = \sin 2\pi i\Delta x \text{ 和(b) } u_i^0 = 1.5 + \sin 2\pi i\Delta x$$

并取空间步长 $\Delta x = 0.1$，时间步长 $\Delta t = 0.004$，于是有

$$\left| u_{\max} \frac{\Delta t}{\Delta x} \right| = 2.5 \times \frac{0.004}{0.1} = 0.1 < 1$$

满足线性稳定条件(CFL 条件)。图 6.2.4 的(a)和(b)分别给出初值为(a)和(b)的这两种计算格式的总动能 $\frac{1}{2}\sum_i u_i^2$ 的时间变化。对计算格式(6.2.57)和(6.2.58)，当取初值(b)时，总动能变化限于一定范围，计算稳定；而取初值(a)时计算至 1 300 步以后，总动能突然增长，出现计算不稳定。对计算格式(6.2.59)，无论取初值(a)或(b)，计算都是稳定的，总动能保持不变。

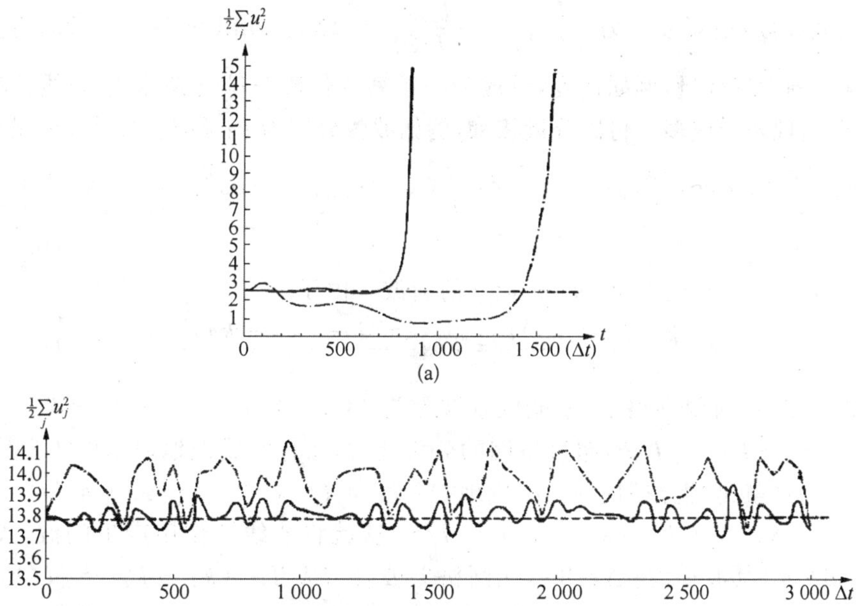

图 6.2.4　总动能变化曲线　(a) 初值为 $u_i^0 = \sin 2\pi i\Delta x$；(b) 初值为 $u_i^0 = 1.5 + \sin 2\pi i\Delta x$ 点划线对应格式(6.2.57)，实线对应格式(6.2.58)虚线对应格式(6.2.59)

上述例子说明，非线性计算不稳定有如下特点：

(1) 尽管所取时、空步长满足 CFL 条件，由于方程的非线性仍出现计算不稳定，这就是非线性计算不稳定；

(2) 它是否出现与计算所取初值和差分格式密切相关；

(3) 它具有突发性。

这个现象是 Phillips N A(1959)首先揭示的，他在其著名的大气环流数值模拟的研究中发现，有时计算会出现不稳定，而不能由改变(减小)时、空步长解决。他首先称之为非线性计算不稳定。他还提出非线性计算不稳定发生的机理——

混淆(aliasing)误差。实际数值预报和数值模拟针对的都是非线性方程(组)。研究非线性计算不稳定发生的机理和克服的途径,成为数值预报以至计算流体力学的一个重要课题。

2. 非线性计算不稳定的产生机理

(1) 混淆误差

以一维问题为例,计算区间为 L_x,步长为 Δx, $L_x = I\Delta x$,共有 $I+1$ 个格点,将任一连续函数 $u(x)$ 表示为有限离散付氏级数。

$$u_i = \sum_{k=0}^{I/2}\left(a_k\cos\frac{2\pi ki}{I} + b_k\sin\frac{2\pi ki}{I}\right) \quad (i = 1, \cdots, I) \qquad (6.2.60)$$

式中 k 为波数($k = L_x/\lambda_k$, λ_k 波长)。I 值决定了能取多少个波,$I/2$ 就是可分辨的最大波数,最短波长为 $\frac{L_x}{(I/2)} = \frac{I\Delta x}{(I/2)} = 2\Delta x$。Phillips N A(1959)将实际空间分布的大气变量,例如速度,看成为一系列的付氏分量组成,由于非线性项存在,就会出现两个或多个付氏分量相乘,例如波数分别为 k_1 和 k_2 的付氏分量相乘

$$\cos\frac{2\pi}{I}k_1 i\cdot\cos\frac{2\pi}{I}k_2 i = \frac{1}{2}\left[\cos\frac{2\pi}{I}(k_1+k_2)i + \cos\frac{2\pi}{I}(k_1-k_2)i\right] \qquad (6.2.61)$$

产生波数为 (k_1+k_2) 和 (k_1-k_2) 的新波。由于

$$\cos\frac{2\pi(k_1+k_2)i}{I} = \cos\frac{2\pi[I-(k_1+k_2)]i}{I} \qquad (6.2.62)$$

由此式看出,在有限网格上,不能区别波数为 (k_1+k_2) 和 $(I-k_1-k_2)$ 的波动。当 $(k_1+k_2) > I/2$,超过格网的分辨能力,将把它错误地表示成 $I-(k_1+k_2)$ 的波,这就是"混淆"现象。特别地,当 $k_1 = I/4$ (即 $\lambda_1 = 4\Delta x$) 和 $k_2 = I/2$ (即 $\lambda_2 = 2\Delta x$),有 $I-(k_1+k_2) = I/4$。这就将非线性作用产生的波 $(k_1+k_2) = 3I/4$ (其波长为 $4\Delta x/3$),在网格上被表示成 $I-(k_1+k_2) = I/4$ 的波(其波长为 $4\Delta x$)(见图6.2.5),且能量错误地转成 k_1 波 ($4\Delta x$)。如果这个过程重复进行,将使 k_1 波——4倍格距波,不断虚假增长,导致非线性不稳定。

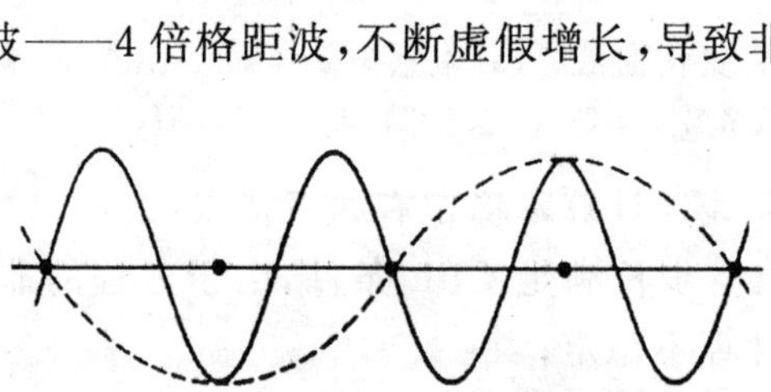

图 6.2.5 波的虚假表示 实心圆点是网格点

从上面分析我们看到,通过非线性相互作用产生不能为计算网格所能表示的一些短波,他们错误地用计算网格所能表示的一些短波来表示,因此使这些短波能量虚假增加,导致计算不稳定。

根据这种观点，只要在数值计算中消去这些不能为格网所正确表示的波动，或消去这种混淆误差就可除去非线性计算不稳定。在实际数值计算中，对差分模式，往往在方程中加入耗散项，耗散掉这些短波能量，使计算稳定；对谱模式，是将这些新产生的模式分解所不能表示的短分量全部去除，使计算稳定。

Arakawa 认为"混淆"并不产生动能，不引起总动能变化，振幅是否增长还决定于折合波与已存在波（即使同为 4 倍格距波）的位相。事实上，波动都在移动，不一定能保持反复叠加的过程。Orszag（1971）认为混淆误差引起非线性计算不稳定是不确切的。有些保持总能量守恒的格式尽管也存在混淆现象，计算却是稳定的。事实上，混淆常有，不稳定不常有，已表明它至少不是非线性计算不稳定的充分条件。Orszag（1971）提出过滤掉非线性产生新波数 $k > (2/3)k_{\max}$ 的波，非线性产生的混淆误差就可消去，这就是广泛用于大气谱模式中的所谓"2/3 规则"。

陈雄山（1980）则认为混淆的发生是由于采用了三角函数（包括球谐函数），三角函数间相乘会产生原先没有出现过的三角函数，因而产生了非线性混淆误差。如采用 Walsh-Hadamard 变换，Walsh 函数之间相乘不会产生原先没有出现过的 Walsh 函数，即不会产生混淆现象。因而在采用 Walsh-Hadamard 变换的场合是否发生非线性计算不稳定同混淆无关。他还进一步质疑一直在谱模式广泛使用的截去混淆项的处理（即在用常规谱变换方法计算非线性项时，截去会造成混淆误差的短波）。事实上，截波结果却大为降低了模式分辨率和计算精度。在他的纬圈上有 64 个格点三角截断谱模式试验中（Chen，1997），对保持混淆误差（截断波数为 31）和去掉混淆误差（常规谱模作法，截断波数为 21）作对比试验，发现前者计算精度高于后者，且计算稳定（图 6.2.6）。

（2）动能加权的平均波数守恒

实际计算表明，非线性计算不稳定通常表现为短波能量的剧增。上面混淆误差的分析也试图说明能量向某个短波段集中堆积，而实际大气并未出现这种堆积。换言之，计算中非线性波—波能量传输——"能谱交换"有误。Fjortoft 对波—波能量交换的约束，有如下讨论。

以下方程组表征正压无辐散大气模型

$$\left.\begin{aligned}\frac{\partial u}{\partial t}+u\frac{\partial u}{\partial x}+v\frac{\partial v}{\partial y}&=fv-\frac{\partial p}{\partial x}\\\frac{\partial v}{\partial t}+u\frac{\partial v}{\partial x}+v\frac{\partial v}{\partial y}&=-fu-\frac{\partial p}{\partial y}\\\frac{\partial u}{\partial x}+\frac{\partial v}{\partial y}&=0\end{aligned}\right\}\tag{6.2.63}$$

引入流函数，动量方程可以化为正压、无辐散涡度方程

$$\frac{\partial \zeta}{\partial t}+J(\Psi,\zeta)=0\tag{6.2.64}$$

其中，$\zeta=\nabla^2\Psi$ 为涡度；J 是 Jacobian 算子。

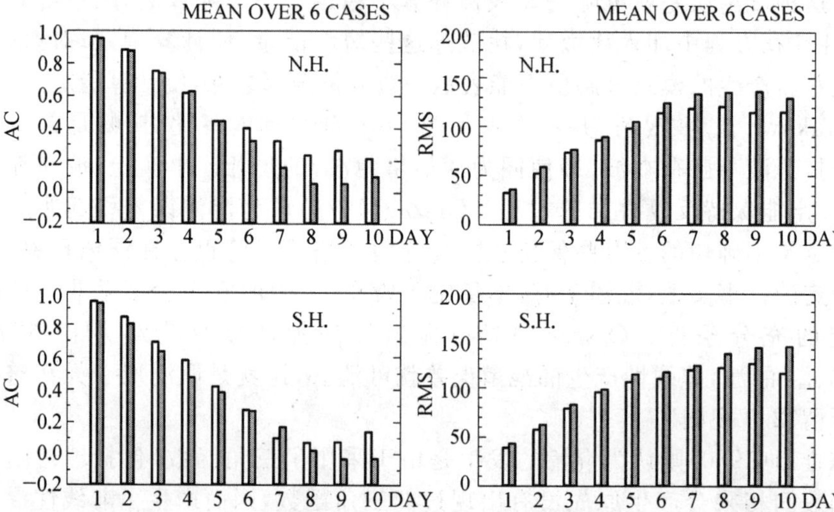

图 6.2.6 高度场 6 个例子平均偏差相关系数(图左)和均方根误差(图右)

上图为北半球，下图为南半球；空心白柱为截断波数为 31，实心黑柱为截断波数为 21

对于闭合区域 $D(v_n=0)$ 或周期边界条件，易证

$$\left.\begin{aligned}\frac{\partial}{\partial t}\int_D K\mathrm{d}\sigma&=\frac{\partial}{\partial t}\int_D\nabla\Psi\cdot\nabla\Psi\mathrm{d}\sigma=0\\\frac{\partial}{\partial t}\int_D\zeta^2\mathrm{d}\sigma&=\frac{\partial}{\partial t}\int_D(\nabla^2\Psi)^2\mathrm{d}\sigma=0\end{aligned}\right\}\tag{6.2.65}$$

即总动能 K 和总拟能 ζ^2 守恒。将流函数用双付氏级数展开

$$\Psi(x,y)=\sum_{\substack{m=0\\n=0}}^{\infty}A_{mn}\mathrm{e}^{\mathrm{i}2\pi\left(\frac{mx}{L_x}+\frac{ny}{L_y}\right)}\tag{6.2.66}$$

或记为

$$\Psi(x,y)=\sum_{q=0}^{\infty}\Psi_q\tag{6.2.67}$$

Ψ_q 满足

$$\nabla^2\Psi_q=\mu_q^2\Psi_q=0\text{ 或 }\nabla^2\Psi=-\sum_0^{\infty}\mu_q^2\Psi_q\tag{6.2.68}$$

其中 $\mu_q^2=\left(\frac{2\pi}{L_x}\right)^2m^2+\left(\frac{2\pi}{L_y}\right)^2n^2$ 为平方波数。

将(6.2.67)、(6.2.68)代入(6.2.66)，因为

$$\begin{aligned}\int_D K\mathrm{d}\sigma&=\int_D\nabla\Psi\cdot\nabla\Psi\mathrm{d}\sigma=-\int_D\Psi\nabla^2\Psi\mathrm{d}\sigma\\&=\sum_{q=0}^{\infty}\int_D\mu_q^2\Psi_q^2\mathrm{d}\sigma\equiv\sum_{q=0}^{\infty}K_q\end{aligned}\tag{6.2.69}$$

上式应用了 Ψ_q 的正交性，$K_q = \int_D \mu_q^2 \Psi_q^2$ 是 q 波的动能。另外，

$$\int_D \zeta^2 \mathrm{d}\sigma = \int_D (\nabla^2 \Psi)^2 \mathrm{d}\sigma = \sum_{q=0}^{\infty} \mu_q^2 \int_D \mu_q^2 \Psi_q^2 \mathrm{d}\sigma = \sum_{q=0}^{\infty} \mu_q^2 K_q \tag{6.2.70}$$

由(6.2.65)，从而有

$$\left.\begin{aligned} \sum_{q=0}^{\infty} K_q &= \text{const.} \\ \sum_{q=0}^{\infty} \mu_q^2 K_q &= \text{const.} \end{aligned}\right\} \tag{6.2.71}$$

最后得到

$$\frac{\sum\limits_{q=0}^{\infty} \mu_q^2 K_q}{\sum\limits_{q=0}^{\infty} K_q} = \text{const.} \tag{6.2.72}$$

这就是“动能加权的平均波数守恒”。为了说明它的意义，设整个波谱仅有长、中、短(L、M、S)三个波。因为总动能和总拟能守恒(6.2.65)式，即其改变量为零，因而有

$$\left.\begin{aligned} \Delta K_{\mathrm{L}} + \Delta K_{\mathrm{M}} + \Delta K_{\mathrm{S}} &= 0 \\ \mu_{\mathrm{L}}^2 \Delta K_{\mathrm{L}} + \mu_{\mathrm{M}}^2 \Delta K_{\mathrm{M}} + \mu_{\mathrm{S}}^2 \Delta K_{\mathrm{S}} &= 0 \end{aligned}\right\} \tag{6.2.73}$$

从而得到

$$\left.\begin{aligned} \Delta K_{\mathrm{L}} &= -\frac{\mu_{\mathrm{M}}^2 - \mu_{\mathrm{S}}^2}{\mu_{\mathrm{S}}^2 - \mu_{\mathrm{L}}^2} \Delta K_{\mathrm{M}} \\ \Delta K_{\mathrm{S}} &= -\frac{\mu_{\mathrm{M}}^2 - \mu_{\mathrm{L}}^2}{\mu_{\mathrm{S}}^2 - \mu_{\mathrm{L}}^2} \Delta K_{\mathrm{M}} \end{aligned}\right\} \tag{6.2.74}$$

上两式右端系数均小于零，表明当中波动总动能减少，长、短波动能同时增加，反之也真。这意味着不可能出现长、中波同时向短波输送能量，产生短波能量堆积的情形。

这个理论的指导意义在于：对于数值模式，构造保持总动能和总拟能守恒(所谓的“平方守恒”)的格式，有助于维持正确的能谱转移，使计算稳定。否则，就可能破坏上述转移规律，导致非线性计算不稳定。

6.2.5 瞬时守恒差分格式的构造

所谓瞬时守恒格式，是指在时间连续、空间离散情况下保持差分格式的守恒性，如总能量守恒。在20世纪70年代前后，很多数值预报的计算格式都设计为瞬时守恒计算格式，加一定的耗散项，维持计算稳定。

1. Lilly 格式

Lilly(1965)格式是考虑如下的辐散形式的平流方程

$$\frac{\partial \varsigma}{\partial t}+\frac{\partial u \varsigma}{\partial x}+\frac{\partial v \varsigma}{\partial y}=0 \tag{6.2.75}$$

其中

$$\frac{\partial u}{\partial x}+\frac{\partial v}{\partial y}=0$$

对于变量写在同一格点上,Lilly 差分格式为

$$\frac{\partial \varsigma}{\partial t}+(\bar{u}^{x} \bar{\varsigma}^{x})_{x}+(\bar{v}^{y} \bar{\varsigma}^{y})_{y}=0, \quad (\bar{u}^{x})_{x}+(\bar{v}^{y})_{y}=0 \tag{6.2.76}$$

其中

$$\bar{F}^{x}=\frac{F\left(x+\frac{\Delta x}{2}\right)+F\left(x-\frac{\Delta x}{2}\right)}{2}, \quad F_{x}=\frac{F\left(x+\frac{\Delta x}{2}\right)-F\left(x-\frac{\Delta x}{2}\right)}{\Delta x}$$

还可构造成 Shuman 半动量格式

$$\frac{\partial \varsigma}{\partial t}+\overline{(\bar{u}^{x} \varsigma_{x})}^{x}+\overline{(\bar{v}^{y} \varsigma_{y})}^{y}=0 \tag{6.2.77}$$

这两种差分格式都能保持平方守恒,且广泛应用在数值模式中。当时在国家气象中心的业务预报模式(朱抱真等,1983)中就使用了前一种 Lilly 格式,现简述如下。

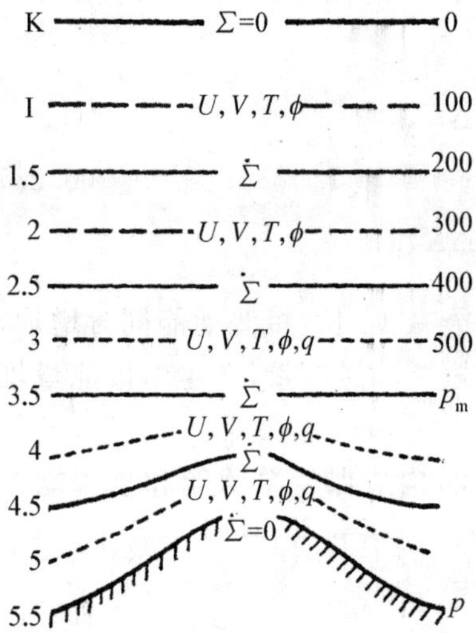

图 6.2.7 模式大气的垂直分层和变量分布

采用混合垂直坐标,在给定的一个气压面 p_{m} 以上,大气保持气压 p 坐标性质;在它下层,大气具有 σ 坐标特点,垂直方向大气分为五层(见图 6.2.7)。这种坐标定义为

当 $p_{\mathrm{m}}<p \leqslant p_{\mathrm{s}}$ 时,$\sigma=\dfrac{p-p_{\mathrm{m}}}{\pi}+\sigma_{\mathrm{m}}$,

这里 $\pi \equiv \pi_{\mathrm{L}}=\dfrac{p_{\mathrm{s}}-p_{\mathrm{m}}}{1-\sigma_{\mathrm{m}}}$;

当 $0<p \leqslant p_{\mathrm{m}}$ 时,$\sigma=\dfrac{p}{\pi}$,这里 $\pi \equiv \pi_{\mathrm{U}}=\dfrac{p_{\mathrm{m}}}{\sigma_{\mathrm{m}}}=$ 常数。

这样,可推得气压为

$$\begin{aligned} p &= \pi\sigma & &(0<p \leqslant p_{\mathrm{m}}) \\ &= \pi(\sigma-\sigma_{\mathrm{m}})+p_{\mathrm{m}} & &(p_{\mathrm{m}}<p \leqslant p_{\mathrm{s}}) \end{aligned}$$

其中,σ_{m} 为相应于 p_{m} 面的 σ 值,p_{m} 和 σ_{m} 都为常数。在本模式中,取 $\sigma_{\mathrm{m}}=0.6$ 和 $p_{\mathrm{m}}=600\ \mathrm{hPa}$。在大气上下边界条件为

在大气顶 $\sigma=0$,$\pi_{\mathrm{U}}\dot{\sigma}=0$;在地面 $\sigma=1$,$\pi_{\mathrm{L}}\dot{\sigma}=0$。

在这种混合坐标中，绝热无摩擦大气运动控制方程组写为

动量方程

$$\frac{\partial U}{\partial t} = - L(u) + fV - \frac{p_s}{m} f v_g \tag{6.2.78}$$

$$\frac{\partial V}{\partial t} = - L(v) - fU + \frac{p_s}{m} f u_g \tag{6.2.79}$$

热量方程

$$\frac{\partial}{\partial t}\left(\frac{p_s c_p T}{m}\right) = - L(c_p T + \phi) - \frac{1}{m}\frac{\partial(\sigma - \sigma_m)\phi}{\partial \sigma}\frac{\partial \pi}{\partial t} + (Ufv_g - Vfu_g) \tag{6.2.80}$$

连续方程

$$\frac{\partial \pi}{\partial t} = - \left[m^2\left(\frac{\partial U}{\partial x} + \frac{\partial V}{\partial y}\right) + m\frac{\partial \dot{\Sigma}}{\partial \sigma}\right] \tag{6.2.81}$$

倾向方程

$$\frac{\partial \pi}{\partial t} = - \int_0^1 m^2\left(\frac{\partial U}{\partial x} + \frac{\partial V}{\partial x}\right)\mathrm{d}\sigma \tag{6.2.82}$$

静力方程

$$\frac{\partial \phi}{\partial \ln p} = - RT \tag{6.2.83}$$

静力方程还可写为

$$\frac{\partial}{\partial \sigma}[(\sigma - \sigma_m)\phi] = \phi - \frac{RT}{\beta}, \quad \beta = 1 + \frac{p_m}{(\sigma - \sigma_m)\pi_L} \tag{6.2.84}$$

其中

$$U = \frac{\pi u}{m}, \quad V = \frac{\pi v}{m}, \quad \dot{\Sigma} = \frac{\pi \dot{\sigma}}{m}$$

平流项为

$$L(a) = m\left[\left(\frac{\partial}{\partial x}(Ua) + \frac{\partial}{\partial y}(Va)\right) + \frac{\partial}{\partial \sigma}(\dot{\Sigma} a)\right] \tag{6.2.85}$$

这里 m 是地图投影系数，p_s 是地面气压。而气压梯度项

$$fu_g = - m\left(\frac{\partial \phi}{\partial y} + RT\frac{\partial \ln p}{\partial y}\right), \quad fv_g = m\left(\frac{\partial \phi}{\partial x} + RT\frac{\partial \ln p}{\partial x}\right) \tag{6.2.86}$$

其他变量是气象常用变量。在(6.2.78)—(6.2.83)方程组中，热力学方程(6.2.80)写为如此形式，是便于设计稳定的计算格式，并引入右端第三项——能量转化项，有利于瞬时能量守差分格式的构造。

可证明，方程组(6.2.78)—(6.2.83)，在绝热情况下有

$$\iint_s \frac{\partial}{\partial t}\left[\frac{p_*}{m}\left(c_p T + \phi_* + \frac{u^2 + v^2}{2}\right)\right]\mathrm{d}s = 0$$

即模式大气的总能量守恒。

方程组(6.2.78)—(6.2.83)的差分方程为

$$\frac{\partial U}{\partial t} = -\ell(u) + fV - \frac{\pi}{m} f v_{g} \tag{6.2.87}$$

$$\frac{\partial V}{\partial t} = -\ell(v) - fU + \frac{p_*}{m} f u_{g} \tag{6.2.88}$$

$$\frac{\partial}{\partial}\left(\frac{p_* c_p T}{m}\right) = -\ell(c_p T + \phi) - \frac{1}{m}[(\sigma - \sigma_{\mathrm{m}})\bar{\phi}^{\sigma}]_{\sigma}\frac{\partial \pi}{\partial t} + (Ufv_{g} - Vfu_{g}) \tag{6.2.89}$$

$$\frac{\partial \pi_{\mathrm{L}}}{\partial} = -\frac{m^2}{1-\sigma_{\mathrm{m}}}\sum_{k=1}^{5}(\bar{U}_x^x + \bar{V}_y^y)_k \Delta\sigma \tag{6.2.90}$$

$$\dot{\Sigma}_{k+\frac{1}{2}} - \dot{\Sigma}_{k-\frac{1}{2}} = \begin{cases} -m\Delta\sigma(\bar{U}_x^x + \bar{V}_y^y)_k \\ -\Delta\sigma\left(m(\bar{U}_x^x + \bar{V}_y^y)_k + \dfrac{1}{m}\dfrac{\partial \pi_{\mathrm{L}}}{\partial t}\right) \end{cases} \tag{6.2.91}$$

静力方程的差分

$$\phi_k = \phi_{k+1} + \frac{R}{2}\ln\left(\frac{p_{k+1}}{p_k}\right)(T_k + T_{k+1}) \quad (k = 1, 2, 3, 4)$$

$$\phi_5 = \phi_* + \frac{R}{2}\left[\frac{1}{\beta_4} - \frac{1}{2}\ln\left(\frac{p_4}{p_3}\right)\right]T_4 + \frac{R}{2}\left[\frac{1}{\beta_5} - \frac{1}{2}\ln\left(\frac{p_5}{p_4}\right)\right] \tag{6.2.92}$$

其中

$$U = \frac{p_{\mathrm{s}} u}{m}, \quad V = \frac{p_{\mathrm{s}} v}{m}, \quad \dot{\Sigma} = \frac{p_{\mathrm{s}}\dot{\sigma}}{m}$$

Lilly 格式对方程组平流项的应用写为

$$\ell(a) = m[(\bar{U}^x \bar{a}^x)_x + (\bar{V}^y \bar{a}^y)_y] + (\dot{\Sigma}\bar{a}^{\sigma})_{\sigma}$$

m 是地图投影系数,气压梯度项的差分为

$$u_{g} = -\frac{m}{f}\left(\bar{\phi}_y^y + R\,\overline{\overline{T}^y \delta_y \ln p}^y\right), \quad v_{g} = \frac{m}{f}\left(\bar{\phi}_x^x + R\,\overline{\overline{T}^x \delta_x \ln p}^x\right)$$

在时间保持连续情况下,上述差分方程(6.2.86)—(6.2.91)的全球积分具有总质量和总能量守恒性质,而静力方程的差分不受任何限制。就总能量守恒可证明如下:为简单计,假定 y 方向的微商为零,则可求得

$$\sum_{i,k}\frac{1}{m^2}\frac{\partial}{\partial t}\left(\frac{\pi u^2}{m}\right) = \sum_{i,k}\left[-u(\bar{U}_x^x \bar{u}^x)_x + \frac{u^2}{2}\bar{U}_x^x\right] + \sum_{i,k}\frac{1}{m}\left[-u(\dot{\Sigma}\bar{u}^{\sigma})_{\sigma} + \frac{u^2}{2}\dot{\Sigma}\right] + \sum_{i,k}\frac{fVu}{m} + \sum_{i,k}\frac{\pi u}{m} f v_{g}$$

由刚体边界条件,可得

$$\sum_{i,k}\frac{1}{m^2}\frac{\partial}{\partial t}\left(\frac{\pi u^2}{m}\right) = \sum_{i,k}\frac{fVu}{m} + \sum_{i,k}\frac{\pi u}{m} f v_{g}$$

同理

$$\sum_{i,k}\frac{1}{m^2}\frac{\partial}{\partial t}\left(\frac{\pi v^2}{m}\right)=-\sum_{i,k}\frac{fUv}{m}$$

有总动能为

$$\sum_{i,k}\frac{1}{m^2}\frac{\partial}{\partial t}\left(\pi\frac{u^2+v^2}{m}\right)=-\sum_{i,k}\frac{\pi u}{m^2}fv_{\mathrm{g}}$$

总位能为

$$\sum_{i,k}\frac{1}{m^2}\frac{\partial}{\partial t}(c_p\pi T)=-\sum_{i}\frac{1}{m^2}\phi_{\mathrm{s}}(1-\sigma_{\mathrm{m}})\frac{\partial\pi_{\mathrm{L}}}{\partial t}+\sum_{i,k}\frac{1}{m}Ufv_{\mathrm{g}}$$

因此，总能量

$$\sum_{i}\frac{1}{m^2}\frac{\partial}{\partial t}\left[\sum_{k}\pi\left(c_pT+\frac{1}{2}(u^2+v^2)\right)+p_{\mathrm{s}}\phi_{\mathrm{s}}\right]=0 \tag{6.2.93}$$

由此证明了在时间连续情况下，差分系统是总能量守恒。

2. Arakawa(1972)格式

对正压无辐散涡度方程

$$\frac{\partial\zeta}{\partial t}=-V\cdot\nabla(\eta),\quad \eta=\zeta+f \tag{6.2.94}$$

具有涡度守恒，动能守恒和拟能守恒(涡度平方守恒)，引入流函数，上式变为

$$\frac{\partial}{\partial t}(\nabla^2\Psi)=-J(\nabla^2\Psi+f,\Psi) \tag{6.2.95}$$

上式右端算子可写为如下三种形式

$$\begin{aligned}J(a,b)&=\frac{\partial a}{\partial x}\frac{\partial b}{\partial y}-\frac{\partial a}{\partial y}\frac{\partial b}{\partial x}=\frac{\partial}{\partial x}\left(a\frac{\partial b}{\partial y}\right)-\frac{\partial}{\partial y}\left(a\frac{\partial b}{\partial x}\right)\\&=\frac{\partial}{\partial y}\left(b\frac{\partial a}{\partial x}\right)-\frac{\partial}{\partial x}\left(b\frac{\partial a}{\partial y}\right)\end{aligned} \tag{6.2.96}$$

它们分别可构造对应的如下这三种差分算子

$$\begin{aligned}J^{++}=\frac{1}{4d^2}[&(a_{i+1,j}-a_{i-1,j})(b_{i,j+1}-b_{i,j-1})\\&-(a_{i,j+1}-a_{i,j-1})(b_{i+1,j}-b_{i-1,j})]\end{aligned} \tag{6.2.97}$$

$$\begin{aligned}J^{+\times}=\frac{1}{4d^2}[&a_{i+1,j}(b_{i+1,j+1}-b_{i+1,j-1})-a_{i-1,j}(b_{i-1,j+1}-b_{i-1,j-1})\\&-a_{i,j+1}(b_{i+1,j+1}-b_{i-1,j+1})-a_{i,j-1}(b_{i+1,j-1}-b_{i-1,j-1})]\end{aligned} \tag{6.2.98}$$

$$\begin{aligned}J^{\times+}=\frac{1}{4d^2}[&(a_{i+1,j+1}-a_{i-1,j+1})b_{i,j+1}-(a_{i+1,j-1}-a_{i-1,j-1})b_{i,j-1}\\&-(a_{i+1,j+1}-a_{i+1,j-1})b_{i+1,j}-(a_{i-1,j+1}-a_{i-1,j-1})b_{i-1,j}]\end{aligned} \tag{6.2.99}$$

这三种差分算子分别具有如下性质：

涡度守恒(周期边界条件)

$$\sum_{i,j}\frac{\partial \varsigma}{\partial t}=\sum_{i,j}J^{++}=\sum_{i,j}J^{+\times}=\sum_{i,j}J^{\times +}=0 \tag{6.2.100}$$

拟能守恒(涡度平方守恒)

$$\sum_{i,j}\eta J^{++}\neq 0,\ \sum_{i,j}\eta J^{+\times}\neq 0,\ \frac{1}{2}\left(\sum_{i,j}\eta J^{++}+\sum_{i,j}\eta J^{+\times}\right)=0=\sum_{i,j}\frac{\partial}{\partial t}\left(\frac{1}{2}\eta^{2}\right) \tag{6.2.101}$$

这里 $\eta=\nabla^{2}\Psi+f$。

动能守恒

$$\frac{1}{2}\left(\sum_{i,j}\eta J^{++}+\sum_{i,j}\eta J^{\times +}\right)=0=\sum_{i,j}\frac{\partial}{\partial t}\left(\frac{1}{2}\nabla^{2}\Psi\right) \tag{6.2.102}$$

最后,正压无辐散涡度方程可构造为如下的差分格式

$$\frac{\partial \varsigma}{\partial t}=\frac{1}{3}\left(J^{++}+J^{+\times}+J^{\times +}\right) \tag{6.2.103}$$

这种格式,满足瞬时总涡度 $\sum_{i,j}\frac{\partial}{\partial t}(\varsigma)$、总拟能 $\sum_{i,j}\frac{\partial}{\partial t}\left(\frac{1}{2}\varsigma^{2}\right)$ 和总动能守恒 $\sum_{i,j}\frac{\partial}{\partial t}\frac{1}{2}(\nabla\Psi)^{2}$。

6.2.6 全能量守恒格式

所谓全能量守恒格式,是指时间和空间两者均离散情况下,差分格式保持物理量的守恒性,如总能量守恒,这种格式能使计算绝对稳定。

1. 全隐式平方守恒格式

曾庆存等(1982)提出了全隐式平方守恒格式。对于正压无辐散涡度方程(无科氏力)

$$\frac{\partial \varsigma}{\partial t}+u\frac{\partial \varsigma}{\partial x}+v\frac{\partial \varsigma}{\partial y}=0 \tag{6.2.104}$$

可改写为

$$\frac{\partial \varsigma}{\partial t}+\frac{1}{2}\left[\left(\frac{\partial u\varsigma}{\partial x}+u\frac{\partial \varsigma}{\partial x}\right)+\left(\frac{\partial v\varsigma}{\partial y}+v\frac{\partial \varsigma}{\partial y}\right)\right]=0 \tag{6.2.105}$$

可构造如下全隐式完全(时空)平方守恒格式

$$\frac{\varsigma^{n+1}-\varsigma^{n}}{\Delta t}+\frac{1}{2}\left\{\left[\overline{(u^{*}\bar{\varsigma})_{x}}^{x}+u^{*}\,\overline{(\bar{\varsigma})_{x}}^{x}\right]+\left[\overline{(v^{*}\bar{\varsigma})_{y}}^{y}+v^{*}\,\overline{(\bar{\varsigma})_{y}}^{y}\right]\right\}=0 \tag{6.2.106}$$

其中,带星号(*)的变量可取任意时刻的值,而

$$\bar{\varsigma}=\frac{1}{2}\left(\varsigma^{n+1}+\varsigma^{n}\right) \tag{6.2.107}$$

为未来时刻($n+1$)和现在时刻(n)的平均,这意味着(6.2.106)式是全隐式差分格式。由(6.2.106)式在全球上求和,则可求得

$$\sum_{i,j}(\varsigma^n)^2_{i,j} = 0 \tag{6.2.108}$$

即涡度平方守恒。

这种格式在浅水波方程上的应用如下:对浅水波方程

$$\left.\begin{aligned}&\frac{\partial u}{\partial t}+u\frac{\partial u}{\partial x}+v\frac{\partial u}{\partial y}=-\frac{\partial\phi}{\partial x}+fv\\&\frac{\partial v}{\partial t}+u\frac{\partial v}{\partial x}+v\frac{\partial v}{\partial y}=-\frac{\partial\phi}{\partial y}-fu\\&\frac{\partial\phi}{\partial t}+\frac{\partial\phi u}{\partial x}+\frac{\partial\phi v}{\partial y}=0\end{aligned}\right\} \tag{6.2.109}$$

可改写为

$$\left.\begin{aligned}&\frac{\partial U}{\partial t}+\frac{1}{2}\left[\left(\frac{\partial Uu}{\partial x}+u\frac{\partial U}{\partial x}\right)+\left(\frac{\partial Uv}{\partial y}+v\frac{\partial U}{\partial y}\right)\right]=-\Phi\frac{\partial\phi}{\partial x}+fV\\&\frac{\partial V}{\partial t}+\frac{1}{2}\left[\left(\frac{\partial Vu}{\partial x}+u\frac{\partial V}{\partial x}\right)+\left(\frac{\partial Vv}{\partial y}+v\frac{\partial V}{\partial y}\right)\right]=-\Phi\frac{\partial\phi}{\partial y}-fU\\&\frac{\partial\phi}{\partial t}+\frac{\partial U\Phi}{\partial x}+\frac{\partial V\Phi}{\partial y}=0\end{aligned}\right\} \tag{6.2.110}$$

其中

$$U = u\Phi,\quad V = v\Phi,\quad \Phi = \sqrt{\phi}$$

并有总能量守恒和总质量守恒

$$\frac{\partial}{\partial t}\int_0^{L_i}\int_0^{L_j}\frac{1}{2}\phi(u^2+v^2+\phi)\mathrm{d}x\mathrm{d}y = 0,\qquad \frac{\partial}{\partial t}\int_0^{L_i}\int_0^{L_j}\phi\mathrm{d}x\mathrm{d}y = 0$$

对方程组(6.2.110)可构造如下的全隐式差分格式

$$\left.\begin{aligned}&\frac{U^{n+1}-U^n}{\Delta t}+\frac{1}{2}\left\{\left[\overline{(u^*\bar{U})_x}^x+u^*\overline{(\bar{U})_x}^x\right]+\left[\overline{(v^*\bar{U})_y}^y+v^*\overline{(\bar{U})_y}^y\right]\right\}\\&\quad=-\Phi^*\overline{(\bar{\phi})_x}^x+f\bar{V}\\&\frac{V^{n+1}-V^n}{\Delta t}+\frac{1}{2}\left\{\left[\overline{(u^*\bar{V})_x}^x+u^*\overline{(\bar{V})_x}^x\right]+\left[\overline{(v^*\bar{V})_y}^y+v^*\overline{(\bar{V})_y}^y\right]\right\}\\&\quad=-\Phi^*\overline{(\bar{\phi})_y}^y-f\bar{U}\\&\frac{\phi^{n+1}-\phi^n}{\Delta t}+\overline{(\Phi^*\bar{U})_x}^x+\overline{(\Phi^*\bar{V})_y}^y=0\end{aligned}\right\} \tag{6.2.111}$$

其中

$$\bar{U} = \frac{1}{2}(U^{n+1} + U^n)$$

带星号的变量可取任意时刻的值。对于任意两个物理变量，设为周期边界，则有公式

$$\sum_i U_i [\overline{(uU)}_x^x + u\bar{U}_x^x]_i = 0$$

利用上面公式可证明，方程组(6.2.110)的差分系统(6.2.111)具有总能量守恒，即

$$\sum_{i=0}^{I}\sum_{j=0}^{J} \frac{1}{2}[(U_{i,j}^n)^2 + (V_{i,j}^n)^2 + (\phi_{i,j}^n)^2]\Delta x \Delta y = \text{const.} \tag{6.2.112}$$

差分方程组(6.2.111)是全隐式的，需迭代求解，到目前尚未找到较好的迭代收敛的方法。此种格式已应用到21层大气环流模式 IAP AGCM-3(左瑞亭等，2004)，此模式水平分解为2.5°×2°，时间步长为6分钟，采用改进的非线性迭代积分，不管收敛与否迭代次数取为3。最后得到的积分结果，总能量并不保持如(6.2.112)式的守恒，而是衰减的，积分120天约减少为0.3%，积分一年约减少为19%(见图6.2.8)。

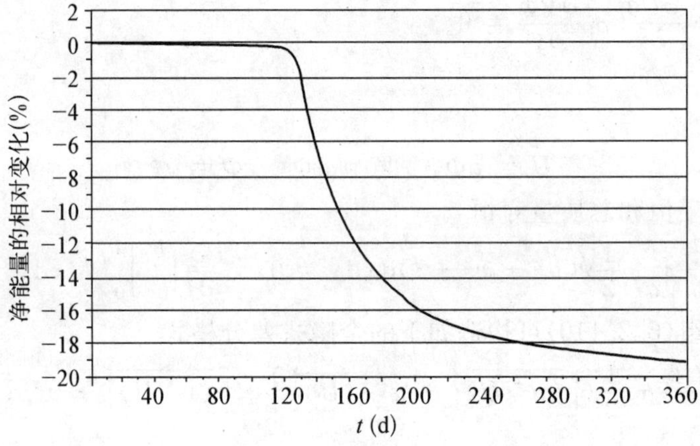

图 6.2.8 模式总能量的相对变化 (引自左瑞亭等，2004)

2. 显式平方守恒格式

季仲贞等(1991)提出了显式平方守恒格式，克服了上面全隐式平方守恒格式计算量大的迭代求解及迭代难以收敛问题。对于发展方程

$$\frac{\partial F}{\partial t} + \Re F = 0 \tag{6.2.113}$$

$\Re F$ 是非线性算子。对时间微分

$$\frac{\partial^2 F}{\partial t^2} = -\frac{\partial \Re F}{\partial t}$$

对网格函数 F_j^{n+1} 作 Taylor 展开，即

$$F_j^{n+1} = F_j^n + \tau\left(\frac{\partial F}{\partial t}\right)_j^n + \frac{\tau^2}{2}\left(\frac{\partial^2 F}{\partial t^2}\right)_j^n$$

τ 为时间步长。于是有

$$F_j^{n+1} = F_j^n - \tau(\Re F)_j^n - \frac{\tau^2}{2}\left(\frac{\partial \Re F}{\partial t}\right)_j^n + \cdots$$

对非线性算子 $\Re F$ 空间离散化为 AF，并选择一个待定系数 ε_n ——耗散系数，则上式可写为

$$\frac{F_j^{n+1} - F_j^n}{\tau} + (AF)_j^n + \varepsilon_n \frac{\tau}{2}\left(\frac{\delta\ AF}{\delta\ t}\right)_j^n = 0$$

还可把上式左端第三项写为耗散系数与耗散算子相乘，即 $\varepsilon_n \tau B_n$

$$\frac{F_j^{n+1} - F_j^n}{\tau} + (AF)_j^n + \varepsilon_n \tau B_n = 0 \tag{6.2.114}$$

因此，合适选择耗散算子 B_n 形式和耗散系数 ε_n 就可使离散的发展方程保持平方守恒特性，具体作法如下。将(6.2.114)式改写为

$$F_j^{n+1} = F_j^n - \tau(L_n F)_j^n \tag{6.2.115}$$

其中

$$(L_n F)_j^n = (AF)_j^n + \varepsilon_n \tau B_n \tag{6.2.116}$$

对(6.2.115)式两端平方，有

$$\| F_j^{n+1} \|^2 = \| F_j^n \|^2 + \tau^2 \| LF_j^n \|^2 - 2\tau(LF_j^n,\ F_j^n)$$

其中算子 $(G,\ F) = \sum_i G_i F_i$ 两个网格函数内积，而算子 $\| F \| = (F,F)^{\frac{1}{2}}$ 为函数 F 的范数。为使平方守恒，显然上式右端第二项和第三项应满足为零，即

$$\tau \| LF_j^n \|^2 - 2(LF_j^n,\ F_j^n) = 0 \tag{6.2.117}$$

因此，(6.2.114)式为平方守恒差分格式。现在来求耗散系数 ε_n，将(6.2.116)式代入式，可得到关于 ε_n 的二次方程，即

$$\begin{aligned}\tau^2 \| B_n F^n \|^2 \varepsilon_n^2 &- 2[(B_n F^n, F^n) \\ &- \tau(B_n F^n, A_n F^n)\varepsilon_n] + \| A_n F^n \|^2 = 0\end{aligned}$$

对其求解可得

$$\varepsilon_n = \frac{K_1}{\left[\left(1 - \frac{\tau}{h}K_2\right) + \sqrt{\left(1 - \frac{\tau}{h}K_2\right)^2 - \left(\frac{\tau}{h}K_3\right)^2}\right]} \tag{6.2.118}$$

其中 h 为空间步长，且

$$\begin{aligned}K_1 &= \| A_n F^n \|^2 / (B_n F^n, F^n) \\ K_2 &= (B_n F^n, A_n F^n) \cdot h / (B_n F^n, F^n) \\ K_3 &= \| A_n F^n \| \cdot \| B_n F^n \| \cdot h / (B_n F^n, F^n)\end{aligned} \tag{6.2.119}$$

在上面推导中要求算子 A_n 是反对称的，和算子 B_n 是正算子，即

$$(A_nF^n, F^n) = 0, \quad (B_nF^n, F^n) > 0$$

同时还要求

$$2\frac{\tau}{h}K_3 < 1$$

这相当于CFL计算稳定性条件。关于耗散算子 B_n，文献(季仲贞等,1991)给出有多种选择,其中一种为:若取

$$B_nF^n = \frac{1}{\tau}(A_nF^n - A_{n-1}F^{n-1}) \tag{6.2.120}$$

平方守恒的差分格式(6.2.114)是成立的。

这里问题的关键是如何选择算子 A_n 具有反对称性质。一般来讲,具有瞬时平方守恒(即能量守恒)差分格式的非线性离散算子都具有反对称性质。另外,上面显式平方守恒格式的实质是瞬时平方守恒格式加上耗散算子,在物理上看是将瞬时平方守恒格式在时间步与步之间产生的多余(减少)的能量通过耗散项把它消除,以保持一步到下步平方守恒。

这种格式在如下球坐标正压原始方程上应用,有

$$\left.\begin{aligned}
\frac{\partial u}{\partial t} &= -\frac{1}{a\cos\varphi}\left(\frac{\partial \phi}{\partial \lambda} + u\frac{\partial u}{\partial \lambda} + v^*\frac{\partial u}{\partial \varphi}\right) + f^*v \\
\frac{\partial v}{\partial t} &= -\frac{1}{a\cos\varphi}\left(\cos\varphi\frac{\partial \phi}{\partial \varphi} + u\frac{\partial v}{\partial \lambda} + v^*\frac{\partial v}{\partial \varphi}\right) - f^*u \\
\frac{\partial \phi}{\partial t} &= -\frac{1}{a\cos\varphi}\left(\frac{\partial \phi u}{\partial \lambda} + \frac{\partial \phi v^*}{\partial \varphi}\right)
\end{aligned}\right\} \tag{6.2.121}$$

这组方程满足总能量守恒,即

$$\frac{\partial}{\partial t}\int_0^{L_i}\int_0^{L_j}\frac{1}{2}\phi(u^2 + v^2 + \phi)\mathrm{d}x\mathrm{d}y = 0$$

由此式可看到,能量是三阶变量,为构造平方(二次)守恒格式,需将三阶变量改变为二阶变量,令 $U = u\Phi$, $V = v\Phi$ 和 $\Phi = \sqrt{\phi}$ 即可,上方程改变为

$$\frac{\partial}{\partial t}\int_0^{L_i}\int_0^{L_j}\frac{U^2 + V^2 + \phi^2}{2}\mathrm{d}x\mathrm{d}y = 0$$

于是方程组(6.2.121)改写为

$$\left.\begin{aligned}
\frac{\partial U}{\partial t} &= -\frac{1}{a\cos\varphi}\left\{\Phi\frac{\partial \phi}{\partial \lambda} + \frac{1}{2}\left[\left(\frac{\partial Uu}{\partial \lambda} + u\frac{\partial U}{\partial \lambda}\right) + \left(\frac{\partial Uv^*}{\partial \varphi} + v^*\frac{\partial U}{\partial \varphi}\right)\right]\right\} + f^*V \\
\frac{\partial V}{\partial t} &= -\frac{1}{a\cos\varphi}\left\{\Phi\cos\varphi\frac{\partial \phi}{\partial \lambda} + \frac{1}{2}\left[\left(\frac{\partial Vu}{\partial \lambda} + u\frac{\partial V}{\partial \lambda}\right) + \left(\frac{\partial Vv^*}{\partial \varphi} + v^*\frac{\partial V}{\partial \varphi}\right)\right]\right\} - f^*U \\
\frac{\partial \phi}{\partial t} &= -\frac{1}{a\cos\varphi}\left(\frac{\partial U\Phi}{\partial \lambda} + \frac{\partial V^*\Phi}{\partial \varphi}\right)
\end{aligned}\right\} \tag{6.2.122}$$

其中，$v = v\cos\varphi$, $f^* = 2\Omega\sin\varphi + u\dfrac{\tan\varphi}{a}\tan\varphi$，$\varphi$ 是纬度 a 地球半径。上方程

组可写为与(6.2.113)式相同的算子形式

$$\frac{\partial \vec{F}}{\partial t} = -\Re\vec{F} \tag{6.2.123}$$

其中

$$\Re\vec{F} = \frac{1}{2a\cos\phi}\left\{\left[A\frac{\partial}{\partial\lambda}\vec{F} + \frac{\partial}{\partial\lambda}(A^{\mathrm{T}}\vec{F})\right] + \left[B\frac{\partial}{\partial\lambda}\vec{F} + \frac{\partial}{\partial\lambda}(B^{\mathrm{T}}\vec{F})\right]\right\} + C\vec{F}$$

$$\vec{F} = \begin{bmatrix} U \\ V \\ \phi \end{bmatrix}, A = \begin{bmatrix} u & 0 & 2\Phi \\ 0 & u & 0 \\ 0 & 0 & 0 \end{bmatrix}, B = \begin{bmatrix} v^* & 0 & 0 \\ 0 & v^* & 2\Phi \\ 0 & 0 & 0 \end{bmatrix}, C = \begin{bmatrix} 0 & -f^* & 0 \\ f^* & 0 & 0 \\ 0 & 0 & 0 \end{bmatrix}$$

因此,可直接应用上面的平方守恒格式,并可得到总能量是守恒的,即

$$\sum_{j=1}^{J}\sum_{i=1}^{I}\frac{1}{2}(U^2 + V^2 + \phi^2)_{i,j} = \text{const}.$$

表 6.2.4 给出了用上述格式计算的 1—50 天的总能量和总质量变化结果,可以清楚地看到两者均保持守恒。

表 6.2.4 总能量和总质量的变化 (引自季仲贞等,1991)

天	总能量($\mathrm{m^4/s^4}$)	总质量($\mathrm{m^2/s^2}$)
1	18 464 475 564 569.4	190 178 908.519 517
5	18 464 475 564 569.3	190 178 908.519 517
10	18 464 475 564 569.5	190 178 908.519 517
15	18 464 475 564 569.4	190 178 908.519 517
20	18 464 475 564 569.4	190 178 908.519 517
25	18 464 475 564 569.5	190 178 908.519 517
30	18 464 475 564 569.6	190 178 908.519 517
35	18 464 475 564 569.9	190 178 908.519 517
40	18 464 475 564 569.9	190 178 908.519 517
45	18 464 475 564 569.0	190 178 908.519 517
50	18 464 475 564 569.9	190 178 908.519 517

3. 三次方守恒格式

上节显式平方守恒格式有两个不足,一是显式格式,时间步长仍受到类似 CFL 条件的约束;二是控制方程必须写成某种特定的形式,如变量 u 需改为 $U(=u\Phi)$ 等,将三阶变量改为二阶变量,限制了它的某些应用,如在谱方法上的应用。在前述显式平方守恒格式研究基础上,钟青(1992,1993,1997)提出了半隐式二次守恒格式和三次守恒格式,克服了这些缺点,并成功应用到大气谱模式

中,解决大气谱模式计算格式长期尚未解决的能量守恒问题。

(1) 半隐式平方守恒格式的构造

对发展方程

$$\frac{\partial u}{\partial t} + Au = 0 \tag{6.2.124}$$

可构造如下半隐式平方守恒格式

$$\frac{u^{n+1} - u^n}{\Delta t} + (A^n - A_L^n)u^n + A_L^n u^{n+1} + \Delta t(B_1^n + \varepsilon^n B_2^n)u^n = 0 \tag{6.2.125}$$

上式又可改写为

$$u^{n+1} = u^n - \Delta t M_1 M_2 u^n - \Delta t^2 \varepsilon^n M_1 B_2^n u^n \tag{6.2.126}$$

其中,A_L^n 是算子 A^n 中的线性部分,B^n 耗散算子,和 ε^n 耗散系数。另外

$$M_1 = (I + \Delta t A_L^n)^{-1}, \quad M_2 = A^n + \Delta t B_1^n, \quad M_3 = I - \Delta t M_1 M_2$$

这里 $(X)^{-1}$ 为矩阵 X 的逆矩阵。对(6.2.126)式两端平方,在网格上求和并项整理,且令

$$(\varepsilon^n)^2 \frac{c\Delta t^2}{2} \| M_1 B_2^n u^n \|^2 - \varepsilon^n$$

$$+ \frac{c}{2}\left[\| M_1 M_2 u^n \|^2 - \frac{2}{\Delta t}(u^n, M_1 M_2 u^n) \right] = 0 \tag{6.2.127}$$

这是一个对耗散系数 ε^n 的二次方程,解之有

$$\varepsilon^n = \frac{c_1}{1 + \sqrt{1 - \Delta t^2 c_1 c_2}} \tag{6.2.128}$$

其中

$$c_1 = c\left[\| M_1 M_2 u^n \|^2 - \frac{2}{\Delta t}(u^n, M_1 M_2 u^n) \right], \quad c_2 = c \| M_1 B_2^n u^n \|^2$$

$$M_3 = (I - \Delta t M_1 M_2 u^n)$$

$$\frac{1}{c} = (u^n, M_1 B_2^n u^n) - (\Delta t M_1 M_2 u^n, M_1 B_2^n u^n) = (M_3 u^n, M_1 B_2^n u^n)$$

由(6.2.128)式可看到,半隐式平方守恒格式计算稳定充分必要条件为

$$1 \geqslant \Delta t^2 c_1 c_2$$

耗散算子可如下取法

$$B^n x^n = \frac{1}{2}(x'' + x^n) - x' \tag{6.2.129}$$

这里

$$x' = x^n + \Delta t A x^n$$

$$x'' = x' + \Delta t A x'$$

即对(6.2.126)式分别往前显式预报两步。在实际计算中往往取耗散算子 B_1^n 为零。

(2) 半隐式三次方守恒格式的构造

半隐式三次方守恒格式的构造,可按上节思路构造,即对(6.2.126)式两端作三次方,在三次方守恒条件下,最后可得到关于耗散系数 ε^n 的一个三次方代数方程,解之可得到格式(6.2.126)式的半隐式三次守恒的格式。这里,从更一般的方法来构造半隐式三次方守恒格式。

假定算子 A_1、A_2、A_3 都是独立于时间 t 和变量 u,对发展方程(6.2.124)用算子 A_1 作用其两端,再用算子乘两端,有

$$\frac{\partial A_1 u}{\partial t} + A_1 Au = 0, \quad \frac{1}{3}\frac{\partial (A_1 u)^3}{\partial t} + (A_1 u)^2 A_1 Au = 0$$

为使上面第二个方程在给定范围内满足三次方守恒,则第二项在给定范围内积分为零,即

$$\int [(A_1 u)^2 \cdot A_1 Au] \mathrm{d}\sigma = 0 \tag{6.2.130}$$

同理,对算子 $(A_1 + A_2)$ 作用于方程(6.2.124),可得到类似结果

$$\int [(A_1 + A_2)u]^2 (A_1 + A_2) Au \mathrm{d}\sigma = 0$$

展开之,有

$$\begin{aligned}\int [&(A_1 u)^2 \cdot A_1 Au + (A_2 u)^2 \cdot A_1 Au + 2A_1 u \cdot A_2 u \cdot A_1 Au \\ &+ (A_1 u)^2 \cdot A_2 Au + (A_2 u)^2 \cdot A_2 Au + 2A_1 u \cdot A_2 u \cdot A_2 Au] \mathrm{d}\sigma = 0\end{aligned} \tag{6.2.131}$$

对算子作用于方程(6.2.124),并利用公式(6.2.129)和(6.2.130),可得到

$$\begin{aligned}\int \Big(&A_1 u \cdot A_2 u \cdot A_3 Au + A_1 u \cdot A_2 Au \cdot A_3 u \\ &+ A_1 Au \cdot A_2 u \cdot A_3 Au \Big) \mathrm{d}\sigma = 0\end{aligned} \tag{6.2.132}$$

这表明发展方程(6.2.124)具有如上式(6.2.132)的三次守恒性质。

对发展方程(6.2.124),可构造如下半隐式三次方守恒格式

$$\frac{u^{n+1} - u^n}{\Delta t} + (A^n - A_L^n) u^n + A_L^n u^{n+1} + \Delta t \varepsilon^n B^n u^n = 0 \tag{6.2.133}$$

或写为

$$u^{n+1} = u^n - \mathfrak{R} u^n \tag{6.2.134}$$

其中

$$\mathfrak{R} = [\Delta t L A^n + \Delta t^2 \varepsilon^n L B^n], \quad L = (I + \Delta t A_L^n)^{-1}$$

对(6.2.134)分别用算子 A_1 作用其两端,再三次方有

$$(A_1 u^{n+1})^3 = (A_1 u^n)^3 - 3(A_1 u^n)^2 \cdot A_1 \Re u^n + 3A_1 u^n \cdot (A_1 \Re u^n)^2 - (A_1 \Re u^n)^3$$

为使三次方守恒,须令上方程右端后三项在给定计算范围内积分为零,即

$$\int [3(A_1 u^n)^2 \cdot A_1 \Re u^n - 3A_1 u^n \cdot (A_1 \Re u^n)^2 + (A_1 \Re u^n)^3] \mathrm{d}\sigma = 0 \tag{6.2.135}$$

同理,对(6.2.134)用算子 $A_1 + A_2$ 分别作用于两端,再三次方,有

$$\int \{3[(A_1 + A_2) u^n]^2 \cdot (A_1 + A_2) \Re u^n - 3(A_1 + A_2) u^n \cdot [(A_1 + A_2) \Re u^n]^2 + [(A_1 + A_2) \Re u^n]^3\} \mathrm{d}\sigma = 0 \tag{6.2.136}$$

最后,对(6.2.134)用算子 $A_1 + A_2 + A_3$ 作用于两端,再三次方并利用(6.2.135)和(6.2.136)式,有

$$\begin{aligned}\int [&6A_1 \Re u^n \cdot A_2 \Re u^n \cdot A_3 \Re u^n - 6(A_1 u^n \cdot A_2 \Re u^n \cdot A_3 \Re u^n \\ &+ A_1 \Re u^n \cdot A_2 u^n \cdot A_3 \Re u^n + A_1 \Re u^n \cdot A_2 \Re u^n \cdot A_3 u^n) \\ &+ 6A_1 u^n \cdot A_2 \Re u^n \cdot A_3 u^n + 6A_1 \Re u^n \cdot A_2 u^n \cdot A_3 u^n \\ &+ 3A_1 \Re u^n \cdot (A_3 u^n)^2 + 3A_2 \Re u^n \cdot (A_3 u^n)^2 + 3(A_1 u^n)^2 \cdot A_3 \Re u^n \\ &+ 3(A_2 u^n)^2 \cdot A_3 \Re u^n + 6A_1 u^n \cdot A_2 u^n \cdot A_3 \Re u^n] \mathrm{d}\sigma = 0\end{aligned} \tag{6.2.137}$$

将 $\Re u^n$ 的表达式代入上式,并将各项展开并项,则可得到如下公式:

$$\Delta t^4 \gamma_1 (\varepsilon^n)^3 + \Delta t^2 \gamma_2 (\varepsilon^n)^2 + \gamma_3 \varepsilon^n + \gamma_4 = 0 \tag{6.2.138}$$

其中系数为

$$\gamma_1 = \int (A_1 LB^n u^n \cdot A_2 LB^n u^n \cdot A_3 LB^n u^n) \mathrm{d}\sigma$$

$$\gamma_2 = -\int (A_1 LB^n u^n \cdot A_2 LB^n u^n \cdot A_3 Mu^n + A_1 LB^n u^n \cdot A_2 Mu^n \cdot A_3 LB^n u^n + A_1 Mu^n \cdot A_2 LB^n u^n \cdot A_3 LB^n u^n) \mathrm{d}\sigma$$

$$\gamma_3 = -\int (A_1 LB^n u^n \cdot A_2 Mu^n \cdot A_3 Mu^n + A_1 Mu^n \cdot A_2 LB^n u^n \cdot A_3 Mu^n + A_1 Mu^n \cdot A_2 Mu^n \cdot A_3 LB^n u^n) \mathrm{d}\sigma$$

$$\begin{aligned}\gamma_4 = -\int (&A_1 Ku^n \cdot A_2 A^n u^n \cdot A_3 A^n u^n + A_1 A^n u^n \cdot A_2 u^n \cdot A_3 u^n \\ &+ A_1 A^n u^n \cdot A_2 A^n u^n \cdot A_3 u^n + A_1 LA_L^n u^n \cdot A_2 Mu^n \cdot A_3 Mu^n \\ &+ A_1 Ku^n \cdot A_2 Mu^n \cdot A_3 LA_L^n A^n u^n + A_1 Ku^n \cdot A_2 LA_L^n A^n u^n \\ &\cdot A_3 Ku^n) \mathrm{d}\sigma\end{aligned}$$

这里

$$L = (I + \Delta t A_L^n)^{-1}, \quad M = I - \Delta t A^n + \Delta t^2 LA_L^n, \quad K = I - \Delta t A^n$$

若耗散系数 ε^n 满足如上关系式(6.2.138),则(6.2.133)式为与(6.2.124)式相容的整体三次方守恒格式。方程(6.2.138)是三次方程,一般采用迭代求解。

(3) 三次方守恒格式在谱模式上的应用

球面上浅水波方程

$$\frac{\partial u}{\partial t}=-\frac{1}{a\cos\varphi}\left(u\frac{\partial u}{\partial\lambda}+v^*\frac{\partial u}{\partial\varphi}+\frac{\partial\phi'}{\partial\lambda}\right)+f^*v$$

$$\frac{\partial v}{\partial t}=\frac{1}{a\cos\varphi}\left(u\frac{\partial v}{\partial\lambda}+v^*\frac{\partial v}{\partial\varphi}+\frac{\partial\phi'}{\partial\varphi}\right)-f^*u$$

$$\frac{\partial\phi'}{\partial t}=-\frac{1}{a\cos\varphi}\left(\frac{\partial\phi' u}{\partial\lambda}+\frac{\partial\phi' v^*}{\partial\varphi}\right)-\Phi D$$

其中,$f^*=2\Omega\sin\varphi+u\tan\varphi/a$,$v^*=v\cos\varphi$ 和 $\phi=\bar{\phi}+\phi'$。写为适合谱模式计算的形式为

$$\frac{\partial\varsigma}{\partial t}=F\varsigma \tag{6.2.139}$$

$$\frac{\partial D}{\partial t}=FD-\nabla^2\phi' \tag{6.2.140}$$

$$\frac{\partial\phi'}{\partial t}=F\phi-\bar{\phi}D \tag{6.2.141}$$

其中

$$F\varsigma=\left[\frac{1}{a(1-\mu^2)}\frac{\partial F_v}{\partial\lambda}-\frac{1}{a}\frac{\partial F_u}{\partial\mu}\right]$$

$$FD=\left[\frac{1}{a(1-\mu^2)}\frac{\partial F_u}{\partial\lambda}+\frac{1}{a}\frac{\partial F_v}{\partial\mu}\right]-\nabla^2\left[\frac{U^2+V^2}{2(1-\mu^2)}\right]$$

$$F\phi=-\left[\frac{1}{a(1-\mu^2)}\frac{\partial(U\phi')}{\partial\lambda}+\frac{1}{a}\frac{\partial(V\phi')}{\partial\mu}\right]$$

$$F_{\mathrm{u}}=V(\varsigma+f),\quad F_{\mathrm{v}}=-U(\varsigma+f),\quad U=u\cos\varphi$$

$$V=v\cos\varphi,\quad \mu=\sin\varphi$$

这套方程组满足总能量守恒,即

$$\int_0^{2\pi}\int_{-\frac{\pi}{2}}^{\frac{\pi}{2}}\frac{1}{2}\left[\frac{U^2+V^2}{(1-\mu^2)}\phi+\phi'^2\right]a^2\mathrm{d}\lambda\mathrm{d}\mu=\text{const}.$$

应用三次方守恒格式,上方程组改写为

$$\frac{\partial\varsigma}{\partial t}=F\varsigma+\varepsilon^n(B_\varsigma\varsigma) \tag{6.2.142}$$

$$\frac{\partial D}{\partial t}=FD-\nabla^2\phi'+\varepsilon^n(B_D D) \tag{6.2.143}$$

$$\frac{\partial\phi'}{\partial t}=F\phi-\bar{\phi}D+\varepsilon^n(B_\phi\phi') \tag{6.2.144}$$

写为谱形式为(参考后面 6.3 节)

$$\frac{\varsigma_{ml}^{n+1}-\varsigma_{ml}^{n}}{\Delta t}=(F\varsigma)_{ml}^{n}+\varepsilon^{n}(B_{\varsigma}\varsigma)_{ml}^{n} \tag{6.2.145}$$

$$\frac{D_{ml}^{n+1}-D_{ml}^{n}}{\Delta t}=(FD)_{ml}^{n}+\frac{\ell(\ell+1)}{a^{2}}\phi'^{n+1}_{ml}+\varepsilon^{n}(B_{D}D)_{lm}^{n} \tag{6.2.146}$$

$$\frac{\phi'^{n+1}_{ml}-\phi'^{n}_{ml}}{\Delta t}=(F\phi)_{ml}^{n}-\bar{\phi}D_{ml}^{n+1}+\varepsilon^{n}(B_{\phi}\phi)_{ml}^{n} \tag{6.2.147}$$

其中算子 B_D 按(6.2.129)式定义计算。

对方程(6.2.145)—(6.2.147)求解：对涡度方程(6.2.145)作显式求解，

$$\varsigma_{ml}^{n+1}=\varsigma_{ts}+\varepsilon^{n}\varsigma_{\varepsilon s} \tag{6.2.148}$$

其中

$$\varsigma_{ts}=\varsigma_{ml}^{n}+\Delta t(F\varsigma)_{ml}^{n}$$

$$\varsigma_{\varepsilon s}=\Delta t(B_{\varsigma}\varsigma)_{ml}^{n}$$

对散度方程和连续方程作半隐式求解，消去其中一变量 ϕ'^{n+1}_{ml} 得到如下一个变量 D_{ml}^{n+1} 的 Helmholtz 方程(相当于显式求解)，

$$D_{ml}^{n+1}=A\left[(D_{ml}^{n}+\Delta t(FD)_{ml}^{n})+\frac{\ell(\ell+1)}{a^{2}}\Delta t(\phi'^{n}_{ml}+\Delta t(F\phi)_{ml}^{n})\right]$$
$$+\varepsilon^{n}A\left[\frac{\ell(\ell+1)}{a^{2}}\Delta t^{2}(B_{\phi}\phi)_{ml}^{n}+\Delta t(B_{D}D)_{lm}^{n}\right]$$

除去待求耗散系数 ε^n 外，上式右端都是已知量。上式或改写为

$$D_{ml}^{n+1}=D_{ts}+\varepsilon^{n}D_{\varepsilon s} \tag{6.2.149}$$

其中

$$D_{ts}=A\cdot\left[(D_{ml}^{n}+\Delta t(FD)_{ml}^{n})+\frac{\ell(\ell+1)}{a^{2}}\Delta t(\phi'^{n}_{ml}+\Delta t(F\phi)_{ml}^{n})\right]$$

$$D_{\varepsilon s}=A\cdot\left[\frac{\ell(\ell+1)}{a^{2}}\Delta t^{2}(B_{\phi}\phi)_{ml}^{n}+\Delta t(B_{D}D)_{lm}^{n}\right]$$

$$A=\left[\mathrm{I}+\frac{\ell(\ell+1)}{a^{2}}\Delta t^{2}\bar{\phi}\right]^{-1}$$

然后将解得的变量 D_{ml}^{n+1} 代入(6.2.147)式得到变量 ϕ'^{n+1}_{ml}，

$$\left.\begin{aligned}\phi'^{n+1}_{ml}&=\phi_{ts}+\varepsilon^{n}\phi_{\varepsilon s}\\ \phi_{ts}&=\phi'^{n}_{ml}+\Delta t(F\phi)_{ml}^{n}-\Delta t\bar{\phi}(D_{ts})\\ \phi_{\varepsilon s}&=\Delta t\bar{\phi}D_{\varepsilon s}+\Delta t(B_{\phi}\phi)_{ml}^{n}\end{aligned}\right\} \tag{6.2.150}$$

在总能量守恒条件下，确定 ε^n，即

$$\sum_{i=1}^{K_1}\sum_{j=1}^{K_2}G_j\left(\frac{U^2+V^2}{2(1-\mu^2)}\phi+\frac{\phi'^2}{2}\right)=\text{const.}=E_{\text{init}},\quad \phi=\phi_0+\phi' \tag{6.2.151}$$

其中，K_1 是沿纬圈的格点数，K_2 是沿经圈的高斯格点数。在高斯格点数上的

风,采用 FFT 正变换为

$$(U, V) = \sum_{m=-M}^{M}(U_m, V_m)e^{im\lambda} \tag{6.2.152}$$

这里,采用 Legerdre 逆变换变换求得

$$U_m = -a\sum_{\ell=|M|}^{M}\left[\frac{im}{\ell(\ell+1)}D_{m\ell}p_{m\ell}(\mu_j) - \frac{1}{\ell(\ell+1)}\varsigma_{m\ell}(1-\mu_j^2)p'_{m\ell}(\mu_j)\right]$$

$$V_m = -a\sum_{\ell=|M|}^{M}\left[\frac{im}{\ell(\ell+1)}\varsigma_{m\ell}p_{m\ell}(\mu_j) + \frac{1}{\ell(\ell+1)}D_{m\ell}(1-\mu_j^2)p'_{m\ell}(\mu_j)\right]$$

将(6.2.148)和(6.2.150)代入上式可得到 $(U, V)_m$,然后代入(6.2.152)式可求得格点上的风(U, V)。最后,代入(6.2.151)式可得到如下三次方方程

$$\gamma_1(\varepsilon^n)^3 + \gamma_2(\varepsilon^n)^2 + \gamma_3\varepsilon^n + \gamma_4 = 0 \tag{6.2.153}$$

其中

$$\gamma_1 = \sum_{K_1}\sum_{K_2}G_j^{(K_2)}\frac{(U_\varepsilon^2 + V_\varepsilon^2)\phi_t\phi'_\varepsilon}{2(1-\mu^2)}$$

$$\gamma_2 = \sum_{K_1}\sum_{K_2}G_j^{(K_2)}\left[\frac{(U_\varepsilon^2 + V_\varepsilon^2)\phi_t + 2(U_tU_\varepsilon + V_tV_\varepsilon)\phi_t\phi'_\varepsilon}{2(1-\mu^2)} + \frac{1}{2}(\phi'_\varepsilon)^2\right]$$

$$\gamma_3 = \sum_{K_1}\sum_{K_2}G_j^{(K_2)}\left[\frac{2(U_tU_\varepsilon + V_tV_\varepsilon)\phi_t + (U_t^2 + V_t^2)\phi_t\phi'_\varepsilon}{2(1-\mu^2)} + \phi'_t\phi'_\varepsilon\right]$$

$$\gamma_4 = \sum_{K_1}\sum_{K_2}G_j^{(K_2)}\left[\frac{(U_t^2 + V_t^2)\phi_t}{2(1-\mu^2)} + \frac{1}{2}(\phi'_t)^2 - E_{init}\right]$$

对三次方方程(6.2.153),用迭代求解,可求得耗散系数 ε^n。

6.2.7 惯性重力波和变量在网格式上的分布

大气大尺度运动的显著特征是运动近于地转风平衡,但是大气中存在着一些因子,如非绝热加热等,使地转风平衡受到破坏,激发出惯性重力波运动。通过这种波运动的频散过程,在局地产生的能量耗散到空间中去,使不平衡调整为地转风平衡状态。这种调整过程称之为地转适应过程。正是这种地转风平衡不断破坏而又不断建立的过程,才形成不断变化和发展的天气。因此,用控制方程来模拟大尺度运动,除了模拟经过地转风适应了的准地转运动外,还必须合适地模拟地转适应过程。

温尼霍夫(Winnighoff, 1968)发现用有限差分来模拟地转适应过程是强烈地依赖于变量在网格点上的分布。他研究了变量如图 2.6.9 中的五种分布。此图中,A 网格表示所有变量分布在同一网格点上,C 到 E 网格是分别表示不同的交替分布。同时在此图中,每个方阵图下面的直线分别表示在一维情况下变量在各种网格上的分布。

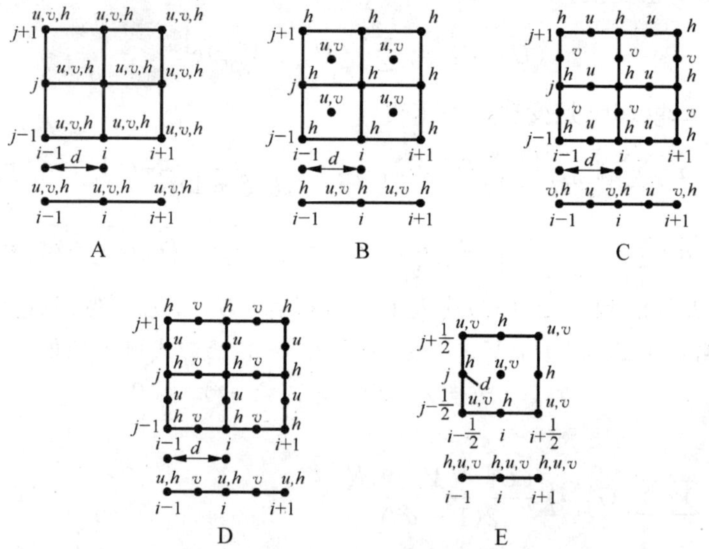

图 6.2.9 变量的空间分布

为了分析简单,考虑一维重力波方程,

$$\left.\begin{aligned} &\frac{\partial u}{\partial t} = -g\frac{\partial h}{\partial x} + fv, \quad \frac{\partial v}{\partial t} = -g\frac{\partial h}{\partial y} - fu \\ &\frac{\partial h}{\partial t} = -H\frac{\partial u}{\partial x} \end{aligned}\right\} \tag{6.2.154}$$

消去变量 h 和 u,就得到

$$\frac{\partial^2 u}{\partial t^2} + f^2 u - gH\frac{\partial^2 u}{\partial x^2} = 0$$

假定解正比于指数 $\exp[\mathrm{i}k(x-\nu t)]$,其中 k 是波数,ν 是频率,i 是虚数符号,代入上式就得到惯性重力波的频率方程

$$(\nu/f)^2 = 1 + gH(k/f)^2 \tag{6.2.155}$$

由上式可看到惯性重力波频率 ν 是随着波数 k 增加而增加,波群移动的群速不为零。这是地转适应过程十分重要的特征。

我们来检查一下变量在网格上的不同分布对频率的影响。按照图 6.2.9 中每个方阵图下的变量一维空间分布,就可以对方程(6.2.154)写出如下四种差分格式。这里格式 E 未给出,它等效于格式 A。

格式 A

$$\frac{\partial}{\partial t}u_i - fv_i + \frac{g}{2d}(h_{i+1} - h_{i-1}) = 0$$

$$\frac{\partial}{\partial t}v_i + fu_i = 0$$

$$\frac{\partial}{\partial t}h_i + \frac{H}{2d}(u_{i+1} - u_{i-1}) = 0$$

格式 B

$$\frac{\partial}{\partial t}u_{i+\frac{1}{2}} - fv_{i+\frac{1}{2}} + \frac{g}{2d}(h_{i+1} - h_{i-1}) = 0$$

$$\frac{\partial}{\partial t}v_{i+\frac{1}{2}} + fu_{i+\frac{1}{2}} = 0$$

$$\frac{\partial}{\partial t}h_i + \frac{H}{2d}(u_{i+\frac{1}{2}} - u_{i-\frac{1}{2}}) = 0$$

格式 C

$$\frac{\partial}{\partial t}u_{i+\frac{1}{2}} - \frac{f}{2}(v_{i+1} + v_i) + \frac{g}{d}(h_{i+1} - h_{i-1}) = 0$$

$$\frac{\partial}{\partial t}v_i + \frac{f}{2}(u_{i+\frac{1}{2}} + u_{i-\frac{1}{2}}) = 0$$

$$\frac{\partial}{\partial t}h_i + \frac{H}{d}(u_{i+\frac{1}{2}} - u_{i-\frac{1}{2}}) = 0$$

格式 D

$$\frac{\partial}{\partial t}u_i - \frac{f}{2}(v_{i+\frac{1}{2}} + v_{i-\frac{1}{2}}) + \frac{g}{2d}(h_{i+1} - h_{i-1}) = 0$$

$$\frac{\partial}{\partial t}v_{i+\frac{1}{2}} + \frac{f}{2}(u_{i+1} + u_i) = 0$$

$$\frac{\partial}{\partial t}h_i + \frac{H}{2d}(u_{i+1} - u_{i-1}) = 0$$

我们关心的是变量的空间分布，所以在格式 A 到 D 中仍保留时间微商。假定 A 到 D 的差分方程解都与指数 $\exp[ik(x-\nu t)]$ 成正比，代入之就可分别得到格式 A 到 D 的频率方程如下

格式 A

$$(\nu/f)^2 = 1 + \left(\frac{\lambda}{d}\right)^2 \sin^2(kd)$$

格式 B

$$(\nu/f)^2 = 1 + 4\left(\frac{\lambda}{d}\right)^2 \sin^2\left(\frac{kd}{2}\right)$$

格式 C

$$(\nu/f)^2 = \cos^2\left(\frac{kd}{2}\right) + 4\left(\frac{\lambda}{d}\right)^2 \sin^2\left(\frac{kd}{2}\right)$$

格式 D

$$(\nu/f)^2 = \cos^2\left(\frac{kd}{2}\right) + \left(\frac{\lambda}{d}\right)^2 \sin^2(kd)$$

最短可分解的波长为 2 d，对应的最大波数是 π/d。因此要检查每种格式的

重力惯性波的特性，考虑 $0 < kd < \pi$ 的范围就够了。对格式A，在 $kd = \pi$ 处频率达到最大，此时群速为零。这时当这种波长的惯性重力波在某处激发出后，波的能量就停留在这里。对格式D，当 $(\lambda/d)^2\cos^2(kd) = 1/4$，频率达到最大。两倍格距波在 $kd = \pi$ 处是驻波。对于格式B，当 λ 不为零时，频率在 $0 < kd < \pi$ 范围内是单调增加的。对于格式C，当 $\lambda/d > 1/2$ 时，频率是单值增加；当 $\lambda/d < 1/2$ 时，是单值减少；当 $\lambda/d = 1/2$，$\nu^2 = f^2$，且一切波的群速都为零。以上分析表明格式B是最好的。然而，当 $\lambda/d > 1/2$ 时，格式C也同格式B一样好。为了比较，把真解和格式A到D的频率给出在图6.2.10中。可以看出，格式A和D离真解偏离较大，而格式B和C较接近真解。

看看适应特性。给定初值：x 在 $-a$ 到 a 范围内，h 为常数，$u = 0$ 和 $v = v_0$。在此范围外，$v = 0$。我们可以求得在此初值条件下控制方程的解和差分格式A到D的差分解。图6.2.11给出真解和差分解在 $x = a$ 处高度的时间变化曲线。可看到差分格式B和C较接近真解。然而在两维情况时，用格式B远不如用格式C来模拟地转适应过程(见图6.2.12)。由此得到结论，用格式C来模拟地转适应过程最好。因此在数值天气预报中广泛采用交替分布C网格。

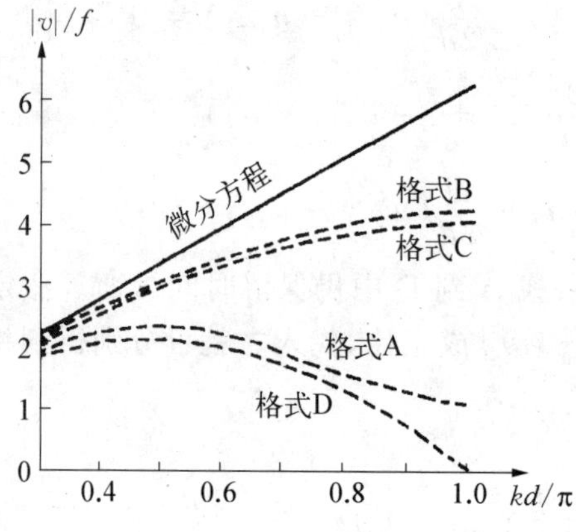

图6.2.10 频率和波数的关系

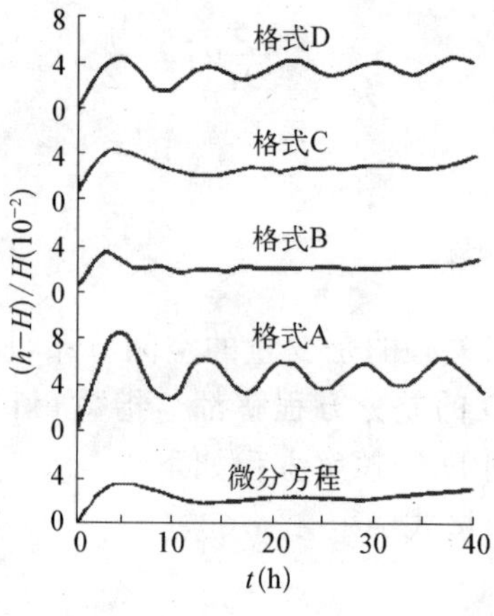

图6.2.11 高度扰动的时间变化

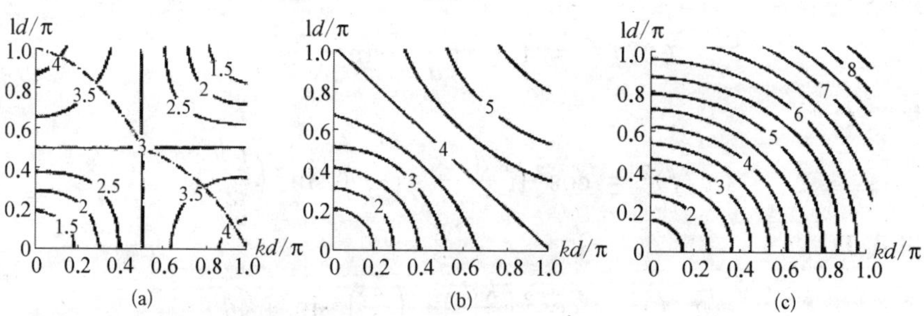

图6.2.12 二维情况下频率和波数的关系 (a) 格式 B；(b) 格式 C；(c) 微分方程

6.3 谱 方 法

早在 1954 年，谱方法就由 Silberman 引入气象模拟中，当时考虑的是正压无辐散方程。以后多人分别进行了研究，这些研究证明了谱方法的一些有希望的性质，并且 Ellsaesser 研究表明，对于平衡正压模式，谱方法完全可以同美国 NMC 当时使用的格点模式竞争。对于简单低分解模式，这时的谱方法似乎是可行的。但它并没有考虑高分解，非绝热模式。原因是在谱方法中非线性项的计算，涉及大量的影响系数的存贮，并且随着分解的增加，贮存快速增加，由于这种方法运算量大，每步大约与影响系数的多少成正比。可以预料，在高分解时计算时间和存贮将超过实际可能。因此，很难做到对包括物理，如降水或对流调整的问题求解。

谱方法的影响系数法直到 1966 年才受到挑战，这时 Robert 提出根据球谐元素使用低阶非正交谱函数。这种方法消去了影响系数的复杂性，但牺牲了正交化方法。随着分解的增长，计算量快速增加及不能包括物理等问题仍未解决。

Eliasen 等(1971)和 Orszag(1971)各自提出转换方法后，这种情况才得到根本改变。在此方法中，不涉及影响系数，并且存贮和运算量大大地减少。同影响系数法相比，在计算效率上改进明显，并且随分解的增加，效率更明显，因此实现高分解的谱模式成为可能。1974 年在 Copenhagen 召开了一次谱方法讨论会，总结前段时间对谱方法的研究成果，肯定了转换法，随后就广泛应用在科学研究和日常业务天气预报中。在以下讨论中引用了 Machenhauer(1979)部分材料。

6.3.1 基本原理

1. 最小二乘原理

完全的大气模式方程组，一般可写为

$$\frac{\partial}{\partial t}L(\omega^i) = F_i(\omega^1, \omega^2, \cdots, \omega^I) \quad (i = 1, \cdots, I) \tag{6.3.1}$$

其中 L 是空间微分操作数，ω^i 是预报变量，F_i 是预报变量的函数，包括线性项和非线性项等。在(6.3.1)的数值解中，是采用有限级数展开法来近似一个变量，展开函数是线性独立函数 Ψ_n。因此有

$$\hat{\omega}^i(r, t) = \sum_{n=1}^{N}\omega_n^i(t)\Psi_n(\vec{r}) \tag{6.3.2}$$

N 是正整数，$\omega_n^i(t)$是展开系数。把(6.3.2)代入(6.3.1)就把偏微分方程转化

为常微分方程,变量变为展开系数。

通过(6.3.2)的有限级数表示式把偏微分方程(6.3.1)转化为常微分方程,一般讲,包含有一些近似。用"最佳拟合"原理来决定转化方程组,使这些近似减到最小。在谱方法中,这种"最佳拟合"原理是最小二乘近似,它等效于 Galerkin 近似。

考虑单变量的模式,则(6.3.1)变为

$$\frac{\partial}{\partial t}L(\omega) = F(\omega), \quad 或 \frac{\partial}{\partial t}\omega = F(\omega) \tag{6.3.3}$$

满足初值

$$\omega(\vec{r},0) = f(\vec{r}) \tag{6.3.4}$$

假定 ω 可以用有限级数展开法近似表示为

$$\hat{\omega} = \sum_{n=1}^{N}\omega_n(t)\Psi_n(\vec{r}) \tag{6.3.5}$$

其中 $\omega_n(t)$ 为展开系数,和 $\Psi_n(r)$ 为展开函数。用近似解(6.3.5)代入(6.3.3)得到余差为

$$R(\hat{\omega}) = \frac{\partial}{\partial t}L(\hat{\omega}) - F(\hat{\omega})$$

选取这样的 $\frac{\mathrm{d}\omega_n}{\mathrm{d}t}$,使得在整个区域 S 上的平方误差

$$J(\hat{\omega}) = \int_s\left[\sum_{n=1}^{N}\frac{\mathrm{d}\omega_n}{\mathrm{d}t}L(\Psi_n) - F\left(\sum_{n=1}^{N}\omega_n\Psi_n\right)\right]^2\mathrm{d}s$$

最小。为此,令 $J(\hat{\omega})$ 对 $\mathrm{d}\omega_n/\mathrm{d}t$ 微商为零,则有

$$\int_s\left[\sum_{n'=1}^{N}\frac{\mathrm{d}\omega_n}{\mathrm{d}t}L(\Psi_{n'}) - F\left(\sum_{n^1=1}^{N}\omega_{n'}\Psi_{n'}\right)\right]L(\Psi_n)\mathrm{d}s = 0 \tag{6.3.6}$$

若成立

$$L(\Psi_n) + \varepsilon_n\Psi_n = 0 \quad (n = 1, 2, \cdots, N) \tag{6.3.7}$$

则(6.3.6)可写为

$$\int_s R(\hat{\omega})\Psi_n\mathrm{d}s = 0 \quad (n = 1, \cdots, N) \tag{6.3.8}$$

其中 ε_n 是常数。当 L 是同一算子(identity operator),则任何一组展开函数 Ψ_n(对所有的 n, $\varepsilon_n = -1$)都满足(6.3.7)式。当 L 不是同一算子,则(6.3.7)意味着展开函数是微分算子 L 的特征解。

方程组(6.3.8)也可用 Galerkin 近似来得,即要求残差 $R(\hat{\omega})$,以每个基函数 Ψ_i 作为权重,在平均意义上在计算范围 S 上为0,即(6.3.8)式。

(6.3.8)式的一个重要性质是

$$\int_s R(\hat{\omega})\hat{\omega}\mathrm{d}s = 0 \tag{6.3.9}$$

它可用 $\omega_n(t)(n=1,\cdots,N)$ 分别和(6.3.8)的对应方程相加而得到。

若(6.3.7)式成立,则(6.3.6)式又可写成适合于数值积分如下形式

$$\sum_{n'=1}^{N}\varepsilon_{n'}I_{nn'}\frac{\mathrm{d}\omega_{n'}}{\mathrm{d}t}=\int_s F\left(\sum_{n'=1}^{N}\omega_{n'}\Psi_{n'}\right)\Psi_n\mathrm{d}s\quad(n=1,2,\cdots,N)\tag{6.3.10}$$

此处 $I_{nn'}=\int_s\Psi_n\Psi_{n'}\mathrm{d}s$。可以看到这组空间截断方程组是由 N 个联立常微分方程组成,变量是 ω_n。当 $\mathrm{d}\omega_n/\mathrm{d}t$ 作时间差分,则(6.3.10)变为 N 阶齐次线性代数方程组,而 $\varepsilon_{n'}I_{nn'}$ 是常系数,可一次计算出,这方程组有 N 个未知数 $\omega_n^{t+\Delta t}$。假定展开系数 $\omega_n(t)$ 在某时刻是已知,这时(6.3.10)的右端值可以计算出,解方程组,则 $\omega_n^{t+\Delta t}$ 就可以确定。另外,若展开系数的初值给定,使用某种时间差分格式,数值积分就可以进行下去。

2. 线性平流方程

线性平流方程为

$$\frac{\partial\omega}{\partial t}+r\frac{\partial\omega}{\partial\lambda}=0,\quad\omega(x,0)=f(\lambda)\tag{6.3.11}$$

其中 $r=2\pi c/L$ 常数,$\omega=2\pi u/L$,c 为波速,L 为波长,u 为东西向速度。(6.3.11)中显然是周期函数,周期为 2π。

展开函数很自然取三角函数为展开函数,它们是正交函数系,光滑,收敛快,并且为周期函数,能很好进行微积运算。假定(6.3.11)的近似解为

$$\hat{\omega}(\lambda+t)=\frac{\omega_0^t(t)}{2}+\sum_{m=1}^{M}\left[\omega_m^c(t)\cos m\lambda+\omega_m^s(t)\sin m\lambda\right]\tag{6.3.12}$$

其中 m 是纬向波数,M 为最大波数。(6.3.12)又可写为复数形式

$$\hat{\omega}(\lambda,t)=\sum_{m=-M}^{M}\omega_m(t)\mathrm{e}^{\mathrm{i}m\lambda}\tag{6.3.13}$$

展开系数 ω_m 共有 $2M+1$,其中

$$\omega_m(t)=\frac{1}{2}\left[\omega_m^c(t)-\mathrm{i}\omega_m^s(t)\right]\tag{6.3.14}$$

另有性质

$$\omega_{-m}(t)=\left[\omega_m(t)\right]^*,\quad \text{即}\ \omega_{-m}=\frac{1}{2}(\omega_m^c+\mathrm{i}\omega_m^s)\tag{6.3.15}$$

因此只要给出 $\omega_m(t)$, $0\leqslant m\leqslant M$, 即可。利用三角函数的正交性

$$\frac{1}{2\pi}\int_0^{2\pi}\mathrm{e}^{\mathrm{i}m\lambda}\mathrm{e}^{\mathrm{i}m'\lambda}\mathrm{d}\lambda=\begin{cases}1, & m'=m\\0, & m'\neq m\end{cases}\tag{6.3.16}$$

这样(6.3.13)的展开系数为(利用正交性)

$$\omega_m(t)=\frac{1}{2\pi}\int_0^{2\pi}\hat{\omega}(\lambda,t)\mathrm{e}^{-\mathrm{i}m\lambda}\mathrm{d}\lambda\tag{6.3.17}$$

我们来看看空间截断系统的解，将(6.3.13)代入(6.3.11)，有余差

$$R(\hat{\omega}) = \frac{\partial \hat{\omega}}{\partial t} + r\frac{\partial \hat{\omega}}{\partial \lambda} = \sum_{m=-M}^{N}\left(\frac{\mathrm{d}\omega_n}{\mathrm{d}t}\mathrm{e}^{\mathrm{i}m\lambda} + \mathrm{i}mr\omega_m\mathrm{e}^{\mathrm{i}m\lambda}\right)$$

像上节一样作最小二乘

$$J(\hat{\omega}) = \int_s\left[\sum_{m=-M}^{N}\left(\frac{\mathrm{d}\omega_n}{\mathrm{d}t}\mathrm{e}^{\mathrm{i}m\lambda} + \mathrm{i}mr\omega_m\mathrm{e}^{\mathrm{i}m\lambda}\right)\right]^2\mathrm{d}s$$

令 $J(\hat{\omega})$ 对 $\frac{\mathrm{d}\omega_n}{\mathrm{d}t}$ 微商为零，则有

$$\int_s\left[\sum_{m=-M}^{M}\left(\frac{\mathrm{d}\omega_m}{\mathrm{d}t}\mathrm{e}^{\mathrm{i}m\lambda} + \mathrm{i}mr\omega_m\mathrm{e}^{\mathrm{i}m\lambda}\right)\right]\mathrm{e}^{\mathrm{i}m'\lambda}\mathrm{d}s = 0 \tag{6.3.18}$$

利用三角函数的正交性，上式可化为

$$\frac{\mathrm{d}\omega_m}{\mathrm{d}t} + \mathrm{i}m\gamma\omega_m = 0,\quad -M \leqslant m \leqslant M \tag{6.3.19}$$

共有 $2M+1$ 复方程组，由于(6.3.15)式，只考虑 $0 \leqslant m \leqslant M$ 的方程就足够了。另外，我们注意到截断谱方程(6.3.19)可以时间上精确积分，结果为

$$\omega_m(t) = \omega_m(0)\mathrm{e}^{-\mathrm{i}mrt} \tag{6.3.20}$$

其中 $\omega_m(0)$ 可由初值(6.3.11)中求得。最后，将(6.3.13)代入就可求得解为

$$\hat{\omega}(\lambda,t) = \sum_{m=-M}^{M}\omega_m(0)\mathrm{e}^{-\mathrm{i}m(\lambda-\gamma t)} \tag{6.3.21}$$

可以证明解(6.3.21)收敛于真解，并且离散系统(6.3.18)和原微分系统一致。利用(6.3.13)式，则(6.3.19)式可写为

$$\frac{\partial \hat{\omega}}{\partial t} + r\frac{\partial \hat{\omega}}{\partial \lambda} = 0 = R(\hat{\omega})$$

即余差 $R(\hat{\omega})$ 为零，这表明对线性方程，用截断级数(6.3.13)式代入(6.3.11)式，在截断波数范围内是精确的。

3. 非线性平流方程

以 2π 为周期变量 ω 的非线性平流方程为

$$\frac{\partial \omega}{\partial t} = -\omega\frac{\partial \omega}{\partial \lambda},\quad \omega(\lambda,0) = f(\lambda) \tag{6.3.22}$$

用有限级数展开法来近似变量 ω，以三角函数作基函数，则有

$$\hat{\omega}(\lambda,t) = \sum_{m=-M}^{M}\omega_m(t)\mathrm{e}^{\mathrm{i}m\lambda} \tag{6.3.23}$$

把(6.3.23)代入非线性方程(6.3.22)，其右端为

$$F(\hat{\omega}) = -\hat{\omega}\frac{\partial \hat{\omega}}{\partial \lambda} = \left(\sum_{m_1=-M}^{M}\omega_{m_1}(t)\mathrm{e}^{\mathrm{i}m_1\lambda}\right)\left(\sum_{m_2=-M}^{M}\mathrm{i}m_2\omega_{m_2}\mathrm{e}^{\mathrm{i}m_2\lambda}\right)$$

是两级数相乘，共有 $4M+1$ 项，因此上式可写为

$$F(\hat{\omega}) = -\hat{\omega}\frac{\partial\hat{\omega}}{\partial\lambda} = \sum_{M=-2M}^{2M} F_m e^{im\lambda} \tag{6.3.24}$$

其中，F_m（用正交性）计算为

$$F_m = \frac{1}{2\pi}\int_0^{2\pi}\left[-\sum_{m_1=-M}^{M}\omega_{m_1}e^{im_1\lambda}\right]\left[\sum_{m_1=-M}^{M} im_2\omega_{m_2}e^{im_2\lambda}\right]e^{-im\lambda}d\lambda \tag{6.3.25}$$

或用正交性，上式有

$$F_m = -i\sum_{m_1=m-M}^{M}(m-m_1)\omega_{m_1}\omega_{m-m_1}, \quad m \geqslant 0 \tag{6.3.26}$$

方程(6.3.22)左端为

$$\frac{\partial\hat{\omega}}{\partial t} = \sum_{m=-M}^{M}\frac{d\omega_m}{dt}e^{im\lambda} \tag{6.3.27}$$

如此，近似解(6.3.23)代入非线性平流方程中，方程两端给出截断波数不同的付氏级数，同时方程不能精确满足，出现余差，即

$$R(\hat{\omega}) = \frac{\partial\hat{\omega}}{\partial t} + \hat{\omega}\frac{\partial\hat{\omega}}{\partial\lambda} \tag{6.3.28}$$

像上两节一样，作最小二乘或作 Galerkin 近似，有

$$\frac{1}{2\pi}\int_0^{2\pi}R(\hat{\omega})e^{-im\lambda}d\lambda = 0, \quad -M \leqslant m \leqslant M$$

将(6.3.28)、(6.3.27)、(6.3.24)代入上式并利用正交条件，可得到非线性平流方程(6.3.22)的谱形式方程

$$\frac{d\omega_m}{dt} = F_m, \quad -M \leqslant m \leqslant M \tag{6.3.29}$$

现在来求余差 $R(\bar{\omega})$，以 $e^{im\lambda}$ 乘(6.3.29)，相加，则有

$$\sum_{m=-M}^{M}\left(\frac{d\omega_m}{dt} - F_m\right)e^{im\lambda} = 0 \tag{6.3.30}$$

即

$$\frac{\partial\hat{\omega}}{\partial t} = \hat{F}(\hat{\omega}) \equiv \sum_{m=-M}^{M}F_m e^{im\lambda} \tag{6.3.31}$$

以(6.3.31)、(6.3.24)代入(6.3.28)，则得余差

$$R(\hat{\omega}) = \sum_{M\leqslant |m| \leqslant 2M} F_m e^{im\lambda} \tag{6.3.32}$$

利用(6.3.32)，比较(6.3.28)和(6.3.31)，我们可得看到，用近似解(6.3.23)代入方程后出现余差 $R(\hat{\omega})$；而用小二乘或 Galerkin 近似，得到的谱截断系统(6.3.31)的解，就不包括余差 $R(\hat{\omega})$。而由(6.3.32)式看出，$R(\hat{\omega})$ 是截断波以外较小尺度分量，按 Phillips(1959)观点，这是混淆(aliasing)误差。因此，在 Galerkin 近似的谱模式中，自动消去了混淆误差，亦就消去了非线性不稳定，这是差分模式所没有的特性。

6.3.2 谱模式中的一些基本问题

1. 变量和展开函数选取

谱方法适合在全球范围内计算，且要求变量在计算范围内是连续的。速度变量 u,v 在极点是奇异点，因此改为流函数和势函数，即需用涡度和散度方程代替动量方程。这时速度变量改为与三角函数相乘作为变量，即 $(U, V)=(u\sin\varphi, v\sin\varphi)$，$\varphi$ 是纬度。另外，在斜压模式中，地表面气压 p_s 是取对数 $\ln p_s$ 后作为一个变量，其原因见后面6.3.6节。

在垂直方向上，同差分模式一样，采用差分法进行离散化，在水平方向上用有限级数展开法来近似变量，采用球面函数作展开函数较为方便，它是拉普拉斯方程的特征函数，定义为

$$Y_{m,n}(\lambda, \mu) = P(\mu)_{mn}\mathrm{e}^{im\lambda} \tag{6.3.33}$$

其中 λ 经度，$\mu = \sin\varphi$，φ 纬度，P_{mn} 是 m 阶 n 级缔合勒让得函数，定义为

$$P_{mn}(\mu) = \left[(2n+1)\frac{(n-m)!}{(n+m)!}\right]^{\frac{1}{2}} \frac{(1-\mu^2)^{\frac{m}{2}}}{2^n n!} \frac{\mathrm{d}^{n+m}}{\mathrm{d}\mu^{n+m}}(\mu^2-1)^n \tag{6.3.34}$$

其中 $n \geqslant |m|$，且

$$P_{-m,n}(\mu) = (-1)^m P_{m,n}(\mu) \tag{6.3.35}$$

(6.3.34)又可写为

$$P_{m,n}(\mu) = (1-\mu)^{\frac{m}{2}} Q_{n-m}^{(1)}(\mu) \tag{6.3.36}$$

它是 μ 的 $n-m$ 阶多项式。缔合勒让得函数性质：

(1) $n-m$ 为偶数时，函数是对赤道对称：$P_{mn}(-\mu) = P_{mn}(\mu)$；$n-m$ 为奇数时，函数是对赤道反对称：$P_{mn}(-\mu) = -P_{mn}(\mu)$。

(2) 此函数在两极点之间有 $(n-m)$ 个零点。

(3) 当 $m \neq 0$ 时，此函数在极点为0。

(4) 正交性

$$\frac{1}{2}\int_1^1 P_{mn}P_{ml}\,\mathrm{d}x = \begin{cases}1, & l = n\\ 0, & l \neq n\end{cases} \tag{6.3.37}$$

缔合勒让得函数函数递推公式为

$$\left.\begin{aligned}
&P_{m,n+1} = \sqrt{\frac{4(n+1)^2-1}{(n+1)^2-m^2}}XP_{mn} - \sqrt{\frac{4(n+1)^2-1}{(n+1)^2-m^2}}\sqrt{\frac{n^2-m^2}{4n^2-1}}P_{m,n-1}\\
&P_{mn} = P_{m-1,n-1}\sqrt{\frac{2m+1}{2m}}\sqrt{1-X^2}\,(\text{用来算 } m = n)\\
&P_{m,n+1} = \sqrt{\frac{4(m+1)^2-1}{(m+1)^2-m^2}}XP_{mn},\ P_{00} = 1
\end{aligned}\right\} \tag{6.3.38}$$

另外它的微分表达式为

$$\left.\begin{aligned} H_{mn} &\equiv -(1-x^2)P'_{mn} \\ &= n\sqrt{\frac{(n+1+m)(n+1-m)}{4(n+1)^2-1}}P_{m,n+1} \\ &\quad -(n+1)\sqrt{\frac{(n+m)(n-m)}{4n^2-1}}P_{m,n-1} \\ H_{mn} &= n\sqrt{\frac{(n+1+m)(n+1-m)}{4(n+1)^2-1}}P_{m,n+1}(m=n) \end{aligned}\right\} \quad (6.3.39)$$

球函数 $Y_{m,n}(\lambda,\mu)$ 性质：

(1) $Y_{m,n}(\lambda,\mu)$ 是球面拉普拉斯方程的特征函数，即

$$\nabla^2 Y_{mn}(\lambda,\mu) = -\frac{n(n+1)}{a^2}Y_{m,n}(\lambda,\mu)$$

(2) $Y_{m,n}(\lambda,\mu)$ 是正交函数族，正交条件为

$$\frac{1}{4\pi}\int_0^{2\pi}\int_{-1}^{1} Y_{mn}(\lambda,\mu)Y^*_{m',n'}(\lambda,\mu)\mathrm{d}\mu\mathrm{d}\lambda = \begin{cases}1, & (m,n)=(m',n') \\ 0, & (m,n)\neq(m',n')\end{cases}$$

表 6.3.1 给出几个典型缔合勒让得函数。

表 6.3.1 几个典型缔合勒让得函数

3	$\frac{\sqrt{7}}{2}(5\mu^3-3\mu)$	$\frac{\sqrt{21}}{4}(5\mu^2-1)\sqrt{1-\mu^2}$	$\frac{\sqrt{105}}{2\sqrt{2}}(\mu-\mu^3)$	$\frac{\sqrt{35}}{4}(1-\mu^2)^{\frac{3}{2}}$
2	$\frac{\sqrt{5}}{2}(3\mu^2-1)$	$\frac{\sqrt{15}}{\sqrt{2}}\mu\sqrt{1-\mu^2}$	$\frac{\sqrt{15}}{2\sqrt{2}}(1-\mu^2)$	
1	$\sqrt{3}\mu$	$\frac{\sqrt{3}}{\sqrt{2}}\sqrt{1-\mu^2}$		
0	1			
n/m	0	1	2	3

2. 球函数展开和截断类型

对于有两次以上连续微商的实函数，可按球函数展开

$$F(\lambda,\mu) = \sum_{m=-\infty}^{\infty}\sum_{n=|m|}^{\infty}F_{mn}(P_{mn}\mathrm{e}^{\mathrm{i}m\lambda}) \quad (6.3.40)$$

由球函数 Y_{mn} 的正交性，有

$$F_{m,n} = \frac{1}{4\pi}\int_{-1}^{1}\int_0^{2\pi}F(\lambda,\mu)P_{mn}(\mu)\mathrm{e}^{-\mathrm{i}m\lambda}\mathrm{d}\lambda\mathrm{d}\mu \quad (6.3.41)$$

在实际应用时，(6.3.40)中求和号的上限取为有限值，即截断

$$F(\lambda,\ \mu) = \sum_{m=-M}^{M}\sum_{n=|m|}^{J} F_{mn}(P_{mn}\mathrm{e}^{\mathrm{i}m\lambda}) \tag{6.3.42}$$

上式中,若 $J = M$,为三角截断;若 $J = M + |m|$ 为菱形截断。图 6.3.1 给出三角截断和菱形截断示意图。

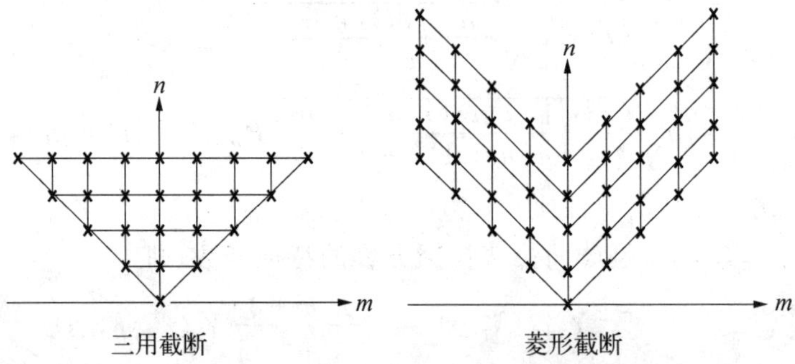

图 6.3.1　对于 $M=4$ 的三角截断和菱形截断的 m、n 值

3. 正压无辐散涡度方程模式

正压无辐散涡度方程为

$$\frac{\partial\zeta}{\partial t} = -\nabla\cdot\eta\vec{V}_{\Psi}$$

上式中 ζ 为涡度, $\eta = \zeta + f$ 为绝对涡度,和 f 为科氏参数。引入流函数 Ψ ,则上式可写为

$$\frac{\partial}{\partial t}\nabla^2\Psi = -\frac{2\Omega}{a^2}\frac{\partial\Psi}{\partial\lambda} + F(\Psi) \tag{6.3.43}$$

其中非线性项

$$F(\Psi) = \frac{1}{a^2}\left(\frac{\partial\Psi}{\partial\mu}\frac{\partial}{\partial\lambda}\nabla^2\Psi - \frac{\partial\Psi}{\partial\lambda}\frac{\partial}{\partial\mu}\nabla^2\Psi\right)$$

而 $\zeta = \nabla^2\Psi$ 相对涡度, $\vec{V}_{\Psi} = \vec{K}\times\nabla\Psi$ 为无辐散风。方程(6.3.43)的真解有三个重要守恒性质——角动量守恒、动能守恒和拟能守恒(涡度平方守恒),即

$$\left.\begin{aligned}&\frac{\mathrm{d}\overline{M}}{\mathrm{d}t} = 0 \quad (M = ua\cos\varphi)\\&\frac{\mathrm{d}\overline{K}}{\mathrm{d}t} = 0 \quad \left(K = \frac{1}{2}\vec{V}_{\Psi}^2\right)\\&\frac{\mathrm{d}\overline{E}}{\mathrm{d}t} = 0 \quad \left(E = \frac{1}{2}\zeta_{\Psi}^2\right)\end{aligned}\right\} \tag{6.3.44}$$

其中

$$\overline{(\ \ )} = \frac{1}{4\pi}\int_0^{2\pi}\int_{-1}^{1}(\ \ )\mathrm{d}\lambda\mathrm{d}\mu$$

将(6.3.42)代入方程(6.3.43)并取三角截断,则有

$$\sum_{m=-N}^{N}\sum_{n=|m|}^{N}\varepsilon_n\frac{\mathrm{d}\Psi_{mn}}{\mathrm{d}t}Y_{mn}=\frac{2\Omega}{a^2}\sum_{m=-N}^{N}\sum_{n=|m|}^{N}\mathrm{i}m\Psi_{mn}Y_{mn}-\sum_{m=-2(n-1)}^{2(N-1)}\sum_{n=|m|}^{2(N-1)}F_{mn}Y_{mn}\tag{6.3.45}$$

其中 $\varepsilon_n = n(n+1)/a^2$，而(6.3.45)式右端第二项的截断级数的阶可证明为 $2(N-1)$。由此式看出，线性项截断级数的阶是相同的，而非线性项的阶比线性项高，为 $2(n-1)$。

对(6.3.45)作最小二乘或 Galerkin 近似并用球面函数的正交性，截断谱形式方程如下

$$\frac{\mathrm{d}\Psi_{mn}}{\mathrm{d}t}=\frac{2\Omega m}{n(n+1)}\mathrm{i}\Psi_{mn}-\frac{a^2}{n(n+1)}F_{mn}\tag{6.3.46}$$

两边同作运算 $\sum\limits_{m=-N}^{N}\sum\limits_{n=|m|}^{N}(\quad)Y_{mn}\varepsilon_n$，则可得到

$$\frac{\mathrm{d}\hat{\zeta}}{\mathrm{d}t}=-\frac{2\Omega}{a^2}\sum_{m=-N}^{N}\sum_{n=|m|}^{N}\mathrm{i}m\Psi_{mn}Y_{mn}+\sum_{m=-N}^{N}\sum_{n=|m|}^{N}F_{mn}Y_{mn}\tag{6.3.47}$$

此方程显然就是用三角截断后对正压无辐散方程的近似。比较(6.3.47)和(6.3.45)看到，线性项是准确的估计，而非线性项量 F_{mn} 是略去了角码 $N< n\leqslant 2(N-1)$ 的项。因此就回避了混淆误差，非线性不稳定也就消除了。

可以证明截断谱方程(6.3.46)或(6.3.47)满足其微分方程的积分约束(6.3.44)，即

$$\left.\begin{aligned}\frac{\mathrm{d}\bar{M}}{\mathrm{d}t}&=\overline{a^2\mu\left(\frac{\partial\zeta}{\partial t}\right)_{\Psi=\hat{\Psi}}}=0\\\frac{\mathrm{d}\bar{K}}{\mathrm{d}t}&=\overline{-\left(\hat{\Psi}\frac{\partial\zeta}{\partial t}\right)_{\Psi=\hat{\Psi}}}=0\\\frac{\mathrm{d}\bar{E}}{\mathrm{d}t}&=\overline{\hat{\Psi}\left(\frac{\partial\zeta}{\partial t}\right)_{\Psi=\hat{\Psi}}}=0\end{aligned}\right\}\tag{6.3.48}$$

注意，这仅是在时间连续情况下成立；当时间离散时，(6.3.48)仅近似成立。

4. 非线性项的计算——转换法

在转换法提出之前，是用影响系数法来计算非线性项。这需要作两个级数相乘运算，带来计算量大、存贮量大，同时还难于考虑大气物理过程。转换法分别由 orszag(1971)和 Eliasen(1971)提出，随后在数值天气预报中广泛应用。其基本思想是，将非线性项的各因变量由谱空间转换到格点空间，作相乘运算，再将其接转换到谱空间去。这样就回避了非线性项中级数相乘的问题，可大量节省时间和空间。

正压涡度方程(6.3.43)的非线性项为

$$F(\Psi)=\frac{1}{a^2}\left(\frac{\partial\Psi}{\partial\mu}\frac{\partial}{\partial\lambda}\nabla^2\Psi-\frac{\partial\Psi}{\partial\lambda}\frac{\partial}{\partial\mu}\nabla^2\Psi\right)$$

$$= \frac{1}{a}\left(\frac{\partial \Psi}{\partial \mu}\frac{\partial \zeta}{\partial \lambda} - \frac{\partial \Psi}{\partial \lambda}\frac{\partial \zeta}{\partial \mu}\right), \quad \zeta = \nabla^2 \Psi \tag{6.3.49}$$

首先,用三角截断,在格点上计算出上式右端括号中各因子,由(6.3.42)有

$$\hat{\Psi} = \sum_{m=-N}^{N}\sum_{n=|m|}^{N}\Psi_{mn}(P_{mn}e^{im\lambda}) \tag{6.3.50}$$

$$\hat{\zeta} = \sum_{m=-N}^{N}\sum_{n=|m|}^{N}\zeta_{mn}(P_{mn}e^{im\lambda}), \quad \zeta_{mn} = -\frac{n(n+1)}{a^2}\Psi_{mn} \tag{6.3.51}$$

又可分两步计算,分别为

$$\Psi_m = \sum_{n=|m|}^{N}\Psi_{mn}(t)P_{mn}(\mu) \quad \text{(称为 Legerdre 逆变换)}$$

和

$$\left.\begin{aligned}\hat{\Psi}(\mu) &= \sum_{m=N}^{N}\Psi_m(\mu)e^{im\lambda}\\ \hat{\zeta}(\mu) &= \sum_{m=N}^{N}\zeta_m(\mu)e^{im\lambda}\end{aligned}\right\} \quad \text{(称为 FFT 逆变换)}$$

由此可求得

$$\left.\begin{aligned}\frac{\partial\hat{\Psi}}{\partial\mu} &= \sum_{m=-N}^{N}\left(\frac{\partial\Psi}{\partial\mu}\right)_m e^{im\lambda}\\ \frac{\partial\hat{\zeta}}{\partial\mu} &= \sum_{m=-N}^{N}\left(\frac{\partial\zeta}{\partial\mu}\right)_m e^{im\lambda}\\ \frac{\partial\hat{\Psi}}{\partial\lambda} &= \sum_{m=-N}^{N} im\Psi_m e^{im\lambda}\\ \frac{\partial\hat{\zeta}}{\partial\lambda} &= \sum_{m=-N}^{N} im\zeta_m e^{im\lambda}\end{aligned}\right\} \tag{6.3.52}$$

其中

$$\left.\begin{aligned}\left(\frac{\partial\Psi}{\partial\mu}\right)_m &= \sum_{n=|m|}^{N}\Psi_{mn}\frac{\partial P_{mn}(\mu)}{\partial\mu}\\ \left(\frac{\partial\zeta}{\partial\mu}\right)_m &= \sum_{n=|m|}^{N}\zeta_{mn}\frac{\partial P_{mn}(\mu)}{\partial\mu}\\ \begin{pmatrix}\Psi\\ \zeta\end{pmatrix}_m &= \sum_{n=|m|}^{N}\begin{pmatrix}\Psi\\ \zeta\end{pmatrix}_{mn} P_{mn}(\mu)\end{aligned}\right\} \tag{6.3.53}$$

而

$$\frac{\partial P_m(\mu)}{\partial\mu} = -\frac{1}{(1-\mu^2)}H_{mn}(\mu) \tag{6.3.54}$$

用以上公式代入(6.3.49)就可求得 $F(\hat{\Psi})$,它是在格点空间进行。我们可看到,以上计算回避了级数相乘的麻烦做法。下面我们来讨论如何求(6.3.46)中的

F_{mn}。

5. 高斯格点高斯纬圈

这就是如何计算公式(6.3.41)问题。它可以分裂为两个积分,即

$$F_{mn} = \frac{1}{2}\int_{-1}^{1} F_m(\mu)P_{mn}(\mu)\mathrm{d}\mu \quad \text{(Legendre 正变换)} \tag{6.3.55}$$

$$F_m = \frac{1}{2\pi}\int_{0}^{2\pi} F(\hat{\Psi})\mathrm{e}^{-\mathrm{i}m\lambda}\mathrm{d}\lambda \quad \text{(FFT 正变换)} \tag{6.3.56}$$

积分(6.3.55)的计算:采用如下高斯积分公式,假定基点有 K 个

$$\int_{-1}^{1} g(\mu)\mathrm{d}\mu \approx \sum_{k=1}^{K} G_k^{(K)} \cdot g(\mu_k) \tag{6.3.57}$$

其中 μ_k 是 legendre 多项式 $P_{0,K}(\mu)$ 的根,这就是定义的高斯纬圈,它是非等距的;G_k 是高斯系数,定义为

$$G_k^{(K)} = \frac{2(1-\mu_k^2)}{(KP_{0,K-1}(\mu_k))^2} \quad (k = 1, \cdots, K) \tag{6.3.58}$$

高斯公式(6.3.57),对于 $g(\mu_k)$ 是多项式,当其阶小于等于 $2K-1$ 是精确的。

按高斯公式(6.3.57),则(6.3.55)积分可写为

$$F_{mn} = \frac{1}{2}\sum_{k=1}^{K_2} G_k^{(K_2)}F_m(\mu_k)P_{mn}(\mu_k) \tag{6.3.59}$$

现在来确定沿经圈上的基点 K_2 应取多大才能使积分(6.3.59)最精确。公式(6.3.56)中的 $F(\hat{\Psi})$,由(6.3.45)的 μ 的最大阶为 $2N-2$ 的多项式,F_m 也是为 $2N-2$ 次的 μ 的多项式,而(6.3.55)中的 P_{mn} 的最大阶数为 N,因此(6.3.55)中 F_{mn} 最高为 $2N-2+N=3N-2$ 次。由公式(6.3.57)中 K 和多项式 g 的阶数关系有

$$2K_2 - 1 \geqslant 3N - 2$$

即为

$$K_2 \geqslant \frac{3N-1}{2} \tag{6.3.60}$$

积分公式(6.3.56)的计算:假定沿纬圈有 K_1 个基点,则(6.3.56)式可写为

$$F_m = \frac{1}{K_1}\sum_{j=1}^{K_1} F(\hat{\Psi}(x_j, \mu_k))\mathrm{e}^{-\mathrm{i}m\lambda j}, \quad 0 \leqslant m \leqslant N \tag{6.3.61}$$

现在来确定 K_1:由公式(6.3.61),$F(\hat{\Psi})$ 是最大波数为 $2N-2$ 的截断福氏级数,而(6.3.61)中 $F(\hat{\Psi})\mathrm{e}^{-\mathrm{i}m}$ 的最大波数为 $2N-2+N=3N-2$,于是 K_1 应满足

$$K_1 \geqslant 3N - 1 \tag{6.3.62}$$

这里用了公式——最高三角精度求积公式(北京大学,1961):设 $f(x)$ 以 2π 为周期的函数,且有 n 个基点,则有

$$\int_0^{2\pi} f(x)\mathrm{d}x \approx \sum_{k=1}^{m} C_k f(x_k)$$

其中 m 为波数,和 $f(x)$ 可用三角级数表示为

$$f(x) = a_0 + \sum_{k=1}^{m}(a_k \cos kx + \phi_k \sin kx)$$

为使此积分精确,必须 $m \leqslant n-1$,即波数必须小于基点数。

当预报方程推广到初始方程时,可能出现三种类型的非线性项,$\vec{K}X\nabla A \cdot \nabla B$, $\nabla A \cdot \nabla B$ 和 AB,这里 A 和 B 是标量。这时非线性项截断级数的最大阶数(公式(6.3.45)的上限)变为 $2N$,这样高斯纬圈数 K_2 和等距经向格点数 K_1 修改为

$$\left.\begin{aligned} &K_1 \geqslant 3N+1 \text{ 和 } K_2 \geqslant \frac{3N+1}{2} \quad (\text{对三角截断}) \\ &K_1 \geqslant 3M+1 \text{ 和 } K_2 \geqslant \frac{2M+3J+1}{2} \quad (\text{对菱形截断}) \end{aligned}\right\} \tag{6.3.63}$$

6.3.3 正压原始方程模式

在正压原始方程模式中,涡度和散度方程代替两个动量方程,且用半隐式求解 Helmholts 方程。由于谱方法是以求球函数作为基函数,它是 Helmholths 方法的特征解,因此求解变成一个十分简单的显式运算,不像差分方程要迭代求解。

正压原始方程为

$$\left.\begin{aligned} &\frac{\partial \eta}{\partial t} = -\nabla \eta \cdot \vec{V} \\ &\frac{\partial D}{\partial t} = \vec{K} \cdot \overrightarrow{\nabla x \eta V} - \nabla^2\left(\frac{\vec{V}^2}{2} + \phi'\right) \\ &\frac{\partial \phi}{\partial t} = -\nabla \cdot \phi' \vec{V} - \bar{\phi} D \end{aligned}\right\} \tag{6.3.64}$$

其中 $\eta = \zeta + f$ 是绝对涡度,D 是散度,$\phi = \bar{\phi} + \phi'$ 是自由面的位势高度,$\bar{\phi}$ 是平均高度,ϕ' 是偏差。(6.3.64)式可改写为

$$\left.\begin{aligned} &\frac{\partial \eta}{\partial t} = -\frac{1}{a}\alpha(\eta U,\ \eta V) \\ &\frac{\partial D}{\partial t} = \frac{1}{a}\alpha(\eta V,\ -\eta U) - \nabla^2(E - \phi') \\ &\frac{\partial \phi'}{\partial t} = -\frac{1}{a}\alpha(\phi' U,\ \phi' V) - \bar{\phi} D \end{aligned}\right\} \tag{6.3.65}$$

其中非线性项

$$\alpha(A,B) = \frac{1}{1-\mu^2}\left[\frac{\partial A}{\partial \lambda} + (1-\mu^2)\frac{\partial B}{\partial \mu}\right]$$

$$E = \frac{U^2 + V^2}{2(1-\mu^2)}$$

和

$$U = u\cos\varphi, \quad V = v\cos\varphi, \quad \mu = \sin\varphi$$

采用三角截断,有

$$\begin{pmatrix}\hat{\eta}\\ \hat{D}\\ \hat{\phi}\end{pmatrix} = \sum_{m=-N}^{N}\sum_{n=|m|}^{N}\begin{pmatrix}\eta\\ D\\ \phi\end{pmatrix}_{m,n} Y_{mn} \tag{6.3.66}$$

以(6.3.66)式以及

$$\alpha = \sum_{m=2N}^{2N}\sum_{n=|n|}^{2N}\alpha_{mn}Y_{mn}$$

代入(6.3.65)式,采用最小二乘法或 Galerkin 近似,并利用球函数正交性,我们就可得到谱形式方程

$$\left.\begin{aligned}\frac{d}{\partial t}\eta_{mn} &= A_{mn}\\ \frac{d}{\partial t}D_{mn} &= B_{mn} + \varepsilon_n\phi_{mn}\\ \frac{d}{\partial t}\phi_{mn} &= C_{mn} - \bar{\phi}D_{mn}\end{aligned}\right\} \tag{6.3.67}$$

其中非线性项

$$\left.\begin{aligned}A_{mn} &= -\left[\frac{1}{a}\alpha(\hat{\eta}\hat{U},\ \hat{\eta}\hat{V})\right]_{mn}\\ B_{mn} &= \left[\frac{1}{a}\alpha(\hat{\eta}\hat{V},\ -\hat{\eta}\hat{U})\right]_{mn} + \varepsilon_n\left(\frac{\hat{U}^2+\hat{V}^2}{\alpha(1-\mu^2)}\right)_{mn}\\ C_{mn} &= -\left[\frac{1}{a}\alpha(\hat{\phi}'\hat{U},\ \hat{\phi}'\hat{V})\right]_{mn}\\ \varepsilon_n &= -\frac{n(n+1)}{a^2}\end{aligned}\right\} \tag{6.3.68}$$

其中 $\hat{U}$ 和 $\hat{V}$ 可如下求出:设流函数 Ψ 和势函数 χ 级数表示为

$$\left.\begin{aligned}\hat{\Psi} &= \sum_{m=-N}^{N}\sum_{n=|n|}^{N}\Psi_{mn}Y_{mn}\\ \hat{\chi} &= \sum_{m=-N}^{N}\sum_{n=|n|}^{N}\chi_{mn}Y_{mn}\end{aligned}\right\} \tag{6.3.69}$$

而

$$\left.\begin{aligned} u &= \frac{1}{a\cos\varphi}\left[\frac{\partial\chi}{\partial\lambda} - \cos\varphi\frac{\partial\Psi}{\partial\varphi}\right] \\ v &= \frac{1}{a\cos\varphi}\left[\frac{\partial\Psi}{\partial\lambda} - \cos\varphi\frac{\partial\chi}{\partial\varphi}\right] \end{aligned}\right\}$$

或写为

$$\left.\begin{aligned} U &= \frac{1}{a}\left[\frac{\partial\chi}{\partial\lambda} - (1-\mu^2)\frac{\partial\Psi}{\partial\mu}\right] \\ V &= \frac{1}{a}\left[\frac{\partial\Psi}{\partial\lambda} - (1-\mu^2)\frac{\partial\chi}{\partial\mu}\right] \end{aligned}\right\} \tag{6.3.70}$$

另外涡度和散度为

$$\zeta = \nabla^2\Psi, \quad D = \nabla^2\chi$$

则

$$\zeta_{mn} = -\frac{n(n+1)}{a^2}\Psi_{mn}, \quad D_{mn} = -\frac{n(n+1)}{a^2}\chi_{mn}$$

将(6.3.69)和 Ψ_{mn} 和 χ_{mn} 代入(6.3.70),则可求出格点上的风速与涡度和散度的谱系数关系

$$\begin{aligned} \hat{U} &= \sum_{m=-N}^{N}\left\{\sum_{n=|m|}^{N}\frac{a}{n(n+1)}\left[-\mathrm{i}mD_{mn}P_{mn} + (1-\mu^2)\zeta_{mn}\frac{\partial P_{mn}}{\partial\mu}\right]\right\}\mathrm{e}^{\mathrm{i}m\lambda} \\ \hat{V} &= \sum_{m=-N}^{N}\left\{\sum_{n=|m|}^{N}\frac{a}{n(n+1)}\left[-\mathrm{i}m\zeta_{mn}P_{mn} - (1-\mu^2)D_{mn}\frac{\partial P_{mn}}{\partial\mu}\right]\right\}\mathrm{e}^{\mathrm{i}m\lambda} \end{aligned} \tag{6.3.71}$$

于是非线性项的计算过程可总结如下:

(1) 利用公式(6.3.66)和(6.3.71)式计算出格点上的 $\hat{U}$, $\hat{V}$, η, D, ϕ' ;

(2) 作相乘运算: $\hat{\eta}\hat{U}$, $\hat{\mu}\hat{V}$, $\hat{U}^2+\hat{V}^2$, $\cdots$;

(3) 将格点空间转换到谱空间: $(\hat{\eta}\hat{U},\cdots)\rightarrow(\hat{\mu}\hat{V},\cdots)_{mn}$;

(4) 计算 $\left[\frac{\partial}{\partial\lambda}(\ )\right]_{mn'}$, $\left[\frac{\partial}{\partial\mu}(\ )\right]_{mn}$。

例如,计算公式(6.3.65)的右端项

$$\alpha(\eta U, \eta V) = \frac{1}{1-\mu^2}\left[\frac{\partial\eta U}{\partial\lambda} + (1-\mu^2)\frac{\partial\eta V}{\partial\mu}\right] \tag{6.3.72}$$

即计算 $\frac{\partial\eta U}{\partial\lambda}$ 和 $\frac{\partial\eta V}{\partial\mu}$。假定由 1 和 2 已计算出 ηU 和 ηV,作格(点到)谱转换

$$(\eta U)_{mn} = \frac{1}{4\pi}\int_0^{2\pi}\int_{-1}^{1}(\hat{\eta}\hat{U})P_{mn}\mathrm{e}^{-\mathrm{i}m\lambda}\,\mathrm{d}\lambda\mathrm{d}\mu \tag{6.3.73}$$

分两步

$$(\hat{\eta}\hat{U})_m = \frac{1}{2\pi}\int_0^{2\pi}(\hat{\eta}\hat{V})\mathrm{e}^{-\mathrm{i}m\lambda}\,\mathrm{d}\lambda \approx \frac{1}{2}\sum_{j=1}^{K_1}\hat{\eta}\hat{V}\mathrm{e}^{-\mathrm{i}m\lambda_j} \quad (\text{FFT 正变换}) \tag{6.3.74}$$

$$(\hat{\eta}\hat{U})_{mn} = \frac{1}{2}\int_{-1}^{1}(\eta U)_m P_m \mathrm{d}\mu$$

$$\approx \frac{1}{2}\sum_{k=1}^{K_2} G_k(\eta U)_m P_m(\mu_k) \quad \text{(Legendre 正变换)} \tag{6.3.75}$$

于是就得到非线性项 ηU 的谱系数 $(\eta U)_{mn}$。然后再作谱(到)格(点)转换

$$(\hat{\eta}\hat{U}) = \sum_{m=-N}^{N}\sum_{n=|m|}^{N}(\eta U)_{mn}(P_{mn}\mathrm{e}^{\mathrm{i}m\lambda}) \tag{6.3.76}$$

这可分为两步

$$(\hat{\eta}\hat{U})_m = \sum_{n=|m|}^{N}(\eta U)_{mn}P_{mn}(\mu) \quad \text{(Legerdre 逆变换)} \tag{6.3.77}$$

$$(\hat{\eta}\hat{U}) = \sum_{m=N}^{N}(\eta U)_m(\mu)\mathrm{e}^{\mathrm{i}m\lambda} \quad \text{(FFT 逆变换)} \tag{6.3.78}$$

对(6.3.78)作 λ 微商

$$\frac{\partial}{\partial\lambda}(\hat{\eta}\hat{U}) = \sum_{m=N}^{N}\mathrm{i}m(\eta U)_m(\mu)\mathrm{e}^{\mathrm{i}m\lambda} \tag{6.3.79}$$

对(6.3.77)和(6.3.78)(V 代 U)作 μ 微商,有

$$\left.\begin{aligned}\frac{\partial}{\partial\mu}(\eta V)_m &= \sum_{n=|m|}^{N}(\hat{\eta}\hat{V})_{mn}\frac{\partial}{\partial\mu}P_{mn}(\mu)\\ \frac{\partial}{\partial\mu}(\hat{\eta}\hat{V}) &= \sum_{m=N}^{N}\frac{\partial}{\partial\mu}(\eta V)_m(\mu)\mathrm{e}^{\mathrm{i}m\lambda}\end{aligned}\right\} \tag{6.3.80}$$

如此就把(6.3.72)式中的 $\alpha(\eta U, \eta V)$ 计算出来了。接着再把 $\alpha(\eta U, \eta V)$ 转为谱。

半隐式求解:现在对(6.3.67)作时间离散化,令

$$\left.\begin{aligned}\delta_t X &= (X^{t+\Delta t} - X^{t-\Delta t})/2\Delta t\\ \overline{X}^t &= \frac{1}{2}(X^{t+\Delta t} - X^{t-\Delta t})\end{aligned}\right\} \tag{6.3.81}$$

则为

$$\left.\begin{aligned}\delta_t\eta_{mn} &= A_{mn}^t\\ \delta_t\eta_{mn} &= B_{mn}^t + \varepsilon_n\bar{\phi}_{mn}^t\\ \delta_t\phi_{mn} &= C_{mn}^t - \bar{\phi}D_{mn}^t\end{aligned}\right\} \tag{6.3.82}$$

涡度方程不包括重立波,所以用显式求解。对(6.3.82)的最后两方程,消去 δ_{mn}^t ,即可得到

$$\bar{\phi}_{mn}^t = \frac{1}{1+\varepsilon_n\Delta t^2\bar{\phi}}[\phi_{mn}^{t-\Delta t} + \Delta t(C_{mn}^t - \bar{\phi}D_{mn}^{t-\Delta t}) - \Delta t^2\bar{\phi}B_{mn}^t] \tag{6.3.83}$$

这是谱形式的 Helmholts 方程,不用迭代求解,与显式求解一样,但时间步长是显式 4—6 倍。求出 $\bar{\phi}_{mn}^t$ 后,代入(6.3.82)后二式,即可求出 $\delta_t D_{mn}$ 和 $\delta_t\phi_{mn}$,

再利用(6.3.81)即可求出 $X^{t+\Delta t}$ 值。

正压原始方程的守恒性：在前面讨论的正压无辐散涡度方程中，动能表示为

$$K = -\frac{1}{2}\Psi\nabla^2\Psi \quad \left(\frac{1}{2}\overline{V}_{\Psi}^2 = \frac{1}{2}V_{\Psi}\cdot V_{\Psi}\right)$$

这是两变数(Ψ 和 $\nabla^2\Psi$)相乘，即为二阶量。非线性项采用无混淆截断，因此在这种正压无辐散涡度方程系统中总能量是守恒的。

在正压(斜压)原始方程中动能表示为

$$\phi\left(\frac{U^2+V^2}{2}\right) \text{ 或 } P_s\left(\frac{U^2+V^2}{2}\right)$$

是三阶变量，非线性项的无混淆截断是对两个变量相乘作成的，因此在这样的截断系统中，总能量是不守恒的，这是当前谱模式存在的问题。

6.3.4 斜压原始方程谱模式

1. 预报方程组

由6.1.2节的 σ 坐标中的方程组可转化成如下的涡度方程、散度方程、热力学方程、水汽方程、地面气压倾向方程和静力方程

$$\frac{\partial\zeta}{\partial t} = \frac{1}{a(1-\mu^2)}\frac{\partial}{\partial\lambda}(F_v+P_v) - \frac{\partial}{a\partial\mu}(F_u+P_u) \tag{6.3.84}$$

$$\frac{\partial D}{\partial t} = \frac{1}{a(1-\mu^2)}\frac{\partial}{\partial\lambda}(F_u+P_u) + \frac{\partial}{a\partial\mu}(F_v+P_v) - \nabla^2\left[\frac{U^2+V^2}{a(1-\mu^2)}+\phi\right] \tag{6.3.85}$$

$$\frac{\partial T}{\partial t} = -\left[\frac{U}{a(1-\mu^2)}\frac{\partial T}{\partial\lambda} + \frac{V}{a}\frac{\partial T}{\partial\mu} + \dot{\sigma}\frac{\partial T}{\partial\sigma}\right] + \chi T\frac{\omega}{P} + P_T \tag{6.3.86}$$

$$\frac{\partial q}{\partial t} = -\left[\frac{U}{a(1-\mu^2)}\frac{\partial q}{\partial\lambda} + \frac{V}{a}\frac{\partial q}{\partial\mu} + \dot{\sigma}\frac{\partial T}{\partial\sigma}\right] + P_q \tag{6.3.87}$$

$$\frac{\partial \ln p_s}{\partial t} = -\int_0^1(\vec{V}\cdot\ln p_s + D)\mathrm{d}\sigma \tag{6.3.88}$$

$$\frac{\partial\phi}{\partial\ln\sigma} = -RT \tag{6.3.89}$$

其中

$$\frac{\omega}{P} = \vec{V}\cdot\nabla\ln p_s - \frac{1}{\sigma}\int_0^{\sigma}(D+\vec{V}\cdot\nabla\ln p_s)\mathrm{d}\sigma \tag{6.3.90}$$

$$\dot{\sigma} = \sigma\int_0^{\sigma}(D+\vec{V}\cdot\nabla\ln p_s)\mathrm{d}\sigma - \int_0^{\sigma}(D+\vec{V}\cdot\nabla\ln p_s)\mathrm{d}\sigma \tag{6.3.91}$$

$$\vec{V}\cdot\nabla\ln p_s = \frac{1}{a(1-\mu^2)}\left[U\frac{\partial\ln p_s}{\partial\lambda} + (1-\mu^2)\frac{\partial\ln p_s}{\partial\mu}\right]$$

$$D = \frac{1}{a(1-\mu^2)}\left[\frac{\partial U}{\partial \lambda} + (1-\mu^2)\frac{\partial V}{\partial \mu}\right]$$

$$F_{\mathrm{u}} = V \cdot (\zeta + f) - \dot{\sigma}\frac{\partial U}{\partial \sigma} - RT\frac{\partial}{a}\frac{\ln p_{\mathrm{s}}}{\partial \lambda}$$

$$F_{\mathrm{v}} = -U \cdot (\zeta + f) - \dot{\sigma}\frac{\partial V}{\partial \sigma} - RT(1-\mu^2)\frac{\partial}{a}\frac{\ln p_{\mathrm{s}}}{\partial \mu}$$

$$\zeta = \frac{1}{a(1-\mu^2)}\left[\frac{\partial V}{\partial \lambda} - (1-\mu^2)\frac{\partial U}{\partial \mu}\right]$$

$$\nabla^2 = \frac{1}{a^2(1-\mu^2)}\frac{\partial^2}{\partial \lambda^2} + \frac{\partial}{a^2\partial \mu}\left[(1-\mu^2)\frac{\partial}{\partial \mu}\right]$$

$$f = 2\Omega\sin\varphi,\quad U = u\cos\varphi,\quad V = v\cos\varphi,\quad \mu = \sin\varphi$$

2. 垂直差分

采用与ECMWF(1987)模式类似的方法,从角动量守恒和总能量守恒出发来构造垂直差分,而水平方向是用谱展开,这是精确的表达式。因此,在以下差分中,水平差分保持微商形式,垂直方向上使用差分。模式大气垂直分层见图6.3.2。

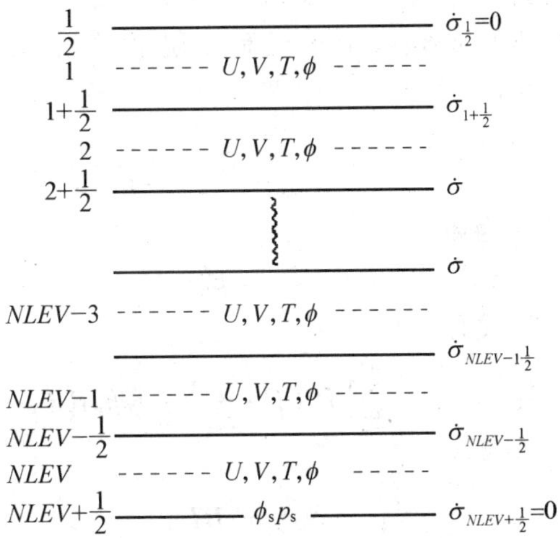

图6.3.2 模式大气垂直分层

地面倾向方程

$$\frac{\partial \ln p_{\mathrm{s}}}{\partial t} = -\sum_{k=1}^{NLEV}(\vec{V} \cdot \nabla \ln p_{\mathrm{s}} + D)_k \Delta\sigma_k \tag{6.3.92}$$

这是将倾向方程(6.3.88)右端的积分,用梯形公式来近似而求得的。上式或写为

$$\frac{\partial p_{\mathrm{s}}}{\partial t} = -\sum_{k=1}^{NLEV} p_{\mathrm{s}}(\vec{V} \cdot \nabla \ln p_{\mathrm{s}} + D)_k \Delta\sigma_k \tag{6.3.93}$$

此外,(6.3.92)式又可写为向量形式

$$\frac{\partial \ln p_s}{\partial t} = -\vec{\gamma} \cdot (\vec{V} \cdot \nabla \ln p_s)_{\downarrow} - \vec{\gamma} \cdot D_{\downarrow}$$

其中 $\vec{X}$ 代表行向量，$X_{\downarrow}$ 代表列向量

$$\vec{\gamma} = (\Delta\sigma_1, \Delta\sigma_2, \cdots, \Delta\sigma_{NLEV}), \quad D_{\downarrow} = (D_1, D_2, \cdots, D_{NLEV})^T$$

垂直平流项：(6.3.84)—(6.3.89)方程中垂直平流项离散为

$$\left(\dot{\sigma}\frac{\partial X}{\partial \sigma}\right)_k = \overline{\dot{\sigma}\delta_\sigma U^\sigma} = \frac{1}{2\Delta\sigma_k}[\dot{\sigma}_{k+1/2}(X_{k+1} - X_k) + \dot{\sigma}_{k-1/2}(X_k - X_{k-1})] \tag{6.3.94}$$

此处，$\dot{\sigma}_{1/2} = \dot{\sigma}_{NLEV+1/2} = 0$，注意在上下边界处的差分。

静力方程

由(6.3.89)，化为差分方程为

$$\left.\begin{aligned} &\phi_{k+1/2} - \phi_{k-1/2} = -RT_k \ln\frac{\sigma_{k+1/2}}{\sigma_{k-1/2}} \quad (k = 2, \cdots, NLEV) \\ &\phi_{1.5} - \phi_1 = -RT_1 \ln\frac{\sigma_{1.5}}{\sigma_1} \end{aligned}\right\} \tag{6.3.95}$$

除去第一层单向差外，其他各层都取中央差，而 ϕ 是取在整(数)层上，ϕ_k $(k = 1, \cdots, NLEN)$，必须找出正层和半层的关系。由第一式有，将 $k = 2, \cdots, NLEV$ 各式相加，有

$$\phi_{k+1/2} = \phi_s + \sum_{j=k+1}^{NLEV} RT_j \ln\frac{\sigma_{j+1/2}}{\sigma_{j-1/2}} \tag{6.3.96}$$

假定整层和半层的关系为

$$\phi_k = \phi_{k+1/2} + \beta_k RT_k \tag{6.3.97}$$

由(6.3.96)和(6.3.97)式有

$$\phi_k = \phi_s + \sum_{j=k+1}^{NLEV} RT_j \ln\frac{\sigma_{j+1/2}}{\sigma_{j-1/2}} + \beta_k RT_k$$

或写为向量形式为

$$\phi_{\downarrow} = \phi_{s\downarrow} + \boldsymbol{B}T_{\downarrow}$$

其中矩阵

$$\boldsymbol{B} = \begin{pmatrix} \beta_1 & \ln\frac{\sigma_{2.5}}{\sigma_{1.5}} & \ln\frac{\sigma_{3.5}}{\sigma_{2.5}} & \cdots & \ln\frac{\sigma_{N+1/2}}{\sigma_{n-1/2}} \\ & \beta_2 & \ln\frac{\sigma_{3.5}}{\sigma_{2.5}} & \cdots & \ln\frac{\sigma_{N+1/2}}{\sigma_{n-1/2}} \\ & & \ddots & & \vdots \\ & O & & \beta_{N-1} & \ln\frac{\sigma_{N+1/2}}{\sigma_{n-1/2}} \\ & & & & \beta_N \end{pmatrix} \tag{6.3.98}$$

β_k 是待定系数，当 $k=1$，由(6.3.95)第二式直接可得

$$\beta_1 = \ln\frac{\sigma_{1.5}}{\sigma_1} \tag{6.3.99}$$

而 σ_1 和 $\beta_k(k>2)$ 尚未确定，这由角动量守恒来确定。

角动量守恒

大气角动量时间变化可推得为

$$\frac{\partial M_u}{\partial t} = -\frac{1}{g}\iint_s\int_0^1 p_s\left(\frac{\partial\phi}{\partial\lambda} + RT\frac{\partial\ln p_s}{\partial\lambda}\right)a^2\cos\varphi\,\mathrm{d}\sigma\mathrm{d}\varphi\mathrm{d}\lambda \tag{6.3.100}$$

而上式(6.3.100)右端的垂直积分可写为

$$\int_0^1 p_s\left(\frac{\partial\phi}{\partial\lambda} + RT\frac{\partial\ln p_s}{\partial\lambda}\right)\mathrm{d}\sigma = \int_0^1 p_s\frac{\partial\phi}{\partial\lambda}\mathrm{d}\sigma - \int_0^1\phi\frac{\partial p_s}{\partial\lambda}\mathrm{d}\sigma - \phi_s\frac{\partial p_s}{\partial\lambda} \tag{6.3.101}$$

由公式(6.3.100)和(6.3.101)看出，大气总角动量的变化是由地表面山脉矩作用造成的。若无地形，则(6.3.101)右端为零，即角动量守恒。同时由(6.3.101)看出，沿一个纬圈的角动量的变化是由气压梯度项引起。(6.3.101)式右端第一项为0，第二项为地形矩，因此角动量的变化正比于 $\int\phi_s(2p_s/2\lambda)\mathrm{d}\lambda$。

这个结果对垂直有限差分格式也应成立，把(6.3.101)化为差分，作一些推导，并利用公式

$$\sum_{k=1}^{N}\sum_{j=k+1}^{N}A_jB_k = \sum_{k=1}^{N}A_k\sum_{j=1}^{k=1}B_j$$

则有下式

$$\sum_{k=1}^{NLEV}\left(RT\frac{\ln p_s}{\partial\lambda}\Delta\sigma\right)_k = \sum_{k=1}^{NLEV}\left(R\beta T\frac{\partial\ln p_s}{\partial\lambda}\Delta\sigma\right)_k + \sum_{k=1}^{NLEV}RT\ln\frac{\sigma_{k+1/2}}{\sigma_{k-1/2}}\frac{\partial\ln p_s}{\partial\lambda}\sum_{j=1}^{k-1}\Delta\sigma_j$$

由上式可推得

$$RT_k\frac{\partial\ln p_s}{\partial\lambda} = RT_k\left(\frac{\sigma_{k-1/2}}{\Delta\sigma_k}\ln\frac{\sigma_{k+1/2}}{\sigma_{k-1/2}} + \beta_k\right)\frac{\partial\ln p_s}{\partial\lambda}\quad(k>1)$$

因此要求

$$\beta_k = 1 - \frac{\sigma_{k-1/2}}{\Delta\sigma_k}\ln\frac{\sigma_{k+1/2}}{\sigma_{k-1/2}}\quad(k\geqslant 1) \tag{6.3.102}$$

当 $k=1$，上式(6.3.102)右端第二项为0，有

$$\beta_1 = 1 = \ln\frac{\sigma_{1.5}}{\sigma_1}\text{ 即有 }\sigma_1 = \sigma_{1.5}/\mathrm{e} \tag{6.3.103}$$

这样，从角动量守恒出发，我们确定了 σ_1 以及 β_k。下面，从总能量守恒出发来确定 $\sigma_k(k>1)$。

总能量守恒

在无外源强迫情况下，大气的总能量，即总动能和总内能(势能+内能)之和是不随时间变化的，即

$$\frac{\partial}{\partial t}\left[\iiint \frac{p_{\mathrm{s}}}{g}\left(\frac{u^2+v^2}{2}+c_pT+\phi_{\mathrm{s}}\right)\right]\mathrm{d}x\mathrm{d}y\mathrm{d}\sigma=0 \tag{6.3.104}$$

其中圆括号内第一项是动能，第二项是内能，第三项 ϕ_{s} 是地表面位能。把运动方程和连续方程代入(6.3.104)中动能项时，有如下表达式

$$\begin{aligned}\frac{\partial}{\partial t}\iiint \frac{p_{\mathrm{s}}}{g}\frac{u^2+v^2}{2}\mathrm{d}x\mathrm{d}y\mathrm{d}\sigma &= -\iiint\frac{p_{\mathrm{s}}}{g}\vec{V}\cdot(\nabla\phi+RT\nabla\ln p_{\mathrm{s}})\mathrm{d}x\mathrm{d}y\mathrm{d}\sigma\\ &= -\iiint\frac{1}{g}[-\phi\nabla(p_{\mathrm{s}}\vec{V})+RT\vec{V}\nabla p_{\mathrm{s}}]\mathrm{d}x\mathrm{d}y\mathrm{d}\sigma\end{aligned} \tag{6.3.105}$$

这表明，在无外源(汇)情况下，大气总动能的变化仅是由气压梯度力引起，即气压梯度力才能制造动能。

将热力学方程和连续方程代入(6.3.104)第二项，有

$$\frac{\partial}{\partial t}\iiint c_pT\frac{p_{\mathrm{s}}}{g}\,\mathrm{d}x\mathrm{d}y\mathrm{d}\sigma=\iiint\frac{p_{\mathrm{s}}}{g}RT\left(\frac{\omega}{P}\right)\mathrm{d}x\mathrm{d}y\mathrm{d}\sigma \tag{6.3.106}$$

将(6.3.105)和(6.3.106)代入(6.3.104)有如下等式

$$\int_0^1\left[\phi\nabla(\vec{V}p_{\mathrm{s}})-RT\vec{V}\cdot\nabla p_{\mathrm{s}}+\phi_{\mathrm{s}}\frac{\partial}{\partial t}p_{\mathrm{s}}+Rp_{\mathrm{s}}T\left(\frac{\omega}{p}\right)\right]\mathrm{d}\sigma=0 \tag{6.3.107}$$

这是在无外源(汇)情况下由总能量守恒导出的等式。在垂直离散情况下要求此式也应满足才对，从而可导出 ω_k 和 σ_k 的定义，做法如下。

将(6.3.107)进行垂直离散化，用梯形公式有

$$\sum_{k=1}^{NLEV}[\phi\nabla(\vec{V}p_{\mathrm{s}})\Delta\sigma-RT\vec{V}\cdot\nabla p_{\mathrm{s}}\Delta\sigma]_k+\phi_{\mathrm{s}}\frac{\partial p_{\mathrm{s}}}{\partial t}+\sum_{k=1}^{NLEV}\left(Rp_{\mathrm{s}}T\frac{\omega}{p}\Delta\sigma\right)_k=0$$

将(6.3.96)和(6.3.97)的 ϕ 的表达式代入

$$\begin{aligned}\sum_{k=1}^{NLEV}\Bigg[&\left(\phi_{\mathrm{s}}+\sum_{j=k+1}^{NLEV}RT_j\ln\frac{\sigma_{j+1/2}}{\sigma_{j-1/2}}+\beta_kRT_k\right)\cdot\nabla(\vec{V}_kp_{\mathrm{s}})\Delta\sigma_k\\ &-RT_k\vec{V}\cdot\nabla p_{\mathrm{s}}\Delta\sigma_k\Bigg]+\phi_{\mathrm{s}}\frac{\partial p_{\mathrm{s}}}{\partial t}+\sum_{k+1}^{NLEV}\left(Rp_{\mathrm{s}}T\frac{\omega}{p}\Delta\sigma\right)_k=0\end{aligned}$$

由连续方程(6.3.93)化为如下式代入上式

$$\phi_{\mathrm{s}}\frac{\partial p_{\mathrm{s}}}{\partial t}=-\sum_{k=1}^{NLEV}\phi_{\mathrm{s}}[\nabla(Vp_{\mathrm{s}})]_k\Delta\sigma_k$$

有

$$\sum_{k=1}^{NLEV}RT_k\ln\frac{\sigma_{k+1/2}}{\sigma_{k-1/2}}\sum_{j=1}^{k-1}\nabla(\vec{V}p_{\mathrm{s}})_j\Delta\sigma_j+\sum_{k=1}^{NLEV}\beta_kRT_k\nabla(\vec{V}_kp_{\mathrm{s}})\Delta\sigma_k$$

$$
-\sum_{k=1}^{NLEV} R T_k \vec{V} \cdot \nabla p_s \Delta\sigma_k + \sum_{k=1}^{NELV} \left(R p_s T \frac{\omega}{p} \Delta\sigma \right)_k = 0
$$

由此可求出 ω/p 的表达式为

$$
\left(\frac{\omega}{p}\right)_k = -\left[\frac{1}{\Delta\sigma_k} \ln \frac{\sigma_{k+1/2}}{\sigma_{k-1/2}} \sum_{j=1}^{k-1} (D + V \cdot \nabla \ln p_s)_j \Delta\sigma_j + \beta_k (D + \vec{V} \cdot \nabla \ln p_s)_k \right] + (\vec{V} \cdot \nabla \ln p_s)_k \tag{6.3.108}
$$

这就是 ω 的离散表达式。另外，由上式可求出 σ_k 的表示式为

$$
\frac{1}{\sigma_k} \doteq \frac{1}{\Delta\sigma_k} \ln \frac{\sigma_{k+1/2}}{\sigma_{k-1/2}}
$$

即

$$
\sigma_k = \Delta\sigma_k / \ln \frac{\sigma_{k+1/2}}{\sigma_{k-1/2}} \quad (k > 1) \tag{6.3.109}
$$

这样，由总能量守恒确定了 ω/p 的表达式和正层上的 $\sigma_k(k>1)$。ω/p 又可写为如下向量形式

$$
\left(\frac{\omega}{p}\right)_{\downarrow} = \boldsymbol{C} \cdot (D + \vec{V} \cdot \nabla \ln p_s)_{\downarrow} + (\vec{V} \cdot \nabla \ln p_s)_{\downarrow} \tag{6.3.110}
$$

其中矩阵 $\boldsymbol{C}$ 为

$$
\boldsymbol{C} = \begin{pmatrix}
\beta_1 & & & \\
\frac{\Delta\sigma_1}{\Delta\sigma_2} \ln \frac{\sigma_{2.5}}{\sigma_{1.5}}, \beta_2 & & O & \\
\frac{\Delta\sigma_1}{\Delta\sigma_3} \ln \frac{\sigma_{3.5}}{\sigma_{2.5}}, \ \frac{\Delta\sigma_2}{\Delta\sigma_3} \ln \frac{\sigma_{3.5}}{\sigma_{2.5}}, \ \beta_3 & & & \\
\vdots & & & \\
\frac{\Delta\sigma_1}{\Delta\sigma_N} \ln \frac{\sigma_{N+1/2}}{\sigma_{N-1/2}}, \ \cdots, \ \frac{\Delta\sigma_{N-1}}{\Delta\sigma_N} \ln \frac{\sigma_{N+1/2}}{\sigma_{n-1/2}}, \beta_N & & &
\end{pmatrix} \tag{6.3.111}
$$

3. 半隐式差分格式的构造

为了构造半隐式格式，要把快波项和慢波项分别取不同的时间差分，快波项取隐式，慢波项取显式。产生快波的项，主要是散度方程中的气压梯度项，热力学方程中的 ω/p 项，以及连续方程中的散度项。这些项，在方程中往往是以非线性形式出现，因此有必要分出线性项部分来。

首先假定温度 T 为两部分组成，即

$$
T = T' + T_0 \text{ 或 } T' = T - T_0 \tag{6.3.112}
$$

其中 T_0 为常数，或 $T_0 = T_0(\sigma)$ 是 σ 的函数，T' 为偏差。下面，对各方程分出线性部分来。

散度方程

将(6.3.94)分别代入前面(6.3.85)中的 F_u 、F_v 和气压梯度项，有

$$F_u = \left[V \cdot (\zeta + f) - \overline{\dot{\sigma}\delta_\sigma U^\sigma} - RT \frac{\partial \ln p_s}{a\alpha\lambda} + RT_0 \frac{\partial \ln p_s}{a\partial\lambda} \right] - RT_0 \frac{\partial \ln p_s}{a\partial\lambda}$$

$$= \left(F_u + RT_0 \frac{\partial \ln p_s}{a\partial\lambda} \right) - RT_0 \frac{\partial \ln p_s}{a\partial\lambda}$$

$$F_v = \left(F_v + RT_0 (1 - \mu^2) \frac{\partial \ln p_s}{a\partial\mu} \right) - RT_0 (1 - \mu^2) \frac{\partial \ln p_s}{a\partial\mu}$$

$$\nabla^2 \phi_\downarrow = [\nabla^2 (\phi_s + R\boldsymbol{B} \cdot T_\downarrow) - R \nabla^2 \boldsymbol{B} \cdot T_\downarrow] + \nabla^2 R\boldsymbol{B} \cdot T_\downarrow$$

$$= (\nabla^2 \phi_\downarrow - R\nabla^2 \boldsymbol{B} \cdot T_\downarrow) + R\nabla^2 \boldsymbol{B} \cdot T_\downarrow$$

因此，散度方程可写为

$$\frac{\partial D_\downarrow}{\partial t} = \frac{1}{2(1-\mu^2)} \frac{\partial F_{u\downarrow}}{\partial x} + \frac{\partial F_{v\downarrow}}{a\partial\mu} - \nabla^2 \left(\frac{U^2 + V^2}{2(1-\nu^2)} + \phi \right)_\downarrow$$
$$+ \nabla^2 R(\boldsymbol{B} \cdot T_\downarrow + T_{0\downarrow} \ln p_s) - \nabla^2 R(\boldsymbol{B} \cdot T_\downarrow + T_{0\downarrow} \ln p_s) \tag{6.3.113}$$

热力学方程

主要从 ω/P 项中分出一线性项，由(6.3.110)

$$\left(\frac{\omega}{p} \right)_\downarrow = \boldsymbol{C} \cdot (\vec{V} \cdot \nabla \ln p_s)_\downarrow + (\vec{V} \cdot \nabla \ln p_s)_\downarrow + \boldsymbol{C} \cdot D_\downarrow$$

$$\left(T \frac{\omega}{p} \right)_\downarrow = [T] \cdot \boldsymbol{C} \cdot (\vec{V} \cdot \nabla \ln p_s)_\downarrow + [T] \cdot (\vec{V} \cdot \nabla \ln p_s)_\downarrow$$
$$+ [T] \cdot \boldsymbol{C} \cdot D_\downarrow$$
$$= \left(\left(T \frac{\omega}{p} \right)_\downarrow - T_0 \boldsymbol{C} \cdot D_\downarrow \right) + T_0 \boldsymbol{C} \cdot D_\downarrow$$

其中[ ]代表对角矩阵。因此，热力学方程可写为

$$\frac{\partial T_\downarrow}{\partial t} = \left[\frac{U}{a(1-\mu^2)} \frac{\partial T}{\partial\lambda} + \frac{V}{a} \frac{\partial T}{\partial\mu} + \overline{\dot{\sigma}\delta_\sigma T^\sigma} + \chi T \frac{\omega}{P} \right]_\downarrow$$
$$+ \chi T_0 \boldsymbol{C} D_\downarrow - \chi T_0 \boldsymbol{C} D_\downarrow \tag{6.3.114}$$

地面气压倾向方程

垂直差分后的地面倾向方程(6.3.92)的向量形式又可写为如下形式

$$\frac{\partial \ln p_s}{\partial t} = [- \vec{\gamma} \cdot (\vec{V} \cdot \nabla \ln p_s + D_\downarrow) + \vec{\gamma} \cdot D_\downarrow] - \vec{\gamma} \cdot D_\downarrow \tag{6.3.115}$$

而涡度方程，描写慢运动的不需要分出线性项来。最后，将垂直差分后的方程总结如下：

$$
\left.\begin{aligned}
&\frac{\partial \zeta_{\downarrow}}{\partial t}=ZT\\
&\frac{\partial D_{\downarrow}}{\partial t}=[DT+R\nabla^{2}(\boldsymbol{B}\cdot T_{\downarrow}+T_{0}\ln p_{s})]-R\nabla^{2}(\boldsymbol{B}\cdot T_{\downarrow}+T_{0}\ln p_{s})\\
&\frac{\partial T_{\downarrow}}{\partial t}=[TT+\chi T_{0}\cdot \boldsymbol{C}D_{\downarrow}]-\chi T_{0}\cdot \boldsymbol{C}D_{\downarrow}\\
&\frac{\partial \ln p_{s}}{\partial t}=[PT+\vec{\gamma}\cdot D_{\downarrow}]-\vec{\gamma}\cdot D_{\downarrow}
\end{aligned}\right\}
\tag{6.3.116}
$$

其中非线性项为

$$
\left.\begin{aligned}
&ZT=\frac{1}{a(1-\mu^{2})}\frac{\partial}{\partial\lambda}F_{v\downarrow}-\frac{\partial}{a\partial\mu}F_{u\downarrow}\\
&PT=-\vec{\gamma}\cdot(\vec{V}\cdot\nabla\ln p_{s}+D)_{\downarrow}\\
&DT=\frac{1}{a(1-\mu^{2})}\frac{\partial F_{u\downarrow}}{\partial\lambda}+\frac{\partial F_{v\downarrow}}{a\partial\mu}-\nabla^{2}\left[\frac{U^{2}+V^{2}}{a(1-\mu^{2})}+\phi\right]_{\downarrow}\\
&TT=-\frac{U}{a(1-\mu^{2})}\frac{\partial T}{\partial\lambda}+\frac{V}{a}\frac{\partial T}{\partial\mu}+\overline{\dot{\sigma}\delta_{\sigma}T^{\sigma}}+\chi T\frac{\omega}{p}\\
&F_{u}=V(\zeta+f)-\overline{\dot{\sigma}\delta_{\sigma}U^{\sigma}}-RT\frac{\partial\ln p_{s}}{a\partial\lambda}\\
&F_{v}=-U(\zeta+f)-\overline{\dot{\sigma}\delta_{\sigma}V^{\sigma}}-RT(1-\mu^{2})\frac{\partial\ln p_{s}}{a\partial\mu}
\end{aligned}\right\}
\tag{6.3.117}
$$

方程组(6.3.116)的时间差分取半隐式格式。首先定义如下算子

$$
\left.\begin{aligned}
&\delta_{t}X=[X(t+\Delta t)-X(t-\Delta t)]/2\Delta t\\
&\Delta_{tt}X=X(t+\Delta t)+X(t-\Delta t)-2X(t)\\
&\overline{X}=\frac{\beta}{2}[X(t+\Delta t)+X(t-\Delta t)]+(1-\beta)X(t)
\end{aligned}\right\}
\tag{6.3.118}
$$

当参数 $\beta=1$ 时,则对应一般半隐式格式;当参数 $\beta=0$ 时,则对应一般显式格式。于是(6.3.116)式写为

$$
\left.\begin{aligned}
&\delta_{t}\zeta_{\downarrow}=ZT\\
&\delta_{t}D_{\downarrow}=DT-\frac{R}{2}\beta\nabla^{2}(\boldsymbol{B}\cdot\Delta_{tt}T+T_{0}\Delta_{tt}\ln p_{s})_{\downarrow}\\
&\delta_{t}T_{\downarrow}=TT-\frac{1}{2}\beta\chi T_{0}\boldsymbol{C}\cdot\Delta_{tt}D_{\downarrow}\\
&\delta_{t}\ln p_{s}=PT-\frac{1}{2}\beta\vec{\gamma}\cdot\Delta_{tt}D_{\downarrow}
\end{aligned}\right\}
\tag{6.3.119}
$$

4. 谱形式方程组

将变量 ζ、D、T、$\ln P_{*}$ 和 ϕ_{*} 用球函数展开,取三角截断,即

$$F(\lambda,\ \mu,\ \sigma,\ t)\ =\ \sum_{m=-M}^{M}\sum_{n=|m|}^{M}F_{mn}(\sigma,t)P_{mn}(\mu)\mathrm{e}^{\mathrm{i}m\lambda} \tag{6.3.120}$$

将上式分别代入(6.3.119)中各方程,采用最小二乘法或 Galerkin 式近似,则可以将方程组(6.3.119)化为如下的谱形式方程组:

$$\left.\begin{aligned}
&\delta_t\zeta_{mn\downarrow}\ =\ ZT_{mn}\\
&\delta D_{mn\downarrow}\ =\ DT_{mn}+\frac{R}{2}\beta\frac{n(n+1)}{a^2}(\boldsymbol{B}\Delta_{tt}T_{mn}+T_0\Delta_{tt}\ln p_{\mathrm{s}})_{\downarrow}\\
&\delta T_{mn\downarrow}\ =\ TT_{mn}-\frac{1}{2}\beta\chi T_0\ \boldsymbol{C}\cdot\Delta_{tt}D_{mn}\\
&\delta\ln p_{\mathrm{s}mn}\ =\ PT_{mn}-\frac{1}{2}\beta\vec{\gamma}\cdot\Delta_{tt}D_{mn}
\end{aligned}\right\} \tag{6.3.121}$$

其中$(ZT,DT,TT,PT)_{mn}$是方程组右端项(6.3.117)的谱系数。

(1) 格谱转换及非线性项的计算

格谱转换

由(6.3.41),其中 F_{mn} 为

$$F_{mn}\ =\ \frac{1}{4\pi}\int_0^{2\pi}\int_{-1}^{1}F(\lambda,\ \mu,\sigma,t)\,Y_{mn}^{*}\,\mathrm{d}\lambda\mathrm{d}\mu \tag{6.3.122}$$

可化为两步进行

$$F_m(\mu,\sigma,t)\ =\ \frac{1}{2\pi}\int_0^{2\pi}F(\lambda,\ \mu,\sigma,t)\mathrm{e}^{-\mathrm{i}m\lambda} \tag{6.3.123}$$

$$F_{mn}(\sigma,t)\ =\ \frac{1}{2}\int_{-1}^{1}F_m(\mu,\ \sigma,\ t)P_{mn}\mathrm{d}\mu \tag{6.3.124}$$

化为计算式子为

$$F_m\ =\ \frac{1}{K_1}\sum_{i=1}^{K_1}F\mathrm{e}^{-\mathrm{i}m\lambda_i}\quad(\text{FFT 正变换}) \tag{6.3.125}$$

$$F_{mn}\ =\ \frac{1}{2}\sum_{j=1}^{K_2}W_jF_m(\mu_j)P_{mn}(\mu_j)\quad(\text{Legendre 正变换}) \tag{6.3.126}$$

其中 K_1 和 K_2 满足如下约束

$$K_1\geqslant 3M+1,\quad K_2\geqslant\frac{3M+1}{2}$$

纬向微商

由(6.3.123)

$$\left(\frac{\partial}{\partial\lambda}F\right)_m\ =\ \frac{1}{2\pi}\int_0^{2\pi}\frac{\partial F}{\partial\lambda}\mathrm{e}^{\mathrm{i}m\lambda}\mathrm{d}\lambda\ =\ \mathrm{i}m\ \frac{1}{2\pi}\int_0^{2\pi}F\mathrm{e}^{-\mathrm{i}m\lambda}\ =\ \mathrm{i}mF_m \tag{6.3.127}$$

$$\left[\frac{1}{a(1-\mu^2)}\frac{\partial F}{\partial\lambda}\right]_{mn}\ =\ \frac{1}{2}\sum_{j=1}^{K_2}\frac{W}{a(1-\mu^2)}\left(\frac{\partial F}{\partial\lambda}\right)_mP_{mn}$$

$$= \frac{\mathrm{i}m}{2}\sum_{j=1}^{K_2}\frac{W_j}{a(1-\mu_j^2)}F_m(j)P_{mn}(j) \tag{6.3.128}$$

沿经向微商项

$$\left(\frac{\partial}{\partial\mu}F\right)_m = \frac{1}{2}\int_{-1}^{1}\frac{1}{a(1-\mu)}(1-\mu^2)\frac{\partial F}{\partial\mu}P_{mn}\mathrm{d}\mu$$

$$= -\frac{1}{2}\int_{-1}^{1}\frac{1}{a(1-\mu^2)}F_m(1-\mu^2)P'_{mn}d\mu = -H_{mn} \tag{6.3.129}$$

$$\left(\frac{\partial F}{\partial\mu}\right)_{mn} = \frac{1}{2}\sum_{j=1}^{K_2}W_j\frac{1}{a(1-\mu^2)}F_mH_{mn} \tag{6.3.130}$$

(2) 谱格转换

$$\left.\begin{aligned} F(\lambda,\mu,t) &= \sum_{m=-M}^{M}F_m(\mu,t)\mathrm{e}^{\mathrm{i}m\lambda} \\ F_m(\mu,t) &= \sum_{n=|m|}^{M}F_{mn}(t)P_{mn}(\mu) \end{aligned}\right\} \tag{6.3.131}$$

$$\frac{\partial F}{\partial\lambda} = \sum_{m=-M}^{M}\mathrm{i}mF_m(\mu,t)\mathrm{e}^{\mathrm{i}m\lambda} \tag{6.3.132}$$

$$\left.\begin{aligned} \left[(1-\mu^2)\frac{\partial F}{\partial\mu}\right]_m &= \sum_{n=|m|}^{M}F_{mn}P'_{mn}(1-\mu^2) \\ (1-\mu^2)\frac{\partial F}{\partial\mu} &= \sum_{m=-m}^{M}\left[(1-\mu^2)\frac{\partial F}{\partial\mu}\right]_m\mathrm{e}^{\mathrm{i}m\lambda} \end{aligned}\right\} \tag{6.3.133}$$

另外还应求出格点上的风分量

$$\left.\begin{aligned} (U,V) &= \sum_{m=-M}^{M}(U_m,V_m)\mathrm{e}^{\mathrm{i}m\lambda} \\ U_m &= -a\sum_{n=|m|}^{M}\left[\frac{\mathrm{i}m}{n(n+1)}D_{mn}P_{mn} - \frac{1}{n(n+1)}\zeta_{mn}H_{mn}\right] \\ V_m &= -a\sum_{n=|m|}^{M}\left[\frac{\mathrm{i}m}{n(n+1)}\zeta_{mn}P_{mn} - \frac{1}{n(n+1)}D_{mn}H_{mn}\right] \end{aligned}\right\} \tag{6.3.134}$$

上面公式是源于

$$U = \frac{1}{a}\frac{\partial x}{\partial\lambda} - \frac{(1-\mu^2)}{a}\frac{\partial\Psi}{\partial\mu},\quad V = \frac{1}{a}\frac{\partial\Psi}{\partial\lambda} - \frac{(1-\mu^2)}{a}\frac{\partial x}{\partial\mu}$$

$$\zeta = \nabla^2\Psi,\quad D = \nabla^2 x$$

利用以上公式就可直接计算非线性项,例如计算 TT_{mn} 中的如下一项

$$\frac{U}{a(1-\mu^2)}\frac{\partial T}{\partial\lambda}$$

第一步：计算 U 和 $\partial T / \partial\lambda$：利用 $(\zeta, D)_{mn}$，用公式(6.3.134)就可求出格点上的分量；同时利用(6.3.120)和(6.3.121)则可计算出格点上的 $\partial T / \partial\lambda$；

第二步：在格点上作相乘 $\left[\dfrac{U}{a(1-\mu^2)}\dfrac{\partial T}{\partial\lambda}\right]$；

第三步：求 $\left[\dfrac{U}{a(1-\mu^2)}\dfrac{\partial T}{\partial\lambda}\right]_{mn}$，利用公式(6.3.125)和(6.3.126)。

5. 预报方程求解

求解(6.3.121)，其中涡度方程采用显式格式，其他三个方程采用半隐式，需联立求解，可得

$$\boldsymbol{A}_n\Delta_{tt}D_{\downarrow} = D_1 + \nabla t\left[DT_{mn\downarrow} + \frac{n(n+1)}{a^2}\beta R(\Delta t\boldsymbol{B}TT_{mn} + \boldsymbol{B}T_1 + T_0\Delta tPT_{mn} + T_0\ln P_{*1})\right] \tag{6.3.135}$$

其中

$$T_1 = T_{mn}^{t-\Delta t} - T_{mn}^t,\quad \ln P_{*mn} = \ln P_{*mn}^{t-\Delta t} - \ln P_{mn}^t$$
$$D_1 = D_{mn}^{t-\Delta t} - D_{mn}^t$$

而矩阵

$$\boldsymbol{A}_n = \left[I + \frac{n(n+1)}{a^2}\beta^2\Delta tR(T_0\cdot\vec{\gamma} + \boldsymbol{B}\cdot\boldsymbol{G})\right]$$
$$\boldsymbol{G} = \chi T_0\boldsymbol{C}$$

另外，由于

$$\delta_t X = \frac{X^{t+\Delta t} - X^{t-\Delta t}}{2\Delta t} = \frac{\Delta_{tt}X - X_1}{\Delta t},\qquad X_1 = X^{t-\Delta t} - X^t$$

有

$$\delta_t D_{mn} = \frac{\Delta_{tt}D_{mn} - D_1}{\Delta t} \tag{6.3.136}$$

对(6.3.135)两边乘以 $\boldsymbol{A}_n$ 的逆矩阵 $\boldsymbol{A}_n^{-1}$，则可求出 $\Delta_{tt}D_{\downarrow}$，代入(6.3.136)，则可求出 $\delta_t D_{mn}$，同时将 $\Delta_{tt}D_{mn\downarrow}$ 代入(6.3.121)，即可求出其他变量的时间倾向来，因而可计算出变量的下一时刻的预报值。

6.3.5 参考大气谱模式

地形在不同时间和空间尺度上对大气运动产生重要影响，不仅产生强烈的阻碍，还起到热源(或汇)的作用。因此，在制作天气预报和气候模拟的数值模式中，处理好地形是十分重要的。

在预报模式中，由于要引入地形，人们往往采用地形追随坐标，如 σ 坐标。在此坐标中，下边界条件变得十方简单，然而在地形上空坐标面变得十分陡峭，

这就引起一系列的计算问题,例如在动量方程中的气压梯度项的数值计算。在地形追随坐标中,它分裂为大量小差的两项,导致计算不精确,出现较大的计算误差。热力学方程中的温度平流项也有类似问题。曾庆存(1963)及 Phillips N A (1973)指出了上述问题,并提出可以用引入参考大气而扣除标准层结的方法来加以克服。

其次,对于大气谱模式还有特殊问题出现。地形高度经截谱以后,在陡峭地形和平原或海洋之间的过渡区域,产生 Gibbs 波和海上的负地形高度。同时,截谱地形的最大高度和原始地形的最大高度所在地理位置发生位移。在低分解谱模式中,这种截谱引起的波动有较大的振幅;在高分解模式中,它虽然较小,但在预报的降水分布和大小上产生明显的误差。另外,在低分解气候模式中,在下沉区产生虚假高气压,抑制降水发生,引起降水区域的不实际的分裂。

为了解决这些问题,Chen Jiabin 等(1986)首次在谱模式控制方程中引入了参考大气,提出了参考大气谱模式计算格式(或称静力扣除法)。在此计算格式中,热力学变量不是温度本身,而是温度与参考大气温度的偏差;地形位势高度偏差代替了地形位势高度本身。这种偏差变量较为光滑,且具有较小的截谱误差。实际例子计算表明,这种参考大气谱模式计算格式能有效地克服上面提到的问题,明显的改进预报质量。这种新的计算格式在欧洲中期天气预报中心(ECMWF)进一步发展,并在该中心的十天中期业务预报中应用(Chen Jiabin et al, 1989; Simmons A J et al,1991),改进了十天的中期预报和长期气候模拟。这种参考大气谱模式计算格式进一步发展,参考大气不但取作气压函数,还取作纬度函数(Zhang Daoming et al,1990),使截谱误差进一步减少。这种格式在澳大利亚气象局研究中心(Sheng Hua,1992)和美国国家气象中心(Sheng Hua,1991)作实例对比试验,明显地改进了预报。

所谓参考大气,它是大气状态的多年气候平均,实际大气是被看作这种平均状态的扰动。实际大气与参考大气越是接近,它们之间的偏差就越小。利用这一点,我们可以在谱模式中有效地减少截谱误差,提高预报质量。

1. 基本思想

在谱模式中引入参考大气是根据如下的想法。考虑一个函数 $f(x)$ 并展成付氏级数

$$f(x) = \frac{1}{2}a_0 + \sum_{k=1}^{\infty}(a_k \cos kx + b_k \sin kx) \tag{6.3.137}$$

其前 n 项之和看作函数 $f(x)$ 的一个近似

$$f_n(x) = \frac{1}{2}a_0 + \sum_{k=1}^{n}(a_k \cos kx + b_k \sin kx) \tag{6.3.138}$$

这时截断误差为

$$|f(x)-f_n(x)|\leqslant\frac{\ln\left(n+\frac{1}{2}\right)}{n+\frac{1}{2}}\max|f'(x)| \tag{6.3.139}$$

从这个不等式可看出,有两种方法可减少截断误差。一是增加截断波数 n;二是减小函数 $f(x)$的最大微商 f'_x,或函数 $f(x)$的斜率。实际上,引入一个附加函数 $\overline{f(x)}$,使它的一阶微商或斜率与函数 $f(x)$的相近,因此,其差

$$f'(x)=f(x)-\overline{f(x)} \tag{6.3.140}$$

就具有较小的一阶微商或斜率,因而有较小的截断误差。

实际工作中,选取一个合适的、仅是气压函数的参考大气作为这样的附加函数。大气的一年四季变化,基本上是在其平均状态附近进行,因此以此平均状态作为参考大气是最好的,下面将定义这样的参考大气。

2. 参考大气

假定参考大气满足条件

$$\begin{gathered}\frac{\partial\bar{\phi}}{\partial\ln P}=-R\bar{T}\\ \left(\frac{g}{c_p}+\frac{\mathrm{d}\bar{T}}{\mathrm{d}z}\right)\frac{R\bar{T}}{g}=C_0^2\equiv\text{常数}\end{gathered} \tag{6.3.141}$$

其中大气层结参数 C_0^2 取为常数,$\bar{\phi}$ 和 $\bar{T}$ 分别是参考大气的势高度和温度,其他符号为常见符号。由(6.3.141)可推得

$$\left.\begin{aligned}\bar{T}(p)&=\frac{c_pC_0^2}{R^2}+\frac{\bar{T}_0-c_pC_0^2/R^2}{p_0^{R/c_p}}p_0^{R/c_p}\\ \bar{\phi}(p)&=c_p\left(T_0-\frac{c_pC_0^2}{R^2}\right)\left[1-\left(\frac{p}{p_0}\right)^{R/c_p}\right]-\frac{c_pC_0^2}{R}\ln\left(\frac{p}{p_0}\right)\end{aligned}\right\} \tag{6.3.142}$$

通常取 $\bar{T}_0=288\mathrm{K}$,$p_0=1\,013\,\mathrm{hPa}$,$\mathrm{d}\bar{T}/\mathrm{d}z=0.006\,5\mathrm{K/m}$,$C_0^2=87.7\,\mathrm{m/s}$。在(6.3.142)中,当 $\bar{\phi}(\bar{p}_s)=\phi_s$($\phi_s$ 为地面位势高度),可求得参考大气的地表气压的对数为

$$\overline{\ln p_s}=\ln p_0+\frac{c_p}{R}\ln\left[1-\frac{1}{X}(\phi_s-Y\ln p_0+Y\,\overline{\ln p_s})\right] \tag{6.3.143}$$

其中

$$X=\frac{c_p}{R}(\bar{T}_0R-Y),\quad Y=c_pC_0^2/R$$

地表气温分布为

$$\bar{T}_s\equiv\bar{T}(\overline{\ln p_s})=X_0+Y_0\exp\left(\frac{R}{c_p}\overline{\ln p_s}\right) \tag{6.3.144}$$

其中

$$Y_0=(\bar{T}_0-X_0)/(p_0)^{R/c_p},\quad X_0=c_pC_0^2/R^2$$

这样我们就求得参考大气的分布表达式分别为(6.3.142),(6.3.143)和(6.3.144)。很容易证明,对这样的参考大气,在σ坐标中气压梯度力有如下等式成立

$$\frac{\partial \bar{\phi}}{\partial x(y)} + R\bar{T}\frac{\partial \ln p_s}{\partial x(y)} = 0$$

上面定义的参考大气温度,仅随气压而变化,在200 hPa层以下基本上与国际标准大气分布大致相同;在200 hPa层以上温度$\bar{T}$随着气压的减少而减少并趋于常数。这显然同大气的多年气候平均相差较大。为此,在200 hPa层以上的参考大气温度取为一个常数(216 K),这样可减少高层的计算误差。

参考大气还可定义为气压和纬度的函数(Zhang Daoming et al,1990),使计算更为精确,但带来较为复杂的计算。

3. 基本方程

假定大气为参考大气和其偏差部分组成,即

$$\left.\begin{aligned} T &= \bar{T}(p) + T' \\ \phi &= \bar{\phi}(p) + \phi' \end{aligned}\right\} \tag{6.3.145}$$

其中$\bar{T}(p)$和$\bar{\phi}(p)$是由上一节定义的参考大气,它们仅是气压的函数,并满足静力关系。

将(6.3.145)代入上节的基本方程组(3.4.84)—(3.4.89)中,我们就可以求得参考大气谱模式预报方程组

$$\left.\begin{aligned}
\frac{\partial \zeta}{\partial t} &= \frac{1}{a(1-\mu^2)}\frac{\partial F_v}{\partial \lambda} - \frac{1}{a}\frac{\partial F_u}{\partial \mu} \\
\frac{\partial D}{\partial t} &= \frac{1}{a(1-\mu^2)}\frac{\partial F_u}{\partial \lambda} + \frac{1}{a}\frac{\partial F_v}{\partial \mu} - \nabla^2\left(\frac{U^2+V^2}{2(1-\mu^2)} + \phi'\right) \\
\frac{\partial T'}{\partial t} &= -\frac{U}{a(1-\mu^2)}\frac{\partial T'}{\partial \lambda} - \frac{V}{a}\frac{\partial T'}{\partial \mu} - \dot{\sigma}\frac{\partial T'}{\partial \sigma} + \left(\frac{R_d}{C_{pd}}T' + \frac{{C_0}^2}{R_d}\right)\frac{\omega}{p} \\
\frac{\partial q}{\partial t} &= -\frac{U}{a(1-\mu^2)}\frac{\partial q}{\partial \lambda} - \frac{V}{a}\frac{\partial q}{\partial \mu} - \left(\dot{\sigma}\frac{\partial q}{\partial \sigma}\right)_q \\
\frac{\partial \ln p_s}{\partial t} &= -V\cdot\nabla\ln p_s - \frac{\partial \dot{\sigma}}{\partial \sigma} - D \\
\frac{\partial \phi'}{\partial \ln \sigma} &= -R_d T' \\
\frac{\omega}{p} &= \vec{V}\cdot\nabla\ln p_s - \frac{1}{\sigma}\int_0^\sigma (D + \vec{V}\cdot\nabla\ln p_s)\mathrm{d}\sigma \\
F_u &= (f+\zeta)V - \dot{\sigma}\frac{\partial U}{\partial \sigma} - R_d T'\frac{\partial \ln p_s}{a\partial \lambda} \\
F_v &= -(f+\zeta)U - \dot{\sigma}\frac{\partial V}{\partial \sigma} - (1-\mu^2)R_d T'\frac{\partial \ln p}{a\partial \mu}
\end{aligned}\right\} \tag{6.3.146}$$

与一般谱模式方程组的差别在于 T' 代替了 T；在热力学方程中 ω/p 前的系数有差别；散度方程中 ϕ' 代替了 ϕ。这种偏差变量（T' 和 ϕ'）在地形上空的 σ 面上比原来的变量变化较小，因此在谱展式中收敛较快。

同前面的一般谱模式一样，可将方程组(6.3.146)化为谱形式方程组，这里略去。

4. 地表面高度偏差 ϕ'_s 的计算

与上节一样，当把(6.3.146)式中静力方程，化为向量形式的差分方程时出现有 ϕ'_s ——地表面高度偏差，即

$$\phi'_{\downarrow} = \phi'_{s\downarrow} + \boldsymbol{RB} \cdot T'_{\downarrow} \tag{6.3.147}$$

ϕ'_s 是定义为

$$\phi(\ln p_s) \equiv \phi_s = \bar{\phi}(\ln p_s) + \phi'(\ln p_s) \tag{6.3.148}$$

其中 $\phi'(\ln p_s)$ 即 ϕ'_s。

将 $\bar{\phi}(\ln p_s)$（地表面处参考大气的位势高度）在 $\ln p = \overline{\ln p_s}$ 处展开，即

$$\bar{\phi}(\ln p_s) = \bar{\phi}(\overline{\ln p_s}) + (\ln p_s - \overline{\ln p_s}) \cdot \left.\frac{\partial \bar{\phi}}{\partial \ln p}\right|_{\ln p = \overline{\ln p_s}}$$

将(6.3.148)代入，并用 $\bar{\phi}(\overline{\ln p_s}) = \phi_s$ 则有

$$\phi'(\ln p_s) = -\left.\frac{\partial \bar{\phi}}{\partial \ln p}\right|_{\ln p = \overline{\ln p_s}} (\ln p_s - \overline{\ln p_s}) = R\bar{T}(\overline{\ln p_s})(\ln p_s - \overline{\ln p_s})$$

即

$$\phi'(\ln p_s) = R\bar{T}_s(\ln p_s - \overline{\ln p_s}) \tag{6.3.149}$$

或直接使用(3.5.12)式，即

$$\phi'(\ln p_s) = \phi_s - \bar{\phi}(\ln p_s) \tag{6.3.150}$$

这更为精确。

5. 主要计算结果

(1) 理想试验

模式地形比较：Chen Jiabin 等(1986)比较了参考大气谱方案 RPL 和控制方案 EE 的模式地形。地形高度按照上面公式(6.3.148)可写为

$$\phi_s = \bar{\phi}_s + \phi'_s$$

在控制方案 RPL 中，是对 ϕ_s 进行截谱，在方案 EE 中，仅对 ϕ' 截谱。相对 $\bar{\phi}_s$ 来说，ϕ' 是一个较小量且光滑，截谱误差显然比 $\bar{\phi}_s$ 的小。图 6.3.3 是沿 90°E 的实际地形和模式地形的剖面。可看到在 EE 模式地形中，Gibbs 波明显出现在喜马拉雅山的南坡，海上负地形高度可达 −340 m，并且模式地形最大高度与实际地形的最大高度不相重合。在 RPL 模式地形中 Gibbs 波基本上得到清除，负地形仅为 −69 m，模式地形最大高度所在位置和实际的最大高度的位置是重合的。

Rossby-Haurwitz(R−H)波的数值积分：在深水、弱不可压和弱垂直可变条件下，Chen Jiabin 等(1986)分别用 RPL 方案和 EE 控制方案计算了弱斜压波，图 6.3.4 是积分 0 天、360 天和 510 天波的流函数 R−H 波的分布图。这两

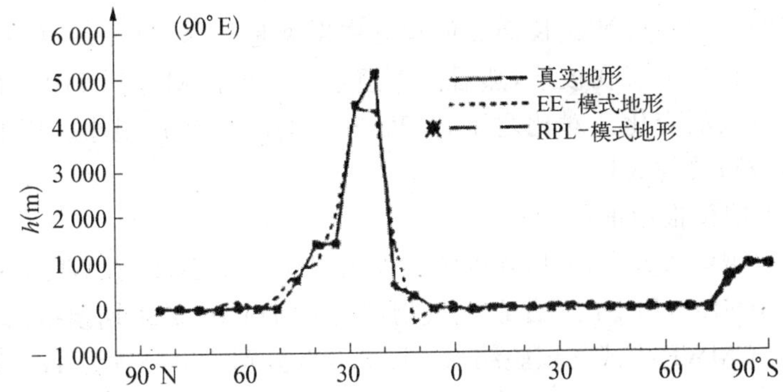

图 6.3.3 模式地形比较

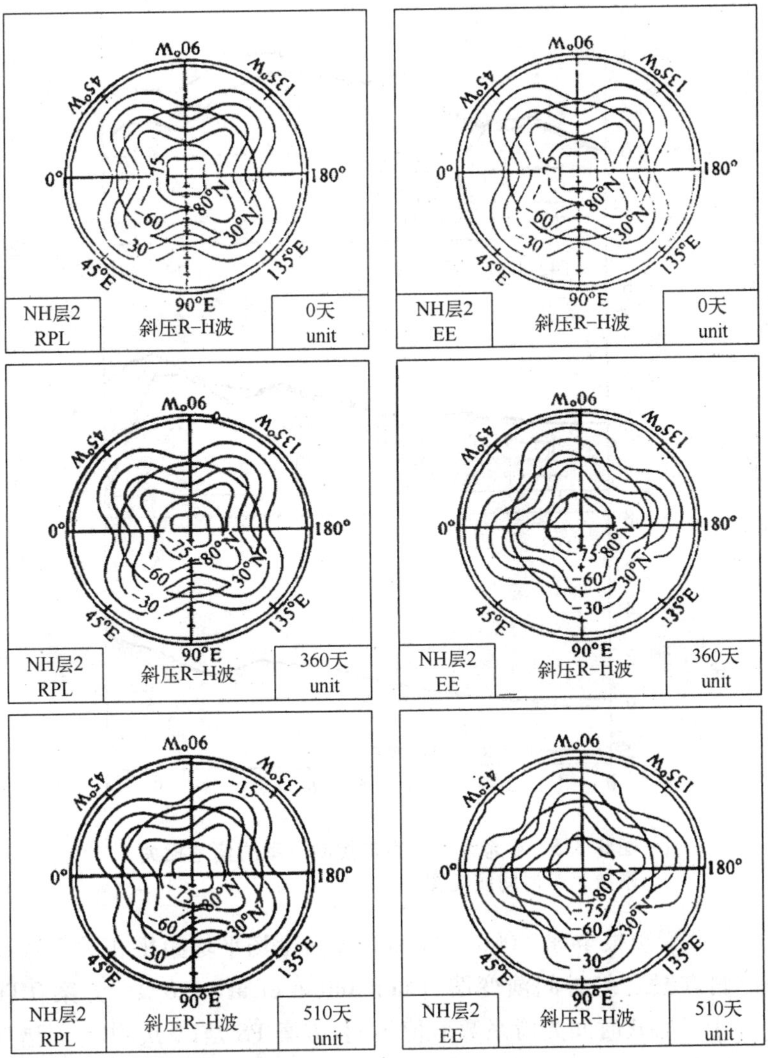

图 6.3.4 参考大气谱方案 RPL 和控制方案 EE 的 R－H 波流函数值积分结果

种计算方案中的 R－H 波在长期数值积分中发展是十分明显的。在控制方案中波形发生变化首先出现在极地，然后向赤道地区扩展。积分到 510 天时，整个波形都发生了巨大的变化。对比之下，RPL 方案的波形变化很小。因此，RPL 方案能较好的描写波的发展。

(2) 在中期预报中的应用

参考大气谱模式方案，先后在欧洲中期天气预报中心(ECMWF)、澳大利亚气象研究中心(BMRC)和中国科学院大气物理研究所(IAP)的中期预报试验中应用，这里仅给出 ECMWF 模式的试验结果。图 6.3.5 分别给出分解为 T21、T42 和 T63

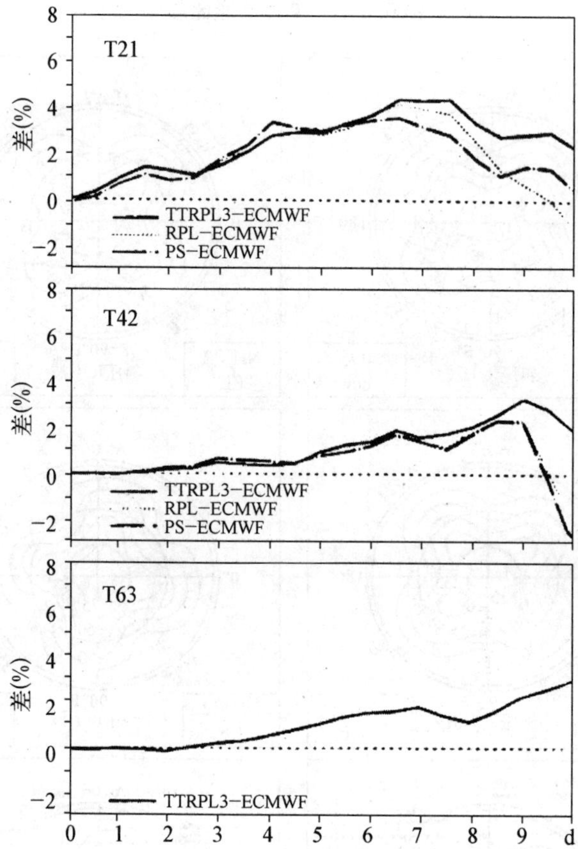

图 6.3.5　参考大气方案与控制方案的偏差相关系数之差时间演变图

的 12 个例子 10 天预报全球 1 000—2 000 hPa 高度场平均距平相关系数参考大气谱方案与控制方案之差时间演变图(Chen Jiabin et al, 1989)。方案 TTRPL3 和 RPL 不同在于半隐式时间光滑系数取值不同，方案 PS 是以 p_s 作为展谱变量。由图 6.3.5 十分清楚看出，除第 2 天预报外，参考大气谱方案的相关系数都大于控制方案的相关系数，并且随着预报时间延长，这种差别就越大。比较南北半球的偏差相系数，参考大气的引入对南半球预报的改进大一些(未给出图)。图 6.3.6 给出参考大气谱方案 TR(图中为实线)和控制方案(图中为虚线)ECMWF T106 和 T42 500 hPa 高度场的 12 个例子平均偏差相关系数(Simmons A J，1991)。T42 500 hPa高度偏差相系数给出在此图上部分，其中北半球的左边，南半球在右边。对于北半球参考大气谱方案 TR(图中为实线)在 1—3 天内几乎看不出多少改进，而更明显的改进出现在 5 天以后。相反，在南半球 TR 格式比控制方案给出较

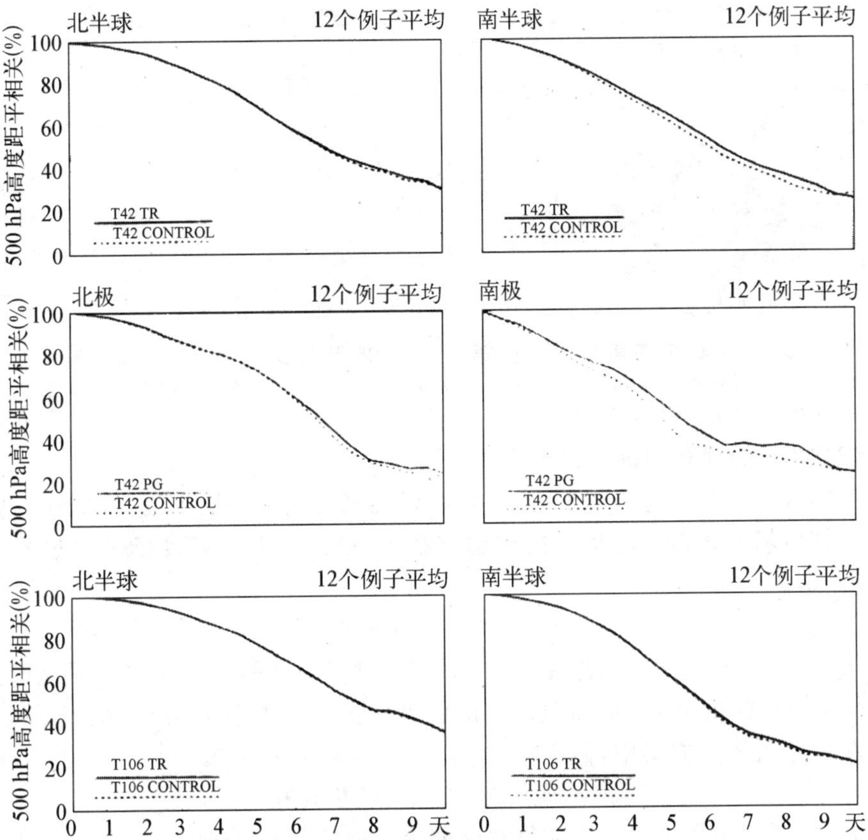

图 6.3.6 ECMWF 的 T106 500 hPa 高度场 12 个例子平均偏差相关系数
实线为参考大气谱方案 TR，虚线为控制方案

大改进，并且出现在整个 10 天的预报时期内。图中间部分表示北极地区(60°N 以北)和南极地区(60°S 以南)的高度偏差相关系数。可看到在 10 天的预报时段内小的改进出现在北极地区，而在南极地区无论是短期和中期都出现较大的改进，可预报性提高了约半天。T106 的结果表示在图的下部分，小的改进出现在南半球。图 6.3.7 给出两个例子(1988.03.15 和 1988.08.15)的垂直运动，可看出在南美安第斯山附近，在控制方案(ECMWF)中出现类似两倍格波计算误差，而参考大气方案

(TR)却消除了这个计算误差。

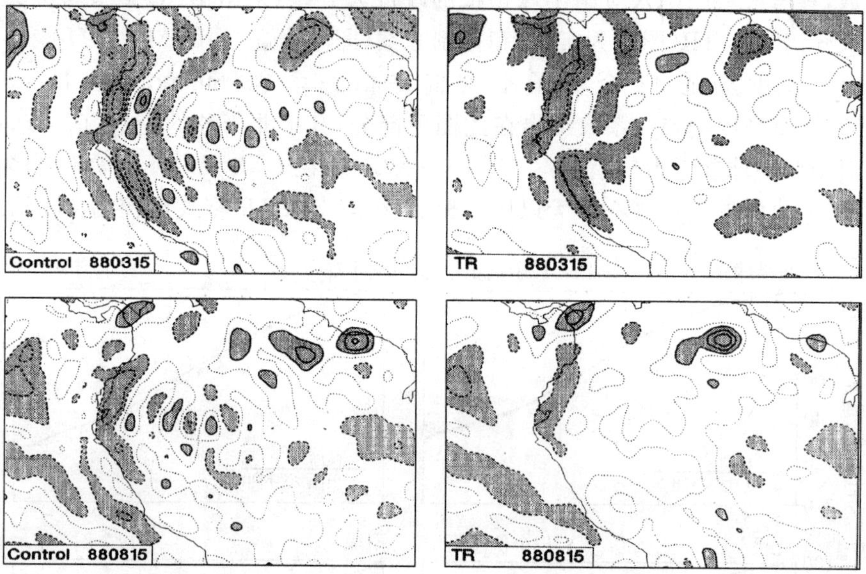

图 6.3.7 在热带南美地区上空第三天 T106 预报的垂直运动 廓线间隔是 0.1 hPa/s,大于此值为阴影;实线是上升运动,虚线是下沉,点线是零线;图左边为控制方案 Control,右边是参考大气谱方案 TR

(3) 在后处理和四维同化中应用

对模式预报变量进行后处理,产生在标准气压面上的输出场,以此作为资料同化的初值场和预报诊断场。在控制方案中,模式层上的高度场是通过静力方程求得,即

$$\phi_{\downarrow} = \phi_{s\downarrow} + \boldsymbol{B} \cdot T_{\downarrow}$$

其中 $\boldsymbol{B}$ 是常数矩阵,$T_{\downarrow}$ 是各模式层上的温度变量组成的列向量,$\phi_{s\downarrow}$ 是地形位势高度与单位列向量相乘。标准气压层的位势高度是通过内插,由 $\phi_{\downarrow}$ 插值求得的。

在参考大气谱方案中,假定

$$\phi = \bar{\phi} + \phi', \qquad T = \bar{T} + T'$$

其中 ϕ' 和 T' 是预报变量。需插值到标准等压面的仅是 ϕ' 变量,参考大气高度场 $\bar{\phi}$ 是分析表达式,不需插值,这就省去 $\bar{\phi}$ 的插值误差。因此在后处理和四维同化中采用参考大气谱方案,可有效地减少计算误差,提高计算精度。

为检查后处理高度场的精确度,使用了仅是气压函数的分析温度廓线(用 ICAO 廓线),假定大气是干的并处于静止状态,其标准层上的高度场可精确求出。利用这个分析温度廓线和模式地形,计算出模式格点上的场面气压和模式坐标面上的温度,然后对得到的场面气压和温度场进行谱截断(19 层 T106 分解)。接着进行后处理,将模式坐标面上的温度场通过静力关系转变为位势高度场,并插值到标准等压面上。把这样求到的标准面上位势高度同对应的分析计算高度场作一比较,就可发现后处理的精度。图6.3.8给出参考大气方案(PG)和控制方案后处理高度场在标准层上的全球平均误差。由图可见参考大气方案后处理误差比控制方案小得多。在无谱截断情况下,这种误差应为零。

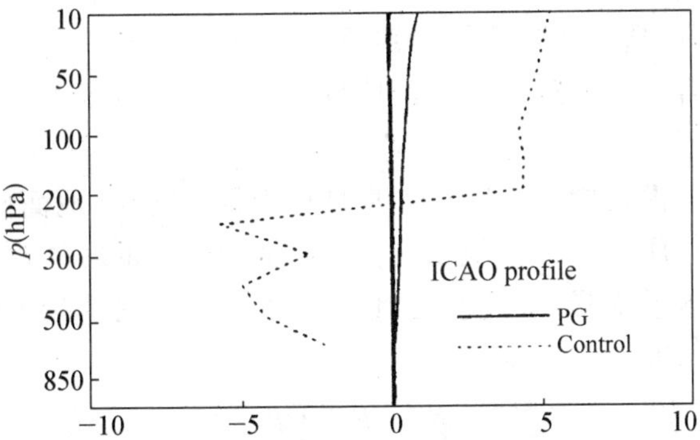

图6.3.8 用参考大气方案(实线)和控制方案(虚线)进行的后处理得到的标准气压面上高度场全球平均误差

参考大气谱方案同样也在四维同化中做试验,在这里给出的试验结果中,预报模式和初估值后处理都使用了参考大气谱模式方案PG。图6.3.9给出观测和分析中使用的(6 h预报)初估值之间的平均差值,可看到在同化中使用参考大气方案对观测资料的拟合有较大的作用,即偏差减少,分析质量提高。

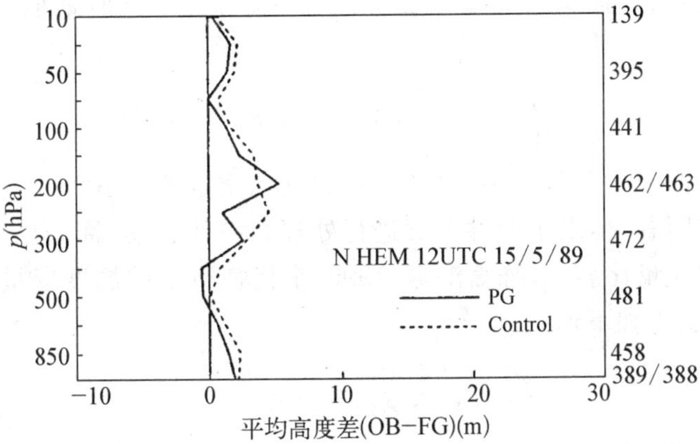

图6.3.9 雷达探空高度观测和资料分析中使用的初始值高度场(6 h预报)之间的平均差值

6.3.6 谱模式的质量守恒

当今世界各国使用的大气谱模式,一个共同存在的问题是,模式大气总质量不守恒。这对于中短期数值天气预报来说，可能不是一个问题。但是对于气候应用的长期数值模拟，可能会引起严重问题。Machenhauer(1995)报告说，大气模式质量不守恒引起严重的气候漂移。在 17 个模式月的数值积分中，全球平均地面气压单调的增加约 34 hPa。用 ECMWF 的半隐式半拉格朗业务谱模式数值积分三个模式月，造成大气质量的系统误差约 4.5 hPa。这种误差仅是对全球平均地面气压而言，它的三维结构、地域特征和对其他场如温度场和高度场的影响都不清楚。

在一般的差分模式中地面气压本身是作为预报变量，地面倾向方程离散后，一般可保持大气总质量守恒。但是在大气谱模式中，如果象差分模式那样以地面气压作为一个展谱变量，那就会使气压梯度项变为三变量（T，$1/p_s$，p_s）之乘积，形成三阶项，即

$$\frac{\partial \phi}{\partial x} + \frac{RT}{p_s}\frac{\partial p_s}{\partial x}$$

现在世界上的一切谱模式都是针对非线性项为二阶项设计的，现在气压梯度项为三阶项，势必在进行气压梯度项计算时引起混淆误差(aliasing)。为了克服这些缺点，传统的谱方法是将地面气压 p_s 取对数 $\ln p_s$ 作为一个展谱变量，气压梯度项就变为

$$\frac{\partial \phi}{\partial x} + RT\frac{\partial \ln p_s}{\partial x}$$

即变为两阶变量，如此消除了混淆误差的出现。但是，这时地面气压倾向方程变为

$$\frac{\partial \ln p_s}{\partial t} = -\int_0^1 (\vec{V} \cdot \nabla \ln p_s + D)\mathrm{d}\sigma \tag{6.3.151}$$

此方程在全球面上积分不为零，这就导致大气总质量不守恒。

要解决此问题，提出了两种方案进行处理。一种方案(称为比容 α 方案)，是用新的热力学变量比容 α(陈嘉滨等，1996)来代替原来的温度变量，这时气压梯度项 p_g 就转变为如下形式

$$p_g = \frac{\partial \phi}{\partial x} + \sigma\alpha\frac{\partial p_s}{\partial x}$$

其中 σ 是坐标值，而比容 α 为

$$\alpha = \frac{RT}{p}$$

这时热力学方程变化为

$$\frac{\partial \alpha}{\partial t} = -\frac{U}{a(1-\mu^2)}\frac{\partial \alpha}{\partial \lambda} - \frac{V}{a}\frac{\partial \alpha}{\partial \mu} - \dot{\sigma}\frac{\partial \alpha}{\partial \sigma} + \frac{c_V}{c_p}\frac{\omega}{p}\alpha$$

倾向方程为

$$\frac{\partial p_s}{\partial t} = -\int_0^1 (\vec{V} \cdot \nabla p_s + p_s D) \mathrm{d}\sigma \qquad (6.3.152)$$

这样,既可保持总质量守恒,又可使气压梯度项为二阶项不出现混淆误差。

对第二种方案,称为参考大气方案(陈嘉滨等,2000),引入上节的参考大气谱模式计算格式,减少气压梯度项引起的混淆误差。这时气压梯度项 p_g 就转变为

$$p_g = \frac{\partial \phi'}{\partial x} + \frac{RT'}{p_s}\frac{\partial p_s}{\partial x}$$

而倾向方程与(6.3.152)式相同。下面我们来看第二种方案的一些计算结果。

1. 谱模式质量守恒的参考大气方案计算结果

(1) 个例中期数值预报

上面提到的参考大气和大气质量守恒方案,引进到国家气象局气候中心谱模式,对原计算程序进行了很多的修改。为保证程序修改的正确性,我们首先在微机上用 T21 分解作了个例的中期预报。个例的时间是 1979 年 1 月 22 日 12 时,制作了 5 天的预报。将预报结果同实际观测作比较,计算出统计平分。图 6.3.10 给出

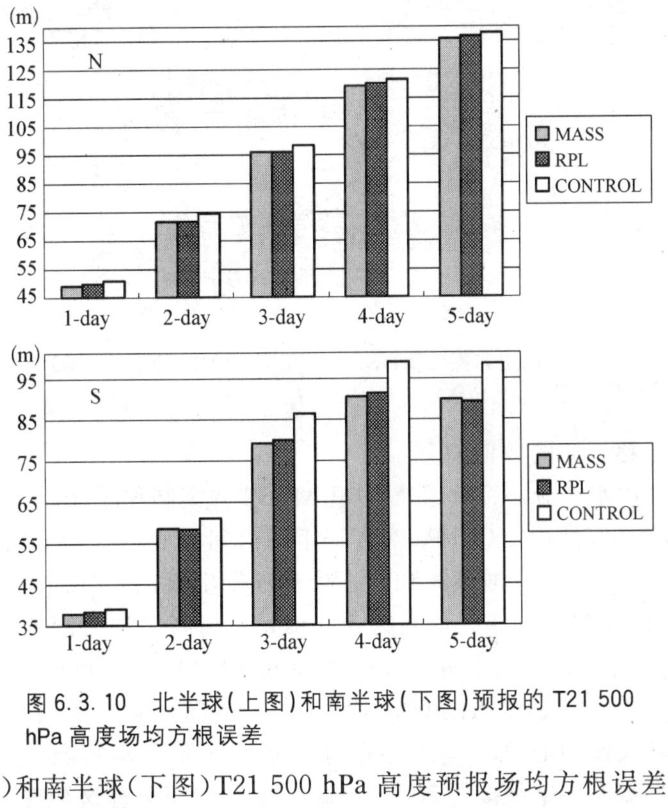

图 6.3.10 北半球(上图)和南半球(下图)预报的 T21 500 hPa 高度场均方根误差

北半球(上图)和南半球(下图)T21 500 hPa 高度预报场均方根误差(RMS)。图中 CONTROL 表示气候中心模式的预报;RPL 表示引入了参考大气的预报;

MASS 表示引入了参考大气和质量守恒的预报。由图我们可以看到 RPL 和 MASS 方案的预报都较 CONTROL 的预报有明显的改进，特别是南半球预报尤为突出。MASS 和 RPL 方案相比，在北半球，MASS 方案的预报略好一些。

(2) 30 天预报的平均

我们在高速并行计算机 SP2 上对个例(1996 年 6 月 9 日 12 时)作了 30 天预报，并制作了 30 天平均 500 hPa 预报图。图 6.3.11 是 CONTROL、RPL 和 MASS 的 T63 分解 30 天平均 500 hPa 预报图。这里，没有给出 30 天平均的实况图，我们发现对于 CONTROL 方案在青藏高原和南美的安第斯山附近，出现一些计算噪音，而 RPL 和 MASS 方案却消去了这些计算噪音。这可能是 CONTROL 方案在地形处理上仍存在一些有待改进之处。

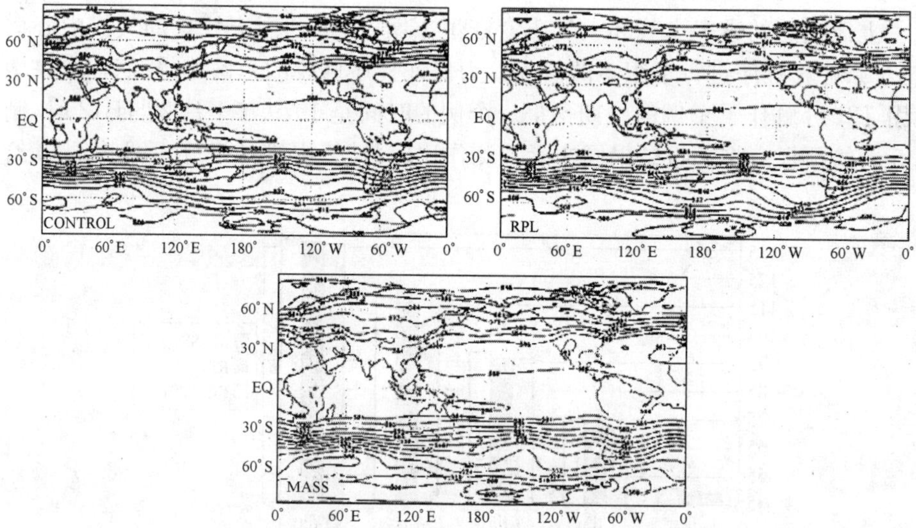

图 6.3.11 分别用方案 CONTROL、RPL 和 MASS 制作的 T63 500 hPa 月平均预报图 初始场是 1996 年 6 月 9 日 12 时资料

(3) 10 年超长期的数值积分

我们分别用水平分解 T63 质量守恒 MASS 方案制作了 10 年的超长期的数值积分，并分析了它们的 500 hPa 高度场平均时间演变图。为了比较，我们给出 CONTROL 方案的结果(国家气候中心叶正青先生提供)。图 6.3.12 表示分别用 CONTROL 和 MASS 方案预报的 500 hPa 平均高度随时间变化图。图中横坐标是时间坐标(年)；纵坐标是 500 hPa 平均高度(10 m)。由图可发现用 CONTROL 方案(虚线)预报的 500 hPa 平均高度随时间呈单调季节振动上升。这表明原国家气候中心气候模式存在有明显的气候漂移的误差。而质量守恒 MASS方案(实线) 10年预报的 500 hPa 高度场平均却没有这种现象。这里仅有季节变化，CONTROL 方案的那种单调上升的气候漂移误差得到明显的克服。

对比这两种方案，我们可以认为，原气候中心的气候模式出现的气候漂移误差，是由于该模式计算格式破坏了大气质量守恒造成。

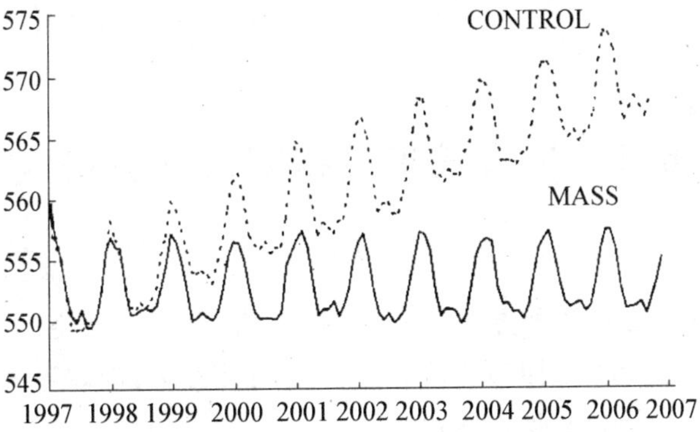

图 6.3.12 分别用方案 CONTROL 和 MASS 预报的 500 hPa 高度场平均随时间变化 纵坐标，单位 10 m；横坐标，单位年

(4) 质量守恒的比较

表 6.3.2 分别给出方案 CONTROL、RPL 和 MASS 的全球平均地面气压在 0 天和 30 天预报的数值。表中的前三项是在微机上计算结果，而 T63MASS 是在计算机 SP2 上计算结果。我们可以看到，对于 CONTROL 方案，30 天积分平均地面气压变化了约 0.92 hPa，RPL 变化了 0.1 hPa，而 MASS 仅在小数点后第 3 位出现偏差，这可能是微机的计算精度问题。对方案 T63MASS，这是在计算机 SP2 上制作的，30 天的数值积分直到小数点后第 4 位仍保持相同数值。因此，质量守恒律在方案 MASS 的计算格式中得到很好的保持。

表 6.3.2 各种方案制作的初始场和预报的第 30 天全球平均地面气压

方 案	初始场(hPa)	第 30 天(hPa)	备 注
CONTROL	985.0460	985.9681	分解 T21 在微机上制作
RPL	985.0460	985.1441	
MASS	985.0460	985.0532	
T63MASS	979.1757	979.1757	T63 方案在 SP2 巨型机上制作

注：方案 CONTROL、RPL 和 MASS 是以 T21 分解在微机上制作；T63MASS 是用分解 T63 的 MASS 方案在 SP2 巨型机上制作。

在国家气候中心的气候谱模式中引入了大气质量守恒计算格式，保证了模式大气的质量守恒。为了消除由于引入质量守恒带来气压梯度项计算的混淆误差，参考大气计算格式同时也引进了该中心的气候谱模式中。

我们分别制作了中期、月和 10 年的数值积分。计算结果表明，在气候中心的谱模式中引入参考大气和质量守恒计算格式,有效消除了原谱模式存在的气候漂移误差,改进了预报精度,同时长期积分计算也是稳定的。

6.4 半隐式半拉格朗日计算格式

描写流体的运动有两种方法,一是欧拉方法,即固定在空间中某位置观看流体的运动变化,这是最常用的方法;二是拉格朗日方法,即跟着流体质点走,观看流体运动变化。这里主要涉及后者。

求解运动方程的拉格朗日方法是在积分过程中,涉及一组固定的质点。这首先是由 Fjortft 使用在气象中,当时他使用图解法求解正压涡度方程。然而,一般而言,在初始时刻一组规则分布的流体质点,将很快变形,并使积分变得不稳定。为回避这个困难,Wiin-Nielsen(1959)引入一个半拉格朗日方法(也称作准拉格朗日),是采用达到一组规则网格的质点,经历一个时间间隔追溯到他们的出发点。一般情况下这些出发点与网格点不重合,因此动力方程在这些出发点的值,是从他们周围附近网格点内插求得。这种半拉格朗日方法与拉格朗日方法不同,前者的质点在每步都发生变化,而后者是固定的。

Robert(1982)将半拉格朗日格式与半隐式格式结合起来,涡度方程中的平流项被作为半拉格朗日处理,而散度和连续方程中的重力波项被作为半隐式处理。这种格式可以大大拉长时间步长,并可防止非线性计算不稳定,是无条件计算稳定。与欧拉半隐式格式相比,半隐式半拉格朗日格式时间步长可延长6倍。Bates 和 McDonald 应用到分裂显式初始方程上,McDonald 发展出半拉格朗日半隐式格式的两层时间格式,计算更有效。Staniforth 和 Tempertos 将它应用到有限元上,Ritchie 应用到谱模式上,加拿大和 ECMWF 以及好多研究所和业务预报中心都应用到业务上。

在欧拉方法中计算格式必须满足 CFL 稳定性条件,给定空间步长 Δx 后,时间步长 Δt 就受到约束,即 $\Delta t \leqslant \Delta x / c$ (c 重力波速)。在半隐式格式中,产生快波的项(如气压梯度项、辐散项)取隐式算法,其他项(如平流项)取显式算法。如此,时间步长不再受到外重力波速的限制,大大的拉长时间步长。显式和半隐式格式的时间步长见表 6.4.1。

从显式到半隐式是一个很大进步,时间步长 Δt 拉长了 4—6 倍。能否进一步拉长,要看时间和空间的截断误差了。对此问题有人进行了如下的分析。

表 6.4.1

Δx	Δt 显式	Δt 半隐式
360 km	15 min	60 min
240 km	10 min	40 min
120 km	5 min	20 min

对于平流方程

$$\frac{\partial F}{\partial t} + C\frac{\partial F}{\partial x} = 0 \tag{6.4.1}$$

其真解为

$$F = A\sin k(x - Ct) \tag{6.4.2}$$

对(6.4.1)作差分为

$$F_t + CF_x = 0 \tag{6.4.3}$$

其中

$$F_t = \frac{F(t+\Delta t) - F(t-\Delta t)}{2\Delta t}, \quad F_x = \frac{F(x+\Delta x) - F(x-\Delta x)}{2\Delta x}$$

假定(6.4.3)的解有如下形状

$$F = A\sin k(x - C't)$$

其中

$$C' = \frac{1}{k\Delta t}\sin^{-1}\left(\frac{C\Delta t}{\Delta x}\sin k\Delta x\right) \tag{6.4.4}$$

我们可看到差分方程(6.4.3)的解是由相速为 c' 移动的波来表示;而微分方程(6.4.1)的解是由相速为 C 的波表示,由(6.4.4)十分清楚这两种相速是不相同的。

对(6.4.4)的 sin 和 $\sin^{-1}$ 作 Taylor 展开,仅保留主要项,则有

$$C' = C\left[1 + \frac{1}{6}k^2(C^2\Delta t^2 - \Delta x^2)\right] \tag{6.4.5}$$

由此式可看到当时间步长 Δt 和空间步长 Δx 减少时, C' 和 C 的差别也在减少,这种差别代表了相速误差,我们可以区别为时间截断误差 E_t 和空间截断误差 E_x,

$$E_t = \frac{1}{6}k^2C^3\Delta t^2 \tag{6.4.6}$$

$$E_x = \frac{1}{6}k^2C^3\Delta x^2$$

由此有

$$E_t = \frac{C^2 \Delta t^2}{\Delta x^2} E_x \tag{6.4.7}$$

用满足 CFL 条件的临界相速 C_0,

$$\Delta t = \frac{\Delta x}{C_0}$$

代入,有

$$E_t = \left(\frac{C}{C_0}\right)^2 E_x \tag{6.4.8}$$

在大气中,最重要的波的移动,其移速很少超过 $C = 20\ \text{m/s}$。而 $C_0 = 400\ \text{m/s}$,则有

$$E_t = \frac{1}{400} E_x \quad (\text{对显式格式}) \tag{6.4.9}$$

在满足 CFL 条件下(显式格式)时间截断误差仅是空间截断误差的 1/400,因此显式格式不是有效的。对半隐式格式,它有不同特征。这时重力波不再是一个问题,这时算法的稳定性是依赖于快速的 Rossby 波。这时可取 $C_0 \geqslant 100\ \text{m/s}$,有

$$E_t = \frac{1}{25} E_x \quad (\text{对半隐式格式}) \tag{6.4.10}$$

这表明半隐式比显式改进了,但它仍不有效,因为它们要求时间步长比合理的精度要求的短。这意味着还可提高 Δt,而不会带来明显的精度损失。

理想情况是 $C_0 = 15\ \text{m/s}$,对于 $\Delta x = 200\ \text{km}$,时间步长应为 3.7 h。以这样的步长,由时间截断引起的误差可以同空间误差相当。这样的步长对半隐式格式会出现不稳定,这样就需要去寻找另外的格式,使时间步长能延长到这样长,从而可得到更高的效率。这是可以达到,这就是半隐式半拉格朗日格式。

6.4.1 半拉格朗日格式

为引出半拉格朗日格式,我们以简单的平流方程开始,对给定参数 $X(x, y, t)$,发展方程的一般形式可写为

$$\frac{\partial X}{\partial t} + U\frac{\partial X}{\partial x} + V\frac{\partial X}{\partial y} = Lx + N(x) \tag{6.4.11}$$

其中 L 表示方程线性部分,N 表示非线性部分。(6.4.11)的左端是拉格朗日总体微分的表示式,即

$$\frac{\partial X}{\partial t} + U\frac{\partial X}{\partial x} + V\frac{\partial X}{\partial y} \equiv \frac{\mathrm{d}X}{\mathrm{d}t} \tag{6.4.12}$$

可构造不同的半拉格朗日格式。

1. 需内插的方法(Robert,1982)

假定质点经过 Δt 时间以常速 $\vec{V}$ 由出发点 O 通过 2α 的距离,到达标准格网点上的 G 点,其中点为 I 点(见图 6.4.1),于是发展方程(6.4.11)离散化为

$$\frac{X_G^{t+\Delta t}-X_O^{t-\Delta t}}{2\Delta t}=L\cdot\frac{X_G^{t+\Delta t}+X_O^{t-\Delta t}}{2}+[N(X^t)]_I \tag{6.4.13}$$

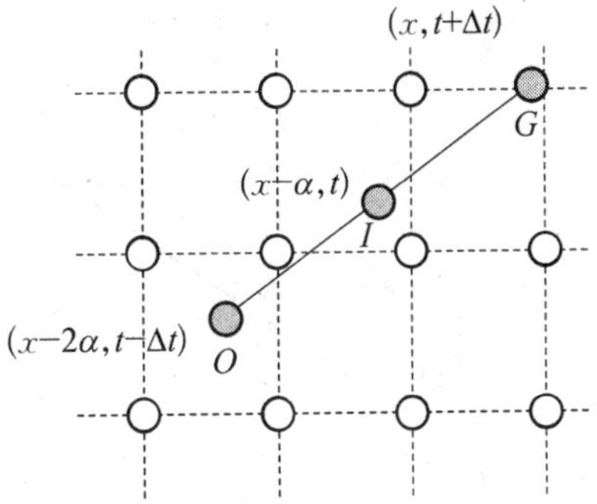

图 6.4.1

在 (x, y, t) 空间内,质点轨迹开始于 $(x-2\alpha, t-\Delta t)$,结束于 $(x, t-\Delta t)$。为了完成拉格朗日算法,第一步对每个格点是要找到相应的 α。我们定义在中点 I 的速度,即沿轨迹 OG 的平均速度为

$$V(X-\alpha,t)=\frac{2\alpha}{2\Delta t}$$

即

$$\alpha=\Delta tV(X-\alpha,t) \tag{6.4.14}$$

这是隐式的,需迭代求解,即

$$\alpha^{(k+1)}=\Delta t\cdot V(x-\alpha^{(k)},t) \tag{6.4.15}$$

k 是迭代次数。若取 $\alpha^{(0)}$ 为在上一时刻得到的值,则迭代几次即可满足。一般 α 不在格点上,采用双线性插值。

由(6.4.13)可看到,这种方法在点 O 需内插 $x^{t-\Delta t}$ 和在中点 I 内插 $N(x^t)$,需两次内插。一般采用双立方内插公式。

2. 回避一次内插的方法(Ritchie H,1986)

假定 O' 点是最靠近出发点 O 点的一格点,I' 为 O' 和到达点 G 间的中点,如图 6.4.2。将平流项速度分裂为两部分,即

$$u=u^*+u',\quad v=v^*+v' \tag{6.4.16}$$

这里,$2\Delta t\,u^*$ 和 $2\Delta t\,v^*$ 是向量 $\overrightarrow{O'G}$ 的分量。这种方法在处理拉格朗日平流时,分为两部分,一是由 (u^*, v^*) 引起的平流,二是由剩余这部分 (u', v') 引起的剩余平流,这部分作为非线性部分放入方程的右端。如此离散后就为

$$\frac{X_G^{t+\Delta t}-X_{O'}^{t-\Delta t}}{2\Delta t}=L\frac{X_G^{t+\Delta t}+X_{O'}^{t-\Delta t}}{2}+[N(x^t)]_{I'}-\left[u'\frac{\partial x}{\partial x}+v'\frac{\partial x}{\partial y}\right]_{I'}^t \tag{6.4.17}$$

显然,由于 O' 点是规则格网点,就回避一次在 O 点的内插,而在 I' 点的内插是十分简单的,仅有三种情况:在相邻东西向两格点之中点;在相邻南北向两格点之中点;在一个格网对角线的交点上(见图 6.4.3)。

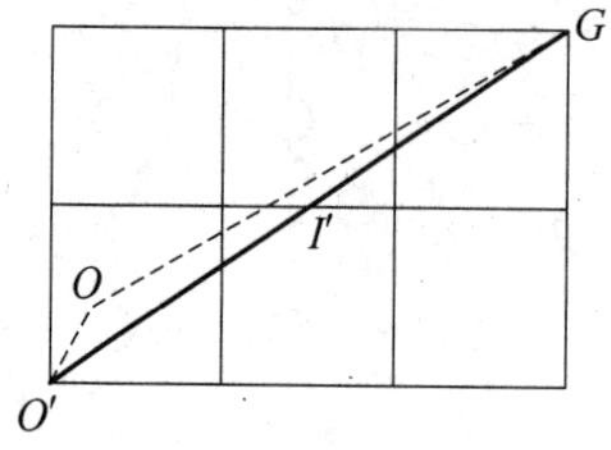

图 6.4.2

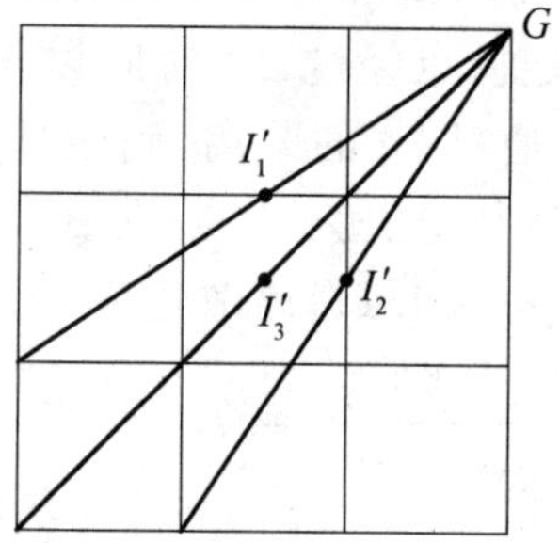

图 6.4.3

为作稳定性分析,不失一般性,考虑一维平流方程

$$\mathrm{d}\Psi/\mathrm{d}t = 0 \tag{6.4.18}$$

经过 $(n+1)\Delta t$ 后,质点由 X_* 达到格点 A(图 6.4.4),有

$$\Psi^{n+1}(A) = \Psi_*^n$$

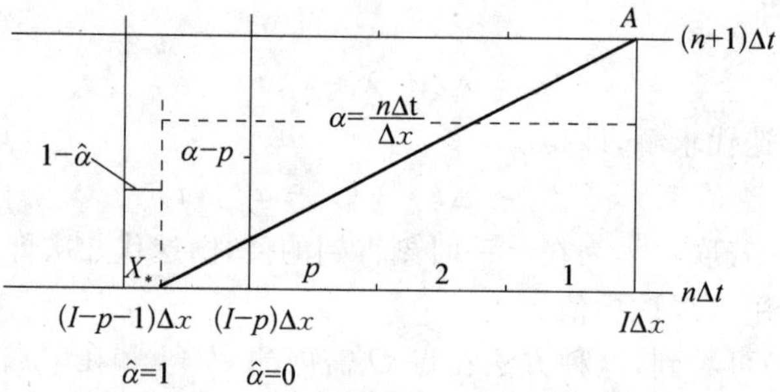

图 6.4.4

Ψ_*^n 是质点在时刻 $n\Delta t$ 时出发点 X_* 的值,它可由邻近格点 $(I-p-1)\Delta x$ 和 $(I-p)\Delta x$ 内插得到,例如采用线性内插。p 是出发点 X_* 到终点 A 之间的整数格点距数,显然有

$$p = \mathrm{NINT}\left(\frac{n\Delta t}{\Delta x}\right) \tag{6.4.19}$$

其中 NINT 表示取整,而 I 表示从原点计数的格点编号。因此有

$$\Psi_I^{n+1} = (1-\hat{\alpha})\Psi_{I-P}^n + \hat{\alpha}\Psi_{I-P-1}^n \tag{6.4.20}$$

其中

$$\hat{\alpha} = \alpha - P,\quad \alpha = u\Delta t/\Delta x \quad (\text{假定 } u > 0) \tag{6.4.21}$$

假定(6.4.20)的解为

$$\Psi_I^n = \Psi^0\lambda^n\exp(\mathrm{i}kI\Delta x) \tag{6.4.22}$$

代入(6.4.20),则有

$$\lambda = \{1-\hat{\alpha}[1-\exp(-\mathrm{i}k\Delta x)]\}\exp(-\mathrm{i}pk\Delta x) \tag{6.4.23}$$

上式的模态为

$$|\lambda|^2 = 1 - 2\hat{\alpha}(1-\hat{\alpha})(1-\cos k\Delta x) \tag{6.4.24}$$

为使这种格式是稳定的(即 $|\lambda|^2 \leqslant 1$),则由(6.4.24)要求

$$0 \leqslant \hat{\alpha} \leqslant 1 \tag{6.4.25}$$

这表明,若出发点是处在内插间隔($I-P$, $I-P-1$)之间,则格式是稳定的。这是我们已选定的情况,因此格式是无条件稳定的。

3. 完全非内插方法

二维平流方程为

$$\frac{\partial F}{\partial t} + U\frac{\partial F}{\partial x} + V\frac{\partial F}{\partial y} = 0 \tag{6.4.26}$$

假定质点由出发点 c' 到达终点(在标准网格上)G(见图 6.4.5),在点 c' 四周有四个格点 a、b、c 和 d,设 q 和 p 分别是质点从出发点 c' 到终点 G 之间在 x 轴和 y 轴上投影的整数格点距数。另外还假定,在四点 a、b、c 和 d 中最靠近出发点 c' 的格点是 c 点,并且在 x 轴和 y 轴上的整数格点距数 q 和 p 均为偶数,则(6.4.26)式可写为

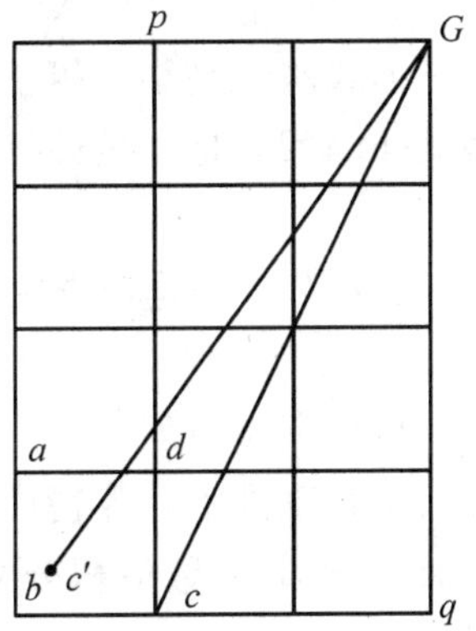

图 6.4.5

$$\frac{\partial F}{\partial t} + \left(\frac{p\Delta x}{2\Delta t} + U'\frac{\partial F}{\partial x}\right)\frac{\partial F}{\partial x} + \left(\frac{q\Delta x}{2\Delta t} + V'\frac{\partial F}{\partial y}\right)\frac{\partial F}{\partial y} = 0 \tag{6.4.27}$$

这里

$$U = U' + \frac{p\Delta x}{2\Delta t}, \quad V = V' + \frac{q\Delta x}{2\Delta t}$$

这表示平流速度(U, V)为最靠近出发点 c' 的格点 c 与到达点 G 之间的平均速度 $\left(\frac{p\Delta x}{2\Delta t}, \frac{q\Delta x}{2\Delta t}\right)$ 与偏差(U', V')之和。因此,(6.4.27)式可写为

$$\frac{\partial F}{\partial t} + \frac{p\Delta x}{2\Delta t}\frac{\partial F}{\partial x} + \frac{q\Delta x}{2\Delta t}\frac{\partial F}{\partial y} = -\left(U'\frac{\partial F}{\partial x} + V'\frac{\partial F}{\partial y}\right) \tag{6.4.28}$$

其差分形式为

$$\frac{F(x_i, y_j, t+\Delta t) - F(x_i - p\Delta x, y_j - q\Delta x, t-\Delta t)}{2\Delta t} = -\left(U'\frac{\partial F}{\partial x} + V'\frac{\partial F}{\partial y}\right)[x(t), y(t), t] \tag{6.4.29}$$

由于 q 和 p 是偶数,与最靠近出发点 c' 的点 c 与到达点 G 之间的中点,必然在标准格网点上,因此不需任何内插。当然,寻找出发点是需要内插的,这仅是线性内插。

现在来分析这种格式的稳定性。假定格式有解为

$$F = Ce^{i(mx+ny+\omega t)}$$

代入(6.4.29)式，最后有下式

$$\sin\left(\frac{mp\Delta x}{2}+\frac{nq\Delta y}{2}+\omega\Delta t\right)=-\frac{U'\Delta t}{\Delta x}\sin m\Delta x-\frac{V'\Delta t}{\Delta y}\sin m\Delta y$$

这里

$$\left|\frac{U'\Delta t}{\Delta x}\right|=\frac{1}{2}\left|\frac{2\Delta tU}{\Delta x}-P\right|\leqslant 0.5,\quad \left|\frac{V'\Delta t}{\Delta x}\right|=\frac{1}{2}\left|\frac{2\Delta tV}{\Delta y}-q\right|\leqslant 0.5$$

于是上式右端是小于等于1，解中 ω 为实数，解不会出现无限增长，因而可推得格式(6.4.29)是无条件计算稳定。

6.4.2 守恒格式的构造

目前半拉格朗日计算格式广泛应用于数值天气预报业务，不仅提高了计算时效而且改进了计算精度。但存在的问题是原来偏微分方程的整体守恒性得不到保证，长时间数值积分会带来计算误差。目前，国外有一些研究半拉格朗日空间的守恒格式，但仍处于探索阶段。下面，在6.2.6节介绍的欧拉空间显式完全平方守恒格式的基础上，研究半拉格朗日空间守恒性问题（陈嘉滨等，2001；2004）。

1. 一维浅水波方程的分析

欧拉空间完全平方守恒格式的关键，是偏微分方程右端项的微分算子的离散空间算子具有反对称性质，他们的平方变量（如能量）可写为辐散形式。在拉格朗日空间，偏微分方程也应具有此性质，该格式才能推广。对一维重力波方程

$$\frac{\mathrm{d}u}{\mathrm{d}t}=-\frac{\partial\varphi}{\partial x}\tag{6.4.30}$$

$$\frac{\mathrm{d}\varphi}{\mathrm{d}t}=-\varphi\frac{\partial u}{\partial x}\tag{6.4.31}$$

其能量方程为

$$\frac{\mathrm{d}}{\mathrm{d}t}\left(\frac{U^2+\varphi^2}{2}\right)\equiv\frac{\mathrm{d}}{\mathrm{d}t}\left(\frac{u^2\varphi+\varphi^2}{2}\right)=-\frac{\partial}{\partial x}\left(\frac{u\varphi^2}{2}\right)-\frac{\varphi u^2+\varphi^2}{2}\frac{\partial u}{\partial x}\tag{6.4.32}$$

其中 u 是速度，φ 是位势。显然，(6.4.32)式右端项不具有辐散形式。因此，方程(6.4.30)和(6.4.31)的右端项很难能构造出具有反对称性质的离散空间算子。

引入辐散的拉格朗日表示

$$\frac{\partial u}{\partial x}=\frac{1}{\delta x}\frac{\mathrm{d}}{\mathrm{d}t}(\delta x)\tag{6.4.33}$$

其中 δx 表示随流体运动的有限小的长度间距。于是，在拉格朗日空间一维重力波方程(6.4.30)—(6.4.31)可改写为

$$\frac{\mathrm{d}}{\mathrm{d}t}(UDx) = -Dx\frac{1}{\phi}\frac{\partial}{\partial x}\left(\frac{\varphi^2}{2}\right) \tag{6.4.34}$$

$$\frac{\mathrm{d}}{\mathrm{d}t}(\varphi Dx) = -Dx\frac{\varphi}{2}\frac{\partial}{\partial x}(u) \tag{6.4.35}$$

其中

$$\phi = \sqrt{\varphi},\quad U = \phi u,\quad Dx = \sqrt{\delta x}$$

方程(6.4.30)和(6.4.31)的总能量方程为

$$\frac{\mathrm{d}}{\mathrm{d}t}\left(\frac{u^2\varphi + \varphi^2}{2}\delta x\right) = -\delta x\frac{\partial}{\partial x}\left(u\frac{\varphi^2}{2}\right) = -\delta\left(u\frac{\varphi^2}{2}\right) \tag{6.4.36}$$

方程(6.4.36)的左端项表示在有限小的空间格距 δx 内的能量。重力波方程经过引入散度的拉格朗日表示式,其形状改变为方程(6.4.34)和(6.4.35)。他们的总能量方程(6.4.36)的右端项已具有辐散形式。这表明与方程组(6.4.34)和(6.4.35)右端的微分算子对应的离散空间算子可构造成具有反对称性质算子。因此,可以在拉格朗日空间中应用类似于欧拉空间构造完全平方守恒格式的方法来构造格式。

2. 拉格朗日空间完全平方守恒格式的构造

类似于欧拉空间显式完全平方守恒格式,在拉格朗日空间中,发展方程数值求解问题也可归结为如下形式

$$\frac{\mathrm{d}F}{\mathrm{d}t} + HF = G,\quad \lim_{t\to 0}F = F^{(0)}(x) \tag{6.4.37}$$

其中 $\mathrm{d}F/\mathrm{d}t$ 是随体微商,$H \equiv H(F, x, t)$ 是一个线性或非线性算子,G 是源汇项。为方便起见,我们取 $G = 0$。在 (x, t) 空间,离散化并布网 $(mh, n\tau)$,其中 h 是空间步长,τ 为时间步长。

为了便于计算,使用如下的符号定义

$$(G, F) = \sum_m F_m G_m h_m \tag{6.4.38}$$

为两个网格函数的内积。而

$$\| F \| = (F, F)^{\frac{1}{2}} \tag{6.4.39}$$

为函数 F 的范数。

对(6.4.30)两端对时间 t 作微分,并在半拉格朗日空间对网格函数 F_j^{n+1} 作 Taylor 展开取二阶近似,则有

$$F_j^{n+1} = F_*^n - \tau A_n F_*^n - \varepsilon_n\frac{\tau^2}{2}\left(\frac{\delta A_n F_*^n}{\delta t}\right) \tag{6.4.40}$$

其中角码 n 和 $n+1$ 分别表示现在和未来时间层;下角码 j 表示标准网格点坐标,而 $*$ 则表示流体质点经过 τ 时间到达标准网格点 j 的出发点坐标。这个出发点坐标 $*$ 一般不与标准网格 j 重合。流体质点在出发点 $*$ 的变量,是由标准网格 j 的变量值由守恒内插求得(见下面),这是十分重要的一步。这里,如

上节所述,算子 A_n 应具有反对称性质。($\delta A_n F_*^n/\delta t$)是 $\mathrm{d}HF/\mathrm{d}t$ 的差分算子;ε_n 是待定耗散系数。可适当选取系数 ε_n ,使(6.4.40)式保持完全能量守恒的目的。

将(6.4.40)式中第三项写为算子形式 $\varepsilon_n\tau^2 B$,其中 B 为耗散算子。这样改写为

$$F_j^{n+1} = F_*^n - \tau L F_*^n \tag{6.4.41}$$

其中

$$LF_*^n = A_n F_*^n + \varepsilon_n \tau B_n F_*^n \tag{6.4.42}$$

如果构造半隐式半拉格朗日格式,则上式改写为

$$LF_*^n = A'_n F_*^n + \varepsilon_n \tau B'_n F_*^n \tag{6.4.43}$$

其中

$$A'_n = MA_n, \quad M = (I + \tau\beta L_{n+1}), \quad B'_n = MB_nF_n$$

L_{n+1} 是算子 L 中的线性算子。

在平方守恒条件下计算耗散系数 ε_n。对(6.4.40)式两边平方,在网格上求和,并利用(6.4.38)和(6.4.41)式定义的符号,则有

$$\| F_j^{n+1} \|^2 = \| F_*^n \|^2 + \tau^2 \| LF_*^n \|^2 - 2\tau(LF_*^n, F_*^n) \tag{6.4.44}$$

假如以下条件

$$\tau^2 \| LF_*^n \|^2 - 2\tau(LF_*^n, F_*^n) = 0 \tag{6.4.45}$$

成立,则格式(6.4.40)为半拉格朗日完全平方守恒的差分格式。将(6.4.42)式代入上式,并注意到算子 A_n 是反对称的,即 $(A_nF_*^n, F_*^n) = 0$,则有

$$\tau^2 \| A_nF_*^n + \varepsilon_n\tau B_nF_*^n \|^2 - 2\tau(F_*, \varepsilon_n\tau B_nF_*^n) = 0 \tag{6.4.46}$$

上方程可进一步化为以耗散系数 ε_n 为变量的一元二次方程

$$\begin{aligned} &\tau^2 \| B_nF_*^n \|^2 \varepsilon_n^2 - 2[(B_nF_*^n, F_*^n) - \tau(B_nF_*^n, A_nF_*^n)]\varepsilon_n \\ &\quad + \| A_nF_*^n \|^2 = 0 \end{aligned} \tag{6.4.47}$$

其解为

$$\varepsilon_n = \frac{K_1}{\left(1 - \frac{\tau}{h}K_2\right) + \sqrt{\left(1 - \frac{\tau}{h}K_2\right)^2 - \left(\frac{\tau}{h}K_3\right)^2}} \tag{6.4.48}$$

其中

$$\left.\begin{aligned} &K_1 = \frac{\| A_nF_*^n \|^2}{(B_nF_*^n, F_*^n)}, \quad K_2 = \frac{(B_nF_*^n, A_nF_*^n)\cdot h}{(B_nF_*^n, F_*^n)} \\ &K_3 = \frac{\| B_nF_*^n \| \cdot \| A_nF_*^n \| \cdot h}{(B_nF_*^n, F_*^n)} \end{aligned}\right\} \tag{6.4.49}$$

当 $\tau \to 0$,$\varepsilon_n \to$ 常数,格式(6.4.41)与原微分方程是相容,且是稳定的。B 算子的取法,同于6.2.6节。

3. 守恒插值

应指出，在上面构造的守恒格式(6.4.41)式中，所说的总能量守恒是指，$n+1$ 时刻标准网格上的总能量与 n 时刻出发点网格(非标准网格)上的总能量相等。实际上，是要求 n 和 $n+1$ 时刻在标准网格上的能量相等。为使 n 时刻出发点网格(非标准网格)上总能量与 n 时刻标准网格上的总能量相等，必须进行守恒插值，即由 n 时刻标准网格插到非标准网格上。首先，将标准网(j)上的总能量

$$E = \frac{1}{2}(u^2 + v^2 + \varphi)\varphi \tag{6.4.50}$$

用守恒插值格式插值到非标准网格($\bar{j}$)上；第二步，用已计算出($\bar{j}$)网上的(u,v)值，用上式求出 φ 值，具体操作如下。

假定空间格距 Δx 是固定长度，到达点是在标准网格上。出发点一般不在标准网格上，其空间格距 $\delta x_{\bar{j}}$ 是格点位置的函数。为了确定出发点的网格，我们不采用到达标准网格点的流体质点的出发点，而使用到达标准网格的半点(如 $j+\frac{1}{2}$，$j-\frac{1}{2}$)的流体质点的出发点(图 6.4.6)。显然，这种网格的格距 $\delta x_{\bar{j}}$ 是非等距的。

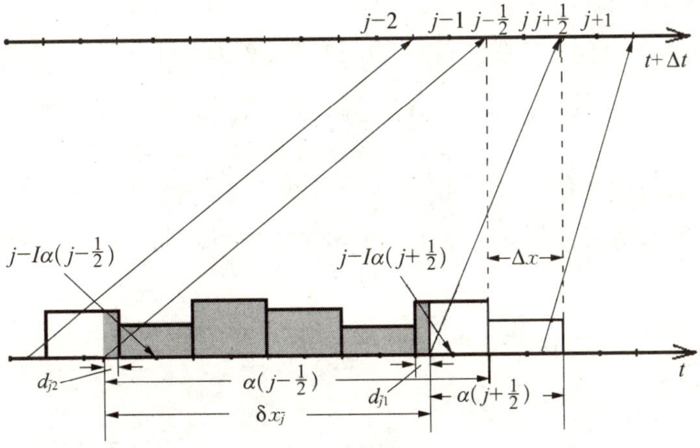

图 6.4.6 一维半拉半拉格朗日格网和质点位移图

(1) 守恒插值

我们假定能量 E(以下用 A 代表)在($\bar{j}$)网上的格距 $\delta x_{\bar{j}}$ 内积分平均值为

$$\bar{A}_{\bar{j}} = \frac{1}{\delta x_{\bar{j}}}\int_a^b A^n(x)\mathrm{d}x \tag{6.4.51}$$

其中 $a = X^n_{j-\frac{1}{2}-\alpha(j-\frac{1}{2})}$ 和 $b = X^n_{j+\frac{1}{2}-\alpha(j+\frac{1}{2})}$。为了决定 $\bar{A}_{\bar{j}}$，函数 $A^n(x)$ 必须由格点值 A^n_j 来确定。每个格点值是假定等于相应格距 $\left(j+\frac{1}{2}\to j-\frac{1}{2}\right)$ 范围内的平均值，即

$$A_j^n = \frac{1}{\Delta X}\int_{X_{j-\frac{1}{2}}}^{X_{j+\frac{1}{2}}} A^n(x)\mathrm{d}x \tag{6.4.52}$$

与此相对应 $A^n(x)$ 的最简单的定义是假定 $A^n(x)$ 在对应的格距范围内逐段常定,即等于格点距值,

$$A^n(x) = A_j^n, \quad x_{j-\frac{1}{2}} \leqslant x \leqslant x_{j+\frac{1}{2}} \tag{6.4.53}$$

如此,(6.4.52) 式的计算就十分容易了,用简单的长度平均即可。实际计算时,分如下三种情况(见图 6.4.6)。我们令

$$\begin{aligned} N = & \left\{\left(j + \frac{1}{2}\right) - N\left[\alpha\left(j + \frac{1}{2}\right) + 0.5\right]\right\} \\ & - \left\{\left(j - \frac{1}{2}\right) - N\left[\alpha\left(j - \frac{1}{2}\right) - 0.5\right]\right\} \end{aligned} \tag{6.4.54}$$

表示在出发点 $\left[j + \frac{1}{2} - \alpha\left(j + \frac{1}{2}\right)\right]$和$\left[j - \frac{1}{2} - \alpha\left(j - \frac{1}{2}\right)\right]$之间包含有 N 个完整的网格。另外,$N\alpha = \mathrm{NINT}(\alpha)$,它表示取最靠近 α 的整数。

① 当 $N = -1$,表示出发点$\left[j + \frac{1}{2} - \alpha\left(j + \frac{1}{2}\right)\right]$和$\left[j - \frac{1}{2} - \alpha\left(j - \frac{1}{2}\right)\right]$是落在同一标准格网内,这时有

$$\left.\begin{aligned} d_{\bar{j}_1} &= \Delta x\left[\alpha\left(j - \frac{1}{2}\right) + 1 - \alpha\left(j + \frac{1}{2}\right)\right] \\ \delta x_{\bar{j}}\,\overline{A}_{\bar{j}} &= d_{\bar{j}_1} A^n_{j+1-N(\alpha(j+\frac{1}{2})+0.5)} \end{aligned}\right\} \tag{6.4.55}$$

② 当 $N = 0$,表示出发点$\left[j + \frac{1}{2} - \alpha\left(j + \frac{1}{2}\right)\right]$和$\left[j - \frac{1}{2} - \alpha\left(j - \frac{1}{2}\right)\right]$是落在两个相邻的格网范围内。令 $\bar{j}$ 表示两个出发点之间的一个半点的标准格点坐标,即

$$\bar{j}_m = j + \frac{1}{2} - N\left[\alpha\left(j + \frac{1}{2}\right) + 0.5\right]$$

有

$$d_{\bar{j}_1} = \Delta x\left[\left(j + \frac{1}{2}\right) - \alpha\left(j + \frac{1}{2}\right) - \bar{j}_m\right]$$

$$d_{\bar{j}_2} = \Delta x\left[\bar{j}_m - \left(j - \frac{1}{2}\right) + \alpha\left(j - \frac{1}{2}\right)\right]$$

因此,(6.4.52)为

$$\delta x_{\bar{j}}\,\overline{A}_{\bar{j}} = d_{\bar{j}_1} A^n_{j+1-N(\alpha(j+\frac{1}{2})+0.5)} + d_{\bar{j}_2} A^n_{j-1-N(\alpha(j-\frac{1}{2})+0.5)} \tag{6.4.56}$$

③ 当 $N \geqslant 1$,出发点$\left[j + \frac{1}{2} - \alpha\left(j + \frac{1}{2}\right)\right]$和$\left[j - \frac{1}{2} - \alpha\left(j - \frac{1}{2}\right)\right]$之间有 N 个标准格网,有

$$\bar{j}_1 = j + \frac{1}{2} - N\left[\alpha\left(j + \frac{1}{2}\right) + 0.5\right]$$

$$\bar{j}_2 = j - \frac{1}{2} - N\left[\alpha\left(j - \frac{1}{2}\right) - 0.5\right]$$

$$d_{\bar{j}_1} = \Delta x\left[\left(j + \frac{1}{2}\right) - \alpha\left(j + \frac{1}{2}\right) - \bar{j}_1\right]$$

$$d_{\bar{j}_2} = \Delta x\left[\bar{j}_2 - \left(j - \frac{1}{2}\right) + \alpha\left(j - \frac{1}{2}\right)\right]$$

$$d_{\bar{j}_i} = \Delta x \quad (i = 1, \ldots, N))$$

因此,(6.4.52)为

$$\delta x_{\bar{j}}\,\overline{A}_{\bar{j}} = d_{\bar{j}_1} A^n_{j_1} + d_{\bar{j}_2} A^n_{j_2} + \sum_{i=1}^{N} d_{\bar{j}_i} A^n_{j_2+i} \tag{6.4.57}$$

其中

$$j_1 = (j + 1) - N\alpha\left[\left(j + \frac{1}{2}\right) + 0.5\right]$$

$$j_2 = (j - 1) - N\alpha\left[\left(j - \frac{1}{2}\right) - 0.5\right]$$

容易证明

$$\sum_j A^n_j \Delta x = \sum_{\bar{j}} \overline{A}_{\bar{j}}\,\delta x_{\bar{j}} \tag{6.4.58}$$

即出发点网格($\bar{j}$)上的总能量就等于标准网格(j)上 n 时刻的总能量。

(2) 高度场的计算

用上面的能量守恒插值公式可计算出在($\bar{j}$)网格上的能量 $E_{\bar{j}}$。下面的公式可十分简便地计算出高度场。能量为

$$E_{\bar{j}} = \frac{1}{2}[(u_{\bar{j}})^2\varphi_{\bar{j}} + (v_{\bar{j}})^2\varphi_{\bar{j}} + (\varphi_{\bar{j}})^2] \tag{6.4.59}$$

或写为高度场 φ 变量的一元二次方程

$$(\varphi_{\bar{j}})^2 + [(u_{\bar{j}})^2 + (v_{\bar{j}})^2]\varphi_{\bar{j}} - 2E_{\bar{j}} = 0$$

其解为

$$\varphi_{\bar{j}} = \frac{1}{2}\left\{-[(u_{\bar{j}})^2 + (v_{\bar{j}})^2]^2 \pm \sqrt{[(u_{\bar{j}})^2 + (v_{\bar{j}})^2]^2 + 8E_{\bar{j}}}\right\}$$

只能取+号,$\bar{\varphi}_{\bar{j}}$ 才不会出现负值。如此,我们就计算出了($\bar{j}$)网上高度场的值。

表6.4.2和图6.4.7分别给出一维重力波方程(6.4.30)—(6.4.31)的半拉格朗日半隐式和显式的解。可以看到守恒格式的计算精度相对要高一些,说明格式的守恒性是重要的。

表 6.4.2 半隐式半拉格朗日格式总能量变化列表

步　数	半隐式传统格式（ΔT =600 秒）	半隐式守恒格式（ΔT =600 秒）
0	0.308 138 511 188 873 000 E+10	0.308 138 511 188 873 000 E+10
1 000	0.308 118 591 482 476 000 E+10	0.308 138 511 188 801 300 E+10
2 000	0.308 118 591 482 476 000 E+10	0.308 138 511 188 729 300 E+10
3 000	0.308 109 019 767 468 500 E+10	0.308 138 511 188 657 300 E+10
4 000	0.308 099 093 229 862 800 E+10	0.308 138 511 188 585 000 E+10
5 000	0.308 089 495 990 482 500 E+10	0.308 138 511 188 513 100 E+10
6 000	0.308 079 942 113 564 700 E+10	0.308 138 511 188 441 300 E+10
7 000	0.308 070 225 572 951 200 E+10	0.308 138 511 188 369 600 E+10
8 000	0.308 060 944 326 684 500 E+10	0.308 138 511 188 296 800 E+10
9 000	0.308 051 346 192 782 000 E+10	0.308 138 511 188 223 400 E+10
10 000	0.308 042 046 262 497 000 E+10	0.308 138 511 188 152 100 E+10

步　数	显式守恒格式（ΔT =100 秒）
0	0.308 138 511 188 873 000E+10
1 000	0.308 138 511 188 800 200E+10
2 000	0.308 138 511 188 727 300E+10
3 000	0.308 138 511 188 655 700E+10
4 000	0.308 138 511 188 583 200E+10
5 000	0.308 138 511 188 510 900E+10
6 000	0.308 138 511 188 439 100E+10
7 000	0.308 138 511 188 366 000E+10
8 000	0.308 138 511 188 294 000E+10
9 000	0.308 138 511 188 221 700E+10
10 000	0.308 138 511 188 149 300E+10

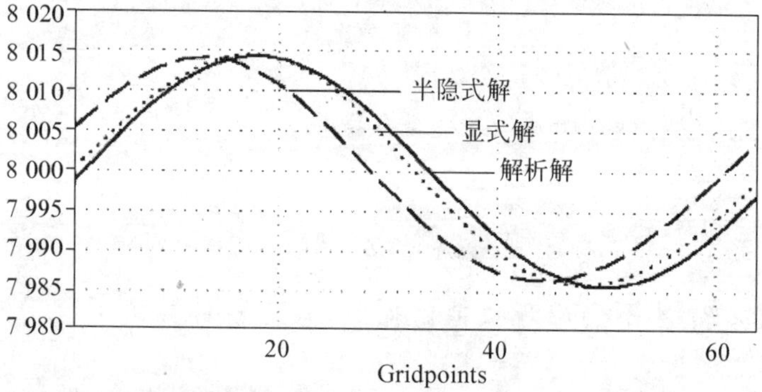

图 6.4.7 解析解(实线)，半拉格朗日显式解(点线)，和半拉格朗日半隐式解(虚线)分别积分 30.5 h 后的高度场　纵坐标表示高度值(m)，横坐标表示距离(格点为单位)

6.4.3 球面上半拉格朗日的计算

上面讨论的半隐式半拉格朗日方法在平面上计算无问题，但在球面上，特别是在极区，极点是一个奇异点，计算将引起严重计算误差。这是由于地球表曲率造成，存在问题为

(1) 沿着坐标线不能精确的定位质点出发点的位置，这是因为在极点附近球面坐标的曲率特别大；

(2) 以分量形式写的动量方程在极点附近不能精确的积分，因为方程中的曲率项空间变化大。

通常采用旋转坐标法和向量离散法，应用在球面坐标的半拉格朗日计算中。

1. 旋转坐标法

旋转坐标法(McDonand A et al, 1989)的基本思想是：在极区附近，通过旋转引入一个附加坐标，使得新坐标的赤道通过所要计算的格点，并且新的坐标的方向与原始坐标系相一致。出发点就可精确定位，且动量方程在附加坐标中也能精确积分，因为新坐标的曲率很小。然后再转回到原始坐标中，这就完成了整个计算过程。

以浅水波方程为例来说明这种方法，方程为

$$\frac{\mathrm{d}_H u}{\mathrm{d}t} = -\frac{u}{a\cos\varphi}\frac{\partial}{\partial\lambda}(\phi - cD) + fv + C_u \tag{6.4.60}$$

$$\frac{\mathrm{d}_H v}{\mathrm{d}t} = -\frac{u}{a}\frac{\partial}{\partial\theta}(\phi - cD) - fu + C_v \tag{6.4.61}$$

$$\frac{\mathrm{d}_H \phi}{\mathrm{d}t} = -\phi D \tag{6.4.62}$$

这里 D 是散度，定义为

$$D = \frac{1}{a\cos\theta}\left[\frac{\partial u}{\partial\lambda} + \frac{\partial v}{\partial\theta}(v\cos\theta)\right]$$

c 是散度阻尼系数，C_u 和 C_v 是曲率项，定义为

$$C_u = \frac{uv\tan\theta}{a}, \quad C_v = \frac{u^2\tan\theta}{a}$$

注意曲率项在极点附近量级上可超过科氏项。此方程积分区域分为两个(θ_M 为分界线)，一个是去除极区的区域($|\theta| \leqslant \theta_M$)，这里曲率很小；另一个是极区($|\theta| > \theta_M$)，这里曲率很大。

(1) 去除极区的区域($|\theta| \leqslant \theta_M$)

积分动量方程(6.4.60)和(6.4.61)，分为两个半步。在第 1 个半步，气压梯度和散度阻尼项是作显式处理；在第 2 个半步，正好相反。而曲率项在第一个半

步就作全步积分。如此有第 1 步

$$\frac{(u^{n+\frac{1}{2}}-u_*^n)}{\frac{1}{2}\Delta t}=\left[-\frac{1}{a\cos\theta}\frac{\partial}{\partial\lambda}(\phi-cD)+2C_u\right]_*^n+f_*v^{n+\frac{1}{2}} \tag{6.4.63}$$

$$\frac{(v^{n+\frac{1}{2}}-v_*^n)}{\frac{1}{2}\Delta t}=\left[-\frac{\partial}{a\partial\theta}(\phi-cD)+2C_v\right]_*^n-f_*u^{n+\frac{1}{2}} \tag{6.4.64}$$

及第 2 步

$$\frac{\left(u^{n+1}-u^{n+\frac{1}{2}}\right)}{\frac{1}{2}\Delta t}=\left[-\frac{1}{a\cos\theta}\frac{\partial}{\partial\lambda}(\phi-cD)\right]^{n+1}+fv^{n+\frac{1}{2}} \tag{6.4.65}$$

$$\frac{\left(v^{n+1}-v^{n+\frac{1}{2}}\right)}{\frac{1}{2}\Delta t}=\left[-\frac{\partial}{a\partial\theta}(\phi-cD)\right]^{n+1}-fu^{n+\frac{1}{2}} \tag{6.4.66}$$

式中下角码星号 $*$ 表示出发点,无下角码的表示到达点。

连续方程(6.4.62)的积分为

$$\frac{(\phi^{n+1}-\phi_*^n)}{\Delta t}=-\frac{1}{2}\bar{\phi}(D^{n+1}+D_*^n)-(\phi'D)_*^n+f_*v^{n+\frac{1}{2}} \tag{6.4.67}$$

这里,$\bar{\phi}$ 是一个常数,使之 $\phi=\bar{\phi}+\phi'$。由(6.4.63)到(6.4.66),消去带角码 $n+1/2$ 的变量;对方程(6.4.67),将 $n+1$ 的变量移到左端。最后,有

$$\left[u+\frac{\Delta t}{2}\frac{1}{a\cos\theta}\frac{\partial}{\partial\lambda}(\phi-cD)\right]^{n+1}=B_u \tag{6.4.68}$$

$$\left[v+\frac{\Delta t}{2}\frac{1}{a}\frac{\partial}{\partial\theta}(\phi-cD)\right]^{n+1}=B_v \tag{6.4.69}$$

$$\left[\phi+\frac{\Delta t}{2}\bar{\phi}D\right]^{n+1}=B_\phi \tag{6.4.70}$$

这里,

$$B_u=(W_u)_*^n+F(W_v)_*^n,\ B_v=(W_v)_*^n-F(W_u)_*^n$$

$$B_\phi=\left[\phi-\left(\frac{1}{2}\Delta t\bar{\phi}+\Delta t\Phi'\right)D\right]_*^n$$

$$W_u=\frac{Y_u+F\bar{Y}_v}{1+F^2}$$

$$W_v=\frac{Y_v-F\bar{Y}_u}{1+F^2}$$

$$Y_u=u-\frac{\Delta t}{2a\cos\theta}\frac{\partial}{\partial\lambda}(\phi-cD)+\Delta tC_u$$

$$Y_v = v - \frac{\Delta t}{2a}\frac{\partial}{\partial\theta}(\phi - cD) + \Delta t C_v$$

$$F = \frac{1}{2}f\Delta t$$

按 C -网格作空间离散(图 6.4.8),将变量(B_u, B_v, B_ϕ)分别表示在(u, v, ϕ)点上。

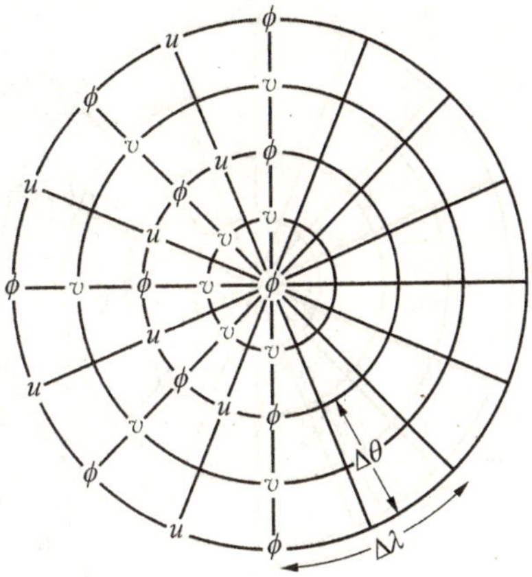

图 6.4.8 球面坐标中变量的 C -网格分布 (引自 McDonand et al, 1989)

由(6.4.68)到(6.4.70)式,消去变量 u 和 v,便可得如下的 HelmHoltz 方程

$$(\nabla^2 - \mu^2)\phi^{n+1} = H \qquad (6.4.71)$$

其中

$$\mu^2 = \left[\left(\frac{\Delta t}{2}\right)^2 \bar{\phi} + c\frac{\Delta t}{2}\right]^{-1}$$

$$H = \mu^2\left[\left(\frac{\Delta t}{2}\bar{\phi}\right)\nabla\cdot\vec{B} + \left(c\frac{\Delta t}{2}\nabla^2 - 1\right)B_\phi\right]$$

当求解上面的方程(6.4.71),得到 ϕ^{n+1} 后,代入方程(6.4.68)和(6.4.69),(u, v)也就可以求出来。

(2) 极区区域($|\theta| > \theta_M$)

在此区域,为了精确定位质点的出发点和积分动量方程,对每个格点 A($\lambda = \lambda_I, \theta = \theta_J$)引入一个附加球面坐标系($\lambda', \theta'$),在此新坐标中格点 A 处在($\lambda' = 0, \theta' = 0$),且单位坐标向量($i$, j)在此格点上两坐标系是重合的(图 6.4.9)。附加坐标与原始坐标可推导出有如下关系

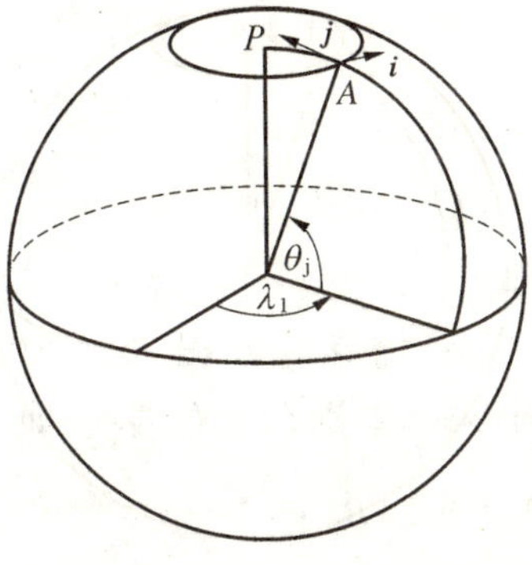

图 6.4.9 在 A 点转动角度 λ_I 和 θ_I 得到的附加坐标 (引自 McDonand et al,1989)

$$\cos\theta'\cos\lambda' = \cos\theta\cos(\lambda - \lambda_I)\cos\theta_J + \sin\theta\sin\theta_J \qquad (6.4.72)$$

$$\cos\theta'\sin\lambda' = \cos\theta\sin(\lambda - \lambda_I) \qquad (6.4.73)$$

$$\sin\theta' = \sin\theta\cos\theta_J - \cos\theta\cos(\lambda - \lambda_I)\sin\theta_J \qquad (6.4.74)$$

由此可推得反演公式为

$$\lambda = \lambda_I + \tan^{-1}\left[\frac{\cos\theta'\sin\lambda'}{\cos\theta'\cos\lambda'\cos\theta_J - \sin\theta'\sin\theta_J}\right] \qquad (6.4.75)$$

$$\theta = \sin^{-1}[\cos\theta'\cos\lambda'\sin\theta_J + \sin\theta'\cos\theta_J] \qquad (6.4.76)$$

利用(6.4.72)—(6.4.72)式可以给出在两种坐标系中速度关系为

$$\begin{pmatrix} u' \\ v' \end{pmatrix} = \begin{pmatrix} G & -S \\ S & G \end{pmatrix}\begin{pmatrix} u \\ v \end{pmatrix} \qquad (6.4.77)$$

其中

$$G = \frac{[\cos\theta\cos\theta_J + \sin\theta\sin\theta_J\cos(\lambda - \lambda_I)]}{\cos\theta'}$$

$$S = \frac{\sin\theta_J\sin(\lambda - \lambda_I)}{\cos\theta'}$$

注意在点 A 处，$G = 1$，$S = 0$。对于 $\nabla\phi$ 的分量，与速度分量有相同的转换方式。

由于在附加坐标中，在点 A 处有小的曲率，因此对应点 A 的出发点可用如下公式精确定位

$$\lambda' = -\left(\frac{u'}{a\cos\theta'}\right)\Delta t,\quad \theta'_* = -\left(\frac{v'}{a}\right)\Delta t \tag{6.4.78}$$

它在原始系统中的坐标可用公式(6.4.75)和(6.4.76)得到。在附加坐标中积分动量方程，用前面的两步法。这就导出在转换坐标中与方程(6.4.63)—(6.4.66)有相同形式。在转换系统中可略去曲率项，因为与科氏项相比是很小项。与(6.4.68)和(6.4.69)对应的方程为

$$\left[u + \frac{\Delta t}{2}\frac{1}{a\cos\theta}\frac{\partial}{\partial\lambda}(\phi - cD)\right]^{n+1} = A_u \tag{6.4.79}$$

$$\left[v + \frac{\Delta t}{2}\frac{1}{a}\frac{\partial}{\partial\theta}(\phi - cD)\right]^{n+1} = A_v \tag{6.4.80}$$

这里

$$A_u = (G_* + FS_*)(W_u)_*^n - (S_* - FG_*)(W_v)_*^n$$

$$A_v = (G_* + FS_*)(W_v)_*^n + (S_* - FG_*)(W_u)_*^n$$

此处 (W_u, W_v) 在前面已定义了，除开曲率项省略外。

连续方程(6.4.70)，它仅涉及标量，不需作转换计算。方程(6.4.70)、(6.4.79)和(6.4.80)可化为与方程(6.4.71)有相同形式，差别在于右端项，即

$$H = \mu^2\left[\left(\frac{\Delta t}{2}\bar{\phi}\right)\nabla\cdot\vec{A} + \left(c\frac{\Delta t}{2}\nabla^2 - 1\right)B_\phi\right]$$

这里 $\vec{A} = (A_u, A_v)$。如此，附加坐标系将方程扩展到全球，从而就克服了极点奇异性问题。

2. 向量离散法

在计算拉格朗日运动轨迹时，需要知道出发点和到达点的风矢量。在一个球面上，这两个风矢量不在同一平面上。因此，对于这样的矢量场的离散化需要采用不同于标量场的离散化方法，如“矢量离散法”(vector discretization)。Bates 等(1990)指出，采用“矢量离散法”处理动量方程的优点是：精度高、计算经济、形式简单。尤其在极点附近的拉格朗日平流轨迹计算更精确。向量形式的动量方程所有项都是光滑变化，甚至在极点附近，沿轨迹精确差分近似也很容

易做到，并且曲率项不显式出现。

矢量离散法的一般做法是，把拉格朗日质点出发点和到达点的风矢量投影到某个同一平面上，如投影到出发点和到达点所在的轨迹中点所在的笛卡尔坐标面上，在这样同一平面的坐标系下进行统一运算。以浅水波方程为例说明具体操作，其向量形式的运动方程为

$$\left(\frac{\mathrm{d}\vec{V}}{\mathrm{d}t}\right)_H = -\nabla(\phi - cD) + f\vec{k}\times\vec{V} \tag{6.4.81}$$

这里 $\vec{V}$ 是水平风向量$(=u\,\vec{i}+v\vec{j})$，$\vec{k}$ 是垂直方向单位矢量，∇ 是水平梯度算子，ϕ 是位势高度，f 是科氏参数，c 是散度阻尼系数，散度 D 定义为

$$D = \frac{1}{a\cos\theta}\left[\frac{\partial u}{\partial\lambda} + \frac{\partial u}{\partial\theta}(v\cos\theta)\right]$$

在(6.4.81)的离散化中，必需确定水平面的意义，即定义为每个质点轨迹中点的水平面。于是(4.4.22)离散化为

$$\left(\frac{V^{n+1} - V_*^n}{\Delta t}\right)_H = -\frac{1}{2}\Big[\{\nabla(\phi - cD) + f\vec{k}\times\vec{V}\}^{n+1} + \{\nabla(\phi - cD) + f\vec{k}\times\vec{V}\}_*^n\Big]_H \tag{6.4.82}$$

这里，$(\quad)^{n+1}$ 表示 $n+1$ 时刻到达点值，$(\quad)_*^n$ 为出发点 n 时刻值。上方程又可写为

$$\left\{\left[V^{n+1} + \frac{\nabla t}{2}\nabla(\phi - cD) + \vec{F}\vec{k}\times\vec{V}\right]^{n+1}\right\}_H = \left\{\left[V^{n+1} - \frac{\nabla t}{2}\nabla(\phi - cD) - \vec{F}\vec{k}\times\vec{V}\right]_*^n\right\}_H \tag{6.4.83}$$

这里，$\vec{F} = \frac{f\nabla t}{2}$。然后将上式化为分量形式

$$[(X_u)^{n+1}i + (X_v)^{n+1}j]_H = [(X_u)_*^n i_* + (X_v)_*^n j_*]_H \tag{6.4.84}$$

而

$$X_u = u + \frac{\Delta t}{2}\frac{1}{a\cos\theta}\frac{\partial}{\partial\lambda}(\phi - cD) - Fv$$

$$X_v = v + \frac{\Delta t}{2}\frac{1}{a}\frac{\partial}{\partial\theta}(\phi - cD) + Fv$$

$$Y_u = u - \frac{\Delta t}{2}\frac{1}{a\cos\theta}\frac{\partial}{\partial\lambda}(\phi - cD) + Fv$$

$$Y_v = v - \frac{\Delta t}{2}\frac{1}{a}\frac{\partial}{\partial\theta}(\phi - cD) - Fu$$

其中 (i, j)、(i_*, j_*) 分别是到达点和出发点平面上单位向量。

为了将(6.4.84)式各项投影在轨迹中点平面上,必须把 (i, j) 和 (i_*, j_*) 用 $(i, j)_M$(中点的单位向量)来表示。用球面三角几何可推导出他们的关系,利用这些关系可推写出(6.4.84)式中与 i_M, j_M 有关的系数为

对于 i_M

$$\cos(\lambda_M-\lambda)(X_u)^{n+1}+\sin\theta\sin(\lambda_M-\lambda)(X_v)^{n+1}$$
$$=\cos(\lambda_M-\lambda_*)(X_u)_*^n+\sin\theta_*\sin(\lambda_M-\lambda_*)(X_v)_*^n \tag{6.4.85}$$

对于 j_M

$$\sin\theta_M\sin(\lambda_M-\lambda)(X_u)^{n+1}-\{\cos\theta_M\cos\theta+\sin\theta_M\sin\theta$$
$$\cos(\lambda_M-\lambda)\}(X_v)^{n+1}=\sin\theta_M\sin(\lambda_M-\lambda_*)(X_u)_*^n$$
$$-\{\cos\theta_M\cos\theta_*+\sin\theta_M\sin\theta_*\cos(\lambda_M-\lambda_*)\}(X_v)_*^n \tag{6.4.86}$$

解出 $(X_u, X_v)^{n+1}$,有

$$X_u^{n+1}=A_u \tag{6.4.87}$$
$$X_v^{n+1}=A_v \tag{6.4.88}$$

这里,

$$A_u=\alpha_1(Y_u)_*^n+\alpha_2(Y_v)_*^n$$
$$A_v=\alpha_3(Y_u)_*^n+\alpha_4(Y_v)_*^n$$

其中

$$\alpha_1=\cos(\lambda_M-\lambda_*)+\cos\theta_M\sin(\lambda-\lambda_M)\cos\theta\sin(\lambda-\lambda_*)/Z$$
$$\alpha_2=\sin\theta_*\sin(\lambda-\lambda_*)$$
$$+\cos\theta_M\sin(\lambda-\lambda_M)[\sin\theta\cos\theta_*-\cos\theta\sin\theta_*\cos(\lambda-\lambda_*)]/Z$$
$$\alpha_3=-\sin\theta_M\sin(\lambda-\lambda_*)/Z$$
$$\alpha_4=[\sin\theta_M\sin\theta_*\cos(\lambda-\lambda_*)+\cos\theta_M\cos\theta_*\cos(\lambda-\lambda_M)]/Z$$
$$Z=\sin\theta\sin\theta_M+\cos\theta\cos\theta_M\cos(\lambda-\lambda_M)$$

对 $(u, v)^{n+1}$ 求解(6.4.87)和(6.4.88)式,有

$$u^{n+1}=\frac{1}{1+F^2}\left[-\frac{\Delta t}{2}\left(\frac{1}{a\cos\theta}\frac{\partial}{\partial\lambda}+\frac{F}{a}\frac{\partial}{\partial\theta}\right)(\phi-cD)^{n+1}+(A_u+FA_v)\right] \tag{6.4.89}$$

$$v^{n+1}=\frac{1}{1+F^2}\left[-\frac{\Delta t}{2}\left(\frac{1}{a\cos\theta}\frac{\partial}{\partial\lambda}-\frac{F}{a}\frac{\partial}{\partial\theta}\right)(\phi-cD)^{n+1}+(A_v+FA_v)\right] \tag{6.4.90}$$

因此有

$$D^{n+1}=-\frac{\Delta t}{2}\left(\frac{1}{1+F^2}\right)\left[\nabla^2-\frac{c_1}{a\cos\theta}\frac{\partial}{\partial\lambda}-\frac{c_2}{a}\frac{\partial}{\partial\theta}\right](\phi-cD)^{n+1}$$
$$+\left(\frac{1}{1+F^2}\right)\widetilde{A} \tag{6.4.91}$$

这里

$$c_1 = \left(\frac{1 - F^2}{1 + F^2}\right)\frac{1}{a}\frac{\partial F}{\partial \theta}$$

$$c_2 = \left(\frac{2F}{1 + F^2}\right)\frac{1}{a}\frac{\partial F}{\partial \theta}$$

$$\widetilde{A} = \nabla \cdot \vec{A} + F\vec{k} \cdot \nabla \times \vec{A} - c_1 A_u - c_2 A_v$$

$$\vec{A} = (A_u, A_v)$$

值得注意的是,向量离散化的动量方程的曲率项不再显式出现,他们完全进入轨迹估计和内插处理过程中。浅水波连续方程为

$$\frac{\mathrm{d}\phi}{\mathrm{d}t} = -\bar{\phi}D - \phi' D + f\vec{k} \times \vec{V}$$

这里 $\phi = \bar{\phi} + \phi'$, $|\phi'| \leqslant \bar{\phi}$。离散化后为

$$\frac{\phi^{n+1} - \phi^n_*}{\Delta t} = -\frac{\bar{\phi}}{2}(D^{n+1} + D^n_*) - (\phi' D)_M^{n+\frac{1}{2}}$$

或写为

$$\left(\phi + \bar{\phi}\frac{\Delta t}{2}D\right)^{n+1} = B_\phi \tag{6.4.92}$$

其中

$$B_\phi = \left(\phi - \bar{\phi}\frac{\Delta t}{2}D\right)^n_* - (\phi' D)_M^{n+\frac{1}{2}}\Delta t$$

用(6.4.92)式从(6.4.91)式中消去 D^{n+1},就可得如下的椭圆型方程

$$\left[\nabla^2 - \frac{c_1}{a\cos\theta}\frac{\partial}{\partial\lambda} - \frac{c_2}{a}\frac{\partial}{\partial\theta} - c_3\right]\phi^{n+1} = H \tag{6.4.93}$$

其中

$$c_3 = (1 + F^2)\mu^2$$

$$\mu^2 = \left[\left(\frac{\Delta t}{2}\right)^2\bar{\phi} + c\frac{\Delta t}{2}\right]^{-1}$$

$$H = \mu^2\left\{\left(\frac{\Delta t}{2}\bar{\phi}\right)\widetilde{A} + \left[c\frac{\Delta t}{2}\left(\nabla^2 - \frac{c_1}{a\cos\theta}\frac{\partial}{\partial\lambda} - \frac{c_2}{a}\frac{\partial}{\partial\theta}\right) - (1 + F^2)\right]B_\phi\right\}$$

用 C-网格(图 6.4.8)作空间离散化,这时量 Y_u 是在 u-点估值, Y_v 是在 v-点估值,有

$$Y_u = u + F\bar{v} - \frac{\Delta t}{2}\frac{1}{a\cos\theta}\delta_\lambda(\phi - cD) \tag{6.4.94}$$

$$Y_v = v - F\bar{u} - \frac{\Delta t}{2}\frac{1}{a}\delta_\lambda(\phi - cD) \tag{6.4.95}$$

这里,$(\delta_\lambda, \delta_\theta)$ 是中央差分算子,$(\bar{X})$ 表示 16-点平均,在与极点相连的点上为 4-点平均。

6.5 JFNK方法概述及其在大气全隐式非静力模式中的应用方案

6.5.1 引言

灾害性天气预报一直是气象科学的一个大课题。国际上正酝酿开展的"THORPEX"计划,其目的就在于改进对有重大影响(high-impact)天气事件的预报。作为主要预报手段,发展完善数值预报模式就成为当务之急。它涉及多方面的问题,其中提高模式的水平和垂直分辨率是基本的,也是有效的手段,这一点已为近二三十年来数值预报实践所肯定。近年来,计算机和计算技术迅猛发展,充分利用计算机资源,极大地提高模式分辨率,发展高精度新一代数值模式,已成为各国数值预报研究的共同努力方向,不仅是针对中小尺度系统区域模式,对于用于中期预报和短期气候预报的模式也是如此。

然而提高分辨率,不是简单地缩小网格就可达到预期目的。已有研究表明,在目前模式水平上继续提高分辨率,还是否有明显收益,采用全隐式方案是保证之一。因此,发展全隐式模式,研究它的高效算法,已成为模式发展的一个前沿课题。

多年来各国的模式广泛采用半隐式差分格式,对不同时间尺度的大气运动采取不同的时间差分格式。从计算稳定性看,半隐式格式容许人们取时间步长远比显式格式的长。然而,这种在方程组中对产生快波和慢波项分别采用显式和隐式差分的做法,造成不协调形成新的误差源(Mousseau V A et al, 2002)。例如,对σ坐标及高度地形追随坐标$\hat{z}$中气压梯度项的差分,其第一项是线性项直接做隐式差分;而第二项是非线性项,先线性化得出一项为线性项和一项为偏差变量的非线性项,前者使用隐式差分,后者使用显式差分。如此在气压梯度项的这三部分中,使用了两种不同差分格式,无疑将产生不协调,引起计算误差。另外,很难做到差分格式保持原方程组的时空守恒性。很多采用半隐式格式的天气预报和气候模式中,所使用的总能量守恒计算格式,仅是在显式格式条件下才成立,例如欧洲中期天气预报中心(ECMWF)的原欧拉格式的模式就是如此。只有向全隐式格式发展,才有助于解决上述问题。

在这组非线性方程中取全隐式格式,即不管是在线性项还是非线性项中的变量均取未来时刻(一阶精度)或取未来和现在两时刻的平均(二阶精度),就能克服上面的问题。用迭代求解,在给定的时间步长内多次迭代直至非线性线误差很小,就称之为非线性协调求解方法。在这种全隐式非线性协调求解方法中就不会出现像半隐式格式那样产生不协调引起的误差及对计算格式守恒性影响(如果此格式是守恒的)。我国学者早已认识采用全隐式格式的必要,并沿此方向长期不懈努力,例如,有名的全隐式能量守恒格式(曾庆存等,1981),在离散化的差分方程组中应用此格式可使整个系统在时间和空间上保持总能量守恒,和防止能量向短波单向传递的"尺度守恒性",保证计算绝对稳定。这比世界上常用的瞬时空间守恒格式进了一大步。然而,这种全隐式格式尚未解决迭代收敛问题,致使在实际应用时,不管收敛与否只要达到事先设定迭代次数,就停止迭代(左瑞亭等,2004)。这会带来不小误差,并且总能量难以保持原设计的时空守恒,因而需要探索更好的求解方法。

此外,大气谱模式,是对产生重力波的项分出线性项,作隐式处理,其他项如平流项作显式处理,最后消元形成对一个变量的线性 Helmholtz 或 Poisson 方程。全隐式格式应用于大气非线性方程组时,就难于形成一个线性的 Helmholtz 方程。另外,对于非静力的半隐式半拉格朗日预报模式,最后要求解一个三维 Helmholtz 方程。这个方程是变系数,且带交叉微商项,很难用谱方法处理。至今还没有看到用全隐式格式求解谱模式的报导,这可能是一个原因。

近年来在计算数学领域内发展出一种专门针对非线性方程隐式求解方法,称为 JFNK(Jacobin-free Newton-Krylov)方法(Mousseau V A et al,2002;Brown P et al,1990;Knoll D A et al,2004)。Newton 方法提供非线性协调性,而 Krylov 方法是用来解大型矩阵。JFNK 方法一个突出特点是,它不要求形成和存贮 Jacobian 矩阵,只是将 Jacobian 矩阵的作用,用一种差分来近似求得。其次,在 JFNK 方法中用 Krylov 子空间方法求解矩阵时往往使用广义的最小余差法(GMRES)(Saad Y,1996),它是求解大型非对称矩阵的有效方法。十分关键的是,JFNK 引入预条件处理器(preconditioner),或称"预条件子",使求解的矩阵尽量对角化,迭代求解十分有效。预条件处理器的有效构造,十分依赖于所研究的物理问题,因而具有充分的研究发展空间,需要我们气象工作者去研究,而这也是主要的难点所在。根据物理问题形成的预条件处理器(Mousseau V A,2002)是十分好用的,它在给定的时间步长内对给定的问题给出一个光滑且合理的近似解。在国外,JFNK 方法已成功的应用到计算物理的多个领域(Knoll D A et al,2004),如流体动力学、空气动力学,等离子物理,电抗性流和相变流,辐射扩散和辐射流体力学,以及地球物理流体等领域中。在国内,大气科学领域尚未见其应用的报导。

6.5.2 JFNK 方法

JFNK 方法最先是由 Brown P 等(1990)及 Chan T F 等(1984)提出,这里讨论如下。Newton 方法是解如下的非线性方程组

$$F(x) = 0 \tag{6.5.1}$$

x 是离散变量的向量。对(6.5.1)用 Taylor 展开,略去高次项,有

$$F(x^{k+1}) = F(x^k) + F'(x^k)(x^{k+1} - x^k)$$

令上式右端为零就得到严格的 Newton 法,其迭代形式为

$$J(x^k)\delta x^k = -F(x^k), \quad x^{k+1} = x^k + \delta x^k \quad (k = 0, 1, \cdots) \tag{6.5.2}$$

给定初值 x^0。这里 $F(x^k)$ 是非线性余差向量值(它将在 6.5.4 节中详细给出),$J \equiv F'$ 是相关的 Jacobian 矩阵,k 是非线性迭代指数。迭代依赖于非线性余差的范数,直到

$$\frac{\| F(x^k) \|}{\| F(x^0) \|} \leqslant tol_{\mathrm{res}}(= 1.0 \times 10^{-7})$$

迭代停止,这里 tol_{res} 是非线性收敛判据。

在多数情况下公式(6.5.2)中的 Jacobian 矩阵 J 是巨大的,有时写不出具体形式,且求解十分耗时。往往采用 Krylov 迭代的解法 GMRES 近似求解,第 m 次 Krylov 迭代是如下形式

$$\delta x_m^k = a_0 r_0 + a_1 J r_0 + a_2 J^2 r_0 + \cdots + a_m J^m r_0 \tag{6.5.3}$$

这里

$$r_0 = -J\delta x_0^k - F(x^k)$$

δx_0^k 是初估值。而 $a_0, a_1, a_2, \cdots, a_m$ 是由 Krylov 方法构成的系数(即 GMRES 算法来计算)。Krylov 迭代直到

$$\frac{\| J\delta x_m^k - F(x^k) \|}{\| J\delta x_0^k - F(x^k) \|} \leqslant \varepsilon_l$$

这里

$$\varepsilon_l = \gamma \| F(x^k) \|$$

γ 是常数取为 1.0×10^{-3}。

Newton-Krylov 方法需要形成和贮存 Jacobian 矩阵,对于一些复杂的非线性余差问题,这是十分艰巨的工作。但观察(6.5.3)式,可发现仅要求 Jacobian 矩阵的作用(即矩阵与变量相乘),而不要求矩阵本身。Jacobian 矩阵的作用可近似表示为(Brown P et al,1990;Chan F et al,1984)

$$Jv \approx \frac{F(x + \varepsilon v) - F(x)}{\varepsilon} \tag{6.5.4}$$

这里

$$\varepsilon = \frac{\sum_{i=1}^{N} a x_i}{N \| v \|_2}, \quad a = 1.0 \times 10^{-8} \tag{6.5.5}$$

这里 N 是格点数。(6.5.4)式近似表示Jacobian矩阵的作用,不需要形成和贮存矩阵。然而却要求贮存每一个Krylov向量($a_0 r_0$, $a_1 J r_0$, $a_2 J^2 r_0$, …, $a_m J^m r_0$)。因此,假若Krylov迭代数是巨大的,则贮存量就不可承受。这里保持迭代数充分小的关键,是对这个线性系统进行预条件处理。方程(6.5.2)式的预条件处理方案为

$$J(x^k) P^{-1} P \delta x^k = - F(x^k) \tag{6.5.6}$$

这里 P 是预条件处理矩阵,它应具有使矩阵(JP^{-1})尽量对角化的性质。定义新矩阵为

$$J' = J(x^k) P^{-1} \tag{6.5.7}$$

而新解为

$$\delta x' = P \delta x^k \tag{6.5.8}$$

即

$$J' \delta x' = - F(x) \tag{6.5.9}$$

或把(6.5.9)式重写为

$$J P^{-1} \delta x' = - F(x^k) \tag{6.5.10}$$

解上面方程,我们需要计算矩阵 $JP^{-1}(=J')$ 对Krylov向量 v 的作用,

$$w = J P^{-1} v \tag{6.5.11}$$

计算上可分为两步进行。首先,对 q 求解 $Pq = v$,相当于对后面第6.5.5节半隐式方程(6.5.57)—(6.5.61)或(6.5.62)求解;然后,用Jacobian-free近似计算

$$Jq \approx \frac{F(x + \varepsilon q) - F(x)}{\varepsilon} \tag{6.5.12}$$

该过程每次需要Jacobian矩阵的作用时都要进行。当Krylov方法对解 $\delta x'$ 收敛后,最后一步是对 δx 求解

$$P \delta x = \delta x' \tag{6.5.13}$$

这就完成了一次Newton迭代。

6.5.3 大气非静力模式基本方程组

1. 在高度 z 坐标中的基本方程

运动方程

$$\frac{\mathrm{d}u}{\mathrm{d}t} = - \frac{c_p \theta}{r \cos\varphi} \frac{\partial \Pi}{\partial \lambda} + fv + F_u + \frac{uv \tan\varphi}{r} \tag{6.5.14}$$

$$\frac{dv}{dt} = -\frac{c_p\theta}{r}\frac{\partial \Pi}{\partial \varphi} - fu + F_v - \frac{u^2\tan\varphi}{r} \tag{6.5.15}$$

$$\frac{dw}{dt} = -c_p\theta\frac{\partial \Pi}{\partial r} - g + F_w \tag{6.5.16}$$

在静力情况下直接令 $\frac{dw}{dt}$ 为零。

连续方程

$$(\gamma - 1)\frac{d\Pi}{dt} = -\Pi \cdot D_3 + \frac{F_\theta^*}{\theta} \tag{6.5.17}$$

热力学方程

$$\frac{d\theta}{dt} = \frac{F_\theta^*}{\Pi} \tag{6.5.18}$$

这里，

$$F_\theta^* = \frac{Q_T + F_T}{c_p}, \quad \gamma = \frac{c_p}{R}$$

$$\frac{d}{dt} = \frac{\partial}{\partial t} + \frac{u}{a\cos\varphi}\frac{\partial}{\partial \lambda} + \frac{v}{a}\frac{\partial}{\partial \varphi} + \hat{w}\frac{\partial}{\partial z}$$

F_u、F_v、F_w、F_T 为扩散项，Q_T 为非绝热加热项。三维散度 D_3、位温 θ 和气压中间变量 Π 分别定义为

$$D_3 = \nabla \cdot \vec{V} = \frac{1}{a\cos\varphi}\frac{\partial u}{\partial \lambda} + \frac{1}{a\cos\varphi}\frac{\partial v\cos\varphi}{\partial \varphi} + \frac{\partial w}{\partial z}$$

$$\theta = T\left(\frac{P_0}{P}\right)^{\frac{R}{c_p}} = \frac{T}{\Pi}, \quad \Pi = \left(\frac{P}{P_0}\right)^{\frac{R}{c_p}}$$

其他符号与常用气象符号相同。

2. 高度地形追随坐标 $\hat{z}$ 中的基本方程

高度坐标是描述非静力平衡动力过程的理想垂直坐标，但是起伏不平的地表面给下边界条件的给定增加了困难。考虑到这一点，采用既有 σ 坐标地表面是一个坐标面特点、又有高度坐标性质的“高度地形追随坐标”(height-based terrain-following coordinate)作为垂直坐标，定义为(Gal-Chen et al, 1975)

$$\hat{z} = Z_T\frac{z - Z_s(\lambda, \varphi)}{Z_T - Z_s(\lambda, \varphi)} \tag{6.5.19}$$

这里 Z_s 和 Z_T 分别为地形高度和模式层顶高度。在 $z = Z_s$ 处，$\hat{z} = 0$；在 $z = Z_T$ 处，$\hat{z} = Z_T$。高度地形追随坐标中的垂直速度 $\hat{w}$ 可表示为

$$\hat{w} = \frac{d\hat{z}}{dt} = \frac{Z_T}{\Delta Z_s}\left[w - \frac{\Delta Z_z}{\Delta Z_s}\left(\frac{u}{a\cos\varphi}\frac{\partial Z_s}{\partial \lambda} + \frac{v}{a}\frac{\partial Z_s}{\partial \varphi}\right)\right] \tag{6.5.20}$$

其中 w 是 z 坐标中的垂直速度，$\Delta Z_s = Z_T - Z_s(\lambda, \varphi)$ 和 $\Delta Z_z = Z_T - z$。上下

边界条件为：在 $\hat{z}=0$ 和 $\hat{z}=Z_T$ 处，$\hat{w}_T=\hat{w}_s=0$。

在绝热无摩擦假定下，上面的方程(6.5.14)—(6.5.18)度地形追随坐标 $\hat{z}$ 中，可改写为

$$\frac{\partial U}{\partial t}-(f+\zeta)V+\hat{w}\frac{\partial U}{\partial \hat{z}}+\frac{1}{a(1-\mu^2)}\frac{\partial}{\partial\lambda}\left(\frac{U^2+V^2}{2}\right)$$
$$+c_p\theta\left(\frac{1}{a}\frac{\partial}{\partial\lambda}+Z_{sx}\frac{\partial}{\partial\hat{z}}\right)\Pi=0 \tag{6.5.21}$$

$$\frac{\partial V}{\partial t}+(f+\zeta)U+\hat{w}\frac{\partial V}{\partial \hat{z}}+\frac{1}{a}\frac{\partial}{\partial\mu}\left(\frac{U^2+V^2}{2}\right)$$
$$+c_p\theta\left(\frac{(1-\mu^2)}{a}\frac{\partial}{\partial\mu}+Z_{sy}\frac{\partial}{\partial\hat{z}}\right)\Pi=0 \tag{6.5.22}$$

$$\frac{\partial w}{\partial t}+\frac{U}{a(1-\mu^2)}\frac{\partial w}{\partial\lambda}+\frac{V}{a}\frac{\partial w}{\partial\mu}+\hat{w}\frac{\partial w}{\partial\hat{z}}+c_p\theta\frac{Z_T}{\Delta Z_s}\frac{\partial\Pi}{\partial\hat{z}}+g=0 \tag{6.5.23}$$

$$\frac{\partial \Pi}{\partial t}+\frac{U}{a(1-\mu^2)}\frac{\partial \Pi}{\partial\lambda}+\frac{V}{a}\frac{\partial \Pi}{\partial\mu}+\hat{w}\frac{\partial \Pi}{\partial\hat{z}}+\frac{1}{(\gamma-1)}\Pi D_3=0 \tag{6.5.24}$$

$$\frac{\partial \theta}{\partial t}+\frac{U}{a(1-\mu^2)}\frac{\partial \theta}{\partial\lambda}+\frac{V}{a}\frac{\partial \theta}{\partial\mu}+\hat{w}\frac{\partial \theta}{\partial\hat{z}}=0 \tag{6.5.25}$$

为了便于谱方法应用，上面的方程中已将速度(u，v)改写为

$$U=u\cos\varphi,\quad V=v\cos\varphi$$

垂直速度、涡度和三维散度分别定义为

$$\hat{w}=\frac{Z_T}{\Delta Z_s}\left[w-\frac{\Delta Z_z}{\Delta Z_s}\frac{1}{(1-\mu^2)}(UZ_{sx}+VZ_{sy})\right] \tag{6.5.26}$$

$$\zeta=\left[\frac{1}{a(1-\mu^2)}\frac{\partial V}{\partial\lambda}-\frac{1}{a}\frac{\partial U}{\partial\mu}\right]$$

$$D_3=(D_3)_{\hat{z}}-\frac{1}{(1-\mu^2)\Delta Z_s}(UZ_{sx}+VZ_{sy})$$

而 $(D_3)_{\hat{z}}$ 是 $\hat{z}$ 面上的散度，定义为

$$(D_3)_{\hat{z}}=\left[\frac{1}{a(1-\mu^2)}\frac{\partial U}{\partial\lambda}\right]_{\hat{z}}+\left(\frac{1}{a}\frac{\partial V}{\partial\mu}\right)_{\hat{z}}+\frac{\partial\hat{w}}{\partial\hat{z}}$$

其他符号定义为

$$\mu=\sin\varphi,\quad Z_{sx}=\frac{1}{a}\frac{\partial Z_s}{\partial\lambda},\quad Z_{sy}=\frac{(1-\mu^2)}{a}\frac{\partial Z_s}{\partial\mu}$$

Z_s 是地形高度。(6.5.21)—(6.5.25)方程就是非静力模式大气控制方程组，它包含有声波，用显式格式计算，时间步长只能取得非常小，计算效益差。如用半隐式计算需求解三维的 Helmholtz 方程，迭代难于收敛。下面我们将用前面第 6.5.2 节中讨论的 JFNK 方法求解，具体分析如下。

6.5.4 非线性余差——全隐式差分格式

为便于灵活的空间离散化(或差分方法或谱方法),对方程组(6.5.21)—(6.5.25)仅对时间离散化,保留空间微分形式,其非线性余差书写如下

$$(U^{n+1}-U^{n})\frac{1}{\Delta t}+\frac{1}{2}\left[-(f+\zeta)V+\hat{w}\frac{\partial U}{\partial \hat{z}}+\frac{1}{a(1-\mu^2)}\frac{\partial}{\partial \lambda}\left(\frac{U^2+V^2}{2}\right)\right.$$

$$\left.+c_p\theta\cdot\left(\frac{1}{a}\frac{\partial}{\partial \lambda}+Z_{sx}\frac{\partial}{\partial \hat{z}}\right)\Pi\right]^{n+1}+\frac{1}{2}[\ldots]^n=F_u(U^{n+1}) \tag{6.5.27}$$

$$(V^{n+1}-V^{n})\frac{1}{\Delta t}+\frac{1}{2}\left\{(f+\zeta)U+\hat{w}\frac{\partial V}{\partial \hat{z}}+\frac{1}{a}\frac{\partial}{\partial \mu}\left(\frac{U^2+V^2}{2}\right)\right.$$

$$\left.+c_p\theta\cdot\left[\frac{(1-\mu^2)}{a}\frac{\partial}{\partial \varphi}+Z_{sy}\frac{\partial}{\partial \hat{z}}\right]\Pi\right\}^{n+1}+\frac{1}{2}[\ldots]^n=F_v(V^{n+1}) \tag{6.5.28}$$

$$(w^{n+1}-w^{n})\frac{1}{\Delta t}+\frac{1}{2}\left[\frac{U}{a(1-\mu^2)}\frac{\partial w}{\partial \lambda}+\frac{V}{a}\frac{\partial w}{\partial \mu}+\hat{w}\frac{\partial w}{\partial \hat{z}}\right.$$

$$\left.+c_p\theta\frac{Z_{\mathrm{T}}}{\Delta Z_{\mathrm{s}}}\frac{\partial \Pi}{\partial \hat{z}}+g\right]^{n+1}+\frac{1}{2}[\ldots]^n=F_w(w^{n+1}) \tag{6.5.29}$$

$$(\Pi^{n+1}-\Pi^{n})\frac{1}{\Delta t}+\frac{1}{2}\left[\frac{U}{a(1-\mu^2)}\frac{\partial \Pi}{\partial \lambda}+\frac{V}{a}\frac{\partial \Pi}{\partial \mu}+\hat{w}\frac{\partial \Pi}{\partial \hat{z}}\right.$$

$$\left.+\frac{1}{(\gamma-1)}\Pi\cdot D_3\right]^{n+1}+\frac{1}{2}[\ldots]^n=F_\Pi(\Pi^{n+1}) \tag{6.5.30}$$

$$(\theta^{n+1}-\theta^{n})\frac{1}{\Delta t}+\frac{1}{2}\left[\frac{U}{a(1-\mu^2)}\frac{\partial \theta}{\partial \lambda}+\frac{V}{a}\frac{\partial \theta}{\partial \mu}+\hat{w}\frac{\partial \theta}{\partial \hat{z}}\right]^{n+1}$$

$$+\frac{1}{2}[\ldots]^n=F_\theta(\theta^{n+1}) \tag{6.5.31}$$

其中,方括号中的省略号表示这里的所有项与前一个方括号中的项完全相同。右端项表示方程时空离散后引起的非线性余差,向量表示为

$$F(x^{n+1})=\begin{pmatrix}F_u(u^{n+1})\\F_v(v^{n+1})\\F_w(w^{n+1})\\F_\Pi(\Pi^{n+1})\\F_\theta(\theta^{n+1})\end{pmatrix} \tag{6.5.32}$$

x 是向量离散变量 $(u,\ v,\ w,\ \Pi,\ \theta)$。

6.5.5 静力假定下的控制方程组——预条件处理器

这里我们是将静力和绝热假定下的方程组作为预条件处理器。理由是,从物理上讲,控制方程组的静力假定下的解与非静力的解应比较相近,后者的解仅是前者的锦上添花。因此静力假定下的解形成的预条件处理矩阵,具有前面公式(6.5.6)中要求的性质——矩阵($\boldsymbol{JP}^{-1}$)尽量对角化,进一步加快迭代收敛速度。

1. 控制方程组

在静力和绝热假定下方程组(6.5.21)—(6.5.25)改写为

运动方程

$$\frac{\partial U}{\partial t}-(f+\zeta)V+\hat{w}\frac{\partial U}{\partial \hat{z}}+\frac{1}{a(1-\mu^2)}\frac{\partial}{\partial \lambda}\left(\frac{U^2+V^2}{2}\right)+c_p\theta\left(\frac{1}{a}\frac{\partial}{\partial \lambda}+Z_{sx}\cdot\frac{\partial}{\partial \hat{z}}\right)\Pi=0 \tag{6.5.33}$$

$$\frac{\partial V}{\partial t}+(f+\zeta)U+\hat{w}\frac{\partial V}{\partial \hat{z}}+\frac{1}{a}\frac{\partial}{\partial \mu}\left(\frac{U^2+V^2}{2}\right)+c_p\theta\left[\frac{(1-\mu^2)}{a}\frac{\partial}{\partial \varphi}+Z_{sy}\frac{\partial}{\partial \hat{z}}\right]\Pi=0 \tag{6.5.34}$$

连续方程

$$\frac{\partial \Pi}{\partial t}+\frac{U}{a(1-\mu^2)}\frac{\partial \Pi}{\partial \lambda}+\frac{V}{a}\frac{\partial \Pi}{\partial \mu}+\hat{w}\frac{\partial \Pi}{\partial \hat{z}}+\frac{1}{(\gamma-1)}\Pi D_3=0 \tag{6.5.35}$$

为计算 $\hat{z}$ 面上的垂直速度,上方程又可改写为

$$\frac{\partial \hat{w}}{\partial \hat{z}}=-\frac{(\gamma-1)}{\Pi}\frac{\mathrm{d}\Pi}{\mathrm{d}t}-D_2 \tag{6.5.36}$$

或

$$\int_0^{Z_{\mathrm{T}}}\left(\frac{1}{\Pi}\frac{\mathrm{d}\Pi}{\mathrm{d}t}\right)\mathrm{d}\hat{z}=-\frac{\bar{D}_2}{(\gamma-1)} \tag{6.5.37}$$

其中 $\bar{D}_2$ 是所有各层二维散度 $(D_2)_k$ 的平均, D_2 定义为

$$D_2=D-\frac{1}{(1-\mu^2)\Delta Z_{\mathrm{s}}}(U\cdot Z_{sx}+V\cdot Z_{sy})$$

这里 $\hat{z}$ 面上的二维散度 D 定义为

$$D=\left(\frac{1}{a(1-\mu^2)}\frac{\partial U}{\partial \lambda}\right)_{\hat{z}}+\left(\frac{1}{a}\frac{\partial V}{\partial \mu}\right)_{\hat{z}}$$

垂直速度 $\hat{w}$ 是积分(6.5.36)式求得为

$$\hat{w}=-\int_0^{\hat{z}}\frac{(\gamma-1)}{\Pi}\frac{\mathrm{d}\Pi}{\mathrm{d}t}\mathrm{d}\hat{z}-\int_0^{\hat{z}}D_2\mathrm{d}\hat{z} \tag{6.5.38}$$

热力学方程

$$\frac{\partial\theta}{\partial t}+\frac{U}{a(1-\mu^2)}\frac{\partial\theta}{\partial\lambda}+\frac{V}{a}\frac{\partial\theta}{\partial\mu}+\hat{w}\frac{\partial\theta}{\partial\hat{z}}=0 \tag{6.5.39}$$

静力方程

$$\frac{\partial\Pi}{\partial\hat{z}}=-\frac{\Delta Z_s}{Z_T}\frac{g}{c_p\theta} \tag{6.5.40}$$

为计算 $\hat{z}$ 面上的垂直速 $\hat{w}$，上方程又可改写为

$$\frac{d}{dt}\left(\frac{\partial\Pi}{\partial\hat{z}}\right)+\frac{1}{\Delta Z_s}(V\cdot\nabla Z_s)\frac{\partial\Pi}{\partial\hat{z}}=0 \tag{6.5.41}$$

D_3 可改写为

$$D_3=D_2+\frac{\partial\hat{w}}{\partial\hat{z}} \tag{6.5.42}$$

方程(6.5.33)—(6.5.40)是在静力和绝热假定下的控制方程。而连续方程(6.5.36)，(6.5.37)和静力方程(6.5.41)是用来计算诊断变量垂直速度 $\hat{w}$ 的。

2. 半隐式方程组

为构造半隐式差分格式，需对产生重力波的项分出线性项来。对运动方程，用静力关系(6.5.40)，运动方程气压梯项第二项为

$$c_p\theta Z_{sx}\frac{\partial\Pi}{\partial\hat{z}}=c_p\theta Z_{sx}\left(-\frac{\Delta Z_s}{Z_T}\frac{g}{c_p\theta}\right)=-\left(\frac{g\Delta Z_s}{Z_T}\right)Z_{sx}$$

同理有

$$c_p\theta Z_{sy}\frac{\partial\Pi}{\partial\hat{z}}=-\left(\frac{g\Delta Z_s}{Z_T}\right)Z_{sy}$$

因此，运动方程可化为

$$\frac{\partial U}{\partial t}=-N_u-c_p\theta_0\frac{1}{a}\frac{\partial\Pi}{\partial\lambda} \tag{6.5.43}$$

$$\frac{\partial V}{\partial t}=-N_v-c_p\theta_0\frac{(1-\mu^2)}{a}\frac{\partial\Pi}{\partial\mu} \tag{6.5.44}$$

$$N_u=-(f+\zeta)V+\hat{w}\frac{\partial U}{\partial\hat{z}}+\frac{1}{a(1-\mu^2)}\frac{\partial}{\partial\lambda}\left(\frac{U^2+V^2}{2}\right)$$
$$+c_p(\theta-\theta_0)\frac{1}{a}\frac{\partial\Pi}{\partial\lambda}+\left(\frac{g\Delta Z_s}{Z_T}\right)\cdot Z_{sx}$$

$$N_v=(f+\zeta)U+\hat{w}\frac{\partial V}{\partial\hat{z}}+\frac{1}{a}\frac{\partial}{\partial\mu}\left(\frac{U^2+V^2}{2}\right)$$
$$+c_p(\theta-\theta_0)\frac{(1-\mu^2)}{a}\frac{\partial\Pi}{\partial\mu}+\left(\frac{g\Delta Z_s}{Z_T}\right)Z_{sx}$$

其中 θ_0 为常数。对连续方程，分解项

$$\Pi D_3 = \Pi\Big[\Big(\frac{1}{a(1-\mu^2)}\frac{\partial U}{\partial \lambda}\Big)_{\hat{z}} + \Big(\frac{1}{a}\frac{\partial V}{\partial \mu}\Big)_{\hat{z}} + \frac{\partial \hat{w}}{\partial \hat{z}} - \frac{1}{(1-\mu^2)\Delta Z_s}(UZ_{sx} + VZ_{sy})\Big]$$
$$= \Pi_0 D + (\Pi - \Pi_0)D + \Pi\Big[\frac{\partial \hat{w}}{\partial \hat{z}} - \frac{1}{(1-\mu^2)\Delta Z_s}(UZ_{sx} + VZ_{sy})\Big]$$

因此,连续方程可化为

$$\frac{\partial \Pi}{\partial t} = -N_\Pi - \frac{\Pi_0}{(\gamma-1)}D \tag{6.5.45}$$

$$N_\Pi = \frac{1}{(\gamma-1)}\Big[(\Pi-\Pi_0)D + \Pi\Big(\frac{\partial \hat{w}}{\partial \hat{z}} - \frac{1}{(1-\mu^2)\Delta Z_s}(UZ_{sx}+VZ_{sy})\Big)\Big] + \Big(\frac{U}{a(1-\mu^2)}\frac{\partial \Pi}{\partial \lambda} + \frac{V}{a}\frac{\partial \Pi}{\partial \mu} + \hat{w}\frac{\partial \Pi}{\partial \hat{z}}\Big)$$

对热力学方程,令 $\theta = \theta' + \theta_0$,有

$$\frac{\partial \theta'}{\partial t} = -N_\theta \tag{6.5.46}$$

$$N_\theta = \frac{U}{a(1-\mu^2)}\frac{\partial \theta'}{\partial \lambda} + \frac{V}{a}\frac{\partial \theta'}{\partial \mu} + \hat{w}\frac{\partial \theta'}{\partial \hat{z}}$$

热力学方程的半隐式项应从垂直平流项前的垂直速度 $\hat{w}$ 中分出线性项来。若因 θ_0 取为常数,则此分出的线性项为零,这就等于热力学方程是取显式格式。对静力方程,有

$$\frac{\partial \Pi}{\partial \hat{z}} = -\frac{\Delta Z_s}{Z_T}\frac{g}{c_p\theta} \tag{6.5.47}$$

3. 半隐式方程组差分形式

方程(6.5.21)—(6.5.25)的半隐式差分写为

$$(U^{n+1} - U^n)\frac{1}{\Delta t} + N_u^n + c_p\theta_0\frac{1}{a}\frac{\partial \Pi^{n+1}}{\partial \lambda} = 0 \tag{6.5.48}$$

$$(V^{n+1} - V^n)\frac{1}{\Delta t} + N_v^n + c_p\theta_0\frac{(1-\mu^2)}{a}\frac{\partial \Pi^{n+1}}{\partial \mu} = 0 \tag{6.5.49}$$

$$(\Pi^{n+1} - \Pi^n)\frac{1}{\Delta t} + N_\Pi^n + \frac{\Pi_0}{(\gamma-1)}D^{n+1} = 0 \tag{6.5.50}$$

$$(\theta^{n+1} - \theta^n)\frac{1}{\Delta t} + N_\theta^n = 0 \tag{6.5.51}$$

$$\frac{\partial \Pi}{\partial \hat{z}} = -\frac{\Delta Z_s}{Z_T}\frac{g}{c_p\theta} \tag{6.5.52}$$

其中

$$N_u = -(f+\zeta)V + \hat{w}\frac{\partial U}{\partial \hat{z}} + \frac{1}{a(1-\mu^2)}\frac{\partial}{\partial \lambda}\Big(\frac{U^2+V^2}{2}\Big)$$

$$+ c_p(\theta - \theta_0)\frac{1}{a}\frac{\partial \Pi}{\partial \lambda} + \left(\frac{g\Delta Z_s}{Z_T}\right)Z_{sx}$$

$$N_v = (f+\zeta)U + \hat{w}\frac{\partial V}{\partial \hat{z}} + \frac{1}{a}\frac{\partial}{\partial \mu}\left(\frac{U^2+V^2}{2}\right)$$

$$+ c_p(\theta - \theta_0)\frac{(1-\mu^2)}{a}\frac{\partial \Pi}{\partial \mu} + \left(\frac{g\Delta Z_s}{Z_T}\right)\cdot Z_{sy}$$

$$N_\Pi = \frac{1}{(\gamma - 1)}\left[(\Pi - \Pi_0)D + \Pi\left(\frac{\partial \hat{w}}{\partial \hat{z}} - \frac{1}{(1-\mu^2)\Delta Z_s}(UZ_{sx} + VZ_{sy})\right)\right]$$

$$+ \left(\frac{U}{a(1-\mu^2)}\frac{\partial \Pi}{\partial \lambda} + \frac{V}{a}\frac{\partial \Pi}{\partial \mu} + \hat{w}\frac{\partial \Pi}{\partial \hat{z}}\right)$$

$$N_\theta = \frac{U}{a(1-\mu^2)}\frac{\partial \theta}{\partial \lambda} + \frac{V}{a}\frac{\partial \theta}{\partial \mu} + \hat{w}\frac{\partial \theta}{\partial \hat{z}}$$

由(6.5.48)、(6.5.49)可以看出，气压梯度力的两项用 n 和 $n+1$ 时刻分别进行计算，可能引起截断误差的不一致。对比(6.5.27)、(6.5.28)式全隐式格式，则不存在这个困难。

计算垂直速度：先利用连续方程(6.5.37)和静力方程(6.5.41)计算出各层的 $\mathrm{d}\Pi/\mathrm{d}t$，然后将 $\mathrm{d}\Pi/\mathrm{d}t$ 代入方程(6.5.38)计算出 $\hat{z}$ 面上的垂直速度 $\hat{w}$。最后按 $\hat{w}$ 和 w 的(6.5.26)关系式计算出 z 面上的垂直速度 w。这是在静力假定下计算(诊断)出的垂直速度，它相当于非静力条件下用方程(6.5.20)计算出的垂直速度。不同在于前者是诊断的，后者是预报的。

4. 预条件处理器

这里采用静力和半隐式构造预条件处理器。由前面的公式(6.5.2)看到，求解变量是变量的增量，而不是变量本身。因此，我们将方程(6.5.48)—(6.5.52)的预报变量改写为增量形式（δ 形式），以便在后面的 Newton 方法中用作预处理器。令

$$\delta U = U^{n+1} - U^n \tag{6.5.53}$$

$$\delta V = V^{n+1} - V^n \tag{6.5.54}$$

$$\delta w = w^{n+1} - w^n \tag{6.5.55}$$

$$\delta \Pi = \Pi^{n+1} - \Pi^n \tag{6.5.56}$$

$$\delta \theta = \theta^{n+1} - \theta^n \tag{6.5.57}$$

注意，此处(6.5.55)中的 δw 不是一个预报变量，其中 w^{n+1} 是在其他几个方程预报出后，再诊断求出，这里形式上把它写为预报变量。

由(6.5.48)—(6.5.52)，有

$$\delta U\frac{1}{\Delta t} + c_p\theta_0\frac{1}{a}\frac{\partial}{\partial \lambda}\delta \Pi = -R_x \tag{6.5.58}$$

$$\delta V\frac{1}{\Delta t} + c_p\theta_0\frac{(1-\mu^2)}{a}\frac{\partial}{\partial \mu}\delta \Pi = -R_y \tag{6.5.59}$$

$$\delta w = -R_w \tag{6.5.60}$$

$$\delta\Pi \frac{1}{\Delta t} + \frac{\Pi_0}{(\gamma-1)}\delta D = -R_\Pi \tag{6.5.61}$$

$$\delta\theta \frac{1}{\Delta t} = -R_\theta \tag{6.5.62}$$

其中

$$R_x = \left(N_u^n + c_p\theta_0 \frac{1}{a}\frac{\partial \Pi^n}{\partial\lambda}\right),\quad R_y = \left(N_v^n + c_p\theta_0 \frac{(1-\mu^2)}{a}\frac{\partial}{\partial\varphi}\Pi^n\right)$$

$$R_w = -(w^{n+1} - w^n),\quad R_\Pi = \left(N_\Pi^n + \frac{\Pi_0}{(\gamma-1)}D^n\right),\quad R_\theta = N_\theta^n$$

或形式上把(6.5.58)—(6.5.62)写为

$$P\delta x = Re \tag{6.5.63}$$

其中,向量预报变量 δx 、右端项 Re 和矩阵 P (即前面公式要求的预条件处理矩阵),为

$$\delta x = \begin{pmatrix}\delta U\\ \delta V\\ \delta w\\ \delta\Pi\\ \delta\theta\end{pmatrix},\quad Re = \begin{pmatrix}R_x\\ R_y\\ R_w\\ R_\Pi\\ R_\theta\end{pmatrix}$$

$$P = \begin{pmatrix}
\frac{1}{\Delta t} & 0 & 0 & c_p\theta_0\frac{1}{a}\frac{\partial}{\partial\lambda} & 0\\
0 & \frac{1}{\Delta t} & 0 & c_p\theta_0\frac{(1-\mu^2)}{a}\frac{\partial}{\partial\mu} & 0\\
0 & 0 & 1 & 0 & 0\\
\left[\frac{\Pi_0}{(\gamma-1)}\frac{1}{a(1-\mu^2)}\frac{\partial}{\partial\lambda}\right] & \left[\frac{\Pi_0}{(\gamma-1)}\frac{1}{a}\frac{\partial}{\partial\mu}\right] & 0 & \frac{1}{\Delta t} & 0\\
0 & 0 & 0 & 0 & \frac{1}{\Delta t}
\end{pmatrix}$$

现在来求解方程(6.5.58)—(6.5.62)。对(6.5.58),(6.5.59)和(6.5.61)联立、消元,最后求得以组合变量 δD 为变量的 Helmholtz 方程

$$(1 - C\nabla^2)\delta D = R \tag{6.5.64}$$

其中

$$D = \left[\frac{1}{a(1-\mu^2)}\frac{\partial U}{\partial\lambda}\right]_{\hat z} + \left(\frac{1}{a}\frac{\partial V}{\partial\mu}\right)_{\hat z},\quad C = \left[\frac{c_p\Delta t^2\Pi_0\theta_0}{(\gamma-1)}\right]$$

$$R = -c_p\theta_0\Delta t^2\nabla^2 R_\Pi - \frac{\Delta t}{a}\left[\frac{1}{\sqrt{1-\mu^2}}\frac{\partial}{\partial\lambda}R_x + \frac{\partial}{\partial\mu}\left(R_y\sqrt{1-\mu^2}\right)\right]$$

$$\nabla^2 = \frac{1}{a^2(1-\mu^2)}\frac{\partial^2}{\partial\lambda^2} + \frac{\partial}{a^2\partial\mu}\left[(1-\mu^2)\frac{\partial}{\partial\mu}\right]$$

完全预处理过程包括如下几个步骤：

(1) 先解方程(6.5.64)得出 δD；

(2) 将 δD 代入方程(6.5.61)求出 $\delta \Pi$；

(3) 将 $\delta \Pi$ 代入方程(6.5.58)和(6.5.59)求出 δu 和 δv；

(4) 显式求解(6.5.62)得出 $\delta\theta$；

(5) 利用上节方法诊断算出 w^{n+1}，并使用前时刻的 w^n 可得到 δw；

(6) 从而求出解向量 $\delta x = (\delta u, \delta v, \delta w, \delta \Pi, \delta\theta)^{\mathrm{T}}$。

至此，给出了以半隐式静力模式为预条件处理器、求解全隐式非静力模式的完整方案。对照第2节 JFNK 的求解流程，不难看出，(6.5.27)—(6.5.31)式就是求解 $n+1$ 时刻变量 x^{n+1} 的非线性方程组 $F(x)=0$，而(6.5.58)—(6.5.62)式，则给出预处理器 P 的表达式和求解(即计算 P^{-1})的方案。事实上，P 的求解过程与半隐式模式(6.5.58)—(6.5.62)式的求解过程是类似的；应用 JFNK 求解过程，可以看成是实现不同层次，即不同简化模式之间的联系和过渡。因此，JFNK(以及预处理器)既是求解方法，同时又形成一组基于同一结构(configuration)，便于相比较的模式系列。

6.5.6 计算结果

这里引用国内外用 JFNK 方法全隐式求解非线性方程的一些计算结果，佐证 JFNK 方法的可行性及效率。

1. 非线性全隐式和半隐式格式的比较

有人用非线性全隐式和半隐式求解带有柯氏项的浅水波方程(Mousseau et al,2002)，并分析了非线性全隐式和半隐式的差别，发现后者人为的引入了误差项。图 6.5.1 表示在网格(a：64×64；b：128×128)上的等高线，实线是全隐式方法，虚线是半隐式方法，点线是全隐式方法加上半隐式方法引入的误差项。这里可看到非线性全隐式和线性半隐式的显著差别。假若没有空间离散化误差，则点线应与虚线重合。如此非线性全隐式和半隐式的差别在于时间离散化引起。因此，这表明全隐式与半隐式的差别，随着模式分解的提高将会逐渐由空间差别为主转为时间离散化差别为主，这就是为什么高分解模式必须考虑使用全隐式时间差分格式的理由。

2. 非线性全隐式和半隐式精确度的比较

用非线性全隐式和半隐式时间差分格式，分别对格点为 128×128 海洋(图 6.5.2a)和大气(图 6.5.2b)问题求解带有柯氏项的浅水波方程，初值给定一个涡旋由西向东运动，共积分了约 2 222 h。以显式格式的解为“精确”解，分别与非线性全隐式和半隐式时间差分解的均方根误差来度量其精确度。图 6.5.2 给出了时间步长(横坐标)和均方根误差(纵坐标)的关系。由图可看出，均方根误差为 1.0 情况下全隐式格式的时间步长为半隐式格式的 200 倍（对海洋，图 6.5.2a）；均方根误差为 2.0 情况下全隐式格式的时间步长为半隐式格式的 30 倍（对大气，图 6.5.2b）。或者说，对同一时间步长全隐式格式误差明显要小。

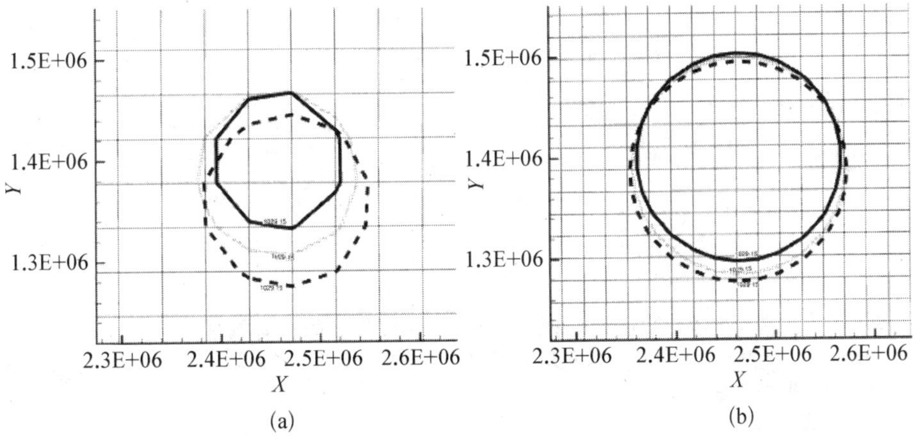

图 6.5.1 非线性全隐式和半隐式的差别 （引自 Mousseau et al，2002）

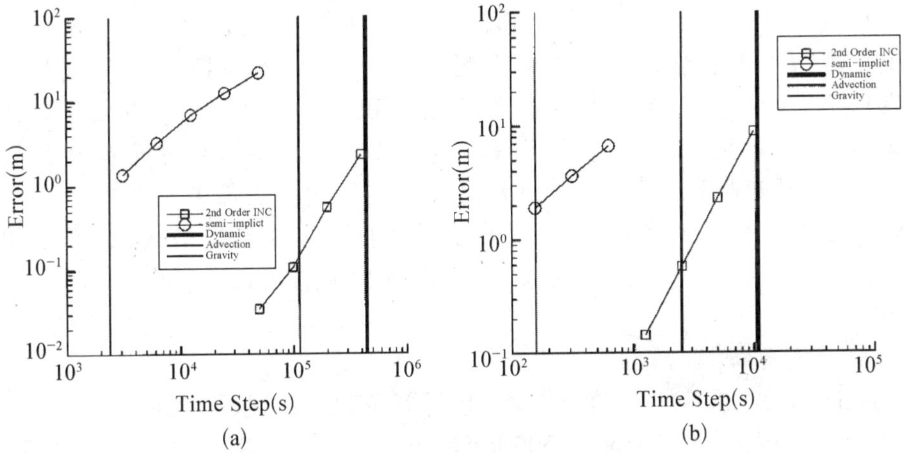

图 6.5.2 非线性全隐式和半隐式的精确度的比较 圈点表示半隐式，正方形为全隐式（引自 Mousseau et al，2002）

3. 非线性全隐式和半隐式有效性的比较

图 6.5.3 给出了不同的时间步长（图中数字表示时间步长与空间步长之比）完成 2 222 h 积分后的 CPU 时间和均方根误差的关系。由图可看到，给定一个均方根误差，非线性全隐式格式所用的 CPU 时间远小于半隐式的 CPU 时间；当时间步长增加一倍时所用的 CPU 时间，非线性全隐式格式的低于半隐式的 CPU 时间。

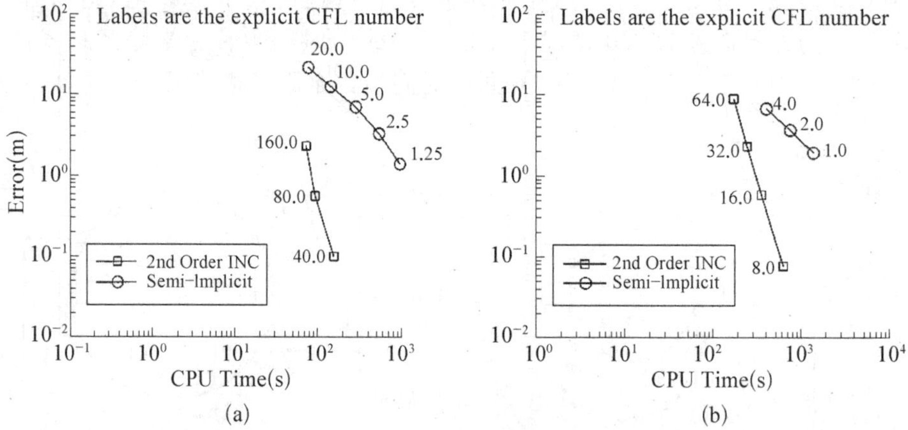

图 6.5.3 在 128×128 格点上非线性全隐式和线性半隐式有效性的比较 圈点表示半隐式,正方形为全隐式;图中的数字表示时间步长与空间步长之比;(a)是海洋;(b)是大气(引自 Mousseau et al,2002)

4. 湿汽泡的模拟

Reisner 等(2005)模拟了二维沉降湿气泡的上升过程。在 2 560 m×5 120 m范围内取 128×256 个格点、时间步长为 $\Delta t = 0.0125$ s,并采用全隐式格式积分了 600 秒,最后得到的位温分布场作为基本场。在这个基本场上可发现由于潜热释放形成一个暖区,和由于雨水沉降通过未饱和大气蒸发形成一个冷区。图 6.5.4 分别给出了积分 600 秒,得到的半隐式计算结果位温场(时间步长 Δt 分别为 0.062 5、0.125、0.25 s)和全隐式计算结果位温场(时间步长 Δt 为 2.0 s)分别与位温基本场之偏差在暖区部分的分布图。由图可看出半隐式格式计算精度似乎远比全隐式格式低;而全隐式格式的时间步长远比半隐式的长,是声波柯朗条件 CFL 允许的时间步长的 32 倍。

5. 台风模拟

Reisner 等(2005)用高度 z 坐标、包括简单物理过程、无地形的三维非静力模式,计算范围为 1 500 km×1 500 km×15 km,且以网格 150×150×50 剖分,模拟了台风四天发展过程。图 6.5.5a 表示模拟台风的均方根误差与时间步长的关系,可看到全隐式格式使用最大时间步长(60 s)产生的均方根误差远小于半隐式格式用最小时间步长(1 s)产生的误差。图 6.5.5 b 表示模拟台风的均方根误差与 CPU 时间的关系,可看到耗费相同 CPU 时间情况下,全隐式产生的均方根误差远远小于半隐式的。用全隐式和半隐式格式分别取不同时间步长,模拟台风位温的均方根误差随时间发展情况表明,时间步长取最长(60 s)的全隐式格式在台风 3—4 天发展过程中,均方根误差远小于半隐式格式的任何一种时间步长所产生的均方根误差。

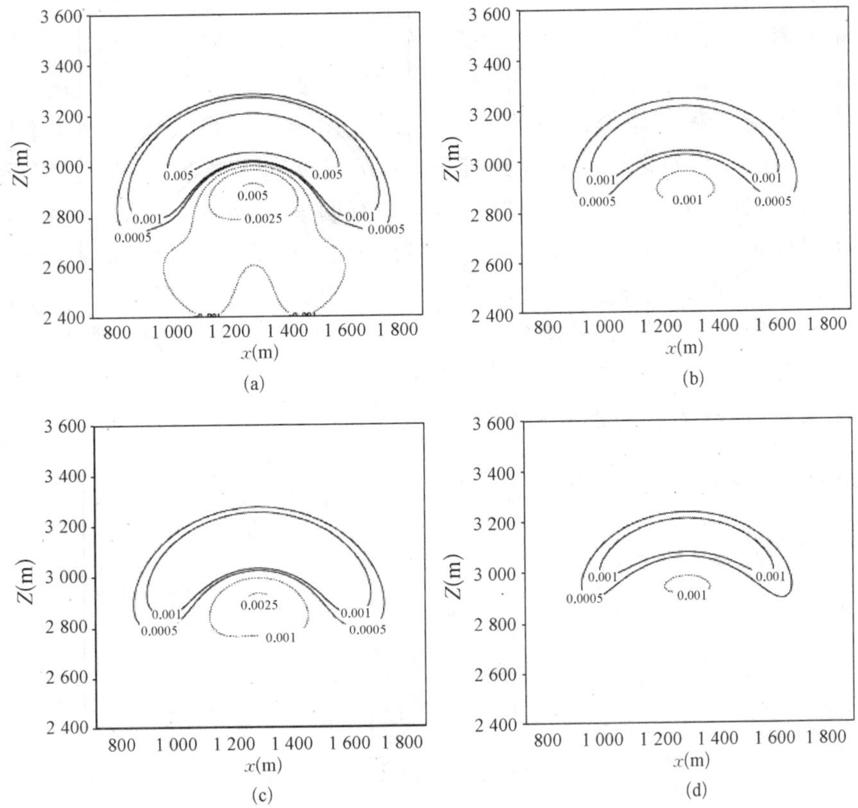

图 6.5.4 湿汽泡的模拟位温差值场 (a) 半隐式，Δt = 0.25；(b) 半隐式，Δt = 0.125；(c) 半隐式，Δt = 0.625；(d) 全隐式，Δt = 2.0(引自 Reisner et al, 2005)

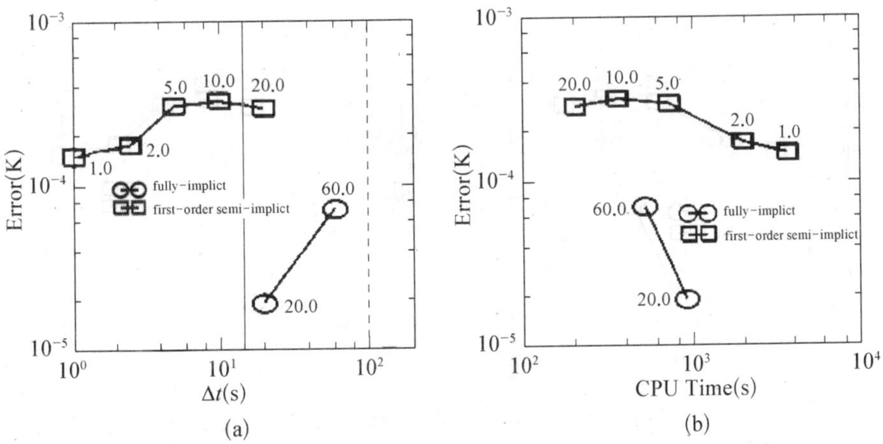

图 6.5.5 台风模拟的均方根误差分别与时间步长(a)和 CPU 时间(b)的关系图

图中数字表示时间步长(s)，圈点表示全隐式，正方形为半隐式(引自 Reisner et al, 2005)

6. 平流方程

应用JFNK方法求解二阶全隐式差分的平流方程(陈长胜等,2007),同时该方程一阶半隐式差分形式作为预条件。将其结果与二阶显式差分、二阶半隐式差分平流方程的模拟结果进行比较分析,发现隐式格式模拟效果最好,半隐式次之,显式结果最差。表现在,隐式格式当时间步长较大时,仍具有稳定的解;隐式格式的精度随时间分辨率的提高有明显提高,而半隐式和显式的精度随时间分辨率的提高无明显变化;最突出的是,隐式结果很好地保持了解析解的特征;而半隐式和显式的计算解中突变点附近出现不同程度的扰动,并逐渐向上下游频散。图6.5.6给出了在[-1, 1]区间上,时间步长取$\Delta t=2^{-6}$,基本气流取$\bar{u}=2.0$时,在$t=1$时刻上述三种差分格式的模拟结果,图中实线为计算解,虚线为相应的解析解。

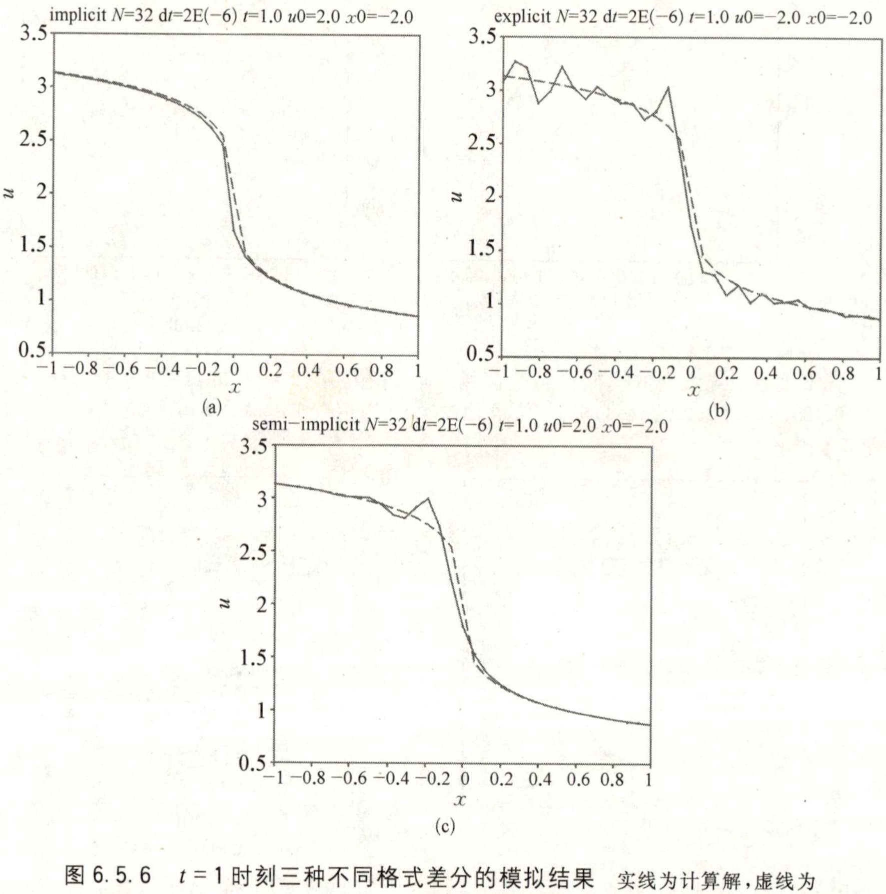

图6.5.6 $t=1$时刻三种不同格式差分的模拟结果 实线为计算解,虚线为相应的解析解;(a)二阶全隐式差分;(b)二阶显式差分;(c)二阶半隐式差分

从上面分析可看到,近年来发展的非线性方程组全隐式数值求解的JFNK方法原理,在地球流体力学方面应用具有很大潜力,特别是在时空高分辨率计算

格式中的应用潜力。可看到，无论在计算精度还是计算率益方面，这种方法都远远超过常规的半隐式计算格式。在如何从问题的物理性质方面构造好预条件处理矩阵 P，是求解非线性全隐式方程组的核心，这里有很多工作值得深入研究。

据此，上面分析提出了应用 JFNK 方法以地形跟随坐标作为垂直坐标的气象非静力模式方案，并采用静力假定和半隐式差分格式来构造预条件处理器，变三维求解为二维求解，简化了方程组求解难度，这不仅可用于差分模式，也为用谱方法求解非静力模式提供可能。

6.6 模式的物理过程

6.6.1 引言

数值预报中所要考虑的主要物理过程有：垂直扩散和地面过程、次网格尺度地形重力波阻参数化、大尺度降水和积云对流参数化及辐射过程。这些物理过程对数值天气预报是极其重要的，特别是对中长期预报和气候模拟。图 6.6.1 是用

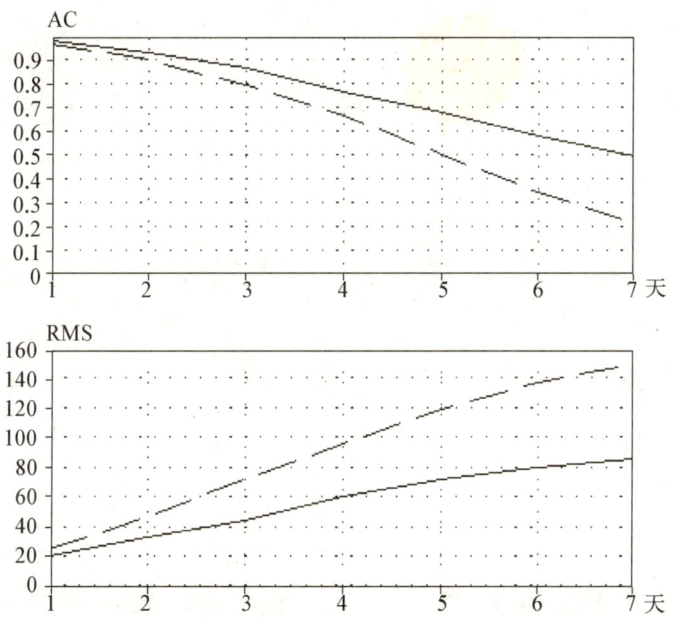

图 6.6.1 四个例子平均的 500 hPa 北半球 AC 和 RMS 时间演变 实线：有物理过程，虚线：绝热

中国科学院大气物理研究所的中期数值预报谱模式(Chen Jiabin et al,1987;纪立人等,1990;Zhang Daomin et al, 1995)(T42L9,水平截断取42个波,垂直9层)所做的有无物理过程7天预报的效果比较(图中AC和RMS分别为高度场距平相关系数和均方根误差),图中曲线是北半球500 hPa四个例子(1999年春夏秋冬各1例)平均的AC和RMS(m)的时间演变图。由图可以看出,随着预报时间的增加,其预报效果的差别越来越大,物理过程的重要性也愈加明显。

表6.6.1是这4个例子有物理过程时7天预报的北半球AC和RMS平均值与绝热模式预报之差,很明显越向低层其差别越大,这表明物理过程的影响主要在对流层,特别在低层,尤为显著。但南半球并不像北半球的上下差别这样大,这可能与南北半球海陆分布的差别有关。

物理过程的综合效果已很明显,各个物理因子分别对预报贡献的大小如何,Bengtsson(1991)就它们在不同预报时限对预报的相对重要性做了分析,其结果如表6.6.2所示(S=SMALL, M=MEDIUM, H=HIGH)。

表6.6.1 4例7天平均有无物理过程北半球各层AC和RMS之差(非绝热－绝热)

项目＼次层	100 hPa	200 hPa	300 hPa	500 hPa	700 hPa	850 hPa
AC	0.03	0.10	0.10	0.13	0.18	0.21
RMS	－14.8	－31.6	－31.1	－35.5	－42.7	－47.8

表6.6.2 不同物理过程对中纬度天气尺度系统预报长度的相对重要性

物理过程	1—2天	3—5天	6—14天
绝热	H	H	H
辐射	S	M	H
积云对流	S	H	H
大尺度降水	M	H	H
感热通量	S	M	H
潜热通量	S	M	H
垂直动量通量	S	M	H
地面摩擦	M	H	H
陆面条件	S	S	M

这些物理过程中的绝大多数空间尺度很小(小于模式的空间分辨率),即所谓的次网格过程,难以用模式的预报变量直接表示,通常采用参数化的方法,即用模式的预报(或诊断)变量来表示它们的总体(或统计)效果。

由于不同的数值模式使用的方案不尽相同，甚至差别较大，下面简单地介绍大气物理研究所的T42L9谱模式所使用的物理过程，除辐射采用赵高祥等的方案（赵高祥等，1987；1988）外，均是在欧洲中期天气预报中心的方案（ECMWF，1987；1988）基础上部分修改而成。

6.6.2 垂直扩散和地面过程

1. 垂直扩散

由于数值天气预报是将时间和空间连续变化的大气离散化，将大气在水平和垂直方向分成若干格点，即所谓的模式网格点，某网格点的值代表大气在该点模式格距范围内的平均值。而实际大气，特别是在大气边界层，小尺度的湍流运动显著，而模式方程必须考虑它们的影响。以 x 方向的运动方程为例，则有

$$\frac{\partial u}{\partial t} = -V \cdot \nabla u - \frac{1}{\rho}\frac{\partial p}{\partial x} + fv - \frac{1}{\rho}\left[\frac{\partial(\overline{\rho u'^2})}{\partial x} + \frac{\partial(\overline{\rho u'v'})}{\partial y} + \frac{\partial(\overline{\rho u'w'})}{\partial z}\right] \tag{6.6.1}$$

(6.6.1)式方括号中是与湍流运动有关的项，它可以被参数化为

$$\frac{1}{\rho}\left[\frac{\partial(\overline{\rho u'^2})}{\partial x} + \frac{\partial(\overline{\rho u'v'})}{\partial y} + \frac{\partial(\overline{\rho u'w'})}{\partial z}\right] = \frac{\partial}{\partial x}\left(k_x\frac{\partial u}{\partial x}\right) + \frac{\partial}{\partial y}\left(k_y\frac{\partial u}{\partial y}\right) + \frac{1}{\rho}\frac{\partial}{\partial z}\left(\rho k_z\frac{\partial u}{\partial z}\right) \tag{6.6.2}$$

(6.6.2)中右端前两项即为水平扩散项，有光滑作用，一般与模式的动力框架一起计算。而最后一项为垂直扩散项，或动量的垂直输送项。模式的其他预报方程（v、T 和 q）有与(6.6.1)类似的项。对温度方程，该项多选择绝热过程保守性好的变量，如干静力能（$s = c_pT + gz$）。这样任何变量 Ψ 的垂直扩散方程可以写为

$$\frac{\partial \Psi}{\partial t} = \frac{1}{\rho}\frac{\partial}{\partial z}\left(\rho k_\Psi \frac{\partial \Psi}{\partial z}\right) = \frac{1}{\rho}\frac{\partial J_\Psi}{\partial z} \tag{6.6.3}$$

这里 $\Psi = u$、v、q 和 s（干静力能），k_Ψ 为湍流交换系数，J_Ψ 为 Ψ 的垂直湍流通量，(6.6.3)的上下边界条件为：

$$J_\Psi = 0, \quad 在\ p = p_t\ (模式顶的气压)$$

$$J_\Psi \rightarrow c_\Psi |V(z)| [\Psi(z) - \Psi_s], \quad 当\ z \rightarrow 0\ 时(地面)$$

系数 c_Ψ 对 u、v 称为拖曳系数，而对 s、q 又称为输送系数（c_h，c_q）。垂直扩散参数化的任务就是确定系数 k_Ψ 和 c_Ψ 并解扩散方程(6.6.3)。c_Ψ 表示近地面层（或常值通量层）的值，大多数模式采用基于因次分析的 Monin-Obukhov 相似理论根据观测资料确定，例如 ECMWF 取

$$c_D = \left[\frac{\kappa}{\ln\left(\frac{z}{z_0}\right)}\right]^2 f_m\left(\frac{z}{z_0}, R_i\right), \quad c_h = c_q = \left[\frac{\kappa}{\ln\left(\frac{z}{z_0}\right)}\right]^2 f_h\left(\frac{z}{z_0}, R_i\right) \tag{6.6.4}$$

式中κ为卡门常数，z_0为地面粗糙度，而z为V和Ψ的取值高度，R_i为表示大气稳定度的 Richardson 数，$R_i = \dfrac{g\Delta s\Delta z}{c_pT|\Delta V|^2}$，$f_m$和$f_n$为与$R_i$、$z_0$和$z$有关的函数。这样，近地面的动量、热量和水汽通量变为

$$\left.\begin{aligned} J_u &= \rho c_D|V_N|u_N, \quad J_s = \rho c_h|V_N|(s_N - s_s) \\ J_v &= \rho c_D|V_N|v_N, \quad J_q = \rho c_q|V_N|(q_N - q_s) \end{aligned}\right\} \tag{6.6.5}$$

(6.6.5)中下标s表示地面层，对下标N如果模式最下层在边界层内可以取为模式的最下层；q_s为下垫面的比湿，为未知量，多取为$q_s = hq_{sat}(T_s, p_s)$的形式；$q_{sat}(T_s, p_s)$为饱和比湿，它与地面温度T_s有关；而h为土壤的相对湿度，与土壤的湿度和积雪有关。因此，(6.6.5)的计算又与地面过程相联系。在陆面上，若考虑到地面的植被等状况，水汽通量可以表示为$J_q = J_{qsn} + J_{ql} + J_{qv} + J_{qg}$，它们分别代表了格点中积雪、积水、植被和光秃土壤覆盖部分的水汽通量，可以写为

$$\begin{aligned} J_{qsn} &= \rho c_h|V_N|c_{sn}[q_N - q_{sat}(T_s, p_s)] \\ J_{ql} &= \rho c_h|V_N|(1 - c_{sn})c_l[q_N - q_{sat}(T_s, p_s)] \\ J_{qv} &= \rho c_h|V_N|(1 - c_{sn})(1 - c_l)c_vE_v[q_N - q_{sat}(T_s, p_s)] \\ J_{qg} &= \rho c_h|V_N|(1 - c_{sn})(1 - c_l)(1 - c_v)[q_N - hq_{sat}(T_s, p_s)] \end{aligned}$$

其中，c_{sn}、c_l和c_v分别为地表面雪盖、积水和植被部分的面积，E_v为蒸发效率因子，与植被等有关。

湍流交换系数k_Ψ的确定将地面层适当延伸并考虑混合长方法，在形式上可以写为

$$K_m = l_m^2\left|\frac{\partial V}{\partial z}\right|f_m(R_i), \quad K_h = l_h^2\left|\frac{\partial V}{\partial z}\right|f_h(R_i) \tag{6.6.6}$$

其中l_m、l_h为混合长。这样垂直扩散方程(6.6.3)式就可以求解，为避免在近地面模式层厚度Δz比较小时出现计算不稳定，垂直扩散方程可以取时间隐式求解。

2. 地面过程

土壤温度和湿度的预报方程，它们可以写为(White, 2000)

$$\left.\begin{aligned} (\rho c)_{soil}\frac{\partial T}{\partial t} &= \frac{\partial}{\partial z}\left(\lambda_T\frac{\partial T}{\partial z}\right) \\ \rho_w\frac{\partial \vartheta}{\partial t} &= -\frac{dF_w}{dz} + \rho_w S_\vartheta \end{aligned}\right\} \tag{6.6.7}$$

其中 ϑ 为土壤湿度，

$$F_{\mathrm{w}} = \rho_{\mathrm{w}}(\lambda_{\mathrm{w}} \frac{\partial \vartheta}{\partial z} - \gamma)$$

为土壤的水分通量，λ_T 、λ_{w} 和 γ 分别为土壤的热传导系数、水力扩散率和水力传导率，S_{w} 是植物的根部吸收项，而 $(\rho c)_{\mathrm{soil}}$ 和 ρ_{w} 是单位体积土壤热容量和水的密度。方程(6.6.7)实际计算时需要离散化，ECMWF 将土壤分为三层，最上面一层反映温度和湿度的日变化，第 2 层反映中期变化，而第 3 层则反映月的变化，在中期预报中不变。同时还应引入雪量的预报方程

$$\frac{\partial s_n}{\partial t} = \frac{J_{q\mathrm{sn}}}{\rho_{\mathrm{w}}} + P_{\mathrm{s}} - M_{\mathrm{sn}} \tag{6.6.8}$$

其中 P_{s} 为降雪，M_{sn} 为雪的融化。

后来，ECMWF 又将土壤分为四层，各层的厚度也有变化，同时又引入了土壤表面温度 T_{s}，它可以通过求解地面热量平衡方程得到(Peter W. White, 2000)

$$(1-\alpha)R_{\mathrm{s}} + \varepsilon(R_{\mathrm{L}} - \sigma T_{\mathrm{s}}^4) + H + LE = \Lambda(T_{\mathrm{s}} - T_1) \tag{6.6.9}$$

这里 R_{s} 、R_{L}、H 和 E（即 J_q）分别为到达地面的短波辐射、长波辐射、地面感热和地面的蒸发通量，而 T_1 为土壤模式最上层的温度，与(6.2.7)式离散化后的土壤温度预报方程右相联系。

6.6.3 次网格尺度地形重力波阻参数化

大地形对数值天气预报的影响已经通过地形座标(如 $\sigma = p/p_*$)引入数值模式中，但这里使用的是平均地形，然而小于模式网格尺度的地形，即所谓次网格尺度地形的影响也不可忽视。当稳定的层结气流越过不规则的地形时就会激发出次网格尺度地形重力波，这种地形重力波的波长一般几公里到 100 km 左右，波长较长的为重力内波，较短的一般为重力外波。而在重力波方案中主要考虑重力内波，它可以在三个方向传播，在垂直方向传播的重力波能将地面产生的波动能量向上传播，并在某一层由于层结不稳定而导致波破碎，然后被周围大气所吸收，或到临界层被大气吸收或反射，这种波动能量的辐散辐合将会对大气产生减速拖曳作用。

地形重力波的波通量，从形式上类似湍流动量通量，它产生的垂直动量通量可以写为 $F = \overline{\rho u' w'}$，这里 u' 和 w' 是地形重力波的扰动速度，在给定的山脉形状的情况下(设山脉高度为 $z = h_m \sin kx$)，通过解重力波的控制方程组(x—z 二维运动方程、连续方程和热力学方程)，解出 u' 和 w'，从而求出地面的动量通量 $F = \overline{\rho u' w'} = -\rho U^2 k(l^2 - k^2)^{1/2} h_m^2$ (Smith, 1979)，其中 U 、l 、k 、h_m 分别为气流的速度、重力波的垂直被数、水平波数和山脉的山脊高度(即次网格尺

度地形方差)。若假定 $l^2 \gg k^2$ 并取 Boussinesg 近似,有 $l^2 = N^2/U^2$(N 为浮力频率),则地面的波应力为

$$\tau_{gs} = -\overline{\rho u'w'} = \rho UNkh_m^2 \tag{6.6.10}$$

而任意 k 层的波应力的垂直变化与波的垂直位移 δh 相联系,即 $\tau_{gk} = \rho UNk(\delta h)^2$。从而可以得到重力波阻对大尺度运动的影响 $\left.\dfrac{\partial V}{\partial t}\right|_k = -g\dfrac{\partial \tau_{gk}}{\partial p}$,还要考虑由于运动变化导致动能变化对温度的影响,

$$\left.\frac{\partial T}{\partial t}\right|_k^{gw} = \frac{1}{2\Delta t c_p}\left\{\frac{1}{2}(u_k^2 + v_k^2) - \frac{1}{2}\left[\left(u_k + 2\Delta t\left.\frac{\partial u}{\partial t}\right|_k^{gw}\right)^2 + \left(v_k + 2\Delta t\left.\frac{\partial v}{\partial t}\right|_k^{gw}\right)^2\right]\right\}$$

这里比较重要的是跟踪计算大气层结的稳定度,以判断重力波是否破碎。

若考虑较为复杂的地形,比如椭圆形山脉,则在(6.6.10)中还要考虑山脉的走向等。近年来,不光考虑对次网格尺度地形产生的重力波的吸收(或反射)的影响,当山脉较高时,还应考虑它对模式低层的直接阻力,这种阻力类似垂直扩散中的湍流摩擦应力(White, 2000)。

6.6.4 大尺度凝结降水和积云对流参数化

所有预报模式都考虑了水汽的凝结加热作用,它为模式提供了定量的降水预报,大气中的凝结过程可分为两类,一类是非对流性的大尺度凝结降水,主要描写相变过程产生的降水和加热。另一类是由于层结不稳定引起的小尺度对流翻腾在垂直方向引起的热量、水汽和动量的输送作用,是需要参数化的过程。凝结的结果,一是释放潜热使大气增温,二是产生降水使空气中的水汽减少。

1. 大尺度凝结降水

简单而常用的是所谓饱和法,当大气中一旦有过饱和出现,即 $q > q_{\text{sat}}$,则产生凝结($q_{\text{sat}}(T, p)$ 为饱和比湿),所有凝结出的液态水立即转化为降水,而后又达到新的饱和。由于凝结伴随空气增温,随即又改变了饱和比湿。设 q、T、p 为 $t+\Delta t$ 时刻的绝热和除大尺度降水以外的其他物理过程在内的比湿、温度和气压的预报值,而 q^*、T^* 为凝结后的新值($q^* = q_{\text{sat}}^*(T^*, p^*)$),则 Δt 时间内的凝结率和增温率分别为(ECMWF, 1/87 Revision 3)

$$\Delta q = q - q^*, \quad \Delta T = T^* - T = \left(\frac{L}{c_p}\right)_{\text{e}}\Delta q \tag{6.6.11}$$

关键是求 q^*,将 q^* 在 $q_{\text{sat}}(T, p)$ 附近(在等压条件下)作级数展开近似有

$$q^* = q_{\text{sat}}(T, p) + \frac{\mathrm{d}q_{\text{sat}}(T, p)}{\mathrm{d}T}(T^* - T) \tag{6.6.12}$$

由饱和比湿的定义表达式可以求得到饱和比湿随温度的变化率 $\mathrm{d}q_{\mathrm{sat}}(T, p)/\mathrm{d}T$，由此可以计算出凝结率 Δq，从而得到大尺度凝结作用造成的温度和比湿的变化。

2. 积云对流参数化

有多种对流参数化方案，郭晓岚(1974)(ECMWF,1/87 Revision 3)的方案被不少模式所采用。积云对流产生的条件：(a) 条件不稳定层结，(b) 垂直气柱内有水汽辐合，即 $Q_{\mathrm{AC}} = \int_{p_t}^{p_b} \frac{\partial q}{\partial t}\mathrm{d}p > 0$，这里 $\frac{\partial q}{\partial t}$ 是水汽方程的时间变化，它包括了水平辐合和边界层的水汽输送，两个条件同时满足就会产生积云对流。设总的水汽辐合量为 Q_{AC}，其中一部分 bQ_{AC} ($b \leqslant 1$)使空气增湿，另一部分 $(1-b)Q_{\mathrm{AC}}$ 则凝结变为降水，从而使空气增温，单位面积气柱内增湿部分和增温部分的积云面积比分别为

$$a_q = \frac{bQ_{\mathrm{AC}}}{\int_{p_t}^{p_b}[q_{\mathrm{sat}}(T_c) - q_e]\mathrm{d}p}, \quad a_T = \frac{(1-b)Q_{\mathrm{AC}}}{\int_{p_t}^{p_b}\frac{c_p}{L}(T_c - T_e)\mathrm{d}p}$$

其中 p_t、p_b 为云顶和云底的气压，下标“c”和“e”分别表示云内和环境。p_t、p_b 间任一层(k)的环境空气的增湿率和增温率分别为

$$(\Delta q_k)_m = a_q[q_{\mathrm{sat}}(T_{c,k}) - q_{e,k}], \quad \Delta T_k = a_T(T_{c,k} - T_{e,k})$$

而凝结率为 $(\Delta q_k)_r = \frac{c_p}{L}\Delta T_k$，参数 b 为增湿因子(或湿化系数)，表示辐合水汽 Q_{AC} 中使环境增湿的部分的比率，其取值依赖于空气柱的相对湿度。

在 ECMWF 的模式中，20 世纪 80 年代使用郭晓岚(1974)的方案时，由于要满足上述两个条件才产生积云对流，使得有些地区的云量受到限制，对流层低层水汽偏低。为此，在满足条件不稳定的情况下，在低层增加由于浅积云对流引起的对热量、水汽的湍流垂直输送，即所谓的浅对流。它可以被参数化为(ECMWF,1/87 Revision 3)

$$\left(\frac{\partial s}{\partial t}\right)_{\mathrm{cu}} = \frac{1}{\rho}\frac{\partial}{\partial z}\left(\rho k\frac{\partial s}{\partial z}\right), \quad \left(\frac{\partial q}{\partial t}\right)_{\mathrm{cu}} = \frac{1}{\rho}\frac{\partial}{\partial z}\left(\rho k\frac{\partial q}{\partial z}\right)$$

扩散系数 k 在云内一般可取为常值，而云外为 0。

3. 质量通量方案

近年来不少模式使用质量通量方案，由积云对流引起的对大尺度气流的影响，以热力(干静能)方程为例，它可以写为(Tiedtke,1989)

$$\frac{\partial \bar{s}}{\partial t} + \bar{V}\cdot\nabla\bar{s} + \bar{w}\frac{\partial \bar{s}}{\partial z} = -\frac{1}{\bar{\rho}}\frac{\partial}{\partial z}(\bar{\rho}\overline{w's'}) + L(\bar{c} - \bar{e}) + \bar{Q}_R$$

其中，$s = c_pT + gz$ 为干静力，“—”表示水平面积上的平均，“′”表示与水平面积平均的偏差，$\bar{c}$、$\bar{e}$ 分别为凝结率和蒸发率，$\bar{Q}_R$ 为辐射加热，$\bar{\rho}\overline{w's'}$ 为积云对流引起的干静力能的垂直涡旋通量，包括积云上升气流、积云下沉气流和由积云引

发的环境空气的下沉。它可以表示为

$$\bar{\rho}(\overline{w's'})_{cu} = \bar{\rho}\sum_i a_{ui}(w_{ui} - \bar{w})(s_{ui} - \bar{s}) + \bar{\rho}\sum_i a_{di}(w_{di} - \bar{w})(s_{di} - \bar{s}) + \bar{\rho}\left[1 - \sum_i (a_{ui} + a_{di})\right](\tilde{w} - \bar{w})(\tilde{s} - \bar{s}) \tag{6.6.13}$$

"～"表示环境空气,"cu"表示积云的贡献,下标 u、d 分别表示上升和下沉,a 为积云面积比,"i"表示云型,对大尺度模式的参数化,$\tilde{s} \approx \bar{s}$,$\tilde{q} \approx \bar{q}$,引入对流质量通量:

$$M_{ui} = \bar{\rho}a_{ui}(w_{ui} - \bar{w}), \quad M_{di} = \bar{\rho}a_{di}(w_{di} - \bar{w})$$

不描写个别的积云,而描写积云整体的贡献,(6.6.13)变为

$$\bar{\rho}(\overline{w's'})_{cu} = M_u S_u + M_d S_d - (M_u + M_d)\bar{S}$$

因此,得到积云对大尺度热量、水汽和动量方程的贡献为

$$\left.\begin{aligned}
\left(\frac{\partial \bar{s}}{\partial t}\right)_{cu} &= -\frac{1}{\bar{\rho}}\frac{\partial}{\partial z}[M_u s_u + M_d s_d - (M_u + M_d)\bar{s}] \\
&\quad + L(c_u - e_d - \tilde{e}_l - \tilde{e}_p) - (L_s - L_v)m \\
\left(\frac{\partial \bar{q}}{\partial t}\right)_{cu} &= -\frac{1}{\bar{\rho}}\frac{\partial}{\partial z}[M_u q_u + M_d q_d - (M_d + M_d)\bar{q}] \\
&\quad - (c_u - e_d - \tilde{e}_l - \tilde{e}_p) \\
\left(\frac{\partial \bar{v}}{\partial t}\right)_{cu} &= -\frac{1}{\bar{\rho}}\frac{\partial}{\partial z}[M_u v_u + M_d v_d - (M_u + M_d)\bar{v}] \\
\left(\frac{\partial \bar{u}}{\partial t}\right)_{cu} &= -\frac{1}{\bar{\rho}}\frac{\partial}{\partial z}[M_u u_u + M_d u_d - (M_u + M_d)\bar{u}]
\end{aligned}\right\} \tag{6.6.14}$$

这里,M_u、M_d 分别为所有积云向上、向下的质量通量,c_u 是上升气流中的凝结,e_d 为对流降水在下沉气流中的蒸发以维持饱和下沉,$\tilde{e}_p$ 为降水在未饱和的云下层的蒸发,m 为雪的融化,s_u、s_d、q_u、q_d、u_u、u_d、v_u、v_d 是所有上升气流、下沉气流中 s、q、u 和 v 的加权平均。

除(6.4.4)外,降水质量连续方程为

$$\left.\begin{aligned}
p^w(z) &= \int (G_p^w - e_d^w - \tilde{e}_p^w + m)\bar{\rho}\,dz \\
p^s(z) &= \int (G_p^s - e_d^s - \tilde{e}_p^s - m)\bar{\rho}\,dz
\end{aligned}\right\} \tag{6.6.15}$$

其中 $p^w(z)$、$p^s(z)$ 是高度 z 处的降雨、降雪通量,G_p^w、G_p^s 是云水到降雨和云冰到降雪的转换率。要计算积云对大尺度气流的影响,就要知道与积云有关的量 M_u、M_d、s_u、s_d 等,它们可以通过求解积云模式方程得到。积云模式方程又分上积云升气流和积云下沉气流,并设方程处于定常状态。

(1) 积云中的上升气流:定常状态的质量、热量、水汽、云中液态水含量和动

量方程如下

$$
\left.\begin{aligned}
\frac{\partial M_{\mathrm{u}}}{\partial z} &= E_{\mathrm{u}} - D_{\mathrm{u}} \\
\frac{\partial (M_{\mathrm{u}} s_{\mathrm{u}})}{\partial z} &= E_{\mathrm{u}} \bar{s} - D_{\mathrm{u}} s_{\mathrm{u}} + L\bar{\rho} c_{\mathrm{u}} \\
\frac{\partial (M_{\mathrm{u}} q_{\mathrm{u}})}{\partial z} &= E_{\mathrm{u}} \bar{q} - D_{\mathrm{u}} q_{\mathrm{u}} - \bar{\rho} c_{\mathrm{u}} \\
\frac{\partial (M_{\mathrm{u}} l_{\mathrm{u}})}{\partial z} &= - D_{\mathrm{u}} l_{\mathrm{u}} + \bar{\rho} c_{\mathrm{u}} - \bar{\rho} G_{p} \\
\frac{\partial (M_{\mathrm{u}} u_{\mathrm{u}})}{\partial z} &= E_{\mathrm{u}} \overline{u} - D_{\mathrm{u}} u_{\mathrm{u}} \\
\frac{\partial (M_{\mathrm{u}} v_{\mathrm{u}})}{\partial z} &= E_{\mathrm{u}} \overline{v} - D_{\mathrm{u}} v_{\mathrm{u}}
\end{aligned}\right\} \tag{6.6.16}
$$

其中，l 为云中液态水含量，c_{u} 为上升气流中的净凝结。E 和 D 为单位长度的卷入率和卷出率，假定它们同云与环境空气间的湍流交换及与大尺度辐合相连系的有组织的流入流出有关，可以被得到。(6.6.16)从云底向上积分，因此必须要知道下边界条件即云底的质量通量，它可以由不同的对流类型(深对流、浅对流和中层对流)来近似确定。

(2) 积云下沉气流：这里的下沉是与上升气流造成的对流性降水及环境空气的卷入相联系的云内空气的下沉，在自由下沉层(对环境空气为负浮力的最高模式层)之下，下沉气流的质量通量、干静力能、水汽及动量的垂直分布方程为

$$
\left.\begin{aligned}
-\frac{\partial M_{\mathrm{d}}}{\partial z} &= E_{\mathrm{d}} - D_{\mathrm{d}} \\
-\frac{\partial (M_{\mathrm{d}} s_{\mathrm{d}})}{\partial z} &= E_{\mathrm{d}} \bar{s} - D_{\mathrm{d}} s_{\mathrm{d}} + L\bar{\rho} e_{\mathrm{d}} \\
-\frac{\partial (M_{\mathrm{d}} q_{\mathrm{d}})}{\partial z} &= E_{\mathrm{d}} \bar{q} - D_{\mathrm{d}} q_{\mathrm{d}} + \bar{\rho} e_{\mathrm{d}} \\
-\frac{\partial (M_{\mathrm{d}} u_{\mathrm{d}})}{\partial z} &= E_{\mathrm{d}} \bar{u} - D_{\mathrm{d}} u_{\mathrm{d}} \\
-\frac{\partial (M_{\mathrm{d}} v_{\mathrm{d}})}{\partial z} &= E_{\mathrm{d}} \bar{v} - D_{\mathrm{d}} v_{\mathrm{d}}
\end{aligned}\right\} \tag{6.6.17}
$$

下沉气流中的卷入卷出因缺乏可靠资料而难以确定，数值试验表明其结果对卷入卷出率的变化并不敏感，卷入卷出用与上升气流取相同的参数化方法，但数值略有不同。假定自由下沉层的质量通量正比于云底的上升气流质量通量，即知道上边界的质量通量，这样(6.6.17)式也可求解。

6.6.5 辐射过程参数化

太阳辐射是大气运动的基本能源，大气环流形成的机制中，辐射加热是主要因子之一，例如平均温度场的垂直分布和南北分布主要是由辐射决定的。太阳的表面温度约为 6 000 K，其发射辐射的波长在 0.15—4.5 μm 之间。地球大气的温度约为 200—300 K，其发射辐射的波长在 4.5—80 μm 之间，通常称前者为短波辐射，后者为长波辐射。计算太阳辐射加热率需要考虑进入模式大气顶的太阳辐射在其传输过程中大气的吸收、散射及地面的反射作用。大气的吸收主要的是大气对太阳紫外、可见光和近红外波段及地球红外辐射的吸收，大气的主要吸收气体是水汽(H_2O)二氧化碳(CO_2)和臭氧(O_3)。在不同的波段吸收强度不同，不同的模式选取得波段也有差别，例如 ECMWF 对长波考虑 6 个区，它们分别是 0—350 cm^{-1}和1 450—1 880 cm^{-1}(H_2O)、500—800 cm^{-1}(H_2O、CO_2)、800—970 cm^{-1}和 1 110—1 250 cm^{-1}(H_2O)、970—1 110(O_3)、350—500 cm^{-1}(H_2O)、1 250—1 450 cm^{-1}和 1 880—2 820 cm^{-1}(H_2O)。对太阳辐射考虑 2 个波段，它们分别是 0.2—0.68 μm(O_3)、0.68—4.0 μm(H_2O、CO_2)。

辐射在大气中的传输过程可以用辐射传输方程来描述，在水平平行大气和水平均匀的情况下，单色散射辐射的传输方程为(尹宏，1993)

$$\mu\frac{\mathrm{d}I_\nu(\delta,\mu,\varphi)}{\mathrm{d}\delta}=I_\nu(\delta,\mu,\varphi)-\frac{\omega_\nu}{4\pi}\int_0^{2\pi}\int_{-1}^{1}P(\delta,\mu,\varphi,\mu',\varphi')I_\nu(\delta,\mu',\varphi')\mathrm{d}\mu'\mathrm{d}\varphi'-\frac{\omega_\nu}{4\pi}S_0P(\delta,\mu,\varphi,\mu_0,\varphi_0)\exp\left(-\frac{\delta}{\mu_0}\right)+(1-\omega_\nu)B_\nu(T) \tag{6.6.18}$$

其中 $\mu=\cos\theta$，θ是路径天顶角，φ是方位角，I_ν是辐射强度，ω是单次散射反照率，$P(\delta,\mu,\varphi,\mu',\varphi')$ 是散射相函数，它表示来自 (μ',φ') 方向的辐射在 (μ,φ) 方向的被散射的概率，$B_\nu(T)$ 为普朗克函数，S_0 为大气顶在 μ_0 的太阳辐射强度，δ 为光学厚。(6.6.18)式右端第二项是来自 (μ',φ') 方向的辐射强度为 I_ν 的辐射在 (μ,φ) 方向的散射，第三项是到达 δ 高度上的太阳直接辐射 $S_0\exp(-\delta/\mu_0)$ 在 (μ,φ) 方向产生的散射辐射强度，第四项是 dδ 层发出的热辐射(长波辐射)。

1. 短波(太阳)辐射

由于大气的吸收和散射造成的短波辐射对大气的加热率为

$$\frac{\partial T}{\partial t}=-\frac{g}{c_p}\frac{\partial F_{\mathrm{sw}}}{\partial p}$$

F_{sw} 为净短波辐射通量，它可表示为 $F_{sw}(\delta) = \int_0^\infty d\nu \int_0^{2\pi} d\varphi \int_{-1}^1 \mu I_\nu(\delta, \mu, \varphi) d\mu$，由辐射传输方程求得。对短波辐射，略去(6.6.18)中的长波项，并将(6.6.18)对方位角 φ 从 0 到 2π 积分，则(6.6.18)变为

$$\mu \frac{dI_\nu(\delta, \mu)}{d\delta} = I_\nu(\delta, \mu) - \frac{\omega}{2}\int_{-1}^1 P(\mu, \mu') I_\nu(\delta, \mu') d\mu' - \frac{\omega}{4} S_0 P(\mu, \mu_0) \exp\left(-\frac{\delta}{\mu_0}\right) \tag{6.6.19}$$

辐射 $I_\nu(\delta, \mu)$ 是 δ 和 μ 的二元函数，直接计算工作量较大，简化的方法是近似地假定 $I_\nu(\delta, \mu)$ 可以分离变量，这里取 Eddington 近似。假定（为简化，略去下标 ν）

(1) $I(\delta, \mu) = I_0(\delta) + \mu I_1(\delta)$；

(2) 相函数取两项展开，即

$$P(\mu, \mu') \approx 1 + 3g\mu\mu'$$

g 为不对称因子，则(6.6.19)可以写为

$$\mu \frac{d(I_0 + \mu I_1)}{d\delta} = (I_0 + \mu I_1) - \omega(I_0 + g\mu I_1) - \frac{\omega}{4} S_0 (1 + 3g\mu\mu_0) \exp\left(-\frac{\delta}{\mu_0}\right) \tag{6.6.20}$$

上式对 μ 积分后（刘长盛等，1990），则有

$$\left.\begin{aligned} \frac{dI_1}{d\delta} &= 3(1-\omega) I_0 - \frac{3}{4}\omega S_0 \exp\left(-\frac{\delta}{\mu_0}\right) \\ \frac{dI_0}{d\delta} &= (1-\omega g) I_1 + \frac{3}{4}\omega S_0 g\mu_0 \exp\left(-\frac{\delta}{\mu_0}\right) \end{aligned}\right\} \tag{6.6.21}$$

(6.6.21)为一常微分方程，假定上下边界无漫辐射进入，则其解的形式为

$$\left.\begin{aligned} I_0(\delta) &= c_1 e^{-k\delta} + c_2 e^{k\delta} + \alpha e^{-\delta/\mu_0} \\ I_1(\delta) &= \gamma c_1 e^{-k\delta} + c_2 e^{k\delta} + \beta e^{-\delta/\mu_0} \end{aligned}\right\} \tag{6.6.22}$$

其中 k、γ、α 和 β 为与 ω、g 及太阳天顶角方向余弦（μ_0）有关的参数，c_1 和 c_2 为由边界条件确定的常数，由此可以求得 $I(\delta, \mu) = I_0(\delta) + \mu I_1(\delta)$，从而求出向上和向下的通量

$$F^\uparrow(\delta) = \int_0^1 I(\delta, \mu)\mu d\mu, \qquad F^\downarrow(\delta) = \int_{-1}^0 I(\delta, \mu)\mu d\mu$$

在吸收气体和气溶胶浓度分布已知的情况下，就可以求出各波段不同层次大气中的光学厚度 δ，从而求出大气各层向上和向下的辐射通量，最后算出辐射加热率。

2. 长波辐射

由于长波辐射大气的加热率为

$$\frac{\partial T}{\partial t} = -\frac{g}{c_p}\frac{\partial F_{\mathrm{Lw}}}{\partial p}$$

F_{Lw} 是长波辐射通量，它可以由辐射传输方程计算。对长波辐射，如果不考虑散射而且假定辐射传输与方位角无关，则(6.6.18)变为(刘长盛等，1990)

$$\mu\frac{\mathrm{d}I_\nu(\delta,\mu)}{\mathrm{d}\delta} = I_\nu(\delta,\mu) - B_\nu(T)$$

它可以变为向上和向下的两个传输方程

$$\left.\begin{aligned}\mu\frac{\mathrm{d}I_\nu^{\uparrow}(\delta,\mu)}{\mathrm{d}\delta} &= I_\nu^{\uparrow}(\delta,\mu) - B_\nu(T)\\ -\mu\frac{\mathrm{d}I_\nu^{\downarrow}(\delta,\mu)}{\mathrm{d}\delta} &= I_\nu^{\downarrow}(\delta,\mu) - B_\nu(T)\end{aligned}\right\} \tag{6.6.23}$$

(6.6.23)为一阶常微分方程，在给定的边界条件下容易求解，大气的上下边界条件可以写为

$$z = 0\ 时,\quad \delta = \delta_0,\quad I_\nu^{\uparrow}(\delta_0,\mu) = B_\nu(T_0)$$
$$z = \infty\ 时,\quad \delta = 0,\quad I_\nu^{\downarrow}(0,\mu) = 0$$

它表明，在大气底部，向上的辐射即地面温度为 T_0 时的黑体辐射，而在大气顶无向下的辐射，(6.6.23)的解可以写为

$$\begin{aligned}I_\nu^{\uparrow}(\delta,\mu) &= B_\nu(T_0)\mathrm{e}^{-\frac{\delta_0-\delta}{\mu}} + \int_\delta^{\delta_0} B_\nu[T(\delta')]\mathrm{e}^{-\frac{\delta'-\delta}{\mu}}\frac{\mathrm{d}\delta'}{\mu}\\ I_\nu^{\downarrow}(\delta,\mu) &= \int_0^{\delta} B_\nu[T(\delta')]\mathrm{e}^{-\frac{\delta-\delta'}{\mu}}\frac{\mathrm{d}\delta'}{\mu}\end{aligned} \tag{6.6.24}$$

由于在高度 z 接受到的向上(或向下)的辐射来自其下(上)半球的各个方向，对(6.6.24)半球积分得到达 z 高度向上(向下)的辐射通量 $F_\nu^{\uparrow}(\delta)$ 和 $F_\nu^{\downarrow}(\delta)$

$$F_\nu^{\uparrow}(\delta) = \int_0^{2\pi}\mathrm{d}\varphi\int_0^1 I_\nu^{\uparrow}(\delta,\mu)\mu\mathrm{d}\mu$$

$$F_\nu^{\downarrow}(\delta) = \int_0^{2\pi}\mathrm{d}\varphi\int_0^1 I_\nu^{\downarrow}(\delta,\mu)\mu\mathrm{d}\mu$$

辐射通量 $F_\nu^{\uparrow}(\delta)$ 和 $F_\nu^{\downarrow}(\delta)$ 还需要对波数积分。

6.7 数值预报的初值形成

数值天气预报(NWP)是经典的初值问题，利用初值通过大气模式的时间向前积分来实现，它是天气预报和数值模拟的重要工具。预报和模拟的效果不仅

与模式有关，而且明显受到初值质量的影响。形成初值的信息，主要来源于观测。由于气象观测的时、空分布极不均匀，种类和属性也不尽相同，加之模式的自由度往往远大于实际观测数，所以需要一种有效的方法来获得模式初值，它也是 NWP 的主要组成部分。

形成好的 NWP 初值，首先，有足够的观测资料；然后，能够利用这些观测资料，生成规则分布、反映大气真实状况的气象要素场；最后，这些气象要素场，能够针对特定的数值模式，获得最佳的预报和模拟结果。

6.7.1 观测资料及其质量控制

最早的 NWP 试验仅能利用非常少的地面观测资料。随着无线电技术的发展，使得高空探测出现，加之地面观测网的扩大，在业务 NWP 实现的上世纪五十年代，已经能够利用常规的陆地地面观测报告（SNOP）、船舶地面观测报告（SHIP）和高空探测报告（TEMP、PILOP）制作模式的初值。1967 年 TIROS 气象卫星的升空，开辟了卫星观测及其应用的新时代。70 年代，卫星观测推得的云迹风报告（SATOB）和辐射率反演的压、温、湿探测报告（SATEM），以及飞机观测报告（AIREP）等已经在许多业务 NWP 中心使用。全球大气研究计划（GARP）第一次全球试验（FGGE）中，除了上述观测资料外，热带地区的浮标站观测（DRIBU）、南半球的定高气球观测（COLBA）和飞机投掷探空仪观测报告（TEMP DROP）等都被应用于气象资料分析。近年来，卫星辐射率资料（ATOVS）直接应用，以及多普勒雷达、风廓线仪、地面自动站和 GPS 等观测的应用，为 NWP 初值提供了更多种类和更广范围的大气时、空四维信息。表 6.7.1 给出的是我国 NWP 中资料使用情况的例子。气象观测资料存在误差，它们主要有如下几种：(1) 随机误差，是由相互独立、不相关的因子造成，包括观测代表性误差、仪器和计算精度造成的误差、观测时间差异和空间位移引起的误差等；(2) 系统误差，通常由仪器标尺偏移和持续性因素影。它们具有时间持久性和明显偏差的特点，即误差的均值非零；(3) 显著(gross)误差，是由独立的错误观测、传输、读写和计算等原因造成。

观测资料质量控制，最先使用传统的质量控制，以后发展出变分质量控制。关于传统的质量控制，最早由 Gilchrist 和 Cressman 于 1954 年提出自动化资料质量控制方法。其后，Gandin 等于 1971 和 1988 年提出综合资料质量控制方案，将质量控制由按顺序分别独立进行，变为通过综合判断来完成；各个国家的气象中心也都相继开发资料质量控制的方案。我国 NMC 的 NWP 资料质量控制方法，包括如下几个方面：(1) 观测资料的极值（气候值）检查、垂直一致性检查和多余资料去除；(2) 观测余差的极值（初估场）检查；(3) 水平一致性检查。通过上述质量控制检查的观测资料，将用于下面的客观分析方案中。

表 6.7.1 2007 年 8 月 28 日 1 200 UTC 我国 NWP 全球系统中资料使用情况(资料数)

资料类型	高度	风	湿度	温度	辐射率	
					Amsu-a	Amsu-b
TEMP/PILOP	21 194	16 552	17 908	—	—	—
SYNOP	3 145	3 613	3 556	—	—	—
SHIP/ DRIBU	672	510	375	—	—	—
AIREP	—	6 055	—	5 943	—	—
SATOB	—	5 059	—	—	—	—
ATOVS	—	—	—	—	10 096	14 209

注：此表数据由国家气象局气象科学研究院韩威博士提供。

关于变分质量控制，Lorenc 等于 1985 和 1988 年提出 Bayesian 概率论原理的质量控制理论，并用于变分质量控制方法中(Andersson et al,1999)。把质量控制作为变分分析方案的一部分，在求变分问题解的过程来实现。下面以单一不相关观测为例，对它的基本原理给以阐述。

根据观测误差特性，没有显著误差的观测，其概率密度函数为正态分布，表示为

$$P(y^{\mathrm{o}}) = N = \frac{1}{\sqrt{2\pi}\sigma^{\mathrm{o}}}\exp\left[-\frac{1}{2}\left(\frac{y^{\mathrm{o}} - Hx}{\sigma^{\mathrm{o}}}\right)^2\right] \tag{6.7.1}$$

式中，σ^{o} 为观测误差标准差，$y^{\mathrm{o}} - Hx$ 为观测 y^{o} 与分析 x 的偏差。显著误差的观测，其概率密度函数为平坦分布，根据偏差值删除误差明显过大、超过极值的观测后，取下式：

$$P(y^{\mathrm{o}}) = F = \begin{cases} \dfrac{1}{D} = \dfrac{1}{2d\sigma^{\mathrm{o}}}, & |y^{\mathrm{o}} - Hx| < \dfrac{D}{2} \\ 0, & |y^{\mathrm{o}} - Hx| > \dfrac{D}{2} \end{cases} \tag{6.7.2}$$

其中，d 为 σ^{o} 允许的显著误差的最大倍数。假设观测存在显著误差的先验概率为 A，则没有显著误差的先验概率为 $1-A$。此时，观测 y^{o} 的概率密度函数为

$$P^{\mathrm{QC}}(y^{\mathrm{o}}) = (1-A)N + AF \tag{6.7.3}$$

由 Bayesian 概率论原理可以推得，变分方法目标函数中的观测项及其梯度，在观测没有显著误差时为

$$\left.\begin{aligned} J_{\mathrm{o}}^{N} &= -\ln[P(y^{\mathrm{o}})] + c = \frac{1}{2}\left(\frac{y^{\mathrm{o}} - Hx}{\sigma^{\mathrm{o}}}\right)^2 \\ \nabla J_{\mathrm{o}}^{N} &= \frac{1}{\sigma^{\mathrm{o}}}\left(\frac{y^{\mathrm{o}} - Hx}{\sigma^{\mathrm{o}}}\right) \end{aligned}\right\} \tag{6.7.4}$$

而用于变分质量控制方案考虑观测显著误差时为

$$J_{o}^{QC} = -\ln[P^{QC}(y^{o})] + c = -\ln\left[\frac{\gamma + \exp(-J_{o}^{N})}{\gamma + 1}\right]$$

$$\nabla J_{o}^{QC} = \nabla J_{o}^{N}\left[1 - \frac{\gamma}{\gamma + \exp(-J_{o}^{N})}\right] = \nabla J_{o}^{N}(1 - P) = \nabla J_{o}^{N}\ W^{QC} \tag{6.7.5}$$

其中，$\gamma = \frac{A\sqrt{2\pi}}{(1 - A)2d}$。由(6.7.5)式显示，包括变分质量控制的变分目标函数梯度，是没有显著误差的目标函数梯度与权重 W^{QC} 的乘积。从而在变分方法的迭代求解过程中，可以根据观测与分析的偏差，对不同质量的观测赋予不同的权重，实现观测资料的更有效使用。

6.7.2 形成初值的分析方法——变分分析法

早期 NWP 所利用的初值，由手工方法制作而成，方法主观性强，效率低，难以满足业务 NWP 的需求。因此，自动、客观的分析方案的研制随之而产生，这包括多项式插值法，逐步订正法，哈佛函数分析法，最优插值法，以及变分分析法、卡尔曼滤波法等。限于篇幅，仅讨论变分分析法。

20 世纪 80 年代中以后，一种新的变分方法得到发展。美国 NMC 首先在 1991 年将全球谱统计插值的三维变分方案在 NWP 的业务中应用，并开发区域三维变分方案(Parrish et al，1992；1996)。ECMWF 在 1996 年和 1997 年也分别将全球三维变分方案和四维变分方案投入业务应用。其后，许多国家的业务气象中心纷纷开发相应的变分方案，我国也开展了这一方法的研究(朱宗申等，2002；张华等，2004；庄世宇等，2005)，其中全球/区域同化预报系统(GRAPES)的三维变分方案已投入业务使用。

1. 最佳分析的基本原理

Lorenc(1986)在研究 NWP 分析问题时，用概率论原理推导了最佳分析的一般形式。最佳分析指这种分析对特定使用的模式给出最佳的预报。用 x 表示模式状态，H 为广义插值算子，y 表示观测，最佳估值由下式给出：

$$y = H(x) \tag{6.7.6}$$

根据 Bayesian 定理，事件 $y = y^{o}$ 发生后事件 $x = x^{t}$ (上标 t 表示真值)发生的后验概率为

$$P(x = x^{t}/y = y^{o}) \propto P(x = x^{t})P(y = y^{o}/x = x^{t}) \tag{6.7.7}$$

它定义了一个概率密度函数 $P_{a}(x)$，确定分析最佳估值 x^{a} 为 $P_{a}(x)$ 的均值或模，即

$$x^{a} = \int x\, P_{a}(x)\mathrm{d}x \tag{6.7.8}$$

或

$$x = x^{a} \text{ 时}, P_{a}(x) \text{ 最大} \tag{6.7.9}$$

它们分别是 x^a 的最小方差估计或最大似然估计。(6.7.7)式中的先验概率 $P(x = x^t)$ 用 x 与已知背景场的偏差表示：

$$P(x = x^{t}) = P_{b}(x - x^{b}) \tag{6.7.10}$$

已知事件 $x = x^t$ 发生后事件 $y = y^o$ 的概率 $P(y = y^o/x = x^t)$ 用全概率公式计算：

$$\begin{aligned} & P(y = y^{o}/x = x^{t}) \\ & = \int P(y = y^{o}/x = x^{t}, y_{1} = y^{t}) P(y_{1} = y^{t}/x = x^{t}) \mathrm{d}y_{1} \end{aligned} \tag{6.7.11}$$

上式右端两项用误差表示：

$$P(y = y^{o}/x = x^{t},\ y_{1} = y^{t}) = P_{o}(y^{o} - y_{1}) \tag{6.7.12}$$

$$P(y_{1} = y^{t}/x = x^{t}) = P_{f}(y^{f} - y_{1}) = P_{f}(H - y_{1}) \tag{6.7.13}$$

假设概率密度函数为高斯函数型分布,并且观测和广义插值算子的误差相不相关,可以得到：

$$\begin{aligned} P_{a}(x) \propto \exp\Big\{ & -\frac{1}{2}\Big[(x - x^{b})^{\mathrm{T}} B^{-1} (x - x^{b})\Big] \\ & -\frac{1}{2}\Big[(y^{o} - H)^{\mathrm{T}} (R + F)^{-1} (y^{o} - H)\Big]\Big\} \end{aligned} \tag{6.7.14}$$

其中,B、R 和 F 分别是背景场、观测和广义插值算子的误差协方差矩阵。H 是 x 的函数,即 $H = H(x)$。对于(6.7.14)式,x 最大似然估计 $P_a(x)$ 极大,等价于 $-\ln P_a(x)$ 极小,即目标函数：

$$\begin{aligned} J(x) = & \frac{1}{2}(x - x^{b})^{\mathrm{T}} B^{-1} (x - x^{b}) + \frac{1}{2}(y^{o} - H)^{\mathrm{T}} \\ & (R + F)^{-1} (y^{o} - H) \end{aligned} \tag{6.7.15}$$

极小。(6.7.15)式是下述三维变分(3D-Var)和四维变分(4D-Var)方法求最佳分析 x^a 的基本公式。

2. 三维变分方法

(1) 基本公式

对目标函数(6.7.15)式,用增量 $\delta x = x - x^b$ 表示,目标函数中广义插值算子不考虑误差和线性近似,有

$$H(x) = H(x^{b}) + H\delta x \tag{6.7.16}$$

$$J(\delta x) = \frac{1}{2}\delta x^{\mathrm{T}} B^{-1} \delta x + \frac{1}{2}(H\delta x - d)^{\mathrm{T}} R^{-1} (H\delta x - d) \tag{6.7.17}$$

$$d = y^{o} - H(x^{b}) \tag{6.7.18}$$

(6.7.17)式右端第一项称背景场项 J_b,第二项为观测项 J_o。对分析变量 δx 求目标函数 J 极小,即目标函数的梯度为

$$\nabla J(\delta x) = B^{-1}\delta x + H^{\mathrm{T}} R^{-1}(H\delta x - d) = 0 \tag{6.7.19}$$

可以得到变分分析方程为

$$x^{\mathrm{a}} = x^{\mathrm{b}} + (B^{-1} + H^{\mathrm{T}} R^{-1} H)^{-1} H^{\mathrm{T}} R^{-1}(H\delta x - d)) \tag{6.7.20}$$

它是在给定的背景场误差和观测误差情况下，分析 x^{a} 与背景场 x^{b} 和观测 y^{o} 偏差最小。根据最佳分析的基本原理，此时的 x^{a} 是背景场取 x^{b} 和观测取 y^{o} 时最可能为真值的分析结果。

在广义插值算子线性情况下，可以根据如下矩阵方程：

$$\begin{bmatrix} R & H \\ H^{\mathrm{T}} & -B^{-1} \end{bmatrix}\begin{bmatrix} K \\ X^{\mathrm{a}} - X^{\mathrm{b}} \end{bmatrix} = \begin{bmatrix} y^{\mathrm{o}} - H(x^{\mathrm{b}}) \\ 0 \end{bmatrix} \tag{6.7.21}$$

同时求得最优插值的分析方程

$$x^{\mathrm{a}} = x^{\mathrm{b}} + BH^{\mathrm{T}}(R + HBH^{\mathrm{T}})^{-1}[y^{\mathrm{o}} - H(x^{\mathrm{b}})] \tag{6.7.22}$$

以及变分方法的分析方程(6.7.20)式，Kalnay 于 2003 年证明这两种分析方法的等价性。

(2) 三维变分方案的求解

直接利用(6.7.20)或(6.7.22)式求变分分析的解，需要对背景场的误差协方差矩阵 B 运算、求逆。由于 B 的阶数量级通常可达 $10^6 \times 10^6$ 或以上，计算量过大难于实现，所以采用变量变换(包括物理变换、平衡变换和空间变换)和最优化迭代，求目标函数极小的解。下面主要以 GRAPES 三维变分方案为例加以叙述。

① 变量变换

方案的模式变量 x^{m} 是纬向风速 u、经向风速 v、位势高度 φ 和比湿 q，选取的分析变量 x^{a} 为流函数 Ψ、速度势 χ、位势高度 φ 和相对湿度 r。由分析变量得到模式变量需要通过算子 D 进行变量物理变换：

$$(u,\ v,\ \varphi,\ q)^{\mathrm{T}} = D(\Psi,\ \chi,\ \varphi,\ r)^{\mathrm{T}} \tag{6.7.23}$$

由于背景场取自短期 NWP 预报的结果，所以质量场和风场的误差是相关的。为了简化分析问题，进行变量分离—平衡变换。将位势高度 φ、速度势 χ 分离成平衡部分 $\bar{\varphi}$、$\bar{\chi}$ 和非平衡部分 φ'、χ'，用 Ψ、χ'、r 作为新的分析变量 x_n^{a}，它们之间的关系为

$$(\Psi,\ \chi,\ \varphi,\ r)^{\mathrm{T}} = K(\Psi,\ \chi',\ \varphi',\ r)^{\mathrm{T}} \tag{6.7.24}$$

$$K = \begin{bmatrix} I & 0 & 0 & 0 \\ N & I & 0 & 0 \\ M & P & I & 0 \\ 0 & 0 & 0 & I \end{bmatrix} \tag{6.7.25}$$

式中，K 为平衡算子，算子 M、N 用于计算由 Ψ 表示的 φ 与 χ 的平衡部分，算子 P 用于计算由非平衡 χ' 表示的 φ 的平衡部分，目前方案暂不考虑算子 N 和 P 的部分。由 Ψ 表示的 φ 的平衡部分 $\bar{\varphi}$，用如下线性平衡方程或非线性平衡方程：

$$\nabla^2 \bar{\varphi} = \nabla f \cdot \nabla \Psi + f \nabla^2 \Psi \tag{6.7.26}$$

$$\nabla^2 \bar{\varphi} = \nabla f \cdot \nabla \Psi - 2\left(\frac{\partial^2 \Psi}{\partial x \partial y}\right)^2 + 2 \frac{\partial^2 \Psi}{\partial x^2}\frac{\partial^2 \Psi}{\partial y^2} \tag{6.7.27}$$

算得,庄昭荣等(2006)曾对不同平衡方案给以求解变量 x_n^{a} 的影响进行讨论。此时,(6.7.17)式变为

$$J(\delta x_n) = \frac{1}{2}\delta x_n^{\mathrm{T}} B_n^{-1} \delta x_n + \frac{1}{2}(HDK\delta x_n - d)^{\mathrm{T}} R^{-1}(HDK\delta x_n - d) \tag{6.7.28}$$

假设 Ψ、χ'、φ' 和 r 之间互不相关,变量 x_n^{a} 的背景场的误差协方差矩阵 B_n 中,就仅保留单变量的相关部分,成为块对角矩阵。多变量的变分分析问题,简化为只包括各个单变量自相关的误差协方差矩阵的计算,矩阵的阶数明显减小,相关关系也变得简单。

(6.7.28)式中仍包含高阶 B_n 的求逆。为此进行变量空间变换—预调,设

$$B_n = UU^{\mathrm{T}} \tag{6.7.29}$$

和分析控制变量 δw 为

$$\delta x_n = U\delta w \tag{6.7.30}$$

得到分析控制变量 δw 的目标函数及其梯度为

$$J(\delta w) = \frac{1}{2}\delta w^{\mathrm{T}}\delta w + \frac{1}{2}(HDKU\delta w - d)^{\mathrm{T}} R^{-1}(HDKU\delta w - d) \tag{6.7.31}$$

$$\nabla J(\delta w) = \delta w + U^{\mathrm{T}} K^{\mathrm{T}} D^{\mathrm{T}} H^{\mathrm{T}} R^{-1}(HDKU\delta w - d) \tag{6.7.32}$$

通过上述的变量变换,避免了对庞大维数矩阵 B 的求逆,并且使得目标函数的背景场项用 Hesse 矩阵表示的条件数变为 I,在求解目标函数极小的最优化迭代过程中加快了收敛速度。当背景场误差协方差矩阵 B_n 和 U 确定后,就可以求得 δw,再由(6.7.30)、(6.7.24)式计算得到分析变量流函数 Ψ、速度势 χ、位势高度 φ 和相对湿度 r,并最终由(6.7.23)式求得模式变量纬向风速 u、经向风速 v、位势高度 φ 和比湿 q。

② 背景场误差协方差矩阵 B_n 的构造

对 B_n 中各个单变量的块矩阵,采用相同方法进行构造,用 B_μ 表示。设

$$\varepsilon_i = (\varepsilon_{i1}, \varepsilon_{i2}, \cdots, \varepsilon_{iL})^{\mathrm{T}} \quad (i = 1, 2, \cdots, m) \tag{6.7.33}$$

表示第 i 水平格点所有垂直层次的单变量分析变量的背景场误差构成的向量。其中 m 为水平格点数,L 为垂直层数。

$$B_\mu = \begin{bmatrix} \langle \varepsilon_1 \varepsilon_1^{\mathrm{T}} \rangle & \langle \varepsilon_1 \varepsilon_2^{\mathrm{T}} \rangle & \cdots & \langle \varepsilon_1 \varepsilon_m^{\mathrm{T}} \rangle \\ \langle \varepsilon_2 \varepsilon_1^{\mathrm{T}} \rangle & \langle \varepsilon_2 \varepsilon_2^{\mathrm{T}} \rangle & \cdots & \langle \varepsilon_2 \varepsilon_m^{\mathrm{T}} \rangle \\ \vdots & \vdots & \ddots & \vdots \\ \langle \varepsilon_m \varepsilon_1^{\mathrm{T}} \rangle & \langle \varepsilon_m \varepsilon_2^{\mathrm{T}} \rangle & \cdots & \langle \varepsilon_m \varepsilon_m^{\mathrm{T}} \rangle \end{bmatrix} = [\mu_{ii'}] \tag{6.7.34}$$

其中 $\mu_{ii'} = \langle \varepsilon_i \varepsilon_{i'}^{\mathrm{T}} \rangle$，表示第 i 水平格点所有垂直层次与第 i' 格点所有垂直层次之间的误差协方差矩阵。设 $\rho_{ii'}$ 表示第 i 水平格点所有垂直层次与第 i' 格点所有垂直层次之间的误差相关矩阵，则

$$\rho_{\mu} = \begin{bmatrix} \rho_{11} & \rho_{12} & \cdots & \rho_{1m} \\ \rho_{21} & \rho_{22} & \cdots & \rho_{2m} \\ \vdots & \vdots & \ddots & \vdots \\ \rho_{m1} & \rho_{m2} & \cdots & \rho_{mm} \end{bmatrix} = [\rho_{ii'}] \tag{6.7.35}$$

由于 $\rho_{ii'}$ 是正定实对称矩阵，可以用奇异值分解方法进行分解：

$$\rho_{ii'} = (E_i \lambda_{ii'} E_{i'}^{\mathrm{T}}) \tag{6.7.36}$$

假定垂直模奇异向量矩阵的垂直模态与水平位置无关，即 $E_i = E_{i'} = E$，则(6.7.36)式为

$$\rho_{\mu} = VRV^{\mathrm{T}} \tag{6.7.37}$$

其中

$$V = \mathrm{diag}(E, E, \cdots, E) \tag{6.7.38}$$

$$R = \begin{bmatrix} \lambda_{11} & \lambda_{12} & \cdots & \lambda_{1I} \\ \lambda_{21} & \lambda_{22} & \cdots & \lambda_{2I} \\ \vdots & \vdots & \ddots & \vdots \\ \lambda_{I1} & \lambda_{I2} & \cdots & \lambda_{II} \end{bmatrix} \tag{6.7.39}$$

R 是相应各垂直模态分量的水平相关矩阵。

根据(6.7.37)式和误差协方差定义：$\mu_{ii'} = \sigma_i \rho_{ii'} \sigma_{i'}^{\mathrm{T}}$，得到：

$$B_{\mu} = \sigma \rho_{\mu} \sigma^{\mathrm{T}} = \sigma V R V^{\mathrm{T}} \sigma^{\mathrm{T}} \tag{6.7.40}$$

其中

$$\sigma = \mathrm{diag}(\sigma_1, \sigma_2, \cdots, \sigma_I) \tag{6.7.41}$$

$$\sigma_i = \mathrm{diag}(\sigma_i^{(1)}, \sigma_i^{(2)}, \cdots \sigma_i^{(L)}) \tag{6.7.42}$$

根据(6.7.29)和(6.7.40)式，就可以得到：

$$U = \sigma V \sqrt{R} \tag{6.7.43}$$

从而实现背景场误差协方差矩阵 B_n 的构造和变量的空间变换。

由于水平相关矩阵 R 的阶数仍非常大，根据(6.7.31)式计算 $\sqrt{R}\delta w$ 时，对区域和全球方案可以分别采用递归滤波器(Lorenc，1992)或谱滤波的方法逼近(庄世宇等，2005)。

③ 递归滤波器和谱滤波的方法的应用

递归滤波器的定义为

$$\left.\begin{aligned} B_i &= \alpha B_{i-1} + (1-\alpha) A_i \quad (i = 1, 2, \cdots, n) \\ C_i &= \alpha C_{i+1} + (1-\alpha) B_i \quad (i = n, n-1 \cdots, 1) \end{aligned}\right\} \tag{6.7.44}$$

其中，A 为 n 个格点的一维场，格距为 δx，B 为对 A 经过 i 从 1 到 n 格点滤波后

的值，C 为对 A 经过前、后两个方向一次滤波后的值，重复 k 次运算称为 k 次滤波，α 为滤波系数。Hayden 等于1995年给出多次递归滤波的边界条件：第1次向前、向后滤波为：$B_1 = (1-\alpha)A_1$、$C_n = B_n/(1+\alpha)$；第2次为：$B_1 = A_1/(1+\alpha)$、$C_n = (1-\alpha)/(1-\alpha^2)^2[B_n - \alpha^3 B_{n-1}]$；以后各次为：$B_1 = (1-\alpha)/(1-\alpha^2)^2(A_1 - \alpha^3 A_2)$、$C_n$ 取第2次滤波公式不变。将(6.7.44)式中的两式合并，对 A_i 和 C_i 用波长为 $2\pi/k$ 的波动解表示，可以得到 N 次递归滤波器的谱响应函数为：

$$S_{N\text{pass}}(k) = \frac{1}{\left\{1 + \frac{\alpha}{(1-\alpha)^2}\left[2\sin\left(\frac{k\delta x}{2}\right)\right]^2\right\}^N} \tag{6.7.45}$$

如果 $k\delta x$ 和 α 很小，则

$$S_{N\text{pass}}(k) \approx 1 - \frac{\alpha}{(1-\alpha)^2}Nk^2\delta x^2 \tag{6.7.46}$$

为了使递归滤波器(6.7.44)式逼近协方差矩阵卷积一个向量场的作用效果，只需使递归滤波器的谱响应函数趋向协方差函数的谱响应函数。在变分分析中常用如下两种误差协方差函数：一维高斯函数型：$b(x_i, x_j) = \varepsilon_b^2\exp[-(x_i - x_j)^2/2L^2]$，它的谱响应函数为

$$S_{\text{Gaussian}}(k) = \varepsilon_b^2\sqrt{2\pi}L\exp(-L^2k^2/2) \tag{6.7.47}$$

对于小尺度，使用高斯型函数效果往往不够理想，可采用二阶自回归函数型：$b(x_i, x_j) = \varepsilon_b^2(1 + |x_i - x_j|/L)\exp(-|x_i - x_j|/L)$，它的谱响应函数为

$$S_{\text{SOAR}}(k) = \varepsilon_b^2 4L\frac{1}{(1+k^2L^2)^2} \tag{6.7.48}$$

其中，ε_b^2 为方差，L 为水平尺度参数。当 k 很小即低通时，它们的谱响应函数分别近似为

$$S_{\text{Gaussian}}(k) = \varepsilon_b^2\sqrt{2\pi}L(1 - L^2k^2/2) \tag{6.7.49}$$

$$S_{\text{SOAR}}(k) = \varepsilon_b^2 4L(1 - 2k^2L^2) \tag{6.7.50}$$

根据(6.7.49)和(6.7.46)式，得到高斯函数型的滤波系数为

$$\left.\begin{aligned}\alpha &= 1 + E - \sqrt{E(E+2)}\\ E &= N\delta x^2/L^2\end{aligned}\right\} \tag{6.7.51}$$

根据(6.7.50)和(6.7.46)式，得到二阶自回归函数型的滤波系数为

$$\left.\begin{aligned}\alpha &= 1 + E - \sqrt{E(E+2)}\\ E &= N\delta x^2/4L^2\end{aligned}\right\} \tag{6.7.52}$$

对变分分析方案的两维场 δw，通过在纬向、经向分别 $k/2$ 次递归滤波，就可以得到用误差协方差矩阵卷积 δw 相似的结果，使计算得以实现。

采用谱滤波方法求解时，假定背景场误差相关是均匀和各向同性，在球面上

任意两点 i 和 j 的背景误差相关只是距离角的函数,用高斯型函数来表示,为

$$R(\alpha) = e^{-\alpha^2/2L^2} \tag{6.7.53}$$

其中 α 为两点的距离角,L 为水平尺度参数(单位弧度)。根据 Boer 于 1983 年的研究,可以用 Legendre 级数展开到谱空间。格点水平背景误差相关矩阵 R 进行谱变换运算,为

$$R = YR_S Y^* \tag{6.7.54}$$

则,谱空间相关矩阵 R_S 为

$$R_S = Y^* DRDY \tag{6.7.55}$$

式中,Y 表示球谐函数矩阵,Y^* 是球谐函数的共轭矩阵,D 是球面积分面积元矩阵。矩阵 R 中任意一个元素表示的球面上 i 和 j 两点的相关,用球谐函数的谱展表示,为

$$r_{ij} = \sum_n r_n p_n(\cos\theta_{ij}) = \sum_n r_n \sqrt{2/(2n+1)} \sum_{m=-n}^{n} Y_n^m(i) Y_n^m(j) \tag{6.7.56}$$

矩阵形式为

$$R = Y\Lambda Y^* \tag{6.7.57}$$

其中,$\Lambda = (\lambda_n^m)$ 是一个对角矩阵,对于相同的 n,所有的 λ_n^m 都相同,$\lambda_n^m = r_n \sqrt{2/(2n+1)}$。根据球谐函数正交性:

$$Y^* DY = I \tag{6.7.58}$$

由(6.7.55)、(6.7.57)和(6.7.58)式得到:

$$R_S = Y^* DRDY = \Lambda \tag{6.7.59}$$

此时,水平变换可以分解为以下算子:

$$\sqrt{R}\delta w = Y\sqrt{R_S}[Y^* D(1/\sqrt{D}\delta w)] \tag{6.7.60}$$

从而对于变分分析方案中的两维场 δw,通过谱滤波实现误差协方差矩阵卷积 δw 的计算。

3. 四维变分方法

四维变分是三维变分在时间维的推广。它们最主要的差别是三维变分仅利用初始时刻($t = t_0$)的观测资料,而四维可以利用时间窗内,通常取 6 或 12 h 的多个时刻观测资料。另外,四维变分中的观测算子,除三维变分原有的算子 H 外,还包含预报模式 M。四维变分的目标函数与三维变分的(6.7.17)式非常相似,为

$$J(\delta x) = \frac{1}{2}\delta x^{\mathrm{T}} B^{-1}\delta x + \frac{1}{2}\sum_{i=0}^{n}(H_i\delta x(t_i) - d_i)^{\mathrm{T}} R_i^{-1}[H_i\delta x(t_i) - d_i] \tag{6.7.61}$$

式中,下标 i 用于表示时间,δx 是初始时刻 t_0 的增量,$\delta x(t_i) = M_i\delta x$ 是非线性

完全模式 M 的切线性模式 M 从初始时刻 t_0 向前积分到 t_i 时刻的增量，B 和 R_i 是背景场和 t_i 时刻观测的误差协方差矩阵，$d_i = y_i^o - H_i x^b(t_i)$ 称为新息向量，其中 $x^b(t_i) = M_i(x^b)$ 是模式 M 从初始时刻 t_0 向前积分到 t_i 时刻的背景场，y_i^o 是 t_i 时刻的观测。四维变分的目标函数梯度为

$$\nabla J(\delta x) = B^{-1}\delta x + \sum_{i=0}^{n} M_{i,0}^{T} H_i^{T} R_i^{-1}[H_i \delta x(t_i) - d_i] \quad (6.7.62)$$

$M_{i,0}^{T} = M_{1,0}^{T} M_{2,1}^{T} \cdots M_{i,i-1}^{T}$ 称为伴随模式，从 t_i 时刻到 t_0 时刻进行向后积分。

理想情况是四维变分方案中的变分分析和模式取相同的分辨率。但是，四维变分方案求解采用迭代过程，全部使用高分辨率模式会使计算开销变得非常大，根据 Courtier 等(1994)提出一种改进计算精度的增量方法，通过迭代来解决这个问题。对第 n 次迭代的变量 x^n，由上一次的 x^{n-1} 加上这一次的增量 δx^n 更新得到：

$$\begin{aligned} x^n &= x^{n-1} + S^{-1}\delta x^n \\ x^0 &= x^b \end{aligned} \quad (6.7.63)$$

其中，变量在高分辨率空间更新，而增量在低分辨率空间计算。S 是从高分辨率模式空间到低分辨率变分分析空间的变换算子，S^{-1} 是算子 S 的广义逆算子，是从低分辨率到高分辨率的变换。此时，四维变分方案的目标函数和目标函数的梯度变为

$$\begin{aligned} J(\delta x^n) = &\frac{1}{2}(\delta x^n + Sx^{n-1} - Sx^b)^T B^{-1}(\delta x^n + Sx^{n-1} - Sx^b) \\ &+ \frac{1}{2}\sum_{i=0}^{n}[H_i \delta x^n(t_i) - d_i^{n-1}]^T R_i^{-1}[H_i \delta x^n(t_i) - d_i^{n-1}] \end{aligned} \quad (6.7.64)$$

$$\begin{aligned} \nabla J(\delta x^n) = &B^{-1}(\delta x^n + Sx^{n-1} - Sx^b) + \\ &\sum_{i=0}^{n} M_{i,0}^{T} H_i^{T} R_i^{-1}[H_i \delta x^n(t_i) - d_i^{n-1}] \end{aligned} \quad (6.7.65)$$

$$d_i^{n-1} = y_i^o - H_i x^{n-1}(t_i) \quad (6.7.66)$$

对 GRAPES 四维变分方案，采用三维变分方案相似的变量变换和计算方法，以及利用模式积分，由(6.7.64)—(6.7.66)式迭代求得低分辨率的同化增量，并根据(2.58)式得到高分辨率的模式变量。再通过上述过程的数次(n 通常取 2)迭代，最终得到四维变分同化的模式初值。

4. 变分方法与其他方法的比较

变分方法的优点有如下几点：

(1) 使用全场的观测资料一起进行计算，因此得到的结果较传统的其他方法连续。

(2) 通过观测算子，能够使用模式变量可以换算的各种非模式变量类型的

观测资料，如卫星观测的辐射率、臭氧，多普勒雷达的散射率、径向风速，GPS得到的大气折射率，地面降水等，从而大大增加大气的信息来源，这是以往其他方法无法做到的。

(3) 可以将质量控制和初始化融合在变分方案中，与分析同时完成，使得资料应用更合理、变量之间更协调。

(4) 四维变分还将特定预报模式与分析结合在一起，用获得的初值做出的模式预报轨迹，与时间窗内的所有观测拟合最佳；根据四维变分基本公式可得：

$$\delta x = \sum_{i=0}^{n} BM_{i,0}^{\mathrm{T}} H_i^{\mathrm{T}} (H_i M_i BM_{i,0}^{\mathrm{T}} H_i^{\mathrm{T}} + R)^{-1} [y_i^{\mathrm{o}} - H_i M_i (x^{\mathrm{b}})] \tag{6.7.67}$$

隐含四维变分背景场误差协方差随模式预报流型而变化。

当然，与其他方法相比，变分方法的计算量大，尤其是四维变分；而且四维变分方法，对不同的预报模式需要专门开发它的伴随模式，工作量非常巨大；并且方案未充分考虑模式的误差特性。

6.7.3 初值的平衡问题

早期NWP模式的初值变量，建立在简单的风、压场平衡关系上。例如我国NMC最早的A和B系统的初值，就是使用分析得到的高度场，以及用高度场通过地转关系或平衡方程求得的风场。这种初值没有散度，用原始方程模式仍会产生高频振荡，而且还不能描述真实的大气风场特征，往往无法得到较准确的预报结果。因此，同时利用实际高度和风的观测，成为模式初值形成的基本方法。但是，绝大多数方法，其分析的过程与模式没有直接联系，模式积分初期动力学和热力学上并不协调，并且还包含虚假的高频重力波，往往产生明显的Spin-up现象，甚至导致预报失败，因此需要采用初始化方法。最常用的方法主要有如下几种。

1. 正规模初始化(NMI)

线性正规模初始化1951年由Hinkelman提出，Machenhauer(1977)在一个浅水波谱模式中发展成非线性正规模初始化。早期方案并不包括非绝热过程，往往导致热带地区散度环流明显减弱，后来EGMWF将非绝热过程加入到方案中(Temperton,1981)。80年代末以后我国的NWP初始化方案，基本都是采用这个方法(扬学胜等,1995)。

考虑大气基本状态是静止的，温度与水平无关，只在垂直方向变化。将模式方程线性化，确定线性模式的正规模态。首先进行垂直转换，然后水平方向，对每个垂直模，模式状态包含慢波(Rossby波)和快波(重力波)分量：

$$x_j = x_j^{\mathrm{R}} + x_j^{\mathrm{G}} \tag{6.7.68}$$

将高频快波除去，即实现线性正规模初始化。

对非线性正规模初始化方法，正规模形成的模式方程为

$$\frac{dx_j}{dt} = i\Omega_{y_j} x_j + q_j \tag{6.7.69}$$

方程右端第一项表示对正规模振幅 x_j 时间倾向的线性贡献，第二项 q_j 表示非线性倾向在垂直模数为 j 的正规模上的投影。通过置重力模振幅的初始时刻倾向为零来抑制高频重力波，保持 Rossby 模不变，得到：

$$x_j = \frac{iq_j}{2\Omega_{x_j}} \tag{6.7.70}$$

由于非线性项 q_j 依赖于重力模振幅 x_j 的相互作用，用迭代方法求解：

$$x_j^{\nu+1} = \left(\frac{iq_j}{2\Omega_{x_j}}\right)^{\nu} \tag{6.7.71}$$

由(6.7.68)、(6.7.70)式，Anderson(1977)提出避免非线性显式计算的迭代公式：

$$x_j^{\nu+1} = x_j^{\nu} + i\,\frac{x_j^{\nu}(\Delta t) - x_j^{\nu}(0)}{2\Omega_{x_j}\Delta t} \tag{6.7.72}$$

将非绝热过程直接包含在(6.7.68)式非线性项中，上式迭代计算会发散。引入模式前二小时(前二步不考虑)非绝热过程的时间平均倾向 $\bar{q}_j$ 作为强迫项，用下式：

$$x_j^{\nu+1} = x_j^{\nu} + i\,\frac{[x_j^{\nu}(\Delta t) - x_j^{\nu}(0)]/\Delta t + \bar{q}_j}{2\Omega_{x_j}\Delta t} \tag{6.7.73}$$

代替(6.7.72)，可以求得考虑非绝热物理过程的重力模振幅 x_j。将它们投影回模式变量空间，实现方案对高频重力波的抑制。

2. 张弛逼近(Nudging)初始化

张弛逼近方法由 Anthes(1974)提出，通过在模式预报方程中增加与模式和分析偏差成比例的虚假倾向项来实现。把初始时刻的分析场作为目标场，用前 6 h 或 12 h 的模式初值进行模式积分直至初始时刻，使得模式的计算向目标场逼近；并通过模式的地转调整过程，使快速惯性重力波水平传播、频散，振幅明显减小，变量之间趋于动力和热力学上协调。模式最终结果将作为初始时刻的初值。这种方法被 Krishnamurti 等(1988)用于物理初始化方案中，使模式积分初期产生与观测相近的降水。

张弛逼近初值化方案中的 Nudging 模式方程为

$$\frac{\partial x_f^{n+1}}{\partial t} = A + \alpha(x^n) \times (x_o^n - x_f^n) \tag{6.7.74}$$

它与模式方程基本相同，仅在右端最后增加一个倾向订正项。式中，x 为模式变量，A 表示平流和物理过程项，α 为订正系数，与变量类型和时间步有关，上标 n

为时间步,下标 o 表示分析(用上一时次的模式初值和初始时刻的分析通过时间插值得到)或实际观测、f 表示模式预报。

3. *数字滤波初始化*

数字滤波采用 Lynch 等(1992,1997)提出的方法。首先,在分析初始时刻($t = 0$),利用分析值和模式先向后积分至 $t = -T$ 时刻,然后,再向前积分至 T 时刻,得到从 $-T$ 到 T 这个时段的一组气象要素时间序列 $\{x\}$。最后,用数字滤波器对该序列进行处理,得到所需要的气象要素初值 x。数字滤波方案使用的基本公式为

$$x = \sum_{n=-M}^{M} h_n x_n \tag{6.7.75}$$

其中,x 为数字滤波后的初值,x_n 为时间序列计算值,h_n 为滤波器,采用 Lanczos 滤波为

$$h_n = \frac{\sin[n\pi/(N+1)]}{n\pi/(N+1)} \frac{\sin(n\omega_c \Delta t)}{n\pi} \tag{6.7.76}$$

采用 Dolph-Tchebychev 滤波为

$$h_n = \frac{1}{2M+1}\left[1 + 2r\sum_{m=0}^{M} T_{2M}\left(x_0 \cos\frac{\theta_m}{2}\right)\cos m\theta_n\right] \tag{6.7.77}$$

其中,$r = 1/T_{2M}(x_0)$,$x_0 = 1/\cos(\omega_c \Delta t/2)$,$\theta_n = (n2\pi)/M$,$T_n(x)$ 为

$$T_n(x) = \begin{cases} \cos(n\cos^{-1}x), & |x| \leqslant 1 \\ \cosh(n\cosh^{-1}x), & |x| > 1 \end{cases} \tag{6.7.78}$$

ω_c 为截断频率,与它相应的 $T_c = 2\pi/\omega_c$ 为截断周期,比其周期短的扰动基本上被滤去。

图 6.7.1 给出我国 NMC 的"三峡地区短期 NWP 系统"和"HUBEX 区域资

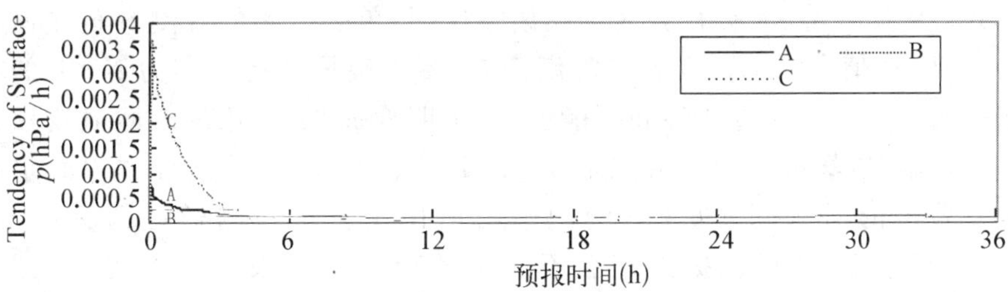

图 6.7.2 2000 年 7 月 11 日 1200 UTC 全场平均地面气压倾向 36 h 预报的时间演变 A: 数值滤波初始化;B: Nudging 初始化;C: 未初始化

料同化系统"采用数字滤波和张弛逼近初始化方法,计算得到的全场平均地面气压倾向绝对值的时间演变(郝民等,1995)。可以看出初始化方案使模式中重力波扰动强度很快得到衰减。

4. 变分方法的变量平衡

变分方法中的变量平衡,首先通过增量分析方法和目标函数中多变量的平衡关系。由于采用增量分析方法,分析变量是背景场与分析增量之和。背景场来自模式的预报,增量中的平衡部分使用平衡方程得到,所以它们满足变量间的平衡关系,仅余下分析增量中相对较小的非平衡部份。

为了进一步对重力波加以抑制,在变分目标函数中增加惩罚项,即 J_c 项。如将正规模初始化作为弱约束引入到变分方法中,ECMWF 采用下式:

$$J_c = \varepsilon \left\| \left(\frac{dx}{dt}\right)_G - \left(\frac{dx^b}{dt}\right)_G \right\|^2 \tag{6.7.79}$$

式中,$(d/dt)_G$ 表示倾向 (d/dt) 在重力波投影,$\| \ \|$ 是由谱系数平方的加权和所确定的基于能量的范数,ε 是权重因子。

近年还在四维变分方案中采用增量数字滤波的弱约束方法(Gauthier et al, 2001),取

$$J_c(\delta x_0) = \frac{1}{2} \| \delta x_{N/2} - \delta \bar{x}_{N/2} \|^2 \tag{6.7.80}$$

式中,

$$\delta x_{N/2} = M_{N/2} \delta x_0 \tag{6.7.81}$$

$$\delta \bar{x}_{N/2} = \sum_{n=0}^{N} h_n M_n \delta x_0 \tag{6.7.82}$$

其中,h_n 为滤波器,M 为切线性模式。

6.7.4 资料四维同化

1. 基本的概念

由于地理环境、人类社会活动等诸多原因,单一时刻的观测资料往往不能满足 NWP 初值分析的需要。顾震潮于 1958 年很早就提出作为 NWP 的初值问题引入历史资料的重要性和可能性,并证明地面温、压场的时间演变蕴含着大气三维温、压场的结构。丑纪范于 1974 年则将 NWP 的微分方程的定解问题变为等价的泛函问题(变分问题),给出使用历史观测资料的具体方法。Charney 等于 1969 年也提出利用不完整的历史资料来推断大气当前状态。Anthes 等于 1978 年的数值模拟研究证实,好的高分辨率模式受地形、地面过程等复杂物理过程和非线性相互作用的影响,有可能给出具有较真实、合理的中尺度结构特征的预报结果。气象资料四维同化指的就是利用历史序列的各种观测资料,通过使用比较完善的数值模式计算,与当前的观测资料结合,形成规则的、动力学上协调的、较好描述大气真实状况的时、空四维气象要素场(Daley,1995)。

2. 资料四维同化系统

20 世纪 70 年代开始，一些发达国家开始开发和建立资料四维同化系统，我国也分别开发全球和区域的资料四维同化系统，并于 1991 和 1996 年投入业务使用(朱宗申等，1992;1995)。资料同化系统一般可归纳为如下两类：

(1) 间歇资料同化系统。这类系统采用 6 h 周期的方式，将每天 0000、0600、1200 和 1800 UTC 时刻前、后 3 h 的资料(也可以采用 3 h 周期)，分别置放在初始时刻。通过资料处理(其中包含质量控制)、客观分析、初始化和模式预报进行资料同化(图 6.7.2)。

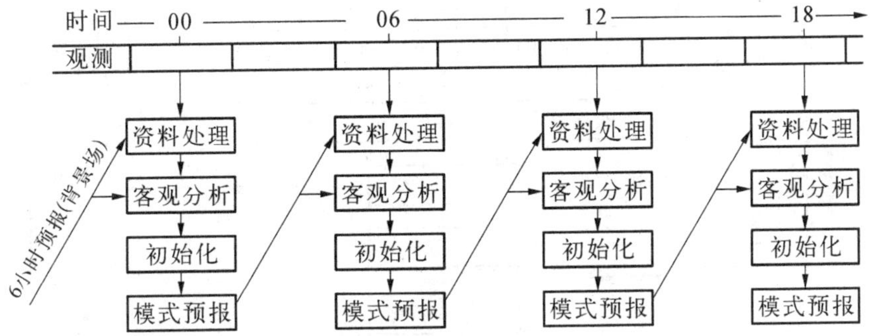

图 6.7.2 国家气象中心业务全球四维同化系统的流程

(2) 连续资料同化系统。连续资料同化和间歇资料同化的主要差别，是把同化周期内的观测资料作为多个时刻资料用于模式，同时进行同化。典型的连续资料同化方案有 Nudging 同化方案和四维变分同化方案。

Nudging 资料同化系统主要包括资料处理和 Nudging 同化模式预报。首先，将观测处理成模式能够接受的模式变量。然后，把观测而不是分析作为目标场，利用(7.3.7)式的 Nudging 模式积分到初始时刻，生成包含背景场和观测信息的初值。

四维变分同化系统通常包括资料处理和四维变分两部分。如果变分方案中不包含初始化的 J_c 项时，往往还需要增加初始化的部份，如 GRAPES 的四维变分同化系统采用数字滤波。图 6.7.3 给出 GRAPES 四维变分同化系统中四维变分部分的计算流程。把初始时刻 t_0 至 t_n 时刻的同化时间窗划分成 n 个 1 h 间隔(头、尾为半小时)的时间槽，将整点前、后半小时内通过质量控制的观测资料置于时间槽的整点时刻。在外循环计算过程中，第一次先使用背景场作为初值，用高分辨率的非线性完全模式 M 从 t_0 向前积分到 t_n 时刻，求得各整点时刻的观测增量。然后，在内循环计算过程中，用低分辨率的切线性模式 M 从 t_0 向前积分到 t_n 时刻，得到整点时刻的新息向量(观测强迫项)，再用低分辨率的切线性伴随模式 M^{T} 向后积分到 t_0 时刻，得到目标函数的梯度。通过最优化求极小的迭代过程，获得收敛的低分辨率的同化增量，进而转换成外循环高分辨率模式的同化变量。重复上述过程(通常 2 次),最终得到初始时刻 t_0 模式的同化分析场,即初值。

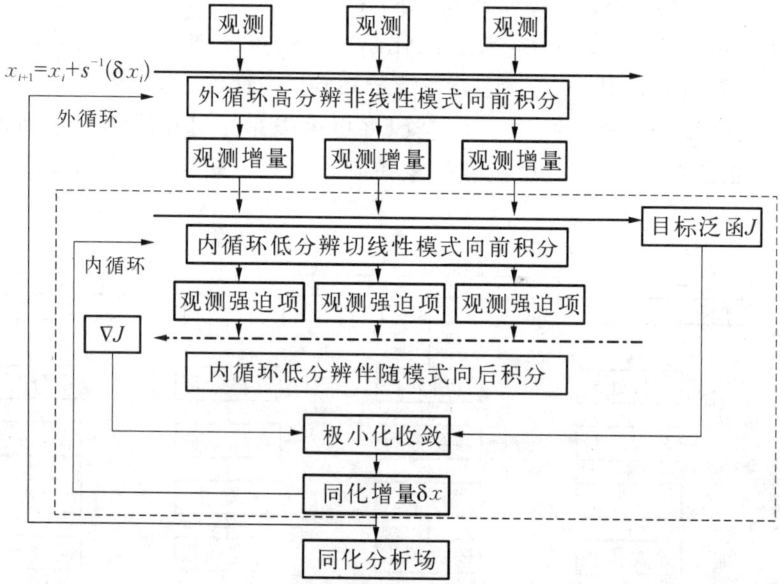

图 6.7.3 GRAPES 四维变分同化系统中四维变分计算的流程
由国家气象局气象科学研究院张林博士提供

参考文献

北京大学、吉林大学、南京大学,1961:计算方法,573,北京,人民教育出版社.

陈长胜、纪立人、陈嘉滨等,2007:JFNK 方法在求解全隐式一维非线性平流方程中的应用,大气科学,**31**,963-972.

陈德辉、沈学顺,2006:新一代数值预报系统 GRAPES 研究进展,应用气象学报,**17**,773-777.

陈嘉滨、舒静君,1996:大气谱模式中质量守恒格式的研究,大气科学,20,169-179.

陈嘉滨、高学杰,2000;质量守恒律在国象候中心气候谱模式中的应用,大气科学,24,608-614.

陈嘉滨、季仲贞,2001:半拉格朗日平方守恒计算格式的研究,大气科学,**25**,837-846.

陈嘉滨、季仲贞,2004:半隐式半拉格朗日平方守恒计算格式的构造,大气科学,**28**,527-535.

陈雄山,1980:非线性 Korteweg-de Vries 方程的高精度数值解法,第二次全国数值天气预报会议文集,330,北京,科学出版社.

郝民、胡铭、赵刚等,2000:区域资料同化系统的初值化方案对比试验. 96-908-02-06 专题论文集,北京,国家气象中心,52-58.

季仲贞,1980:非线性计算稳定性的比较分析,大气科学,**4**,(4),344-354.

季仲贞、王斌,1991:再论发展方程差分格式的构造和应用,大气科学,**15**(2),1-10.

纪立人、陈嘉滨、张道民等,1990:一个包含非绝热物理过程的全球谱模式及其初步试验结果,中期数值天气预报成果汇编(二),217,北京,气象出版社.

梁昆淼，1960：数学物理方法，419，北京，高等教育出版社.

刘长盛、刘文保，1990：大气辐射学，455，南京，南京大学出版社.

杨学胜、沈元芳，1995：T63L16 全球谱模式非绝热正规模初值化方案及试验结果，台风暴雨业务数值预报方法和技术研究，255-264，北京，气象出版社.

尹宏，1993：大气辐射学基础，278，北京，气象出版社.

曾庆存、季仲贞，1981：发展方程的计算稳定性问题，计算数学，**1**，79-86.

曾庆存、张学洪，1982：完全保持能量守恒的可压缩流体时-空差分格式的设计和实现，数值天气预报文集，194，北京，气象出版社.

曾庆存，1963：大气运动的特征参数和动力方程组，气象学报，**33**(4)，427-483.

张华、薛纪善、庄世宇等，2004：GRAPeS 三维变分同化系统的理想试验，气象学报，**62**，31-41.

赵高祥、Rockel，B、Raschke，E.，1987：大气中红外辐射传输的参数化模式，科学通报，32，1479-1482.

赵高祥、汪宏七、Rockel，B 等，1988：晴空大气中的太阳辐射传输近似计算，科学通报，33，847-850.

钟青，1992：论发展问题保真计算格式的一般构造原理和若干应用，计算物理，**9**，758-764.

钟青，1993：长效、经济的发展问题保真计算格式反演补偿，科学通报，**38**，1101-1105.

钟青，1997：物理守恒律保真格式构造与数值预报斜压原始方程传统谱模式改进研究，气象学报，**55**(6)，641-661.

朱抱真、陈嘉滨、张道民等，1983：一个修改的 σ 座标初始方程斜压模式，气象学报，**41**(2)，167-182.

朱宗申、石曙卫、张跃堂，1992：国家气象中心全球资料四维同化试验，应用气象学报，**3**(增刊)，33-40.

朱宗申、马清云、郑国安，1995：区域资料四维同化试验，应用气象学报，**3**(6)，1-8.

朱宗申、胡铭，2002：一种区域格点三维变分分析方案——基本框架和初步试验，大气科学，**26**，684-694.

庄世宇、薛纪善、朱国富等，2005：GRAPES 全球三维变分同化系统-基本设计方案与理想试验，大气科学，**29**，872-884.

左瑞亭、张铭、张东凌等，2004：21 层大气环流模式 IAP AGCM-Ⅲ 的设计及气候数值模拟 I. 动力框架，大气科学，**28**(5)，659-674.

Arakawa，1966：Computational design for long-term numerical integration of the equations of fluid motion：Two dimensional incompressible flow，Part I，*J. Comput. Phys.*，**1**，119-143.

Arakawa，1972，：Design of the UCLA general circulation model. Numerical Simulation of Weather and Climate，Dept. of Meteorology，Univ. of California，Los Angeles，*Tech. Rept.* **7**，116 pp.

Andersson，E and H Jarvinen，1999：Variational quality control，*Q. J. R. Meteorol. Soc.*，**125**，697-722.

Anthes，R A，1974：Data assimilation and initialization of hurricane prediction models，*J. Atmos. Sci.*，**31**，702-719.

Bates，J R，1990：Integration of the shallow water equations on sphere using a vector Semi-Lagrangian scheme with a multigrid solver，*Mon. Wea. Rev*，**118**，1615-1627.

Bengtsson，L，1991：Advances and prospects in numerical weather prediction，

Q. J. R. Meteorol. Soc., **117**,855 - 902.

Brown,P and Y Saad, 1990: Hybrid krylov methods for nolinear systerms of equations, *SIAM*, *Sci. Stat. Comput.*, **11**, 450 - 481.

Chan, T F, and B Ckson, 1984: Nonlinearly preconditioned Krylov subspace methods for discrete Newton algorithms, *SIAM J. Sci. Stat. Comput.*, **5**, 533 - 542.

Charney, J, M Halem and R Jastrow, 1969: Use of incomplete historical data to infer the present state of the atmosphere, *J. Atmos. Sci.*, **26**, 1160 - 1163.

Chen Jiabin, JiLiren and Wu Wanli, 1986: Desing and test of an improved scheme for global spectral model with reduced truncation error, *Short and Medium Range Numerical Weather Prediction Collection*, *WMO/IUGG NWP*, *Symopsium*, *Tokyo*, 4 - 8August, 431 - 440.

Chen Jiabin and A J Simmons,1989: Sensitivity of medium-range weather forecasts to the use of reference atmosphere, *Adv. Atmos. Sci.*, **7**, 275 - 293.

Chen Xiong-Shan, 1997: Use of the aliased spectral model in numerical weather prediction, *Mon. Wea. Rev.*, **125**, 2998 - 3007.

Courtier, P, J-N Thépaut and A Hollingsworth,1994: A strategy for operational implementation of 4D - VAR, using an incremental approach, *Quart. J. Roy. Meteor. Soc.*, **120**, 1367 - 1387.

Daley, R., 1995: Atmospheric data assimilation, *Second international symposium on assimilation of observations in meteorology and oceanography*. *Tokyo*, *Japan*. 13 - 17 March 1995,21 - 22.

ECMWF, 1987: ECMWF Forecast model,Adiabatic Part, Reseach manual 2, European Centre for Medium Range Weather Forecasts, ECMWF Research Department, *Research manual 3 ECMWF forecast model physical parameterization*, Revision 3.

Eliasen, E and J machenhauer, 1971: On a numerical method for integration of the hydrodynamical equation with a spectral represention of the horizontal fields, *Report No. 2*, *Institut for teoretisk meteorology*, *Uni. Of Copenhagen*.

Gauthier, P and J - N Thepaut., 2001: Impact of the digital filter as a weak constraint in the preoperational 4DVAR assimilation system of Meteo-Feance, *Mon. Wea. Rev.*, **129**, 2089 - 2102.

Gal-Chen, and R. C. J. Somerville, 1975: On the use of acoordinate transform for the solution of the Navier-Stokes equation, *J. Comput. Phys.*, **17**, 209 - 228.

Hayden, C M and R J Purser, 1995: Recursive filter objective analysis of meteorological fields: application to NESDIS operational processing, *J. Appl. Meteo.*, **34**, 3 - 15.

Kasahara, A, 1974: Varios vertical coordinate systems used for numerical weather prediction, *Mon. Wea. Rev.*, **102**, 509 - 522.

Knoll, D A and D E Keyes, 2004: Jacobin-free Newton-Krylov methods: a survey of approaches and applications, *J. Comp. Phys.*, **193**,357 - 397.

Krishnamurti, T N, H S Bedi, William Heckley, et al, 1988: Reduction of spinup time for prediction in spectral model, *Mon . Wea. Rev.*, **116**, 907 - 920.

Lilly, C K, 1965: On the computational stability of numerical solutions of time-dependent non-linear geophysical fluid dynamics problems, *Mon. Wea. Rev.*, **93**, 11 - 26.

Lorenc, A C, 1986: Analysis methods for numerical weather prediction, *Quart. J. Roy. Meteor. Soc.*, **112**, 1177-1194.

Lorenc, A C,1992: Iterative analysis using covariance function and filters, *Quart. J. R. Met. Soc.*, **118**, 569-591.

Lynch, P and X Y Huang,1992: Initialization of the HIRLAM model using a digital filter, *Mon. Wea. Rev.*, **120**, 1019-1034.

Lynch, P, 1997: The Dolph-Chebyshev window: a simple optimal filter, *Mon. Wea. Rev.*, **125**, 1976-1982.

Machenhauer, B, 1977: On the dynamics of gravity oscillations in a shallow water model with application to normal mode initialization, *Contrib. Atmos. Phys.*, **50**, 253-271.

Machenhauer, B, 1979: The spectral method, In Numerical methods used in Atmospheric, *GARP Publication*, Series Vol. II, No. 17.

Machenhauer, B, 1995: The implementation of the semi-implicit scheme in cell-integrated semi-lagrangian models, *Max-planck-Institut fur Meteorogie*, *Rep.*, *No. **156***, 1-32.

McDonald, A and J R Bates, 1989: Semi-Lagrangian of agripoint shallow water model on sphere, *Mon. Wea. Rev.*, **117**, 130-137.

Mousseau,V A,D A Knoll and J M Reisner, 2002: An implicit nonlinearly consistent method for the two-dimensional shallow-water equation with coriolis force, *Mon. Wea. Rev.*, **130**,2611-2625.

Orszag, S A, 1971: On the elimination of aliasing in finite-difference scheme by filtering high-wavenumber components, *J. Atmos. Sci.*, **28**, 1074.

Parrish, D F and J C Derber.,1992: The National Meteorological Center's spectral statistical interpolation analysis system, *Mon. Wea. Rev.*, **120**, 1747-1763.

Parrish, D F, J Purser, E Rogers and Y Lin. 1996: The Regional 3D-Variational Analysis for the Eta Model. Preprints, *11th Conf. Numerical Weather Prediction*, *Norfolk*, *VA*, *Amer. Meteor. Soc.*, pp. 454-455.

Phillips, N A, 1959: An example of non-linear computational instability, *The Atmosphere and the Sea in Motion. Rossby Memorial Volume*, New York, Rockefeller Institute Press, 501-504.

Phillips, N A, 1973: Principles of large scale numerical weather prediction, *Dynamic Meteorology*, P. Morel(Ed.), D. Reidel Publishing Co.,Dordrecht, 1-96.

Reisnr, J, Andrzejwyszogrodzki, Vincent Moussean, Dana Knoll, 2003: An efficient physics-bassed preconditioner for the fully implicit solution of small-scale thermally driven atmospheric flows, *J. Comp. Phy.*, **189**, 30-44.

Ritchie, H, 1986: Eliminating the intepolation associated with the Semi-Lagrangian scheme, *Mon. Wea. Rev.*, **114**, 135-146.

Robert, A, 1982: A semi-lagrangian semi-implicit numerical integration scheme for the primitive meteorological equation, *J. Meteo. Soc. Japan*, **60**, 319-325.

Saad,Y, 1996: iterative methods for sparse linear systems, PWS publishing, 447 pp. K. R. Ja.

Sheng, H, W Bourke and T Hart,1992: An impact of hydrostatic extraction scheme on BMRC's global spectral model, *Adv. Atmos. Sci.*, **9**(3), 69-278.

Sheng Hua, 1991: Improved hydrostatic extraction sheme, *Ninth Conference on Numerical Weather Prediction* , Denver,Colorado, Oct. , 14 - 18.

Simmons, A J and Chen Jiabin, 1991: The calculation of geopotential and the pressure gradient in the ECMWF atmosphere model: Influence on the simulation of the polar atmosphere and on temperature analyses, *Quart. J. Roy. Meteor. Soc.* , **117**, 29 - 58.

Simmons, A J and Strufing, 1991: An energy and angula rmomentum conserving finite-difference scheme, hybrid coordinates and medium-range weather prediction, *ECMWF Technical Report* No. 28.

Smith, R B, 1979: The influence of mountains on the atmosphere, *Advances in Geophysics*, *Volume* 21.

Temperton, C, 1981: Design of the ECMWF NMI Procedure, *ECMWF Seminar on Data Assimilation Methods*.

Tiedtke, M, 1989: A comprehensive mass flux scheme for cumulus parameterization in large-scale Model, *Mon. Wea. Rev.* , **117**, 1779 - 1800.

White, P W, 2000: Part Ⅳ, Physical Processes (CY21R4), *IFS Documentation*, updated by members of ECMWF Research Department.

Wiin-Nielsen, A, 1959: On the application of trajectory methods in numerical forecasting, *Tellus*, **11**,180 - 196.

Winninghoff, F J, 1968: On the adjustment toward ageostrophic balance in a simple primitive equation model with application to the problems of initialization and objective analysis, *Ph. D. thesis*, *Dept. of Meteorology*, *Univ. of California*, *Los Angeles*, 161pp.

Zhang Daoming, Sheng Hua and Ji Liren, 1990: Development and test hydrostatic extraction scheme in spectral model, *Adv. Atmos. Sci.* , **7**(3), 142 - 153.

Zhang Daomin, Li Jinlong, Ji Liren, et al, 1995: A global spectral model and test of its performance, *Adv. Atmos. Sci.* , **12**, 67 - 78.

第7章　空气污染数值预报模式系统研究

雷孝恩

随着经济的发展和人民生活水平的提高，环境问题已引起社会的普遍关注，其中一个重要方面就是大气污染。大气酸化（或酸雨），对流层臭氧增加和平流层臭氧减少所引起的全球化学系统的改变（肖辉，1993），大面积森林被毁和荒漠化引起的生态环境不平衡，温室气体积累造成的气候变暖（Kondo，1991）是21世纪人类面临的四大大气环境问题（Tester，1990；Corell，1991；Lei et al，1998）。它们不但关系到人类基本生活条件，比如食品，水及能源的维持，而且也涉及土地资源最终能承受多少人口的重大战略决策问题。虽然这四类问题是相当复杂，对生态环境影响程度及应采取的措施也不完全相同，但它们都涉及不同类型污染物的来源、形成、演变过程、生态效应、及其对区域生态环境和人体健康的影响。

环境与发展是当今世界共同关注的重大问题，环境保护与经济持续发展的协调是各国政府面临的一个严峻而又急待解决的难题。保护环境，防治污染，其实质就是保护生产力。

为了保护环境、保障人们的健康生活，空气污染的预报也就提到了日程，而近20年的实践表明，空气污染的数值模式预报是重要的有效途径。这一章我们就专门讨论空气污染的数值预报模式系统及其相关问题。

7.1　空气污染预报

目前，我国经济正处在高速发展期，如能源、交通（特别是城市汽车尾气）、城市人口膨胀及范围的扩大、大型工业开发区的发展等造成的大气污染已远远不只是一个工厂范围的局部污染问题了，其环境污染物排放总量不断增加，污染范围继续扩大，以颗粒物、二氧化硫、氮氧化物、O_3 等为主要污染物的大气环境污染问题日趋严重，对资源、环境的巨大冲击日益威胁着可持续发展的基础。在这种情况下，为更好地反映环境污染变化趋势，为环境管理决策提供及时、准确、全面的环境质量信息，为使我国环境预测、预报工作与国际接轨，加大环境污染控制力度，预防严重污染事件发生，同时为使环境保护工作更好地接受广大人民群众的监督，开展城市空气质量报告及空气污染预报工作是十分必要的。进行空气污染预报方法研究，建立适合于我国城市空气污染特点的预报模式系统、高时空分辨率的监测站网及信息网络系统，是开展空气污染预报工作的必要技术准备。

空气污染预报是一项复杂和昂贵的系统工程，需要一个完善的大气质量模式作为其理论基础，该模式必须较全面地包含大气中的物理、化学和生态过程，能很好地反映污染物在大气中的演变规律，为大气环境的综合治理提供决策依据。一个完整的大气质量模式主要包括两大部分：气象模式和化学物质浓度模式。一个正确而合理的气象模式是大气质量模式的基础。特别对于复杂地形和下垫面地区，由于地形的动力作用，会使流场发生形变，产生气流的辐合与辐散，增强气流的切变，地形或下垫面的加热不均会引起某些局地环流，这些作用都会影响气流的轨迹和大气湍流强度，从而影响污染物的输送和扩散过程，因此建立一个能正确预报复杂下垫面条件下的风场、温度场、湿度场及其降水量的气象模式是十分必要的。

本章将对构成城市空气污染数值预报的模式系统作一般性的介绍，重点和详细地论述中尺度β动力学模式及其污染物浓度预报模式，并给出模式预报试验的结果。

7.2 城市空气污染预报问题的特点

城市空气污染预报与一般的天气预报相比，要求更高、问题更复杂，它有着独特的特征，下面分五方面论述。

7.2.1 尺度及预报时效

这里的所谓预报，是指对未来 24—36 h 污染物浓度的定量预报。虽然城市空气污染预报是一个三维中尺度－β(M－β)范围(一般在200 km以内)浓度时空分布预报问题,但它必然要涉及到对中α尺度(M－α)天气过程的预报,由于水平影响范围是天气尺度(可大于3 000 km),其垂直尺度必须考虑到整个对流层(Gifford,1988a;1988b)。预报问题与事后个例研究和诊断问题不同,它要求有充分的预报时效,即包括所有输入资料的准备时间、整个模式系统的计算(CPU)时间及其对各种媒体公告所需时间的总和应远远小于24 h。也就是说既要考虑大、中、小尺度模式之间相互耦合、相互嵌套,宏观和微观过程之间相互作用和影响的非线性问题,以满足浓度预报的精度,但又不能太复杂,比如小尺度湍流和化学转化过程必须简化或参数化。如果在预报的模式系统里包括小尺度湍流预报方程及其所有涉及的化学污染物和反应方程,按照现有的计算机能力,恐怕整个模式系统的CPU时间就会远远超过24 h。因此,如何处理精度和计算时效之间的关系,也是衡量模式预报系统的优劣及能否实用的关键。

7.2.2 时空高分辨率

整个污染预报模式系统涉及污染物、热量、水汽、辐射及其他们的通量大部分都来源于行星边界层(PBL)下层(Longhetto,1980),这些变量在PBL内的垂直切变非常明显,而且呈多极值或多中心分布,再则大气稳定度参数的垂直变化最激烈也发生在PBL下层。因此,在PBL内必须有高的垂直分辨率,比如,要很好的考虑生态下垫面植物冠层垂直结构的影响、人群呼吸道的高度及其激烈的垂直切变。模式系统的最低层应在10 m以下,100 m以内的近地面层应有3—4个网格层为宜,整个PBL最好有5—8个网格层,整个对流层以10—12个网格层为最佳(Lei and Chang,1992),这样构成一个垂直方向高分辨的合理模式层结构。作为城市污染预报问题,如何反映城市功能区的源分布及下垫面水平非均匀性的影响也是预报成功与否的关键,高水平分辨率的模式系统是非常必要的,一般水平网格小于5 km为宜。大气稳定度的预报,要求温度在垂直方向应有较高的精度,而温度与大气辐射有密切关系,它们均有明显的日变化。在典型的晴天,深夜与中午,以及早上、傍晚的过渡时期,不论是气象场还是物质场均有明显差异,在同一污染源条件下,深夜与中午的地面浓度可有数量级的相差。因此,高时间分辨率的模式设计是重要的,一般以预报出每小时浓度分布为宜。

7.2.3 多种化学物质

大气污染预报与一般的天气预报不同之点在于,它除了要有高精度、高分辨率的气象要素预报外,还必须作高精度、高分辨率的物质浓度预报。虽然最终发布的预报是以大气污染指数(API)形式发出的,但API是由不同污染物的毒性及其他们的浓度按照大气质量和卫生标准导出的,因此准确地预报出各种污染物浓度的时空分布是API预报的基础。根据国内外目前所作污染预报的项目看,一般有SO_x、NO_x、O_3、CO及总浮悬颗粒物(TSP)或PM10。如果要预报整个24—36 h内NO_x和O_3的浓度分布,必然要涉及20多种主要的化学物质(包括酸性物质、氧化剂、温室气体等一次和二次污染物)与几十类化学反应方程(包括光化学反应、热力反应、Troe反应、平衡反应和某些特殊反应,有机化学、无机化学,液项化学、气相化学,线性化学、非线性化学,及其均相化学、非均相化学等),因此它是一个多种化学物质的问题(ADMP 1987; Lei et al,1995)。由于化学反应是一类微观过程,在化学过程与宏观的气象过程耦合时,时空尺度之间的兼容性或相互匹配是一个非常关键的问题。

7.2.4 物理、化学和生物过程耦合

从学科上讲,大气污染预报涉及多介质、多界面、多物质之间相互作用和影响的综合多学科问题。要预报多种污染物在多种介质及多界面中经历的四大基本过程。

输送过程是指在同一介质中物质由运动量引起的位移,即物质从一个位置移动到另一位置,在移动过程中可发生平均动量交换及其物质的搬运。在大气中这种输送过程一般是由三维风场来完的,在水中主要靠水的流动,在土壤中物质的输送大小依赖土壤的孔隙、密度及其含水量。这三类介质中的输送过程以大气中的风场的时空变化最为激烈,而且也最难预报。输送过程在土壤中可以有相变,但基本上是属于物理变化过程。

湍流或涡旋扩散过程是指在同一介质中污染物质由大气中不同尺度的湍流或在水中不同尺度的涡旋作用向三维方向的散布过程。由于湍流扩散,使大量排放到空气中的污染物质稀释冲淡,以达到空气质量标准。因此既要挖掘大气这一自然资源的潜力为发展工业服务,又要保护好人类生存的大气环境正是大气污染预报研究的目的之一。通常作湍流场及其湍流垂直结构的预报是相当困难的,它是物理学领域研究的难点之一。但随着计算机技术的高速发展,对湍流参数和结构的模式化及其参数化已有一些可实际应用的方法和模型。

化学转化过程指的是化学物质在大气中由各种化学反应使之产生、消失、和转变成另外化学物质的过程。由于不同物质的化学活性与半衰期之不同,在作大气污染预报中某些物质必须考虑它们的时间变化,有的可以当成平稳过程处理,有的则可看成常数,比如甲烷(Meyer,1986);另外,有些化学物质必须考虑非线性化学反应过程,有的则只需要线性化学反应即可;再则,在整个对流层化学中,有些化学物质与其他物质联系非常广泛,一种化学物质涉及几十甚至上

百个化学反应方程，为了使计算简化，我们必须根据其重要性与贡献大小作简化。化学转化过程主要发生在同一介质中，但也可发生在界面上。

干湿迁移过程指的是物质通过界面从一种介质迁移或转移到另一类介质的过程（Wesely，1985；Underwood，1987；Wesely，1988）。所谓湿迁移过程是指与云和降水场有关的物质迁移过程，通常称为降水冲刷过程。在界面上各种变量通常发生非常复杂的交换过程：全反射、全吸收、部分反射和部分吸收，溶解和非溶解，相变，生物和非生物过程，热量、动量和水汽通量交换等。界面过程与不同生态下垫面有密切关系，因此迁移过程与生态过程及生态效应密不可分。其生态过程和生态效应主要反映在：农作物和森林冠层对物质与动量的吸收过程或作用；由于微生物作用从土壤中可排放出不同的化学物质，土壤是 N_2O 的主要来源之一；农作物和森林通常排放大量挥发性的有机化学组分（VOC）、C_xH_x 及其 NO_x。

总之，污染物在大气中的行为是非常复杂的，它涉及污染物在气、土、水、生物介质及其界面上的交换、转化的理化生全过程。因此空气污染预报系统必须要很好地考虑这三大过程之间相互耦合、作用与反作用（Lei，1996）。

7.2.5 城市空气污染的气象特征

城市下垫面的三大基本特征是干、热、粗。非均匀的下垫面造成动力学粗糙度增大（其地面粗糙度长可从 1 到 3 m 之间变化），使得城区风速减小，气流不规则，湍流强度增大，湍流混合加大，大气扩散速率增强。在一些大面积高建筑的背风面，常常形成尾流区，可造成高浓度积累。城市空气污染浓度有明显日变化，这主要一是由于气象条件的日变化，二是人为活动的日变化规律所致。

由城乡水平温差（一般大于 3 ℃以上）引起的热岛效应（蒋国碧，1985）和热岛环流，即冷空气从四周的乡村流向市中心，在市中心形成辐合上升气流，并将暖空气带到高空，为满足动量守恒原理，在市中心上空与乡村区域形成补赏的辐散和下沉气流，连同市中心的辐合上升气流组成一完整的闭合环流，其环流的厚度与城市范围及建筑物高度有关，例如重庆市平均厚度约为 300 m，并形成夜间混合层，这是影响城市空气污染最为突出的气象学问题之一。大量观事实表明，晴朗白天，城乡受太阳辐射加热，气温随高度分布都呈递减不稳定状况，因此，城乡的空气污染物散布状况基本相似。夜间，乡间由于辐射冷却，近地面层常常形成辐射逆温层，日出后，逐渐破坏抬升，这是一般的变化规律；但在城区，由于存在热岛效应，当乡间较冷的气流流进相对较暖的城区上空时，下层空气被重新加热而形成混合层，其上空仍维持逆温，这就是夜间城市混合层，其厚度由城市的规模和来流性质以及日变化时间而定。这种结构形势下，城区积聚的空气污染物往往也会被对流混合层带到地面，形成城市特有的混合层熏烟现象，有可能给夜间的城区造成地面高浓度的污染。

另外，城市常常位于沿海及江边（并伴随有山地），海陆风、河陆风及山谷风也是影响污染物分布的重要气象条件。因此，如何准确地预报复杂下垫面情况下的局地环流，也是城市空气污染浓度预报的关键问题。

按预报模式性能的不同，可分为潜势预报、统计模式和数值模式预报三类。按照污染预报的要素之不同，可分为污染潜势预报和空气污染浓度预报，统计方法和数值模式方法都属于浓度预报，如果采用数值预报模式和统计预报模式两种方法相结合，有利彼此对比验证预报结果。此外，尚有一种模拟和预测方法，即流体力学物理模拟，原则上讲，它也可以用来预报污染物浓度的时空分布。

7.3 数值模式系统

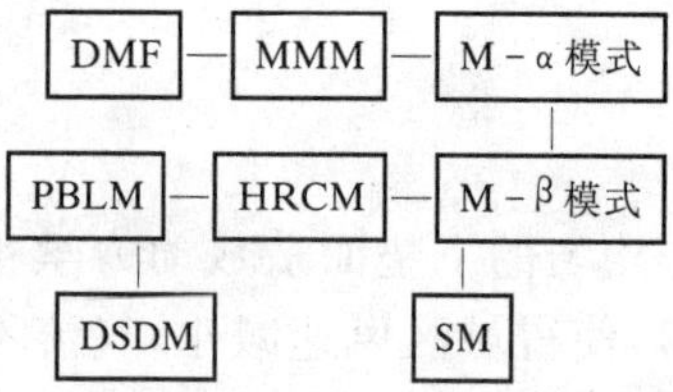

图7.3.1 数值模式系统结构示意图

数值模式系统是污染物定量预报的基本工具，本节将一般性地论述五类模式（或模型）系统。其模式系统的结构如图7.3.1所示。

7.3.1 中尺度气象模式

影响气象要素时空变化的因子有三类：大的天气系统（台风，西南和东北季风，副热带高压，锋面过程等）影响，热力作用及动力作用。要预报这三类过程通常采用中尺度气象模式（MMM），在空气污染预报中一般使用以下三类MMM。

流场诊断模式（DMF），它客观分析观测资料以获得每个计算网格上的气象信息，为预报模式提供初始场和四维资料同化（FDDA）场。此类模式一般由三部分组成：求解连续方程，客观内插初始风场及风场调整。

M－α气象预报模式用以预报24—36 h内大尺度天气过程，输出每小时三维风场、温度场、湿度场和地面降水量。通常预报范围为3 000×3 000×16 km^3，水平网格不小于30 km。在100 m的垂直范围内至少有两个网格层次。目前这方面模式的代表是在滨州大学和NCAR共同研制的MM4（Anthes，1987；Gill，1992；葛孝贞等，1996；Ge and Lei，1997）基础上发展的非流体静力中尺度模式MM5（Guo，1994）。国内研究比较成功的有中科院大气物理所的Eta模式。

M－β气象预报模式，通常水平网格不大于5 km，在100 m的垂直范围内应有四个网格层次。利用M－α模式预报的每小时结果，采用套网格和FDDA技巧，同步预报城市尺度的风温场，以其高分辨率反映局地热力过程（山谷风、河陆风、海陆风、城市热岛等环流）及大风中性情况的动力作用（高山和大面积高建筑物引起的上升和下沉运动及其绕流）的时空演变（Maddukari，1982），就要求能高分辨地反映下垫面类型的影响。这些作用都会影响气流的轨迹和大气湍流强度，从而影响污染物的输送扩散过程。区域大气模拟系统（RAMS）就是一个典型的能求解三维有限范围、非静力平衡、原始方程的M－β气象模式（Walko，1995；Dudhia，1996）。

因此，建立一个高分辨率的中尺度气象预报模式系统是大气污染预报的重要基础。

7.3.2 PBL湍流统计量参数化模型

污染物在大气中扩散是由湍流引起的，而湍流的发生、发展与大气条件、下垫面特征、太阳辐射等密切相关。严格讲，PBL湍流结构要由PBL模式（PBLM）预报。通常PBL模式有二阶闭合模式（Lumley，1980；Stull，1988），大涡模拟（LES）模式（Tian and Lei，1991）和植物冠层模式（Underwood，1987；Wesely，1988；Raupac，1988）。但作为预报模式而言，它们均太复杂。因此，在大量湍流观测资料分析及其有关理论考虑的基础上，找出湍流统计量的时空分布规律或参数化关系（尤其是PBL内的湍流）也是污染物扩散研究及城市空气污染模式建立的重要基础。

局地尺度与中尺度输送扩散的一个重大差别是垂直扩散范围不同，局地尺度主要发生在常通量层内，而中距离湍流扩散则是在整个PBL内进行。因此，有关PBL的厚度（z_i）和湍流统计量随高度变化参数化便成了问题的关键（袁素珍、雷孝恩，1983）。

特别是近10年来，随着整个PBL湍流垂直结构野外测试的广泛开展，进一步改善和发展现有的湍流扩散理论与模型是中距离湍流扩散理论研究的一大特点，而所有的扩散理论几乎都依赖于相同的PBL湍流参数组：湍流脉动量三坐标分量的标准差（σ_u，σ_v 和 σ_w），三坐标方向的拉氏时间尺度（$T_L{}^u$，$T_L{}^v$，$T_L{}^w$）及局地雷诺应力或湍流速度尺度（u_*），加上经常使用的地转风速（G），z_0和z_i等外参数以及近地面层的速度尺度u_{*0}，莫宁-奥布霍夫长度（L_M），对流速度尺度（w_*），尤其是这些参数组的垂直廓线更是发展扩散理论和中距离模式所必须的。我们在以后的模式中凡涉及的PBL湍流统计特征量，均采用经过大量资料验证后的参数化关系（雷孝恩，1990）。

另外，大气湍流扩散过程主要取决于大气的湍流状态。在近地面层，这种湍流状态的经验分类(大气稳定度类)与湍流之间的关系已经得到了相当满意的解决,使用最广泛的是 Pasquill 稳定度分类所对应的湍流扩散型(袁素珍、雷孝恩,1982)。但随着观测手段越来越先进,观测高度越来越高,发现在研究 PBL 内的中尺度扩散问题时,这种适用于近地面层的稳定度分类方法就显得有些不足,需要有更合适的或更定量化的参数来代替这种经验性的稳定度分类方法。目前存在这样一种观点:虽然经验性的分类法是非常有用的,但它们不能与控制扩散的湍流量建立起定量联系,由于用日常的气象观测资料估计 w_*、u_{*0}、L_M 及 z_i 有了简单易行的方法,而且这四个微气象量也能更好地描述 PBL 内的湍流扩散过程,并且这些量可以很方便地与大气湍流统计量建立起定量关系。因此,随着观测资料的不断完善,有取消现行定性的稳定度分类法的可能性。这里将 $\mu(=z_i/L_M)$ 作为 PBL 稳定度参数。

预报模式需要的大气稳定度参数理查逊数(Ri)、L_M 和 μ 均可由风速和温度随高度分布资料在模式计算中自动获得。大气稳定度类型是描述被动物质(含水汽)垂直交换或混合程度的一个重要判据,也是河陆风强弱,混合层及逆温层厚度演变的一个重要判据。因此,它也是边界层气候特征及其 PBL 湍流统计量参数化研究的重要内容。

7.3.3 污染源模型

污染源分成人为源和自然源两大类。自然源又分成生物源和非生物源。污染源还可分成一次污染源和二次污染源,二次污染源是通过一次污染物在大气中复杂化学反应后的产物(Wesely,1985)。一次人为污染源通常有 SO_2、NO_2、NO、CO 和 TSP,一次生物污染源通常有 VOC、NO_x、C_xH_x 和 CH_4。观测表明,城市的空气污染程度有明显的时间起伏变化,包括日变化、周变化、年变化以及各种非周期性的变化,这些都与污染源的时间变化有关。人们的生产与生活活动有一定规律,人为活动会加剧污染物排放量的增加,就会带来地面上的高值浓度。因此,污染源表现出明显的时间变化,比如人们冬季取暖加大污染源的排放量,农作物的生长季节生物源的排放量增加,夜间汽车尾气排放将明显减少,居民做饭时间会造成面源的增加等。城市空气污染是由性质和形式非常不同的大量污染物造成,针对不同形式的排放源应分别设计不同的参数化模型,选用不同性质的模式及参数。通常按以下几类源模式化模型(SM)作为大气污染预报模式系统的主要成分(Weber,1982;den Hout,1985)。

(1) 孤立高架点源排放型:具有巨大热浮力的污染源(如火电厂的高烟囱)排放的烟羽可抬升到几百米以上高空,通常称为有效源高。在区域尺度里,这类源按烟气抬升公式逐个加以处理。日间混合层对流活跃,夜间城市混合层经常发生,其模式上下边界以多次反射来处理夜间混合层的作用。通常,把此类熏烟型污染作为事故处理，主要因为：烟羽下缘的向下伸展很快（与烟羽抬升相比），并使污染物接地；尺度与烟羽高度相仿的大气垂直对流活动强烈，会将烟羽带到地面；加上一些下垫面的特殊地形影响，如城市附近的陡峭山谷，水陆界面或城市向乡村的过渡区域都可能形成特殊的大气过程。

(2) 孤立的低矮工业烟囱排放型：许多孤立的工业烟囱排放源不划归高架点源处理。尤其在城市，要考虑由于烟囱附近高大建筑物群使湍流增强所引起的污染物向下混合或者由于排放物出口速度较低而造成烟流下洗作用的影响。普通采用烟囱高度大于附近建筑物高度2.5倍的经验规则来模式化处理，不满足这一规则的个别源需按孤立高架点源考虑。

(3) 面源排放型：由大量低矮的污染源（如居民和工业取暖系统以及其他小的城区污染）一起构成面源排放，通常按单位面积总排放量处理。这类源的排放总量通常占城市污染负荷的较大成数。确定面源强度是个比较困难又相当重要的工作。对城市面源的处理，大多数仍以高斯烟羽模式为基础，也有直接采用数值积分物质守恒方程求解。不论采用什么模式处理，关键问题是精确确定源强，提高源强的时空分辨率。

(4) 流动源排放型：此类污染源主要包括卡车、小汽车，而飞机、火车等也属此类源但不是主要的。交通排放主要污染物是CO和氮氧化物，大多数处理将它们转换成面源或线源处理。但是，这样的面源和线源时空变化非常明显，与城市交通状况密切相关。城市CO和氮氧化物的排放及其造成的浓度分布与城区建筑群结构及空气动力学效应有关，也应该考虑街区对CO和氮氧化物浓度分布的复杂影响。

7.3.4 干湿沉积模式

污染物的迁移清除包括干湿两类沉积过程，通常采用干湿沉积预报模式（DSDM）预报。

干沉积过程涉及各种复杂的微观物理、化学、及其生态过程，例如凝聚力、物质在不同界面上的碰撞、吸收、反射、溶解与吸附等。这些过程的综合影响可统统由干沉积速度（V_d）计算（Van Aalet，1985；Back，1986；Baldocch，1987；Baldocch，1988；伊协远，1990；雷孝恩等，1995；雷孝恩等，1996）。它们都会明显改变城市空气污染物的时空浓度分布，尤其是复杂下垫面的城市区域。

污染物的降水清除（或冲刷），包括许多重要的云雨微物理过程，如云下冲刷、云中湍流混合和云中清除过程等。如果污染物浓度假设成指数规律清除，它必须定义一个清除系数（或冲刷系数），其系数与降水强度、云的类型和高度、地形标高及其化学物质性质有关。

粒子（或气溶胶）污染物可由重力沉降过程和碰撞、吸收、吸附等过程而被清除。重力沉降速度和沉积速率分别处理不同粒径污染物的清除过程。

利用新的干沉积速度型导出不同下垫面型(水域、农作物、山地、林区及城市等)的沉积速度(Meyer,1986;Nemillem,1987;Lei and Chang,1992;Lei,1996),再应用干湿沉积预报模式预报出各种化学物的地面干沉积量、湿沉积量及干湿沉积总量的空间分布。干湿沉积预报模式与对流层高分辨化学预报模式(HRCM)相互耦合。

7.3.5 对流层高分辨化学模式

一些普通的污染物如氮氧化物,硫氧化物以及碳氢化合物,日光条件下发生氧化作用,生成新的二次污染物。只要污染物的初始浓度不高,这类反应的速率就是缓慢的。但是,在许多城市观测到有光化学烟雾的污染事件出现,问题就比较严重。大气中,存在于污染烟流中的二氧化硫既具化学活性又具很高水溶性,一方面它可转化成硫酸盐气溶胶,另一方面,还可以在光化学烟雾形成中,抑制臭氧的生成。在城市大气中,只要存在一定污染水平的污染物,便可能发生大量的,尚不完全清楚的化学反应,这一领域亟待进一步探索研究。

将光化学反应引入物质守恒方程,物质剂量随时空变化,其变化速率与所涉及的化学反应速率成比例。化学反应速率与反应物质的克分子浓度成比例,其比例常数称之为比速率常数,它与反应物质的化学性质和环境状况(主要是温度)有关。参加大气化学反应的物质总量,遵守连续性原理而随时间变化,求解比较复杂,因为大气湍流对进行化学反应的气团有影响,从而影响到参与扩散过程的物质浓度,通常是一个复杂的非线性过程。现在可以借助数值求解方法,当化学反应速度与大气混合过程相比是相当缓慢的情况下,问题的处理可以大为简化。这种情况下,化学反应实际上不起多大作用,而只要考虑污染物质的总量就行。于是,大气污染过程的处理就可以不考虑细致的化学反应了。事实上,目前,对范围不大的一些大气污染问题都是这样处理的,但作为具有多种化学物质的城市空气污染预报问题化学转化过程是非常重要的。

浓度计算模式将采用一个欧拉型 HRCM(Lei and Chang,1992),该模式包含对流层内物质输送、扩散、转化、迁移等主要过程,可预报对流层内气体污染物(酸性物质 SO_2、NO_x,温室气体和氧化剂,TSP 等)的时空分布及演变过程,HRCM 也适合于区域尺度(几千公里范围)、不同下垫面生态系统、干湿过程、多种化学物质和多类化学反应方程的各种问题。

需要输入到模式中的资料有逐时三维风场、温度场和湿度场,湍流扩散场(湍流统计量随高度、稳定度、下垫面型变化及拉氏时间尺度),下垫面型,每小时地面降水量及污染源(人为、自然和生态源)排放清单。

7.4 中-β尺度动力学模式

有关大气参数和扩散过程的研究有三种基本方法：野外测试、数值试验和物理模拟。野外测试是基础，数值试验的结果要靠它验证，物理模拟的参数要靠它提供，但它的周期长，花费钱和劳动力，往往存在时间和空间的资料窗。而数值试验方法则是将实际问题用各种数学模型通过计算机作各种可控试验，它有坚实的数理基础，省钱和劳动力，可弥补野外测试的资料不足的问题，并可作定量的预测。尤其是在现代计算机技术高速发展的今天，越来越显出它的优越性。

本节介绍的模式是一个准静力的动力学模式，通常在下述条件下，大气运动可假定是准静力平衡的，(1) 对流活动较弱，垂直速度较小；(2) 地形坡度较小(例如小于45°)；(3) 地形的特征尺度不小于几公里。合乎上述条件的大气运动可采用准静力模式。在这类模式中，气压场是根据大气准静力关系，由温度场计算得到。由于准静力模式的方便可靠，条件(2)和(3)的限制可以适当放宽。

模式采用了考虑地形影响的地形追随坐标系，考虑了地表温度和水温的日变化，采用套网格与四维资料同化技术，求解流体力学和热力学方程组等，用此模式方可建立和预测风和温度场之间的时空关系；较为全面地反映天气系统、下垫面的动力和热力作用对气象要素的共同影响，可较好地模拟山谷风、海陆风、河陆风、城市热岛等局地环流的基本特征。

7.4.1 模式方程组

模式采用如下地形追随坐标系

$$z^* = \frac{z - z_G}{D}, \quad D = \frac{z_T - z_G}{z_T} \tag{7.4.1}$$

动力学方程、静力平衡方程、连续方程和热力学方程分别为

$$\begin{aligned}\frac{\partial u}{\partial t} = & -\frac{1}{D}\frac{\partial}{\partial x}(Du^2) - \frac{1}{D}\frac{\partial}{\partial y}(Duv) - \frac{\partial}{\partial z^*}(uw^*) - \Theta\frac{\partial p'}{\partial x} \\ & + g\frac{\theta'}{\Theta}\left(1 - \frac{z^*}{z_T}\right)\frac{\partial z_G}{\partial x} + \frac{1}{D}\frac{\partial}{\partial x}\left(DK_H\frac{\partial u}{\partial x}\right) + \frac{1}{D}\frac{\partial}{\partial y}\left(DK_H\frac{\partial u}{\partial y}\right) \\ & + \frac{\partial}{\partial z^*}\left(K_V\frac{\partial u}{\partial z^*}\right)\frac{1}{D^2} + fv\end{aligned} \tag{7.4.2}$$

$$\frac{\partial v}{\partial t} = -\frac{1}{D}\frac{\partial}{\partial x}(Duv) - \frac{1}{D}\frac{\partial}{\partial y}(Dv^2) - \frac{\partial}{\partial z^*}(vw^*) - \Theta\frac{\partial p'}{\partial y}$$
$$+ g\frac{\theta'}{\Theta}\left(1 - \frac{z^*}{z_T}\right)\frac{\partial z_G}{\partial y} + \frac{1}{D}\frac{\partial}{\partial x}\left(DK_H\frac{\partial v}{\partial x}\right) + \frac{1}{D}\frac{\partial}{\partial y}\left(DK_H\frac{\partial v}{\partial y}\right)$$
$$+ \frac{\partial}{\partial z^*}\left(K_V\frac{\partial v}{\partial z^*}\right)\frac{1}{D^2} - fu \tag{7.4.3}$$

$$\frac{\partial \pi'}{\partial z^*} = g\frac{\theta'}{\Theta^2}D \tag{7.4.4}$$

$$\frac{\partial}{\partial x}(Du) + \frac{\partial}{\partial y}(Dv) + \frac{\partial}{\partial z^*}(Dw^*) = 0 \tag{7.4.5}$$

$$\frac{\partial \theta'}{\partial t} = -\frac{1}{D}\frac{\partial}{\partial x}(Du\theta') - \frac{1}{D}\frac{\partial}{\partial y}(Dv\theta') - \frac{\partial}{\partial z^*}(w^*\theta') - DSw^*$$
$$-\left(u\frac{\partial z_G}{\partial x} + v\frac{\partial z_G}{\partial y}\right)S\left(1 - \frac{z^*}{z_T}\right) + \frac{1}{D}\frac{\partial}{\partial x}\left(DK_H\frac{\partial \theta'}{\partial x}\right)$$
$$+ \frac{1}{D}\frac{\partial}{\partial y}\left(DK_H\frac{\partial \theta'}{\partial y}\right) + \frac{\partial}{\partial z^*}\left(K_V\frac{\partial \theta'}{\partial z^*}\right)\frac{1}{D^2} \tag{7.4.6}$$

其中

$$\pi = C_a\left(\frac{\pi}{\pi_0}\right)^{\frac{R}{C_a}}, \quad \theta = T\left(\frac{p_0}{p}\right)^{\frac{R}{C_a}}$$

上述方程中的常量和变量含义说明如下：π、π' 分别是天气尺度的 Exner 函数和相对于天气尺度的偏差；Θ、θ' 分别是天气尺度的位温和相对于天气尺度的偏差；p_0、p 分别是地面气压和气压；z_T 是模式顶高度；z_G 是地形高度；C_a、R 分别是干空气定压比热和干空气气体常数；S 是初始位温递减率（$= \mathrm{d}\Theta/\mathrm{d}z$）；$f$ 是科氏参数；K_H、K_V 分别是水平和垂直扩散系数；u、v 分别是水平风场的分量；w^* 是 z^* 坐标系中的垂直速度。

7.4.2 数值计算方案

水平方向采用等距网格，垂直方向采用不等距网格。数值差分格式采用交错网格，这种交错网格的优越性是能利用一阶差分格式达到二阶的精度。在平流项的计算中采用施主格式(Donor scheme)。

$\dfrac{\partial u}{\partial t} = -u\dfrac{\partial u}{\partial x}$ 写为

$$u_{i,j,k}^{n+1} = u_{i,j,k}^{n} - \frac{Dt}{Dx}u_{i,j,k}^{n}(u_{i,j,k}^{n} - u_{i-1,j,k}^{n})\, u_{i,j,k}^{n} > 0 \tag{7.4.7}$$

$$u_{i,j,k}^{n+1} = u_{i,j,k}^{n} - \frac{Dt}{Dx}u_{i,j,k}^{n}(u_{i+1,j,k}^{n} - u_{i,j,k}^{n})\, u_{i,j,k}^{n} < 0 \tag{7.4.8}$$

$\frac{\partial u}{\partial t} = - v \frac{\partial u}{\partial x}$ 写为

$$u_{i,j,k}^{n+1} = u_{i,j,k}^{n} - \frac{Dt}{Dy} \overline{v}_{i,j,k}^{n} (u_{i,j,k}^{n} - u_{i-1,j,k}^{n}) \quad \overline{v}_{i,j,k}^{n} > 0 \tag{7.4.9}$$

$$u_{i,j,k}^{n+1} = u_{i,j,k}^{n} - \frac{Dt}{Dy} \overline{v}_{i,j,k}^{n} (u_{i+1,j,k}^{n} - u_{i,j,k}^{n}) \quad \overline{v}_{i,j,k}^{n} < 0 \tag{7.4.10}$$

其中

$$\overline{v}_{i,j,k}^{n} = \frac{(v_{i-1,j,k}^{n} + v_{i-1,j+1,k}^{n} + v_{i-1,j,k}^{n} + v_{i,j+1,k}^{n})}{4}$$

在垂直方向上，垂直速度定义在全 z^* 面上，其他变量定义在半 z^* 面上。半 z^* 面上的变量代表了整层的平均。表 7.4.1 给出了垂直分层定义。

表 7.4.1 模式的垂直 z^* (×10 m)分层

K	0	1	2	3	4	5	6	7	8	9	10	11	12	13	14
整层	0	0.4	1.6	3.4	6.6	8.4	12	28	52	68	92	108	192	208	292
半层	/	0.2	1.0	2.5	5.0	7.5	10	20	40	60	80	100	150	200	250

模式的时间差分采用蛙跳格式。为了避免蛙跳格式带来的解的分离，对所有预报量作频率滤波，即

$$\tilde{\alpha}^{\tau} = (1 - \nu)\alpha^{\tau} + \frac{1}{2}\nu(\alpha^{\tau+1} + \tilde{\alpha}^{\tau-1}) \tag{7.4.11}$$

其中 α 是滤波后的变量，模式中系数 ν 取为 0.1。

7.4.3 边界及初始条件

1. 初始条件

在对预报方程组进行数值积分时，其变量都要求有初值。作为 M-β 模式我们采用两种方法获得初始场。一是将现有的观测资料(包括风、温和湿度场)，采用中尺度范围的 DMF，以客观分析方法内插到模式网格上。由于 DMF 是经过三维风场调整的，因此输出的流场是满足连续性原理。由于高空实测资料少，在 PBL 内对变量垂直内插时，常常使用平均风场随高度和稳定度变化的参数化关系。

另外一种方法是使用 M-α 模式耦合预报的较大范围的气象场作为M-β模式的输入场，这些输入场既可作为初始场，也可作为 FDDA 场。下面简单介绍较常使用的 DMF。

诊断方法，即先用客观内插的方法将实际观测资料插值到模式所计算区域

内的每个格点上，然后用变分法对风场进行调整，使调整后的风场满足连续性条件，同时又使这一调整风场与原插值风场的总体偏差为最小。

质量守恒约束的三维风场诊断方法是获得非均匀地形情况下三维风场的有效方法之一。近些年来，这种调整方式在大气边界层和大气扩散数值模拟的研究中已被广泛采用。按此方法建立起来的风场能够满足连续性方程约束，较好地反映地形对流场的动力扰动作用，可在一定程度上弥补复杂地形条件下观测资料方面的不足。但此方法要求测站对模式区域内的大气运动有充分的代表性，对实测资料的要求较高，需要花费大量的人力和物力，模拟结果的质量主要取决与初始客观内插风场和参数的选取。

连续方程 在 $xy\sigma_{-z}$ 坐标系下，考虑在水平范围不是太大的情况，边界层运动可以认为是不可压缩的，运动连续性方程可以写成：

$$\frac{\partial u^*}{\partial x}+\frac{\partial v^*}{\partial y}+\frac{\partial w^*}{\partial \sigma_{-z}}=0 \tag{7.4.12}$$

其中

$$\sigma_{-z}=\frac{(z-h's)}{[H(x,y)-h's]} \tag{7.4.13}$$

$$u^*=u\Delta H(x,y) \tag{7.4.14}$$

$$v^*=v\Delta H(x,y) \tag{7.4.15}$$

$$\begin{aligned} w^* &= \frac{\mathrm{d}\sigma_{-z}}{\mathrm{d}t}\Delta H(x,y) \\ &= w-\left(\frac{u\partial z_{\mathrm{g}}}{\partial x}+\frac{v\partial z_{\mathrm{g}}}{\partial y}\right)-\sigma_{-z}\left[\frac{u\partial\Delta H(x,y)}{\partial x}+\frac{v\partial\Delta H(x,y)}{\partial y}\right] \end{aligned} \tag{7.4.16}$$

$$\Delta H(x,y)=H(x,y)-h_{\mathrm{s}}'(x,y) \tag{7.4.17}$$

这里 $H(x,y)$ 为模式上边界，h_{s}' 为模式下边界，为 10 m 风标观测的地面风高度，z_{g} 为地形相对高度，u、v 和 w 分别是 x、y 和 σ_{-z} 方向的平均风速。

风场调整方法 为使在 $xy\sigma_{-z}$ 坐标下的插值风场满足连续性方程(7.4.12)，同时又使三维风场的调整量达到最小，即需要求解以下关系式的极小值：

$$\begin{aligned} E(u^*,v^*,w^*,\lambda_0) = \iint\Big[& \alpha_1^2(u^*-u_0{}^*)^2+\alpha_1^2(v^*-v_0{}^*)^2 \\ & +\alpha_2^2(w^*-w_0{}^*)^2+V\lambda\Big(\frac{\partial u^*}{\partial x} \\ & +\frac{\partial v^*}{\partial y}+\frac{\partial w^*}{\partial \sigma_{-z}}\Big)\Big]\mathrm{d}x\mathrm{d}y\mathrm{d}\sigma_{-z} \end{aligned} \tag{7.4.18}$$

这里 u^*、v^*、w^* 表示调整后的风场，$u_0{}^*$、$v_0{}^*$、$w_0{}^*$ 为初始插值风场，λ 为拉格朗日乘子，α_1、α_2 为代表水平及垂直方向观测误差大小的系数，在(7.4.18)式取极小的计算时，可以用(7.4.12)和以下各式组成式欧拉—拉格朗日方程组来实现

$$u^* = u_0{}^* + \frac{1}{2\alpha_1^2}\frac{\partial\lambda_0}{\partial x} \tag{7.4.19}$$

$$v^* = v_0{}^* + \frac{1}{2\alpha_1^2}\frac{\partial\lambda_0}{\partial y} \tag{7.4.20}$$

$$w^* = w_0{}^* + \frac{1}{2\alpha_2^2}\frac{\partial\lambda_0}{\partial\sigma_{-z}} \tag{7.4.21}$$

其边界条件为

$$n_x\lambda_0\delta(u^*) = 0 \tag{7.4.22a}$$

$$n_y\lambda_0\delta(v^*) = 0 \tag{7.4.22b}$$

$$n\sigma_{-z}\lambda_0\delta(w^*) = 0 \tag{7.4.22c}$$

由(7.4.12)和(7.4.19)—(7.4.21)可以得到

$$\frac{\partial^2\lambda_0}{\partial x^2} + \frac{\partial^2\lambda_0}{\partial y^2} + \left(\frac{\alpha_1}{\alpha_2}\right)\frac{\partial^2\lambda_0}{\partial\sigma_{-z}^2} = -2\alpha_1^2\left(\frac{\partial u_0{}^*}{\partial x} + \frac{\partial v_0{}^*}{\partial y} + \frac{\partial w_0{}^*}{\partial\sigma_{-z}}\right) \tag{7.4.23}$$

初始风场的获取 用加权插值法将地面各观测点的风速实测值按其 v 分量分别插值到模式的各地面网格点上，得到地面初始风场。其风速分量插值公式为：

$$M_{ij} = \frac{\sum_{k=1}^{N} M_k w_k(r)}{\sum_{k=1}^{N} w_k(r)} \tag{7.4.24}$$

这里 M 表示 u、v 分量，下标 ij 表示(i,j)格点，r 为第 k 个观测点至(i,j)格点的水平距离，N 为地面测点个数。权重函数 $w_k(r)$按如下形式选取

$$w_k(r) = \begin{cases} r_k^{-2}, & r \leqslant R_R \\ 0, & r > R_R \end{cases} \tag{7.4.25}$$

这里 R_R 是影响半径，即只采用距插值点这一影响半径范围之内的观测值进行内插。

差分格式和参数选取 对公式(7.4.23)采用中心差分格式：

$$\frac{\lambda_{i+1,j,k} - 2\lambda_{i,j,k} + \lambda_{i-1,j,k}}{\Delta x^2} + \frac{\lambda_{i,j+1,k} - 2\lambda_{i,j,k} + \lambda_{i,j-1,k}}{\Delta y^2} + \left(\frac{\alpha_1}{\alpha_2}\right)^2\frac{\lambda_{i,j,k+1} - 2\lambda_{i,j,k} + \lambda_{i,j,k-1}}{\Delta\sigma^2} = -2\alpha_1^2\varepsilon_0 \tag{7.4.26}$$

其中 ε_0 为初始内插风场的散度

$$\varepsilon_0 = \frac{u_0{}^*{}_{i+1,j,k} - u_0{}^*{}_{i-1,j,k}}{2\Delta x} + \frac{v_0{}^*{}_{i,j+1,k} - v_0{}^*{}_{i,j-1,k}}{2\Delta y} + \frac{w_0{}^*{}_{i,j,k+1} - w_0{}^*{}_{i,j,k-1}}{2\Delta\sigma} \tag{7.4.27}$$

对下边界条件取为

$$\frac{-3\lambda_{i,j,1} + 4\lambda_{i,j,2} - \lambda_{i,j,3}}{2\Delta\sigma} = 0 \tag{7.4.28}$$

其他边界条件取为

$$\lambda = 0 \tag{7.4.29}$$

方程(7.4.23)可由边条件(7.4.22)用超松弛方法迭代数值方法求解,解出 $\lambda(x, y, \sigma_{-z})$后再代回到(7.4.19)—(7.4.21)式,通过以下差分关系可实现对风场的调整。

$$u^*_{i,j,k} = u_0{}^*{}_{i,j,k} + \frac{1}{2\alpha_1^2}\left(\frac{\lambda_{i+1,j,k} - \lambda_{i-1,j,k}}{2\Delta x}\right) \tag{7.4.30}$$

$$v^*_{i,j,k} = v_0{}^*{}_{i,j,k} + \frac{1}{2\alpha_1^2}\left(\frac{\lambda_{i,j+1,k} - \lambda_{i,j-1,k}}{2\Delta y}\right) \tag{7.4.31}$$

$$w^*_{i,j,k} = w_0{}^*{}_{i,j,k} + \frac{1}{2\alpha_2^2}\left(\frac{\lambda_{i,j,k+1} - \lambda_{i,j,k-1}}{2\Delta\sigma}\right) \tag{7.4.32}$$

因 $\alpha(\alpha_1/\alpha_2)$的取值对风场调整结果影响较大,如 α 取值较大,则对垂直风场调整较大,如 α 取值较小,则对水平风场调整较多。在模式计算中则要根据实际情况确定 α 的大小,如根据地形的形态比,大气稳定度状况等因子;在对重庆市典型晴天的风场调整中,α_1 取 10,α_2 取 20,即 α 取 0.5,而对中性阴天的条件,α 值取较小值为 0.01。模式中松弛系数取为 1.78。

2. 边界条件

侧边界条件 在模式的西侧边界($\Delta=0$),如果 $u>0$,则为流入边界,变量保持其值不变,而如果 $u<0$,则为流出边界,变量取与其邻近内点上的值相等。在模式的东侧边界($\Delta=X_{max}$),如果 $u>0$,则为流出边界,变量取其邻近内点上的值;如果 $u<0$,则为流入边界,变量保持其值不变。同理,在模式的南侧边界($Y=0$),如果 $v>0$,则为流入边界,否则为流出边界;在模式的北侧边界($Y=Y_{max}$),如果 $v>0$,则为流出边界,否则为流入边界。

顶部边界 为了避免扰动在模式顶部的反射,模式设最高五层为吸收层,从第 $N-4$ 层开始向上逐步消减扰动量。

$$\bar{\alpha}_{i,j,k} = \alpha_{i,j,k} - \gamma(\alpha_{i,j,k} - \alpha_{i,j,N}) \quad (k = N-4,\ N) \tag{7.4.33}$$

其中 $\gamma=0,\ 0.25,\ 0.5,\ 0.75,\ 1.0$。

下边界 在 $k=1$ 处其变量取随时间变化的内插值,如水平速度方向分量的

下边界为

$$u_{i,j,1}{}^{t+n\Delta t} = u'_{i,j,1}{}^{T} + n\Delta t(u'_{i,j,1}{}^{T+\Delta T} - u'_{i,j,1}{}^{T})/DT \tag{7.4.34}$$

温度的下边界条件为

$$\theta'^{t+\Delta t}_{i,j,1} = \theta_{G\,i,j}^{\ T} + \frac{n\Delta t}{\Delta T}(\theta_{G\,i,j}^{\ T+\Delta T} - \theta^{T}_{G\,i,j}) - \overline{\theta}^{T}_{G\,i,j} \tag{7.4.35}$$

其中 $n=0, 1, 2, \cdots\cdots$。$T \leqslant t + n\Delta t < T + \Delta T$。$\Delta t$ 是时间积分步长，ΔT 是内插值时间间隔，$u'_{i,j,k}{}^{T}$ 是内插得到的网格点资料。θ_G 是地表位温，$\overline{\theta}_G$ 是地表位温 24 h 的时间平均。模式中 $\Delta T = 1$ h。

7.4.4 套网格与四维资料同化技术

在复杂地形下模拟污染物的输送过程中常常需要较高的网格分辨率，为了提高空间分辨率，采用科技上广泛使用的套网格技术。

将小网格与大网格相互嵌套，如中尺度模式网格 $\Delta x = \Delta y = 2$ km，小尺度模式网格 $\Delta x = \Delta y = 250$ m，一个中尺度网格可嵌套八个小网格。中尺度三维气象场由 M－α 或 M－β 尺度气象模式导出，它每小时输出的结果就作为小尺度模式的边值和同化场。

M－β 模式里的气象变量在积分期间用观测值同化（或逼近）办法，除了合理地选择同化系数外，在技巧上没有明显的不足。四维资料与模式系统联合不仅可用来模拟输送扩散，而且对野外试验空间观测站网设计也是非常有用的。这里的四维资料同化是采用以下关系来实现的。

$$\frac{\partial u}{\partial t} = A + G_u(u_{\text{obs}} - u) \tag{7.4.36}$$

$$\frac{\partial v}{\partial t} = A + G_v(v_{\text{obs}} - v) \tag{7.4.37}$$

$$\frac{\partial \theta'}{\partial t} = A + G_\theta(\theta'_{\text{obs}} - \theta') \tag{7.4.38}$$

其中 A 代表模式方程组右端的所有强迫项。G_u、G_v 和 G_θ 分别是速度分量和位温的同化系数。同化系数在中尺度范围内通常取为 10^{-4}—5×10^{-4}/s，与中纬度科氏参数相当。在 M－β 中，由于尺度较小，同化系数取 10^{-3}—5×10^{-3}/s。

7.4.5 输入参数和资料

1. 湍流通量参数

由于模式描述运动的分辨率是受模式格距限制的，凡比这种格距小的运动的作用，只能在“平均”或“统计”意义下包含进去。本模式将采用K理论来处理湍流通量，在整个对流层里采用两层(PBL和PBL以上的自由对流层)分层的湍流通量参数化关系(雷孝恩、张时禹，1992)。

对PBL内，采用已导出的涡旋扩散系数类型(雷孝恩，1990)。在中性条件下有

$$K_{mz} = 0.349u_{*0}(z_0)z_i(z/z_i)^{1.001} /\{[1+3.775(z/z_i)^{1.493}]\cdot[1+1.288(z/z_i)^{6.29}]\} \tag{7.4.39}$$

$$K_{mx} = u_{*0}(z_0)z_i\exp(-0.36z/z_i)/(1+2.7z/z_i) \tag{7.4.40}$$

$$K_{my} = 0.65K_{mx} \tag{7.4.41}$$

在稳定条件下有

$$K_{mz} = u_{*0}(z_0,\mu)z_i\{0.0803(z/z_i)^{0.58}/ [1+1.459(z/z_i)^{3.155}-4.2\times10^{-4}\mu(z/z_i)^{0.421}]\} \tag{7.4.42}$$

$$K_{mx} = 0.3u_{*0}(z_0,\mu)z_i(z/z_i)^{0.5}[0.0825+0.888(1-z/z_i)^{0.69}] \tag{7.4.43}$$

$$K_{my} = 0.303K_{mx} \tag{7.4.44}$$

在不稳定条件下有

$$K_{mz} = 0.256u_{*0}(z_0,\mu)z_i(z/z_i)^{0.762}(-\mu)^{1/3}/ \{[1+2.33(z/z_i)^{14.345}][1+2.775(z/z_i)^{2.79}]\} \tag{7.4.45}$$

$$K_{mx} = u_{*0}(z_0,\mu)z_i[0.3+0.0177(-\mu)^{0.549}] \exp\{2r(\mu)[z/z_i-(z/z_i)^2/1.6]\} \tag{7.4.46}$$

$$K_{my} = u_{*0}(z_0,\mu)z_i[0.195+0.288(-\mu)^{0.487}] \exp\{2r(\mu)[z/z_i-(z/z_i)^2/1.6]\} \tag{7.4.47}$$

式中

$$\begin{aligned} r(\mu) &= 0.18/(1+0.25\mu) && (\mu\geqslant 0)\\ &= 0.18/(1+4.79\times10^{-3}\mu) && (-20\leqslant\mu<0)\\ &= 0.12/(1-0.113\ln|\mu|) && (\mu<-20) \end{aligned} \tag{7.4.48}$$

$$u_{*0}(z_0,\mu) = 3.55/[A_0(\mu)-\ln(z_0/z_{00})] \tag{7.4.49}$$

$$\begin{aligned} A_0(\mu) &= 6.17+0.11\mu && (\mu\geqslant -20)\\ &= 3.5+3.3(-\mu)^{-0.6} && (\mu<-20) \end{aligned} \tag{7.4.50}$$

式中参数 $z_{00}=1$ m/s。

在PBL以上的对流层，垂直涡旋扩散系数采用MM4的参数化方案，

$$\begin{aligned} K_{mz} &= K_{m0}+L_0^2S^{1/2}(R_{ic}-R_{ib})/R_{ic} && (R_{ib}<R_{ic})\\ &= K_{m0} && (R_{ib}\geqslant R_{ic}) \end{aligned} \tag{7.4.51}$$

其中 $S=(\partial u/\partial x)^2+(\partial v/\partial z)^2+10^{-9}$，$R_{ic}$ 为临界 Ri，$R_{ic}=0.257\Delta z^{0.175}$；

R_{ib}为总体 Ri，$R_{ib} = g\Delta\theta_v\Delta z/\{\theta_v[(\Delta u)^2 + (\Delta v)^2]\}$，$K_{m0} = 1.0\ m^2/s$，混合长为

$$L_0 = 0.36z/(1 + 0.36z/100) \tag{7.4.51a}$$

水平涡旋扩散系数采用以下关系计算(Lei et al，1995)

$$K_{my} = K_{mx} = C_{00}\Delta x\Delta y\{|\partial u/\partial x| + |\partial v/\partial y|\} \tag{7.4.52}$$

式中常数 $C_{00} = 0.01$

根据经验理论，热量或水汽涡旋扩散系数与动量涡旋扩散系数成比例关系

$$K_{hi} = R_{hmi}K_{mi} \quad (i = x,\ y,\ z) \tag{7.4.53}$$

其中 R_{hmi} 为交换系数之间的比例系数。

2. 下垫面类型资料

下垫面类型资料有三类，每个网格的地形标高，每个网格的有效粗糙度长，及每个网格所对应的下垫面型资料，下垫面型可分为城市、水域、森林、农田等多种。

3. 气象场

研究区域内地面和高空风、温度场资料，该资料可以是观测值，也可以是更大尺度(M－α)气象模式的预报场，以作为模式的四维同化场。

4. 地表温度及水面温度

由气象台站一天四次(T_{02}，T_{08}，T_{14}，T_{20})观测的地表温度，按以下关系导出 24 h 地表温度的日变化(Maddukari，1982)

$$T_s = A + B\sin\omega + C\sin 2\omega + D\cos\omega + E\cos 2\omega \tag{7.4.54}$$

其中 $\omega = 2\pi(t - 8)/24$，t 为一天的小时数，

$$A = (T_{02} + T_{08} + T_{14} + T_{20})/4 \tag{7.4.55a}$$

$$B = (T_{14} - T_{02})/2 \tag{7.4.55b}$$

$$D = (T_{08} - T_{20})/2 \tag{7.4.55c}$$

$$E = A - B - T_{02} \tag{7.4.55d}$$

$$C = (T_{02} + T_{20})/2 - A + 0.707B + 0.707D \tag{7.4.55e}$$

对不同下垫面类型，T_s 的日变化幅度有一些不同。例如，不论是白天还是夜间，水陆交界处的地表温度梯度最大；白天陆地地表温度大于水面，陆地是热源，水面则是冷源，夜间则相反。不同下垫面型 T_s 日变化幅度的不同，不同下垫面型可反映 T_s 的水平非均匀性；陆地地表温度日较差远远大于水面，这是海陆风形成及其强弱的基本条件。

上面介绍的 M－β 尺度动力学预报模式能够较好地模拟局地环流的基本特征及演变过程，可以为大气质量模式提供生动而精细的气象场；M－β 模式结构简单、合理，对 PBL 湍流交换及其垂直结构考虑得相当仔细；高分辨的下垫面类型资料的使用，所需计算时间短，具有实用性。但 M－β 模式在某些方面仍需进一步发展，如在非静力条件，水汽循环等方面。如何加强实地观测，用实测资料

来对模拟结果进行验证，对提高和改进模式的预报准确性有重要意义，应该进一步加强这方面的工作。

7.5 高分辨对流层化学模式

根据实际工作的需要，我们也研制和发展了一个高分辨率的对流层化学模式(HRCM)，它包含了许多化学、物理和生物过程，这些过程对于对流层污染物的演变是非常重要的。HRCM 可以很好地模拟对流层中痕量气体的输送、转化和干湿迁移过程，得到物质的时空分布规律，HRCM 是我们推荐用来预报城市大气污染浓度的基本模式，与 M－β 动力学模式结合，可以很好地预报城市空气污染物的分布及变化趋势，它已用于重庆市大气污染预测和控制，并获得了好的效果。如果以预报浓度与观测浓度平均比值的大小作为预报的准确率指标，则 HRCM 预报重庆日平均浓度分布，其平均准确率可达 70%。因此，HRCM 是城市污染预报的一个有效的工具。HRCM 适用性很广，可用于复杂地形和下垫面状况、复杂的气象条件、众多排放源、多种污染物的地区。

这里介绍的 HRCM 是一个欧拉输送、扩散、迁移和转化模式，就该模式在重庆市的使用为例，垂直分为 12 层(表 7.5.1)，模式顶到 16 km，水平网格数为 32× 42，格距为 1 km。

表 7.5.1 HRCM 模式的垂直 $Z(\times 10\ \mathrm{m})$分层

k	z	σ_{-p}	k	z	σ_{-p}	k	z	σ_{-p}
0	0	1.0	5	31.4	0.96	10	485	0.50
1	0.77	0.999	6	55.5	0.93	11	970	0.20
2	3.87	0.995	7	88.6	0.89	12	1 640	0.00
3	7.75	0.99	8	185	0.78			
4	15.6	0.98	9	313	0.65			

表 7.5.1 中的 σ_{-p} 定义成

$$\sigma_{-p} = (p - p_t)/(p_s - p_t) \tag{7.5.1}$$

其中 p_i 为气压，P_t 为模式顶气压，$P_t = 100\ \mathrm{hPa}$，P_s 为地面气压。PBL 高分辨的分层有以下优点：能很好地反映 PBL 湍流垂直结构，12 个网格边界层有 8 层，不论是白天，还是夜间，这种分层均能包括稳定和对流边界层特征；大量的污染源排放发生在 1 km 以下的边界层内，故能很好的地分析不同高度排放源贡献大小，物质干沉积过程参考高度通常选在最低网格层上，本模式的参考高度 $Z_r = 3.8$ m，使模式能很好地反映森林和高农作物冠层垂直结构对沉积过程的影响；同时，边界层以上的对流层也保留了 4 层，对高空系统过程的影响也能较好的反映出来。本模式是求解以下化学物质守恒方程组

$$\partial C/\partial t = \partial(uC)/\partial x + \partial(vC)/\partial y - \partial(\omega C)/\partial\sigma_{-p} + \partial[(K_x\partial C)/\partial x]/\partial x + \partial[(K_y\partial C)/\partial y]/\partial y + g/P_1\partial[(\rho K_z\partial C)/\partial\sigma_{-p}]/\partial\sigma_{-p} + P_c - L_c + W_t + D_y + E_{s0} \tag{7.5.2}$$

这里 $C = C_i \times P_L$，C_i 是化学物质体积混合比，$P_L = P_s - P_t$，$\omega = \mathrm{d}\sigma_{-p}/\mathrm{d}t$ 是 σ_{-p} 坐标系中的垂直速度，g 是重力加速度，ρ 是空气密度，u、v 是 x、y 方向的速度分量，K_x、K_y、K_z 分别是水平和垂直涡旋系数，P_c 和 L_c 是由化学反应（包括光化学、均匀和非均匀化学反应）中引起的生成和消耗率，W_t 是由于云的影响引起的物质浓度变化率（包括付网格尺度浓度的重新分配，液相化学反应和冲刷），D_y 是干沉积引起的浓度变化率，Eso 是污染源的排放率。

7.5.1 输送过程

逐时风场由 M－β 尺度动力学模式计算得到，作为本模式的输送过程的基本输入。垂直输送过程的垂直速度 ω 是由 σ_{-p} 坐标系中的连续方程导出。

这里有两种计算格式可供采用：一是修正的上游差分格式，所谓修正即在每一个平流时步进行“反扩散”修正以减小上游差分格式中较强的人为耗散，这种方法的优点是计算的浓度不会出现负值，即是正定的，而且这种方法计算浓度较准确，满足质量守恒，计算效率高，程序简单。二是二阶距守恒格式。通过只有平流条件下的数值对比试验发现，在同样条件下 Prather 格式比修正的上游差分格式的数值扩散小一个量级，而且新格式模拟的质量中心轨迹与实际很好一致，因此采用新格式后，大气水平扩散的重要性更突出了。但这种方法程序较复杂，而且计算时间较长。

7.5.2 新的干沉积速度型

中尺度大气环境质量研究发现，由土壤、森林、植物、建筑物和水体等不同下垫面界面上吸收引起的干沉积过程是物质迁移到地表面的主要控制因子，它是边界层中很多污染物质的重要汇，差不多一半以上的沉积是干沉积过程引起的，比湿沉积过程更重要，因此干沉积过程的参数化正确与否对污染物在中尺度范围演变规律的认识是非常重要的。

目前国内外通常使用如下沉积速度的参数化关系

$$V_{d0}(z_r) = 100\Big/\left[\int_{z_0}^{z_r} dz/K_z + \ln(z_0/z_d)/(0.36u_*) + r_c\right](\text{cm/s}) \tag{7.5.3}$$

其中 r_c 是由吸收、溶解引起的总体地面阻力，它与研究的化学物质的性质有关，z_r 为参考高度，z_d 是质量汇高度。(7.5.3)式没有把植物冠层内外参数联合起来考虑，而且采用了常通量层的假设，这在冠层内非常不合理。

为了全面而合理地模拟干沉积过程，改进干沉积速度的计算精度，我们充分考虑了植被内部及其上方湍流结构对大气和植被之间交换过程的重要性，对边界层和冠层中物质及动量的湍流交换、植物冠层内部对物质和动量的吸收、各类界面上的溶解(吸收或反射)，以及大气稳定度和太阳辐射的影响等方面作了仔细的数值分析和实验对比研究，最终导出了一个新的干沉积速度表达式

$$V_{ds}(z_r) = A_{00} + B_{00}V_d(z_r) \tag{7.5.4}$$

式中 A_{00} 和 B_{00} 是大气稳定度，物质以及植物(含森林)特征参数的函数。式中 $V_d(z_r)$ 由下式给出

$$V_d(z_r) = \left\{\int_{z_0}^{z_r} \lambda dz\Big/\left[\int_{z_d}^{z_r} dz/K_z + \ln(z_0/z_d)\right]\right\}^{1/2} = (V_{dc}/V_{ab})^{1/2} \tag{7.5.5}$$

这里 λ 为物质在 CL 内或地表面上的迁移率(或捕获率)，如果 λ 随高度分布已知(它依赖界面上和 CL 内生物性质、结构和物质的化学性质)，则 V_{dc}(式(7.5.5)的分子部分)可由数值积分导出。从式(7.5.5)可以认为总体沉积速度 V_d 定义成由大气边界层和冠层内湍流向下引起的质量传递速度 V_{ab}(式(7.5.5)分母部分)和界面吸收作用引起的质量传送速度 V_d 的几何平均。有关表达式导出的详细过程，可参考已有文献(Hout，1985；Lei et al，1987；Baldocch，1988b)。使用国际上的20个不同地区(6种污染物及不同下垫面)10年内的1 022个实测沉积速度资料分别与 V_d 和 V_{ds} 进行比较，其计算与实测的平均比值分别为 0.808 ± 0.611 和 1.061 ± 0.816，V_{ds} 明显好于并大于 V_{d0}。V_{ds} 与 V_{d0} 相比，它有以下优点：(1) 考虑了植物冠层垂直结构的影响；(2) 在冠层内没有常通量的假设；(3) 它定义成湍流与吸收两者引起的输送速度的几何平均，物理图像比由阻力相似导出的 V_{d0} 更清楚；(4) V_{ds} 包括了大气稳定度的影响，更能反应出植物吸收过程与太阳辐射有密切关系的这一事实。

7.5.3 分层的水平涡旋扩散系数型

中距离模式常常忽略水平涡旋扩散的贡献，其原因有二：一是水平扩散与水平平流相比作用小；另一是解平流方程时的数值扩散远远大于大气中实际扩散。即使有的模式也考虑水平扩散的影响，其参数化关系也是由风的水平切变形式给

出的，忽略了 PBL 下层由热力和机械作用产生的小尺度湍流的贡献。为此，通过对不同 K_y 型的数值比较分析，最后选出以下分层的水平涡旋扩散系数型。

在 PBL 下层采用 K_y 的湍流统计量参数化形式

$$K_y = K_x = T_L{}^u \sigma_u \tag{7.5.6}$$

式中 $T_L{}^u$ 和 σ_u 均为大气稳定度和高度的函数，其参数化关系已有详细的论述(Lei et al, 1987)，这里不再讨论。

对 PBL 的上层和自由大气对流层下层，可采用水平风场非均匀性的参数化关系(7.4.52)。

7.5.4 分层的垂直涡旋扩散系数型

发源于 PBL 内的污染气体物质如何传送到整个模式层是中距离模式研究的重要问题之一，而浓度的垂直分布又主要取决于垂直涡旋扩散系数 K_z 的垂直结构。在大多数中距离模式中，K_z 几乎都是由风的垂直切变导出的。理论和观测均表明，PBL 下层和以上自由对流层下层的湍流发生机制是不一样的，PBL 主要由机械和热力湍流引起的，因而具有连续性特征，而 PBL 的上层及自由对流层下层的湍流主要由风切变引起的，而且具有大的间隙性。如何将这一事实引入到模式中去是本研究的特点之一。

通过对 4 类 K_z 型的数值比较分析(Lumley,1980)，最后推荐以下分层的垂直涡旋扩散系数型。

在 PBL 内采用 K_z 的湍流统计形式

$$K_z = T_L{}^w \sigma_w^2 \tag{7.5.7}$$

其中 T_L^w 和 σ_w 是大气稳定度和高度的函数，其表达式已有详细的论述(雷孝恩，1990)。在 PBL 的上层和自由对流层下层，K_z 可采用由风垂直切变所决定关系式(7.4.51)。

7.5.5 云雨和湿沉积过程

在对流层污染物质的垂直重新分配、化学转化及迁移过程中，云雨过程具有重要的作用(NAPAP,1990)，在 HRCM 中云雨过程的模式化和参数化，包括以下几方面。

1. 云场的特征

云的时空范围是由每小时降水资料、温度和湿度资料导出，模式中采用中尺度动力学模式(M－α 和 M－β)计算结果。所有类型云的云底定义为抬升凝结高度，网格面积上的云量采用类似于 Kuo 和 Anthes 的近似参数化方法

(NAPAP,1990)。云覆盖的平均面积 a 为

$$a = (\tau_{cld}/\varepsilon)P_r/Q_{xs} \tag{7.5.8}$$

这里 P_r 是每个网格的平均降水率(mm/h 或 kg/(m^{2}h)),Q_{xs}是云内产生的水量(kg/m^2),τ_{cld}是云的生命时间,通常可近似取为1 h,$\varepsilon=0.3$,Q_{xs}由下式估算

$$Q_{xs} = \int[q_{con} + q_{vs}(T_{c,p}) - q_v]dp/g \tag{7.5.9}$$

这里 q_{con}是总凝结水混合比(冰+液体),$q_{vs}(T_c,\ p)$是在云的温度 T_c 和气压 p 时的饱和水汽质量混合比,q_v 是网格平均水汽混合比,P_{cb}和 P_{ct}是对流云层底和顶处的气压。云顶是计算成一气块从云底按湿绝热抬升到比环境温度低的高度。在每个云高度上,水汽和凝结水质量守恒方程为

$$q_{vs}(T_{cb},\ p_{cb})(1 - f_{ent}) + q_e f_{ent} = q_{vs}(T_c,\ p_c) + q_{con} \tag{7.5.10}$$

这里 $f_{ent}<1$。

空气从云外卷入云中的总能量是守恒的,卷入每个云层的空气将使凝结水汽化,使混合的空气冷却。其能量守恒方程近似为:

$$c_p(T_c - T_i) = -L_v\Delta q_{con} - L_f\Delta q_i \tag{7.5.11}$$

这里 L_v 和 L_f 是汽化和溶解潜热,T_i 是任一汽化发生前空气混合的初始温度。

$$T_i = T_{ad}(1 - f_{ent}) + T_e f_{ent} \tag{7.5.12}$$

这里 T_e 是卷入云层空气的温度,T_{ad}是空气从云底湿绝热抬升的温度,Δq_{con}和 Δq_i 是混合过程中由于蒸发、凝结或升华过程引起的凝结水和冰混合比的变化。空气夹卷到每个云层的温度 T_e 和水汽混合比 q_e 由下式决定

$$T_e = T f_{side} + T_{ct}(p/p_{ct})^{R/c_p}(1 - f_{side}) \tag{7.5.13}$$

$$q_e = q_v f_{side} + q_{ct}(1 - f_{side}) \tag{7.5.14}$$

这里 $f_{side}<1$。

1. 次网格尺度垂直重新分配

云的存在,使光化学反应率发生大的扰动,改变着气相化学。在HRCM中,为考虑云的影响,是将晴空的光化学反应率常数(JJ_0)乘上一订正因子。

$$JJ = JJ_0[1 + A_d(F_d - 1)] \tag{7.5.15}$$

当夹卷垂直分布确定后,每个云层痕量气体物质浓度的初值可按如下关系导出

$$C_{cld}(z) = f_{ent}[(1 - f_{side})C_t + f_{side}C_s] + (1 - f_{ent})C_{cb} \tag{7.5.16}$$

这里 $C_{cld}(z)$是云中每种物质的混合比,由云顶以上,每个云层及云底以下平均的环境痕量气体 C_t、C_s 和 C_{cd}混合组成。

2. 液相化学及冲刷

由云中冲刷或化学反应引起的污染物浓度变化是采用一箱式液相化学及冲刷模式计算。所有气相及化学物浓度是云垂直厚度的平均值,对液相化学及冲刷模式提供的初始条件与解云中平均痕量气体物质混合比随时间变化方程类似。

$$\partial C/\partial t = [\partial C_1/\partial t - C_1 P_v/(3.6 < L_{con} > \alpha \Delta z_{cld})] \times < L_T > R < T > /p \qquad (7.5.17)$$

这里<>表示云层的平均，C_1 是液体浓度(mol/L)，p 是大气压，$\partial C_1/\partial t$ 是由液相化学反应引起的物质浓度变化率，R 是普适气体常数，$\langle L_T \rangle$和$\langle L_{con} \rangle$是云的平均液体水和总的凝结水量(g/m^3)，ΔZ_{cld}为云的厚度。由降水云引起的累集湿沉积是通过积分网格平均降水率 P_r 和平均云水组分浓度之乘积(在每个云生命时间 τ_{cld}期间)来计算的。

$$\text{湿沉积} = \int_0^{\tau_{cld}} C_1 P_r \mathrm{d}t \quad (\mathrm{mol/m^2}) \qquad (7.5.18)$$

云水组分是使用一混合平衡和动力学化学模式来计算：

$$[H^+] + [NH_4^+] = [HSO_3^-] + [OH^-] + [HCO_3^-] + [NO_3^-] + 2([SO_4^{2-}] + [CO_3^{2-}] + [SO_3^{2-}]) + [HSO_4^-] \qquad (7.5.19)$$

每种离子的浓度由 Henry 定律决定。

7.5.6 气相化学

对化学物质交换模式最重要的组分之一是气相化学，HRCM 中涉及的 32 种化学物质，见表 7.5.2。

表 7.5.2 HRCM 包含的化学物质

名称	符号	名称	符号	名称	符号
二氧化硫	SO_2	OL_4 的过氧根	OL_4P	氮	N_2
一氧化氮	NO	烯烃最终产物	OL_3	水汽	H_2O
三氧化氮	NO_3	OL_3 的过氧根	OL_3P	氧	O_2
硝酸	HNO_3	烯烃中间产物	OL_4	甲烷	CH_4
过硝酸	HNO_4	过氧化乙基氮	PAN	乙烯	OL_2
氨气	NH_3	过氧化醋酸	PAA	臭	O_3
亚硝酸	HONO	激发态氧原子	O^1D	酮	KET
甲醛	HCHO	基态氧原子	O^3P	乙醛	ALD
二氧化氮	NO_2	甲基过氧化氢	OP_1	过氧化氢	H_2O_2
甲基过氧根	MO_2	高有机过氧化物	OP_2	硫酸	H_2SO_4
过氧化氢根	HO_2	醋酸及高价酸	ORA_2	甲酸	ORA_1
二氧化碳	CO_2	过氧化乙基根	ACO_3	氢氧根	HO
五氧化二氮	N_2O_5	OL_2 的过氧根	OL_2P	一氧化碳	CO

对化学反应率方程进行积分可分两步进行，首先利用指数解产生一个化学动力学微分方程组

$$\partial C_j/\partial t = P_c(C_i) - [C_j/L_t(C_i)] \tag{7.5.20}$$

这里 C_j 是污染物 j 的浓度，$L_t(C_i)$ 为特征损失时间尺度，由气相化学转化过程引起的物质产生率 $P_c(C_i)$ 和 $L_t(C_i)$ 明显依赖污染物浓度 C_i，如果 $P_c(C_i)$ 和 $L_t(C_i)$ 为常数，方程(7.5.20)有解析解，如果 $P_c(C_i)$ 和 $L_t(C_i)$ 在时间步长 Δt 内维持常数，则(7.5.20)式的解可表达成

$$C(t+\Delta t) = P_c L_t + [C(t) - P_c L_t]\exp(\Delta t/L_c) \tag{7.5.21}$$

由(7.5.21)在已知初值情况下，方可求出不同时刻由化学转化引起的浓度变化。其次，如果转化过程是平稳的，即 $\partial C_j/\partial t = 0$，对 9 种稳定态污染物浓度的计算关系式为

$$C_j = P_c(C_i) L_t(C_i) \tag{7.5.22}$$

它是一稳定的隐式代数方程组，可用迭代法求解。

化学模式最重要的部分之一是气相化学。气相化学反应机制是 23 种化学反应物质的浓度按时间显式积分导出，而有 9 种物质是在假设存在一化学平稳态情况下在每个网格点上求解方程组，共有 32 种化学物质作为 HRCM 求解的未知量。32 种化学物质参加的化学反应，归结为以下几类(表 7.5.3)。

表 7.5.3 HRCM 的光化学反应

反应方程	反应率常数
$NO_2 + h\upsilon \longrightarrow O^3P + NO$	4.63×10^{-01}
$O_3 + h\upsilon \longrightarrow O^1D + O_2$	1.02×10^{-03}
$O_3 + h\upsilon \longrightarrow O^3P + O_3$	2.53×10^{-03}
$HONO + h\upsilon \longrightarrow HO + NO$	8.33×10^{-02}
$HNO_3 + h\upsilon \longrightarrow HO + NO_2$	1.65×10^{-05}
$HNO_4 + h\upsilon \longrightarrow H_2O + NO_2$	2.75×10^{-04}
$NO_3 + h\upsilon \longrightarrow NO + NO_2$	1.21
$NO_3 + h\upsilon \longrightarrow NO_2 + O_3P$	9.81
$H_2O_2 + h\upsilon \longrightarrow 2HO$	3.4×10^{-04}
$HCHO + h\upsilon \longrightarrow H_2 + CO$	1.99×10^{-03}
$HCHO + h\upsilon \longrightarrow 2HO_2 + CO$	1.31×10^{-03}
$ALD + h\upsilon \longrightarrow MO_2 + HO_2 + CO$	2.13×10^{-04}
$OP_1 + h\upsilon \longrightarrow HOCO + HO_2 + HO$	3.34×10^{-04}
$OP_2 + h\upsilon \longrightarrow ALD + HO_2 + HO$	3.34×10^{-04}
$PAA + h\upsilon \longrightarrow MO_2 + CO_2 + HO$	9.53×10^{-05}

1. 光化学反应

表 7.5.3 中给出的是太阳高度角 40°、40°N、6 月 21 日的 15 种光化学反应率常数，对不同物质及不同太阳高度角，其反应率系数可用下式导出

$$K_h(i) = A_h(i)X^2 + B_h(i)X + C_h(i) \tag{7.5.23}$$

这里 i 代表化学物质，X 为太阳高度角，$A_h(i)$、$B_h(i)$和 $C_h(i)$可以由 NAPAP (1990)给出的不同物质、高度角和纬度的曲线用非线性回归方法导出的。

2. 热力反应

在 HRCM 中一共有 50 个热力反应过程，其中 CH_4 和 HO 的反应率常数具有以下形式

$$K_t = T^2 A \exp(-E/RT) \tag{7.5.24}$$

其他 49 个热力反应的率常数按以下关系给出

$$K_t = A \exp(-E/RT) \tag{7.5.25}$$

这里 T 为绝对温度。对不同反应的参数 A、E/R 分别给在表 7.5.4 中。

表 7.5.4 HRCM 中的热力反应

反　应　方　程	A	E/R
$O_3P + NO_2 \longrightarrow NO + O_2$	6.5×10^{-12}	−120
$O_1D + N_2 \longrightarrow O_3P + N_2$	1.8×10^{-11}	−110
$O_1D + O_2 \longrightarrow O_3P + O_2$	3.2×10^{-11}	−70
$O_1D + H_2O \longrightarrow 2HO$	2.2×10^{-10}	0
$O_3 + NO \longrightarrow NO_2 + O_2$	2.0×10^{-12}	1 400
$O_3 + HO \longrightarrow HO_2 + O_2$	1.6×10^{-12}	940
$O_3 + HO_2 \longrightarrow HO + HO$	1.1×10^{-14}	500
$HO_2 + NO \longrightarrow NO_2 + HO$	3.7×10^{-12}	−240
$H_2O_2 + HO \longrightarrow HO_2 + H_2O$	3.3×10^{-12}	200
$NO + NO + O_2 \longrightarrow NO_2 + NO_2$	3.3×10^{-39}	−530
$O_3 + NO_2 \longrightarrow NO_3$	1.4×10^{-13}	2 500
$NO_3 + NO \longrightarrow NO_2 + NO_2$	1.7×10^{-11}	−150
$NO_3 + NO_2 \longrightarrow NO + NO_2 + O_2$	2.5×10^{-14}	1 230
$NO_3 + HO_2 \longrightarrow HNO_3 + O_2$	2.5×10^{-12}	
$N_2O_5 + H_2O \longrightarrow 2HNO_3$	2.0×10^{-21}	
$HO + HO_2 \longrightarrow H_2O + O_2$	4.6×10^{-11}	−230
$HO + HNO_4 \longrightarrow NO_2 + O_2 + H_2O$	1.3×10^{-12}	−380

(续表)

反应方程	A	E/R
$CH_4 + HO \longrightarrow MO_2 + H_2O$	6.96×10^{-18}	1 280
$OL_2 + HO \longrightarrow OL_2P$	2.15×10^{-12}	−411
$OL_3 + HO \longrightarrow OL_3P$	5.32×10^{-12}	−504
$OL_4 + HO \longrightarrow OL_4P$	1.07×10^{-11}	−549
$HCHO + HO \longrightarrow HO_2 + CO + H_2O$	9.0×10^{-12}	
$ALD + HO \longrightarrow ACO_3 + H_2O$	6.87×10^{-12}	−256
$OP_1 + HO \longrightarrow 0.5MO_2 + 0.5HCHO + 0.5HO$	1.0×10^{-11}	
$PAA + HO \longrightarrow ACO_3 + H_2O$	1.0×10^{-11}	
$ACO_3 + NO_2 \longrightarrow PAN$	2.8×10^{-12}	−181
$PAN \longrightarrow ACO_3 + NO_2$	1.95×10^{16}	13 543
$MO_2 + NO \longrightarrow HCHO + HO_2 + NO_2$	4.2×10^{-12}	−180
$OL_2P + NO \longrightarrow 1.6HCHO + HO_2 + NO_2 + 0.2ALD$	4.2×10^{-12}	−180
$OL_3P + NO \longrightarrow ALD + HCHO + HO_2 + NO_2$	4.2×10^{-12}	−180
$OL_4P + NO \longrightarrow HO_2 + 1.45ALD + 0.28HCHO + 0.1KET + NO_2$	4.2×10^{-12}	−180
$ACO_3 + NO \longrightarrow MO_2 + NO_2$	4.2×10^{-12}	−180
$HCHO + NO_3 \longrightarrow MO_2 + CO$	6.0×10^{-13}	2 058
$ALD + NO_3 \longrightarrow ACO_3 + HNO_3$	1.4×10^{-12}	1 900
$OL_2 + NO_3 \longrightarrow HCHO + 0.42CO + 0.4ORA_1 + 0.12HO_2$	1.2×10^{-14}	2 633
$OL_3 + O_3 \longrightarrow 0.53HCHO + 0.5ALD + 0.33CO + 0.2ORA_1 + 0.23HO_2 + 0.22MO_2 + 0.1HO + 0.06CH_4$	1.32×10^{-14}	2 105
$OL_4 + O_3 \longrightarrow 0.18HCHO + 0.72ALD + 0.1KET + 0.23CO + 0.06ORA_1 + 0.29ORA_2 + 0.9CH_4 + 0.26HO_2 + 0.14HO + 0.31MO_2$	7.29×10^{-15}	−1 136
$HO_2 + MO_2 \longrightarrow OP_1$	7.7×10^{-14}	−1 300
$HO_2 + OL_2P \longrightarrow OP_2$	7.7×10^{-14}	−1 300
$HO_2 + OL_3P \longrightarrow OP_2$	7.7×10^{-14}	−1 300
$HO_2 + OL_4P \longrightarrow OP_2$	7.7×10^{-14}	−1 300
$HO_2 + ACO_3 \longrightarrow PAA$	7.7×10^{-14}	−1 300

（续表）

反 应 方 程	A	E/R
$MO_2 + MO_2 \longrightarrow 1.5HCHO + HO_2$	1.9×10^{-13}	−220
$MO_2 + OL_2P \longrightarrow 1.55HCHO + HO_2 + 0.35ALD$	1.4×10^{-13}	−220
$MO_2 + OL_3P \longrightarrow 1.25HCHO + HO_2 + 0.75ALD$	1.4×10^{-13}	−220
$MO_2 + ACO_3 \longrightarrow HCHO + 0.5HO_2 + 0.5MO_2 + 0.5ORA_2$	9.6×10^{-13}	−220
$OL_2P + ACO_3 \longrightarrow 0.8HCHO + 0.6ALD + 0.5HO_2 + 0.5MO_2 + 0.5ORA_2$	3.4×10^{-13}	−220
$OL_3P + ACO_3 \longrightarrow ALD + 0.5HCHO + 0.5HO_2 + 0.5MO_2 + 0.5ORA_2$	3.4×10^{-13}	−220
$OL_4P + ACO_3 \longrightarrow 0.725ALD + 0.55KET + 0.14HCHO + 0.5HO_2 + 0.5MO_2 + 0.5ORA_2$	4.2×10^{-14}	−220
$ACO_3 + ACO_3 \longrightarrow 2MO_2$	1.19×10^{-12}	−220

3. Troe 反应

在 HRCM 中的 5 个 Troe 反应率系数用以下关系得到，即

$$K_{tr} = \{K_0(T)[M]/(1 + K_0(T)[M]/K_1(T))\} \times 0.6^{\{1+[\log(K_0(T)[M](K_1(T))]^2\}^{-1}} \tag{7.5.26}$$

$$K_0(T) = K_{03}(T/300)^{(-n)} \tag{7.5.27}$$

$$K_1(T) = K_{13}(T/300)^{(-m)} \tag{7.5.28}$$

(7.5.26)—(7.5.28)式中的反应率系数参数如表 7.5.5 所示。

表 7.5.5 HRCM 中的 Troe 反应

反 应 方 程	K_{03}	n	K_{13}	m
$HO_2 + NO_2 \longrightarrow HNO_4$	1.8×10^{-31}	3.2	4.7×10^{-12}	1.4
$NO + HO \longrightarrow HONO$	7.0×10^{-31}	2.6	1.5×10^{-11}	0.5
$NO_3 + NO_2 \longrightarrow N_2O_5$	2.2×10^{-30}	4.3	1.5×10^{-12}	0.5
$HO + NO_2 \longrightarrow HNO_3$	2.6×10^{-30}	3.2	2.4×10^{-11}	1.3
$HO + SO_2 \longrightarrow H_2SO_4 + HO_2$	3.0×10^{-31}	3.3	1.5×10^{-12}	0.0

4. 平衡反应

在 HRCM 中的 2 个平衡反应率系数用如下平衡关系计算

$$K_e = K_{tr} A \exp(-B/T) \tag{7.5.29}$$

其中的参数 A 和 B 如表7.5.6所示。

表7.5.6 HRCM中的平衡反应

反应方程	A	B
$HNO_4 \longrightarrow HO_2 + NO_2$	4.76×10^{26}	10 900
$N_2O_5 \longrightarrow NO_2 + NO_3$	9.09×10^{26}	11 200

5. 特殊反应

在HRCM中有7个具有特征反应率表达式的反应过程,其 K 的表达式如表7.5.7中所示。所有表达式中[M]是大气的浓度。

表7.5.7 HRCM中具有特殊反应率表达式的反应

反应方程	表达式
$O_3P + O_2 \longrightarrow O_3$	$6.0\times10^{-34}(T/300)^{-2.3}[M]$
$HO_2 + HO_2 \longrightarrow H_2O_2$	$2\times10^{-13}\exp(620/T)+1.9\times10^{-33}[M])\exp(3\,180/T)$
$HO_2 + HO_2 + H_2O \longrightarrow H_2O_2$	$3.1\times10^{-34}\exp(2\,820/T)+2.7\times10^{-54}[M]\exp(3\,180/T)$
$CO + HO \longrightarrow H_2O + CO_2$	$1.5\times10^{-13}(1+2.439-20[M])$
$HO + HNO_3 \longrightarrow NO_3 + H_2O$	$k_0 = 7.2\times10^{-15}\exp(785/T)$, $k_2 = 4.1\times10^{-6}\exp(1\,440/T)$, $k_3 = 1.9\times10^{33}\exp(725/T)[M]$, $K = k_0 + k_3/(1+k_3/k_2)$
$NH_3 + H_2SO_4 \longrightarrow NH_4HSO_4$	$K_{1n} = 2.0\times10^{-35}$
$NH_3 + HNO_3 \longrightarrow NH_4NO_3$	$K_{3n} = \exp[70.68 - 24\,090/T - 6.04\ln(T/298)]$

7.5.7 初始和边界条件

较为理想的初始条件应采用实际观测值,这在实际中很难做到,而且有些化学物质还无法观测。因此在模式中,对于有观测值的物质,通常取郊区的背景浓度;对于短寿命物质,初始浓度可取为零;也可以将模式计算的某一时刻的值作为下一时刻的初始条件。

模式中边界条件按如下情况给出:选择的边界远离预报区域,对于长寿命物质边界条件取郊区背景值;对短寿命物质浓度取为零。上边界条件为 $\partial c/\partial z=0$;下边界条件加入人为源和生态源;考虑干沉积过程。

浓度的初值和边值的正确选取对浓度时空分布有一定的影响,由于计算的化学物质很多,在研究范围内有的没有测量过,有的是中间产物,国际上观测得也较少,因此这 32 种物质的初值和边值是按以下原则给定的:凡是已有过的观测值(水平和垂直分布),如 SO_2、NO_2、NO、CO、CO_2、NH_3、CH_4、O_3、H_2O_2 等,均以实测值为准给出,如没有,在我国有测量的值也作为参考给出,国内没有测过的,可参考 RADM 中给出的值(NAPAN,1990),然后根据所预报地区(例如重庆)污染状况及大气条件作修正。

7.5.8 预报实例

对大气污染物浓度作定量预报的历史还很短,整体预报水平在全世界也都还不高。为了检验 HRCM 的合理性,我们用 HRCM 预报了重庆市污染物浓度的三维分布,其结果与 10 个 SO_2、12 个 O_3 地面监测站测得的浓度作了比较分析(表 7.5.8—7.5.9),地面 O_3 值是由瑞士环境分析实验室分析提供的。

表 7.5.8 预报值与观测 SO_2 值的比较 (日平均值,单位 mg/m^3)

地点	实测	预报	预/实	地点	实测	预报	预/实
市中心	0.38	0.31	0.82	两路镇	0.22	0.23	1.04
九龙坡	0.14	0.17	1.21	大渡口	0.24	0.22	0.92
双碑	0.21	0.26	1.24	长生	0.10	0.12	1.2
沙区	0.18	0.16	0.89	体育场	0.58	0.41	0.71
农科所	0.11	0.06	0.55	平　均	/	/	0.92±0.246
南坪	0.20	0.13	0.65				

表 7.5.9 预报结果与观测 O_3 值的比较 (单位:ppbv)

地点	朝天门	七星岗	市环保局	钢院	两路口	南坪	沙坪坝
实测	13.1	10.4	11.9	11.6	12.9	14.9	9.2
预报	12.0	11.9	10.7	11.1	10.2	10.6	10.1
预/实	0.92	1.14	0.90	0.96	0.79	0.71	1.09

(续表)

地点	弹子石	九龙坡	石坪桥	九宫庙	观音桥	平均
实测	12.5	15.0	10.9	15.3	13.9	/
预报	11.8	12.3	12.3	13.1	11.5	/
预/实	0.94	0.82	1.13	0.86	0.83	0.924±0.137

从表7.5.8—7.5.9可以得出以下结果：虽然预报与实测浓度值的比值标准差有些偏大，但它们都小于平均比值。对SO_2，平均比值为0.923，最大比值为1.24，最小为0.55；O_3平均比值为0.924，最大值为1.14，最小为0.71，说明预测结果与实测资料有较好的一致性。如果以平均比值的大小作为预报的准确率，平均可达90%以上，最低也可达50%以上。

用HRCM也预报了四川盆地的污染物三维浓度分布，其结果与18个地面监测站得到的SO_2和NO_x浓度以及重庆SO_2和O_3浓度随高度分布资料作了对比分析，其效果总体还是不错(表7.5.10和表7.5.11)。其SO_2、O_3的浓度廓线资料是由大型气艇探测得到的。

表7.5.10 四川盆地预报和实测地面浓度之间比值

站名	重庆	成都	涪陵	万县	乐山	绵阳	泸州	自贡	内江	宜宾
SO_2	0.93	1.24	0.84	1.21	1.32	0.89	1.10	1.30	0.92	1.13
NO_x	1.00	0.52	0.95	0.47	0.70	0.69	0.40	1.36	2.45	1.31

站名	南充	达县	永川	威远	峨嵋	青白山	长寿	江油	平均
SO_2	0.61	1.91	1.37	0.65	1.12	0.74	1.21	1.39	1.10 ± 0.315
NO_x	0.72	1.66	0.91	0.51	0.51	0.51	0.51	0.51	0.98 ± 0.564

表7.5.11 重庆预报和实测浓度廓线比值

H(×10 m)	0.5	1.4	3.8	7.8	15.0	30.0	55.0	85.0	平均
SO_2	0.93	1.16	1.39	0.47	0.67	0.74	1.08	0.41	0.86±0.344
O_3	0.84	1.04	0.95	0.51	0.34	0.81	0.87	0.36	0.71±0.269

从表7.5.10和表7.5.11我们可得到以下结果：虽然平均比值的标准差有些偏大，但它们都小于平均比值(0.71—1.10)，这表明预报结果与实测资料有较

好的一致性，其平均预报准确率可达70%以上；对地面 SO_2 和 NO_x，最大比值分别为1.91和2.45，最小比值分别为0.61和0.40，而且 NO_x 的平均比值的标准差要比 SO_2 大很多，这表明对 NO_x 的预报效果比对 SO_2 的预报差；同时还可以看到，对 SO_2 浓度随高度的预报不如对地面 SO_2、O_3 浓度的预报结果好。如果平均值均小于1，表明平均讲预报的浓度值小于实测值，表中最小的平均值是 O_3 浓度随高度变化的结果，这可能是由于在HRCM中忽略了平流层向下入侵 O_3 的影响所造成的；但同时也表明，平流层 O_3 对于对流层 O_3 变化的贡献比对流层本身由一次污染物化学转化要小得多。

参考文献

葛孝贞、J S Chang、雷孝恩，1996：高分辨区域输送模式中不同输送格式的对比试验，大气科学，**51**，139－147.

蒋国碧，1985：试谈绿化与重庆城市热岛效应的改善，城市建设.

雷孝恩，1990：行星边界层中湍流统计量和风速随高度变化的参数化，中国科学院大气物理研究所集刊，第14号，1—18，北京，科学出版社.

雷孝恩、张时禹，1992：对流层物质垂直交换模式中的参数化处理，大气科学，**16**(6)，737－747.

雷孝恩、田瑞明、韩志伟等，1995：植物CL内动量交换特征的一个实验研究，大气科学，**19**(6)，747－754.

雷孝恩、田瑞明、韩志伟等，1996：植物CL物质交换特征的一个实验研究，大气科学，**20**(1)，28－36.

肖辉，1993：我国西南地区地面和低层大气 O_3 的观测分析，大气科学，**17**(5)，621－628.

袁素珍、雷孝恩，1982：北京325 m塔上测量的大气稳定度类和风廓线，中国环境科学，**2**(3)，29－38.

袁素珍、雷孝恩，1983：北京地区边界层厚度特征的统计研究，环境科学学报，**3**(4)，365－375.

伊协远，1990：关于植被中湍流的研究，第2届环境与灾害力学研讨会论文集，77－91.

Van Aalst，R M，1985：Removal and transformation processes in the atmosphere with respect to SO_2 and NO*x*，*Interregional Air Pollution Modelling*，83－103，Plenum Press.

ADMP，1987：*Development and inplementation of chemical mechanisms for the regional acid deposition model*(*RADM*)，ADMP，NCAR，Boulder，Colorado，1－164.

Anthes，R A，1987：*Description of the Penn State/NCAR mesoscale model version 4*（*MM4*），NCAR/TN－282＋STR，NCAR T. N.，1－66.

Back，D H，1986：Momentum transfer to plant canopies：influence of stucture and variable drag，*Atmospheric Environment*，**20**，1369－1378.

Baldocch，D D，1987：A canop stomatal resistance model for gaseous deposition to vegetated surfaces，*Atmospheric Environment*，**21**，91－101.

Baldocchi，D D，1988a：Turbulence structure in a deciduous forest，*BLM*，**43**，345－364.

Baldocch，D D，1988b：A multi-layer model for estimating sulfur dioxi deposition to a deciduous oak forest canopy，*Atmospheric Environment*，**22**，869－884.

Corell, R W, 1991: The US Global change research program: An overview and perspectives on TY 1992 program, *Bull. AMS*, **72** , 5.

Dudhia, J, 1996: PSU/NCAR Mesoscale modeling system tutorial class notes, Mesoscale and microscale meteorology division, *NCAR Report*, **66**.

Ge, X Z and Lei, X E, 1997: Application and numerical experiments of the highly-accurate advection scheme in regional transfer model, *Meteorol. atmos. phys.*, 1 - 12, Springer-Verlag 1997 Printed in Austria.

Gifford, F A, 1988: Tropospheric relative diffusion to hemispheric scales, *Atmo. Enviro.*, **22**, 1871 - 1879.

Gifford, F A, 1988: A similarity theory of the tropospheric turbulence energy spectrum, *J. Atmos. Scie.*, 1370 - 1380.

Gill, D O, 1992: A user's guide to the Penn State/NCAR mesoscale modeling system, NCAR TN, Boulder, Colo.

Guo,Y R, 1994: Terrain and land use for the fifth-Generation PS/ NCAR mesoscale modeling system(MM5), NCAR/TN - 334 - + IA, 109.

den Hout, K D V, 1985: Interreginal modeling, *Inter-regional Air Pollution Modelling*, Plenum Press, 11 - 82.

Kondo, J, 1991: Global warming. , The 4th Japan-China symposium of JCSTEA series, Tokyo, Japan,4 - 11.

Lei, X E, et al, 1987: A numerical simulation of the distribution of acid precipitation in Chongqing area of China, *Advances in Atmospheric Sciences*, **4**(3), 313 - 322.

Lei, X E and J S Chang, 1992: Numcrical study absorptive characteristics of mass and momentum in canopy layer, *Chinese Journal of Atmospheric Sciences*, **16**, 101 - 110.

Lei, X E and J S Chang, 1992: Numerical study on dry deposition processes in canopy layer, *Advances in Atmospheric Sciences*, **9**, 491 - 500.

Lei, X E and J S Chang, 1992: A high resolution model for chemical species exchange in troposphere, *Acta Meteorlogica Sinica*, **6**, 479 - 490.

Lei, X E and Z W Han, 1993: Numerical simulations of transfer processes for trace species in Sichuan Basin, Proceedings of international conference on regional environment and climate changes in East Asia, 142 - 146, Nov. 30 - Dec. 3, 1993, Taipei.

Lei, X E, et al, 1995: Study on regional assessment of environmental effect in China, *APN-MITI*, 56 - 63, Tokyo, Japan.

Lei, X E, 1996: A new dry deposition velocity pattern and its practical application in high resolution regional acid deposition model, *Acta Meteor. Sin.*, **10**, 118 - 128.

Lei, X E, Z W Han and M G Zhang, 1998: *Physical, Chemical , Biological Processes and Mathematical Model on Air Pollution*, China Meteorological Press.

Longhetto, A, 1980: *Atmospheric planetary boundary layer physics*, Italy, 424pp.

Lumley, J L, 1980: Second order modeling of turbulent flows, *Prediction methods for turbulent flows*, 1 - 32, Hemisphere publishing corporation.

Maddukari, C S, 1982: A numerical simulation of an observed lake breeze over southern Lake Ontario, *BLM*, **23**(3), 369 - 387.

Meyer, T, 1986: Testing of a higher order closure model for modeling airflow within and above plant canopies, *BLM*, **37**, 297 - 311.

NAPAP, 1990: The regional acid deposition model and engineering model, *Report on State of Science and Technology*, No: 4, USA.

Ncmillem, R T, 1987: Dry deposition measurements of sulfur dioxide to a spruce-fir forest in the plack forest, A data report, *NOAA Technical Memorandum*, ERL, ARL - 152, 1 - 22.

Raupac, M R, 1988: Canopy transport processes, In: *Flow and Transport in the Natural Environment*, *Advances and Applications*, 95 - 127, Springer-verlag.

Stockwell, W R, 1989: The RADM2 chemical mechanism for regional air quality modeling, *ASRC.*, *SUNYA.*, Albany, New York, 1 - 30.

Stull, R B, 1988: *An Introuduction to Boundary Layer Meteorology*, Academic Press, Inc., NY., 649.

Tester, J N, 1990: Energy and the environment in the 21st century, *Proceedings of the conference held at the Massachusetts Institute of Technology Cambridge*, Massachusetts.

Tian, R M and X E Lei, 1991: A 2 - D large-eddy model for simulating the neutral-static stability PBL and application in diffusion, *Annual Report*, LASG, IAP, 111 - 123.

Underwood, B Y, 1987: Dry deposition to a uniform canopy: Evaluation of a first-closure mathematical model, *Atmospheric Environment*, **21**, 1573 - 1585.

Walko, R L, 1995: *RAMS*, Version 3b, User's Guide, Aster Division, Mission Research Corporation, Fort Collins, CO. 850522, 121.

Weber, E, 1982: *Air pollution*, *Assessment methodology and Modeling*, Plenum Press, New York, 329pp.

Wesely, M L, 1988: Improve parameterizations for surface resista — nce to gaseous dry deposition in regional scale numerical model, *ANL Argonne*, IL., 1 - 52.

Wesely, M L, 1985: Measurements and parameters of particulate sulfur dry deposition over grass, *J. Geo. Res.*, D(D1): 2131 - 2143.

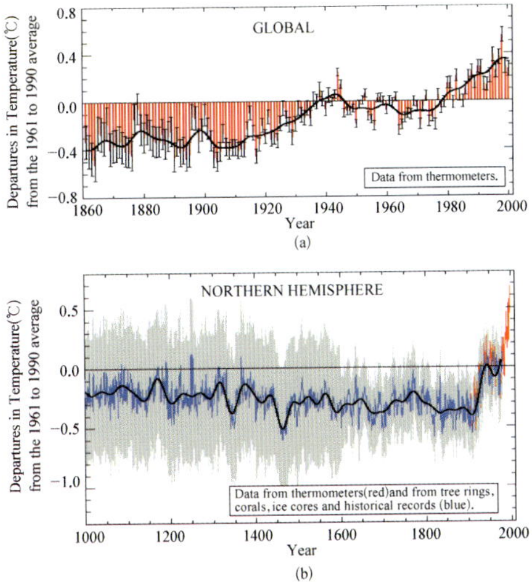

图 1.2.1 过去 140 年全球温度距平(a)和过去 1 000 年北半球温度距平(b)的时间变化 (a) the past 140 years;(b) the past 1 000 years

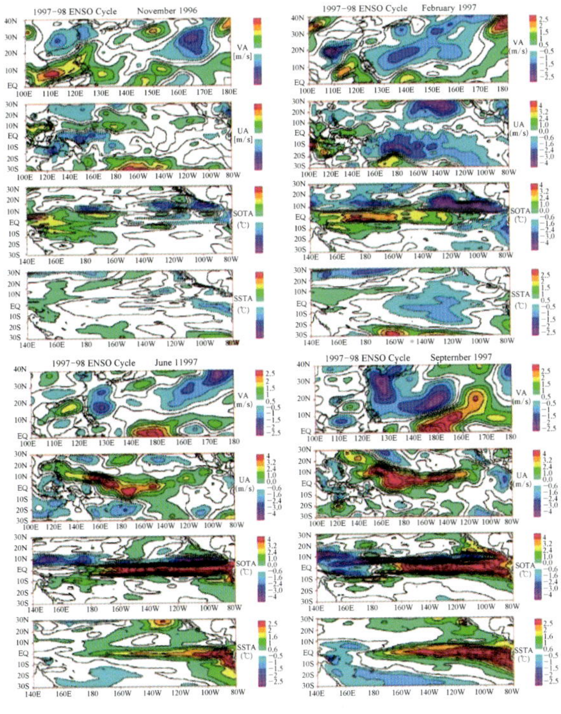

图 1.3.3 1996 年 11 月,1997 年 2 月,1997 年 6 月和 1997 年 9 月平均的海、气异常形势 每幅图中上：东亚和太平地区 850 hPa 经向风距平(VA)；中上：热带太平洋海区 850 hPa 纬向分距平(UA)；中下：热带太平洋次表层海温距平(SOTA)；下：热带太平洋海表水温距平(SSTA)(引自 Li and Mu，2002)

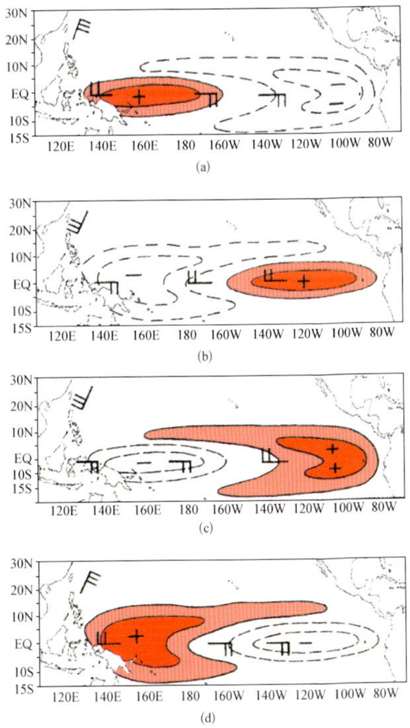

图 1.3.5 异常东亚季风(棕色风标)/赤道西太平洋纬向风异常(绿色风标)驱动的热带太平洋 SOTA(红色和蓝色线区分别表示正、负距平)循环的概念模型 (引自 Li and Mu，2002)

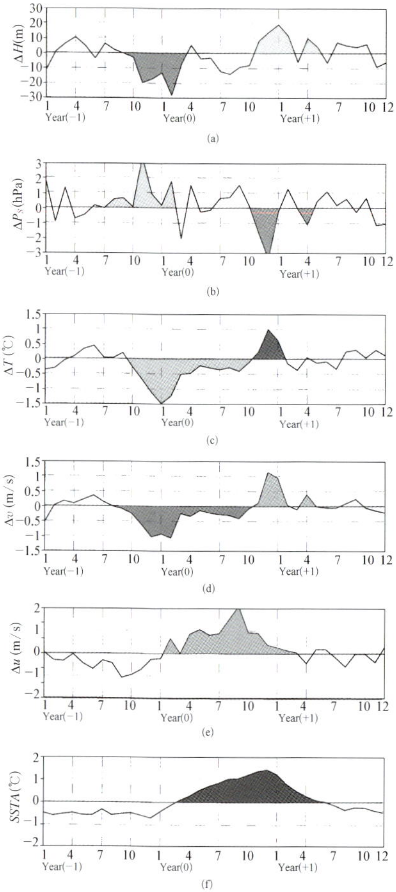

图 1.3.6　El Nino 与东亚冬季风异常(合成分析结果)　(a) 区域(30°—40°N,100°—130°E)平均 500 高度距平(位势米);(b) 区域(35°—50°N,80°—110°E)平均海平面气压距平(hPa);(c) 区域(30°—40°N,120°—130°E)平均地面气温距平(℃);(d) 区域(25°—35°N,120°—140°E)平均经向风距平(m/s);(e) 赤道西太平洋区域(5°S—5°N,150°—160°E)平均纬向风距平(m/s);(f) Nino 3 区(5°S—5°N,150°—90°W)平均 SSTA(℃)(引自李崇银、穆明权,2000)

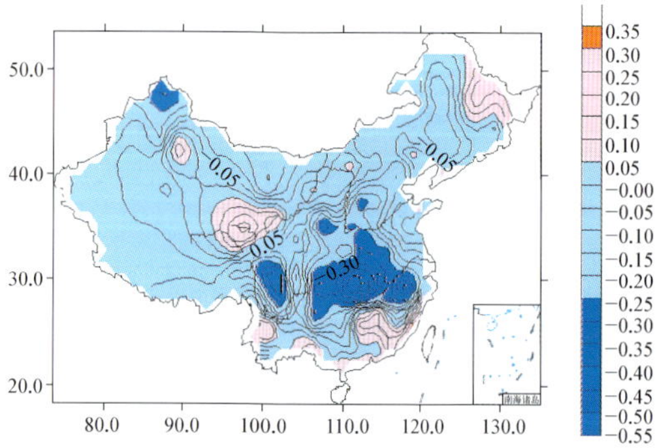

图 3.1.10　南海夏季风强度与中国夏季降水的相关系数分布

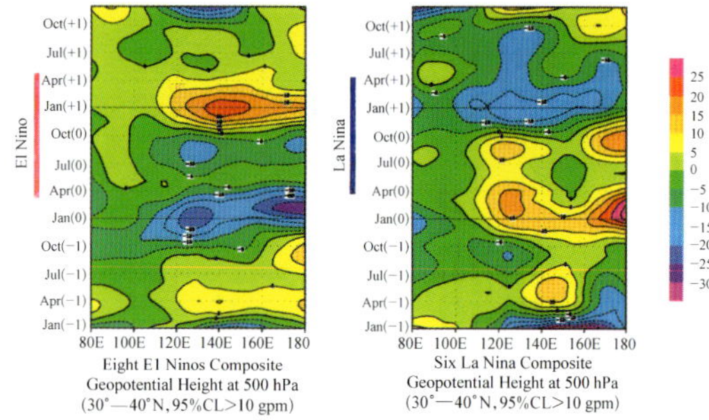

图 1.3.8　对应 El Nino(左)和 La Nina(右)分别合成的东亚(30°—40°N)地区 500 hPa 高度异常的时间-经度剖面　(引自穆明权、李崇银,1999)

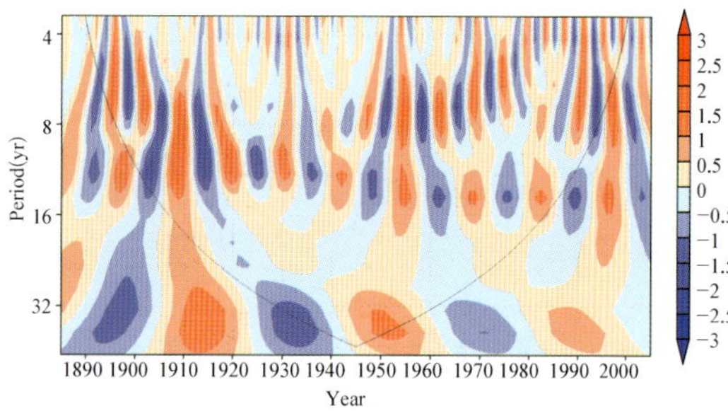

图 1.4.13　中国梅雨量的小波分析结果(引自 Gu and Li, 2008)

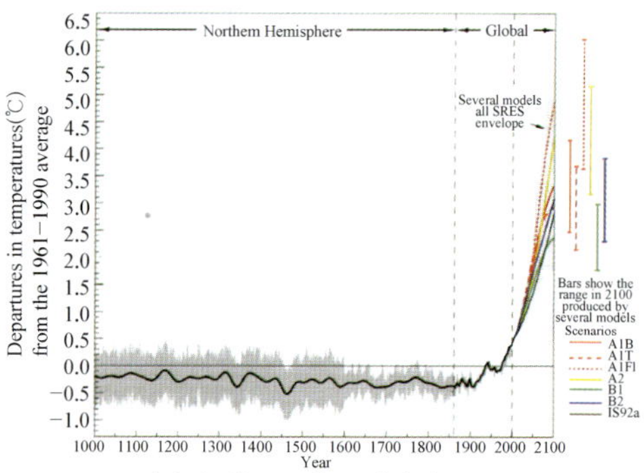

models indicate that global temperature will rise by 1.4—5.8℃ over this century unless greenhouse gas emissions are greatly reduced (reproduced with permission from Cubasch et al 2001, © IPCC 2001)

图 1.5.1　多个数值模式模拟所得到的在不同温室气体排放情景下,未来一百年中全球平均气温的增加趋势　(引自 2001 年 IPCC 报告)

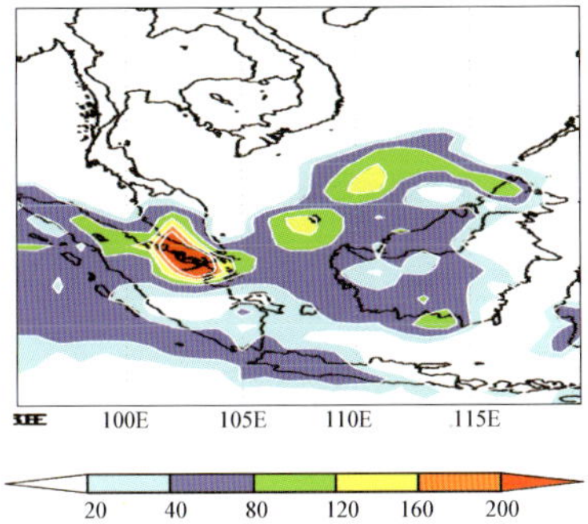

图 3.1.13　2006 年 12 月 17—20 日因冬季风在东南亚地区所引起的降水总量的分布

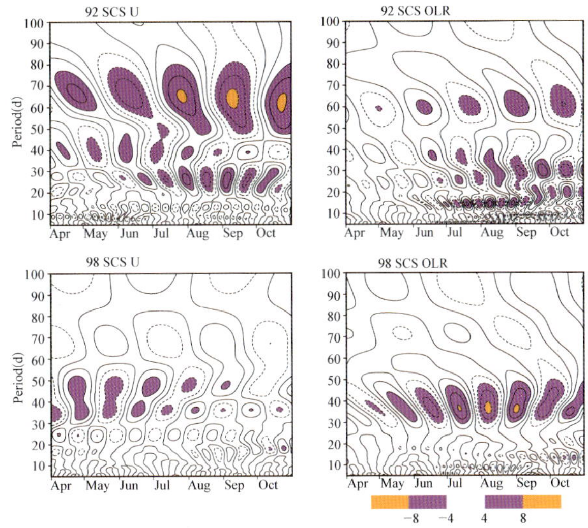

图 3.2.5　1992 年(上)和 1998 年(下)夏半年南海地区 850 hPa 纬向风和射出长波辐射(OLR)的小波分析结果

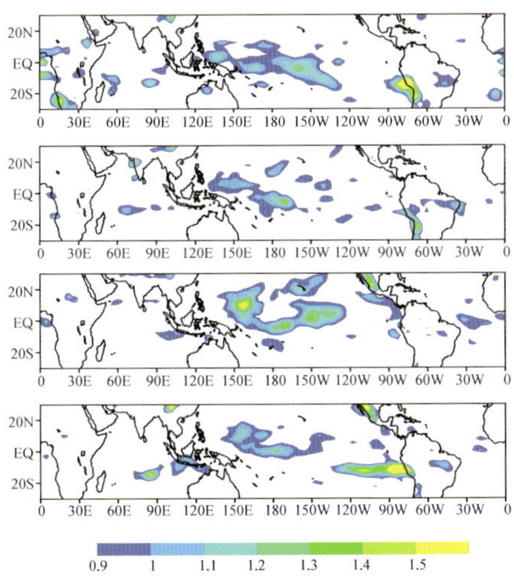

图 3.2.8　热带大气标准化低频动能的标准方差(近似代表热带大气低频动能的年际变化)的分布　从上到下分别代表 12—2 月,3—5 月,6—8 月和 9—11 月的情况;阴影部分代表标准差大于 0.9 的区域(引自龙振夏、李崇银,2001)

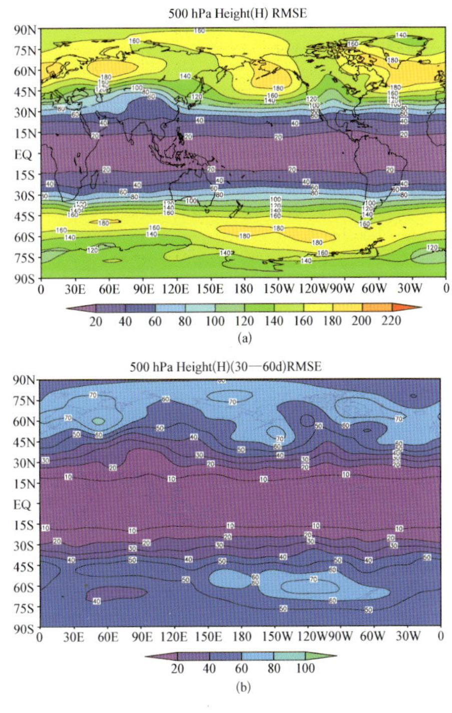

图 3.4.1　1978—1989 年 SAMIL - R42L9 模式模拟的未经滤波的 500 hPa 高度场的均方根误差(RMSE)和季节内振荡(30—60 天带通滤波)的均方根误差　(a) 未经滤波;(b) 30—60 天带通滤波(季节内振荡)的资料;单位：位势米(引自 Li et al, 2007)

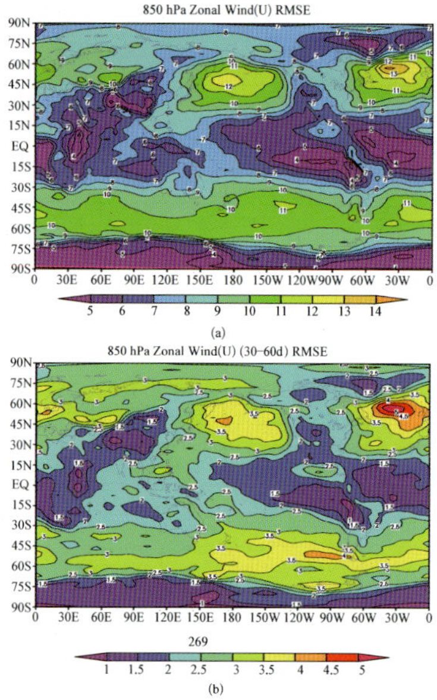

图 3.4.2　同图 3.4.1，但为 850 hPa 纬向风的结果　（引自 Li et al，2007）

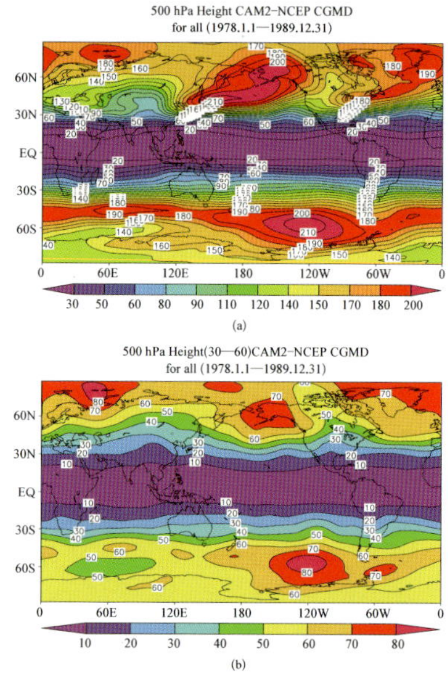

图 3.4.3　1978—1989 年 CAM2 模拟的未经滤波的 500 hPa 高度场的均方根误差(RMSE)和季节内振荡(30—60 天带通滤波)的均方根误差　(a) 未经滤波；(b) 30—60 天带通滤波(季节内振荡)的资料；单位：位势米（引自 Li et al，2007）

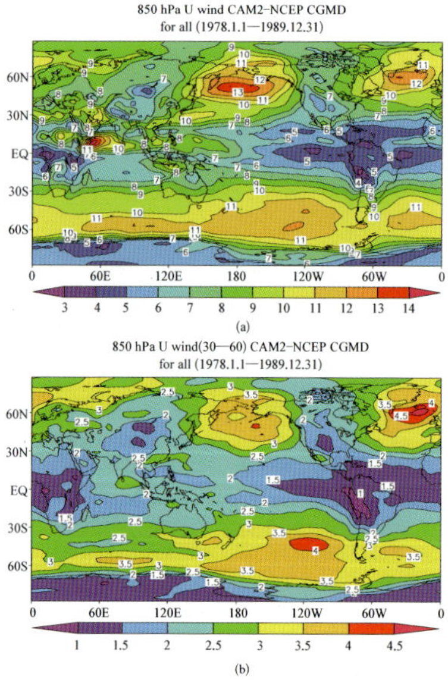

图 3.4.4　同图 3.4.3，但为 850 hPa 纬向风的结果　（引自 Li et al，2007）

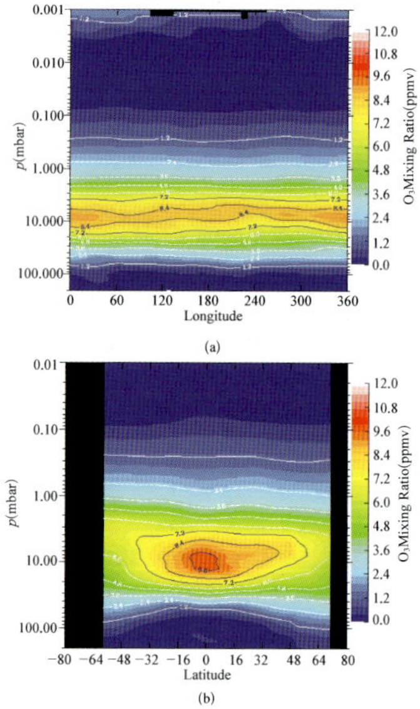

图 4.2.1　臭氧混合比的高度-纬向(a)和高度-经向(b)剖面图　(a) 1997 年 5 月 5 日沿 36 °N；(b) 1997 年 4 月 12 日—5 月 20 日（引自 http//haloedata.lare.nasa.gov）

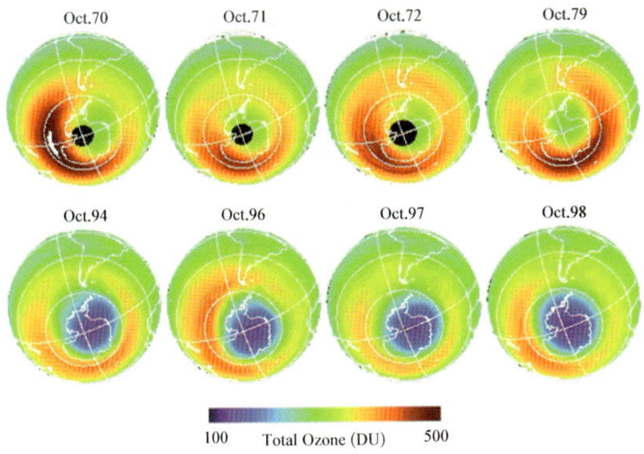

图 4.2.2　南极臭氧洞的变化趋势（引自 http：//toms.gsfc.nasa.gov/）

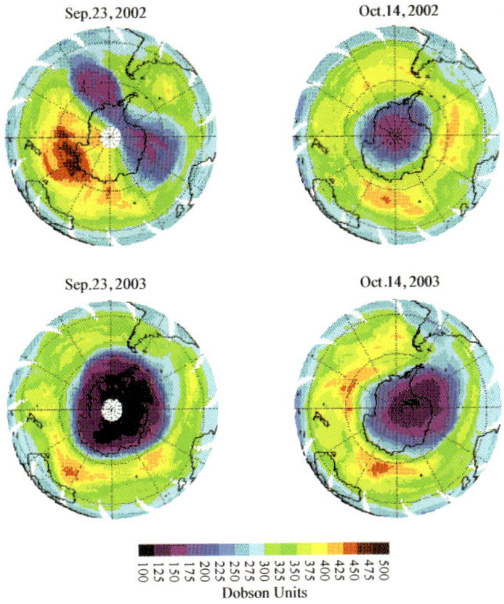

图 4.2.3　2002 年(上)和 2003 年(下)的南极臭氧洞　（引自 EP/TOMS Total Ozone）

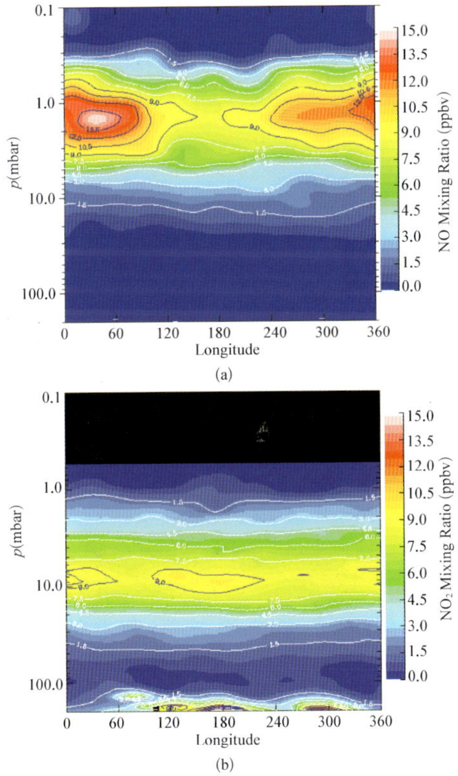

图 4.2.19　NO 和 NO_2 混合比的高度-纬向剖面图　(a) NO，1997.5.5 沿 36°N；(b) NO_2，1997.6.25 沿 31°N(引自 http//haloedata.lare.nasa.gov)

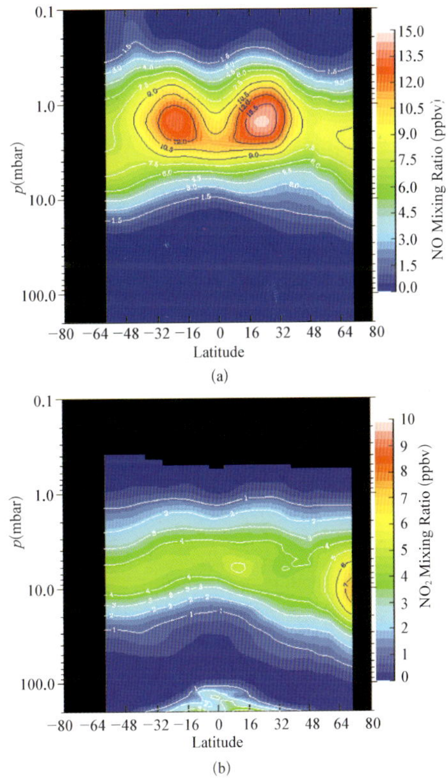

图 4.2.20　1997 年 4 月 12 日—5 月 20 日 NO 和 NO_2 混合比的高度-经向剖面图　(a) NO；(b) NO_2(引自 http//haloedata.lare.nasa.gov)

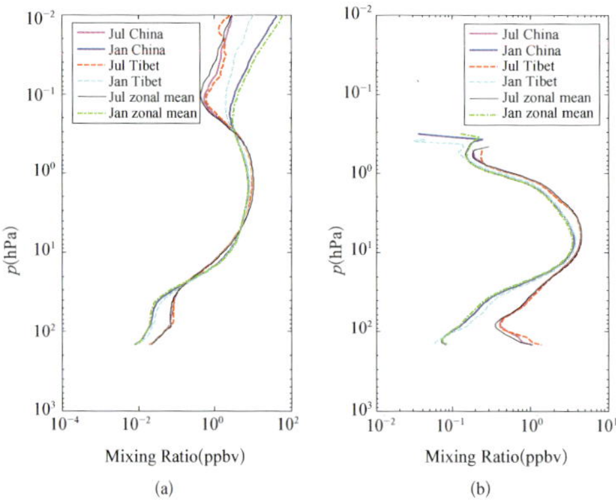

图 4.2.21　我国及同纬度地区上空平均的 NO (a) 和 NO_2(b) 的垂直廓线

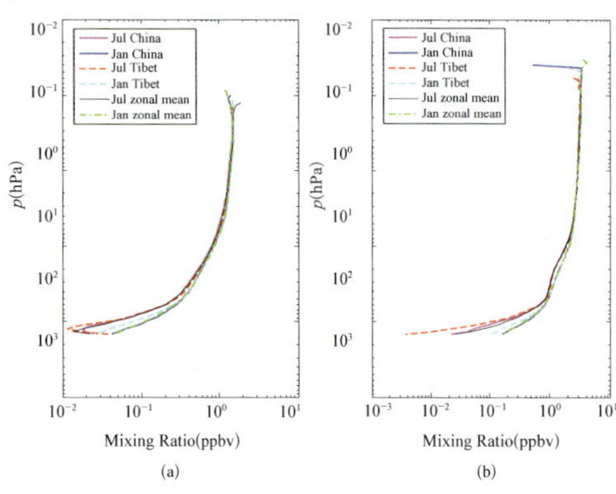

图 4.2.25　我国及同纬度地区上空平均的 HF(a)和 HCl(b)的垂直廓线

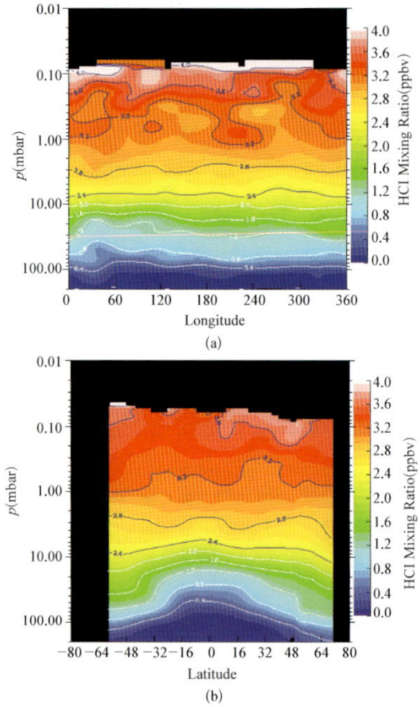

图 4.2.24　HCl 混合比的高度-纬向(a)和高度-经向(b)剖面图

(a) 1997 年 5 月 5 日沿 36 °N;(b) 1997 年 4 月 12 日—5 月 20 日(引自 http//haloedata.lare.nasa.gov)

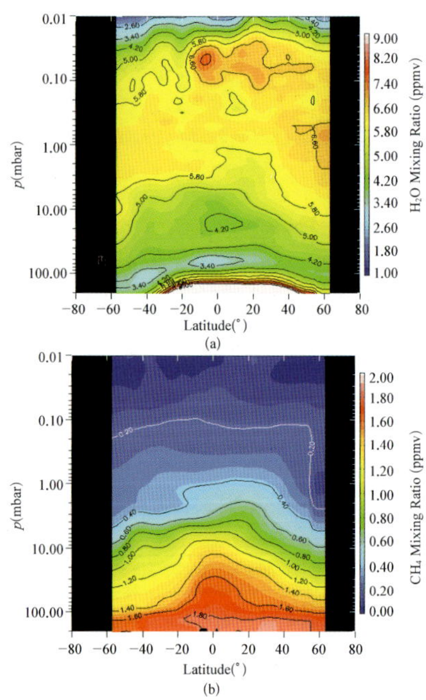

图 4.2.27　1999 年 8 月 26 日—9 月 30 日 H_2O(a)和 CH_4(b)混合比的高度-经向剖面图　(引自 http//haloedata.lare.nasa.gov)

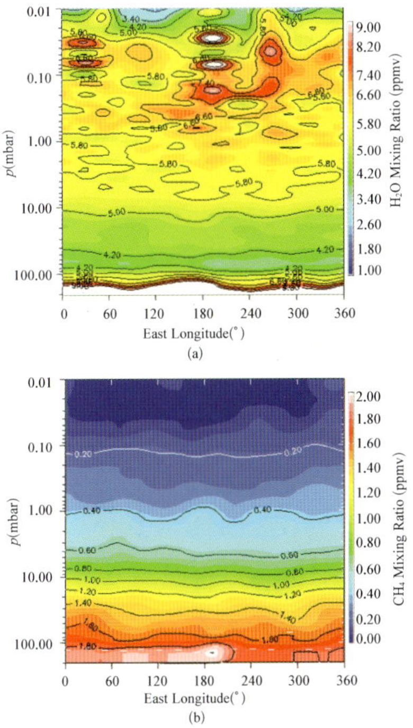

图 4.2.28　1999 年 9 月 16 日沿 33°N 附近 H_2O(a)和 CH_4(b)混合比的高度-纬向剖面图　(引自 http//haloedata.lare.nasa.gov)

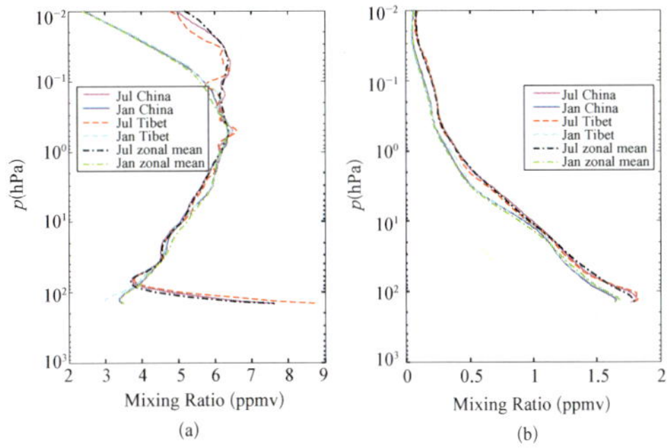

图 4.2.29　我国及同纬度地区上空平均的 H_2O (a) 和 CH_4(b)的垂直廓线

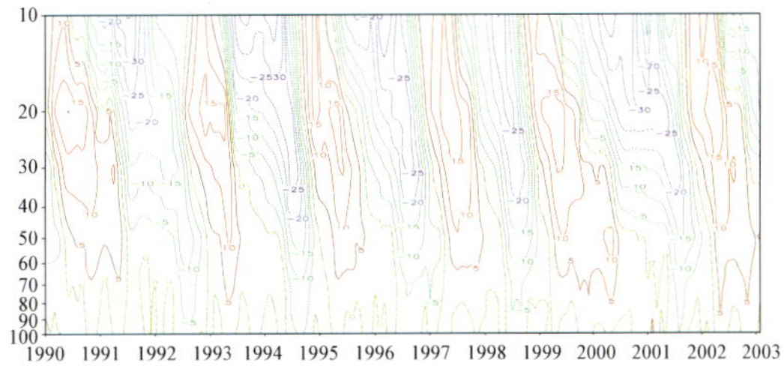

图 4.3.1　5°S—5°N 纬度带平均的纬向风的 h -t 剖面图　正值为西风，负值为东风

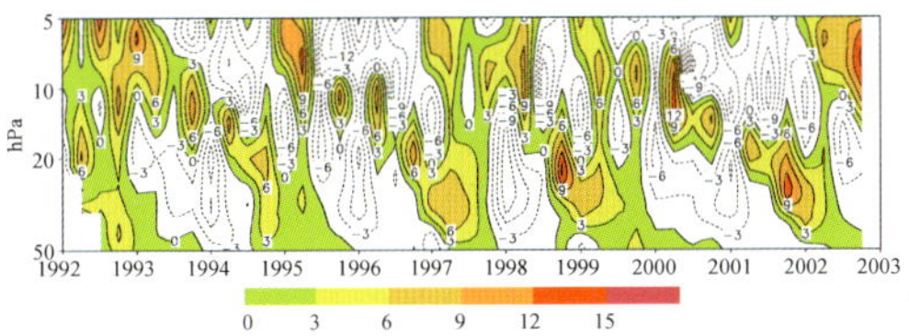

图 4.3.2　赤道上空臭氧混合比距平的高度时间剖面图

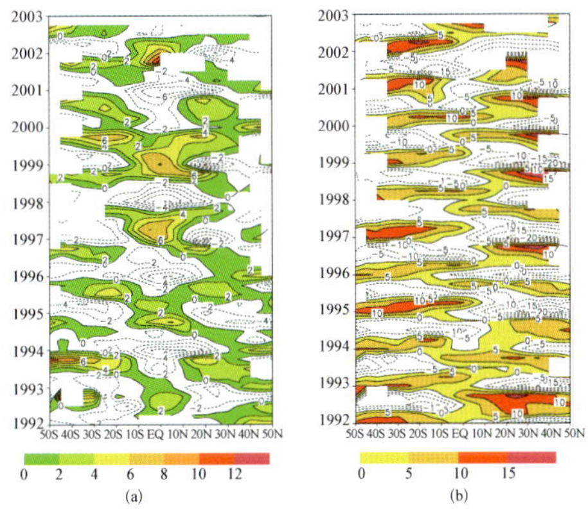

图 4.3.3　臭氧混合比的经向-时间剖面图　(a) 30 hPa；(b) 10 hPa

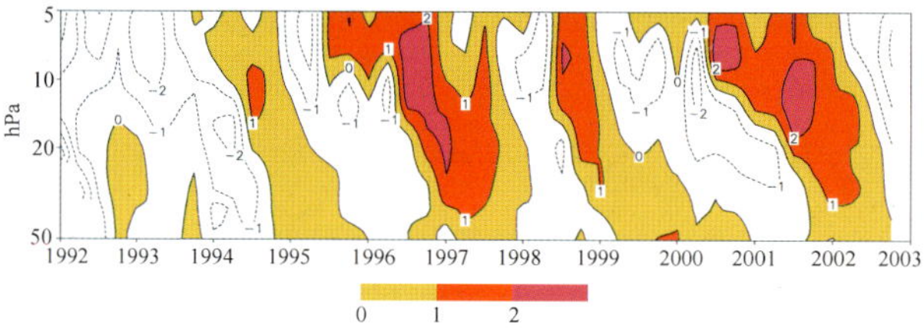

图 4.3.7　热带地区上空 HCl 混合比距平的高度-时间剖面图　单位：0.1 ppbv

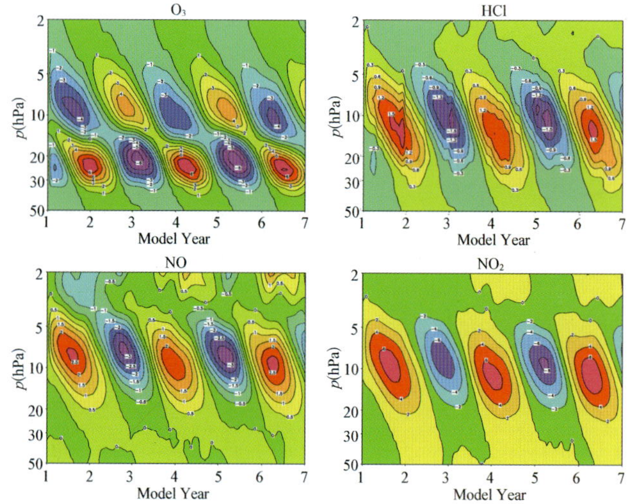

图 4.3.11　模拟的在纬向风 QBO 强迫下的赤道上空 O_3、HCl、NO 和 NO_2 四种微量气体混合比的扰动
单位：O_3，0.1 ppmv；HCl、NO 和 NO_2，0.1 ppbv

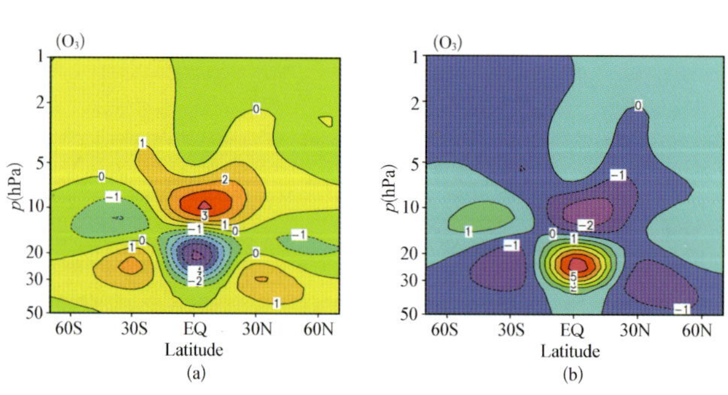

图 4.3.15　风场 QBO 强迫引起的臭氧混合比变化的垂直-经向分布　(a) 东风位相时；(b) 西风位相时（单位：ppmv）

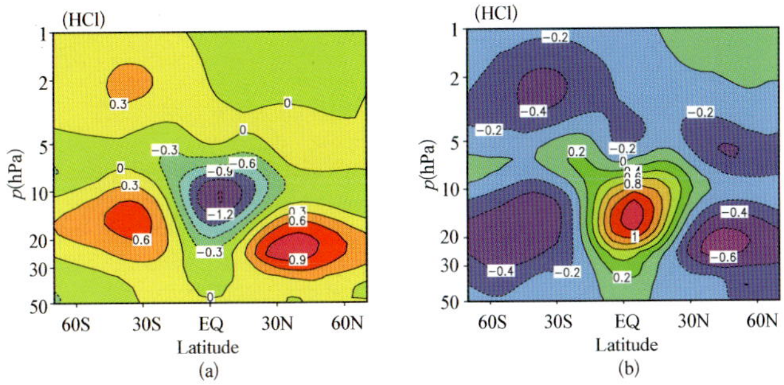

图 4.3.16 风场 QBO 强迫引起的 HCl 混合比变化的垂直-经向分布 (a) 东西风位相时;(b) 西风位相时(单位: ppbv)

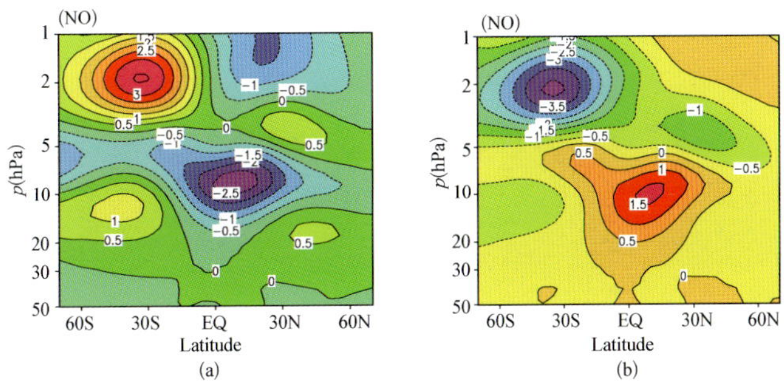

图 4.3.17 风场 QBO 强迫引起的 NO 混合比变化的垂直-经向分布 (a) 东西风位相时;(b) 西风位相时(单位: ppbv)

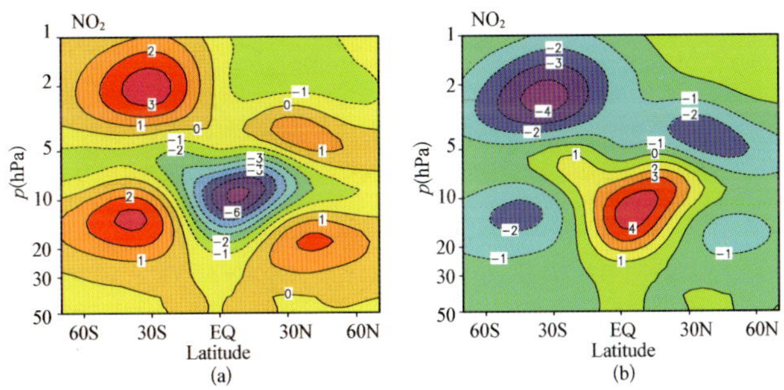

图 4.3.18 风场 QBO 强迫引起的 NO_2 混合比变化的垂直-经向分布 (a) 东西风位相时;(b) 西风位相时(单位: ppbv)

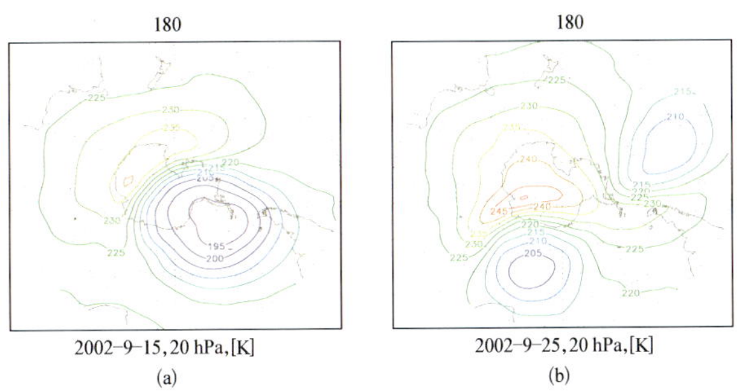

图 4.4.4 2002 年南半球 SSW 的 20 hPa 温度场
(a) SSW 前;(b) SSW 中

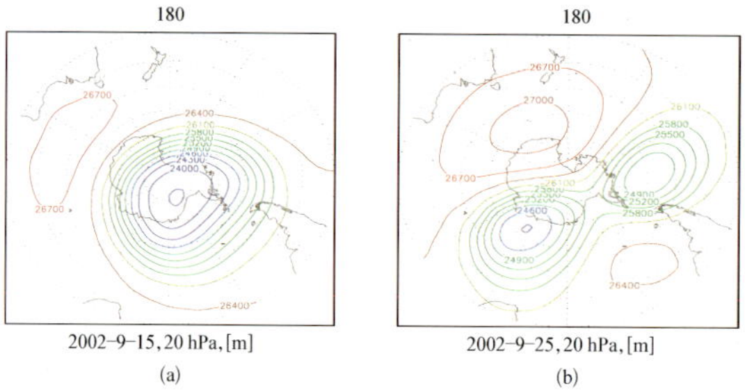

图 4.4.5　2002 年南半球 SSW 的 20 hPa 位势高度场　(a) SSW 前；(b) SSW 中

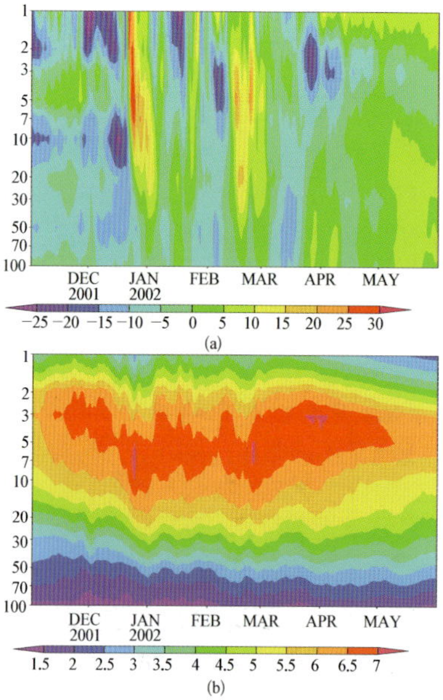

图 4.4.20　2001—2002 年爆发性增温过程中温度梯度(80°—60°N)(a)和高纬度的臭氧体积混合比(70°—90°N)(b) 随高度和时间的变化

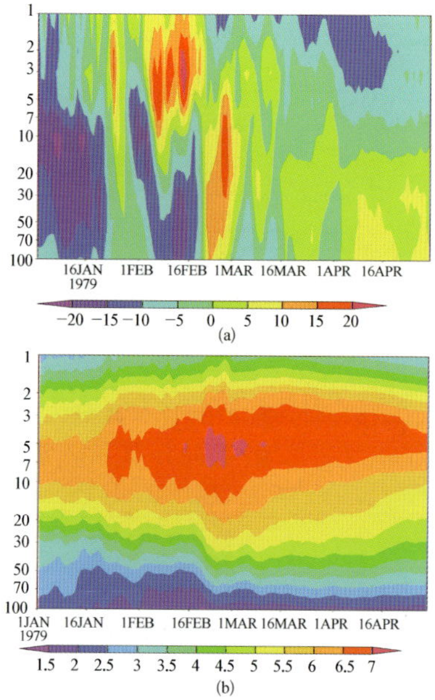

图 4.4.21　1979 年爆发性增温过程中温度梯度(80°—60°N)(a)和高纬度的臭氧体积混合比(70°—90°N)(b) 随高度和时间的变化

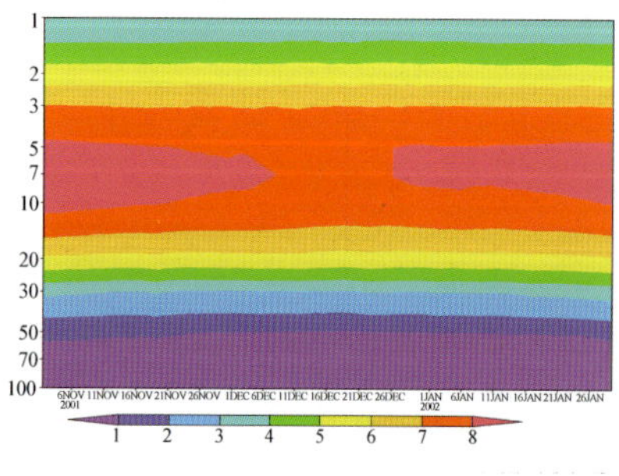

图 4.4.22　2001 年(2001. 11. 1—2002. 1. 1)爆发性增温过程中低纬度的臭氧体积混合比(ppmv)(10°—40°N)随高度和时间的变化

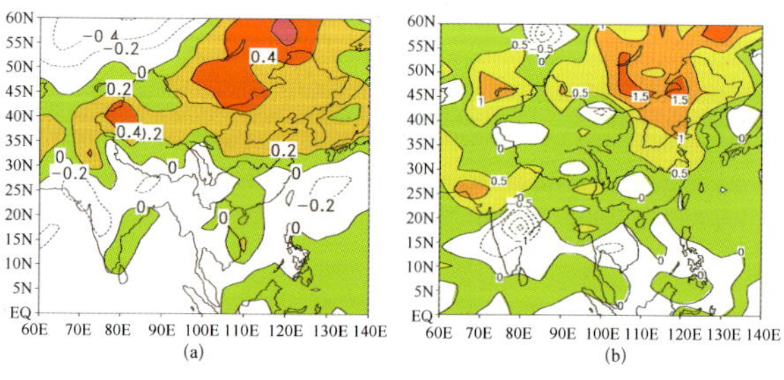

图 4.5.15　青藏高原臭氧低值中心偏强年日平均地面气温的距平　单位：℃；(a) 资料分析结果；(b) 数值模拟结果(臭氧低值试验与控制实验之差)